Cálculo
Décima edición
Tomo II

Cálculo
Décima edición
Tomo II

Ron Larson
The Pennsylvania State University
The Behrend College

Bruce Edwards
University of Florida

Traducción:

Javier León Cárdenas
Profesor de Ciencias Básicas
Escuela Superior de Ingeniería Química e Industrias Extractivas
Instituto Politécnico Nacional

Revisión técnica:

Dra. Ana Elizabeth García Hernández
Profesor visitante UAM-Azcapotzalco

CENGAGE
Learning®

Australia • Brasil • Corea • España • Estados Unidos • Japón • México • Reino Unido • Singapur

CENGAGE
Learning®

Cálculo, Tomo II. Décima edición
Ron Larson/Bruce Edwards

Presidente de Cengage Learning Latinoamérica:
Fernando Valenzuela Migoya

Director Editorial, de Producción y de Plataformas Digitales para Latinoamérica:
Ricardo H. Rodríguez

Editora de Adquisiciones para Latinoamérica:
Claudia C. Garay Castro

Gerente de Manufactura para Latinoamérica:
Raúl D. Zendejas Espejel

Gerente Editorial de Contenidos en Español:
Pilar Hernández Santamarina

Gerente de Proyectos Especiales:
Luciana Rabuffetti

Coordinador de Manufactura:
Rafael Pérez González

Editor:
Sergio R. Cervantes González

Diseño de portada:
Sergio Bergocce

Imagen de portada:
© diez artwork/Shutterstock

Composición tipográfica:
Ediciones OVA

Traducido del libro
Calculus, 10th Edition
Ron Larson/Bruce Edwards
Publicado en inglés por Brooks/Cole, una compañía de Cengage Learning
© 2014
ISBN: 978-1-285-05709-5

Datos para catalogación bibliográfica:
Larson, Ron/Bruce Edwards
Cálculo, Tomo II. Décima edición

ISBN 978-607-522-017-8

Visite nuestro sitio en:
http://latinoamerica.cengage.com

Este libro se terminó de imprimir en el mes de Marzo del 2020 en Impresos Vacha, S.A. de C.V. Juan Hernández y Dávalos Núm. 47, Col. Algarín, Ciudad de México, CP 06880, Alc. Cuauhtémoc.

Impreso en México
1 2 3 4 5 6 7   19 18 17 16

Contenido

15 ▷ Análisis vectorial   **1039**

Apéndices

*Disponible en el sitio especifico del libro *www.cengagebrain.com*

Prefacio

Bienvenido a la décima edición de *Cálculo*. Nos enorgullece ofrecerle una nueva versión revisada de nuestro libro de texto. Como con las otras ediciones, hemos incorporado muchas de las útiles sugerencias de usted, nuestro usuario. En esta edición se han introducido algunas características nuevas y revisado otras. Encontrará lo que espera, un libro de texto pedagógico, matemáticamente preciso y entendible.

Estamos contentos y emocionados de ofrecerle algo totalmente nuevo en esta edición, un sitio web, en LarsonCalculus.com. Este sitio ofrece muchos recursos que le ayudarán en su estudio del cálculo. Todos estos recursos están a sólo un clic de distancia.

Nuestro objetivo en todas las ediciones de este libro de texto es proporcionarle las herramientas necesarias para dominar el cálculo. Esperamos que encuentre útiles los cambios de esta edición, junto con **LarsonCalculus.com**, para lograrlo.

En cada conjunto de ejercicios, asegúrese de anotar la referencia a **CalcChat.com**. En este sitio gratuito puede bajar una solución paso a paso de cualquier ejercicio impar. Además, puede hablar con un tutor, de forma gratuita, dentro del horario publicado en el sitio. Al paso de los años, miles de estudiantes han visitado el sitio para obtener ayuda. Utilizamos toda esta información como ayuda para guiarlo en cada revisión de los ejercicios y soluciones.

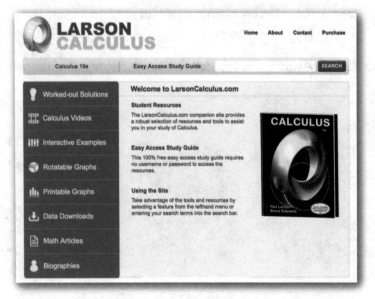

Lo nuevo en esta edición

NUEVO LarsonCalculus.com
Este sitio web ofrece varias herramientas y recursos para complementar su aprendizaje. El acceso a estas herramientas es gratuito. Videos de explicaciones de conceptos o demostraciones del libro, ejemplos para explorar, vista de gráficas tridimensionales, descarga de artículos de revistas de matemáticas y mucho más.

NUEVA Apertura de capítulo
En cada apertura de capítulo se resaltan aplicaciones reales utilizadas en los ejemplos y ejercicios.

NUEVOS Ejemplos interactivos
Los ejemplos del libro están acompañados de ejemplos interactivos en LarsonCalculus.com. Estos ejemplos interactivos usan el reproductor CDF de Wolfram y permiten explorar el cálculo manejando las funciones o gráficas y observando los resultados.

NUEVOS Videos de demostraciones
Vea videos del coautor Bruce Edwards, donde explica las demostraciones de los teoremas de *Cálculo*, décima edición, en LarsonCalculus.com.

NUEVO ¿Cómo lo ve?

La característica ¿Cómo lo ve? en cada sección presenta un problema de la vida real que podrá resolver mediante inspección visual utilizando los conceptos aprendidos en la lección. Este ejercicio es excelente para el análisis en clase o la preparación de un examen.

Comentario Revisado

Estos consejos y sugerencias refuerzan o amplían conceptos, le ayudan a aprender cómo estudiar matemáticas, le advierten acerca de errores comunes, lo dirigen en casos especiales o le muestran los pasos alternativos o adicionales en la solución de un ejemplo.

Conjuntos de ejercicios Revisados

Los conjuntos de ejercicios han sido amplia y cuidadosamente examinados para asegurarnos que son rigurosos e importantes y que incluyen todos los temas que nuestros usuarios han sugerido. Se han reorganizado los ejercicios y titulado para que pueda ver mejor las conexiones entre los ejemplos y ejercicios. Los ejercicios de varios pasos son ejercicios de la vida real que refuerzan habilidades para resolver problemas y dominar los conceptos, dando a los estudiantes la oportunidad de aplicarlos en situaciones de la vida real.

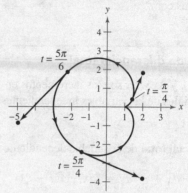

78. ¿CÓMO LO VE? La gráfica muestra una función vectorial $\mathbf{r}(t)$ para $0 \le t \le 2\pi$ y su derivada $\mathbf{r}'(t)$ para diferentes valores de t.

(a) Para cada derivada que se muestra en la gráfica, determine si cada componente es positiva o negativa.

(b) ¿Es suave la curva en el intervalo $[0, 2\pi]$? Explique su razonamiento.

Cambios en el contenido

El apéndice A (Demostración de teoremas seleccionados) ahora se presenta en formato de video (en inglés) en LarsonCalculus.com. Las demostraciones también se presentan en forma de texto (en inglés y con costo adicional) en CengageBrain.com.

Características confiables

Aplicaciones

Se han elegido con cuidado ejercicios de aplicación y ejemplos que se incluyen para dirigir el tema: "¿Cuándo usaré esto?". Estas aplicaciones son tomadas de diversas fuentes, tales como acontecimientos actuales, datos del mundo, tendencias de la industria y, además, están relacionadas con una amplia gama de intereses, entendiendo dónde se está utilizando (o se puede utilizar) el cálculo para fomentar una comprensión más completa del material.

Desarrollo de conceptos

Los ejercicios escritos al final de cada sección están diseñados para poner a prueba su comprensión de los conceptos básicos en cada sección, motivándole a verbalizar y escribir las respuestas, y fomentando las habilidades de comunicación técnica que le serán invaluables en sus futuras carreras.

Teoremas

Los teoremas proporcionan el marco conceptual del cálculo. Los teoremas se enuncian claramente y están separados del resto del libro mediante recuadros de referencia visual rápida. Las demostraciones importantes a menudo se ubican enseguida del teorema y se pueden encontrar en LarsonCalculus.com.

Definición de diferencial total

Si $z = f(x, y)$, y Δx y Δy son los incrementos en x y en y, entonces las las **diferenciales** de las variables independientes x y y son

$$dx = \Delta x \quad \text{y} \quad dy = \Delta y$$

y la **diferencial total** de la variable dependiente z es

$$dz = \frac{\partial z}{\partial x}\, dx + \frac{\partial z}{\partial y}\, dy = f_x(x, y)\, dx + f_y(x, y)\, dy.$$

Definiciones

Como con los teoremas, las definiciones se enuncian claramente usando terminología precisa, formal y están separadas del texto mediante recuadros para una referencia visual rápida.

Exploraciones

Las exploraciones proporcionan retos únicos para estudiar conceptos que aún no se han cubierto formalmente en el libro. Le permiten aprender mediante el descubrimiento e introducir temas relacionados con los que está estudiando en ese momento. El explorar temas de esta manera le invita a pensar de manera más amplia.

Notas históricas y biografías

Las notas históricas le proporcionan información acerca de los fundamentos de cálculo. Las biografías presentan a las personas que crearon y contribuyeron al cálculo.

Tecnología

A través del libro, los recuadros de tecnología le enseñan a usar tecnología para resolver problemas y explorar conceptos del cálculo. Estas sugerencias también indican algunos obstáculos del uso de la tecnología.

Proyectos de trabajo

Los proyectos de trabajo se presentan en algunas secciones y le invitan a explorar aplicaciones relacionadas con los temas que está estudiando. Proporcionan una forma interesante y atractiva para que usted y otros estudiantes trabajen e investiguen ideas de forma conjunta.

Desafíos del examen Putnam

Las preguntas del examen Putnam se presentan en algunas secciones. Estas preguntas de examen Putnam lo desafían y le amplían los límites de su comprensión sobre el cálculo.

PROYECTO DE TRABAJO

Arco de St. Louis

El arco de entrada a San Luis, Missouri, fue diseñado utilizando la función coseno hiperbólico. La ecuación utilizada para la construcción del arco fue

$$y = 693.8597 - 68.7672 \cosh 0.0100333x,$$
$$-299.2239 \le x \le 299.2239$$

donde x y y se miden en pies. Las secciones transversales del arco son triángulos equiláteros, y (x, y) traza la ruta de los centros de masa de los triángulos de la sección transversal. Para cada valor de x, el área del triángulo de la sección transversal es

$$A = 125.1406 \cosh 0.0100333x.$$

(*Fuente: Owner's Manual for the Gateway Arch, Saint Louis, MO, por William Thayer.*)

(a) ¿A qué altura sobre el suelo está el centro del triángulo más alto? (A nivel del suelo, $y = 0$.)

(b) ¿Cuál es la altura del arco? (*Sugerencia*: Para un triángulo equilátero, $A = \sqrt{3}c^2$, donde c es la mitad de la base del triángulo, y el centro de masa del triángulo está situado a dos tercios de la altura del triángulo.)

(c) ¿Qué tan ancho es el arco al nivel del suelo?

Recursos adicionales

Recursos para el estudiante
(Disponibles sólo en inglés y con un costo adicional)

- **Manual de soluciones del estudiante para Cálculo de una variable**
  (Capítulos P–10 de *Cálculo*): ISBN 1-285-08571-X

  Manual de soluciones del estudiante para Cálculo de varias variables
  (Capítulos 11–16 de *Cálculo*): ISBN 1-285-08575-2

  Estos manuales contienen soluciones para todos los ejercicios impares.

 *www.webassign.net*

Tarjeta de acceso impresa: ISBN 0-538-73807-3
Código de acceso en línea: ISBN 1-285-18421-1
WebAssign mejorado está diseñado para que pueda hacer su tarea en línea. Este sistema probado y confiable utiliza pedagogía, y con el contenido de este libro permite ayudarle a aprender cálculo más eficazmente. La tarea que se califica en forma automática le permite concentrarse en su aprendizaje y obtener asistencia interactiva en su estudio fuera de clase. WebAssign mejorado para *Cálculo*, 10e, contiene el YouBook Cengage, un eBook interactivo que contiene ¡clips de video, características de resaltado y toma de notas y mucho más!

CourseMate

CourseMate es una herramienta de estudio perfecto para introducir conceptos a la vida con herramientas de aprendizaje interactivo, estudio y preparación de exámenes que apoyan al libro de texto impreso. CourseMate incluye: ¡un eBook interactivo, videos, cuestionarios, tarjetas ilustradas y mucho más!

- **CengageBrain.com** Para tener acceso a los materiales adicionales incluidos en el CourseMate, visite www.cengagebrain.com. En la página de inicio de Cengage-Brain.com, busque el ISBN de su título (en la contraportada del libro) utilizando el cuadro de búsqueda en la parte superior de la página. Éste le llevará a la página del producto, donde podrá encontrar estos recursos.

Recursos para el profesor (Disponibles sólo en inglés)

ENHANCED WebAssign *www.webassign.net*

Exclusivo de Cengage Learning, WebAssign mejorado ofrece un extenso programa en línea para *Cálculo*, 10e, para fomentar la práctica, que es importante para dominar los conceptos. La pedagogía meticulosamente diseñada y los ejercicios en nuestros libros probados serán aún más efectivos en WebAssign mejorado, complementado con apoyo de un tutorial multimedia y retroalimentación inmediata en cuanto los estudiantes completan sus tareas. Las características esenciales son:

- Miles de problemas de tarea que concuerdan con los ejercicios de fin de sección de su libro de texto.
- Oportunidades para que los estudiantes revisen habilidades de prerrequisitos y el contenido tanto al inicio del curso como al principio de cada sección.
- Lea estas páginas del eBook, Vea los videos, Tutoriales para dominar y Platique acerca de los vínculos.
- Un YouBook Cengage adaptable para resaltar, tomar notas y buscar notas, además de vínculos a recursos multimedia.
- Planes de estudio personales (basados en cuestionarios de diagnóstico) que identifican los temas de capítulo que los estudiantes podrán necesitar para tener el dominio.

- Un evaluador de respuestas de WebAssign que reconoce y acepta respuestas matemáticas equivalentes y también califica las tareas.
- Una característica de *Presentación de mi trabajo* que les da la opción a los estudiantes de ver videos de soluciones detalladas.
- ¡Clases, videos y mucho más!

- **YouBook Cengage adaptable** Su Youbook ¡es un eBook interactivo y adaptable! Un libro que contiene todo el contenido de *Cálculo*, 10e. Las características de edición de textos del YouBook le permiten modificar la narrativa del libro de texto cuando sea necesario. Con YouBook rápidamente puede volver a ordenar los capítulos y secciones completas u ocultar cualquier contenido que usted no enseñe para crear un eBook que se ajuste perfectamente con su plan de estudios. Se puede adaptar el libro de texto agregando videos creados por el profesor o vínculos a videos de YouTube. Otras ventajas de los medios incluyen: videoclips, resaltado y toma de notas y mucho más! YouBook está disponible en WebAssign mejorado.

- **Soluciones completas del Manual para cálculo de una sola variable, tomo 1** (Capítulos P–6 de *Cálculo*): ISBN 1-285-08576-0

  Soluciones completas del Manual para cálculo de una sola variable, tomo 2 (Capítulos 7–10 de *Cálculo*): ISBN 1-285-08577-9

  Soluciones completas del Manual para cálculo de varias variables (Capítulos 11–16 de *Cálculo*): ISBN 1-285-08580-9

  Los *Manuales de soluciones completas* contienen soluciones para todos los ejercicios en el libro.

- **Constructor de soluciones** (www.cengage.com/solutionbuilder) Esta base de datos en línea para el profesor ofrece soluciones completas para todos los ejercicios en el libro, lo que le permite crear soluciones personalizadas e impresiones de las soluciones (en formato PDF) que coinciden exactamente con los problemas que se asignan en clase.

- **PowerLecture** (ISBN 1-285-08583-3) Este DVD completo para el profesor incluye recursos como una versión electrónica de la Guía de recursos del profesor completa, clases preconstruidas de PowerPoint®, todas las imágenes del libro en formatos jpeg y PowerPoint y el software algorítmico de exámenes computarizados ExamView®.

- **ExamView exámenes computarizados** Crea, entrega y adapta los exámenes en formato impreso y en línea con ExamView®, un software tutorial y de evaluación fácil de usar. ExamView para *Cálculo*, 10e, contiene cientos de algoritmos de preguntas de opción múltiple y de respuesta corta. ExamView® está disponible en el DVD PowerLecture.

- **Guía de recursos para el profesor** (ISBN 1-285-09074-8) Este poderoso manual contiene varios recursos importantes del libro de texto por capítulo y sección, incluyendo resúmenes del capítulo y estrategias de enseñanza. Una versión electrónica de la Guía de recursos del profesor está disponible en el DVD de PowerLecture.

CourseMate

- CourseMate es una herramienta de estudio ideal para estudiantes y no requiere que lo configure. CourseMate incorpora conceptos del curso a la vida con aprendizaje interactivo, estudio y herramientas de preparación de examen que apoyan el libro impreso. CourseMate para *Cálculo*, 10e, incluye: ¡un eBook interactivo, videos, cuestionarios, tarjetas ilustradas y más! Para los profesores, CourseMate incluye un seguidor de participaciones, una herramienta, primera en su tipo, que supervisa la participación de los estudiantes.

- **CengageBrain.com** Para acceder a más materiales, incluyendo al CourseMate, por favor visite http://login.cengage.com. En la página de inicio CengageBrain.com, busque el ISBN de su título (en la contraportada del libro) utilizando el cuadro de búsqueda en la parte superior de la página. Éste le llevará a la página del producto, donde podrá encontrar estos recursos.

Agradecimientos

Queremos dar las gracias a muchas personas que nos han ayudado en las diferentes etapas de *Cálculo* en los últimos 39 años. Su estímulo, críticas y sugerencias han sido invaluables.

Revisores de la décima edición

Denis Bell, *University of Northern Florida*; Abraham Biggs, *Broward Community College*; Jesse Blosser, *Eastern Mennonite School;* Mark Brittenham, *University of Nebraska*; Mingxiang Chen, *North Carolina A & T State University*; Marcia Kleinz, *Atlantic Cape Community College*; Maxine Lifshitz, *Friends Academy*; Bill Meisel, *Florida State College en Jacksonville*; Martha Nega, *Georgia Perimeter College*; Laura Ritter, *Southern Polytechnic State University*; Chia-Lin Wu, *Richard Stockton College of New Jersey*

Revisores de las ediciones anteriores

Stan Adamski, *Owens Community College*; Alexander Arhangelskii, *Ohio University;* Seth G. Armstrong, *Southern Utah University;* Jim Ball, *Indiana State University;* Marcelle Bessman, *Jacksonville University;* Linda A. Bolte, *Eastern Washington University;* James Braselton, *Georgia Southern University;* Harvey Braverman, *Middlesex County College;* Tim Chappell, *Penn Valley Community College;* Oiyin Pauline Chow, *Harrisburg Area Community College;* Julie M. Clark, *Hollins University;* P. S. Crooke, *Vanderbilt University;* Jim Dotzler, *Nassau Community College;* Murray Eisenberg, *University of Massachusetts en Amherst;* Donna Flint, *South Dakota State University;* Michael Frantz, *University of La Verne;* Sudhir Goel, *Valdosta State University;* Arek Goetz, *San Francisco State University;* Donna J. Gorton, *Butler County Community College;* John Gosselin, *University of Georgia;* Shahryar Heydari, *Piedmont College;* Guy Hogan, *Norfolk State University;* Ashok Kumar, *Valdosta State University;* Kevin J. Leith, *Albuquerque Community College;* Douglas B. Meade, *University of South Carolina;* Teri Murphy, *University of Oklahoma;* Darren Narayan, *Rochester Institute of Technology;* Susan A. Natale, *The Ursuline School, NY;* Terence H. Perciante, *Wheaton College;* James Pommersheim, *Reed College;* Leland E. Rogers, *Pepperdine University;* Paul Seeburger, *Monroe Community College;* Edith A. Silver, *Mercer County Community College;* Howard Speier, *Chandler-Gilbert Community College;* Desmond Stephens, *Florida A&M University;* Jianzhong Su, *University of Texas en Arlington;* Patrick Ward, *Illinois Central College;* Diane Zych, *Erie Community College.*

Muchas gracias a Robert Hostetler, The Behrend College, The Pennsylvania State University, y David Heyd, The Behrend College, The Pennsylvania State University, por sus importantes contribuciones a las ediciones anteriores de este libro.

También nos gustaría dar las gracias al personal de Larson Texts, Inc., que nos ayudó a preparar el manuscrito, a presentar las imágenes, componer y corregir las páginas y suplementos.

A nivel personal, estamos muy agradecidos con nuestras esposas, Deanna Gilbert Larson y Consuelo Edwards, por su amor, paciencia y apoyo. Además, una nota de agradecimiento especial para R. Scott O'Neil.

Si tiene sugerencias para mejorar este libro, por favor no dude en escribirnos. Con los años hemos recibido muchos comentarios útiles de los profesores y estudiantes, y los valoramos mucho.

Ron Larson

Bruce Edwards

Your Course. A su manera

Opciones del libro de texto de *Cálculo*

El curso tradicional de cálculo está disponible en diversas presentaciones del libro de texto para considerar las diferentes maneras de enseñanza de los profesores, y que los estudiantes toman, en sus clases. El libro se puede adaptar para satisfacer sus necesidades individuales y está disponible en CengageBrain.com.

TEMAS CUBIERTOS	ENFOQUE			
	Funciones trascendentes	Funciones trascendentes tempranas	Cobertura acelerada	Cobertura integrada
3 semestre	Cálculo, 10e	Cálculo: Funciones trascendentes tempranas, 5e	Cálculo esencial	
Una sola variable	Cálculo, 10e, de una variable	Cálculo: Funciones trascendentes tempranas, 5e, Una variable		Cálculo I con precálculo, 3e
Varias variables	Cálculo de varias variables, 10e	Cálculo de varias variables, 10e		
Adaptables Todas estas opciones de libros de texto se pueden adaptar para satisfacer las necesidades particulares de su curso.	Cálculo, 10e	Cálculo: Funciones trascendentes tempranas, 5e	Cálculo esencial	Cálculo I con precálculo, 3e

Cálculo
Décima edición
Tomo II

10 Cónicas, ecuaciones paramétricas y coordenadas polares

Radiación de antena *(Ejercicio 47, p. 732)*

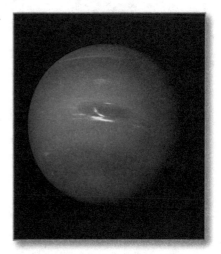

Movimiento planetario
(Ejercicio 67, p. 741)

Arte anamórfico *(Proyecto de trabajo, p. 724)*

Cometa Halley
(Ejercicio 77, p. 694)

Arquitectura *(Ejercicio 71, p. 694)*

10.1   Cónicas y cálculo

- Entender la definición de una sección cónica.
- Analizar y escribir las ecuaciones de la parábola utilizando las propiedades de la parábola.
- Analizar y escribir las ecuaciones de la elipse utilizando las propiedades de la elipse.
- Analizar y escribir ecuaciones de la hipérbola utilizando las propiedades de la hipérbola

Secciones cónicas

Toda **sección cónica** (o simplemente **cónica**) puede describirse como la intersección de un plano y un cono de dos hojas. En la figura 10.1 se observa que en las cuatro cónicas básicas el plano de intersección no pasa por el vértice del cono. Cuando el plano pasa por el vértice, la figura que resulta es una **cónica degenerada**, como se muestra en la figura 10.2.

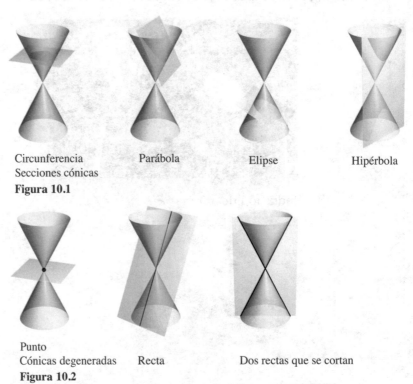

Circunferencia
Secciones cónicas

Parábola

Elipse

Hipérbola

Figura 10.1

Punto
Cónicas degeneradas

Recta

Dos rectas que se cortan

Figura 10.2

Existen varias formas de estudiar las cónicas. Se puede empezar, como lo hicieron los griegos, definiendo las cónicas en términos de la intersección de planos y conos, o se pueden definir algebraicamente en términos de la ecuación general de segundo grado.

$$Ax^2 + Bxy + Cy^2 + Dx + Ey + F = 0. \qquad \text{Ecuación general de segundo grado}$$

Sin embargo, un tercer método en el que cada una de las cónicas está definida como el **lugar geométrico** (o colección) de todos los puntos que satisfacen cierta propiedad geométrica, funciona mejor. Por ejemplo, la circunferencia se define como el conjunto de todos los puntos (x, y) que son equidistantes de un punto fijo (h, k). Esta definición en términos del lugar geométrico conduce fácilmente a la ecuación estándar o canónica de la circunferencia

$$(x - h)^2 + (y - k)^2 = r^2. \qquad \text{Ecuación estándar o canónica de la circunferencia}$$

Para información acerca de la rotación de ecuaciones de segundo grado en dos variables, ver el apéndice D.

HYPATIA (370-415 D.C.)

Los griegos descubrieron las secciones cónicas entre los años 600 y 300 a.C. A principios del periodo Alejandrino ya se sabía lo suficiente acerca de las cónicas como para que Apolonio (262-190 a.C.) escribiera una obra de ocho volúmenes sobre el tema. Más tarde, hacia finales del periodo Alejandrino, Hypatia escribió un texto titulado *Sobre las cónicas de Apolonio*. Su muerte marcó el final de los grandes descubrimientos matemáticos en Europa por varios siglos.

Los primeros griegos se interesaron mucho por las propiedades geométricas de las cónicas. No fue sino 1900 años después, a principios del siglo XVII, cuando se hicieron evidentes las amplias posibilidades de aplicación de las cónicas, las cuales llegaron a jugar un papel prominente en el desarrollo del cálculo.
Consulte LarsonCalculus.com para leer más acerca de esta biografía.

■ **PARA INFORMACIÓN ADICIONAL**
Para conocer más sobre las actividades de esta matemática, consulte el artículo "Hypatia and her Mathematics", de Michael A. B. Deakin, en *The American Mathematical Monthly*. Para ver este artículo, vaya a *MathArticles.com*.

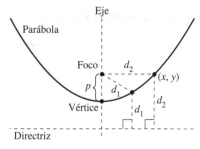

Figura 10.3

Parábolas

Una **parábola** es el conjunto de todos los puntos (x, y) equidistantes de una recta fija llamada **directriz** y de un punto fijo, fuera de dicha recta, llamado **foco**. El punto medio entre el foco y la directriz es el **vértice**, y la recta que pasa por el foco y el vértice es el **eje** de la parábola. Obsérvese en la figura 10.3 que la parábola es simétrica respecto de su eje.

TEOREMA 10.1   Ecuación estándar o canónica de una parábola

La **forma estándar** o canónica de la ecuación de una parábola con vértice (h, k) y directriz $y = k - p$ es

$$(x - h)^2 = 4p(y - k).$$ Eje vertical

Para la directriz $x = h - p$, la ecuación es

$$(y - k)^2 = 4p(x - h).$$ Eje horizontal

El foco se encuentra en el eje a p unidades (*distancia dirigida*) del vértice. Las coordenadas del foco son las siguientes.

$$(h, k + p)$$ Eje vertical
$$(h + p, k)$$ Eje horizontal

EJEMPLO 1   Hallar el foco de una parábola

Halle el foco de la parábola dada por

$$y = \frac{1}{2} - x - \frac{1}{2}x^2.$$

Solución   Para hallar el foco, convierta a la forma canónica o estándar completando el cuadrado.

$$y = \frac{1}{2} - x - \frac{1}{2}x^2$$ Reescriba la ecuación original.
$$2y = 1 - 2x - x^2$$ Multiplique cada lado por 2.
$$2y = 1 - (x^2 + 2x)$$ Agrupe términos.
$$2y = 2 - (x^2 + 2x + 1)$$ Sume y reste 1 en el lado derecho.
$$x^2 + 2x + 1 = -2y + 2$$
$$(x + 1)^2 = -2(y - 1)$$ Exprese en la forma estándar o canónica.

Si compara esta ecuación con

$$(x - h)^2 = 4p(y - k)$$

se concluye que

$$h = -1, \quad k = 1 \quad \text{y} \quad p = -\frac{1}{2}.$$

Como p es negativo, la parábola se abre hacia abajo, como se muestra en la figura 10.4. Por tanto, el foco de la parábola se encuentra a p unidades del vértice, o sea

$$(h, k + p) = \left(-1, \frac{1}{2}\right).$$ Foco   ■

A un segmento de la recta que pasa por el foco de una parábola y que tiene sus extremos en la parábola se le llama **cuerda focal**. La cuerda focal perpendicular al eje de la parábola es el **lado recto** (*latus rectum*). El ejemplo siguiente muestra cómo determinar la longitud del lado recto y la longitud del correspondiente arco intersecado.

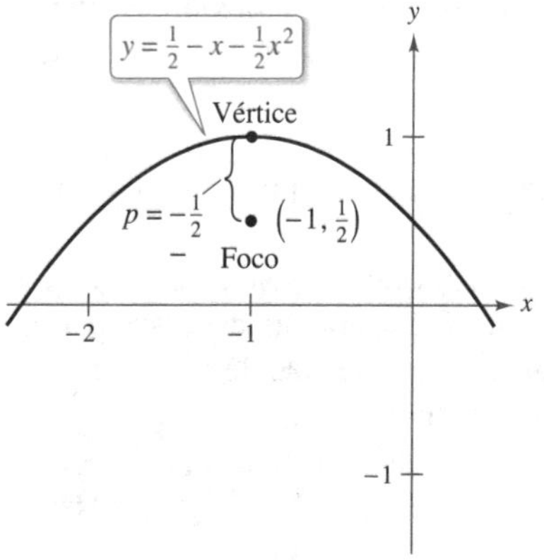

Parábola con un eje vertical $p < 0$.
Figura 10.4

EJEMPLO 2 **Longitud de la cuerda focal y longitud de arco**

• • • • ▷ *Consulte LarsonCalculus.com para una versión interactiva de este tipo de ejemplo.*

Encuentre la longitud del lado recto de la parábola

$$x^2 = 4py.$$

Después, halle la longitud del arco parabólico intersecado por el lado recto.

Solución Debido a que el lado recto pasa por el foco $(0, p)$ y es perpendicular al eje y, las coordenadas de sus extremos son

$$(-x, p) \quad y \quad (x, p).$$

Al sustituir p en lugar de y, en la ecuación de la parábola, obtiene

$$x^2 = 4p(p) \quad \implies \quad x = \pm 2p.$$

Entonces, los extremos del lado recto son $(-2p, p)$ y $(2p, p)$, y se concluye que su longitud es $4p$, como se muestra en la figura 10.5. En cambio, la longitud del arco intersecado es

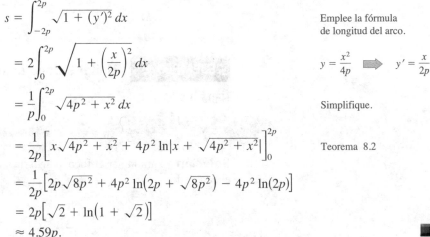

$$s = \int_{-2p}^{2p} \sqrt{1 + (y')^2} \, dx \qquad \text{Emplee la fórmula de longitud del arco.}$$

$$= 2 \int_0^{2p} \sqrt{1 + \left(\frac{x}{2p}\right)^2} \, dx \qquad y = \frac{x^2}{4p} \implies y' = \frac{x}{2p}$$

$$= \frac{1}{p} \int_0^{2p} \sqrt{4p^2 + x^2} \, dx \qquad \text{Simplifique.}$$

$$= \frac{1}{2p} \left[x\sqrt{4p^2 + x^2} + 4p^2 \ln\left|x + \sqrt{4p^2 + x^2}\right| \right]_0^{2p} \qquad \text{Teorema 8.2}$$

$$= \frac{1}{2p} \left[2p\sqrt{8p^2} + 4p^2 \ln\left(2p + \sqrt{8p^2}\right) - 4p^2 \ln(2p) \right]$$

$$= 2p \left[\sqrt{2} + \ln\left(1 + \sqrt{2}\right) \right]$$

$$\approx 4.59p.$$

Una propiedad muy utilizada de la parábola es su propiedad de reflexión. En física, se dice que una superficie es reflectora si la tangente a cualquier punto de la superficie produce ángulos iguales con un rayo incidente y con el rayo reflejado resultante. El ángulo correspondiente al rayo incidente es el ángulo de incidencia, y el ángulo correspondiente al rayo que se refleja es el ángulo de reflexión. Un espejo plano es un ejemplo de una superficie reflectora.

Otro tipo de superficie reflectora es la que se forma por revolución de una parábola alrededor de su eje. Una propiedad especial de los reflectores parabólicos es que permiten dirigir hacia el foco de la parábola todos los rayos incidentes paralelos al eje. Éste es el principio detrás del diseño de todos los espejos parabólicos que se utilizan en los telescopios de reflexión. Inversamente, todos los rayos de luz que emanan del foco de una linterna con reflector parabólico son paralelos, como se ilustra en la figura 10.6.

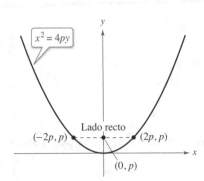

$x^2 = 4py$

Lado recto

$(-2p, p)$ $(2p, p)$

$(0, p)$

Longitud del lado recto: $4p$.

Figura 10.5

Fuente de luz en el foco

Eje

Reflector parabólico: la luz se refleja en rayos paralelos.

Figura 10.6

TEOREMA 10.2 **Propiedad de reflexión de una parábola**

Sea P un punto de una parábola. La tangente a la parábola en el punto P produce ángulos iguales con las dos rectas siguientes.

1. La recta que pasa por P y por el foco

2. La recta paralela al eje de la parábola que pasa por P

NICOLÁS COPÉRNICO (1473-1543)

Copérnico comenzó el estudio del movimiento planetario cuando se le pidió que corrigiera el calendario. En aquella época, el uso de la teoría de que la Tierra era el centro del Universo no permitía predecir con exactitud la longitud de un año.
Consulte LarsonCalculus.com para leer más de esta biografía.

Elipses

Más de mil años después de terminar el periodo Alejandrino de la matemática griega, comienza un renacimiento de la matemática y del descubrimiento científico en la civilización occidental. Nicolás Copérnico, astrónomo polaco, fue figura principal en este renacimiento. En su trabajo *Sobre las revoluciones de las esferas celestes*, Copérnico sostenía que todos los planetas, incluyendo la Tierra, giraban, en órbitas circulares, alrededor del Sol. Aun cuando algunas de las afirmaciones de Copérnico no eran válidas, la controversia desatada por su teoría heliocéntrica motivó a que los astrónomos buscaran un modelo matemático para explicar los movimientos del Sol y de los planetas que podían observar. El primero en encontrar un modelo correcto fue el astrónomo alemán Johannes Kepler (1571-1630). Kepler descubrió que los planetas se mueven alrededor del Sol, en órbitas elípticas, teniendo al Sol no como centro, sino como uno de los puntos focales de la órbita.

El uso de las elipses para explicar los movimientos de los planetas es sólo una de sus aplicaciones prácticas y estéticas. Como con la parábola, el estudio de este segundo tipo de cónica empieza definiéndola como lugar geométrico de puntos. Sin embargo, ahora se tienen *dos* puntos focales en lugar de uno.

Una **elipse** es el conjunto de todos los puntos (x, y), cuya suma de distancias a dos puntos fijos llamados **focos** es constante. (Vea la figura 10.7.) La recta que une a los focos interseca la elipse en dos puntos, llamados **vértices**. La cuerda que une a los vértices es el **eje mayor**, y su punto medio es el **centro** de la elipse. La cuerda que pasa por el centro, perpendicular al eje mayor, es el **eje menor** de la elipse. (Vea la figura 10.8.)

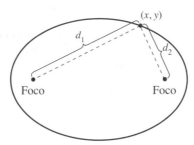

Figura 10.7   Figura 10.8

TEOREMA 10.3   Ecuación estándar o canónica de una elipse

La forma estándar o canónica de la ecuación de una elipse con centro (h, k) y longitudes de los ejes mayor y menor $2a$ y $2b$, respectivamente, donde $a > b$, es

$$\frac{(x - h)^2}{a^2} + \frac{(y - k)^2}{b^2} = 1 \qquad \text{El eje mayor es horizontal.}$$

o

$$\frac{(x - h)^2}{b^2} + \frac{(y - k)^2}{a^2} = 1. \qquad \text{El eje mayor es vertical.}$$

Los focos se encuentran en el eje mayor, a c unidades del centro, con

$$c^2 = a^2 - b^2.$$

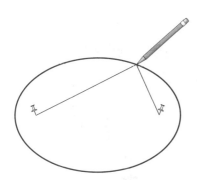

Si los extremos de una cuerda se atan a los alfileres y se tensa la cuerda con un lápiz, la trayectoria trazada con el lápiz será una elipse.

Figura 10.9

La definición de una elipse se puede visualizar si se imaginan dos alfileres colocados en los focos, como se muestra en la figura 10.9.

■ **PARA INFORMACIÓN ADICIONAL** Para saber más acerca de cómo "hacer explotar" una elipse para convertirla en una parábola, consulte el artículo "Exploding the Ellipse", de Arnold Good, en *Mathematics Teacher*. Para ver este artículo, vaya a *MathArticles.com*.

EJEMPLO 3   Análisis de una elipse

Encuentre el centro, los vértices y los focos de la elipse dada por

$$4x^2 + y^2 - 8x + 4y - 8 = 0.$$ Ecuación general de segundo grado

Solución   Al completar el cuadrado puede expresar la ecuación original en la forma estándar o canónica.

$$\frac{(x-1)^2}{4} + \frac{(y+2)^2}{16} = 1$$

$$4x^2 + y^2 - 8x + 4y - 8 = 0$$ Escriba la ecuación original.

$$4x^2 - 8x + y^2 + 4y = 8$$

$$4(x^2 - 2x + 1) + (y^2 + 4y + 4) = 8 + 4 + 4$$

$$4(x-1)^2 + (y+2)^2 = 16$$

$$\frac{(x-1)^2}{4} + \frac{(y+2)^2}{16} = 1$$ Escriba la forma estándar o canónica.

Vértice

Foco

Centro

Foco

Vértice

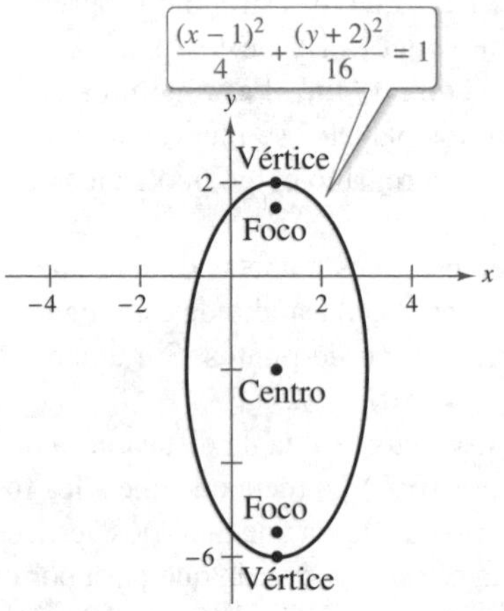

Elipse con eje mayor vertical.
Figura 10.10

Así, el eje mayor es paralelo al eje y, donde $h = 1$, $k = -2$, $a = 4$, $b = 2$ y $c = \sqrt{16 - 4} = 2\sqrt{3}$. Por tanto, se obtiene:

Centro: $(1, -2)$ (h, k)

Vértices: $(1, -6)$ y $(1, 2)$ $(h, k \pm a)$

Focos: $\left(1, -2 - 2\sqrt{3}\right)$ y $\left(1, -2 + 2\sqrt{3}\right)$ $(h, k \pm c)$

La gráfica de la elipse se muestra en la figura 10.10.   ∎

En el ejemplo 3, el término constante en la ecuación de segundo grado es $F = -8$. Si el término constante hubiese sido mayor o igual a 8, se hubiera obtenido alguno de los siguientes casos degenerados.

1. $F = 8$, un solo punto, $(1, -2)$: $\dfrac{(x-1)^2}{4} + \dfrac{(y+2)^2}{16} = 0$

2. $F > 8$, no existen puntos solución: $\dfrac{(x-1)^2}{4} + \dfrac{(y+2)^2}{16} < 0$

EJEMPLO 4   La órbita de la Luna

La Luna gira alrededor de la Tierra siguiendo una trayectoria elíptica en la que el centro de la Tierra está en uno de los focos, como se ilustra en la figura 10.11. Las longitudes de los ejes mayor y menor de la órbita son 768,800 kilómetros y 767,640 kilómetros, respectivamente. Encuentre las distancias mayor y menor (apogeo y perigeo) entre el centro de la Tierra y el centro de la Luna.

Solución   Para comenzar, encuentre a y b.

$$2a = 768,800$$ Longitud del eje mayor

$$a = 384,400$$ Despeje a.

$$2b = 767,640$$ Longitud del eje menor

$$b = 383,820$$ Despeje b.

Ahora, al emplear estos valores, despeje c como sigue.

$$c = \sqrt{a^2 - b^2} \approx 21,108$$

La distancia mayor entre el centro de la Tierra y el centro de la Luna es

$$a + c \approx 405,508 \text{ kilómetros}$$

y la distancia menor es

$$a - c \approx 363,292 \text{ kilómetros}.$$ ∎

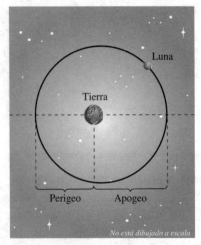

Luna

Tierra

Perigeo   Apogeo

No está dibujado a escala

Figura 10.11

■ **PARA INFORMACIÓN ADICIONAL**
Para más información acerca de algunos usos de las propiedades de reflexión de las cónicas, consulte el artículo "Parabolic Mirrors, Elliptic and Hyperbolic Lenses", de Mohsen Maesumi, en *The American Mathematical Monthly*. Consulte también el artículo "The Geometry of Microwave Antennas", de William R. Parzynski, en *Mathematics Teacher*.

En el teorema 10.2 se presentó la propiedad de reflexión de la parábola. La elipse tiene una propiedad semejante. En el ejercicio 84 se pide demostrar el siguiente teorema.

> **TEOREMA 10.4 Propiedad de reflexión de la elipse**
>
> Sea P un punto de una elipse. La recta tangente a la elipse en el punto P forma ángulos iguales con las rectas que pasan por P y por los focos.

Uno de los motivos por el cual los astrónomos tuvieron dificultad para descubrir que las órbitas de los planetas son elípticas es el hecho de que los focos de las órbitas planetarias están relativamente cerca del centro del Sol, lo que hace a las órbitas ser casi circulares. Para medir el achatamiento de una elipse, se puede usar el concepto de **excentricidad**.

> **Definición de la excentricidad de una elipse**
>
> La **excentricidad** e de una elipse está dada por el cociente
>
> $$e = \frac{c}{a}.$$

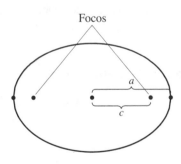

(a) $\dfrac{c}{a}$ es pequeño.

(b) $\dfrac{c}{a}$ es casi 1.

Excentricidad es el cociente $\dfrac{c}{a}$.

Figura 10.12

Para ver cómo se usa este cociente en la descripción de la forma de una elipse, observe que como los focos de una elipse se localizan a lo largo del eje mayor entre los vértices y el centro, se tiene que

$$0 < c < a.$$

En una elipse casi circular, los focos se encuentran cerca del centro y el cociente c/a es pequeño, mientras que en una elipse alargada los focos se encuentran cerca de los vértices y el cociente c/a está cerca de 1, como se ilustra en la figura 10.12. Observe que

$$0 < e < 1$$

para toda elipse.

La excentricidad de la órbita de la Luna es $e \approx 0.0549$, y las excentricidades de las nueve órbitas planetarias son las siguientes.

Mercurio:	$e \approx 0.2056$	Júpiter:	$e \approx 0.0484$
Venus:	$e \approx 0.0068$	Saturno:	$e \approx 0.0542$
Tierra:	$e \approx 0.0167$	Urano:	$e \approx 0.0472$
Marte:	$e \approx 0.0934$	Neptuno:	$e \approx 0.0086$

Por integración puede demostrar que el área de una elipse es $A = \pi ab$. Por ejemplo, el área de la elipse

$$\frac{x^2}{a^2} + \frac{y^2}{b^2} = 1$$

es

$$A = 4 \int_0^a \frac{b}{a} \sqrt{a^2 - x^2} \, dx$$

$$= \frac{4b}{a} \int_0^{\pi/2} a^2 \cos^2 \theta \, d\theta. \qquad \text{Sustitución trigonométrica } x = a \operatorname{sen} \theta$$

Sin embargo, encontrar el *perímetro* de una elipse no es fácil. El siguiente ejemplo muestra cómo usar la excentricidad para establecer una "integral elíptica" para el perímetro de una elipse.

> **EJEMPLO 5** **Encontrar el perímetro de una elipse**

• • • • ▷ *Consulte LarsonCalculus.com para una versión interactiva de este tipo de ejemplo.*

Demuestre que el perímetro de una elipse $(x^2/a^2) + (y^2/b^2) = 1$ es

$$4a \int_0^{\pi/2} \sqrt{1 - e^2 \operatorname{sen}^2 \theta} \, d\theta. \qquad e = \frac{c}{a}$$

Solución Como la elipse dada es simétrica respecto al eje x y al eje y, sabe que su perímetro C es el cuádruplo de la longitud de arco de

$$y = \frac{b}{a}\sqrt{a^2 - x^2}$$

en el primer cuadrante. La función y es derivable para toda x en el intervalo $[0, a]$, excepto en $x = a$. Entonces, el perímetro está dado por la integral impropia

$$C = \lim_{d \to a^-} 4 \int_0^d \sqrt{1 + (y')^2} \, dx = 4 \int_0^a \sqrt{1 + (y')^2} \, dx = 4 \int_0^a \sqrt{1 + \frac{b^2 x^2}{a^2(a^2 - x^2)}} \, dx.$$

Al usar la sustitución trigonométrica $x = a \operatorname{sen} \theta$, obtiene

$$\begin{aligned}
C &= 4 \int_0^{\pi/2} \sqrt{1 + \frac{b^2 \operatorname{sen}^2 \theta}{a^2 \cos^2 \theta}} \, (a \cos \theta) \, d\theta \\
&= 4 \int_0^{\pi/2} \sqrt{a^2 \cos^2 \theta + b^2 \operatorname{sen}^2 \theta} \, d\theta \\
&= 4 \int_0^{\pi/2} \sqrt{a^2(1 - \operatorname{sen}^2 \theta) + b^2 \operatorname{sen}^2 \theta} \, d\theta \\
&= 4 \int_0^{\pi/2} \sqrt{a^2 - (a^2 - b^2) \operatorname{sen}^2 \theta} \, d\theta.
\end{aligned}$$

Debido a que $e^2 = c^2/a^2 = (a^2 - b^2)/a^2$, puede escribir esta integral como

$$C = 4a \int_0^{\pi/2} \sqrt{1 - e^2 \operatorname{sen}^2 \theta} \, d\theta.$$

Se ha dedicado mucho tiempo al estudio de las integrales elípticas. En general dichas integrales no tienen antiderivadas o primitivas elementales. Para encontrar el perímetro de una elipse, por lo general hay que recurrir a una técnica de aproximación.

> **EJEMPLO 6** **Aproximar el valor de una integral elíptica**

Use la integral elíptica del ejemplo 5 para aproximar el perímetro de la elipse

$$\frac{x^2}{25} + \frac{y^2}{16} = 1.$$

Solución Como $e^2 = c^2/a^2 = (a^2 - b^2)/a^2 = 9/25$, tiene

$$C = (4)(5) \int_0^{\pi/2} \sqrt{1 - \frac{9 \operatorname{sen}^2 \theta}{25}} \, d\theta.$$

Aplicando la regla de Simpson con $n = 4$ obtiene

$$\begin{aligned}
C &\approx 20 \left(\frac{\pi}{6}\right)\left(\frac{1}{4}\right)[1 + 4(0.9733) + 2(0.9055) + 4(0.8323) + 0.8] \\
&\approx 28.36.
\end{aligned}$$

Por tanto, el perímetro de la elipse es aproximadamente 28.36 unidades, como se muestra en la figura 10.13.

**ÁREA Y PERÍMETRO
DE UNA ELIPSE**

En su trabajo con órbitas elípticas, a principios del siglo XVII, Johannes Kepler desarrolló una fórmula para encontrar el área de una elipse $A = \pi ab$. Sin embargo, tuvo menos éxito en hallar una fórmula para el perímetro de una elipse, para el cual sólo dio la siguiente fórmula de aproximación $C = \pi(a + b)$.

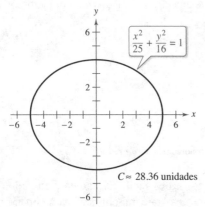

$$\frac{x^2}{25} + \frac{y^2}{16} = 1$$

$C \approx 28.36$ unidades

Figura 10.13

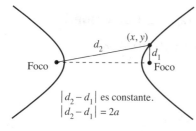

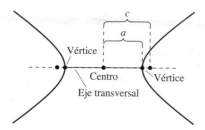

Figura 10.14

Hipérbolas

La definición de hipérbola es similar a la de la elipse. En la elipse, la *suma* de las distancias de un punto de la elipse a los focos es fija, mientras que en la hipérbola, el valor absoluto de la *diferencia* entre estas distancias es fijo.

Una **hipérbola** es el conjunto de todos los puntos (x, y) para los que el valor absoluto de la diferencia entre las distancias a dos puntos fijos llamados **focos** es constante. (Vea la figura 10.14.) La recta que pasa por los dos focos corta a la hipérbola en dos puntos llamados **vértices**. El segmento de recta que une a los vértices es el eje transversal, y el punto medio del eje transversal es el **centro** de la hipérbola. Un rasgo distintivo de la hipérbola es que su gráfica tiene dos *ramas* separadas.

TEOREMA 10.5   Ecuación estándar o canónica de una hipérbola

La forma estándar o canónica de la ecuación de una hipérbola con centro (h, k) es

$$\frac{(x-h)^2}{a^2} - \frac{(y-k)^2}{b^2} = 1 \qquad \text{El eje transversal es horizontal.}$$

o

$$\frac{(y-k)^2}{a^2} - \frac{(x-h)^2}{b^2} = 1. \qquad \text{El eje transversal es vertical.}$$

Los vértices se encuentran a a unidades del centro y los focos se encuentran a c unidades del centro, con $c^2 = a^2 + b^2$.

Observe que en la hipérbola no existe la misma relación entre las constantes a, b y c, que en la elipse. En la hipérbola, $c^2 = a^2 + b^2$, mientras que en la elipse, $c^2 = a^2 - b^2$.

Una ayuda importante para trazar la gráfica de una hipérbola es determinar sus asíntotas, como se ilustra en la figura 10.15. Toda hipérbola tiene dos asíntotas que se intersecan en el centro de la hipérbola. Las asíntotas pasan por los vértices de un rectángulo de dimensiones $2a$ por $2b$, con centro en (h, k). Al segmento de la recta de longitud $2b$ que une

$$(h, k + b)$$

y

$$(h, k - b)$$

se le conoce como **eje conjugado** de la hipérbola.

Figura 10.15

TEOREMA 10.6   Asíntotas de una hipérbola

Si el eje transversal es *horizontal*, las ecuaciones de las asíntotas son

$$y = k + \frac{b}{a}(x - h) \quad \text{y} \quad y = k - \frac{b}{a}(x - h).$$

Si el eje transversal es *vertical*, las ecuaciones de las asíntotas son

$$y = k + \frac{a}{b}(x - h) \quad \text{y} \quad y = k - \frac{a}{b}(x - h).$$

En la figura 10.15 se puede ver que las asíntotas coinciden con las diagonales del rectángulo de dimensiones $2a$ y $2b$, centrado en (h, k). Esto proporciona una manera rápida de trazar las asíntotas, las que a su vez ayudan a trazar la hipérbola.

EJEMPLO 7 **Uso de las asíntotas para trazar una hipérbola**

⋮ ⋯▷ *Consulte LarsonCalculus.com para leer más acerca de esta biografía.*

Trace la gráfica de la hipérbola cuya ecuación es

$$4x^2 - y^2 = 16.$$

Solución Para empezar, escriba la ecuación en la forma estándar o canónica.

$$\frac{x^2}{4} - \frac{y^2}{16} = 1$$

El eje transversal es horizontal y los vértices se encuentran en $(-2, 0)$ y $(2, 0)$. Los extremos del eje conjugado se encuentran en $(0, -4)$ y $(0, 4)$. Con estos cuatro puntos, puede trazar el rectángulo que se muestra en la figura 10.16(a). Al dibujar las asíntotas a través de las esquinas de este rectángulo, el trazo se termina como se muestra en la figura 10.16(b).

▷ **TECNOLOGÍA** Para verificar la gráfica obtenida en el ejemplo 7 puede emplear una herramienta de graficación y despejar *y* de la ecuación original para representar gráficamente las ecuaciones siguientes.

$$y_1 = \sqrt{4x^2 - 16}$$
$$y_2 = -\sqrt{4x^2 - 16}$$

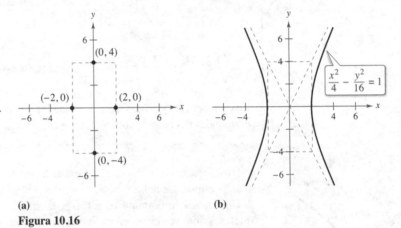

(a)

(b)

Figura 10.16

Definición de la excentricidad de una hipérbola

La **excentricidad** *e* de una hipérbola es dada por el cociente

$$e = \frac{c}{a}.$$

■ **PARA INFORMACIÓN ADICIONAL**
Para leer acerca del uso de una cuerda que traza arcos, tanto elípticos como hiperbólicos, teniendo los mismos focos, vea el artículo "Ellipse to Hyperbola: With This String I Thee Wed", de Tom M. Apostol y Mamikon A. Mnatsakanian, en *Mathematics Magazine*. Para ver este artículo vaya a *MathArticles.com*.

Como en la elipse, la **excentricidad** de una hipérbola es $e = c/a$. Dado que en la hipérbola $c > a$ resulta que $e > 1$. Si la excentricidad es grande, las ramas de la hipérbola son casi planas. Si la excentricidad es cercana a 1, las ramas de la hipérbola son más puntiagudas, como se muestra en la figura 10.17.

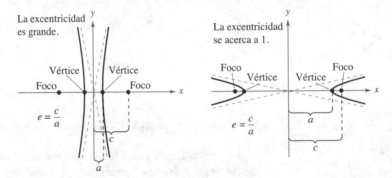

Figura 10.17

La aplicación siguiente fue desarrollada durante la Segunda Guerra Mundial. Muestra cómo los radares y otros sistemas de detección pueden usar las propiedades de la hipérbola.

EJEMPLO 8 Un sistema hiperbólico de detección

Dos micrófonos, a una milla de distancia entre sí, registran una explosión. El micrófono A recibe el sonido 2 segundos antes que el micrófono B. ¿Dónde fue la explosión?

Solución Suponiendo que el sonido viaja a 1100 pies por segundo, se sabe que la explosión tuvo lugar 2200 pies más lejos de B que de A, como se observa en la figura 10.18. El lugar geométrico de todos los puntos que se encuentran 2200 pies más cercanos a A que a B es una rama de la hipérbola

$$\frac{x^2}{a^2} - \frac{y^2}{b^2} = 1$$

donde

$$c = \frac{1 \text{ milla}}{2} = \frac{5280 \text{ pies}}{2} = 2640 \text{ pies}$$

y

$$a = \frac{2200 \text{ pies}}{2} = 1100 \text{ pies}.$$

Como $c^2 = a^2 + b^2$, se tiene que

$$b^2 = c^2 - a^2$$
$$= (2640)^2 - (1100)^2$$
$$= 5{,}759{,}600$$

y se puede concluir que la explosión ocurrió en algún lugar sobre la rama derecha de la hipérbola dada por

$$\frac{x^2}{1{,}210{,}000} - \frac{y^2}{5{,}759{,}600} = 1.$$

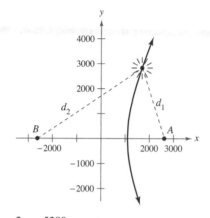

$2c = 5280$
$d_2 - d_1 = 2a = 2200$
Figura 10.18

En el ejemplo 8 sólo se pudo determinar la hipérbola en la que ocurrió la explosión, pero no la localización exacta de la explosión. Sin embargo, si se hubiera recibido el sonido también en una tercera posición C, entonces se habrían determinado otras dos hipérbolas. La localización exacta de la explosión sería el punto en el que se cortan estas tres hipérbolas.

Otra aplicación interesante de las cónicas está relacionada con las órbitas de los cometas en nuestro Sistema Solar. De los 610 cometas identificados antes de 1970, 245 tienen órbitas elípticas, 295 tienen órbitas parabólicas y 70 tienen órbitas hiperbólicas. El centro del Sol es un foco de cada órbita, y cada órbita tiene un vértice en el punto en el que el cometa se encuentra más cerca del Sol. Sin lugar a dudas, aún no se identifican muchos cometas con órbitas parabólicas e hiperbólicas, ya que dichos cometas pasan una sola vez por nuestro Sistema Solar. Sólo los cometas con órbitas elípticas como la del cometa Halley permanecen en nuestro Sistema Solar.

El tipo de órbita de un cometa puede determinarse de la forma siguiente.

1. Elipse: $v < \sqrt{2GM/p}$
2. Parábola: $v = \sqrt{2GM/p}$
3. Hipérbola: $v > \sqrt{2GM/p}$

En estas tres fórmulas, p es la distancia entre un vértice y un foco de la órbita del cometa (en metros), v es la velocidad del cometa en el vértice (en metros por segundo), $M \approx 1.989 \times 10^{30}$ kilogramos es la masa del Sol y $G \approx 6.67 \times 10^8$ metros cúbicos por kilogramo por segundo cuadrado es la constante de gravedad.

**CAROLINE HERSCHEL
(1750-1848)**

La primera mujer a la que se atribuyó haber detectado un nuevo cometa fue la astrónoma inglesa Caroline Herschel. Durante su vida, Caroline Herschel descubrió ocho cometas.
Consulte LarsonCalculus.com para leer más acerca de esta biografía.

Correspondencia En los ejercicios 1-6, relacione la ecuación con su gráfica. [Las gráficas están marcadas (a), (b), (c), (d), (e) y (f).]

(a)
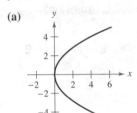

(b)
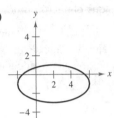

(c)
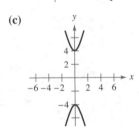

(d)
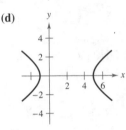

(e)
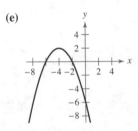

(f)
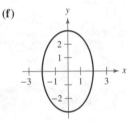

1. $y^2 = 4x$

2. $(x + 4)^2 = -2(y - 2)$

3. $\dfrac{y^2}{16} - \dfrac{x^2}{1} = 1$

4. $\dfrac{(x - 2)^2}{16} + \dfrac{(y + 1)^2}{4} = 1$

5. $\dfrac{x^2}{4} + \dfrac{y^2}{9} = 1$

6. $\dfrac{(x - 2)^2}{9} - \dfrac{y^2}{4} = 1$

Trazado de una parábola En los ejercicios 7-14, halle el vértice, el foco y la directriz de la parábola, y trace su gráfica.

7. $y^2 = -8x$

8. $x^2 + 6y = 0$

9. $(x + 5) + (y - 3)^2 = 0$

10. $(x - 6)^2 + 8(y + 7) = 0$

11. $y^2 - 4y - 4x = 0$

12. $y^2 + 6y + 8x + 25 = 0$

13. $x^2 + 4x + 4y - 4 = 0$

14. $y^2 + 4y + 8x - 12 = 0$

Hallar la ecuación de una parábola En los ejercicios 15-22, halle una ecuación de la parábola.

15. Vértice: $(5, 4)$
 Foco: $(3, 4)$

16. Vértice: $(-2, 1)$
 Foco: $(-2, -1)$

17. Vértice: $(0, 5)$
 Directriz: $y = -3$

18. Foco: $(2, 2)$
 Directriz: $x = -2$

19. Vértice: $(0, 4)$
 Puntos en la parábola:
 $(-2, 0), (2, 0)$

20. Vértice: $(2, 4)$
 Puntos en la parábola:
 $(0, 0), (4, 0)$

21. El eje es paralelo al eje y; la gráfica pasa por $(0, 3)$, $(3, 4)$ y $(4, 11)$.

22. Directriz: $y = -2$; extremos del lado recto son $(0, 2)$ y $(8, 2)$.

Trazar una elipse En los ejercicios 23-28, halle el centro, los focos, vértices y excentricidad de la elipse, y trace su gráfica

23. $16x^2 + y^2 = 16$

24. $3x^2 + 7y^2 = 63$

25. $\dfrac{(x - 3)^2}{16} + \dfrac{(y - 1)^2}{25} = 1$

26. $(x + 4)^2 + \dfrac{(y + 6)^2}{1/4} = 1$

27. $9x^2 + 4y^2 + 36x - 24y + 36 = 0$

28. $16x^2 + 25y^2 - 64x + 150y + 279 = 0$

Hallar la ecuación de una elipse En los ejercicios 29-34, halle una ecuación de la parábola.

29. Centro: $(0, 0)$
 Foco: $(5, 0)$
 Vértice: $(6, 0)$

30. Vértices: $(0, 3), (8, 3)$
 Excentricidad: $\frac{3}{4}$

31. Vértices: $(3, 1), (3, 9)$
 Longitud del eje menor: 6

32. Foco: $(0, \pm 9)$
 Longitud del eje mayor: 22

33. Centro: $(0, 0)$
 Eje mayor: horizontal
 Puntos en la elipse:
 $(3, 1), (4, 0)$

34. Centro: $(1, 2)$
 Eje mayor: vertical
 Puntos en la elipse:
 $(1, 6), (3, 2)$

Trazar una hipérbola En los ejercicios 35 a 40, halle el centro, los focos y vértices de la hipérbola, y trace su gráfica utilizando sus asíntotas como ayuda.

35. $\dfrac{x^2}{25} - \dfrac{y^2}{16} = 1$

36. $\dfrac{(y + 3)^2}{225} - \dfrac{(x - 5)^2}{64} = 1$

37. $9x^2 - y^2 - 36x - 6y + 18 = 0$

38. $y^2 - 16x^2 + 64x - 208 = 0$

39. $x^2 - 9y^2 + 2x - 54y - 80 = 0$

40. $9x^2 - 4y^2 + 54x + 8y + 78 = 0$

Hallar la ecuación de una hipérbola En los ejercicios 41-48, halle una ecuación de la hipérbola.

41. Vértices: $(\pm 1, 0)$
 Asíntotas: $y = \pm 5x$

42. Vértices: $(0, \pm 4)$
 Asíntotas: $y = \pm 2x$

43. Vértices: $(2, \pm 3)$
 Punto en la gráfica: $(0, 5)$

44. Vértices: $(2, \pm 3)$
 Focos: $(2, \pm 5)$

45. Centro: $(0, 0)$
 Vértices: $(0, 2)$
 Focos: $(0, 4)$

46. Centro: $(0, 0)$
 Vértices: $(6, 0)$
 Focos: $(10, 0)$

47. Vértices: $(0, 2), (6, 2)$
 Asíntotas: $y = \frac{2}{3}x$
 $y = 4 - \frac{2}{3}x$

48. Focos: $(20, 0)$
 Asíntotas: $y = \pm \frac{3}{4}x$

Hallar las ecuaciones de las rectas tangentes y normales En los ejercicios 49 y 50, halle las ecuaciones de (a) las rectas tangentes y (b) las rectas normales a la hipérbola para el valor dado de x.

49. $\dfrac{x^2}{9} - y^2 = 1$, $x = 6$ **50.** $\dfrac{y^2}{4} - \dfrac{x^2}{2} = 1$, $x = 4$

Clasificar la gráfica de una ecuación En los ejercicios 51-58, clasifique la gráfica de la ecuación como circunferencia, parábola, elipse o hipérbola.

51. $x^2 + 4y^2 - 6x + 16y + 21 = 0$

52. $4x^2 - y^2 - 4x - 3 = 0$

53. $25x^2 - 10x - 200y - 119 = 0$

54. $y^2 - 4y = x + 5$

55. $9x^2 + 9y^2 - 36x + 6y + 34 = 0$

56. $2x(x - y) = y(3 - y - 2x)$

57. $3(x - 1)^2 = 6 + 2(y + 1)^2$

58. $9(x + 3)^2 = 36 - 4(y - 2)^2$

DESARROLLO DE CONCEPTOS

59. Parábola
 (a) Escriba la definición de parábola.
 (b) Escriba las formas estándar o canónicas de una parábola con vértice en (h, k).
 (c) Exprese, con sus propias palabras, la propiedad de reflexión de una parábola.

60. Elipse
 (a) Escriba la definición de elipse.
 (b) Escriba las formas estándar o canónicas de una elipse con centro en (h, k).

61. Hipérbola
 (a) Escriba la definición de hipérbola.
 (b) Escriba las formas estándar o canónicas de una hipérbola con centro en (h, k).
 (c) Escriba las ecuaciones de las asíntotas de una hipérbola.

62. Excentricidad Defina la excentricidad de una elipse. Describa con sus propias palabras cómo afectan a la elipse las variaciones en la excentricidad.

63. Uso de una ecuación Considere la ecuación
$$9x^2 + 4y^2 - 36x - 24y - 36 = 0$$
 (a) Clasifique la gráfica de la ecuación como un círculo, una parábola, una elipse o una hipérbola.
 (b) Cambie el término $4y^2$ en la ecuación por $-4y^2$. Clasifique la gráfica de la nueva ecuación.
 (c) Cambie el término $9x^2$ en la ecuación por $4x^2$. Clasifique la gráfica de la nueva ecuación.
 (d) Describa una forma en que se puede cambiar la ecuación original para que su gráfica sea una parábola.

64. ¿CÓMO LO VE? En los incisos (a) a (d), describa con palabras cómo un plano puede intersecar con el cono doble para formar la sección cónica (ver figura).

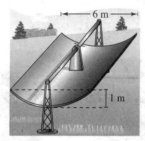

 (a) Círculo (b) Elipse
 (c) Parábola (d) Hipérbola

65. Recolector solar Un recolector de energía solar para calentar agua se construye con una hoja de acero inoxidable en forma de parábola (vea la figura). El agua fluye a través de un tubo situado en el foco de la parábola. ¿A qué distancia del vértice se encuentra el tubo?

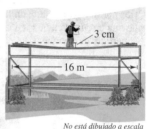

No está dibujado a escala

Figura para 65   Figura para 66

66. Deformación de una viga Una viga de 16 metros de longitud soporta una carga que se concentra en el centro (vea la figura). La viga se deforma en la parte central 3 centímetros. Suponga que, al deformarse, la viga adquiere la forma de una parábola.
 (a) Encuentre una ecuación de la parábola. (Suponga que el origen está en el centro de la parábola.)
 (b) ¿A qué distancia del centro de la viga la deformación producida es de 1 centímetro?

67. Demostración
 (a) Demuestre que dos rectas tangentes distintas cualesquiera a una parábola se intersecan.
 (b) Ilustre el resultado del inciso (a) hallando el punto de intersección de las rectas tangentes a la parábola $x^2 - 4x - 4y = 0$ en los puntos $(0, 0)$ y $(6, 3)$.

68. Demostración
 (a) Demuestre que si dos rectas tangentes a una parábola se intersecan en ángulos rectos, su punto de intersección debe estar en la directriz.
 (b) Ilustre el resultado del inciso (a) probando que las rectas tangentes a la parábola $x^2 - 4x - 4y + 8 = 0$ en los puntos $(-2, 5)$ y $\left(3, \frac{5}{4}\right)$ se cortan en ángulo recto y que el punto de intersección se encuentra en la directriz.

69. Investigación En el mismo eje de coordenadas trace las gráficas de $x^2 = 4py$ con $p = \frac{1}{4}, \frac{1}{2}, 1, \frac{3}{2}$ y 2 en los mismos ejes coordenados. Analice la variación que se presenta en las gráficas a medida que p aumenta.

70. Diseño de un puente El cable de un puente colgante está suspendido (formando una parábola) de dos torres a 120 metros una de la otra y a 20 metros de altura sobre la autopista. Los cables tocan la autopista en el punto medio entre ambas torres.

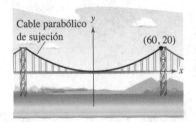

(a) Halle la ecuación para la forma parabólica de cada cable.
(b) Halle la longitud del cable parabólico de suspensión.

71. Arquitectura

El ventanal de una iglesia está limitado en la parte superior por una parábola, y en la parte inferior por el arco de una circunferencia (vea la figura). Halle el área de la superficie del ventanal.

72. Área de una superficie Un receptor de una antena satelital se forma por revolución alrededor del eje y de la parábola $x^2 = 20y$. El radio del plato es r pies. Verifique que el área de la superficie del plato está dada por

$$2\pi \int_0^r x \sqrt{1 + \left(\frac{x}{10}\right)^2}\, dx = \frac{\pi}{15}[(100 + r^2)^{3/2} - 1000].$$

73. Órbita de la Tierra La Tierra se mueve en una órbita elíptica con el Sol en uno de los focos. La longitud de la mitad del eje mayor es 149,598,000 kilómetros y la excentricidad es 0.0167. Halle la distancia mínima (perihelio) y la distancia máxima (afelio) entre la Tierra y el Sol.

74. Órbita de un satélite El *apogeo* (el punto de la órbita más lejano a la Tierra) y el *perigeo* (el punto de la órbita más cercano a la Tierra) de la órbita elíptica de un satélite de la Tierra están dados por A y P. Demuestre que la excentricidad de la órbita es

$$e = \frac{A - P}{A + P}.$$

75. Explorer 18 El 27 de noviembre de 1963, Estados Unidos lanzó el Explorer 18. Sus puntos bajo y alto sobre la superficie de la Tierra fueron 119 millas y 123,000 millas, respectivamente. Halle la excentricidad de su órbita elíptica.

76. Explorer 55 El 20 de noviembre de 1975, Estados Unidos lanzó el satélite de investigación Explorer 55. Sus puntos bajo y alto sobre la superficie de la Tierra fueron de 96 millas y 1865 millas. Encuentre la excentricidad de su órbita elíptica.

77. El cometa Halley

Quizás el más conocido de todos los cometas, el cometa Halley, tiene una órbita elíptica con el Sol en uno de sus focos. Se estima que su distancia máxima al Sol es de 35.29 UA (unidad astronómica, aproximadamente 92.956 $\times 10^6$ millas) y que su distancia mínima es de 0.59 UA. Halle la excentricidad de la órbita.

78. Movimiento de una partícula Considere una partícula que se mueve en el sentido de las manecillas del reloj siguiendo la trayectoria elíptica

$$\frac{x^2}{100} + \frac{y^2}{25} = 1.$$

La partícula abandona la órbita en el punto $(-8, 3)$ y viaja a lo largo de una recta tangente a la elipse. ¿En qué punto cruzará la partícula el eje y?

Área, volumen y área superficial En los ejercicios 79 y 80, halle (a) el área de la región limitada por la elipse, (b) el volumen y el área de la superficie del sólido generado por revolución de la región alrededor de su eje mayor (esferoide prolato), y (c) el volumen y el área de la superficie del sólido generado por revolución de la región alrededor de su eje menor (esferoide oblato).

79. $\dfrac{x^2}{4} + \dfrac{y^2}{1} = 1$ **80.** $\dfrac{x^2}{16} + \dfrac{y^2}{9} = 1$

81. Longitud de arco Use las funciones de integración de una herramienta de graficación para aproximar, con una precisión de dos cifras decimales, la integral elíptica que representa el perímetro de la elipse

$$\frac{x^2}{25} + \frac{y^2}{49} = 1.$$

82. Conjetura

(a) Demuestre que la ecuación de una elipse puede expresarse como

$$\frac{(x - h)^2}{a^2} + \frac{(y - k)^2}{a^2(1 - e^2)} = 1.$$

(b) Mediante una herramienta de graficación, represente la elipse

$$\frac{(x - 2)^2}{4} + \frac{(y - 3)^2}{4(1 - e^2)} = 1$$

para $e = 0.95$, $e = 0.75$, $e = 0.5$, $e = 0.25$ y $e = 0$.

(c) Use los resultados del inciso (b) para hacer una conjetura acerca de la variación en la forma de la elipse a medida que e se aproxima a 0.

83. Geometría El área de la elipse presentada en la figura es el doble del área del círculo. ¿Qué longitud tiene el eje mayor?

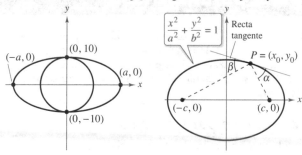

Figura para 83   Figura para 84

84. Demostración Demuestre el teorema 10.4 mostrando que la recta tangente a una elipse en un punto P forma ángulos iguales con las rectas que pasan a través de P y de los focos (vea la figura). [*Sugerencia*: (1) encuentre la pendiente de la recta tangente en P, (2) encuentre las tangentes de las rectas que pasan a través de P y cada uno de los focos y (3) use la fórmula de la tangente del ángulo entre dos rectas.]

85. Hallar la ecuación de una hipérbola Halle una ecuación de la hipérbola tal que, para todo punto, la diferencia entre sus distancias a los puntos $(2, 2)$ y $(10, 2)$ sea 6.

86. Hipérbola Considere una hipérbola centrada en el origen y con eje transversal horizontal. Emplee la definición de hipérbola para obtener su forma canónica o estándar:

$$\frac{x^2}{a^2} - \frac{y^2}{b^2} = 1.$$

87. Navegación El sistema LORAN (long distance radio navigation) para aviones y barcos usa pulsos sincronizados emitidos por estaciones de transmisión muy alejadas una de la otra. Estos pulsos viajan a la velocidad de la luz (186,000 millas por segundo). La diferencia en los tiempos de llegada de estos pulsos a un avión o a un barco es constante en una hipérbola que tiene como focos las estaciones transmisoras. Suponga que las dos estaciones, separadas a 300 millas una de la otra, están situadas en el sistema de coordenadas rectangulares en $(-150, 0)$ y $(150, 0)$, y que un barco sigue la trayectoria que describen las coordenadas $(x, 75)$. (Vea la figura.) Halle la coordenada x de la posición del barco si la diferencia de tiempo entre los pulsos de las estaciones transmisoras es 1000 microsegundos (0.001 segundo).

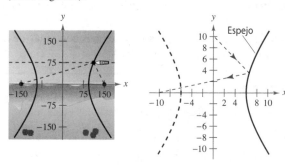

Figura para 87   Figura para 88

88. Espejo hiperbólico Un espejo hiperbólico (como los que usan algunos telescopios) tiene la propiedad de que un rayo de luz dirigido a uno de los focos se refleja al otro foco. El espejo que muestra la figura se describe mediante la ecuación $(x^2/36) - (y^2/64) = 1$. ¿En qué punto del espejo se reflejará la luz procedente del punto $(0, 10)$ al otro foco?

89. Recta tangente Demuestre que la ecuación de la recta tangente a $\dfrac{x^2}{a^2} - \dfrac{y^2}{b^2} = 1$ en el punto (x_0, y_0) es $\left(\dfrac{x_0}{a^2}\right)x - \left(\dfrac{y_0}{b^2}\right)y = 1$.

90. Demostración Demuestre que la gráfica de la ecuación

$$Ax^2 + Cy^2 + Dx + Ey + F = 0$$

es una de las siguientes cónicas (excepto en los casos degenerados).

Cónica	Condición
(a) Círculo	$A = C$
(b) Parábola	$A = 0$ o $C = 0$ (pero no ambas)
(c) Elipse	$AC > 0$
(d) Hipérbola	$AC < 0$

¿Verdadero o falso? En los ejercicios 91-96, determine si la afirmación es verdadera o falsa. Si es falsa, explique por qué o dé un ejemplo que demuestre que es falsa.

91. Es posible que una parábola corte a su directriz.

92. En una parábola, el punto más cercano al foco es el vértice.

93. Si C es el perímetro de la elipse

$$\frac{x^2}{a^2} + \frac{y^2}{b^2} = 1, \quad b < a$$

entonces $2\pi b < C < 2\pi a$.

94. Si $D \neq 0$ o $E \neq 0$, entonces la gráfica de $y^2 - x^2 + Dx + Ey = 0$ es una hipérbola.

95. Si las asíntotas de la hipérbola $(x^2/a^2) - (y^2/b^2) = 1$ se intersecan en ángulos rectos, entonces $a = b$.

96. Toda recta tangente a una hipérbola sólo interseca a la hipérbola en el punto de tangencia.

DESAFÍOS DEL EXAMEN PUTNAM

97. Dado un punto P de una elipse, sea d la distancia del centro de la elipse a la recta tangente a la elipse en P. Demuestre que $(PF_1)(PF_2)d^2$ es constante mientras P varía en la elipse, donde PF_1 y PF_2 son las distancias de P a los focos F_1 y F_2 de la elipse.

98. Halle el valor mínimo de

$$(u - v)^2 + \left(\sqrt{2 - u^2} - \frac{9}{v}\right)^2$$

con $0 < u < \sqrt{2}$ y $v > 0$.

10.2 Curvas planas y ecuaciones paramétricas

■ Trazar la gráfica de una curva dada por un conjunto de ecuaciones paramétricas.
■ Eliminar el parámetro en un conjunto de ecuaciones paramétricas.
■ Hallar un conjunto de ecuaciones paramétricas para representar una curva.
■ Entender dos problemas clásicos del cálculo: el problema de la tautocrona y el problema de la braquistocrona.

Curvas planas y ecuaciones paramétricas

Hasta ahora se ha representado una gráfica mediante una sola ecuación con *dos* variables. En esta sección se estudiarán situaciones en las que se emplean *tres* variables para representar una curva en el plano.

Considere la trayectoria que recorre un objeto lanzado al aire con un ángulo de 45°. Si la velocidad inicial del objeto es 48 pies por segundo, el objeto recorre la trayectoria parabólica dada por

$$y = -\frac{x^2}{72} + x \qquad \text{Ecuación rectangular}$$

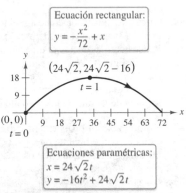

Ecuación rectangular:
$$y = -\frac{x^2}{72} + x$$

Ecuaciones paramétricas:
$$x = 24\sqrt{2}\,t$$
$$y = -16t^2 + 24\sqrt{2}\,t$$

como se muestra en la figura 10.19. Sin embargo, esta ecuación no proporciona toda la información. Si bien dice *dónde* se encuentra el objeto, no dice *cuándo* se encuentra en un punto dado (x, y). Para determinar este instante, se introduce una tercera variable t, conocida como **parámetro**. Expresando x y y como funciones de t, se obtienen las **ecuaciones paramétricas**

Movimiento curvilíneo: dos variables de posición y una de tiempo.
Figura 10.19

$$x = 24\sqrt{2}t \qquad \text{Ecuación paramétrica para } x$$

y

$$y = -16t^2 + 24\sqrt{2}t. \qquad \text{Ecuación paramétrica para } y$$

A partir de este conjunto de ecuaciones se puede determinar que en el instante $t = 0$ el objeto se encuentra en el punto $(0, 0)$. De manera semejante, en el instante $t = 1$ el objeto está en el punto

$$\left(24\sqrt{2}, \; 24\sqrt{2} - 16\right)$$

y así sucesivamente. (Más adelante, en la sección 12.3, se estudiará un método para determinar este conjunto particular de ecuaciones paramétricas, las ecuaciones de movimiento.)

En este problema particular de movimiento, x y y son funciones continuas de t, y a la trayectoria resultante se le conoce como **curva plana**.

• **COMENTARIO** Algunas veces es importante distinguir entre una gráfica (conjunto de puntos) y una curva (los puntos junto con las ecuaciones paramétricas que los definen). Cuando sea importante hacer esta distinción, se hará de manera explícita. Cuando no sea importante se empleará C para representar la gráfica o la curva, indistintamente.

Definición de una curva plana

Si f y g son funciones continuas de t en el intervalo I, entonces a las ecuaciones

$$x = f(t) \quad \text{y} \quad y = g(t)$$

se les llama **ecuaciones paramétricas,** y a t se le llama el **parámetro**. Al conjunto de puntos (x, y) que se obtiene cuando t varía sobre el intervalo I se le llama la **gráfica** de las ecuaciones paramétricas. A las ecuaciones paramétricas y a la gráfica, juntas, es a lo que se llama una **curva plana**, que se denota por C.

Cuando se dibuja (a mano) una curva dada por un conjunto de ecuaciones paramétricas, se trazan puntos en el plano xy. Cada conjunto de coordenadas (x, y) está determinado por un valor elegido para el parámetro t. Al trazar los puntos resultantes de valores crecientes de t, la curva se va trazando en una dirección específica. A esto se le llama la **orientación** de la curva.

EJEMPLO 1   Trazar una curva

Trace la curva dada por las ecuaciones paramétricas

$$x = f(t) = t^2 - 4$$

y

$$y = g(t) = \frac{t}{2}$$

donde $-2 \le t \le 3$.

Solución Para valores de t en el intervalo dado, obtiene, a partir de las ecuaciones paramétricas, los puntos (x, y) que se muestran en la tabla.

t	-2	-1	0	1	2	3
x	0	-3	-4	-3	0	5
y	-1	$-\frac{1}{2}$	0	$\frac{1}{2}$	1	$\frac{3}{2}$

Al trazar estos puntos en orden de valores crecientes de t y usando la continuidad de f y de g obtiene la curva C que se muestra en la figura 10.20. Debe observar las flechas sobre la curva que indican su orientación conforme t aumenta de -2 a 3.

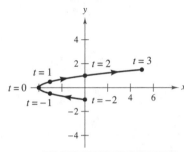

Ecuaciones paramétricas:
$x = t^2 - 4$ y $y = \frac{t}{2}, -2 \le t \le 3$

Figura 10.20

De acuerdo con el criterio de la recta vertical, puede ver que la gráfica mostrada en la figura 10.20 no define y en función de x. Esto pone de manifiesto una ventaja de las ecuaciones paramétricas: pueden emplearse para representar gráficas más generales que las gráficas de funciones.

A menudo ocurre que dos conjuntos distintos de ecuaciones paramétricas tienen la misma gráfica. Por ejemplo, el conjunto de ecuaciones paramétricas

$$x = 4t^2 - 4 \quad y \quad y = t, \quad -1 \le t \le \frac{3}{2}$$

tiene la misma gráfica que el conjunto dado en el ejemplo 1 (vea la figura 10.21). Sin embargo, al comparar los valores de t en las figuras 10.20 y 10.21, se ve que la segunda gráfica se traza con mayor *rapidez* (considerando t como tiempo) que la primera gráfica. Por tanto, en las aplicaciones pueden emplearse distintas ecuaciones paramétricas para representar las diversas *rapideces* a las que los objetos recorren una trayectoria determinada.

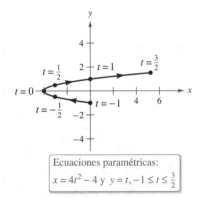

Ecuaciones paramétricas:
$x = 4t^2 - 4$ y $y = t, -1 \le t \le \frac{3}{2}$

Figura 10.21

▷ **TECNOLOGÍA** La mayoría de las herramientas de graficación cuenta con un modo *paramétrico* de graficación. Se puede emplear uno de estos dispositivos para confirmar las gráficas que se muestran en las figuras 10.20 y 10.21. ¿Representa la curva dada por las ecuaciones paramétricas

$$x = 4t^2 - 8t \quad y \quad y = 1 - t, \quad -\frac{1}{2} \le t \le 2$$

la misma gráfica que la mostrada en las figuras 10.20 y 10.21? ¿Qué se observa respecto de la *orientación* de esta curva?

Eliminación del parámetro

Al hecho de encontrar la ecuación rectangular que representa la gráfica de un conjunto de ecuaciones paramétricas se le llama **eliminación del parámetro**. Por ejemplo, el parámetro del conjunto de ecuaciones paramétricas del ejemplo 1 se puede eliminar como sigue.

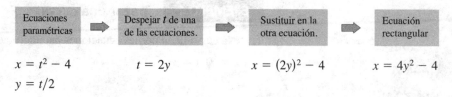

| Ecuaciones paramétricas | ⇒ | Despejar t de una de las ecuaciones. | ⇒ | Sustituir en la otra ecuación. | ⇒ | Ecuación rectangular |

$$x = t^2 - 4 \qquad\qquad t = 2y \qquad\qquad x = (2y)^2 - 4 \qquad\qquad x = 4y^2 - 4$$
$$y = t/2$$

Una vez eliminado el parámetro, se ve que la ecuación $x = 4y^2 - 4$ representa una parábola con un eje horizontal y vértice en $(-4, 0)$, como se ilustra en la figura 10.20.

El rango de x y y implicado por las ecuaciones paramétricas puede alterarse al pasar a la forma rectangular. En esos casos el dominio de la ecuación rectangular debe ajustarse de manera que su gráfica coincida con la gráfica de las ecuaciones paramétricas. En el ejemplo siguiente se muestra esta situación.

EJEMPLO 2 **Ajustar el dominio**

Dibuje la curva representada por las ecuaciones

$$x = \frac{1}{\sqrt{t+1}} \quad \text{y} \quad y = \frac{t}{t+1}, \quad t > -1$$

eliminando el parámetro y ajustando el dominio de la ecuación rectangular resultante.

Solución Para empezar despeje t de una de las ecuaciones paramétricas. Por ejemplo, puede despejar t de la primera ecuación.

$$x = \frac{1}{\sqrt{t+1}} \qquad\qquad \text{Ecuación paramétrica para } x$$

$$x^2 = \frac{1}{t+1} \qquad\qquad \text{Eleve al cuadrado cada lado.}$$

$$t + 1 = \frac{1}{x^2}$$

$$t = \frac{1}{x^2} - 1$$

$$t = \frac{1 - x^2}{x^2} \qquad\qquad \text{Despeje } t.$$

Sustituyendo ahora en la ecuación paramétrica para y, obtiene

$$y = \frac{t}{t+1} \qquad\qquad \text{Ecuación paramétrica para } y$$

$$y = \frac{(1 - x^2)/x^2}{[(1 - x^2)/x^2] + 1} \qquad\qquad \text{Sustituya } (1 - x^2)/x^2 \text{ para } t.$$

$$y = 1 - x^2. \qquad\qquad \text{Simplifique.}$$

La ecuación rectangular, $y = 1 - x^2$, está definida para todos los valores de x. Sin embargo, en la ecuación paramétrica para x se ve que la curva sólo está definida para $t > -1$. Esto implica que el dominio de x debe restringirse a valores positivos, como se ilustra en la figura 10.22.

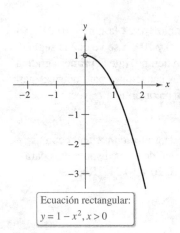

Ecuaciones paramétricas:
$$x = \frac{1}{\sqrt{t+1}}, y = \frac{t}{t+1}, t > -1$$

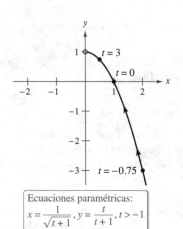

Ecuación rectangular:
$$y = 1 - x^2, x > 0$$

Figura 10.22

En un conjunto de ecuaciones paramétricas, el parámetro no necesariamente representa el tiempo. El siguiente ejemplo emplea un ángulo como parámetro.

EJEMPLO 3 **Emplear trigonometría para eliminar un parámetro**

• • • ▷ *Consulte LarsonCalculus.com para una versión interactiva de este tipo de ejemplo.*

Dibuje la curva representada por

$$x = 3 \cos \theta \quad \text{y} \quad y = 4 \operatorname{sen} \theta, \quad 0 \le \theta \le 2\pi$$

al eliminar el parámetro y hallar la ecuación rectangular correspondiente.

Solución   Para empezar despeje cos θ y sen θ de las ecuaciones dadas.

$$\cos \theta = \frac{x}{3} \qquad \text{Despeje cos } \theta.$$

y

$$\operatorname{sen} \theta = \frac{y}{4} \qquad \text{Despeje sen } \theta.$$

A continuación, haga uso de la identidad

$$\operatorname{sen}^2 \theta + \cos^2 \theta = 1$$

para formar una ecuación en la que sólo aparezcan x y y.

$$\cos^2 \theta + \operatorname{sen}^2 \theta = 1 \qquad \text{Identidad trigonométrica}$$

$$\left(\frac{x}{3}\right)^2 + \left(\frac{y}{4}\right)^2 = 1 \qquad \text{Sustituya.}$$

$$\frac{x^2}{9} + \frac{y^2}{16} = 1 \qquad \text{Ecuación rectangular}$$

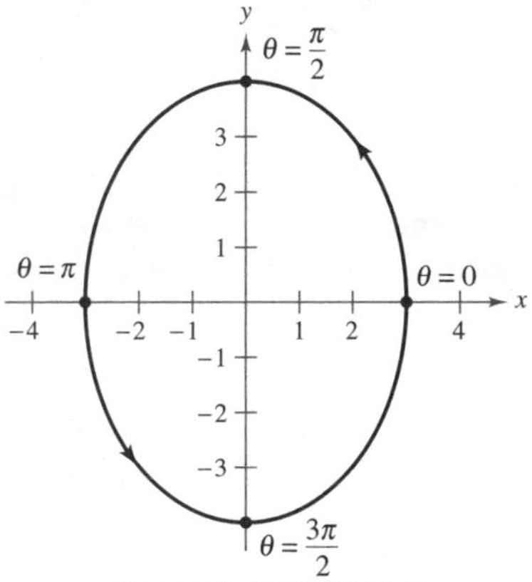

En esta ecuación rectangular puede verse que la gráfica es una elipse centrada en (0, 0), con vértices en (0, 4) y (0, −4) y eje menor de longitud $2b = 6$, como se muestra en la figura 10.23. Observe que la elipse está trazada en sentido *contrario al de las manecillas del reloj,* ya que θ va de 0 a 2π.

El empleo de la técnica presentada en el ejemplo 3 permite concluir que la gráfica de las ecuaciones paramétricas

$$x = h + a \cos \theta \quad \text{y} \quad y = k + b \operatorname{sen} \theta, \quad 0 \le \theta \le 2\pi$$

es una elipse (trazada en sentido contrario al de las manecillas del reloj) dada por

$$\frac{(x - h)^2}{a^2} + \frac{(y - k)^2}{b^2} = 1.$$

La gráfica de las ecuaciones paramétricas

$$x = h + a \operatorname{sen} \theta \quad \text{y} \quad y = k + b \cos \theta, \quad 0 \le \theta \le 2\pi$$

también es una elipse (trazada en sentido de las manecillas del reloj) dada por

$$\frac{(x - h)^2}{a^2} + \frac{(y - k)^2}{b^2} = 1.$$

En los ejemplos 2 y 3 es importante notar que la eliminación del parámetro es principalmente una *ayuda para trazar la curva.* Si las ecuaciones paramétricas representan la trayectoria de un objeto en movimiento, la gráfica sola no es suficiente para describir el movimiento del objeto. Se necesitan las ecuaciones paramétricas que informan sobre la *posición*, *dirección* y *rapidez* en un instante determinado.

Ecuaciones paramétricas:
$x = 3 \cos \theta, \ y = 4 \operatorname{sen} \theta$
Ecuación rectangular:
$\dfrac{x^2}{9} + \dfrac{y^2}{16} = 1$

Figura 10.23

▷ **TECNOLOGÍA**   Emplee una herramienta de graficación en modo *paramétrico* para elaborar las gráficas de varias elipses.

Hallar ecuaciones paramétricas

Los primeros tres ejemplos de esta sección ilustran técnicas para dibujar la gráfica que representa un conjunto de ecuaciones paramétricas. Ahora se investigará el problema inverso. ¿Cómo determinar un conjunto de ecuaciones paramétricas para una gráfica o una descripción física dada? Por el ejemplo 1 ya se sabe que tal representación no es única. Esto se demuestra más ampliamente en el ejemplo siguiente, en el que se encuentran dos representaciones paramétricas diferentes para una gráfica dada.

EJEMPLO 4   **Hallar las ecuaciones paramétricas**

Halle un conjunto de ecuaciones paramétricas para representar la gráfica de $y = 1 - x^2$, usando cada uno de los parámetros siguientes.

a. $t = x$ **b.** La pendiente $m = \dfrac{dy}{dx}$ en el punto (x, y)

Solución

a. Haciendo $x = t$ obtiene las ecuaciones paramétricas

$$x = t \quad \text{y} \quad y = 1 - x^2 = 1 - t^2.$$

b. Para expresar x y y en términos del parámetro m, puede proceder como sigue.

$$m = \frac{dy}{dx}$$

$$m = -2x \qquad \text{Derive } y = 1 - x^2.$$

$$x = -\frac{m}{2} \qquad \text{Despeje } x.$$

Con esto obtiene una ecuación paramétrica para x. Para obtener una ecuación paramétrica para y, en la ecuación original sustituya x por $-m/2$.

$$y = 1 - x^2 \qquad \text{Escriba la ecuación rectangular original.}$$

$$y = 1 - \left(-\frac{m}{2}\right)^2 \qquad \text{Sustituya } x \text{ por } -m/2.$$

$$y = 1 - \frac{m^2}{4} \qquad \text{Simplifique.}$$

Por tanto, las ecuaciones paramétricas son

$$x = -\frac{m}{2} \quad \text{y} \quad y = 1 - \frac{m^2}{4}.$$

En la figura 10.24 observe que la orientación de la curva resultante es de derecha a izquierda, determinada por la dirección de los valores crecientes de la pendiente m. En el inciso (a), la curva tenía la orientación opuesta. ∎

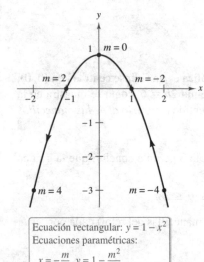

Ecuación rectangular: $y = 1 - x^2$
Ecuaciones paramétricas:
$x = -\dfrac{m}{2}, y = 1 - \dfrac{m^2}{4}$

Figura 10.24

▷**TECNOLOGÍA**   Para usar de manera eficiente una herramienta de graficación es importante desarrollar la destreza de representar una gráfica mediante un conjunto de ecuaciones paramétricas. La razón es que muchas herramientas de graficación sólo tienen tres modos de graficación: (1) funciones, (2) ecuaciones paramétricas y (3) ecuaciones polares. La mayor parte de las herramientas de graficación no están programadas para elaborar la gráfica de una ecuación general. Suponga, por ejemplo, que se quiere elaborar la gráfica de la hipérbola $x^2 - y^2 = 1$. Para hacer la gráfica de la hipérbola en el modo función, se necesitan dos ecuaciones:

$$y = \sqrt{x^2 - 1} \quad \text{y} \quad y = -\sqrt{x^2 - 1}.$$

En el modo *paramétrico*, la gráfica puede representarse mediante $x = \sec t$ y $y = \tan t$.

■ **PARA INFORMACIÓN ADICIONAL**
Para información adicional acerca de otros métodos para encontrar ecuaciones paramétricas, vea el artículo "Finding Rational Parametric Curves of Relative Degree One or Two", de Dave Boyles, en *The College Mathematics Journal*. Para ver este artículo, vaya a *MathArticles.com*.

CICLOIDES

Galileo fue el primero en llamar la atención hacia la cicloide, recomendando que se empleara en los arcos de los puentes. En cierta ocasión, Pascal pasó ocho días tratando de resolver muchos de los problemas de las cicloides, problemas como encontrar el área bajo un arco y el volumen del sólido de revolución generado al hacer girar la curva sobre una recta. La cicloide tiene tantas propiedades interesantes y ha generado tantas disputas entre los matemáticos que se le ha llamado "la Helena de la geometría" y "la manzana de la discordia".

■ **PARA INFORMACIÓN ADICIONAL**

Para más información acerca de las cicloides, consulte el artículo "The Geometry of Rolling Curves", de John Bloom y Lee Whitt, en *The American Mathematical Monthly*. Para ver este artículo, vaya a *MathArticles.com*.

EJEMPLO 5 **Ecuaciones paramétricas de una cicloide**

Determine la curva descrita por un punto P en la circunferencia de un círculo de radio a que rueda a lo largo de una recta en el plano. A estas curvas se les llama **cicloides**.

Solución Sea θ el parámetro que mide la rotación del círculo y suponga que al inicio el punto $P = (x, y)$ se encuentra en el origen. Cuando $\theta = 0$, P se encuentra en el origen. Cuando $\theta = \pi$, P está en un punto máximo $(\pi a, 2a)$. Cuando $\theta = 2\pi$, P vuelve al eje x en $(2\pi a, 0)$. En la figura 10.25 ve que $\angle APC = 180° - \theta$. Por tanto.

$$\text{sen } \theta = \text{sen}(180° - \theta) = \text{sen}(\angle APC) = \frac{AC}{a} = \frac{BD}{a}$$

$$\cos \theta = -\cos(180° - \theta) = -\cos(\angle APC) = \frac{AP}{-a}$$

lo cual implica que $AP = -a \cos \theta$ y $BD = a \text{ sen } \theta$.

Como el círculo rueda a lo largo del eje x, sabe que $OD = \overset{\frown}{PD} = a\theta$. Además, como $BA = DC = a$, se tiene

$$x = OD - BD = a\theta - a \text{ sen } \theta$$
$$y = BA + AP = a - a \cos \theta.$$

Por tanto, las ecuaciones paramétricas son

$$x = a(\theta - \text{sen } \theta) \quad \text{y} \quad y = a(1 - \cos \theta).$$

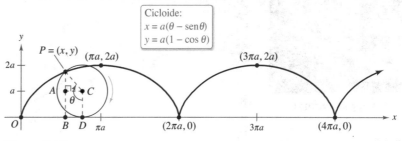

Cicloide:
$x = a(\theta - \text{sen}\theta)$
$y = a(1 - \cos\theta)$

Figura 10.25

▷ **TECNOLOGÍA** Algunas herramientas de graficación permiten simular el movimiento de un objeto que se mueve en el plano o en el espacio. Se recomienda usar una de estas herramientas para trazar la trayectoria de la cicloide que se muestra en la figura 10.25.

La cicloide de la figura 10.25 tiene esquinas agudas en los valores $x = 2n\pi a$. Observe que las derivadas $x'(\theta)$ y $y'(\theta)$ son ambas cero en los puntos en los que $\theta = 2n\pi$.

$$x(\theta) = a(\theta - \text{sen } \theta) \qquad y(\theta) = a(1 - \cos \theta)$$
$$x'(\theta) = a - a \cos \theta \qquad y'(\theta) = a \text{ sen } \theta$$
$$x'(2n\pi) = 0 \qquad y'(2n\pi) = 0$$

Entre estos puntos, se dice que la cicloide es **suave**.

Definición de una curva suave

Una curva C representada por $x = f(t)$ y $y = g(t)$ en un intervalo I se dice que es **suave** si f' y g' son continuas en I y no son simultáneamente 0, excepto posiblemente en los puntos terminales de I. La curva C se dice que es **suave en partes** si es suave en todo subintervalo de alguna partición de I.

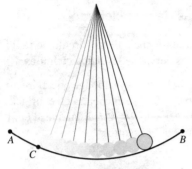

El tiempo que requiere un péndulo para realizar una oscilación completa si parte del punto *C* es aproximadamente el mismo que si parte del punto *A*.
Figura 10.26

**JAMES BERNOULLI
(1654-1705)**

James Bernoulli, también llamado Jacques, era el hermano mayor de John. Fue uno de los matemáticos consumados de la familia suiza Bernoulli. Los logros matemáticos de James le han dado un lugar prominente en el desarrollo inicial del cálculo.
Consulte LarsonCalculus.com para leer más acerca de esta biografía.

Los problemas de la tautocrona y de la braquistocrona

El tipo de curva descrito en el ejemplo 5 está relacionado con uno de los más famosos pares de problemas de la historia del cálculo. El primer problema (llamado el **problema de la tautocrona**) empezó con el descubrimiento de Galileo de que el tiempo requerido para una oscilación completa de un péndulo dado es *aproximadamente* el mismo ya sea que efectúe un movimiento largo a alta velocidad o un movimiento corto a menor velocidad (vea la figura 10.26). Más tarde, Galileo (1564-1642) comprendió que podía emplear este principio para construir un reloj. Sin embargo, no logró llegar a la mecánica necesaria para construirlo. Christian Huygens (1629-1695) fue el primero en diseñar y construir un modelo que funcionara. En su trabajo con los péndulos, Huygens observó que un péndulo no realiza oscilaciones de longitudes diferentes en exactamente el mismo tiempo. (Esto no afecta al reloj de péndulo, porque la longitud del arco circular se mantiene constante, dándole al péndulo un ligero impulso cada vez que pasa por su punto más bajo.) Pero al estudiar el problema, Huygens descubrió que una pelotita que rueda hacia atrás y hacia adelante en una cicloide invertida completa cada ciclo en exactamente el mismo tiempo.

El segundo problema, que fue planteado por John Bernoulli en 1696, es el llamado **problema de la braquistocrona** (en griego *brachys* significa corto y *cronos,* tiempo). El problema consistía en determinar la trayectoria descendente por la que una partícula se desliza del punto *A* al punto *B* en el *menor tiempo*. Varios matemáticos se abocaron al problema, y un año después el problema fue resuelto por Newton, Leibniz, L'Hôpital, John Bernoulli y James Bernoulli. Como se encontró, la solución no es una recta de *A* a *B*, sino una cicloide invertida que pasa por los puntos *A* y *B*, como se muestra en la figura 10.27.

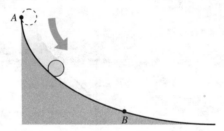

Una cicloide invertida es la trayectoria descendente que una pelotita rodará en el tiempo más corto.
Figura 10.27

Lo sorprendente de la solución es que una partícula que parte del reposo en *cualquier* otro punto *C*, entre *A* y *B*, de la cicloide tarda exactamente el mismo tiempo en llegar a *B*, como se muestra en la figura 10.28.

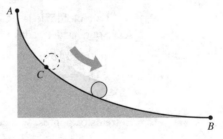

Una pelotita que parte del punto *C* tarda el mismo tiempo en llegar al punto *B* que una que parte del punto *A*.
Figura 10.28

■ **PARA INFORMACIÓN ADICIONAL** Para ver una demostración del famoso problema de la braquistocrona, consulte el artículo "A New Minimization Proof for the Brachistochrone", de Gaiy Lawlor, en *The American Mathematical Monthly*. Para ver este artículo, vaya a *MathArticles.com*.

10.2 Ejercicios

Consulte CalcChat.com para un tutorial de ayuda y soluciones trabajadas de los ejercicios con numeración impar.

Uso de ecuaciones paramétricas En los ejercicios 1-18, trace la curva que representa las ecuaciones paramétricas (indique la orientación de la curva) y, eliminando el parámetro, dé la ecuación rectangular correspondiente.

1. $x = 2t - 3$, $y = 3t + 1$
2. $x = 5 - 4t$, $y = 2 + 5t$

3. $x = t + 1$, $y = t^2$
4. $x = 2t^2$, $y = t^4 + 1$

5. $x = t^3$, $y = \dfrac{t^2}{2}$
6. $x = t^2 + t$, $y = t^2 - t$

7. $x = \sqrt{t}$, $y = t - 5$
8. $x = \sqrt[4]{t}$, $y = 8 - t$

9. $x = t - 3$, $y = \dfrac{t}{t - 3}$

10. $x = 1 + \dfrac{1}{t}$, $y = t - 1$

11. $x = 2t$, $y = |t - 2|$

12. $x = |t - 1|$, $y = t + 2$

13. $x = e^t$, $y = e^{3t} + 1$

14. $x = e^{-t}$, $y = e^{2t} - 1$

15. $x = \sec \theta$, $y = \cos \theta$, $0 \le \theta < \pi/2$, $\pi/2 < \theta \le \pi$

16. $x = \tan^2 \theta$, $y = \sec^2 \theta$

17. $x = 8 \cos \theta$, $y = 8 \operatorname{sen} \theta$

18. $x = 3 \cos \theta$, $y = 7 \operatorname{sen} \theta$

Uso de ecuaciones paramétricas En los ejercicios 19-30, use una herramienta de graficación para trazar la curva que representa las ecuaciones paramétricas (indique la orientación de la curva). Elimine el parámetro y dé la ecuación rectangular correspondiente.

19. $x = 6 \operatorname{sen} 2\theta$
$y = 4 \cos 2\theta$

20. $x = \cos \theta$
$y = 2 \operatorname{sen} 2\theta$

21. $x = 4 + 2 \cos \theta$
$y = -1 + \operatorname{sen} \theta$

22. $x = -2 + 3 \cos \theta$
$y = -5 + 3 \operatorname{sen} \theta$

23. $x = -3 + 4 \cos \theta$
$y = 2 + 5 \operatorname{sen} \theta$

24. $x = \sec \theta$
$y = \tan \theta$

25. $x = 4 \sec \theta$
$y = 3 \tan \theta$

26. $x = \cos^3 \theta$
$y = \operatorname{sen}^3 \theta$

27. $x = t^3$, $y = 3 \ln t$
28. $x = \ln 2t$, $y = t^2$

29. $x = e^{-t}$, $y = e^{3t}$
30. $x = e^{2t}$, $y = e^t$

Comparación de curvas planas En los ejercicios 33-36, determine toda diferencia entre las curvas de las ecuaciones paramétricas. ¿Son iguales las gráficas? ¿Son iguales las orientaciones? ¿Son suaves las curvas? Explique.

31. (a) $x = t$
$y = 2t + 1$

(b) $x = \cos \theta$
$y = 2 \cos \theta + 1$

(c) $x = e^{-t}$
$y = 2e^{-t} + 1$

(d) $x = e^t$
$y = 2e^t + 1$

32. (a) $x = 2 \cos \theta$
$y = 2 \operatorname{sen} \theta$

(b) $x = \sqrt{4t^2 - 1}/|t|$
$y = 1/t$

(c) $x = \sqrt{t}$
$y = \sqrt{4 - t}$

(d) $x = -\sqrt{4 - e^{2t}}$
$y = e^t$

33. (a) $x = \cos \theta$
$y = 2 \operatorname{sen}^2 \theta$
$0 < \theta < \pi$

(b) $x = \cos(-\theta)$
$y = 2 \operatorname{sen}^2(-\theta)$
$0 < \theta < \pi$

34. (a) $x = t + 1, y = t^3$
(b) $x = -t + 1, y = (-t)^3$

35. Conjetura

(a) Use una herramienta de graficación para trazar las curvas representadas por los dos conjuntos de ecuaciones paramétricas.

$x = 4 \cos t$
$y = 3 \operatorname{sen} t$

$x = 4 \cos(-t)$
$y = 3 \operatorname{sen}(-t)$

(b) Describa el cambio en la gráfica si se cambia el signo del parámetro.

(c) Formule una conjetura respecto al cambio en la gráfica de las ecuaciones paramétricas cuando se cambia el signo del parámetro.

(d) Pruebe la conjetura con otro conjunto de ecuaciones paramétricas.

36. Redacción Revise los ejercicios 31 a 34 y escriba un párrafo breve que describa cómo las gráficas de curvas representadas por diferentes conjuntos de ecuaciones paramétricas pueden diferir aun cuando la eliminación del parámetro dé la misma ecuación rectangular.

Eliminación de un parámetro En los ejercicios 37-40, elimine el parámetro y obtenga la forma estándar o canónica de la ecuación rectangular.

37. La recta pasa por (x_1, y_1) y (x_2, y_2):
$x = x_1 + t(x_2 - x_1)$, $y = y_1 + t(y_2 - y_1)$

38. Circunferencia: $x = h + r \cos \theta$, $y = k + r \operatorname{sen} \theta$

39. Elipse: $x = h + a \cos \theta$, $y = k + b \operatorname{sen} \theta$

40. Hipérbola: $x = h + a \sec \theta$, $y = k + b \tan \theta$

Escribir un conjunto de ecuaciones paramétricas En los ejercicios 41-48, emplee los resultados de los ejercicios 37 a 40 para hallar un conjunto de ecuaciones paramétricas para la recta o para la cónica.

41. Recta: pasa por $(0, 0)$ y $(4, -7)$

42. Recta: pasa por $(1, 4)$ y $(5, -2)$

43. Círculo: centro: $(3, 1)$; radio: 2

44. Círculo: centro: $(-6, 2)$; radio: 4

45. Elipse: vértices: $(\pm 10, 0)$; focos: $(\pm 8, 0)$

46. Elipse: vértices: $(4, 7), (4, -3)$; focos: $(4, 5), (4, -1)$

47. Hipérbola: vértice: $(+4, 0)$; focos: $(\pm 5, 0)$

48. Hipérbola: vértices: $(0, \pm 1)$; focos: $(0, +2)$

Hallar ecuaciones paramétricas En los ejercicios 51-54, halle dos conjuntos diferentes de ecuaciones paramétricas para la ecuación rectangular.

49. $y = 6x - 5$

50. $y = 4/(x - 1)$

51. $y = x^3$

52. $y = x^2$

Hallar ecuaciones paramétricas En los ejercicios 53-56, encuentre un conjunto de ecuaciones paramétricas para la ecuación rectangular que satisface la condición dada.

53. $y = 2x - 5, t = 0$ en el punto $(3, 1)$

54. $y = 4x + 1, t = -1$ en el punto $(-2, -7)$

55. $y = x^2, t = 4$ en el punto $(4, 16)$

56. $y = 4 - x^2, t = 1$ en el punto $(1, 3)$

 Graficar una curva plana En los ejercicios 57-64, emplee una herramienta de graficación para representar la curva descrita por las ecuaciones paramétricas. Indique la dirección de la curva e identifique todos los puntos en los que la curva no sea suave.

57. Cicloide: $x = 2(\theta - \operatorname{sen} \theta), \quad y = 2(1 - \cos \theta)$

58. Cicloide: $x = \theta + \operatorname{sen} \theta, \quad y = 1 - \cos \theta$

59. Cicloide alargada: $x = \theta - \frac{3}{2}\operatorname{sen} \theta, \quad y = 1 - \frac{3}{2}\cos \theta$

60. Cicloide alargada: $x = 2\theta - 4 \operatorname{sen} \theta, \quad y = 2 - 4 \cos \theta$

61. Hipocicloide: $x = 3 \cos^3 \theta, \quad y = 3 \operatorname{sen}^3 \theta$

62. Cicloide corta: $x = 2\theta - \operatorname{sen} \theta, \quad y = 2 - \cos \theta$

63. Bruja de Agnesi: $x = 2 \cot \theta, \quad y = 2 \operatorname{sen}^2 \theta$

64. Folio de Descartes: $x = 3t/(1 + t^3), \quad y = 3t^2/(1 + t^3)$

DESARROLLO DE CONCEPTOS

65. **Curva plana** Enuncie la definición de una curva dada por ecuaciones paramétricas.

66. **Curva plana** Explique el proceso del trazado de una curva plana dada por ecuaciones paramétricas. ¿Qué se entiende por orientación de la curva?

67. **Curva suave** Establezca la definición de una curva suave.

---

68. **¿CÓMO LO VE?** ¿Qué conjunto de ecuaciones paramétricas corresponde con la gráfica que se muestra en seguida? Explique el razonamiento.

(a) $x = t$ (b) $x = t^2$

      $y = t^2$ $y = t$

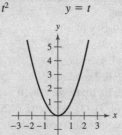

Correspondencia En los ejercicios 69-72, asocie cada conjunto de ecuaciones paramétricas con su gráfica correspondiente. [Las gráficas están etiquetadas (a), (b), (c), (d).] Explique su razonamiento.

(a)
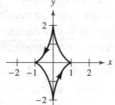

(b)
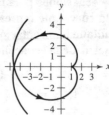

(c)
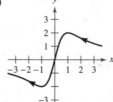

(d)
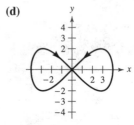

69. Curva de Lissajous: $x = 4 \cos \theta, \quad y = 2 \operatorname{sen} 2\theta$

70. Evoluta de una elipse: $x = \cos^3 \theta, \quad y = 2 \operatorname{sen}^3 \theta$

71. Involuta de un círculo: $x = \cos \theta + \theta \operatorname{sen} \theta, y = \operatorname{sen} \theta - \theta \cos \theta$

72. Curva serpentina: $x = \cot \theta, \quad y = 4 \operatorname{sen} \theta \cos \theta$

73. **Cicloide corta** Un disco de radio a rueda a lo largo de una recta sin deslizar. La curva trazada por un punto P que se encuentra a b unidades del centro ($b < a$) se denomina cicloide corta o acortada (vea la figura). Use el ángulo θ para hallar un conjunto de ecuaciones paramétricas para esta curva.

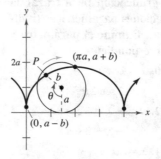

Figura para 73   Figura para 74

74. **Epicicloide** Un circulo de radio 1 rueda sobre otro círculo de radio 2. La curva trazada por un punto sobre la circunferencia del círculo más pequeño se llama epicicloide (vea la figura). Use el ángulo θ para hallar un conjunto de ecuaciones paramétricas de esta curva.

¿Verdadero o falso? En los ejercicios 75-77, determine si la afirmación es verdadera o falsa. En caso de que sea falsa, explique por qué o dé un ejemplo que muestre que es falsa.

75. La gráfica de las ecuaciones paramétricas $x = t^2$ y $y = t^2$ es la recta $y = x$.

76. Si y es función de t y x es función de t, entonces y es función de x.

77. La curva representada por las ecuaciones paramétricas $x = t$ y $y = \cos t$ se puede escribir como una ecuación de la forma $y = f(x)$.

78. Traslación de una curva plana Considere las ecuaciones paramétricas $x = 8 \cos t$ y $y = 8 \sin t$.

(a) Describa la curva representada por las ecuaciones paramétricas.

(b) ¿Cómo se representa la curva por las ecuaciones paramétricas $x = 8 \cos t + 3$ y $y = 8 \sin t + 6$ comparada con la curva descrita en el inciso (a)?

(c) ¿Cómo cambia la curva original cuando el coseno y el seno se intercambian?

Movimiento de un proyectil En los ejercicios 79 y 80, considere un proyectil que se lanza a una altura de h pies sobre el suelo y a un ángulo θ con la horizontal. Si la velocidad inicial es v_0 pies por segundo, la trayectoria del proyectil queda descrita por las ecuaciones paramétricas $x = (v_0 \cos \theta)t$ y $y = h + (v_0 \sin \theta)t - 16t^2$.

79. La cerca que delimita el jardín central en un parque de béisbol tiene una altura de 10 pies y se encuentra a 400 pies del plato de home. La pelota es golpeada por el bate a una altura de 3 pies sobre el suelo. La pelota se aleja del bate con un ángulo de θ grados con la horizontal a una velocidad de 100 millas por hora (vea la figura).

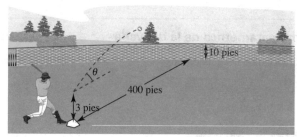

(a) Dé un conjunto de ecuaciones paramétricas para la trayectoria de la pelota.

(b) Use una herramienta de graficación para representar la trayectoria de la pelota si $\theta = 15°$. ¿Es el golpe un home run?

(c) Use una herramienta de graficación para representar la trayectoria de la pelota si $0 = 23°$. ¿Es el golpe un home run?

(d) Halle el ángulo mínimo al cual la pelota debe alejarse del bate si se quiere que el golpe sea un home run.

80. Una ecuación rectangular para la trayectoria de un proyectil es $y = 5 + x - 0.005x^2$.

(a) Elimine el parámetro t de la función de posición del movimiento de un proyectil para demostrar que la ecuación rectangular es

$$y = -\frac{16 \sec^2 \theta}{v_0^2} x^2 + (\tan \theta)x + h.$$

(b) Use el resultado del inciso (a) para hallar h, v_0 y θ. Halle las ecuaciones paramétricas de la trayectoria.

(c) Use una herramienta de graficación para trazar la gráfica de la ecuación rectangular de la trayectoria del proyectil. Confirme la respuesta dada en el inciso (b) y dibuje la curva representada por las ecuaciones paramétricas.

(d) Use una herramienta de graficación para aproximar la altura máxima del proyectil y su rango.

PROYECTO DE TRABAJO

Cicloides

En griego, la palabra *cicloide* significa *rueda*, la palabra *hipocicloide* significa *bajo la rueda*, y la palabra *epicicloide* significa *sobre la rueda*. Asocie la hipocicloide o epicicloide con su gráfica. [Las gráficas están marcadas (a), (b), (c), (d), (e) y (f).]

Hipocicloide, $H(A, B)$

Trayectoria descrita por un punto fijo en un círculo de radio B que rueda a lo largo de la cara interior de un círculo de radio A.

$$x = (A - B) \cos t + B \cos\left(\frac{A - B}{B}\right)t$$

$$y = (A - B) \sin t - B \sin\left(\frac{A - B}{B}\right)t$$

Epicicloide, $E(A, B)$

Trayectoria descrita por un punto fijo en un círculo de radio B que rueda a lo largo de la cara *exterior* de un círculo de radio A.

$$x = (A + B) \cos t - B \cos\left(\frac{A + B}{B}\right)t$$

$$y = (A + B) \sin t - B \sin\left(\frac{A + B}{B}\right)t$$

I. $H(8, 3)$	II. $E(8, 3)$	III. $H(8, 7)$
IV. $E(24, 3)$	V. $H(24, 7)$	VI. $E(24, 7)$

(a)   (b)

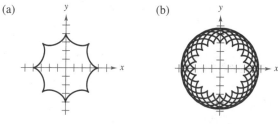

(c)   (d)

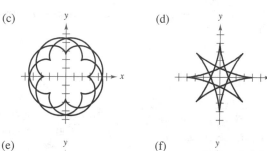

(e)   (f)

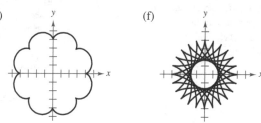

Ejercicios basados en "Mathematical Discovery via Computer Graphics: Hypocycloids and Epicycloids", de Florence S. Gordon y Sheldon P. Gordon, *College Mathematics Journal*, noviembre de 1984, p. 441. Uso autorizado por los autores.

10.3 Ecuaciones paramétricas y cálculo

■ Hallar la pendiente de una recta tangente a una curva dada por un conjunto de ecuaciones paramétricas.
■ Hallar la longitud de arco de una curva dada por un conjunto de ecuaciones paramétricas.
■ Hallar el área de una superficie de revolución (forma paramétrica).

Pendiente y rectas tangentes

Ahora que ya sabe representar una gráfica en el plano mediante un conjunto de ecuaciones paramétricas, lo natural es preguntarse cómo emplear el cálculo para estudiar estas curvas planas. Considere el proyectil representado por las ecuaciones paramétricas

$$x = 24\sqrt{2}\,t \quad y \quad y = -16t^2 + 24\sqrt{2}\,t$$

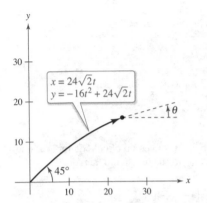

$x = 24\sqrt{2}\,t$
$y = -16t^2 + 24\sqrt{2}\,t$

En el momento t, el ángulo de elevación del proyectil es θ.
Figura 10.29

como se ilustra en la figura 10.29. De lo visto en la sección 10.2, sabe que estas ecuaciones permiten localizar la posición del proyectil en un instante dado. También sabe que el objeto es proyectado inicialmente con un ángulo de 45°, o una pendiente de $m = \tan 45°$ $= 1$. Pero, ¿cómo puede encontrar el ángulo θ que representa la dirección del objeto en algún otro instante t? El teorema siguiente responde a esta pregunta proporcionando una fórmula para la pendiente de la recta tangente en función de t.

TEOREMA 10.7 Forma paramétrica de la derivada

Si una curva suave C está dada por las ecuaciones

$$x = f(t) \quad y \quad y = g(t)$$

entonces la pendiente de C en (x, y) es

$$\frac{dy}{dx} = \frac{dy/dt}{dx/dt}, \quad \frac{dx}{dt} \neq 0.$$

Demostración En la figura 10.30, considérese $\Delta t > 0$ y sea

$$\Delta y = g(t + \Delta t) - g(t) \quad y \quad \Delta x = f(t + \Delta t) - f(t).$$

Como $\Delta x \to 0$ entonces $\Delta t \to 0$, se puede escribir

$$\frac{dy}{dx} = \lim_{\Delta x \to 0} \frac{\Delta y}{\Delta x}$$

$$= \lim_{\Delta t \to 0} \frac{g(t + \Delta t) - g(t)}{f(t + \Delta t) - f(t)}.$$

Dividiendo tanto el numerador como el denominador entre Δt, se puede emplear la derivabilidad de f y g para concluir que

$$\frac{dy}{dx} = \lim_{\Delta t \to 0} \frac{[g(t + \Delta t) - g(t)]/\Delta t}{[f(t + \Delta t) - f(t)]/\Delta t}$$

$$= \frac{\displaystyle\lim_{\Delta t \to 0} \frac{g(t + \Delta t) - g(t)}{\Delta t}}{\displaystyle\lim_{\Delta t \to 0} \frac{f(t + \Delta t) - f(t)}{\Delta t}}$$

$$= \frac{g'(t)}{f'(t)}$$

$$= \frac{dy/dt}{dx/dt}.$$

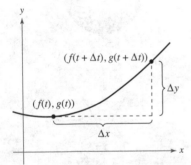

La pendiente de la recta secante que pasa por los puntos $(f(t), g(t))$ y $(f(t + \Delta t)), (g(t + \Delta t))$ es $\Delta y/\Delta x$.
Figura 10.30

Consulte LarsonCalculus.com para ver el video de esta demostración de Bruce Edwards.

EJEMPLO 1   **Derivación y forma paramétrica**

Halle dy/dx para la curva dada por $x = \operatorname{sen} t$ y $y = \cos t$.

Solución

$$\frac{dy}{dx} = \frac{dy/dt}{dx/dt}$$

$$= \frac{-\operatorname{sen} t}{\cos t}$$

$$= -\tan t$$

Como dy/dx es función de t puede emplear el teorema 10.7 repetidamente para hallar las derivadas de *orden superior*. Por ejemplo,

$$\frac{d^2y}{dx^2} = \frac{d}{dx}\left[\frac{d}{dx}\right] = \frac{\frac{d}{dt}\left[\frac{dy}{dx}\right]}{dx/dt} \qquad \text{Segunda derivada}$$

$$\frac{d^3y}{dx^3} = \frac{d}{dx}\left[\frac{d^2y}{dx^2}\right] = \frac{\frac{d}{dt}\left[\frac{d^2y}{dx^2}\right]}{dx/dt}. \qquad \text{Tercera derivada}$$

EJEMPLO 2   **Hallar pendiente y concavidad**

Para la curva dada por

$$x = \sqrt{t} \quad \text{y} \quad y = \frac{1}{4}(t^2 - 4), \quad t \geq 0$$

halle la pendiente y la concavidad en el punto $(2, 3)$.

Solución   Como

$$\frac{dy}{dx} = \frac{dy/dt}{dx/dt} = \frac{(1/2)t}{(1/2)t^{-1/2}} = t^{3/2} \qquad \begin{array}{l}\text{Forma paramétrica de}\\\text{la primera derivada}\end{array}$$

se puede hallar que la segunda derivada es

$$\frac{d^2y}{dx^2} = \frac{\frac{d}{dt}[dy/dx]}{dx/dt} = \frac{\frac{d}{dt}[t^{3/2}]}{dx/dt} = \frac{(3/2)t^{1/2}}{(1/2)t^{-1/2}} = 3t. \qquad \begin{array}{l}\text{Forma paramétrica de la}\\\text{segunda derivada}\end{array}$$

En $(x, y) = (2, 3)$, se tiene que $t = 4$, y la pendiente es

$$\frac{dy}{dx} = (4)^{3/2} = 8.$$

Y cuando $t = 4$, la segunda derivada es

$$\frac{d^2y}{dx^2} = 3(4) = 12 > 0$$

por lo que puede concluirse que en $(2, 3)$ la gráfica es cóncava hacia arriba, como se muestra en la figura 10.31.

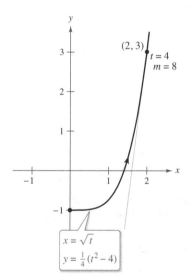

En $(2, 3)$, donde $t = 4$, la gráfica es cóncava hacia arriba.

Figura 10.31

Como en las ecuaciones paramétricas $x = f(t)$ y $y = g(t)$, no se necesita que y esté definida en función de x, puede ocurrir que una curva plana forme un lazo y se corte a sí misma. En esos puntos la curva puede tener más de una recta tangente, como se muestra en el ejemplo siguiente.

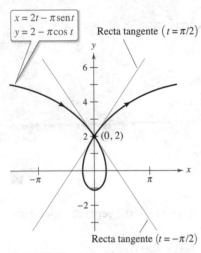

$x = 2t - \pi \operatorname{sen} t$
$y = 2 - \pi \cos t$

Recta tangente $(t = \pi/2)$

Recta tangente $(t = -\pi/2)$

Esta cicloide alargada tiene dos rectas tangentes en el punto $(0, 2)$.

Figura 10.32

EJEMPLO 3   **Una curva con dos rectas tangentes en un punto**

••••▷ *Consulte LarsonCalculus.com para una versión interactiva de este tipo de ejemplo.*

La **cicloide alargada** dada por

$$x = 2t - \pi \operatorname{sen} t \quad \text{y} \quad y = 2 - \pi \cos t$$

se corta a sí misma en el punto $(0, 2)$, como se ilustra en la figura 10.32. Halle las ecuaciones de las dos rectas tangentes en este punto.

Solución   Como $x = 0$ y $y = 2$ cuando $t = \pm\pi/2$, y

$$\frac{dy}{dx} = \frac{dy/dt}{dx/dt} = \frac{\pi \operatorname{sen} t}{2 - \pi \cos t}$$

tiene $dy/dx = -\pi/2$ cuando $t = -\pi/2$ y $dy/dx = \pi/2$ cuando $t = \pi/2$. Por tanto, las dos rectas tangentes en $(0, 2)$ son

$$y - 2 = -\left(\frac{\pi}{2}\right)x \qquad \text{Recta tangente cuando } t = -\frac{\pi}{2}$$

y

$$y - 2 = \left(\frac{\pi}{2}\right)x. \qquad \text{Recta tangente cuando } t = \frac{\pi}{2}$$

Si $dy/dt = 0$ y $dx/dt \neq 0$ cuando $t = t_0$, la curva representada por $x = f(t)$ y $y = g(t)$ tiene una tangente horizontal en $(f(t_0), g(t_0))$. Así, en el ejemplo 3, la curva dada tiene una tangente horizontal en el punto $(0, 2 - \pi)$ (cuando $t = 0$). De manera semejante, si $dx/dt = 0$ y $dy/dt \neq 0$ cuando $t = t_0$, la curva representada por $x = f(t)$ y $y = g(t)$ tiene una tangente vertical en $(f(t_0), g(t_0))$.

Longitud de arco

Se ha visto cómo pueden emplearse las ecuaciones paramétricas para describir la trayectoria de una partícula que se mueve en el plano. Ahora se desarrollará una fórmula para determinar la *distancia* recorrida por una partícula a lo largo de su trayectoria.

Recuérdese de la sección 7.4 que la fórmula para hallar la longitud de arco de una curva C dada por $y = h(x)$ en el intervalo $[x_0, x_1]$ es

$$s = \int_{x_0}^{x_1} \sqrt{1 + [h'(x)]^2}\, dx$$

$$= \int_{x_0}^{x_1} \sqrt{1 + \left(\frac{dy}{dx}\right)^2}\, dx.$$

Si C está representada por las ecuaciones paramétricas $x = f(t)$ y $y = g(t)$, $a \leq t \leq b$, y si $dx/dt = f'(t) > 0$, se puede escribir

$$s = \int_{x_0}^{x_1} \sqrt{1 + \left(\frac{dy}{dx}\right)^2}\, dx$$

$$= \int_{x_0}^{x_1} \sqrt{1 + \left(\frac{dy/dt}{dx/dt}\right)^2}\, dx$$

$$= \int_{a}^{b} \sqrt{\frac{(dx/dt)^2 + (dy/dt)^2}{(dx/dt)^2}}\, \frac{dx}{dt}\, dt$$

$$= \int_{a}^{b} \sqrt{\left(\frac{dx}{dt}\right)^2 + \left(\frac{dy}{dt}\right)^2}\, dt$$

$$= \int_{a}^{b} \sqrt{[f'(t)]^2 + [g'(t)]^2}\, dt.$$

> **TEOREMA 10.8 Longitud de arco en forma paramétrica**
>
> Si una curva suave C está dada por $x = f(t)$ y $y = g(t)$, y C no se corta a sí misma en el intervalo $a \le t \le b$ (excepto quizás en los puntos terminales), entonces la longitud de arco de C en ese intervalo está dada por
>
> $$s = \int_a^b \sqrt{\left(\frac{dx}{dt}\right)^2 + \left(\frac{dy}{dt}\right)^2}\, dt = \int_a^b \sqrt{[f'(t)]^2 + [g'(t)]^2}\, dt.$$

COMENTARIO Al aplicar la fórmula para la longitud de arco a una curva, hay que asegurarse de que la curva se recorra una sola vez en el intervalo de integración. Por ejemplo, el círculo dado por $x = \cos t$ y $y = \operatorname{sen} t$ recorre una sola vez el intervalo $0 \le t \le 2\pi$, pero recorre dos veces el intervalo $0 \le t \le 4\pi$.

En la sección anterior se vio que si un círculo rueda a lo largo de una recta, cada punto de su circunferencia trazará una trayectoria llamada cicloide. Si el círculo rueda sobre otro círculo, la trayectoria del punto es una **epicicloide**. El ejemplo siguiente muestra cómo hallar la longitud de arco de una epicicloide.

> **ARCO DE UNA CICLOIDE**
>
> La longitud de un arco de una cicloide fue calculada por vez primera en 1658 por el arquitecto y matemático inglés Christopher Wren, famoso por reconstruir muchos edificios e iglesias en Londres, entre los que se encuentra la Catedral de St. Paul.

EJEMPLO 4 **Calcular la longitud de arco**

Un círculo de radio 1 rueda sobre otro círculo mayor de radio 4, como se muestra en la figura 10.33. La epicicloide trazada por un punto en el círculo más pequeño está dada por

$$x = 5\cos t - \cos 5t \quad \text{y} \quad y = 5\operatorname{sen} t - \operatorname{sen} 5t.$$

Halle la distancia recorrida por el punto al dar una vuelta completa alrededor del círculo mayor.

Solución Antes de aplicar el teorema 10.8, debe observar en la figura 10.33 que la curva tiene puntos angulosos en $t = 0$ y $t = \pi/2$. Entre estos dos puntos, dx/dt y dy/dt no son simultáneamente 0. Por tanto, la porción de la curva que se genera de $t = 0$ a $t = \pi/2$ es suave. Para hallar la distancia total recorrida por el punto, calcule la longitud de arco que se encuentra en el primer cuadrante y multiplique por 4.

$$
\begin{aligned}
s &= 4 \int_0^{\pi/2} \sqrt{\left(\frac{dx}{dt}\right)^2 + \left(\frac{dy}{dt}\right)^2}\, dt && \text{Forma paramétrica de la longitud de arco} \\
&= 4 \int_0^{\pi/2} \sqrt{(-5\operatorname{sen} t + 5\operatorname{sen} 5t)^2 + (5\cos t - 5\cos 5t)^2}\, dt \\
&= 20 \int_0^{\pi/2} \sqrt{2 - 2\operatorname{sen} t\operatorname{sen} 5t - 2\cos t\cos 5t}\, dt \\
&= 20 \int_0^{\pi/2} \sqrt{2 - 2\cos 4t}\, dt && \text{Identidad trigonométrica} \\
&= 20 \int_0^{\pi/2} \sqrt{4\operatorname{sen}^2 2t}\, dt && \text{Fórmula del doble de un ángulo} \\
&= 40 \int_0^{\pi/2} \operatorname{sen} 2t\, dt \\
&= -20 \left[\cos 2t\right]_0^{\pi/2} \\
&= 40
\end{aligned}
$$

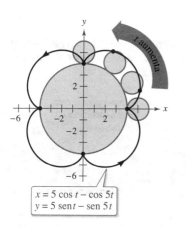

$$x = 5\cos t - \cos 5t$$
$$y = 5\operatorname{sen} t - \operatorname{sen} 5t$$

Un punto en la circunferencia pequeña es el que traza una epicicloide en la medida que el círculo pequeño rueda alrededor de la circunferencia grande.
Figura 10.33

Para la epicicloide de la figura 10.33, una longitud de arco de 40 parece correcta, puesto que la circunferencia de un círculo de radio 6 es

$$2\pi r = 12\pi \approx 37.7.$$

Área de una superficie de revolución

La fórmula para el área de una superficie de revolución en forma rectangular puede usarse para desarrollar una fórmula para el área de la superficie en forma paramétrica.

TEOREMA 10.9 **Área de una superficie de revolución**

Si una curva suave C dada por $x = f(t)$ y $y = g(t)$ no se corta a sí misma en un intervalo $a \leq t \leq b$, entonces el área S de la superficie de revolución generada por rotación de C, en torno a uno de los ejes de coordenadas, está dada por

1. $S = 2\pi \displaystyle\int_a^b g(t) \sqrt{\left(\dfrac{dx}{dt}\right)^2 + \left(\dfrac{dy}{dt}\right)^2}\ dt$ Revolución en torno al eje x: $g(t) \geq 0$

2. $S = 2\pi \displaystyle\int_a^b f(t) \sqrt{\left(\dfrac{dx}{dt}\right)^2 + \left(\dfrac{dy}{dt}\right)^2}\ dt$ Revolución en torno al eje y: $f(t) \geq 0$

Estas fórmulas son fáciles de recordar si se considera al diferencial de la longitud de arco como

$$ds = \sqrt{\left(\frac{dx}{dt}\right)^2 + \left(\frac{dy}{dt}\right)^2}\ dt.$$

Entonces las fórmulas se expresan como sigue,

1. $S = 2\pi \displaystyle\int_a^b g(t)\ ds$ **2.** $S = 2\pi \displaystyle\int_a^b f(t)\ ds$

EJEMPLO 5 **Hallar el área de una superficie de revolución**

Sea C el arco de la circunferencia $x^2 + y^2 = 9$ que va desde $(3, 0)$ hasta

$$\left(\frac{3}{2}, \frac{3\sqrt{3}}{2}\right)$$

como se ve en la figura 10.35. Encuentre el área de la superficie generada por revolución de C alrededor del eje x.

Solución C se puede representar en forma paramétrica mediante las ecuaciones

$$x = 3 \cos t \quad \text{y} \quad y = 3 \operatorname{sen} t, \quad 0 \leq t \leq \pi/3.$$

(El intervalo para t se obtiene observando que $t = 0$ cuando $x = 3$ y $t = \pi/3$ cuando $x = 3/2$.) En este intervalo, C es suave y y es no negativa, y se puede aplicar el teorema 10.9 para obtener el área de la superficie

$$S = 2\pi \int_0^{\pi/3} (3 \operatorname{sen} t) \sqrt{(-3 \operatorname{sen} t)^2 + (3 \cos t)^2}\ dt \qquad \text{Fórmula para el área de una superficie de revolución}$$

$$= 6\pi \int_0^{\pi/3} \operatorname{sen} t \sqrt{9(\operatorname{sen}^2 t + \cos^2 t)}\ dt$$

$$= 6\pi \int_0^{\pi/3} 3 \operatorname{sen} t\ dt \qquad \text{Identidad trigonométrica}$$

$$= -18\pi \left[\cos t\right]_0^{\pi/3}$$

$$= -18\pi \left(\frac{1}{2} - 1\right)$$

$$= 9\pi.$$

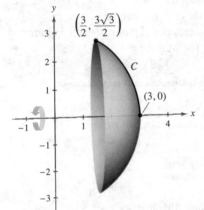

Esta superficie de revolución tiene una superficie de 9π.

Figura 10.34

10.3 Ejercicios

Consulte **CalcChat.com** para un tutorial de ayuda y soluciones trabajadas de los ejercicios con numeración impar.

Hallar una derivada En los ejercicios 1–4, halle dy/dx.

1. $x = t^2$, $y = 7 - 6t$

2. $x = \sqrt[3]{t}$, $y = 4 - t$

3. $x = \text{sen}^2\,\theta$, $y = \cos^2\theta$

4. $x = 2e^\theta$, $y = e^{-\theta/2}$

Hallar pendiente y concavidad En los ejercicios 5-14, halle dy/dx y d^2y/dx^2, así como la pendiente y la concavidad (de ser posible) en el punto correspondiente al valor dado del parámetro.

Ecuaciones paramétricas	Punto
5. $x = 4t$, $y = 3t - 2$	$t = 3$
6. $x = \sqrt{t}$, $y = 3t - 1$	$t = 1$
7. $x = t + 1$, $y = t^2 + 3t$	$t = -1$
8. $x = t^2 + 5t + 4$, $y = 4t$	$t = 0$
9. $x = 4\cos\theta$, $y = 4\,\text{sen}\,\theta$	$\theta = \dfrac{\pi}{4}$
10. $x = \cos\theta$, $y = 3\,\text{sen}\,\theta$	$\theta = 0$
11. $x = 2 + \sec\theta$, $y = 1 + 2\tan\theta$	$\theta = \dfrac{\pi}{6}$
12. $x = \sqrt{t}$, $y = \sqrt{t - 1}$	$t = 2$
13. $x = \cos^3\theta$, $y = \text{sen}^3\theta$	$\theta = \dfrac{\pi}{4}$
14. $x = \theta - \text{sen}\,\theta$, $y = 1 - \cos\theta$	$\theta = \pi$

Hallar ecuaciones de rectas tangentes En los ejercicios 15-18, halle una ecuación para la recta tangente en cada uno de los puntos dados de la curva.

15. $x = 2\cot\theta$, $y = 2\,\text{sen}^2\,\theta$,

$\left(-\dfrac{2}{\sqrt{3}}, \dfrac{3}{2}\right), (0, 2), \left(2\sqrt{3}, \dfrac{1}{2}\right)$

16. $x = 2 - 3\cos\theta$, $y = 3 + 2\,\text{sen}\,\theta$,

$(-1, 3), (2, 5), \left(\dfrac{4 + 3\sqrt{3}}{2}, 2\right)$

17. $x = t^2 - 4$, $y = t^2 - 2t$, $(0, 0), (-3, -1), (-3, 3)$

18. $x = t^4 + 2$, $y = t^3 + t$, $(2, 0), (3, -2), (18, 10)$

Hallar una ecuación de una recta tangente En los ejercicios 19-22, (a) use una herramienta de graficación para trazar la curva representada por las ecuaciones paramétricas, (b) use una herramienta de graficación para hallar dx/dt, dy/dt y dy/dx para el valor dado del parámetro, (c) halle una ecuación de la recta tangente a la curva en el valor dado del parámetro, y (d) use una herramienta de graficación para trazar la curva y la recta tangente del inciso (c).

Ecuaciones paramétricas	Punto
19. $x = 6t$, $y = t^2 + 4$	$t = 1$
20. $x = t - 2$, $y = \dfrac{1}{t} + 3$	$t = 1$
21. $x = t^2 - t + 2$, $y = t^3 - 3t$	$t = -1$
22. $x = 3t - t^2$, $y = 2t^{3/2}$	$t = \dfrac{1}{4}$

Hallar ecuaciones de rectas tangentes En los ejercicios 23-26, halle las ecuaciones de las rectas tangentes en el punto en el que la curva se corta a sí misma.

23. $x = 2\,\text{sen}\,2t$, $y = 3\,\text{sen}\,t$

24. $x = 2 - \pi\cos t$, $y = 2t - \pi\,\text{sen}\,t$

25. $x = t^2 - t$, $y = t^3 - 3t - 1$

26. $x = t^3 - 6t$, $y = t^2$

Tangencia horizontal y vertical En los ejercicios 27 y 28, halle todos los puntos de tangencia horizontal y vertical (si los hay) a la porción de la curva que se muestra.

27. Evolvente o involuta de un círculo:

$x = \cos\theta + \theta\,\text{sen}\,\theta$

$y = \text{sen}\,\theta - \theta\cos\theta$

28. $x = 2\theta$

$y = 2(1 - \cos\theta)$

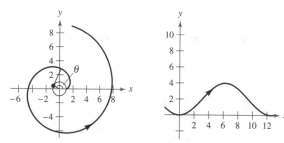

Tangencia horizontal y vertical En los ejercicios 29-38, halle todos los puntos de tangencia horizontal y vertical (si los hay) a la curva. Use una herramienta de graficación para confirmar los resultados.

29. $x = 4 - t$, $y = t^2$

30. $x = t + 1$, $y = t^2 + 3t$

31. $x = t + 4$, $y = t^3 - 3t$

32. $x = t^2 - t + 2$, $y = t^3 - 3t$

33. $x = 3\cos\theta$, $y = 3\,\text{sen}\,\theta$

34. $x = \cos\theta$, $y = 2\,\text{sen}\,2\theta$

35. $x = 5 + 3\cos\theta$, $y = -2 + \text{sen}\,\theta$

36. $x = 4\cos^2\theta$, $y = 2\,\text{sen}\,\theta$

37. $x = \sec\theta$, $y = \tan\theta$

38. $x = \cos^2\theta$, $y = \cos\theta$

Determinar concavidad En los ejercicios 39-44, determine los intervalos de t en los que la curva es cóncava hacia abajo o cóncava hacia arriba.

39. $x = 3t^2$, $y = t^3 - t$

40. $x = 2 + t^2$, $y = t^2 + t^3$

41. $x = 2t + \ln t$, $y = 2t - \ln t$

42. $x = t^2$, $y = \ln t$

43. $x = \text{sen}\,t$, $y = \cos t$, $0 < t < \pi$

44. $x = 4\cos t$, $y = 2\,\text{sen}\,t$, $0 < t < 2\pi$

Longitud de arco En los ejercicios 45-50, halle la longitud de arco de la curva en el intervalo dado.

Ecuaciones paramétricas	Intervalo
45. $x = 3t + 5$, $y = 7 - 2t$	$-1 \leq t \leq 3$
46. $x = 6t^2$, $y = 2t^3$	$1 \leq t \leq 4$
47. $x = e^{-t} \cos t$, $y = e^{-t} \operatorname{sen} t$	$0 \leq t \leq \dfrac{\pi}{2}$
48. $x = \operatorname{arcsen} t$, $y = \ln\sqrt{1 - t^2}$	$0 \leq t \leq \tfrac{1}{2}$
49. $x = \sqrt{t}$, $y = 3t - 1$	$0 \leq t \leq 1$
50. $x = t$, $y = \dfrac{t^5}{10} + \dfrac{1}{6t^3}$	$1 \leq t \leq 2$

Longitud de arco En los ejercicios 51-54, halle la longitud de arco de la curva en el intervalo $[0, 2\pi]$.

51. Perímetro de una hipocicloide: $x = a \cos^3 \theta$, $y = a \operatorname{sen}^3 \theta$

52. Circunferencia de un círculo: $x = a \cos \theta$, $y = a \operatorname{sen} \theta$

53. Arco de una cicloide: $x = a(\theta - \operatorname{sen} \theta)$, $y = a(1 - \cos \theta)$

54. Evolvente o involuta de un círculo: $x = \cos \theta + \theta \operatorname{sen} \theta$, $y = \operatorname{sen} \theta - \theta \cos \theta$.

55. Trayectoria de un proyectil La trayectoria de un proyectil se describe por medio de las ecuaciones paramétricas

$$x = (90 \cos 30°)t \quad \text{y} \quad y = (90 \operatorname{sen} 30°)t - 16t^2$$

donde x y y se miden en pies.

(a) Utilice una herramienta de graficación para trazar la trayectoria del proyectil.

(b) Utilice una herramienta de graficación para estimar el alcance del proyectil.

(c) Utilice las funciones de integración de una herramienta de graficación para aproximar la longitud de arco de la trayectoria. Compare este resultado con el alcance del proyectil.

56. Trayectoria de un proyectil Si el proyectil del ejercicio 55 se lanza formando un ángulo θ con la horizontal, sus ecuaciones paramétricas son

$$x = (90 \cos \theta)t \quad \text{y} \quad y = (90 \operatorname{sen} \theta)t - 16t^2.$$

Use una herramienta de graficación para hallar el ángulo que maximiza el alcance del proyectil. ¿Qué ángulo maximiza la longitud de arco de la trayectoria?

57. Folio de Descartes Considere las ecuaciones paramétricas

$$x = \frac{4t}{1 + t^3} \quad \text{y} \quad y = \frac{4t^2}{1 + t^3}.$$

(a) Use una herramienta de graficación para trazar la curva descrita por las ecuaciones paramétricas.

(b) Use una herramienta de graficación para hallar los puntos de tangencia horizontal a la curva.

(c) Use las funciones de integración de una herramienta de graficación para aproximar la longitud de arco del lazo cerrado. (*Sugerencia*: Use la simetría e integre sobre el intervalo $0 \leq t \leq 1$.)

58. Bruja de Agnesi Considere las ecuaciones paramétricas

$$x = 4 \cot \theta \quad \text{y} \quad y = 4 \operatorname{sen}^2 \theta, \quad -\frac{\pi}{2} \leq \theta \leq \frac{\pi}{2}.$$

(a) Emplee una herramienta de graficación para trazar la curva descrita por las ecuaciones paramétricas.

(b) Utilice una herramienta de graficación para hallar los puntos de tangencia horizontal a la curva.

(c) Use las funciones de integración de una herramienta de graficación para aproximar la longitud de arco en el intervalo $\pi/4 \leq \theta \leq \pi/2$.

59. Redacción

(a) Use una herramienta de graficación para representar cada conjunto de ecuaciones paramétricas.

$$x = t - \operatorname{sen} t, \quad y = 1 - \cos t, \quad 0 \leq t \leq 2\pi$$

$$x = 2t - \operatorname{sen}(2t), \quad y = 1 - \cos(2t), \quad 0 \leq t \leq \pi$$

(b) Compare las gráficas de los dos conjuntos de ecuaciones paramétricas del inciso (a). Si la curva representa el movimiento de una partícula y t es tiempo, ¿qué puede inferirse acerca de las velocidades promedio de la partícula en las trayectorias representadas por los dos conjuntos de ecuaciones paramétricas?

(c) Sin trazar la curva, determine el tiempo que requiere la partícula para recorrer las mismas trayectorias que en los incisos (a) y (b) si la trayectoria está descrita por

$$x = \tfrac{1}{2}t - \operatorname{sen}\left(\tfrac{1}{2}t\right) \quad \text{y} \quad y = 1 - \cos\left(\tfrac{1}{2}t\right).$$

60. Redacción

(a) Cada conjunto de ecuaciones paramétricas representa el movimiento de una partícula. Use una herramienta de graficación para representar cada conjunto.

Primera partícula: $x = 3 \cos t$, $y = 4 \operatorname{sen} t$, $0 \leq t \leq 2\pi$

Segunda partícula: $x = 4 \operatorname{sen} t$, $y = 3 \cos t$, $0 \leq t \leq 2\pi$

(b) Determine el número de puntos de intersección.

(c) ¿Estarán las partículas en algún momento en el mismo lugar al mismo tiempo? Si es así, identifique esos puntos.

(d) Explique qué ocurre si el movimiento de la segunda partícula se representa por

$$x = 2 + 3 \operatorname{sen} t, \quad y = 2 - 4 \cos t, \quad 0 \leq t \leq 2\pi.$$

Área de una superficie En los ejercicios 61-64, dé una integral que represente el área de la superficie generada por revolución de la curva alrededor del eje x. Use una herramienta de graficación para aproximar la integral.

Ecuaciones paramétricas	Intervalo
61. $x = 3t$, $y = t + 2$	$0 \leq t \leq 4$
62. $x = \dfrac{1}{4}t^2$, $y = t + 3$	$0 \leq t \leq 3$
63. $x = \cos^2 \theta$, $y = \cos \theta$	$0 \leq \theta \leq \dfrac{\pi}{2}$
64. $x = \theta + \operatorname{sen} \theta$, $y = \theta + \cos \theta$	$0 \leq \theta \leq \dfrac{\pi}{2}$

Área de una superficie En los ejercicios 65-70, encuentre el área de la superficie generada por revolución de la curva alrededor de cada uno de los ejes dados.

65. $x = 2t$, $y = 3t$, $0 \le t \le 3$

(a) Eje x (b) Eje y

66. $x = t$, $y = 4 - 2t$, $0 \le t \le 2$

(a) Eje x (b) Eje y

67. $x = 5 \cos \theta$, $y = 5 \operatorname{sen} \theta$, $0 \le \theta \le \dfrac{\pi}{2}$, eje y

68. $x = \frac{1}{3}t^3$, $y = t + 1$, $1 \le t \le 2$, eje y

69. $x = a \cos^3 \theta$, $y = a \operatorname{sen}^3 \theta$, $0 \le \theta \le \pi$, eje x

70. $x = a \cos \theta$, $y = b \operatorname{sen} \theta$, $0 \le \theta \le 2\pi$

(a) Eje x (b) Eje y

DESARROLLO DE CONCEPTOS

71. Forma paramétrica de la derivada Dé la forma paramétrica de la derivada.

Matemática mental En los ejercicios 72 y 73, determine mentalmente dy/dx.

72. $x = t$, $y = 3$ **73.** $x = t$, $y = 6t - 5$

74. Longitud de arco Dé la fórmula integral para la longitud de arco en forma paramétrica.

75. Área de una superficie Dé las fórmulas integrales para las áreas de superficies de revolución generadas por revolución de una curva suave C alrededor de (a) del eje x y (b) del eje y.

---

76. **¿CÓMO LO VE?** (a) Utilizando la gráfica de f, determine si dy/dt es positiva o negativa dado que dx/dt es negativa, y (b) determine si dy/dt es positiva o negativa dado que dy/dt es positiva. Explique su razonamiento.

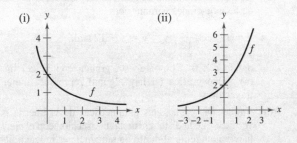

77. Integrar por sustitución Mediante integración por sustitución demuestre que si y es una función continua de x en el intervalo $a \le x \le b$, donde $x = f(t)$ y $y = g(t)$, entonces

$$\int_a^b y \, dx = \int_{t_1}^{t_2} g(t) f'(t) \, dt$$

donde $f(t_1) = a$, $f(t_2) = b$, y tanto g como f' son continuas en $[t_1, t_2]$.

78. Área de una superficie Una porción de una esfera de radio r se elimina cortando un cono circular con vértice en el centro de la esfera. El vértice del cono forma un ángulo 2θ. Halle el área de superficie eliminada de la esfera.

Área En los ejercicios 79 y 80, halle el área de la región. (Use el resultado del ejercicio 77.)

79. $x = 2 \operatorname{sen}^2 \theta$

$y = 2 \operatorname{sen}^2 \theta \tan \theta$

$0 \le \theta < \dfrac{\pi}{2}$

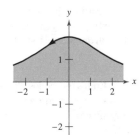

80. $x = 2 \cot \theta$

$y = 2 \operatorname{sen}^2 \theta$

$0 < \theta < \pi$

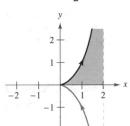

Áreas de curvas cerradas simples En los ejercicios 81-86, use un sistema algebraico por computadora y el resultado del ejercicio 77 para relacionar la curva cerrada con su área. (Estos ejercicios fueron adaptados del artículo "The Surveyor's Area Formula", de Bart Braden, en la publicación de septiembre de 1986 del *College Mathematics Journal*, pp. 335-337, con autorización del autor.)

(a) $\frac{8}{3}ab$ (b) $\frac{3}{8}\pi a^2$ (c) $2\pi a^2$

(d) πab (e) $2\pi ab$ (f) $6\pi a^2$

81. Elipse: $(0 \le t \le 2\pi)$

$x = b \cos t$

$y = a \operatorname{sen} t$

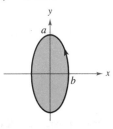

82. Astroide: $(0 \le t \le 2\pi)$

$x = a \cos^3 t$

$y = a \operatorname{sen}^3 t$

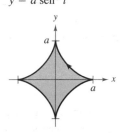

83. Cardioide: $(0 \le t \le 2\pi)$

$x = 2a \cos t - a \cos 2t$

$y = 2a \operatorname{sen} t - a \operatorname{sen} 2t$

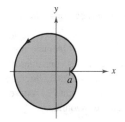

84. Deltoide: $(0 \le t \le 2\pi)$

$x = 2a \cos t + a \cos 2t$

$y = 2a \operatorname{sen} t - a \operatorname{sen} 2t$

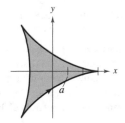

85. Reloj de arena: $(0 \le t \le 2\pi)$ **86. Lágrima:** $(0 \le t \le 2\pi)$

$x = a \operatorname{sen} 2t$ $x = 2a \cos t - a \operatorname{sen} 2t$

$y = b \operatorname{sen} t$ $y = b \operatorname{sen} t$

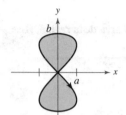
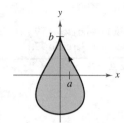

Centroide **En los ejercicios 87 y 88, halle el centroide de la región limitada por la gráfica de las ecuaciones paramétricas y los ejes de coordenadas. (Use el resultado del ejercicio 77.)**

87. $x = \sqrt{t}, \quad y = 4 - t$ **88.** $x = \sqrt{4 - t}, \quad y = \sqrt{t}$

Volumen **En los ejercicios 89 y 90, halle el volumen del sólido generado por revolución en torno al eje x de la región limitada por la gráfica de las ecuaciones dadas. (Use el resultado del ejercicio 77.)**

89. $x = 6 \cos \theta, \quad y = 6 \operatorname{sen} \theta$

90. $x = \cos \theta, \quad y = 3 \operatorname{sen} \theta, \quad a > 0$

91. Cicloide Emplee las ecuaciones paramétricas

$x = a(\theta - \operatorname{sen} \theta) \quad \text{y} \quad y = a(1 - \cos \theta), a > 0$

para responder lo siguiente.

(a) Halle dy/dx y d^2y/dx^2.

(b) Halle las ecuaciones de la recta tangente en el punto en el que $\theta = \pi/6$.

(c) Localice todos los puntos (si los hay) de tangencia horizontal.

(d) Calcule dónde es la curva cóncava hacia arriba y dónde es cóncava hacia abajo.

(e) Halle la longitud de un arco de la curva.

92. Uso de ecuaciones paramétricas Emplee las ecuaciones paramétricas

$x = t^2\sqrt{3} \quad \text{y} \quad y = 3t - \dfrac{1}{3}t^3$

para los incisos siguientes.

 (a) Emplee una herramienta de graficación para trazar la curva en el intervalo $-3 \le t \le 3$.

(b) Halle dy/dx y d^2y/dx^2.

(c) Halle la ecuación de la recta tangente en el punto $\left(\sqrt{3}, \frac{8}{3}\right)$.

(d) Halle la longitud de la curva.

(e) Halle el área de la superficie generada por revolución de la curva en torno al eje x.

93. Evolvente o involuta de círculo La evolvente o involuta de un círculo está descrita por el extremo P de una cuerda que se mantiene tensa mientras se desenrolla de un cañete que no gira (vea la figura). Demuestre que la siguiente es una representación paramétrica de la evolvente o involuta.

$x = r(\cos \theta + \theta \operatorname{sen} \theta) \quad \text{y} \quad y = r(\operatorname{sen} \theta - \theta \cos \theta).$

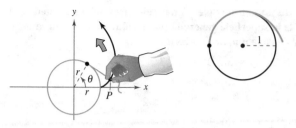

Figura para 93   Figura para 94

94. Evolvente o involuta de un círculo La figura muestra un segmento de cuerda sujeto a un círculo de radio 1. La cuerda es justo lo suficientemente larga para llegar al lado opuesto del círculo. Encuentre el área que se cubre cuando la cuerda se desenrolla en sentido contrario al de las manecillas del reloj.

 95. Uso de ecuaciones paramétricas

(a) Use una herramienta de graficación para trazar la curva dada por

$x = \dfrac{1 - t^2}{1 + t^2} \quad \text{y} \quad y = \dfrac{2t}{1 + t^2}$

donde $-20 \le t \le 20$.

(b) Describa la gráfica y confirme la respuesta en forma analítica.

(c) Analice la rapidez a la cual se traza la curva cuando t aumenta de -20 a 20.

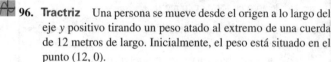 **96. Tractriz** Una persona se mueve desde el origen a lo largo del eje y positivo tirando un peso atado al extremo de una cuerda de 12 metros de largo. Inicialmente, el peso está situado en el punto $(12, 0)$.

(a) En el ejercicio 90 de la sección 8.7 se demostró que la trayectoria del peso se describe mediante la siguiente ecuación rectangular

$y = -12 \ln\!\left(\dfrac{12 - \sqrt{144 - x^2}}{x} \right) - \sqrt{144 - x^2}$

donde $0 < x \le 12$. Use una herramienta de graficación para representar la ecuación rectangular.

(b) Use una herramienta de graficación para trazar la gráfica de las ecuaciones paramétricas

$x = 12 \operatorname{sech} \dfrac{t}{12} \quad \text{y} \quad y = t - 12 \tanh \dfrac{t}{12}$

donde $t \ge 0$. Compare esta gráfica con la del inciso (a). ¿Qué gráfica (si hay alguna) representa mejor la trayectoria?

(c) Emplee las ecuaciones paramétricas de la tractriz para verificar que la distancia de la intersección con el eje y de la recta tangente al punto de tangencia es independiente de la ubicación del punto de tangencia.

¿Verdadero o falso? **En los ejercicios 97 y 98, determine si la afirmación es verdadera o falsa. Si es falsa, explique por qué o dé un ejemplo que demuestre que es falsa.**

97. Si $x = f(t)$ y $y = g(t)$, entonces $\dfrac{d^2y}{dx^2} = \dfrac{g''(t)}{f''(t)}$.

98. La curva dada por $x = t^3$, $y = t^2$ tiene una tangente horizontal en el origen puesto que $dy/dt = 0$ cuando $t = 0$.

10.4 Coordenadas polares y gráficas polares

- Comprender el sistema de coordenadas polares.
- Expresar coordenadas y ecuaciones rectangulares en forma polar y viceversa.
- Trazar la gráfica de una ecuación dada en forma polar.
- Hallar la pendiente de una recta tangente a una gráfica polar.
- Identificar diversos tipos de gráficas polares especiales.

Coordenadas polares

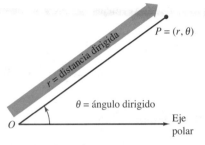

Coordenadas polares.
Figura 10.35

Hasta ahora las gráficas se han venido representando como colecciones de puntos (x, y) en el sistema de coordenadas rectangulares. Las ecuaciones correspondientes a estas gráficas han estado en forma rectangular o en forma paramétrica. En esta sección se estudiará un sistema de coordenadas denominado **sistema de coordenadas polares**.

Para formar el sistema de coordenadas polares en el plano, se fija un punto O, llamado el **polo** (u **origen**), y a partir de O se traza un rayo inicial llamado eje polar, como se muestra en la figura 10.35. A continuación, a cada punto P en el plano se le asignan **coordenadas polares** (r, θ), como sigue.

$r = $ *distancia dirigida* de O a P

$\theta = $ ángulo dirigido, en sentido contrario al de las manecillas del reloj desde el eje polar hasta el segmento $\overline{OP}$

La figura 10.36 muestra tres puntos en el sistema de coordenadas polares. Observe que en este sistema es conveniente localizar los puntos con respecto a una retícula de circunferencias concéntricas cortadas por **rectas radiales** que pasan por el polo.

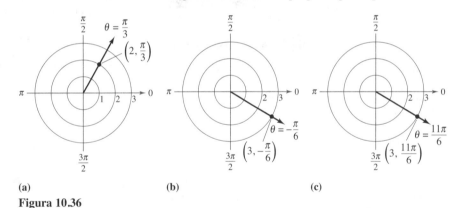

(a)   (b)   (c)
Figura 10.36

En coordenadas rectangulares, cada punto (x, y) tiene una representación única. Esto no sucede con las coordenadas polares. Por ejemplo, las coordenadas

$$(r, \theta) \quad y \quad (r, 2\pi + \theta)$$

representan el mismo punto [ver los incisos (b) y (c) de la figura 10.36]. También, como r es una distancia dirigida, las coordenadas

$$(r, \theta) \quad y \quad (-r, \theta + \pi)$$

representan el mismo punto. En general, el punto (r, θ) puede expresarse como

$$(r, \theta) = (r, \theta + 2n\pi)$$

o

$$(r, \theta) = (-r, \theta + (2n + 1)\pi)$$

donde n es cualquier entero. Además, el polo está representado por $(0, \theta)$, donde θ es cualquier ángulo.

COORDENADAS POLARES

El matemático al que se le atribuye haber usado por primera vez las coordenadas polares es James Bernoulli, quien las introdujo en 1691. Sin embargo, ciertas evidencias señalan la posibilidad de que fuera Isaac Newton el primero en usarlas.

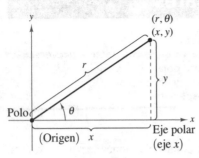

Relación entre coordenadas polares y rectangulares.
Figura 10.37

Transformación de coordenadas

Para establecer una relación entre coordenadas polares y rectangulares, se hace coincidir el eje polar con el eje x positivo y el polo con el origen, como se ilustra en la figura 10.37. Puesto que (x, y) se encuentra en un círculo de radio r, se sigue que

$$r^2 = x^2 + y^2.$$

Para $r > 0$, la definición de las funciones trigonométricas implica que

$$\tan \theta = \frac{y}{x}, \quad \cos \theta = \frac{x}{r} \quad \text{y} \quad \operatorname{sen} \theta = \frac{y}{r}.$$

Si $r < 0$, estas relaciones también son válidas, como se puede verificar.

TEOREMA 10.10 **Transformación de coordenadas**

Las coordenadas polares (r, θ) de un punto están relacionadas con las coordenadas rectangulares (x, y) de ese punto como sigue.

Polar a rectangular	**Rectangular a polar**
$x = r \cos \theta$	$\tan \theta = \dfrac{y}{x}$
$y = r \operatorname{sen} \theta$	$r^2 = x^2 + y^2$

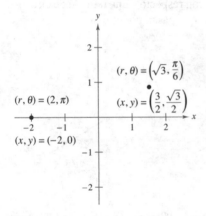

Para pasar de coordenadas polares a rectangulares, se toma $x = r \cos \theta$ y $r = r \operatorname{sen} \theta$.
Figura 10.38

EJEMPLO 1 **Transformar coordenadas polares a rectangulares**

a. Dado el punto $(r, \theta) = (2, \pi)$,

$$x = r \cos \theta = 2 \cos \pi = -2 \quad \text{y} \quad y = r \operatorname{sen} \theta = 2 \operatorname{sen} \pi = 0.$$

Por tanto, las coordenadas rectangulares son $(x, y) = (-2, 0)$.

b. Dado el punto $(r, \theta) = \left(\sqrt{3}, \pi/6\right)$,

$$x = \sqrt{3} \cos \frac{\pi}{6} = \frac{3}{2} \quad \text{y} \quad y = \sqrt{3} \operatorname{sen} \frac{\pi}{6} = \frac{\sqrt{3}}{2}.$$

Por tanto, las coordenadas rectangulares son $(x, y) = \left(3/2, \sqrt{3}/2\right)$. Vea la figura 10.38.

EJEMPLO 2 **Transformar coordenadas rectangulares a polares**

a. Dado el punto del segundo cuadrante $(x, y) = (-1, 1)$,

$$\tan \theta = \frac{y}{x} = -1 \quad \Longrightarrow \quad \theta = \frac{3\pi}{4}.$$

Como θ se eligió en el mismo cuadrante que (x, y), se debe usar un valor positivo para r.

$$r = \sqrt{x^2 + y^2}$$
$$= \sqrt{(-1)^2 + (1)^2}$$
$$= \sqrt{2}$$

Esto implica que *un* conjunto de coordenadas polares es $(r, \theta) = \left(\sqrt{2}, 3\pi/4\right)$.

b. Dado que el punto $(x, y) = (0, 2)$ se encuentra en el eje y positivo, se elige $\theta = \pi/2$ y $r = 2$, y un conjunto de coordenadas polares es $(r, \theta) = (2, \pi/2)$.

Vea la figura 10.39.

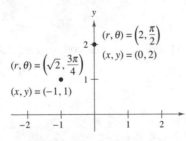

Para pasar de coordenadas rectangulares a polares, se toma $\tan \theta = y/x$ y $r = \sqrt{x^2 + y^2}$.
Figura 10.39

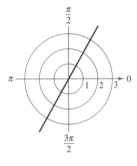

(a) Círculo: $r = 2$

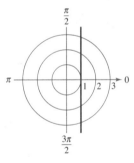

(b) Recta radial: $\theta = \dfrac{\pi}{3}$

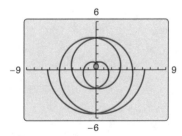

(c) Recta vertical: $r = \sec\theta$
Figura 10.40

Gráficas polares

Una manera de trazar la gráfica de una ecuación polar consiste en transformarla a coordenadas rectangulares, para luego trazar la gráfica de la ecuación rectangular.

EJEMPLO 3   **Trazar ecuaciones polares**

Describa la gráfica de cada ecuación polar. Confirme cada descripción transformando la ecuación a ecuación rectangular.

a. $r = 2$ **b.** $\theta = \dfrac{\pi}{3}$ **c.** $r = \sec\theta$

Solución

a. La gráfica de la ecuación polar $r = 2$ consta de todos los puntos que se encuentran a dos unidades del polo. En otras palabras, esta gráfica es la circunferencia que tiene su centro en el origen y radio 2. [Vea la figura 10.40(a).] Esto se puede confirmar utilizando la relación $r^2 = x^2 + y^2$ para obtener la ecuación rectangular

$$x^2 + y^2 = 2^2. \qquad \text{Ecuación rectangular}$$

b. La gráfica de la ecuación polar $\theta = \pi/3$ consta de todos los puntos sobre la semirrecta que forma un ángulo de $\pi/3$ con el semieje x positivo. [Vea la figura 10.40(b).] Para confirmar esto, se puede utilizar la relación $\tan\theta = y/x$ para obtener la ecuación rectangular

$$y = \sqrt{3}x. \qquad \text{Ecuación rectangular}$$

c. La gráfica de la ecuación polar $r = \sec\theta$ no resulta evidente por inspección simple, por lo que hay que empezar por pasarla a la forma rectangular mediante la relación

$$r = \sec\theta \qquad \text{Ecuación polar}$$
$$r\cos\theta = 1$$
$$x = 1 \qquad \text{Ecuación rectangular}$$

Por la ecuación rectangular se puede ver que la gráfica es una recta vertical. [Vea la figura 10.40(c).]

▷ **TECNOLOGÍA**   Dibujar *a mano* las gráficas de ecuaciones polares complicadas puede ser tedioso. Sin embargo, con el empleo de la tecnología la tarea no es difícil. Si la herramienta de graficación que se emplea cuenta con modo *polar*, úsela para trazar la gráfica de las ecuaciones de la serie de ejercicios. Si la herramienta de graficación no cuenta con modo *polar*, pero sí con modo *paramétrico*, puede trazar la gráfica de $r = f(\theta)$ expresando la ecuación como

$$x = f(\theta)\cos\theta$$
$$y = f(\theta)\,\text{sen}\,\theta.$$

Por ejemplo, la gráfica de $r = \frac{1}{2}\theta$ que se muestra en la figura 10.41 se generó con una herramienta de graficación en modo paramétrico. La gráfica de la ecuación se obtuvo usando las ecuaciones paramétricas

$$x = \frac{1}{2}\theta\cos\theta$$

$$y = \frac{1}{2}\theta\,\text{sen}\,\theta$$

con valores de θ que van desde -4π hasta 4π. Esta curva es de la forma $r = a\theta$ y se denomina **espiral de Arquímedes**.

Espiral de Arquímedes.
Figura 10.41

Dibuje la gráfica de $r = 2\cos 3\theta$.

Solución   Para empezar, exprese la ecuación polar en forma paramétrica.

$$x = 2\cos 3\theta \cos\theta \quad \text{y} \quad y = 2\cos 3\theta \operatorname{sen}\theta$$

Tras experimentar un poco, encuentra que la curva completa, la cual se llama **curva rosa**, puede dibujarse haciendo variar a θ desde 0 hasta p, como se muestra en la figura 10.42. Si traza la gráfica con una herramienta de graficación, verá que haciendo variar a θ desde 0 hasta 2π, se traza la curva entera *dos veces*.

COMENTARIO Una forma de bosquejar la gráfica de $r = 2\cos 3\theta$ a mano, es elaborar una tabla de valores.

θ	0	$\dfrac{\pi}{6}$	$\dfrac{\pi}{3}$	$\dfrac{\pi}{2}$	$\dfrac{2\pi}{3}$
r	2	0	-2	0	2

Si se amplía la tabla y se representan los puntos gráficamente se obtiene la curva mostrada en el ejemplo 4.

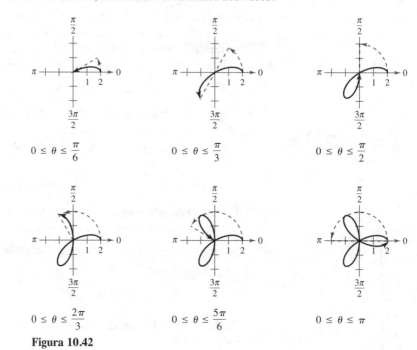

Figura 10.42

Use una herramienta de graficación para experimentar con otras curvas rosa. Observe que estas curvas son de la forma

$$r = a\cos n\theta \quad \text{o} \quad r = a \operatorname{sen} n\theta.$$

Por ejemplo, las curvas que se muestran en la figura 10.44 son otros dos tipos de curvas rosa.

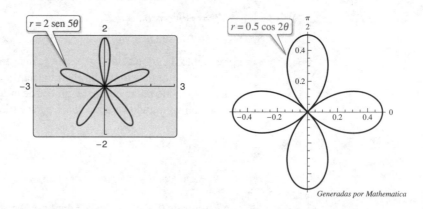

Curvas rosa.
Figura 10.43

Pendiente y rectas tangentes

Para encontrar la pendiente de una recta tangente a una gráfica polar, considere una función derivable $r = f(\theta)$. Para encontrar la pendiente en forma polar, se usan las ecuaciones paramétricas

$$x = r \cos \theta = f(\theta) \cos \theta \quad \text{y} \quad y = r \operatorname{sen} \theta = f(\theta) \operatorname{sen} \theta.$$

Mediante el uso de la forma paramétrica de dy/dx dada en el teorema 10.7, se obtiene

$$\frac{dy}{dx} = \frac{dy/d\theta}{dx/d\theta} = \frac{f(\theta) \cos \theta + f'(\theta) \operatorname{sen} \theta}{-f(\theta) \operatorname{sen} \theta + f'(\theta) \cos \theta}$$

con lo cual se establece el teorema siguiente.

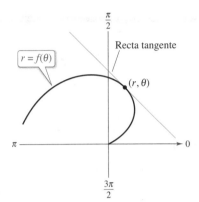

Recta tangente a la curva polar.
Figura 10.44

> **TEOREMA 10.11   Pendiente en forma polar**
>
> Si f es una función derivable de θ, entonces la pendiente de la recta tangente a la gráfica de $r = f(\theta)$ en el punto (r, θ) es
>
> $$\frac{dy}{dx} = \frac{dy/d\theta}{dx/d\theta} = \frac{f(\theta) \cos \theta + f'(\theta) \operatorname{sen} \theta}{-f(\theta) \operatorname{sen} \theta + f'(\theta) \cos \theta}$$
>
> siempre que $dx/dy \neq 0$ en $(r, 0)$. (Vea la figura 10.44.)

En el teorema 10.11 se pueden hacer las observaciones siguientes:

1. Las soluciones $\dfrac{dy}{d\theta} = 0$ dan una tangente horizontal, siempre que $\dfrac{dx}{d\theta} \neq 0$.

2. Las soluciones $\dfrac{dx}{d\theta} = 0$ dan una tangente vertical, siempre que $\dfrac{dy}{d\theta} \neq 0$.

Si $dy/d\theta$ y $dx/d\theta$ *simultáneamente* son 0, no se puede extraer ninguna conclusión respecto a las rectas tangentes.

EJEMPLO 5   Hallar rectas tangentes horizontales y verticales

Halle las rectas tangentes horizontales y verticales a $r = \operatorname{sen} \theta$, $0 \leq \theta \leq \pi$.

Solución   Para empezar, exprese la ecuación en forma paramétrica.

$$x = r \cos \theta = \operatorname{sen} \theta \cos \theta$$

y

$$y = r \operatorname{sen} \theta = \operatorname{sen} \theta \operatorname{sen} \theta = \operatorname{sen}^2 \theta$$

Después, derive x y y respecto de θ e iguale a 0 cada una de las derivadas.

$$\frac{dx}{d\theta} = \cos^2 \theta - \operatorname{sen}^2 \theta = \cos 2\theta = 0 \quad \Longrightarrow \quad \theta = \frac{\pi}{4}, \frac{3\pi}{4}$$

$$\frac{dy}{d\theta} = 2 \operatorname{sen} \theta \cos \theta = \operatorname{sen} 2\theta = 0 \quad \Longrightarrow \quad \theta = 0, \frac{\pi}{2}$$

Por tanto, la gráfica tiene rectas tangentes verticales en

$$\left(\frac{\sqrt{2}}{2}, \frac{\pi}{4} \right) \quad \text{y} \quad \left(\frac{\sqrt{2}}{2}, \frac{3\pi}{4} \right)$$

y tiene rectas tangentes horizontales en

$$(0, 0) \quad \text{y} \quad \left(1, \frac{\pi}{2} \right)$$

como se muestra en la figura 10.45.

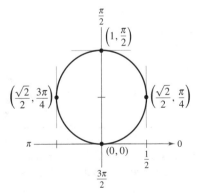

Rectas tangentes horizontales y verticales a $r = \operatorname{sen} \theta$.
Figura 10.45

EJEMPLO 6 **Hallar las rectas tangentes horizontales y verticales**

Halle las rectas tangentes horizontales y verticales a la gráfica de $r = 2(1 - \cos \theta)$.

Solución Use $y = r \operatorname{sen} \theta$, y entonces derive respecto de θ.

$$y = r \operatorname{sen} \theta$$
$$= 2(1 - \cos \theta) \operatorname{sen} \theta$$
$$\frac{dy}{d\theta} = 2[(1 - \cos \theta)(\cos \theta) + \operatorname{sen} \theta (\operatorname{sen} \theta)]$$
$$= 2(\cos \theta - \cos^2 \theta + \operatorname{sen}^2 \theta)$$
$$= 2(\cos \theta - \cos^2 \theta + 1 - \cos^2 \theta)$$
$$= -2(2 \cos^2 \theta - \cos \theta - 1)$$
$$= -2(2 \cos \theta + 1)(\cos \theta - 1)$$

Igualando $dy/d\theta$ igual a 0, puede ver que $\theta = -\frac{1}{2}$. Se concluye que $dy/d\theta = 0$ cuando $\theta = 0, 2\pi/3, 4\pi/3$ y 0. De manera semejante, al emplear $x = r \cos \theta$, tiene

$$x = r \cos \theta$$
$$= 2(1 - \cos \theta) \cos \theta$$
$$= 2 \cos \theta - 2 \cos^2 \theta$$
$$\frac{dx}{d\theta} = -2 \operatorname{sen} \theta + 4 \cos \theta \operatorname{sen} \theta$$
$$= 2 \operatorname{sen} \theta(2 \cos \theta - 1).$$

Haciendo $dx/d\theta$ igual a 0, puede ver que $\operatorname{sen} \theta = 0$ y $\cos \theta = \frac{1}{2}$. Se concluye que $dx/d\theta = 0$ cuando $\theta = 0, \pi, \pi/3$ y $5\pi/3$. A partir de estos resultados y de la gráfica que se presenta en la figura 10.46, se concluye que la gráfica tiene tangentes horizontales en $(3, 2\pi/3)$ y $(3, 4\pi/3)$, y tangentes verticales en $(1, \pi/3)$, $(1, 5\pi/3)$ y $(4, \pi)$. A esta gráfica se le llama **cardioide**. Observe que cuando $\theta = 0$ ambas derivadas ($dy/d\theta$ y $dx/d\theta$) son cero (es decir, se anulan). Sin embargo, esta única información no permite saber si la gráfica tiene una recta tangente horizontal o vertical en el polo. Pero a partir de la figura 10.46 se puede observar que la gráfica tiene una cúspide en el polo.

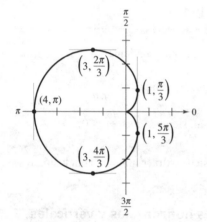

Rectas tangentes horizontales y verticales de $r = 2(1 - \cos \theta)$.
Figura 10.46

El teorema 10.11 tiene una consecuencia importante. Suponga que la gráfica de $r = f(\theta)$ pasa por el polo cuando $\theta = a$ y $f'(a) \neq 0$. Entonces la fórmula para dy/dx se simplifica como sigue.

$$\frac{dy}{dx} = \frac{f'(\alpha) \operatorname{sen} \alpha + f(\alpha) \cos \alpha}{f'(\alpha) \cos \alpha - f(\alpha) \operatorname{sen} \alpha} = \frac{f'(\alpha) \operatorname{sen} \alpha + 0}{f'(\alpha) \cos \alpha - 0} = \frac{\operatorname{sen} \alpha}{\cos \alpha} = \tan \alpha$$

Por tanto, la recta $\theta = a$ es tangente a la gráfica en el polo $(0, a)$.

TEOREMA 10.12 **Rectas tangentes en el polo**

Si $f(a) = 0$ y $f'(a) \neq 0$, entonces la recta $\theta = a$ es tangente a la gráfica de $r = f(\theta)$ en el polo.

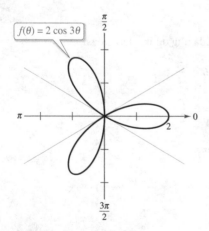

$f(\theta) = 2 \cos 3\theta$

Esta curva rosa tiene, en el polo, tres rectas tangentes ($\theta = \pi/6$, $\theta = \pi/2$ y $\theta = 5\pi/6$).
Figura 10.47

El teorema 10.12 es útil porque establece que las raíces de $r = f(\theta)$ pueden usarse para encontrar las rectas tangentes en el polo. Observe que, puesto que una curva polar puede cruzar el polo más de una vez, en el polo puede haber más de una recta tangente. Por ejemplo, la curva rosa $f(\theta) = 2 \cos 3\theta$ tiene tres rectas tangentes en el polo, como se ilustra en la figura 10.47. En esta curva, $f(\theta) = 2 \cos 3\theta$ es 0 cuando θ es $\pi/6$, $\pi/2$ y $5\pi/6$. La derivada $f'(\theta) = -6 \operatorname{sen} 3\theta$ no es 0 en estos valores de θ.

Gráficas polares especiales

Algunos tipos importantes de gráficas tienen ecuaciones que son más simples en forma polar que en forma rectangular. Por ejemplo, la ecuación polar de un círculo de radio a y centro en el origen es simplemente $r = a$. Más adelante se verán las ventajas que esto tiene. Por ahora, se muestran abajo algunos tipos de gráficas cuyas ecuaciones son más simples en forma polar. (Las cónicas se abordan en la sección 10.6.)

Caracoles

$r = a \pm b \cos \theta$

$r = a \pm b \operatorname{sen} \theta$

$(a > 0, b > 0)$

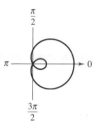 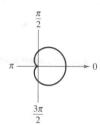 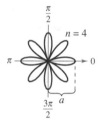 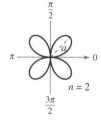

$\dfrac{a}{b} < 1$

Caracol con lazo interior

$\dfrac{a}{b} = 1$

Cardioide (forma de corazón)

$1 < \dfrac{a}{b} < 2$

Caracol con hoyuelo

$\dfrac{a}{b} \geq 2$

Caracol convexo

Curvas rosa

n pétalos si n es impar; $2n$ pétalos si n es par $(n > 2)$

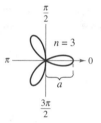 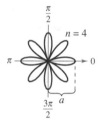 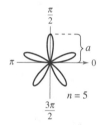 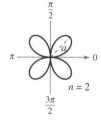

$r = a \cos n\theta$

Curva rosa

$r = a \cos n\theta$

Curva rosa

$r = a \operatorname{sen} n\theta$

Curva rosa

$r = a \operatorname{sen} n\theta$

Curva rosa

Círculos y lemniscatas

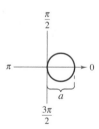 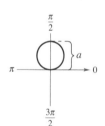 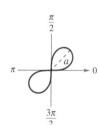 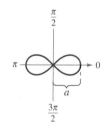

$r = a \cos \theta$

Círculo

$r = a \sin \theta$

Círculo

$r^2 = a^2 \operatorname{sen} 2\theta$

Lemniscata

$r^2 = a^2 \cos 2\theta$

Lemniscata

▷ **TECNOLOGÍA**　Las curvas rosa descritas arriba son de la forma $r = a \cos n\theta$ o $r = a \operatorname{sen} n\theta$, donde n es un entero positivo mayor o igual a 2. Use una herramienta de graficación para trazar las gráficas de

$$r = a \cos n\theta \quad \text{o} \quad r = a \operatorname{sen} n\theta$$

con valores no enteros de n. ¿Son estas gráficas también curvas rosa? Por ejemplo, trace la gráfica de

$$r = \cos \frac{2}{3}\theta, \quad 0 \leq \theta \leq 6\pi.$$

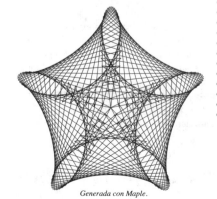

Generada con Maple.

■ **PARA INFORMACIÓN ADICIONAL**　Para más información sobre curvas rosa y otras curvas relacionadas con ellas, vea el artículo "A Rose is a Rose . . .", de Peter M. Maurer, en *The American Mathematical Monthly*. La gráfica generada por computadora que se observa al lado izquierdo, es resultado de un algoritmo que Maurer llama "La rosa". Para ver este artículo vaya a *MathArticles.com*.

10.4 Ejercicios

Transformar polar a rectangular En los ejercicios 1 a 10, represente gráficamente el punto dado en coordenadas polares y halle las coordenadas rectangulares correspondientes.

1. $\left(8, \dfrac{\pi}{2}\right)$ 　　　　**2.** $\left(-2, \dfrac{5\pi}{3}\right)$

3. $\left(-4, -\dfrac{3\pi}{4}\right)$ 　　　**4.** $\left(0, -\dfrac{7\pi}{6}\right)$

5. $\left(7, \dfrac{5\pi}{4}\right)$ 　　　　**6.** $\left(-2, \dfrac{11\pi}{6}\right)$

7. $\left(\sqrt{2}, 2.36\right)$ 　　　　**8.** $(-3, -1.57)$

9. $(-4.5, 3.5)$ 　　　　**10.** $(9.25, 1.2)$

Transformar rectangular a polar En los ejercicios 11-20 se dan las coordenadas rectangulares de un punto dado. Localice gráficamente el punto y halle *dos* conjuntos de coordenadas polares del punto con $0 \le \theta < 2\pi$.

11. $(2, 2)$ 　　　　**12.** $(0, -6)$

13. $(-3, 4)$ 　　　　**14.** $(4, -2)$

15. $\left(-1, -\sqrt{3}\right)$ 　　**16.** $\left(3, -\sqrt{3}\right)$

17. $(3, -2)$ 　　　　**18.** $\left(3\sqrt{2}, 3\sqrt{2}\right)$

19. $\left(\tfrac{7}{4}, \tfrac{5}{2}\right)$ 　　　　**20.** $(0, -5)$

21. Trazar un punto Represente gráficamente el punto $(4, 3.5)$ si el punto está dado

(a) en coordenadas rectangulares.

(b) en coordenadas polares.

22. Razonamiento gráfico

(a) En una herramienta de graficación, seleccione formato de ventana para coordenadas polares y coloque el cursor en cualquier posición fuera de los ejes. Mueva el cursor en sentido horizontal y en sentido vertical. Describa todo cambio en las coordenadas de los puntos.

(b) En una herramienta de graficación, seleccione el formato de ventana para coordenadas polares y coloque el cursor en cualquier posición fuera de los ejes. Mueva el cursor en sentido horizontal y en sentido vertical. Describa todo cambio en las coordenadas de los puntos.

(c) ¿Por qué difieren los resultados obtenidos en los incisos (a) y (b)?

Transformar rectangular a polar En los ejercicios 23-32, transforme la ecuación rectangular a la forma polar y trace su gráfica.

23. $x^2 + y^2 = 9$ 　　　**24.** $x^2 - y^2 = 9$

25. $x^2 + y^2 = a^2$ 　　　**26.** $x^2 + y^2 - 2ax = 0$

27. $y = 8$ 　　　　**28.** $x = 12$

29. $3x - y + 2 = 0$ 　　**30.** $xy = 4$

31. $y^2 = 9x$

32. $(x^2 + y^2)^2 - 9(x^2 - y^2) = 0$

Transformar rectangular a polar En los ejercicios 33-42, transforme la ecuación rectangular a la forma polar y trace su gráfica.

33. $r = 4$ 　　　　**34.** $r = -5$

35. $r = 3\,\text{sen}\,\theta$ 　　　**36.** $r = 5\cos\theta$

37. $r = \theta$ 　　　　**38.** $\theta = \dfrac{5\pi}{6}$

39. $r = 3\sec\theta$ 　　　**40.** $r = 2\csc\theta$

41. $r = \sec\theta\tan\theta$ 　　**42.** $r = \cot\theta\csc\theta$

Graficar una ecuación polar En los ejercicios 43-52, use una herramienta de graficación para representar la ecuación polar. Halle un intervalo para θ en el que la gráfica se trace *sólo una vez*.

43. $r = 2 - 5\cos\theta$ 　　**44.** $r = 3(1 - 4\cos\theta)$

45. $r = 2 + \text{sen}\,\theta$ 　　**46.** $r = 4 + 3\cos\theta$

47. $r = \dfrac{2}{1 + \cos\theta}$ 　　**48.** $r = \dfrac{2}{4 - 3\,\text{sen}\,\theta}$

49. $r = 2\cos\left(\dfrac{3\theta}{2}\right)$ 　　**50.** $r = 3\,\text{sen}\left(\dfrac{5\theta}{2}\right)$

51. $r^2 = 4\,\text{sen}\,2\theta$ 　　**52.** $r^2 = \dfrac{1}{\theta}$

53. Verificar una ecuación polar Convierta la ecuación

$$r = 2(h\cos\theta + k\,\text{sen}\,\theta)$$

a la forma rectangular y verifique que sea la ecuación de un círculo. Halle el radio y las coordenadas rectangulares de su centro.

54. Fórmula para la distancia

(a) Verifique que la fórmula para la distancia entre dos puntos (r_1, θ_1) y (r_2, θ_2) dados en coordenadas polares es

$$d = \sqrt{r_1^2 + r_2^2 - 2r_1 r_2 \cos(\theta_1 - \theta_2)}.$$

(b) Describa las posiciones de los puntos, en relación uno con otro, si $\theta_1 = \theta_2$. Simplifique la fórmula de la distancia para este caso. ¿Es la simplificación lo que se esperaba? Explique por qué.

(c) Simplifique la fórmula de la distancia si $\theta_1 - \theta_2 = 90°$. ¿Es la simplificación lo que se esperaba? Explique por qué.

(d) Seleccione dos puntos en el sistema de coordenadas polares y encuentre la distancia entre ellos. Luego elija representaciones polares diferentes para los mismos dos puntos y aplique la fórmula para la distancia. Analice el resultado.

Fórmula para la distancia En los ejercicios 55-58, use el resultado del ejercicio 54 para aproximar la distancia entre los dos puntos descritos en coordenadas polares.

55. $\left(1, \dfrac{5\pi}{6}\right)$, $\left(4, \dfrac{\pi}{3}\right)$ 　　**56.** $\left(8, \dfrac{7\pi}{4}\right)$, $(5, \pi)$

57. $(2, 0.5)$, $(7, 1.2)$ 　　**58.** $(4, 2.5)$, $(12, 1)$

Hallar pendientes de rectas tangentes En los ejercicios 59 y 60, halle dy/dx y las pendientes de las rectas tangentes que se muestran en las gráficas de las ecuaciones polares.

59. $r = 2 + 3\,\text{sen}\,\theta$

60. $r = 2(1 - \text{sen}\,\theta)$

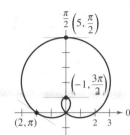
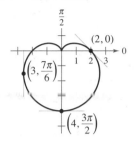

Hallar pendientes de rectas tangentes En los ejercicios 61-64, use una herramienta de graficación y (a) trace la gráfica de la ecuación polar, (b) dibuje la recta tangente en el valor dado de θ y (c) halle dy/dx en el valor dado de θ. (*Sugerencia*: Tome incrementos de θ iguales a $\pi/24$.)

61. $r = 3(1 - \cos\theta),\ \theta = \dfrac{\pi}{2}$

62. $r = 3 - 2\cos\theta,\ \theta = 0$

63. $r = 3\,\text{sen}\,\theta,\ \theta = \dfrac{\pi}{3}$

64. $r = 4,\ \theta = \dfrac{\pi}{4}$

Tangencia horizontal y vertical En los ejercicios 65 y 66, halle los puntos de tangencia horizontal y vertical (si los hay) a la curva polar.

65. $r = 1 - \text{sen}\,\theta$

66. $r = a\,\text{sen}\,\theta$

Tangencia horizontal En los ejercicios 67-68, halle los puntos de tangencia horizontal (si los hay) a la curva polar.

67. $r = 2\csc\theta + 3$

68. $r = a\,\text{sen}\,\theta\cos^2\theta$

Rectas tangentes en el polo En los ejercicios 69-76, represente una gráfica de la ecuación polar.

69. $r = 5\,\text{sen}\,\theta$

70. $r = 5\cos\theta$

71. $r = 2(1 - \text{sen}\,\theta)$

72. $r = 3(1 - \cos\theta)$

73. $r = 4\cos 3\theta$

74. $r = -\text{sen}\,5\theta$

75. $r = 3\,\text{sen}\,2\theta$

76. $r = 3\cos 2\theta$

Trazar una gráfica polar En los ejercicios 77-88, represente una gráfica de la ecuación polar.

77. $r = 8$

78. $r = 1$

79. $r = 4(1 + \cos\theta)$

80. $r = 1 + \text{sen}\,\theta$

81. $r = 3 - 2\cos\theta$

82. $r = 5 - 4\,\text{sen}\,\theta$

83. $r = 3\csc\theta$

84. $r = \dfrac{6}{2\,\text{sen}\,\theta - 3\cos\theta}$

85. $r = 2\theta$

86. $r = \dfrac{1}{\theta}$

87. $r^2 = 4\cos 2\theta$

88. $r^2 = 4\,\text{sen}\,\theta$

Asíntotas En los ejercicios 89-92, use una herramienta de graficación para representar la ecuación y demostrar que la recta dada es una asíntota de la gráfica.

Nombre de la gráfica	Ecuación polar	Asíntota
89. Concoide	$r = 2 - \sec\theta$	$x = -1$
90. Concoide	$r = 2 + \csc\theta$	$y = 1$
91. Espiral hiperbólica	$r = 2/\theta$	$y = 2$
92. Estrofoide	$r = 2\cos 2\theta\sec\theta$	$x = -2$

DESARROLLO DE CONCEPTOS

93. Comparar sistemas coordenados Describa las diferencias entre el sistema de coordenadas rectangulares y el sistema de coordenadas polares.

94. Transformación de coordenadas Dé las ecuaciones para pasar de coordenadas rectangulares a coordenadas polares y viceversa.

95. Rectas tangentes ¿Cómo se determinan las pendientes de rectas tangentes en coordenadas polares? ¿Qué son las rectas tangentes en el polo y cómo se determinan?

96. **¿CÓMO LO VE?** Identifique cada gráfica polar especial y escriba su ecuación.

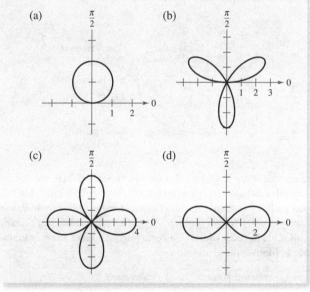

(a)   (b)   (c)   (d)

97. Trazar una gráfica Trace la gráfica de $r = 4\,\text{sen}\,\theta$ sobre el intervalo dado.

(a) $0 \le \theta \le \dfrac{\pi}{2}$ (b) $\dfrac{\pi}{2} \le \theta \le \pi$ (c) $-\dfrac{\pi}{2} \le \theta \le \dfrac{\pi}{2}$

98. Para pensar Utilice una herramienta graficadora para representar la ecuación polar $r = 6[1 + \cos(\theta - \phi)]$ para (a) $\phi = 0$, (b) $\phi = \pi/4$ y (c) $\phi = \pi/2$. Use las gráficas para describir el efecto del ángulo ϕ. Escriba la ecuación como función de $\text{sen}\,\theta$ para el inciso (c).

99. Curva rotada Verifique que si la curva correspondiente a la ecuación polar $r = f(\theta)$ gira un ángulo ϕ, alrededor del polo, entonces la ecuación de la curva girada es $r = f(\theta - \phi)$.

100. Curva rotada La forma polar de una ecuación de una curva es $r = f(\text{sen } \theta)$. Compruebe que la forma se convierte en

(a) $r = f(-\cos \theta)$ si la curva gira $\pi/2$ radianes alrededor del polo en sentido contrario a las manecillas del reloj.

(b) $r = f(-\text{sen } \theta)$ si la curva gira π radianes alrededor del polo en sentido contrario a las manecillas del reloj.

(c) $r = f(\cos \theta)$ si la curva gira $3\pi/2$ radianes alrededor del polo en sentido contrario a las manecillas del reloj.

Curva rotada **En los ejercicios 101-104, use los resultados de los ejercicios 99 y 100.**

101. Dé la ecuación del caracol $r = 2 - \text{sen } \theta$ después de girar la cantidad indicada. Utilice una herramienta de graficación para representar el giro del caracol para (a) $\theta = \pi/4$, (b) $\theta = \pi/2$, (c) $\theta = \pi$ y (d) $\theta = 3\pi/2$.

102. Dé una ecuación para la curva rosa $r = 2 \text{ sen } 2\theta$ después de girar la cantidad dada. Verifique los resultados usando una herramienta de graficación para representar el giro de la curva rosa para (a) $\theta = \pi/6$, (b) $\theta = \pi/2$, (c) $\theta = 2\pi/3$ y (d) $\theta = \pi$.

103. Dibuje la gráfica de cada ecuación.

(a) $r = 1 - \text{sen } \theta$ (b) $r = 1 - \text{sen}\left(\theta - \dfrac{\pi}{4}\right)$

104. Demuestre que la tangente del ángulo $\psi(0 \leq \psi < \pi/2)$ entre la recta radial y la recta tangente en el punto (r, θ) en la gráfica de $r = f(\theta)$ (vea la figura) está dada por

$$\tan \psi = \left| \dfrac{r}{dr/d\theta} \right|.$$

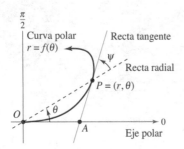

Encontrar un ángulo **En los ejercicios 105-110, use los resultados del ejercicio 104 para hallar el ángulo ψ entre las rectas radial y tangente a la gráfica en el valor indicado de θ. Use una herramienta de graficación para representar la ecuación polar, de la recta radial y la recta tangente en el valor indicado de θ. Identifique el ángulo ψ.**

Ecuación polar	Valor de θ
105. $r = 2(1 - \cos \theta)$	$\theta = \pi$
106. $r = 3(1 - \cos \theta)$	$\theta = \dfrac{3\pi}{4}$
107. $r = 2 \cos 3\theta$	$\theta = \dfrac{\pi}{4}$
108. $r = 4 \text{ sen } 2\theta$	$\theta = \dfrac{\pi}{6}$
109. $r = \dfrac{6}{1 - \cos \theta}$	$\theta = \dfrac{2\pi}{3}$
110. $r = 5$	$\theta = \dfrac{\pi}{6}$

¿Verdadero o falso? **En los ejercicios 111-114, determine si la afirmación es verdadera o falsa. Si es falsa, explique por qué o dé un ejemplo que muestre que es falsa.**

111. Si (r_1, θ_1) y (r_2, θ_2) representan el mismo punto en el sistema de coordenadas polares, entonces $|r_1| = |r_2|$.

112. Si (r_1, θ_1) y (r_2, θ_2) representan el mismo punto en el sistema de coordenadas polares, entonces $\theta_1 = \theta_2 + 2\pi n$ para algún entero n.

113. Si $x > 0$, entonces el punto (x, y) en el sistema de coordenadas rectangulares (o cartesianas) puede representarse mediante (r, θ) en el sistema de coordenadas polares, donde $r = \sqrt{x^2 + y^2}$ y $\theta = \arctan (y/x)$.

114. Las ecuaciones polares $r = \text{sen } 2\theta$, $r = -\text{sen } 2\theta$ y $r = \text{sen } (-2\theta)$ tienen la misma gráfica.

PROYECTO DE TRABAJO

Arte anamórfico

El arte anamórfico parece distorsionado, pero cuando se ve desde un particular punto de vista o con un dispositivo como un espejo parece que está normal. Use las siguientes transformaciones anamórficas

$$r = y + 16 \quad \text{y} \quad \theta = -\frac{\pi}{8}x, \quad -\frac{3\pi}{4} \leq \theta \leq \frac{3\pi}{4}$$

para dibujar la imagen polar transformada de la gráfica rectangular. Cuando se observa la reflexión (en un espejo cilíndrico centrado en el polo) de una imagen polar desde el eje polar, el espectador ve la imagen rectangular original.

(a) $y = 3$ (b) $x = 2$ (c) $y = x + 5$ (d) $x^2 + (y - 5)^2 = 5^2$

Este ejemplo de arte anamórfico es de la Colección Millington-Barnard en la Universidad de Mississippi. Cuando se observa el reflejo de la "pintura polar" transformada en el espejo, el espectador ve el arte distorsionado en sus proporciones adecuadas.

■ **PARA INFORMACIÓN ADICIONAL** Para más información sobre arte anamórfico, consulte al artículo "Anamorphisms", de Philip Hickin, en *Mathematical Gazette*.

10.5 Área y longitud de arco en coordenadas polares

■ Hallar el área de una región limitada por una gráfica polar.
■ Hallar los puntos de intersección de dos gráficas polares.
■ Hallar la longitud de arco de una gráfica polar.
■ Hallar el área de una superficie de revolución (forma polar).

Área de una región polar

El desarrollo de una fórmula para el área de una región polar se asemeja al del área de una región en el sistema de coordenadas rectangulares (o cartesianas), pero en lugar de rectángulos se usan sectores circulares como elementos básicos del área. En la figura 10.48, observe que el área de un sector circular de radio r es $\frac{1}{2}\theta r^2$, siempre que θ esté dado en radianes.

El área de un sector circular es $A = \frac{1}{2}\theta r^2$.
Figura 10.48

Considere la función dada por $r = f(\theta)$, donde f es continua y no negativa en el intervalo $\alpha \le \theta \le \beta$. La región limitada por la gráfica de f y las rectas radiales $\theta = \alpha$ y $\theta = \beta$ se muestra en la figura 10.49(a). Para encontrar el área de esta región, se hace una partición del intervalo $[a, \beta]$ en n subintervalos iguales

$$\alpha = \theta_0 < \theta_1 < \theta_2 < \cdots < \theta_{n-1} < \theta_n = \beta.$$

A continuación se aproxima el área de la región por medio de la suma de las áreas de los n sectores, como se muestra en la figura 10.49(b).

$$\text{Radio del } i\text{-ésimo sector} = f(\theta_i)$$

$$\text{Ángulo central del } i\text{-ésimo sector} = \frac{\beta - \alpha}{n} = \Delta\theta$$

$$A \approx \sum_{i=1}^{n} \left(\frac{1}{2}\right) \Delta\theta [f(\theta_i)]^2$$

Tomando el límite cuando $n \to \infty$ se obtiene

$$A = \lim_{n \to \infty} \frac{1}{2} \sum_{i=1}^{n} [f(\theta_i)]^2 \Delta\theta$$

$$= \frac{1}{2} \int_{\alpha}^{\beta} [f(\theta)]^2 d\theta$$

lo cual conduce al teorema siguiente.

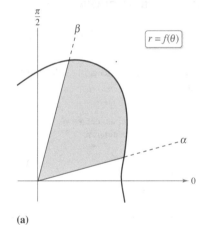

(a)

(b)

Figura 10.49

TEOREMA 10.13 Área en coordenadas polares

Si f es continua y no negativa en el intervalo $[\alpha, \beta]$, $0 < \beta - \alpha \le 2\pi$, entonces el área de la región limitada (o acotada) por la gráfica de $r = f(\theta)$ entre las rectas radiales $\theta = a$ y $\theta = b$ está dada por

$$A = \frac{1}{2} \int_{\alpha}^{\beta} [f(\theta)]^2 d\theta$$

$$= \frac{1}{2} \int_{\alpha}^{\beta} r^2 d\theta. \qquad 0 < \beta - \alpha \le 2\pi$$

Se puede usar la misma fórmula del teorema 3 para hallar el área de una región limitada por la gráfica de una función continua *no positiva*. Sin embargo, la fórmula no es necesariamente válida si toma valores tanto positivos *como* negativos en el intervalo $[a, \beta]$.

EJEMPLO 1 **Encontrar el área de una región polar**

····▷ *Consulte LarsonCalculus.com para una versión interactiva de este tipo de ejemplo.*

Encuentre el área de un pétalo de la curva rosa dada por $r = 3 \cos 3\theta$.

Solución En la figura 10.50 puede ver que el pétalo al lado derecho se recorre a medida que θ aumenta de $-\pi/6$ a $\pi/6$. Por tanto, el área es

$$A = \frac{1}{2}\int_\alpha^\beta r^2\, d\theta = \frac{1}{2}\int_{-\pi/6}^{\pi/6} (3\cos 3\theta)^2\, d\theta \qquad \text{Use la fórmula para el área en coordenadas polares.}$$

$$= \frac{9}{2}\int_{-\pi/6}^{\pi/6} \frac{1 + \cos 6\theta}{2}\, d\theta \qquad \text{Identidad trigonométrica}$$

$$= \frac{9}{4}\left[\theta + \frac{\text{sen}\, 6\theta}{6}\right]_{-\pi/6}^{\pi/6}$$

$$= \frac{9}{4}\left(\frac{\pi}{6} + \frac{\pi}{6}\right)$$

$$= \frac{3\pi}{4}.$$

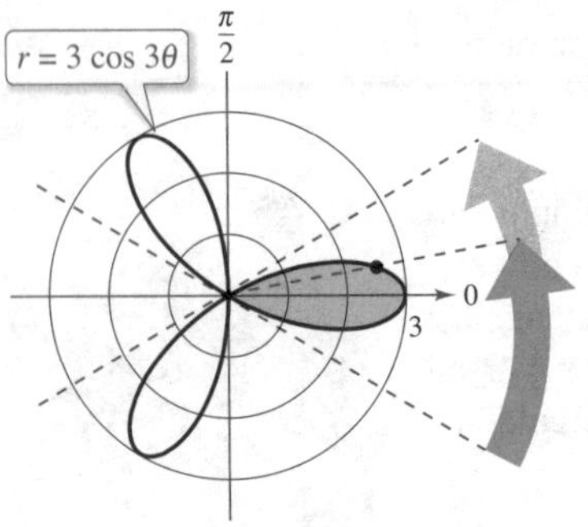

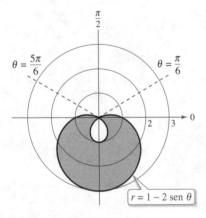

$r = 3 \cos 3\theta$

El área de un pétalo de la curva rosa que se encuentra entre las rectas radiales $\theta = -\pi/6$ y $\theta = \pi/6$ es $3\pi/4$.
Figura 10.50

Para hallar el área de la región comprendida dentro de los tres pétalos de la curva rosa del ejemplo 1, *no* puede simplemente integrar entre 0 y 2π. Si lo hace así, obtiene $9\pi/2$, que es el doble del área de los tres pétalos. Esta duplicación ocurre debido a que la curva rosa es trazada dos veces cuando θ aumenta de 0 a 2π.

EJEMPLO 2 **Hallar el área limitada por una sola curva**

Halle el área de la región comprendida entre los lazos interior y exterior del caracol $r = 1 - 2\,\text{sen}\,\theta$.

Solución En la figura 10.51, observe que el lazo interior es trazado a medida que θ aumenta de $\pi/6$ a $5\pi/6$. Por tanto, el área comprendida por el *lazo interior* es

$$A_1 = \frac{1}{2}\int_{\pi/6}^{5\pi/6} (1 - 2\,\text{sen}\,\theta)^2\, d\theta \qquad \text{Use la fórmula para el área en coordenadas polares.}$$

$$= \frac{1}{2}\int_{\pi/6}^{5\pi/6} (1 - 4\,\text{sen}\,\theta + 4\,\text{sen}^2\,\theta)\, d\theta$$

$$= \frac{1}{2}\int_{\pi/6}^{5\pi/6} \left[1 - 4\,\text{sen}\,\theta + 4\left(\frac{1 - \cos 2\theta}{2}\right)\right] d\theta \qquad \text{Identidad trigonométrica}$$

$$= \frac{1}{2}\int_{\pi/6}^{5\pi/6} (3 - 4\,\text{sen}\,\theta - 2\cos\theta)\, d\theta \qquad \text{Simplifique.}$$

$$= \frac{1}{2}\left[3\theta + 4\cos\theta - \text{sen}\,2\theta\right]_{\pi/6}^{5\pi/6}$$

$$= \frac{1}{2}\left(2\pi - 3\sqrt{3}\right)$$

$$= \pi - \frac{3\sqrt{3}}{2}.$$

$\theta = \dfrac{5\pi}{6}$ $\theta = \dfrac{\pi}{6}$

$r = 1 - 2\,\text{sen}\,\theta$

El área entre los lazos interior y exterior es aproximadamente 8.34.
Figura 10.51

De manera similar, puede integrar de $5\pi/6$ a $13\pi/6$ para hallar que el área de la región comprendida por el *lazo exterior* es $A_2 = 2\pi + \left(3\sqrt{3}/2\right)$. El área de la región comprendida entre los dos lazos es la diferencia entre A_2 y A_1.

$$A = A_2 - A_1 = \left(2\pi + \frac{3\sqrt{3}}{2}\right) - \left(\pi - \frac{3\sqrt{3}}{2}\right) = \pi + 3\sqrt{3} \approx 8.34$$

Puntos de intersección de gráficas polares

Debido a que un punto en coordenadas polares se puede representar de diferentes maneras, hay que tener cuidado al determinar los puntos de intersección de dos gráficas. Por ejemplo, considere los puntos de intersección de las gráficas de

$$r = 1 - 2\cos\theta \quad \text{y} \quad r = 1$$

mostradas en la figura 10.52. Si, como se hace con ecuaciones rectangulares, se trata de hallar los puntos de intersección resolviendo las dos ecuaciones en forma simultánea, se obtiene

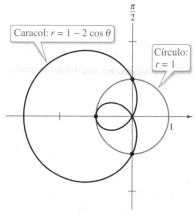

Caracol: $r = 1 - 2\cos\theta$

Círculo: $r = 1$

Tres puntos de intersección $(1, \pi/2)$, $(-1, 0)$ y $(1, 3\pi/2)$.

Figura 10.52

$r = 1 - 2\cos\theta$	Primera ecuación
$1 = 1 - 2\cos\theta$	Sustituir $r = 1$ de la segunda ecuación en la primera ecuación.
$\cos\theta = 0$	Simplificar.
$\theta = \dfrac{\pi}{2}, \quad \dfrac{3\pi}{2}$	Despeje θ.

Los puntos de intersección correspondientes son $(1, \pi/2)$ y $(1, 3\pi/2)$. Sin embargo, en la figura 10.52 se ve que hay un *tercer* punto de intersección que no apareció al resolver simultáneamente las dos ecuaciones polares. (Esta es una de las razones por las que es necesario trazar una gráfica cuando se busca el área de una región polar.) La razón por la que el tercer punto no se encontró es que no aparece con las mismas coordenadas en ambas gráficas. En la gráfica de $r = 1$, el punto se encuentra en las coordenadas $(1, \pi)$, mientras que en la gráfica de

$$r = 1 - 2\cos\theta$$

el punto se encuentra en las coordenadas $(-1, 0)$.

Además de resolver simultáneamente las ecuaciones y dibujar una gráfica, considere que puesto que el polo puede representarse mediante $(0, \theta)$, donde θ es *cualquier* ángulo, el polo debe verificarse por separado cuando se buscan puntos de intersección.

El problema de hallar los puntos de intersección de dos gráficas polares se puede comparar con el problema de encontrar los puntos de colisión de dos satélites cuyas órbitas alrededor de la Tierra se cortan, como se ilustra en la figura 10.53. Los satélites no colisionan mientras lleguen a los puntos de intersección en momentos diferentes (valores de θ). Las colisiones sólo ocurren en los puntos de intersección que sean "puntos simultáneos", puntos a los que llegan al mismo tiempo (valor de θ).

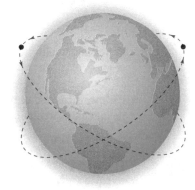

Las trayectorias de los satélites pueden cruzarse sin causar colisiones.

Figura 10.53

■ **PARA INFORMACIÓN ADICIONAL** Para más información sobre el uso de la tecnología para encontrar puntos de intersección, consulte el artículo "Finding Points of Intersection of Polar-Coordinate Graphs", de Warren W. Esty, en *Mathematics Teacher*. Para ver este artículo vaya a *MathArticles.com*.

Hallar el área de la región entre dos curvas

Halle el área de la región común a las dos regiones limitadas por las curvas siguientes.

$$r = -6 \cos \theta \qquad \text{Circunferencia}$$

y

$$r = 2 - 2 \cos \theta. \qquad \text{Cardioide}$$

Solución Debido a que ambas curvas son simétricas respecto al eje x, puede trabajar con la mitad superior del plano, como se ilustra en la figura 10.54. La región sombreada en azul se encuentra entre la circunferencia y la recta radial

$$\theta = \frac{2\pi}{3}.$$

Puesto que la circunferencia tiene coordenadas $(0, \pi/2)$ en el polo, puede integrar entre $\pi/2$ y $2\pi/3$ para obtener el área de esta región. La región sombreada en rojo está limitada por las rectas radiales $\theta = 2\pi/3$ y $\theta = \pi$ y la cardioide. Por tanto, el área de esta segunda región se puede encontrar por integración entre $2\pi/3$ y π. La suma de estas dos integrales da el área de la región común que se encuentra *sobre* la recta radial $\theta = \pi$.

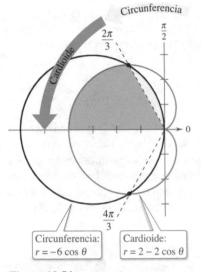

Circunferencia:
$r = -6 \cos \theta$

Cardioide:
$r = 2 - 2 \cos \theta$

Figura 10.54

$$
\frac{A}{2} = \overbrace{\frac{1}{2} \int_{\pi/2}^{2\pi/3} (-6 \cos \theta)^2 \, d\theta}^{\substack{\text{Región entre la cardioide y} \\ \text{las rectas radiales } \theta = 2\pi/3}} + \overbrace{\frac{1}{2} \int_{2\pi/3}^{\pi} (2 - 2 \cos \theta)^2 \, d\theta}^{\substack{\text{Región entre la circunferencia} \\ \text{y la recta radial } \theta = 2\pi/3 \text{ y } \theta = \pi}}
$$

$$
= 18 \int_{\pi/2}^{2\pi/3} \cos^2 \theta \, d\theta + \frac{1}{2} \int_{2\pi/3}^{\pi} (4 - 8 \cos \theta + 4 \cos^2 \theta) \, d\theta
$$

$$
= 9 \int_{\pi/2}^{2\pi/3} (1 + \cos 2\theta) \, d\theta + \int_{2\pi/3}^{\pi} (3 - 4 \cos \theta + \cos 2\theta) \, d\theta
$$

$$
= 9 \left[\theta + \frac{\text{sen } 2\theta}{2} \right]_{\pi/2}^{2\pi/3} + \left[3\theta - 4 \text{ sen } \theta + \frac{\text{sen } 2\theta}{2} \right]_{2\pi/3}^{\pi}
$$

$$
= 9 \left(\frac{2\pi}{3} - \frac{\sqrt{3}}{4} - \frac{\pi}{2} \right) + \left(3\pi - 2\pi + 2\sqrt{3} + \frac{\sqrt{3}}{4} \right)
$$

$$
= \frac{5\pi}{2}
$$

Por último, multiplicando por 2 se concluye que el área total es

$$5\pi \approx 15.7. \qquad \text{Área de una región dentro de la circunferencia y la cardioide}$$

Para verificar que el resultado obtenido en el ejemplo 3 es razonable, note que el área de la región circular es

$$\pi r^2 = 9\pi. \qquad \text{Área de la circunferencia}$$

Por tanto, parece razonable que el área de la región que se encuentra dentro de la circunferencia y dentro de la cardioide sea 5π. ■

Para apreciar la ventaja de las coordenadas polares al encontrar el área del ejemplo 3, considérese la integral siguiente, que da el área en coordenadas rectangulares.

$$
\frac{A}{2} = \int_{-4}^{-3/2} \sqrt{2 \sqrt{1 - 2x - x^2} - 2x + 2} \, dx + \int_{-3/2}^{0} \sqrt{-x^2 - 6x} \, dx
$$

Emplee las funciones de integración de una herramienta de graficación para comprobar que se obtiene la misma área encontrada en el ejemplo 3.

Longitud de arco en forma polar

La fórmula para la longitud de un arco en coordenadas polares se obtiene a partir de la fórmula para la longitud de arco de una curva descrita mediante ecuaciones paramétricas. (Vea el ejercicio 85.)

> **TEOREMA 10.14   Longitud de arco de una curva polar**
>
> Sea f una función cuya derivada es continua en un intervalo $\alpha \le \theta \le \beta$. La longitud de la gráfica de $r = f(\theta)$, desde $\theta = \alpha$ hasta $\theta = \beta$, es
>
> $$s = \int_{\alpha}^{\beta} \sqrt{[f(\theta)]^2 + [f'(\theta)]^2}\, d\theta = \int_{\alpha}^{\beta} \sqrt{r^2 + \left(\frac{dr}{d\theta}\right)^2}\, d\theta.$$

• • • • • • • • • • • • • • • • • ▷

• • •COMENTARIO   Cuando se aplica la fórmula de la longitud de arco a una curva polar, es necesario asegurarse que la curva esté trazada sólo una vez en el intervalo de integración. Por ejemplo, la rosa dada por $r = \cos 3\theta$ está trazada una sola vez en el intervalo $0 \le \theta \le \pi$, pero está trazada (se recorre) dos veces en el intervalo $0 \le \theta \le 2\pi$.

EJEMPLO 4   **Encontrar la longitud de una curva polar**

Encuentre la longitud del arco que va de $\theta = 0$ a $\theta = 2\pi$ en la cardioide

$$r = f(\theta) = 2 - 2\cos\theta$$

que se muestra en la figura 10.55.

Solución   Como $f'(\theta) = 2\operatorname{sen}\theta$, puede encontrar la longitud de arco de la siguiente manera.

$$s = \int_{\alpha}^{\beta} \sqrt{[f(\theta)]^2 + [f'(\theta)]^2}\, d\theta \qquad \text{Fórmula para la longitud de arco de una curva polar}$$

$$= \int_{0}^{2\pi} \sqrt{(2 - 2\cos\theta)^2 + (2\operatorname{sen}\theta)^2}\, d\theta$$

$$= 2\sqrt{2} \int_{0}^{2\pi} \sqrt{1 - \cos\theta}\, d\theta \qquad \text{Simplifique.}$$

$$= 2\sqrt{2} \int_{0}^{2\pi} \sqrt{2\operatorname{sen}^2 \frac{\theta}{2}}\, d\theta \qquad \text{Identidad trigonométrica}$$

$$= 4 \int_{0}^{2\pi} \operatorname{sen} \frac{\theta}{2}\, d\theta \qquad \operatorname{sen} \frac{\theta}{2} \ge 0 \text{ para } 0 \le \theta \le 2\pi$$

$$= 8 \left[-\cos \frac{\theta}{2} \right]_{0}^{2\pi}$$

$$= 8(1 + 1)$$

$$= 16$$

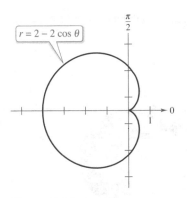

$r = 2 - 2\cos\theta$

Figura 10.55

Empleando la figura 10.55, puede ver que esta respuesta es razonable mediante comparación con la circunferencia de un círculo. Por ejemplo, un círculo con radio $\frac{5}{2}$ tiene una circunferencia de

$$5\pi \approx 15.7.$$

Observe que en el quinto paso de la solución, es legítimo escribir

$$\sqrt{2\operatorname{sen}^2 \frac{\theta}{2}} = \sqrt{2}\,\operatorname{sen} \frac{\theta}{2}$$

en lugar de

$$\sqrt{2\operatorname{sen}^2 \frac{\theta}{2}} = \sqrt{2}\,\left|\operatorname{sen} \frac{\theta}{2}\right|$$

porque $\operatorname{sen}(\theta/2)$ para $0 \le \theta \le 2\pi$.

Área de una superficie de revolución

La versión, en coordenadas polares, de las fórmulas para el área de una superficie de revolución se puede obtener a partir de las versiones paramétricas dadas en el teorema 10.9, usando las ecuaciones $x = r \cos \theta$ y $y = r$ sen θ.

···**COMENTARIO**   Al aplicar el teorema 10.15, hay que verificar que la gráfica de $r = f(\theta)$ se recorra una sola vez en el intervalo $a \le \theta \le b$. Por ejemplo, la circunferencia dada por $r = \cos \theta$ se recorre sólo una vez en el intervalo $0 \le \theta \le \pi$.

TEOREMA 10.15   Área de una superficie de revolución

Sea f una función cuya derivada es continua en un intervalo $a \le \theta \le \beta$. El área de la superficie generada por revolución de la gráfica de $r = f(\theta)$, desde $\theta = \alpha$ hasta $\theta = \beta$, alrededor de la recta indicada es la siguiente.

1. $S = 2\pi \displaystyle\int_{\alpha}^{\beta} f(\theta)$ sen $\theta \sqrt{[f(\theta)]^2 + [f'(\theta)]^2}\, d\theta$ Alrededor del eje polar

2. $S = 2\pi \displaystyle\int_{\alpha}^{\beta} f(\theta) \cos \theta \sqrt{[f(\theta)]^2 + [f'(\theta)]^2}\, d\theta$ Alrededor de la recta $\theta = \dfrac{\pi}{2}$

EJEMPLO 5   Hallar el área de una superficie de revolución

Halle el área de la superficie obtenida por revolución de la circunferencia $r = f(\theta) = \cos \theta$ alrededor de la recta $\theta = \pi/2$, como se ilustra en la figura 10.56.

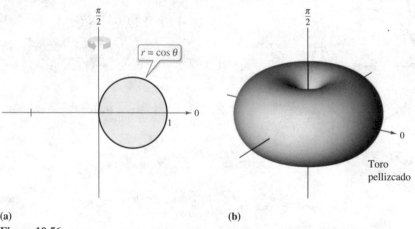

(a)   **(b)**

Figura 10.56

Solución   Puede usar la segunda fórmula dada en el teorema 10.15 con $f'(\theta) = -$sen θ. Puesto que la circunferencia se recorre sólo una vez cuando θ aumenta de 0 a π, se tiene

$$S = 2\pi \int_{\alpha}^{\beta} f(\theta) \cos \theta \sqrt{[f(\theta)]^2 + [f'(\theta)]^2}\, d\theta \qquad \text{Fórmula para el área de una superficie de revolución}$$

$$= 2\pi \int_{0}^{\pi} \cos \theta (\cos \theta) \sqrt{\cos^2 \theta + \text{sen}^2\, \theta}\, d\theta$$

$$= 2\pi \int_{0}^{\pi} \cos^2 \theta\, d\theta \qquad \text{Identidad trigonométrica}$$

$$= \pi \int_{0}^{\pi} (1 + \cos 2\theta)\, d\theta \qquad \text{Identidad trigonométrica}$$

$$= \pi \left[\theta + \frac{\text{sen}\, 2\theta}{2} \right]_{0}^{\pi}$$

$$= \pi^2.$$

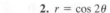

10.5   Ejercicios

Consulte **CalcChat.com** para un tutorial de ayuda y soluciones trabajadas de los ejercicios con numeración impar.

Área de una región polar   En los ejercicios 1-4, dé una integral que represente el área de la región sombreada que se muestra en la figura. No evalúe la integral.

1. $r = 4\,\text{sen}\,\theta$

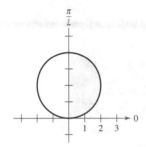

2. $r = \cos 2\theta$

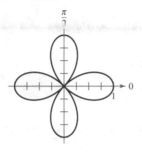

3. $r = 3 - 2\,\text{sen}\,\theta$

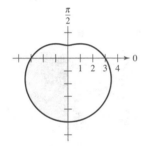

4. $r = 1 - \cos 2\theta$

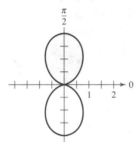

Hallar el área de una región polar   En los ejercicios 5-16, determine el área de la región.

5. Interior de $r = 6\,\text{sen}\,\theta$

6. Interior de $r = 3\cos\theta$

7. Un pétalo de $r = 2\cos 3\theta$

8. Un pétalo de $r = 4\,\text{sen}\,3\theta$

9. Un pétalo de $r = \text{sen}\,2\theta$

10. Un pétalo de $r = \cos 5\theta$

11. Interior de $r = 1 - \text{sen}\,\theta$

12. Interior de $r = 1 - \text{sen}\,\theta$ (arriba del eje polar)

13. Interior de $r = 5 + 2\,\text{sen}\,\theta$

14. Interior de $r = 4 - 4\cos\theta$

15. Interior de $r^2 = 4\cos 2\theta$

16. Interior de $r^2 = 6\,\text{sen}\,2\theta$

Hallar el área de una región polar   En los ejercicios 17-24, use una herramienta de graficación para representar la ecuación polar y encuentre el área de la región indicada.

17. Lazo interior de $r = 1 + 2\cos\theta$

18. Lazo interior de $r = 2 - 4\cos\theta$

19. Lazo interior de $r = 1 + 2\,\text{sen}\,\theta$

20. Lazo interior de $r = 4 - 6\,\text{sen}\,\theta$

21. Entre los lazos de $r = 1 + 2\cos\theta$

22. Entre los lazos de $r = 2(1 + 2\,\text{sen}\,\theta)$

23. Entre los lazos de $r = 3 - 6\,\text{sen}\,\theta$

24. Entre los lazos de $r = \frac{1}{2} + \cos\theta$

Hallar puntos de intersección   En los ejercicios 25-32, encuentre los puntos de intersección de las gráficas de las ecuaciones.

25. $r = 1 + \cos\theta$
  $r = 1 - \cos\theta$

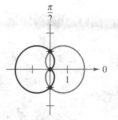

26. $r = 3(1 + \text{sen}\,\theta)$
  $r = 3(1 - \text{sen}\,\theta)$

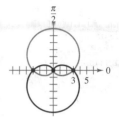

27. $r = 1 + \cos\theta$
  $r = 1 - \text{sen}\,\theta$

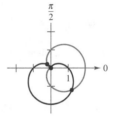

28. $r = 2 - 3\cos\theta$
  $r = \cos\theta$

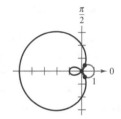

29. $r = 4 - 5\,\text{sen}\,\theta$
  $r = 3\,\text{sen}\,\theta$

30. $r = 3 + \text{sen}\,\theta$
  $r = 2\csc\theta$

31. $r = \dfrac{\theta}{2}$
  $r = 2$

32. $\theta = \dfrac{\pi}{4}$
  $r = 2$

Redacción   En los ejercicios 33 y 34, use una herramienta de graficación para hallar los puntos de intersección de las gráficas de las ecuaciones polares. En la ventana, observe cómo se van trazando las gráficas. Explique por qué el polo no es un punto de intersección que se obtenga al resolver las ecuaciones en forma simultánea.

33. $r = \cos\theta$
  $r = 2 - 3\,\text{sen}\,\theta$

34. $r = 4\,\text{sen}\,\theta$
  $r = 2(1 + \text{sen}\,\theta)$

Hallar el área de una región polar entre dos curvas   En los ejercicios 35-42, use una herramienta de graficación para representar las ecuaciones polares y halle el área de la región dada.

35. Interior común a $r = 4\,\text{sen}\,2\theta$ y $r = 2$

36. Interior común a $r = 2(1 + \cos\theta)$ y $r = 2(1 - \cos\theta)$

37. Interior común a $r = 3 - 2\,\text{sen}\,\theta$ y $r = -3 + 2\,\text{sen}\,\theta$

38. Interior común a $r = 5 - 3\,\text{sen}\,\theta$ y $r = 5 - 3\cos\theta$

39. Interior común a $r = 4\,\text{sen}\,\theta$ y $r = 2$

40. Interior común de $r = 2\cos\theta$ y $r = 2\,\text{sen}\,\theta$

41. Interior $r = 2\cos\theta$ y exterior $r = 1$

42. Interior $r = 3\,\text{sen}\,\theta$ y exterior $r = 1 + \text{sen}\,\theta$

Hallar el área de una región polar entre dos curvas En los ejercicios 43-46, encuentre el área de la región.

43. En el interior de $r = a(1 + \cos \theta)$ y en el exterior de $r = a \cos \theta$

44. En el interior de $r = 2a \cos \theta$ y en el exterior de $r = a$

45. Interior común a $r = a(1 + \cos \theta)$ y $r = a$ sen θ

46. Interior común a $r = a \cos \theta$ y a $r = a$ sen θ, donde $a > 0$

47. Radiación de una antena

La radiación proveniente de una antena de transmisión no es uniforme en todas direcciones. La intensidad de la transmisión proveniente de una determinada antena se describe por medio del modelo $r = a \cos^2 \theta$.

(a) Transforme la ecuación polar a la forma rectangular.

(b) Utilice una herramienta de graficación para trazar el modelo con $a = 4$ y $a = 6$.

(c) Halle el área de la región geográfica que se encuentra entre las dos curvas del inciso (b).

48. Área El área en el interior de una o más de las tres circunferencias entrelazadas

$$r = 2a \cos \theta, \quad r = 2a \text{ sen } \theta \quad \text{y} \quad r = a$$

está dividida en siete regiones. Determine el área de cada región.

49. Conjetura Halle el área de la región limitada por

$$r = a \cos(n\theta)$$

para $n = 1, 2, 3, ...$ Con base en los resultados, formule una conjetura acerca del área limitada por la función cuando n es par y cuando n es impar.

50. Área Dibuje la estrofoide

$$r = \sec \theta - 2 \cos \theta, \quad -\frac{\pi}{2} < \theta < \frac{\pi}{2}.$$

Transforme estas ecuaciones a coordenadas rectangulares. Encuentre el área comprendida en el lazo.

Hallar la longitud de arco de una curva polar En los ejercicios 51-56, encuentre la longitud de la curva sobre el intervalo indicado.

Ecuación polar	Intervalo
51. $r = 8$	$0 \le \theta \le 2\pi$
52. $r = a$	$0 \le \theta \le 2\pi$
53. $r = 4$ sen θ	$0 \le \theta \le \pi$
54. $r = 2a \cos \theta$	$-\dfrac{\pi}{2} \le \theta \le \dfrac{\pi}{2}$
55. $r = 1 + $ sen θ	$0 \le \theta \le 2\pi$
56. $r = 8(1 + \cos \theta)$	$0 \le \theta \le 2\pi$

Hallar la longitud de arco de una curva polar En los ejercicios 57-62, utilice una herramienta de graficación para representar la ecuación polar sobre el intervalo dado. Emplee las funciones de integración de una herramienta de graficación para estimar la longitud de la curva con una precisión de dos decimales.

Ecuación polar	Intervalo
57. $r = 2\theta$	$0 \le \theta \le \dfrac{\pi}{2}$
58. $r = \sec \theta$	$0 \le \theta \le \dfrac{\pi}{3}$
59. $r = \dfrac{1}{\theta}$	$\pi \le \theta \le 2\pi$
60. $r = e^{\theta}$	$0 \le \theta \le \pi$
61. $r = $ sen $(3 \cos \theta)$	$0 \le \theta \le \pi$
62. $r = 2$ sen $(2 \cos \theta)$	$0 \le \theta \le \pi$

Hallar el área de una superficie de revolución En los ejercicios 63-66, encuentre el área de la superficie generada por revolución de la curva en torno a la recta dada.

Ecuación polar	Intervalo	Eje de revolución
63. $r = 6 \cos \theta$	$0 \le \theta \le \dfrac{\pi}{2}$	Eje polar
64. $r = a \cos \theta$	$0 \le \theta \le \dfrac{\pi}{2}$	$\theta = \dfrac{\pi}{2}$
65. $r = e^{a\theta}$	$0 \le \theta \le \dfrac{\pi}{2}$	$\theta = \dfrac{\pi}{2}$
66. $r = a(1 + \cos \theta)$	$0 \le \theta \le \pi$	Eje polar

Hallar el área de una superficie de revolución En los ejercicios 67 y 68, use las funciones de integración de una herramienta de graficación para estimar, con una precisión de dos cifras decimales, el área de la superficie generada por revolución de la curva alrededor del eje polar.

67. $r = 4 \cos 2\theta, \quad 0 \le \theta \le \dfrac{\pi}{4}$

68. $r = \theta, \quad 0 \le \theta \le \pi$

DESARROLLO DE CONCEPTOS

69. Puntos de intersección Explique por qué para encontrar puntos de intersección de gráficas polares es necesario efectuar un análisis además de resolver dos ecuaciones en forma simultánea.

70. Área de una superficie de revolución Dé las fórmulas de las integrales para el área de una superficie de revolución generada por la gráfica de $r = f(\theta)$ alrededor

(a) del eje x
(b) de la recta $\theta = \pi/2$.

71. Área de una región Para cada ecuación polar, dibuje su gráfica, determine el intervalo que traza la gráfica sólo una vez y encuentre el área de la región acotada por la gráfica utilizando una formula geométrica e integración.

(a) $r = 10 \cos \theta$ \qquad (b) $r = 5$ sen θ

72. **¿CÓMO LO VE?** ¿Qué gráfica, trazada una sola vez, tiene la longitud de arco más grande?

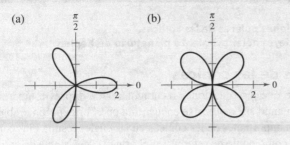

(a) (b)

73. **Área de la superficie de un toro** Determine el área de la superficie del toro generado por revolución de la circunferencia $r = 2$ alrededor de la recta $r = 5 \sec \theta$.

74. **Área de la superficie de un toro** Encuentre el área de la superficie del toro generado por revolución de la circunferencia $r = a$ en torno a la recta $r = b \sec \theta$, donde $0 < a < b$.

75. **Aproximar un área** Considere la circunferencia $r = 8 \cos \theta$.

(a) Halle el área del círculo.

(b) Complete la tabla dando las áreas A de los sectores circulares entre $\theta = 0$ y los valores de θ dados en la tabla.

θ	0.2	0.4	0.6	0.8	1.0	1.2	1.4
A							

(c) Use la tabla del inciso (b) para aproximar los valores de θ para los cuales el sector circular contiene $\frac{1}{4}, \frac{1}{2}$ y $\frac{3}{4}$ del área total de la circunferencia.

(d) Use una herramienta de graficación para aproximar, con una precisión de dos cifras decimales, los ángulos θ para los cuales el sector circular contiene $\frac{1}{4}, \frac{1}{2}$ y $\frac{3}{4}$ del área total de la circunferencia.

(e) ¿Los resultados del inciso (d) dependen del radio del círculo? Explique su respuesta.

76. **Aproximación de un área** Considere la circunferencia $r = 3 \operatorname{sen} \theta$.

(a) Halle el área del círculo.

(b) Complete la tabla dando las áreas A de los sectores circulares entre $\theta = 0$ y los valores de θ dados en la tabla.

θ	0.2	0.4	0.6	0.8	1.0	1.2	1.4
A							

(c) Use la tabla del inciso (b) para aproximar los valores de θ para los cuales el sector circular contiene $\frac{1}{8}, \frac{1}{4}$ y $\frac{1}{2}$ del área total de la circunferencia.

(d) Use una herramienta de graficación para aproximar, con una precisión de dos cifras decimales, los ángulos θ para los cuales el sector circular contiene $\frac{1}{8}, \frac{1}{4}$ y $\frac{1}{2}$ del área total de la circunferencia.

77. **Cónica** ¿Que sección cónica representa la siguiente ecuación polar: $r = a \operatorname{sen} \theta + b \cos \theta$?

78. **Área** Encuentre el área del círculo dado por

$$r = \operatorname{sen} \theta + \cos \theta.$$

Compruebe el resultado transformando la ecuación polar a la forma rectangular y usando después la fórmula para el área del círculo.

79. **Espiral de Arquímedes** La curva representada por la ecuación $r = a\theta$, donde a es una constante, recibe el nombre de espiral de Arquímedes.

(a) Use una herramienta de graficación para trazar la gráfica de $r = \theta$, donde $\theta \geq 0$. ¿Qué ocurre con la gráfica de $r = a\theta$ a medida que a aumenta? ¿Qué pasa si $\theta \leq 0$?

(b) Determine los puntos de la espiral $r = a\theta$ ($a > 0$, $\theta \geq 0$), en los que la curva cruza el eje polar.

(c) Halle la longitud de $r = \theta$ sobre el intervalo $0 \leq \theta \leq 2\pi$.

(d) Halle el área bajo la curva $r = \theta$ para $0 \leq \theta \leq 2\pi$.

80. **Espiral logarítmica** La curva descrita por la ecuación $r = ae^{b\theta}$, donde a y b son constantes, se denomina **espiral logarítmica**. La figura siguiente muestra la gráfica de $r = e^{\theta/6}$, $-2\pi \leq 0 \leq 2\pi$. Halle el área de la zona sombreada.

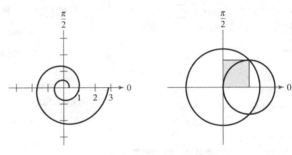

Figura para 80   Figura para 81

81. **Área** La mayor de las circunferencias mostradas en la figura es la gráfica de $r = 1$. Halle la ecuación polar para la circunferencia menor, de manera que las áreas sombreadas sean iguales.

82. **Folio de Descartes** La curva llamada **folio de Descartes** puede representarse por medio de las ecuaciones paramétricas

$$x = \frac{3t}{1 + t^3} \quad \text{y} \quad y = \frac{3t^2}{1 + t^3}.$$

(a) Convierta las ecuaciones paramétricas a la forma polar.

(b) Dibuje la gráfica de la ecuación polar del inciso (a).

(c) Use una herramienta de graficación para aproximar el área comprendida en el lazo de la curva.

¿Verdadero o falso? En los ejercicios 83 y 84, determine si la afirmación es verdadera o falsa. Si es falsa, explique por qué o dé un ejemplo que demuestre que es falsa.

84. Si $f(\theta) > 0$ para todo θ y $g(\theta) < 0$ para todo θ, entonces las gráficas de $r = f(\theta)$ y $r = g(\theta)$ no se intersecan.

85. Si $f(\theta) = g(\theta)$ para $\theta = 0$, $\pi/2$ y $3\pi/2$, entonces las gráficas de $r = f(\theta)$ y $r = g(\theta)$ tienen cuando menos cuatro puntos de intersección.

86. **Longitud de arco en forma polar** Use la fórmula para la longitud de arco de una curva en forma paramétrica para obtener la fórmula de la longitud de arco de una curva polar.

10.6 Ecuaciones polares de cónicas y leyes de Kepler

■ Analizar y dar las ecuaciones polares de las cónicas.
■ Entender y emplear las leyes del movimiento planetario de Kepler.

Ecuaciones polares de las cónicas

En este capítulo se ha visto que las ecuaciones rectangulares de elipses e hipérbolas adquieren formas simples cuando sus *centros* se encuentran en el origen. Sin embargo, existen muchas aplicaciones importantes de las cónicas en las cuales resulta más conveniente usar uno de los focos como punto de referencia (el origen) del sistema de coordenadas. Por ejemplo, el Sol se encuentra en uno de los focos de la órbita de la Tierra; la fuente de luz en un reflector parabólico se encuentra en su foco. En esta sección se verá que las ecuaciones polares de las cónicas adoptan formas simples si uno de los focos se encuentra en el polo.

El teorema siguiente usa el concepto de *excentricidad*, definido en la sección 10.1, para clasificar los tres tipos básicos de cónicas.

TEOREMA 10.16 Clasificación de las cónicas de acuerdo con la excentricidad

Sean F un punto fijo (*foco*) y D una recta fija (*directriz*) en el plano. Sean P otro punto en el plano y e (*excentricidad*) el cociente obtenido al dividir la distancia de P a F entre la distancia de P a D. El conjunto de todos los puntos P con una determinada excentricidad es una cónica.

1. La cónica es una elipse si $0 < e < 1$.

2. La cónica es una parábola si $e = 1$.

3. La cónica es una hipérbola si $e > 1$.

En el apéndice A se da una demostración de este teorema.

Consulte LarsonCalculus.com para ver el video de esta demostración de Bruce Edwards.

En la figura 10.57, se observa que en todos los tipos de cónicas el polo coincide con el punto fijo (foco) que se da en la definición.

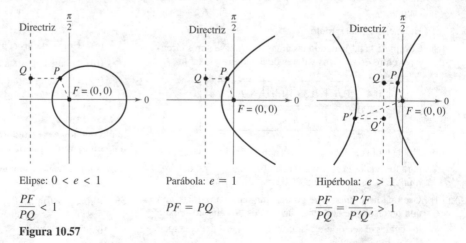

Elipse: $0 < e < 1$

$$\frac{PF}{PQ} < 1$$

Parábola: $e = 1$

$$PF = PQ$$

Hipérbola: $e > 1$

$$\frac{PF}{PQ} = \frac{P'F}{P'Q'} > 1$$

Figura 10.57

La ventaja de esta ubicación se aprecia en la demostración del teorema siguiente.

> ### TEOREMA 10.17 Ecuaciones polares de las cónicas
>
> La gráfica de una ecuación polar de la forma
>
> $$r = \frac{ed}{1 \pm e \cos \theta} \quad \text{o} \quad r = \frac{ed}{1 \pm e \operatorname{sen} \theta}$$
>
> es una cónica, donde $e > 0$ es la excentricidad y $|d|$ es la distancia entre el foco, en el polo, y la directriz correspondiente.

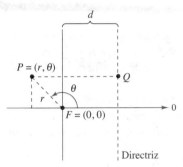

Figura 10.58

Demostración La siguiente es una demostración de $r = ed/(1 + e \cos \theta)$ con $d > 0$. En la figura 10.58, considere una directriz vertical que se encuentra d unidades a la derecha del foco $F = (0, 0)$. Si $P = (r, \theta)$ es un punto en la gráfica de $r = ed/(1 + e \cos \theta)$, puede demostrar que la distancia entre P y la directriz es

$$PQ = |d - x| = |d - r \cos \theta| = \left| \frac{r(1 + e \cos \theta)}{e} - r \cos \theta \right| = \left| \frac{r}{e} \right|.$$

Como la distancia entre P y el polo es simplemente $PF = |r|$, el radio PF entre PQ es

$$\frac{PF}{PQ} = \frac{|r|}{|r/e|} = |e| = e$$

y de acuerdo con el teorema 10.16, la gráfica de la ecuación debe ser una cónica. Las demostraciones de los otros casos son similares.

Consulte LarsonCalculus.com para ver el video de esta demostración de Bruce Edwards.

Los cuatro tipos de ecuaciones que se indican en el teorema 10.17 se pueden clasificar como sigue, siendo $d > 0$:

a. Directriz horizontal arriba del polo: $\quad r = \dfrac{ed}{1 + e \operatorname{sen} \theta}$

b. Directriz horizontal debajo del polo: $\quad r = \dfrac{ed}{1 - e \operatorname{sen} \theta}$

c. Directriz vertical a la derecha del polo: $\quad r = \dfrac{ed}{1 + e \cos \theta}$

d. Directriz vertical a la izquierda del polo: $\quad r = \dfrac{ed}{1 - e \cos \theta}$

La figura 10.59 ilustra estas cuatro posibilidades en el caso de una parábola.

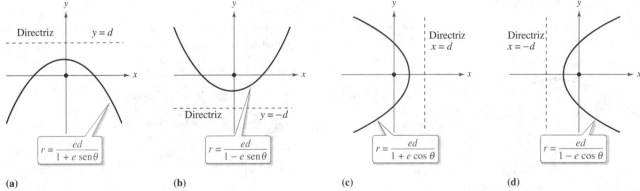

(a)　　　　　(b)　　　　　(c)　　　　　(d)

Los cuatro tipos de ecuaciones polares para una parábola.
Figura 10.59

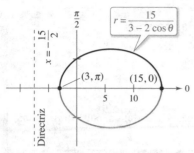

La gráfica de la cónica es una elipse con $e = \frac{2}{3}$.

Figura 10.60

EJEMPLO 1 Determinar una cónica a partir de su ecuación

Dibuje la gráfica de la cónica descrita por $r = \dfrac{15}{3 - 2\cos\theta}$.

Solución Para determinar el tipo de cónica, reescriba la ecuación como sigue

$$r = \frac{15}{3 - 2\cos\theta} \qquad \text{Escriba la ecuación original.}$$

$$= \frac{5}{1 - (2/3)\cos\theta}. \qquad \begin{array}{l}\text{Divida el numerador y el}\\ \text{denominador entre 3.}\end{array}$$

Por tanto, la gráfica es una elipse con $e = \frac{2}{3}$. Trace la mitad superior de la elipse localizando gráficamente los puntos desde $\theta = 0$ hasta $\theta = \pi$, como se muestra en la figura 10.60. Luego, empleando la simetría respecto al eje polar, trace la mitad inferior de la elipse. ∎

En la elipse de la figura 10.60, el eje mayor es horizontal y los vértices se encuentran en $(15, 0)$ y $(3, \pi)$. Por tanto, la longitud del eje *mayor* es $2a = 18$. Para encontrar la longitud del eje menor, utilice las ecuaciones $e = c/a$ y $b^2 = a^2 - c^2$ para concluir que

$$b^2 = a^2 - c^2 = a^2 - (ea)^2 = a^2(1 - e^2). \qquad \text{Elipse}$$

Como $e = \frac{2}{3}$, tiene

$$b^2 = 9^2\left[1 - \left(\tfrac{2}{3}\right)^2\right] = 45$$

lo cual implica que $b = \sqrt{45} = 3\sqrt{5}$. Por tanto, la longitud del eje menor es $2b = 6\sqrt{5}$. Un análisis similar para la hipérbola da

$$b^2 = c^2 - a^2 = (ea)^2 - a^2 = a^2(e^2 - 1). \qquad \text{Hipérbola}$$

EJEMPLO 2 Trazar una cónica a partir de su ecuación polar

••••▷ *Consulte LarsonCalculus.com para una versión interactiva de este tipo de ejemplo.*

Trace la gráfica de la ecuación polar $r = \dfrac{32}{3 + 5\,\text{sen}\,\theta}$.

Solución Divida el numerador y el denominador entre 3, y obtiene

$$r = \frac{32/3}{1 + (5/3)\,\text{sen}\,\theta}$$

Como $e = \frac{5}{3} > 1$, la gráfica es una hipérbola. Como $d = \frac{32}{5}$, la directriz es la recta $y = \frac{32}{5}$. El eje transversal de la hipérbola se encuentra en la recta $\theta = \pi/2$, y los vértices se encuentran en

$$(r, \theta) = \left(4, \frac{\pi}{2}\right) \quad \text{y} \quad (r, \theta) = \left(-16, \frac{3\pi}{2}\right).$$

Dado que la longitud del eje transversal es 12, puede ver que $a = 6$. Para encontrar b, escriba

$$b^2 = a^2(e^2 - 1) = 6^2\left[\left(\frac{5}{3}\right)^2 - 1\right] = 64.$$

Por tanto, $b = 8$. Por último, use a y b para determinar las asíntotas de la hipérbola y obtener la gráfica que se muestra en la figura 10.61. ∎

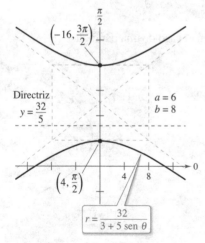

La gráfica de la cónica es una hipérbola con $e = \frac{5}{3}$.

Figura 10.61

Leyes de Kepler

Las leyes de Kepler, las cuales deben su nombre al astrónomo alemán Johannes Kepler, se emplean para describir las órbitas de los planetas alrededor del Sol.

1. Todo planeta se mueve en una órbita elíptica alrededor del Sol.

2. Un rayo que va del Sol al planeta barre áreas iguales de la elipse en tiempos iguales.

3. El cuadrado del periodo es proporcional al cubo de la distancia media entre el planeta y el Sol.

Aun cuando Kepler dedujo estas leyes de manera empírica, más tarde fueron confirmadas por Newton. De hecho, Newton demostró que todas las leyes pueden deducirse de un conjunto de leyes universales del movimiento y la gravitación que gobiernan los movimientos de todos los cuerpos celestes, incluyendo cometas y satélites. Esto se muestra en el ejemplo siguiente con el cometa que debe su nombre al matemático inglés Edmund Halley (1656-1742).

JOHANNES KEPLER (1571-1630)

Kepler formuló sus tres leyes a partir de la extensa recopilación de datos del astrónomo danés Tycho Brahe, así como de la observación directa de la órbita de Marte. *Consulte LarsonCalculus.com para leer más acerca de esta biografía.*

EJEMPLO 3 **Cometa Halley**

El cometa Halley tiene una órbita elíptica, con el Sol en uno de sus focos y una excentricidad $e \approx 0.967$. La longitud del eje mayor de la órbita es aproximadamente 35.88 unidades astronómicas (UA). (Una unidad astronómica se define como la distancia media entre la Tierra y el Sol, 93 millones de millas.) Halle una ecuación polar de la órbita. ¿Qué tan cerca llega a pasar el cometa Halley del Sol?

Solución Utilizando un eje vertical, puede elegir una ecuación de la forma

$$r = \frac{ed}{(1 + e \operatorname{sen} \theta)}.$$

Como los vértices de la elipse se encuentran en $\theta = \pi/2$ y $\theta = 3\pi/2$, la longitud del eje mayor es la suma de los valores r en los vértices, como se observa en la figura 10.62. Es decir,

$$2a = \frac{0.967d}{1 + 0.967} + \frac{0.967d}{1 - 0.967}$$

$$35.88 \approx 29.79d. \qquad\qquad 2a \approx 35.88$$

Por tanto, $d \approx 1.204$ y

$$ed \approx (0.967)(1.204) \approx 1.164.$$

Usando este valor en la ecuación se obtiene

$$r = \frac{1.164}{1 + 0.967 \operatorname{sen} \theta}$$

donde r se mide en unidades astronómicas. Para hallar el punto más cercano al Sol (el foco), se escribe

$$c = ea \approx (0.967)(17.94) \approx 17.35.$$

Puesto que c es la distancia entre el foco y el centro, el punto más cercano es

$$a - c \approx 17.94 - 17.35$$

$$\approx 0.59 \text{ AU}$$

$$\approx 55{,}000{,}000 \text{ millas.}$$

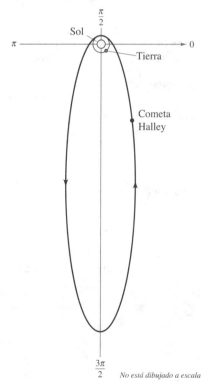

Figura 10.62

$\dfrac{\pi}{2}$

Sol

π —————— 0

Tierra

Cometa Halley

$\dfrac{3\pi}{2}$ *No está dibujado a escala*

---

* Si se usa como referencia la Tierra, cuyo periodo es 1 año y cuya distancia media es 1 unidad astronómica, la constante de proporcionalidad es 1. Por ejemplo, como la distancia media de Marte al Sol es $D \approx 1.524$ UA, su periodo P está dado por $D^3 = P^2$. Por tanto, el periodo de Marte es $P \approx 1.88$.

La segunda ley de Kepler establece que cuando un planeta se mueve alrededor del Sol, un rayo que va del Sol hacia el planeta barre áreas iguales en tiempos iguales. Esta ley también puede aplicarse a cometas y asteroides con órbitas elípticas. Por ejemplo, la figura 10.63 muestra la órbita del asteroide Apolo alrededor del Sol. Aplicando la segunda ley de Kepler a este asteroide, se sabe que cuanto más cerca está del Sol, mayor es su velocidad, ya que un rayo corto debe moverse más rápido para barrer la misma área que barre un rayo largo.

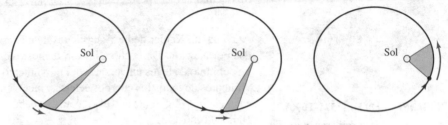

Un rayo que va del Sol al asteroide barre áreas iguales en tiempos iguales.
Figura 10.63

EJEMPLO 4 El asteroide Apolo

El periodo del asteroide Apolo es de 661 días terrestres, y su órbita queda descrita aproximadamente por la elipse

$$r = \frac{1}{1 + (5/9)\cos\theta} = \frac{9}{9 + 5\cos\theta}$$

donde r se mide en unidades astronómicas. ¿Cuánto tiempo necesita Apolo para moverse de la posición dada por $\theta = -\pi/2$ a $\theta = \pi/2$, como se ilustra en la figura 10.64?

Solución   Para empezar se encuentra el área barrida cuando θ aumenta de $-\pi/2$ a $\pi/2$.

$$A = \frac{1}{2}\int_{\alpha}^{\beta} r^2 \, d\theta \qquad \text{Fórmula para el área de una gráfica polar}$$

$$= \frac{1}{2}\int_{-\pi/2}^{\pi/2} \left(\frac{9}{9 + 5\cos\theta}\right)^2 d\theta$$

Usando la sustitución $u = \tan(\theta/2)$, analizada en la sección 8.6, se obtiene

$$A = \frac{81}{112}\left[\frac{-5\,\text{sen}\,\theta}{9 + 5\cos\theta} + \frac{18}{\sqrt{56}}\arctan\frac{\sqrt{56}\,\tan(\theta/2)}{14}\right]_{-\pi/2}^{\pi/2} \approx 0.90429.$$

Como el eje mayor de la elipse tiene longitud $2a = 81/28$ y la excentricidad es $e = 5/9$, se encuentra que

$$b = a\sqrt{1 - e^2} = \frac{9}{\sqrt{56}}.$$

Por tanto, el área de la elipse es

$$\text{Área de la elipse} = \pi ab = \pi\left(\frac{81}{56}\right)\left(\frac{9}{\sqrt{56}}\right) \approx 5.46507.$$

Como el tiempo requerido para recorrer la órbita es 661 días, se puede aplicar la segunda ley de Kepler para concluir que el tiempo t requerido para moverse de la posición $\theta = -\pi/2$ a la posición $\theta = \pi/2$ está dado por

$$\frac{t}{661} = \frac{\text{área del segmento elíptico}}{\text{área de la elipse}} \approx \frac{0.90429}{5.46507}$$

lo cual implica que $t \approx 109$ días.

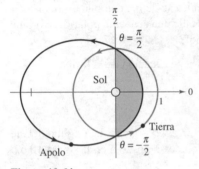

Figura 10.64

10.6 Ejercicios

Razonamiento gráfico En los ejercicios 1-4, use una herramienta de graficación para representar la ecuación polar cuando (a) $e = 1$, (b) $e = 0.5$ y (c) $e = 1.5$. Identifique la cónica.

1. $r = \dfrac{2e}{1 + e \cos \theta}$ **2.** $r = \dfrac{2e}{1 - e \cos \theta}$

3. $r = \dfrac{2e}{1 - e \,\mathrm{sen}\, \theta}$ **4.** $r = \dfrac{2e}{1 + e \,\mathrm{sen}\, \theta}$

5. Redacción Considere la ecuación polar

$$r = \frac{4}{1 + e \,\mathrm{sen}\, \theta}.$$

(a) Use una herramienta de graficación para representar la ecuación con $e = 0.1$, $e = 0.25$, $e = 0.5$, $e = 0.75$ y $e = 0.9$. Identifique la cónica y analice la variación en su forma cuando $e \to 1^-$ y $e \to 0^+$.

(b) Use una herramienta de graficación para representar la ecuación cuando $e = 1$. Identifique la cónica.

(c) Use una herramienta de graficación para representar la ecuación cuando $e = 1.1$, $e = 1.5$ y $e = 2$. Identifique la cónica y analice la variación en su forma a medida que $e \to 1^+$ y $e \to \infty$.

6. Redacción Considere la ecuación polar

$$r = \frac{4}{1 - 0.4 \cos \theta}.$$

(a) Identifique la cónica sin elaborar la gráfica de la ecuación.

(b) Sin elaborar la gráfica de las ecuaciones polares siguientes, describa la diferencia de cada una con la ecuación polar de arriba.

$$r = \frac{4}{1 + 0.4 \cos \theta}, \quad r = \frac{4}{1 - 0.4 \,\mathrm{sen}\, \theta}$$

(c) Verifique en forma gráfica los resultados del inciso (b).

Correspondencia En los ejercicios 7-12, relacione la ecuación polar con su gráfica. [Las gráficas están etiquetadas (a), (b), (c), (d), (e) y (f).]

(a)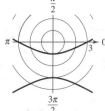
(b)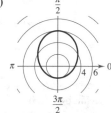
(c)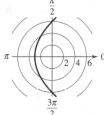
(d)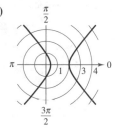
(e)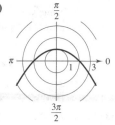
(f)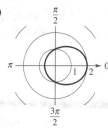

7. $r = \dfrac{6}{1 - \cos \theta}$ **8.** $r = \dfrac{2}{2 - \cos \theta}$

9. $r = \dfrac{3}{1 - 2 \,\mathrm{sen}\, \theta}$ **10.** $r = \dfrac{2}{1 + \,\mathrm{sen}\, \theta}$

11. $r = \dfrac{6}{2 - \,\mathrm{sen}\, \theta}$ **12.** $r = \dfrac{2}{2 + 3 \cos \theta}$

Trazar e identificar una cónica En los ejercicios 13-22, halle la excentricidad y la distancia del polo a la directriz de la cónica. Después trace e identifique la gráfica. Use una herramienta de graficación para confirmar los resultados.

13. $r = \dfrac{1}{1 - \cos \theta}$ **14.** $r = \dfrac{6}{3 - 2 \cos \theta}$

15. $r = \dfrac{3}{2 + 6 \,\mathrm{sen}\, \theta}$ **16.** $r = \dfrac{4}{1 + \cos \theta}$

17. $r = \dfrac{5}{-1 + 2 \cos \theta}$ **18.** $r = \dfrac{10}{5 + 4 \,\mathrm{sen}\, \theta}$

19. $r = \dfrac{6}{2 + \cos \theta}$ **20.** $r = \dfrac{-6}{3 + 7 \,\mathrm{sen}\, \theta}$

21. $r = \dfrac{300}{-12 + 6 \,\mathrm{sen}\, \theta}$ **22.** $r = \dfrac{1}{1 + \,\mathrm{sen}\, \theta}$

Identificar una cónica En los ejercicios 23-26, use una herramienta de graficación para representar la ecuación polar. Identifique la gráfica.

23. $r = \dfrac{3}{-4 + 2 \,\mathrm{sen}\, \theta}$ **24.** $r = \dfrac{-15}{2 + 8 \,\mathrm{sen}\, \theta}$

25. $r = \dfrac{-10}{1 - \cos \theta}$ **26.** $r = \dfrac{6}{6 + 7 \cos \theta}$

Comparar gráficas En los ejercicios 31-34, use una graficadora para representar la cónica. Describa en qué difiere la gráfica en la del ejercicio indicado.

27. $r = \dfrac{4}{1 + \cos(\theta - \pi/3)}$ (Vea el ejercicio 16.)

28. $r = \dfrac{10}{5 + 4 \,\mathrm{sen}\,(\theta - \pi/4)}$ (Vea el ejercicio 18.)

29. $r = \dfrac{6}{2 + \cos(\theta + \pi/6)}$ (Vea el ejercicio 19.)

30. $r = \dfrac{-6}{3 + 7 \,\mathrm{sen}\,(\theta + 2\pi/3)}$ (Vea el ejercicio 20.)

31. Elipse rotada Dé la ecuación de la elipse que se obtiene al girar la elipse $\pi/6$ radianes en sentido de las manecillas del reloj.

$$r = \frac{8}{8 + 5 \cos \theta}.$$

32. Elipse rotada Dé la ecuación de la parábola que se obtiene al girar la parábola $\pi/4$ radianes en sentido contrario a las manecillas del reloj.

$$r = \frac{9}{1 + \text{sen } \theta}.$$

33. Hallar una ecuación polar En los ejercicios 33-44, halle una ecuación polar de la cónica con foco en el polo. (Por conveniencia, la ecuación de la directriz está dada en forma rectangular.)

Cónica	Excentricidad	Directriz
33. Parábola	$e = 1$	$x = -3$
34. Parábola	$e = 1$	$y = 4$
35. Elipse	$e = \frac{1}{2}$	$y = 1$
36. Elipse	$e = \frac{3}{4}$	$y = -2$
37. Hipérbola	$e = 2$	$x = 1$
38. Hipérbola	$e = \frac{3}{2}$	$x = -1$

Cónica	Vértice o vértices
39. Parábola	$\left(1, -\frac{\pi}{2}\right)$
40. Parábola	$(5, \pi)$
41. Elipse	$(2, 0), \ (8, \pi)$
42. Elipse	$\left(2, \frac{\pi}{2}\right), \left(4, \frac{3\pi}{2}\right)$
43. Hipérbola	$\left(1, \frac{3\pi}{2}\right), \left(9, \frac{3\pi}{2}\right)$
44. Hipérbola	$(2, 0), \ (10, 0)$

45. Hallar una ecuación polar Encuentre la ecuación para la elipse con foco $(0, 0)$, excentricidad de $\frac{1}{2}$ y directriz en $r = 4 \sec \theta$.

46. Hallar una ecuación polar Encuentre la ecuación para una hipérbola con foco $(0, 0)$, excentricidad de 2 y directriz en $r = -8 \csc \theta$.

DESARROLLO DE CONCEPTOS

47. Excentricidad Clasifique las cónicas de acuerdo con su excentricidad.

48. Identificar cónicas Identifique cada cónica.

(a) $r = \dfrac{5}{1 - 2 \cos \theta}$ (b) $r = \dfrac{5}{10 - \text{sen } \theta}$

(c) $r = \dfrac{5}{3 - 3 \cos \theta}$ (d) $r = \dfrac{5}{1 - 3 \text{ sen } (\theta - \pi/4)}$

49. Distancia Describa qué pasa con la distancia entre la directriz y el centro de una elipse si los focos permanecen fijos y e se aproxima a 0.

50. **¿CÓMO LO VE?** Identifique la cónica en la gráfica y dé los valores posibles para la excentricidad.

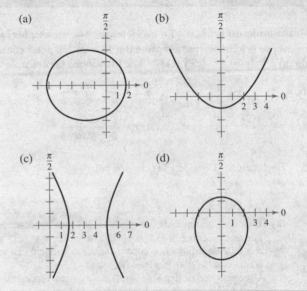

51. Elipse Demuestre que la ecuación polar de $\dfrac{x^2}{a^2} + \dfrac{y^2}{b^2} = 1$ es

$$r^2 = \frac{b^2}{1 - e^2 \cos^2 \theta}. \qquad \text{Elipse}$$

52. Hipérbola Demuestre que la ecuación polar de $\dfrac{x^2}{a^2} - \dfrac{y^2}{b^2} = 1$ es

$$r^2 = \frac{-b^2}{1 - e^2 \cos^2 \theta}. \qquad \text{Hipérbola}$$

Hallar una ecuación polar En los ejercicios 53-56, utilice los resultados de los ejercicios 51 y 52 para escribir la forma polar de la ecuación de la cónica.

53. Elipse: foco en $(4, 0)$; vértices en $(5, 0), (5, \pi)$

54. Hipérbola: foco en $(5, 0)$; vértices en $(4, 0), (4, \pi)$

55. $\dfrac{x^2}{9} - \dfrac{y^2}{16} = 1$

56. $\dfrac{x^2}{4} + y^2 = 1$

Área de una región En los ejercicios 57-60, use las funciones de integración de una herramienta de graficación para estimar con una precisión de dos cifras decimales el área de la región limitada por la gráfica de la ecuación polar.

57. $r = \dfrac{3}{2 - \cos \theta}$ **58.** $r = \dfrac{9}{4 + \cos \theta}$

59. $r = \dfrac{2}{3 - 2 \text{ sen } \theta}$ **60.** $r = \dfrac{3}{6 + 5 \text{ sen } \theta}$

61. Explorer 18 El 27 de noviembre de 1963, Estados Unidos lanzó el Explorer 18. Sus puntos bajo y alto sobre la superficie de la Tierra fueron aproximadamente 119 millas y 123 000 millas, respectivamente (vea la figura). El centro de la Tierra es el foco de la órbita. Determine la ecuación polar de la órbita y encuentre la distancia entre la superficie de la Tierra y el satélite cuando $\theta = 60°$. (Tome como radio de la Tierra 4000 millas.)

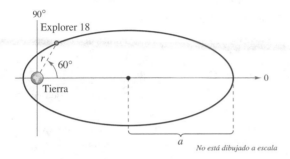

No está dibujado a escala

62. Movimiento planetario Los planetas giran en órbitas elípticas con el Sol como uno de sus focos, como se muestra en la figura.

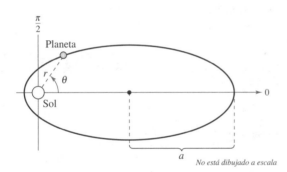

No está dibujado a escala

(a) Demuestre que la ecuación polar de la órbita está dada por

$$r = \frac{(1 - e^2)a}{1 - e \cos \theta}$$

donde e es la excentricidad.

(b) Demuestre que la distancia mínima (*perihelio*) entre el Sol y el planeta es $r = a(1 - e)$ y que la distancia máxima (*afelio*) es $r = a(1 + e)$.

Movimiento planetario **En los ejercicios 63-66, utilice los resultados del ejercicio 62 para encontrar la ecuación polar para la órbita elíptica del planeta y las distancias al perihelio y al afelio.**

63. Tierra $a = 1.496 \times 10^8$ kilómetros
  $e = 0.0167$

64. Saturno $a = 1.427 \times 10^9$ kilómetros
  $e = 0.0542$

65. Neptuno $a = 4.498 \times 10^9$ kilómetros
  $e = 0.0086$

66. Mercurio $a = 5.791 \times 10^7$ kilómetros
  $e = 0.2056$

67. Movimiento planetario

En el ejercicio 65 se encontró la ecuación polar para la órbita elíptica de Neptuno. Use la ecuación y un sistema algebraico por computadora.

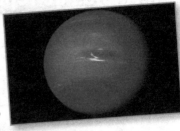

(a) Aproxime el área que barre un rayo que va del Sol al planeta cuando θ aumenta de 0 a $\pi/9$. Use este resultado para determinar cuántos años necesita Neptuno para recorrer este arco, si el periodo de una revolución alrededor del Sol es de 165 años.

(b) Por ensayo y error, aproxime el ángulo α tal que el área barrida por un rayo que va del Sol al planeta cuando θ aumenta de π a α sea igual al área encontrada en el inciso (*a*) (vea la figura). ¿ El rayo barre un ángulo mayor o menor que el del inciso (a), para generar la misma área? ¿A qué se debe?

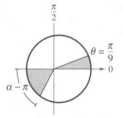

(c) Aproxime las distancias que recorrió el planeta en los incisos (a) y (b). Use estas distancias para aproximar la cantidad promedio de kilómetros al año que recorrió el planeta en los dos casos.

68. Cometa Hale-Bopp El cometa Hale-Bopp tiene una órbita elíptica con el Sol en uno de sus focos y una excentricidad de $e \approx 0.995$. La longitud del eje mayor de la órbita es aproximadamente 500 unidades astronómicas.

(a) Determine la longitud del eje menor.

(b) Encuentre la ecuación polar de la órbita.

(c) Halle las distancias en el perihelio y en el afelio.

Excentricidad **En los ejercicios 69 y 70, sea r_0 la distancia del foco al vértice más cercano, y r_1 la distancia del foco al vértice más lejano.**

69. Demuestre que la excentricidad de una elipse puede expresarse como

$$e = \frac{r_1 - r_0}{r_1 + r_0}. \text{ Después demuestre que } \frac{r_1}{r_0} = \frac{1 + e}{1 - e}.$$

70. Demuestre que la excentricidad de una hipérbola puede expresarse como

$$e = \frac{r_1 + r_0}{r_1 - r_0}. \text{ Después demuestre que } \frac{r_1}{r_0} = \frac{e + 1}{e - 1}.$$

Ejercicios de repaso

Consulte **CalcChat.com** para un tutorial de ayuda y soluciones trabajadas de los ejercicios con numeración impar.

Correspondencia En los ejercicios 1 a 6, relacione la ecuación con su gráfica. [Las gráficas están etiquetadas (a), (b), (c), (d), (e) y (f).]

(a)
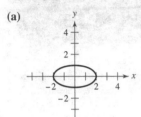

(b)
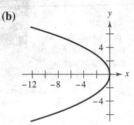

(c)
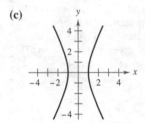

(d)
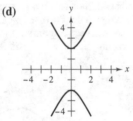

(e)
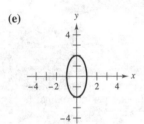

(f)
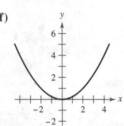

1. $4x^2 + y^2 = 4$

2. $4x^2 - y^2 = 4$

3. $y^2 = -4x$

4. $y^2 - 4x^2 = 4$

5. $x^2 + 4y^2 = 4$

6. $x^2 = 4y$

Identificar una cónica En los ejercicios 7-14, identifique la cónica, analice la ecuación (centro, radio, vértices, focos, excentricidad, directriz y asíntotas, si es posible) y trace su gráfica. Use una herramienta de graficación para confirmar los resultados.

7. $16x^2 + 16y^2 - 16x + 24y - 3 = 0$

8. $y^2 - 12y - 8x + 20 = 0$

9. $3x^2 - 2y^2 + 24x + 12y + 24 = 0$

10. $5x^2 + y^2 - 20x + 19 = 0$

11. $3x^2 + 2y^2 - 12x + 12y + 29 = 0$

12. $12x^2 - 12y^2 - 12x + 24y - 45 = 0$

13. $x^2 - 6x - 8y + 1 = 0$

14. $9x^2 + 25y^2 + 18x - 100y - 116 = 0$

Hallar una ecuación de una parábola En los ejercicios 15 y 16, determine una ecuación de la parábola.

15. Vértice: $(0, 2)$

　Directriz: $x = -3$

16. Vértice: $(2, 6)$

　Foco: $(2, 4)$

Hallar una ecuación de una elipse En los ejercicios 17-20, determine una ecuación de la elipse.

17. Centro: $(0, 0)$

　Foco: $(5, 0)$

　Vértice: $(7, 0)$

18. Centro: $(0, 0)$

　Eje mayor: vertical

　Puntos de la elipse:

　$(1, 2), (2, 0)$

19. Vértices: $(3, 1), (3, 7)$

　Excentricidad: $\frac{2}{3}$

20. Focos: $(0, \pm 7)$

　Longitud del eje mayor: 20

Hallar una ecuación de una hipérbola En los ejercicios 21-24, determine una ecuación de la hipérbola.

21. Vértices: $(0, \pm 8)$

　Asíntotas: $y = \pm 2x$

22. Vértices: $(\pm 2, 0)$

　Asíntotas: $y = \pm 32x$

23. Vértices: $(\pm 7, -1)$

　Focos: $(\pm 9, -1)$

24. Centro: $(0, 0)$

　Vértices: $(0, 3)$

　Focos: $(0, 6)$

25. Antena satelital La sección transversal de una gran antena parabólica se modela por medio de la gráfica de

$$y = \frac{x^2}{200}, \quad -100 \le x \le 100.$$

El equipo de recepción y transmisión se coloca en el foco.

(a) Determine las coordenadas del foco.

(b) Encuentre el área de la superficie de la antena.

26. Usar una elipse Considere la elipse $\dfrac{x^2}{25} + \dfrac{y^2}{9} = 1$.

(a) Determine el área de la región acotada por la elipse.

(b) Encuentre el volumen del sólido generado al girar la región alrededor de su eje mayor.

Usar ecuaciones paramétricas En los ejercicios 27-34, trace la curva representada por las ecuaciones paramétricas (indique la orientación de la curva) y dé las ecuaciones rectangulares correspondientes mediante la eliminación del parámetro.

27. $x = 1 + 8t$, $y = 3 - 4t$

28. $x = t - 6$, $y = t^2$

29. $x = e^t - 1$, $y = e^{3t}$

30. $x = e^{4t}$, $y = t + 4$

31. $x = 6\cos\theta$, $y = 6\operatorname{sen}\theta$

32. $x = 2 + 5\cos t$, $y = 3 + 2\operatorname{sen}t$

33. $x = 2 + \sec\theta$, $y = 3 + \tan\theta$

34. $x = 5\operatorname{sen}^3\theta$, $y = 5\cos^3\theta$

Hallar las ecuaciones paramétricas En los ejercicios 35 y 36, encuentre dos conjuntos diferentes de ecuaciones paramétricas para la ecuación rectangular.

35. $y = 4x + 3$

36. $y = x^2 - 2$

37. Motor rotatorio El motor rotatorio fue inventado por Félix Wankel en la década de los cincuentas. Contiene un rotor que es un triángulo equilátero modificado. El rotor se mueve en una cámara que, en dos dimensiones, es un epitrocoide. Use una herramienta de graficación para trazar la cámara que describen las ecuaciones paramétricas.

$$x = \cos 3\theta + 5 \cos \theta$$

y

$$y = \text{sen } 3\theta + 5 \text{ sen } \theta.$$

38. Curva serpentina Considere las ecuaciones paramétricas $x = 2 \cot \theta$ y $y = 4 \text{ sen } \theta \cos \theta$, $0 < \theta < \pi$.

(a) Use una herramienta de graficación para trazar la curva.
(b) Elimine el parámetro para demostrar que la ecuación rectangular de la curva serpentina es $(4 + x^2)y = 8x$.

Hallar pendiente y concavidad En los ejercicios 39 a 46, determine dy/dx y d^2y/dx^2, y la pendiente y concavidad (si es posible) para el valor dado del parámetro.

Ecuaciones paramétricas	Parámetro
39. $x = 2 + 5t$, $y = 1 - 4t$	$t = 3$
40. $x = t - 6$, $y = t^2$	$t = 5$
41. $x = \dfrac{1}{t}$, $y = 2t + 3$	$t = -1$
42. $x = \dfrac{1}{t}$, $y = t^2$	$t = -2$
43. $x = 5 + \cos \theta$, $y = 3 + 4 \text{ sen } \theta$	$\theta = \dfrac{\pi}{6}$
44. $x = 10 \cos \theta$, $y = 10 \text{ sen } \theta$	$\theta = \dfrac{\pi}{4}$
45. $x = \cos^3 \theta$, $y = 4 \text{ sen}^3 \theta$	$\theta = \dfrac{\pi}{3}$
46. $x = e^t$, $y = e^{-t}$	$t = 1$

Hallar una ecuación de una recta tangente En los ejercicios 53 y 54, (a) use una herramienta de graficación para trazar la curva representada por las ecuaciones paramétricas, (b) use una herramienta de graficación para hallar $dx/d\theta$, $dy/d\theta$ y dy/dx, para el valor dado del parámetro, (c) halle una ecuación de la recta tangente a la curva en el valor dado del parámetro, y (d) use una herramienta de graficación para trazar la recta tangente a la curva del inciso (c).

Ecuaciones paramétricas	Parámetro
47. $x = \cot \theta$, $y = \text{sen } 2\theta$	$\theta = \dfrac{\pi}{6}$
48. $x = \dfrac{1}{4} \tan \theta$, $y = 6 \text{ sen } \theta$	$\theta = \dfrac{\pi}{3}$

Tangencia horizontal y vertical En los ejercicios 49-52, encuentre todos los puntos (si los hay) de tangencia horizontal y vertical a la curva. Use una herramienta de graficación para confirmar los resultados.

49. $x = 5 - t$, $y = 2t^2$

50. $x = t + 2$, $y = t^3 - 2t$

51. $x = 2 + 2 \text{ sen } \theta$, $y = 1 + \cos \theta$

52. $x = 2 - 2 \cos \theta$, $y = 2 \text{ sen } 2\theta$

Longitud de arco En los ejercicios 53 y 54, determine la longitud de arco de la curva sobre el intervalo que se indica.

Ecuaciones paramétricas	Intervalo
53. $x = t^2 + 1$, $y = 4t^3 + 3$	$0 \le t \le 2$
54. $x = 6 \cos \theta$, $y = 6 \text{ sen } \theta$	$0 \le \theta \le \pi$

Área de una superficie En los ejercicios 55 y 56, determine el área de la superficie generada por revolución de la curva en torno (a) al eje x y (b) al eje y.

55. $x = t$, $y = 3t$, $0 \le t \le 2$

56. $x = 2 \cos \theta$, $y = 2 \text{ sen } \theta$, $0 \le \theta \le \dfrac{\pi}{2}$

Área En los ejercicios 57 y 58, encuentre el área de la región.

57. $x = 3 \text{ sen } \theta$
$y = 2 \cos \theta$
$-\dfrac{\pi}{2} \le \theta \le \dfrac{\pi}{2}$

58. $x = 2 \cos \theta$
$y = \text{sen } \theta$
$0 \le \theta \le \pi$

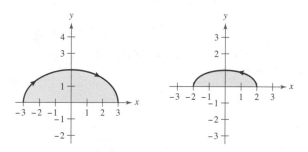

Transformar coordenadas polares a rectangulares En los ejercicios 59-62, represente gráficamente el punto en coordenadas polares y determine las coordenadas rectangulares correspondientes al punto.

59. $\left(5, \dfrac{3\pi}{2}\right)$

60. $\left(-6, \dfrac{7\pi}{6}\right)$

61. $\left(\sqrt{3}, 1.56\right)$

62. $(-2, -2.45)$

Transformar coordenadas rectangulares a polares En los ejercicios 63-66 se dan las coordenadas rectangulares de un punto. Represente gráficamente el punto y determine *dos* pares de coordenadas polares del punto para $0 \le \theta < 2\pi$.

63. $(4, -4)$

64. $(0, -7)$

65. $(-1, 3)$

66. $\left(-\sqrt{3}, -\sqrt{3}\right)$

Transformar coordenadas rectangulares a polares En los ejercicios 67-72, convierta la ecuación rectangular a la forma polar y trace su gráfica.

67. $x^2 + y^2 = 25$

68. $x^2 - y^2 = 4$

69. $y = 9$

70. $x = 6$

71. $x^2 = 4y$

72. $x^2 + y^2 - 4x = 0$

Transformar coordenadas polares a rectangulares En los ejercicios 73-78, convierta la ecuación polar a la forma rectangular y trace su gráfica.

73. $r = 3\cos\theta$ **74.** $r = 10$

75. $r = 6\,\text{sen}\,\theta$ **76.** $r = 3\csc\theta$

77. $r = -2\sec\theta\tan\theta$ **78.** $\theta = \dfrac{3\pi}{4}$

Trazar una ecuación polar En los ejercicios 79-82, use una herramienta de graficación para representar la ecuación polar.

79. $r = \dfrac{3}{\cos(\theta - \pi/4)}$

80. $r = 2\,\text{sen}\,\theta\cos^2\theta$

81. $r = 4\cos 2\theta\sec\theta$

82. $r = 4(\sec\theta - \cos\theta)$

Tangencia horizontal y vertical En los ejercicios 83 y 84, encuentre todos los puntos de tangencia horizontal y vertical (si los hay) a la curva polar.

83. $r = 1 - \cos\theta$ **84.** $r = 3\tan\theta$

Rectas tangentes al polo En los ejercicios 85 y 86, represente una ecuación polar y encuentre las tangentes en el polo.

85. $r = 4\,\text{sen}\,3\theta$ **86.** $r = 3\cos 4\theta$

Trazar una gráfica polar En los ejercicios 87-96, represente una gráfica de la ecuación polar.

87. $r = 6$ **88.** $\theta = \dfrac{\pi}{10}$

89. $r = -\sec\theta$ **90.** $r = 5\csc\theta$

91. $r^2 = 4\,\text{sen}^2\,2\theta$ **92.** $r = 3 - 4\cos\theta$

93. $r = 4 - 3\cos\theta$ **94.** $r = 4\theta$

95. $r = -3\cos 2\theta$ **96.** $r = \cos 5\theta$

Hallar el área de una región polar En los ejercicios 97-102, encuentre el área de la región.

97. Un pétalo de $r = 3\cos 5\theta$

98. Un pétalo de $r = 2\,\text{sen}\,6\theta$

99. Interior de $r = 2 + \cos\theta$

100. Interior de $r = 5(1 - \text{sen}\,\theta)$

101. Interior de $r^2 = 4\,\text{sen}\,2\theta$

102. Interior común a $r = 4\cos\theta$ y $r = 2$

Hallar el área de una región polar En los ejercicios 103-106, use una herramienta de graficación para representar la ecuación polar. Encuentre analíticamente el área de la región dada.

103. Lazo interior de $r = 3 - 6\cos\theta$

104. Lazo interior de $r = 2 + 4\,\text{sen}\,\theta$

105. Entre los lazos de $r = 3 - 6\cos\theta$

106. Entre los lazos de $r = 2 + 4\,\text{sen}\,\theta$

Hallar puntos de intersección En los ejercicios 107 y 108, determine los puntos de intersección de las gráficas de las ecuaciones.

107. $r = 1 - \cos\theta$ **108.** $r = 1 + \text{sen}\,\theta$
$\quad\;\; r = 1 + \text{sen}\,\theta$ $r = 3\,\text{sen}\,\theta$

Hallar la longitud de arco de una curva polar En los ejercicios 109 y 110, encuentre la longitud de la curva sobre el intervalo dado.

Ecuación polar	Intervalo
109. $r = 5\cos\theta$	$\dfrac{\pi}{2} \leq \theta \leq \pi$
110. $r = 3(1 - \cos\theta)$	$0 \leq \theta \leq \pi$

Hallar el área de una superficie de revolución En los ejercicios 111 y 112, use una herramienta de graficación para representar la ecuación polar. Dé una integral para encontrar el área de la región dada y use las funciones de integración de una herramienta de graficación para aproximar el valor de la integral con una precisión de dos cifras decimales.

Ecuación polar	Intervalo	Eje de revolución
111. $r = 1 + 4\cos\theta$	$0 \leq \theta \leq \dfrac{\pi}{2}$	Eje polar
112. $r = 2\,\text{sen}\,\theta$	$0 \leq \theta \leq \dfrac{\pi}{2}$	$\theta = \dfrac{\pi}{2}$

Trazar e identificar una cónica En los ejercicios 113-118, determine la excentricidad y la distancia del polo a la directriz de la cónica. Después trace e identifique la gráfica. Use una herramienta de graficación para confirmar los resultados.

113. $r = \dfrac{6}{1 - \text{sen}\,\theta}$ **114.** $r = \dfrac{2}{1 + \cos\theta}$

115. $r = \dfrac{6}{3 + 2\cos\theta}$ **116.** $r = \dfrac{4}{5 - 3\,\text{sen}\,\theta}$

117. $r = \dfrac{4}{2 - 3\,\text{sen}\,\theta}$ **118.** $r = \dfrac{8}{2 - 5\cos\theta}$

Hallar una ecuación polar En los ejercicios 119-124, determine una ecuación polar de la cónica con foco en el polo. (Por conveniencia, la ecuación de la directriz está dada en forma rectangular.)

Cónica	Excentricidad	Directriz
119. Parábola	$e = 1$	$x = 4$
120. Elipse	$e = \dfrac{3}{4}$	$y = -2$
121. Hipérbola	$e = 3$	$y = 3$

Cónica	Vértice o vértices
122. Parábola	$\left(2, \dfrac{\pi}{2}\right)$
123. Elipse	$(5, 0), (1, \pi)$
124. Hipérbola	$(1, 0), (7, 0)$

Solución de problemas

Consulte **CalcChat.com** para un tutorial de ayuda y soluciones trabajadas de los ejercicios con numeración impar.

1. Uso de una parábola   Considere la parábola $x^2 = 4y$ y la cuerda focal $y = \frac{3}{4}x + 1$.

(a) Dibuje la gráfica de la parábola y la cuerda focal.

(b) Demuestre que las rectas tangentes a la parábola en los extremos de la cuerda focal se intersecan en ángulo recto.

(c) Demuestre que las rectas tangentes a la parábola en los extremos de la cuerda focal se cortan en la directriz de la parábola.

2. Uso de una parábola   Considere la parábola $x^2 = 4py$ y una de sus cuerdas focales.

(a) Demuestre que las rectas tangentes a la parábola en los extremos de la cuerda focal se cortan en ángulos rectos.

(b) Demuestre que las rectas tangentes a la parábola en los extremos de la cuerda focal se cortan en la directriz de la parábola.

3. Demostración   Demuestre el teorema 10.2, la propiedad de reflexión de una parábola, como se ilustra en la figura.

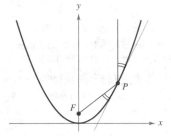

4. Trayectorias de vuelos   Un controlador de tráfico aéreo ubica a la misma altitud dos aviones que vuelan uno hacia el otro (vea la figura). Sus trayectorias de vuelo son 20° y 315°. Un avión está a 150 millas del punto P con una velocidad de 375 millas por hora. El otro se encuentra a 190 millas del punto P con una velocidad de 450 millas por hora.

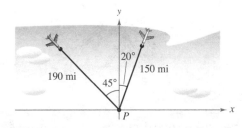

(a) Determine las ecuaciones paramétricas para la trayectoria de cada avión donde t es el tiempo en horas y corresponde al instante en que el controlador de tráfico aéreo localiza a los aviones.

(b) Use el resultado del inciso (a) para expresar la distancia entre los aviones como función de t.

(c) Use una herramienta de graficación para representar la función del inciso (b). ¿Cuándo será mínima la distancia entre los aviones? Si los aviones deben conservar una distancia entre ellos de por lo menos 3 millas, ¿se satisface este requerimiento?

5. Estrofoide   La curva descrita por las ecuaciones paramétricas

$$x(t) = \frac{1 - t^2}{1 + t^2} \quad \text{y} \quad y(t) = \frac{t(1 - t^2)}{1 + t^2}$$

se denomina **estrofoide**.

(a) Determine una ecuación rectangular de la estrofoide.

(b) Determine una ecuación polar de la estrofoide.

(c) Trace una gráfica de la estrofoide.

(d) Determine la ecuación de las dos rectas tangentes en el origen.

(e) Encuentre los puntos de la gráfica en los que las rectas tangentes son horizontales.

6. Hallar una ecuación rectangular   Encuentre una ecuación rectangular para la porción de la cicloide dada por las ecuaciones paramétricas $x = a(\theta - \operatorname{sen}\theta)$ y $y = a(\theta - \cos\theta)$, $0 \le \theta \le \pi$, como se muestra en la figura.

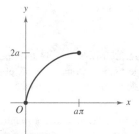

7. Espiral de Cornu   Considere la espiral de Cornu dada por

$$x(t) = \int_0^t \cos\left(\frac{\pi u^2}{2}\right) du \quad \text{y} \quad y(t) = \int_0^t \operatorname{sen}\left(\frac{\pi u^2}{2}\right) du.$$

(a) Use una herramienta de graficación para representar la espiral en el intervalo $-\pi \le t \le \pi$.

(b) Demuestre que la espiral de Cornu es simétrica respecto al origen.

(c) Encuentre la longitud de la espiral de Cornu desde $t = 0$ hasta $t = a$. ¿Cuál es la longitud de la espiral desde $t = -\pi$ hasta $t = \pi$?

8. Usar una elipse   Considere la región limitada por la elipse con excentricidad.

(a) Demuestre que el área de la región es πab.

(b) Demuestre que el volumen del sólido (esferoide oblato) generado por revolución de la región en torno al eje menor de la elipse tiene un volumen de $V = 4\pi^2 b/3$ y el área de la superficie es

$$S = 2\pi a^2 + \pi\left(\frac{b^2}{e}\right) \ln\left(\frac{1 + e}{1 - e}\right).$$

(c) Demuestre que el volumen del sólido (esferoide prolato) generado por revolución de la región alrededor del eje mayor de la elipse es $V = 4\pi^2 b/3$ y el área de la superficie es

$$S = 2\pi b^2 + 2\pi\left(\frac{ab}{e}\right) \operatorname{arcsen} e.$$

9. **Área** Sean a y b constantes positivas. Encuentre el área de la región del primer cuadrante limitada por la gráfica de la ecuación polar

$$r = \frac{ab}{(a \operatorname{sen} \theta + b \cos \theta)}, \quad 0 \le \theta \le \frac{\pi}{2}.$$

10. **Usar un triángulo rectángulo** Considere el triángulo rectángulo de la figura.

(a) Demuestre que el área del triángulo es $A(\alpha) = \frac{1}{2}\int_0^\alpha \sec^2 \theta \, d\theta$.

(b) Demuestre que $\alpha = \int_0^\alpha \sec^2 \theta \, d\theta$.

(c) Use el inciso (b) para deducir la fórmula para la derivada de la función tangente.

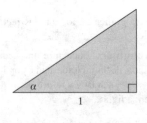

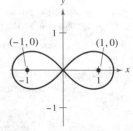

Figura para 10   Figura para 11

11. **Hallar una ecuación polar** Determine la ecuación polar del conjunto de todos los puntos (r, θ), el producto de cuyas distancias desde los puntos y es igual a 1, como se observa en la figura.

12. **Longitud de arco** Una partícula se mueve a lo largo de la trayectoria descrita por las ecuaciones paramétricas $x = 1/t$ y $y = (\operatorname{sen} t)/t$, con $1 \le t < \infty$, como se muestra en la figura. Determine la longitud de esta trayectoria.

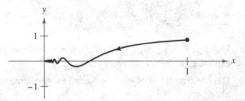

13. **Hallar una ecuación polar** Cuatro perros se encuentran en las esquinas de un cuadrado con lados de longitud d. Todos los perros se mueven en sentido contrario al de las manecillas del reloj a la misma velocidad y en dirección al siguiente perro, como se muestra en la figura. Encuentre la ecuación polar de la trayectoria de un perro a medida que se acerca en espiral hacia el centro del cuadrado.

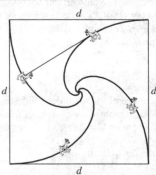

14. **Usar una hipérbola** Considere la hipérbola

$$\frac{x^2}{a^2} - \frac{y^2}{b^2} = 1$$

con focos F_1 y F_2, como se ilustra en la figura. Sea T la recta tangente en un punto de la hipérbola. Demuestre que los rayos de luz incidente en un foco son reflejados por un espejo hiperbólico hacia el otro foco.

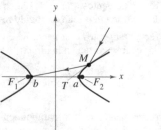

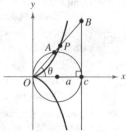

Figura para 14   Figura para 15

15. **Cisoide de Diocles** Considere un círculo con radio a tangente al eje y a la recta $x = 2a$, como se ilustra en la figura. Sea A el punto en el cual el segmento OB corta el círculo. La cisoide de Diocles consiste de todos los puntos P tales que $OP = AB$.

(a) Determine una ecuación polar de la cisoide.

(b) Encuentre un conjunto de ecuaciones paramétricas para la cisoide que no contengan funciones trigonométricas.

(c) Halle la ecuación rectangular de la cisoide.

16. **Curva mariposa** Use una herramienta de graficación para trazar la curva que se muestra abajo. La curva está dada por

$$r = e^{\cos \theta} - 2\cos 4\theta + \operatorname{sen}^5 \frac{\theta}{12}.$$

¿Sobre qué intervalo debe variar θ para generar la curva?

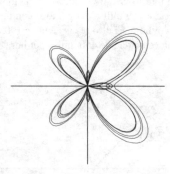

■ **PARA INFORMACIÓN ADICIONAL** Para más información sobre esta curva, consulte el artículo "A Study in Step Size", de Temple H. Fay, en *Mathematics Magazine*.

17. **Trazar ecuaciones polares** Use una herramienta de graficación para representar la ecuación polar $r = \cos 5\theta + n \cos \theta$ para $0 \le \theta < \pi$ y para los enteros desde $n = -5$ hasta $n = 5$. ¿Qué valores de n producen la porción de la curva en forma de "corazón"? ¿Qué valores de n producen la porción de la curva en forma de "campana"? (Esta curva, creada por Michael W. Chamberlin, fue publicada en *The College Mathematics Journal*.)

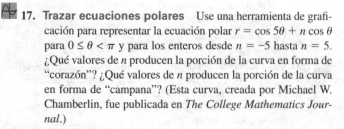

11 Vectores y la geometría del espacio

Geografía *(Ejercicio 45, p. 803)*

Momento *(Ejercicio 29, p. 781)*

Trabajo *(Ejercicio 64, p. 774)*

Luces del auditorio
(Ejercicio 101, p. 765)

Navegación *(Ejercicio 84, p. 757)*

11.1   Vectores en el plano

■ Expresar un vector mediante sus componentes.
■ Realizar operaciones vectoriales e interpretar los resultados geométricamente.
■ Expresar un vector como combinación lineal de vectores unitarios estándar o canónicos.

Las componentes de un vector

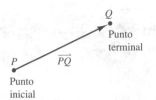

Un segmento de recta dirigido.
Figura 11.1

Muchas cantidades en geometría y física, como el área, el volumen, la temperatura, la masa y el tiempo, se pueden caracterizar por medio de un solo número real en unidades de medición apropiadas. Estas **cantidades** se llaman **escalares**, y al número real se le llama **escalar**.

Otras cantidades, como la fuerza, la velocidad y la aceleración, tienen magnitud y dirección y no pueden caracterizarse completamente por medio de un solo número real. Para representar estas cantidades se usa un **segmento de recta dirigido**, como se muestra en la figura 11.1. El segmento de recta dirigido $\overrightarrow{PQ}$ tiene como punto inicial P y como punto final Q, y su **longitud** (o **magnitud**) se denota por $\|\overrightarrow{PQ}\|$. Segmentos de recta dirigidos que tienen la misma longitud y dirección son **equivalentes**, como se muestra en la figura 11.2. El conjunto de todos los segmentos de recta dirigidos que son equivalentes a un segmento de recta dirigido dado $\overrightarrow{PQ}$ es un **vector en el plano** y se denota por

$$\mathbf{v} = \overrightarrow{PQ}.$$

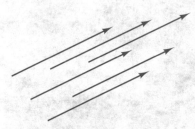

Segmentos de recta dirigidos equivalentes.
Figura 11.2

En los libros, los vectores se denotan normalmente con letras minúsculas, en negrita, como **u**, **v** y **w**. Cuando se escriben a mano, se suelen denotar por medio de letras con una flecha sobre ellas, como $\vec{u}$, $\vec{v}$ y $\vec{w}$.

Es importante notar que un vector en el plano se puede representar por medio de un *conjunto* de segmentos de recta dirigidos diferentes, todos apuntando en la misma dirección y todos de la misma longitud.

EJEMPLO 1   **Representar vectores por medio de segmentos de recta dirigidos**

Sea **v** el vector representado por el segmento dirigido que va de $(0, 0)$ a $(3, 2)$, y sea **u** el vector representado por el segmento dirigido que va de $(1, 2)$ a $(4, 4)$. Demuestre que **v** y **u** son equivalentes.

Solución   Sean $P(0, 0)$ y $Q(3, 2)$ los puntos inicial y final de **v**, y sean $R(1, 2)$ y $S(4, 4)$ los puntos inicial y final de **u**, como se muestra en la figura 11.3. Para demostrar que $\overrightarrow{PQ}$ y $\overrightarrow{RS}$ tienen la *misma longitud* se usa la fórmula de la distancia.

$$\|\overrightarrow{PQ}\| = \sqrt{(3 - 0)^2 + (2 - 0)^2} = \sqrt{13}$$
$$\|\overrightarrow{RS}\| = \sqrt{(4 - 1)^2 + (4 - 2)^2} = \sqrt{13}$$

Los dos segmentos tienen la *misma dirección*, porque ambos están dirigidos hacia la derecha y hacia arriba sobre rectas que tienen la misma pendiente.

Pendiente de $\overrightarrow{PQ} = \dfrac{2 - 0}{3 - 0} = \dfrac{2}{3}$

y

Pendiente de $\overrightarrow{RS} = \dfrac{4 - 2}{4 - 1} = \dfrac{2}{3}$

Como $\overrightarrow{PQ}$ y $\overrightarrow{RS}$ tienen la misma longitud y la misma dirección, puede concluir que los dos vectores son equivalentes. Es decir, **v** y **u** son equivalentes.

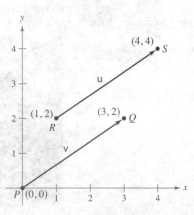

Los vectores **u** y **v** son equivalentes.
Figura 11.3

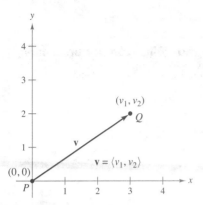

Posición estándar de un vector.
Figura 11.4

El segmento de recta dirigido cuyo punto inicial es el origen a menudo se considera el representante más adecuado de un conjunto de segmentos de recta dirigidos equivalentes como los que se muestran en la figura 11.3. Se dice que esta representación de **v** está en la **posición canónica** o **estándar**. Un segmento de recta dirigido cuyo punto inicial es el origen puede representarse de manera única por medio de las coordenadas de su punto final $Q(v_1, v_2)$, como se muestra en la figura 11.4.

Definición de un vector en el plano mediante sus componentes

Si **v** es un vector en el plano cuyo punto inicial es el origen y cuyo punto final es (v_1, v_2), entonces el **vector v** queda dado mediante sus **componentes** de la siguiente manera

$$\mathbf{v} = \langle v_1, v_2 \rangle$$

Las coordenadas v_1 y v_2 son las **componentes de v**. Si el punto inicial y el punto final están en el origen, entonces **v** es el **vector cero** (o vector nulo) y se denota por $\mathbf{0} = \langle 0, 0 \rangle$.

Esta definición implica que dos vectores $\mathbf{u} = \langle u_1, u_2 \rangle$ y $\mathbf{v} = \langle v_1, v_2 \rangle$ son **iguales** si y sólo si $u_1 = v_1$ y $u_2 = v_2$.

Los procedimientos siguientes pueden usarse para convertir un vector dado mediante un segmento de recta dirigido en un vector dado mediante sus componentes o viceversa.

1. Si $P(p_1, p_2)$ y $Q(q_1, q_2)$ son los puntos inicial y final de un segmento de recta dirigido, el vector **v** representado por $\overrightarrow{PQ}$, dado mediante sus componentes, es

$$\langle v_1, v_2 \rangle = \langle q_1 - p_1, q_2 - p_2 \rangle.$$

Además, de la fórmula de la distancia es posible ver que la longitud (o magnitud) de **v** es

$$\|\mathbf{v}\| = \sqrt{(q_1 - p_1)^2 + (q_2 - p_2)^2} \qquad \text{Longitud de un vector}$$
$$= \sqrt{v_1^2 + v_2^2}.$$

2. Si $\mathbf{v} = \langle v_1, v_2 \rangle$, **v** puede representarse por el segmento de recta dirigido, en la posición canónica o estándar, que va de $P(0, 0)$ a $Q(v_1, v_2)$.

A la longitud de **v** también se le llama la **norma de v**. Si $\|\mathbf{v}\| = 1$, **v** es un vector unitario. Y $\|\mathbf{v}\| = 0$ si y sólo si **v** es el vector cero **0**.

EJEMPLO 2   **Forma en componentes y longitud de un vector**

Determine las componentes y la longitud del vector **v** que tiene el punto inicial $(3, -7)$ y el punto final $(-2, 5)$.

Solución   Sean $P(3, -7) = (p_1, p_2)$ y $Q(-2, 5) = (q_1, q_2)$. Entonces las componentes de $\mathbf{v} = (v_1, v_2)$ son

$$v_1 = q_1 - p_1 = -2 - 3 = -5$$

y

$$v_2 = q_2 - p_2 = 5 - (-7) = 12.$$

Así, como se muestra en la figura 11.5, $\mathbf{v} = \langle -5, 12 \rangle$, y la longitud de **v** es

$$\|\mathbf{v}\| = \sqrt{(-5)^2 + 12^2}$$
$$= \sqrt{169}$$
$$= 13.$$

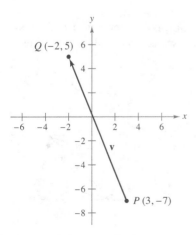

Vector **v** dado por medio de sus componentes: $\mathbf{v} = \langle -5, 12 \rangle$.
Figura 11.5

Operaciones con vectores

Definición de la suma de vectores y de la multiplicación por un escalar

Sean $\mathbf{u} = \langle u_1, u_2 \rangle$ y $\mathbf{v} = \langle v_1, v_2 \rangle$ vectores y sea c un escalar.

1. La **suma vectorial** de $\mathbf{u}$ y $\mathbf{v}$ es el vector $\mathbf{u} + \mathbf{v} = \langle u_1 + v_1, u_2 + v_2 \rangle$.

2. El **múltiplo escalar** de c y $\mathbf{u}$ es el vector

$$c\mathbf{u} = \langle cu_1, cu_2 \rangle.$$

3. El **negativo** de $\mathbf{v}$ es el vector

$$-\mathbf{v} = (-1)\mathbf{v} = \langle -v_1, -v_2 \rangle.$$

4. La **diferencia** de $\mathbf{u}$ y $\mathbf{v}$ es

$$\mathbf{u} - \mathbf{v} = \mathbf{u} + (-\mathbf{v}) = \langle u_1 - v_1, u_2 - v_2 \rangle.$$

La multiplicación escalar por un vector $\mathbf{v}$.

Figura 11.6

Geométricamente, el múltiplo escalar de un vector $\mathbf{v}$ y un escalar c es el vector que tiene $|c|$ veces la longitud de $\mathbf{v}$, como se muestra en la figura 11.6. Si c es positivo, $c\mathbf{v}$ tiene la misma dirección que $\mathbf{v}$. Si c es negativo, $c\mathbf{v}$ tiene dirección opuesta.

La suma de dos vectores puede representarse geométricamente colocando los vectores (sin cambiar sus magnitudes o sus direcciones), de manera que el punto inicial de uno coincida con el punto final del otro, como se muestra en la figura 11.7. El vector $\mathbf{u} + \mathbf{v}$, llamado el **vector resultante**, es la diagonal de un paralelogramo que tiene $\mathbf{u}$ y $\mathbf{v}$ como lados adyacentes.

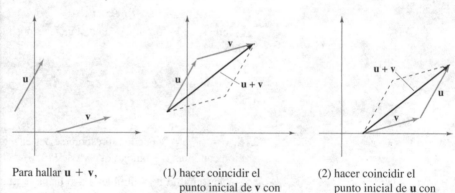

Para hallar $\mathbf{u} + \mathbf{v}$, (1) hacer coincidir el punto inicial de $\mathbf{v}$ con el punto final de $\mathbf{u}$, o, (2) hacer coincidir el punto inicial de $\mathbf{u}$ con el punto final de $\mathbf{v}$.

Figura 11.7

La figura 11.8 muestra la equivalencia de las definiciones geométricas y algebraicas de la suma de vectores y la multiplicación por un escalar, y presenta (en el extremo derecho) una interpretación geométrica de $\mathbf{u} - \mathbf{v}$.

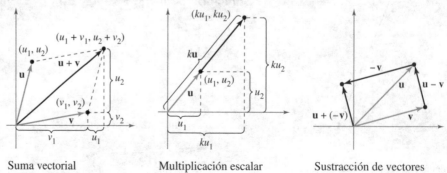

Suma vectorial   Multiplicación escalar   Sustracción de vectores

Figura 11.8

WILLIAM ROWAN HAMILTON
(1805-1865)

Algunos de los primeros trabajos con vectores fueron realizados por el matemático irlandés William Rowan Hamilton. Hamilton dedicó muchos años a desarrollar un sistema de cantidades semejantes a vectores llamados *cuaterniones*. No fue sino hasta la segunda mitad del siglo XIX cuando el físico escocés James Maxwell (1831-1879) reestructuró la teoría de los cuaterniones de Hamilton, dándole una forma útil para la representación de cantidades como fuerza, velocidad y aceleración. *Vea LarsonCalculus.com para leer más acerca de esta biografía.*

EJEMPLO 3   Operaciones con vectores

Dados $\mathbf{v} = \langle -2, 5 \rangle$ y $\mathbf{w} = \langle 3, 4 \rangle$, encuentre cada uno de los vectores.

a. $\frac{1}{2}\mathbf{v}$ **b.** $\mathbf{w} - \mathbf{v}$ **c.** $\mathbf{v} + 2\mathbf{w}$

Solución

a. $\frac{1}{2}\mathbf{v} = \langle \frac{1}{2}(-2), \frac{1}{2}(5) \rangle = \langle -1, \frac{5}{2} \rangle$

b. $\mathbf{w} - \mathbf{v} = \langle w_1 - v_1, w_2 - v_2 \rangle = \langle 3 - (-2), 4 - 5 \rangle = \langle 5, -1 \rangle$

c. Usando $2\mathbf{w} = \langle 6, 8 \rangle$, se tiene

$$\mathbf{v} + 2\mathbf{w} = \langle -2, 5 \rangle + \langle 6, 8 \rangle$$
$$= \langle -2 + 6, 5 + 8 \rangle$$
$$= \langle 4, 13 \rangle.$$

La suma de vectores y la multiplicación por un escalar comparten muchas propiedades con la aritmética ordinaria, como se muestra en el teorema siguiente.

TEOREMA 11.1   Propiedades de las operaciones con vectores

Sean $\mathbf{u}$, $\mathbf{v}$ y $\mathbf{w}$ los vectores en el plano, y sean c y d escalares.

1. $\mathbf{u} + \mathbf{v} = \mathbf{v} + \mathbf{u}$ Propiedad conmutativa

2. $(\mathbf{u} + \mathbf{v}) + \mathbf{w} = \mathbf{u} + (\mathbf{v} + \mathbf{w})$ Propiedad asociativa

3. $\mathbf{u} + \mathbf{0} = \mathbf{u}$ Propiedad de la identidad aditiva

4. $\mathbf{u} + (-\mathbf{u}) = \mathbf{0}$ Propiedad del inverso aditivo

5. $c(d\mathbf{u}) = (cd)\mathbf{u}$

6. $(c + d)\mathbf{u} = c\mathbf{u} + d\mathbf{u}$ Propiedad distributiva

7. $c(\mathbf{u} + \mathbf{v}) = c\mathbf{u} + c\mathbf{v}$ Propiedad distributiva

8. $1(\mathbf{u}) = \mathbf{u}, 0(\mathbf{u}) = \mathbf{0}$

EMMY NOETHER (1882–1935)

La matemática alemana Emmy Noether contribuyó a nuestro conocimiento de los sistemas axiomáticos. Noether generalmente se reconoce como la principal matemática de la historia reciente.

Demostración   La demostración de la *propiedad asociativa* de la suma de vectores utiliza la propiedad asociativa de la suma de números reales.

$$(\mathbf{u} + \mathbf{v}) + \mathbf{w} = [\langle u_1, u_2 \rangle + \langle v_1, v_2 \rangle] + \langle w_1, w_2 \rangle$$
$$= \langle u_1 + v_1, u_2 + v_2 \rangle + \langle w_1, w_2 \rangle$$
$$= \langle (u_1 + v_1) + w_1, (u_2 + v_2) + w_2 \rangle$$
$$= \langle u_1 + (v_1 + w_1), u_2 + (v_2 + w_2) \rangle$$
$$= \langle u_1, u_2 \rangle + \langle v_1 + w_1, v_2 + w_2 \rangle$$
$$= \mathbf{u} + (\mathbf{v} + \mathbf{w})$$

Las otras propiedades pueden demostrarse de manera similar.
Consulte LarsonCalculus.com para ver el video de esta demostración de Bruce Edwards.

■ **PARA INFORMACIÓN ADICIONAL**
Para más información acerca de Emmy Noether, consulte el artículo "Emmy Noether, Greatest Woman Mathematician", de Clark Kimberling, en *The Mathematics Teacher*. Para ver este artículo vaya a *MathArticles.com*.

Cualquier conjunto de vectores (junto con uno de escalares) que satisfaga las ocho propiedades dadas en el teorema 11.1 es un **espacio vectorial**.* Las ocho propiedades son los *axiomas del espacio vectorial*. Por tanto, este teorema establece que el conjunto de vectores en el plano (con el conjunto de los números reales) forma un espacio vectorial.

---

*Para más información sobre espacios vectoriales, consulte *Elementary Linear Algebra*, 7a. ed., por Ron Larson (Boston: Boston, Massachusetts, Brooks/Cole, Cengage Learning, 2013).

TEOREMA 11.2 Longitud de un múltiplo escalar

Sea $\mathbf{v}$ un vector y sea c un escalar. Entonces

$\|c\mathbf{v}\| = |c|\,\|\mathbf{v}\|.$ $\qquad$ $|c|$ es el valor absoluto de c.

Demostración Como $c\mathbf{v} = \|\langle cv_1, cv_2\rangle\|$, se tiene que

$$\|c\mathbf{v}\| = \|\langle cv_1, cv_2\rangle\|$$
$$= \sqrt{(cv_1)^2 + (cv_2)^2}$$
$$= \sqrt{c^2 v_1^2 + c^2 v_2^2}$$
$$= \sqrt{c^2(v_1^2 + v_2^2)}$$
$$= |c|\sqrt{v_1^2 + v_2^2}$$
$$= |c|\,\|\mathbf{v}\|.$$

Consulte LarsonCalculus.com para ver el video de esta demostración de Bruce Edwards.

En muchas aplicaciones de los vectores es útil encontrar un vector unitario que tenga la misma dirección que un vector dado. El teorema siguiente da un procedimiento para hacer esto.

TEOREMA 11.3 Vector unitario en la dirección de v

Si $\mathbf{v}$ es un vector distinto de cero en el plano, entonces el vector

$$\mathbf{u} = \frac{\mathbf{v}}{\|\mathbf{v}\|} = \frac{1}{\|\mathbf{v}\|}\mathbf{v}$$

tiene longitud 1 y la misma dirección que $\mathbf{v}$.

Demostración Como $1/\|\mathbf{v}\|$ es positivo y $\mathbf{u} = (1/\|\mathbf{v}\|)\mathbf{v}$, se puede concluir que $\mathbf{u}$ tiene la misma dirección que $\mathbf{v}$. Para ver que $\|\mathbf{u}\| = 1$, se observa que

$$\|\mathbf{u}\| = \left\|\left(\frac{1}{\|\mathbf{v}\|}\right)\mathbf{v}\right\| = \left|\frac{1}{\|\mathbf{v}\|}\right|\|\mathbf{v}\| = \frac{1}{\|\mathbf{v}\|}\|\mathbf{v}\| = 1.$$

Por tanto, $\mathbf{u}$ tiene longitud 1 y la misma dirección que $\mathbf{v}$.
Consulte LarsonCalculus.com para ver el video de esta demostración de Bruce Edwards.

Al vector $\mathbf{u}$ del teorema 11.3 se le llama un **vector unitario en la dirección de** $\mathbf{v}$. El proceso de multiplicar $\mathbf{v}$ por $1/\|\mathbf{v}\|$ para obtener un vector unitario se llama **normalización de** $\mathbf{v}$.

EJEMPLO 4 **Hallar un vector unitario**

Halle un vector unitario en la dirección de $\mathbf{v} = \langle -2, 5\rangle$ y verifique que tiene longitud 1.

Solución Por el teorema 11.3, el vector unitario en la dirección de $\mathbf{v}$ es

$$\frac{\mathbf{v}}{\|\mathbf{v}\|} = \frac{\langle -2, 5\rangle}{\sqrt{(-2)^2 + (5)^2}} = \frac{1}{\sqrt{29}}\langle -2, 5\rangle = \left\langle \frac{-2}{\sqrt{29}}, \frac{5}{\sqrt{29}}\right\rangle.$$

Este vector tiene longitud 1, porque

$$\sqrt{\left(\frac{-2}{\sqrt{29}}\right)^2 + \left(\frac{5}{\sqrt{29}}\right)^2} = \sqrt{\frac{4}{29} + \frac{25}{29}} = \sqrt{\frac{29}{29}} = 1.$$

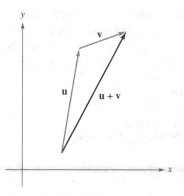

Desigualdad del triángulo.
Figura 11.9

Generalmente la longitud de la suma de dos vectores no es igual a la suma de sus longitudes. Para ver esto, basta tomar los vectores **u** y **v** de la figura 11.9. Considerando a **u** y **v** como dos de los lados de un triángulo, se puede ver que la longitud del tercer lado es $\|\mathbf{u} + \mathbf{v}\|$, y

$$\|\mathbf{u} + \mathbf{v}\| \le \|\mathbf{u}\| + \|\mathbf{v}\|.$$

La igualdad sólo se da si los vectores **u** y **v** tienen la *misma dirección*. A este resultado se le llama la **desigualdad del triángulo** para vectores. (En el ejercicio 77, sección 11.3, se pide demostrar esto.)

Vectores unitarios canónicos o estándares

A los vectores unitarios $(1, 0)$ y $(0, 1)$ se les llama **vectores unitarios canónicos o estándares** en el plano y se denotan por

$$\mathbf{i} = \langle 1, 0 \rangle \quad \text{y} \quad \mathbf{j} = \langle 0, 1 \rangle \qquad \text{Vectores unitarios canónicos o estándares}$$

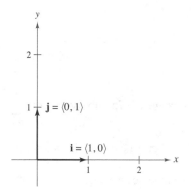

Vectores unitarios estándares o canónicos **i** y **j**.
Figura 11.10

como se muestra en la figura 11.10. Estos vectores pueden usarse para representar cualquier vector de manera única, como sigue.

$$\mathbf{v} = \langle v_1, v_2 \rangle = \langle v_1, 0 \rangle + \langle 0, v_2 \rangle = v_1\langle 1, 0 \rangle + v_2\langle 0, 1 \rangle = v_1\mathbf{i} + v_2\mathbf{j}$$

Al vector $\mathbf{v} = v_1\mathbf{i} + v_2\mathbf{j}$ se le llama una combinación lineal de **i** y **j**. A los escalares v_1 y v_2 se les llama las **componentes horizontal** y **vertical de v**.

EJEMPLO 5 **Expresar un vector como combinación lineal de vectores unitarios**

Sea **u** el vector con punto inicial $(2, -5)$ y punto final $(-1, 3)$, y sea $\mathbf{v} = 2\mathbf{i} - \mathbf{j}$. Exprese cada vector como combinación lineal de **i** y **j**.

a. u **b. w = 2u − 3v**

Solución

a. $\mathbf{u} = \langle q_1 - p_1, q_2 - p_2 \rangle = \langle -1 - 2, 3 - (-5) \rangle = \langle -3, 8 \rangle = -3\mathbf{i} + 8\mathbf{j}$
b. $\mathbf{w} = 2\mathbf{u} - 3\mathbf{v} = 2(-3\mathbf{i} + 8\mathbf{j}) - 3(2\mathbf{i} - \mathbf{j}) = -6\mathbf{i} + 16\mathbf{j} - 6\mathbf{i} + 3\mathbf{j} = -12\mathbf{i} + 19\mathbf{j}$

Si **u** es un vector unitario y θ es el ángulo (medido en sentido contrario a las manecillas del reloj) desde el eje x positivo hasta **u**, el punto final de **u** está en el círculo unitario, y tiene

$$\mathbf{u} = \langle \cos \theta, \operatorname{sen} \theta \rangle = \cos \theta\mathbf{i} + \operatorname{sen} \theta\mathbf{j} \qquad \text{Vector unitario}$$

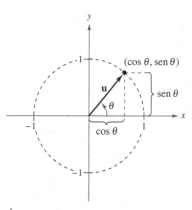

Ángulo θ desde el eje x positivo hasta el vector **u**.
Figura 11.11

como se muestra en la figura 11.11. Además, cualquier vector distinto de cero **v** que forma un ángulo con el eje x positivo tiene la misma dirección que **u** y puede escribir

$$\mathbf{v} = \|\mathbf{v}\|\langle \cos \theta, \operatorname{sen} \theta \rangle = \|\mathbf{v}\| \cos \theta\mathbf{i} + \|\mathbf{v}\| \operatorname{sen} \theta\mathbf{j}.$$

EJEMPLO 6 **Escribir un vector de magnitud y dirección dadas**

El vector **v** tiene una magnitud de 3 y forma un ángulo de $30° = \pi/6$ con el eje x positivo. Exprese **v** como combinación lineal de los vectores unitarios **i** y **j**.

Solución Como el ángulo entre **v** y el eje x positivo es $\theta = \pi/6$, puede escribir lo siguiente.

$$\mathbf{v} = \|\mathbf{v}\| \cos \theta\mathbf{i} + \|\mathbf{v}\| \operatorname{sen} \theta\mathbf{j} = 3 \cos \frac{\pi}{6}\mathbf{i} + 3 \operatorname{sen} \frac{\pi}{6}\mathbf{j} = \frac{3\sqrt{3}}{2}\mathbf{i} + \frac{3}{2}\mathbf{j}.$$

Los vectores tienen muchas aplicaciones en física e ingeniería. Un ejemplo es la fuerza. Un vector puede usarse para representar fuerza, porque la fuerza tiene magnitud y dirección. Si dos o más fuerzas están actuando sobre un objeto, entonces la fuerza resultante sobre el objeto es la suma vectorial de los vectores que representan las fuerzas.

EJEMPLO 7 Hallar la fuerza resultante

Dos botes remolcadores están empujando un barco, como se muestra en la figura 11.12. Cada bote remolcador está ejerciendo una fuerza de 400 libras. ¿Cuál es la fuerza resultante sobre el barco?

Solución Usando la figura 11.12, puede representar las fuerzas ejercidas por el primer y segundo botes remolcadores como

$$\mathbf{F}_1 = 400\langle\cos 20°, \sin 20°\rangle = 400\cos(20°)\mathbf{i} + 400\sin(20°)\mathbf{j}$$
$$\mathbf{F}_2 = 400\langle\cos(-20°), \sin(-20°)\rangle = 400\cos(20°)\mathbf{i} - 400\sin(20°)\mathbf{j}.$$

La fuerza resultante sobre el barco es

$$\begin{aligned}\mathbf{F} &= \mathbf{F}_1 + \mathbf{F}_2 \\ &= [400\cos(20°)\mathbf{i} + 400\sin(20°)\mathbf{j}] + [400\cos(20°)\mathbf{i} - 400\sin(20°)\mathbf{j}] \\ &= 800\cos(20°)\mathbf{i} \\ &\approx 752\mathbf{i}.\end{aligned}$$

Por tanto, la fuerza resultante sobre el barco es aproximadamente 752 libras en la dirección del eje x positivo.

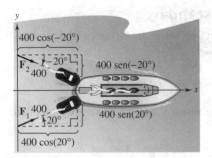

Fuerza resultante sobre el barco ejercida por los dos remolcadores.
Figura 11.12

En levantamientos topográficos y en la navegación, un **rumbo** es una dirección que mide el ángulo agudo que una trayectoria o línea de mira forma con una recta fija norte-sur. En la navegación aérea los rumbos se miden en el sentido de las manecillas del reloj en grados desde el norte.

EJEMPLO 8 Hallar una velocidad

····▷ *Consulte LarsonCalculus.com para una versión interactiva de este tipo de ejemplo.*

Un avión viaja a una altitud fija con un factor de viento despreciable y mantiene una velocidad de 500 millas por hora con un rumbo de 330°, como se muestra en la figura 11.13(a). Cuando alcanza cierto punto, el avión encuentra un viento con una velocidad de 70 millas por hora en dirección 45° NE (45° este del norte), como se muestra en la figura 11.13(b). ¿Cuáles son la velocidad y la dirección resultantes del avión?

Solución Usando la figura 11.13(a), represente la velocidad del avión (solo) como

$$\mathbf{v}_1 = 500\cos(120°)\mathbf{i} + 500\sin(120°)\mathbf{j}.$$

La velocidad del viento se representa por el vector

$$\mathbf{v}_2 = 70\cos(45°)\mathbf{i} + 70\sin(45°)\mathbf{j}.$$

La velocidad resultante del avión (en el viento) es

$$\begin{aligned}\mathbf{v} &= \mathbf{v}_1 + \mathbf{v}_2 \\ &= 500\cos(120°)\mathbf{i} + 500\sin(120°)\mathbf{j} + 70\cos(45°)\mathbf{i} + 70\sin(45°)\mathbf{j} \\ &\approx -200.5\mathbf{i} + 482.5\mathbf{j}.\end{aligned}$$

Para encontrar la velocidad y la dirección resultantes, escriba $\mathbf{v} = \|\mathbf{v}\|(\cos\theta\,\mathbf{i} + \sin\theta\,\mathbf{j})$. Puede escribir $\|\mathbf{v}\| \approx \sqrt{(-200.5)^2 + (482.5)^2} \approx 522.5$,

$$\mathbf{v} \approx 522.5\left(\frac{-200.5}{522.5}\mathbf{i} + \frac{482.5}{522.5}\mathbf{j}\right) \approx 522.5[\cos(112.6°)\mathbf{i} + \sin(112.6°)\mathbf{j}].$$

La nueva velocidad del avión, alterada por el viento, es aproximadamente 522.5 millas por hora en una trayectoria que forma un ángulo de 112.6° con el eje x positivo.

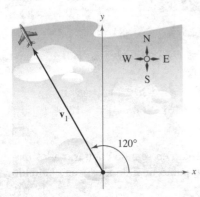

(a) Dirección sin viento.

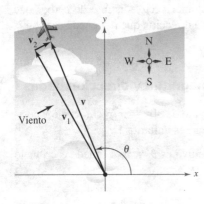

(b) Dirección con viento.
Figura 11.13

11.1   Ejercicios

Consulte **CalcChat.com** para un tutorial de ayuda y soluciones trabajadas de los ejercicios con numeración impar.

Representar un vector   En los ejercicios 1 a 4, (a) dé el vector v mediante sus componentes y (b) dibuje el vector con su punto inicial en el origen.

1.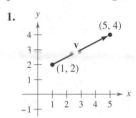

2.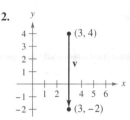

3.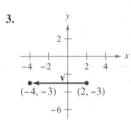

4.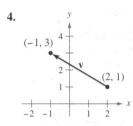

Vectores equivalentes   En los ejercicios 5 a 8, halle los vectores u y v cuyos puntos inicial y final se dan. Demuestre que u y v son equivalentes.

5. u: $(3, 2)$, $(5, 6)$

   v: $(1, 4)$, $(3, 8)$

6. u: $(-4, 0)$, $(1, 8)$

   v: $(2, -1)$, $(7, 7)$

7. u: $(0, 3)$, $(6, -2)$

   v: $(3, 10)$, $(9, 5)$

8. u: $(-4, -1)$, $(11, -4)$

   v: $(10, 13)$, $(25, 10)$

Escribir un vector en diferentes formas   En los ejercicios 9 a 16 se dan los puntos inicial y final de un vector v. (a) Dibuje el segmento de recta dirigido dado, (b) exprese el vector mediante sus componentes, (c) exprese el vector como la combinación lineal de los vectores unitarios estándares i y j, y (d) dibuje el vector con el punto inicial en el origen.

	Punto inicial	Punto final		Punto inicial	Punto final
9.	$(2, 0)$	$(5, 5)$	**10.**	$(4, -6)$	$(3, 6)$
11.	$(8, 3)$	$(6, -1)$	**12.**	$(0, -4)$	$(-5, -1)$
13.	$(6, 2)$	$(6, 6)$	**14.**	$(7, -1)$	$(-3, -1)$
15.	$\left(\frac{3}{2}, \frac{4}{3}\right)$	$\left(\frac{1}{2}, 3\right)$	**16.**	$(0.12, 0.60)$	$(0.84, 1.25)$

Representar múltiplos escalares   En los ejercicios 17 y 18, dibuje cada uno de los múltiplos escalares de v.

17. $\mathbf{v} = \langle 3, 5 \rangle$

  (a) $2\mathbf{v}$ (b) $-3\mathbf{v}$ (c) $\frac{7}{2}\mathbf{v}$ (d) $\frac{2}{3}\mathbf{v}$

18. $\mathbf{v} = \langle -2, 3 \rangle$

  (a) $4\mathbf{v}$ (b) $-\frac{1}{2}\mathbf{v}$ (c) $0\mathbf{v}$ (d) $-6\mathbf{v}$

Uso de operaciones vectoriales   En los ejercicios 19 y 20, halle (a) $\frac{2}{3}\mathbf{u}$, (b) $3\mathbf{v}$, (c) $\mathbf{v} - \mathbf{u}$, y (d) $2\mathbf{u} + 5\mathbf{v}$.

19. $\mathbf{u} = \langle 4, 9 \rangle$, $\mathbf{v} = \langle 2, -5 \rangle$

20. $\mathbf{u} = \langle -3, -8 \rangle$, $\mathbf{v} = \langle 8, 25 \rangle$

Representar un vector   En los ejercicios 21 a 26, use la figura para representar gráficamente el vector. Para imprimir una copia ampliada de la gráfica, vaya a *MathGraphs.com*.

21. $-\mathbf{u}$

22. $2\mathbf{u}$

23. $-\mathbf{v}$

24. $\frac{1}{2}\mathbf{v}$

25. $\mathbf{u} - \mathbf{v}$

26. $\mathbf{u} + 2\mathbf{v}$

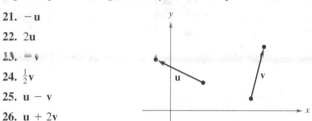

Hallar un punto final   En los ejercicios 27 y 28 se dan el vector v y su punto inicial. Encuentre el punto terminal.

27. $\mathbf{v} = \langle -1, 3 \rangle$; Punto inicial: $(4, 2)$

28. $\mathbf{v} = \langle 4, -9 \rangle$; Punto inicial: $(5, 3)$

Hallar una magnitud de un vector   En los ejercicios 29 a 34, encuentre la magnitud de v.

29. $\mathbf{v} = 7\mathbf{i}$

30. $\mathbf{v} = -3\mathbf{i}$

31. $\mathbf{v} = \langle 4, 3 \rangle$

32. $\mathbf{v} = \langle 12, -5 \rangle$

33. $\mathbf{v} = 6\mathbf{i} - 5\mathbf{j}$

34. $\mathbf{v} = -10\mathbf{i} + 3\mathbf{j}$

Encontrar un vector unitario   En los ejercicios 35 a 38, halle el vector unitario en la dirección de v y verifique que tiene longitud 1.

35. $\mathbf{v} = \langle 3, 12 \rangle$

36. $\mathbf{v} = \langle -5, 15 \rangle$

37. $\mathbf{v} = \left\langle \frac{3}{2}, \frac{5}{2} \right\rangle$

38. $\mathbf{v} = \langle -6.2, 3.4 \rangle$

Encontrar magnitudes   En los ejercicios 39 a 42, encuentre lo siguiente.

  (a) $\|\mathbf{u}\|$ (b) $\|\mathbf{v}\|$ (c) $\|\mathbf{u} + \mathbf{v}\|$

  (d) $\left\|\dfrac{\mathbf{u}}{\|\mathbf{u}\|}\right\|$ (e) $\left\|\dfrac{\mathbf{v}}{\|\mathbf{v}\|}\right\|$ (f) $\left\|\dfrac{\mathbf{u} + \mathbf{v}}{\|\mathbf{u} + \mathbf{v}\|}\right\|$

39. $\mathbf{u} = \langle 1, -1 \rangle$, $\mathbf{v} = \langle -1, 2 \rangle$

40. $\mathbf{u} = \langle 0, 1 \rangle$, $\mathbf{v} = \langle 3, -3 \rangle$

41. $\mathbf{u} = \left\langle 1, \frac{1}{2} \right\rangle$, $\mathbf{v} = \langle 2, 3 \rangle$

42. $\mathbf{u} = \langle 2, -4 \rangle$, $\mathbf{v} = \langle 5, 5 \rangle$

Usar la desigualdad del triángulo   En los ejercicios 43 y 44, represente gráficamente u, v y u + v. Después demuestre la desigualdad del triángulo usando los vectores u y v.

43. $\mathbf{u} = \langle 2, 1 \rangle$, $\mathbf{v} = \langle 5, 4 \rangle$

44. $\mathbf{u} = \langle -3, 2 \rangle$, $\mathbf{v} = \langle 1, -2 \rangle$

Encontrar un vector   En los ejercicios 45 a 48, halle el vector v de la magnitud dada en la misma dirección que u.

Magnitud	Dirección
45. $\|\mathbf{v}\| = 6$	$\mathbf{u} = \langle 0, 3 \rangle$
46. $\|\mathbf{v}\| = 4$	$\mathbf{u} = \langle 1, 1 \rangle$
47. $\|\mathbf{v}\| = 5$	$\mathbf{u} = \langle -1, 2 \rangle$
48. $\|\mathbf{v}\| = 2$	$\mathbf{u} = \left\langle \sqrt{3}, 3 \right\rangle$

Encontrar un vector En los ejercicios 49 a 52, halle las componentes de **v** dadas su magnitud y el ángulo que forman con el eje *x* positivo.

49. $\|\mathbf{v}\| = 3$, $\quad \theta = 0°$

50. $\|\mathbf{v}\| = 5$, $\quad \theta = 120°$

51. $\|\mathbf{v}\| = 2$, $\quad \theta = 150°$

52. $\|\mathbf{v}\| = 4$, $\quad \theta = 3.5°$

Encontrar un vector En los ejercicios 53 a 56, halle las componentes de **u** + **v** dadas las longitudes de **u** y **v**, y los ángulos que **u** y **v** forman con el eje *x* positivo.

53. $\|\mathbf{u}\| = 1$, $\quad \theta_{\mathbf{u}} = 0°$

   $\|\mathbf{v}\| = 3$, $\quad \theta_{\mathbf{v}} = 45°$

54. $\|\mathbf{u}\| = 4$, $\quad \theta_{\mathbf{u}} = 0°$

   $\|\mathbf{v}\| = 2$, $\quad \theta_{\mathbf{v}} = 60°$

55. $\|\mathbf{u}\| = 2$, $\quad \theta_{\mathbf{u}} = 4$

   $\|\mathbf{v}\| = 1$, $\quad \theta_{\mathbf{v}} = 2$

56. $\|\mathbf{u}\| = 5$, $\quad \theta_{\mathbf{u}} = -0.5$

   $\|\mathbf{v}\| = 5$, $\quad \theta_{\mathbf{v}} = 0.5$

DESARROLLO DE CONCEPTOS

57. Escalar y vector Explique, con sus propias palabras, la diferencia entre un escalar y un vector. Dé ejemplos de cada uno.

58. Escalar o vector Identifique la cantidad como escalar o como vector. Explique su razonamiento.

   (a) La velocidad en la boca de cañón de un arma de fuego.

   (b) El precio de las acciones de una empresa.

   (c) La temperatura del aire en un cuarto.

   (d) El peso de un automóvil.

---

59. Usar un paralelogramo Tres de los vértices de un paralelogramo son (1, 2), (3, 1) y (8, 4). Halle las tres posibilidades para el cuarto vértice (vea la figura).

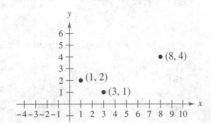

60. ¿CÓMO LO VE? Use la figura para determinar si cada enunciado es verdadero o falso. Justifique su respuesta.

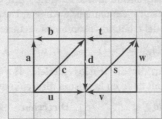

   (a) $\mathbf{a} = -\mathbf{d}$

   (b) $\mathbf{c} = \mathbf{s}$

   (c) $\mathbf{a} + \mathbf{u} = \mathbf{c}$

   (d) $\mathbf{v} + \mathbf{w} = -\mathbf{s}$

   (e) $\mathbf{a} + \mathbf{d} = \mathbf{0}$

   (f) $\mathbf{u} - \mathbf{v} = -2(\mathbf{b} + \mathbf{t})$

Encontrar valores En los ejercicios 61 a 66, determine *a* y *b* tales que $\mathbf{v} = a\mathbf{u} + b\mathbf{w}$, donde $\mathbf{u} = \langle 1, 2 \rangle$ y $\mathbf{w} = \langle 1, -1 \rangle$.

61. $\mathbf{v} = \langle 2, 1 \rangle$

62. $\mathbf{v} = \langle 0, 3 \rangle$

63. $\mathbf{v} = \langle 3, 0 \rangle$

64. $\mathbf{v} = \langle 3, 3 \rangle$

65. $\mathbf{v} = \langle 1, 1 \rangle$

66. $\mathbf{v} = \langle -1, 7 \rangle$

Encontrar vectores unitarios En los ejercicios 67 a 72, determine un vector unitario (a) paralelo y (b) normal a la gráfica de *f* en el punto dado. A continuación, represente gráficamente los vectores y la función.

67. $f(x) = x^2$, $\quad (3, 9)$

68. $f(x) = -x^2 + 5$, $\quad (1, 4)$

69. $f(x) = x^3$, $\quad (1, 1)$

70. $f(x) = x^3$, $\quad (-2, -8)$

71. $f(x) = \sqrt{25 - x^2}$, $\quad (3, 4)$

72. $f(x) = \tan x$, $\quad \left(\dfrac{\pi}{4}, 1 \right)$

Encontrar un vector En los ejercicios 73 y 74, exprese v mediante sus componentes, dadas las magnitudes de **u** y de **u** + **v**, y los ángulos que **u** y **u** + **v** forman con el eje *x* positivo.

73. $\|\mathbf{u}\| = 1$, $\theta = 45°$

   $\|\mathbf{u} + \mathbf{v}\| = \sqrt{2}$, $\theta = 90°$

74. $\|\mathbf{u}\| = 4$, $\theta = 30°$

   $\|\mathbf{u} + \mathbf{v}\| = 6$, $\theta = 120°$

75. Fuerza resultante Fuerzas con magnitudes de 500 libras y 200 libras actúan sobre una pieza de la máquina a ángulos de 30° y −45°, respectivamente, con el eje *x* (vea la figura). Halle la dirección y la magnitud de la fuerza resultante.

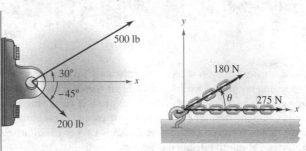

Figura para 75   Figura para 76

76. Análisis numérico y gráfico Fuerzas con magnitudes de 180 newtons y 275 newtons actúan sobre un gancho (vea la figura). El ángulo entre las dos fuerzas es de θ grados.

   (a) Si $\theta = 30°$, halle la dirección y la magnitud de la fuerza resultante.

   (b) Exprese la magnitud *M* y la dirección α de la fuerza resultante en funciones de θ, donde $0° \leq \theta \leq 180°$.

   (c) Use una herramienta de graficación para completar la tabla.

θ	0°	30°	60°	90°	120°	150°	180°
M							
α							

   (d) Use una herramienta de graficación para representar las dos funciones *M* y α.

   (e) Explique por qué una de las funciones disminuye cuando θ aumenta mientras que la otra no.

77. Fuerza resultante Tres fuerzas de magnitudes de 75 libras, 100 libras y 125 libras actúan sobre un objeto a ángulos de 30°, 45° y 120°, respectivamente, con el eje x positivo. Halle la dirección y la magnitud de la fuerza resultante.

78. Fuerza resultante Tres fuerzas de magnitudes de 400 newtons, 280 newtons y 350 newtons, actúan sobre un objeto a ángulos de −30°, 45° y 135°, respectivamente, con el eje x positivo. Halle la dirección y la magnitud de la fuerza resultante.

79. Piénselo Considere dos fuerzas de la misma magnitud que actúan sobre un punto.

(a) Si la magnitud de la resultante es la suma de las magnitudes de las dos fuerzas, haga una conjetura acerca del ángulo entre las fuerzas.

(b) Si la resultante de las fuerzas es 0, haga una conjetura acerca del ángulo entre las fuerzas.

(c) ¿Puede ser la magnitud de la resultante mayor que la suma de las magnitudes de las dos fuerzas? Explique su respuesta.

80. Tensión de un cable Determine la tensión en cada cable que sostiene la carga dada.

(a)   (b)

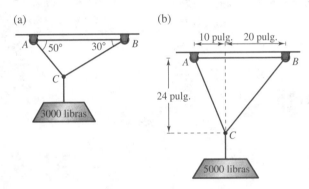

81. Movimiento de un proyectil Un arma con una velocidad en la boca del cañón de 1200 pies por segundo se dispara a un ángulo de 6° sobre la horizontal. Encuentre las componentes horizontal y vertical de la velocidad.

82. Carga compartida Para llevar una pesa cilíndrica de 100 libras, dos trabajadores sostienen los extremos de unas sogas cortas atadas a un aro en el centro de la parte superior del cilindro. Una soga forma un ángulo de 20° con la vertical y la otra forma un ángulo de 30° (vea la figura).

(a) Halle la tensión de cada soga si la fuerza resultante es vertical.

(b) Halle la componente vertical de la fuerza de cada trabajador.

Figura para 82

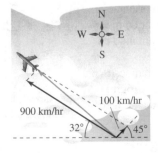

Figura para 83

83. Navegación Un avión vuela en dirección 302°. Su velocidad con respecto al aire es de 900 kilómetros por hora. El viento a la altitud del avión viene del suroeste a 100 kilómetros por hora (vea la figura). ¿Cuál es la verdadera dirección del avión y cuál es su velocidad respecto al suelo?

84. Navegación

Un avión vuela a una velocidad constante de 400 millas por hora hacia el Este, respecto al suelo, y se encuentra con un viento de 50 millas por hora proveniente del noroeste. Encuentre la velocidad relativa al aire y el rumbo que permitirán al avión mantener su velocidad respecto al suelo y su dirección hacia el Este.

¿Verdadero o falso? En los ejercicios 85 a 90, determine si el enunciado es verdadero o falso. Si es falso, explique por qué o dé un ejemplo que demuestre que es falso.

85. Si $\mathbf{u}$ y $\mathbf{v}$ tienen la misma magnitud y dirección, entonces $\mathbf{u}$ y $\mathbf{v}$ son equivalentes.

86. Si $\mathbf{u}$ es un vector unitario en la dirección de $\mathbf{v}$, entonces $\mathbf{v} = \|\mathbf{v}\|\mathbf{u}$.

87. Si $\mathbf{u} = a\mathbf{i} + b\mathbf{j}$ es un vector unitario, entonces $a^2 + b^2 = 1$.

88. Si $\mathbf{v} = a\mathbf{i} + b\mathbf{j} = \mathbf{0}$, entonces $a = -b$.

89. Si $a = b$, entonces $\|a\mathbf{i} + b\mathbf{j}\| = \sqrt{2}a$.

90. Si $\mathbf{u}$ y $\mathbf{v}$ tienen la misma magnitud pero direcciones opuestas, entonces $\mathbf{u} + \mathbf{v} = \mathbf{0}$.

91. Demostración Demuestre que

$$\mathbf{u} = (\cos\theta)\mathbf{i} - (\operatorname{sen}\theta)\mathbf{j} \quad \text{y} \quad \mathbf{v} = (\operatorname{sen}\theta)\mathbf{i} + (\cos\theta)\mathbf{j}$$

son vectores unitarios para todo ángulo θ.

92. Geometría Usando vectores, demuestre que el segmento de recta que une los puntos medios de dos lados de un triángulo es paralelo y mide la mitad de longitud del tercer lado.

93. Geometría Usando vectores, demuestre que las diagonales de un paralelogramo se cortan a la mitad.

94. Demostración Demuestre que el vector $\mathbf{w} = \|\mathbf{u}\|\mathbf{v} + \|\mathbf{v}\|\mathbf{u}$ corta a la mitad el ángulo entre $\mathbf{u}$ y $\mathbf{v}$.

95. Usar un vector Considere el vector $\mathbf{u} = \langle x, y \rangle$. Describa el conjunto de todos los puntos (x, y) tales que $\|\mathbf{u}\| = 5$.

DESAFÍOS DEL EXAMEN PUTNAM

96. Un arma de artillería de costa puede ser disparada a cualquier ángulo de elevación entre 0° y 90° en un plano vertical fijo. Si se desprecia la resistencia del aire y la velocidad en la boca de cañón es constante ($= v_0$), determine el conjunto H de puntos en el plano y sobre la horizontal que puede ser golpeado.

11.2 Coordenadas y vectores en el espacio

■ Entender el sistema de coordenadas rectangulares tridimensional.
■ Analizar vectores en el espacio.

Coordenadas en el espacio

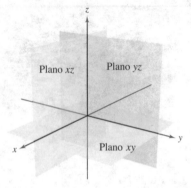

Sistema de coordenadas tridimensional.
Figura 11.14

Hasta este punto del texto, se ha utilizado principalmente el sistema de coordenadas bi-dimensional. En buena parte de lo que resta del estudio del cálculo se emplea el sistema de coordenadas tridimensional.

Antes de extender el concepto de vector a tres dimensiones, se debe poder iden-tificar puntos en el **sistema de coordenadas tridimensional**. Se puede construir este sistema trazando en el origen un eje z perpendicular al eje x y al eje y, como se muestra en la figura 11.14. Tomados por pares, los ejes determinan tres **planos coordenados**: el **plano xy**, el **plano xz** y el **plano yz**. Estos tres planos coordenados dividen el espacio tridimensional en ocho **octantes**. El primer octante es en el que todas las coordenadas son positivas. En este sistema tridimensional un punto P en el espacio está determinado por una terna ordenada (x, y, z) donde x, y y z son:

x = distancia dirigida que va del plano yz a P

y = distancia dirigida que va del plano xz a P

z = distancia dirigida que va del plano xy a P

En la figura 11.15 se muestran varios puntos.

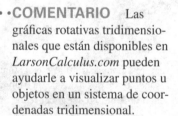

COMENTARIO Las gráficas rotativas tridimensio-nales que están disponibles en *LarsonCalculus.com* pueden ayudarle a visualizar puntos u objetos en un sistema de coor-denadas tridimensional.

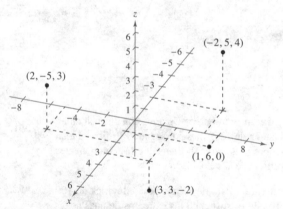

Los puntos en el sistema de coordenadas tridimensional se representan por medio de ternas ordenadas.
Figura 11.15

Un sistema de coordenadas tridimen-sional puede tener orientación **levógira** o **dextrógira**. Para determinar la orientación de un sistema, se puede imaginar de pie en el origen, con los brazos apuntando en dirección de los ejes x y y positivo, y el eje z apuntando hacia arriba, como se muestra en la figura 11.16. El sistema es dextrógiro o levógiro, dependiendo de qué mano queda apuntando a lo largo del eje x. En este texto se trabaja exclusivamente con el sistema dextrógiro.

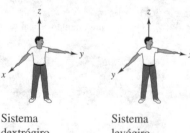

Sistema dextrógiro

Sistema levógiro

Figura 11.16

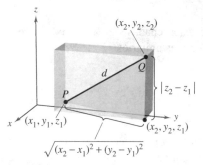

Distancia entre dos puntos en el espacio.
Figura 11.17

Muchas de las fórmulas establecidas para el sistema de coordenadas bidimensional pueden extenderse a tres dimensiones. Por ejemplo, para encontrar la distancia entre dos puntos en el espacio, se usa dos veces el teorema pitagórico, como se muestra en la figura 11.17. Haciendo esto se obtiene la fórmula de la distancia entre los puntos (x_1, y_1, z_1) y (x_2, y_2, z_2).

$$d = \sqrt{(x_2 - x_1)^2 + (y_2 - y_1)^2 + (z_2 - z_1)^2}$$ Fórmula de la distancia

EJEMPLO 1   **Encontrar la distancia entre dos puntos en el espacio**

Encuentre la distancia entre los puntos $(2, -1, 3)$ y $(1, 0, -2)$.

Solución

$$
\begin{aligned}
d &= \sqrt{(1 - 2)^2 + (0 + 1)^2 + (-2 - 3)^2} \quad \text{Fórmula de la distancia}\\
&= \sqrt{1 + 1 + 25}\\
&= \sqrt{27}\\
&= 3\sqrt{3}
\end{aligned}
$$

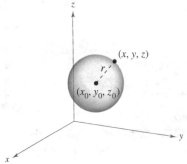

Figura 11.18

Una **esfera** con centro en (x_0, y_0, z_0) y radio r está definida como el conjunto de todos los puntos tales que la distancia entre (x, y, z) y (x_0, y_0, z_0) es r. Puede usar la fórmula de la distancia para encontrar la **ecuación canónica o estándar de una esfera** de radio r, con centro en (x_0, y_0, z_0). Si (x, y, z) es un punto arbitrario en la esfera, la ecuación de la esfera es

$$(x - x_0)^2 + (y - y_0)^2 + (z - z_0)^2 = r^2$$ Ecuación de la esfera

como se muestra en la figura 11.18. El punto medio del segmento de recta que une a los puntos (x_1, y_1, z_1) y (x_2, y_2, z_2) tiene coordenadas

$$\left(\frac{x_1 + x_2}{2}, \frac{y_1 + y_2}{2}, \frac{z_1 + z_2}{2} \right).$$ Fórmula del punto medio

EJEMPLO 2   **Encontrar la ecuación de una esfera**

Determine la ecuación canónica o estándar de la esfera que tiene los puntos

$$(5, -2, 3) \text{ y } (0, 4, -3)$$

como extremos de un diámetro.

Solución   Según la fórmula del punto medio, el centro de la esfera es

$$\left(\frac{5 + 0}{2}, \frac{-2 + 4}{2}, \frac{3 - 3}{2} \right) = \left(\frac{5}{2}, 1, 0 \right).$$ Fórmula del punto medio

Según la fórmula de la distancia, el radio es

$$r = \sqrt{\left(0 - \frac{5}{2} \right)^2 + (4 - 1)^2 + (-3 - 0)^2} = \sqrt{\frac{97}{4}} = \frac{\sqrt{97}}{2}.$$

Por consiguiente, la ecuación canónica o estándar de la esfera es

$$\left(x - \frac{5}{2} \right)^2 + (y - 1)^2 + z^2 = \frac{97}{4}.$$ Ecuación de la esfera

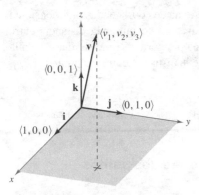

Vectores unitarios canónicos
o estándar en el espacio.
Figura 11.19

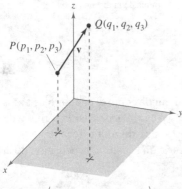

$$\mathbf{v} = \langle q_1 - p_1, q_2 - p_2, q_3 - p_3 \rangle$$

Figura 11.20

Vectores en el espacio

En el espacio los vectores se denotan mediante ternas ordenadas $\mathbf{v} = \langle v_1, v_2, v_3 \rangle$. El **vector cero** se denota por $\mathbf{0} = \langle 0, 0, 0 \rangle$. Usando los vectores unitarios

$$\mathbf{i} = \langle 1, 0, 0 \rangle, \quad \mathbf{j} = \langle 0, 1, 0 \rangle \quad \text{y} \quad \mathbf{k} = \langle 0, 0, 1 \rangle$$

la **notación de vectores unitarios canónicos o estándar** para $\mathbf{v}$ es

$$\mathbf{v} = v_1\mathbf{i} + v_2\mathbf{j} + v_3\mathbf{k}$$

como se muestra en la figura 11.19. Si $\mathbf{v}$ se representa por el segmento de recta dirigido de $P(p_1, p_2, p_3)$ a $Q(q_1, q_2, q_3)$, como se muestra en la figura 11.20, las componentes de $\mathbf{v}$ se obtienen restando las coordenadas del punto inicial de las coordenadas del punto final como sigue

$$\mathbf{v} = \langle v_1, v_2, v_3 \rangle = \langle q_1 - p_1, q_2 - p_2, q_3 - p_3 \rangle$$

Vectores en el espacio

Sean $\mathbf{u} = \langle u_1, u_2, u_3 \rangle$ y $\mathbf{v} = \langle v_1, v_2, v_3 \rangle$ vectores en el espacio, y sea c un escalar.

1. *Igualdad de vectores*: $\mathbf{u} = \mathbf{v}$ si y sólo si $u_1 = v_1$, $u_2 = v_2$ y $u_3 = v_3$.
2. *Expresión mediante las componentes*: Si $\mathbf{v}$ se representa por el segmento de recta dirigido de $P(p_1, p_2, p_3)$ a $Q(q_1, q_2, q_3)$, entonces

   $$\mathbf{v} = \langle v_1, v_2, v_3 \rangle = \langle q_1 - p_1, q_2 - p_2, q_3 - p_3 \rangle.$$
3. *Longitud*: $\|\mathbf{v}\| = \sqrt{v_1^2 + v_2^2 + v_3^2}$
4. *Vector unitario en la dirección de* $\mathbf{v}$: $\dfrac{\mathbf{v}}{\|\mathbf{v}\|} = \left(\dfrac{1}{\|\mathbf{v}\|}\right) \langle v_1, v_2, v_3 \rangle, \quad \mathbf{v} \neq \mathbf{0}$
5. *Suma de vectores*: $\mathbf{v} + \mathbf{u} = \langle v_1 + u_1, v_2 + u_2, v_3 + u_3 \rangle$
6. *Multiplicación por un escalar*: $c\mathbf{v} = \langle cv_1, cv_2, cv_3 \rangle$.

Observe que las propiedades de la suma de vectores y de la multiplicación por un escalar dadas en el teorema 11.1 (vea la sección 11.1) son también válidas para vectores en el espacio.

EJEMPLO 3 **Hallar las componentes de un vector en el espacio**

· · · · ▷ *Consulte LarsonCalculus.com para una versión interactiva de este tipo de ejemplo.*

Encuentre las componentes y la longitud del vector $\mathbf{v}$ que tiene punto inicial $(-2, 3, 1)$ y punto final $(0, -4, 4)$. Después, halle un vector unitario en la dirección de $\mathbf{v}$.

Solución El vector $\mathbf{v}$ dado mediante sus componentes es

$$\mathbf{v} = \langle q_1 - p_1, q_2 - p_2, q_3 - p_3 \rangle = \langle 0 - (-2), -4 - 3, 4 - 1 \rangle = \langle 2, -7, 3 \rangle$$

lo cual implica que su longitud es

$$\|\mathbf{v}\| = \sqrt{2^2 + (-7)^2 + 3^2} = \sqrt{62}.$$

El vector unitario en la dirección de $\mathbf{v}$ es

$$\begin{aligned}
\mathbf{u} &= \frac{\mathbf{v}}{\|\mathbf{v}\|} \\
&= \frac{1}{\sqrt{62}} \langle 2, -7, 3 \rangle \\
&= \left\langle \frac{2}{\sqrt{62}}, \frac{-7}{\sqrt{62}}, \frac{3}{\sqrt{62}} \right\rangle.
\end{aligned}$$

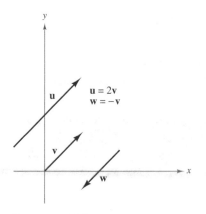

Vectores paralelos.
Figura 11.21

Recuerde que en la definición de la multiplicación por un escalar vio que múltiplos escalares positivos de un vector **v** distinto de cero tienen la misma dirección que **v**, mientras que múltiplos negativos tienen dirección opuesta a la de **v**. En general, dos vectores distintos de cero **u** y **v** son **paralelos** si existe algún escalar c tal que $\mathbf{u} = c\mathbf{v}$. Por ejemplo, en la figura 11.21 los vectores **u**, **v** y **w** son paralelos, porque

$$\mathbf{u} = 2\mathbf{v} \quad \text{y} \quad \mathbf{w} = -\mathbf{v}.$$

Definición de vectores paralelos

Dos vectores distintos de cero **u** y **v** son **paralelos** si hay algún escalar c tal que $\mathbf{u} = c\mathbf{v}$.

EJEMPLO 4   Vectores paralelos

El vector **w** tiene punto inicial $(2, -1, 3)$ y punto final $(-4, 7, 5)$. ¿Cuál de los vectores siguientes es paralelo a **w**?

a. $\mathbf{u} = \langle 3, -4, -1 \rangle$

b. $\mathbf{v} = \langle 12, -16, 4 \rangle$

Solución   Comience expresando **w** mediante sus componentes,

$$\mathbf{w} = \langle -4 - 2, 7 - (-1), 5 - 3 \rangle = \langle -6, 8, 2 \rangle$$

a. Como $\mathbf{u} = \langle 3, -4, -1 \rangle = -\frac{1}{2}\langle -6, 8, 2 \rangle = -\frac{1}{2}\mathbf{w}$, puede concluir que **u** es paralelo a **w**.

b. En este caso, se quiere encontrar un escalar c tal que

$$\langle 12, -16, 4 \rangle = c\langle -6, 8, 2 \rangle.$$

Para encontrar c, iguale los componentes correspondientes y resuelva como se muestra.

$$12 = -6c \implies c = -2$$
$$-16 = 8c \implies c = -2$$
$$4 = 2c \implies c = 2$$

Observe que $c = -2$ para las primeras dos componentes y $c = 2$ para el tercer componente. Esto significa que la ecuación $\langle 12, -16, 4 \rangle = c\langle -6, 8, 2 \rangle$ no tiene solución y los vectores no son paralelos.

EJEMPLO 5   Usar vectores para determinar puntos colineales

Determine si los puntos

$$P(1, -2, 3), \quad Q(2, 1, 0) \quad \text{y} \quad R(4, 7, -6)$$

son colineales.

Solución   Los componentes de $\overrightarrow{PQ}$ y $\overrightarrow{PR}$ son

$$\overrightarrow{PQ} = \langle 2 - 1, 1 - (-2), 0 - 3 \rangle = \langle 1, 3, -3 \rangle$$

y

$$\overrightarrow{PR} = \langle 4 - 1, 7 - (-2), -6 - 3 \rangle = \langle 3, 9, -9 \rangle.$$

Estos dos vectores tienen un punto inicial común. Por tanto, P, Q y R están en la misma recta si y sólo si $\overrightarrow{PQ}$ y $\overrightarrow{PR}$ son paralelos, ya que $\overrightarrow{PR} = 3\,\overrightarrow{PQ}$, como se muestra en la figura 11.22.

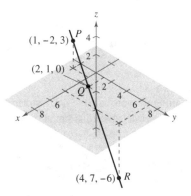

Los puntos P, Q y R están en la misma recta.
Figura 11.22

> **EJEMPLO 6**   **Notación empleando los vectores unitarios canónicos**

a. Exprese el vector $\mathbf{v} = 4\mathbf{i} - 5\mathbf{k}$ por medio de sus componentes.

b. Encuentre el punto final del vector $\mathbf{v} = 7\mathbf{i} - \mathbf{j} + 3\mathbf{k}$, dado que el punto inicial es $P(-2, 3, 5)$.

c. Determine el punto final del vector $\mathbf{v} = -6\mathbf{i} + 2\mathbf{j} - 3\mathbf{k}$. A continuación, encuentre un vector unitario en la dirección de $\mathbf{v}$.

Solución

a. Como falta $\mathbf{j}$, su componente es 0 y

$$\mathbf{v} = 4\mathbf{i} - 5\mathbf{k} = \langle 4, 0, -5 \rangle.$$

b. Necesita encontrar $Q(q_1, q_2, q_3)$ tal que

$$\mathbf{v} = \overrightarrow{PQ} = 7\mathbf{i} - \mathbf{j} + 3\mathbf{k}.$$

Esto implica que $q_1 - (-2) = 7$, $q_2 - 3 = -1$ y $q_3 - 5 = 3$. La solución de estas tres ecuaciones es $q_1 = 5$, $q_2 = 2$ y $q_3 = 8$. Por tanto, Q es $(5, 2, 8)$.

c. Observe que $v_1 = -6$, $v_2 = 2$ y $v_3 = -3$. Por consiguiente, la longitud de $\mathbf{v}$ es

$$\|\mathbf{v}\| = \sqrt{(-6)^2 + 2^2 + (-3)^2} = \sqrt{49} = 7.$$

El vector unitario en la dirección de $\mathbf{v}$ es

$$\tfrac{1}{7}(-6\mathbf{i} + 2\mathbf{j} - 3\mathbf{k}) = -\tfrac{6}{7}\mathbf{i} + \tfrac{2}{7}\mathbf{j} - \tfrac{3}{7}\mathbf{k}.$$

> **EJEMPLO 7**   **Magnitud de una fuerza**

Una cámara de televisión de 120 libras está colocada en un trípode, como se muestra en la figura 11.23. Represente la fuerza ejercida en cada pata del trípode como un vector.

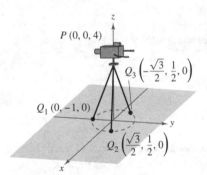

Figura 11.23

Solución   Sean los vectores $\mathbf{F}_1$, $\mathbf{F}_2$ y $\mathbf{F}_3$ las fuerzas ejercidas en las tres patas. A partir de la figura 11.23 puede determinar que las direcciones de $\mathbf{F}_1$, $\mathbf{F}_2$ y $\mathbf{F}_3$ son las siguientes.

$$\overrightarrow{PQ}_1 = \langle 0 - 0, -1 - 0, 0 - 4 \rangle = \langle 0, -1, -4 \rangle$$

$$\overrightarrow{PQ}_2 = \left\langle \frac{\sqrt{3}}{2} - 0, \frac{1}{2} - 0, 0 - 4 \right\rangle = \left\langle \frac{\sqrt{3}}{2}, \frac{1}{2}, -4 \right\rangle$$

$$\overrightarrow{PQ}_3 = \left\langle -\frac{\sqrt{3}}{2} - 0, \frac{1}{2} - 0, 0 - 4 \right\rangle = \left\langle -\frac{\sqrt{3}}{2}, \frac{1}{2}, -4 \right\rangle$$

Como cada pata tiene la misma longitud, y la fuerza total se distribuye igualmente entre las tres patas, usted sabe que $\|\mathbf{F}_1\| = \|\mathbf{F}_2\| = \|\mathbf{F}_3\|$. Por tanto, existe una constante c tal que

$$\mathbf{F}_1 = c\langle 0, -1, -4 \rangle, \quad \mathbf{F}_2 = c\left\langle \frac{\sqrt{3}}{2}, \frac{1}{2}, -4 \right\rangle \quad \text{y} \quad \mathbf{F}_3 = c\left\langle -\frac{\sqrt{3}}{2}, \frac{1}{2}, -4 \right\rangle.$$

Sea la fuerza total ejercida por el objeto dada por $\mathbf{F} = \langle 0, 0, -120 \rangle$. Entonces, usando el hecho que

$$\mathbf{F} = \mathbf{F}_1 + \mathbf{F}_2 + \mathbf{F}_3$$

puede concluir que $\mathbf{F}_1$, $\mathbf{F}_2$ y $\mathbf{F}_3$ tienen todas una componente vertical de -40. Esto implica que $c(-4) = -40$ y $c = 10$. Por tanto, las fuerzas ejercidas sobre las patas pueden representarse por

$$\mathbf{F}_1 = \langle 0, -10, -40 \rangle,$$
$$\mathbf{F}_2 = \left\langle 5\sqrt{3}, 5, -40 \right\rangle,$$

y

$$\mathbf{F}_3 = \left\langle -5\sqrt{3}, 5, -40 \right\rangle.$$

11.2 Ejercicios

Consulte **CalcChat.com** para un tutorial de ayuda y soluciones trabajadas de los ejercicios con numeración impar.

Representar puntos En los ejercicios 1 a 4, represente los puntos en el mismo sistema de coordenadas tridimensional.

1. (a) $(2, 1, 3)$ (b) $(-1, 2, 1)$

2. (a) $(3, -2, 5)$ (b) $\left(\frac{3}{2}, 4, -2\right)$

3. (a) $(5, -2, 2)$ (b) $(5, -2, -2)$

4. (a) $(0, 4, -5)$ (b) $(4, 0, 5)$

Encontrar coordenadas de un punto En los ejercicios 5 a 8, halle las coordenadas del punto.

5. El punto se localiza tres unidades detrás del plano yz, cuatro unidades a la derecha del plano xz y cinco unidades arriba del plano xy.

6. El punto se localiza siete unidades delante del plano yz, dos unidades a la izquierda del plano xz y una unidad debajo del plano xy.

7. El punto se localiza en el eje x, 12 unidades delante del plano yz.

8. El punto se localiza en el plano yz, tres unidades a la derecha del plano xz y dos unidades arriba del plano xy.

9. Piénselo ¿Cuál es la coordenada z de todo punto en el plano xy?

10. Piénselo ¿Cuál es la coordenada x de todo punto en el plano yz?

Usar el sistema de coordenada tridimensional En los ejercicios 11 a 22, determine la localización de un punto (x, y, z) que satisfaga la(s) condición(es).

11. $z = 6$ **12.** $y = 2$

13. $x = -3$ **14.** $z = -\frac{5}{2}$

15. $y < 0$ **16.** $x > 0$

17. $|y| \le 3$ **18.** $|x| > 4$

19. $xy > 0$, $z = -3$ **20.** $xy < 0$, $z = 4$

21. $xyz < 0$ **22.** $xyz > 0$

Determinar la distancia entre dos puntos en el espacio En los ejercicios 23 a 26, halle la distancia entre los puntos.

23. $(0, 0, 0), (-4, 2, 7)$ **24.** $(-2, 3, 2), (2, -5, -2)$

25. $(1, -2, 4), (6, -2, -2)$ **26.** $(2, 2, 3), (4, -5, 6)$

Clasificar un triángulo En los ejercicios 27 a 32, encuentre las longitudes de los lados del triángulo con los vértices que se indican, y determine si el triángulo es un triángulo rectángulo, un triángulo isósceles o ninguna de ambas cosas.

27. $(0, 0, 4), (2, 6, 7), (6, 4, -8)$

28. $(3, 4, 1), (0, 6, 2), (3, 5, 6)$

29. $(-1, 0, -2), (-1, 5, 2), (-3, -1, 1)$

30. $(4, -1, -1), (2, 0, -4), (3, 5, -1)$

31. Piénselo El triángulo del ejercicio 27 se traslada cinco unidades hacia arriba a lo largo del eje z. Determine las coordenadas del triángulo trasladado.

32. Piénselo El triángulo del ejercicio 28 se traslada tres unidades a la derecha a lo largo del eje y. Determine las coordenadas del triángulo trasladado.

Encontrar el punto medio En los ejercicios 33 y 36, halle las coordenadas del punto medio del segmento de recta que une los puntos.

33. $(3, 4, 6), (1, 8, 0)$ **34.** $(7, 2, 2), (-5, -2, -3)$

35. $(5, -9, 7), (-2, 3, 3)$ **36.** $(4, 0, -6), (8, 8, 20)$

Encontrar la ecuación de una esfera En los ejercicios 37 a 40, halle la ecuación estándar de la esfera.

37. Centro: $(0, 2, 5)$ **38.** Centro: $(4, -1, 1)$
    Radio: 2   Radio: 5

39. Puntos terminales de un diámetro: $(2, 0, 0), (0, 6, 0)$.

40. Centro: $(-3, 2, 4)$, tangente al plano yz.

Encontrar la ecuación de una esfera En los ejercicios 41 a 44, complete el cuadrado para dar la ecuación de la esfera en forma canónica o estándar. Halle el centro y el radio.

41. $x^2 + y^2 + z^2 - 2x + 6y + 8z + 1 = 0$

42. $x^2 + y^2 + z^2 + 9x - 2y + 10z + 19 = 0$

43. $9x^2 + 9y^2 + 9z^2 - 6x + 18y + 1 = 0$

44. $4x^2 + 4y^2 + 4z^2 - 24x - 4y + 8z - 23 = 0$

Expresar un vector en el espacio en su forma de componentes En los ejercicios 45 a 48, (a) encuentre las componentes del vector **v**, (b) escriba el vector utilizando la notación del vector unitario estándar y (c) dibuje el vector con su punto inicial en el origen.

45. 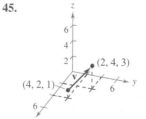 **46.**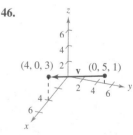

47. 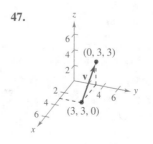 **48.**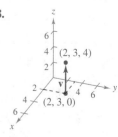

Expresar un vector en el espacio en su forma de componentes En los ejercicios 49 y 50, halle las componentes y la magnitud del vector v dados sus puntos inicial y final. Después, encuentre un vector unitario en la dirección de v.

49. Punto inicial: $(3, 2, 0)$

Punto final: $(4, 1, 6)$

50. Punto inicial: $(1, -2, 4)$

Punto final: $(2, 4, -2)$

Expresar un vector en formas diferentes En los ejercicios 51 y 52 se indican los puntos inicial y final de un vector v. (a) Dibuje el segmento de recta dirigido, (b) encuentre las componentes del vector, (c) escriba el vector usando la notación del vector unitario estándar y (d) dibuje el vector con su punto inicial en el origen.

51. Punto inicial: $(-1, 2, 3)$

Punto final: $(3, 3, 4)$

52. Punto inicial: $(2, -1, -2)$

Punto final: $(-4, 3, 7)$

Hallar un punto terminal En los ejercicios 53 y 54 se dan el vector v y su punto inicial. Encuentre el punto final.

53. $\mathbf{v} = \langle 3, -5, 6 \rangle$

Punto inicial: $(0, 6, 2)$

54. $\mathbf{v} = \langle 1, -\frac{2}{3}, \frac{1}{2} \rangle$

Punto inicial: $\left(0, 2, \frac{5}{2}\right)$

Encontrar múltiplos escalares En los ejercicios 55 y 56, halle cada uno de los múltiplos escalares de v y represente su gráfica.

55. $\mathbf{v} = \langle 1, 2, 2 \rangle$

(a) $2\mathbf{v}$ (b) $-\mathbf{v}$

(c) $\frac{3}{2}\mathbf{v}$ (d) $0\mathbf{v}$

56. $\mathbf{v} = \langle 2, -2, 1 \rangle$

(a) $-\mathbf{v}$ (b) $2\mathbf{v}$

(c) $\frac{1}{2}\mathbf{v}$ (d) $\frac{5}{2}\mathbf{v}$

Hallar un vector En los ejercicios 57 a 60, encuentre el vector z, dado que $\mathbf{u} = \langle 1, 2, 3 \rangle$, $\mathbf{v} = \langle 2, 2, -1 \rangle$ y $\mathbf{w} = \langle 4, 0, -4 \rangle$.

57. $\mathbf{z} = \mathbf{u} - \mathbf{v} + 2\mathbf{w}$

58. $\mathbf{z} = 5\mathbf{u} - 3\mathbf{v} - \frac{1}{2}\mathbf{w}$

59. $2\mathbf{z} - 3\mathbf{u} = \mathbf{w}$

60. $2\mathbf{u} + \mathbf{v} - \mathbf{w} + 3\mathbf{z} = 0$

Vectores paralelos En los ejercicios 61 a 64, determine cuáles de los vectores son paralelos a z. Use una herramienta de graficación para confirmar sus resultados.

61. $\mathbf{z} = \langle 3, 2, -5 \rangle$

(a) $\langle -6, -4, 10 \rangle$

(b) $\left\langle 2, \frac{4}{3}, -\frac{10}{3} \right\rangle$

(c) $\langle 6, 4, 10 \rangle$

(d) $\langle 1, -4, 2 \rangle$

62. $\mathbf{z} = \frac{1}{2}\mathbf{i} - \frac{2}{3}\mathbf{j} + \frac{3}{4}\mathbf{k}$

(a) $6\mathbf{i} - 4\mathbf{j} + 9\mathbf{k}$

(b) $-\mathbf{i} + \frac{4}{3}\mathbf{j} - \frac{3}{2}\mathbf{k}$

(c) $12\mathbf{i} + 9\mathbf{k}$

(d) $\frac{3}{4}\mathbf{i} - \mathbf{j} + \frac{9}{8}\mathbf{k}$

63. z tiene el punto inicial $(1, -1, 3)$ y el punto final $(-2, 3, 5)$.

(a) $-6\mathbf{i} + 8\mathbf{j} + 4\mathbf{k}$ (b) $4\mathbf{j} + 2\mathbf{k}$

64. z tiene el punto inicial $(5, 4, 1)$ y el punto final $(-2, -4, 4)$.

(a) $\langle 7, 6, 2 \rangle$ (b) $\langle 14, 16, -6 \rangle$

Utilizar vectores para determinar puntos colineales En los ejercicios 65 a 68, use vectores para determinar si los puntos son colineales.

65. $(0, -2, -5), (3, 4, 4), (2, 2, 1)$

66. $(4, -2, 7), (-2, 0, 3), (7, -3, 9)$

67. $(1, 2, 4), (2, 5, 0), (0, 1, 5)$

68. $(0, 0, 0), (1, 3, -2), (2, -6, 4)$

Verificar un paralelogramo En los ejercicios 69 y 70, use vectores para demostrar que los puntos son vértices de un paralelogramo.

69. $(2, 9, 1), (3, 11, 4), (0, 10, 2), (1, 12, 5)$

70. $(1, 1, 3), (9, -1, -2), (11, 2, -9), (3, 4, -4)$

Encontrar la magnitud En los ejercicios 71 a 76, halle la longitud de v.

71. $\mathbf{v} = \langle 0, 0, 0 \rangle$

72. $\mathbf{v} = \langle 1, 0, 3 \rangle$

73. $\mathbf{v} = 3\mathbf{j} - 5\mathbf{k}$

74. $\mathbf{v} = 2\mathbf{i} + 5\mathbf{j} - \mathbf{k}$

75. $\mathbf{v} = \mathbf{i} - 2\mathbf{j} - 3\mathbf{k}$

76. $\mathbf{v} = -4\mathbf{i} + 3\mathbf{j} + 7\mathbf{k}$

Encontrar vectores unitarios En los ejercicios 77 a 80, halle un vector unitario a) en la dirección de v y b) en la dirección opuesta a v.

77. $\mathbf{v} = \langle 2, -1, 2 \rangle$

78. $\mathbf{v} = \langle 6, 0, 8 \rangle$

79. $\mathbf{v} = 4\mathbf{i} - 5\mathbf{j} + 3\mathbf{k}$

80. $\mathbf{v} = 5\mathbf{i} + 3\mathbf{j} - \mathbf{k}$

81. Usar vectores Considere dos vectores distintos de cero **u** y **v**, y sean s y t números reales. Describa la figura geométrica generada por los puntos finales de los tres vectores $t\mathbf{v}$, $\mathbf{u} + t\mathbf{v}$ y $s\mathbf{u} + t\mathbf{v}$.

82. **¿CÓMO LO VE?** Determine (x, y, z) para cada figura. Después, encuentre la forma en componentes del vector desde el punto en el eje x al punto (x, y, z).

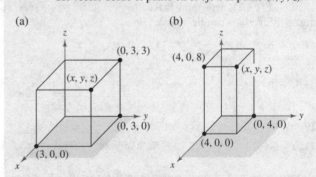

(a)   (b)

Hallar un vector En los ejercicios 83 a 86, encuentre el vector v con la magnitud dada y en dirección de u.

Magnitud	Dirección
83. $\|\mathbf{v}\| = 10$	$\mathbf{u} = \langle 0, 3, 3 \rangle$
84. $\|\mathbf{v}\| = 3$	$\mathbf{u} = \langle 1, 1, 1 \rangle$
85. $\|\mathbf{v}\| = \frac{3}{2}$	$\mathbf{u} = \langle 2, -2, 1 \rangle$
86. $\|\mathbf{v}\| = 7$	$\mathbf{u} = \langle -4, 6, 2 \rangle$

Representar un vector En los ejercicios 87 y 88, dibuje el vector v y dé sus componentes.

87. v está en el plano yz, tiene magnitud 2 y forma un ángulo de 30° con el eje y positivo.

88. **v** está en el plano xz, tiene magnitud 5 y forma un ángulo de 45° con el eje z positivo.

Hallar un punto usando vectores En los ejercicios 89 y 90, use vectores para encontrar el punto que se encuentra a dos tercios del camino de P a Q.

89. $P(4, 3, 0)$, $Q(1, -3, 3)$

90. $P(1, 2, 5)$, $Q(6, 8, 2)$

91. Uso de vectores Sean $\mathbf{u} = \mathbf{i} + \mathbf{j}$, $\mathbf{v} = \mathbf{j} + \mathbf{k}$ y $\mathbf{w} = a\mathbf{u} + b\mathbf{v}$.

(a) Dibuje **u** y **v**.

(b) Si $\mathbf{w} = \mathbf{0}$, demuestre que tanto a como b deben ser cero.

(c) Halle a y b tales que $\mathbf{w} = \mathbf{i} + 2\mathbf{j} + \mathbf{k}$.

(d) Demuestre que ninguna elección de a y b da $\mathbf{w} = \mathbf{i} + 2\mathbf{j} + 3\mathbf{k}$.

92. Redacción Los puntos inicial y final del vector **v** son (x_1, y_1, z_1) y (x, y, z). Describa el conjunto de todos los puntos (x, y, z) tales que $\|\mathbf{v}\| = 4$.

DESARROLLO DE CONCEPTOS

93. Describir coordenadas Un punto en el sistema de coordenadas tridimensional tiene las coordenadas (x_0, y_0, z_0). Describa qué mide cada una de las coordenadas.

94. Fórmula de distancia Dé la fórmula para la distancia entre los puntos (x_1, y_1, z_1) y (x_2, y_2, z_2).

95. Ecuación estándar de una esfera Dé la ecuación canónica o estándar de una esfera de radio r centrada en (x_0, y_0, z_0).

96. Vectores paralelos Dé la definición de vectores paralelos.

---

97. Usar un triángulo y vectores Sean A, B y C los vértices de un triángulo. Encuentre $\overrightarrow{AB} + \overrightarrow{BC} + \overrightarrow{CA}$.

98. Usar vectores Sean $\mathbf{r} = \langle x, y, z \rangle$ y $\mathbf{r}_0 = \langle 1, 1, 1 \rangle$. Describa el conjunto de todos los puntos (x, y, z) tales que $\|\mathbf{r} - \mathbf{r}_0\| = 2$.

99. Diagonal de un cubo Halle las componentes del vector unitario **v** en la dirección de la diagonal del cubo que se muestra en la figura.

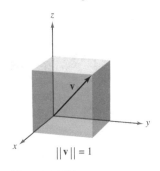

$\|\mathbf{v}\| = 1$

Figura para 99

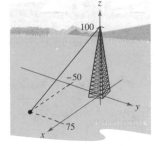

Figura para 100

100. Cable de sujeción El cable de sujeción de una torre de 100 pies tiene una tensión de 550 libras. Use las distancias mostradas en la figura y dé las componentes del vector **F** que representa la tensión del cable.

101. Focos del auditorio

Los focos en un auditorio son discos de 24 libras y 18 pulgadas de radio. Cada disco está sostenido por tres cables igualmente espaciados de L pulgadas de longitud (vea la figura).

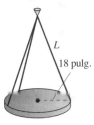

(a) Exprese la tensión T de cada cable en función de L. Determine el dominio de la función.

(b) Use una herramienta de graficación y la función del inciso (a) para completar la tabla.

L	20	25	30	35	40	45	50
T							

(c) Represente en la herramienta de graficación el modelo del inciso (a) y determine las asíntotas de su gráfica.

(d) Compruebe analíticamente las asíntotas obtenidas en el inciso (c).

(e) Calcule la longitud mínima que debe tener cada cable, si un cable está diseñado para llevar una carga máxima de 10 libras.

102. Piénselo Suponga que cada cable en el ejercicio 101 tiene una longitud fija $L = a$ y que el radio de cada disco es r_0 pulgadas. Haga una conjetura acerca del límite $\lim_{r_0 \to a^-} T$ y justifique su respuesta.

103. Soportes de cargas Determine la tensión en cada uno de los cables de soporte mostrados en la figura si el peso de la caja es de 500 newtons.

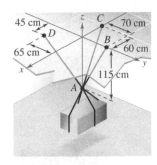

Figura para 103

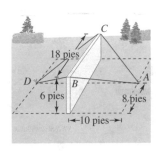

Figura para 104

104. Construcción Un muro de hormigón es sostenido temporalmente en posición vertical por medio de cuerdas (vea la figura). Halle la fuerza total ejercida sobre la clavija en posición A. Las tensiones en AB y AC son 420 libras y 650 libras.

105. Geometría Escriba una ecuación cuya gráfica conste del conjunto de puntos $P(x, y, z)$ que distan el doble de $A(0, -1, 1)$ que de $B(1, 2, 0)$. Describa la figura geométrica representada por la ecuación.

11.3 El producto escalar de dos vectores

- Usar las propiedades del producto escalar de dos vectores.
- Hallar el ángulo entre dos vectores usando el producto escalar.
- Hallar los cosenos directores de un vector en el espacio.
- Hallar la proyección de un vector sobre otro vector.
- Usar los vectores para calcular el trabajo realizado por una fuerza constante.

El producto escalar

Hasta ahora se han estudiado dos operaciones con vectores, la suma de vectores y el producto de un vector por un escalar, cada una de las cuales da como resultado otro vector. En esta sección se presenta una tercera operación con vectores llamada el **producto escalar**. Este producto da como resultado un escalar y no un vector.

COMENTARIO El producto escalar de dos vectores recibe este nombre debido a que da como resultado un escalar; también se le llama *producto escalar* o *interno* de los dos vectores.

> **Definición de producto escalar**
>
> El **producto escalar** de $\mathbf{u} = \langle u_1, u_2 \rangle$ y $\mathbf{v} = \langle v_1, v_2 \rangle$ es
>
> $$\mathbf{u} \cdot \mathbf{v} = u_1 v_1 + u_2 v_2.$$
>
> El **producto escalar** de $\mathbf{u} = \langle u_1, u_2, u_3 \rangle$ y $\mathbf{v} = \langle v_1, v_2, v_3 \rangle$ es
>
> $$\mathbf{u} \cdot \mathbf{v} = u_1 v_1 + u_2 v_2 + u_3 v_3.$$

Exploración

Interpretación de un producto escalar

En la figura se muestran varios vectores en el círculo unitario. Halle los productos escalares de varios pares de vectores. Después encuentre el ángulo entre cada par usado. Haga una conjetura sobre la relación entre el producto escalar de dos vectores y el ángulo entre los vectores.

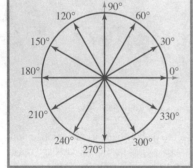

> **TEOREMA 11.4 Propiedades del producto escalar**
>
> Sean $\mathbf{u}$, $\mathbf{v}$ y $\mathbf{w}$ vectores en el plano o en el espacio, y sea c un escalar.
>
> 1. $\mathbf{u} \cdot \mathbf{v} = \mathbf{v} \cdot \mathbf{u}$ Propiedad conmutativa
> 2. $\mathbf{u} \cdot (\mathbf{v} + \mathbf{w}) = \mathbf{u} \cdot \mathbf{v} + \mathbf{u} \cdot \mathbf{w}$ Propiedad distributiva
> 3. $c(\mathbf{u} \cdot \mathbf{v}) = c\mathbf{u} \cdot \mathbf{v} = \mathbf{u} \cdot c\mathbf{v}$
> 4. $\mathbf{0} \cdot \mathbf{v} = 0$
> 5. $\mathbf{v} \cdot \mathbf{v} = \|\mathbf{v}\|^2$

Demostración Para demostrar la primera propiedad, sea $\mathbf{u} = \langle u_1, u_2, u_3 \rangle$ y $\mathbf{v} = \langle v_1, v_2, v_3 \rangle$. Entonces

$$\mathbf{u} \cdot \mathbf{v} = u_1 v_1 + u_2 v_2 + u_3 v_3 = v_1 u_1 + v_2 u_2 + v_3 u_3 = \mathbf{v} \cdot \mathbf{u}.$$

Para la quinta propiedad, sea $\mathbf{v} = \langle v_1, v_2, v_3 \rangle$. Entonces

$$\mathbf{v} \cdot \mathbf{v} = v_1^2 + v_2^2 + v_3^2 = \left(\sqrt{v_1^2 + v_2^2 + v_3^2} \right)^2 = \|\mathbf{v}\|^2.$$

Se dejan las demostraciones de las otras propiedades al lector.
Consulte LarsonCalculus.com para ver el video de esta demostración de Bruce Edwards.

EJEMPLO 1   Calcular productos escalares

Dados $\mathbf{u} = \langle 2, -2 \rangle$, $\mathbf{v} = \langle 5, 8 \rangle$ y $\mathbf{w} = \langle -4, 3 \rangle$.

a. $\mathbf{u} \cdot \mathbf{v} = \langle 2, -2 \rangle \cdot \langle 5, 8 \rangle = 2(5) + (-2)(8) = -6$

b. $(\mathbf{u} \cdot \mathbf{v})\mathbf{w} = -6\langle -4, 3 \rangle = \langle 24, -18 \rangle$

c. $\mathbf{u} \cdot (2\mathbf{v}) = 2(\mathbf{u} \cdot \mathbf{v}) = 2(-6) = -12$

d. $\|\mathbf{w}\|^2 = \mathbf{w} \cdot \mathbf{w} = \langle -4, 3 \rangle \cdot \langle -4, 3 \rangle = (-4)(-4) + (3)(3) = 25$

Observe que el resultado del inciso (b) es una cantidad *vectorial*, mientras que los resultados de los otros tres incisos son cantidades *escalares*.

Ángulo entre dos vectores

El **ángulo entre dos vectores distintos de cero** es el ángulo θ, $0 \le \theta \le \pi$, entre sus respectivos vectores en posición canónica o estándar, como se muestra en la figura 11.24. El siguiente teorema muestra cómo encontrar este ángulo usando el producto escalar. (Observe que el ángulo entre el vector cero y otro vector no está definido aquí.)

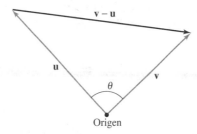

El ángulo entre dos vectores.
Figura 11.24

TEOREMA 11.5 Ángulo entre dos vectores

Si θ es el ángulo entre dos vectores distintos de cero **u** y **v**, donde $0 \le \theta \le \pi$, entonces

$$\cos \theta = \frac{\mathbf{u} \cdot \mathbf{v}}{\|\mathbf{u}\| \, \|\mathbf{v}\|}.$$

Demostración Considere el triángulo determinado por los vectores **u**, **v** y **v** − **u**, como se muestra en la figura 11.24. Por la ley de los cosenos se puede escribir

$$\|\mathbf{v} - \mathbf{u}\|^2 = \|\mathbf{u}\|^2 + \|\mathbf{v}\|^2 - 2\|\mathbf{u}\| \, \|\mathbf{v}\| \cos \theta.$$

Usando las propiedades del producto escalar, el lado izquierdo puede reescribirse como

$$
\begin{aligned}
\|\mathbf{v} - \mathbf{u}\|^2 &= (\mathbf{v} - \mathbf{u}) \cdot (\mathbf{v} - \mathbf{u}) \\
&= (\mathbf{v} - \mathbf{u}) \cdot \mathbf{v} - (\mathbf{v} - \mathbf{u}) \cdot \mathbf{u} \\
&= \mathbf{v} \cdot \mathbf{v} - \mathbf{u} \cdot \mathbf{v} - \mathbf{v} \cdot \mathbf{u} + \mathbf{u} \cdot \mathbf{u} \\
&= \|\mathbf{v}\|^2 - 2\mathbf{u} \cdot \mathbf{v} + \|\mathbf{u}\|^2
\end{aligned}
$$

y sustituyendo en la ley de los cosenos se obtiene

$$
\begin{aligned}
\|\mathbf{v}\|^2 - 2\mathbf{u} \cdot \mathbf{v} + \|\mathbf{u}\|^2 &= \|\mathbf{u}\|^2 + \|\mathbf{v}\|^2 - 2\|\mathbf{u}\| \, \|\mathbf{v}\| \cos \theta \\
-2\mathbf{u} \cdot \mathbf{v} &= -2\|\mathbf{u}\| \, \|\mathbf{v}\| \cos \theta \\
\cos \theta &= \frac{\mathbf{u} \cdot \mathbf{v}}{\|\mathbf{u}\| \, \|\mathbf{v}\|}.
\end{aligned}
$$

Consulte LarsonCalculus.com para ver el video de esta demostración de Bruce Edwards. ■

Observe en el teorema 11.5 que debido a que $\|\mathbf{u}\|$ y $\|\mathbf{v}\|$ son siempre positivas, $\mathbf{u} \cdot \mathbf{v}$ y $\cos \theta$ siempre tendrán el mismo signo. La figura 11.25 muestra las orientaciones posibles de los dos vectores.

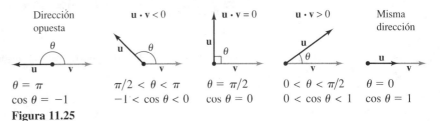

Figura 11.25

De acuerdo con el teorema 11.5, se puede ver que dos vectores distintos de cero forman un ángulo recto si y sólo si su producto escalar es cero, entonces se dice que los dos vectores son **ortogonales**.

> **Definición de vectores ortogonales**
>
> Los vectores **u** y **v** son ortogonales si $\mathbf{u} \cdot \mathbf{v} = 0$.

COMENTARIO Los términos "perpendicular", "ortogonal" y "normal" significan esencialmente lo mismo, formar ángulos rectos. Sin embargo, es común decir que dos vectores son *ortogonales*, dos rectas o planos son *perpendiculares,* y que un vector es *normal* a una recta o plano dado.

De esta definición se deduce que el vector cero es ortogonal a todo vector **u**, ya que $\mathbf{0} \cdot \mathbf{u} = 0$. Si $0 \le \theta \le \pi$, entonces se sabe que $\cos \theta = 0$ si y sólo si $\theta = \pi/2$. Por tanto, se puede usar el teorema 11.5 para concluir que dos vectores distintos de cero son ortogonales si y sólo si el ángulo entre ellos es $\pi/2$.

EJEMPLO 2 Hallar el ángulo entre dos vectores

▷ *Consulte LarsonCalculus.com para una versión interactiva de este tipo de ejemplo.*

Si $\mathbf{u} = \langle 3, -1, 2 \rangle$, $\mathbf{v} = \langle -4, 0, 2 \rangle$, $\mathbf{w} = \langle 1, -1, -2 \rangle$ y $\mathbf{z} = \langle 2, 0, -1 \rangle$, halle el ángulo entre cada uno de los siguientes pares de vectores.

a. u y **v**   **b. u** y **w**   **c. v** y **z**

Solución

a. $\cos \theta = \dfrac{\mathbf{u} \cdot \mathbf{v}}{\|\mathbf{u}\| \, \|\mathbf{v}\|} = \dfrac{-12 + 0 + 4}{\sqrt{14}\sqrt{20}} = \dfrac{-8}{2\sqrt{14}\sqrt{5}} = \dfrac{-4}{\sqrt{70}}$

Como $\mathbf{u} \cdot \mathbf{v} < 0$, $\theta = \arccos \dfrac{-4}{\sqrt{70}} \approx 2.069$ radianes

COMENTARIO El ángulo entre **u** y **v** en el ejemplo 3(a) también se puede escribir aproximadamente como 118.561°.

b. $\cos \theta = \dfrac{\mathbf{u} \cdot \mathbf{w}}{\|\mathbf{u}\| \, \|\mathbf{w}\|} = \dfrac{3 + 1 - 4}{\sqrt{14}\sqrt{6}} = \dfrac{0}{\sqrt{84}} = 0$

Como $\mathbf{u} \cdot \mathbf{w} = 0$, **u** y **w** son *ortogonales*. Así, $\theta = \pi/2$.

c. $\cos \theta = \dfrac{\mathbf{v} \cdot \mathbf{z}}{\|\mathbf{v}\| \, \|\mathbf{z}\|} = \dfrac{-8 + 0 - 2}{\sqrt{20}\sqrt{5}} = \dfrac{-10}{\sqrt{100}} = -1$

Por consiguiente, $\theta = \pi$. Observe que **v** y **z** son paralelos, con $\mathbf{v} = -2\mathbf{z}$.

Cuando se conoce el ángulo entre dos vectores, el teorema 11.5 se reescribe en la forma

$$\mathbf{u} \cdot \mathbf{v} = \|\mathbf{u}\| \, \|\mathbf{v}\| \cos \theta \qquad \text{Forma alternativa del producto escalar}$$

EJEMPLO 3 Forma alternativa del producto punto

Dado que $\|\mathbf{u}\| = 10$, $\|\mathbf{v}\| = 7$, y el ángulo entre **u** y **v** es $\pi/4$, halle $\mathbf{u} \cdot \mathbf{v}$.

Solución Use la forma alternativa del producto escalar como se muestra

$$\mathbf{u} \cdot \mathbf{v} = \|\mathbf{u}\| \, \|\mathbf{v}\| \cos \theta = (10)(7) \cos \frac{\pi}{4} = 35\sqrt{2}$$

Cosenos directores

En el caso de un vector en el plano se ha visto que es conveniente medir su dirección en términos del ángulo, medido en sentido contrario a las manecillas del reloj, *desde* el eje x positivo hasta el vector. En el espacio es más conveniente medir la dirección en términos de los ángulos *entre* el vector $\mathbf{v}$ distinto de cero y los tres vectores unitarios $\mathbf{i}$, $\mathbf{j}$ y $\mathbf{k}$, como se muestra en la figura 11.26. Los ángulos α, β y γ son los **ángulos de dirección de v**, y $\cos \alpha$, $\cos \beta$ y $\cos \gamma$ son los **cosenos directores de v**. Como

$$\mathbf{v} \cdot \mathbf{i} = \|\mathbf{v}\|\,\|\mathbf{i}\| \cos \alpha = \|\mathbf{v}\| \cos \alpha$$

y

$$\mathbf{v} \cdot \mathbf{i} = \langle v_1, v_2, v_3 \rangle \cdot \langle 1, 0, 0 \rangle = v_1$$

se deduce que $\cos \alpha = v_1/\|\mathbf{v}\|$. Mediante un razonamiento similar con los vectores unitarios $\mathbf{j}$ y $\mathbf{k}$, se tiene

$$\cos \alpha = \frac{v_1}{\|\mathbf{v}\|} \qquad \text{α es el ángulo entre $\mathbf{v}$ e $\mathbf{i}$.}$$

$$\cos \beta = \frac{v_2}{\|\mathbf{v}\|} \qquad \text{β es el ángulo entre $\mathbf{v}$ y $\mathbf{j}$.}$$

$$\cos \gamma = \frac{v_3}{\|\mathbf{v}\|}. \qquad \text{γ es el ángulo entre $\mathbf{v}$ y $\mathbf{k}$.}$$

Por consiguiente, cualquier vector $\mathbf{v}$ distinto de cero en el espacio tiene la forma normalizada

$$\frac{\mathbf{v}}{\|\mathbf{v}\|} = \frac{v_1}{\|\mathbf{v}\|}\mathbf{i} + \frac{v_2}{\|\mathbf{v}\|}\mathbf{j} + \frac{v_3}{\|\mathbf{v}\|}\mathbf{k} = \cos \alpha \mathbf{i} + \cos \beta \mathbf{j} + \cos \gamma \mathbf{k}$$

y como $\mathbf{v}/\|\mathbf{v}\|$ es un vector unitario, se deduce que

$$\cos^2 \alpha + \cos^2 \beta + \cos^2 \gamma = 1.$$

EJEMPLO 4 Calcular los ángulos de dirección

Encuentre los cosenos y los ángulos directores del vector $\mathbf{v} = 2\mathbf{i} + 3\mathbf{j} + 4\mathbf{k}$, y demuestre que $\cos^2 \alpha + \cos^2 \beta + \cos^2 \gamma = 1$.

Solución Como $\|\mathbf{v}\| = \sqrt{2^2 + 3^2 + 4^2} = \sqrt{29}$, puede escribir lo siguiente.

$$\cos \alpha = \frac{v_1}{\|\mathbf{v}\|} = \frac{2}{\sqrt{29}} \quad \Longrightarrow \quad \alpha \approx 68.2° \qquad \text{Ángulo entre $\mathbf{v}$ e $\mathbf{i}$}$$

$$\cos \beta = \frac{v_2}{\|\mathbf{v}\|} = \frac{3}{\sqrt{29}} \quad \Longrightarrow \quad \beta \approx 56.1° \qquad \text{Ángulo entre $\mathbf{v}$ y $\mathbf{j}$}$$

$$\cos \gamma = \frac{v_3}{\|\mathbf{v}\|} = \frac{4}{\sqrt{29}} \quad \Longrightarrow \quad \gamma \approx 42.0° \qquad \text{Ángulo entre $\mathbf{v}$ y $\mathbf{k}$}$$

Además, la suma de los cuadrados de los cosenos directores es

$$\cos^2 \alpha + \cos^2 \beta + \cos^2 \gamma = \frac{4}{29} + \frac{9}{29} + \frac{16}{29}$$

$$= \frac{29}{29}$$

$$= 1.$$

Vea la figura 11.27.

COMENTARIO Recuerde que α, β y γ son las letras griegas alfa, beta y gamma, respectivamente.

Ángulos de dirección.
Figura 11.26

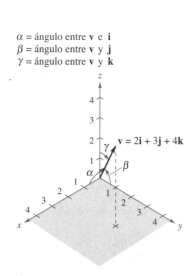

α = ángulo entre $\mathbf{v}$ e $\mathbf{i}$
β = ángulo entre $\mathbf{v}$ y $\mathbf{j}$
γ = ángulo entre $\mathbf{v}$ y $\mathbf{k}$

Ángulos de dirección de $\mathbf{v}$.
Figura 11.27

La fuerza debida a la gravedad empuja la lancha contra la rampa y hacia abajo por la rampa.
Figura 11.28

Proyecciones y componentes vectoriales

Ya ha visto aplicaciones en las que se suman dos vectores para obtener un vector resultante. Muchas aplicaciones en la física o en la ingeniería plantean el problema inverso, descomponer un vector dado en la suma de dos **componentes vectoriales**. El ejemplo físico siguiente permitirá comprender la utilidad de este procedimiento.

Considere una lancha sobre una rampa inclinada, como se muestra en la figura 11.28. La fuerza **F** debida a la gravedad empuja la lancha *hacia abajo* de la rampa y *contra* la rampa. Estas dos fuerzas, $\mathbf{w}_1$ y $\mathbf{w}_2$, son ortogonales y reciben el nombre de componentes vectoriales de **F**.

$$\mathbf{F} = \mathbf{w}_1 + \mathbf{w}_2 \qquad \text{Componentes vectoriales de } \mathbf{F}$$

Las fuerzas $\mathbf{w}_1$ y $\mathbf{w}_2$ ayudan a analizar el efecto de la gravedad sobre la lancha. Por ejemplo, $\mathbf{w}_1$ representa la fuerza necesaria para impedir que la lancha se deslice hacia abajo por la rampa, mientras que $\mathbf{w}_2$ representa la fuerza que deben soportar los neumáticos.

Definiciones de proyección y componentes vectoriales

Sean **u** y **v** vectores distintos de cero. Además, sea

$$\mathbf{u} = \mathbf{w}_1 + \mathbf{w}_2$$

donde $\mathbf{w}_1$ es paralelo a **v** y $\mathbf{w}_2$ es ortogonal a **v**, como se muestra en la figura 11.29.

1. A $\mathbf{w}_1$ se le llama **proyección de u en v** o **componente vectorial de u a lo largo de v**, y se denota por $\mathbf{w}_1 = \text{proy}_\mathbf{v}\,\mathbf{u}$.

2. A $\mathbf{w}_2 = \mathbf{u} - \mathbf{w}$ se le llama **componente vectorial de u ortogonal a v**.

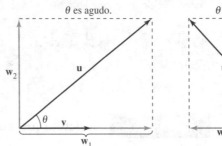
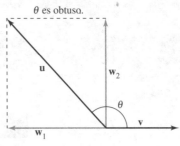

$\mathbf{w}_1 = \text{proy}_\mathbf{v}\mathbf{u} = $ la proyección de **u** en **v** = componente vectorial de **u** en dirección de **v**
$\mathbf{w}_2 = $ componente vectorial de **u** ortogonal a **v**
Figura 11.29

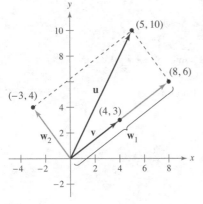

$\mathbf{u} = \mathbf{w}_1 + \mathbf{w}_2$.
Figura 11.30

EJEMPLO 5 **Hallar la componente vectorial de u ortogonal a v**

Encuentre la componente del vector de $\mathbf{u} = \langle 5, 10 \rangle$ que es ortogonal a $\mathbf{v} = \langle 4, 3 \rangle$, dado que

$$\mathbf{w}_1 = \text{proy}_\mathbf{v}\mathbf{u} = \langle 8, 6 \rangle$$

y

$$\mathbf{u} = \langle 5, 10 \rangle = \mathbf{w}_1 + \mathbf{w}_2.$$

Solución Como $\mathbf{u} = \mathbf{w}_1 + \mathbf{w}_2$, donde $\mathbf{w}_1$ es paralelo a **v**, se deduce que $\mathbf{w}_2$ es la componente vectorial de **u** ortogonal a **v**. Por tanto, tiene

$$\begin{aligned} \mathbf{w}_2 &= \mathbf{u} - \mathbf{w}_1 \\ &= \langle 5, 10 \rangle - \langle 8, 6 \rangle \\ &= \langle -3, 4 \rangle. \end{aligned}$$

Verifique que $\mathbf{w}_2$ es ortogonal a **v**, como se muestra en la figura 11.30.

Del ejemplo 5, puede ver que es fácil encontrar la componente vectorial $\mathbf{w}_2$ una vez que ha hallado la proyección, $\mathbf{w}_1$, de $\mathbf{u}$ en $\mathbf{v}$. Para encontrar esta proyección, use el producto escalar como establece el teorema siguiente, el cual se demuestra en el ejercicio 78.

> ### TEOREMA 11.6 Proyección usando el producto escalar
>
> Si $\mathbf{u}$ y $\mathbf{v}$ son vectores distintos de cero, entonces la proyección de $\mathbf{u}$ sobre $\mathbf{v}$ está dada por
> $$\text{proy}_\mathbf{v}\mathbf{u} = \left(\frac{\mathbf{u} \cdot \mathbf{v}}{\|\mathbf{v}\|^2}\right)\mathbf{v}.$$

La proyección de $\mathbf{u}$ sobre $\mathbf{v}$ puede expresarse como un múltiplo escalar de un vector unitario en la dirección de $\mathbf{v}$. Es decir,
$$\left(\frac{\mathbf{u} \cdot \mathbf{v}}{\|\mathbf{v}\|^2}\right)\mathbf{v} = \left(\frac{\mathbf{u} \cdot \mathbf{v}}{\|\mathbf{v}\|}\right)\frac{\mathbf{v}}{\|\mathbf{v}\|} = (k)\frac{\mathbf{v}}{\|\mathbf{v}\|}.$$

Al escalar k se le llama la **componente de u en la dirección de v**. Por tanto,
$$\mathbf{k} = \frac{\mathbf{u} \cdot \mathbf{v}}{\|\mathbf{v}\|} = \|\mathbf{u}\| \cos \theta.$$

EJEMPLO 6 Descomponer un vector en componentes vectoriales

Determine la proyección de $\mathbf{u}$ sobre $\mathbf{v}$ y la componente vectorial de $\mathbf{u}$ ortogonal a $\mathbf{v}$ de los vectores
$$\mathbf{u} = 3\mathbf{i} - 5\mathbf{j} + 2\mathbf{k} \quad \text{y} \quad \mathbf{v} = 7\mathbf{i} + \mathbf{j} - 2\mathbf{k}.$$

Solución La proyección de $\mathbf{u}$ sobre $\mathbf{v}$ es
$$\mathbf{w}_1 = \text{proy}_\mathbf{v}\mathbf{u} = \left(\frac{\mathbf{u} \cdot \mathbf{v}}{\|\mathbf{v}\|^2}\right)\mathbf{v} = \left(\frac{12}{54}\right)(7\mathbf{i} + \mathbf{j} - 2\mathbf{k}) = \frac{14}{9}\mathbf{i} + \frac{2}{9}\mathbf{j} - \frac{4}{9}\mathbf{k}.$$

La componente vectorial de $\mathbf{u}$ ortogonal a $\mathbf{v}$ es el vector
$$\mathbf{w}_2 = \mathbf{u} - \mathbf{w}_1 = (3\mathbf{i} - 5\mathbf{j} + 2\mathbf{k}) - \left(\frac{14}{9}\mathbf{i} + \frac{2}{9}\mathbf{j} - \frac{4}{9}\mathbf{k}\right) = \frac{13}{9}\mathbf{i} - \frac{47}{9}\mathbf{j} + \frac{22}{9}\mathbf{k}.$$

Vea la figura 11.31.

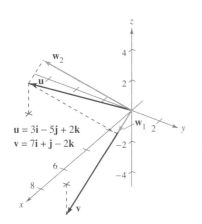

$\mathbf{u} = 3\mathbf{i} - 5\mathbf{j} + 2\mathbf{k}$
$\mathbf{v} = 7\mathbf{i} + \mathbf{j} - 2\mathbf{k}$

$\mathbf{u} = \mathbf{w}_1 + \mathbf{w}_2.$
Figura 11.31

EJEMPLO 7 Calcular una fuerza

Una lancha de 600 libras se encuentra sobre una rampa inclinada 30°, como se muestra en la figura 11.32. ¿Qué fuerza se requiere para impedir que la lancha resbale cuesta abajo por la rampa?

Solución Como la fuerza debida a la gravedad es vertical y hacia abajo, puede representar la fuerza de la gravedad mediante el vector $\mathbf{F} = -600\mathbf{j}$. Para encontrar la fuerza requerida para impedir que la lancha resbale por la rampa, proyecte $\mathbf{F}$ sobre un vector unitario $\mathbf{v}$ en la dirección de la rampa, como sigue.

$$\mathbf{v} = \cos 30°\mathbf{i} + \text{sen } 30°\mathbf{j} = \frac{\sqrt{3}}{2}\mathbf{i} + \frac{1}{2}\mathbf{j} \qquad \text{Vector unitario en la dirección de la rampa}$$

Por tanto, la proyección de $\mathbf{F}$ sobre $\mathbf{v}$ está dada por

$$\mathbf{w}_1 = \text{proy}_\mathbf{v}\mathbf{F} = \left(\frac{\mathbf{F} \cdot \mathbf{v}}{\|\mathbf{v}\|^2}\right)\mathbf{v} = (\mathbf{F} \cdot \mathbf{v})\mathbf{v} = (-600)\left(\frac{1}{2}\right)\mathbf{v} = -300\left(\frac{\sqrt{3}}{2}\mathbf{i} + \frac{1}{2}\mathbf{j}\right).$$

La magnitud de esta fuerza es 300, y por consiguiente se requiere una fuerza de 300 libras para impedir que la lancha resbale por la rampa.

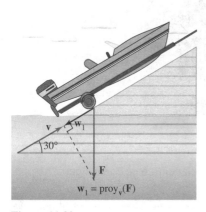

Figura 11.32

Trabajo

El trabajo W realizado por una fuerza constante **F** que actúa a lo largo de la recta de movimiento de un objeto está dado por

$$W = (\text{magnitud de fuerza})(\text{distancia}) = \|\mathbf{F}\| \, \|\overrightarrow{PQ}\|$$

como se muestra en la figura 11.33(a). Si la fuerza constante **F** no está dirigida a lo largo de la recta de movimiento, se puede ver en la figura 11.33(b) que el trabajo realizado W por la fuerza es

$$W = \|\text{proy}_{\overrightarrow{PQ}}\mathbf{F}\| \, \|\overrightarrow{PQ}\| = (\cos\theta)\|\mathbf{F}\| \, \|\overrightarrow{PQ}\| = \mathbf{F} \cdot \overrightarrow{PQ}.$$

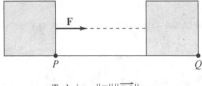

Trabajo $= \|\mathbf{F}\|\|\overrightarrow{PQ}\|$

(a) La fuerza actúa a lo largo de la recta de movimiento.

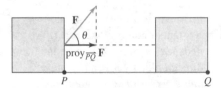

Trabajo $= \|\text{proy}_{\overrightarrow{PQ}}\mathbf{F}\|\|\overrightarrow{PQ}\|$

(b) La fuerza actúa formando un ángulo θ con la recta de movimiento.

Figura 11.33

Esta noción de trabajo se resume en la definición siguiente.

Definición de trabajo

El trabajo W realizado por una fuerza constante **F** a medida que su punto de aplicación se mueve a lo largo del vector $\overrightarrow{PQ}$ está dado por las siguientes expresiones.

1. $W = \|\text{proy}_{\overrightarrow{PQ}}\mathbf{F}\| \, \|\overrightarrow{PQ}\|$ En forma de proyección

2. $W = \mathbf{F} \cdot \overrightarrow{PQ}$ En forma de producto escalar

---

EJEMPLO 8   Calcular trabajo

Para cerrar una puerta corrediza, una persona tira de una cuerda con una fuerza constante de 50 libras y un ángulo constante de 60°, como se muestra en la figura 11.34. Encuentre el trabajo realizado al mover la puerta 12 pies hacia la posición en que queda cerrada.

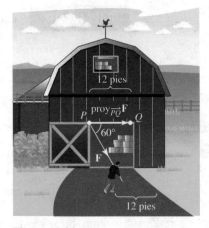

Figura 11.34

Solución   Usando una proyección, se puede calcular el trabajo como sigue.

$$W = \|\text{proy}_{\overrightarrow{PQ}}\mathbf{F}\| \, \|\overrightarrow{PQ}\| = \cos(60°)\,\|\mathbf{F}\| \, \|\overrightarrow{PQ}\| = \frac{1}{2}(50)(12) = 300 \text{ pies-libras} \quad \blacksquare$$

11.3 Ejercicios

Consulte **CalcChat.com** para un tutorial de ayuda y soluciones trabajadas de los ejercicios con numeración impar.

Encontrar productos escalares En los ejercicios 1 a 8, encuentre (a) $\mathbf{u} \cdot \mathbf{v}$, (b) $\mathbf{u} \cdot \mathbf{u}$, (c) $\|\mathbf{u}\|^2$, (d) $(\mathbf{u} \cdot \mathbf{v})\mathbf{v}$, y (e) $\mathbf{u} \cdot (2\mathbf{v})$.

1. $\mathbf{u} = \langle 3, 4 \rangle$, $\mathbf{v} = \langle -1, 5 \rangle$ **2.** $\mathbf{u} = \langle 4, 10 \rangle$, $\mathbf{v} = \langle -2, 3 \rangle$

3. $\mathbf{u} = \langle 6, -4 \rangle$, $\mathbf{v} = \langle -3, 2 \rangle$ **4.** $\mathbf{u} = \langle -4, 8 \rangle$, $\mathbf{v} = \langle 7, 5 \rangle$

5. $\mathbf{u} = \langle 2, -3, 4 \rangle$, $\mathbf{v} = \langle 0, 6, 5 \rangle$ **6.** $\mathbf{u} = \mathbf{i}$, $\mathbf{v} = \mathbf{i}$

7. $\mathbf{u} = 2\mathbf{i} - \mathbf{j} + \mathbf{k}$ **8.** $\mathbf{u} = 2\mathbf{i} + \mathbf{j} - 2\mathbf{k}$

    $\mathbf{v} = \mathbf{i} - \mathbf{k}$ $\mathbf{v} = \mathbf{i} - 3\mathbf{j} + 2\mathbf{k}$

Hallar el ángulo entre dos vectores En los ejercicios 9 a 16, calcule el ángulo θ entre los vectores (a) en radianes y (b) en grados.

9. $\mathbf{u} = \langle 1, 1 \rangle$, $\mathbf{v} = \langle 2, -2 \rangle$ **10.** $\mathbf{u} = \langle 3, 1 \rangle$, $\mathbf{v} = \langle 2, -1 \rangle$

11. $\mathbf{u} = 3\mathbf{i} + \mathbf{j}$, $\mathbf{v} = -2\mathbf{i} + 4\mathbf{j}$

12. $\mathbf{u} = \cos\left(\dfrac{\pi}{6}\right)\mathbf{i} + \text{sen}\left(\dfrac{\pi}{6}\right)\mathbf{j}$, $\mathbf{v} = \cos\left(\dfrac{3\pi}{4}\right)\mathbf{i} + \text{sen}\left(\dfrac{3\pi}{4}\right)\mathbf{j}$

13. $\mathbf{u} = \langle 1, 1, 1 \rangle$ **14.** $\mathbf{u} = 3\mathbf{i} + 2\mathbf{j} + \mathbf{k}$

    $\mathbf{v} = \langle 2, 1, -1 \rangle$ $\mathbf{v} = 2\mathbf{i} - 3\mathbf{j}$

15. $\mathbf{u} = 3\mathbf{i} + 4\mathbf{j}$ **16.** $\mathbf{u} = 2\mathbf{i} - 3\mathbf{j} + \mathbf{k}$

    $\mathbf{v} = -2\mathbf{j} + 3\mathbf{k}$ $\mathbf{v} = \mathbf{i} - 2\mathbf{j} + \mathbf{k}$

Forma alternativa del producto punto En los ejercicios 17 y 18, utilice la forma alternativa del producto escalar de $\mathbf{u} \cdot \mathbf{v}$.

17. $\|\mathbf{u}\| = 8$, $\|\mathbf{v}\| = 5$, y el ángulo entre $\mathbf{u}$ y $\mathbf{v}$ es $\pi/3$.

18. $\|\mathbf{u}\| = 40$, $\|\mathbf{v}\| = 25$, y el ángulo entre $\mathbf{u}$ y $\mathbf{v}$ es $5\pi/6$.

Comparar vectores En los ejercicios 19 a 24, determine si $\mathbf{u}$ y $\mathbf{v}$ son ortogonales, paralelos o ninguna de las dos cosas.

19. $\mathbf{u} = \langle 4, 3 \rangle$, $\mathbf{v} = \left\langle \frac{1}{2}, -\frac{2}{3} \right\rangle$ **20.** $\mathbf{u} = -\frac{1}{3}(\mathbf{i} - 2\mathbf{j})$, $\mathbf{v} = 2\mathbf{i} - 4\mathbf{j}$

21. $\mathbf{u} = \mathbf{j} + 6\mathbf{k}$ **22.** $\mathbf{u} = -2\mathbf{i} + 3\mathbf{j} - \mathbf{k}$

    $\mathbf{v} = \mathbf{i} - 2\mathbf{j} - \mathbf{k}$ $\mathbf{v} = 2\mathbf{i} + \mathbf{j} - \mathbf{k}$

23. $\mathbf{u} = \langle 2, -3, 1 \rangle$ **24.** $\mathbf{u} = \langle \cos\theta, \text{sen}\,\theta, -1 \rangle$

    $\mathbf{v} = \langle -1, -1, -1 \rangle$ $\mathbf{v} = \langle \text{sen}\,\theta, -\cos\theta, 0 \rangle$

Clasificar un triángulo En los ejercicios 25 a 28 se dan los vértices de un triángulo. Determine si el triángulo es un triángulo agudo, un triángulo obtuso o un triángulo recto. Explique su razonamiento.

25. $(1, 2, 0)$, $(0, 0, 0)$, $(-2, 1, 0)$

26. $(-3, 0, 0)$, $(0, 0, 0)$, $(1, 2, 3)$

27. $(2, 0, 1)$, $(0, 1, 2)$, $(-0.5, 1.5, 0)$

28. $(2, -7, 3)$, $(-1, 5, 8)$, $(4, 6, -1)$

Hallar ángulos de dirección En los ejercicios 29 a 34, encuentre los cosenos directores de $\mathbf{u}$ y demuestre que la suma de los cuadrados de los cosenos directores es 1.

29. $\mathbf{u} = \mathbf{i} + 2\mathbf{j} + 2\mathbf{k}$ **30.** $\mathbf{u} = 5\mathbf{i} + 3\mathbf{j} - \mathbf{k}$

31. $\mathbf{u} = 3\mathbf{i} + 2\mathbf{j} - 2\mathbf{k}$ **32.** $\mathbf{u} = -4\mathbf{i} + 3\mathbf{j} + 5\mathbf{k}$

33. $\mathbf{u} = \langle 0, 6, -4 \rangle$ **34.** $\mathbf{u} = \langle -1, 5, 2 \rangle$

Hallar la proyección de u sobre v En los ejercicios 35 a 42, (a) encuentre la proyección de $\mathbf{u}$ sobre $\mathbf{v}$, y (b) encuentre la componente del vector de $\mathbf{u}$ ortogonal a $\mathbf{v}$.

35. $\mathbf{u} = \langle 6, 7 \rangle$, $\mathbf{v} = \langle 1, 4 \rangle$ **36.** $\mathbf{u} = \langle 9, 7 \rangle$, $\mathbf{v} = \langle 1, 3 \rangle$

37. $\mathbf{u} = 2\mathbf{i} + 3\mathbf{j}$, $\mathbf{v} = 5\mathbf{i} + \mathbf{j}$

38. $\mathbf{u} = 2\mathbf{i} - 3\mathbf{j}$, $\mathbf{v} = 3\mathbf{i} + 2\mathbf{j}$

39. $\mathbf{u} = \langle 0, 3, 3 \rangle$, $\mathbf{v} = \langle -1, 1, 1 \rangle$

40. $\mathbf{u} = \langle 8, 2, 0 \rangle$, $\mathbf{v} = \langle 2, 1, -1 \rangle$

41. $\mathbf{u} = 2\mathbf{i} + \mathbf{j} + 2\mathbf{k}$, $\mathbf{v} = 3\mathbf{j} + 4\mathbf{k}$

42. $\mathbf{u} = \mathbf{i} + 4\mathbf{k}$, $\mathbf{v} = 3\mathbf{i} + 2\mathbf{k}$

DESARROLLO DE CONCEPTOS

43. Producto escalar Defina el producto escalar de los vectores $\mathbf{u}$ y $\mathbf{v}$.

44. Vectores ortogonales Dé la definición de vectores ortogonales. Si los vectores no son paralelos ni ortogonales. ¿Cómo se encuentra el ángulo entre ellos? Explique.

45. Usar vectores Determine cuál de las siguientes expresiones están definidas para vectores distintos de cero $\mathbf{u}$, $\mathbf{v}$ y $\mathbf{w}$. Explique el razonamiento.

  (a) $\mathbf{u} \cdot (\mathbf{v} + \mathbf{w})$ (b) $(\mathbf{u} \cdot \mathbf{v})\mathbf{w}$

  (c) $\mathbf{u} \cdot \mathbf{v} + \mathbf{w}$ (d) $\|\mathbf{u}\| \cdot (\mathbf{v} + \mathbf{w})$

46. Cosenos directores Describa los cosenos directores y los ángulos de dirección de un vector $\mathbf{v}$.

47. Proyección Dé una descripción geométrica de la proyección de $\mathbf{u}$ sobre $\mathbf{v}$.

48. Proyección ¿Que puede decir acerca de los vectores $\mathbf{u}$ y $\mathbf{v}$ si (a) la proyección de $\mathbf{u}$ sobre $\mathbf{v}$ es igual a $\mathbf{u}$ y (b) la proyección de $\mathbf{u}$ sobre $\mathbf{v}$ es igual a 0?

49. Proyección ¿Si la proyección de $\mathbf{u}$ sobre $\mathbf{v}$ tiene la misma magnitud que la proyección de $\mathbf{v}$ sobre $\mathbf{u}$, ¿se puede concluir que $\|\mathbf{u}\| = \|\mathbf{v}\|$? Explique.

---

 50. **¿CÓMO LO VE?** ¿Qué se sabe acerca de θ, el ángulo entre dos vectores $\mathbf{u}$ y $\mathbf{v}$ distintos de cero, cuando

  (a) $\mathbf{u} \cdot \mathbf{v} = 0$?   (b) $\mathbf{u} \cdot \mathbf{v} > 0$?   (c) $\mathbf{u} \cdot \mathbf{v} < 0$?

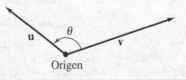

51. Ingresos El vector $\mathbf{u} = \langle 3240, 1450, 2235 \rangle$ da el número de hamburguesas, bocadillos de pollo y hamburguesas con queso, respectivamente, vendidas en una semana en un restaurante de comida rápida. El vector $\mathbf{v} = \langle 2.25, 2.95, 2.65 \rangle$ da los precios (en dólares) por unidad de los tres artículos alimenticios. Encuentre el producto escalar $\mathbf{u} \cdot \mathbf{v}$ y explique qué información proporciona.

52. Ingresos Repita el ejercicio 59 después de incrementar los precios 4%. Identifique la operación vectorial usada para incrementar los precios 4%.

Vectores ortogonales **En los ejercicios 53 a 56, encuentre dos vectores en direcciones opuestas que sean ortogonales al vector u. (Las respuestas no son únicas.)**

53. $\mathbf{u} = -\frac{1}{4}\mathbf{i} + \frac{3}{2}\mathbf{j}$ **54.** $\mathbf{u} = 9\mathbf{i} - 4\mathbf{j}$

55. $\mathbf{u} = \langle 3, 1, -2 \rangle$ **56.** $\mathbf{u} = \langle 4, -3, 6 \rangle$

57. Hallar un ángulo Encuentre el ángulo entre la diagonal de un cubo y una de sus aristas.

58. Hallar un ángulo Encuentre el ángulo entre la diagonal de un cubo y la diagonal de uno de sus lados.

59. Fuerza de frenado Un camión de 48,000 libras está estacionado sobre una pendiente de 10° (vea la figura). Si supone que la única fuerza a vencer es la de la gravedad, determine (a) la fuerza requerida para evitar que el camión ruede cuesta abajo y (b) la fuerza perpendicular a la pendiente.

Peso = 48,000 lb

60. Fuerza de frenado Una camioneta deportiva de 5400 libras está estacionada sobre una pendiente de 18°. Si supone que la única fuerza a vencer es la debida a la gravedad. Determine (a) la fuerza requerida para evitar que la camioneta ruede cuesta abajo y (b) la fuerza perpendicular a la pendiente.

61. Trabajo Un objeto es jalado 10 pies por el suelo usando una fuerza de 85 libras, la dirección de la fuerza es 60° sobre la horizontal (vea la figura). Calcule el trabajo realizado.

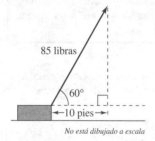

85 libras

60°

←10 pies→

No está dibujado a escala

Figura para 61   Figura para 62

62. Trabajo Un coche de juguete se jala ejerciendo una fuerza de 25 libras sobre una manivela que forma un ángulo de 20° con la horizontal (vea la figura). Calcule el trabajo realizado al jalar el coche 50 pies.

63. Trabajo Un carro se remolca usando una fuerza de 1600 newtons. La cadena que se usa para jalar el carro forma un ángulo de 25° con la horizontal. Encuentre el trabajo que se realiza al remolcar el carro 2 kilómetros.

64. Trabajo

Se tira de un trineo ejerciendo una fuerza de 100 newtons en una cuerda que hace un ángulo de 25° con la horizontal. Encuentre el trabajo efectuado al jalar el trineo 40 metros.

¿Verdadero o falso? **En los ejercicios 65 y 66, determine si el enunciado es verdadero o falso. Si es falso, explique por qué o dé un ejemplo que demuestre que es falso.**

65. Si $\mathbf{u} \cdot \mathbf{v} = \mathbf{u} \cdot \mathbf{w}$ y $\mathbf{u} \neq \mathbf{0}$, entonces $\mathbf{v} = \mathbf{w}$.

66. Si $\mathbf{u}$ y $\mathbf{v}$ son ortogonales a $\mathbf{w}$, entonces $\mathbf{u} + \mathbf{v}$ es ortogonal a $\mathbf{w}$.

Usar puntos de intersección **En los ejercicios 67 a 70, (a) encuentre todos los puntos de intersección de las gráficas de las dos ecuaciones, (b) encuentre los vectores unitarios tangentes a cada curva en los puntos de intersección y (c) determine los ángulos $0° \leq \theta \leq 90°$ entre las curvas en sus puntos de intersección.**

67. $y = x^2, \quad y = x^{1/3}$ **68.** $y = x^3, \quad y = x^{1/3}$

69. $y = 1 - x^2, \quad y = x^2 - 1$ **70.** $(y + 1)^2 = x, \quad y = x^3 - 1$

71. Demostración Use vectores para demostrar que las diagonales de un rombo son perpendiculares.

72. Demostración Use vectores para demostrar que un paralelogramo es un rectángulo si y sólo si sus diagonales son iguales en longitud.

73. Ángulo de enlace Considere un tetraedro regular con los vértices $(0, 0, 0)$, $(k, k, 0)$, $(k, 0, k)$ y $(0, k, k)$, donde k es un número real positivo.

(a) Dibuje la gráfica del tetraedro.

(b) Encuentre la longitud de cada arista.

(c) Encuentre el ángulo entre cada dos aristas.

(d) Encuentre el ángulo entre los segmentos de recta desde el centroide $(k/2, k/2, k/2)$ a dos de los vértices. Éste es el ángulo de enlace en una molécula como CH_4 o $PbCl_4$, cuya estructura es un tetraedro.

74. Demostración Considere los vectores $\mathbf{u} = \langle \cos\alpha, \operatorname{sen}\alpha, 0 \rangle$ y $\mathbf{v} = \langle \cos\beta, \operatorname{sen}\beta, 0 \rangle$, donde $\alpha > \beta$. Calcule el producto escalar de los vectores y use el resultado para demostrar la identidad

$$\cos(\alpha - \beta) = \cos\alpha\cos\beta + \operatorname{sen}\alpha\operatorname{sen}\beta.$$

75. Demostración Demuestre que $\|\mathbf{u} - \mathbf{v}\|^2 = \|\mathbf{u}\|^2 + \|\mathbf{v}\|^2 - 2\mathbf{u} \cdot \mathbf{v}$.

76. Demostración Demuestre la **desigualdad de Cauchy-Schwarz**:

$$|\mathbf{u} \cdot \mathbf{v}| \leq \|\mathbf{u}\| \, \|\mathbf{v}\|.$$

77. Demostración Demuestre la desigualdad del triángulo $\|\mathbf{u} + \mathbf{v}\| \leq \|\mathbf{u}\| + \|\mathbf{v}\|$.

78. Demostración Demuestre el teorema 11.6.

11.4 El producto vectorial de dos vectores en el espacio

■ Hallar el producto vectorial de dos vectores en el espacio.
■ Usar el producto escalar triple de tres vectores en el espacio.

El producto vectorial

En muchas aplicaciones en física, ingeniería y geometría hay que encontrar un vector en el espacio ortogonal a dos vectores dados. En esta sección estudiará un producto que da como resultado ese vector. Se llama **producto vectorial** y se define y calcula de manera más adecuada utilizando los vectores unitarios canónicos o estándar. El producto vectorial debe su nombre a que da como resultado un vector. Al producto vectorial también se le suele llamar **producto cruz**.

Definición de producto vectorial de dos vectores en el espacio

Sean

$$\mathbf{u} = u_1\mathbf{i} + u_2\mathbf{j} + u_3\mathbf{k} \quad \text{y} \quad \mathbf{v} = v_1\mathbf{i} + v_2\mathbf{j} + v_3\mathbf{k}$$

vectores en el espacio. El **producto cruz** de $\mathbf{u}$ y $\mathbf{v}$ es el vector

$$\mathbf{u} \times \mathbf{v} = (u_2v_3 - u_3v_2)\mathbf{i} - (u_1v_3 - u_3v_1)\mathbf{j} + (u_1v_2 - u_2v_1)\mathbf{k}.$$

Es importante hacer notar que esta definición sólo aplica a vectores tridimensionales. El producto vectorial no está definido para vectores bidimensionales.

Una manera adecuada para calcular $\mathbf{u} \times \mathbf{v}$ es usar *determinantes* con expansión de cofactores, como se muestra a continuación. (Esta forma empleando determinantes 3×3 se usa sólo para ayudar a recordar la fórmula del producto vectorial, pero técnicamente no es un determinante, porque las entradas de la matriz correspondiente no son todas números reales.)

$$\mathbf{u} \times \mathbf{v} = \begin{vmatrix} \mathbf{i} & \mathbf{j} & \mathbf{k} \\ u_1 & u_2 & u_3 \\ v_1 & v_2 & v_3 \end{vmatrix} \quad \begin{matrix} \leftarrow \text{Poner } \mathbf{u} \text{ en la fila 2.} \\ \leftarrow \text{Poner } \mathbf{v} \text{ en la fila 3.} \end{matrix}$$

$$= \begin{vmatrix} \mathbf{i} & \mathbf{j} & \mathbf{k} \\ u_1 & u_2 & u_3 \\ v_1 & v_2 & v_3 \end{vmatrix}\mathbf{i} - \begin{vmatrix} \mathbf{i} & \mathbf{j} & \mathbf{k} \\ u_1 & u_2 & u_3 \\ v_1 & v_2 & v_3 \end{vmatrix}\mathbf{j} + \begin{vmatrix} \mathbf{i} & \mathbf{j} & \mathbf{k} \\ u_1 & u_2 & u_3 \\ v_1 & v_2 & v_3 \end{vmatrix}\mathbf{k}$$

$$= \begin{vmatrix} u_2 & u_3 \\ v_2 & v_3 \end{vmatrix}\mathbf{i} - \begin{vmatrix} u_1 & u_3 \\ v_1 & v_3 \end{vmatrix}\mathbf{j} + \begin{vmatrix} u_1 & u_2 \\ v_1 & v_2 \end{vmatrix}\mathbf{k}$$

$$= (u_2v_3 - u_3v_2)\mathbf{i} - (u_1v_3 - u_3v_1)\mathbf{j} + (u_1v_2 - u_2v_1)\mathbf{k}$$

Observe el signo menos delante de la componente $\mathbf{j}$. Cada uno de los tres determinantes se puede evaluar usando el modelo diagonal siguiente.

$$\begin{vmatrix} a & b \\ c & d \end{vmatrix} = ad - bc.$$

Aquí están un par de ejemplos

$$\begin{vmatrix} 2 & 4 \\ 3 & -1 \end{vmatrix} = (2)(-1) - (4)(3) = -2 - 12 = -14$$

y

$$\begin{vmatrix} 4 & 0 \\ -6 & 3 \end{vmatrix} = (4)(3) - (0)(-6) = 12$$

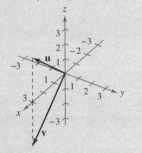
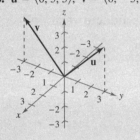
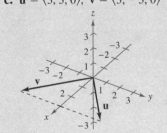

EJEMPLO 1 **Hallar el producto vectorial**

Dados $\mathbf{u} = \mathbf{i} - 2\mathbf{j} + \mathbf{k}$ y $\mathbf{v} = 3\mathbf{i} + \mathbf{j} - 2\mathbf{k}$, determine cada uno de los siguientes productos vectoriales.

a. $\mathbf{u} \times \mathbf{v}$ **b.** $\mathbf{v} \times \mathbf{u}$ **c.** $\mathbf{v} \times \mathbf{v}$

Solución

a. $\mathbf{u} \times \mathbf{v} = \begin{vmatrix} \mathbf{i} & \mathbf{j} & \mathbf{k} \\ 1 & -2 & 1 \\ 3 & 1 & -2 \end{vmatrix}$

$= \begin{vmatrix} -2 & 1 \\ 1 & -2 \end{vmatrix} \mathbf{i} - \begin{vmatrix} 1 & 1 \\ 3 & -2 \end{vmatrix} \mathbf{j} + \begin{vmatrix} 1 & -2 \\ 3 & 1 \end{vmatrix} \mathbf{k}$

$= (4 - 1)\mathbf{i} - (-2 - 3)\mathbf{j} + (1 + 6)\mathbf{k}$

$= 3\mathbf{i} + 5\mathbf{j} + 7\mathbf{k}$

b. $\mathbf{v} \times \mathbf{u} = \begin{vmatrix} \mathbf{i} & \mathbf{j} & \mathbf{k} \\ 3 & 1 & -2 \\ 1 & -2 & 1 \end{vmatrix}$

$= \begin{vmatrix} 1 & -2 \\ -2 & 1 \end{vmatrix} \mathbf{i} - \begin{vmatrix} 3 & -2 \\ 1 & 1 \end{vmatrix} \mathbf{j} + \begin{vmatrix} 3 & 1 \\ 1 & -2 \end{vmatrix} \mathbf{k}$

$= (1 - 4)\mathbf{i} - (3 + 2)\mathbf{j} + (-6 - 1)\mathbf{k}$

$= -3\mathbf{i} - 5\mathbf{j} - 7\mathbf{k}$

c. $\mathbf{v} \times \mathbf{v} = \begin{vmatrix} \mathbf{i} & \mathbf{j} & \mathbf{k} \\ 3 & 1 & -2 \\ 3 & 1 & -2 \end{vmatrix} = \mathbf{0}$

COMENTARIO Observe que este resultado es el negativo del obtenido en el inciso (a).

Los resultados obtenidos en el ejemplo 1 sugieren algunas propiedades *algebraicas* interesantes del producto vectorial. Por ejemplo, $\mathbf{u} \times \mathbf{v} = -(\mathbf{v} \times \mathbf{u})$ y $\mathbf{v} \times \mathbf{v} = 0$. Estas propiedades, y algunas otras, se presentan en forma resumida en el teorema siguiente.

TEOREMA 11.7 **Propiedades algebraicas del producto vectorial**

Sean $\mathbf{u}$, $\mathbf{v}$ y $\mathbf{w}$ vectores en el espacio, y sea c un escalar.

1. $\mathbf{u} \times \mathbf{v} = -(\mathbf{v} \times \mathbf{u})$
2. $\mathbf{u} \times (\mathbf{v} + \mathbf{w}) = (\mathbf{u} \times \mathbf{v}) + (\mathbf{u} \times \mathbf{w})$
3. $c(\mathbf{u} \times \mathbf{v}) = (c\mathbf{u}) \times \mathbf{v} = \mathbf{u} \times (c\mathbf{v})$
4. $\mathbf{u} \times 0 = 0 \times \mathbf{u} = 0$
5. $\mathbf{u} \times \mathbf{u} = 0$
6. $\mathbf{u} \cdot (\mathbf{v} \times \mathbf{w}) = (\mathbf{u} \times \mathbf{v}) \cdot \mathbf{w}$

Demostración Para demostrar la propiedad 1, sean $\mathbf{u} = u_1\mathbf{i} + u_2\mathbf{j} + u_3\mathbf{k}$ y $\mathbf{v} = v_1\mathbf{i} + v_2\mathbf{j} + v_3\mathbf{k}$. Entonces

$$\mathbf{u} \times \mathbf{v} = (u_2v_3 - u_3v_2)\mathbf{i} - (u_1v_3 - u_3v_1)\mathbf{j} + (u_1v_2 - u_2v_1)\mathbf{k}$$

y

$$\mathbf{v} \times \mathbf{u} = (v_2u_3 - v_3u_2)\mathbf{i} - (v_1u_3 - v_3u_1)\mathbf{j} + (v_1u_2 - v_2u_1)\mathbf{k}$$

la cual implica que $\mathbf{u} \times \mathbf{v} = -(\mathbf{v} \times \mathbf{u})$. Las demostraciones de las propiedades 2, 3, 5 y 6 se dejan como ejercicios (vea los ejercicios 51 a 54).

Consulte LarsonCalculus.com para ver el video de esta demostración de Bruce Edwards.

Observe que la propiedad 1 del teorema 11.7 indica que el producto vectorial *no es conmutativo*. En particular, esta propiedad indica que los vectores $\mathbf{u} \times \mathbf{v}$ y $\mathbf{v} \times \mathbf{u}$ tienen longitudes iguales pero direcciones opuestas. El teorema siguiente da una lista de algunas otras de las propiedades *geométricas* del producto vectorial de dos vectores.

TEOREMA 11.8 Propiedades geométricas del producto vectorial

Sean $\mathbf{u}$ y $\mathbf{v}$ vectores distintos de cero en el espacio, y sea θ el ángulo entre $\mathbf{u}$ y $\mathbf{v}$.

1. $\mathbf{u} \times \mathbf{v}$ es ortogonal, tanto a $\mathbf{u}$ como a $\mathbf{v}$.
2. $\|\mathbf{u} \times \mathbf{v}\| = \|\mathbf{u}\|\,\|\mathbf{v}\|\,\mathrm{sen}\,\theta$.
3. $\mathbf{u} \times \mathbf{v} = 0$ si y sólo si $\mathbf{u}$ y $\mathbf{v}$ son múltiplos escalares uno de otro.
4. $\|\mathbf{u} \times \mathbf{v}\| =$ área del paralelogramo que tiene $\mathbf{u}$ y $\mathbf{v}$ como lados adyacentes.

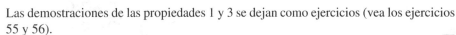

> **• COMENTARIO** De las propiedades 1 y 2 presentadas en el teorema 11.8 se desprende que si $\mathbf{n}$ es un vector unitario ortogonal a $\mathbf{u}$ y a $\mathbf{v}$, entonces
>
> $$\mathbf{u} \times \mathbf{v} = \pm(\|\mathbf{u}\|\,\|\mathbf{v}\|\,\mathrm{sen}\,\theta)\mathbf{n}.$$

Demostración Para probar la propiedad 2, observe que como $\cos \theta = (\mathbf{u} \cdot \mathbf{v})/(\|\mathbf{u}\|\,\|\mathbf{v}\|)$, se deduce que

$$
\begin{aligned}
\|\mathbf{u}\|\,\|\mathbf{v}\|\,\mathrm{sen}\,\theta &= \|\mathbf{u}\|\,\|\mathbf{v}\|\sqrt{1 - \cos^2\theta} \\
&= \|\mathbf{u}\|\,\|\mathbf{v}\|\sqrt{1 - \frac{(\mathbf{u}\cdot\mathbf{v})^2}{\|\mathbf{u}\|^2\|\mathbf{v}\|^2}} \\
&= \sqrt{\|\mathbf{u}\|^2\|\mathbf{v}\|^2 - (\mathbf{u}\cdot\mathbf{v})^2} \\
&= \sqrt{(u_1^2 + u_2^2 + u_3^2)(v_1^2 + v_2^2 + v_3^2) - (u_1v_1 + u_2v_2 + u_3v_3)^2} \\
&= \sqrt{(u_2v_3 - u_3v_2)^2 + (u_1v_3 - u_3v_1)^2 + (u_1v_2 - u_2v_1)^2} \\
&= \|\mathbf{u} \times \mathbf{v}\|.
\end{aligned}
$$

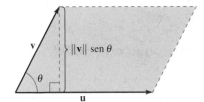

Los vectores $\mathbf{u}$ y $\mathbf{v}$ son los lados adyacentes de un paralelogramo.
Figura 11.35

Para demostrar la propiedad 4, vaya a la figura 11.35, que es un paralelogramo que tiene $\mathbf{v}$ y $\mathbf{u}$ como lados adyacentes. Como la altura del paralelogramo es $\|\mathbf{v}\|\,\mathrm{sen}\,\theta$, el área es

$$
\begin{aligned}
\text{Área} &= (\text{base})(\text{altura}) \\
&= \|\mathbf{u}\|\,\|\mathbf{v}\|\,\mathrm{sen}\,\theta \\
&= \|\mathbf{u} \times \mathbf{v}\|.
\end{aligned}
$$

Las demostraciones de las propiedades 1 y 3 se dejan como ejercicios (vea los ejercicios 55 y 56).

Consulte LarsonCalculus.com para ver el video de esta demostración de Bruce Edwards.

Tanto $\mathbf{u} \times \mathbf{v}$ como $\mathbf{v} \times \mathbf{u}$ son perpendiculares al plano determinado por $\mathbf{u}$ y $\mathbf{v}$. Una manera de recordar las orientaciones de los vectores $\mathbf{u}$, $\mathbf{v}$ y $\mathbf{u} \times \mathbf{v}$ es compararlos con los vectores unitarios $\mathbf{i}$, $\mathbf{j}$ y $\mathbf{k} = \mathbf{i} \times \mathbf{j}$, como se muestra en la figura 11.36. Los tres vectores $\mathbf{u}$, $\mathbf{v}$ y $\mathbf{u} \times \mathbf{v}$ forman un *sistema dextrógiro*, mientras que los tres vectores $\mathbf{u}$, $\mathbf{v}$ y $\mathbf{v} \times \mathbf{u}$ forman un *sistema levógiro*.

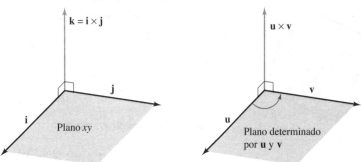

Sistemas dextrógiros.
Figura 11.36

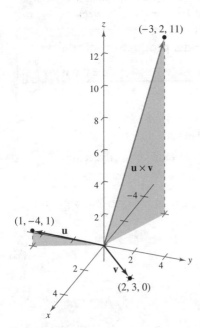

El vector $\mathbf{u} \times \mathbf{v}$ es ortogonal tanto a $\mathbf{u}$ como a $\mathbf{v}$.
Figura 11.37

EJEMPLO 2 **Utilizar el producto vectorial**

•••▷ *Consulte LarsonCalculus.com para una versión interactiva de este tipo de ejemplo.*

Encuentre un vector unitario que es ortogonal tanto a

$$\mathbf{u} = \mathbf{i} - 4\mathbf{j} + \mathbf{k}$$

como a

$$\mathbf{v} = 2\mathbf{i} + 3\mathbf{j}.$$

Solución El producto vectorial $\mathbf{u} \times \mathbf{v}$, como se muestra en la figura 11.37, es ortogonal tanto a $\mathbf{u}$ como a $\mathbf{v}$.

$$\mathbf{u} \times \mathbf{v} = \begin{vmatrix} \mathbf{i} & \mathbf{j} & \mathbf{k} \\ 1 & -4 & 1 \\ 2 & 3 & 0 \end{vmatrix} \qquad \text{Producto vectorial}$$

$$= -3\mathbf{i} + 2\mathbf{j} + 11\mathbf{k}$$

Como

$$\|\mathbf{u} \times \mathbf{v}\| = \sqrt{(-3)^2 + 2^2 + 11^2} = \sqrt{134}$$

un vector unitario ortogonal tanto a $\mathbf{u}$ como a $\mathbf{v}$ es

$$\frac{\mathbf{u} \times \mathbf{v}}{\|\mathbf{u} \times \mathbf{v}\|} = -\frac{3}{\sqrt{134}}\mathbf{i} + \frac{2}{\sqrt{134}}\mathbf{j} + \frac{11}{\sqrt{134}}\mathbf{k}.$$

En el ejemplo 2, observe que se podría haber usado el producto vectorial $\mathbf{v} \times \mathbf{u}$ para formar un vector unitario ortogonal tanto a $\mathbf{u}$ como a $\mathbf{v}$. Con esa opción, se habría obtenido el negativo del vector unitario encontrado en el ejemplo.

EJEMPLO 3 **Aplicación geométrica del producto vectorial**

Demuestre que el cuadrilátero con vértices en los puntos siguientes es un paralelogramo y calcule su área.

$$A = (5, 2, 0) \qquad\qquad B = (2, 6, 1)$$
$$C = (2, 4, 7) \qquad\qquad D = (5, 0, 6)$$

Solución En la figura 11.38 se puede ver que los lados del cuadrilátero corresponden a los siguientes cuatro vectores.

$$\overrightarrow{AB} = -3\mathbf{i} + 4\mathbf{j} + \mathbf{k} \qquad \overrightarrow{CD} = 3\mathbf{i} - 4\mathbf{j} - \mathbf{k} = -\overrightarrow{AB}$$
$$\overrightarrow{AD} = 0\mathbf{i} - 2\mathbf{j} + 6\mathbf{k} \qquad \overrightarrow{CB} = 0\mathbf{i} + 2\mathbf{j} - 6\mathbf{k} = -\overrightarrow{AD}$$

Por tanto, $\overrightarrow{AB}$ es paralelo a $\overrightarrow{CD}$ y $\overrightarrow{AD}$ es paralelo a $\overrightarrow{CB}$, y se puede concluir que el cuadrilátero es un paralelogramo con $\overrightarrow{AB}$ y $\overrightarrow{AD}$ como lados adyacentes. Además, como

$$\overrightarrow{AB} \times \overrightarrow{AD} = \begin{vmatrix} \mathbf{i} & \mathbf{j} & \mathbf{k} \\ -3 & 4 & 1 \\ 0 & -2 & 6 \end{vmatrix} \qquad \text{Producto vectorial}$$

$$= 26\mathbf{i} + 18\mathbf{j} + 6\mathbf{k}$$

el área del paralelogramo es

$$\|\overrightarrow{AB} \times \overrightarrow{AD}\| = \sqrt{1036} \approx 32.19.$$

¿Es el paralelogramo un rectángulo? Para decidir si lo es o no, se calcula el ángulo entre los vectores $\overrightarrow{AB}$ y $\overrightarrow{AD}$.

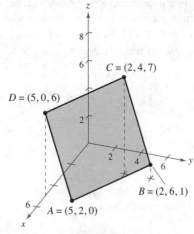

El área del paralelogramo es aproximadamente 32.19.
Figura 11.38

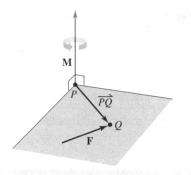

Momento de **F** respecto a P.

Figura 11.39

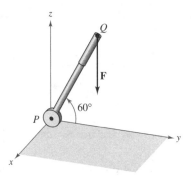

Se aplica una fuerza vertical de 50 libras en el punto Q.

Figura 11.40

En física, el producto vectorial puede usarse para medir el **momento M de una fuerza F respecto a un punto P**, como se muestra en la figura 11.39. Si el punto de aplicación de la fuerza es Q, el momento de **F** respecto a P está dado por

$$\mathbf{M} = \overrightarrow{PQ} \times \mathbf{F}. \qquad \text{Momento de } \mathbf{F} \text{ respecto a } P$$

La magnitud del momento **M** mide la tendencia del vector $\overrightarrow{PQ}$ al girar en sentido contrario al de las manecillas del reloj (usando la regla de la mano derecha) respecto a un eje en dirección del vector **M**.

EJEMPLO 4 **Una aplicación del producto vectorial**

Se aplica una fuerza vertical de 50 libras al extremo de una palanca de 1 pie de longitud unida a un eje en el punto P, como se muestra en la figura 11.40. Calcule el momento de esta fuerza respecto al punto P cuando $\theta = 60°$.

Solución Si representa la fuerza de 50 libras como

$$\mathbf{F} = -50\mathbf{k}$$

y la palanca como

$$\overrightarrow{PQ} = \cos(60°)\mathbf{j} + \operatorname{sen}(60°)\mathbf{k} = \frac{1}{2}\mathbf{j} + \frac{\sqrt{3}}{2}\mathbf{k}.$$

El momento de **F** respecto a P está dado por

$$\mathbf{M} = \overrightarrow{PQ} \times \mathbf{F} = \begin{vmatrix} \mathbf{i} & \mathbf{j} & \mathbf{k} \\ 0 & \dfrac{1}{2} & \dfrac{\sqrt{3}}{2} \\ 0 & 0 & -50 \end{vmatrix} = -25\mathbf{i}. \qquad \text{Momento de } \mathbf{F} \text{ respecto a } P$$

La magnitud de este momento es 25 libras-pie.

En el ejemplo 4, note que el momento (la tendencia de la palanca a girar sobre su eje) depende del ángulo θ. Cuando $\theta = \pi/2$, el momento es 0. El momento es máximo cuando $\theta = 0$.

El triple producto escalar

Dados vectores **u**, **v** y **w** en el espacio, al producto escalar de **u** y $\mathbf{v} \times \mathbf{w}$

$$\mathbf{u} \cdot (\mathbf{v} \times \mathbf{w})$$

se le llama **triple producto escalar**, como se define en el teorema 11.9. La demostración de este teorema se deja como ejercicio (ver el ejercicio 59).

TEOREMA 11.9 **El triple producto escalar**

Para $\mathbf{u} = u_1\mathbf{i} + u_2\mathbf{j} + u_3\mathbf{k}$, $\mathbf{v} = v_1\mathbf{i} + v_2\mathbf{j} + v_3\mathbf{k}$ y $\mathbf{w} = w_1\mathbf{i} + w_2\mathbf{j} + w_3\mathbf{k}$, el triple producto escalar está dado por

$$\mathbf{u} \cdot (\mathbf{v} \times \mathbf{w}) = \begin{vmatrix} u_1 & u_2 & u_3 \\ v_1 & v_2 & v_3 \\ w_1 & w_2 & w_3 \end{vmatrix}.$$

El valor de un determinante se multiplica por -1 si se intercambian dos de sus filas. Después de estos dos intercambios, el valor del determinante queda inalterado. Por tanto, los triples productos escalares siguientes son equivalentes.

$$\mathbf{u} \cdot (\mathbf{v} \times \mathbf{w}) = \mathbf{v} \cdot (\mathbf{w} \times \mathbf{u}) = \mathbf{w} \cdot (\mathbf{u} \times \mathbf{v})$$

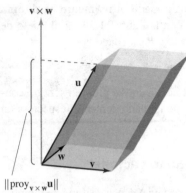

$\mathbf{v} \times \mathbf{w}$

$\|\text{proy}_{\mathbf{v} \times \mathbf{w}}\mathbf{u}\|$

Área de la base = $\|\mathbf{v} \times \mathbf{w}\|$
Volumen del
paralelepípedo = $|\mathbf{u} \cdot (\mathbf{v} \times \mathbf{w})|$
Figura 11.41

Si los vectores $\mathbf{u}$, $\mathbf{v}$ y $\mathbf{w}$ no están en el mismo plano, el triple producto escalar $\mathbf{u} \cdot (\mathbf{v} \times \mathbf{w})$ puede usarse para determinar el volumen del paralelepípedo (un poliedro en el que todas sus caras son paralelogramos) con $\mathbf{u}$, $\mathbf{v}$ y $\mathbf{w}$ como aristas adyacentes, como se muestra en la figura 11.41. Esto se establece en el teorema siguiente.

TEOREMA 11.10 Interpretación geométrica del triple producto escalar

El volumen V de un paralelepípedo con vectores $\mathbf{u}$, $\mathbf{v}$ y $\mathbf{w}$ como aristas adyacentes está dado por

$$V = |\mathbf{u} \cdot (\mathbf{v} \times \mathbf{w})|.$$

Demostración En la figura 11.41 se observa que el área de la base es $\|\mathbf{v} \times \mathbf{w}\|$ y la altura del paralelepípedo es $\|\text{proy}_{\mathbf{v} \times \mathbf{w}}\mathbf{u}\|$. Por consiguiente, el volumen es

$$\begin{aligned} V &= (\text{altura})(\text{área de la base}) \\ &= \|\text{proy}_{\mathbf{v} \times \mathbf{w}}\mathbf{u}\| \|\mathbf{v} \times \mathbf{w}\| \\ &= \left|\frac{\mathbf{u} \cdot (\mathbf{v} \times \mathbf{w})}{\|\mathbf{v} \times \mathbf{w}\|}\right| \|\mathbf{v} \times \mathbf{w}\| \\ &= |\mathbf{u} \cdot (\mathbf{v} \times \mathbf{w})|. \end{aligned}$$

Consulte LarsonCalculus.com para ver el video de esta demostración de Bruce Edwards.

EJEMPLO 5 **Calcular un volumen por medio del triple producto escalar**

Calcule el volumen del paralelepípedo mostrado en la figura 11.42 que tiene

$$\mathbf{u} = 3\mathbf{i} - 5\mathbf{j} + \mathbf{k}$$
$$\mathbf{v} = 2\mathbf{j} - 2\mathbf{k}$$

y

$$\mathbf{w} = 3\mathbf{i} + \mathbf{j} + \mathbf{k}$$

como aristas adyacentes.

Solución Por el teorema 11.10, tiene

$$\begin{aligned} V &= |\mathbf{u} \cdot (\mathbf{v} \times \mathbf{w})| \qquad \text{Triple producto escalar} \\ &= \begin{vmatrix} 3 & -5 & 1 \\ 0 & 2 & -2 \\ 3 & 1 & 1 \end{vmatrix} \\ &= 3\begin{vmatrix} 2 & -2 \\ 1 & 1 \end{vmatrix} - (-5)\begin{vmatrix} 0 & -2 \\ 3 & 1 \end{vmatrix} + (1)\begin{vmatrix} 0 & 2 \\ 3 & 1 \end{vmatrix} \\ &= 3(4) + 5(6) + 1(-6) \\ &= 36. \end{aligned}$$

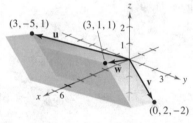

El paralelepípedo tiene un volumen de 36.
Figura 11.42

Una consecuencia natural del teorema 11.10 es que el volumen del paralelepípedo es 0 si y sólo si los tres vectores son coplanares. Es decir, si los vectores $\mathbf{u} = \langle u_1, u_2, u_3 \rangle$, $\mathbf{v} = \langle v_1, v_2, v_3 \rangle$ y $\mathbf{w} = \langle w_1, w_2, w_3 \rangle$ tienen el mismo punto inicial, se encuentran en el mismo plano si y sólo si

$$\mathbf{u} \cdot (\mathbf{v} \times \mathbf{w}) = \begin{vmatrix} u_1 & u_2 & u_3 \\ v_1 & v_2 & v_3 \\ w_1 & w_2 & w_3 \end{vmatrix} = 0.$$

11.4 Ejercicios

Consulte **CalcChat.com** para un tutorial de ayuda y soluciones trabajadas de los ejercicios con numeración impar.

Producto vectorial de vectores unitarios En los ejercicios 1 a 6, calcule el producto vectorial de los vectores unitarios y dibuje su resultado.

1. $\mathbf{j} \times \mathbf{i}$

2. $\mathbf{i} \times \mathbf{j}$

3. $\mathbf{j} \times \mathbf{k}$

4. $\mathbf{k} \times \mathbf{j}$

5. $\mathbf{i} \times \mathbf{k}$

6. $\mathbf{k} \times \mathbf{i}$

Hallar productos vectoriales En los ejercicios 7 a 10, calcule (a) $\mathbf{u} \times \mathbf{v}$, (b) $\mathbf{v} \times \mathbf{u}$, y (c) $\mathbf{v} \times \mathbf{v}$.

7. $\mathbf{u} = -2\mathbf{i} + 4\mathbf{j}$
   $\mathbf{v} = 3\mathbf{i} + 2\mathbf{j} + 5\mathbf{k}$

8. $\mathbf{u} = 3\mathbf{i} + 5\mathbf{k}$
   $\mathbf{v} = 2\mathbf{i} + 3\mathbf{j} - 2\mathbf{k}$

9. $\mathbf{u} = \langle 7, 3, 2 \rangle$
   $\mathbf{v} = \langle 1, -1, 5 \rangle$

10. $\mathbf{u} = \langle 3, -2, -2 \rangle$
   $\mathbf{v} = \langle 1, 5, 1 \rangle$

Hallar productos vectoriales En los ejercicios 11 a 16, calcule $\mathbf{u} \times \mathbf{v}$ y demuestre que es ortogonal tanto a $\mathbf{u}$ como a $\mathbf{v}$.

11. $\mathbf{u} = \langle 12, -3, 0 \rangle$
   $\mathbf{v} = \langle -2, 5, 0 \rangle$

12. $\mathbf{u} = \langle -1, 1, 2 \rangle$
   $\mathbf{v} = \langle 0, 1, 0 \rangle$

13. $\mathbf{u} = \langle 2, -3, 1 \rangle$
   $\mathbf{v} = \langle 1, -2, 1 \rangle$

14. $\mathbf{u} = \langle -10, 0, 6 \rangle$
   $\mathbf{v} = \langle 5, -3, 0 \rangle$

15. $\mathbf{u} = \mathbf{i} + \mathbf{j} + \mathbf{k}$
   $\mathbf{v} = 2\mathbf{i} + \mathbf{j} - \mathbf{k}$

16. $\mathbf{u} = \mathbf{i} + 6\mathbf{j}$
   $\mathbf{v} = -2\mathbf{i} + \mathbf{j} + \mathbf{k}$

Hallar productos vectoriales En los ejercicios 17 a 20, encuentre un vector unitario que sea ortogonal tanto a $\mathbf{u}$ como a $\mathbf{v}$.

17. $\mathbf{u} = \langle 4, -3, 1 \rangle$
   $\mathbf{v} = \langle 2, 5, 3 \rangle$

18. $\mathbf{u} = \langle -8, -6, 4 \rangle$
   $\mathbf{v} = \langle 10, -12, -2 \rangle$

19. $\mathbf{u} = -3\mathbf{i} + 2\mathbf{j} - 5\mathbf{k}$
   $\mathbf{v} = \mathbf{i} - \mathbf{j} + 4\mathbf{k}$

20. $\mathbf{u} = 2\mathbf{k}$
   $\mathbf{v} = 4\mathbf{i} + 6\mathbf{k}$

Área En los ejercicios 21 a 24, calcule el área del paralelogramo que tienen los vectores dados como lados adyacentes. Use un sistema algebraico por computadora o una herramienta de graficación para verificar el resultado.

21. $\mathbf{u} = \mathbf{j}$
   $\mathbf{v} = \mathbf{j} + \mathbf{k}$

22. $\mathbf{u} = \mathbf{i} + \mathbf{j} + \mathbf{k}$
   $\mathbf{v} = \mathbf{j} + \mathbf{k}$

23. $\mathbf{u} = \langle 3, 2, -1 \rangle$
   $\mathbf{v} = \langle 1, 2, 3 \rangle$

24. $\mathbf{u} = \langle 2, -1, 0 \rangle$
   $\mathbf{v} = \langle -1, 2, 0 \rangle$

Área En los ejercicios 25 y 26, verifique que los puntos son los vértices de un paralelogramo, y calcule su área.

25. $A(0, 3, 2), B(1, 5, 5), C(6, 9, 5), D(5, 7, 2)$

26. $A(2, -3, 1), B(6, 5, -1), C(7, 2, 2), D(3, -6, 4)$

Área En los ejercicios 27 y 28, calcule el área del triángulo con los vértices dados. (*Sugerencia:* $\frac{1}{2} \| \mathbf{u} \times \mathbf{v} \|$ es el área del triángulo que tiene $\mathbf{u}$ y $\mathbf{v}$ como lados adyacentes.)

27. $A(0, 0, 0), \ B(1, 0, 3), \ C(-3, 2, 0)$

28. $A(2, -3, 4), \ B(0, 1, 2), \ C(-1, 2, 0)$

29. Momento

Un niño frena en una bicicleta aplicando una fuerza dirigida hacia abajo de 20 libras sobre el pedal cuando la manivela forma un ángulo de 40° con la horizontal (vea la figura). La manivela tiene 6 pulgadas de longitud. Calcule el momento respecto a P.

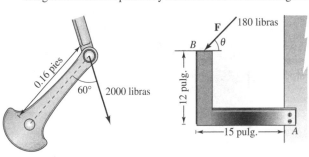

30. Momento La magnitud y la dirección de la fuerza sobre un cigüeñal cambian cuando éste gira. Calcule el momento sobre el cigüeñal usando la posición y los datos mostrados en la figura.

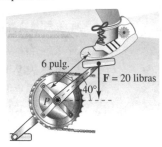

Figura para 30   Figura para 31

31. Optimización Una fuerza de 180 libras actúa sobre el soporte mostrado en la figura.

(a) Determine el vector $\overrightarrow{AB}$ y el vector $\mathbf{F}$ que representa la fuerza. ($\mathbf{F}$ estará en términos de θ.)

(b) Calcule la magnitud del momento respecto a A evaluando $\| \overrightarrow{AB} \times \mathbf{F} \|$.

(c) Use el resultado del inciso (b) para determinar la magnitud del momento cuando $\theta = 30°$.

(d) Use el resultado del inciso (b) para determinar el ángulo θ cuando la magnitud del momento es máxima. A ese ángulo, ¿cuál es la relación entre los vectores $\mathbf{F}$ y $\overrightarrow{AB}$? ¿Es lo que esperaba? ¿Por qué sí o por qué no?

(e) Use una herramienta de graficación para representar la función de la magnitud del momento respecto a A para $0° \le \theta \le 180°$. Encuentre el cero de la función en el dominio dado. Interprete el significado del cero en el contexto del problema.

32. Optimización Una fuerza de 56 libras actúa sobre la llave inglesa mostrada en la figura.

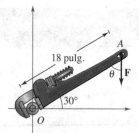

(a) Calcule la magnitud del momento respecto a O evaluando $\|\overrightarrow{OA} \times \mathbf{F}\|$. Use una herramienta de graficación para representar la función de θ que se obtiene.

(b) Use el resultado del inciso (a) para determinar la magnitud del momento cuando $\theta = 45°$.

(c) Use el resultado del inciso (a) para determinar el ángulo θ cuando la magnitud del momento es máxima. ¿Es la respuesta que esperaba? ¿Por qué sí o por qué no?

Hallar un triple producto escalar En los ejercicios 33 a 46, calcule $\mathbf{u} \cdot (\mathbf{v} \times \mathbf{w})$.

33. $\mathbf{u} = \mathbf{i}$
$\mathbf{v} = \mathbf{j}$
$\mathbf{w} = \mathbf{k}$

34. $\mathbf{u} = \langle 1, 1, 1 \rangle$
$\mathbf{v} = \langle 2, 1, 0 \rangle$
$\mathbf{w} = \langle 0, 0, 1 \rangle$

35. $\mathbf{u} = \langle 2, 0, 1 \rangle$
$\mathbf{v} = \langle 0, 3, 0 \rangle$
$\mathbf{w} = \langle 0, 0, 1 \rangle$

36. $\mathbf{u} = \langle 2, 0, 0 \rangle$
$\mathbf{v} = \langle 1, 1, 1 \rangle$
$\mathbf{w} = \langle 0, 2, 2 \rangle$

Volumen En los ejercicios 37 y 38, use el triple producto escalar para encontrar el volumen del paralelepípedo con aristas adyacentes u, v y w.

37. $\mathbf{u} = \mathbf{i} + \mathbf{j}$
$\mathbf{v} = \mathbf{j} + \mathbf{k}$
$\mathbf{w} = \mathbf{i} + \mathbf{k}$

38. $\mathbf{u} = \langle 1, 3, 1 \rangle$
$\mathbf{v} = \langle 0, 6, 6 \rangle$
$\mathbf{w} = \langle -4, 0, -4 \rangle$

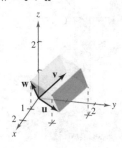
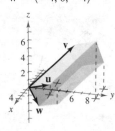

Volumen En los ejercicios 39 y 40, encuentre el volumen del paralelepípedo con los vértices dados.

39. $(0, 0, 0), (3, 0, 0), (0, 5, 1), (2, 0, 5)$
$(3, 5, 1), (5, 0, 5), (2, 5, 6), (5, 5, 6)$

40. $(0, 0, 0), (0, 4, 0), (-3, 0, 0), (-1, 1, 5)$
$(-3, 4, 0), (-1, 5, 5), (-4, 1, 5), (-4, 5, 5)$

41. Comparar productos escalares Identifique los productos escalares que son iguales. Explique su razonamiento. (Suponga que u, v y w son vectores distintos de cero).

(a) $\mathbf{u} \cdot (\mathbf{v} \times \mathbf{w})$
(b) $(\mathbf{v} \times \mathbf{w}) \cdot \mathbf{u}$
(c) $(\mathbf{u} \times \mathbf{v}) \cdot \mathbf{w}$
(d) $(\mathbf{u} \times -\mathbf{w}) \cdot \mathbf{v}$
(e) $\mathbf{u} \cdot (\mathbf{w} \times \mathbf{v})$
(f) $\mathbf{w} \cdot (\mathbf{v} \times \mathbf{u})$
(g) $(-\mathbf{u} \times \mathbf{v}) \cdot \mathbf{w}$
(h) $(\mathbf{w} \times \mathbf{u}) \cdot \mathbf{v}$

42. Usar productos escalares y vectoriales Cuando $\mathbf{u} \times \mathbf{v} = 0$ y $\mathbf{u} \cdot \mathbf{v} = 0$, ¿qué puede concluir de u y de v?

DESARROLLO DE CONCEPTOS

43. Producto vectorial Defina el producto vectorial de los vectores u y v.

44. Producto vectorial Dé las propiedades geométricas del producto vectorial.

45. Magnitud Si las magnitudes de dos vectores se duplican, ¿cómo se modificará la magnitud del producto vectorial de los vectores? Explique.

---

46. **¿CÓMO LO VE?** Los vértices de un triángulo en el espacio son (x_1, y_1, z_1), (x_2, y_2, z_2) y (x_3, y_3, z_3). Explique cómo encontrar un vector perpendicular al triángulo.

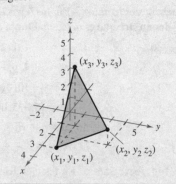

¿Verdadero o falso? En los ejercicios 47 a 50, determine si el enunciado es verdadero o falso. Si es falso, explique por qué o dé un ejemplo que demuestre que es falso.

47. Es posible encontrar el producto vectorial de dos vectores en un sistema de coordenadas bidimensional.

48. Si u y v son vectores en el espacio que son distintos de cero y no paralelos, entonces $\mathbf{u} \times \mathbf{v} = \mathbf{v} \times \mathbf{u}$.

49. Si $\mathbf{u} \neq \mathbf{0}$ y $\mathbf{u} \times \mathbf{v} = \mathbf{v} \times \mathbf{w}$, entonces $\mathbf{v} = \mathbf{w}$.

50. Si $\mathbf{u} \neq \mathbf{0}$, $\mathbf{u} \cdot \mathbf{v} = \mathbf{u} \cdot \mathbf{w}$, y $\mathbf{u} \times \mathbf{v} = \mathbf{v} \times \mathbf{w}$, entonces $\mathbf{v} = \mathbf{w}$.

Demostración En los ejercicios 51 a 56, demuestre la propiedad del producto vectorial.

51. $\mathbf{u} \times (\mathbf{v} + \mathbf{w}) = (\mathbf{u} \times \mathbf{v}) + (\mathbf{u} \times \mathbf{w})$

52. $c(\mathbf{u} \times \mathbf{v}) = (c\mathbf{u}) \times \mathbf{v} = \mathbf{u} \times (c\mathbf{v})$

53. $\mathbf{u} \times \mathbf{u} = \mathbf{0}$
54. $\mathbf{u} \cdot (\mathbf{v} \times \mathbf{w}) = (\mathbf{u} \times \mathbf{v}) \cdot \mathbf{w}$

55. $\mathbf{u} \times \mathbf{v}$ es ortogonal tanto a u como a v.

56. $\mathbf{u} \times \mathbf{v} = \mathbf{0}$ si y sólo si u y v son múltiplos escalares uno del otro.

57. Demostración Demuestre que $\|\mathbf{u} \times \mathbf{v}\| = \|\mathbf{u}\| \|\mathbf{v}\|$ si u y v son ortogonales.

58. Demostración Demuestre que $\mathbf{u} \times (\mathbf{v} \times \mathbf{w}) = (\mathbf{u} \cdot \mathbf{w})\mathbf{v} - (\mathbf{u} \cdot \mathbf{v})\mathbf{w}$.

59. Demostración Demuestre el teorema 11.9.

11.5 Rectas y planos en el espacio

■ **Dar un conjunto de ecuaciones paramétricas para una recta en el espacio.**
■ **Dar una ecuación lineal para representar un plano en el espacio.**
■ **Dibujar el plano dado por una ecuación lineal.**
■ **Hallar las distancias entre puntos, planos y rectas en el espacio.**

Rectas en el espacio

En el plano se usa la *pendiente* para determinar una ecuación de una recta. En el espacio es más conveniente usar *vectores* para determinar la ecuación de una recta.

En la figura 11.43 se considera la recta L a través del punto $P(x_1, y_1, z_1)$ y paralela al vector $\mathbf{v} = \langle a, b, c \rangle$. El vector $\mathbf{v}$ es un **vector de dirección** o director de la recta L, y a, b y c son los números de dirección (o directores). Una manera de describir la recta L es decir que consta de todos los puntos $Q(x, y, z)$ para los que el vector $\overrightarrow{PQ}$ es paralelo a $\mathbf{v}$. Esto significa que $\overrightarrow{PQ}$ es un múltiplo escalar de $\mathbf{v}$, y se puede escribir $\overrightarrow{PQ} = t\mathbf{v}$, donde t es un escalar (un número real).

$$\overrightarrow{PQ} = \langle x - x_1, y - y_1, z - z_1 \rangle = \langle at, bt, ct \rangle = t\mathbf{v}$$

Igualando los componentes correspondientes, se obtienen las **ecuaciones paramétricas** de una recta en el espacio.

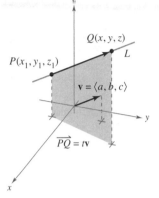

La recta L y su vector de dirección $\mathbf{v}$.
Figura 11.43

TEOREMA 11.11 **Ecuaciones paramétricas de una recta en el espacio**

Una recta L paralela al vector $\mathbf{v} = \langle a, b, c \rangle$ y que pasa por el punto $P(x_1, y_1, z_1)$ se representa por medio de las **ecuaciones paramétricas**

$$x = x_1 + at, \quad y = y_1 + bt \ \text{y} \ z = z_1 + ct.$$

Si todos los números directores a, b y c son distintos de cero, se puede eliminar el parámetro t para obtener las **ecuaciones simétricas** (o cartesianas) de la recta.

$$\frac{x - x_1}{a} = \frac{y - y_1}{b} = \frac{z - z_1}{c} \qquad \text{Ecuaciones simétricas}$$

EJEMPLO 1 **Hallar las ecuaciones paramétricas y simétricas**

Encuentre las ecuaciones paramétricas y simétricas de la recta L que pasa por el punto $(1, -2, 4)$ y es paralela a $\mathbf{v} = \langle 2, 4, -4 \rangle$, como se muestra en la figura 11.44.

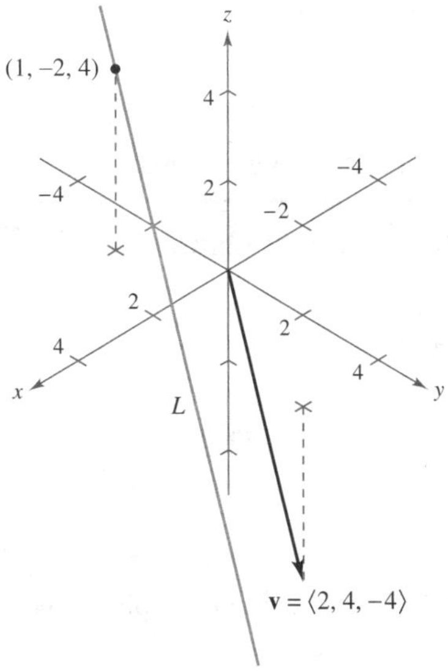

Solución Para hallar un conjunto de ecuaciones paramétricas de la recta, utilice las coordenadas $x_1 = 1$, $y_1 = -2$ y $z_1 = 4$, y los números de dirección $a = 2$, $b = 4$ y $c = -4$.

$$x = 1 + 2t, \quad y = -2 + 4t, \quad z = 4 - 4t \qquad \text{Ecuaciones paramétricas}$$

Como a, b y c son todos diferentes de cero, un conjunto de ecuaciones simétricas es

$$\frac{x - 1}{2} = \frac{y + 2}{4} = \frac{z - 4}{-4}. \qquad \text{Ecuaciones simétricas}$$

Ni las ecuaciones paramétricas ni las ecuaciones simétricas de una recta dada son únicas. Así, en el ejemplo 1, tomando $t = 1$ en las ecuaciones paramétricas se obtiene el punto $(3, 2, 0)$. Usando este punto con los números de dirección $a = 2$, $b = 4$ y $c = -4$ se obtiene un conjunto diferente de ecuaciones paramétricas.

$$x = 3 + 2t, \quad y = 2 + 4t \ \text{y} \ z = -4t.$$

El vector $\mathbf{v}$ es paralelo a la recta L.
Figura 11.44

EJEMPLO 2 **Ecuaciones paramétricas de una recta que pasa por dos puntos**

▷ *Consulte LarsonCalculus.com para una versión interactiva de este tipo de ejemplo.*

Encuentre un conjunto de ecuaciones paramétricas de la recta que pasa por los puntos

$$(-2, 1, 0) \quad y \quad (1, 3, 5).$$

Solución Empiece por usar los puntos $P(-2, 1, 0)$ y $Q(1, 3, 5)$ para hallar un vector de dirección de la recta que pasa por P y Q dado por

$$\mathbf{v} = \overrightarrow{PQ} = \langle 1 - (-2), 3 - 1, 5 - 0 \rangle = \langle 3, 2, 5 \rangle = \langle a, b, c \rangle$$

Usando los números de dirección $a = 3$, $b = 2$ y $c = 5$ junto con el punto $P(-2, 1, 0)$, obtiene las ecuaciones paramétricas

$$x = -2 + 3t, \qquad y = 1 + 2t \qquad y \qquad z = 5t.$$

COMENTARIO Como t varía sobre todos los números reales, las ecuaciones paramétricas del ejemplo 2 determinan los puntos (x, y, z) sobre la línea. En particular, observe que $t = 0$ y $t = 1$ dan los puntos originales $(-2, 1, 0)$ y $(1, 3, 5)$.

Planos en el espacio

Ya ha visto cómo se puede obtener una ecuación de una recta en el espacio a partir de un punto sobre la recta y un vector *paralelo* a ella. Ahora verá que una ecuación de un plano en el espacio se puede obtener a partir de un punto en el plano y de un vector *normal* (perpendicular) al plano.

Considere el plano que contiene el punto $P(x_1, y_1, z_1)$ y que tiene un vector normal distinto de cero

$$\mathbf{n} = \langle a, b, c \rangle$$

como se muestra en la figura 11.45. Este plano consta de todos los puntos $Q(x, y, z)$ para los cuales el vector $\overrightarrow{PQ}$ es ortogonal a $\mathbf{n}$. Usando el producto vectorial, se puede escribir

$$\mathbf{n} \cdot \overrightarrow{PQ} = 0$$
$$\langle a, b, c \rangle \cdot \langle x - x_1, y - y_1, z - z_1 \rangle = 0$$
$$a(x - x_1) + b(y - y_1) + c(z - z_1) = 0$$

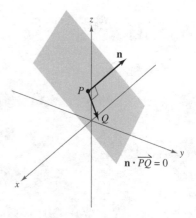

El vector normal $\mathbf{n}$ es ortogonal a todo vector $\overrightarrow{PQ}$ en el plano.
Figura 11.45

La tercera ecuación del plano se dice que está en **forma canónica o estándar**.

TEOREMA 11.12 **Ecuación canónica o estándar de un plano en el espacio**

El plano que contiene el punto (x_1, y_1, z_1) y tiene un vector normal

$$\mathbf{n} = \langle a, b, c \rangle$$

puede representarse en **forma canónica o estándar** por medio de la ecuación

$$a(x - x_1) + b(y - y_1) + c(z - z_1) = 0.$$

Reagrupando términos se obtiene la forma general de la ecuación de un plano en el espacio.

$$ax + by + cz + d = 0 \qquad \text{Forma general de la ecuación de un plano}$$

Dada la forma general de la ecuación de un plano, es fácil hallar un vector normal al plano. Simplemente se usan los coeficientes de x, y y z para escribir

$$\mathbf{n} = \langle a, b, c \rangle.$$

EJEMPLO 3   **Hallar una ecuación de un plano en el espacio tridimensional**

Encuentre la ecuación general del plano que contiene a los puntos

$$(2, 1, 1), \quad (0, 4, 1) \quad y \quad (-2, 1, 4).$$

Solución   Para aplicar el teorema 11.12 necesita un punto en el plano y un vector que sea normal al plano. Hay tres opciones para el punto, pero no se da ningún vector normal. Para obtener un vector normal, use el producto vectorial de los vectores $\mathbf{u}$ y $\mathbf{v}$ que van del punto $(2, 1, 1)$ a los puntos $(0, 4, 1)$ y $(-2, 1, 4)$, como se muestra en la figura 11.46. Los vectores $\mathbf{u}$ y $\mathbf{v}$ dados mediante sus componentes son

$$\mathbf{u} = \langle 0 - 2, 4 - 1, 1 - 1 \rangle = \langle -2, 3, 0 \rangle$$
$$\mathbf{v} = \langle -2 - 2, 1 - 1, 4 - 1 \rangle = \langle -4, 0, 3 \rangle$$

así que

$$\mathbf{n} = \mathbf{u} \times \mathbf{v}$$
$$= \begin{vmatrix} \mathbf{i} & \mathbf{j} & \mathbf{k} \\ -2 & 3 & 0 \\ -4 & 0 & 3 \end{vmatrix}$$
$$= 9\mathbf{i} + 6\mathbf{j} + 12\mathbf{k}$$
$$= \langle a, b, c \rangle$$

es normal al plano dado. Usando los números de dirección para $\mathbf{n}$ y el punto $(x_1, y_1, z_1) = (2, 1, 1)$, puede determinar que una ecuación del plano es

$$a(x - x_1) + b(y - y_1) + c(z - z_1) = 0$$
$$9(x - 2) + 6(y - 1) + 12(z - 1) = 0 \qquad \text{Forma canónica o estándar}$$
$$9x + 6y + 12z - 36 = 0 \qquad \text{Forma general}$$
$$3x + 2y + 4z - 12 = 0. \qquad \text{Forma general simplificada}$$

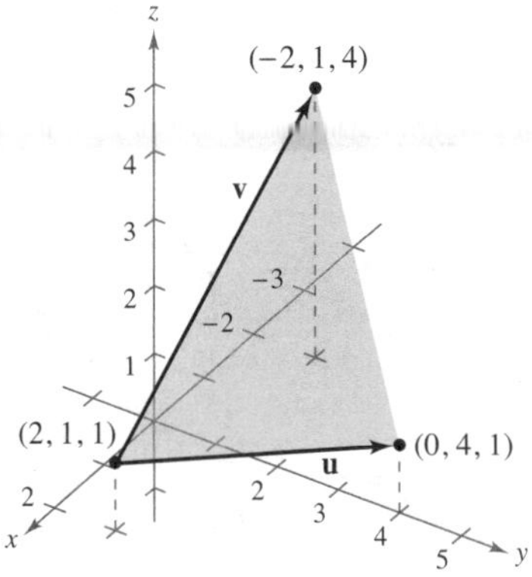

Un plano determinado por $\mathbf{u}$ y $\mathbf{v}$.
Figura 11.46

COMENTARIO   En el ejemplo 3, verifique que cada uno de los tres puntos originales satisface la ecuación

$$3x + 2y + 4z - 12 = 0.$$

Dos planos distintos en el espacio tridimensional o son paralelos o se cortan en una recta. Si se cortan, se puede determinar el ángulo ($0 \le \theta \le \pi/2$) entre ellos a partir del ángulo entre sus vectores normales, como se muestra en la figura 11.47. Específicamente, si los vectores $\mathbf{n}_1$ y $\mathbf{n}_2$ son normales a dos planos que se cortan, el ángulo θ entre los vectores normales es igual al ángulo entre los dos planos y está dado por

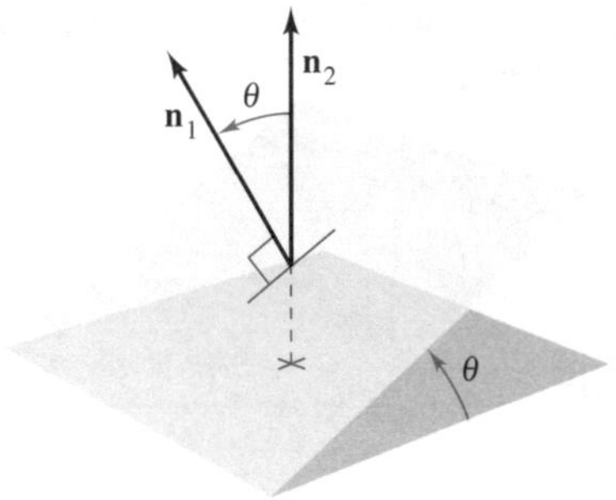

$$\cos \theta = \frac{|\mathbf{n}_1 \cdot \mathbf{n}_2|}{\|\mathbf{n}_1\| \|\mathbf{n}_2\|}. \qquad \text{Ángulo entre dos planos}$$

Por consiguiente, dos planos con vectores normales $\mathbf{n}_1$ y $\mathbf{n}_2$ son

1. *Perpendiculares* si $\mathbf{n}_1 \cdot \mathbf{n}_2 = 0$
2. *Paralelos* si $\mathbf{n}_1$ es un múltiplo escalar de $\mathbf{n}_2$.

El ángulo θ entre dos planos.
Figura 11.47

EJEMPLO 4 **Hallar la recta de intersección de dos planos**

Encuentre el ángulo entre los dos planos dados por

$$x - 2y + z = 0 \quad \text{y} \quad 2x + 3y - 2z = 0,$$

y determine las ecuaciones paramétricas de su recta de intersección (vea la figura 11.48).

•••**COMENTARIO** Las gráficas rotativas tridimensionales que están disponibles en *LarsonCalculus.com* pueden ayudarle a visualizar superficies como las que se muestran en la figura 11.48. Si usted tiene acceso a estas gráficas, debe usarlas para ayudar a su intuición espacial al estudiar esta sección y otras secciones en el texto que tratan con vectores, curvas o superficies en el espacio.

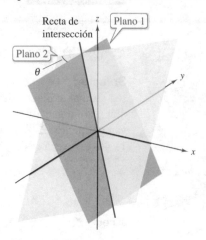

Figura 11.48

Solución Los vectores normales a los planos son $\mathbf{n}_1 = (1, -2, 1)$ y $\mathbf{n}_2 = (2, 3, -2)$. Por consiguiente, el ángulo entre los dos planos está determinado como sigue.

$$\cos \theta = \frac{|\mathbf{n}_1 \cdot \mathbf{n}_2|}{\|\mathbf{n}_1\| \|\mathbf{n}_2\|} = \frac{|-6|}{\sqrt{6}\sqrt{17}} = \frac{6}{\sqrt{102}} \approx 0.59409$$

Esto implica que el ángulo entre los dos planos es $\theta \approx 53.55°$. Puede hallar la recta de intersección de los dos planos resolviendo simultáneamente las dos ecuaciones lineales que representan a los planos. Una manera de hacer esto es multiplicar la primera ecuación por -2 y sumar el resultado a la segunda ecuación.

$$\begin{array}{ll} x - 2y + z = 0 & \implies \quad -2x + 4y - 2z = 0 \\ 2x + 3y - 2z = 0 & \qquad \quad \underline{2x + 3y - 2z = 0} \\ & \qquad \qquad \quad 7y - 4z = 0 \implies y = \dfrac{4z}{7} \end{array}$$

Sustituyendo $y = 4z/7$ en una de las ecuaciones originales, puede determinar que $x = z/7$. Finalmente, haciendo $t = z/7$, se obtienen las ecuaciones paramétricas

$$x = t, \quad y = 4t \quad \text{y} \quad z = 7t \qquad \text{Recta de intersección}$$

lo cual indica que 1, 4 y 7 son los números de dirección de la recta de intersección. ∎

Observe que los números de dirección del ejemplo 4 se pueden obtener a partir del producto vectorial de los dos vectores normales como sigue.

$$\mathbf{n}_1 \times \mathbf{n}_2 = \begin{vmatrix} \mathbf{i} & \mathbf{j} & \mathbf{k} \\ 1 & -2 & 1 \\ 2 & 3 & -2 \end{vmatrix}$$

$$= \begin{vmatrix} -2 & 1 \\ 3 & -2 \end{vmatrix} \mathbf{i} - \begin{vmatrix} 1 & 1 \\ 2 & -2 \end{vmatrix} \mathbf{j} + \begin{vmatrix} 1 & -2 \\ 2 & 3 \end{vmatrix} \mathbf{k}$$

$$= \mathbf{i} + 4\mathbf{j} + 7\mathbf{k}$$

Esto significa que la recta de intersección de los dos planos es paralela al producto vectorial de sus vectores normales.

Trazado de planos en el espacio

Si un plano en el espacio corta uno de los planos coordenados, a la recta de intersección se le llama **traza** del plano dado en el plano coordenado. Para dibujar un plano en el espacio es útil hallar sus puntos de intersección con los ejes coordenados y sus trazas en los planos coordenados. Por ejemplo, considere el plano dado por

$$3x + 2y + 4z = 12. \qquad \text{Ecuación del plano}$$

Puede hallar la traza xy haciendo $z = 0$ y dibujando la recta

$$3x + 2y = 12 \qquad \text{Traza } xy$$

en el plano xy. Esta recta corta el eje x en $(4, 0, 0)$ y el eje y en $(0, 6, 0)$. En la figura 11.49 se continúa con este proceso encontrando la traza yz y la traza xz, y sombreando la región triangular que se encuentra en el primer octante.

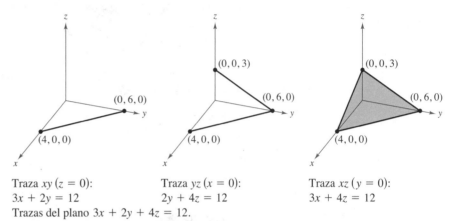

Traza xy ($z = 0$):
$3x + 2y = 12$

Traza yz ($x = 0$):
$2y + 4z = 12$

Traza xz ($y = 0$):
$3x + 4z = 12$

Trazas del plano $3x + 2y + 4z = 12$.
Figura 11.49

Si en una ecuación de un plano está ausente una variable, como en la ecuación

$$2x + z = 1$$

el plano debe ser *paralelo al eje* correspondiente a la variable ausente, como se muestra en la figura 11.50. Si en la ecuación de un plano faltan dos variables, éste es

$$ax + d = 0$$

paralelo al plano coordenado correspondiente a las variables ausentes, como se muestra en la figura 11.51.

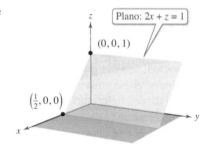

El plano $2x + z = 1$ es paralelo al eje y.
Figura 11.50

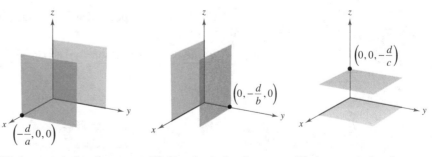

El plano $ax + d = 0$ es paralelo al plano yz.

El plano $by + d = 0$ es paralelo al plano xz.

El plano $cz + d = 0$ es paralelo al plano xy.

Figura 11.51

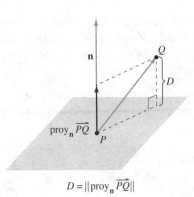

$$D = \|\text{proy}_{\mathbf{n}} \overrightarrow{PQ}\|$$

La distancia entre un punto y un plano.
Figura 11.52

Distancias entre puntos, planos y rectas

Esta sección concluye con el análisis de dos tipos básicos de problemas sobre distancias en el espacio: (1) calcule la distancia de un punto a un plano, y (2) calcule la distancia de un punto a una recta. Las soluciones de estos problemas ilustran la versatilidad y utilidad de los vectores en la geometría analítica; el primer problema usa el *producto escalar* de dos vectores, y el segundo problema usa el *producto vectorial*.

La distancia D de un punto Q a un plano es la longitud del segmento de recta más corto que une a Q con el plano, como se muestra en la figura 11.52. Si P es un punto *cualquiera* del plano, esta distancia se puede hallar proyectando el vector $\overrightarrow{PQ}$ sobre el vector normal $\mathbf{n}$. La longitud de esta proyección es la distancia buscada.

TEOREMA 11.13   Distancia de un punto a un plano

La distancia de un punto a un plano Q (no en el plano) es

$$D = \|\text{proy}_{\mathbf{n}} \overrightarrow{PQ}\| = \frac{|\overrightarrow{PQ} \cdot \mathbf{n}|}{\|\mathbf{n}\|}$$

donde P es un punto en el plano y $\mathbf{n}$ es normal al plano.

Para encontrar un punto en el plano dado por $ax + by + cz + d = 0$, donde $a \times 0$, se hace $y = 0$ y $z = 0$. Entonces, de la ecuación $ax + d = 0$ se puede concluir que el punto

$$\left(-\frac{d}{a}, 0, 0\right)$$

está en el plano.

EJEMPLO 5   Calcular la distancia de un punto a un plano

Calcule la distancia del punto $Q(1, 5, -4)$ al plano dado por $3x - y + 2z = 6$.

Solución   Sabe que $\mathbf{n} = \langle 3, -1, 2 \rangle$ es normal al plano dado. Para hallar un punto en el plano, haga $y = 0$ y $z = 0$, y obtiene el punto $P(2, 0, 0)$. El vector que va de P a Q está dado por

$$\begin{aligned} \overrightarrow{PQ} &= \langle 1 - 2, 5 - 0, -4 - 0 \rangle \\ &= \langle -1, 5, -4 \rangle. \end{aligned}$$

Usando la fórmula para la distancia dada en el teorema 11.13 tiene

$$D = \frac{|\overrightarrow{PQ} \cdot \mathbf{n}|}{\|\mathbf{n}\|} = \frac{|\langle -1, 5, -4 \rangle \cdot \langle 3, -1, 2 \rangle|}{\sqrt{9 + 1 + 4}} = \frac{|-3 - 5 - 8|}{\sqrt{14}} = \frac{16}{\sqrt{14}} \approx 4.28.$$

> **COMENTARIO**   En la solución, observe que el punto P que se eligió en el ejemplo 5 es arbitrario. Seleccione un punto diferente en el plano para verificar que se obtiene la misma distancia.

Del teorema 11.13 puede determinar que la distancia del punto $Q(x_0, y_0, z_0)$ al plano dado por $ax + by + cz + d = 0$ es

$$D = \frac{|a(x_0 - x_1) + b(y_0 - y_1) + c(z_0 - z_1)|}{\sqrt{a^2 + b^2 + c^2}}$$

o

$$D = \frac{|ax_0 + by_0 + cz_0 + d|}{\sqrt{a^2 + b^2 + c^2}}$$ Distancia entre un punto y un plano

donde $P(x_1, y_1, z_1)$ es un punto en el plano y $d = -(ax_1 + by_1 + cz_1)$.

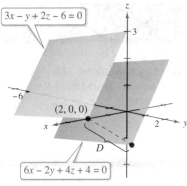

La distancia entre los planos paralelos es aproximadamente 2.14.
Figura 11.53

EJEMPLO 6 **Encontrar la distancia entre dos planos paralelos**

Los dos planos paralelos dados por $3x - y + 2z - 6 = 0$ y $6x - 2y + 4z + 4 = 0$, se muestran en la figura 11.53. Para encontrar la distancia entre los planos, elija un punto en el primer plano, digamos $(x_0, y_0, z_0) = (2, 0, 0)$. Después, del segundo plano, puede determinar que $a = 6$, $b = -2$, $c = 4$ y $d = 4$, y concluir que la distancia es

$$D = \frac{|ax_0 + by_0 + cz_0 + d|}{\sqrt{a^2 + b^2 + c^2}}$$

$$= \frac{|6(2) + (-2)(0) + (4)(0) + 4|}{\sqrt{6^2 + (-2)^2 + 4^2}}$$

$$= \frac{16}{\sqrt{56}} = \frac{8}{\sqrt{14}} \approx 2.14.$$

La fórmula para la distancia de un punto a una recta en el espacio se parece a la de la distancia de un punto a un plano, excepto que se remplaza el producto vectorial por la magnitud del producto vectorial y el vector normal **n** por un vector de dirección para la recta.

TEOREMA 11.14 Distancia de un punto a una recta en el espacio

La distancia de un punto Q a una recta en el espacio está dada por

$$D = \frac{\|\overrightarrow{PQ} \times \mathbf{u}\|}{\|\mathbf{u}\|}$$

donde **u** es un vector de dirección para la recta y P es un punto sobre la recta.

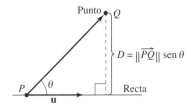

Distancia de un punto a una recta.
Figura 11.54

Demostración En la figura 11.54, sea D la distancia del punto Q a la recta dada. Entonces $D = \|\overrightarrow{PQ}\| \operatorname{sen} \theta$, donde θ es el ángulo entre **u** y $\overrightarrow{PQ}$. Por la propiedad 2 del teorema 11.8, se tiene $\|\mathbf{u}\|\|\overrightarrow{PQ}\| \operatorname{sen} \theta = \|\mathbf{u} \times \overrightarrow{PQ}\| = \|\overrightarrow{PQ} \times \mathbf{u}\|$. Por consiguiente,

$$D = \|\overrightarrow{PQ}\| \operatorname{sen} \theta = \frac{\|\overrightarrow{PQ} \times \mathbf{u}\|}{\|\mathbf{u}\|}.$$

Consulte LarsonCalculus.com para ver el video de esta demostración de Bruce Edwards.

EJEMPLO 7 **Hallar la distancia de un punto a una recta**

Encuentre la distancia del punto $Q(3, -1, 4)$ a la recta dada por

$$x = -2 + 3t, \quad y = -2t \quad \text{y} \quad z = 1 + 4t.$$

Solución Usando los números de dirección 3, -2 y 4, sabe que un vector de dirección de la recta es $\mathbf{u} = \langle 3, -2, 4 \rangle$. Para determinar un punto en la recta, haga $t = 0$ y obtiene $P = (-2, 0, 1)$. Así

$$\overrightarrow{PQ} = \langle 3 - (-2), -1 - 0, 4 - 1 \rangle = \langle 5, -1, 3 \rangle$$

y se puede formar el producto vectorial

$$\overrightarrow{PQ} \times \mathbf{u} = \begin{vmatrix} \mathbf{i} & \mathbf{j} & \mathbf{k} \\ 5 & -1 & 3 \\ 3 & -2 & 4 \end{vmatrix} = 2\mathbf{i} - 11\mathbf{j} - 7\mathbf{k} = \langle 2, -11, -7 \rangle.$$

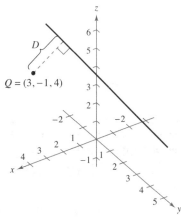

La distancia entre el punto Q y la recta es $\sqrt{6} \approx 2.45$.
Figura 11.55

Por último, usando el teorema 11.14 se encuentra que la distancia es

$$D = \frac{\|\overrightarrow{PQ} \times \mathbf{u}\|}{\|\mathbf{u}\|} = \frac{\sqrt{174}}{\sqrt{29}} = \sqrt{6} \approx 2.45. \qquad \text{Vea la figura 11.55.}$$

11.5 Ejercicios

Verificar los puntos de una recta En los ejercicios 1 y 2, determine si cada punto yace sobre la recta.

1. $x = -2 + t, y = 3t, z = 4 + t$

   (a) $(0, 6, 6)$ (b) $(2, 3, 5)$

2. $\dfrac{x - 3}{2} = \dfrac{y - 7}{8} = z + 2$

   (a) $(7, 23, 0)$ (b) $(1, -1, -3)$

Hallar ecuaciones paramétricas y simétricas En los ejercicios 3 a 8, encuentre conjuntos de (a) ecuaciones paramétricas y (b) ecuaciones simétricas de la recta por el punto paralela al vector o recta dado (si es posible). (Para cada recta, escriba los números de dirección como enteros.)

Punto	Paralela a
3. $(0, 0, 0)$	$\mathbf{v} = \langle 3, 1, 5 \rangle$
4. $(0, 0, 0)$	$\mathbf{v} = \langle -2, \frac{5}{2}, 1 \rangle$
5. $(-2, 0, 3)$	$\mathbf{v} = 2\mathbf{i} + 4\mathbf{j} - 2\mathbf{k}$
6. $(-3, 0, 2)$	$\mathbf{v} = 6\mathbf{j} + 3\mathbf{k}$
7. $(1, 0, 1)$	$x = 3 + 3t, y = 5 - 2t, z = -7 + t$
8. $(-3, 5, 4)$	$\dfrac{x - 1}{3} = \dfrac{y + 1}{-2} = z - 3$

Hallar ecuaciones paramétricas y simétricas En los ejercicios 9 a 12, encuentre conjuntos de (a) ecuaciones paramétricas y (b) ecuaciones simétricas de la recta que pasa por los dos puntos (si es posible). (Para cada recta, escriba los números de dirección como enteros.)

9. $(5, -3, -2), \left(-\frac{2}{3}, \frac{2}{3}, 1\right)$ **10.** $(0, 4, 3), (-1, 2, 5)$

11. $(7, -2, 6), (-3, 0, 6)$ **12.** $(0, 0, 25), (10, 10, 0)$

Hallar ecuaciones paramétricas En los ejercicios 13 a 20, encuentre un conjunto de ecuaciones paramétricas de la recta.

13. La recta pasa por el punto $(2, 3, 4)$ y es paralela al plano xz y al plano yz.

14. La recta pasa por el punto $(-4, 5, 2)$ y es paralela al plano xy y al plano yz.

15. La recta pasa por el punto $(2, 3, 4)$ y es perpendicular al plano dado por $3x + 2y - z = 6$.

16. La recta pasa por el punto $(-4, 5, 2)$ y es perpendicular al plano dado por $-x + 2y + z = 5$.

17. La recta pasa por el punto $(5, -3, -4)$ y es paralela a $\mathbf{v} = \langle 2, -1, 3 \rangle$.

18. La recta pasa por el punto $(-1, 4, -3)$ y es paralela a $\mathbf{v} = 5\mathbf{i} - \mathbf{j}$.

19. La recta pasa por el punto $(2, 1, 2)$ y es paralela a la recta $x = -t$, $y = 1 + t, z = -2 + t$.

20. La recta pasa por el punto $(-6, 0, 8)$ y es paralela a la recta $x = 5 - 2t, y = -4 + 2t, z = 0$.

Usar ecuaciones paramétricas y simétricas En los ejercicios 21 a 24, determine las coordenadas de un punto P sobre la recta y un vector $\mathbf{v}$ paralelo a la recta.

21. $x = 3 - t, \quad y = -1 + 2t, \quad z = -2$

22. $x = 4t, \quad y = 5 - t, \quad z = 4 + 3t$

23. $\dfrac{x - 7}{4} = \dfrac{y + 6}{2} = z + 2$ **24.** $\dfrac{x + 3}{5} = \dfrac{y}{8} = \dfrac{z - 3}{6}$

Determinar rectas paralelas En los ejercicios 25 a 28, determine si algunas de las rectas son paralelas o idénticas.

25. L_1: $x = 6 - 3t, \quad y = -2 + 2t, \quad z = 5 + 4t$

   L_2: $x = 6t, \quad y = 2 - 4t, \quad z = 13 - 8t$

   L_3: $x = 10 - 6t, \quad y = 3 + 4t, \quad z = 7 + 8t$

   L_4: $x = -4 + 6t, \quad y = 3 + 4t, \quad z = 5 - 6t$

26. L_1: $x = 3 + 2t, \quad y = -6t, \quad z = 1 - 2t$

   L_2: $x = 1 + 2t, \quad y = -1 - t, \quad z = 3t$

   L_3: $x = -1 + 2t, \quad y = 3 - 10t, \quad z = 1 - 4t$

   L_4: $x = 5 + 2t, \quad y = 1 - t, \quad z = 8 + 3t$

27. L_1: $\dfrac{x - 8}{4} = \dfrac{y + 5}{-2} = \dfrac{z + 9}{3}$

   L_2: $\dfrac{x + 7}{2} = \dfrac{y - 4}{1} = \dfrac{z + 6}{5}$

   L_3: $\dfrac{x + 4}{-8} = \dfrac{y - 1}{4} = \dfrac{z + 18}{-6}$

   L_4: $\dfrac{x - 2}{-2} = \dfrac{y + 3}{1} = \dfrac{z - 4}{1.5}$

28. L_1: $\dfrac{x - 3}{2} = \dfrac{y - 2}{1} = \dfrac{z + 2}{2}$

   L_2: $\dfrac{x - 1}{4} = \dfrac{y - 1}{2} = \dfrac{z + 3}{4}$

   L_3: $\dfrac{x + 2}{1} = \dfrac{y - 1}{0.5} = \dfrac{z - 3}{1}$

   L_4: $\dfrac{x - 3}{2} = \dfrac{y + 1}{4} = \dfrac{z - 2}{-1}$

Hallar un punto de intersección En los ejercicios 29 a 32, determine si las rectas se cortan, y si es así, halle el punto de intersección y el coseno del ángulo de intersección.

29. $x = 4t + 2, \quad y = 3, \quad z = -t + 1$

   $x = 2s + 2, \quad y = 2s + 3, \quad z = s + 1$

30. $x = -3t + 1, \quad y = 4t + 1, \quad z = 2t + 4$

   $x = 3s + 1, \quad y = 2s + 4, \quad z = -s + 1$

31. $\dfrac{x}{3} = \dfrac{y - 2}{-1} = z + 1, \quad \dfrac{x - 1}{4} = y + 2 = \dfrac{z + 3}{-3}$

32. $\dfrac{x - 2}{-3} = \dfrac{y - 2}{6} = z - 3, \quad \dfrac{x - 3}{2} = y + 5 = \dfrac{z + 2}{4}$

Verificar puntos en un plano En los ejercicios 33 y 34, determine si el plano pasa por cada punto.

33. $x + 2y - 4z - 1 = 0$

   (a) $(-7, 2, -1)$ (b) $(5, 2, 2)$

34. $2x + y + 3z - 6 = 0$

   (a) $(3, 6, -2)$ (b) $(-1, 5, -1)$

Hallar la ecuación de un plano En los ejercicios 35 a 40, encuentre una ecuación del plano que pasa por el punto y es perpendicular al vector o recta dado.

Punto	Perpendicular a
35. $(1, 3, -7)$	$\mathbf{n} = \mathbf{j}$
36. $(0, -1, 4)$	$\mathbf{n} = \mathbf{k}$
37. $(3, 2, 2)$	$\mathbf{n} = 2\mathbf{i} + 3\mathbf{j} - \mathbf{k}$
38. $(0, 0, 0)$	$\mathbf{n} = -3\mathbf{i} + 2\mathbf{k}$
39. $(-1, 4, 0)$	$x = -1 + 2t, y = 5 - t, z = 3 - 2t$
40. $(3, 2, 2)$	$\dfrac{x-1}{4} = y + 2 = \dfrac{z+3}{-3}$

Hallar una ecuación de un plano En los ejercicios 41 a 52, encuentre una ecuación del plano.

41. El plano que pasa por $(0, 0, 0)$, $(2, 0, 3)$ y $(-3, -1, 5)$.

42. El plano que pasa por $(3, -1, 2)$, $(2, 1, 5)$ y $(1, -2, -2)$.

43. El plano que pasa por $(1, 2, 3)$, $(3, 2, 1)$ y $(-1, -2, 2)$.

44. El plano que pasa por el punto $(1, 2, 3)$ y es paralelo al plano yz.

45. El plano que pasa por el punto $(1, 2, 3)$ y es paralelo al plano xy.

46. El plano contiene el eje y y forma un ángulo de $\pi/6$ con el eje x positivo.

47. El plano contiene las rectas dadas por

$$\frac{x-1}{-2} = y - 4 = z$$

y

$$\frac{x-2}{-3} = \frac{y-1}{4} = \frac{z-2}{-1}.$$

48. El plano pasa por el punto $(2, 2, 1)$ y contiene la recta dada por

$$\frac{x}{2} = \frac{y-4}{-1} = z.$$

49. El plano pasa por los puntos $(2, 2, 1)$ y $(-1, 1, -1)$ y es perpendicular al plano $2x - 3y + z = 3$.

50. El plano pasa por los puntos $(3, 2, 1)$ y $(3, 1, -5)$, y es perpendicular al plano $6x + 7y + 2z = 10$.

51. El plano pasa por los puntos $(1, -2, -1)$ y $(2, 5, 6)$, y es paralelo al eje x.

52. El plano pasa por los puntos $(4, 2, 1)$ y $(-3, 5, 7)$, y es paralelo al eje z.

Hallar una ecuación de un plano En los ejercicios 53 a 56, encuentre una ecuación del plano que contiene todos los puntos equidistantes de los puntos dados.

53. $(2, 2, 0)$, $(0, 2, 2)$ **54.** $(1, 0, 2)$, $(2, 0, 1)$

55. $(-3, 1, 2)$, $(6, -2, 4)$ **56.** $(-5, 1, -3)$, $(2, -1, 6)$

Comparar planos En los ejercicios 57 a 62, determine si los planos son paralelos, ortogonales o ninguna de las dos cosas. Si no son ni paralelos ni ortogonales, halle el ángulo de intersección.

57. $5x - 3y + z = 4$ **58.** $3x + y - 4z = 3$

    $x + 4y + 7z = 1$ $-9x - 3y + 12z = 4$

59. $x - 3y + 6z = 4$ **60.** $3x + 2y - z = 7$

    $5x + y - z = 4$ $x - 4y + 2z = 0$

61. $x - 5y - z = 1$ **62.** $2x - z = 1$

    $5x - 25y - 5z = -3$ $4x + y + 8z = 10$

Trazar una gráfica de un plano En los ejercicios 63 a 70, dibuje una gráfica del plano y señale cualquier intersección.

63. $4x + 2y + 6z = 12$ **64.** $3x + 6y + 2z = 6$

65. $2x - y + 3z = 4$ **66.** $2x - y + z = 4$

67. $x + z = 6$ **68.** $2x + y = 8$

69. $x = 5$ **70.** $z = 8$

Planos paralelos En los ejercicios 71 a 74, determine si algunos de los planos son paralelos o idénticos.

71. P_1: $-5x + 2y - 8z = 6$ **72.** P_1: $2x - y + 3z = 8$

   P_2: $15x - 6y + 24z = 17$ P_2: $3x - 5y - 2z = 6$

   P_3: $6x - 4y + 4z = 9$ P_3: $8x - 4y + 12z = 5$

   P_4: $3x - 2y - 2z = 4$ P_4: $-4x - 2y + 6z = 11$

73. P_1: $3x - 2y + 5z = 10$

   P_2: $-6x + 4y - 10z = 5$

   P_3: $-3x + 2y + 5z = 8$

   P_4: $75x - 50y + 125z = 250$

74. P_1: $-60x + 90y + 30z = 27$

   P_2: $6x - 9y - 3z = 2$

   P_3: $-20x + 30y + 10z = 9$

   P_4: $12x - 18y + 6z = 5$

Intersección de planos En los ejercicios 75 y 76, (a) encuentre el ángulo entre los dos planos y (b) halle un conjunto de ecuaciones paramétricas de la recta de intersección de los planos.

75. $3x + 2y - z = 7$ **76.** $6x - 3y + z = 5$

    $x - 4y + 2z = 0$ $-x + y + 5z = 5$

Intersección de un plano y una recta En los ejercicios 77 a 80, encuentre el (los) punto(s) de intersección (si los hay) del plano y la recta. Investigue además si la recta se halla en el plano.

77. $2x - 2y + z = 12$, $x - \dfrac{1}{2} = \dfrac{y + (3/2)}{-1} = \dfrac{z+1}{2}$

78. $2x + 3y = -5$, $\dfrac{x-1}{4} = \dfrac{y}{2} = \dfrac{z-3}{6}$

79. $2x + 3y = 10$, $\dfrac{x-1}{3} = \dfrac{y+1}{-2} = z - 3$

80. $5x + 3y = 17$, $\dfrac{x-4}{2} = \dfrac{y+1}{-3} = \dfrac{z+2}{5}$

Encontrar la distancia entre un punto y un plano En los ejercicios 81 a 84, encuentre la distancia del punto al plano.

81. $(0, 0, 0)$

$2x + 3y + z = 12$

82. $(0, 0, 0)$

$5x + y - z = 9$

83. $(2, 8, 4)$

$2x + y + z = 5$

84. $(1, 3, -1)$

$3x - 4y + 5z = 6$

Encontrar la distancia entre dos planos paralelos En los ejercicios 85 a 88, verifique que los dos planos son paralelos, y halle la distancia entre ellos.

85. $x - 3y + 4z = 10$

$x - 3y + 4z = 6$

86. $4x - 4y + 9z = 7$

$4x - 4y + 9z = 18$

87. $-3x + 6y + 7z = 1$

$6x - 12y - 14z = 25$

88. $2x - 4z = 4$

$2x - 4z = 10$

Encontrar la distancia entre un punto y una recta En los ejercicios 89 a 92, encuentre la distancia del punto a la recta dada por medio del conjunto de ecuaciones paramétricas.

89. $(1, 5, -2)$; $x = 4t - 2$, $y = 3$, $z = -t + 1$

90. $(1, -2, 4)$; $x = 2t$, $y = t - 3$, $z = 2t + 2$

91. $(-2, 1, 3)$; $x = 1 - t$, $y = 2 + t$, $z = -2t$

92. $(4, -1, 5)$; $x = 3$, $y = 1 + 3t$, $z = 1 + t$

Encontrar la distancia entre dos rectas paralelas En los ejercicios 93 y 94, verifique que las rectas son paralelas y halle la distancia entre ellas.

93. L_1: $x = 2 - t$, $y = 3 + 2t$, $z = 4 + t$

L_2: $x = 3t$, $y = 1 - 6t$, $z = 4 - 3t$

94. L_1: $x = 3 + 6t$, $y = -2 + 9t$, $z = 1 - 12t$

L_2: $x = -1 + 4t$, $y = 3 + 6t$, $z = -8t$

DESARROLLO DE CONCEPTOS

95. Ecuaciones paramétricas y simétricas. Dé las ecuaciones paramétricas y simétricas de una recta en el espacio. Describa qué se requiere para hallar estas ecuaciones.

96. Ecuación estándar de un plano en el espacio Dé la ecuación estándar de un plano en el espacio. Describa qué se requiere para hallar esta ecuación.

97. Intersección de dos planos Describa un método para hallar la recta de intersección entre dos planos.

98. Planos paralelos y perpendiculares Describa un método para determinar cuándo dos planos $a_1x + b_1y + c_1z + d_1 = 0$, y $a_2x + b_2y + c_2z + d_2 = 0$ son (a) paralelos y (b) perpendiculares. Explique su razonamiento.

DESARROLLO DE CONCEPTOS (continuación)

99. Vector normal Sean L_1 y L_2 rectas no paralelas que no se cortan. ¿Es posible hallar un vector **v** distinto de cero tal que **v** sea perpendicular a ambos L_1 y L_2? Explique su razonamiento.

 100. **¿CÓMO LO VE?** Relacione la ecuación general con su gráfica. Después indique qué eje o plano de la ecuación es paralelo a

(a) $ax + by + d = 0$

(b) $ax + d = 0$

(c) $cz + d = 0$

(d) $ax + cz + d = 0$

(i)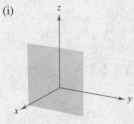

(ii)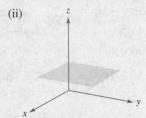

(iii)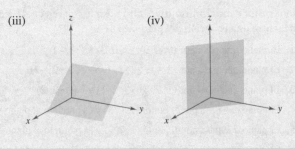

(iv)

101. Modelado de datos En la tabla siguiente se muestran gastos de consumo personal (en miles de millones de dólares) de diferentes tipos de recreación del 2005 al 2010, donde x es el gasto en parques de atracciones y lugares para acampar, y es el gasto en entretenimiento en vivo (excluyendo deportes) y z es el gasto en espectadores de deportes. (*Fuente: Oficina de Análisis Económico EE.UU.*)

Año	2005	2006	2007	2008	2009	2010
x	36.4	39.0	42.4	44.7	43.0	45.2
y	15.3	16.6	17.4	17.5	17.0	17.3
z	16.4	18.1	20.0	20.5	20.1	21.4

un modelo para los datos está dado por

$0.46x + 0.30y - z = 4.94$.

(a) Haga un cuarto renglón de la tabla usando el modelo para aproximar z con los valores dados de x y y. Compare las aproximaciones con los valores reales de z.

(b) Según este modelo, cualquier incremento en el consumo de los dos tipos de recreación x y y correspondería a qué clase de cambio en gastos del tipo de recreación z?

102. Diseño industrial La figura muestra un colector en la parte superior de un montacargas de grano que canaliza el grano a un contenedor. Halle el ángulo entre dos lados adyacentes.

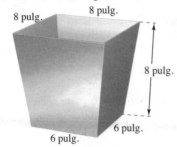

8 pulg.
8 pulg.
8 pulg.
6 pulg.
6 pulg.

103. Distancia Dos insectos se arrastran a lo largo de rectas diferentes en el espacio. En el instante t (en minutos), el primer insecto está en el punto (x, y, z) sobre la recta $x = 6 + t$, $y = 8 - t$, $z = 3 + t$. También en el instante t el segundo insecto está en el punto (x, y, z) sobre la recta $x = 1 + t$, $y = 2 + t$, $z = 2t$. Suponga que las distancias se dan en pulgadas.

(a) Encuentre la distancia entre los dos insectos en el instante $t = 0$.

(b) Use una herramienta de graficación para representar la distancia entre los insectos desde $t = 0$ hasta $t = 10$.

(c) Use la gráfica del inciso (b), ¿qué se puede concluir acerca de la distancia entre los insectos?

(d) ¿Qué tanto se acercan los insectos?

104. Encontrar una ecuación de una esfera Encuentre la ecuación estándar de la esfera con el centro en $(-3, 2, 4)$, que es tangente al plano dado por $2x + 4y - 3z = 8$.

105. Encontrar un punto de intersección Encuentre el punto de intersección del plano $3x - y + 4z = 7$ con la recta que pasa por $(5, 4, -3)$ y que es perpendicular a este plano.

106. Encontrar la distancia entre un plano y una recta Demuestre que el plano $2x - y - 3z = 4$ es paralelo a la recta $x = -2 + 2t$, $y = -1 + 4t$, $z = 4$, y encuentre la distancia entre ambos.

107. Encontrar un punto de intersección Encuentre el punto de intersección de la recta que pasa por $(1, -3, 1)$ y $(3, -4, 2)$, y el plano dado por $x - y + z = 2$.

108. Encontrar ecuaciones paramétricas Encuentre un conjunto de ecuaciones paramétricas de la recta que pasa por el punto $(1, 0, 2)$ y es paralela al plano dado por $x + y + z = 5$, y perpendicular a la recta $x = t$, $y = 1 + t$, $z = 1 + t$.

¿Verdadero o falso? En los ejercicios 109 a 114, determine si el enunciado es verdadero o falso. Si es falso, explique por qué o dé un ejemplo que pruebe que es falso.

109. Si $\mathbf{v} = a_1\mathbf{i} + b_1\mathbf{j} + c_1\mathbf{k}$ es cualquier vector en el plano dado por $a_2x + b_2y + c_2z + d_2 = 0$, entonces $a_1a_2 + b_1b_2 + c_1c_2 = 0$.

110. Todo par de rectas en el espacio o se cortan o son paralelas.

111. Dos planos en el espacio o se cortan o son paralelos.

112. Si dos rectas L_1 y L_2 son paralelas a un plano P, entonces L_1 y L_2 son paralelas.

113. Dos planos perpendiculares a un tercer plano en el espacio son paralelos.

114. Un plano y una recta en el espacio se intersecan o son paralelos.

Distancias en el espacio

En esta sección ha visto dos fórmulas para distancia, la distancia de un punto a un plano y la distancia de un punto a una recta. En este proyecto estudiará un tercer problema de distancias, la distancia de dos rectas que se cruzan. Dos rectas en el espacio son *oblicuas* si no son paralelas ni se cortan (vea la figura).

(a) Considere las siguientes dos rectas en el espacio.

L_1: $x = 4 + 5t$, $y = 5 + 5t$, $z = 1 - 4t$

L_2: $x = 4 + s$, $y = -6 + 8s$, $z = 7 - 3s$

(i) Demuestre que estas rectas no son paralelas,

(ii) Demuestre que estas rectas no se cortan, y por consiguiente las rectas se cruzan.

(iii) Demuestre que las dos rectas están en planos paralelos.

(iv) Encuentre la distancia entre los planos paralelos del inciso (iii). Ésta es la distancia entre las rectas que se cruzan originales.

(b) Use el procedimiento del inciso (a) para encontrar la distancia entre las rectas.

L_1: $x = 2t$, $y = 4t$, $z = 6t$

L_2: $x = 1 - s$, $y = 4 + s$, $z = -1 + s$

(c) Use el procedimiento del inciso (a) para encontrar la distancia entre las rectas.

L_1: $x = 3t$, $y = 2 - t$, $z = -1 + t$

L_2: $x = 1 + 4s$, $y = -2 + s$, $z = -3 - 3s$

(d) Desarrolle una fórmula para encontrar la distancia de las rectas oblicuas.

L_1: $x = x_1 + a_1t$, $y = y_1 + b_1t$, $z = z_1 + c_1t$

L_2: $x = x_2 + a_2s$, $y = y_2 + b_2s$, $z = z_2 + c_2s$

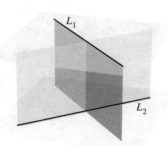

L_1
L_2

11.6 Superficies en el espacio

- Reconocer y dar las ecuaciones de superficies cilíndricas.
- Reconocer y dar las ecuaciones de superficies cuádricas.
- Reconocer y dar las ecuaciones de superficies de revolución.

Superficies cilíndricas

Las primeras cinco secciones de este capítulo contienen la parte vectorial de los conocimientos preliminares necesarios para el estudio del cálculo vectorial y del cálculo en el espacio. En esta y en la próxima sección se estudian superficies en el espacio y sistemas alternativos de coordenadas para el espacio. Ya se han estudiado dos tipos especiales de superficies.

1. Esferas: $(x - x_0)^2 + (y - y_0)^2 + (z - z_0)^2 = r^2$ Sección 11.2
2. Planos: $ax + by + cz + d = 0$ Sección 11.5

Un tercer tipo de superficie en el espacio son las llamadas **superficies cilíndricas**, o simplemente **cilindros**. Para definir un cilindro, considere el cilindro circular recto mostrado en la figura 11.56. Puede imaginar que este cilindro es generado por una recta vertical que se mueve alrededor del círculo $x^2 + y^2 = a^2$ que se encuentra en el plano xy. A este círculo se le llama **curva generadora o directriz** para el cilindro, como se indica en la siguiente definición.

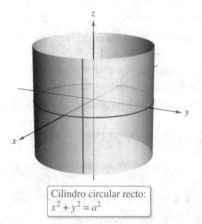

Cilindro circular recto:
$x^2 + y^2 = a^2$

Las rectas generatrices son paralelas al eje z
Figura 11.56

Definición de un cilindro

Sea C una curva en un plano y sea L una recta no paralela a ese plano. Al conjunto de todas las rectas paralelas a L que cortan a C se le llama **cilindro**. A C se le llama **curva generadora** o **directriz** del cilindro y a las rectas paralelas se les llama **rectas generatrices**.

Sin pérdida de generalidad, puede suponer que C se encuentra en uno de los tres planos coordenados. En este texto se restringe la discusión a cilindros *rectos*, es decir, a cilindros cuyas rectas generatrices son perpendiculares al plano coordenado que contiene a C, como se muestra en la figura 11.57. Observe que las rectas generatrices cortan a C y son paralelas a la recta L.

Para el cilindro circular recto que se muestra en la figura 11.56, la ecuación de la curva generadora en el plano xy es

$$x^2 + y^2 = a^2.$$

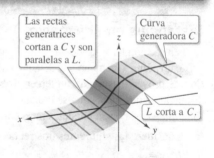

Las rectas generatrices cortan a C y son paralelas a L.

Curva generadora C

L corta a C.

Cilindro recto: las rectas generatrices cortan a C y son perpendiculares al plano coordenado que contiene a C.
Figura 11.57

Para encontrar una ecuación del cilindro, observe que se puede generar cualquiera de las (rectas) generatrices fijando los valores de x y y, y dejando que z tome todos los valores reales. En este caso, el valor de z es arbitrario y, por consiguiente, no está incluido en la ecuación. En otras palabras, la ecuación de este cilindro simplemente es la ecuación de su curva generadora.

$$x^2 + y^2 = a^2$$ Ecuación de un cilindro en el espacio

Ecuaciones de cilindros

La ecuación de un cilindro cuyas rectas generatrices son paralelas a uno de los ejes coordenados contiene sólo las variables correspondientes a los otros dos ejes.

EJEMPLO 1 **Trazar un cilindro**

Trace la superficie representada por cada una de las ecuaciones.

a. $z = y^2$ **b.** $z = \operatorname{sen} x, \quad 0 \le x \le 2\pi$

Solución

a. La gráfica es un cilindro cuya curva directriz, $z = y^2$, es una parábola en el plano yz. Las generatrices del cilindro son paralelas al eje x, como se muestra en la figura 11.58(a).

b. La gráfica es un cilindro generado por la curva del seno en el plano xz. Las generatrices son paralelas al eje y, como se muestra en la figura 11.58(b).

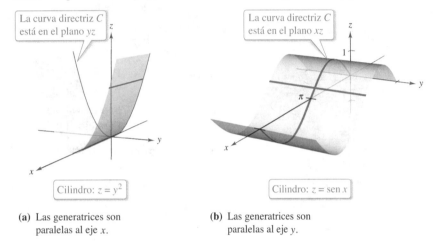

(a) Las generatrices son paralelas al eje x.

(b) Las generatrices son paralelas al eje y.

Figura 11.58

Superficies cuádricas

El cuarto tipo básico de superficies en el espacio son las **superficies cuádricas**. Éstas son los análogos tridimensionales de las secciones cónicas.

Superficie cuádrica

La ecuación de una **superficie cuádrica** en el espacio es una ecuación de segundo grado en tres variables. La **forma general** de la ecuación es

$$Ax^2 + By^2 + Cz^2 + Dxy + Exz + Fyz + Gx + Hy + Iz + J = 0.$$

Hay seis tipos básicos de superficies cuádricas: **elipsoide, hiperboloide de una hoja, hiperboloide de dos hojas, cono elíptico, paraboloide elíptico y paraboloide hiperbólico.**

A la intersección de una superficie con un plano se le llama **traza de la superficie** en el plano. Para visualizar una superficie en el espacio, es útil determinar sus trazas en algunos planos elegidos inteligentemente. Las trazas de las superficies cuádricas son cónicas. Estas trazas, junto con la **forma canónica o estándar** de la ecuación de cada superficie cuádrica, se muestran en la tabla de las siguientes dos páginas.

En la tabla de las siguientes dos páginas se muestra sólo una de las varias orientaciones posibles de cada superficie cuádrica. Si la superficie está orientada a lo largo de un eje diferente, su ecuación estándar cambiará consecuentemente, como se ilustra en los ejemplos 2 y 3. El hecho de que los dos tipos de paraboloides tengan una variable elevada a la primera potencia puede ser útil al clasificar las superficies cuádricas. Los otros cuatro tipos de superficies cuádricas básicas tienen ecuaciones que son de *segundo grado* en las tres variables.

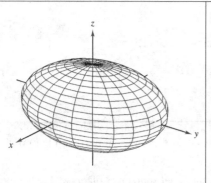

Elipsoide

$$\frac{x^2}{a^2} + \frac{y^2}{b^2} + \frac{z^2}{c^2} = 1$$

Traza	Plano
Elipse	Paralelo al plano xy
Elipse	Paralelo al plano xz
Elipse	Paralelo al plano yz

La superficie es una esfera cuando $a = b = c \neq 0$.

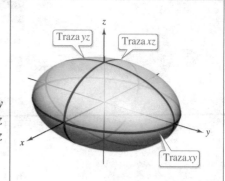

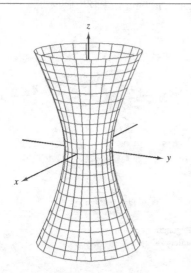

Hiperboloide de una hoja

$$\frac{x^2}{a^2} + \frac{y^2}{b^2} - \frac{z^2}{c^2} = 1$$

Traza	Plano
Elipse	Paralelo al plano xy
Hipérbola	Paralelo al plano xz
Hipérbola	Paralelo al plano yz

El eje del hiperboloide corresponde a la variable cuyo coeficiente es negativo.

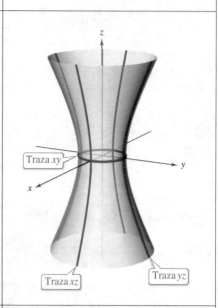

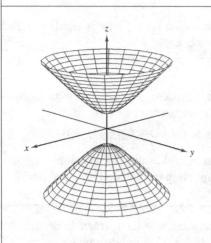

Hiperboloide de dos hojas

$$\frac{z^2}{c^2} - \frac{x^2}{a^2} - \frac{y^2}{b^2} = 1$$

Traza	Plano
Elipse	Paralelo al plano xy
Hipérbola	Paralelo al plano xz
Hipérbola	Paralelo al plano yz

El eje del hiperboloide corresponde a la variable cuyo coeficiente es positivo. No hay traza en el plano coordenado perpendicular a este eje.

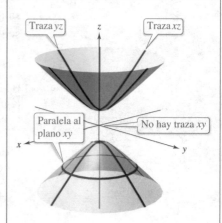

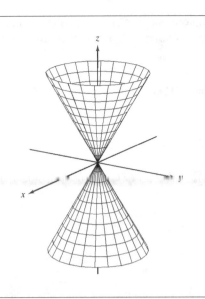

Cono elíptico

$$\frac{x^2}{a^2} + \frac{y^2}{b^2} - \frac{z^2}{c^2} = 0$$

Traza	Plano
Elipse	Paralelo al plano xy
Hipérbola	Paralelo al plano xz
Hipérbola	Paralelo al plano yz

El eje del cono corresponde a la variable cuyo coeficiente es negativo. Las trazas en los planos coordenados paralelos a este eje son rectas que se cortan.

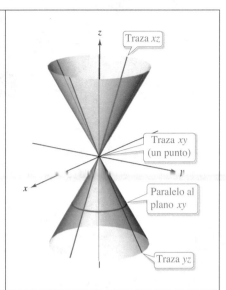

Paraboloide elíptico

$$z = \frac{x^2}{a^2} + \frac{y^2}{b^2}$$

Traza	Plano
Elipse	Paralelo al plano xy
Parábola	Paralelo al plano xz
Parábola	Paralelo al plano yz

El eje del paraboloide corresponde a la variable elevada a la primera potencia.

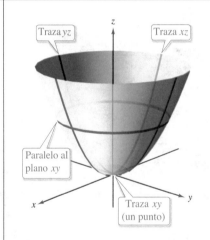

Paraboloide hiperbólico

$$z = \frac{y^2}{b^2} - \frac{x^2}{a^2}$$

Traza	Plano
Hipérbola	Paralelo al plano xy
Parábola	Paralelo al plano xz
Parábola	Paralelo al plano yz

El eje del paraboloide corresponde a la variable elevada a la primera potencia.

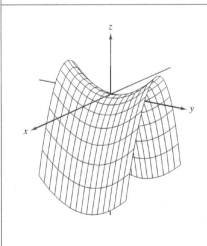

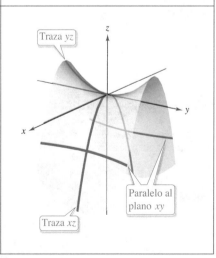

Para clasificar una superficie cuádrica, empiece por escribir la superficie en la forma canónica o estándar. Después, determine varias trazas en los planos coordenados o en planos paralelos a los planos coordenados.

EJEMPLO 2 Trazar una superficie cuádrica

Clasifique y dibuje la superficie dada por

$$4x^2 - 3y^2 + 12z^2 + 12 = 0.$$

Solución Empiece por escribir la ecuación en forma canónica o estándar.

$$4x^2 - 3y^2 + 12z^2 + 12 = 0 \qquad \text{Escriba la ecuación original.}$$

$$\frac{x^2}{-3} + \frac{y^2}{4} - z^2 - 1 = 0 \qquad \text{Divida entre } -12.$$

$$\frac{y^2}{4} - \frac{x^2}{3} - \frac{z^2}{1} = 1 \qquad \text{Forma canónica o estándar}$$

De la tabla en las páginas 796 y 797 puede concluir que la superficie es un hiperboloide de dos hojas con el eje y como su eje. Para esbozar la gráfica de esta superficie, conviene hallar las trazas en los planos coordenados.

Traza $xy\,(z=0)$: $\dfrac{y^2}{4} - \dfrac{x^2}{3} = 1$ Hipérbola

Traza $xz\,(y=0)$: $\dfrac{x^2}{3} + \dfrac{z^2}{1} = -1$ No hay traza

Traza $yz\,(x=0)$: $\dfrac{y^2}{4} - \dfrac{z^2}{1} = 1$ Hipérbola

La gráfica se muestra en la figura 11.59.

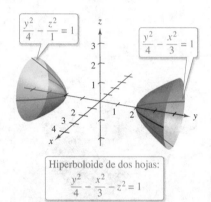

$$\frac{y^2}{4} - \frac{z^2}{1} = 1$$

$$\frac{y^2}{4} - \frac{x^2}{3} = 1$$

Hiperboloide de dos hojas:
$$\frac{y^2}{4} - \frac{x^2}{3} - z^2 = 1$$

Figura 11.59

EJEMPLO 3 Trazar una superficie cuádrica

Clasifique y dibuje la superficie dada por

$$x - y^2 - 4z^2 = 0.$$

Solución Como x está elevada sólo a la primera potencia, la superficie es un paraboloide. El eje del paraboloide es el eje x. En la forma canónica o estándar la ecuación es

$$x = y^2 + 4z^2. \qquad \text{Forma canónica o estándar}$$

Algunas trazas útiles son las siguientes.

Traza $xy\,(z=0)$: $x = y^2$ Parábola

Traza $xz\,(y=0)$: $x = 4z^2$ Parábola

Paralelo al plano $yz\,(x=4)$: $\dfrac{y^2}{4} + \dfrac{z^2}{1} = 1$ Elipse

La superficie es un paraboloide *elíptico*, como se muestra en la figura 11.60.

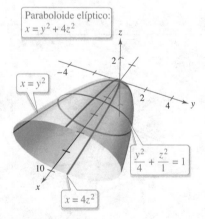

Paraboloide elíptico:
$$x = y^2 + 4z^2$$

$$x = y^2$$

$$\frac{y^2}{4} + \frac{z^2}{1} = 1$$

$$x = 4z^2$$

Figura 11.60

Algunas ecuaciones de segundo grado en x, y y z no representan ninguno de los tipos básicos de superficies cuádricas. He aquí dos ejemplos.

$$x^2 + y^2 + z^2 = 0 \qquad \text{Un único punto}$$

es un único punto, y la gráfica de

$$x^2 + y^2 = 1 \qquad \text{Cilindro recto circular}$$

es un cilindro recto circular.

En el caso de una superficie cuádrica no centrada en el origen, puede formar la ecuación estándar completando cuadrados, como se muestra en el ejemplo 4.

EJEMPLO 4 **Una superficie cuádrica no centrada en el origen**

····▷ *Consulte LarsonCalculus.com para una versión interactiva de este tipo de ejemplo.*

Clasifique y dibuje la superficie dada por

$$x^2 + 2y^2 + z^2 - 4x + 4y - 2z + 3 = 0.$$

Solución Empiece por agrupar términos y donde sea posible factorice.

$$x^2 - 4x + 2(y^2 + 2y) + z^2 - 2z = -3$$

Después, al completar el cuadrado de cada variable escriba la ecuación en su forma estándar:

$$(x^2 - 4x + \ ) + 2(y^2 + 2y + \ ) + (z^2 - 2z + \ ) = -3$$
$$(x^2 - 4x + 4) + 2(y^2 + 2y + 1) + (z^2 - 2z + 1) = -3 + 4 + 2 + 1$$
$$(x - 2)^2 + 2(y + 1)^2 + (z - 1)^2 = 4$$
$$\frac{(x - 2)^2}{4} + \frac{(y + 1)^2}{2} + \frac{(z - 1)^2}{4} = 1$$

En esta ecuación puede ver que la superficie cuádrica es un elipsoide centrado en el punto $(2, -1, 1)$. Su gráfica se muestra en la figura 11.61.

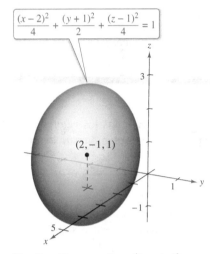

$$\frac{(x - 2)^2}{4} + \frac{(y + 1)^2}{2} + \frac{(z - 1)^2}{4} = 1$$

$(2, -1, 1)$

Un elipsoide centrado en $(2, -1, 1)$.
Figura 11.61

▷ **TECNOLOGÍA** Un sistema algebraico por computadora puede ayudar a visualizar una superficie en el espacio.* La mayoría de estos sistemas algebraicos por computadora crean gráficas tridimensionales dibujando varias trazas de la superficie y aplicando una rutina de "línea oculta" que borra las porciones de la superficie situadas detrás de otras. Abajo se muestran dos ejemplos de figuras que se generaron con *Mathematica*.

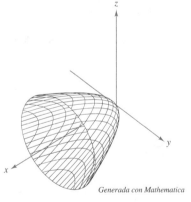

Generada con Mathematica

Paraboloide elíptico
$$x = \frac{y^2}{2} + \frac{z^2}{2}$$

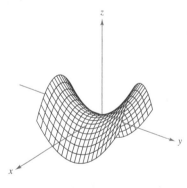

Generada con Mathematica

Paraboloide hiperbólico
$$z = \frac{y^2}{16} - \frac{x^2}{16}$$

Usar una herramienta de graficación para representar una superficie en el espacio requiere práctica. En primer lugar, se debe saber lo suficiente sobre la superficie en cuestión para poder especificar que dé una *vista* representativa de la superficie. También, a menudo se puede mejorar la vista de una superficie girando los ejes. Por ejemplo, se observa que el paraboloide elíptico de la figura se ve desde un punto más "alto" que el utilizado para ver el paraboloide hiperbólico.

---

*Algunas graficadoras 3-D requieren que se den las superficies mediante ecuaciones paramétricas. Para un análisis de esta técnica, vea la sección 15.5.

Superficies de revolución

El quinto tipo especial de superficie que estudiará recibe el nombre de **superficie de revolución**. En la sección 7.4 estudió un método para encontrar el *área* de tales superficies. Ahora verá un procedimiento para hallar su *ecuación*. Considere la gráfica de la **función radio**

$$y = r(z) \qquad \text{Curva generadora o directriz}$$

en el plano yz. Si esta gráfica se gira sobre el eje z, forma una superficie de revolución, como se muestra en la figura 11.62. La traza de la superficie en el plano $z = z_0$ es un círculo cuyo radio es $r(z_0)$ y cuya ecuación es

$$x^2 + y^2 = [r(z_0)]^2. \qquad \text{Traza circular en el plano: } z = z_0$$

Sustituyendo z_0 por z obtiene una ecuación que es válida para todos los valores de z. De manera similar, puede obtener ecuaciones de superficies de revolución para los otros dos ejes, y los resultados se resumen como sigue.

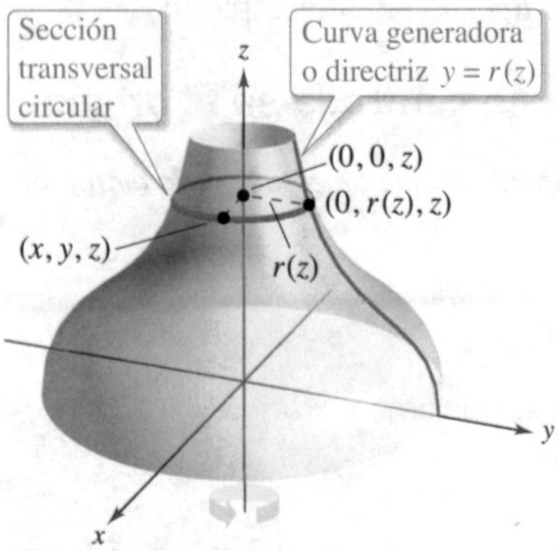

Sección transversal circular

Curva generadora o directriz $y = r(z)$

$(0,0,z)$
$(0, r(z), z)$
(x, y, z)
$r(z)$

Figura 11.62

Superficie de revolución

Si la gráfica de una función radio r se gira sobre uno de los ejes coordenados, la ecuación de la superficie de revolución resultante tiene una de las formas siguientes.

1. Girada sobre el eje x: $y^2 + z^2 = [r(x)]^2$
2. Girada sobre el eje y: $x^2 + z^2 = [r(y)]^2$
3. Girada sobre el eje z: $x^2 + y^2 = [r(z)]^2$

EJEMPLO 5 **Hallar una ecuación para una superficie de revolución**

Encuentre una ecuación para la superficie de revolución generada al girar (a) la gráfica de $y = 1/z$ en torno al eje z y (b) la gráfica de $9x^2 = y^3$ con respecto al eje y.

Solución

a. Una ecuación para la superficie de revolución generada al girar la gráfica de

$$y = \frac{1}{z} \qquad \text{Función radio}$$

en torno al eje z es

$$x^2 + y^2 = [r(z)]^2 \qquad \text{Girada en torno al eje } z$$

$$x^2 + y^2 = \left(\frac{1}{z}\right)^2. \qquad \text{Sustituir } 1/z \text{ por } r(z).$$

b. Para encontrar una ecuación para la superficie generada al girar la gráfica de $9x^2 = y^3$ en torno al eje y, despeje x en términos de y. Así obtiene

$$x = \frac{1}{3}y^{3/2} = r(y). \qquad \text{Función radio}$$

Por tanto, la ecuación para esta superficie es

$$x^2 + z^2 = [r(y)]^2 \qquad \text{Girada en torno al eje } y$$

$$x^2 + z^2 = \left(\frac{1}{3}y^{3/2}\right)^2 \qquad \text{Sustituir } \tfrac{1}{3}y^{3/2} \text{ por } r(y).$$

$$x^2 + z^2 = \frac{1}{9}y^3. \qquad \text{Ecuación de la superficie}$$

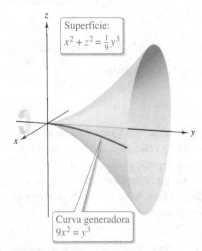

Superficie:
$x^2 + z^2 = \frac{1}{9}y^3$

Curva generadora
$9x^2 = y^3$

Figura 11.63

La gráfica se muestra en la figura 11.63.

La curva generadora o directriz de una superficie de revolución no es única. Por ejemplo, la superficie

$$x^2 + z^2 = e^{-2y}$$

puede generarse al girar la gráfica de

$$x = e^{-y}$$

en torno al eje y o la gráfica de

$$z = e^{-y}$$

sobre el eje y, como se muestra en la figura 11.64.

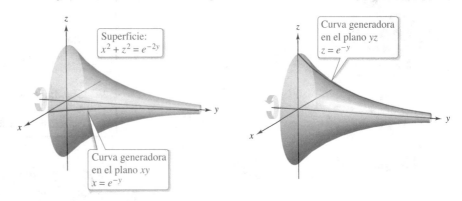

Figura 11.64

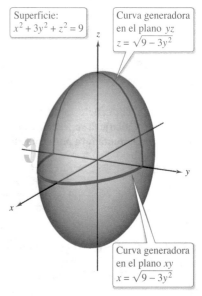

EJEMPLO 6   **Hallar una curva generadora o directriz**

Encuentre una curva generadora o directriz y el eje de revolución de la superficie dada por

$$x^2 + 3y^2 + z^2 = 9.$$

Solución   La ecuación tiene una de las formas siguientes.

$x^2 + y^2 = [r(z)]^2$ Girada en torno al eje z
$y^2 + z^2 = [r(x)]^2$ Girada en torno al eje x
$x^2 + z^2 = [r(y)]^2$ Girada en torno al eje y

Como los coeficientes de x^2 y y^2 son iguales, debe elegir la tercera forma y escribir

$$x^2 + z^2 = 9 - 3y^2.$$

El eje y es el eje de revolución. Puede elegir una curva directriz de las trazas siguientes.

$x^2 = 9 - 3y^2$ Traza en el plano xy

o

$z^2 = 9 - 3y^2.$ Traza en el plano yz

Por ejemplo, usando la primer traza, la curva generadora es la semielipse dada por

$$x = \sqrt{9 - 3y^2}.$$ Curva generadora

La gráfica de esta superficie se muestra en la figura 11.65.

Figura 11.65

11.6 Ejercicios

Consulte CalcChat.com para un tutorial de ayuda y soluciones trabajadas de los ejercicios con numeración impar.

Correspondencia En los ejercicios 1 a 6, relacione la ecuación con su gráfica. [Las gráficas están marcadas (a), (b), (c), (d), (e) y (f).]

(a)
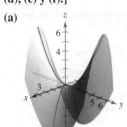

(b)
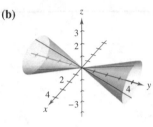

(c)
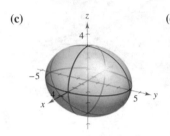

(d)
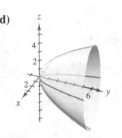

(e)
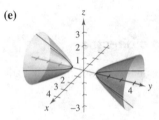

(f)
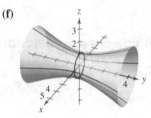

1. $\dfrac{x^2}{9} + \dfrac{y^2}{16} + \dfrac{z^2}{9} = 1$

2. $15x^2 - 4y^2 + 15z^2 = -4$

3. $4x^2 - y^2 + 4z^2 = 4$

4. $y^2 = 4x^2 + 9z^2$

5. $4x^2 - 4y + z^2 = 0$

6. $4x^2 - y^2 + 4z = 0$

Trazar una superficie en el espacio En los ejercicios 7 a 12, describa y dibuje la superficie.

7. $y = 5$

8. $z = 2$

9. $y^2 + z^2 = 9$

10. $y^2 + z = 6$

11. $4x^2 + y^2 = 4$

12. $y^2 - z^2 = 16$

Trazar una superficie cuádrica En los ejercicios 13 a 24, identifique y dibuje la superficie cuádrica. Use un sistema algebraico por computadora para confirmar su dibujo.

13. $x^2 + \dfrac{y^2}{4} + z^2 = 1$

14. $\dfrac{x^2}{16} + \dfrac{y^2}{25} + \dfrac{z^2}{25} = 1$

15. $16x^2 - y^2 + 16z^2 = 4$

16. $-8x^2 + 18y^2 + 18z^2 = 2$

17. $4x^2 - y^2 - z^2 = 1$

18. $z^2 - x^2 - \dfrac{y^2}{4} = 1$

19. $x^2 - y + z^2 = 0$

20. $z = x^2 + 4y^2$

21. $x^2 - y^2 + z = 0$

22. $3z = -y^2 + x^2$

23. $z^2 = x^2 + \dfrac{y^2}{9}$

24. $x^2 = 2y^2 + 2z^2$

DESARROLLO DE CONCEPTOS

25. Cilindro Dé la definición de un cilindro.

26. Traza de una superficie ¿Qué es la traza de una superficie? ¿Cómo encuentra una traza?

27. Superficies cuádricas Identifique las seis superficies cuádricas y dé la forma estándar de cada una.

28. Clasificar una ecuación ¿Qué representa la ecuación $z = x^2$ en el plano xz? ¿Qué representa en el espacio tridimensional?

29. Clasificar una ecuación ¿Qué representa la ecuación $4x^2 + 6y^2 - 3z^2 = 12$ en el plano xy? ¿Qué representa en el espacio tridimensional?

30. ¿CÓMO LO VE? Las cuatro figuras son gráficas de la superficie cuádrica $z = x^2 + y^2$. Relacione cada una de las cuatro gráficas con el punto en el espacio desde el cual se ve el paraboloide. Los cuatro puntos son $(0, 0, 20)$, $(0, 20, 0)$, $(20, 0, 0)$ y $(10, 10, 20)$.

(a)
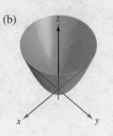

(b)
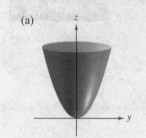

(c)
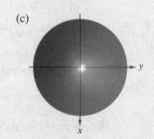

(d)
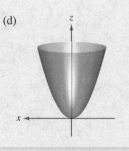

Encontrar una ecuación de una superficie de revolución En los ejercicios 31 a 36, encuentre una ecuación para la superficie de revolución generada al girar la curva en el plano coordenado indicado sobre el eje dado.

Ecuación de la curva	Plano coordenado	Eje de revolución
31. $z^2 = 4y$	Plano yz	Eje y
32. $z = 3y$	Plano yz	Eje y
33. $z = 2y$	Plano yz	Eje z

Ecuación de la curva	Plano coordenado	Eje de revolución
34. $2z = \sqrt{4 - x^2}$	Plano xz	Eje x
35. $xy = 2$	Plano xy	Eje x
36. $z = \ln y$	Plano yz	Eje z

Encontrar una curva generadora En los ejercicios 37 y 38, encuentre una ecuación de una curva generadora dada la ecuación de su superficie de revolución.

37. $x^2 + y^2 - 2z = 0$ **38.** $x^2 + z^2 = \cos^2 y$

Hallar el volumen de un sólido En los ejercicios 39 y 40, use el método de las capas para encontrar el volumen del sólido que se encuentra debajo de la superficie de revolución y sobre el plano xy.

39. La curva $z = 4x - x^2$ en el plano xz se gira en torno al eje z.

40. La curva $z = \operatorname{sen} y \, (0 \le y \le \pi)$ en el plano yz se gira en torno al eje z.

Analizar una traza En los ejercicios 41 y 42, analice la traza cuando la superficie

$$z = \tfrac{1}{2}x^2 + \tfrac{1}{4}y^2$$

se corta con los planos indicados.

41. Encuentre las longitudes de los ejes mayor y menor, y las coordenadas del foco de la elipse generada cuando la superficie es cortada por los planos dados por

(a) $z = 2$ y   (b) $z = 8$.

42. Encuentre las coordenadas del foco de la parábola formada cuando la superficie se corta con los planos dados por

(a) $y = 4$ y   (b) $x = 2$.

Encontrar una ecuación de una superficie En los ejercicios 43 y 44, encuentre una ecuación de la superficie que satisfaga las condiciones e identifique la superficie.

43. El conjunto de todos los puntos equidistantes del punto (0, 2, 0) y del plano $y = -2$.

44. El conjunto de todos los puntos equidistantes del punto (0, 0, 4) y del plano xy.

45. Geografía

Debido a las fuerzas causadas por su rotación, la Tierra es un elipsoide oblongo y no una esfera. El radio ecuatorial es de 3963 millas y el radio polar es de 3950 millas. Halle una ecuación del elipsoide. (Suponga que el centro de la Tierra está en el origen y que la traza formada por el plano corresponde al Ecuador.)

46. Diseño de máquinas La parte superior de un buje de caucho, diseñado para absorber las vibraciones en un automóvil, es la superficie de revolución generada al girar la curva

$$z = \tfrac{1}{2}y^2 + 1$$

para $0 \le y \le 2$ en el plano yz en torno al eje z.

(a) Encuentre una ecuación de la superficie de revolución.

(b) Todas las medidas están en centímetros y el buje está fijo en el plano xy. Use el método de las capas para encontrar su volumen.

(c) El buje tiene un orificio de 1 centímetro de diámetro que pasa por su centro y en paralelo al eje de revolución. Encuentre el volumen del buje de caucho.

47. Usar un paraboloide hiperbólico Determine la intersección del paraboloide hiperbólico

$$z = \frac{y^2}{b^2} - \frac{x^2}{a^2}$$

con el plano $bx + ay - z = 0$. (Suponga a, $b > 0$.)

48. Intersección de superficies Explique por qué la curva de intersección de las superficies

$$x^2 + 3y^2 - 2z^2 + 2y = 4$$

y

$$2x^2 + 6y^2 - 4z^2 - 3x = 2$$

se encuentra en un plano.

¿Verdadero o falso? En los ejercicios 49 a 52, determine si el enunciado es verdadero o falso. Si es falso, explique por qué o dé un ejemplo que pruebe que es falso.

49. Una esfera es un elipsoide.

50. La curva generadora o directriz de una superficie de revolución es única.

51. Todas las trazas de un elipsoide son elipses.

52. Todas las trazas de un hiperboloide de una hoja son hiperboloides.

53. Piénselo A continuación se muestran tres tipos de superficies "topológicas" clásicas, la esfera y el toro tienen "interior" y "exterior". ¿Tiene la botella de Klein interior y exterior? Explique.

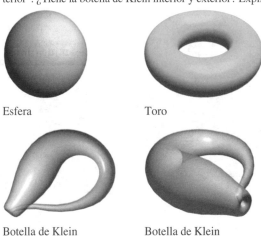

Esfera   Toro

Botella de Klein   Botella de Klein

11.7   Coordenadas cilíndricas y esféricas

■ Usar coordenadas cilíndricas para representar superficies en el espacio.
■ Usar coordenadas esféricas para representar superficies en el espacio.

Coordenadas cilíndricas

Ya ha visto que algunas gráficas bidimensionales son más fáciles de representar en coordenadas polares que en coordenadas rectangulares. Algo semejante ocurre con las superficies en el espacio. En esta sección estudiará dos sistemas alternativos de coordenadas espaciales. El primero, el **sistema de coordenadas cilíndricas**, es una extensión de las coordenadas polares del plano al espacio tridimensional.

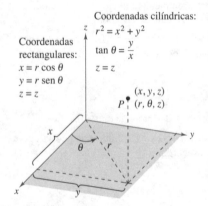

Coordenadas cilíndricas:
$r^2 = x^2 + y^2$
$\tan \theta = \dfrac{y}{x}$
$z = z$

Coordenadas rectangulares:
$x = r \cos \theta$
$y = r \operatorname{sen} \theta$
$z = z$

Figura 11.66

El sistema de coordenadas cilíndricas

En un **sistema de coordenadas cilíndricas**, un punto P en el espacio se representa por medio de una terna ordenada (r, θ, z).

1. (r, θ) es una representación polar de la proyección de P en el plano xy.

2. z es la distancia dirigida de (r, θ) a P.

Para convertir coordenadas rectangulares en coordenadas cilíndricas (o viceversa), debe usar las siguientes fórmulas, basadas en las coordenadas polares, como se ilustra en la figura 11.66.

Cilíndricas a rectangulares:

$$x = r \cos \theta, \qquad y = r \operatorname{sen} \theta, \qquad z = z$$

Rectangulares a cilíndricas:

$$r^2 = x^2 + y^2, \qquad \tan \theta = \frac{y}{x}, \qquad z = z$$

Al punto $(0, 0, 0)$ se le llama el **polo**. Como la representación de un punto en el sistema de coordenadas polares no es única, la representación en el sistema de las coordenadas cilíndricas tampoco es única.

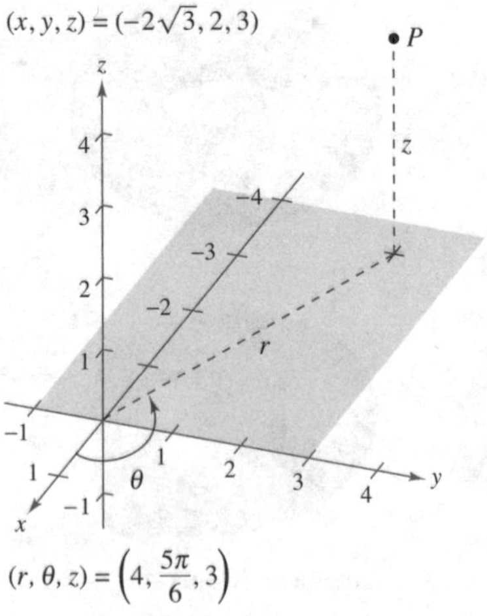

EJEMPLO 1   Convertir coordenadas cilíndricas a coordenadas rectangulares

Convierta el punto $(r, \theta, z) = (4, 5\pi/6, 3)$ a coordenadas rectangulares.

Solución   Usando las ecuaciones de conversión de cilíndricas a rectangulares obtiene

$$x = 4 \cos \frac{5\pi}{6} = 4\left(-\frac{\sqrt{3}}{2}\right) = -2\sqrt{3}$$

$$y = 4 \operatorname{sen} \frac{5\pi}{6} = 4\left(\frac{1}{2}\right) = 2$$

$$z = 3.$$

Por tanto, en coordenadas rectangulares el punto es $(x, y, z) = \left(-2\sqrt{3}, 2, 3\right)$, como se muestra en la figura 11.67.

$(x, y, z) = (-2\sqrt{3}, 2, 3)$

$(r, \theta, z) = \left(4, \dfrac{5\pi}{6}, 3\right)$

Figura 11.67

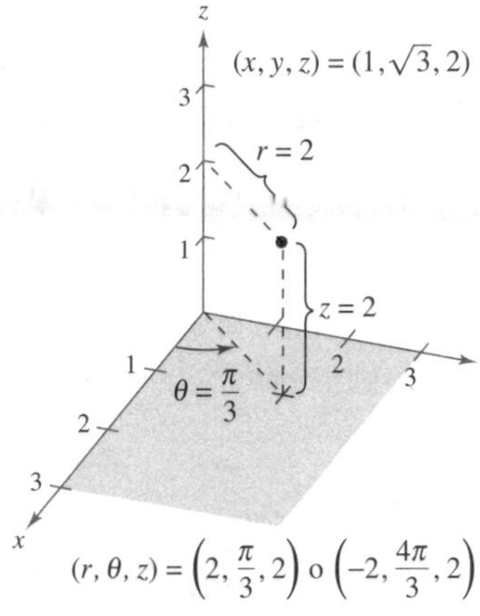

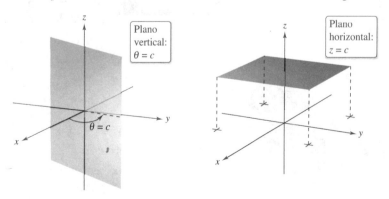

EJEMPLO 2 | **Convertir coordenadas rectangulares a coordenadas cilíndricas**

Convierta el punto a coordenadas cilíndricas.

$$(x, y, z) = \left(1, \sqrt{3}, 2\right)$$

Solución Use las ecuaciones de conversión de rectangulares a cilíndricas.

$$r = \pm\sqrt{1 + 3} = \pm 2$$

$$\tan \theta = \sqrt{3} \implies \theta = \arctan\left(\sqrt{3}\right) + n\pi = \frac{\pi}{3} + n\pi$$

$$z = 2$$

Tiene dos posibilidades para r y una cantidad infinita de posibilidades para θ. Como se muestra en la figura 11.68, dos representaciones adecuadas del punto son

$$\left(2, \frac{\pi}{3}, 2\right) \qquad \text{\small $r > 0$ y θ en el cuadrante I}$$

y

$$\left(-2, \frac{4\pi}{3}, 2\right). \qquad \text{\small $r < 0$ y θ en el cuadrante III}$$

Figura 11.68

Las coordenadas cilíndricas son especialmente adecuadas para representar superficies cilíndricas y superficies de revolución en las que el eje z sea el eje de simetría, como se muestra en la figura 11.69.

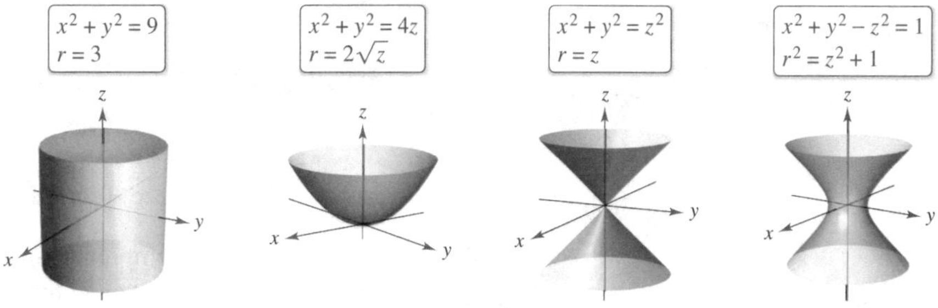

| $x^2 + y^2 = 9$ $r = 3$ | $x^2 + y^2 = 4z$ $r = 2\sqrt{z}$ | $x^2 + y^2 = z^2$ $r = z$ | $x^2 + y^2 - z^2 = 1$ $r^2 = z^2 + 1$ |

Cilindro   Paraboloide   Cono   Hiperboloide

Figura 11.69

Los planos verticales que contienen el eje z y los planos horizontales también tienen ecuaciones simples de coordenadas cilíndricas, como se muestra en la figura 11.70.

Plano vertical: $\theta = c$

Plano horizontal: $z = c$

Figura 11.70

EJEMPLO 3 **Convertir coordenadas rectangulares a coordenadas cilíndricas**

Encuentre una ecuación en coordenadas cilíndricas para la superficie representada por cada ecuación rectangular.

a. $x^2 + y^2 = 4z^2$

b. $y^2 = x$

Solución

a. Según la sección anterior, sabe que la gráfica de

$$x^2 + y^2 = 4z^2$$

es un cono elíptico de dos hojas con su eje a lo largo del eje z, como se muestra en la figura 11.71. Si sustituye $x^2 + y^2$ por r^2, la ecuación en coordenadas cilíndricas es

$$x^2 + y^2 = 4z^2 \qquad \text{Ecuación rectangular}$$
$$r^2 = 4z^2. \qquad \text{Ecuación cilíndrica}$$

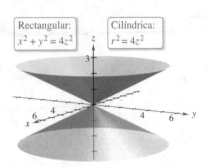

Rectangular: $x^2 + y^2 = 4z^2$ Cilíndrica: $r^2 = 4z^2$

Figura 11.71

b. La gráfica de la superficie

$$y^2 = x$$

es un cilindro parabólico con rectas generatrices paralelas al eje z, como se muestra en la figura 11.72. Sustituyendo y^2 por $r^2 \operatorname{sen}^2 \theta$ y x por $r \cos \theta$, obtiene la ecuación siguiente en coordenadas cilíndricas.

$$y^2 = x \qquad \text{Ecuación rectangular}$$
$$r^2 \operatorname{sen}^2 \theta = r \cos \theta \qquad \text{Sustituya } y \text{ por } r \operatorname{sen} \theta \text{ y } x \text{ por } r \cos \theta.$$
$$r(r \operatorname{sen}^2 \theta - \cos \theta) = 0 \qquad \text{Agrupe términos y factorice.}$$
$$r \operatorname{sen}^2 \theta - \cos \theta = 0 \qquad \text{Divida cada lado entre } r.$$
$$r = \frac{\cos \theta}{\operatorname{sen}^2 \theta} \qquad \text{Despeje } r.$$
$$r = \csc \theta \cot \theta \qquad \text{Ecuación cilíndrica}$$

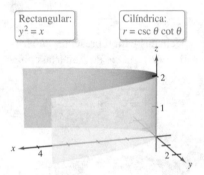

Rectangular: $y^2 = x$ Cilíndrica: $r = \csc \theta \cot \theta$

Figura 11.72

Observe que esta ecuación comprende un punto en el que $r = 0$, por lo cual nada se pierde al dividir cada lado entre el factor r.

La conversión de coordenadas rectangulares a coordenadas cilíndricas es más sencilla que la conversión de coordenadas cilíndricas a coordenadas rectangulares, como se muestra en el ejemplo 4.

EJEMPLO 4 **Convertir coordenadas rectangulares a coordenadas cilíndricas**

Encuentre una ecuación en coordenadas rectangulares de la superficie representada por la ecuación cilíndrica

$$r^2 \cos 2\theta + z^2 + 1 = 0.$$

Solución

$$r^2 \cos 2\theta + z^2 + 1 = 0 \qquad \text{Ecuación cilíndrica}$$
$$r^2(\cos^2 \theta - \operatorname{sen}^2 \theta) + z^2 + 1 = 0 \qquad \text{Identidad trigonométrica}$$
$$r^2 \cos^2 \theta - r^2 \operatorname{sen}^2 \theta + z^2 = -1$$
$$x^2 - y^2 + z^2 = -1 \qquad \text{Sustituir } x \text{ por } r \cos \theta \text{ y } y \text{ por } r \operatorname{sen} \theta.$$
$$y^2 - x^2 - z^2 = 1 \qquad \text{Ecuación rectangular}$$

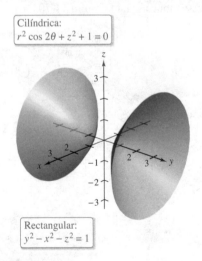

Cilíndrica: $r^2 \cos 2\theta + z^2 + 1 = 0$

Rectangular: $y^2 - x^2 - z^2 = 1$

Figura 11.73

Es un hiperboloide de dos hojas cuyo eje se encuentra a lo largo del eje y, como se muestra en la figura 11.73.

Coordenadas esféricas

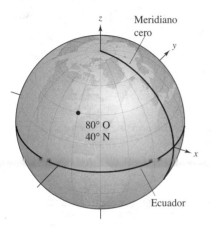

Figura 11.74

En el **sistema de coordenadas esféricas**, cada punto se representa por una terna ordenada: la primera coordenada es una distancia, la segunda y la tercera coordenadas son ángulos. Este sistema es similar al sistema de latitud-longitud que se usa para identificar puntos en la superficie de la Tierra. Por ejemplo, en la figura 11.74 se muestra el punto en la superficie de la Tierra cuya latitud es 40° Norte (respecto al Ecuador) y cuya longitud es 80° Oeste (respecto al meridiano cero). Si se supone que la Tierra es esférica y tiene un radio de 4000 millas, este punto sería

$$(4000, -80°, 50°).$$

Radio   80° en el sentido de las   50° hacia abajo
manecillas del reloj,   del Polo Norte
desde el meridiano cero

El sistema de coordenadas esféricas

En un **sistema de coordenadas esféricas**, un punto P en el espacio se representa por medio de una terna ordenada (ρ, θ, ϕ) donde ρ es la letra griega minúscula *rho* y ϕ es la letra griega minúscula *fi*.

1. ρ es la distancia entre P y el origen, $\rho \geq 0$.

2. θ es el mismo ángulo utilizado en coordenadas cilíndricas para $r \geq 0$.

3. ϕ es el ángulo *entre* el eje z positivo y el segmento de recta $\overrightarrow{OP}$, $0 \leq \phi \leq \pi$.

Observe que la primera y tercera coordenadas, ρ y ϕ, son no negativas.

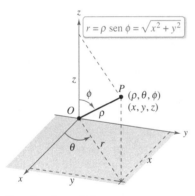

Coordenadas esféricas.
Figura 11.75

La relación entre coordenadas rectangulares y esféricas se ilustra en la figura 11.75. Para convertir de un sistema al otro, use lo siguiente.

Esféricas a rectangulares:

$$x = \rho \operatorname{sen} \phi \cos \theta, \quad y = \rho \operatorname{sen} \phi \operatorname{sen} \theta, \quad z = \rho \cos \phi$$

Rectangulares a esféricas:

$$\rho^2 = x^2 + y^2 + z^2, \quad \tan \theta = \frac{y}{x}, \quad \phi = \arccos\left(\frac{z}{\sqrt{x^2 + y^2 + z^2}}\right)$$

Para cambiar entre los sistemas de coordenadas cilíndricas y esféricas, use lo siguiente.

Esféricas a cilíndricas $(r \geq 0)$:

$$r^2 = \rho^2 \operatorname{sen}^2 \phi, \quad \theta = \theta, \quad z = \rho \cos \phi$$

Cilíndricas a esféricas $(r \geq 0)$:

$$\rho = \sqrt{r^2 + z^2}, \quad \theta = \theta, \quad \phi = \arccos\left(\frac{z}{\sqrt{r^2 + z^2}}\right)$$

El sistema de coordenadas esféricas es útil principalmente para superficies en el espacio que tienen un *punto* o *centro* de simetría. Por ejemplo, la figura 11.76 muestra tres superficies con ecuaciones esféricas sencillas.

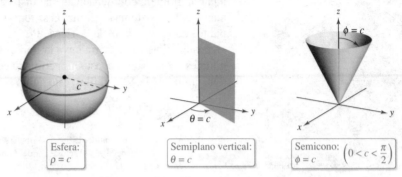

Esfera:
$\rho = c$

Semiplano vertical:
$\theta = c$

Semicono: $\left(0 < c < \dfrac{\pi}{2}\right)$
$\phi = c$

Figura 11.76

EJEMPLO 5   **Convertir coordenadas rectangulares a coordenadas esféricas**

•••▷ *Consulte LarsonCalculus.com para una versión interactiva de este tipo de ejemplo.*

Encuentre una ecuación en coordenadas esféricas para la superficie representada por cada una de las ecuaciones rectangulares

a. Cono: $x^2 + y^2 = z^2$ **b.** Esfera: $x^2 + y^2 + z^2 - 4z = 0$

Solución

a. Use las ecuaciones de cambio de coordenadas de esféricas a rectangulares

$$x = \rho \operatorname{sen} \phi \cos \theta, \quad y = \rho \operatorname{sen} \phi \operatorname{sen} \theta \quad \text{y} \quad z = \rho \cos \phi$$

y sustituya en la ecuación rectangular como se muestra.

$$x^2 + y^2 = z^2$$
$$\rho^2 \operatorname{sen}^2 \phi \cos^2 \theta + \rho^2 \operatorname{sen}^2 \phi \operatorname{sen}^2 \theta = \rho^2 \cos^2 \phi$$
$$\rho^2 \operatorname{sen}^2 \phi \,(\cos^2 \theta + \operatorname{sen}^2 \theta) = \rho^2 \cos^2 \phi$$
$$\rho^2 \operatorname{sen}^2 \phi = \rho^2 \cos^2 \phi$$
$$\frac{\operatorname{sen}^2 \phi}{\cos^2 \phi} = 1 \qquad \rho \geq 0$$
$$\tan^2 \phi = 1$$
$$\tan \phi = \pm 1$$

Rectangular:
$x^2 + y^2 + z^2 - 4z = 0$

Esférica:
$\rho = 4 \cos \phi$

Por consiguiente, se puede concluir que

$$\phi = \frac{\pi}{4} \quad \text{o} \quad \phi = \frac{3\pi}{4}.$$

La ecuación $\phi = \pi/4$ representa el semitono *superior*, y la ecuación $\phi = 3\pi/4$ representa el semicono *inferior*.

b. Como $\rho^2 = x^2 + y^2 + z^2$ y $z = \rho \cos \phi$, la ecuación rectangular tiene la forma esférica siguiente.

$$\rho^2 - 4\rho \cos \phi = 0 \quad \Longrightarrow \quad \rho(\rho - 4 \cos \phi) = 0$$

Descartando por el momento la posibilidad de que $\rho = 0$, se obtiene la ecuación esférica

$$\rho - 4 \cos \phi = 0 \quad \text{o} \quad \rho = 4 \cos \phi.$$

Observe que el conjunto solución de esta ecuación comprende un punto en el cual $\rho = 0$, de manera que no se pierde nada al eliminar el factor ρ. La esfera representada por la ecuación $\rho = 4 \cos \phi$ se muestra en la figura 11.77.

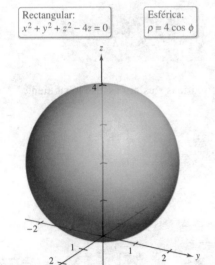

Figura 11.77

11.7 Ejercicios

Consulte **CalcChat.com** para un tutorial de ayuda y soluciones trabajadas de los ejercicios con numeración impar.

Convertir cilíndricas a rectangulares En los ejercicios 1 a 6, convierta las coordenadas cilíndricas del punto en coordenadas rectangulares.

1. $(-7, 0, 5)$
2. $(2, -\pi, -4)$

3. $\left(3, \dfrac{\pi}{4}, 1\right)$
4. $\left(6, -\dfrac{\pi}{4}, 2\right)$

5. $\left(4, \dfrac{7\pi}{6}, 3\right)$
6. $\left(-0.5, \dfrac{4\pi}{3}, 8\right)$

Convertir rectangulares a cilíndricas En los ejercicios 7 a 12, convierta las coordenadas rectangulares del punto en coordenadas cilíndricas.

7. $(0, 5, 1)$
8. $\left(2\sqrt{2}, -2\sqrt{2}, 4\right)$

9. $(2, -2, -4)$
10. $(3, -3, 7)$

11. $\left(1, \sqrt{3}, 4\right)$
12. $\left(2\sqrt{3}, -2, 6\right)$

Convertir rectangulares a cilíndricas En los ejercicios 13 a 20, encuentre una ecuación en coordenadas cilíndricas de la ecuación dada en coordenadas rectangulares,

13. $z = 4$
14. $x = 9$

15. $x^2 + y^2 + z^2 = 17$
16. $z = x^2 + y^2 - 11$

17. $y = x^2$
18. $x^2 + y^2 = 8x$

19. $y^2 = 10 - z^2$
20. $x^2 + y^2 + z^2 - 3z = 0$

Convertir cilíndricas a rectangulares En los ejercicios 21 a 28, encuentre una ecuación en coordenadas rectangulares de la ecuación dada en coordenadas cilíndricas y dibuje su gráfica.

21. $r = 3$
22. $z = 2$

23. $\theta = \dfrac{\pi}{6}$
24. $r = \dfrac{1}{2}z$

25. $r^2 + z^2 = 5$
26. $z = r^2 \cos^2 \theta$

27. $r = 2 \operatorname{sen} \theta$
28. $r = 2 \cos \theta$

Convertir rectangulares a esféricas En los ejercicios 29 a 34, convierta las coordenadas rectangulares del punto en coordenadas esféricas.

29. $(4, 0, 0)$
30. $(-4, 0, 0)$

31. $\left(-2, 2\sqrt{3}, 4\right)$
32. $\left(2, 2, 4\sqrt{2}\right)$

33. $\left(\sqrt{3}, 1, 2\sqrt{3}\right)$
34. $(-1, 2, 1)$

Convertir esféricas a rectangulares En los ejercicios 35 a 40, convierta las coordenadas esféricas del punto en coordenadas rectangulares.

35. $\left(4, \dfrac{\pi}{6}, \dfrac{\pi}{4}\right)$
36. $\left(12, \dfrac{3\pi}{4}, \dfrac{\pi}{9}\right)$

37. $\left(12, -\dfrac{\pi}{4}, 0\right)$
38. $\left(9, \dfrac{\pi}{4}, \pi\right)$

39. $\left(5, \dfrac{\pi}{4}, \dfrac{3\pi}{4}\right)$
40. $\left(6, \pi, \dfrac{\pi}{2}\right)$

Convertir rectangulares a esféricas En los ejercicios 41 a 48, encuentre una ecuación en coordenadas esféricas de la ecuación dada en coordenadas rectangulares.

41. $y = 2$
42. $z = 6$

43. $x^2 + y^2 + z^2 = 49$
44. $x^2 + y^2 - 3z^2 = 0$

45. $x^2 + y^2 = 16$
46. $x = 13$

47. $x^2 + y^2 = 2z^2$
48. $x^2 + y^2 + z^2 - 9z = 0$

Convertir esféricas a rectangulares En los ejercicios 49 a 56, encuentre una ecuación en coordenadas rectangulares de la ecuación dada en coordenadas esféricas y dibuje su gráfica.

49. $\rho = 5$
50. $\theta = \dfrac{3\pi}{4}$

51. $\phi = \dfrac{\pi}{6}$
52. $\phi = \dfrac{\pi}{2}$

53. $\rho = 4 \cos \phi$
54. $\rho = 2 \sec \phi$

55. $\rho = \csc \phi$
56. $\rho = 4 \csc \phi \sec \theta$

Correspondencia En los ejercicios 57 a 62, relacione la ecuación (dada en términos de coordenadas cilíndricas o esféricas) con su gráfica. [Las gráficas se marcan (a), (b), (c), (d), (e) y (f).]

(a)

(b)

(c)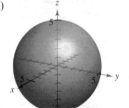

(d)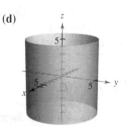

(e)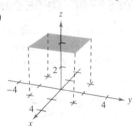

(f)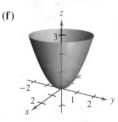

57. $r = 5$
58. $\theta = \dfrac{\pi}{4}$

59. $\rho = 5$
60. $\phi = \dfrac{\pi}{4}$

61. $r^2 = z$
62. $\rho = 4 \sec \phi$

Convertir cilíndricas a esféricas En los ejercicios 63 a 70, convierta las coordenadas cilíndricas del punto en coordenadas esféricas.

63. $\left(4, \dfrac{\pi}{4}, 0\right)$

64. $\left(3, -\dfrac{\pi}{4}, 0\right)$

65. $\left(4, \dfrac{\pi}{2}, 4\right)$

66. $\left(2, \dfrac{2\pi}{3}, -2\right)$

67. $\left(4, -\dfrac{\pi}{6}, 6\right)$

68. $\left(-4, \dfrac{\pi}{3}, 4\right)$

69. $(12, \pi, 5)$

70. $\left(4, \dfrac{\pi}{2}, 3\right)$

Convertir esféricas a cilíndricas En los ejercicios 71 a 78, convierta las coordenadas esféricas del punto en coordenadas cilíndricas.

71. $\left(10, \dfrac{\pi}{6}, \dfrac{\pi}{2}\right)$

72. $\left(4, \dfrac{\pi}{18}, \dfrac{\pi}{2}\right)$

73. $\left(36, \pi, \dfrac{\pi}{2}\right)$

74. $\left(18, \dfrac{\pi}{3}, \dfrac{\pi}{3}\right)$

75. $\left(6, -\dfrac{\pi}{6}, \dfrac{\pi}{3}\right)$

76. $\left(5, -\dfrac{5\pi}{6}, \pi\right)$

77. $\left(8, \dfrac{7\pi}{6}, \dfrac{\pi}{6}\right)$

78. $\left(7, \dfrac{\pi}{4}, \dfrac{3\pi}{4}\right)$

DESARROLLO DE CONCEPTOS

79. Convertir coordenadas rectangulares a cilíndricas Dé las ecuaciones para la conversión de coordenadas rectangulares a coordenadas cilíndricas y viceversa.

80. Coordenadas esféricas Explique por qué en las coordenadas esféricas la gráfica de $\theta = c$ es un semiplano y no un plano entero.

81. Coordenadas rectangulares y esféricas Dé las ecuaciones para la conversión de coordenadas rectangulares a coordenadas esféricas y viceversa.

---

82. **¿CÓMO LO VE?** Identifique la gráfica de la superficie con su ecuación rectangular. Después halle una ecuación en coordenadas cilíndricas para la ecuación dada en coordenadas rectangulares.

(a)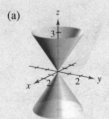

(b)

(i) $x^2 + y^2 = \dfrac{4}{9}z^2$

(ii) $x^2 + y^2 - z^2 = 2$

Convertir una ecuación rectangular En los ejercicios 83 a 90, convierta la ecuación rectangular a una ecuación (a) en coordenadas cilíndricas y (b) en coordenadas esféricas.

83. $x^2 + y^2 + z^2 = 25$

84. $4(x^2 + y^2) = z^2$

85. $x^2 + y^2 + z^2 - 2z = 0$

86. $x^2 + y^2 = z$

87. $x^2 + y^2 = 4y$

88. $x^2 + y^2 = 36$

89. $x^2 - y^2 = 9$

90. $y = 4$

Trazar un sólido En los ejercicios 91 a 94, dibuje el sólido que tiene la descripción dada en coordenadas cilíndricas.

91. $0 \le \theta \le \pi/2, 0 \le r \le 2, 0 \le z \le 4$

92. $-\pi/2 \le \theta \le \pi/2, 0 \le r \le 3, 0 \le z \le r \cos \theta$

93. $0 \le \theta \le 2\pi, 0 \le r \le a, r \le z \le a$

94. $0 \le \theta \le 2\pi, 2 \le r \le 4, z^2 \le -r^2 + 6r - 8$

Trazar un sólido En los ejercicios 95 a 98, dibuje el sólido que tiene la descripción dada en coordenadas esféricas.

95. $0 \le \theta \le 2\pi, 0 \le \phi \le \pi/6, 0 \le \rho \le a \sec \phi$

96. $0 \le \theta \le 2\pi, \pi/4 \le \phi \le \pi/2, 0 \le \rho \le 1$

97. $0 \le \theta \le \pi/2, 0 \le \phi \le \pi/2, 0 \le \rho \le 2$

98. $0 \le \theta \le \pi, 0 \le \phi \le \pi/2, 1 \le \rho \le 3$

Piénselo En los ejercicios 99 a 104, encuentre las desigualdades que describen al sólido y especifique el sistema de coordenadas utilizado. Posicione al sólido en el sistema de coordenadas en el que las desigualdades sean tan sencillas como sea posible.

99. Un cubo con cada arista de 10 centímetros de largo.

100. Una capa cilíndrica de 8 metros de longitud, 0.75 metros de diámetro interior y un diámetro exterior de 1.25 metros.

101. Una capa esférica con radios interior y exterior de 4 pulgadas y 6 pulgadas, respectivamente.

102. El sólido que queda después de perforar un orificio de 1 pulgada de diámetro a través del centro de una esfera de 6 pulgadas de diámetro.

103. El sólido dentro tanto de $x^2 + y^2 + z^2 = 9$ como de $\left(x - \dfrac{3}{2}\right)^2 + y^2 = \dfrac{9}{4}$.

104. El sólido entre las esferas $x^2 + y^2 + z^2 = 4$ y $x^2 + y^2 + z^2 = 9$, y dentro del cono $z^2 = x^2 + y^2$.

¿Verdadero o falso? En los ejercicios 105 a 108, determine si el enunciado es verdadero o falso. Si es falso, explique por qué o dé un ejemplo que pruebe que es falso.

105. En coordenadas cilíndricas, la ecuación $r = z$ es un cilindro.

106. Las ecuaciones $\rho = 2$ y $x^2 + y^2 + z^2 = 4$ representan la misma superficie.

107. Las coordenadas cilíndricas de un punto (x, y, z) son únicas.

108. Las coordenadas esféricas de un punto (x, y, z) son únicas.

109. Intersección de superficies Identifique la curva de intersección de las superficies (en coordenadas cilíndricas) $z = \operatorname{sen} \theta$ y $r = 1$.

110. Intersección de superficies Identifique la curva de intersección de las superficies (en coordenadas esféricas) $\rho = 2 \sec \phi$ y $\rho = 4$.

Ejercicios de repaso

Consulte **CalcChat.com** para un tutorial de ayuda y soluciones trabajadas de los ejercicios con numeración impar.

Escribir vectores en formas diferentes En los ejercicios 1 y 2, sean $\mathbf{u} = \overrightarrow{PQ}$ y $\mathbf{v} = \overrightarrow{PR}$, (a) escriba u y v en la forma de componentes, (b) escriba u como combinación lineal de vectores i y j unitarios estándar, (c) encuentre la magnitud de v, y (d) encuentre 2u + v.

1. $P = (1, 2), Q = (4, 1), R = (5, 4)$

2. $P = (-2, -1), Q = (5, -1), R = (2, 4)$

Hallar un vector En los ejercicios 3 y 4, encuentre las componentes del vector v dada su magnitud y el ángulo que forma con el eje x positivo.

3. $\|\mathbf{v}\| = 8,\ \theta = 60°$
4. $\|\mathbf{v}\| = \frac{1}{2},\ \theta = 225°$

5. **Encontrar coordenadas de un punto** Encuentre las coordenadas del punto en el plano xy cuatro unidades a la derecha del plano xz y cinco unidades detrás del plano yz.

6. **Encontrar coordenadas de un punto** Encuentre las coordenadas del punto localizado en el eje y y siete unidades a la izquierda del plano xz.

Hallar la distancia entre dos puntos en el espacio En los ejercicios 7 y 8, encuentre la distancia entre los puntos.

7. $(1, 6, 3), (-2, 3, 5)$

8. $(-2, 1, -5), (4, -1, -1)$

Hallar la ecuación de una esfera En los ejercicios 9 y 10, encuentre la ecuación estándar de la esfera.

9. Centro: $(3, -2, 6)$; diámetro: 15.

10. Puntos terminales de un diámetro: $(0, 0, 4), (4, 6, 0)$.

Hallar la ecuación de una esfera En los ejercicios 11 y 12, complete el cuadrado para dar la ecuación de la esfera en forma canónica o estándar. Encuentre el centro y el radio.

11. $x^2 + y^2 + z^2 - 4x - 6y + 4 = 0$

12. $x^2 + y^2 + z^2 - 10x + 6y - 4z + 34 = 0$

Escribir un vector en formas diferentes En los ejercicios 13 y 14 se dan los puntos inicial y final de un vector, (a) dibuje el segmento de recta dirigido, (b) encuentre la forma componente del vector, (c) escriba el vector usando notación vectorial unitaria estándar y (d) dibuje el vector con su punto inicial en el origen.

13. Punto inicial: $(2, -1, 3)$
    Punto terminal: $(4, 4, -7)$

14. Punto inicial: $(6, 2, 0)$
    Punto terminal: $(3, -3, 8)$

Usar vectores para determinar puntos colineales En los ejercicios 15 y 16, utilice vectores para determinar si los puntos son colineales.

15. $(3, 4, -1), (-1, 6, 9), (5, 3, -6)$

16. $(5, -4, 7), (8, -5, 5), (11, 6, 3)$

17. **Encontrar un vector unitario** Encuentre un vector unitario en la dirección de $\mathbf{u} = \langle 2, 3, 5 \rangle$.

18. **Encontrar un vector unitario** Encuentre el vector v de magnitud 8 en la dirección $\langle 6, -3, 2 \rangle$.

Encontrar productos escalares En los ejercicios 19 y 20, sean $\mathbf{v} = \overrightarrow{PR}$ y $\mathbf{u} = \overrightarrow{PQ}$, encuentre (a) las componentes de u y de v, (b) $\mathbf{u} \cdot \mathbf{v}$, y (c) $\mathbf{v} \cdot \mathbf{v}$.

19. $P = (5, 0, 0),\ Q = (4, 4, 0), R = (2, 0, 6)$

20. $P = (2, -1, 3),\ Q = (0, 5, 1),\ R = (5, 5, 0)$

Encontrar el ángulo entre dos vectores En los ejercicios 21 a 24, encuentre el ángulo θ entre los vectores (a) en radianes y (b) en grados.

21. $\mathbf{u} = 5[\cos(3\pi/4)\mathbf{i} + \operatorname{sen}(3\pi/4)\mathbf{j}]$
    $\mathbf{v} = 2[\cos(2\pi/3)\mathbf{i} + \operatorname{sen}(2\pi/3)\mathbf{j}]$

22. $\mathbf{u} = 6\mathbf{i} + 2\mathbf{j} - 3\mathbf{k},\quad \mathbf{v} = -\mathbf{i} + 5\mathbf{j}$

23. $\mathbf{u} = \langle 10, -5, 15 \rangle,\quad \mathbf{v} = \langle -2, 1, -3 \rangle$

24. $\mathbf{u} = \langle 1, 0, -3 \rangle,\quad \mathbf{v} = \langle 2, -2, 1 \rangle$

Comparar vectores En los ejercicios 25 y 26, determine si u y v son ortogonales, paralelos o ninguna de las dos cosas.

25. $\mathbf{u} = \langle 7, -2, 3 \rangle$
26. $\mathbf{u} = \langle -4, 3, -6 \rangle$
    $\mathbf{v} = \langle -1, 4, 5 \rangle$
    $\mathbf{v} = \langle 16, -12, 24 \rangle$

Encontrar la proyección de u sobre v En los ejercicios 27 a 30, determine la proyección de u sobre v.

27. $\mathbf{u} = \langle 7, 9 \rangle,\quad \mathbf{v} = \langle 1, 5 \rangle$

28. $\mathbf{u} = 4\mathbf{i} + 2\mathbf{j},\quad \mathbf{v} = 3\mathbf{i} + 4\mathbf{j}$

29. $\mathbf{u} = \langle 1, -1, 1 \rangle,\quad \mathbf{v} = \langle 2, 0, 2 \rangle$

30. $\mathbf{u} = 5\mathbf{i} + \mathbf{j} + 3\mathbf{k},\quad \mathbf{v} = 2\mathbf{i} + 3\mathbf{j} + \mathbf{k}$

31. **Vectores ortogonales** Encuentre dos vectores en direcciones opuestas que sean ortogonales al vector $\mathbf{u} = \langle 5, 6, -3 \rangle$.

32. **Trabajo** Un objeto es arrastrado 8 pies por el suelo aplicando una fuerza de 75 libras. La dirección de la fuerza es de 30° sobre la horizontal. Encuentre el trabajo realizado.

Encontrar productos vectoriales En los ejercicios 33 a 36, determine (a) $\mathbf{u} \times \mathbf{v}$, (b) $\mathbf{v} \times \mathbf{u}$ y (c) $\mathbf{v} \times \mathbf{v}$.

33. $\mathbf{u} = 4\mathbf{i} + 3\mathbf{j} + 6\mathbf{k}$
34. $\mathbf{u} = 6\mathbf{i} - 5\mathbf{j} + 2\mathbf{k}$
    $\mathbf{v} = 5\mathbf{i} + 2\mathbf{j} + \mathbf{k}$
    $\mathbf{v} = -4\mathbf{i} + 2\mathbf{j} + 3\mathbf{k}$

35. $\mathbf{u} = \langle 2, -4, -4 \rangle$
36. $\mathbf{u} = \langle 0, 2, 1 \rangle$
    $\mathbf{v} = \langle 1, 1, 3 \rangle$
    $\mathbf{v} = \langle 1, -3, 4 \rangle$

37. **Encontrar un vector unitario** Encuentre un vector unitario que sea ortogonal tanto a $\mathbf{u} = \langle 2, -10, 8 \rangle$ como a $\mathbf{v} = \langle 4, 6, -8 \rangle$.

38. **Área** Encuentre el área del paralelogramo que tiene los vectores $\mathbf{u} = \langle 3, -1, 5 \rangle$ y $\mathbf{v} = \langle 2, -4, 1 \rangle$ como lados adyacentes.

39. Momento Las especificaciones para un tractor establecen que el momento en un perno con tamaño de cabeza de $\frac{7}{8}$ de pulgada no puede exceder 200 pies-libras. Determine la fuerza máxima $\|\mathbf{F}\|$ que puede aplicarse a la llave de la figura.

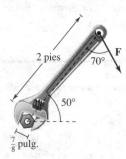

40. Volumen Use el producto escalar triple para encontrar el volumen del paralelepípedo que tiene aristas adyacentes $\mathbf{u} = 2\mathbf{i} + \mathbf{j}$, $\mathbf{v} = 2\mathbf{j} + \mathbf{k}$ y $\mathbf{w} = -\mathbf{j} + 2\mathbf{k}$.

Encontrar ecuaciones paramétricas y simétricas En los ejercicios 41 y 42, encuentre el conjunto de (a) ecuaciones paramétricas y (b) ecuaciones simétricas de la recta a través de los dos puntos. (Para cada recta, dé los números directores como enteros.)

41. $(3, 0, 2)$, $(9, 11, 6)$ **42.** $(-1, 4, 3)$, $(8, 10, 5)$

Encontrar ecuaciones paramétricas En los ejercicios 43 a 46, determine un conjunto de ecuaciones paramétricas para la recta.

43. La recta pasa por el punto $(1, 2, 3)$ y es perpendicular al plano xz.

44. La recta pasa por el punto $(1, 2, 3)$ y es paralela a la recta dada por $x = y = z$.

45. La intersección de los planos $3x - 3y - 7z = -4$ y $x - y + 2z = 3$.

46. La recta pasa por el punto $(0, 1, 4)$ y es perpendicular a $\mathbf{u} = \langle 2, -5, 1 \rangle$ y $\mathbf{v} = \langle -3, 1, 4 \rangle$.

Encontrar una ecuación de un plano En los ejercicios 47 a 50, encuentre una ecuación del plano.

47. El plano pasa por $(-3, -4, 2)$, $(-3, 4, 1)$ y $(1, 1, -2)$.

48. El plano pasa por el punto $(-2, 3, 1)$ y es perpendicular a $\mathbf{n} = 3\mathbf{i} - \mathbf{j} + \mathbf{k}$.

49. El plano contiene las rectas dadas por

$$\frac{x-1}{-2} = y = z + 1 \quad \text{y} \quad \frac{x+1}{-2} = y - 1 = z - 2.$$

50. El plano pasa por los puntos $(5, 1, 3)$ y $(2, -2, 1)$, y es perpendicular al plano $2x + y - z = 4$.

51. Distancia Encuentre la distancia del punto $(1, 0, 2)$ al plano $2x - 3y + 6z = 6$.

52. Distancia Encuentre la distancia del punto $(3, -2, 4)$ al plano $2x - 5y + z = 10$.

53. Distancia Encuentre la distancia de los planos $5x - 3y + z = 2$ y $5x - 3y + z = -3$.

54. Distancia Encuentre la distancia del punto $(-5, 1, 3)$ a la recta dada por $x = 1 + t$, $y = 3 - 2t$ y $z = 5 - t$.

Trazar una superficie en el espacio En los ejercicios 55–64, describa y dibuje la superficie.

55. $x + 2y + 3z = 6$ **56.** $y = z^2$

57. $y = \frac{1}{2}z$ **58.** $y = \cos z$

59. $\dfrac{x^2}{16} + \dfrac{y^2}{9} + z^2 = 1$ **60.** $16x^2 + 16y^2 - 9z^2 = 0$

61. $\dfrac{x^2}{16} - \dfrac{y^2}{9} + z^2 = -1$ **62.** $\dfrac{x^2}{25} + \dfrac{y^2}{4} - \dfrac{z^2}{100} = 1$

63. $x^2 + z^2 = 4$ **64.** $y^2 + z^2 = 16$

65. Superficie de revolución Encuentre una ecuación para la superficie de revolución generada al girar la curva $z^2 = 2y$ en el plano yz en torno del eje y.

66. Superficie de revolución Encuentre una ecuación para la superficie de revolución generada al girar la curva $2x + 3z = 1$ en el plano xz en torno del eje x.

Convertir coordenadas rectangulares En los ejercicios 67 y 68, convierta las coordenadas rectangulares del punto a (a) coordenadas cilíndricas y (b) coordenadas esféricas.

67. $\left(-2\sqrt{2}, 2\sqrt{2}, 2\right)$ **68.** $\left(\dfrac{\sqrt{3}}{4}, \dfrac{3}{4}, \dfrac{3\sqrt{3}}{2}\right)$

Convertir cilíndricas a esféricas En los ejercicios 69 y 70, convierta las coordenadas cilíndricas del punto a coordenadas esféricas.

69. $\left(100, -\dfrac{\pi}{6}, 50\right)$ **70.** $\left(81, -\dfrac{5\pi}{6}, 27\sqrt{3}\right)$

Convertir esféricas a cilíndricas En los ejercicios 71 y 72, convierta las coordenadas esféricas del punto en coordenadas cilíndricas.

71. $\left(25, -\dfrac{\pi}{4}, \dfrac{3\pi}{4}\right)$ **72.** $\left(12, -\dfrac{\pi}{2}, \dfrac{2\pi}{3}\right)$

Convertir una ecuación rectangular En los ejercicios 73 y 74, convierta la ecuación rectangular a una ecuación en (a) coordenadas cilíndricas y (b) coordenadas esféricas.

73. $x^2 - y^2 = 2z$ **74.** $x^2 + y^2 + z^2 = 16$

Convertir cilíndricas a rectangulares En los ejercicios 75 y 76, exprese en coordenadas rectangulares la ecuación dada en coordenadas cilíndricas y dibuje su gráfica.

75. $r = 5\cos\theta$ **76.** $z = 4$

Convertir esféricas a rectangulares En los ejercicios 77 y 78, exprese en coordenadas rectangulares la ecuación dada en coordenadas esféricas y dibuje su gráfica.

77. $\theta = \dfrac{\pi}{4}$ **78.** $\rho = 3\cos\phi$

Solución de problemas

Consulte **CalcChat.com** para un tutorial de ayuda y soluciones trabajadas de los ejercicios con numeración impar.

1. Demostración Utilizando vectores, demuestre la ley de los senos: si a, b y c son los tres lados del triángulo de la figura, entonces

$$\frac{\operatorname{sen} A}{\|\mathbf{a}\|} = \frac{\operatorname{sen} B}{\|\mathbf{b}\|} = \frac{\operatorname{sen} C}{\|\mathbf{c}\|}.$$

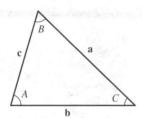

2. Usar una ecuación Considere la función

$$f(x) = \int_0^x \sqrt{t^4 + 1}\, dt.$$

 (a) Use una herramienta de graficación para representar la función en el intervalo $-2 \le x \le 2$.

(b) Encuentre un vector unitario paralelo a la gráfica de f en el punto $(0, 0)$.

(c) Encuentre un vector unitario perpendicular a la gráfica de f en el punto $(0, 0)$.

(d) Encuentre las ecuaciones paramétricas de la recta tangente a la gráfica de f en el punto $(0, 0)$.

3. Demostración Utilizando vectores, demuestre que los segmentos de recta que unen los puntos medios de los lados de un paralelogramo forman un paralelogramo (vea la figura).

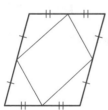

4. Demostración Utilizando vectores, demuestre que las diagonales de un rombo son perpendiculares (vea la figura).

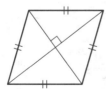

5. Distancia

(a) Encuentre la distancia más corta entre el punto $Q(2, 0, 0)$ y la recta determinada por los puntos $P_1(0, 0, 1)$ y $P_2(0, 1, 2)$.

(b) Encuentre la distancia más corta entre el punto $Q(2, 0, 0)$ y el segmento de recta que une los puntos $P_1(0, 0, 1)$ y $P_2(0, 1, 2)$.

6. Vectores ortogonales Sea P_0 un punto en el plano con vector normal $\mathbf{n}$. Describa el conjunto de puntos P en el plano para los que $(\mathbf{n} + \vec{PP_0})$ es el ortogonal a $(\mathbf{n} - \vec{PP_0})$.

7. Volumen

(a) Encuentre el volumen del sólido limitado abajo por el paraboloide $z = x^2 + y^2$, y arriba por el plano $z = 1$.

(b) Encuentre el volumen del sólido limitado abajo por el paraboloide elíptico

$$z = \frac{x^2}{a^2} + \frac{y^2}{b^2}$$

y arriba por el plano $z = k$, donde $k > 0$.

(c) Demuestre que el volumen del sólido del inciso (b) es igual a la mitad del producto del área de la base por la altura (vea la figura).

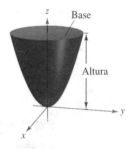

8. Volumen

(a) Use el método de los discos para encontrar el volumen de la esfera $x^2 + y^2 + z^2 = r^2$.

(b) Encuentre el volumen del elipsoide $\frac{x^2}{a^2} + \frac{y^2}{b^2} + \frac{z^2}{c^2} = 1$.

9. Demostración Demuestre la propiedad siguiente del producto vectorial.

$$(\mathbf{u} \times \mathbf{v}) \times (\mathbf{w} \times \mathbf{z}) = (\mathbf{u} \times \mathbf{v} \cdot \mathbf{z})\mathbf{w} - (\mathbf{u} \times \mathbf{v} \cdot \mathbf{w})\mathbf{z}$$

 **10. Usar ecuaciones paramétricas** Considere la recta dada por las ecuaciones paramétricas

$$x = -t + 3, \quad y = \tfrac{1}{2}t + 1, \quad z = 2t - 1$$

y el punto para $(4, 3, s)$ para todo número real s.

(a) Dé la distancia entre el punto y la recta como una función de s.

(b) Use una herramienta de graficación para representar la función del inciso (a). Use la gráfica para encontrar un valor de s tal que la distancia entre el punto y la recta sea mínima.

(c) Use el *zoom* de una herramienta de graficación para amplificar varias veces la gráfica del inciso (b). ¿Parece que la gráfica tenga asíntotas oblicuas? Explique. Si parece tener asíntotas oblicuas, encuéntrelas.

11. Trazar gráficas Dibuje la gráfica de cada ecuación dada en coordenadas esféricas.

(a) $\rho = 2\operatorname{sen}\phi$ (b) $\rho = 2\cos\phi$

12. Trazar gráficas Dibuje la gráfica de cada ecuación dada en coordenadas cilíndricas.

13. Espiro Una pelota que pesa 1 libra y está sujetada por una cuerda a un poste, es lanzada en dirección opuesta al poste por una fuerza horizontal **u** que hace que la cuerda forme un ángulo de θ grados con el poste (vea la figura).

(a) Determine la tensión resultante en la cuerda y la magnitud de **u** cuando $\theta = 30°$.

(b) Dé la tensión T de la cuerda y la magnitud de **u** como funciones de θ. Determine los dominios de las funciones.

(c) Use una herramienta de graficación para completar la tabla.

θ	0°	10°	20°	30°	40°	50°	60°
T							
$\|\mathbf{u}\|$							

(d) Use una herramienta de graficación para representar las dos funciones para $0° \leq \theta \leq 60°$.

(e) Compare T y $\|\mathbf{u}\|$ a medida que θ se aumenta.

(f) Encuentre (si es posible) $\lim\limits_{\theta \to \pi/2^-} T$ y $\lim\limits_{\theta \to \pi/2^-} \|\mathbf{u}\|$. ¿Son los resultados que esperaba? Explique.

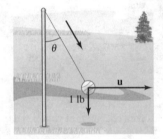
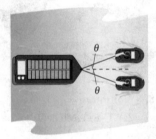

Figura para 13   Figura para 14

14. Remolcar Una barcaza cargada es jalada por dos lanchas remolcadoras, y la magnitud de la resultante es de 6000 libras dirigidas a lo largo del eje de la barcaza (vea la figura). Cada cuerda del remolque forma un ángulo de θ grados con el eje de la barcaza.

(a) Determine la tensión de las cuerdas del remolque si $\theta = 20°$.

(b) Dé la tensión T en cada cuerda como una función de θ. Determine el dominio de la función.

(c) Use una herramienta de graficación para completar la tabla.

θ	10°	20°	30°	40°	50°	60°
T						

(d) Use una herramienta de graficación para representar la función de tensión.

(e) Explique por qué la tensión aumenta a medida que θ aumenta.

15. Demostración Considere los vectores $\mathbf{u} = \langle \cos\alpha, \sin\alpha, 0 \rangle$ y $\mathbf{v} = \langle \cos\beta, \sin\beta, 0 \rangle$, donde $\alpha > \beta$. Halle el producto vectorial de los vectores y use el resultado para demostrar la identidad

$$\text{sen}(\alpha - \beta) = \text{sen } \alpha \cos \beta - \cos \alpha \, \text{sen } \beta.$$

16. Sistema longitud-latitud Los Ángeles se localiza a 34.05° de latitud Norte y 118.24° de longitud Oeste, y Río de Janeiro, Brasil, se localiza a 22.90° de latitud Sur y 43.23° de longitud Oeste (vea la figura). Suponga que la Tierra es esférica y tiene un radio de 4000 millas.

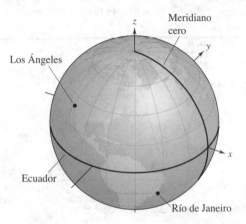

(a) Encuentre las coordenadas esféricas para la ubicación de cada ciudad.

(b) Encuentre las coordenadas rectangulares para la ubicación de cada ciudad.

(c) Encuentre el ángulo (en radianes) entre los vectores del centro de la Tierra a cada ciudad.

(d) Encuentre la distancia s del círculo máximo entre las ciudades. (*Sugerencia: $s = r\theta$.*)

(e) Repita los incisos (a) a (d) con las ciudades de Boston, localizada a 42.36° latitud Norte y 71.06° longitud Oeste, y Honolulú, localizada a 21.31° latitud Norte y 157.86° longitud Oeste.

17. Distancia entre un punto y un plano Considere el plano que pasa por los puntos P, R y S. Demuestre que la distancia de un punto Q a este plano es

$$\text{Distancia} = \frac{|\mathbf{u} \cdot (\mathbf{v} \times \mathbf{w})|}{\|\mathbf{u} \times \mathbf{v}\|}$$

donde $\mathbf{u} = \overrightarrow{PR}$, $\mathbf{v} = \overrightarrow{PS}$ y $\mathbf{w} = \overrightarrow{PQ}$.

18. Distancia entre planos paralelos Demuestre que la distancia entre los planos paralelos

$$ax + by + cz + d_1 = 0 \quad \text{y} \quad ax + by + cz + d_2 = 0$$

es

$$\text{Distancia} = \frac{|d_1 - d_2|}{\sqrt{a^2 + b^2 + c^2}}.$$

19. Intersección de planos Demuestre que la curva de intersección del plano $z = 2y$, y el cilindro $x^2 + y^2 = 1$ es una elipse.

20. Álgebra vectorial Lea el artículo "Tooth Tables: Solution of a Dental Problem by Vector Algebra", de Gary Hosler Meisters, en *Mathematics Magazine*. (Para ver este artículo, vaya a *MathArticles.com*.) Después escriba un párrafo que explique cómo se pueden usar los vectores y el álgebra vectorial en la construcción de incrustaciones dentales.

12 Funciones vectoriales

Rapidez *(Ejercicio 68, p. 861)*

Control de tráfico aéreo
(Ejercicio 65, p. 850)

Futbol *(Ejercicio 32, p. 839)*

Tiro de lanzamiento de
bala *(Ejercicio 42, p. 839)*

Resbaladilla *(Ejercicio 81, p. 823)*

12.1 Funciones vectoriales

■ Analizar y dibujar una curva en el espacio dada por una función vectorial.
■ Extender los conceptos de límite y continuidad a funciones vectoriales.

Curvas en el espacio y funciones vectoriales

En la sección 10.2 se definió una *curva plana* como un conjunto de pares ordenados $(f(t), g(t))$ junto con sus ecuaciones paramétricas

$$x = f(t) \quad y \quad y = g(t)$$

donde f y g son funciones continuas de t en un intervalo I. Esta definición puede extenderse de manera natural al espacio tridimensional como sigue. Una **curva en el espacio** C es un conjunto de todas las demás ordenadas $(f(t), g(t), h(t))$ junto con sus ecuaciones paramétricas

$$x = f(t), \quad y = g(t) \quad y \quad z = h(t)$$

donde f, g y h son funciones continuas de t en un intervalo I.

Antes de ver ejemplos de curvas en el espacio, se introduce un nuevo tipo de función, llamada **función vectorial**. Este tipo de función asigna vectores a números reales.

Definición de función vectorial

Una función de la forma

$$\mathbf{r}(t) = f(t)\mathbf{i} + g(t)\mathbf{j} \qquad \text{Plano}$$

o

$$\mathbf{r}(t) = f(t)\mathbf{i} + g(t)\mathbf{j} + h(t)\mathbf{k} \qquad \text{Espacio}$$

es una **función vectorial**, donde las **funciones componentes** f, g y h son funciones del parámetro t. Algunas veces las funciones vectoriales se denotan como

$$\mathbf{r}(t) = \langle f(t), g(t) \rangle \qquad \text{Plano}$$

o

$$\mathbf{r}(t) = \langle f(t), g(t), h(t) \rangle. \qquad \text{Espacio}$$

Técnicamente, una curva en el plano o en el espacio consiste en una colección de puntos y ecuaciones paramétricas que la definen. Dos curvas diferentes pueden tener la misma gráfica. Por ejemplo, cada una de las curvas dadas por

$$\mathbf{r}(t) = \operatorname{sen} t\, \mathbf{i} + \cos t\, \mathbf{j} \quad y \quad \mathbf{r}(t) = \operatorname{sen} t^2\, \mathbf{i} + \cos t^2\, \mathbf{j}$$

tiene como gráfica el círculo unitario, pero estas ecuaciones no representan la misma curva, porque el círculo está trazado de diferentes maneras.

Es importante que se asegure de ver la diferencia entre la función vectorial $\mathbf{r}$ y las funciones reales f, g y h. Todas son funciones de la variable real t, pero $\mathbf{r}(t)$ es un vector, mientras que $f(t)$, $g(t)$ y $h(t)$ son números reales (para cada valor específico de t).

Las funciones vectoriales juegan un doble papel en la representación de curvas. Tomando como parámetro t, que representa el tiempo, se puede usar una función vectorial para representar el movimiento a lo largo de una curva. O, en el caso más general, puede usar una función vectorial para *trazar la gráfica* de una curva. En ambos casos el punto final del vector posición $\mathbf{r}(t)$ coincide con el punto (x, y) o (x, y, z) de la curva dada por las ecuaciones paramétricas, como se muestra en la figura 12.1. La punta de flecha en la curva indica la *orientación* de la curva apuntando en la dirección de valores crecientes de t.

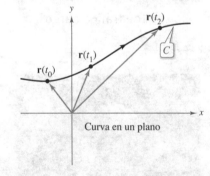

Curva en un plano

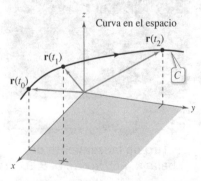

La curva C es trazada por el punto final del vector posición $\mathbf{r}(t)$.

Figura 12.1

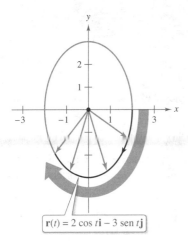

La elipse es trazada en el sentido de las manecillas del reloj a medida que t aumenta de 0 a 2π.
Figura 12.2

En 1953, Francis Crick y James D. Watson descubrieron la estructura de doble hélice del ADN.

A menos que se especifique otra cosa, se considera que el **dominio** de una función vectorial **r** es la intersección de los dominios de las funciones componentes f, g y h. Por ejemplo, el dominio de $\mathbf{r}(t) = \ln t \, \mathbf{i} + \sqrt{1 - t} \, \mathbf{j} + t\mathbf{k}$ es el intervalo $(0, 1]$.

EJEMPLO 1   Trazar una curva plana

Dibujar la curva plana representada por la función vectorial

$$\mathbf{r}(t) = 2 \cos t\mathbf{i} - 3 \operatorname{sen} t\mathbf{j}, \quad 0 \leq t \leq 2\pi.$$ Función vectorial

Solución   A partir del vector de posición $\mathbf{r}(t)$, se pueden dar las ecuaciones paramétricas

$$x = 2 \cos t \quad \text{y} \quad y = -3 \operatorname{sen} t.$$

Despejando $\cos t$ y $\operatorname{sen} t$, y utilizando la identidad $\cos^2 t + \operatorname{sen}^2 t = 1$, se obtiene la ecuación rectangular

$$\frac{x^2}{2^2} + \frac{y^2}{3^2} = 1.$$ Ecuación rectangular

La gráfica de esta ecuación rectangular es la elipse mostrada en la figura 12.2. La curva está orientada en el *sentido de las manecillas del reloj*. Es decir, cuando t aumenta de 0 a 2π, el vector de posición $\mathbf{r}(t)$ se mueve en el sentido de las manecillas del reloj, y sus puntos finales describen la elipse.

EJEMPLO 2   Trazar una curva en el espacio

⋮····▷ *Consulte LarsonCalculus.com para una versión interactiva de este tipo de ejemplo.*

Dibuje la curva en el espacio representada por la función vectorial

$$\mathbf{r}(t) = 4 \cos t\mathbf{i} + 4 \operatorname{sen} t\mathbf{j} + t\mathbf{k}, \quad 0 \leq t \leq 4\pi$$ Función vectorial

Solución   De las dos primeras ecuaciones paramétricas

$$x = 4 \cos t \quad \text{y} \quad y = 4 \operatorname{sen} t$$

obtiene

$$x^2 + y^2 = 16.$$ Función vectorial

Esto significa que la curva se encuentra en un cilindro circular recto de radio 4, centrado en el eje z. Para localizar en este cilindro la curva, use la tercera ecuación paramétrica

$$z = t.$$

En la figura 12.3, observe que a medida que t crece de 0 a 4π el punto sube en espiral por el cilindro describiendo una **hélice**. Un ejemplo de una hélice de la vida real se muestra en el dibujo de la izquierda.

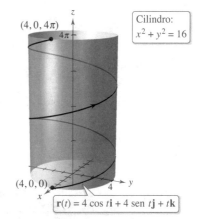

A medida que t crece de 0 a 4π, se describen dos espirales sobre la hélice.
Figura 12.3

En los ejemplos 1 y 2 se dio una función vectorial y se le pidió dibujar la curva correspondiente. Los dos ejemplos siguientes se refieren a la situación inversa: hallar una función vectorial para representar una gráfica dada. Claro está que si la gráfica se da en forma paramétrica, su representación por medio de una función vectorial es inmediata. Por ejemplo, para representar en el espacio la recta dada por $x = 2 + t$, $y = 3t$ y $z = 4 - t$, use simplemente la función vectorial dada por

$$\mathbf{r}(t) = (2 + t)\mathbf{i} + 3t\mathbf{j} + (4 - t)\mathbf{k}.$$

Si no se da un conjunto de ecuaciones paramétricas para la gráfica, el problema de representar la gráfica mediante una función vectorial se reduce a hallar un conjunto de ecuaciones paramétricas.

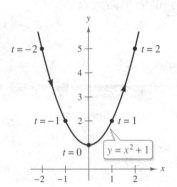

Hay muchas maneras de parametrizar esta gráfica. Una de ellas es tomar $x = t$.

Figura 12.4

EJEMPLO 3 **Representar una gráfica mediante una función vectorial**

Represente la parábola

$$y = x^2 + 1$$

mediante una función vectorial.

Solución Aunque usted tiene muchas maneras de elegir el parámetro t, una opción natural es tomar $x = t$. Entonces $y = t^2 + 1$ y tiene

$$\mathbf{r}(t) = t\mathbf{i} + (t^2 + 1)\mathbf{j}. \qquad \text{Función vectorial}$$

Observe en la figura 12.4 la orientación obtenida con esta elección particular de parámetro. Si hubiera elegido como parámetro $x = -t$, la curva habría estado orientada en dirección opuesta.

EJEMPLO 4 **Representar una gráfica mediante una función vectorial**

Dibuje la gráfica C representada por la intersección del semielipsoide

$$\frac{x^2}{12} + \frac{y^2}{24} + \frac{z^2}{4} = 1, \quad z \geq 0$$

y el cilindro parabólico $y = x^2$. Después, halle una función vectorial que represente la gráfica.

Solución En la figura 12.5 se muestra la intersección de las dos superficies. Como en el ejemplo 3, una opción natural para el parámetro es $x = t$. Con esta opción, se usa la ecuación dada $y = x^2$ para obtener $y = t^2$. Entonces

$$\frac{z^2}{4} = 1 - \frac{x^2}{12} - \frac{y^2}{24} = 1 - \frac{t^2}{12} - \frac{t^4}{24} = \frac{24 - 2t^2 - t^4}{24} = \frac{(6 + t^2)(4 - t^2)}{24}.$$

Como la curva se encuentra sobre el plano xy, debe elegir para z la raíz cuadrada positiva. Así obtiene las ecuaciones paramétricas siguientes.

$$x = t, \quad y = t^2 \ \text{y} \ z = \sqrt{\frac{(6 + t^2)(4 - t^2)}{6}}.$$

La función vectorial resultante es

$$\mathbf{r}(t) = t\mathbf{i} + t^2\mathbf{j} + \sqrt{\frac{(6 + t^2)(4 - t^2)}{6}}\mathbf{k}, \quad -2 \leq t \leq 2. \qquad \text{Función vectorial}$$

(Observe que el componente $\mathbf{k}$ de $\mathbf{r}(t)$ implica $-2 \leq t \leq 2$.) De los puntos $(-2, 4, 0)$ y $(2, 4, 0)$ que se muestran en la figura 12.5, puede ver que la curva es trazada a medida que t crece de -2 a 2.

$\cdots$**COMENTARIO** Las curvas en el espacio pueden especificarse de varias maneras. Por ejemplo, la curva del ejemplo 4 se describe como la intersección de dos superficies en el espacio.

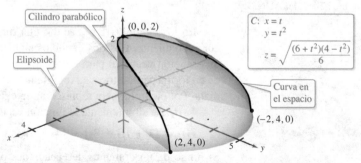

La curva C es la intersección del semielipsoide y el cilindro parabólico.
Figura 12.5

Límites y continuidad

Muchas de las técnicas y definiciones utilizadas en el cálculo de funciones reales se pueden aplicar a funciones vectoriales. Por ejemplo, usted puede sumar y restar funciones vectoriales, multiplicar por un escalar, tomar su límite, derivarlas, y así sucesivamente. La estrategia básica consiste en aprovechar la linealidad de las operaciones vectoriales y extender las definiciones en una base, componente por componente. Por ejemplo, para sumar o restar dos funciones vectoriales (en el plano), tiene

$$\mathbf{r}_1(t) + \mathbf{r}_2(t) = [f_1(t)\mathbf{i} + g_1(t)\mathbf{j}] + [f_2(t)\mathbf{i} + g_2(t)\mathbf{j}] \qquad \text{Suma}$$
$$= [f_1(t) + f_2(t)]\mathbf{i} + [g_1(t) + g_2(t)]\mathbf{j}.$$

Para restar dos funciones vectoriales, puede escribir

$$\mathbf{r}_1(t) - \mathbf{r}_2(t) = [f_1(t)\mathbf{i} + g_1(t)\mathbf{j}] - [f_2(t)\mathbf{i} + g_2(t)\mathbf{j}] \qquad \text{Resta}$$
$$= [f_1(t) - f_2(t)]\mathbf{i} + [g_1(t) - g_2(t)]\mathbf{j}.$$

De manera similar, para multiplicar y dividir una función vectorial por un escalar tiene

$$c\mathbf{r}(t) = c[f_1(t)\mathbf{i} + g_1(t)\mathbf{j}] \qquad \text{Multiplicación escalar}$$
$$= cf_1(t)\mathbf{i} + cg_1(t)\mathbf{j}.$$

Para dividir una función vectorial entre un escalar,

$$\frac{\mathbf{r}(t)}{c} = \frac{[f_1(t)\mathbf{i} + g_1(t)\mathbf{j}]}{c}, \quad c \neq 0 \qquad \text{División escalar}$$
$$= \frac{f_1(t)}{c}\mathbf{i} + \frac{g_1(t)}{c}\mathbf{j}.$$

Esta extensión, componente por componente, de las operaciones con funciones reales a funciones vectoriales se ilustra más ampliamente en la definición siguiente del límite de una función vectorial.

Definición del límite de una función vectorial

1. Si **r** es una función vectorial tal que $\mathbf{r}(t) = f(t)\mathbf{i} + g(t)\mathbf{j}$, entonces

$$\lim_{t \to a} \mathbf{r}(t) = \left[\lim_{t \to a} f(t)\right]\mathbf{i} + \left[\lim_{t \to a} g(t)\right]\mathbf{j} \qquad \text{Plano}$$

siempre que existan los límites de f y g cuando $t \to a$.

2. Si r es una función vectorial tal que $\mathbf{r}(t) = f(t)\mathbf{i} + g(t)\mathbf{j} + h(t)\mathbf{k}$, entonces

$$\lim_{t \to a} \mathbf{r}(t) = \left[\lim_{t \to a} f(t)\right]\mathbf{i} + \left[\lim_{t \to a} g(t)\right]\mathbf{j} + \left[\lim_{t \to a} h(t)\right]\mathbf{k} \qquad \text{Espacio}$$

siempre que existan los límites de f, g y h cuando $t \to a$.

Si $\mathbf{r}(t)$ tiende al vector **L** cuando $t \to a$, entonces la longitud del vector $\mathbf{r}(t) - \mathbf{L}$ tiende a 0. Es decir,

$$\|\mathbf{r}(t) - \mathbf{L}\| \to 0 \text{ cuando } t \to a.$$

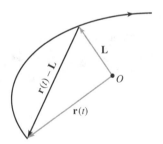

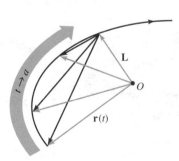

A medida que t tiende a a, $\mathbf{r}(t)$ tiende al límite **L**. Para que el límite **L** exista, no es necesario que $\mathbf{r}(a)$ esté definida o que $\mathbf{r}(a)$ sea igual a **L**.

Figura 12.6

Esto se ilustra de manera gráfica en la figura 12.6. Con esta definición del límite de una función vectorial, usted puede desarrollar versiones vectoriales de la mayor parte de los teoremas del límite dados en el capítulo 1. Por ejemplo, el límite de la suma de dos funciones vectoriales es la suma de sus límites individuales. También puede usar la orientación de la curva $\mathbf{r}(t)$ para definir límites unilaterales de funciones vectoriales. La definición siguiente extiende la noción de continuidad a funciones vectoriales.

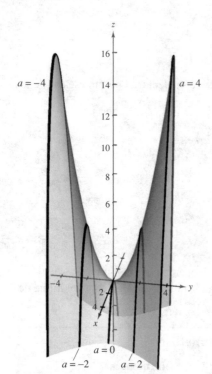

$a = -4$ $a = 4$

$a = -2$ $a = 2$

$a = 0$

Para todo a, la curva representada por la función vectorial $\mathbf{r}(t) = t\mathbf{i} + a\mathbf{j} + (a^2 - t^2)\mathbf{k}$ es una parábola.

Figura 12.7

▷ **TECNOLOGÍA** Casi cualquier tipo de dibujo tridimensional es difícil hacerlo a mano, pero trazar curvas en el espacio es especialmente difícil. El problema consiste en crear la impresión de tres dimensiones. Las herramientas de graficación usan diversas técnicas para dar la "impresión de tres dimensiones" en gráficas de curvas en el espacio: una manera es mostrar la curva en una superficie, como en la figura 12.7.

> **Definición de continuidad de una función vectorial**
>
> Una función vectorial $\mathbf{r}$ es **continua en un punto** dado por $t = a$ si el límite de $\mathbf{r}(t)$ cuando $t \to a$ existe y
>
> $$\lim_{t \to a} \mathbf{r}(t) = \mathbf{r}(a).$$
>
> Una función vectorial $\mathbf{r}$ es **continua en un intervalo** I si es continua en todos los puntos del intervalo.

De acuerdo con esta definición, una función vectorial es continua en $t = a$ si y sólo si cada una de sus funciones componentes es continua en $t = a$.

EJEMPLO 5 **Continuidad de funciones vectoriales**

Analice la continuidad de la función vectorial

$$\mathbf{r}(t) = t\mathbf{i} + a\mathbf{j} + (a^2 - t^2)\mathbf{k} \qquad a \text{ es una constante.}$$

cuando $t = 0$.

Solución Cuando t tiende a 0, el límite es

$$\lim_{t \to 0} \mathbf{r}(t) = \left[\lim_{t \to 0} t\right]\mathbf{i} + \left[\lim_{t \to 0} a\right]\mathbf{j} + \left[\lim_{t \to 0} (a^2 - t^2)\right]\mathbf{k}$$
$$= 0\mathbf{i} + a\mathbf{j} + a^2\mathbf{k}$$
$$= a\mathbf{j} + a^2\mathbf{k}.$$

Como

$$\mathbf{r}(0) = (0)\mathbf{i} + (a)\mathbf{j} + (a^2)\mathbf{k}$$
$$= a\mathbf{j} + a^2\mathbf{k}$$

puede concluir que $\mathbf{r}$ es continua en $t = 0$. Mediante un razonamiento similar, concluye que la función vectorial r es continua para todo valor real de t.

Para cada valor de a, la curva representada por la función vectorial del ejemplo 5,

$$\mathbf{r}(t) = t\mathbf{i} + a\mathbf{j} + (a^2 - t^2)\mathbf{k} \qquad a \text{ es una constante.}$$

es una parábola. Usted puede imaginar cada una de estas parábolas como la intersección del plano vertical con el paraboloide hiperbólico

$$y^2 - x^2 = z$$

como se muestra en la figura 12.7.

EJEMPLO 6 **Continuidad de funciones vectoriales**

Determine los intervalo(s) en los cuales la función vectorial

$$\mathbf{r}(t) = t\mathbf{i} + \sqrt{t + 1}\,\mathbf{j} + (t^2 + 1)\mathbf{k}$$

es continua.

Solución Las funciones componentes son $f(t) = t$, $g(t) = \sqrt{t + 1}$ y $h(t) = (t^2 + 1)$. Tanto f como h son continuas para todos los valores de t. Sin embargo, la función g es continua sólo para $t \geq -1$. Por lo que $\mathbf{r}$ es continua en el intervalo $[-1, \infty)$. ∎

12.1 Ejercicios

Consulte CalcChat.com para un tutorial de ayuda y soluciones trabajadas de los ejercicios con numeración impar.

Determinar el dominio En los ejercicios 1 a 8, halle el dominio de la función vectorial.

1. $\mathbf{r}(t) = \dfrac{1}{t+1}\mathbf{i} + \dfrac{t}{2}\mathbf{j} - 3t\mathbf{k}$

2. $\mathbf{r}(t) = \sqrt{4 - t^2}\,\mathbf{i} + t^2\mathbf{j} - 6t\mathbf{k}$

3. $\mathbf{r}(t) = \ln t\,\mathbf{i} - e^t\,\mathbf{j} - t\mathbf{k}$

4. $\mathbf{r}(t) = \operatorname{sen} t\,\mathbf{i} + 4\cos t\,\mathbf{j} + t\mathbf{k}$

5. $\mathbf{r}(t) = \mathbf{F}(t) + \mathbf{G}(t)$, donde
   $\mathbf{F}(t) = \cos t\,\mathbf{i} - \operatorname{sen} t\,\mathbf{j} + \sqrt{t}\,\mathbf{k}, \quad \mathbf{G}(t) = \cos t\,\mathbf{i} + \operatorname{sen} t\,\mathbf{j}$

6. $\mathbf{r}(t) = \mathbf{F}(t) - \mathbf{G}(t)$, donde
   $\mathbf{F}(t) = \ln t\,\mathbf{i} + 5t\,\mathbf{j} - 3t^2\mathbf{k}, \quad \mathbf{G}(t) = \mathbf{i} + 4t\,\mathbf{j} - 3t^2\mathbf{k}$

7. $\mathbf{r}(t) = \mathbf{F}(t) \times \mathbf{G}(t)$, donde
   $\mathbf{F}(t) = \operatorname{sen} t\,\mathbf{i} + \cos t\,\mathbf{j}, \quad \mathbf{G}(t) = \operatorname{sen} t\,\mathbf{j} + \cos t\,\mathbf{k}$

8. $\mathbf{r}(t) = \mathbf{F}(t) \times \mathbf{G}(t)$, donde
   $\mathbf{F}(t) = t^3\mathbf{i} - t\mathbf{j} + t\mathbf{k}, \quad \mathbf{G}(t) = \sqrt[3]{t}\,\mathbf{i} + \dfrac{1}{t+1}\mathbf{j} + (t+2)\mathbf{k}$

Evaluar una función En los ejercicios 9 a 12, evalúe (si es posible) la función vectorial en cada valor dado de t.

9. $\mathbf{r}(t) = \frac{1}{2}t^2\mathbf{i} - (t-1)\mathbf{j}$
   (a) $\mathbf{r}(1)$ (b) $\mathbf{r}(0)$ (c) $\mathbf{r}(s+1)$
   (d) $\mathbf{r}(2 + \Delta t) - \mathbf{r}(2)$

10. $\mathbf{r}(t) = \cos t\,\mathbf{i} + 2\operatorname{sen} t\,\mathbf{j}$
    (a) $\mathbf{r}(0)$ (b) $\mathbf{r}(\pi/4)$ (c) $\mathbf{r}(\theta - \pi)$
    (d) $\mathbf{r}(\pi/6 + \Delta t) - \mathbf{r}(\pi/6)$

11. $\mathbf{r}(t) = \ln t\,\mathbf{i} + \dfrac{1}{t}\mathbf{j} + 3t\mathbf{k}$
    (a) $\mathbf{r}(2)$ (b) $\mathbf{r}(-3)$ (c) $\mathbf{r}(t-4)$
    (d) $\mathbf{r}(1 + \Delta t) - \mathbf{r}(1)$

12. $\mathbf{r}(t) = \sqrt{t}\,\mathbf{i} + t^{3/2}\mathbf{j} + e^{-t/4}\mathbf{k}$
    (a) $\mathbf{r}(0)$ (b) $\mathbf{r}(4)$ (c) $\mathbf{r}(c+2)$
    (d) $\mathbf{r}(9 + \Delta t) - \mathbf{r}(9)$

Escribir una función vectorial En los ejercicios 13 a 16, represente el segmento de recta desde P hasta Q mediante una función vectorial y mediante un conjunto de ecuaciones paramétricas.

13. $P(0, 0, 0), Q(3, 1, 2)$

14. $P(0, 2, -1), Q(4, 7, 2)$

15. $P(-2, 5, -3), Q(-1, 4, 9)$

16. $P(1, -6, 8), Q(-3, -2, 5)$

Piénselo En los ejercicios 17 y 18, halle $\mathbf{r}(t) \cdot \mathbf{u}(t)$. ¿Es el resultado una función vectorial? Explique.

17. $\mathbf{r}(t) = (3t - 1)\mathbf{i} + \frac{1}{4}t^3\mathbf{j} + 4\mathbf{k}, \quad \mathbf{u}(t) = t^2\mathbf{i} - 8\mathbf{j} + t^3\mathbf{k}$

18. $\mathbf{r}(t) = \langle 3\cos t, 2\operatorname{sen} t, t - 2\rangle, \quad \mathbf{u}(t) = \langle 4\operatorname{sen} t, -6\cos t, t^2\rangle$

Relacionar En los ejercicios 19 a 22, relacione cada ecuación con su gráfica. [Las gráficas están marcadas (a), (b), (c) y (d).]

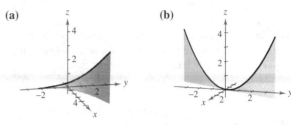

(a)   (b)

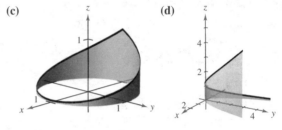

(c)   (d)

19. $\mathbf{r}(t) = t\mathbf{i} + 2t\mathbf{j} + t^2\mathbf{k}, \quad -2 \leq t \leq 2$

20. $\mathbf{r}(t) = \cos(\pi t)\mathbf{i} + \operatorname{sen}(\pi t)\mathbf{j} + t^2\mathbf{k}, \quad -1 \leq t \leq 1$

21. $\mathbf{r}(t) = t\mathbf{i} + t^2\mathbf{j} + e^{0.75t}\mathbf{k}, \quad -2 \leq t \leq 2$

22. $\mathbf{r}(t) = t\mathbf{i} + \ln t\,\mathbf{j} + \dfrac{2t}{3}\mathbf{k}, \quad 0.1 \leq t \leq 5$

Trazar una curva En los ejercicios 23 a 28, dibuje la curva representada por la función vectorial y dé la orientación de la curva.

23. $\mathbf{r}(t) = \dfrac{t}{4}\mathbf{i} + (t - 1)\mathbf{j}$ 24. $\mathbf{r}(t) = (5 - t)\mathbf{i} + \sqrt{t}\,\mathbf{j}$

25. $\mathbf{r}(t) = t^3\mathbf{i} + t^2\mathbf{j}$ 26. $\mathbf{r}(t) = (t^2 + t)\mathbf{i} + (t^2 - t)\mathbf{j}$

27. $\mathbf{r}(\theta) = \cos\theta\,\mathbf{i} + 3\operatorname{sen}\theta\,\mathbf{j}$

28. $\mathbf{r}(t) = 2\cos t\,\mathbf{i} + 2\operatorname{sen} t\,\mathbf{j}$

29. $\mathbf{r}(\theta) = 3\sec\theta\,\mathbf{i} + 2\tan\theta\,\mathbf{j}$

30. $\mathbf{r}(t) = 2\cos^3 t\,\mathbf{i} + 2\operatorname{sen}^3 t\,\mathbf{j}$

31. $\mathbf{r}(t) = (-t + 1)\mathbf{i} + (4t + 2)\mathbf{j} + (2t + 3)\mathbf{k}$

32. $\mathbf{r}(t) = t\mathbf{i} + (2t - 5)\mathbf{j} + 3t\mathbf{k}$

33. $\mathbf{r}(t) = 2\cos t\,\mathbf{i} + 2\operatorname{sen} t\,\mathbf{j} + t\mathbf{k}$

34. $\mathbf{r}(t) = t\mathbf{i} + 3\cos t\,\mathbf{j} + 3\operatorname{sen} t\,\mathbf{k}$

35. $\mathbf{r}(t) = 2\operatorname{sen} t\,\mathbf{i} + 2\cos t\,\mathbf{j} + e^{-t}\mathbf{k}$

36. $\mathbf{r}(t) = t^2\mathbf{i} + 2t\mathbf{j} + \frac{3}{2}t\mathbf{k}$

37. $\mathbf{r}(t) = \left\langle t, t^2, \frac{2}{3}t^3\right\rangle$

38. $\mathbf{r}(t) = \langle \cos t + t\operatorname{sen} t, \operatorname{sen} t - t\cos t, t\rangle$

Identificar una curva común En los ejercicios 39 a 42, use un sistema algebraico por computadora a fin de representar gráficamente la función vectorial e identifique la curva común.

39. $\mathbf{r}(t) = -\dfrac{1}{2}t^2\mathbf{i} + t\mathbf{j} - \dfrac{\sqrt{3}}{2}t^2\mathbf{k}$

40. $\mathbf{r}(t) = t\mathbf{i} - \dfrac{\sqrt{3}}{2}t^2\mathbf{j} + \dfrac{1}{2}t^2\mathbf{k}$

41. $\mathbf{r}(t) = \operatorname{sen} t\mathbf{i} + \left(\dfrac{\sqrt{3}}{2}\cos t - \dfrac{1}{2}t\right)\mathbf{j} + \left(\dfrac{1}{2}\cos t + \dfrac{\sqrt{3}}{2}\right)\mathbf{k}$

42. $\mathbf{r}(t) = -\sqrt{2}\operatorname{sen} t\mathbf{i} + 2\cos t\mathbf{j} + \sqrt{2}\operatorname{sen} t\mathbf{k}$

Piénselo   En los ejercicios 43 y 44, use un sistema algebraico por computadora a fin de representar gráficamente la función vectorial r(t). Para cada u(t), haga una conjetura sobre la transformación (si la hay) de la gráfica de r(t). Use un sistema algebraico por computadora para verificar su conjetura.

43. $\mathbf{r}(t) = 2\cos t\mathbf{i} + 2\operatorname{sen} t\mathbf{j} + \frac{1}{2}t\mathbf{k}$

(a) $\mathbf{u}(t) = 2(\cos t - 1)\mathbf{i} + 2\operatorname{sen} t\mathbf{j} + \frac{1}{2}t\mathbf{k}$

(b) $\mathbf{u}(t) = 2\cos t\mathbf{i} + 2\operatorname{sen} t\mathbf{j} + 2t\mathbf{k}$

(c) $\mathbf{u}(t) = 2\cos(-t)\mathbf{i} + 2\operatorname{sen}(-t)\mathbf{j} + \frac{1}{2}(-t)\mathbf{k}$

(d) $\mathbf{u}(t) = \frac{1}{2}t\mathbf{i} + 2\operatorname{sen} t\mathbf{j} + 2\cos t\mathbf{k}$

(e) $\mathbf{u}(t) = 6\cos t\mathbf{i} + 6\operatorname{sen} t\mathbf{j} + \frac{1}{2}t\mathbf{k}$

44. $\mathbf{r}(t) = t\mathbf{i} + t^2\mathbf{j} + \frac{1}{2}t^3\mathbf{k}$

(a) $\mathbf{u}(t) = t\mathbf{i} + (t^2 - 2)\mathbf{j} + \frac{1}{2}t^3\mathbf{k}$

(b) $\mathbf{u}(t) = t^2\mathbf{i} + t\mathbf{j} + \frac{1}{2}t^3\mathbf{k}$

(c) $\mathbf{u}(t) = t\mathbf{i} + t^2\mathbf{j} + \left(\frac{1}{2}t^3 + 4\right)\mathbf{k}$

(d) $\mathbf{u}(t) = t\mathbf{i} + t^2\mathbf{j} + \frac{1}{8}t^3\mathbf{k}$

(e) $\mathbf{u}(t) = (-t)\mathbf{i} + (-t)^2\mathbf{j} + \frac{1}{2}(-t)^3\mathbf{k}$

Representar una gráfica mediante una función vectorial   En los ejercicios 45 a 52, represente la curva plana por medio de una función vectorial. (Hay muchas respuestas correctas.)

45. $y = x + 5$

46. $2x - 3y + 5 = 0$

47. $y = (x - 2)^2$

48. $y = 4 - x^2$

49. $x^2 + y^2 = 25$

50. $(x - 2)^2 + y^2 = 4$

51. $\dfrac{x^2}{16} - \dfrac{y^2}{4} = 1$

52. $\dfrac{x^2}{9} + \dfrac{y^2}{16} = 1$

Representar una gráfica mediante una función vectorial   En los ejercicios 53 a 60, dibuje la curva en el espacio representada por la intersección de las superficies. Después represente la curva por una función vectorial utilizando el parámetro dado.

Superficies	Parámetro
53. $z = x^2 + y^2$, $x + y = 0$	$x = t$
54. $z = x^2 + y^2$, $z = 4$	$x = 2\cos t$
55. $x^2 + y^2 = 4$, $z = x^2$	$x = 2\operatorname{sen} t$
56. $4x^2 + 4y^2 + z^2 = 16$, $x = z^2$	$z = t$
57. $x^2 + y^2 + z^2 = 4$, $x + z = 2$	$x = 1 + \operatorname{sen} t$
58. $x^2 + y^2 + z^2 = 10$, $x + y = 4$	$x = 2 + \operatorname{sen} t$
59. $x^2 + z^2 = 4$, $y^2 + z^2 = 4$	$x = t$ (primer octante)
60. $x^2 + y^2 + z^2 = 16$, $xy = 4$	$x = t$ (primer octante)

61. Dibujar una curva   Demuestre que la función vectorial $\mathbf{r}(t) = t\mathbf{i} + 2t\cos t\mathbf{j} + 2t\operatorname{sen} t\mathbf{k}$ se encuentra en el cono $4x^2 = y^2 + z^2$. Dibuje la curva.

62. Dibujar una curva   Demuestre que la función vectorial $\mathbf{r}(t) = e^{-t}\cos t\mathbf{i} + e^{-t}\operatorname{sen} t\mathbf{j} + e^{-t}\mathbf{k}$ se encuentra en el cono $z^2 = x^2 + y^2$. Dibuje la curva.

Determinar un límite   En los ejercicios 63 a 68, evalúe el límite (si existe).

63. $\displaystyle\lim_{t\to\pi} (t\mathbf{i} + \cos t\mathbf{j} + \operatorname{sen} t\mathbf{k})$

64. $\displaystyle\lim_{t\to 2} \left(3t\mathbf{i} + \dfrac{2}{t^2 - 1}\mathbf{j} + \dfrac{1}{t}\mathbf{k}\right)$

65. $\displaystyle\lim_{t\to 0} \left(t^2\mathbf{i} + 3t\mathbf{j} + \dfrac{1 - \cos t}{t}\mathbf{k}\right)$

66. $\displaystyle\lim_{t\to 1} \left(\sqrt{t}\,\mathbf{i} + \dfrac{\ln t}{t^2 - 1}\mathbf{j} + \dfrac{1}{t - 1}\mathbf{k}\right)$

67. $\displaystyle\lim_{t\to 0} \left(e^t\mathbf{i} + \dfrac{\operatorname{sen} t}{t}\mathbf{j} + e^{-t}\mathbf{k}\right)$

68. $\displaystyle\lim_{t\to\infty} \left(e^{-t}\mathbf{i} + \dfrac{1}{t}\mathbf{j} + \dfrac{t}{t^2 + 1}\mathbf{k}\right)$

Continuidad de una función vectorial   En los ejercicios 69 a 74, determine el (los) intervalo(s) en que la función vectorial es continua.

69. $\mathbf{r}(t) = t\mathbf{i} + \dfrac{1}{t}\mathbf{j}$

70. $\mathbf{r}(t) = \sqrt{t}\,\mathbf{i} + \sqrt{t - 1}\,\mathbf{j}$

71. $\mathbf{r}(t) = t\mathbf{i} + \arcsin t\mathbf{j} + (t - 1)\mathbf{k}$

72. $\mathbf{r}(t) = 2e^{-t}\mathbf{i} + e^{-t}\mathbf{j} + \ln(t - 1)\mathbf{k}$

73. $\mathbf{r}(t) = \langle e^{-t}, t^2, \tan t\rangle$ **74.** $\mathbf{r}(t) = \langle 8, \sqrt{t}, \sqrt[3]{t}\rangle$

DESARROLLO DE CONCEPTOS

Escribir una transformación   En los ejercicios 75 a 78, considere la función vectorial

$\mathbf{r}(t) = t^2\mathbf{i} + (t - 3)\mathbf{j} + t\mathbf{k}.$

Dé una función vectorial $s(t)$ que sea la transformación especificada de r.

75. Una traslación vertical tres unidades hacia arriba.

76. Una traslación vertical dos unidades hacia abajo.

77. Una traslación horizontal dos unidades en dirección del eje x negativo.

78. Una traslación horizontal cinco unidades en dirección del eje y positivo.

79. Continuidad de una función vectorial   Escriba la definición de continuidad para una función vectorial. Dé un ejemplo de una función vectorial que esté definida pero no sea continua en $t = 2$.

---

80. Comparar funciones   ¿Cuáles de las siguientes gráficas representa la misma gráfica?

(a) $\mathbf{r}(t) = (-3\cos t + 1)\mathbf{i} + (5\operatorname{sen} t + 2)\mathbf{j} + 4\mathbf{k}$

(b) $\mathbf{r}(t) = 4\mathbf{i} + (-3\cos t + 1)\mathbf{j} + (5\operatorname{sen} t + 2)\mathbf{k}$

(c) $\mathbf{r}(t) = (3\cos t - 1)\mathbf{i} + (-5\operatorname{sen} t - 2)\mathbf{j} + 4\mathbf{k}$

(d) $\mathbf{r}(t) = (-3\cos 2t + 1)\mathbf{i} + (5\operatorname{sen} 2t + 2)\mathbf{j} + 4\mathbf{k}$

81. Resbaladilla

El borde exterior de una resbaladilla tiene forma de una hélice de 1.5 metros de radio. La resbaladilla tiene una altura de 2 metros y hace una revolución completa desde arriba hacia abajo. Encuentre una función vectorial para la hélice. Use un sistema algebraico por computadora para graficar la función. (Existen muchas respuestas correctas.)

82. ¿CÓMO LO VE? Las cuatro figuras que se muestran a continuación son las gráficas de la función vectorial $\mathbf{r}(t) = 4 \cos t\mathbf{i} + 4 \operatorname{sen} t\mathbf{j} + (t/4)\mathbf{k}$. Relacione cada una de las cuatro gráficas con el punto en el espacio desde el cual se ve la hélice. Los cuatro puntos son $(0, 0, 20)$, $(20, 0, 0)$, $(-20, 0, 0)$ y $(10, 20, 10)$.

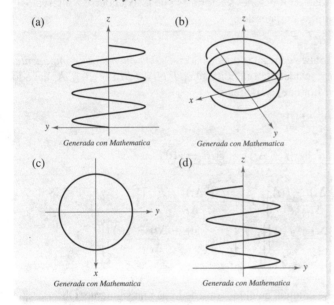

(a)

Generada con Mathematica

(b)

Generada con Mathematica

(c)

Generada con Mathematica

(d)

Generada con Mathematica

83. Demostración Sean $\mathbf{r}(t)$ y $\mathbf{u}(t)$ funciones vectoriales cuyos límites existen cuando $t \to c$. Demuestre que

$$\lim_{t \to c} [\mathbf{r}(t) \times \mathbf{u}(t)] = \lim_{t \to c} \mathbf{r}(t) \times \lim_{t \to c} \mathbf{u}(t).$$

84. Demostración Sean $\mathbf{r}(t)$ y $\mathbf{u}(t)$ funciones vectoriales cuyos límites existen cuando $t \to c$. Demuestre que

$$\lim_{t \to c} [\mathbf{r}(t) \cdot \mathbf{u}(t)] = \lim_{t \to c} \mathbf{r}(t) \cdot \lim_{t \to c} \mathbf{u}(t).$$

85. Demostración Demuestre que si $\mathbf{r}$ es una función vectorial continua en c, entonces $\|\mathbf{r}\|$ es continua en c.

86. Comprobar un inverso Verifique que el recíproco de lo que se afirma en el ejercicio 85 no es verdad encontrando una función vectorial $\mathbf{r}$ tal que $\|\mathbf{r}\|$ sea continua en c pero $\mathbf{r}$ no sea continua en c.

Movimiento de una partícula En los ejercicios 87 y 88, dos partículas viajan a lo largo de las curvas de espacio $\mathbf{r}(t)$ y $\mathbf{u}(t)$. Una colisión ocurrirá en el punto de intersección P si ambas partículas están en P al mismo tiempo. ¿Colisionan las partículas? ¿Se intersecan sus trayectorias?

87. $\mathbf{r}(t) = t^2\mathbf{i} + (9t - 20)\mathbf{j} + t^2\mathbf{k}$

$\mathbf{u}(t) = (3t + 4)\mathbf{i} + t^2\mathbf{j} + (5t - 4)\mathbf{k}$

88. $\mathbf{r}(t) = t\mathbf{i} + t^2\mathbf{j} + t^3\mathbf{k}$

$\mathbf{u}(t) = (-2t + 3)\mathbf{i} + 8t\mathbf{j} + (12t + 2)\mathbf{k}$

Piénselo En los ejercicios 89 y 90, dos partículas viajan a lo largo de las curvas de espacio $\mathbf{r}(t)$ y $\mathbf{u}(t)$.

89. Si $\mathbf{r}(t)$ y $\mathbf{u}(t)$ se intersecan, ¿colisionarán las partículas?

90. Si las partículas colisionan, ¿se intersecan sus trayectorias $\mathbf{r}(t)$ y $\mathbf{u}(t)$?

¿Verdadero o falso? En los ejercicios 91 a 94, determine si la declaración es verdadera o falsa. Si es falsa, explique por qué o dé un ejemplo que pruebe que es falsa.

91. Si f, g y h son funciones polinomiales de primer grado, entonces la curva dada por $x = f(t)$, $y = g(t)$ y $z = h(t)$ es una recta.

92. Si la curva dada por $x = f(t)$, $y = g(t)$ y $z = h(t)$ es una recta, entonces f, g y h son funciones polinomiales de primer grado de t.

93. Dos partículas viajan a través de las curvas de espacio $\mathbf{r}(t)$ y $\mathbf{u}(t)$. La intersección de sus trayectorias depende sólo de las curvas trazadas por $\mathbf{r}(t)$ y $\mathbf{u}(t)$ en tanto la colisión depende de la parametrización.

94. La función vectorial $\mathbf{r}(t) = t^2\mathbf{i} + t \operatorname{sen} t\mathbf{j} + \cos t\mathbf{k}$ se encuentra en el paraboloide $x = y^2 + z^2$.

PROYECTO DE TRABAJO

Bruja de Agnesi

En la sección 3.5 estudió una curva famosa llamada **bruja de Agnesi**. En este proyecto se profundiza sobre esta función.

Considere un círculo de radio a centrado en el punto $(0, a)$ del eje y. Sea A un punto en la recta horizontal $y = 2a$, O el origen y B el punto donde el segmento OA corta el círculo. Un punto P está en la bruja de Agnesi si P se encuentra en la recta horizontal que pasa por B y en la recta vertical que pasa por A.

(a) Demuestre que el punto A está descrito por la función vectorial donde $\mathbf{r}_A(\theta) = 2a \cot \theta\mathbf{i} + 2a\mathbf{j}$ para $0 < \theta < \pi$, donde θ es el ángulo formado por OA con el eje x positivo.

(b) Demuestre que el punto B está descrito por la función vectorial $\mathbf{r}_B(\theta) = a \operatorname{sen} 2\theta\mathbf{i} + a(1 - \cos 2\theta)\mathbf{j}$ para $0 < \theta < \pi$.

(c) Combine los resultados de los incisos (a) y (b) para hallar la función vectorial $\mathbf{r}(\theta)$ para la bruja de Agnesi. Use una herramienta de graficación para representar esta curva para $a = 1$.

(d) Describa los límites $\lim_{\theta \to 0^+} \mathbf{r}(\theta)$ y $\lim_{\theta \to \pi^-} \mathbf{r}(\theta)$.

(e) Elimine el parámetro θ y determine la ecuación rectangular de la bruja de Agnesi. Use una herramienta de graficación para representar esta función para $a = 1$ y compare la gráfica con la obtenida en el inciso (c).

12.2 Derivación e integración de funciones vectoriales

■ Derivar una función vectorial.
■ Integrar una función vectorial.

Derivación de funciones vectoriales

En las secciones 12.3 a 12.5 estudiará varias aplicaciones importantes que emplean cálculo de funciones vectoriales. Como preparación para ese estudio, esta sección está dedicada a las mecánicas de derivación e integración de funciones vectoriales.

La definición de la derivada de una función vectorial es paralela a la dada para funciones reales.

> **Definición de la derivada de una función vectorial**
>
> La **derivada de una función vectorial r** se define como
>
> $$\mathbf{r}'(t) = \lim_{\Delta t \to 0} \frac{\mathbf{r}(t + \Delta t) - \mathbf{r}(t)}{\Delta t}$$
>
> para todo t para el cual existe el límite. Si $\mathbf{r}'(t)$ existe, entonces **r** es **derivable en** t. Si $\mathbf{r}'(t)$ existe para toda t en un intervalo abierto I, entonces **r** es **derivable en el intervalo** I. La derivabilidad de funciones vectoriales puede extenderse a intervalos cerrados considerando límites unilaterales.

• • • • • • • • • • • • • ▷
• **COMENTARIO** Además de la notación $\mathbf{r}'(t)$, otras notaciones para la derivada de una función vectorial son

$$\frac{d}{dt}[\mathbf{r}(t)], \quad \frac{d\mathbf{r}}{dt} \quad \text{y} \quad D_t[\mathbf{r}(t)].$$

La derivación de funciones vectoriales puede hacerse *componente por componente*. Para ver que esto es cierto, considere la función dada por $\mathbf{r}(t) = f(t)\mathbf{i} + g(t)\mathbf{j}$. Aplicando la definición de derivada se obtiene lo siguiente.

$$\mathbf{r}'(t) = \lim_{\Delta t \to 0} \frac{\mathbf{r}(t + \Delta t) - \mathbf{r}(t)}{\Delta t}$$

$$= \lim_{\Delta t \to 0} \frac{f(t + \Delta t)\mathbf{i} + g(t + \Delta t)\mathbf{j} - f(t)\mathbf{i} - g(t)\mathbf{j}}{\Delta t}$$

$$= \lim_{\Delta t \to 0} \left\{ \left[\frac{f(t + \Delta t) - f(t)}{\Delta t} \right]\mathbf{i} + \left[\frac{g(t + \Delta t) - g(t)}{\Delta t} \right]\mathbf{j} \right\}$$

$$= \left\{ \lim_{\Delta t \to 0} \left[\frac{f(t + \Delta t) - f(t)}{\Delta t} \right] \right\}\mathbf{i} + \left\{ \lim_{\Delta t \to 0} \left[\frac{g(t + \Delta t) - g(t)}{\Delta t} \right] \right\}\mathbf{j}$$

$$= f'(t)\mathbf{i} + g'(t)\mathbf{j}$$

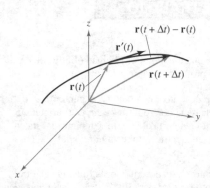

Figura 12.8

Este importante resultado se enuncia en el teorema de la página siguiente. Observe que la derivada de la función vectorial **r** es también una función vectorial. En la figura 12.8 puede ver que $\mathbf{r}'(t)$ es un vector tangente a la curva dada por $\mathbf{r}(t)$ y que apunta en la dirección de los valores crecientes de t.

> **TEOREMA 12.1 Derivación de funciones vectoriales**
>
> **1.** Si $\mathbf{r}(t) = f(t)\mathbf{i} + g(t)\mathbf{j}$, donde f y g son funciones derivables de t, entonces
>
> $\qquad \mathbf{r}'(t) = f'(t)\mathbf{i} + g'(t)\mathbf{j}.$ \qquad Plano
>
> **2.** Si $\mathbf{r}(t) = f(t)\mathbf{i} + g(t)\mathbf{j} + h(t)\mathbf{k}$, donde f, g y h son funciones derivables de t, entonces
>
> $\qquad \mathbf{r}'(t) = f'(t)\mathbf{i} + g'(t)\mathbf{j} + h'(t)\mathbf{k}.$ \qquad Espacio

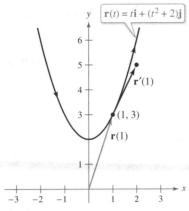

$\mathbf{r}(t) = t\mathbf{i} + (t^2 + 2)\mathbf{j}$

Figura 12.9

EJEMPLO 1 **Derivación de funciones vectoriales**

⋅ ⋅ ⋅ ▷ *Consulte LarsonCalculus.com para una versión interactiva de este tipo de ejemplo.*

Para la función vectorial dada por

$$\mathbf{r}(t) = t\mathbf{i} + (t^2 + 2)\mathbf{j}$$

encuentre $\mathbf{r}'(t)$. A continuación, bosqueje la curva plana representada por $\mathbf{r}(t)$ y las gráficas de $\mathbf{r}(1)$ y $\mathbf{r}'(1)$.

Solución Derive cada una de las componentes base para obtener

$$\mathbf{r}'(t) = \mathbf{i} + 2t\mathbf{j}. \qquad \text{Derivada}$$

Del vector de posición $\mathbf{r}(t)$, puede escribir las ecuaciones paramétricas $x = t$ y $y = t^2 + 2$. La ecuación rectangular correspondiente es $y = x^2 + 2$. Cuando $t = 1$,

$$\mathbf{r}(1) = \mathbf{i} + 3\mathbf{j}$$

y

$$\mathbf{r}'(1) = \mathbf{i} + 2\mathbf{j}.$$

En la figura 12.9, $\mathbf{r}(1)$ se dibuja iniciando en el origen, y $\mathbf{r}'(1)$ se dibuja en el punto final de $\mathbf{r}(1)$. ∎

Derivadas de orden superior de funciones vectoriales se obtienen por derivación sucesiva de cada una de las funciones componentes.

EJEMPLO 2 **Derivadas de orden superior**

Para la función vectorial dada por

$$\mathbf{r}(t) = \cos t\,\mathbf{i} + \operatorname{sen} t\,\mathbf{j} + 2t\mathbf{k}$$

encuentre

a. $\mathbf{r}'(t)$

b. $\mathbf{r}''(t)$

c. $\mathbf{r}'(t) \cdot \mathbf{r}''(t)$

d. $\mathbf{r}'(t) \times \mathbf{r}''(t)$

Solución

a. $\mathbf{r}'(t) = -\operatorname{sen} t\,\mathbf{i} + \cos t\,\mathbf{j} + 2\mathbf{k}$ $\qquad$ Primera derivada

b. $\mathbf{r}''(t) = -\cos t\,\mathbf{i} - \operatorname{sen} t\,\mathbf{j} + 0\mathbf{k}$

$\qquad = -\cos t\,\mathbf{i} - \operatorname{sen} t\,\mathbf{j}$ $\qquad$ Segunda derivada

c. $\mathbf{r}'(t) \cdot \mathbf{r}''(t) = \operatorname{sen} t \cos t - \operatorname{sen} t \cos t = 0$ $\qquad$ Producto escalar

d. $\mathbf{r}'(t) \times \mathbf{r}''(t) = \begin{vmatrix} \mathbf{i} & \mathbf{j} & \mathbf{k} \\ -\operatorname{sen} t & \cos t & 2 \\ -\cos t & -\operatorname{sen} t & 0 \end{vmatrix}$ $\qquad$ Producto vectorial

$\qquad = \begin{vmatrix} \cos t & 2 \\ -\operatorname{sen} t & 0 \end{vmatrix} \mathbf{i} - \begin{vmatrix} -\operatorname{sen} t & 2 \\ -\cos t & 0 \end{vmatrix} \mathbf{j} + \begin{vmatrix} -\operatorname{sen} t & \cos t \\ -\cos t & -\operatorname{sen} t \end{vmatrix} \mathbf{k}$

$\qquad = 2 \operatorname{sen} t\,\mathbf{i} - 2 \cos t\,\mathbf{j} + \mathbf{k}$ ∎

En el inciso 2(c) observe que el producto escalar es una función real, no una función vectorial.

La parametrización de la curva representada por la función vectorial

$$\mathbf{r}(t) = f(t)\mathbf{i} + g(t)\mathbf{j} + h(t)\mathbf{k}$$

es **suave en un intervalo abierto** I si f', g' y h' son continuas en I y $\mathbf{r}'(t) \neq \mathbf{0}$ para todo valor de t en el intervalo I.

EJEMPLO 3 Intervalos en los que una curva es suave

Halle los intervalos en los que la epicicloide C dada por

$$\mathbf{r}(t) = (5\cos t - \cos 5t)\mathbf{i} + (5\operatorname{sen} t - \operatorname{sen} 5t)\mathbf{j}, \quad 0 \leq t \leq 2\pi$$

es suave.

Solución   La derivada de $\mathbf{r}$ es

$$\mathbf{r}'(t) = (-5\operatorname{sen} t + 5\operatorname{sen} 5t)\mathbf{i} + (5\cos t - 5\cos 5t)\mathbf{j}.$$

En el intervalo $[0, 2\pi]$ los únicos valores de t para los cuales

$$\mathbf{r}'(t) = 0\mathbf{i} + 0\mathbf{j}$$

son $t = 0$, $\pi/2$, π, $3\pi/2$ y 2π. Por consiguiente, puede concluir que C es suave en los intervalos

$$\left(0, \frac{\pi}{2}\right), \quad \left(\frac{\pi}{2}, \pi\right), \quad \left(\pi, \frac{3\pi}{2}\right) \quad \text{y} \quad \left(\frac{3\pi}{2}, 2\pi\right)$$

como se muestra en la figura 12.10.

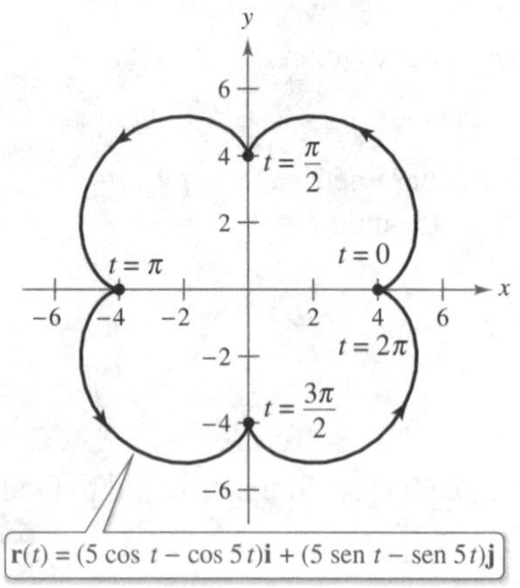

$$\mathbf{r}(t) = (5\cos t - \cos 5t)\mathbf{i} + (5\operatorname{sen} t - \operatorname{sen} 5t)\mathbf{j}$$

La epicicloide no es suave en los puntos en los que corta los ejes.

Figura 12.10

En la figura 12.10, observe que la curva no es suave en los puntos en los que tiene cambios abruptos de dirección. Tales puntos se llaman **cúspides** o **nodos**.

La mayoría de las reglas de derivación del capítulo 2 tienen sus análogas para funciones vectoriales, y varias de ellas se dan en el teorema siguiente. Observe que el teorema contiene tres versiones de "reglas del producto". La propiedad 3 da la derivada del producto de una función real w y por una función vectorial $\mathbf{r}$, la propiedad 4 da la derivada del producto escalar de dos funciones vectoriales y la propiedad 5 da la derivada del producto vectorial de dos funciones vectoriales (en el espacio).

•••**COMENTARIO**   Observe que la propiedad 5 sólo se aplica a funciones vectoriales tridimensionales, porque el producto vectorial no está definido para vectores bidimensionales.

TEOREMA 12.2 Propiedades de la derivada

Sean $\mathbf{r}$ y $\mathbf{u}$ funciones vectoriales derivables de t, w una función real derivable de t y c un escalar.

1. $\dfrac{d}{dt}\left[c\mathbf{r}(t)\right] = c\mathbf{r}'(t)$

2. $\dfrac{d}{dt}\left[\mathbf{r}(t) \pm \mathbf{u}(t)\right] = \mathbf{r}'(t) \pm \mathbf{u}'(t)$

3. $\dfrac{d}{dt}\left[w(t)\mathbf{r}(t)\right] = w(t)\mathbf{r}'(t) + w'(t)\mathbf{r}(t)$

4. $\dfrac{d}{dt}\left[\mathbf{r}(t) \cdot \mathbf{u}(t)\right] = \mathbf{r}(t) \cdot \mathbf{u}'(t) + \mathbf{r}'(t) \cdot \mathbf{u}(t)$

5. $\dfrac{d}{dt}\left[\mathbf{r}(t) \times \mathbf{u}(t)\right] = \mathbf{r}(t) \times \mathbf{u}'(t) + \mathbf{r}'(t) \times \mathbf{u}(t)$

6. $\dfrac{d}{dt}\left[\mathbf{r}(w(t))\right] = \mathbf{r}'(w(t))w'(t)$

7. Si $\mathbf{r}(t) \cdot \mathbf{r}(t) = c$, entonces $\mathbf{r}(t) \cdot \mathbf{r}'(t) = 0$.

Demostración Para demostrar la propiedad 4, sea

$$\mathbf{r}(t) = f_1(t)\mathbf{i} + g_1(t)\mathbf{j} \quad \text{y} \quad \mathbf{u}(t) = f_2(t)\mathbf{i} + g_2(t)\mathbf{j}$$

donde f_1, f_2, g_1 y g_2 son funciones derivables de t. Entonces,

$$\mathbf{r}(t) \cdot \mathbf{u}(t) = f_1(t)f_2(t) + g_1(t)g_2(t)$$

y se deduce que

$$\frac{d}{dt}[\mathbf{r}(t) \cdot \mathbf{u}(t)] = f_1(t)f_2'(t) + f_1'(t)f_2(t) + g_1(t)g_2'(t) + g_1'(t)g_2(t)$$

$$= [f_1(t)f_2'(t) + g_1(t)g_2'(t)] + [f_1'(t)f_2(t) + g_1'(t)g_2(t)]$$

$$= \mathbf{r}(t) \cdot \mathbf{u}'(t) + \mathbf{r}'(t) \cdot \mathbf{u}(t).$$

Consulte LarsonCalculus.com para el video de Bruce Edwards de esta demostración.

Las demostraciones de las otras propiedades se dejan como ejercicios (vea los ejercicios 67 a 71 y el ejercicio 74).

EJEMPLO 4 **Aplicar las propiedades de la derivada**

Para $\mathbf{r}(t) = \dfrac{1}{t}\mathbf{i} - \mathbf{j} + \ln t\mathbf{k}$ y $\mathbf{u}(t) = t^2\mathbf{i} - 2t\mathbf{j} + \mathbf{k}$, halle

a. $\dfrac{d}{dt}[\mathbf{r}(t) \cdot \mathbf{u}(t)]$ y **b.** $\dfrac{d}{dt}[\mathbf{u}(t) \times \mathbf{u}'(t)]$.

Solución

a. Como $\mathbf{r}'(t) = -\dfrac{1}{t^2}\mathbf{i} + \dfrac{1}{t}\mathbf{k}$ y $\mathbf{u}'(t) = 2t\mathbf{i} - 2\mathbf{j}$, tiene

$$\frac{d}{dt}[\mathbf{r}(t) \cdot \mathbf{u}(t)]$$

$$= \mathbf{r}(t) \cdot \mathbf{u}'(t) + \mathbf{r}'(t) \cdot \mathbf{u}(t)$$

$$= \left(\frac{1}{t}\mathbf{i} - \mathbf{j} + \ln t\mathbf{k}\right) \cdot (2t\mathbf{i} - 2\mathbf{j}) + \left(-\frac{1}{t^2}\mathbf{i} + \frac{1}{t}\mathbf{k}\right) \cdot (t^2\mathbf{i} - 2t\mathbf{j} + \mathbf{k})$$

$$= 2 + 2 + (-1) + \frac{1}{t}$$

$$= 3 + \frac{1}{t}.$$

b. Como $\mathbf{u}'(t) = 2t\mathbf{i} - 2\mathbf{j}$ y $\mathbf{u}''(t) = 2\mathbf{i}$, tiene

$$\frac{d}{dt}[\mathbf{u}(t) \times \mathbf{u}'(t)] = [\mathbf{u}(t) \times \mathbf{u}''(t)] + [\mathbf{u}'(t) \times \mathbf{u}'(t)]$$

$$= \begin{vmatrix} \mathbf{i} & \mathbf{j} & \mathbf{k} \\ t^2 & -2t & 1 \\ 2 & 0 & 0 \end{vmatrix} + \mathbf{0}$$

$$= \begin{vmatrix} -2t & 1 \\ 0 & 0 \end{vmatrix}\mathbf{i} - \begin{vmatrix} t^2 & 1 \\ 2 & 0 \end{vmatrix}\mathbf{j} + \begin{vmatrix} t^2 & -2t \\ 2 & 0 \end{vmatrix}\mathbf{k}$$

$$= 0\mathbf{i} - (-2)\mathbf{j} + 4t\mathbf{k}$$

$$= 2\mathbf{j} + 4t\mathbf{k}.$$

Haga de nuevo los incisos (a) y (b) del ejemplo 4 pero formando primero los productos escalar y vectorial, y derivando después para comprobar que obtiene los mismos resultados.

Exploración

Sea $\mathbf{r}(t) = \cos t\mathbf{i} + \operatorname{sen} t\mathbf{j}$. Dibuje la gráfica de $\mathbf{r}(t)$. Explique por qué la gráfica es un círculo de radio 1 centrado en el origen. Calcule $\mathbf{r}(\pi/4)$ y $\mathbf{r}'(\pi/4)$. Coloque el vector $\mathbf{r}'(\pi/4)$ de manera que su punto inicial esté en el punto final de $\mathbf{r}(\pi/4)$. ¿Qué observa? Demuestre que $\mathbf{r}(t) \cdot \mathbf{r}(t)$ es constante y que $\mathbf{r}(t) \cdot \mathbf{r}'(t) = 0$ para todo t. ¿Qué relación tiene este ejemplo con la propiedad 7 del teorema 12.2?

Integración de funciones vectoriales

La siguiente definición es una consecuencia lógica de la definición de la derivada de una función vectorial.

Definición de integración de funciones vectoriales

1. Si $\mathbf{r}(t) = f(t)\mathbf{i} + g(t)\mathbf{j}$, donde f y g son continuas en $[a, b]$, entonces la **integral indefinida (antiderivada)** de $\mathbf{r}$ es

$$\int \mathbf{r}(t)\, dt = \left[\int f(t)\, dt \right] \mathbf{i} + \left[\int g(t)\, dt \right] \mathbf{j} \qquad \text{Plano}$$

y su **integral definida** en el intervalo $a \leq t \leq b$ es

$$\int_a^b \mathbf{r}(t)\, dt = \left[\int_a^b f(t)\, dt \right] \mathbf{i} + \left[\int_a^b g(t)\, dt \right] \mathbf{j}.$$

2. Si $\mathbf{r}(t) = f(t)\mathbf{i} + g(t)\mathbf{j} + h(t)\mathbf{k}$, donde f, g y h son continuas en $[a, b]$, entonces la **integral indefinida (antiderivada)** de $\mathbf{r}$ es

$$\int \mathbf{r}(t)\, dt = \left[\int f(t)\, dt \right] \mathbf{i} + \left[\int g(t)\, dt \right] \mathbf{j} + \left[\int h(t)\, dt \right] \mathbf{k} \qquad \text{Espacio}$$

y su **integral definida** en el intervalo $a \leq t \leq b$ es

$$\int_a^b \mathbf{r}(t)\, dt = \left[\int_a^b f(t)\, dt \right] \mathbf{i} + \left[\int_a^b g(t)\, dt \right] \mathbf{j} + \left[\int_a^b h(t)\, dt \right] \mathbf{k}.$$

La antiderivada de una función vectorial es una familia de funciones vectoriales que difieren entre sí en un vector constante $\mathbf{C}$. Por ejemplo, si es una función vectorial tridimensional, entonces al hallar la integral indefinida $\int \mathbf{r}(t)\, dt$, se obtienen tres constantes de integración

$$\int f(t)\, dt = F(t) + C_1, \quad \int g(t)\, dt = G(t) + C_2, \quad \int h(t)\, dt = H(t) + C_3$$

donde $F'(t) = f(t)$, $G'(t) = g(t)$ y $H'(t) = h(t)$. Estas tres constantes *escalares* forman un *vector* como constante de integración,

$$\int \mathbf{r}(t)\, dt = [F(t) + C_1]\mathbf{i} + [G(t) + C_2]\mathbf{j} + [H(t) + C_3]\mathbf{k}$$

$$= [F(t)\mathbf{i} + G(t)\mathbf{j} + H(t)\mathbf{k}] + [C_1\mathbf{i} + C_2\mathbf{j} + C_3\mathbf{k}]$$

$$= \mathbf{R}(t) + \mathbf{C}$$

donde $R'(t) = r(t)$.

EJEMPLO 5 **Integrar una función vectorial**

Encuentre la integral indefinida

$$\int (t\,\mathbf{i} + 3\mathbf{j})\, dt.$$

Solución   Integrando componente por componente obtiene

$$\int (t\,\mathbf{i} + 3\mathbf{j})\, dt = \frac{t^2}{2}\mathbf{i} + 3t\mathbf{j} + \mathbf{C}.$$

El ejemplo 6 muestra cómo evaluar la integral definida de una función vectorial.

EJEMPLO 6   Integral definida de una función vectorial

Evalúe la integral

$$\int_0^1 \mathbf{r}(t)\, dt = \int_0^1 \left(\sqrt[3]{t}\,\mathbf{i} + \frac{1}{t+1}\,\mathbf{j} + e^{-t}\,\mathbf{k} \right) dt.$$

Solución

$$\int_0^1 \mathbf{r}(t)\, dt = \left(\int_0^1 t^{1/3}\, dt \right)\mathbf{i} + \left(\int_0^1 \frac{1}{t+1}\, dt \right)\mathbf{j} + \left(\int_0^1 e^{-t}\, dt \right)\mathbf{k}$$

$$= \left[\left(\frac{3}{4} \right) t^{4/3} \right]_0^1 \mathbf{i} + \left[\ln|t+1| \right]_0^1 \mathbf{j} + \left[-e^{-t} \right]_0^1 \mathbf{k}$$

$$= \frac{3}{4}\mathbf{i} + (\ln 2)\mathbf{j} + \left(1 - \frac{1}{e} \right)\mathbf{k}$$

Como ocurre con las funciones reales, puede reducir la familia de primitivas de una función vectorial $\mathbf{r}'$ a una sola primitiva imponiendo una condición inicial a la función vectorial $\mathbf{r}$, como muestra el ejemplo siguiente.

EJEMPLO 7   La primitiva de una función vectorial

Encuentre la primitiva de

$$\mathbf{r}'(t) = \cos 2t\,\mathbf{i} - 2\,\mathrm{sen}\, t\,\mathbf{j} + \frac{1}{1+t^2}\,\mathbf{k}$$

que satisface la condición inicial

$$\mathbf{r}(0) = 3\mathbf{i} - 2\mathbf{j} + \mathbf{k}.$$

Solución

$$\mathbf{r}(t) = \int \mathbf{r}'(t)\, dt$$

$$= \left(\int \cos 2t\, dt \right)\mathbf{i} + \left(\int -2\,\mathrm{sen}\, t\, dt \right)\mathbf{j} + \left(\int \frac{1}{1+t^2}\, dt \right)\mathbf{k}$$

$$= \left(\frac{1}{2}\,\mathrm{sen}\, 2t + C_1 \right)\mathbf{i} + (2\cos t + C_2)\mathbf{j} + (\arctan t + C_3)\mathbf{k}$$

Haciendo $t = 0$,

$$\mathbf{r}(0) = (0 + C_1)\mathbf{i} + (2 + C_2)\mathbf{j} + (0 + C_3)\mathbf{k}.$$

Usando el hecho que $\mathbf{r}(0) = 3\mathbf{i} - 2\mathbf{j} + \mathbf{k}$, tiene

$$(0 + C_1)\mathbf{i} + (2 + C_2)\mathbf{j} + (0 + C_3)\mathbf{k} = 3\mathbf{i} - 2\mathbf{j} + \mathbf{k}.$$

Igualando los componentes correspondientes obtiene

$$C_1 = 3, \qquad 2 + C_2 = -2 \quad \text{y} \quad C_3 = 1.$$

Por tanto, la primitiva que satisface la condición inicial dada es

$$\mathbf{r}(t) = \left(\frac{1}{2}\,\mathrm{sen}\, 2t + 3 \right)\mathbf{i} + (2\cos t - 4)\mathbf{j} + (\arctan t + 1)\mathbf{k}.$$

12.2 Ejercicios

Derivación de funciones vectoriales En los ejercicios 1 a 6, halle $r'(t)$, $r(t_0)$ y $r'(t_0)$ para el valor dado de t_0. Después dibuje la curva plana representada por la función vectorial, y dibuje los vectores $r(t_0)$ y $r'(t_0)$. Coloque los vectores de manera que el punto inicial de $r(t_0)$ esté en el origen y el punto inicial de $r'(t_0)$ esté en el punto final de $r(t_0)$. ¿Qué relación hay entre $r'(t_0)$ y la curva?

1. $r(t) = t^2 i + t j$, $t_0 = 2$

2. $r(t) = (1 + t)i + t^3 j$, $t_0 = 1$

3. $r(t) = \cos t i + \operatorname{sen} t j$, $t_0 = \dfrac{\pi}{2}$

4. $r(t) = 3 \operatorname{sen} t i + 4 \cos t j$, $t_0 = \dfrac{\pi}{2}$

5. $r(t) = \langle e^t, e^{2t} \rangle$, $t_0 = 0$

6. $r(t) = \langle e^{-t}, e^t \rangle$, $t_0 = 0$

Derivar funciones vectoriales En los ejercicios 7 y 8, halle $r'(t)$, $r(t_0)$ y $r'(t_0)$ para el valor dado de t_0. Después dibuje la curva plana representada por la función vectorial, y dibuje los vectores $r(t_0)$ y $r'(t_0)$.

7. $r(t) = 2 \cos t i + 2 \operatorname{sen} t j + t k$, $t_0 = \dfrac{3\pi}{2}$

8. $r(t) = t i + t^2 j + \frac{3}{2} k$, $t_0 = 2$

Hallar una derivada En los ejercicios 11 a 22, halle $r'(t)$.

9. $r(t) = t^3 i - 3t j$

10. $r(t) = \sqrt{t} i + (1 - t^3) j$

11. $r(t) = \langle 2 \cos t, 5 \operatorname{sen} t \rangle$

12. $r(t) = \langle t \cos t, -2 \operatorname{sen} t \rangle$

13. $r(t) = 6t i - 7t^2 j + t^3 k$

14. $r(t) = \dfrac{1}{t} i + 16t j + \dfrac{t^2}{2} k$

15. $r(t) = a \cos^3 t i + a \operatorname{sen}^3 t j + k$

16. $r(t) = 4\sqrt{t} i + t^2 \sqrt{t} j + \ln t^2 k$

17. $r(t) = e^{-t} i + 4 j + 5t e^t k$

18. $r(t) = \langle t^3, \cos 3t, \operatorname{sen} 3t \rangle$

19. $r(t) = \langle t \operatorname{sen} t, t \cos t, t \rangle$

20. $r(t) = \langle \operatorname{arcsen} t, \operatorname{arccos} t, 0 \rangle$

Derivadas de orden superior En los ejercicios 21 a 24, halle (a) $r'(t)$, (b) $r''(t)$, y (c) $r'(t) \cdot r''(t)$.

21. $r(t) = t^3 i + \frac{1}{2} t^2 j$

22. $r(t) = (t^2 + t) i + (t^2 - t) j$

23. $r(t) = 4 \cos t i + 4 \operatorname{sen} t j$

24. $r(t) = 8 \cos t i + 3 \operatorname{sen} t j$

Derivadas de orden superior En los ejercicios 25 a 28, halle (a) $r'(t)$, (b) $r''(t)$, (c) $r'(t) \cdot r''(t)$, y (d) $r'(t) \times r''(t)$.

25. $r(t) = \frac{1}{2} t^2 i - t j + \frac{1}{6} t^3 k$

26. $r(t) = t^3 i + (2t^2 + 3) j + (3t - 5) k$

27. $r(t) = \langle \cos t + t \operatorname{sen} t, \operatorname{sen} t - t \cos t, t \rangle$

28. $r(t) = \langle e^{-t}, t^2, \tan t \rangle$

Determinar los intervalos en los que la curva es suave En los ejercicios 29 a 38, halle el (los) intervalo(s) abierto(s) en que la curva dada por la función vectorial es suave.

29. $r(t) = t^2 i + t^3 j$

30. $r(t) = \dfrac{1}{t - 1} i + 3t j$

31. $r(\theta) = 2 \cos^3 \theta i + 3 \operatorname{sen}^3 \theta j$

32. $r(\theta) = (\theta + \operatorname{sen} \theta) i + (1 - \cos \theta) j$

33. $r(\theta) = (\theta - 2 \operatorname{sen} \theta) i + (1 - 2 \cos \theta) j$

34. $r(t) = \dfrac{2t}{8 + t^3} i + \dfrac{2t^2}{8 + t^3} j$ **35.** $r(t) = (t - 1) i + \dfrac{1}{t} j - t^2 k$

36. $r(t) = e^t i - e^{-t} j + 3t k$

37. $r(t) = t i - 3t j + \tan t k$

38. $r(t) = \sqrt{t} i + (t^2 - 1) j + \frac{1}{4} t k$

Usar las propiedades de la derivada En los ejercicios 39 y 40, use las propiedades de la derivada para encontrar lo siguiente.

(a) $r'(t)$ (b) $\dfrac{d}{dt} [3r(t) - u(t)]$ (c) $\dfrac{d}{dt} (5t) u(t)$

(d) $\dfrac{d}{dt} [r(t) \cdot u(t)]$ (e) $\dfrac{d}{dt} [r(t) \times u(t)]$ (f) $\dfrac{d}{dt} r(2t)$

39. $r(t) = t i + 3t j + t^2 k$, $u(t) = 4t i + t^2 j + t^3 k$

40. $r(t) = t i + 2 \operatorname{sen} t j + 2 \cos t k$

$u(t) = \dfrac{1}{t} i + 2 \operatorname{sen} t j + 2 \cos t k$

Utilizar dos métodos En los ejercicios 41 y 42, halle (a) $\dfrac{d}{dt} [r(t) \cdot u(t)]$ y (b) $\dfrac{d}{dt} [r(t) \times u(t)]$ en dos diferentes formas.

(i) Encuentre primero el producto y luego derive.

(ii) Aplique las propiedades del teorema 12.2.

41. $r(t) = t i + 2t^2 j + t^3 k$, $u(t) = t^4 k$

42. $r(t) = \cos t i + \operatorname{sen} t j + t k$, $u(t) = j + t k$

Determinar una integral indefinida En los ejercicios 43 a 50, encuentre la integral indefinida.

43. $\displaystyle\int (2t i + j + k) \, dt$ **44.** $\displaystyle\int \left(4t^3 i + 6t j - 4\sqrt{t} k\right) dt$

45. $\displaystyle\int \left(\dfrac{1}{t} i + j - t^{3/2} k\right) dt$ **46.** $\displaystyle\int \left(\ln t i + \dfrac{1}{t} j + k\right) dt$

47. $\displaystyle\int \left[(2t - 1) i + 4t^3 j + 3\sqrt{t} k\right] dt$

48. $\displaystyle\int (e^t i + \operatorname{sen} t j + \cos t k) \, dt$

49. $\displaystyle\int \left(\sec^2 t i + \dfrac{1}{1 + t^2} j\right) dt$

50. $\displaystyle\int (e^{-t} \operatorname{sen} t i + e^{-t} \cos t j) \, dt$

Calcular una integral indefinida En los ejercicios 51 a 56, evalúe la integral definida.

51. $\int_0^1 (8t\mathbf{i} + t\mathbf{j} - \mathbf{k})\, dt$

52. $\int_{-1}^1 \left(t\mathbf{i} + t^3\mathbf{j} + \sqrt[3]{t}\,\mathbf{k}\right) dt$

53. $\int_0^{\pi/2} [(a\cos t)\mathbf{i} + (a\,\text{sen}\,t)\mathbf{j} + \mathbf{k}]\, dt$

54. $\int_0^{\pi/4} [(\sec t\tan t)\mathbf{i} + (\tan t)\mathbf{j} + (2\,\text{sen}\,t\cos t)\mathbf{k}]\, dt$

55. $\int_0^2 (t\mathbf{i} + e^t\mathbf{j} - te^t\mathbf{k})\, dt$

56. $\int_0^3 \|t\mathbf{i} + t^2\mathbf{j}\|\, dt$

Determinar una antiderivada En los ejercicios 57 a 62, determine $\mathbf{r}(t)$ que satisfaga las condiciones iniciales.

57. $\mathbf{r}'(t) = 4e^{2t}\mathbf{i} + 3e^t\mathbf{j},\quad \mathbf{r}(0) = 2\mathbf{i}$

58. $\mathbf{r}'(t) = 3t^2\mathbf{j} + 6\sqrt{t}\,\mathbf{k},\quad \mathbf{r}(0) = \mathbf{i} + 2\mathbf{j}$

59. $\mathbf{r}''(t) = -32\mathbf{j},\quad \mathbf{r}'(0) = 600\sqrt{3}\mathbf{i} + 600\mathbf{j},\quad \mathbf{r}(0) = \mathbf{0}$

60. $\mathbf{r}''(t) = -4\cos t\mathbf{j} - 3\,\text{sen}\,t\mathbf{k},\quad \mathbf{r}'(0) = 3\mathbf{k},\quad \mathbf{r}(0) = 4\mathbf{j}$

61. $\mathbf{r}'(t) = te^{-t^2}\mathbf{i} - e^{-t}\mathbf{j} + \mathbf{k},\quad \mathbf{r}(0) = \frac{1}{2}\mathbf{i} - \mathbf{j} + \mathbf{k}$

62. $\mathbf{r}'(t) = \dfrac{1}{1+t^2}\mathbf{i} + \dfrac{1}{t^2}\mathbf{j} + \dfrac{1}{t}\mathbf{k},\quad \mathbf{r}(1) = 2\mathbf{i}$

DESARROLLO DE CONCEPTOS

63. Derivar Escriba la definición de derivada de una función vectorial. Describa cómo hallar la derivada de una función vectorial y dé su interpretación geométrica.

64. Integrar ¿Cómo encuentra la integral de una función vectorial?

65. Usar una derivada Las tres componentes de la derivada de una función vectorial $\mathbf{u}$ son positivas en $t = t_0$. Describa el comportamiento de $\mathbf{u}$ en $t = t_0$.

66. Usar una derivada La componente z de la derivada de una función vectorial $\mathbf{u}$ es 0 para t en el dominio de la función. ¿Qué implica esta información acerca de la gráfica de $\mathbf{u}$?

Demostración En los ejercicios 67 a 74, demuestre la propiedad. En todos los casos, suponga que r, u y v son funciones vectoriales derivables de t, que w es una función real derivable de t, y que c es un escalar.

67. $\dfrac{d}{dt}[c\mathbf{r}(t)] = c\mathbf{r}'(t)$

68. $\dfrac{d}{dt}[\mathbf{r}(t) \pm \mathbf{u}(t)] = \mathbf{r}'(t) \pm \mathbf{u}'(t)$

69. $\dfrac{d}{dt}[w(t)\mathbf{r}(t)] = w(t)\mathbf{r}'(t) + w'(t)\mathbf{r}(t)$

70. $\dfrac{d}{dt}[\mathbf{r}(t) \times \mathbf{u}(t)] = \mathbf{r}(t) \times \mathbf{u}'(t) + \mathbf{r}'(t) \times \mathbf{u}(t)$

71. $\dfrac{d}{dt}[\mathbf{r}(w(t))] = \mathbf{r}'(w(t))w'(t)$

72. $\dfrac{d}{dt}[\mathbf{r}(t) \times \mathbf{r}'(t)] = \mathbf{r}(t) \times \mathbf{r}''(t)$

73. $\dfrac{d}{dt}\{\mathbf{r}(t) \cdot [\mathbf{u}(t) \times \mathbf{v}(t)]\} = \mathbf{r}'(t) \cdot [\mathbf{u}(t) \times \mathbf{v}(t)] + \mathbf{r}(t) \cdot [\mathbf{u}'(t) \times \mathbf{v}(t)] + \mathbf{r}(t) \cdot [\mathbf{u}(t) \times \mathbf{v}'(t)]$

74. Si $\mathbf{r}(t) \cdot \mathbf{r}(t)$ es una constante, entonces $\mathbf{r}(t) \cdot \mathbf{r}'(t) = 0$.

75. Movimiento de una partícula Una partícula se mueve en el plano xy a lo largo de la curva representada por la función vectorial $\mathbf{r}(t) = (t - \text{sen}\,t)\mathbf{i} + (1 - \cos t)\mathbf{j}$.

 (a) Use una herramienta de graficación para representar $\mathbf{r}$. Describa la curva.

(b) Halle los valores mínimo y máximo de $\|\mathbf{r}'\|$ y $\|\mathbf{r}''\|$.

76. Movimiento de una partícula Una partícula se mueve en el plano yz a lo largo de la curva representada por la función vectorial $\mathbf{r}(t) = (2\cos t)\mathbf{j} + (3\,\text{sen}\,t)\mathbf{k}$.

(a) Describa la curva.

(b) Halle los valores mínimo y máximo de $\|\mathbf{r}'\|$ y $\|\mathbf{r}''\|$.

77. Vectores perpendiculares Considere la función vectorial $\mathbf{r}(t) = (e^t\,\text{sen}\,t)\mathbf{i} + (e^t\cos t)\mathbf{j}$. Demuestre que $\mathbf{r}(t)$ y $\mathbf{r}''(t)$ son siempre perpendiculares a cada uno.

78. ¿CÓMO LO VE? La gráfica muestra una función vectorial $\mathbf{r}(t)$ para $0 \le t \le 2\pi$ y su derivada $\mathbf{r}'(t)$ para diferentes valores de t.

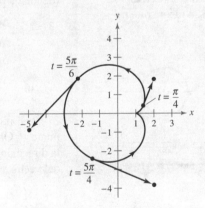

(a) Para cada derivada que se muestra en la gráfica, determine si cada componente es positiva o negativa.

(b) ¿Es suave la curva en el intervalo $[0, 2\pi]$? Explique su razonamiento.

¿Verdadero o falso? En los ejercicios 79 a 82, determine si el enunciado es verdadero o falso. Si es falso, explique por qué o dé un ejemplo que muestre que es falso.

79. Si una partícula se mueve a lo largo de una esfera centrada en el origen, entonces su vector derivada es siempre tangente a la esfera.

80. La integral definida de una función vectorial es un número real.

81. $\dfrac{d}{dt}[\|\mathbf{r}(t)\|] = \|\mathbf{r}'(t)\|$

82. Si r y u son funciones vectoriales derivables de t, entonces
$$\frac{d}{dt}[\mathbf{r}(t) \cdot \mathbf{u}(t)] = \mathbf{r}'(t) \cdot \mathbf{u}'(t).$$

12.3   Velocidad y aceleración

■ Describir la velocidad y la aceleración relacionadas con una función vectorial.
■ Usar una función vectorial para analizar el movimiento de un proyectil.

Velocidad y aceleración

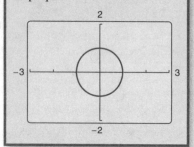

Exploración

Exploración de velocidad   Considere el círculo dado por

$$\mathbf{r}(t) = (\cos \omega t)\mathbf{i} + (\text{sen } \omega t)\mathbf{j}.$$

(El símbolo ω es la letra griega omega.) Use una herramienta de graficación en modo *paramétrico* para representar este círculo para varios valores de ω. ¿Cómo afecta ω a la velocidad del punto terminal cuando se traza la curva? Para un valor dado de ω, ¿parece ser constante la velocidad? ¿Parece ser constante la aceleración? Explique su razonamiento.

Ahora combinará el estudio de ecuaciones paramétricas, curvas, vectores y funciones vectoriales, a fin de formular un modelo para el movimiento a lo largo de una curva. Empezará por ver el movimiento de un objeto en el plano. (El movimiento de un objeto en el espacio puede desarrollarse de manera similar.)

Conforme el objeto se mueve a lo largo de una curva en el plano, la coordenada x y la coordenada y de su centro de masa es cada una función del tiempo t. En lugar de utilizar las letras f y g para representar estas dos funciones, es conveniente escribir $x = x(t)$ y $y = y(t)$. Por tanto, el vector de posición $\mathbf{r}(t)$ toma la forma

$$\mathbf{r}(t) = x(t)\mathbf{i} + y(t)\mathbf{j}. \qquad \text{Vector de posición}$$

Lo mejor de este modelo vectorial para representar movimiento es que puede usar la primera y la segunda derivadas de la función vectorial $\mathbf{r}$ para hallar la velocidad y la aceleración del objeto. (Recuerde del capítulo anterior que la velocidad y la aceleración son cantidades vectoriales que tienen magnitud y dirección.) Para hallar los vectores velocidad y aceleración en un instante dado t, considere un punto $Q(x(t + \Delta t), y(t + \Delta t))$ que se aproxima al punto $P(x(t), y(t))$ a lo largo de la curva C dada por $\mathbf{r}(t) = x(t)\mathbf{i} + y(t)\mathbf{j}$, como se muestra en la figura 12.11. A medida que $\Delta t \to 0$, la dirección del vector $\overrightarrow{PQ}$ (denotada por $\Delta \mathbf{r}$) se aproxima a la *dirección del movimiento* en el instante t.

$$\Delta \mathbf{r} = \mathbf{r}(t + \Delta t) - \mathbf{r}(t)$$

$$\frac{\Delta \mathbf{r}}{\Delta t} = \frac{\mathbf{r}(t + \Delta t) - \mathbf{r}(t)}{\Delta t}$$

$$\lim_{\Delta t \to 0} \frac{\Delta \mathbf{r}}{\Delta t} = \lim_{\Delta t \to 0} \frac{\mathbf{r}(t + \Delta t) - \mathbf{r}(t)}{\Delta t}$$

Si este límite existe, se define como **vector velocidad** o **vector tangente** a la curva en el punto P. Observe que éste es el mismo límite usado en la definición de $\mathbf{r}'(t)$. Por tanto, la dirección de $\mathbf{r}'(t)$ da la dirección del movimiento en el instante t. Además, la magnitud del vector $\mathbf{r}'(t)$

$$\|\mathbf{r}'(t)\| = \|x'(t)\mathbf{i} + y'(t)\mathbf{j}\| = \sqrt{[x'(t)]^2 + [y'(t)]^2}$$

da la **rapidez** del objeto en el instante t. De manera similar, puede usar $\mathbf{r}''(t)$ para hallar la aceleración, como se indica en las definiciones siguientes.

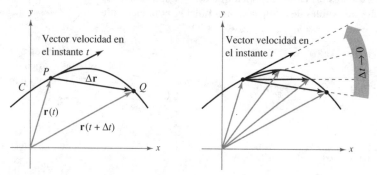

Conforme $\Delta t \to 0$, $\dfrac{\Delta \mathbf{r}}{\Delta t}$ se aproxima al vector velocidad.

Figura 12.11

Definiciones de velocidad y aceleración

Si x y y son funciones de t que tienen primera y segunda derivadas, y $\mathbf{r}$ es una función vectorial dada por $\mathbf{r}(t) = x(t)\mathbf{i} + y(t)\mathbf{j}$, entonces el vector velocidad, el vector aceleración y la rapidez en el instante t se definen como sigue

$$\text{Velocidad} = \mathbf{v}(t) = \mathbf{r}'(t) = x'(t)\mathbf{i} + y'(t)\mathbf{j}$$
$$\text{Aceleración} = \mathbf{a}(t) = \mathbf{r}''(t) = x''(t)\mathbf{i} + y''(t)\mathbf{j}$$
$$\text{Rapidez} = \|\mathbf{v}(t)\| = \|\mathbf{r}'(t)\| = \sqrt{[x'(t)]^2 + [y'(t)]^2}$$

Para el movimiento a lo largo de una curva en el espacio, las definiciones son similares. Es decir, para $\mathbf{r}(t) = x(t)\mathbf{i} + y(t)\mathbf{j} + z(t)\mathbf{k}$, se tiene

$$\text{Velocidad} = \mathbf{v}(t) = \mathbf{r}'(t) = x'(t)\mathbf{i} + y'(t)\mathbf{j} + z'(t)\mathbf{k}$$
$$\text{Aceleración} = \mathbf{a}(t) = \mathbf{r}''(t) = x''(t)\mathbf{i} + y''(t)\mathbf{j} + z''(t)\mathbf{k}$$
$$\text{Rapidez} = \|\mathbf{v}(t)\| = \|\mathbf{r}'(t)\| = \sqrt{[x'(t)]^2 + [y'(t)]^2 + [z'(t)]^2}.$$

▷ **EJEMPLO 1** **Hallar la velocidad y la aceleración a lo largo de una curva plana**

COMENTARIO En el ejemplo 1, observe que los vectores velocidad y aceleración son ortogonales en todo punto y en cualquier instante. Esto es característico del movimiento con rapidez constante. (Vea el ejercicio 53.)

Encuentre el vector velocidad, la rapidez y el vector aceleración de una partícula que se mueve a lo largo de la curva plana C descrita por

$$\mathbf{r}(t) = 2 \operatorname{sen} \frac{t}{2}\mathbf{i} + 2 \cos \frac{t}{2}\mathbf{j}. \qquad \text{Vector de posición}$$

Solución

El vector velocidad es

$$\mathbf{v}(t) = \mathbf{r}'(t) = \cos \frac{t}{2}\mathbf{i} - \operatorname{sen} \frac{t}{2}\mathbf{j}. \qquad \text{Vector velocidad}$$

La rapidez (en cualquier tiempo) es

$$\|\mathbf{r}'(t)\| = \sqrt{\cos^2 \frac{t}{2} + \operatorname{sen}^2 \frac{t}{2}} = 1. \qquad \text{Rapidez}$$

El vector aceleración es

$$\mathbf{a}(t) = \mathbf{r}''(t) = -\frac{1}{2} \operatorname{sen} \frac{t}{2}\mathbf{i} - \frac{1}{2} \cos \frac{t}{2}\mathbf{j}. \qquad \text{Vector aceleración}$$

Las ecuaciones paramétricas de la curva del ejemplo 1 son

$$x = 2 \operatorname{sen} \frac{t}{2} \quad \text{y} \quad y = 2 \cos \frac{t}{2}.$$

Eliminando el parámetro t, obtiene la ecuación rectangular

$$x^2 + y^2 = 4. \qquad \text{Ecuación rectangular}$$

Por tanto, la curva es un círculo de radio 2 centrado en el origen, como se muestra en la figura 12.12. Como el vector velocidad

$$\mathbf{v}(t) = \cos \frac{t}{2}\mathbf{i} - \operatorname{sen} \frac{t}{2}\mathbf{j}$$

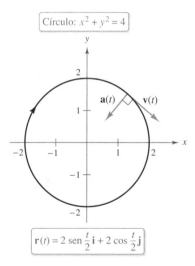

Círculo: $x^2 + y^2 = 4$

$\mathbf{r}(t) = 2 \operatorname{sen} \frac{t}{2}\mathbf{i} + 2 \cos \frac{t}{2}\mathbf{j}$

La partícula se mueve alrededor del círculo con rapidez constante.
Figura 12.12

tiene una magnitud constante pero cambia de dirección a medida que t aumenta, la partícula se mueve alrededor del círculo con una rapidez constante

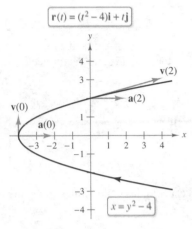

En todo punto en la curva, el vector aceleración apunta a la derecha.
Figura 12.13

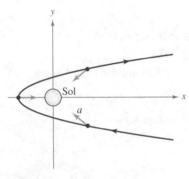

En todo punto de la órbita del cometa, el vector aceleración apunta hacia el Sol.
Figura 12.14

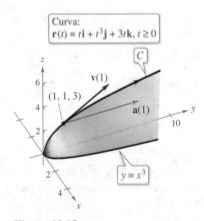

Figura 12.15

EJEMPLO 2 **Vectores velocidad y aceleración en el plano**

Dibuje la trayectoria de un objeto que se mueve a lo largo de la curva plana dada por

$$\mathbf{r}(t) = (t^2 - 4)\mathbf{i} + t\mathbf{j} \qquad \text{Vector posición}$$

y encuentre los vectores velocidad y aceleración cuando $t = 0$ y $t = 2$.

Solución Utilizando las ecuaciones paramétricas $x = t^2 - 4$ y $y = t$, puede determinar que la curva es una parábola dada por

$$x = y^2 - 4 \qquad \text{Ecuación rectangular}$$

como se muestra en la figura 12.13. El vector velocidad (en cualquier instante) es

$$\mathbf{v}(t) = \mathbf{r}'(t) = 2t\mathbf{i} + \mathbf{j} \qquad \text{Vector velocidad}$$

y el vector aceleración (en cualquier instante) es

$$\mathbf{a}(t) = \mathbf{r}''(t) = 2\mathbf{i}. \qquad \text{Vector aceleración}$$

Cuando $t = 0$, los vectores velocidad y aceleración están dados por

$$\mathbf{v}(0) = 2(0)\mathbf{i} + \mathbf{j} = \mathbf{j} \quad \text{y} \quad \mathbf{a}(0) = 2\mathbf{i}.$$

Cuando $t = 2$, los vectores velocidad y aceleración están dados por

$$\mathbf{v}(2) = 2(2)\mathbf{i} + \mathbf{j} = 4\mathbf{i} + \mathbf{j} \quad \text{y} \quad \mathbf{a}(2) = 2\mathbf{i}.$$

Si el objeto se mueve por la trayectoria mostrada en la figura 12.13, observe que el vector aceleración es constante (tiene una magnitud de 2 y apunta hacia la derecha). Esto implica que la rapidez del objeto va decreciendo conforme el objeto se mueve hacia el vértice de la parábola, y la rapidez va creciendo conforme el objeto se aleja del vértice de la parábola.

Este tipo de movimiento *no* es el característico de cometas que describen trayectorias parabólicas en nuestro sistema solar. En estos cometas el vector aceleración apunta siempre hacia el origen (el Sol), lo que implica que la rapidez del cometa aumenta a medida que se aproxima al vértice de su trayectoria y disminuye cuando se aleja del vértice. (Vea la figura 12.14.)

EJEMPLO 3 **Vectores velocidad y aceleración en el espacio**

••••▷ *Consulte LarsonCalculus.com para una versión interactiva de este tipo de ejemplo.*

Dibuje la trayectoria de un objeto que se mueve a lo largo de la curva en el espacio C dada por

$$\mathbf{r}(t) = t\mathbf{i} + t^3\mathbf{j} + 3t\mathbf{k}, \quad t \geq 0 \qquad \text{Vector posición}$$

y encuentre los vectores velocidad y aceleración cuando $t = 1$.

Solución Utilizando las ecuaciones paramétricas $x = t$ y $y = t^3$, puede determinar que la trayectoria del objeto se encuentra en el cilindro cúbico dado por

$$y = x^3. \qquad \text{Ecuación rectangular}$$

Como $z = 3t$, el objeto parte de $(0, 0, 0)$ y se mueve hacia arriba a medida que t aumenta, como se muestra en la figura 12.15. Como $\mathbf{r}(t) = t\mathbf{i} + t^3\mathbf{j} + 3t\mathbf{k}$, tiene

$$\mathbf{v}(t) = \mathbf{r}'(t) = \mathbf{i} + 3t^2\mathbf{j} + 3\mathbf{k} \qquad \text{Vector velocidad}$$

y

$$\mathbf{a}(t) = \mathbf{r}''(t) = 6t\mathbf{j}. \qquad \text{Vector aceleración}$$

Cuando $t = 1$, los vectores velocidad y aceleración están dados por

$$\mathbf{v}(1) = \mathbf{r}'(1) = \mathbf{i} + 3\mathbf{j} + 3\mathbf{k} \quad \text{y} \quad \mathbf{a}(1) = \mathbf{r}''(1) = 6\mathbf{j}.$$

Hasta aquí usted ha tratado de hallar la velocidad y la aceleración derivando la función de posición. En muchas aplicaciones prácticas se tiene el problema inverso, halle la función de posición dada una velocidad o una aceleración. Esto se ejemplifica en el ejemplo siguiente.

EJEMPLO 4 **Hallar una función posición por integración**

Un objeto parte del reposo del punto $P(1, 2, 0)$ y se mueve con una aceleración de

$$\mathbf{a}(t) = \mathbf{j} + 2\mathbf{k} \qquad \text{Vector aceleración}$$

donde $\|\mathbf{a}(t)\|$ se mide en pies por segundo al cuadrado. Determine la posición del objeto después de $t = 2$ segundos.

Solución A partir de la descripción del movimiento del objeto, se pueden deducir las *condiciones iniciales* siguientes. Como el objeto parte del reposo, se tiene

$$\mathbf{v}(0) = \mathbf{0}.$$

Como el objeto parte del punto $(x, y, z) = (1, 2, 0)$, tiene

$$\mathbf{r}(0) = x(0)\mathbf{i} + y(0)\mathbf{j} + z(0)\mathbf{k} = 1\mathbf{i} + 2\mathbf{j} + 0\mathbf{k} = \mathbf{i} + 2\mathbf{j}.$$

Para hallar la función de posición, debe integrar dos veces, usando cada vez una de las condiciones iniciales para hallar la constante de integración. El vector velocidad es

$$\mathbf{v}(t) = \int \mathbf{a}(t)\, dt$$

$$= \int (\mathbf{j} + 2\mathbf{k})\, dt$$

$$= t\mathbf{j} + 2t\mathbf{k} + \mathbf{C}$$

donde $\mathbf{C} = C_1\mathbf{i} + C_2\mathbf{j} + C_3\mathbf{k}$. Haciendo $t = 0$ y aplicando la condición inicial $\mathbf{v}(0) = \mathbf{0}$, obtiene

$$\mathbf{v}(0) = C_1\mathbf{i} + C_2\mathbf{j} + C_3\mathbf{k} = \mathbf{0} \quad \Longrightarrow \quad C_1 = C_2 = C_3 = 0.$$

Por tanto, la *velocidad* en cualquier instante t es

$$\mathbf{v}(t) = t\mathbf{j} + 2t\mathbf{k}. \qquad \text{Vector velocidad}$$

Integrando una vez más se obtiene

$$\mathbf{r}(t) = \int \mathbf{v}(t)\, dt$$

$$= \int (t\mathbf{j} + 2t\mathbf{k})\, dt$$

$$= \frac{t^2}{2}\mathbf{j} + t^2\mathbf{k} + \mathbf{C}$$

donde $\mathbf{C} = C_4\mathbf{i} + C_5\mathbf{j} + C_6\mathbf{k}$. Haciendo $t = 0$ y aplicando la condición inicial $\mathbf{r}(0) = \mathbf{i} + 2\mathbf{j}$, tiene

$$\mathbf{r}(0) = C_4\mathbf{i} + C_5\mathbf{j} + C_6\mathbf{k} = \mathbf{i} + 2\mathbf{j} \quad \Longrightarrow \quad C_4 = 1, C_5 = 2, C_6 = 0.$$

Por tanto, el vector *posición* es

$$\mathbf{r}(t) = \mathbf{i} + \left(\frac{t^2}{2} + 2\right)\mathbf{j} + t^2\mathbf{k}. \qquad \text{Vector posición}$$

La posición del objeto después de $t = 2$ segundos está dada por

$$\mathbf{r}(2) = \mathbf{i} + 4\mathbf{j} + 4\mathbf{k}$$

como se muestra en la figura 12.16.

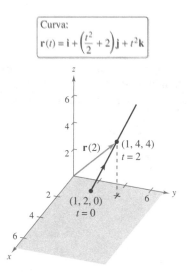

Curva:
$$\mathbf{r}(t) = \mathbf{i} + \left(\frac{t^2}{2} + 2\right)\mathbf{j} + t^2\mathbf{k}$$

El objeto tarda 2 segundos en moverse del punto $(1, 2, 0)$ al punto $(1, 4, 4)$ a lo largo de la curva.

Figura 12.16

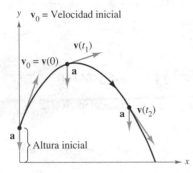

Figura 12.17

Movimiento de proyectiles

Ahora ya dispone de lo necesario para deducir las ecuaciones paramétricas de la trayectoria de un proyectil. Suponga que la gravedad es la única fuerza que actúa sobre un proyectil después de su lanzamiento. Por tanto, el movimiento ocurre en un plano vertical que puede representarse por el sistema de coordenadas xy con el origen correspondiente a un punto sobre la superficie de la Tierra, como se muestra en la figura 12.17. Para un proyectil de masa m, la fuerza gravitatoria es

$$\mathbf{F} = -mg\mathbf{j} \qquad \text{Fuerza gravitatoria}$$

donde la aceleración de la gravedad es $g = 32$ pies por segundo al cuadrado, o 9.81 metros por segundo al cuadrado. Por la **segunda ley del movimiento de Newton**, esta misma fuerza produce una aceleración $\mathbf{a} = \mathbf{a}(t)$ y satisface la ecuación $\mathbf{F} = m\mathbf{a}$. Por consiguiente, la aceleración del proyectil está dada por $m\mathbf{a} = -mg\mathbf{j}$, lo que implica que

$$\mathbf{a} = -g\mathbf{j}. \qquad \text{Aceleración del proyectil}$$

EJEMPLO 5 **Deducir la función de posición de un proyectil**

Un proyectil de masa m se lanza desde una posición inicial $\mathbf{r}_0$ con una velocidad inicial $\mathbf{v}_0$. Determine su vector posición en función del tiempo.

Solución Comience con el vector aceleración $\mathbf{a}(t) = -g\mathbf{j}$ e integre dos veces.

$$\mathbf{v}(t) = \int \mathbf{a}(t)\, dt = \int -g\mathbf{j}\, dt = -gt\mathbf{j} + \mathbf{C}_1$$

$$\mathbf{r}(t) = \int \mathbf{v}(t)\, dt = \int (-gt\mathbf{j} + \mathbf{C}_1)\, dt = -\frac{1}{2}gt^2\mathbf{j} + \mathbf{C}_1 t + \mathbf{C}_2$$

Puede usar el hecho de que $\mathbf{v}(0) = \mathbf{v}_0$ y $\mathbf{r}(0) = \mathbf{r}_0$ para hallar los vectores constantes $\mathbf{C}_1$ y $\mathbf{C}_2$. Haciendo esto obtiene

$$\mathbf{C}_1 = \mathbf{v}_0 \quad \text{y} \quad \mathbf{C}_2 = \mathbf{r}_0.$$

Por consiguiente, el vector posición es

$$\mathbf{r}(t) = -\frac{1}{2}gt^2\mathbf{j} + t\mathbf{v}_0 + \mathbf{r}_0. \qquad \text{Vector posición} \qquad ■$$

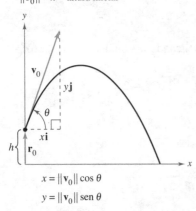

$\|\mathbf{v}_0\| = v_0 = $ rapidez inicial
$\|\mathbf{r}_0\| = h = $ altura inicial

$x = \|\mathbf{v}_0\| \cos \theta$
$y = \|\mathbf{v}_0\| \operatorname{sen} \theta$

Figura 12.18

En muchos problemas sobre proyectiles, los vectores constantes $\mathbf{r}_0$ y $\mathbf{v}_0$ no se dan explícitamente. A menudo se dan la altura inicial h, la rapidez inicial v_0 y el ángulo θ con que el proyectil es lanzado, como se muestra en la figura 12.18. De la altura dada, se puede deducir que $\mathbf{r}_0 = h\mathbf{j}$. Como la rapidez da la magnitud de la velocidad inicial, se deduce que $v_0 = \|\mathbf{v}_0\|$ y puede escribir

$$\begin{aligned}
\mathbf{v}_0 &= x\mathbf{i} + y\mathbf{j} \\
&= (\|\mathbf{v}_0\| \cos \theta)\mathbf{i} + (\|\mathbf{v}_0\| \operatorname{sen} \theta)\mathbf{j} \\
&= v_0 \cos \theta \mathbf{i} + v_0 \operatorname{sen} \theta \mathbf{j}.
\end{aligned}$$

Por tanto, el vector posición puede expresarse en la forma

$$\mathbf{r}(t) = -\frac{1}{2}gt^2\mathbf{j} + t\mathbf{v}_0 + \mathbf{r}_0 \qquad \text{Vector posición}$$

$$= -\frac{1}{2}gt^2\mathbf{j} + tv_0 \cos \theta \mathbf{i} + tv_0 \operatorname{sen} \theta \mathbf{j} + h\mathbf{j}$$

$$= (v_0 \cos \theta)t\mathbf{i} + \left[h + (v_0 \operatorname{sen} \theta)t - \frac{1}{2}gt^2 \right]\mathbf{j}.$$

TEOREMA 12.3 Vector posición de un proyectil

Despreciando la resistencia del aire, la trayectoria de un proyectil lanzado de una altura inicial h con rapidez inicial v_0 y ángulo de elevación θ se describe por medio de la función vectorial

$$\mathbf{r}(t) = (v_0 \cos \theta)t\mathbf{i} + \left[h + (v_0 \text{ sen } \theta)t - \tfrac{1}{2}gt^2\right]\mathbf{j}$$

donde g es la aceleración de la gravedad.

EJEMPLO 6 Describir la trayectoria de una pelota de béisbol

Una pelota de béisbol es golpeada 3 pies sobre el nivel del suelo a 100 pies por segundo y con un ángulo de 45° respecto al suelo, como se muestra en la figura 12.19. Encuentre la altura máxima que alcanza la pelota de béisbol. ¿Pasará por encima de una cerca de 10 pies de altura localizada a 300 pies del plato de lanzamiento?

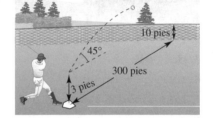

Figura 12.19

Solución Usted tiene que

$$h = 3, \quad v_0 = 100 \quad \text{y} \quad \theta = 45°.$$

Así, utilizando el teorema 12.3 con $g = 32$ pies por segundo al cuadrado obtiene

$$\mathbf{r}(t) = \left(100 \cos \frac{\pi}{4}\right)t\mathbf{i} + \left[3 + \left(100 \text{ sen } \frac{\pi}{4}\right)t - 16t^2\right]\mathbf{j}$$

$$= \left(50\sqrt{2}t\right)\mathbf{i} + \left(3 + 50\sqrt{2}t - 16t^2\right)\mathbf{j}.$$

El vector velocidad es

$$\mathbf{v}(t) = \mathbf{r}'(t) = 50\sqrt{2}\mathbf{i} + \left(50\sqrt{2} - 32t\right)\mathbf{j}.$$

La altura máxima se alcanza cuando

$$y'(t) = 50\sqrt{2} - 32t$$

es igual a 0, lo cual implica que

$$t = \frac{25\sqrt{2}}{16} \approx 2.21 \text{ segundos.}$$

Por tanto, la altura máxima que alcanza la pelota es

$$y = 3 + 50\sqrt{2}\left(\frac{25\sqrt{2}}{16}\right) - 16\left(\frac{25\sqrt{2}}{16}\right)^2$$

$$= \frac{649}{8}$$

$$\approx 81 \text{ pies.} \qquad \text{Altura máxima cuando } t \approx 2.21 \text{ segundos}$$

La pelota está a 300 pies de donde fue golpeada cuando

$$300 = x(t) \quad \Longrightarrow \quad 300 = 50\sqrt{2}t.$$

Despejando t de esta ecuación se obtiene $t = 3\sqrt{2} \approx 4.24$ segundos. En este instante, la altura de la pelota es

$$y = 3 + 50\sqrt{2}\left(3\sqrt{2}\right) - 16\left(3\sqrt{2}\right)^2$$

$$= 303 - 288$$

$$= 15 \text{ pies.} \qquad \text{Altura cuando } t \approx 4.24 \text{ segundos}$$

Por consiguiente, la pelota pasará sobre la cerca de 10 pies.

12.3 Ejercicios

Consulte **CalcChat.com** para un tutorial de ayuda y soluciones trabajadas de los ejercicios con numeración impar.

Determinar la velocidad y la aceleración a lo largo de una curva plana En los ejercicios 1 a 8 el vector posición r describe la trayectoria de un objeto que se mueve en el plano xy.

(a) Halle la velocidad, la rapidez y el vector aceleración del objeto.

(b) Evalúe el vector velocidad y el vector aceleración del objeto en el punto dado.

(c) Dibuje una gráfica de la trayectoria y trace los vectores velocidad y aceleración en el punto dado.

Vector de posición	Punto
1. $\mathbf{r}(t) = 3t\mathbf{i} + (t - 1)\mathbf{j}$	$(3, 0)$
2. $\mathbf{r}(t) = t\mathbf{i} + (-t^2 + 4)\mathbf{j}$	$(1, 3)$
3. $\mathbf{r}(t) = t^2\mathbf{i} + t\mathbf{j}$	$(4, 2)$
4. $\mathbf{r}(t) = \left(\frac{1}{4}t^3 + 1\right)\mathbf{i} + t\mathbf{j}$	$(3, 2)$
5. $\mathbf{r}(t) = 2\cos t\mathbf{i} + 2\operatorname{sen} t\mathbf{j}$	$(\sqrt{2}, \sqrt{2})$
6. $\mathbf{r}(t) = 3\cos t\mathbf{i} + 2\operatorname{sen} t\mathbf{j}$	$(3, 0)$
7. $\mathbf{r}(t) = \langle t - \operatorname{sen} t, 1 - \cos t \rangle$	$(\pi, 2)$
8. $\mathbf{r}(t) = \langle e^{-t}, e^t \rangle$	$(1, 1)$

Determinar los vectores velocidad y aceleración En los ejercicios 9 a 18, el vector posición r describe la trayectoria de un objeto que se mueve en el espacio.

(a) Halle la velocidad, rapidez y el vector aceleración del objeto.

(b) Evalúe el vector velocidad y el vector aceleración del objeto a un valor dado de t.

Vector de posición	Tiempo
9. $\mathbf{r}(t) = t\mathbf{i} + 5t\mathbf{j} + 3t\mathbf{k}$	$t = 1$
10. $\mathbf{r}(t) = 4t\mathbf{i} + 4t\mathbf{j} + 2t\mathbf{k}$	$t = 3$
11. $\mathbf{r}(t) = t\mathbf{i} + t^2\mathbf{j} + \frac{1}{2}t^2\mathbf{k}$	$t = 4$
12. $\mathbf{r}(t) = 3t\mathbf{i} + t\mathbf{j} + \frac{1}{4}t^2\mathbf{k}$	$t = 2$
13. $\mathbf{r}(t) = t\mathbf{i} + t\mathbf{j} + \sqrt{9 - t^2}\,\mathbf{k}$	$t = 0$
14. $\mathbf{r}(t) = t^2\mathbf{i} + t\mathbf{j} + 2t^{3/2}\mathbf{k}$	$t = 4$
15. $\mathbf{r}(t) = \langle 4t, 3\cos t, 3\operatorname{sen} t \rangle$	$t = \pi$
16. $\mathbf{r}(t) = \langle 2\cos t, 2\operatorname{sen} t, t^2 \rangle$	$t = \dfrac{\pi}{4}$
17. $\mathbf{r}(t) = \langle e^t \cos t, e^t \operatorname{sen} t, e^t \rangle$	$t = 0$
18. $\mathbf{r}(t) = \left\langle \ln t, \dfrac{1}{t}, t^4 \right\rangle$	$t = 2$

Determinar un vector de posición por integración En los ejercicios 19 a 24, use la función aceleración dada para determinar los vectores velocidad y posición. Después, halle la posición en el instante $t = 2$.

19. $\mathbf{a}(t) = \mathbf{i} + \mathbf{j} + \mathbf{k}, \quad \mathbf{v}(0) = \mathbf{0}, \quad \mathbf{r}(0) = \mathbf{0}$

20. $\mathbf{a}(t) = 2\mathbf{i} + 3\mathbf{k}, \quad \mathbf{v}(0) = 4\mathbf{j}, \quad \mathbf{r}(0) = \mathbf{0}$

21. $\mathbf{a}(t) = t\mathbf{j} + t\mathbf{k}, \quad \mathbf{v}(1) = 5\mathbf{j}, \quad \mathbf{r}(1) = \mathbf{0}$

22. $\mathbf{a}(t) = -32\mathbf{k}, \quad \mathbf{v}(0) = 3\mathbf{i} - 2\mathbf{j} + \mathbf{k}, \quad \mathbf{r}(0) = 5\mathbf{j} + 2\mathbf{k}$

23. $\mathbf{a}(t) = -\cos t\mathbf{i} - \operatorname{sen} t\mathbf{j}, \quad \mathbf{v}(0) = \mathbf{j} + \mathbf{k}, \quad \mathbf{r}(0) = \mathbf{i}$

24. $\mathbf{a}(t) = e^t\mathbf{i} - 8\mathbf{k}, \quad \mathbf{v}(0) = 2\mathbf{i} + 3\mathbf{j} + \mathbf{k}, \quad \mathbf{r}(0) = \mathbf{0}$

Movimiento de proyectiles En los ejercicios 25 a 38, use el modelo para el movimiento de un proyectil, suponiendo que no hay resistencia del aire.

25. Una pelota de béisbol es golpeada 2.5 pies sobre el nivel del suelo, se aleja del bate con una velocidad inicial de 140 pies por segundo y con un ángulo de 22° arriba de la horizontal, Encuentre la altura máxima alcanzada por la pelota de béisbol. Determine si librará una cerca de 10 pies de altura que se encuentra a 375 pies del plato de lanzamiento.

26. Determine la altura máxima y el alcance de un proyectil disparado desde una altura de 3 pies sobre el nivel del suelo con velocidad inicial de 900 pies por segundo y con un ángulo de 45° sobre la horizontal.

27. Una pelota de béisbol es golpeada 3 pies sobre el nivel del suelo, se aleja del bate con un ángulo de 45° y es cachada por un jardinero a 3 pies sobre el nivel del suelo y a 300 pies del plato de lanzamiento. ¿Cuál es la rapidez inicial de la pelota y qué altura alcanza?

28. Un jugador de béisbol en segunda base lanza una pelota al jugador de primera base a 90 pies. La pelota es lanzada desde 5 pies sobre el nivel del suelo con una velocidad inicial de 50 millas por hora y con un ángulo de 15° con la horizontal. ¿A qué altura cacha la pelota el jugador de primera base?

29. Elimine el parámetro t de la función de posición para el movimiento de un proyectil y demuestre que la ecuación rectangular es

$$y = -\frac{16 \sec^2 \theta}{v_0^2}x^2 + (\tan \theta)x + h.$$

30. La trayectoria de una pelota la da la ecuación rectangular

$$y = x - 0.005x^2.$$

Use el resultado del ejercicio 29 para hallar la función de posición. Después, encuentre la velocidad y la dirección de la pelota en el punto en que ha recorrido 60 pies horizontalmente.

31. El Rogers Centre en Toronto, Ontario, tiene una cerca en su campo central que tiene 10 pies de altura y está a 400 pies del plato de lanzamiento. Una pelota es golpeada a 3 pies sobre el nivel del suelo y se da el batazo a una velocidad de 100 millas por hora.

(a) La pelota se aleja del bate formando un ángulo de $\theta = \theta_0$ con la horizontal. Dé la función vectorial para la trayectoria de la pelota.

(b) Use una herramienta de graficación para representar la función vectorial para $\theta_0 = 10°$, $\theta_0 = 15°$, $\theta_0 = 20°$ y $\theta_0 = 25°$. Use las gráficas para aproximar el ángulo mínimo requerido para que el golpe sea un home run.

(c) Determine analíticamente el ángulo mínimo requerido para que el golpe sea un home run.

32. Futbol

El mariscal de campo de un equipo de futbol americano lanza un pase a una altura de 7 pies sobre el campo de juego, y el balón lo captura un receptor a 30 yardas, a una altura de 4 pies. El pase se lanza con un ángulo de 35° con la horizontal.

(a) Determine la rapidez del balón de futbol al ser lanzado.

(b) Encuentre la altura máxima del balón de futbol.

(c) Calcule el tiempo que el receptor tiene para alcanzar la posición apropiada después que el mariscal de campo lanza el balón de futbol.

33. Un expulsor de pacas consiste en dos bandas de velocidad variable al final del expulsor. Su función es lanzar pacas a un camión. Al cargar la parte trasera del camión, una paca debe lanzarse a una posición 8 pies hacia arriba y 16 pies detrás del expulsor.

(a) Halle la velocidad inicial mínima de la paca y el ángulo correspondiente al que debe ser lanzada del expulsor.

(b) El expulsor tiene un ángulo fijo de 45°. Halle la velocidad inicial requerida.

34. Un bombardero vuela a una altitud de 30,000 pies a una velocidad de 540 millas por hora (vea la figura). ¿Cuándo debe lanzar la bomba para que pegue en el blanco? (Dé su respuesta en términos del ángulo de depresión del avión con relación al blanco.) ¿Cuál es la velocidad de la bomba en el momento del impacto?

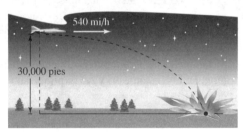

35. Un disparo de un arma con una velocidad de 1200 pies por segundo se lanza hacia un blanco a 3000 pies de distancia. Determine el ángulo mínimo de elevación del arma.

36. Un proyectil se lanza desde el suelo con un ángulo de 12° con la horizontal. El proyectil debe tener un alcance de 200 pies. Halle la velocidad inicial mínima requerida.

37. Use una herramienta de graficación para representar la trayectoria de un proyectil para los valores dados de θ y v_0. En cada caso, use la gráfica para aproximar la altura máxima y el alcance del proyectil. (Suponga que el proyectil se lanza desde el nivel del suelo.)

(a) $\theta = 10°$, $v_0 = 66$ pies/s

(b) $\theta = 10°$, $v_0 = 146$ pies/s

(c) $\theta = 45°$, $v_0 = 66$ pies/s

(d) $\theta = 45°$, $v_0 = 146$ pies/s

(e) $\theta = 60°$, $v_0 = 66$ pies/s

(f) $\theta = 60°$, $v_0 = 146$ pies/s

38. Halle el ángulo con el que un objeto debe lanzarse para tener (a) el alcance máximo y (b) la altura máxima.

Movimiento de un proyectil En los ejercicios 39 y 40, use el modelo para el movimiento de un proyectil, suponiendo que no hay resistencia del aire. [$g = -9.8$ metros por segundo al cuadrado.]

39. Determine la altura y el alcance máximos de un proyectil disparado desde una altura de 1.5 metros sobre el nivel del suelo con una velocidad inicial de 100 metros por segundo y con un ángulo de 30° sobre la horizontal.

40. Un proyectil se dispara desde el nivel del suelo con un ángulo de 8° con la horizontal. El proyectil debe tener un alcance de 50 metros. Halle la velocidad mínima necesaria.

41. Lanzamiento de peso La trayectoria de un objeto lanzado con un ángulo θ es

$$\mathbf{r}(t) = (v_0 \cos \theta)t\,\mathbf{i} + \left[h + (v_0 \operatorname{sen} \theta)t - \frac{1}{2}gt^2 \right]\mathbf{j}$$

donde v_0 es la rapidez inicial, h es la altura inicial, t es el tiempo en segundos y g es la aceleración debida a la gravedad. Verifique que el objeto permanecerá en el aire

$$t = \frac{v_0 \operatorname{sen} \theta + \sqrt{v_0^2 \operatorname{sen}^2 \theta + 2gh}}{g} \text{ segundos}$$

y recorrerá una distancia horizontal de

$$\frac{v_0^2 \cos \theta}{g} \left(\operatorname{sen} \theta + \sqrt{\operatorname{sen}^2 \theta + \frac{2gh}{v_0^2}} \right) \text{ pies.}$$

42. Lanzamiento de peso

Un peso es lanzado desde una altura de $h = 6$ pies con rapidez inicial $v_0 = 45$ pies por segundo y con un ángulo de $\theta = 42.5°$ con la horizontal. Utilice el resultado del ejercicio 41 para hallar el tiempo total de recorrido y la distancia horizontal recorrida.

Movimiento cicloidal En los ejercicios 43 y 44, considere el movimiento de un punto (o partícula) en la circunferencia de un círculo que rueda. A medida que el círculo rueda genera la cicloide

$$\mathbf{r}(t) = b(\omega t - \operatorname{sen} \omega t)\mathbf{i} + b(1 - \cos \omega t)\mathbf{j}$$

donde ω es la velocidad angular constante del círculo y b es el radio del círculo.

43. Halle los vectores velocidad y aceleración de la partícula. Use los resultados para determinar los instantes en que la rapidez de la partícula será (a) cero y (b) máxima.

44. Encuentre la rapidez máxima de un punto de un neumático de automóvil de radio 1 pie cuando el automóvil viaja a 60 millas por hora. Compare esta rapidez con la rapidez del automóvil.

Movimiento circular **En los ejercicios 45 a 58, considere una partícula que se mueve a lo largo de una trayectoria circular de radio b descrita por $r(t) = b \cos \omega t\mathbf{i} + b \sen \omega t\mathbf{j}$, donde $\omega = du/dt$ es la velocidad angular constante.**

45. Encuentre el vector velocidad y muestre que es ortogonal a $r(t)$.

46. (a) Demuestre que la rapidez de la partícula es $b\omega$.

(b) Use una herramienta de graficación en modo *paramétrico* para representar el círculo para $b = 6$. Pruebe con distintos valores de ω. ¿La herramienta de graficación dibuja más rápido los círculos para los valores mayores de ω?

47. Halle el vector aceleración y demuestre que su dirección es siempre hacia el centro del círculo.

48. Demuestre que la magnitud del vector aceleración es $b\omega^2$.

Movimiento circular **En los ejercicios 49 y 50, use los resultados de los ejercicios 45 a 58.**

49. Una piedra que pesa 1 libra se ata a un cordel de 2 pies de largo y se hace girar horizontalmente (vea la figura). El cordel se romperá con una fuerza de 10 libras. Halle la velocidad máxima que la piedra puede alcanzar sin que se rompa el cordel. (Use $\mathbf{F} = m\mathbf{a}$, donde $m = \frac{1}{32}$.)

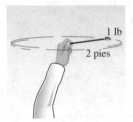
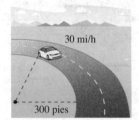

Figura para 49   Figura para 50

50. Un automóvil de 3400 libras está tomando una curva circular de 300 pies de radio a 30 millas por hora (vea la figura). Suponiendo que la carretera está nivelada, encuentre la fuerza necesaria entre los neumáticos y el pavimento para que el automóvil mantenga la trayectoria circular sin derrapar. (Use $\mathbf{F} = m\mathbf{a}$, donde $m = 3400/32$.) Determine el ángulo de peralte necesario para que ninguna fuerza de fricción lateral sea ejercida sobre los neumáticos del automóvil.

DESARROLLO DE CONCEPTOS

51. Velocidad y rapidez Con sus propias palabras, explique la diferencia entre la velocidad de un objeto y su rapidez.

52. Movimiento de una partícula Considere una partícula que se mueve sobre la trayectoria $r_1(t) = x(t)\mathbf{i} + y(t)\mathbf{j} + z(t)\mathbf{k}$.

(a) Analice todo cambio en la posición, velocidad o aceleración de la partícula si su posición está dada por la función vectorial $r_2(t) = r_1(2t)$.

(b) Generalice los resultados a la función posición $r_3(t) = r_1(\omega t)$.

53. Demostración Demuestre que cuando un objeto se mueve con una rapidez constante, sus vectores velocidad y aceleración son ortogonales.

54. Demostración Demuestre que cuando un objeto se mueve en una línea recta a una rapidez constante tiene aceleración cero.

55. Investigación Una partícula sigue una trayectoria elíptica dada por la función vectorial $r(t) = 6 \cos t\mathbf{i} + 3 \sen t\mathbf{j}$.

(a) Halle $\mathbf{v}(t)$, $\|\mathbf{v}(t)\|$ y $\mathbf{a}(t)$.

(b) Use una herramienta de graficación para completar la tabla.

t	0	$\dfrac{\pi}{4}$	$\dfrac{\pi}{2}$	$\dfrac{2\pi}{3}$	π
Rapidez					

(c) Represente gráficamente la trayectoria elíptica y los vectores velocidad y aceleración para los valores de t dados en la tabla del inciso (b).

(d) Use los resultados de los incisos (b) y (c) para describir la relación geométrica entre los vectores velocidad y aceleración cuando la rapidez de la partícula aumenta y cuando disminuye.

56. Movimiento de una partícula Considere una partícula que se mueve sobre una trayectoria elíptica descrita por $r(t) = a \cos \omega t\mathbf{i} + b \sen \omega t\mathbf{j}$, donde $\omega = d\theta/dt$ es la velocidad angular constante.

(a) Encuentre el vector velocidad. ¿Cuál es la rapidez de la partícula?

(b) Encuentre el vector aceleración y demuestre que su dirección es siempre hacia el centro de la elipse.

57. Trayectoria de un objeto Cuando $t = 0$, un objeto está en el punto $(0, 1)$ y tiene un vector velocidad $\mathbf{v}(0) = -\mathbf{i}$. Se mueve con aceleración $\mathbf{a}(t) = \sen t\mathbf{i} - \cos t\mathbf{j}$. Demuestre que la trayectoria del objeto es un círculo.

58. **¿CÓMO LO VE?** La gráfica muestra la trayectoria de un proyectil y los vectores velocidad y aceleración t_1 y t_2. Clasifique el ángulo entre el vector velocidad y el vector aceleración en los instantes t_1 y t_2. ¿La rapidez aumenta o disminuye en los instantes t_1 y t_2? Explique su razonamiento.

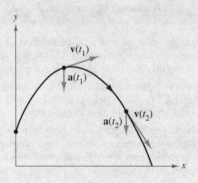

¿Verdadero o falso? **En los ejercicios 59 a 62, determine si el enunciado es verdadero o falso. Si es falso, explique por qué o dé un ejemplo que pruebe que es falso.**

59. La aceleración de un objeto es la derivada de la rapidez.

60. La velocidad de un objeto es la derivada de la posición.

61. El vector velocidad apunta en la dirección de movimiento.

62. Si una partícula se mueve a lo largo de una línea recta, entonces los vectores velocidad y aceleración son ortogonales.

12.4   Vectores tangentes y vectores normales

■ Hallar un vector unitario tangente en un punto a una curva en el espacio.
■ Hallar las componentes tangencial y normal de la aceleración.

Vectores tangentes y vectores normales

En la sección precedente aprendió que el vector velocidad apunta en la dirección del movimiento. Esta observación lleva a la definición siguiente, que es válida para cualquier curva suave, no sólo para aquellas en las que el parámetro es el tiempo.

Definición del vector unitario tangente

Sea C una curva suave en un intervalo abierto I representada por **r**. El **vector unitario tangente** $\mathbf{T}(t)$ en t se define como

$$\mathbf{T}(t) = \frac{\mathbf{r}'(t)}{\|\mathbf{r}'(t)\|}, \quad \mathbf{r}'(t) \neq \mathbf{0}.$$

Como recordará, una curva es *suave* en un intervalo si **r**′ es continua y distinta de cero en el intervalo. Por tanto, la "suavidad" es suficiente para garantizar que una curva tenga un vector unitario tangente.

EJEMPLO 1   Hallar el vector unitario tangente

Encuentre el vector unitario tangente a la curva dada por

$$\mathbf{r}(t) = t\mathbf{i} + t^2\mathbf{j}$$

cuando $t = 1$.

Solución   La derivada de $\mathbf{r}(t)$ es

$$\mathbf{r}'(t) = \mathbf{i} + 2t\mathbf{j}. \qquad \text{Derivada de } \mathbf{r}(t)$$

Por tanto, el vector unitario tangente es

$$\mathbf{T}(t) = \frac{\mathbf{r}'(t)}{\|\mathbf{r}'(t)\|} \qquad \text{Definición de } \mathbf{T}(t)$$

$$= \frac{1}{\sqrt{1 + 4t^2}}(\mathbf{i} + 2t\mathbf{j}). \qquad \text{Sustituya } \mathbf{r}'(t).$$

Cuando $t = 1$, el vector unitario tangente es

$$\mathbf{T}(1) = \frac{1}{\sqrt{5}}(\mathbf{i} + 2\mathbf{j})$$

como se muestra en la figura 12.20.

En el ejemplo 1, observe que la dirección del vector unitario tangente depende de la orientación de la curva. Para la parábola descrita por

$$\mathbf{r}(t) = -(t - 2)\mathbf{i} + (t - 2)^2\mathbf{j}$$

$\mathbf{T}(1)$ representaría al vector unitario tangente en el punto $(1, 1)$, pero apuntaría en dirección opuesta. Trate de verificar esto.

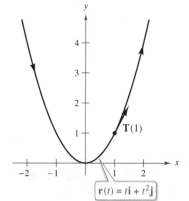

La dirección del vector unitario tangente depende de la orientación de la curva.

Figura 12.20

La **recta tangente a una curva** en un punto es la recta que pasa por el punto y es paralela al vector unitario tangente. En el ejemplo 2 se usa el vector unitario tangente para hallar la recta tangente a una hélice en un punto.

EJEMPLO 2 Hallar la recta tangente a una curva en un punto

Encuentre $\mathbf{T}(t)$ y enseguida halle un conjunto de ecuaciones paramétricas para la recta tangente a la hélice dada por

$$\mathbf{r}(t) = 2\cos t\,\mathbf{i} + 2\,\mathrm{sen}\,t\,\mathbf{j} + t\mathbf{k}$$

en el punto $\left(\sqrt{2}, \sqrt{2}, \dfrac{\pi}{4}\right)$.

Solución La derivada de $\mathbf{r}(t)$ es

$$\mathbf{r}'(t) = -2\,\mathrm{sen}\,t\,\mathbf{i} + 2\cos t\,\mathbf{j} + \mathbf{k}$$

lo que implica que $\|\mathbf{r}'(t)\| = \sqrt{4\,\mathrm{sen}^2 t + 4\cos^2 t + 1} = \sqrt{5}$. Por consiguiente, el vector unitario tangente es

$$
\begin{aligned}
\mathbf{T}(t) &= \frac{\mathbf{r}'(t)}{\|\mathbf{r}'(t)\|} \\
&= \frac{1}{\sqrt{5}}(-2\,\mathrm{sen}\,t\,\mathbf{i} + 2\cos t\,\mathbf{j} + \mathbf{k}).
\end{aligned}
$$

Vector unitario tangente

En el punto $\left(\sqrt{2}, \sqrt{2}, \pi/4\right)$, $t = \pi/4$ y el vector unitario tangente es

$$
\begin{aligned}
\mathbf{T}\left(\frac{\pi}{4}\right) &= \frac{1}{\sqrt{5}}\left(-2\frac{\sqrt{2}}{2}\mathbf{i} + 2\frac{\sqrt{2}}{2}\mathbf{j} + \mathbf{k}\right) \\
&= \frac{1}{\sqrt{5}}(-\sqrt{2}\,\mathbf{i} + \sqrt{2}\,\mathbf{j} + \mathbf{k}).
\end{aligned}
$$

Usando los números directores $a = -\sqrt{2}$, $b = \sqrt{2}$ y $c = 1$, y el punto $(x_1, y_1, z_1) = \left(\sqrt{2}, \sqrt{2}, \pi/4\right)$, puede obtener las ecuaciones paramétricas siguientes (dadas con el parámetro s).

$$
\begin{aligned}
x &= x_1 + as = \sqrt{2} - \sqrt{2}s \\
y &= y_1 + bs = \sqrt{2} + \sqrt{2}s \\
z &= z_1 + cs = \frac{\pi}{4} + s
\end{aligned}
$$

Esta recta tangente se muestra en la figura 12.21.

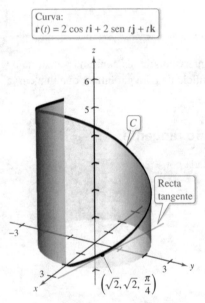

Curva:
$\mathbf{r}(t) = 2\cos t\,\mathbf{i} + 2\,\mathrm{sen}\,t\,\mathbf{j} + t\mathbf{k}$

C

Recta tangente

$\left(\sqrt{2}, \sqrt{2}, \dfrac{\pi}{4}\right)$

La recta tangente a una curva en un punto está determinada por el vector unitario tangente en el punto.

Figura 12.21

En el ejemplo 2 hay una cantidad infinita de vectores que son ortogonales al vector tangente $\mathbf{T}(t)$. Uno de estos vectores es el vector $\mathbf{T}'(t)$. Esto se desprende de la propiedad 7 del teorema 12.2. Es decir,

$$\mathbf{T}(t) \cdot \mathbf{T}(t) = \|\mathbf{T}(t)\|^2 = 1 \quad\Longrightarrow\quad \mathbf{T}(t) \cdot \mathbf{T}'(t) = 0.$$

Normalizando el vector $\mathbf{T}'(t)$ usted obtiene un vector especial llamado **vector unitario normal principal**, como se indica en la definición siguiente.

Definición de vector unitario normal principal

Sea C una curva suave en un intervalo abierto I representada por $\mathbf{r}$. Si $\mathbf{T}'(t) \neq \mathbf{0}$, entonces el **vector unitario normal principal** en t se define como

$$\mathbf{N}(t) = \frac{\mathbf{T}'(t)}{\|\mathbf{T}'(t)\|}.$$

EJEMPLO 3   **Hallar el vector unitario normal principal**

Encuentre $\mathbf{N}(t)$ y $\mathbf{N}(1)$ para la curva representada por $\mathbf{r}(t) = 3t\mathbf{i} + 2t^2\mathbf{j}$.

Solución Derivando, obtiene

$$\mathbf{r}'(t) = 3\mathbf{i} + 4t\mathbf{j}$$

lo que implica

$$\|\mathbf{r}'(t)\| = \sqrt{9 + 16t^2}.$$

Por lo que el vector unitario tangente es

$$\begin{aligned}
\mathbf{T}(t) &= \frac{\mathbf{r}'(t)}{\|\mathbf{r}'(t)\|} \\
&= \frac{1}{\sqrt{9 + 16t^2}}(3\mathbf{i} + 4t\mathbf{j}).
\end{aligned}$$ Vector unitario tangente

Usando el teorema 12.2, derive $\mathbf{T}(t)$ con respecto a t para obtener

$$\begin{aligned}
\mathbf{T}'(t) &= \frac{1}{\sqrt{9 + 16t^2}}(4\mathbf{j}) - \frac{16t}{(9 + 16t^2)^{3/2}}(3\mathbf{i} + 4t\mathbf{j}) \\
&= \frac{12}{(9 + 16t^2)^{3/2}}(-4t\mathbf{i} + 3\mathbf{j})
\end{aligned}$$

lo que implica que

$$\|\mathbf{T}'(t)\| = 12\sqrt{\frac{9 + 16t^2}{(9 + 16t^2)^3}} = \frac{12}{9 + 16t^2}.$$

Por tanto, el vector unitario normal principal es

$$\begin{aligned}
\mathbf{N}(t) &= \frac{\mathbf{T}'(t)}{\|\mathbf{T}'(t)\|} \\
&= \frac{1}{\sqrt{9 + 16t^2}}(-4t\mathbf{i} + 3\mathbf{j}).
\end{aligned}$$ Vector unitario normal principal

Cuando $t = 1$, el vector unitario normal principal es

$$\mathbf{N}(1) = \frac{1}{5}(-4\mathbf{i} + 3\mathbf{j})$$

como se muestra en la figura 12.22.

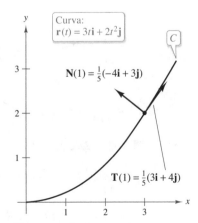

El vector unitario normal principal apunta hacia el lado cóncavo de la curva.
Figura 12.22

El vector unitario normal principal puede ser difícil de evaluar algebraicamente. En curvas planas, puede simplificar el álgebra hallando

$$\mathbf{T}(t) = x(t)\mathbf{i} + y(t)\mathbf{j}$$ *Vector unitario tangente*

y observando que $\mathbf{N}(t)$ debe ser

$$\mathbf{N}_1(t) = y(t)\mathbf{i} - x(t)\mathbf{j} \quad \text{o} \quad \mathbf{N}_2(t) = -y(t)\mathbf{i} + x(t)\mathbf{j}.$$

Como $\sqrt{[x(t)]^2 + [y(t)]^2} = 1$, se deduce que tanto $\mathbf{N}_1(t)$ como $\mathbf{N}_2(t)$ son vectores unitarios normales. El vector unitario normal *principal* es $\mathbf{N}$, el que apunta hacia el lado cóncavo de la curva, como se muestra en la figura 12.22 (vea el ejercicio 76). Esto también es válido para curvas en el espacio. Es decir, si un objeto se mueve a lo largo de la curva C en el espacio, el vector $\mathbf{T}(t)$ apunta hacia la dirección en la que se mueve el objeto, mientras que el vector $\mathbf{N}(t)$ es ortogonal a $\mathbf{T}(t)$ y apunta hacia la dirección en que gira el objeto, como se muestra en la figura 12.23.

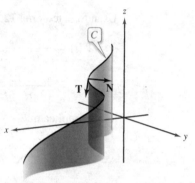

En todo punto de una curva, un vector unitario normal es ortogonal al vector unitario tangente. El vector unitario normal *principal* apunta hacia la dirección en que gira la curva.
Figura 12.23

Hélice:
$\mathbf{r}(t) = 2 \cos t\mathbf{i} + 2 \operatorname{sen} t\mathbf{j} + t\mathbf{k}$

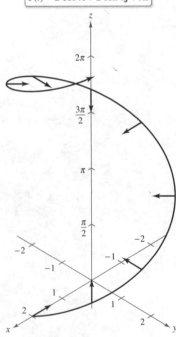

$\mathbf{N}(t)$ es horizontal y apunta hacia el eje z.
Figura 12.24

EJEMPLO 4 **Determinar el vector unitario normal principal**

Encuentre el vector unitario normal principal para la hélice dada por $\mathbf{r}(t) = 2 \cos t\mathbf{i} + 2 \operatorname{sen} t\mathbf{j} + t\mathbf{k}.$

Solución   De acuerdo con el ejemplo 2, usted sabe que el vector unitario tangente es

$$\mathbf{T}(t) = \frac{1}{\sqrt{5}}(-2 \operatorname{sen} t\mathbf{i} + 2 \cos t\mathbf{j} + \mathbf{k}).$$ *Vector unitario tangente*

Así, $\mathbf{T}'(t)$ está dado por

$$\mathbf{T}'(t) = \frac{1}{\sqrt{5}}(-2 \cos t\mathbf{i} - 2 \operatorname{sen} t\mathbf{j}).$$

Como $\|\mathbf{T}'(t)\| = 2/\sqrt{5}$, se deduce que el vector unitario normal principal es

$$\mathbf{N}(t) = \frac{\mathbf{T}'(t)}{\|\mathbf{T}'(t)\|}$$

$$= \frac{1}{2}(-2 \cos t\mathbf{i} - 2 \operatorname{sen} t\mathbf{j})$$

$$= -\cos t\mathbf{i} - \operatorname{sen} t\mathbf{j}.$$ *Vector unitario normal principal*

Observe que este vector es horizontal y apunta hacia el eje z, como se muestra en la figura 12.24. ▪

Componentes tangencial y normal de la aceleración

Ahora se vuelve al problema de describir el movimiento de un objeto a lo largo de una curva. En la sección anterior usted vio que si un objeto se mueve con *rapidez constante*, los vectores velocidad y aceleración son perpendiculares. Esto parece razonable, porque la rapidez no sería constante si alguna aceleración actuara en dirección del movimiento. Esta afirmación se puede verificar observando que

$$\mathbf{r}''(t) \cdot \mathbf{r}'(t) = 0$$

si $\|r'(t)\|$ es una constante. (Vea la propiedad 7 del teorema 12.2.)

Sin embargo, si un objeto viaja con *rapidez variable*, los vectores velocidad y aceleración no necesariamente son perpendiculares. Por ejemplo, vio que en un proyectil el vector aceleración siempre apunta hacia abajo, sin importar la dirección del movimiento.

En general, parte de la aceleración (la componente tangencial) actúa en la línea del movimiento, y otra parte (la componente normal) actúa perpendicular a la línea del movimiento. Para determinar estas dos componentes, puede usar los vectores unitarios $\mathbf{T}(t)$ y $\mathbf{N}(t)$, que juegan un papel análogo a $\mathbf{i}$ y $\mathbf{j}$ cuando se representan los vectores en el plano. El teorema siguiente establece que el vector aceleración se encuentra en el plano determinado por $\mathbf{T}(t)$ y $\mathbf{N}(t)$.

TEOREMA 12.4 Vector aceleración

Si $\mathbf{r}(t)$ es el vector posición de una curva suave C y existe $\mathbf{N}(t)$, entonces el vector aceleración $\mathbf{a}(t)$ se encuentra en el plano determinado por $\mathbf{T}(t)$ y $\mathbf{N}(t)$.

Demostración Para simplificar la notación, escriba $\mathbf{T}$ en lugar de $\mathbf{T}(t)$, $\mathbf{T}'$ en lugar de $\mathbf{T}'(t)$ y así sucesivamente. Como $\mathbf{T} = \mathbf{r}'/\|\mathbf{r}'\| = \mathbf{v}/\|\mathbf{v}\|$, se deduce que

$$\mathbf{v} = \|\mathbf{v}\|\mathbf{T}.$$

Por derivación, obtiene

$$\mathbf{a} = \mathbf{v}' \qquad \text{Regla del producto}$$

$$= \frac{d}{dt}[\|\mathbf{v}\|]\mathbf{T} + \|\mathbf{v}\|\mathbf{T}'$$

$$= \frac{d}{dt}[\|\mathbf{v}\|]\mathbf{T} + \|\mathbf{v}\|\mathbf{T}'\left(\frac{\|\mathbf{T}'\|}{\|\mathbf{T}'\|}\right)$$

$$= \frac{d}{dt}[\|\mathbf{v}\|]\mathbf{T} + \|\mathbf{v}\|\,\|\mathbf{T}'\|\,\mathbf{N}. \qquad \text{N} = \text{T}'/\|\text{T}'\|$$

Como $\mathbf{a}$ se expresa mediante una combinación lineal de $\mathbf{T}$ y $\mathbf{N}$, se deduce que $\mathbf{a}$ está en el plano determinado por $\mathbf{T}$ y $\mathbf{N}$.

Consulte LarsonCalculus.com para el video de esta demostración de Bruce Edwards.

A los coeficientes de $\mathbf{T}$ y de $\mathbf{N}$ en la demostración del teorema 12.4 se les conoce como **componentes tangencial y normal de la aceleración**, y se denotan por

$$a_{\mathbf{T}} = \frac{d}{dt}[\|\mathbf{v}\|]$$

y $a_{\mathbf{N}} = \|\mathbf{v}\|\|\mathbf{T}'\|$. Por tanto, puede escribir

$$\mathbf{a}(t) = a_{\mathbf{T}}\mathbf{T}(t) + a_{\mathbf{N}}\mathbf{N}(t).$$

El teorema siguiente da algunas fórmulas útiles para $a_{\mathbf{N}}$ y $a_{\mathbf{T}}$.

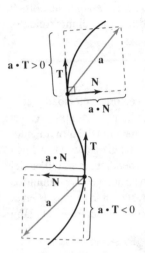

$\mathbf{a} \cdot \mathbf{T} > 0$

$\mathbf{a} \cdot \mathbf{N}$

$\mathbf{a} \cdot \mathbf{N}$

$\mathbf{a} \cdot \mathbf{T} < 0$

Las componentes tangencial y normal de la aceleración se obtienen proyectando **a** sobre **T** y **N**.

Figura 12.25

TEOREMA 12.5   Componentes tangencial y normal de la aceleración

Si **r**(t) es el vector posición de una curva suave C [para la cual **N**(t) existe], entonces las componentes tangencial y normal de la aceleración son las siguientes.

$$a_{\mathbf{T}} = \frac{d}{dt}[\|\mathbf{v}\|] = \mathbf{a} \cdot \mathbf{T} = \frac{\mathbf{v} \cdot \mathbf{a}}{\|\mathbf{v}\|}$$

$$a_{\mathbf{N}} = \|\mathbf{v}\|\,\|\mathbf{T}'\| = \mathbf{a} \cdot \mathbf{N} = \frac{\|\mathbf{v} \times \mathbf{a}\|}{\|\mathbf{v}\|} = \sqrt{\|\mathbf{a}\|^2 - a_{\mathbf{T}}^2}$$

Observe que $a_{\mathbf{N}} \geq 0$. A la componente normal de la aceleración también se le llama **componente centrípeta de la aceleración**.

Demostración   Observe que a se encuentra en el plano de **T** y **N**. Por tanto, puede usar la figura 12.25 para concluir que, en cualquier instante t, las componentes de la proyección del vector aceleración sobre **T** y sobre **N** están dadas por $a_{\mathbf{T}} = \mathbf{a} \cdot \mathbf{T}$ y $a_{\mathbf{N}} = \mathbf{a} \cdot \mathbf{N}$, respectivamente. Además, como $\mathbf{a} = \mathbf{v}'$ y $\mathbf{T} = \mathbf{v}/\|\mathbf{v}\|$, tiene

$$a_{\mathbf{T}} = \mathbf{a} \cdot \mathbf{T} = \mathbf{T} \cdot \mathbf{a} = \frac{\mathbf{v}}{\|\mathbf{v}\|} \cdot \mathbf{a} = \frac{\mathbf{v} \cdot \mathbf{a}}{\|\mathbf{v}\|}.$$

En los ejercicios 78 y 79 se le pide demostrar las otras partes del teorema.

Consulte LarsonCalculus.com para el video de esta demostración de Bruce Edwards.

EJEMPLO 5   **Componentes tangencial y normal de la aceleración**

⋯▷ *Consulte LarsonCalculus.com para una versión interactiva de este tipo de ejemplo.*

Encuentre las componentes tangencial y normal de la aceleración para el vector posición dado por $\mathbf{r}(t) = 3t\mathbf{i} - t\mathbf{j} + t^2\mathbf{k}$.

Solución   Comience determinando la velocidad, la rapidez y la aceleración.

$$\mathbf{v}(t) = \mathbf{r}'(t) = 3\mathbf{i} - \mathbf{j} + 2t\mathbf{k} \qquad \text{Vector velocidad}$$
$$\|\mathbf{v}(t)\| = \sqrt{9 + 1 + 4t^2} = \sqrt{10 + 4t^2} \qquad \text{Rapidez}$$
$$\mathbf{a}(t) = \mathbf{r}''(t) = 2\mathbf{k} \qquad \text{Vector aceleración}$$

De acuerdo con el teorema 12.5, la componente tangencial de la aceleración es

$$a_{\mathbf{T}} = \frac{\mathbf{v} \cdot \mathbf{a}}{\|\mathbf{v}\|} = \frac{4t}{\sqrt{10 + 4t^2}} \qquad \text{Componente tangencial de la aceleración}$$

y como

$$\mathbf{v} \times \mathbf{a} = \begin{vmatrix} \mathbf{i} & \mathbf{j} & \mathbf{k} \\ 3 & -1 & 2t \\ 0 & 0 & 2 \end{vmatrix} = -2\mathbf{i} - 6\mathbf{j}$$

la componente normal de la aceleración es

$$a_{\mathbf{N}} = \frac{\|\mathbf{v} \times \mathbf{a}\|}{\|\mathbf{v}\|} = \frac{\sqrt{4 + 36}}{\sqrt{10 + 4t^2}} = \frac{2\sqrt{10}}{\sqrt{10 + 4t^2}}. \qquad \text{Componente normal de la aceleración}$$

En el ejemplo 5 podría haber usado la fórmula alternativa siguiente para $a_{\mathbf{N}}$.

$$a_{\mathbf{N}} = \sqrt{\|\mathbf{a}\|^2 - a_{\mathbf{T}}^2} = \sqrt{(2)^2 - \frac{16t^2}{10 + 4t^2}} = \frac{2\sqrt{10}}{\sqrt{10 + 4t^2}}$$

EJEMPLO 6   Hallar a_T y a_N para una hélice circular

Encuentre las componentes tangencial y normal de la aceleración para la hélice dada por

$$\mathbf{r}(t) = b \cos t\mathbf{i} + b \operatorname{sen} t\mathbf{j} + ct\mathbf{k}, \quad b > 0.$$

Solución

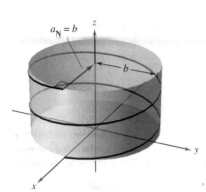

$a_N = b$

La componente normal
de la aceleración es igual al radio
del cilindro alrededor del cual
la hélice gira en espiral.

Figura 12.26

$$\mathbf{v}(t) = \mathbf{r}'(t) = -b \operatorname{sen} t\mathbf{i} + b \cos t\mathbf{j} + c\mathbf{k} \qquad \text{Vector velocidad}$$

$$\|\mathbf{v}(t)\| = \sqrt{b^2 \operatorname{sen}^2 t + b^2 \cos^2 t + c^2} = \sqrt{b^2 + c^2} \qquad \text{Rapidez}$$

$$\mathbf{a}(t) = \mathbf{r}''(t) = -b \cos t\mathbf{i} - b \operatorname{sen} t\mathbf{j} \qquad \text{Vector aceleración}$$

De acuerdo con el teorema 12.5, la componente tangencial de la aceleración es

$$a_T = \frac{\mathbf{v} \cdot \mathbf{a}}{\|\mathbf{v}\|} = \frac{b^2 \operatorname{sen} t \cos t - b^2 \operatorname{sen} t \cos t + 0}{\sqrt{b^2 + c^2}} = 0. \qquad \begin{array}{l}\text{Componente tangencial}\\\text{de la aceleración}\end{array}$$

Como

$$\|\mathbf{a}\| = \sqrt{b^2 \cos^2 t + b^2 \operatorname{sen}^2 t} = b$$

puede usar la fórmula alternativa para la componente normal de la aceleración para obtener

$$a_N = \sqrt{\|\mathbf{a}\|^2 - a_T{}^2} = \sqrt{b^2 - 0^2} = b. \qquad \begin{array}{l}\text{Componente normal}\\\text{de la aceleración}\end{array}$$

Observe que la componente normal de la aceleración es igual a la magnitud de la aceleración. En otras palabras, puesto que la rapidez es constante, la aceleración es perpendicular a la velocidad. Vea la figura 12.26.

EJEMPLO 7   Movimiento de un proyectil

El vector posición para el proyectil mostrado en la figura 12.27 está dado por

$$\mathbf{r}(t) = \left(50\sqrt{2}\,t\right)\mathbf{i} + \left(50\sqrt{2}\,t - 16t^2\right)\mathbf{j}. \qquad \text{Vector posición}$$

Halle la componente tangencial de la aceleración cuando $t = 0$, 1 y $25\sqrt{2}/16$.

Solución

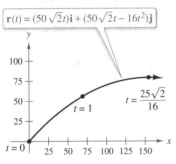

$\mathbf{r}(t) = (50\sqrt{2}\,t)\mathbf{i} + (50\sqrt{2}\,t - 16t^2)\mathbf{j}$

$t = \dfrac{25\sqrt{2}}{16}$

$t = 1$

$t = 0$

Trayectoria de un proyectil.
Figura 12.27

$$\mathbf{v}(t) = 50\sqrt{2}\,\mathbf{i} + \left(50\sqrt{2} - 32t\right)\mathbf{j} \qquad \text{Vector velocidad}$$

$$\|\mathbf{v}(t)\| = 2\sqrt{50^2 - 16(50)\sqrt{2}\,t + 16^2 t^2} \qquad \text{Rapidez}$$

$$\mathbf{a}(t) = -32\mathbf{j} \qquad \text{Vector aceleración}$$

La componente tangencial de la aceleración es

$$a_T(t) = \frac{\mathbf{v}(t) \cdot \mathbf{a}(t)}{\|\mathbf{v}(t)\|} = \frac{-32\left(50\sqrt{2} - 32t\right)}{2\sqrt{50^2 - 16(50)\sqrt{2}\,t + 16^2 t^2}}. \qquad \begin{array}{l}\text{Componente tangencial}\\\text{de la aceleración}\end{array}$$

En los instantes especificados, usted tiene

$$a_T(0) = \frac{-32\left(50\sqrt{2}\right)}{100} = -16\sqrt{2} \approx -22.6$$

$$a_T(1) = \frac{-32\left(50\sqrt{2} - 32\right)}{2\sqrt{50^2 - 16(50)\sqrt{2} + 16^2}} \approx -15.4$$

$$a_T\left(\frac{25\sqrt{2}}{16}\right) = \frac{-32\left(50\sqrt{2} - 50\sqrt{2}\right)}{50\sqrt{2}} = 0.$$

En la figura 12.27 puede ver que, a la altura máxima, cuando $t = 25\sqrt{2}/16$, la componente tangencial es 0. Esto es razonable, porque en ese punto la dirección del movimiento es horizontal y la componente tangencial de la aceleración es igual a la componente horizontal de la aceleración.

12.4 Ejercicios

Consulte **CalcChat.com** para un tutorial de ayuda y soluciones trabajadas de los ejercicios con numeración impar.

Determinar el vector unitario tangente En los ejercicios 1 a 6, dibuje el vector unitario tangente y los vectores normales a los puntos dados.

1. $\mathbf{r}(t) = t^2\mathbf{i} + 2t\mathbf{j}$, $t = 1$ 2. $\mathbf{r}(t) = t^3\mathbf{i} + 2t^2\mathbf{j}$, $t = 1$

3. $\mathbf{r}(t) = 4\cos t\mathbf{i} + 4\,\text{sen}\,t\mathbf{j}$, $t = \dfrac{\pi}{4}$

4. $\mathbf{r}(t) = 6\cos t\mathbf{i} + 2\,\text{sen}\,t\mathbf{j}$, $t = \dfrac{\pi}{3}$

5. $\mathbf{r}(t) = 3t\mathbf{i} - \ln t\mathbf{j}$, $t = e$ 6. $\mathbf{r}(t) = e^t\cos t\mathbf{i} + e^t\mathbf{j}$, $t = 0$

Determinar una recta tangente En los ejercicios 7 a 12, halle el vector unitario tangente a la curva $\mathbf{T}(t)$ y determine un conjunto de ecuaciones paramétricas para la recta tangente a la curva en el espacio en el punto P.

7. $\mathbf{r}(t) = t\mathbf{i} + t^2\mathbf{j} + t\mathbf{k}$, $P(0, 0, 0)$

8. $\mathbf{r}(t) = t^2\mathbf{i} + t\mathbf{j} + \frac{4}{3}\mathbf{k}$, $P\left(1, 1, \frac{4}{3}\right)$

9. $\mathbf{r}(t) = 3\cos t\mathbf{i} + 3\,\text{sen}\,t\mathbf{j} + t\mathbf{k}$, $P(3, 0, 0)$

10. $\mathbf{r}(t) = \left\langle t, t, \sqrt{4 - t^2}\right\rangle$, $P\left(1, 1, \sqrt{3}\right)$

11. $\mathbf{r}(t) = \langle 2\cos t, 2\,\text{sen}\,t, 4\rangle$, $P\left(\sqrt{2}, \sqrt{2}, 4\right)$

12. $\mathbf{r}(t) = \langle 2\,\text{sen}\,t, 2\cos t, 4\,\text{sen}^2 t\rangle$, $P\left(1, \sqrt{3}, 1\right)$

Determinar el vector unitario normal principal En los ejercicios 13 a 20, encuentre el vector unitario normal principal a la curva en el valor especificado del parámetro.

13. $\mathbf{r}(t) = t\mathbf{i} + \frac{1}{2}t^2\mathbf{j}$, $t = 2$

14. $\mathbf{r}(t) = t\mathbf{i} + \dfrac{6}{t}\mathbf{j}$, $t = 3$

15. $\mathbf{r}(t) = \ln t\mathbf{i} + (t + 1)\mathbf{j}$, $t = 2$

16. $\mathbf{r}(t) = \pi\cos t\mathbf{i} + \pi\,\text{sen}\,t\mathbf{j}$, $t = \dfrac{\pi}{6}$

17. $\mathbf{r}(t) = t\mathbf{i} + t^2\mathbf{j} + \ln t\mathbf{k}$, $t = 1$

18. $\mathbf{r}(t) = \sqrt{2}\,t\mathbf{i} + e^t\mathbf{j} + e^{-t}\mathbf{k}$, $t = 0$

19. $\mathbf{r}(t) = 6\cos t\mathbf{i} + 6\,\text{sen}\,t\mathbf{j} + \mathbf{k}$, $t = \dfrac{3\pi}{4}$

20. $\mathbf{r}(t) = \cos 3t\mathbf{i} + 2\,\text{sen}\,3t\mathbf{j} + \mathbf{k}$, $t = \pi$

Determinar las componentes tangencial y normal de la aceleración En los ejercicios 21 a 28, encuentre $\mathbf{T}(t)$, $\mathbf{N}(t)$, a_T y a_N en un instante dado t para la curva plana $\mathbf{r}(t)$.

21. $\mathbf{r}(t) = t\mathbf{i} + \dfrac{1}{t}\mathbf{j}$, $t = 1$ 22. $\mathbf{r}(t) = t^2\mathbf{i} + 2t\mathbf{j}$, $t = 1$

23. $\mathbf{r}(t) = (t - t^3)\mathbf{i} + 2t^2\mathbf{j}$, $t = 1$

24. $\mathbf{r}(t) = (t^3 - 4t)\mathbf{i} + (t^2 - 1)\mathbf{j}$, $t = 0$

25. $\mathbf{r}(t) = e^t\mathbf{i} + e^{-2t}\mathbf{j}$, $t = 0$

26. $\mathbf{r}(t) = e^t\mathbf{i} + e^{-t}\mathbf{j} + t\mathbf{k}$, $t = 0$

27. $\mathbf{r}(t) = e^t\cos t\mathbf{i} + e^t\,\text{sen}\,t\mathbf{j}$, $t = \dfrac{\pi}{2}$

28. $\mathbf{r}(t) = 4\cos 3t\mathbf{i} + 4\,\text{sen}\,3t\mathbf{j}$, $t = \pi$

Movimiento circular En los ejercicios 29 a 32, considere un objeto que se mueve según al vector de posición

$$\mathbf{r}(t) = a\cos \omega t\,\mathbf{i} + a\,\text{sen}\,\omega t\,\mathbf{j}.$$

29. Halle $\mathbf{T}(t)$ y $\mathbf{N}(t)$, a_T y a_N.

30. Determine las direcciones de $\mathbf{T}$ y $\mathbf{N}$ en relación con el vector de posición $\mathbf{r}$.

31. Determine la rapidez del objeto en cualquier instante t y explique su valor en relación con el valor de a_T.

32. Si la velocidad angular ω se reduce a la mitad, ¿en qué factor cambia a_N?

Dibujar una gráfica y vectores En los ejercicios 33 a 36, dibuje la gráfica de la curva plana dada por la función vectorial, y en el punto de la curva determinado por $\mathbf{r}(t_0)$, dibuje los vectores $\mathbf{T}$ y $\mathbf{N}$. Observe que $\mathbf{N}$ apunta hacia el lado cóncavo de la curva.

Función vectorial	Instante
33. $\mathbf{r}(t) = t\mathbf{i} + \dfrac{1}{t}\mathbf{j}$	$t_0 = 2$
34. $\mathbf{r}(t) = t^3\mathbf{i} + t\mathbf{j}$	$t_0 = 1$
35. $\mathbf{r}(t) = (2t + 1)\mathbf{i} - t^2\mathbf{j}$	$t_0 = 2$
36. $\mathbf{r}(t) = 2\cos t\mathbf{i} + 2\,\text{sen}\,t\mathbf{j}$	$t_0 = \dfrac{\pi}{4}$

Determinar vectores En los ejercicios 37 a 42, halle $\mathbf{T}(t)$, $\mathbf{N}(t)$, a_T y a_N en el instante t dado para la curva en el espacio $\mathbf{r}(t)$. [*Sugerencia*: Encuentre $\mathbf{a}(t)$, $\mathbf{T}(t)$, a_T y a_N. Despeje $\mathbf{N}$ en la ecuación $\mathbf{a}(t) = a_T\mathbf{T} + a_N\mathbf{N}$.]

Función vectorial	Instante
37. $\mathbf{r}(t) = t\mathbf{i} + 2t\mathbf{j} - 3t\mathbf{k}$	$t = 1$
38. $\mathbf{r}(t) = \cos t\mathbf{i} + \text{sen}\,t\mathbf{j} + 2t\mathbf{k}$	$t = \dfrac{\pi}{3}$
39. $\mathbf{r}(t) = t\mathbf{i} + t^2\mathbf{j} + \dfrac{t^2}{2}\mathbf{k}$	$t = 1$
40. $\mathbf{r}(t) = (2t - 1)\mathbf{i} + t^2\mathbf{j} - 4t\mathbf{k}$	$t = 2$
41. $\mathbf{r}(t) = e^t\,\text{sen}\,t\mathbf{i} + e^t\cos t\mathbf{j} + e^t\mathbf{k}$	$t = 0$
42. $\mathbf{r}(t) = e^t\mathbf{i} + 2t\mathbf{j} + e^{-t}\mathbf{k}$	$t = 0$

DESARROLLO DE CONCEPTOS

43. **Definiciones** Defina el vector unitario tangente, el vector unitario normal principal y las componentes tangencial y normal de la aceleración.

44. **Vector unitario tangente** ¿Cuál es la relación entre el vector unitario tangente y la orientación de una curva? Explique.

45. **Aceleración** Describa el movimiento de una partícula si la componente normal de la aceleración es 0.

46. **Aceleración** Describa el movimiento de una partícula si la componente tangencial de la aceleración es 0.

47. Hallar vectores   Un objeto se mueve a lo largo de la trayectoria dada por

$$\mathbf{r}(t) = 3t\mathbf{i} + 4t\mathbf{j}.$$

Encuentre $\mathbf{v}(t)$, $\mathbf{a}(t)$, $\mathbf{T}(t)$ y $\mathbf{N}(t)$ (si existe). ¿Cuál es la forma de la trayectoria? ¿La velocidad del objeto es constante o variable?

48. **¿CÓMO LO VE?**   Las figuras muestran las trayectorias de dos partículas

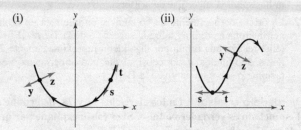

(i)   (ii)

(a) ¿Cuál vector, **s** o **t**, representa al vector unitario tangente?

(b) ¿Cuál vector, **y** o **z**, representa al vector unitario normal principal? Explique su razonamiento.

49. Movimiento cicloidal   La figura muestra la trayectoria de una partícula representada por la función vectorial

$$\mathbf{r}(t) = \langle \pi t - \text{sen } \pi t, 1 - \cos \pi t \rangle.$$

La figura muestra también los vectores $\mathbf{v}(t)/\|\mathbf{v}(t)\|$ y $\mathbf{a}(t)/\|\mathbf{a}(t)\|$ en los valores indicados de t.

(a) Encuentre $a_\mathbf{T}$ y $a_\mathbf{N}$ en $t = \frac{1}{2}$, $t = 1$ y $t = \frac{3}{2}$.

(b) En cada uno de los valores indicados de t, determine si la rapidez de la partícula aumenta o disminuye. Dé razones para sus respuestas.

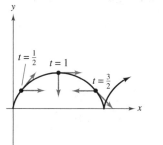   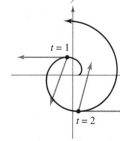

Figura para 49   Figura para 50

50. Movimiento a lo largo de una involuta de un círculo   La figura muestra una partícula que sigue la trayectoria dada por

$$\mathbf{r}(t) = \langle \cos \pi t + \pi t \text{ sen } \pi t, \text{ sen } \pi t - \pi t \cos \pi t \rangle.$$

La figura muestra también los vectores $\mathbf{v}(t)$ y $\mathbf{a}(t)$ para $t = 1$ y $t = 2$.

(a) Encuentre $a_\mathbf{T}$ y $a_\mathbf{N}$ en $t = 1$ y $t = 2$.

(b) Determine si la rapidez de la partícula aumenta o disminuye en cada uno de los valores indicados de t. Dé razones para sus respuestas.

Hallar un vector binormal   En los ejercicios 51 a 56, halle los vectores **T** y **N**, y el vector unitario binormal $\mathbf{B} = \mathbf{T} \times \mathbf{N}$, de la función vectorial $\mathbf{r}(t)$ en el valor dado de t.

51. $\mathbf{r}(t) = 2 \cos t\mathbf{i} + 2 \text{ sen } t\mathbf{j} + \dfrac{t}{2}\mathbf{k}, \quad t_0 = \dfrac{\pi}{2}$

52. $\mathbf{r}(t) = t\mathbf{i} + t^2\mathbf{j} + \dfrac{t^3}{3}\mathbf{k}, \quad t_0 = 1$

53. $\mathbf{r}(t) = \mathbf{i} + \text{sen } t\mathbf{j} + \cos t\mathbf{k}, \quad t_0 = \dfrac{\pi}{4}$

54. $\mathbf{r}(t) = 2e^t\mathbf{i} + e^t \cos t\mathbf{j} + e^t \text{ sen } t\mathbf{k}, \quad t_0 = 0$

55. $\mathbf{r}(t) = 4 \text{ sen } t\mathbf{i} + 4 \cos t\mathbf{j} + 2t\mathbf{k}, \quad t_0 = \dfrac{\pi}{3}$

56. $\mathbf{r}(t) = 3 \cos 2t\mathbf{i} + 3 \text{ sen } 2t\mathbf{j} + t\mathbf{k}, \quad t_0 = \dfrac{\pi}{4}$

Fórmula alternativa para el vector unitario normal principal   En los ejercicios 57 a 60, utilice la función vectorial $\mathbf{r}(t)$ para encontrar al vector unitario normal principal $\mathbf{N}(t)$ usando la fórmula alternativa

$$\mathbf{N} = \dfrac{(\mathbf{v} \cdot \mathbf{v})\mathbf{a} - (\mathbf{v} \cdot \mathbf{a})\mathbf{v}}{\|(\mathbf{v} \cdot \mathbf{v})\mathbf{a} - (\mathbf{v} \cdot \mathbf{a})\mathbf{v}\|}.$$

57. $\mathbf{r}(t) = 3t\mathbf{i} + 2t^2\mathbf{j}$

58. $\mathbf{r}(t) = 3 \cos 2t\mathbf{i} + 3 \text{ sen } 2t\mathbf{j}$

59. $\mathbf{r}(t) = 2t\mathbf{i} + 4t\mathbf{j} + t^2\mathbf{k}$

60. $\mathbf{r}(t) = 5 \cos t\mathbf{i} + 5 \text{ sen } t\mathbf{j} + 3t\mathbf{k}$

61. Movimiento de un proyectil   Encuentre las componentes tangencial y normal de la aceleración de un proyectil disparado con un ángulo θ con la horizontal y con rapidez inicial v_0. ¿Cuáles son las componentes cuando el proyectil está en su altura máxima?

62. Movimiento de un proyectil   Utilice los resultados del ejercicio 61 para hallar las componentes tangencial y normal de la aceleración de un proyectil disparado con un ángulo de 45° con la horizontal con rapidez inicial de 150 pies por segundo. ¿Cuáles son las componentes cuando el proyectil está en su altura máxima?

63. Movimiento de un proyectil   Un proyectil se lanza con velocidad inicial de 120 pies por segundo desde 5 pies de altura y con un ángulo de 30° con la horizontal.

(a) Determine la función vectorial de la trayectoria del proyectil.

(b) Use una herramienta de graficación para representar la trayectoria y aproximar la altura máxima y el alcance del proyectil.

(c) Encuentre $\mathbf{v}(t)$, $\|\mathbf{v}(t)\|$ y $\mathbf{a}(t)$.

(d) Use una herramienta de graficación para completar la tabla.

t	0.5	1.0	1.5	2.0	2.5	3.0
Rapidez						

(e) Use una herramienta de graficación para representar las funciones escalares $a_\mathbf{T}$ y $a_\mathbf{N}$. ¿Cómo cambia la velocidad del proyectil cuando $a_\mathbf{T}$ y $a_\mathbf{N}$ tienen signos opuestos?

64. Movimiento de un proyectil Un proyectil se lanza con velocidad inicial de 220 pies por segundo desde una altura de 4 pies y con un ángulo de 45° con la horizontal.

(a) Determine la función vectorial de la trayectoria del proyectil.

(b) Use una herramienta de graficación para representar la trayectoria y aproximar la altura máxima y el alcance del proyectil.

(c) Encuentre $\mathbf{v}(t)$, $\|\mathbf{v}(t)\|$ y $\mathbf{a}(t)$.

(d) Use una herramienta de graficación para completar la tabla.

t	0.5	1.0	1.5	2.0	2.5	3.0
Rapidez						

• • 65. Control del tráfico aéreo • • • • • • • • • • • •

Debido a una tormenta, los controladores aéreos en tierra indican a un piloto que vuela a una altitud de 4 millas que efectúe un giro de 90° y ascienda a una altitud de 4.2 millas. El modelo de la trayectoria del avión durante esta maniobra es

$$\mathbf{r}(t) = \langle 10 \cos 10\pi t,\ 10 \operatorname{sen} 10\pi t,\ 4 + 4t \rangle, \quad 0 \le t \le \tfrac{1}{20}$$

donde t es el tiempo en horas y $\mathbf{r}$ es la distancia en millas.

(a) Determine la rapidez del avión.

(b) Calcule $a_{\mathbf{T}}$ y $a_{\mathbf{N}}$. ¿Por qué una de éstas es igual a 0?

66. Movimiento de un proyectil Un avión volando a una altitud de 36,000 pies, con rapidez de 600 millas por hora, deja caer una bomba. Halle las componentes tangencial y normal de la aceleración que actúan sobre la bomba.

67. Aceleración centrípeta Un objeto, atado al extremo de una cuerda, gira con rapidez constante, de acuerdo con la función de posición dada en los ejercicios 29 a 32.

(a) Si la velocidad angular ω se duplica, ¿cómo se modifica la componente centrípeta de la aceleración?

(b) Si la velocidad angular no se modifica, pero la longitud de la cuerda se reduce a la mitad, ¿cómo cambia la componente centrípeta de la aceleración?

68. Fuerza centrípeta Un objeto de masa m se mueve con rapidez constante v siguiendo una trayectoria circular de radio r. La fuerza requerida para producir la componente centrípeta de la aceleración se llama *fuerza centrípeta* y está dada por $F = mv^2/r$. La ley de Newton de la gravitación universal establece que $F = GMm/d^2$, donde d es la distancia entre los centros de los dos cuerpos de masas M y m, y G es una constante gravitatoria. Use esta ley para demostrar que la rapidez requerida para el movimiento circular es $v = \sqrt{GM/r}$.

Velocidad orbital En los ejercicios 69 a 72, use el resultado del ejercicio 86 para hallar la rapidez necesaria para la órbita circular dada alrededor de la Tierra. Tome $G = 9.56 \times 10^4$ millas cúbicas por segundo al cuadrado, y suponga que el radio de la Tierra es 4000 millas.

69. La órbita de un transbordador espacial que viaja a 255 millas sobre la superficie de la Tierra.

70. La órbita del telescopio Hubble que viaja a 360 millas sobre la superficie de la Tierra.

71. La órbita de un satélite de detección térmica que viaja a 385 millas sobre la superficie de la Tierra.

72. La órbita de un satélite de comunicación que está en órbita geosíncrona a r millas sobre la superficie de la Tierra. [El satélite realiza una órbita por día sideral (aproximadamente 23 horas, 56 minutos) y, por consiguiente, parece permanecer estacionario sobre un punto en la Tierra.]

¿Verdadero o falso? En los ejercicios 73 y 74, determine si el enunciado es verdadero o falso. Si es falso, explique por qué o dé un ejemplo que muestre que es falso.

73. Si el indicador de velocidad de un automóvil es constante, entonces el automóvil no puede estar acelerando.

74. Si $a_{\mathbf{N}} = 0$ en un objeto en movimiento, entonces el objeto se mueve en una línea recta.

75. Movimiento de una partícula Una partícula sigue una trayectoria dada por

$$\mathbf{r}(t) = \cosh(bt)\mathbf{i} + \operatorname{senh}(bt)\mathbf{j}$$

donde b es una constante positiva.

(a) Demuestre que la trayectoria de la partícula es una hipérbola.

(b) Demuestre que $\mathbf{a}(t) = b^2\,\mathbf{r}(t)$.

76. Demostración Demuestre que el vector unitario normal principal $\mathbf{N}$ apunta hacia el lado cóncavo de una curva plana.

77. Demostración Demuestre que el vector $\mathbf{T}'(t)$ es 0 para un objeto que se mueve en línea recta.

78. Demostración Demuestre que $a_{\mathbf{N}} = \dfrac{\|\mathbf{v} \times \mathbf{a}\|}{\|\mathbf{v}\|}$.

79. Demostración Demuestre que $a_{\mathbf{N}} = \sqrt{\|\mathbf{a}\|^2 - a_{\mathbf{T}}^2}$.

DESAFÍOS DEL EXAMEN PUTNAM

80. Una partícula de masa unitaria se mueve en línea recta bajo la acción de una fuerza que es función de la velocidad v de la partícula, pero no se conoce la forma de esta función. Se observa el movimiento y se encuentra que la distancia x recorrida en el tiempo t está relacionada con t por medio de la fórmula $x = at + bt^2 + ct^3$, donde a, b y c tienen valores numéricos determinados por la observación del movimiento. Halle la función $f(v)$ para el rango de v cubierto en el experimento.

Este problema fue preparado por el Committee on the Putnam Prize Competition.
© The Mathematical Association of America. Todos los derechos reservados.

Elena Aliaga/Shutterstock.com

12.5 Longitud de arco y curvatura

- Calcular la longitud de arco de una curva en el espacio.
- Utilizar el parámetro de longitud de arco para describir una curva plana o curva en el espacio.
- Calcular la curvatura de una curva en un punto en la curva.
- Utilizar una función vectorial para calcular la fuerza de fricción.

Longitud de arco

En la sección 10.3 usted vio que la longitud de arco de una curva *plana* suave C dada por las ecuaciones paramétricas $x = x(t)$ y $y = y(t)$, $a \le t \le b$, es

$$s = \int_a^b \sqrt{[x'(t)]^2 + [y'(t)]^2}\, dt.$$

En forma vectorial, donde C está dada por $\mathbf{r}(t) = x(t)\mathbf{i} + y(t)\mathbf{j}$, puede expresar esta ecuación de la longitud de arco como

$$s = \int_a^b \|\mathbf{r}'(t)\|\, dt.$$

La fórmula para la longitud de arco de una curva plana tiene una extensión natural a una curva suave en el *espacio*, como se establece en el teorema siguiente.

> **TEOREMA 12.6 Longitud de arco de una curva en el espacio**
>
> Si C es una curva suave dada por $\mathbf{r}(t) = x(t)\mathbf{i} + y(t)\mathbf{j} + z(t)\mathbf{k}$ en un intervalo $[a, b]$, entonces la longitud de arco de C en el intervalo es
>
> $$s = \int_a^b \sqrt{[x'(t)]^2 + [y'(t)]^2 + [z'(t)]^2}\, dt = \int_a^b \|\mathbf{r}'(t)\|\, dt.$$

EJEMPLO 1 **Hallar la longitud de arco de una curva en el espacio**

▷ *Consulte LarsonCalculus.com para una versión interactiva de este tipo de ejemplo.*

Encuentre la longitud de arco de la curva dada por

$$\mathbf{r}(t) = t^2\mathbf{i} + \frac{4}{3}t^3\mathbf{j} + \frac{1}{2}t^4\mathbf{k}$$

desde $t = 0$ hasta $t = 2$, como se muestra en la figura 12.28.

Solución Utilizando $x(t) = t$, $y(t) = \frac{4}{3}t^{3/2}$ y $z(t) = \frac{1}{2}t^2$, obtiene $x'(t) = 1$, $y' = 2t^{1/2}$ y $z'(t) = t$. Por tanto, la longitud de arco $t = 0$ hasta $t = 2$ está dada por

$$
\begin{aligned}
s &= \int_0^2 \sqrt{[x'(t)]^2 + [y'(t)]^2 + [z'(t)]^2}\, dt && \text{Fórmula para longitud de arco} \\
&= \int_0^2 \sqrt{1 + 4t + t^2}\, dt \\
&= \int_0^2 \sqrt{(t+2)^2 - 3}\, dt && \text{Tablas de integración (apéndice B), fórmula 26} \\
&= \left[\frac{t+2}{2}\sqrt{(t+2)^2 - 3} - \frac{3}{2}\ln\left| (t+2) + \sqrt{(t+2)^2 - 3} \right| \right]_0^2 \\
&= 2\sqrt{13} - \frac{3}{2}\ln\!\left(4 + \sqrt{13}\right) - 1 + \frac{3}{2}\ln 3 \\
&\approx 4.816.
\end{aligned}
$$

Exploración

Fórmula para la longitud de arco La fórmula para la longitud de arco de una curva en el espacio está dada en términos de las ecuaciones paramétricas que se usan para representar la curva. ¿Significa esto que la longitud de arco de la curva depende del parámetro que se use? ¿Sería deseable que fuera así? Explique su razonamiento.

Ésta es una representación paramétrica diferente de la curva del ejemplo 1.

$$\mathbf{r}(t) = t\mathbf{i} + \frac{4}{3}t^{3/2}\mathbf{j} + \frac{1}{2}t^2\mathbf{k}$$

Halle la longitud de arco desde $t = 0$ hasta $t = \sqrt{2}$ y compare el resultado con el encontrado en el ejemplo 1.

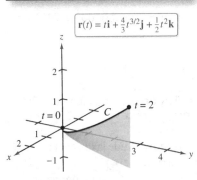

$$\mathbf{r}(t) = t\mathbf{i} + \tfrac{4}{3}t^{3/2}\mathbf{j} + \tfrac{1}{2}t^2\mathbf{k}$$

A medida que t crece de 0 a 2, el vector $\mathbf{r}(t)$ traza una curva.

Figura 12.28

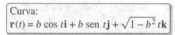

Curva:
$$\mathbf{r}(t) = b \cos t\mathbf{i} + b \operatorname{sen} t\mathbf{j} + \sqrt{1 - b^2}\, t\mathbf{k}$$

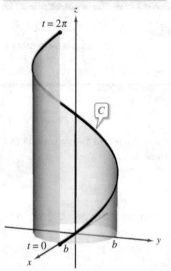

Un giro de la hélice.
Figura 12.29

Hallar la longitud de arco de una hélice

Encuentre la longitud de un giro de la hélice dada por

$$\mathbf{r}(t) = b \cos t\mathbf{i} + b \operatorname{sen} t\mathbf{j} + \sqrt{1 - b^2}\, t\mathbf{k}$$

como se muestra en la figura 12.29.

Solución   Comience hallando la derivada.

$$\mathbf{r}'(t) = -b \operatorname{sen} t\mathbf{i} + b \cos t\mathbf{j} + \sqrt{1 - b^2}\,\mathbf{k} \qquad \text{Derivada}$$

Ahora, usando la fórmula para la longitud de arco, puede encontrar la longitud de un giro de la hélice integrando $\|\mathbf{r}'(t)\|$ desde 0 hasta 2π.

$$s = \int_0^{2\pi} \|\mathbf{r}'(t)\|\, dt \qquad \text{Fórmula para la longitud de arco}$$

$$= \int_0^{2\pi} \sqrt{b^2(\operatorname{sen}^2 t + \cos^2 t) + (1 - b^2)}\, dt$$

$$= \int_0^{2\pi} dt$$

$$= t\, \Big]_0^{2\pi}$$

$$= 2\pi$$

Por tanto, la longitud es 2π unidades.

Parámetro longitud de arco

Usted ha visto que las curvas pueden representarse por medio de funciones vectoriales de maneras diferentes, dependiendo del parámetro que se elija. Para el *movimiento* a lo largo de una curva, el parámetro adecuado es el tiempo *t*. Sin embargo, cuando se desean estudiar las *propiedades geométricas* de una curva, el parámetro adecuado es a menudo la longitud de arco *s*.

$$s(t) = \int_a^t \sqrt{[x'(u)]^2 + [y'(u)]^2 + [z'(u)]^2}\, du$$

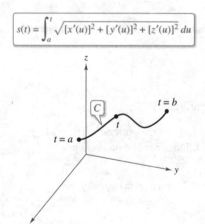

Figura 12.30

Definición de la función longitud de arco

Sea *C* una curva suave dada por $\mathbf{r}(t)$ definida en el intervalo cerrado $[a, b]$. Para $a \le t \le b$, la **función longitud de arco** es

$$s(t) = \int_a^t \|\mathbf{r}'(u)\|\, du = \int_a^t \sqrt{[x'(u)]^2 + [y'(u)]^2 + [z'(u)]^2}\, du.$$

La longitud de arco *s* se llama el **parámetro longitud de arco**. (Vea la figura 12.30.)

Observe que la función de longitud de arco *s* es *no negativa*. Mide la distancia sobre *C* desde el punto inicial $(x(a), y(a), z(a))$, hasta el punto $(x(t), y(t), z(t))$.

Usando la definición de la función longitud de arco y el segundo teorema fundamental de cálculo, puede concluir que

$$\frac{ds}{dt} = \|\mathbf{r}'(t)\|. \qquad \text{Derivada de la función longitud de arco}$$

En la forma diferencial, puede escribir

$$ds = \|\mathbf{r}'(t)\|\, dt.$$

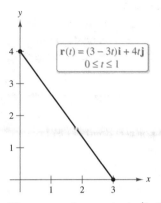

El segmento de recta desde $(3, 0)$ hasta $(0, 4)$ puede parametrizarse usando el parámetro longitud de arco s.

Figura 12.31

Determinar la función longitud de arco para una recta

Encuentre la función longitud de arco $s(t)$ para el segmento de recta dado por

$$\mathbf{r}(t) = (3 - 3t)\mathbf{i} + 4t\mathbf{j}, \quad 0 \le t \le 1$$

y exprese $\mathbf{r}$ como función del parámetro s. (Vea la figura 12.31.)

Solución   Como $\mathbf{r}'(t) = -3\mathbf{i} + 4\mathbf{j}$ y

$$\|\mathbf{r}'(t)\| = \sqrt{(-3)^2 + 4^2} = 5$$

obtiene

$$s(t) = \int_0^t \|\mathbf{r}'(u)\| \, du$$
$$= \int_0^t 5 \, du$$
$$= 5t.$$

Usando $s = 5t$ (o $t = s/5$), puede reescribir $\mathbf{r}$ utilizando el parámetro longitud de arco como sigue.

$$\mathbf{r}(s) = \left(3 - \frac{3}{5}s\right)\mathbf{i} + \frac{4}{5}s\mathbf{j}, \quad 0 \le s \le 5$$

Una de las ventajas de escribir una función vectorial en términos del parámetro longitud de arco es que $\|\mathbf{r}'(s)\| = 1$. De este modo, en el ejemplo 3 tiene

$$\|\mathbf{r}'(s)\| = \sqrt{\left(-\frac{3}{5}\right)^2 + \left(\frac{4}{5}\right)^2} = 1.$$

Así, dada una curva suave C representada por $\mathbf{r}(s)$, donde s es el parámetro longitud de arco, la longitud de arco entre a y b es

$$\text{Longitud de arco} = \int_a^b \|\mathbf{r}'(s)\| \, ds$$
$$= \int_a^b ds$$
$$= b - a$$
$$= \text{longitud del intervalo.}$$

Además, si t es *cualquier* parámetro tal que $\|\mathbf{r}'(t)\| = 1$, entonces t debe ser el parámetro longitud de arco. Estos resultados se resumen en el teorema siguiente, que se presenta sin demostración.

TEOREMA 12.7   Parámetro longitud de arco

Si C es una curva suave dada por

$$\mathbf{r}(s) = x(s)\mathbf{i} + y(s)\mathbf{j} \qquad \text{Curva plana}$$

o

$$\mathbf{r}(s) = x(s)\mathbf{i} + y(s)\mathbf{j} + z(s)\mathbf{k} \qquad \text{Curva espacial}$$

donde s es el parámetro longitud de arco, entonces

$$\|\mathbf{r}'(t)\| = 1$$

Además, si t es *cualquier* parámetro para la función vectorial $\mathbf{r}$, tal que $\|\mathbf{r}'(t)\| = 1$, entonces t debe ser el parámetro longitud de arco.

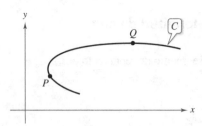

La curvatura en P es mayor que en Q.
Figura 12.32

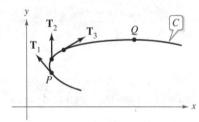

La magnitud de la razón de cambio de $\mathbf{T}$ respecto a la longitud de arco es la curvatura de una curva.
Figura 12.33

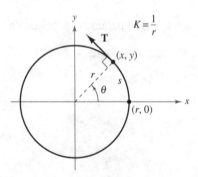

La curvatura de un círculo es constante.
Figura 12.34

Curvatura

Un uso importante del parámetro longitud de arco es para hallar la **curvatura**, la medida de qué tan agudamente se dobla una curva. Por ejemplo, en la figura 12.32 la curva se dobla más agudamente en P que en Q, y se dice que la curvatura es mayor en P que en Q. Usted puede hallar la curvatura calculando la magnitud de la razón de cambio del vector unitario tangente $\mathbf{T}$ con respecto a la longitud de arco s, como se muestra en la figura 12.33.

Definición de curvatura

Sea C una curva suave (en el plano o en el espacio) dada por $\mathbf{r}(s)$, donde s es el parámetro longitud de arco. La **curvatura** K en s está dada por

$$K = \left\| \frac{d\mathbf{T}}{ds} \right\| = \|\mathbf{T}'(s)\|.$$

Un círculo tiene la misma curvatura en todos sus puntos. La curvatura y el radio del círculo están relacionados inversamente. Es decir, un círculo con un radio grande tiene una curvatura pequeña, y un círculo con un radio pequeño tiene una curvatura grande. Esta relación inversa se explica en el ejemplo siguiente.

EJEMPLO 4   **Hallar la curvatura de un círculo**

Demuestre que la curvatura de un círculo de radio r es

$$K = \frac{1}{r}.$$

Solución   Sin pérdida de generalidad, puede considerar que el círculo está centrado en el origen. Sea (x, y) cualquier punto en el círculo y sea s la longitud de arco desde $(r, 0)$ hasta (x, y), como se muestra en la figura 12.34. Denotando por θ el ángulo central del círculo, puede representar el círculo por

$$\mathbf{r}(\theta) = r \cos \theta \mathbf{i} + r \operatorname{sen} \theta \mathbf{j}. \qquad \text{θ es el parámetro}$$

Usando la fórmula para la longitud de un arco circular $s = r\theta$, puede reescribir $\mathbf{r}(\theta)$ en términos del parámetro longitud de arco como sigue.

$$\mathbf{r}(s) = r \cos \frac{s}{r} \mathbf{i} + r \operatorname{sen} \frac{s}{r} \mathbf{j} \qquad \text{La longitud de arco s es el parámetro}$$

Así, $\mathbf{r}'(s) = -\operatorname{sen} \dfrac{s}{r} \mathbf{i} + \cos \dfrac{s}{r} \mathbf{j}$, de donde se deduce que $\|\mathbf{r}'(s)\| = 1$, lo que implica que el vector unitario tangente es

$$\mathbf{T}(s) = \frac{\mathbf{r}'(s)}{\|\mathbf{r}'(s)\|} = -\operatorname{sen} \frac{s}{r} \mathbf{i} + \cos \frac{s}{r} \mathbf{j}$$

y la curvatura está dada por

$$K = \|\mathbf{T}'(s)\| = \left\| -\frac{1}{r} \cos \frac{s}{r} \mathbf{i} - \frac{1}{r} \operatorname{sen} \frac{s}{r} \mathbf{j} \right\| = \frac{1}{r}$$

en todo punto del círculo.

Puesto que una recta no se curva, usted esperaría que su curvatura fuera 0. Trate de comprobar esto hallando la curvatura de la recta dada por

$$\mathbf{r}(s) = \left(3 - \frac{3}{5} s \right) \mathbf{i} + \frac{4}{5} s \mathbf{j}.$$

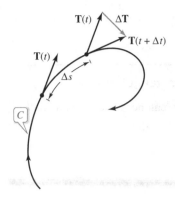

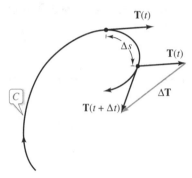

Figura 12.35

En el ejemplo 4, la curvatura se encontró aplicando directamente la definición. Esto requiere que la curva se exprese en términos del parámetro longitud de arco s. El teorema siguiente da otras dos fórmulas para encontrar la curvatura de una curva expresada en términos de un parámetro arbitrario t. La demostración de este teorema se deja como ejercicio [ver ejercicio 84, incisos (a) y (b)].

TEOREMA 12.8   Fórmulas para la curvatura

Si C es una curva suave dada por $\mathbf{r}(t)$, entonces la curvatura K de C en t está dada por

$$K = \frac{\|\mathbf{T}'(t)\|}{\|\mathbf{r}'(t)\|} = \frac{\|\mathbf{r}'(t) \times \mathbf{r}''(t)\|}{\|\mathbf{r}'(t)\|^3}.$$

Como $\|\mathbf{r}'(t)\| = ds/dt$, la primera fórmula implica que la curvatura es el cociente de la razón de cambio del vector tangente $\mathbf{T}$ entre la razón de cambio de la longitud de arco. Para ver que esto es razonable, sea Δt un número "pequeño". Entonces

$$\frac{\mathbf{T}'(t)}{ds/dt} \approx \frac{[\mathbf{T}(t + \Delta t) - \mathbf{T}(t)]/\Delta t}{[s(t + \Delta t) - s(t)]/\Delta t} = \frac{\mathbf{T}(t + \Delta t) - \mathbf{T}(t)}{s(t + \Delta t) - s(t)} = \frac{\Delta \mathbf{T}}{\Delta s}.$$

En otras palabras, para un Δs dado, cuanto mayor sea la longitud $\Delta \mathbf{T}$ de la curva se dobla más en t, como se muestra en la figura 12.35.

EJEMPLO 5   **Hallar la curvatura de una curva en el espacio**

Determine la curvatura de la curva definida por

$$\mathbf{r}(t) = 2t\mathbf{i} + t^2\mathbf{j} - \frac{1}{3}t^3\mathbf{k}.$$

Solución   No se sabe a simple vista si este parámetro representa la longitud de arco, así es que debe usar la fórmula $K = \|\mathbf{T}'(t)\|/\|\mathbf{r}'(t)\|$.

$$\mathbf{r}'(t) = 2\mathbf{i} + 2t\mathbf{j} - t^2\mathbf{k}$$
$$\|\mathbf{r}'(t)\| = \sqrt{4 + 4t^2 + t^4} \qquad \text{Longitud de } \mathbf{r}'(t)$$
$$= t^2 + 2$$
$$\mathbf{T}(t) = \frac{\mathbf{r}'(t)}{\|\mathbf{r}'(t)\|}$$
$$= \frac{2\mathbf{i} + 2t\mathbf{j} - t^2\mathbf{k}}{t^2 + 2}$$
$$\mathbf{T}'(t) = \frac{(t^2 + 2)(2\mathbf{j} - 2t\mathbf{k}) - (2t)(2\mathbf{i} + 2t\mathbf{j} - t^2\mathbf{k})}{(t^2 + 2)^2}$$
$$= \frac{-4t\mathbf{i} + (4 - 2t^2)\mathbf{j} - 4t\mathbf{k}}{(t^2 + 2)^2}$$
$$\|\mathbf{T}'(t)\| = \frac{\sqrt{16t^2 + 16 - 16t^2 + 4t^4 + 16t^2}}{(t^2 + 2)^2}$$
$$= \frac{2(t^2 + 2)}{(t^2 + 2)^2}$$
$$= \frac{2}{t^2 + 2} \qquad \text{Longitud de } \mathbf{T}'(t)$$

Por tanto,

$$K = \frac{\|\mathbf{T}'(t)\|}{\|\mathbf{r}'(t)\|} = \frac{2}{(t^2 + 2)^2}. \qquad \text{Curvatura}$$

El teorema siguiente presenta una fórmula para calcular la curvatura de una curva plana dada por $y = f(x)$.

TEOREMA 12.9 Curvatura en coordenadas rectangulares

Si C es la gráfica de una función dos veces derivable, entonces la curvatura en el punto está dada por $y = f(x)$, y la curvatura K en el punto (x, y) es

$$K = \frac{|y''|}{[1 + (y')^2]^{3/2}}.$$

Demostración Si representa la curva C por $\mathbf{r}(x) = x\mathbf{i} + f(x)\mathbf{j} + 0\mathbf{k}$ (donde x es el parámetro), obtiene $\mathbf{r}'(x) = \mathbf{i} + f'(x)\mathbf{j}$,

$$\|\mathbf{r}'(x)\| = \sqrt{1 + [f'(x)]^2}$$

y $\mathbf{r}''(x) = f''(x)\mathbf{j}$. Como $\mathbf{r}'(x) \times \mathbf{r}''(x) = f''(x)\mathbf{k}$, se deduce que la curvatura es

$$K = \frac{\|\mathbf{r}'(x) \times \mathbf{r}''(x)\|}{\|\mathbf{r}'(x)\|^3}$$

$$= \frac{|f''(x)|}{\{1 + [f'(x)]^2\}^{3/2}}$$

$$= \frac{|y''|}{[1 + (y')^2]^{3/2}}.$$

Consulte LarsonCalculus.com para el video de esta demostración de Bruce Edwards.

Sea C una curva con curvatura K en el punto P. El círculo que pasa por el punto P de radio $r = 1/K$ se denomina **círculo de curvatura** si su centro se encuentra en el lado cóncavo de la curva y tiene en común con la curva una recta tangente en el punto P. Al radio se le llama **radio de curvatura** en P, y al centro se le llama **centro de curvatura**.

El círculo de curvatura le permite estimar gráficamente la curvatura K en un punto P de una curva. Usando un compás, puede trazar un círculo contra el lado cóncavo de la curva en el punto P, como se muestra en la figura 12.36. Si el círculo tiene radio r, usted puede estimar que la curvatura es $K = 1/r$.

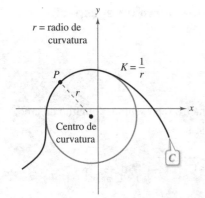

El círculo de curvatura.
Figura 12.36

EJEMPLO 6   Hallar la curvatura en coordenadas rectangulares

Encuentre la curvatura de la parábola dada por $y = x - \frac{1}{4}x^2$ en $x = 2$. Dibuje el círculo de curvatura en $(2, 1)$.

Solución La curvatura en $x = 2$ se calcula como sigue:

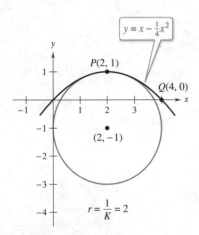

El círculo de curvatura.
Figura 12.37

$$y' = 1 - \frac{x}{2} \qquad\qquad y' = 0$$

$$y'' = -\frac{1}{2} \qquad\qquad y'' = -\frac{1}{2}$$

$$K = \frac{|y''|}{[1 + (y')^2]^{3/2}} \qquad K = \frac{1}{2}$$

La curvatura en $P(2, 1)$ es $\frac{1}{2}$, el radio del círculo de curvatura en ese punto, que es 2. Por tanto, el centro de curvatura es $(2, -1)$, como se muestra en la figura 12.37. [En la figura, observe que la curva tiene la mayor curvatura en P. Trate de demostrar que la curvatura en $Q(4, 0)$ es $1/2^{5/2} \approx 0.177$.]

La fuerza del empuje lateral que perciben los pasajeros en un automóvil que toma una curva depende de dos factores: la rapidez del automóvil y lo brusco de la curva.

Figura 12.38

COMENTARIO El teorema 12.10 da fórmulas adicionales para $a_\mathbf{T}$ y $a_\mathbf{N}$.

La longitud de arco y la curvatura están estrechamente relacionadas con las componentes tangencial y normal de la aceleración. La componente tangencial de la aceleración es la razón de cambio de la rapidez, que a su vez es la razón de cambio de la longitud de arco. Esta componente es negativa cuando un objeto en movimiento reduce su velocidad y positiva cuando la aumenta, independientemente de si el objeto gira o viaja en una recta. En consecuencia, la componente tangencial es solamente función de la longitud de arco y es independiente de la curvatura.

Por otro lado, la componente normal de la aceleración es función *tanto* de la rapidez *como* de la curvatura. Esta componente mide la aceleración que actúa perpendicular a la dirección del movimiento. Para ver por qué afectan la rapidez y la curvatura a la componente normal, imagínese conduciendo un automóvil por una curva, como se muestra en la figura 12.38. Si la velocidad es alta y la curva muy cerrada, se sentirá empujado contra la puerta del automóvil. Al bajar la velocidad *o* tomar una curva más suave, se disminuye este efecto de empuje lateral.

El teorema siguiente establece explícitamente la relación entre rapidez, curvatura y componentes de la aceleración.

TEOREMA 12.10 Aceleración, rapidez y curvatura

Si $\mathbf{r}(t)$ es el vector posición de una curva suave C, entonces el vector aceleración está dado por

$$\mathbf{a}(t) = \frac{d^2s}{dt^2}\mathbf{T} + K\left(\frac{ds}{dt}\right)^2\mathbf{N}$$

donde K es la curvatura de C y ds/dt es la rapidez.

Demostración Para el vector posición $\mathbf{r}(t)$, se tiene

$$\mathbf{a}(t) = a_\mathbf{T}\mathbf{T} + a_\mathbf{N}\mathbf{N}$$
$$= \frac{d}{dt}[\|\mathbf{v}\|]\mathbf{T} + \|\mathbf{v}\|\,\|\mathbf{T}'\|\mathbf{N}$$
$$= \frac{d^2s}{dt^2}\mathbf{T} + \frac{ds}{dt}(\|\mathbf{v}\|K)\mathbf{N}$$
$$= \frac{d^2s}{dt^2}\mathbf{T} + K\left(\frac{ds}{dt}\right)^2\mathbf{N}.$$

Consulte LarsonCalculus.com para el video de esta demostración de Bruce Edwards.

EJEMPLO 7 Componentes tangencial y normal de la aceleración

Encuentre $a_\mathbf{T}$ y $a_\mathbf{N}$ de la curva dada por

$$\mathbf{r}(t) = 2t\mathbf{i} + t^2\mathbf{j} - \tfrac{1}{3}t^3\mathbf{k}.$$

Solución Por el ejemplo 5, usted sabe que

$$\frac{ds}{dt} = \|\mathbf{r}'(t)\| = t^2 + 2 \quad y \quad K = \frac{2}{(t^2+2)^2}.$$

Por tanto

$$a_\mathbf{T} = \frac{d^2s}{dt^2} = 2t \qquad \text{Componente tangencial}$$

y

$$a_\mathbf{N} = K\left(\frac{ds}{dt}\right)^2 = \frac{2}{(t^2+2)^2}(t^2+2)^2 = 2. \qquad \text{Componente normal}$$

Aplicación

Hay muchas aplicaciones prácticas en física e ingeniería dinámica en las que se emplean las relaciones entre rapidez, longitud de arco, curvatura y aceleración. Una de estas aplicaciones se refiere a la fuerza de fricción.

Un objeto de masa m en movimiento está en contacto con un objeto estacionario. La fuerza requerida para producir una aceleración **a** a lo largo de una trayectoria dada es

$$\mathbf{F} = m\mathbf{a}$$
$$= m\left(\frac{d^2s}{dt^2}\right)\mathbf{T} + mK\left(\frac{ds}{dt}\right)^2\mathbf{N}$$
$$= ma_{\mathbf{T}}\mathbf{T} + ma_{\mathbf{N}}\mathbf{N}.$$

La porción de esta fuerza que es proporcionada por el objeto estacionario se llama **fuerza de fricción**. Por ejemplo, si un automóvil se mueve con rapidez constante tomando una curva, la carretera ejerce una fuerza de fricción o rozamiento que impide que el automóvil salga de la carretera. Si el automóvil no se desliza, la fuerza de fricción es perpendicular a la dirección del movimiento y su magnitud es igual a la componente normal de la aceleración, como se muestra en la figura 12.39. La fuerza de fricción potencial de una carretera en una curva puede incrementarse peraltando la carretera.

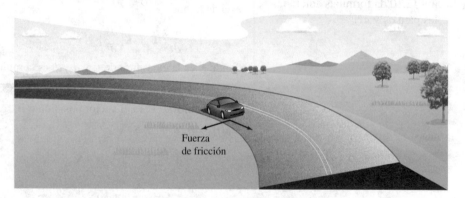

Fuerza
de fricción

La fuerza de fricción es perpendicular a la dirección del movimiento.
Figura 12.39

EJEMPLO 8   **Fuerza de fricción**

Un coche de carreras (go-kart) de 360 kilogramos viaja a una velocidad de 60 kilómetros por hora por una pista circular de 12 metros de radio, como se muestra en la figura 12.40. ¿Qué fuerza de fricción debe ejercer la superficie en los neumáticos para impedir que el coche salga de su curso?

Solución   La fuerza de fricción o rozamiento debe ser igual a la masa por la componente normal de aceleración. En el caso de esta pista circular, usted sabe que la curvatura es

$$K = \frac{1}{12}. \qquad \text{Curvatura de la pista circular}$$

Por consiguiente, la fuerza de fricción es

$$ma_{\mathbf{N}} = mK\left(\frac{ds}{dt}\right)^2$$
$$= (360 \text{ kg})\left(\frac{1}{12 \text{ m}}\right)\left(\frac{60{,}000 \text{ m}}{3600 \text{ s}}\right)^2$$
$$\approx 8333 \text{ (kg)(m)/s}^2.$$

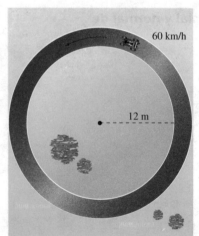

60 km/h

12 m

Figura 12.40

RESUMEN SOBRE VELOCIDAD, ACELERACIÓN Y CURVATURA

A menos que se indique lo contrario, sea C una curva (en el plano o en el espacio) dada por el vector de posición

$\mathbf{r}(t) = x(t)\mathbf{i} + y(t)\mathbf{j}$ \quad\quad Curva en el plano

o

$\mathbf{r}(t) = x(t)\mathbf{i} + y(t)\mathbf{j} + z(t)\mathbf{k}$ \quad\quad Curva en el espacio

donde x, y y z son funciones dos veces derivables de t.

Vector velocidad, rapidez y vector aceleración

$\mathbf{v}(t) = \mathbf{r}'(t)$ \quad\quad Vector velocidad

$\|\mathbf{v}(t)\| = \dfrac{ds}{dt} = \|\mathbf{r}'(t)\|$ \quad\quad Rapidez

$\mathbf{a}(t) = \mathbf{r}''(t)$ \quad\quad Vector aceleración

$\quad\quad = a_\mathbf{T}\mathbf{T}(t) + a_\mathbf{N}\mathbf{N}(t)$

$\quad\quad = \dfrac{d^2s}{dt^2}\mathbf{T}(t) + K\left(\dfrac{ds}{dt}\right)^2\mathbf{N}(t)$ \quad\quad K es la curvatura y $\dfrac{ds}{dt}$ es la rapidez.

Vector unitario tangente y vector unitario normal principal

$\mathbf{T}(t) = \dfrac{\mathbf{r}'(t)}{\|\mathbf{r}'(t)\|}$ \quad\quad Vector unitario tangente

$\mathbf{N}(t) = \dfrac{\mathbf{T}'(t)}{\|\mathbf{T}'(t)\|}$ \quad\quad Vector unitario normal principal

Componentes de la aceleración

$a_\mathbf{T} = \mathbf{a} \cdot \mathbf{T} = \dfrac{\mathbf{v} \cdot \mathbf{a}}{\|\mathbf{v}\|} = \dfrac{d^2s}{dt^2}$ \quad\quad Componente tangencial de la aceleración

$a_\mathbf{N} = \mathbf{a} \cdot \mathbf{N}$ \quad\quad Componente normal de la aceleración

$\quad\quad = \dfrac{\|\mathbf{v} \times \mathbf{a}\|}{\|\mathbf{v}\|}$

$\quad\quad = \sqrt{\|\mathbf{a}\|^2 - a_\mathbf{T}^2}$

$\quad\quad = K\left(\dfrac{ds}{dt}\right)^2$ \quad\quad K es la curvatura y $\dfrac{ds}{dt}$ es la rapidez.

Fórmulas para la curvatura en el plano

$K = \dfrac{|y''|}{[1 + (y')^2]^{3/2}}$ \quad\quad C dada por $y = f(x)$

$K = \dfrac{|x'y'' - y'x''|}{[(x')^2 + (y')^2]^{3/2}}$ \quad\quad C dada por $x = x(t)$, $y = y(t)$

Fórmulas para la curvatura en el plano o en el espacio

$K = \|\mathbf{T}'(s)\| = \|\mathbf{r}''(s)\|$ \quad\quad s es el parámetro longitud de arco.

$K = \dfrac{\|\mathbf{T}'(t)\|}{\|\mathbf{r}'(t)\|} = \dfrac{\|\mathbf{r}'(t) \times \mathbf{r}''(t)\|}{\|\mathbf{r}'(t)\|^3}$ \quad\quad t es el parámetro general.

$K = \dfrac{\mathbf{a}(t) \cdot \mathbf{N}(t)}{\|\mathbf{v}(t)\|^2}$

Las fórmulas con productos vectoriales se aplican sólo a curvas en el espacio.

12.5 Ejercicios

Consulte CalcChat.com para un tutorial de ayuda y soluciones trabajadas de los ejercicios con numeración impar.

Determinar la longitud de arco de una curva plana En los ejercicios 1 a 6, dibuje la curva plana y determine su longitud en el intervalo dado.

1. $\mathbf{r}(t) = 3t\mathbf{i} - t\mathbf{j}$, $[0, 3]$

2. $\mathbf{r}(t) = t\mathbf{i} + t^2\mathbf{j}$, $[0, 4]$

3. $\mathbf{r}(t) = t^3\mathbf{i} + t^2\mathbf{j}$, $[0, 1]$

4. $\mathbf{r}(t) = (t + 1)\mathbf{i} + t^2\mathbf{j}$, $[0, 6]$

5. $\mathbf{r}(t) = a\cos^3 t\,\mathbf{i} + a\,\mathrm{sen}^3\,t\mathbf{j}$, $[0, 2\pi]$

6. $\mathbf{r}(t) = a\cos t\,\mathbf{i} + a\,\mathrm{sen}\,t\mathbf{j}$, $[0, 2\pi]$

7. **Movimiento de un proyectil** Una pelota de béisbol es golpeada desde 3 pies sobre el nivel del suelo a 100 pies por segundo y con un ángulo de 45° con respecto al nivel del suelo.

   (a) Encuentre la función vectorial de la trayectoria de la pelota de béisbol.

   (b) Determine la altura máxima.

   (c) Encuentre el alcance.

   (d) Halle la longitud de arco de la trayectoria.

8. **Movimiento de un proyectil** Repita el ejercicio 7 para una pelota de béisbol que es golpeada desde 4 pies sobre el nivel del suelo a 80 pies por segundo y con un ángulo de 30° con respecto al nivel del suelo.

Determinar la longitud de arco de una curva en el espacio En los ejercicios 9 a 14, dibuje la curva en el espacio y halle su longitud sobre el intervalo dado.

Función vectorial	Intervalo
9. $\mathbf{r}(t) = -t\mathbf{i} + 4t\mathbf{j} + 3t\mathbf{k}$	$[0, 1]$
10. $\mathbf{r}(t) = \mathbf{i} + t^2\mathbf{j} + t^3\mathbf{k}$	$[0, 2]$
11. $\mathbf{r}(t) = \langle 4t, -\cos t, \mathrm{sen}\,t\rangle$	$\left[0, \dfrac{3\pi}{2}\right]$
12. $\mathbf{r}(t) = \langle 2\,\mathrm{sen}\,t, 5t, 2\cos t\rangle$	$[0, \pi]$
13. $\mathbf{r}(t) = a\cos t\mathbf{i} + a\,\mathrm{sen}\,t\mathbf{j} + bt\mathbf{k}$	$[0, 2\pi]$
14. $\mathbf{r}(t) = \langle \cos t + t\,\mathrm{sen}\,t, \mathrm{sen}\,t - t\cos t, t^2\rangle$	$\left[0, \dfrac{\pi}{2}\right]$

15. **Investigación** Considere la gráfica de la función vectorial $\mathbf{r}(t) = t\mathbf{i} + (4 - t^2)\mathbf{j} + t^3\mathbf{k}$ en el intervalo $[0, 2]$.

   (a) Aproxime la longitud de la curva hallando la longitud del segmento de recta que une sus extremos.

   (b) Aproxime la longitud de la curva sumando las longitudes de los segmentos de recta que unen los extremos de los vectores $\mathbf{r}(0)$, $\mathbf{r}(0.5)$, $\mathbf{r}(1)$, $\mathbf{r}(1.5)$ y $\mathbf{r}(2)$.

   (c) Describa cómo obtener una estimación más exacta mediante los procesos de los incisos (a) y (b).

   (d) Use las funciones de integración de una herramienta de graficación para aproximar la longitud de la curva. Compare este resultado con las respuestas de los incisos (a) y (b).

16. **Investigación** Repita el ejercicio 15 con la función vectorial $\mathbf{r}(t) = 6\cos(\pi t/4)\mathbf{i} + 2\,\mathrm{sen}\,(\pi t/4)\mathbf{j} + t\mathbf{k}$.

17. **Investigación** Considere la hélice representada por la función vectorial $\mathbf{r}(t) = \langle 2\cos t, 2\,\mathrm{sen}\,t, t\rangle$.

   (a) Exprese la longitud de arco s de la hélice como función de t evaluando la integral

$$s = \int_0^t \sqrt{[x'(u)]^2 + [y'(u)]^2 + [z'(u)]^2}\,du.$$

   (b) Despeje t en la relación deducida en el inciso (a), y sustituya el resultado en el conjunto de ecuaciones paramétricas original. Esto da una parametrización de la curva en términos del parámetro longitud de arco s.

   (c) Halle las coordenadas del punto en la hélice con longitud de arco $s = \sqrt{5}$ y $s = 4$.

   (d) Verifique que $\|\mathbf{r}'(s)\| = 1$.

18. **Investigación** Repita el ejercicio 17 con la curva representada por la función vectorial

$$\mathbf{r}(t) = \left\langle 4(\mathrm{sen}\,t - t\cos t), 4(\cos t + t\,\mathrm{sen}\,t), \tfrac{3}{2}t^2\right\rangle.$$

Determinar la curvatura En los ejercicios 19 a 22, determine la curvatura K de la curva donde s es el parámetro longitud de arco.

19. $\mathbf{r}(s) = \left(1 + \dfrac{\sqrt{2}}{2}s\right)\mathbf{i} + \left(1 - \dfrac{\sqrt{2}}{2}s\right)\mathbf{j}$

20. $\mathbf{r}(s) = (3 + s)\mathbf{i} + \mathbf{j}$

21. La hélice del ejercicio 17: $\mathbf{r}(t) = \langle 2\cos t, 2\,\mathrm{sen}\,t, t\rangle$

22. La curva del ejercicio 18:

$$\mathbf{r}(t) = \left\langle 4(\mathrm{sen}\,t - t\cos t), 4(\cos t + t\,\mathrm{sen}\,t), \tfrac{3}{2}t^2\right\rangle$$

Determinar la curvatura En los ejercicios 23 a 28, determine la curvatura K de la curva plana en el valor dado del parámetro.

23. $\mathbf{r}(t) = 4t\mathbf{i} - 2t\mathbf{j}$, $t = 1$ 24. $\mathbf{r}(t) = t^2\mathbf{i} + \mathbf{j}$, $t = 2$

25. $\mathbf{r}(t) = t\mathbf{i} + \dfrac{1}{t}\mathbf{j}$, $t = 1$ 26. $\mathbf{r}(t) = t\mathbf{i} + \dfrac{1}{9}t^3\mathbf{j}$, $t = 2$

27. $\mathbf{r}(t) = \langle t, \mathrm{sen}\,t\rangle$, $t = \dfrac{\pi}{2}$

28. $\mathbf{r}(t) = \langle 5\cos t, 4\,\mathrm{sen}\,t\rangle$, $t = \dfrac{\pi}{3}$

Determinar la curvatura En los ejercicios 29 a 36, determine la curvatura K de la curva.

29. $\mathbf{r}(t) = 4\cos 2\pi t\mathbf{i} + 4\,\mathrm{sen}\,2\pi t\mathbf{j}$

30. $\mathbf{r}(t) = 2\cos \pi t\mathbf{i} + \mathrm{sen}\,\pi t\mathbf{j}$

31. $\mathbf{r}(t) = a\cos \omega t\mathbf{i} + a\,\mathrm{sen}\,\omega t\mathbf{j}$

32. $\mathbf{r}(t) = a\cos \omega t\mathbf{i} + b\,\mathrm{sen}\,\omega t\mathbf{j}$

33. $\mathbf{r}(t) = t\mathbf{i} + t^2\mathbf{j} + \dfrac{t^2}{2}\mathbf{k}$ 34. $\mathbf{r}(t) = 2t^2\mathbf{i} + t\mathbf{j} + \dfrac{1}{2}t^2\mathbf{k}$

35. $\mathbf{r}(t) = 4t\mathbf{i} + 3\cos t\mathbf{j} + 3\,\mathrm{sen}\,t\mathbf{k}$

36. $\mathbf{r}(t) = e^{2t}\mathbf{i} + e^{2t}\cos t\mathbf{j} + e^{2t}\,\mathrm{sen}\,t\mathbf{k}$

Determinar la curvatura   En los ejercicios 37 a 40, determine la curvatura K de la curva en el punto P.

37. $\mathbf{r}(t) = 3t\mathbf{i} + 2t^2\mathbf{j}, \quad P(-3, 2)$

38. $\mathbf{r}(t) = e^t\mathbf{i} + 4t\mathbf{j}, \quad P(1, 0)$

39. $\mathbf{r}(t) = t\mathbf{i} + t^2\mathbf{j} + \dfrac{t^3}{4}\mathbf{k}, \quad P(2, 4, 2)$

40. $\mathbf{r}(t) = e^t\cos t\mathbf{i} + e^t\operatorname{sen} t\mathbf{j} + e^t\mathbf{k}, \quad P(1, 0, 1)$

Determinar la curvatura   En los ejercicios 41 a 48, determine la curvatura y el radio de curvatura de la curva plana en el valor dado de x.

41. $y = 3x - 2, \quad x = a$

42. $y = 2x + \dfrac{4}{x}, \quad x = 1$

43. $y = 2x^2 + 3, \quad x = -1$

44. $y = \frac{3}{4}\sqrt{16 - x^2}, \quad x = 0$

45. $y = \cos 2x, \quad x = 2\pi$

46. $y = e^{3x}, \quad x = 0$

47. $y = x^3, \quad x = 2$

48. $y = x^n, \quad x = 1, \quad n \geq 2$

Curvatura máxima   En los ejercicios 49 a 54, (a) encuentre el punto de la curva en el que la curvatura K es máxima, y (b) halle el límite de K cuando $x \to \infty$.

49. $y = (x - 1)^2 + 3$

50. $y = x^3$

51. $y = x^{2/3}$

52. $y = \dfrac{1}{x}$

53. $y = \ln x$

54. $y = e^x$

Curvatura   En los ejercicios 55 a 58, determine todos los puntos de la gráfica de una función en los que la curvatura es cero.

55. $y = 1 - x^3$

56. $y = (x - 1)^3 + 3$

57. $y = \cos x$

58. $y = \operatorname{sen} x$

DESARROLLO DE CONCEPTOS

59. Longitud de arco   Escriba la fórmula para la longitud de arco de una curva suave en el espacio.

60. Curvatura   Escriba las fórmulas para la curvatura en el plano y en el espacio.

61. Curvatura   Describa la gráfica de una función vectorial para la que la curvatura sea 0 en todos los valores t de su dominio.

62. Curvatura   Dada una función $y = f(x)$ dos veces derivable, determine su curvatura en un extremo relativo. ¿La curvatura puede tener valores mayores que los que alcanza en un extremo relativo? ¿Por qué sí o por qué no?

---

 63. Investigación   Considere la función $f(x) = x^4 - x^2$.

(a) Use un sistema computacional algebraico y encuentre la curvatura de la curva como función de x.

(b) Use el resultado del inciso (a) para hallar los círculos de curvatura de la gráfica de f en $x = 0$ y $x = 1$. Use un sistema algebraico por computadora para representar gráficamente la función y los dos círculos de curvatura.

(c) Represente gráficamente la función $K(x)$ y compárela con la gráfica de $f(x)$. Por ejemplo, ¿se presentan los extremos de f y K en los mismos números críticos? Explique su razonamiento.

64. Movimiento de una partícula   Una partícula se mueve a lo largo de la curva plana C descrita por $\mathbf{r}(t) = t\mathbf{i} + t^2\mathbf{j}$.

(a) Encuentre la longitud de C en el intervalo $0 \leq t \leq 2$.

(b) Encuentre la curvatura K de la curva plana en $t = 0$, $t = 1$ y $t = 2$.

(c) Describa la curvatura de C cuando t varía desde $t = 0$ hasta $t = 2$.

65. Investigación   Halle todos los a y b tales que las dos curvas dadas por

$$y_1 = ax(b - x) \quad \text{y} \quad y_2 = \frac{x}{x + 2}$$

se corten en un solo punto y tengan una recta tangente común y curvatura igual en ese punto. Trace una gráfica para cada conjunto de valores de a y b.

66. ¿CÓMO LO VE?   Usando la gráfica de la elipse, ¿en qué punto(s) es la menor y la mayor curvatura?

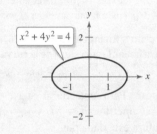

$x^2 + 4y^2 = 4$

67. Esfera y paraboloide   Una esfera de radio 4 se deja caer en el paraboloide dado por $z = x^2 + y^2$.

(a) ¿Qué tanto se acercará la esfera al vértice del paraboloide?

(b) ¿Cuál es el radio de la esfera mayor que toca el vértice?

68. Rapidez

Cuanto menor es la curvatura en una curva de una carretera, mayor es la velocidad a la que pueden ir los automóviles. Suponga que la velocidad máxima en una curva es inversamente proporcional a la raíz cuadrada de la curvatura. Un automóvil que recorre la trayectoria $y = \frac{1}{3}x^3$, donde x y y están medidos en millas, puede ir con seguridad a 30 millas por hora en $\left(1, \frac{1}{3}\right)$. ¿Qué tan rápido puede ir en $\left(\frac{3}{2}, \frac{9}{8}\right)$?

69. Centro de curvatura   Sea C una curva dada por $y = f(x)$. Sea K la curvatura $(K \neq 0)$ en el punto $P(x_0, y_0)$ y sea

$$z = \frac{1 + f'(x_0)^2}{f''(x_0)}.$$

Demuestre que las coordenadas (α, β) del centro de curvatura en P son $(\alpha, \beta) = (x_0 - f'(x_0)z, \, y_0 + z)$.

70. Centro de curvatura Use el resultado del ejercicio 69 para hallar el centro de curvatura de la curva en el punto dado.

(a) $y = e^x$, $(0, 1)$ (b) $y = \dfrac{x^2}{2}$, $\left(1, \dfrac{1}{2}\right)$ (c) $y = x^2$, $(0, 0)$

71. Curvatura Se da una curva C por medio de la ecuación polar $r = f(\theta)$. Demuestre que la curvatura K en el punto (r, θ) es,

$$K = \frac{|2(r')^2 - rr'' + r^2|}{[(r')^2 + r^2]^{3/2}}.$$

[*Sugerencia*: Represente la curva por $\mathbf{r}(\theta) = r\cos\theta\mathbf{i} + r\sin\theta\mathbf{j}$.]

72. Curvatura Use el resultado del ejercicio 71 para hallar la curvatura de cada una de las curvas polares.

(a) $r = 1 + \sin\theta$ (b) $r = \theta$

(c) $r = a\sin\theta$ (d) $r = e^\theta$

73. Curvatura Dada la curva polar $r = e^{a\theta}$, $a > 0$, encuentre la curvatura K y determine el límite de K cuando (a) $\theta \to \infty$ y (b) $a \to \infty$.

73. Curvatura en el polo Demuestre que la fórmula para la curvatura de una curva $r = f(\theta)$, dada en el ejercicio 71, se reduce a $K = 2/|r'|$ para la curvatura *en el polo*.

Curvatura en el polo En los ejercicios 75 y 76, use el resultado del ejercicio 74 para hallar la curvatura de la curva rosa en el polo.

75. $r = 4\sin 2\theta$ **76.** $r = 6\cos 3\theta$

77. Demostración Para una curva suave dada por las ecuaciones paramétricas $x = f(t)$ y $y = g(t)$, demuestre que la curvatura está dada por

$$K = \frac{|f'(t)g''(t) - g'(t)f''(t)|}{\{[f'(t)]^2 + [g'(t)]^2\}^{3/2}}.$$

78. Asíntotas horizontales Use el resultado del ejercicio 77 para encontrar la curvatura K de la curva representada por ecuaciones paramétricas $x(t) = t^3$ y $y(t) = \frac{1}{2}t^2$. Use una herramienta de graficación para representar K y determinar toda asíntota horizontal. Interprete las asíntotas en el contexto del problema.

79. Curvatura de una cicloide Use el resultado del ejercicio 77 para encontrar la curvatura K de la cicloide representada por las ecuaciones paramétricas

$$x(\theta) = a(\theta - \sin\theta) \quad y \quad y(\theta) = a(1 - \cos\theta).$$

¿Cuáles son los valores mínimo y máximo de K?

80. Componentes tangencial y normal Use el teorema 12.10 para encontrar $a_\mathbf{T}$ y $a_\mathbf{N}$ de cada una de las curvas dadas por las funciones vectoriales.

(a) $\mathbf{r}(t) = 3t^2\mathbf{i} + (3t - t^3)\mathbf{j}$

(b) $\mathbf{r}(t) = t\mathbf{i} + t^2\mathbf{j} + \frac{1}{2}t^2\mathbf{k}$

81. Fuerza de fricción Un vehículo de 5500 libras va a una velocidad de 30 millas por hora por una glorieta de 100 pies de radio. ¿Cuál es la fuerza de fricción que debe ejercer la superficie de la carretera en los neumáticos para impedir que el vehículo salga de curso?

82. Fuerza de fricción Un vehículo de 6400 libras viaja a 35 millas por hora en una glorieta de 250 pies de radio. ¿Cuál es la fuerza de fricción o de rozamiento que debe ejercer la superficie de la carretera en los neumáticos para impedir que el vehículo salga de curso?

83. Curvatura Verifique que la curvatura en cualquier punto (x, y) de la gráfica de $y = \cosh x$ es $1/y^2$.

84. Fórmulas de curvatura Use la definición de curvatura en el espacio $K = \|\mathbf{T}'(s)\| = \|\mathbf{r}''(s)\|$, para verificar cada una de las fórmulas siguientes.

(a) $K = \dfrac{\|\mathbf{T}'(t)\|}{\|\mathbf{r}'(t)\|}$

(b) $K = \dfrac{\|\mathbf{r}'(t) \times \mathbf{r}''(t)\|}{\|\mathbf{r}'(t)\|^3}$

(c) $K = \dfrac{\mathbf{a}(t) \cdot \mathbf{N}(t)}{\|\mathbf{v}(t)\|^2}$

¿Verdadero o falso? En los ejercicios 85 a 88, determine si el enunciado es verdadero o falso. Si es falso, explique por qué o dé un ejemplo que demuestre que es falso.

85. La longitud de arco de una curva en el espacio depende de la parametrización.

86. La curvatura de un círculo es igual a su radio.

87. La curvatura de una recta es 0.

88. La componente normal de la aceleración es función tanto de la velocidad como de la curvatura.

Leyes de Kepler En los ejercicios 89 a 96, se le pide verificar las leyes de Kepler del movimiento planetario. En estos ejercicios, suponga que todo planeta se mueve en una órbita dada por la función vectorial r. Sean $r = \|\mathbf{r}\|$, G la constante gravitatoria universal, M la masa del Sol y m la masa del planeta.

89. Demuestre que $\mathbf{r} \cdot \mathbf{r}' = r\dfrac{dr}{dt}$.

90. Usando la segunda ley del movimiento de Newton, $\mathbf{F} = m\mathbf{a}$, y la segunda ley de la gravitación de Newton

$$\mathbf{F} = -\frac{GmM}{r^3}\mathbf{r}$$

demuestre que $\mathbf{a}$ y $\mathbf{r}$ son paralelos, y que $\mathbf{r}(t) \times \mathbf{r}'(t) = \mathbf{L}$ es un vector constante. Por tanto, $\mathbf{r}(t)$ se mueve en *un plano fijo*, ortogonal a $\mathbf{L}$.

91. Demuestre que $\dfrac{d}{dt}\left[\dfrac{\mathbf{r}}{r}\right] = \dfrac{1}{r^3}\{[\mathbf{r} \times \mathbf{r}'] \times \mathbf{r}\}$.

92. Demuestre que $\dfrac{\mathbf{r}'}{GM} \times \mathbf{L} - \dfrac{\mathbf{r}}{r} = \mathbf{e}$ es un vector constante.

93. Demuestre la primera ley de Kepler: todo planeta describe una órbita elíptica con el Sol como uno de sus focos.

94. Suponga que la órbita elíptica

$$r = \frac{ed}{1 + e\cos\theta}$$

está en el plano xy, con $\mathbf{L}$ a lo largo del eje z. Demuestre que

$$\|\mathbf{L}\| = r^2\frac{d\theta}{dt}.$$

95. Demuestre la segunda ley de Kepler: todo rayo del Sol en un planeta barre áreas iguales de la elipse en tiempos iguales.

96. Demuestre la tercera ley de Kepler: el cuadrado del periodo de la órbita de un planeta es proporcional al cubo de la distancia media entre el planeta y el Sol.

Ejercicios de repaso

Consulte **CalcChat.com** para un tutorial de ayuda y soluciones trabajadas de los ejercicios con numeración impar.

Dominio y continuidad En los ejercicios 1 a 4, (a) halle el dominio de r y (b) determine los valores de t (si los hay) en los que la función es continua.

1. $\mathbf{r}(t) = \tan t\,\mathbf{i} + \mathbf{j} + t\,\mathbf{k}$ **2.** $\mathbf{r}(t) = \sqrt{t}\,\mathbf{i} + \dfrac{1}{t-4}\mathbf{j} + \mathbf{k}$

3. $\mathbf{r}(t) = \ln t\,\mathbf{i} + t\,\mathbf{j} + t\,\mathbf{k}$

4. $\mathbf{r}(t) = (2t+1)\mathbf{i} + t^2\mathbf{j} + t\,\mathbf{k}$

Evaluar una función En los ejercicios 5 y 6, evalúe (si es posible) la función vectorial en cada uno de los valores dados de t.

5. $\mathbf{r}(t) = (2t+1)\mathbf{i} + t^2\mathbf{j} - \sqrt{t+2}\,\mathbf{k}$

  (a) $\mathbf{r}(0)$ (b) $\mathbf{r}(-2)$ (c) $\mathbf{r}(c-1)$

  (d) $\mathbf{r}(1+\Delta t) - \mathbf{r}(1)$

6. $\mathbf{r}(t) = 3\cos t\,\mathbf{i} + (1 - \operatorname{sen} t)\mathbf{j} - t\,\mathbf{k}$

  (a) $\mathbf{r}(0)$ (b) $\mathbf{r}\!\left(\dfrac{\pi}{2}\right)$ (c) $\mathbf{r}(s - \pi)$

  (d) $\mathbf{r}(\pi + \Delta t) - \mathbf{r}(\pi)$

Escribir una función vectorial En los ejercicios 7 y 8, represente el segmento de recta de P a Q mediante una función vectorial y por un conjunto de ecuaciones paramétricas.

7. $P(3, 0, 5)$, $Q(2, -2, 3)$

8. $P(-2, -3, 8)$, $Q(5, 1, -2)$

Dibujar una curva En los ejercicios 9 a 12, dibuje la curva representada por la función vectorial y dé la orientación de la curva.

9. $\mathbf{r}(t) = \langle \pi \cos t,\ \pi \operatorname{sen} t \rangle$ **10.** $\mathbf{r}(t) = \langle t + 2,\ t^2 - 1 \rangle$

11. $\mathbf{r}(t) = (t+1)\mathbf{i} + (3t-1)\mathbf{j} + 2t\,\mathbf{k}$

12. $\mathbf{r}(t) = 2\cos t\,\mathbf{i} + t\,\mathbf{j} + 2\operatorname{sen} t\,\mathbf{k}$

Representar una gráfica mediante una función vectorial En los ejercicios 13 y 14, trace la curva plana representada por la función vectorial. (Hay varias respuestas correctas.)

13. $3x + 4y - 12 = 0$ **14.** $y = 9 - x^2$

Representar una gráfica mediante una función vectorial En los ejercicios 15 y 16, trace la curva en el espacio representada por la intersección de las superficies. Utilice el parámetro $x = t$ para encontrar una función vectorial para la curva en el espacio.

15. $z = x^2 + y^2$, $x + y = 0$

16. $x^2 + z^2 = 4$, $x - y = 0$

Encontrar un límite En los ejercicios 17 y 18, halle el límite.

17. $\displaystyle\lim_{t \to 4^-} \left(t\,\mathbf{i} + \sqrt{4-t}\,\mathbf{j} + \mathbf{k} \right)$

18. $\displaystyle\lim_{t \to 0} \left(\dfrac{\operatorname{sen} 2t}{t}\mathbf{i} + e^{-t}\mathbf{j} + e^{t}\mathbf{k} \right)$

Derivadas de orden superior En los ejercicios 19 y 20, encuentre (a) $\mathbf{r}'(t)$, (b) $\mathbf{r}''(t)$, y (c) $\mathbf{r}'(t) \cdot \mathbf{r}''(t)$.

19. $\mathbf{r}(t) = (t^2 + 4t)\mathbf{i} - 3t^2\mathbf{j}$

20. $\mathbf{r}(t) = 5\cos t\,\mathbf{i} + 2\operatorname{sen} t\,\mathbf{j}$

Derivadas de orden superior En los ejercicios 21 y 22, encuentre (a) $\mathbf{r}'(t)$, (b) $\mathbf{r}''(t)$, (c) $\mathbf{r}'(t) \cdot \mathbf{r}''(t)$, y (d) $\mathbf{r}'(t) \times \mathbf{r}''(t)$.

21. $\mathbf{r}(t) = 2t^3\mathbf{i} + 4t\,\mathbf{j} - t^2\mathbf{k}$

22. $\mathbf{r}(t) = (4t + 3)\mathbf{i} + t^2\mathbf{j} + (2t^2 + 4)\mathbf{k}$

Usar propiedades de la derivada En los ejercicios 23 y 24, use las propiedades de la derivada para hallar lo siguiente.

  (a) $\mathbf{r}'(t)$ (b) $\dfrac{d}{dt}[\mathbf{u}(t) - 2\mathbf{r}(t)]$ (c) $\dfrac{d}{dt}(3t)\mathbf{r}(t)$

  (d) $\dfrac{d}{dt}[\mathbf{r}(t) \cdot \mathbf{u}(t)]$ (e) $\dfrac{d}{dt}[\mathbf{r}(t) \times \mathbf{u}(t)]$ (f) $\dfrac{d}{dt}\mathbf{u}(2t)$

23. $\mathbf{r}(t) = 3t\,\mathbf{i} + (t-1)\mathbf{j}$, $\mathbf{u}(t) = t\,\mathbf{i} + t^2\mathbf{j} + \frac{2}{3}t^3\mathbf{k}$

24. $\mathbf{r}(t) = \operatorname{sen} t\,\mathbf{i} + \cos t\,\mathbf{j} + t\,\mathbf{k}$, $\mathbf{u}(t) = \operatorname{sen} t\,\mathbf{i} + \cos t\,\mathbf{j} + \dfrac{1}{t}\mathbf{k}$

Determinar una integral indefinida En los ejercicios 25 a 28, encuentre la integral indefinida.

25. $\displaystyle\int (\mathbf{i} + 3\mathbf{j} + 4t\,\mathbf{k})\,dt$

26. $\displaystyle\int (t^2\mathbf{i} + 5t\,\mathbf{j} + 8t^3\mathbf{k})\,dt$

27. $\displaystyle\int \left(3\sqrt{t}\,\mathbf{i} + \dfrac{2}{t}\mathbf{j} + \mathbf{k} \right)\,dt$

28. $\displaystyle\int (\operatorname{sen} t\,\mathbf{i} + \cos t\,\mathbf{j} + e^{2t}\mathbf{k})\,dt$

Evaluar una integral definida En los ejercicios 29 a 32, evalúe la integral definida.

29. $\displaystyle\int_{-2}^{2} (3t\,\mathbf{i} + 2t^2\mathbf{j} - t^3\mathbf{k})\,dt$

30. $\displaystyle\int_{0}^{1} (t\,\mathbf{i} + \sqrt{t}\,\mathbf{j} + 4t\,\mathbf{k})\,dt$

31. $\displaystyle\int_{0}^{2} (e^{t/2}\,\mathbf{i} - 3t^2\mathbf{j} - \mathbf{k})\,dt$

32. $\displaystyle\int_{0}^{\pi/3} (2\cos t\,\mathbf{i} + \operatorname{sen} t\,\mathbf{j} + 3\mathbf{k})\,dt$

Encontrar una antiderivada En los ejercicios 33 y 34, halle $\mathbf{r}(t)$ para las condiciones iniciales dadas.

33. $\mathbf{r}'(t) = 2t\,\mathbf{i} + e^{t}\mathbf{j} + e^{-t}\mathbf{k}$, $\mathbf{r}(0) = \mathbf{i} + 3\mathbf{j} - 5\mathbf{k}$

34. $\mathbf{r}'(t) = \sec t\,\mathbf{i} + \tan t\,\mathbf{j} + t^2\mathbf{k}$, $\mathbf{r}(0) = 3\mathbf{k}$

Determinar los vectores velocidad y aceleración En los ejercicios 35 a 38, el vector posición r describe la trayectoria de un objeto que se mueve en el espacio.

(a) Halle la velocidad, la rapidez y la aceleración del objeto.

(b) Evalúe el vector velocidad y el vector aceleración del objeto para un valor dado de t.

Vector de posición	Tiempo
35. $\mathbf{r}(t) = 4t\mathbf{i} + t^3\mathbf{j} - t\mathbf{k}$	$t = 1$
36. $\mathbf{r}(t) = \sqrt{t}\,\mathbf{i} + 5t\mathbf{j} + 2t^2\mathbf{k}$	$t = 4$
37. $\mathbf{r}(t) = \langle \cos^3 t, \, \text{sen}^3\, t, \, 3t \rangle$	$t = \pi$
38. $\mathbf{r}(t) = \langle t, \, -\tan t, \, e^t \rangle$	$t = 0$

Movimiento de un proyectil En los ejercicios 39 a 42, use el modelo para el movimiento de un proyectil, suponiendo que no hay resistencia del aire. [$a(t) = -32$ pies por segundo al cuadrado o $a(t) = -9.8$ metros por segundo al cuadrado.]

39. Un proyectil se dispara desde el nivel del suelo a una velocidad inicial de 84 pies por segundo con un ángulo de 30° con la horizontal. Halle el alcance del proyectil.

40. Una pelota de béisbol es golpeada desde una altura de 3.5 pies arriba del suelo con una velocidad inicial de 120 pies por segundo y a un ángulo de 30° arriba de la horizontal. Halle la altura máxima que alcanza la pelota de béisbol. Determine si libra una cerca de 8 pies de altura localizada a 375 pies del plato de lanzamiento.

41. Un proyectil se dispara desde el nivel del suelo con un ángulo de 20° con la horizontal. El proyectil tiene un alcance de 95 metros. Halle la velocidad inicial mínima.

42. Use una herramienta de graficación para representar las trayectorias de un proyectil para $v_0 = 20$ metros por segundo, $h = 0$ y (a) $\theta = 30°$, (b) $\theta = 45°$ y (c) use las gráficas para aproximar en cada caso la altura máxima y el alcance máximo del proyectil.

Encontrar el vector tangente unitario En los ejercicios 43 y 44, encuentre el vector tangente unitario a la curva en el valor dado del parámetro.

43. $\mathbf{r}(t) = 3t\mathbf{i} + 3t^3\mathbf{j}, \quad t = 1$

44. $\mathbf{r}(t) = 2\,\text{sen}\,t\mathbf{i} + 4\cos t\mathbf{j}, \quad t = \dfrac{\pi}{6}$

Encontrar una recta tangente En los ejercicios 45 y 46, halle el vector tangente unitario T(t) y determine un conjunto de ecuaciones paramétricas para la recta tangente a la curva en el espacio en el punto P.

45. $\mathbf{r}(t) = 2\cos t\mathbf{i} + 2\,\text{sen}\,t\mathbf{j} + t\mathbf{k}, \quad P\left(1, \sqrt{3}, \dfrac{\pi}{3}\right)$

46. $\mathbf{r}(t) = t\mathbf{i} + t^2\mathbf{j} + \dfrac{2}{3}t^3\mathbf{k}, \quad P\left(2, 4, \dfrac{16}{3}\right)$

Encontrar el vector unitario normal principal En los ejercicios 47-50, encuentre el vector unitario normal principal a la curva en el valor dado del parámetro.

47. $\mathbf{r}(t) = 2t\mathbf{i} + 3t^2\mathbf{j}, \quad t = 1$ **48.** $\mathbf{r}(t) = t\mathbf{i} + \ln t\mathbf{j}, \quad t = 2$

49. $\mathbf{r}(t) = 3\cos 2t\mathbf{i} + 3\,\text{sen}\,2t\mathbf{j} + 3\mathbf{k}, \quad t = \dfrac{\pi}{4}$

50. $\mathbf{r}(t) = 4\cos t\mathbf{i} + 4\,\text{sen}\,t\mathbf{j} + \mathbf{k}, \quad t = \dfrac{2\pi}{3}$

Encontrar las componentes tangencial y normal de la aceleración En los ejercicios 51 y 52, halle T(t), N(t), a_T y a_N en el tiempo t dado para la curva plana $r(t)$.

51. $\mathbf{r}(t) = \dfrac{3}{t}\mathbf{i} - 6t\mathbf{j}, \quad t = 3$

52. $\mathbf{r}(t) = 3\cos 2t\mathbf{i} + 3\,\text{sen}\,2t\mathbf{j}, \quad t = \dfrac{\pi}{6}$

Determinar la longitud de arco de una curva plana En los ejercicios 53 a 56, trace la curva en el plano y halle su longitud en el intervalo dado.

Función vectorial	Intervalo
53. $\mathbf{r}(t) = 2t\mathbf{i} - 3t\mathbf{j}$	$[0, 5]$
54. $\mathbf{r}(t) = t^2\mathbf{i} + 2t\mathbf{k}$	$[0, 3]$
55. $\mathbf{r}(t) = 10\cos^3 t\mathbf{i} + 10\,\text{sen}^3\,t\mathbf{j}$	$[0, 2\pi]$
56. $\mathbf{r}(t) = 10\cos t\mathbf{i} + 10\,\text{sen}\,t\mathbf{j}$	$[0, 2\pi]$

Determinar la longitud de arco de una curva en el espacio En los ejercicios 57 a 60, trace la curva en el espacio y halle su longitud en el intervalo dado.

Función vectorial	Intervalo
57. $\mathbf{r}(t) = -3t\mathbf{i} + 2t\mathbf{j} + 4t\mathbf{k}$	$[0, 3]$
58. $\mathbf{r}(t) = t\mathbf{i} + t^2\mathbf{j} + 2t\mathbf{k}$	$[0, 2]$
59. $\mathbf{r}(t) = \langle 8\cos t, \, 8\,\text{sen}\,t, \, t \rangle$	$\left[0, \dfrac{\pi}{2}\right]$
60. $\mathbf{r}(t) = \langle 2(\text{sen}\,t - t\cos t), \, 2(\cos t + t\,\text{sen}\,t), \, t \rangle$	$\left[0, \dfrac{\pi}{2}\right]$

Determinar la curvatura En los ejercicios 61 a 64, halle la curvatura K de la curva.

61. $\mathbf{r}(t) = 3t\mathbf{i} + 2t\mathbf{j}$ **62.** $\mathbf{r}(t) = 2\sqrt{t}\mathbf{i} + 3t\mathbf{j}$

63. $\mathbf{r}(t) = 2t\mathbf{i} + \dfrac{1}{2}t^2\mathbf{j} + t^2\mathbf{k}$

64. $\mathbf{r}(t) = 2t\mathbf{i} + 5\cos t\mathbf{j} + 5\,\text{sen}\,t\mathbf{k}$

Determinar la curvatura En los ejercicios 65 a 66, determine la curvatura K de la curva en el punto P.

65. $\mathbf{r}(t) = \dfrac{1}{2}t^2\mathbf{i} + t\mathbf{j} + \dfrac{1}{3}t^3\mathbf{k}, \quad P\left(\dfrac{1}{2}, 1, \dfrac{1}{3}\right)$

66. $\mathbf{r}(t) = 4\cos t\mathbf{i} + 3\,\text{sen}\,t\mathbf{j} + t\mathbf{k}, \quad P(-4, 0, \pi)$

Determinar la curvatura en coordenadas de recta En los ejercicios 67 a 70, determine la curvatura y el radio de curvatura de la curva plana en el valor dado de x.

67. $y = \dfrac{1}{2}x^2 + 2, \quad x = 4$ **68.** $y = e^{-x/2}, \quad x = 0$

69. $y = \ln x, \quad x = 1$ **70.** $y = \tan x, \quad x = \dfrac{\pi}{4}$

71. Fuerza de fricción Un vehículo de 7200 libras va a una velocidad de 25 millas por hora por una glorieta de 150 pies de radio. ¿Cuál es la fuerza de fricción que debe ejercer la superficie de la carretera en los neumáticos para impedir que el vehículo salga de curso?

Solución de problemas

Consulte **CalcChat.com** para un tutorial de ayuda y soluciones trabajadas de los ejercicios con numeración impar.

1. Espiral de Cornu La espiral de Cornu está dada por

$$x(t) = \int_0^t \cos\left(\frac{\pi u^2}{2}\right) du \quad \text{y} \quad y(t) = \int_0^t \text{sen}\left(\frac{\pi u^2}{2}\right) du.$$

La espiral mostrada en la figura fue trazada sobre el intervalo $-\pi \le t \le \pi$.

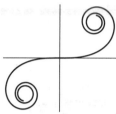

Generada con Mathematica

(a) Encuentre la longitud de arco de esta curva desde $t = 0$ hasta $t = a$.

(b) Determine la curvatura de la gráfica cuando $t = a$.

(c) La espiral de Cornu la descubrió James Bernoulli. Bernoulli encontró que la espiral tiene una relación interesante entre curvatura y longitud del arco. ¿Cuál es esta relación?

2. Radio de curvatura Sea T la recta tangente en el punto $P(x, y)$ a la gráfica de la curva $x^{2/3} + y^{2/3} = a^{2/3}$, $a > 0$, como se observa en la figura. Demuestre que el radio de curvatura en P es el triple de la distancia del origen a la recta tangente T.

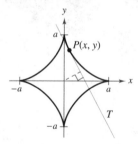

3. Movimiento de un proyectil Un bombardero vuela horizontalmente a una altitud de 3200 pies con una velocidad de 400 pies por segundo cuando suelta una bomba. Un proyectil se lanza 5 segundos después desde un cañón orientado hacia el bombardero y abajo a 5000 pies del punto original del bombardero, como se muestra en la figura. El proyectil va a interceptar la bomba a una altitud de 1600 pies. Determine la velocidad inicial y el ángulo de inclinación del proyectil. (Desprecie la resistencia del aire.)

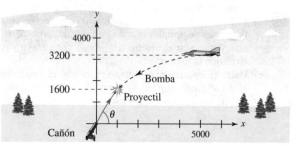

4. Movimiento de un proyectil Repita el ejercicio 3 si el bombardero está orientado en dirección *opuesta* a la del lanzamiento, como se muestra en la figura.

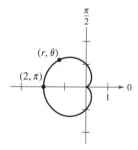

5. Cicloide Considere un arco de la cicloide

$$\mathbf{r}(\theta) = (\theta - \text{sen}\,\theta)\mathbf{i} + (1 - \cos\theta)\mathbf{j}, \quad 0 \le \theta \le 2\pi$$

que se muestra en la figura. Sea $s(\theta)$ la longitud de arco desde el punto más alto del arco hasta el punto $(x(\theta), y(\theta))$, y sea $\rho(\theta) = 1/K$ el radio de curvatura en el punto $(x(\theta), y(\theta))$. Demuestre que s y ρ están relacionados por la ecuación $s^2 + \rho^2 = 16$. (Esta ecuación se llama *ecuación natural* de la curva.)

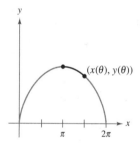

6. Cardioide Considere la cardioide

$$r = 1 - \cos\theta, \quad 0 \le \theta \le 2\pi$$

que se muestra en la figura. Sea $s(\theta)$ la longitud de arco desde el punto $(2, \pi)$ de la cardioide hasta el punto (r, θ) y sea $\rho(\theta) = 1/K$ el radio de curvatura en el punto (r, θ). Demuestre que s y ρ están relacionados por la ecuación $s^2 + 9\rho^2 = 16$. (Esta ecuación se llama *ecuación natural* de la curva.)

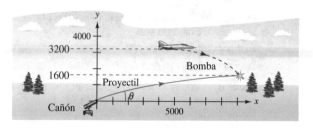

7. Demostración Si $\mathbf{r}(t)$ es una función no nula y derivable en t, demuestre que

$$\frac{d}{dt}(\|\mathbf{r}(t)\|) = \frac{1}{\|\mathbf{r}(t)\|}\mathbf{r}(t) \cdot \mathbf{r}'(t).$$

8. Satélite Un satélite de comunicaciones se mueve en una órbita circular alrededor de la Tierra a una distancia de 42,000 kilómetros del centro de la Tierra. La velocidad angular

$$\frac{d\theta}{dt} = \omega = \frac{\pi}{12} \text{ radianes por hora}$$

es constante.

(a) Utilice coordenadas polares para demostrar que el vector aceleración está dado por

$$\mathbf{a} = \frac{d^2\mathbf{r}}{dt^2} = \left[\frac{d^2r}{dt^2} - r\left(\frac{d\theta}{dt}\right)^2\right]\mathbf{u_r} + \left[r\frac{d^2\theta}{dt^2} + 2\frac{dr}{dt}\frac{d\theta}{dt}\right]\mathbf{u_\theta}$$

donde $\mathbf{u_r} = \cos\theta\mathbf{i} + \sin\theta\mathbf{j}$ es el vector unitario en la dirección radial y $\mathbf{u_\theta} = -\sin\theta\mathbf{i} + \cos\theta\mathbf{j}$.

(b) Encuentre las componentes radial y angular de la aceleración para el satélite.

Vector binormal **En los ejercicios 9 a 11, use el vector binormal definido por la ecuación $\mathbf{B} = \mathbf{T} \times \mathbf{N}$.**

9. Encuentre los vectores unitario tangente, unitario normal y binormal a la hélice

$$\mathbf{r}(t) = 4\cos t\mathbf{i} + 4\sin t\mathbf{j} + 3t\mathbf{k}$$

en $t = \pi/2$. Dibuje la hélice junto con estos tres vectores unitarios mutuamente ortogonales.

10. Encuentre los vectores unitario tangente, unitario normal y binormal a la curva

$$\mathbf{r}(t) = \cos t\mathbf{i} + \sin t\mathbf{j} - \mathbf{k}$$

en $t = \pi/4$. Dibuje la curva junto con estos tres vectores unitarios mutuamente ortogonales.

11. (a) Demuestre que existe un escalar llamado **torsión**, tal que $d\mathbf{B}/ds = -\tau\mathbf{N}$.

(b) Demuestre que $\dfrac{d\mathbf{N}}{ds} = -K\mathbf{T} + \tau\mathbf{B}$.

(Las tres ecuaciones $d\mathbf{T}/ds = K\mathbf{N}$, $d\mathbf{N}/ds = -K\mathbf{T} + \tau\mathbf{B}$ y $d\mathbf{B}/ds = -\tau\mathbf{N}$ son llamadas las *fórmulas de Frenet-Serret*.)

12. Rampa de salida Una autopista tiene una rampa de salida que empieza en el origen de un sistema coordenado y sigue la curva

$$y = \frac{1}{32}x^{5/2}$$

Hasta el punto (4, 1) (vea la figura). Después sigue una trayectoria circular cuya curvatura es la dada por la curva en (4, 1). ¿Cuál es el radio del arco circular? Explique por qué la curva y el arco circular deben tener en (4, 1) la misma curvatura.

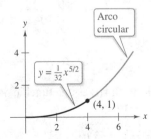

13. Longitud de arco y curvatura Considere la función vectorial

$$\mathbf{r}(t) = \langle t\cos\pi t, t\sin\pi t\rangle, \quad 0 \le t \le 2.$$

(a) Use una herramienta de graficación para representar la función.

(b) Halle la longitud de arco en el inciso (a).

(c) Determine la curvatura K como función de t. Halle las curvaturas cuando t es 0, 1 y 2.

(d) Use una herramienta de graficación para representar la función K.

(e) Encuentre (si es posible) el $\lim\limits_{t\to\infty} K$.

(f) Con el resultado del inciso (e), conjeture acerca de la gráfica de $\mathbf{r}$ cuando $t \to \infty$.

14. Rueda de la fortuna Usted quiere lanzar un objeto a un amigo que está en una rueda de la fortuna (vea la figura). Las ecuaciones paramétricas siguientes dan la trayectoria del amigo $\mathbf{r}_1(t)$ y la trayectoria del objeto $\mathbf{r}_2(t)$. La distancia está dada en metros y el tiempo en segundos.

$$\mathbf{r}_1(t) = 15\left(\sin\frac{\pi t}{10}\right)\mathbf{i} + \left(16 - 15\cos\frac{\pi t}{10}\right)\mathbf{j}$$

$$\mathbf{r}_2(t) = [22 - 8.03(t - t_0)]\mathbf{i} + [1 + 11.47(t - t_0) - 4.9(t - t_0)^2]\mathbf{j}$$

(a) Localice la posición del amigo en la rueda en el instante $t = 0$.

(b) Determine el número de revoluciones por minuto de la rueda de la fortuna.

(c) ¿Cuál es la rapidez y el ángulo de inclinación (en grados) al que el objeto es lanzado en el instante $t = t_0$?

(d) Use una herramienta de graficación para representar las funciones vectoriales usando un valor de t_0 que permite al amigo alcanzar el objeto. (Haga esto por ensayo y error.) Explique la importancia de t_0.

(e) Halle el instante aproximado en el que el amigo deberá poder atrapar el objeto. Aproxime las velocidades del amigo y del objeto en ese instante.

13 Funciones de varias variables

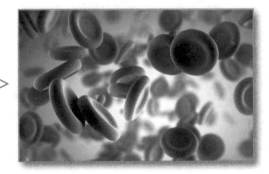

Ley de Hardy-Weinberg *(Ejercicio 15, p. 949)*

Fondo del océano
(Ejercicio 74, p. 926)

Factor del viento *(Ejercicio 31, p. 906)*

Costos marginales
(Ejercicio 110, p. 898)

Silvicultura *(Ejercicio 75, p. 878)*

13.1 Introducción a las funciones de varias variables

- Entender la notación para una función de varias variables.
- Dibujar la gráfica de una función de dos variables.
- Dibujar las curvas de nivel de una función de dos variables.
- Dibujar las superficies de nivel de una función de tres variables.
- Utilizar gráficos por computadora para representar una función de dos variables.

Funciones de varias variables

Hasta ahora en este texto sólo ha visto funciones de una sola variable (independiente). Sin embargo, muchos problemas comunes son funciones de dos o más variables. En seguida se dan tres ejemplos.

1. El trabajo realizado por una fuerza, $W = FD$, es una función de dos variables.

2. El volumen de un cilindro circular recto $V = \pi r^2 h$ es función de dos variables.

3. El volumen de un sólido rectangular $V = lwh$ es una función de tres variables.

La notación para una función de dos o más variables es similar a la utilizada para una función de una sola variable. Aquí se presentan dos ejemplos.

$$z = f(\underbrace{x, y}_{\text{2 variables}}) = x^2 + xy \qquad \text{Función de dos variables}$$

y

$$w = f(\underbrace{x, y, z}_{\text{3 variables}}) = x + 2y - 3z \qquad \text{Función de tres variables}$$

**MARY FAIRFAX SOMERVILLE
(1780-1872)**

Somerville se interesó por el problema de crear modelos geométricos de funciones de varias variables. Su libro más conocido, *The Mechanics of the Heavens,* se publicó en 1831.
Consulte LarsonCalculus.com para leer más acerca de esta biografía.

Definición de una función de dos variables

Sea D un conjunto de pares ordenados de números reales. Si a cada par ordenado (x, y) de D le corresponde un único número real $f(x, y)$, entonces se dice que f es una **función de x y y**. El conjunto D es el **dominio** de f, y el correspondiente conjunto de valores $f(x, y)$ es el **rango** de f. Para la función

$$z = f(x, y)$$

x y y son las **variables independientes** y z es la **variable dependiente**.

Pueden darse definiciones similares para las funciones de tres, cuatro o n variables, donde los dominios consisten en tríadas (x_1, x_2, x_3), tétradas (x_1, x_2, x_3, x_4) y n-adas $(x_1, x_2, \ldots x_n)$. En todos los casos, el rango es un conjunto de números reales. En este capítulo sólo estudiará funciones de dos o tres variables.

Como ocurre con las funciones de una variable, la manera más común para describir una función de varias variables es por medio de una *ecuación*, y a menos que se diga explícitamente lo contrario, puede suponer que el dominio es el conjunto de todos los puntos para los que la ecuación está definida. Por ejemplo, el dominio de la función dada por

$$f(x, y) = x^2 + y^2$$

es todo el plano xy. Similarmente, el dominio de

$$f(x, y) = \ln xy$$

es el conjunto de todos los puntos (x, y) en el plano para los que $xy > 0$. Esto consiste en todos los puntos del primer y tercer cuadrantes.

| EJEMPLO 1 | Dominios de funciones de varias variables |

Halle el dominio de cada función.

a. $f(x, y) = \dfrac{\sqrt{x^2 + y^2 - 9}}{x}$ **b.** $g(x, y, z) = \dfrac{x}{\sqrt{9 - x^2 - y^2 - z^2}}$

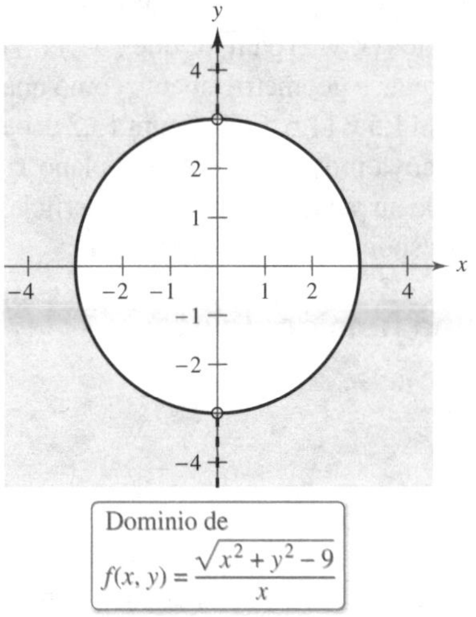

Solución

a. La función f está definida para todos los puntos (x, y) tales que $x \neq 0$ y

$$x^2 + y^2 \geq 9.$$

Por tanto, el dominio es el conjunto de todos los puntos que están en el círculo $x^2 + y^2 = 9$, o en su exterior, con *excepción* de los puntos en el eje y, como se muestra en la figura 13.1.

b. La función g está definida para todos los puntos (x, y, z) tales que

$$x^2 + y^2 + z^2 < 9.$$

Por consiguiente, el dominio es el conjunto de todos los puntos (x, y, z) que se encuentran en el interior de la esfera de radio 3 centrada en el origen.

Dominio de
$f(x, y) = \dfrac{\sqrt{x^2 + y^2 - 9}}{x}$

Figura 13.1

Las funciones de varias variables pueden combinarse de la misma manera que las funciones de una sola variable. Por ejemplo, se puede formar la suma, la diferencia, el producto y el cociente de funciones de dos variables como sigue.

$$(f \pm g)(x, y) = f(x, y) \pm g(x, y) \qquad \text{Suma o diferencia}$$
$$(fg)(x, y) = f(x, y)g(x, y) \qquad \text{Producto}$$
$$\frac{f}{g}(x, y) = \frac{f(x, y)}{g(x, y)}, \quad g(x, y) \neq 0 \qquad \text{Cociente}$$

No se puede formar la composición de dos funciones de varias variables. Sin embargo, si h es una función de varias variables y g es una función de una sola variable, puede formarse la función **compuesta** $(g \circ h)(x, y)$ como sigue

$$(g \circ h)(x, y) = g(h(x, y)) \qquad \text{Composición}$$

El dominio de esta función compuesta consta de todo (x, y) en el dominio de h tal que $h(x, y)$ está en el dominio de g. Por ejemplo, la función dada por

$$f(x, y) = \sqrt{16 - 4x^2 - y^2}$$

se puede ver como la función compuesta de dos variables dada por

$$h(x, y) = 16 - 4x^2 - y^2$$

y la función de una sola variable dada por

$$g(u) = \sqrt{u}.$$

El dominio de esta función es el conjunto de todos los puntos que se encuentran en la elipse dada por $4x^2 + y^2 = 16$ o en su interior.

Una función que puede expresarse como suma de funciones de la forma $cx^m y^n$ (donde c es un número real y m y n son enteros no negativos) se llama una **función polinomial** de dos variables. Por ejemplo, las funciones dadas por

$$f(x, y) = x^2 + y^2 - 2xy + x + 2 \quad \text{y} \quad g(x, y) = 3xy^2 + x - 2$$

son funciones polinomiales de dos variables. Una **función racional** es el cociente de dos funciones polinomiales. Terminología similar se utiliza para las funciones de más de dos variables.

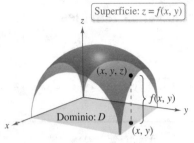

Figura 13.2

Gráfica de una función de dos variables

Como en el caso de las funciones de una sola variable, usted puede saber mucho acerca del comportamiento de una función de dos variables dibujando su gráfica. La **gráfica** de una función f de dos variables es el conjunto de todos los puntos (x, y, z) para los que $z = f(x, y)$ y (x, y) está en el dominio de f. Esta gráfica puede interpretarse geométricamente como una *superficie en el espacio*, como se explicó en las secciones 11.5 y 11.6. En la figura 13.2 debe observar que la gráfica de $z = f(x, y)$ es una superficie cuya proyección sobre el plano xy es D, el dominio de f. A cada punto (x, y) en D corresponde un punto (x, y, z) de la superficie, y viceversa, a cada punto (x, y, z) de la superficie le corresponde un punto (x, y) en D.

> **EJEMPLO 2**   Describir la gráfica de una función de dos variables

¿Cuál es el rango de

$$f(x, y) = \sqrt{16 - 4x^2 - y^2}?$$

Describa la gráfica de f.

Solución   El dominio D dado por la ecuación de f es el conjunto de todos los puntos (x, y) tales que

$$16 - 4x^2 - y^2 \geq 0.$$

Por tanto, D es el conjunto de todos los puntos que pertenecen o son interiores a la elipse dada por

$$\frac{x^2}{4} + \frac{y^2}{16} = 1. \qquad \text{Elipse en el plano } xy$$

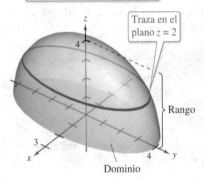

El rango de f está formado por todos los valores $z = f(x, y)$ tales que $0 \leq z \leq \sqrt{16}$, o sea

$$0 \leq z \leq 4. \qquad \text{Rango de } f$$

Un punto (x, y, z) está en la gráfica de f si y sólo si

$$z = \sqrt{16 - 4x^2 - y^2}$$
$$z^2 = 16 - 4x^2 - y^2$$
$$4x^2 + y^2 + z^2 = 16$$
$$\frac{x^2}{4} + \frac{y^2}{16} + \frac{z^2}{16} = 1, \qquad 0 \leq z \leq 4.$$

La gráfica de
$f(x, y) = \sqrt{16 - 4x^2 - y^2}$ es la parte superior de un elipsoide.
Figura 13.3

De acuerdo con la sección 11.6, usted sabe que la gráfica de f es la mitad superior de un elipsoide, como se muestra en la figura 13.3. ∎

Para dibujar *a mano* una superficie en el espacio, es útil usar trazas en planos paralelos a los planos coordenados, como se muestra en la figura 13.3. Por ejemplo, para hallar la traza de la superficie en el plano $z = 2$, sustituya $z = 2$ en la ecuación $z = \sqrt{16 - 4x^2 - y^2}$ y obtiene

$$2 = \sqrt{16 - 4x^2 - y^2} \implies \frac{x^2}{3} + \frac{y^2}{12} = 1.$$

Por tanto, la traza es una elipse centrada en el punto $(0, 0, 2)$ con ejes mayor y menor de longitudes

$$4\sqrt{3} \quad \text{y} \quad 2\sqrt{3}.$$

Las trazas también se usan en la mayor parte de las herramientas de graficación tridimensionales. Por ejemplo, la figura 13.4 muestra una versión generada por computadora de la superficie dada en el ejemplo 2. En esta gráfica la herramienta de graficación tomó 25 trazas paralelas al plano xy y 12 trazas en planos verticales.

Si usted dispone de una herramienta de graficación tridimensional, utilícela para representar varias superficies.

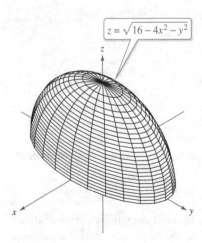

Figura 13.4

Curvas de nivel

Una segunda manera de visualizar una función de dos variables es usar un **campo escalar** en el que el escalar

$$z = f(x, y)$$

se asigna al punto (x, y). Un campo escalar puede caracterizarse por sus **curvas de nivel** (o **líneas de contorno**) a lo largo de las cuales el valor de $f(x, y)$ es constante. Por ejemplo, el mapa climático en la figura 13.5 muestra las curvas de nivel de igual presión, llamadas **isobaras**. Las curvas de nivel que representan puntos de igual temperatura en mapas climáticos se llaman **isotermas**, como se muestra en la figura 13.6. Otro uso común de curvas de nivel es la representación de campos de potencial eléctrico. En este tipo de mapa, las curvas de nivel se llaman **líneas equipotenciales**.

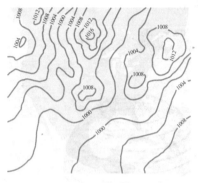

Las curvas de nivel muestran las líneas de igual presión (isobaras) medidas en milibares.

Figura 13.5

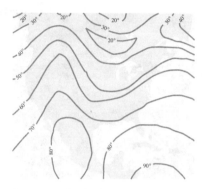

Las curvas de nivel muestran las líneas de igual temperatura (isotermas) medidas en grados Fahrenheit.

Figura 13.6

Los mapas de contorno suelen usarse para representar regiones de la superficie de la Tierra, donde las curvas de nivel representan la altura sobre el nivel del mar. Este tipo de mapas se llama **mapa topográfico**. Por ejemplo, la montaña mostrada en la figura 13.7 se representa por el mapa topográfico de la figura 13.8.

Figura 13.7

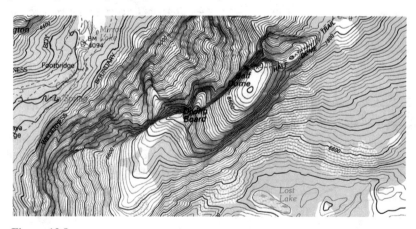

Figura 13.8

Un mapa de contorno representa la variación de z respecto a x y y mediante espacio entre las curvas de nivel. Una separación grande entre las curvas de nivel indica que z cambia lentamente, mientras que un espacio pequeño indica un cambio rápido en z. Además, en un mapa de contorno, es importante elegir valores de c *uniformemente espaciados*, para dar una mejor ilusión tridimensional.

EJEMPLO 3 **Dibujar un mapa de contorno**

El hemisferio dado por

$$f(x, y) = \sqrt{64 - x^2 - y^2}$$

se muestra en la figura 13.9. Dibuje un mapa de contorno de esta superficie utilizando curvas de nivel que correspondan a $c = 0, 1, 2, \ldots, 8$.

Solución Para cada c, la ecuación dada por $f(x, y) = c$ es un círculo (o un punto) en el plano xy. Por ejemplo, para $c_1 = 0$, la curva de nivel es

$$x^2 + y^2 = 64 \qquad \text{Círculo de radio 8}$$

la cual es un círculo de radio 8. La figura 13.10 muestra las nueve curvas de nivel del hemisferio.

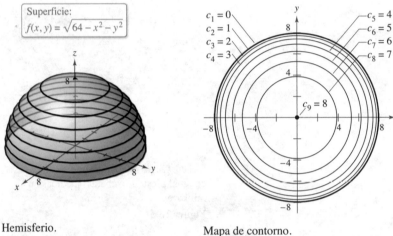

Hemisferio.
Figura 13.9

Mapa de contorno.
Figura 13.10

EJEMPLO 4 **Dibujar un mapa de contorno**

⋯▷ *Consulte LarsonCalculus.com para una versión interactiva de este tipo de ejemplo.*

El paraboloide hiperbólico

$$z = y^2 - x^2$$

se muestra en la figura 13.11. Dibuje un mapa de contorno de esta superficie.

Solución Para cada valor de c, sea $f(x, y) = c$, y dibuje la curva de nivel resultante en el plano xy. Para esta función, cada una de las curvas de nivel ($c \neq 0$) es una hipérbola cuyas asíntotas son las rectas $y = \pm x$. Si $c < 0$, el eje transversal es horizontal. Por ejemplo, la curva de nivel para $c = -4$ está dada por

$$\frac{x^2}{2^2} - \frac{y^2}{2^2} = 1.$$

Si $c > 0$, el eje transversal es vertical. Por ejemplo, la curva de nivel para $c = 4$ está dada por

$$\frac{y^2}{2^2} - \frac{x^2}{2^2} = 1.$$

Si $c = 0$, la curva de nivel es la cónica degenerada representada por las asíntotas que se cortan, como se muestra en la figura 13.12.

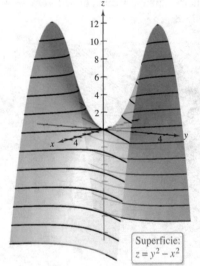

Paraboloide hiperbólico.
Figura 13.11

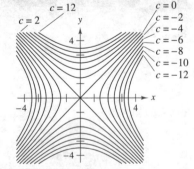

Curvas de nivel hiperbólicas
(en incrementos de 2).
Figura 13.12

Un ejemplo de una función de dos variables usada en economía es la **función de producción de Cobb-Douglas**. Esta función se utiliza como un modelo para representar el número de unidades producidas al variar las cantidades de trabajo y capital. Si x mide las unidades de trabajo y y mide las unidades de capital, entonces el número de unidades producidas está dado por

$$f(x, y) = Cx^a y^{1-a}$$

donde C y a son constantes, con $0 < a < 1$.

EJEMPLO 5   **La función de producción de Cobb-Douglas**

Un fabricante de juguetes estima que su función de producción es

$$f(x, y) = 100x^{0.6}y^{0.4}$$

donde x es el número de unidades de trabajo y y es el número de unidades de capital. Compare el nivel de producción cuando $x = 1000$ y $y = 500$ con el nivel de producción cuando $x = 2000$ y $y = 1000$.

Solución   Cuando $x = 1000$ y $y = 500$, el nivel de producción es

$$f(1000, 500) = 100(1000^{0.6})(500^{0.4}) \approx 75{,}786.$$

Cuando $x = 2000$ y $y = 1000$, el nivel de producción es

$$f(2000, 1000) = 100(2000^{0.6})(1000^{0.4}) = 151{,}572.$$

Las curvas de nivel de $z = f(x, y)$ se muestran en la figura 13.13. Observe que al doblar ambas x y y, se duplica el nivel de producción (vea el ejercicio 79). ∎

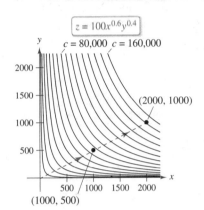

Curvas de nivel (con incrementos de 10,000).

Figura 13.13

Superficies de nivel

El concepto de curva de nivel puede extenderse una dimensión para definir una **superficie de nivel**. Si f es una función de tres variables y c es una constante, la gráfica de la ecuación

$$f(x, y, z) = c$$

es una **superficie de nivel** de la función f, como se muestra en la figura 13.14.

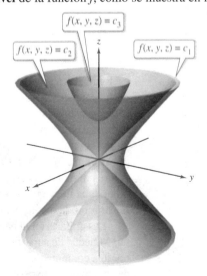

Superficies de nivel de f.

Figura 13.14

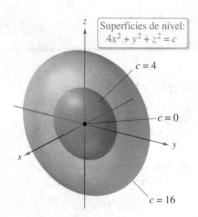

Figura 13.15

EJEMPLO 6   **Superficies de nivel**

Describa las superficies de nivel de la función

$$f(x, y, z) = 4x^2 + y^2 + z^2.$$

Solución   Cada superficie de nivel tiene una ecuación de la forma

$$4x^2 + y^2 + z^2 = c.$$ Ecuación de una superficie de nivel

Por tanto, las superficies de nivel son elipsoides (cuyas secciones transversales paralelas al plano yz son círculos). A medida que c aumenta, los radios de las secciones transversales circulares aumentan según la raíz cuadrada de c. Por ejemplo, las superficies de nivel correspondientes a los valores $c = 0$, $c = 4$ y $c = 16$ son como sigue.

$$4x^2 + y^2 + z^2 = 0$$ Superficie de nivel para $c = 0$ (un solo punto)

$$\frac{x^2}{1} + \frac{y^2}{4} + \frac{z^2}{4} = 1$$ Superficie de nivel para $c = 4$ (elipsoide)

$$\frac{x^2}{4} + \frac{y^2}{16} + \frac{z^2}{16} = 1$$ Superficie de nivel para $c = 16$ (elipsoide)

Estas superficies de nivel se muestran en la figura 13.15.

Si la función del ejemplo 6 representara la *temperatura* en el punto (x, y, z), las superficies de nivel mostradas en la figura 13.15 se llamarían **superficies isotermas**.

Gráficas por computadora

El problema de dibujar la gráfica de una superficie en el espacio puede simplificarse usando una computadora. Aunque hay varios tipos de herramientas de graficación tridimensionales, la mayoría utiliza alguna forma de análisis de trazas para dar la impresión de tres dimensiones. Para usar tales herramientas de graficación, por lo general se necesita dar la ecuación de la superficie, la región del plano xy sobre la cual la superficie ha de visualizarse y el número de trazas a considerar. Por ejemplo, para representar gráficamente la superficie dada por

$$f(x, y) = (x^2 + y^2)e^{1 - x^2 - y^2}$$

usted podría elegir los límites siguientes para x, y y z.

$$-3 \leq x \leq 3$$ Límites para x

$$-3 \leq y \leq 3$$ Límites para y

$$0 \leq z \leq 3$$ Límites para z

La figura 13.16 muestra una gráfica de esta superficie generada por computadora utilizando 26 trazas paralelas al plano yz. Para realizar el efecto tridimensional, el programa utiliza una rutina de "línea oculta". Es decir, comienza dibujando las trazas en primer plano (las correspondientes a los valores mayores de x), y después, a medida que se dibuja una nueva traza, el programa determina si mostrará toda o sólo parte de la traza siguiente.

Las gráficas en la página siguiente muestran una variedad de superficies que fueron dibujadas por una computadora. Si se dispone de un programa de computadora para dibujo, podrán reproducirse estas superficies. Recuerde también que se pueden visualizar y girar. Estas gráficas rotables están disponibles en *LarsonCalculus.com*.

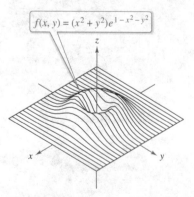

Figura 13.16

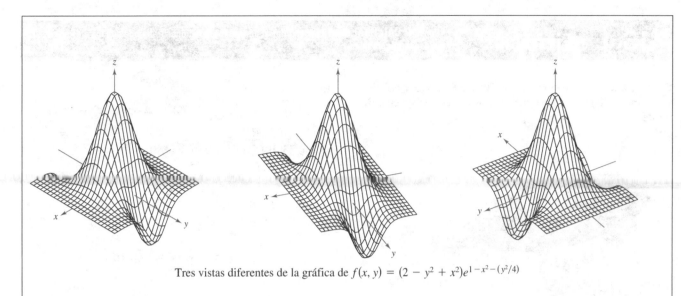

Tres vistas diferentes de la gráfica de $f(x, y) = (2 - y^2 + x^2)e^{1 - x^2 - (y^2/4)}$

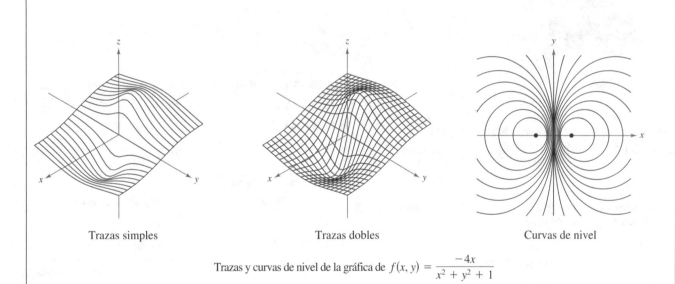

Trazas simples   Trazas dobles   Curvas de nivel

Trazas y curvas de nivel de la gráfica de $f(x, y) = \dfrac{-4x}{x^2 + y^2 + 1}$

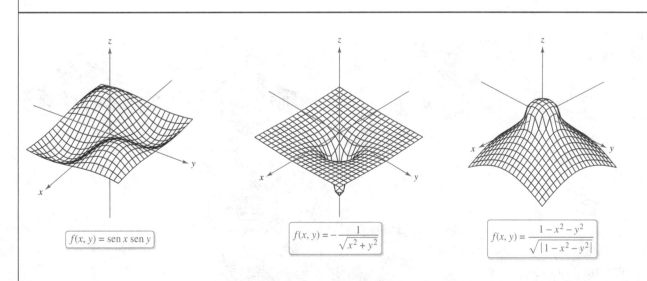

$f(x, y) = \operatorname{sen} x \operatorname{sen} y$

$f(x, y) = -\dfrac{1}{\sqrt{x^2 + y^2}}$

$f(x, y) = \dfrac{1 - x^2 - y^2}{\sqrt{|1 - x^2 - y^2|}}$

13.1 Ejercicios

Consulte **CalcChat.com** para un tutorial de ayuda y soluciones trabajadas de los ejercicios con numeración impar.

Determinar si una gráfica es una función En los ejercicios 1 y 2, utilice la gráfica para determinar si z es una función de x y de y.

1.

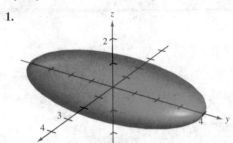

2.

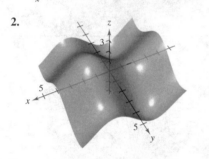

Determinar si una ecuación es una función En los ejercicios 3 a 6, determine si z es una función de x y de y.

3. $x^2 z + 3y^2 - xy = 10$

4. $xz^2 + 2xy - y^2 = 4$

5. $\dfrac{x^2}{4} + \dfrac{y^2}{9} + z^2 = 1$

6. $z + x \ln y - 8yz = 0$

Evaluar una función En los ejercicios 7 a 18, encuentre y simplifique los valores de la función.

7. $f(x, y) = xy$

   (a) $(3, 2)$ (b) $(-1, 4)$ (c) $(30, 5)$

   (d) $(5, y)$ (e) $(x, 2)$ (f) $(5, t)$

8. $f(x, y) = 4 - x^2 - 4y^2$

   (a) $(0, 0)$ (b) $(0, 1)$ (c) $(2, 3)$

   (d) $(1, y)$ (e) $(x, 0)$ (f) $(t, 1)$

9. $f(x, y) = xe^y$

   (a) $(5, 0)$ (b) $(3, 2)$ (c) $(2, -1)$

   (d) $(5, y)$ (e) $(x, 2)$ (f) (t, t)

10. $g(x, y) = \ln|x + y|$

   (a) $(1, 0)$ (b) $(0, -1)$ (c) $(0, e)$

   (d) $(1, 1)$ (e) $(e, e/2)$ (f) $(2, 5)$

11. $h(x, y, z) = \dfrac{xy}{z}$

   (a) $(2, 3, 9)$ (b) $(1, 0, 1)$ (c) $(-2, 3, 4)$ (d) $(5, 4, -6)$

12. $f(x, y, z) = \sqrt{x + y + z}$

   (a) $(0, 5, 4)$ (b) $(6, 8, -3)$

   (c) $(4, 6, 2)$ (d) $(10, -4, -3)$

13. $f(x, y) = x \operatorname{sen} y$

   (a) $(2, \pi/4)$ (b) $(3, 1)$ (c) $(-3, \pi/3)$ (d) $(4, \pi/2)$

14. $V(r, h) = \pi r^2 h$

   (a) $(3, 10)$ (b) $(5, 2)$ (c) $(4, 8)$ (d) $(6, 4)$

15. $g(x, y) = \displaystyle\int_x^y (2t - 3)\, dt$

   (a) $(4, 0)$ (b) $(4, 1)$ (c) $\left(4, \tfrac{3}{2}\right)$ (d) $\left(\tfrac{3}{2}, 0\right)$

16. $g(x, y) = \displaystyle\int_x^y \dfrac{1}{t}\, dt$

   (a) $(4, 1)$ (b) $(6, 3)$ (c) $(2, 5)$ (d) $\left(\tfrac{1}{2}, 7\right)$

17. $f(x, y) = 2x + y^2$

   (a) $\dfrac{f(x + \Delta x, y) - f(x, y)}{\Delta x}$ (b) $\dfrac{f(x, y + \Delta y) - f(x, y)}{\Delta y}$

18. $f(x, y) = 3x^2 - 2y$

   (a) $\dfrac{f(x + \Delta x, y) - f(x, y)}{\Delta x}$ (b) $\dfrac{f(x, y + \Delta y) - f(x, y)}{\Delta y}$

Obtener el dominio y rango de una función En los ejercicios 19 a 30, determine el dominio y el rango de la función.

19. $f(x, y) - x^2 + y^2$

20. $f(x, y) = e^{xy}$

21. $g(x, y) = x\sqrt{y}$

22. $g(x, y) = \dfrac{y}{\sqrt{x}}$

23. $z = \dfrac{x + y}{xy}$

24. $z = \dfrac{xy}{x - y}$

25. $f(x, y) = \sqrt{4 - x^2 - y^2}$

26. $f(x, y) = \sqrt{4 - x^2 - 4y^2}$

27. $f(x, y) = \arccos(x + y)$

28. $f(x, y) = \operatorname{arcsen}(y/x)$

29. $f(x, y) = \ln(4 - x - y)$

30. $f(x, y) = \ln(xy - 6)$

31. Piénselo Las gráficas marcadas (a), (b), (c) y (d) son gráficas de la función $f(x, y) = 4x/(x^2 + y^2 + 1)$. Asocie cada gráfica con el punto en el espacio desde el que la superficie es visualizada. Los cuatro puntos son $(20, 15, 25)$, $(15, 10, 20)$, $(20, 20, 0)$ y $(20, 0, 0)$.

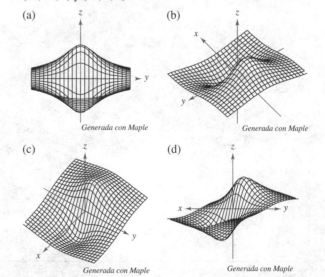

(a)

(b)

Generada con Maple

Generada con Maple

(c)

(d)

Generada con Maple

Generada con Maple

32. Piénselo Use la función dada en el ejercicio 31.

(a) Encuentre el dominio y rango de la función.

(b) Identifique los puntos en el plano xy donde el valor de la función es 0.

(c) ¿Pasa la superficie por todos los octantes del sistema de coordenadas rectangular? Dé las razones de su respuesta.

Dibujar una superficie En los ejercicios 33 a 40, dibuje la superficie dada por la función.

33. $f(x, y) = 4$

34. $f(x, y) = 6 - 2x - 3y$

35. $f(x, y) = y^2$

36. $g(x, y) = \frac{1}{2}y$

37. $z = -x^2 - y^2$

38. $z = \frac{1}{2}\sqrt{x^2 + y^2}$

39. $f(x, y) = e^{-x}$

40. $f(x, y) = \begin{cases} xy, & x \geq 0, y \geq 0 \\ 0, & x < 0 \text{ o } y < 0 \end{cases}$

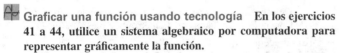

Graficar una función usando tecnología En los ejercicios 41 a 44, utilice un sistema algebraico por computadora para representar gráficamente la función.

41. $z = y^2 - x^2 + 1$

42. $z = \frac{1}{12}\sqrt{144 - 16x^2 - 9y^2}$

43. $f(x, y) = x^2 e^{(-xy/2)}$

44. $f(x, y) = x \operatorname{sen} y$

Relacionar En los ejercicios 45 a 48, asocie la gráfica de la superficie con uno de los mapas de contorno. [Los mapas de contorno están marcados (a), (b), (c) y (d).]

(a)

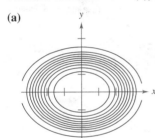

(b)

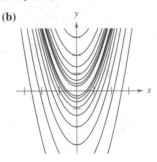

(c)

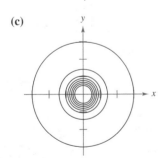

(d)

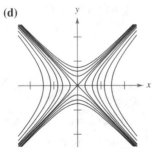

45. $f(x, y) = e^{1-x^2-y^2}$

46. $f(x, y) = e^{1-x^2+y^2}$

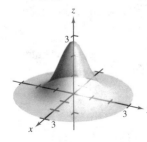

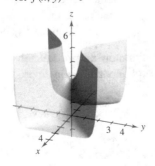

47. $f(x, y) = \ln|y - x^2|$

48. $f(x, y) = \cos\left(\dfrac{x^2 + 2y^2}{4}\right)$

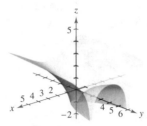

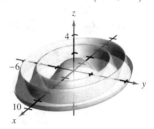

Dibujar un mapa de contorno En los ejercicios 49 a 56, describa las curvas de nivel de la función. Dibuje las curvas de nivel para los valores dados de c.

49. $z = x + y$, $\quad c = -1, 0, 2, 4$

50. $z = 6 - 2x - 3y$, $\quad c = 0, 2, 4, 6, 8, 10$

51. $z = x^2 + 4y^2$, $\quad c = 0, 1, 2, 3, 4$

52. $f(x, y) = \sqrt{9 - x^2 - y^2}$, $\quad c = 0, 1, 2, 3$

53. $f(x, y) = xy$, $\quad c = \pm 1, \pm 2, \ldots, \pm 6$

54. $f(x, y) = e^{xy/2}$, $\quad c = 2, 3, 4, \frac{1}{2}, \frac{1}{3}, \frac{1}{4}$

55. $f(x, y) = x/(x^2 + y^2)$, $\quad c = \pm\frac{1}{2}, \pm 1, \pm\frac{3}{2}, \pm 2$

56. $f(x, y) = \ln(x - y)$, $\quad c = 0, \pm\frac{1}{2}, \pm 1, \pm\frac{3}{2}, \pm 2$

Dibujar curvas de nivel En los ejercicios 57 a 60, utilice una herramienta de graficación para representar seis curvas de nivel de la función.

57. $f(x, y) = x^2 - y^2 + 2$

58. $f(x, y) = |xy|$

59. $g(x, y) = \dfrac{8}{1 + x^2 + y^2}$

60. $h(x, y) = 3 \operatorname{sen}(|x| + |y|)$

DESARROLLO DE CONCEPTOS

61. Función de dos variables ¿Qué es una gráfica de una función de dos variables? ¿Cómo se interpreta geométricamente? Describa las curvas de nivel.

62. Usar curvas de nivel Todas las curvas de nivel de la superficie dada por $z = f(x, y)$ son círculos concéntricos. ¿Implica esto que la gráfica de f es un hemisferio? Ilustre la respuesta con un ejemplo.

63. Crear una función Construya una función cuyas curvas de nivel sean rectas que pasen por el origen.

---

64. Conjetura Considere la función $f(x, y) = xy$, para $x \geq 0$ y $y \geq 0$.

(a) Trace la gráfica de la superficie dada por f.

(b) Conjeture acerca de la relación entre las gráficas de f y $g(x, y) = f(x, y) - 3$. Explique su razonamiento.

(c) Conjeture acerca de la relación entre las gráficas de f y $g(x, y) = -f(x, y)$. Explique su razonamiento.

(d) Conjeture acerca de la relación entre las gráficas de f y $g(x, y) = \frac{1}{2}f(x, y)$. Explique su razonamiento.

(e) Sobre la superficie en el inciso (a), trace la gráfica de $z = f(x, x)$.

Redacción En los ejercicios 65 y 66, utilice las gráficas de las curvas de nivel (valores de c uniformemente espaciados) de la función f para dar una descripción de una posible gráfica de f. ¿Es única la gráfica de f? Explique su respuesta.

65. 66.

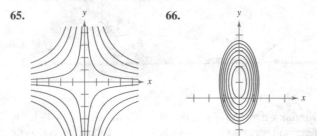

67. **Inversión** En el 2012 se efectuó una inversión de \$1000 al 6% de interés compuesto anual. Suponga que el inversor paga una tasa de impuesto R y que la tasa de inflación anual es I. En el año 2022, el valor V de la inversión en dólares constantes de 2012 es

$$V(I, R) = 1000 \left[\frac{1 + 0.06(1 - R)}{1 + I} \right]^{10}.$$

Utilice esta función de dos variables para completar la tabla.

	Tasa de inflación		
Tasa de impuestos	0	0.03	0.05
0			
0.28			
0.35			

68. **Inversión** Se depositan \$5000 en una cuenta de ahorro a una tasa de interés compuesto continuo r (expresado en forma decimal). La cantidad $A(r, t)$ después de t años es

$$A(r, t) = 5000e^{rt}.$$

Utilice esta función de dos variables para completar la tabla.

	Número de años			
Tasa	5	10	15	20
0.02				
0.03				
0.04				
0.05				

Dibujar una superficie de nivel En los ejercicios 69 a 74, dibuje la gráfica de la superficie de nivel $f(x, y, z) = c$ para el valor de c que se especifica.

69. $f(x, y, z) = x - y + z, \quad c = 1$

70. $f(x, y, z) = 4x + y + 2z, \quad c = 4$

71. $f(x, y, z) = x^2 + y^2 + z^2, \quad c = 9$

72. $f(x, y, z) = x^2 + \frac{1}{4}y^2 - z, \quad c = 1$

73. $f(x, y, z) = 4x^2 + 4y^2 - z^2, \quad c = 0$

74. $f(x, y, z) = \operatorname{sen} x - z, \quad c = 0$

75. **Silvicultura**

La **regla de troncos de Doyle** es uno de los diferentes métodos usados para determinar la producción de madera (en pies tablares) como función de su diámetro d (en pulgadas) y de su altura L (en pies). El número de pies tablares es

$$N(d, L) = \left(\frac{d - 4}{4} \right)^2 L.$$

(a) Determine el número de pies tablares de madera en un tronco de 22 pulgadas de diámetro y 12 pies de altura.

(b) Encuentre $N(30, 12)$.

76. **Modelo de filas** La cantidad de tiempo promedio que un cliente espera en una fila para recibir un servicio es

$$W(x, y) = \frac{1}{x - y}, \quad x > y$$

donde y es la tasa media de llegadas, expresada como número de clientes por unidad de tiempo, y x es la tasa media de servicio, expresada en las mismas unidades. Evalúe cada una de las siguientes cantidades.

(a) $W(15, 9)$ (b) $W(15, 13)$

(c) $W(12, 7)$ (d) $W(5, 2)$

77. **Distribución de temperaturas** La temperatura T (en grados Celsius) en cualquier punto (x, y) de una placa circular de acero de 10 metros de radio es

$$T = 600 - 0.75x^2 - 0.75y^2$$

donde x y y se miden en metros. Dibuje algunas de las curvas isotermas.

78. **Potencial eléctrico** El potencial eléctrico V en cualquier punto (x, y) es

$$V(x, y) = \frac{5}{\sqrt{25 + x^2 + y^2}}.$$

Dibuje las curvas equipotenciales de $V = \frac{1}{2}$, $V = \frac{1}{3}$ y $V = \frac{1}{4}$.

79. **Función de producción de Cobb-Douglas** Utilice la función de producción de Cobb-Douglas (ver ejemplo 5) para demostrar que si el número de unidades de trabajo y el número de unidades de capital se duplican, el nivel de producción también se duplica.

80. **Función de producción de Cobb-Douglas** Demuestre que la función de producción de Cobb-Douglas

$$z = Cx^a y^{1-a}$$

puede reescribirse como

$$\ln \frac{z}{y} = \ln C + a \ln \frac{x}{y}.$$

81. Ley de los gases ideales De acuerdo con la ley de los gases ideales,

$$PV = kT$$

donde P es la presión, V es el volumen, T es la temperatura (en kelvins) y k es una constante de proporcionalidad. Un tanque contiene 2000 pulgadas cúbicas de nitrógeno a una presión de 26 libras por pulgada cuadrada y una temperatura de 300 K.

(a) Determine k.

(b) Exprese P como función de V y T, y describa las curvas de nivel.

82. Modelar datos La tabla muestra las ventas netas x (en miles de millones de dólares), los activos totales y (en miles de millones de dólares) y los derechos de los accionistas z (en miles de millones de dólares) para Apple desde 2006 hasta el 2011. (*Fuente: Apple Inc.*)

Año	2006	2007	2008	2009	2010	2011
x	19.3	24.6	37.5	42.9	65.2	108.2
y	17.2	24.9	36.2	47.5	75.2	116.4
z	10.0	14.5	22.3	31.6	47.8	76.6

Un modelo para estos datos es

$$z = f(x, y) = 0.035x + 0.640y - 1.77.$$

(a) Utilizar una herramienta de graficación y el modelo para aproximar z para los valores dados de x y y.

(b) ¿Cuál de las dos variables en este modelo tiene mayor influencia sobre los derechos de los accionistas? Explique su razonamiento.

(c) Simplifique la expresión de $f(x, 150)$ e interprete su significado en el contexto del problema.

83. Meteorología Los meteorólogos miden la presión atmosférica en milibares. A partir de estas observaciones elaboran mapas climáticos en los que se muestran las curvas de presión atmosférica constante (isobaras) (ver la figura). En el mapa, cuanto más juntas están las isobaras, mayor es la velocidad del viento. Asocie los puntos A, B y C con (a) la mayor presión, (b) la menor presión y (c) la mayor velocidad del viento.

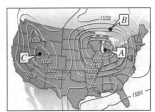 

Figura para 83   Figura para 84

84. Lluvia ácida La acidez del agua de lluvia se mide en unidades llamadas pH. Un pH de 7 es neutro, valores menores corresponden a acidez creciente, y valores mayores a alcalinidad creciente. El mapa muestra las curvas de pH constante y da evidencia de que en la dirección en la que sopla el viento de áreas muy industrializadas la acidez ha ido aumentando. Utilice las curvas de nivel en el mapa, para determinar la dirección de los vientos dominantes en el noreste de Estados Unidos.

85. Costo de construcción Una caja rectangular abierta por arriba tiene x pies de longitud, y pies de ancho y z pies de alto. Construir la base cuesta \$1.20 por pie cuadrado y construir los lados \$0.75 por pie cuadrado. Exprese el costo C de construcción de la caja en función de x, y y z.

86. ¿CÓMO LO VE? El mapa de contorno mostrado en la figura fue generado por computadora usando una colección de datos mediante instrumentación del satélite. El color se usa para mostrar el "agujero de ozono" en la atmósfera de la Tierra. Las áreas púrpura y azul representan los más bajos niveles de ozono y las áreas verdes representan los niveles más altos. (*Fuente: National Aeronautics and Space Administration*)

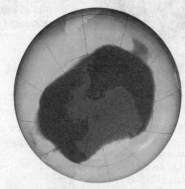

(a) ¿Corresponden las curvas de nivel a los mismos niveles de ozono espaciados? Explique.

(b) Describa cómo obtener un mapa de contorno más detallado.

¿Verdadero o falso? En los ejercicios 87 a 90, determine si el enunciado es verdadero o falso. Si es falso, explique por qué o dé un ejemplo que demuestre que es falso.

87. Si $f(x_0, y_0) = f(x_1, y_1)$, entonces $x_0 = x_1$ y $y_0 = y_1$.

88. Si f es una función, entonces $f(ax, ay) = a^2 f(x, y)$.

89. Una recta vertical puede cortar la gráfica de $z = f(x, y)$ a lo sumo una vez.

90. Dos diferentes curvas de nivel de la gráfica de $z = f(x, y)$ pueden intersecarse.

DESAFÍOS DEL EXAMEN PUTNAM

91. Sea $f: \mathbb{R}^2 \to \mathbb{R}$ una función tal que

$$f(x, y) + f(y, z) + f(z, x) = 0$$

para todos los números reales x, y y z. Demuestre que existe una función $g: \mathbb{R} \to \mathbb{R}$ tal que

$$f(x, y) = g(x) - g(y)$$

para todos los números reales x y y.

Este problema fue preparado por el Committee on the Putnam Prize Competition.
© The Mathematical Association of America. Todos los derechos reservados.

13.2 Límites y continuidad

■ Entender la definición de una vecindad en el plano.
■ Entender y utilizar la definición de límite de una función de dos variables.
■ Extender el concepto de continuidad a una función de dos variables.
■ Extender el concepto de continuidad a una función de tres variables.

Vecindad en el plano

En esta sección estudiará límites y continuidad de funciones de dos o tres variables. La sección comienza con funciones de dos variables. Al final de la sección, los conceptos se extienden a funciones de tres variables.

Su estudio del límite de una función de dos variables inicia definiendo el análogo bidimensional de un intervalo en la recta real. Utilizando la fórmula para la distancia entre dos puntos

$$(x, y) \qquad y \qquad (x_0, y_0)$$

en el plano, puede definir la **vecindad δ** de (x_0, y_0) como el **disco** con radio $\delta > 0$, centrado en (x_0, y_0)

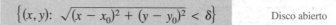

$$\left\{ (x, y): \ \sqrt{(x - x_0)^2 + (y - y_0)^2} < \delta \right\} \qquad \text{Disco abierto}$$

como se muestra en la figura 13.17. Cuando esta fórmula contiene el signo de desigualdad $<$ *menor que*, al disco se le llama **abierto**, y cuando contiene el signo de desigualdad $\leq$ *menor o igual que*, al disco se le llama **cerrado**. Esto corresponde al uso de $<$ y $\leq$ al definir intervalos abiertos y cerrados.

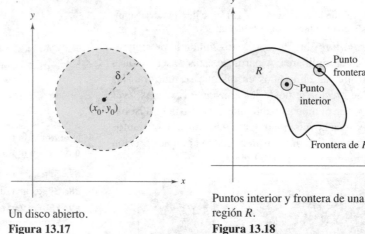

Un disco abierto.
Figura 13.17

Puntos interior y frontera de una región R.
Figura 13.18

Un punto (x_0, y_0) en una región del plano R es un **punto interior** si existe un entorno δ que esté contenido completamente en R, como se muestra en la figura 13.18. Si todo punto de R es un punto interior, entonces R es una **región abierta**. Un punto (x_0, y_0) es un **punto frontera** de R si todo disco abierto centrado en (x_0, y_0) contiene puntos dentro de R y puntos fuera de R. Por definición, una región debe contener sus puntos interiores, pero no necesita contener sus puntos frontera. Si una región contiene todos sus puntos frontera, la región es **cerrada**. Una región que contiene algunos, pero no todos, sus puntos frontera no es ni abierta ni cerrada.

■ **PARA INFORMACIÓN ADICIONAL** Para más información acerca de Sonya Kovalevsky, vea el artículo "S. Kovalevsky: A Mathematical Lesson", de Karen D. Rappaport, en *The American Mathematical Monthly*. Para ver este artículo, visite *MathArticles.com*.

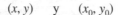

SONYA KOVALEVSKY
(1850-1891)

Gran parte de la terminología usada para definir límites y continuidad de una función de dos o tres variables la introdujo el matemático alemán Karl Weierstrass (1815-1897). El enfoque riguroso de Weierstrass a los límites y a otros temas en cálculo le valió la reputación de "padre del análisis moderno". Weierstrass era un maestro excelente. Una de sus alumnas más conocidas fue la matemática rusa Sonya Kovalevsky, quien aplicó muchas de las técnicas de Weierstrass a problemas de la física matemática y se convirtió en una de las primeras mujeres aceptada como investigadora matemática.

Límite de una función de dos variables

Definición del límite de una función de dos variables

Sea f una función de dos variables definidas, excepto posiblemente en (x_0, y_0), en un disco centrado en (x_0, y_0), y sea L un número real. Entonces

$$\lim_{(x, y) \to (x_0, y_0)} f(x, y) = L$$

Si a cada $\varepsilon > 0$ le corresponde un $\delta > 0$ tal que

$$|f(x, y) - L| < \varepsilon \quad \text{siempre que} \quad 0 < \sqrt{(x - x_0)^2 + (y - y_0)^2} < \delta.$$

Gráficamente, la definición del límite de una función implica que para todo punto $(x, y) \neq (x_0, y_0)$ en el disco de radio δ, el valor $f(x, y)$ está entre $L + \varepsilon$ y $L - \varepsilon$, como se muestra en la figura 13.19.

La definición del límite de una función en dos variables es similar a la definición del límite de una función en una sola variable, pero existe una diferencia importante. Para determinar si una función en una sola variable tiene límite, usted sólo necesita ver que se aproxime al límite por ambas direcciones: por la derecha y por la izquierda. Si la función se aproxima al mismo límite por la derecha y por la izquierda, puede concluir que el límite existe. Sin embargo, en el caso de una función de dos variables,

$$(x, y) \to (x_0, y_0)$$

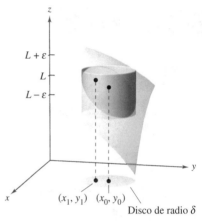

Para todo (x, y) en el círculo de radio δ, el valor de $f(x, y)$ se encuentra entre $L + \varepsilon$ y $L - \varepsilon$.

Figura 13.19

la expresión significa que el punto puede aproximarse al punto por cualquier dirección. Si el valor de

$$\lim_{(x, y) \to (x_0, y_0)} f(x, y)$$

no es el mismo al aproximarse por cualquier **trayectoria** a (x_0, y_0) el límite no existe.

EJEMPLO 1   **Verificar un límite a partir de la definición**

Demuestre que $\displaystyle \lim_{(x, y) \to (a, b)} x = a$.

Solución   Sea $f(x, y) = x$ y $L = a$. Necesita demostrar que para cada $\varepsilon > 0$, existe un entorno δ de (a, b) tal que

$$|f(x, y) - L| = |x - a| < \varepsilon$$

siempre que $(x, y) \neq (a, b)$ se encuentre en el entorno. Primero puede observar que

$$0 < \sqrt{(x - a)^2 + (y - b)^2} < \delta$$

implica que

$$\begin{aligned}
|f(x, y) - a| &= |x - a| \\
&= \sqrt{(x - a)^2} \\
&\leq \sqrt{(x - a)^2 + (y - b)^2} \\
&< \delta.
\end{aligned}$$

Así que puede elegir $\delta = \varepsilon$ y el límite queda verificado.

Los límites de funciones de varias variables tienen las mismas propiedades respecto a la suma, diferencia, producto y cociente que los límites de funciones de una sola variable. (Vea el teorema 1.2 en la sección 1.3.) Algunas de estas propiedades se utilizan en el ejemplo siguiente.

EJEMPLO 2   **Calcular un límite**

Calcule

$$\lim_{(x,\,y)\to(1,\,2)} \frac{5x^2y}{x^2 + y^2}.$$

Solución   Usando las propiedades de los límites de productos y de sumas, obtiene

$$\lim_{(x,\,y)\to(1,\,2)} 5x^2y = 5(1^2)(2) = 10$$

y

$$\lim_{(x,\,y)\to(1,\,2)} (x^2 + y^2) = (1^2 + 2^2) = 5.$$

Como el límite de un cociente es igual al cociente de los límites (y el denominador no es 0), tiene

$$\lim_{(x,\,y)\to(1,\,2)} \frac{5x^2y}{x^2 + y^2} = \frac{10}{5} = 2.$$

EJEMPLO 3   **Verificar un límite**

Calcule $\displaystyle\lim_{(x,\,y)\to(0,\,0)} \frac{5x^2y}{x^2 + y^2}.$

Solución   En este caso, los límites del numerador y del denominador son ambos 0, por tanto no puede determinar la existencia (o inexistencia) del límite tomando los límites del numerador y el denominador por separado y dividiendo después. Sin embargo, por la gráfica de f (figura 13.20), parece razonable pensar que el límite pueda ser 0. En consecuencia, puede intentar aplicar la definición de límite a $L = 0$. Primero, debe observar que

$$|y| \le \sqrt{x^2 + y^2}$$

y

$$\frac{x^2}{x^2 + y^2} \le 1.$$

Entonces, en una vecindad δ de $(0, 0)$, tiene que,

$$0 < \sqrt{x^2 + y^2} < \delta$$

y se tiene que para $(x, y) \ne (0, 0)$,

$$\begin{aligned}
|f(x, y) - 0| &= \left| \frac{5x^2y}{x^2 + y^2} \right| \\
&= 5|y|\left(\frac{x^2}{x^2 + y^2} \right) \\
&\le 5|y| \\
&\le 5\sqrt{x^2 + y^2} \\
&< 5\delta.
\end{aligned}$$

Por tanto, puede elegir $\delta = \varepsilon/5$ y concluir que

$$\lim_{(x,\,y)\to(0,\,0)} \frac{5x^2y}{x^2 + y^2} = 0.$$

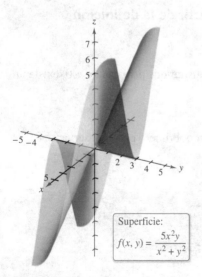

Superficie:

$$f(x, y) = \frac{5x^2y}{x^2 + y^2}$$

Figura 13.20

$$\lim_{(x,y)\to(0,0)} \frac{1}{x^2 + y^2} \text{ no existe.}$$

Figura 13.21

Con algunas funciones es fácil reconocer que el límite no existe. Por ejemplo, está claro que el límite

$$\lim_{(x,y)\to(0,0)} \frac{1}{x^2 + y^2}$$

no existe porque el valor de $f(x, y)$ crece sin tope cuando (x, y) tiende a $(0, 0)$ por *cualquier* trayectoria (vea la figura 13.21).

Con otras funciones no es tan fácil reconocer que un límite no existe. Así, el siguiente ejemplo describe un caso en el que el límite no existe, ya que la función se aproxima a valores diferentes a lo largo de trayectorias diferentes.

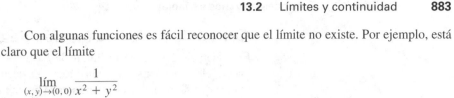

EJEMPLO 4 **Un límite que no existe**

:····▷ *Consulte LarsonCalculus.com para una versión interactiva de este tipo de ejemplo.*

Demuestre que el siguiente límite no existe.

$$\lim_{(x,y)\to(0,0)} \left(\frac{x^2 - y^2}{x^2 + y^2}\right)^2$$

Solución El dominio de la función

$$f(x, y) = \left(\frac{x^2 - y^2}{x^2 + y^2}\right)^2$$

consta de todos los puntos en el plano xy con excepción del punto $(0, 0)$. Para demostrar que el límite no existe cuando (x, y) se aproxima a $(0, 0)$, considere aproximaciones a $(0, 0)$ a lo largo de dos "trayectorias" diferentes, como se muestra en la figura 13.22. A lo largo del eje x, todo punto es de la forma

$$(x, 0)$$

y el límite a lo largo de esta trayectoria es

$$\lim_{(x,0)\to(0,0)} \left(\frac{x^2 - 0^2}{x^2 + 0^2}\right)^2 = \lim_{(x,0)\to(0,0)} 1^2 = 1. \qquad \text{Límite a lo largo del eje } x$$

Sin embargo, si (x, y) se aproxima a $(0, 0)$ a lo largo de la recta $y = x$, se obtiene

$$\lim_{(x,x)\to(0,0)} \left(\frac{x^2 - x^2}{x^2 + x^2}\right)^2 = \lim_{(x,x)\to(0,0)} \left(\frac{0}{2x^2}\right)^2 = 0. \qquad \text{Límite a lo largo de } y = x$$

Esto significa que en cualquier disco abierto centrado en $(0, 0)$ existen puntos (x, y) en los que f toma el valor 1 y otros puntos en los que asume el valor 0. Por ejemplo,

$$f(x, y) = 1$$

en los puntos $(1, 0)$, $(0.1, 0)$, $(0.01, 0)$ y $(0.001, 0)$, y

$$f(x, y) = 0$$

en $(1, 1)$, $(0.1, 0.1)$, $(0.01, 0.01)$ y $(0.001, 0.001)$. Por tanto, f no tiene límite cuando $(x, y) \to (0, 0)$.

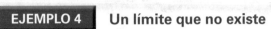

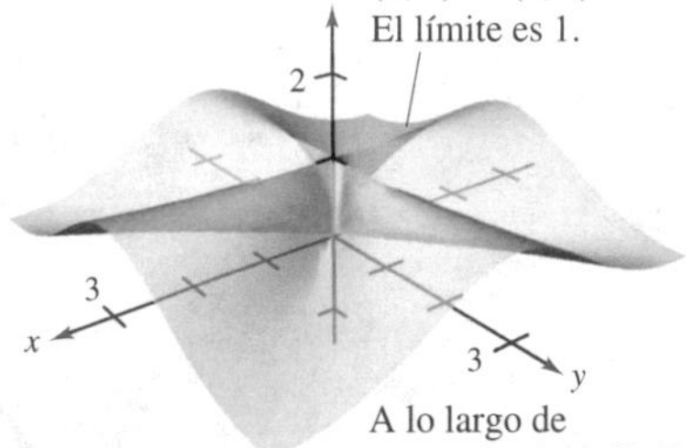

A lo largo del eje x:
$(x, 0) \to (0, 0)$
El límite es 1.

A lo largo de
$y = x$: $(x, x) \to (0, 0)$
El límite es 0.

$$\lim_{(x,y)\to(0,0)} \left(\frac{x^2 - y^2}{x^2 + y^2}\right)^2 \text{ no existe}$$

Figura 13.22

En el ejemplo 4 puede concluir que el límite no existe, ya que se encuentran dos trayectorias que dan límites diferentes. Sin embargo, si dos trayectorias hubieran dado el mismo límite, *no podría* concluir que el límite existe. Para llegar a tal conclusión, debe demostrar que el límite es el mismo para *todas* las aproximaciones posibles

Continuidad de una función de dos variables

En el ejemplo 2, observe que límite de $f(x, y) = 5x^2y/(x^2 + y^2)$ cuando $(x, y) \to (1, 2)$ puede calcularse por sustitución directa. Es decir, el límite es $f(1, 2) = 2$. En tales casos, se dice que la función es **continua** en el punto $(1, 2)$.

• • • • • • • • • • • • • • • • ▷

•••**COMENTARIO** Esta definición de continuidad puede extenderse a *puntos frontera* de la región abierta *R*, considerando un tipo especial de límite en el que (x, y) sólo se permite tender hacia (x_0, y_0) a lo largo de trayectorias que están en la región. Este concepto es similar al de límites unilaterales, tratado en el capítulo 1.

Definición de continuidad de una función de dos variables

Una función f de dos variables es **continua en un punto (x_0, y_0)** de una región abierta R si $f(x_0, y_0)$ es igual al límite de $f(x, y)$, cuando (x, y) tiende a (x_0, y_0). Es decir,

$$\lim_{(x, y)\to(x_0, y_0)} f(x, y) = f(x_0, y_0).$$

La función f es **continua en la región abierta R** si es continua en todo punto de R.

En el ejemplo 3 se demostró que la función

$$f(x, y) = \frac{5x^2y}{x^2 + y^2}$$

no es continua en $(0, 0)$. Sin embargo, como el límite en este punto existe, usted puede eliminar la discontinuidad definiendo el valor de f en $(0, 0)$ igual a su límite. Tales discontinuidades se llaman **removibles**. En el ejemplo 4 se demostró que la función

$$f(x, y) = \left(\frac{x^2 - y^2}{x^2 + y^2}\right)^2$$

tampoco es continua en $(0, 0)$, pero esta discontinuidad es **no removible**.

TEOREMA 13.1 Funciones continuas de dos variables

Si k es un número real y f y g son funciones continuas en (x_0, y_0), entonces las funciones siguientes son continuas en (x_0, y_0).

1. Múltiplo escalar: kf
2. Suma y diferencia: $f \pm g$
3. Producto: fg
4. Cociente: f/g, $g(x_0, y_0) \neq 0$

El teorema 13.1 establece la continuidad de las funciones *polinomiales* y *racionales* en todo punto de su dominio. La continuidad de otros tipos de funciones puede extenderse de manera natural de una a dos variables. Por ejemplo, las funciones cuyas gráficas se muestran en las figuras 13.23 y 13.24 son continuas en todo punto del plano.

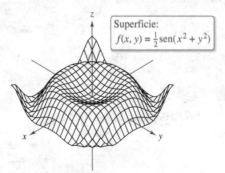

La función f es continua en todo punto del plano.
Figura 13.23

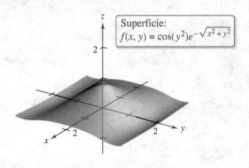

La función f es continua en todo punto del plano.
Figura 13.24

El siguiente teorema establece las condiciones bajo las cuales una función compuesta es continua.

TEOREMA 13.2 Continuidad de una función compuesta

Si h es continua en (x_0, y_0) y g es continua en $h(x_0, y_0)$, entonces la función compuesta por $(g \circ h)(x, y) = g(h(x, y))$ es continua en (x_0, y_0). Es decir,

$$\lim_{(x, y) \to (x_0, y_0)} g(h(x, y)) = g(h(x_0, y_0)).$$

En el teorema 13.2 hay que observar que h es una función de dos variables, mientras que g es una función de una variable.

EJEMPLO 5 Analizar la continuidad

Analice la continuidad de cada función

a. $f(x, y) = \dfrac{x - 2y}{x^2 + y^2}$ **b.** $g(x, y) = \dfrac{2}{y - x^2}$

Solución

a. Como una función racional es continua en todo punto de su dominio, puede concluir que es continua en todo punto del plano xy, excepto en $(0, 0)$, como se muestra en la figura 13.25.

b. La función dada por

$$g(x, y) = \frac{2}{y - x^2}$$

es continua, excepto en los puntos en los cuales el denominador es 0, que está dado por

$$y - x^2 = 0.$$

Por tanto, puede concluir que la función es continua en todos los puntos, excepto en los puntos en que se encuentra la parábola $y = x^2$. En el interior de esta parábola se tiene $y > x^2$, y la superficie representada por la función se encuentra sobre el plano xy, como se muestra en la figura 13.26. En el exterior de la parábola $y < x^2$, y la superficie se encuentra debajo del plano xy.

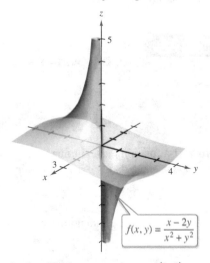

La función f no es continua en $(0, 0)$.
Figura 13.25

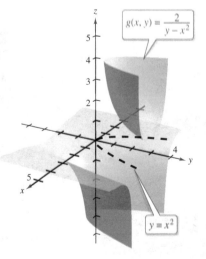

La función g no es continua en la parábola $y = x^2$.
Figura 13.26

Continuidad de una función de tres variables

Las definiciones anteriores de límites y continuidad pueden extenderse a funciones de tres variables, considerando los puntos (x, y, z) dentro de la *esfera abierta*

$$(x - x_0)^2 + (y - y_0)^2 + (z - z_0)^2 < \delta^2. \qquad \text{Esfera abierta}$$

El radio de esta esfera es δ, y la esfera está centrada en (x_0, y_0, z_0), como se muestra en la figura 13.27.

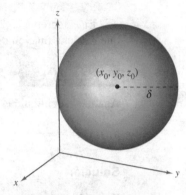

Esfera abierta en el espacio.
Figura 13.27

Un punto (x_0, y_0, z_0) en una región R en el espacio es un **punto interior** de R si existe una esfera δ centrada en (x_0, y_0, z_0) que está contenida completamente en R. Si todo punto de R es un punto interior, entonces se dice que R es una región **abierta**.

Definición de continuidad de una función de tres variables

Una función de tres variables es **continua en un punto (x_0, y_0, z_0)** de una región abierta R si $f(x_0, y_0, z_0)$ está definido y es igual al límite de $f(x, y, z)$ cuando (x, y, z) se aproxima a (x_0, y_0, z_0). Es decir,

$$\lim_{(x, y, z) \to (x_0, y_0, z_0)} f(x, y, z) = f(x_0, y_0, z_0).$$

La función f es **continua en una región abierta R** si es continua en todo punto de R.

EJEMPLO 6 **Verificar la continuidad de una función de tres variables**

Analice la continuidad de

$$f(x, y, z) = \frac{1}{x^2 + y^2 - z}.$$

Solución La función f es continua, excepto en los puntos en los que el denominador es igual a 0, que están dados por la ecuación

$$x^2 + y^2 - z = 0.$$

Por lo que f es continua en cualquier punto del espacio, excepto en los puntos del paraboloide

$$z = x^2 + y^2.$$

13.2 Ejercicios

Consulte CalcChat.com para un tutorial de ayuda y soluciones trabajadas de los ejercicios con numeración impar.

Comprobar un límite a partir de su definición En los ejercicios 1 a 4, utilice la definición de límite de una función de dos variables para verificar el límite

1. $\lim\limits_{(x,y)\to(1,0)} x = 1$

2. $\lim\limits_{(x,y)\to(4,-1)} x = 4$

3. $\lim\limits_{(x,y)\to(1,-3)} y = -3$

4. $\lim\limits_{(x,y)\to(a,b)} y = b$

Usar las propiedades de límites En los ejercicios 5 a 8, encuentre el límite indicado utilizando los límites

$$\lim_{(x,y)\to(a,b)} f(x,y) = 4 \quad y \quad \lim_{(x,y)\to(a,b)} g(x,y) = 3.$$

5. $\lim\limits_{(x,y)\to(a,b)} \left[f(x,y) - g(x,y) \right]$

6. $\lim\limits_{(x,y)\to(a,b)} \left[\dfrac{5f(x,y)}{g(x,y)} \right]$

7. $\lim\limits_{(x,y)\to(a,b)} \left[f(x,y)g(x,y) \right]$

8. $\lim\limits_{(x,y)\to(a,b)} \left[\dfrac{f(x,y) + g(x,y)}{f(x,y)} \right]$

Límites y continuidad En los ejercicios 9 a 22, calcule el límite y analice la continuidad de la función.

9. $\lim\limits_{(x,y)\to(2,1)} \left(2x^2 + y \right)$

10. $\lim\limits_{(x,y)\to(0,0)} (x + 4y + 1)$

11. $\lim\limits_{(x,y)\to(1,2)} e^{xy}$

12. $\lim\limits_{(x,y)\to(2,4)} \dfrac{x+y}{x^2+1}$

13. $\lim\limits_{(x,y)\to(0,2)} \dfrac{x}{y}$

14. $\lim\limits_{(x,y)\to(-1,2)} \dfrac{x+y}{x-y}$

15. $\lim\limits_{(x,y)\to(1,1)} \dfrac{xy}{x^2+y^2}$

16. $\lim\limits_{(x,y)\to(1,1)} \dfrac{x}{\sqrt{x+y}}$

17. $\lim\limits_{(x,y)\to(\pi/4,2)} y \cos xy$

18. $\lim\limits_{(x,y)\to(2\pi,4)} \operatorname{sen} \dfrac{x}{y}$

19. $\lim\limits_{(x,y)\to(0,1)} \dfrac{\arcsin xy}{1-xy}$

20. $\lim\limits_{(x,y)\to(0,1)} \dfrac{\arccos(x/y)}{1+xy}$

21. $\lim\limits_{(x,y,z)\to(1,3,4)} \sqrt{x+y+z}$

22. $\lim\limits_{(x,y,z)\to(-2,1,0)} xe^{yz}$

Obtener un límite En los ejercicios 23 a 34, encuentre el límite (si existe). Si el límite no existe, explique por qué.

23. $\lim\limits_{(x,y)\to(1,1)} \dfrac{xy-1}{1+xy}$

24. $\lim\limits_{(x,y)\to(1,-1)} \dfrac{x^2y}{1+xy^2}$

25. $\lim\limits_{(x,y)\to(0,0)} \dfrac{1}{x+y}$

26. $\lim\limits_{(x,y)\to(0,0)} \dfrac{1}{x^2y^2}$

27. $\lim\limits_{(x,y)\to(0,0)} \dfrac{x-y}{\sqrt{x}-\sqrt{y}}$

28. $\lim\limits_{(x,y)\to(2,1)} \dfrac{x-y-1}{\sqrt{x-y}-1}$

29. $\lim\limits_{(x,y)\to(0,0)} \dfrac{x+y}{x^2+y}$

30. $\lim\limits_{(x,y)\to(0,0)} \dfrac{x}{x^2-y^2}$

31. $\lim\limits_{(x,y)\to(0,0)} \dfrac{x^2}{\left(x^2+1\right)\left(y^2+1\right)}$

32. $\lim\limits_{(x,y)\to(0,0)} \ln(x^2+y^2)$

33. $\lim\limits_{(x,y,z)\to(0,0,0)} \dfrac{xy+yz+xz}{x^2+y^2+z^2}$

34. $\lim\limits_{(x,y,z)\to(0,0,0)} \dfrac{xy+yz^2+xz^2}{x^2+y^2+z^2}$

Continuidad En los ejercicios 37 y 38, analice la continuidad de la función y evalúe el límite (si existe) cuando $(x,y) \to (0,0)$.

35. $f(x,y) = e^{xy}$

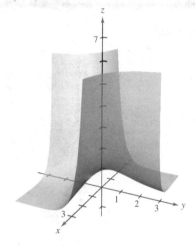

36. $f(x,y) = 1 - \dfrac{\cos(x^2+y^2)}{x^2+y^2}$

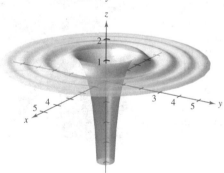

 Límite y continuidad En los ejercicios 37 a 40, utilice una herramienta de graficación para elaborar una tabla que muestre los valores de los puntos que se especifican. Utilice el resultado para formular una conjetura sobre el límite de $f(x,y)$ cuando $(x,y) \to (0,0)$. Determine analíticamente si el límite existe y analice la continuidad de la función.

37. $f(x,y) = \dfrac{xy}{x^2+y^2}$

Trayectoria: $y = 0$

Puntos: $(1,0), (0.5,0),$
  $(0.1,0), (0.01,0),$
  $(0.001,0)$

Trayectoria: $y = x$

Puntos: $(1,1), (0.5,0.5),$
  $(0.1,0.1), (0.01,0.01),$
  $(0.001,0.001)$

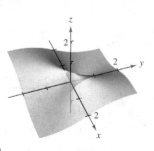

38. $f(x, y) = -\dfrac{xy^2}{x^2 + y^4}$

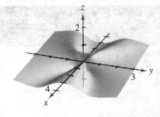

Trayectoria: $x = y^2$

Puntos: $(1, 1)$, $(0.25, 0.5)$,
$(0.01, 0.1)$,
$(0.0001, 0.01)$,
$(0.000001, 0.001)$

Trayectoria: $x = -y^2$

Puntos: $(-1, 1)$, $(-0.25, 0.5)$,
$(-0.01, 0.1)$,
$(-0.0001, 0.01)$,
$(-0.000001, 0.001)$

39. $f(x, y) = \dfrac{y}{x^2 + y^2}$

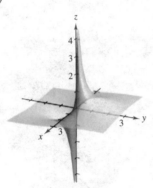

Trayectoria: $y = 0$

Puntos: $(1, 0)$, $(0.5, 0)$,
$(0.1, 0)$, $(0.01, 0)$,
$(0.001, 0)$

Trayectoria: $y = x$

Puntos: $(1, 1)$, $(0.5, 0.5)$,
$(0.1, 0.1)$,
$(0.01, 0.01)$,
$(0.001, 0.001)$

40. $f(x, y) = \dfrac{2x - y^2}{2x^2 + y}$

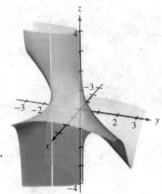

Trayectoria: $y = 0$

Puntos: $(1, 0)$, $(0.25, 0)$,
$(0.01, 0)$,
$(0.001, 0)$,
$(0.000001, 0)$

Trayectoria: $y = x$

Puntos: $(1, 1)$, $(0.25, 0.25)$,
$(0.01, 0.01)$,
$(0.001, 0.001)$,
$(0.0001, 0.0001)$

Comparar la continuidad   En los ejercicios 43 a 46, analice la continuidad de las funciones f y g. Explique cualquier diferencia.

41. $f(x, y) = \begin{cases} \dfrac{x^4 - y^4}{x^2 + y^2}, & (x, y) \neq (0, 0) \\ 0, & (x, y) = (0, 0) \end{cases}$

$g(x, y) = \begin{cases} \dfrac{x^4 - y^4}{x^2 + y^2}, & (x, y) \neq (0, 0) \\ 1, & (x, y) = (0, 0) \end{cases}$

42. $f(x, y) = \begin{cases} \dfrac{x^2 + 2xy^2 + y^2}{x^2 + y^2}, & (x, y) \neq (0, 0) \\ 0, & (x, y) = (0, 0) \end{cases}$

$g(x, y) = \begin{cases} \dfrac{x^2 + 2xy^2 + y^2}{x^2 + y^2}, & (x, y) \neq (0, 0) \\ 1, & (x, y) = (0, 0) \end{cases}$

Determinar un límite usando coordenadas polares   En los ejercicios 43 a 48, utilice coordenadas polares para hallar el límite. [*Sugerencia*: Sea $x = r \cos \theta$ y $y = r$ sen θ, y observe que $(x, y) \to (0, 0)$ implica $r \to 0$.]

43. $\displaystyle\lim_{(x, y) \to (0, 0)} \dfrac{xy^2}{x^2 + y^2}$

44. $\displaystyle\lim_{(x, y) \to (0, 0)} \dfrac{x^3 + y^3}{x^2 + y^2}$

45. $\displaystyle\lim_{(x, y) \to (0, 0)} \dfrac{x^2 y^2}{x^2 + y^2}$

46. $\displaystyle\lim_{(x, y) \to (0, 0)} \dfrac{x^2 - y^2}{\sqrt{x^2 + y^2}}$

47. $\displaystyle\lim_{(x, y) \to (0, 0)} \cos(x^2 + y^2)$

48. $\displaystyle\lim_{(x, y) \to (0, 0)} \operatorname{sen} \sqrt{x^2 + y^2}$

Determinar un límite usando coordenadas polares   En los ejercicios 49 a 52, use coordenadas polares y la regla de L'Hôpital para encontrar el límite.

49. $\displaystyle\lim_{(x, y) \to (0, 0)} \dfrac{\operatorname{sen} \sqrt{x^2 + y^2}}{\sqrt{x^2 + y^2}}$

50. $\displaystyle\lim_{(x, y) \to (0, 0)} \dfrac{\operatorname{sen}(x^2 + y^2)}{x^2 + y^2}$

51. $\displaystyle\lim_{(x, y) \to (0, 0)} \dfrac{1 - \cos(x^2 + y^2)}{x^2 + y^2}$

52. $\displaystyle\lim_{(x, y) \to (0, 0)} (x^2 + y^2) \ln(x^2 + y^2)$

Continuidad   En los ejercicios 53 a 58, analice la continuidad de la función.

53. $f(x, y, z) = \dfrac{1}{\sqrt{x^2 + y^2 + z^2}}$

54. $f(x, y, z) = \dfrac{z}{x^2 + y^2 - 4}$

55. $f(x, y, z) = \dfrac{\operatorname{sen} z}{e^x + e^y}$

56. $f(x, y, z) = xy \operatorname{sen} z$

57. $f(x, y) = \begin{cases} \dfrac{\operatorname{sen} xy}{xy}, & xy \neq 0 \\ 1, & xy = 0 \end{cases}$

58. $f(x, y) = \begin{cases} \dfrac{\operatorname{sen}(x^2 - y^2)}{x^2 - y^2}, & x^2 \neq y^2 \\ 1, & x^2 = y^2 \end{cases}$

Continuidad de una función compuesta   En los ejercicios 59 a 62, analice la continuidad de la función compuesta $f \circ g$.

59. $f(t) = t^2$

$g(x, y) = 2x - 3y$

60. $f(t) = \dfrac{1}{t}$

$g(x, y) = x^2 + y^2$

61. $f(t) = \dfrac{1}{t}$

$g(x, y) = 2x - 3y$

62. $f(t) = \dfrac{1}{1 - t}$

$g(x, y) = x^2 + y^2$

Determinar un límite   En los ejercicios 63 a 68, halle cada límite.

(a) $\displaystyle\lim_{\Delta x \to 0} \dfrac{f(x + \Delta x, y) - f(x, y)}{\Delta x}$

(b) $\displaystyle\lim_{\Delta y \to 0} \dfrac{f(x, y + \Delta y) - f(x, y)}{\Delta y}$

63. $f(x, y) = x^2 - 4y$

64. $f(x, y) = x^2 + y^2$

65. $f(x, y) = \dfrac{x}{y}$

66. $f(x, y) = \dfrac{1}{x + y}$

67. $f(x, y) = 3x + xy - 2y$

68. $f(x, y) = \sqrt{y}\,(y + 1)$

¿Verdadero o falso? En los ejercicios 79 a 82, determine si el enunciado es verdadero o falso. Si es falso, explique por qué o dé un ejemplo que demuestre que es falso.

69. Si $\displaystyle\lim_{(x, y)\to(0,0)} f(x, y) = 0$, entonces $\displaystyle\lim_{x\to0} f(x, 0) = 0$.

70. Si $\displaystyle\lim_{(x, y)\to(0,0)} f(0, y) = 0$, entonces $\displaystyle\lim_{(x, y)\to(0,0)} f(x, y) = 0$.

71. Si f es continua para todo x y para todo y distintos de cero, y $f(0, 0) = 0$, entonces $\displaystyle\lim_{(x, y)\to(0,0)} f(x, y) = 0$.

72. Si g y h son funciones continuas de x y y, y $f(x, y) = g(x) + h(y)$, entonces f es continua.

73. Límite Considere $\displaystyle\lim_{(x, y)\to(0,0)} \frac{x^2 + y^2}{xy}$ (vea la figura).

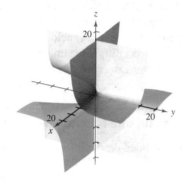

(a) Determine el límite (si es posible) a lo largo de toda recta de la forma $y = ax$.

(b) Determine el límite (si es posible) a lo largo de la parábola $y = x^2$.

(c) ¿Existe el límite? Explique su respuesta.

74. Límite Considere $\displaystyle\lim_{(x, y)\to(0,0)} \frac{x^2 y}{x^4 + y^2}$ (vea la figura).

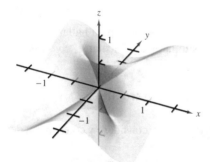

(a) Determine el límite (si es posible) a lo largo de toda recta de la forma $y = ax$.

(b) Determine el límite (si es posible) a lo largo de la parábola $y = x^2$.

(c) ¿Existe el límite? Explique su respuesta.

Determinar un límite usando coordenadas esféricas En los ejercicios 75 y 76, utilice las coordenadas esféricas para encontrar el límite. [*Sugerencia:* Tome $x = \rho$ sen ϕ cos θ, $y = \rho$ sen ϕ sen θ y $z = \rho$ cos θ, y observe que $(x, y, z) \to (0, 0, 0)$ es equivalente a $\rho \to 0^+$.]

75. $\displaystyle\lim_{(x, y, z)\to(0,0,0)} \frac{xyz}{x^2 + y^2 + z^2}$

76. $\displaystyle\lim_{(x, y, z)\to(0,0,0)} \tan^{-1}\left[\frac{1}{x^2 + y^2 + z^2}\right]$

77. Obtener un límite Halle el límite siguiente.

$$\lim_{(x, y)\to(0, 1)} \tan^{-1}\left[\frac{x^2 + 1}{x^2 + (y - 1)^2}\right]$$

78. Continuidad Dada la función

$$f(x, y) = xy\left(\frac{x^2 - y^2}{x^2 + y^2}\right)$$

defina $f(0, 0)$ de manera que f sea continua en el origen.

79. Demostración Demuestre que
$$\lim_{(x, y)\to(a, b)} [f(x, y) + g(x, y)] = L_1 + L_2$$

donde $f(x, y)$ tiende a L_1 y $g(x, y)$ se aproxima a L_2 cuando $(x, y) \to (0, 0)$.

80. Demostración Demuestre que si f es continua y $f(a, b) < 0$, entonces existe una vecindad δ de (a, b) tal que $f(x, y) < 0$ para todo punto (x, y) en la vecindad.

DESARROLLO DE CONCEPTOS

81. Límite Defina el límite de una función de dos variables. Describa un método que demuestre que
$$\lim_{(x, y)\to(x_0, y_0)} f(x, y)$$
no existe.

82. Continuidad Establezca la definición de continuidad de una función de dos variables.

83. Límites y evaluación de funciones

(a) Si $f(2, 3) = 4$, ¿puede concluir algo acerca de $\displaystyle\lim_{(x, y)\to(2, 3)} f(x, y)$? Dé razones que justifiquen su respuesta.

(b) Si $\displaystyle\lim_{(x, y)\to(2, 3)} f(x, y) = 4$, ¿puede concluir algo acerca de $f(2, 3)$? Dé razones que justifiquen su respuesta.

---

84. **¿CÓMO LO VE?** En la figura se muestra la gráfica de $f(x, y) = \ln x^2 + y^2$? A partir de la gráfica, ¿puede inferir que existe el límite en cada punto?

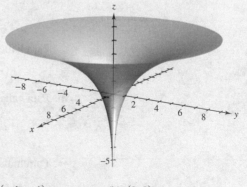

(a) $(-1, -1)$ (b) $(0, 3)$

(c) $(0, 0)$ (d) $(2, 0)$

13.3 Derivadas parciales

■ Hallar y utilizar las derivadas parciales de una función de dos variables.
■ Hallar y utilizar las derivadas parciales de una función de tres o más variables.
■ Hallar derivadas parciales de orden superior de una función de dos o tres variables.

Derivadas parciales de una función de dos variables

En aplicaciones de funciones de varias variables suele surgir la pregunta: ¿"Cómo afectaría al valor de una función un cambio en una de sus variables independientes"? Usted puede contestar esta pregunta considerando cada una de las variables independientes por separado. Por ejemplo, para determinar el efecto de un catalizador en un experimento, un químico podría repetir el experimento varias veces usando cantidades distintas de catalizador, mientras mantiene constantes las otras variables, como temperatura y presión. Para determinar la velocidad o la razón de cambio de una función f respecto a una de sus variables independientes puede utilizar un procedimiento similar. A este proceso se le llama **derivación parcial**, y el resultado se llama **derivada parcial** de f respecto a la variable independiente elegida.

**JEAN LE ROND D'ALEMBERT
(1717-1783)**

La introducción de las derivadas parciales ocurrió años después del trabajo sobre el cálculo de Newton y Leibniz. Entre 1730 y 1760, Leonhard Euler y Jean Le Rond d'Alembert publicaron por separado varios artículos sobre dinámica, en los cuales establecieron gran parte de la teoría de las derivadas parciales. Estos artículos utilizaban funciones de dos o más variables para estudiar problemas de equilibrio, movimiento de fluidos y cuerdas vibrantes.
Consulte LarsonCalculus.com para leer más acerca de esta biografía.

Definición de las derivadas parciales de una función de dos variables

Si $z = f(x, y)$, las **primeras derivadas parciales** de f con respecto a x y y son las funciones f_x y f_y definidas por

$$f_x(x, y) = \lim_{\Delta x \to 0} \frac{f(x + \Delta x, y) - f(x, y)}{\Delta x} \qquad \text{Derivada parcial con respecto a } x$$

y

$$f_y(x, y) = \lim_{\Delta y \to 0} \frac{f(x, y + \Delta y) - f(x, y)}{\Delta y} \qquad \text{Derivada parcial con respecto a } y$$

siempre y cuando el límite exista.

Esta definición indica que si $z = f(x, y)$, entonces para hallar f_x, *considere y constante y derive respecto a x. De manera similar, para calcular f_y, considere x constante y derive respecto a y.*

EJEMPLO 1 **Hallar las derivadas parciales**

a. Para hallar f_x para $f(x, y) = 3x - x^2y^2 + 2x^3y$, considere y constante y derive respecto a x.

$$f_x(x, y) = 3 - 2xy^2 + 6x^2y \qquad \text{Derivada parcial con respecto a } x$$

Para hallar f_y, considere y constante y derive respecto a y.

$$f_y(x, y) = -2x^2y + 2x^3 \qquad \text{Derivada parcial con respecto a } y$$

b. Para hallar f_x para $f(x, y) = (\ln x)(\text{sen } x^2y)$, considere y constante y derive respecto a x.

$$f_x(x, y) = (\ln x)(\cos x^2y)(2xy) + \frac{\text{sen } x^2y}{x} \qquad \text{Derivada parcial respecto a } x$$

Para hallar f_y, considere x constante y derive respecto a y.

$$f_y(x, y) = (\ln x)(\cos x^2y)(x^2) \qquad \text{Derivada parcial respecto a } y$$

Notación para las primeras derivadas parciales

Para $z = f(x, y)$, las derivadas parciales f_x y f_y se denotan por

$$\frac{\partial}{\partial x} f(x, y) = f_x(x, y) = z_x = \frac{\partial z}{\partial x} \qquad \text{Derivada parcial respecto a } x$$

y

$$\frac{\partial}{\partial y} f(x, y) = f_y(x, y) = z_y = \frac{\partial z}{\partial y}. \qquad \text{Derivada parcial respecto a } y$$

Las primeras derivadas parciales evaluadas en el punto (a, b) se denotan por

$$\left.\frac{\partial z}{\partial x}\right|_{(a, b)} = f_x(a, b)$$

y

$$\left.\frac{\partial z}{\partial y}\right|_{(a, b)} = f_y(a, b).$$

EJEMPLO 2   **Hallar y evaluar las derivadas parciales**

Dada $f(x, y) = xe^{x^2 y}$, halle f_x y f_y, y evalúe cada una en el punto $(1, \ln 2)$.

Solución   Como

$$f_x(x, y) = xe^{x^2 y}(2xy) + e^{x^2 y} \qquad \text{Derivada parcial respecto a } x$$

la derivada parcial de f respecto a x en $(1, \ln 2)$ es

$$f_x(1, \ln 2) = e^{\ln 2}(2\ln 2) + e^{\ln 2}$$
$$= 4 \ln 2 + 2.$$

Como

$$f_y(x, y) = xe^{x^2 y}(x^2)$$
$$= x^3 e^{x^2 y} \qquad \text{Derivada parcial respecto a } y$$

la derivada parcial de f respecto a y en $(1, \ln 2)$ es

$$f_y(1, \ln 2) = e^{\ln 2}$$
$$= 2.$$

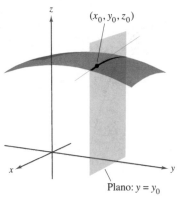

$\dfrac{\partial f}{\partial x} = $ pendiente en la dirección x.

Figura 13.28

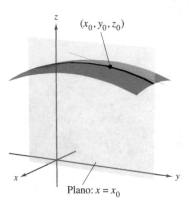

$\dfrac{\partial f}{\partial y} = $ pendiente en la dirección y.

Figura 13.29

Las derivadas parciales de una función de dos variables $z = f(x, y)$, tienen una interpretación geométrica útil. Si $y = y_0$ entonces $z = f(x, y)$ representa la curva intersección
de la superficie $z = f(x, y)$ con el plano $y = y_0$, como se muestra en la figura 13.28. Por
consiguiente,

$$f_x(x_0, y_0) = \lim_{\Delta x \to 0} \frac{f(x_0 + \Delta x, y_0) - f(x_0, y_0)}{\Delta x}$$

representa la pendiente de esta curva en el punto $(x_0, y_0, f(x_0, y_0))$. Observe que tanto la
curva como la recta tangente se encuentran en el plano $y = y_0$. Análogamente,

$$f_y(x_0, y_0) = \lim_{\Delta y \to 0} \frac{f(x_0, y_0 + \Delta y) - f(x_0, y_0)}{\Delta y}$$

representa la pendiente de la curva dada por la intersección de $z = f(x, y)$ y el plano
$x = x_0$ en $(x_0, y_0, f(x_0, y_0))$, como se muestra en la figura 13.29.

Informalmente, los valores $\partial f/\partial x$ y $\partial f/\partial y$ en (x_0, y_0, z_0) denotan las **pendientes de
la superficie en las direcciones de x y y**, respectivamente.

EJEMPLO 3   **Hallar las pendientes de una superficie en las direcciones de *x* y de *y***

• • • • ▷ *Consulte LarsonCalculus.com para una versión interactiva de este tipo de ejemplo.*

Halle las pendientes en las direcciones de *x* y de *y* de la superficie dada por

$$f(x, y) = -\frac{x^2}{2} - y^2 + \frac{25}{8}$$

en el punto $\left(\frac{1}{2}, 1, 2\right)$.

Solución   Las derivadas parciales de *f* respecto a *x* y a *y* son

$$f_x(x, y) = -x \quad \text{y} \quad f_y(x, y) = -2y.$$ Derivadas parciales

Por tanto, en la dirección de *x*, la pendiente es

$$f_x\left(\frac{1}{2}, 1\right) = -\frac{1}{2}$$ Figura 13.30

y en la dirección *y*, la pendiente es

$$f_y\left(\frac{1}{2}, 1\right) = -2.$$ Figura 13.31

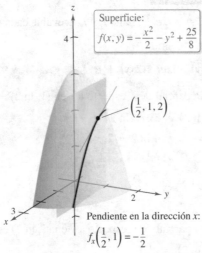

Pendiente en la dirección *x*:
$$f_x\left(\frac{1}{2}, 1\right) = -\frac{1}{2}$$

Figura 13.30

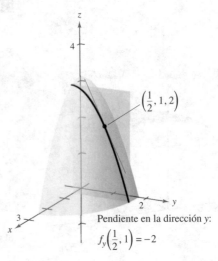

Pendiente en la dirección *y*:
$$f_y\left(\frac{1}{2}, 1\right) = -2$$

Figura 13.31

EJEMPLO 4   **Hallar las pendientes de una superficie en las direcciones de *x* y de *y***

Halle las pendientes de la superficie dada por

$$f(x, y) = 1 - (x - 1)^2 - (y - 2)^2$$

en el punto (1, 2, 1), en las direcciones de *x* y de *y*.

Solución   Las derivadas parciales de *f* respecto a *x* y *y* son

$$f_x(x, y) = -2(x - 1) \quad \text{y} \quad f_y(x, y) = -2(y - 2).$$ Derivadas parciales

Por tanto, en el punto (1, 2, 1), las pendientes en la dirección *x* es

$$f_x(1, 2) = -2(1 - 1) = 0$$

y la pendiente en la dirección *y* es

$$f_y(1, 2) = -2(2 - 2) = 0$$

como se muestra en la figura 13.32.

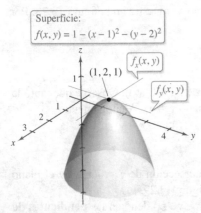

Superficie:
$$f(x, y) = 1 - (x - 1)^2 - (y - 2)^2$$

Figura 13.32

Sin importar cuántas variables haya, las derivadas parciales se pueden interpretar como *razones de cambio*.

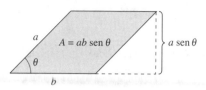

El área del paralelogramo es ab sen θ.

Figura 13.33

EJEMPLO 5   **Usar derivadas parciales como razones de cambio**

El área de un paralelogramo con lados adyacentes a y b entre los que se forma un ángulo θ está dada por $A = ab$ sen θ, como se muestra en la figura 13.33.

a. Halle la razón de cambio de A respecto de a si $a = 10$, $b = 20$ y $\theta = \dfrac{\pi}{6}$.

b. Calcule la razón de cambio de A respecto de θ si $a = 10$, $b = 20$ y $\theta = \dfrac{\pi}{6}$.

Solución

a. Para hallar la razón de cambio del área respecto de a, se mantienen b y θ constantes, y se deriva respecto de a para obtener

$$\frac{\partial A}{\partial a} = b \text{ sen } \theta. \qquad \text{Encuentre la derivada parcial con respecto a } a.$$

Para $a = 10$, $b = 20$ y $\theta = \pi/6$, la razón de cambio del área con respecto de a es

$$\frac{\partial A}{\partial a} = 20 \text{ sen } \frac{\pi}{6} = 10. \qquad \text{Sustituya } b \text{ y } \theta$$

b. Para hallar la razón de cambio del área respecto de θ, se mantienen a y b constantes y se deriva respecto de θ para obtener

$$\frac{\partial A}{\partial \theta} = ab \cos \theta. \qquad \text{Encuentre la derivada parcial con respecto a } \theta.$$

Para $a = 10$, $b = 20$ y $\theta = \pi/6$, la razón de cambio del área con respecto de θ es

$$\frac{\partial A}{\partial \theta} = 200 \cos \frac{\pi}{6} = 100\sqrt{3}. \qquad \text{Sustituya } a, b, \text{ y } \theta.$$

Derivadas parciales de una función de tres o más variables

El concepto de derivada parcial puede extenderse de manera natural a funciones de tres o más variables. Por ejemplo, si $w = f(x, y, z)$ existen tres derivadas parciales, cada una de las cuales se forma manteniendo constantes las otras dos variables. Es decir, para definir la derivada parcial de w respecto a x, considere y y z constantes y derive respecto a x. Para hallar las derivadas parciales de w respecto a y y respecto a z se emplea un proceso similar.

$$\frac{\partial w}{\partial x} = f_x(x, y, z) = \lim_{\Delta x \to 0} \frac{f(x + \Delta x, y, z) - f(x, y, z)}{\Delta x}$$

$$\frac{\partial w}{\partial y} = f_y(x, y, z) = \lim_{\Delta y \to 0} \frac{f(x, y + \Delta y, z) - f(x, y, z)}{\Delta y}$$

$$\frac{\partial w}{\partial z} = f_z(x, y, z) = \lim_{\Delta z \to 0} \frac{f(x, y, z + \Delta z) - f(x, y, z)}{\Delta z}$$

En general, si $w = f(x_1, x_2, \ldots, x_n)$, hay n derivadas parciales denotadas por

$$\frac{\partial w}{\partial x_k} = f_{x_k}(x_1, x_2, \ldots, x_n), \quad k = 1, 2, \ldots, n.$$

Para hallar la derivada parcial con respecto a una de las variables, se mantienen constantes las otras variables y se deriva con respecto a la variable dada.

EJEMPLO 6 **Hallar las derivadas parciales**

a. Para hallar la derivada parcial de $f(x, y, z) = xy + yz^2 + xz$ respecto a z considere x y y constantes y obtiene

$$\frac{\partial}{\partial z}[xy + yz^2 + xz] = 2yz + x.$$

b. Para hallar la derivada parcial de $f(x, y, z) = z\,\text{sen}(xy^2 + 2z)$ respecto a z, considere x y y constantes. Entonces, usando la regla del producto, obtiene

$$\frac{\partial}{\partial z}[z\,\text{sen}(xy^2 + 2z)] = (z)\frac{\partial}{\partial z}[\text{sen}(xy^2 + 2z)] + \text{sen}(xy^2 + 2z)\frac{\partial}{\partial z}[z]$$

$$= (z)[\cos(xy^2 + 2z)](2) + \text{sen}(xy^2 + 2z)$$

$$= 2z\cos(xy^2 + 2z) + \text{sen}(xy^2 + 2z).$$

c. Para encontrar la derivada parcial de

$$f(x, y, z, w) = \frac{x + y + z}{w}$$

respecto a w, se consideran x, y y z constantes y obtiene

$$\frac{\partial}{\partial w}\left[\frac{x + y + z}{w}\right] = -\frac{x + y + z}{w^2}.$$

Derivadas de orden parcial de orden superior

Como sucede con las derivadas ordinarias, es posible hallar las segundas, terceras, etc., derivadas parciales de una función de varias variables, siempre que tales derivadas existan. Las derivadas de orden superior se denotan por el orden al que se hace la derivación. Por ejemplo, la función $z = f(x, y)$ tiene las siguientes derivadas parciales de segundo orden.

1. Derivando dos veces con respecto a x:

$$\frac{\partial}{\partial x}\left(\frac{\partial f}{\partial x}\right) = \frac{\partial^2 f}{\partial x^2} = f_{xx}.$$

2. Derivando dos veces con respecto a y:

$$\frac{\partial}{\partial y}\left(\frac{\partial f}{\partial y}\right) = \frac{\partial^2 f}{\partial y^2} = f_{yy}.$$

3. Derivando primero con respecto a x y después con respecto a y:

$$\frac{\partial}{\partial y}\left(\frac{\partial f}{\partial x}\right) = \frac{\partial^2 f}{\partial y \partial x} = f_{xy}.$$

4. Derivando primero con respecto a y, y después con respecto a x:

$$\frac{\partial}{\partial x}\left(\frac{\partial f}{\partial y}\right) = \frac{\partial^2 f}{\partial x \partial y} = f_{yx}.$$

▷ El tercer y cuarto casos se llaman **derivadas parciales mixtas**.

•••COMENTARIO Observe que los dos tipos de notación para las derivadas parciales mixtas tienen convenciones diferentes para indicar el orden de derivación.

$\frac{\partial}{\partial y}\left(\frac{\partial f}{\partial x}\right) = \frac{\partial^2 f}{\partial y \partial x}$ Orden de derecha a izquierda

$(f_x)_y = f_{xy}$ Orden de izquierda a derecha

Puede recordar el orden de ambas notaciones observando que primero se deriva con respecto a la variable más "cercana" a f.

EJEMPLO 7 **Hallar derivadas parciales de segundo orden**

Encuentre las derivadas parciales de segundo orden de

$$f(x, y) = 3xy^2 - 2y + 5x^2y^2$$

y determine el valor de $f_{xy}(-1, 2)$.

Solución Empiece por hallar las derivadas parciales de primer orden respecto a x y y.

$$f_x(x, y) = 3y^2 + 10xy^2 \quad \text{y} \quad f_y(x, y) = 6xy - 2 + 10x^2y$$

Después, derive cada una de éstas respecto a x y respecto a y.

$$f_{xx}(x, y) = 10y^2 \qquad \text{y} \quad f_{yy}(x, y) = 6x + 10x^2$$
$$f_{xy}(x, y) = 6y + 20xy \quad \text{y} \quad f_{yx}(x, y) = 6y + 20xy$$

En $(-1, 2)$, el valor de f_{xy} es

$$f_{xy}(-1, 2) = 12 - 40 = -28.$$

Observe que en el ejemplo 7 las dos derivadas parciales mixtas son iguales. En el teorema 13.3 se dan condiciones suficientes para que esto ocurra.

TEOREMA 13.3 Igualdad de las derivadas parciales mixtas

Si f es una función de x y y tal que f_{xy} y f_{yx} son continuas en un disco abierto R, entonces, para todo (x, y) en R,

$$f_{xy}(x, y) = f_{yx}(x, y).$$

El teorema 13.3 también se aplica a una función de *tres o más variables* siempre y cuando las derivadas parciales de segundo orden sean continuas. Por ejemplo, si

$$w = f(x, y, z) \qquad \text{Función de tres variables}$$

y todas sus derivadas parciales de segundo orden son continuas en una región abierta, entonces en todo punto el orden de derivación para obtener las derivadas parciales mixtas de segundo orden es irrelevante. Si las derivadas parciales de tercer orden también son continuas, el orden de derivación para obtener las derivadas parciales mixtas de tercer orden es irrelevante.

EJEMPLO 8 **Hallar derivadas parciales de orden superior**

Demuestre que $f_{xz} = f_{zx}$ y $f_{xzz} = f_{zxz} = f_{zzx}$ para la función dada por

$$f(x, y, z) = ye^x + x \ln z.$$

Solución

Derivadas parciales de primer orden:

$$f_x(x, y, z) = ye^x + \ln z, \quad f_z(x, y, z) = \frac{x}{z}$$

Derivadas parciales de segundo orden (nótese que las dos primeras son iguales):

$$f_{xz}(x, y, z) = \frac{1}{z}, \quad f_{zx}(x, y, z) = \frac{1}{z}, \quad f_{zz}(x, y, z) = -\frac{x}{z^2}$$

Derivadas parciales de tercer orden (nótese que las tres son iguales):

$$f_{xzz}(x, y, z) = -\frac{1}{z^2}, \quad f_{zxz}(x, y, z) = -\frac{1}{z^2}, \quad f_{zzx}(x, y, z) = -\frac{1}{z^2}$$

13.3 Ejercicios

Consulte **CalcChat.com** para un tutorial de ayuda y soluciones trabajadas de los ejercicios con numeración impar.

Examinar una derivada parcial En los ejercicios 1 a 6, explique si se debe usar o no la regla del cociente para encontrar la derivada parcial. No derive.

1. $\dfrac{\partial}{\partial x}\left(\dfrac{x^2 y}{y^2 - 3}\right)$

2. $\dfrac{\partial}{\partial y}\left(\dfrac{x^2 y}{y^2 - 3}\right)$

3. $\dfrac{\partial}{\partial y}\left(\dfrac{x - y}{x^2 + 1}\right)$

4. $\dfrac{\partial}{\partial x}\left(\dfrac{x - y}{x^2 + 1}\right)$

5. $\dfrac{\partial}{\partial x}\left(\dfrac{xy}{x^2 + 1}\right)$

6. $\dfrac{\partial}{\partial y}\left(\dfrac{xy}{x^2 + 1}\right)$

Determinar derivadas parciales En los ejercicios 7 a 38, halle las dos derivadas parciales de primer orden.

7. $f(x, y) = 2x - 5y + 3$

8. $f(x, y) = x^2 - 2y^2 + 4$

9. $f(x, y) = x^2 y^3$

10. $f(x, y) = 4x^3 y^{-2}$

11. $z = x\sqrt{y}$

12. $z = 2y^2\sqrt{x}$

13. $z = x^2 - 4xy + 3y^2$

14. $z = y^3 - 2xy^2 - 1$

15. $z = e^{xy}$

16. $z = e^{x/y}$

17. $z = x^2 e^{2y}$

18. $z = y e^{y/x}$

19. $z = \ln\dfrac{x}{y}$

20. $z = \ln\sqrt{xy}$

21. $z = \ln(x^2 + y^2)$

22. $z = \ln\dfrac{x + y}{x - y}$

23. $z = \dfrac{x^2}{2y} + \dfrac{3y^2}{x}$

24. $z = \dfrac{xy}{x^2 + y^2}$

25. $h(x, y) = e^{-(x^2 + y^2)}$

26. $g(x, y) = \ln\sqrt{x^2 + y^2}$

27. $f(x, y) = \sqrt{x^2 + y^2}$

28. $f(x, y) = \sqrt{2x + y^3}$

29. $z = \cos xy$

30. $z = \operatorname{sen}(x + 2y)$

31. $z = \tan(2x - y)$

32. $z = \operatorname{sen} 5x \cos 5y$

33. $z = e^y \operatorname{sen} xy$

34. $z = \cos(x^2 + y^2)$

35. $z = \operatorname{senh}(2x + 3y)$

36. $z = \cosh xy^2$

37. $f(x, y) = \displaystyle\int_x^y (t^2 - 1)\, dt$

38. $f(x, y) = \displaystyle\int_x^y (2t + 1)\, dt + \int_y^x (2t - 1)\, dt$

Evaluar derivadas parciales En los ejercicios 39 a 42, utilice la definición de derivadas parciales empleando límites para calcular $f_x(x, y)$ y $f_y(x, y)$.

39. $f(x, y) = 3x + 2y$

40. $f(x, y) = x^2 - 2xy + y^2$

41. $f(x, y) = \sqrt{x + y}$

42. $f(x, y) = \dfrac{1}{x + y}$

Evaluar derivadas parciales En los ejercicios 43 a 50, evalúe f_x y f_y en el punto dado.

43. $f(x, y) = e^y \operatorname{sen} x, \quad (\pi, 0)$

44. $f(x, y) = e^{-x} \cos y, \quad (0, 0)$

45. $f(x, y) = \cos(2x - y), \quad \left(\dfrac{\pi}{4}, \dfrac{\pi}{3}\right)$

46. $f(x, y) = \operatorname{sen} xy, \quad \left(2, \dfrac{\pi}{4}\right)$

47. $f(x, y) = \arctan\dfrac{y}{x}, \quad (2, -2)$

48. $f(x, y) = \arccos xy, \quad (1, 1)$

49. $f(x, y) = \dfrac{xy}{x - y}, \quad (2, -2)$

50. $f(x, y) = \dfrac{2xy}{\sqrt{4x^2 + 5y^2}}, \quad (1, 1)$

Determinar pendientes de superficies En los ejercicios 51 y 52, calcule las pendientes de la superficie en las direcciones de x y de y en el punto dado.

51. $g(x, y) = 4 - x^2 - y^2$
    $(1, 1, 2)$

52. $h(x, y) = x^2 - y^2$
    $(-2, 1, 3)$

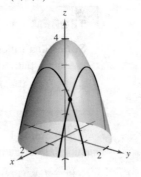
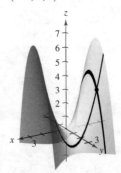

Determinar derivadas parciales En los ejercicios 53 a 58, encuentre las derivadas parciales de primer orden con respecto a x, y y z.

53. $H(x, y, z) = \operatorname{sen}(x + 2y + 3z)$

54. $f(x, y, z) = 3x^2 y - 5xyz + 10yz^2$

55. $w = \sqrt{x^2 + y^2 + z^2}$

56. $w = \dfrac{7xz}{x + y}$

57. $F(x, y, z) = \ln\sqrt{x^2 + y^2 + z^2}$

58. $G(x, y, z) = \dfrac{1}{\sqrt{1 - x^2 - y^2 - z^2}}$

Evaluar derivadas parciales En los ejercicios 59 a 64, evalúe f_x, f_y y f_z en el punto dado.

59. $f(x, y, z) = x^3 yz^2, \quad (1, 1, 1)$

60. $f(x, y, z) = x^2 y^3 + 2xyz - 3yz, \quad (-2, 1, 2)$

61. $f(x, y, z) = \dfrac{x}{yz}, \quad (1, -1, -1)$

62. $f(x, y, z) = \dfrac{xy}{x + y + z}, \quad (3, 1, -1)$

63. $f(x, y, z) = z \operatorname{sen}(x + y), \quad \left(0, \dfrac{\pi}{2}, -4\right)$

64. $f(x, y, z) = \sqrt{3x^2 + y^2 - 2z^2}, \quad (1, -2, 1)$

Uso de las primeras derivadas parciales En los ejercicios 65 a 72, para $f(x, y)$, encuentre todos los valores de x y y, tal que $f_x(x, y) = 0$ y $f_y(x, y) = 0$ simultáneamente.

65. $f(x, y) = x^2 + xy + y^2 - 2x + 2y$

66. $f(x, y) = x^2 - xy + y^2 - 5x + y$

67. $f(x, y) = x^2 + 4xy + y^2 - 4x + 16y + 3$

68. $f(x, y) = x^2 - xy + y^2$

69. $f(x, y) = \dfrac{1}{x} + \dfrac{1}{y} + xy$

70. $f(x, y) = 3x^3 - 12xy + y^3$

71. $f(x, y) = e^{x^2 + xy + y^2}$

72. $f(x, y) = \ln(x^2 + y^2 + 1)$

Determinar segundas derivadas parciales En los ejercicios 73 a 82, calcule las cuatro derivadas parciales de segundo orden. Observe que las derivadas parciales mixtas de segundo orden son iguales.

73. $z = 3xy^2$

74. $z = x^2 + 3y^2$

75. $z = x^2 - 2xy + 3y^2$

76. $z = x^4 - 3x^2y^2 + y^4$

77. $z = \sqrt{x^2 + y^2}$

78. $z = \ln(x - y)$

79. $z = e^x \tan y$

80. $z = 2xe^y - 3ye^{-x}$

81. $z = \cos xy$

82. $z = \arctan \dfrac{y}{x}$

 Determinar derivadas parciales usando tecnología En los ejercicios 83 a 86, utilice un sistema algebraico por computadora, y halle las derivadas parciales de primero y segundo orden de la función. Determine si existen valores de x y y tales que $f_x(x, y) = 0$ y $f_y(x, y) = 0$ simultáneamente.

83. $f(x, y) = x \sec y$

84. $f(x, y) = \sqrt{25 - x^2 - y^2}$

85. $f(x, y) = \ln \dfrac{x}{x^2 + y^2}$

86. $f(x, y) = \dfrac{xy}{x - y}$

Comparar derivadas parciales mixtas En los ejercicios 87 a 90, demuestre que las derivadas parciales mixtas f_{xyy}, f_{yxy} y f_{yyx} son iguales.

87. $f(x, y, z) = xyz$

88. $f(x, y, z) = x^2 - 3xy + 4yz + z^3$

89. $f(x, y, z) = e^{-x} \operatorname{sen} yz$

90. $f(x, y, z) = \dfrac{2z}{x + y}$

Ecuación de Laplace En los ejercicios 91 a 94, demuestre que la función satisface la ecuación de Laplace $\partial^2 z / \partial x^2 + \partial^2 z / \partial y^2 = 0$.

91. $z = 5xy$

92. $z = \frac{1}{2}(e^y - e^{-y})\operatorname{sen} x$

93. $z = e^x \operatorname{sen} y$

94. $z = \arctan \dfrac{y}{x}$

Ecuación de ondas En los ejercicios 95 a 98, demuestre que la función satisface la ecuación de onda $\partial^2 z / \partial t^2 = c^2(\partial^2 z / \partial x^2)$.

95. $z = \operatorname{sen}(x - ct)$

96. $z = \cos(4x + 4ct)$

97. $z = \ln(x + ct)$

98. $z = \operatorname{sen} \omega ct \operatorname{sen} \omega x$

Ecuación del calor En los ejercicios 99 y 100, demuestre que la función satisface la ecuación del calor $\partial z / \partial t = c^2(\partial^2 z / \partial x^2)$.

99. $z = e^{-t} \cos \dfrac{x}{c}$

100. $z = e^{-t} \operatorname{sen} \dfrac{x}{c}$

Usar primeras derivadas En los ejercicios 101 y 102, determine si existe o no una función $f(x, y)$ con las derivadas parciales dadas. Explique su razonamiento. Si tal función existe, dé un ejemplo.

101. $f_x(x, y) = -3 \operatorname{sen}(3x - 2y)$, $f_y(x, y) = 2 \operatorname{sen}(3x - 2y)$

102. $f_x(x, y) = 2x + y$, $f_y(x, y) = x - 4y$

DESARROLLO DE CONCEPTOS

103. **Primeras derivadas parciales** Sea f una función de dos variables x y y. Describa el procedimiento para hallar las derivadas parciales de primer orden.

104. **Primeras derivadas parciales** Dibuje una superficie que represente una función f de dos variables x y y. Utilice la gráfica para dar una interpretación geométrica de $\partial f / \partial x$ y $\partial f / \partial y$.

105. **Dibujar una gráfica** Dibuje la gráfica de una función $z = f(x, y)$ cuya derivada f_x sea siempre negativa y cuya derivada f_y sea siempre positiva.

106. **Dibujar una gráfica** Dibuje la gráfica de una función $z = f(x, y)$ cuyas derivadas f_x y f_y sean siempre positivas.

107. **Derivadas parciales mixtas** Si f es una función de x y de y, tal que f_{xy} y f_{yx} son continuas, ¿qué relación existe entre las derivadas parciales mixtas? Explique.

---

108. **¿CÓMO LO VE?** Utilice la gráfica de la superficie para determinar el signo de cada derivada parcial. Explique su razonamiento.

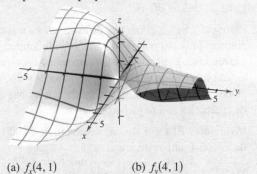

(a) $f_x(4, 1)$ (b) $f_y(4, 1)$
(c) $f_x(-1, -2)$ (d) $f_y(-1, -2)$

109. **Ingreso marginal** Una corporación farmacéutica tiene dos plantas que producen la misma medicina. Si x_1 y x_2 son los números de unidades producidas en la planta 1 y en la planta 2, respectivamente, entonces el ingreso total para el producto está dado por $R = 200x_1 + 200x_2 - 4x_1^2 - 8x_1x_2 - 4x_2^2$. Cuando $x_1 = 4$ y $x_2 = 12$, encuentre (a) el ingreso marginal para la planta 1, $\partial R / \partial x_1$, y (b) el ingreso marginal para la planta 2, $\partial R / \partial x_2$.

110. Costo marginal

Una empresa fabrica dos tipos de estufas de combustión de madera: el modelo autoestable y el modelo para inserción en una chimenea. La función de costo para producir x estufas autoestables y y de inserción en una chimenea es

$$C = 32\sqrt{xy} + 175x + 205y + 1050.$$

(a) Calcule los costos marginales $(\partial C/\partial x)$ y $(\partial C/\partial y)$ cuando $x = 80$ y $y = 20$.

(b) Cuando se requiera producción adicional, ¿qué modelo de estufa hará incrementar el costo con una tasa más alta? ¿Cómo puede determinarse esto a partir del modelo del costo?

111. Psicología Recientemente en el siglo XX se desarrolló una prueba de inteligencia llamada la *Prueba de Stanford-Binet* (más conocida como la *prueba IQ*). En esta prueba, una edad mental individual M es dividida entre la edad cronológica individual C y el cociente es multiplicado por 100. El resultado es el *IQ* de la persona

$$IQ(M, C) = \frac{M}{C} \times 100$$

Encuentre las derivadas parciales de *IQ* respecto a M y respecto a C. Evalúe las derivadas parciales en el punto $(12, 10)$ e interprete el resultado. (*Fuente: Adaptado de Bernstein/ClarkSteward/Roy/Wickens, Psicología, 4a. ed.*)

112. Productividad marginal Considere la función de producción de Cobb-Douglas $f(x, y) = 200x^{0.7}y^{0.3}$. Si $x = 1000$ y $y = 500$, encuentre (a) la productividad marginal del trabajo $\partial f/\partial x$ y (b) la productividad marginal de capital $\partial f/\partial y$.

113. Piénselo Sea N el número de aspirantes a una universidad, p el costo por alimentación y alojamiento en la universidad, y t el costo de la matrícula. Suponga que N es una función de p y t tal que $\partial N/\partial p < 0$ y $\partial N/\partial t < 0$. ¿Qué información obtiene al saber que ambas derivadas parciales son negativas?

114. Inversión El valor de una inversión de $1000 al 6% de interés compuesto anual es

$$V(I, R) = 1000\left[\frac{1 + 0.06(1 - R)}{1 + I}\right]^{10}$$

donde I es la tasa anual de inflación y R es la tasa de impuesto para el inversionista. Calcule $V_I(0.03, 0.28)$ y $V_R(0.03, 0.28)$. Determine si la tasa de impuesto o la tasa de inflación es el mayor factor "negativo" sobre el crecimiento de la inversión.

115. Distribución de temperatura La temperatura en cualquier punto (x, y) de una placa de acero $T = 500 - 0.6x^2 - 1.5y^2$, donde x y y son medidos en metros. En el punto $(2, 3)$, halle la razón de cambio de la temperatura respecto a la distancia recorrida en la placa en las direcciones del eje x y del eje y.

116. Temperatura aparente Una medida de la percepción del calor ambiental para una persona promedio es el Índice de temperatura aparente. Un modelo para este índice es

$$A = 0.885t - 22.4h + 1.20th - 0.544$$

donde A es la temperatura aparente en grados Celsius, t es la temperatura del aire y h es la humedad relativa dada en forma decimal. (*Fuente: The UMAP Journal*)

(a) Halle $\dfrac{\partial A}{\partial t}$ y $\dfrac{\partial A}{\partial h}$ si $t = 30°$ y $h = 0.80$.

(b) ¿Qué influye más sobre A, la temperatura del aire o la humedad? Explique.

117. Ley de los gases ideales La ley de los gases ideales establece que $PV = nRT$, donde P es la presión, V es el volumen, n es el número de moles de gas, R es una constante (la constante de los gases) y T es la temperatura absoluta. Demuestre que

$$\frac{\partial T}{\partial P} \cdot \frac{\partial P}{\partial V} \cdot \frac{\partial V}{\partial T} = -1.$$

118. Utilidad marginal La función de utilidad $U = f(x, y)$ es una medida de la utilidad (o satisfacción) que obtiene una persona por el consumo de dos productos x y y. La función de utilidad para los dos productos es

$$U = -5x^2 + xy - 3y^2.$$

(a) Determine la utilidad marginal del producto x.

(b) Determine la utilidad marginal del producto y.

(c) Si $x = 2$ y $y = 3$, ¿se debe consumir una unidad más de producto x o una unidad más de producto y? Explique su razonamiento.

(d) Utilice un sistema algebraico por computadora y represente gráficamente la función. Interprete las utilidades marginales de productos x y y con una gráfica.

119. Modelo matemático En la tabla se muestran los consumos per cápita (en miles de millones de dólares) de diferentes tipos de entretenimiento en Estados Unidos desde 2005 hasta 2010. Los gastos en parques de atracciones y lugares para acampar, entretenimiento en vivo (excluyendo deportes), y espectadores de deportes están representados por las variables x, y y z (*Fuente: U.S. Bureau of Economic Analysis*)

Año	2005	2006	2007	2008	2009	2010
x	36.4	39.0	42.4	44.7	43.0	45.2
y	15.3	16.6	17.4	17.5	17.0	17.3
z	16.4	18.1	20.0	20.5	20.1	21.4

Un modelo para los datos está dado por

$$z = 0.461x + 0.301y - 494.$$

(a) Halle $\dfrac{\partial z}{\partial x}$ y $\dfrac{\partial z}{\partial y}$.

(b) Interprete las derivadas parciales en el contexto del problema.

120. Modelado de datos La tabla muestra el gasto en atención pública médica (en miles de millones de dólares) en compensación a trabajadores x, asistencia pública y, y seguro médico del Estado z, del año 2005 al 2010. *(Fuente: Centers for Medicare and Medicaid Services)*

Año	2005	2006	2007	2008	2009	2010
x	41.2	41.6	41.2	40.1	36.7	37.2
y	309.5	306.8	326.4	343.8	374.4	401.4
z	338.8	403.1	432.3	466.9	499.8	524.6

Un modelo para los datos está dado por

$$z = 11.734x^2 - 0.028y^2 - 888.24x + 23.09y + 12{,}573.9.$$

(a) Halle $\dfrac{\partial^2 z}{\partial x^2}$ y $\dfrac{\partial^2 z}{\partial y^2}$.

(b) Determine la concavidad de las trazas paralelas al plano xz. Interprete el resultado en el contexto del problema.

(c) Determine la concavidad de las trazas paralelas al plano yz. Interprete el resultado en el contexto del problema.

¿Verdadero o falso? **En los ejercicios 121 a 124, determine si el enunciado es verdadero o falso. Si es falso, explique por qué o dé un ejemplo que demuestre que es falso.**

121. Si $z = f(x, y)$ y $\dfrac{\partial z}{\partial x} = \dfrac{\partial z}{\partial y}$, entonces $z = c(x + y)$.

122. Si $z = f(x)g(y)$, entonces $\dfrac{\partial z}{\partial x} + \dfrac{\partial z}{\partial y} = f'(x)g(y) + f(x)g'(y)$.

123. Si $z = e^{xy}$, entonces $\dfrac{\partial^2 z}{\partial y \partial x} = (xy + 1)e^{xy}$.

124. Si una superficie cilíndrica $z = f(x, y)$ tiene rectas generatrices paralelas al eje y, entonces $\partial z / \partial y = 0$.

125. Uso de una función Considere la función definida por

$$f(x, y) = \begin{cases} \dfrac{xy(x^2 - y^2)}{x^2 + y^2}, & (x, y) \neq (0, 0) \\ 0, & (x, y) = (0, 0) \end{cases}.$$

(a) Halle $f_x(x, y)$ y $f_y(x, y)$ para $(x, y) \neq (0, 0)$.

(b) Utilice la definición de derivadas parciales para hallar $f_x(0, 0)$ y $f_y(0, 0)$.

$$\left[\textit{Sugerencia: } f_x(0, 0) = \lim_{\Delta x \to 0} \frac{f(\Delta x, 0) - f(0, 0)}{\Delta x} \right]$$

(c) Utilice la definición de derivadas parciales para hallar $f_{xy}(0, 0)$ y $f_{yx}(0, 0)$.

(d) Utilizando el teorema 13.3 y el resultado del inciso (c), indique qué puede decirse acerca de f_{xy} o f_{yx}.

126. Uso de una función Considere la función

$$f(x, y) = (x^3 + y^3)^{1/3}.$$

(a) Halle $f_x(0, 0)$ y $f_y(0, 0)$.

(b) Determine los puntos (si los hay) en los cuales $f_x(x, y)$ o $f_y(x, y)$ no existen.

127. Uso de una función Considere la función

$$f(x, y) = (x^2 + y^2)^{2/3}.$$

Demuestre que

$$f_x(x, y) = \begin{cases} \dfrac{4x}{3(x^2 + y^2)^{1/3}}, & (x, y) \neq (0, 0) \\ 0, & (x, y) = (0, 0) \end{cases}.$$

■ **PARA INFORMACIÓN ADICIONAL** Para más información sobre este problema, consulte el artículo "A Classroom Note on a Naturally Occurring Piecewise Defined Function", de Don Cohen, en *Mathematics and Computer Education*.

PROYECTO DE TRABAJO

Franjas de Moiré

Lea el artículo "Moiré Fringes and the Conic Sections", de Mike Cullen, en *The College Mathematics Journal*. El artículo describe cómo dos familias de curvas de nivel dadas por

$$f(x, y) = a \quad \text{y} \quad g(x, y) = b$$

pueden formar franjas de Moiré. Después de leer el artículo, escriba un documento que explique cómo se relaciona la expresión

$$\frac{\partial f}{\partial x} \cdot \frac{\partial g}{\partial x} + \frac{\partial f}{\partial y} \cdot \frac{\partial g}{\partial y}$$

con las franjas de Moiré formadas por la intersección de las dos familias de curvas de nivel. Utilice como ejemplo uno de los modelos siguientes.

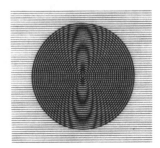

13.4 Diferenciales

■ Entender los conceptos de incrementos y diferenciales.
■ Extender el concepto de diferenciabilidad a funciones de dos variables.
■ Utilizar una diferencial como aproximación.

Incrementos y diferenciales

En esta sección se generalizan los conceptos de incrementos y diferenciales a funciones de dos o más variables. Recuerde que en la sección 3.9, dada $y = f(x)$ se definió la diferencial de y como

$$dy = f'(x)\, dx.$$

Terminología similar se usa para una función de dos variables, $z = f(x, y)$. Es decir, Δx y Δy son los **incrementos en x y en y**, y el **incremento en z** está dado por

$$\Delta z = f(x + \Delta x, y + \Delta y) - f(x, y).$$ Incremento en z

---

Definición de diferencial total

Si $z = f(x, y)$, y Δx y Δy son los incrementos en x y en y, entonces las **diferenciales** de las variables independientes x y y son

$$dx = \Delta x \quad y \quad dy = \Delta y$$

y la **diferencial total** de la variable dependiente z es

$$dz = \frac{\partial z}{\partial x}\, dx + \frac{\partial z}{\partial y}\, dy = f_x(x, y)\, dx + f_y(x, y)\, dy.$$

Esta definición puede extenderse a una función de tres o más variables. Por ejemplo, si $w = (x, y, z, u)$, entonces $dx = \Delta x$, $dy = \Delta y$, $dz = \Delta z$, $du = \Delta u$, y la diferencial total de w es

$$dw = \frac{\partial w}{\partial x}\, dx + \frac{\partial w}{\partial y}\, dy + \frac{\partial w}{\partial z}\, dz + \frac{\partial w}{\partial u}\, du.$$

EJEMPLO 1 Hallar la diferencial total

Encuentre la diferencial total de cada función.

a. $z = 2x \operatorname{sen} y - 3x^2 y^2$ **b.** $w = x^2 + y^2 + z^2$

Solución

a. La diferencial total dz de $z = 2x \operatorname{sen} y - 3x^2 y^2$ es

$$dz = \frac{\partial z}{\partial x}\, dx + \frac{\partial z}{\partial y}\, dy$$ Diferencial total dz

$$= (2 \operatorname{sen} y - 6xy^2)\, dx + (2x \cos y - 6x^2 y)\, dy.$$

b. La diferencial total dw de $w = x^2 + y^2 + z^2$ es

$$dw = \frac{\partial w}{\partial x}\, dx + \frac{\partial w}{\partial y}\, dy + \frac{\partial w}{\partial z}\, dz$$ Diferencial total dw

$$= 2x\, dx + 2y\, dy + 2z\, dz.$$

Diferenciabilidad

En la sección 3.9 aprendió que si una función dada por $y = f(x)$ es *diferenciable*, puede utilizar la diferencial $dy = f'(x)\,dx$ como una aproximación (para Δx pequeños) al valor $\Delta y = f(x + \Delta x) - f(x)$. Cuando es válida una aproximación similar para una función de dos variables, se dice que la función es **diferenciable**. Esto se expresa explícitamente en la definición siguiente.

Definición de diferenciabilidad

Una función f dada por $z = f(x, y)$ es **diferenciable** en (x_0, y_0) si Δz puede expresarse en la forma

$$\Delta z = f_x(x_0, y_0)\,\Delta x + f_y(x_0, y_0)\,\Delta y + \varepsilon_1 \Delta x + \varepsilon_2 \Delta y$$

donde ε_1 y $\varepsilon_2 \to 0$ cuando

$$(\Delta x, \Delta y) \to (0, 0).$$

La función f es **diferenciable en una región R** si es diferenciable en todo punto de R.

> **EJEMPLO 2**   Demostrar que una función es diferenciable

Demuestre que la función dada por

$$f(x, y) = x^2 + 3y$$

es diferenciable en todo punto del plano.

Solución   Haciendo $z = f(x, y)$, el incremento de z en un punto arbitrario (x, y) en el plano es

$$\begin{aligned}
\Delta z &= f(x + \Delta x, y + \Delta y) - f(x, y) \qquad \text{Incremento de } z\\
&= (x^2 + 2x\Delta x + \Delta x^2) + 3(y + \Delta y) - (x^2 + 3y)\\
&= 2x\Delta x + \Delta x^2 + 3\Delta y\\
&= 2x(\Delta x) + 3(\Delta y) + \Delta x(\Delta x) + 0(\Delta y)\\
&= f_x(x, y)\,\Delta x + f_y(x, y)\,\Delta y + \varepsilon_1 \Delta x + \varepsilon_2 \Delta y
\end{aligned}$$

donde $\varepsilon_1 = \Delta x$ y $\varepsilon_2 = 0$. Como $\varepsilon_1 \to 0$ y $\varepsilon_2 \to 0$ cuando $(\Delta x, \Delta y) \to (0, 0)$, se sigue que f es diferenciable en todo punto en el plano. La gráfica de f se muestra en la figura 13.34. ■

Debe tener en cuenta que el término "diferenciable" se usa de manera diferente para funciones de dos variables y para funciones de una variable. Una función de una variable es diferenciable en un punto si su derivada existe en el punto. Sin embargo, en el caso de una función de dos variables, la existencia de las derivadas parciales f_x y f_y no garantiza que la función sea diferenciable (vea el ejemplo 5). El teorema siguiente proporciona una condición suficiente para la diferenciabilidad de una función de dos variables.

TEOREMA 13.4   **Condiciones suficientes para la diferenciabilidad**

Si f es una función de x y y, para la que f_x y f_y son continuas en una región abierta R, entonces f es diferenciable en R.

En el apéndice A se da una demostración del teorema 13.4.

Consulte LarsonCalculus.com para el video de Bruce Edwards de esta demostración.

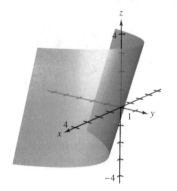

Figura 13.34

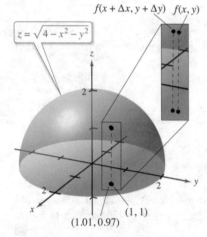

El cambio exacto en z es Δz. Este cambio puede aproximarse mediante la diferencial dz.

Figura 13.35

Aproximación mediante diferenciales

El teorema 13.4 dice que puede elegir $(x + \Delta x, y + \Delta y)$ suficientemente cerca de (x, y) para hacer que $\varepsilon_1 \Delta x$ y $\varepsilon_2 \Delta y$ sean insignificantes. En otros términos, para Δx y Δy pequeños, se puede usar la aproximación

$$\Delta z \approx dz.$$

Esta aproximación se ilustra gráficamente en la figura 13.35. Hay que recordar que las derivadas parciales $\partial z/\partial x$ y $\partial z/\partial y$ pueden interpretarse como las pendientes de la superficie en las direcciones de x y de y. Esto significa que

$$dz = \frac{\partial z}{\partial x} \Delta x + \frac{\partial z}{\partial y} \Delta y$$

representa el cambio en altura de un plano tangente a la superficie en el punto $(x, y, f(x, y))$. Como un plano en el espacio se representa mediante una ecuación lineal en las variables x, y y z, la aproximación de Δz mediante dz se llama **aproximación lineal**. Aprenderá más acerca de esta interpretación geométrica en la sección 13.7.

EJEMPLO 3 **Usar la diferencial como una aproximación**

$\cdots\cdots\triangleright$ *Consulte LarsonCalculus.com para una versión interactiva de este tipo de ejemplo.*

Utilice la diferencial dz para aproximar el cambio en $z = \sqrt{4 - x^2 - y^2}$ cuando (x, y) se desplaza del punto $(1, 1)$ al punto $(1.01, 0.97)$. Compare esta aproximación con el cambio exacto en z.

Solución   Haciendo $(x, y) = (1, 1)$ y $(x + \Delta x, y + \Delta y) = (1.01, 0.97)$, obtiene

$$dx = \Delta x = 0.01 \quad \text{y} \quad dy = \Delta y = -0.03.$$

Por tanto, el cambio en z puede aproximarse mediante

$$\Delta z \approx dz = \frac{\partial z}{\partial x} dx + \frac{\partial z}{\partial y} dy = \frac{-x}{\sqrt{4 - x^2 - y^2}} \Delta x + \frac{-y}{\sqrt{4 - x^2 - y^2}} \Delta y.$$

Cuando $x = 1$ y $y = 1$, se tiene

$$\Delta z \approx -\frac{1}{\sqrt{2}}(0.01) - \frac{1}{\sqrt{2}}(-0.03) = \frac{0.02}{\sqrt{2}} = \sqrt{2}(0.01) \approx 0.0141.$$

En la figura 13.36 puede ver que el cambio exacto corresponde a la diferencia entre las alturas de dos puntos sobre la superficie de un hemisferio. Esta diferencia está dada por

$$\Delta z = f(1.01, 0.97) - f(1, 1)$$
$$= \sqrt{4 - (1.01)^2 - (0.97)^2} - \sqrt{4 - 1^2 - 1^2}$$
$$\approx 0.0137.$$

Cuando (x, y) se desplaza de $(1, 1)$ al punto $(1.01, 0.97)$, el valor de $f(x, y)$ cambia aproximadamente en 0.0137.

Figura 13.36

Una función de tres variables $w = f(x, y, z)$ se dice que es **diferenciable** en (x, y, z) si

$$\Delta w = f(x + \Delta x, y + \Delta y, z + \Delta z) - f(x, y, z)$$

puede expresarse en la forma

$$\Delta w = f_x \Delta x + f_y \Delta y + f_z \Delta z + \varepsilon_1 \Delta x + \varepsilon_2 \Delta y + \varepsilon_3 \Delta z$$

donde ε_1, ε_2 y $\varepsilon_3 \to 0$ cuando $(\Delta x, \Delta y, \Delta z) \to (0, 0, 0)$. Con esta definición de diferenciabilidad, el teorema 13.4 puede extenderse de la siguiente manera a funciones de tres variables: si f es una función de x, y y z, donde f, f_x, f_y y f_z son continuas en una región abierta R, entonces f es diferenciable en R.

En la sección 3.9 utilizó las diferenciales para aproximar el error de propagación introducido por un error en la medida. Esta aplicación de las diferenciales se ilustra en el ejemplo 4.

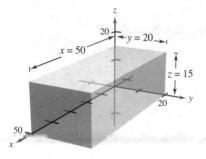

Volumen = xyz.
Figura 13.37

EJEMPLO 4 **Analizar errores**

El error producido al medir cada una de las dimensiones de una caja rectangular es ± 0.1 milímetros. Las dimensiones de la caja son $x = 50$ centímetros, $y = 20$ centímetros y $z = 15$ centímetros, como se muestra en la figura 13.37. Utilice dV para estimar el error propagado y el error relativo en el volumen calculado de la caja.

Solución El volumen de la caja está dado por $V = xyz$, y por tanto

$$dV = \frac{\partial V}{\partial x} dx + \frac{\partial V}{\partial y} dy + \frac{\partial V}{\partial z} dz$$

$$= yz \, dx + xz \, dy + xy \, dz.$$

Utilizando 0.1 milímetros = 0.01 centímetros, obtiene

$$dx = dy = dz = \pm 0.01$$

y el error propagado es aproximadamente

$$dV = (20)(15)(\pm 0.01) + (50)(15)(\pm 0.01) + (50)(20)(\pm 0.01)$$

$$= 300(\pm 0.01) + 750(\pm 0.01) + 1000(\pm 0.01)$$

$$= 2050(\pm 0.01)$$

$$= \pm 20.5 \text{ centímetros cúbicos.}$$

Como el volumen medido es

$$V = (50)(20)(15) = 15{,}000 \text{ centímetros cúbicos,}$$

el error relativo, $\Delta V / V$, es aproximadamente

$$\frac{\Delta V}{V} \approx \frac{dV}{V} = \frac{20.5}{15{,}000} \approx 0.14\%.$$

Como ocurre con una función de una sola variable, si una función de dos o más variables es diferenciable en un punto, también es continua en él.

TEOREMA 13.5 **Diferenciabilidad implica continuidad**

Si una función de x y y es diferenciable en (x_0, y_0), entonces es continua en (x_0, y_0).

Demostración Sea f diferenciable en (x_0, y_0), donde $z = f(x, y)$. Entonces

$$\Delta z = [f_x(x_0, y_0) + \varepsilon_1] \Delta x + [f_y(x_0, y_0) + \varepsilon_2] \Delta y$$

donde ε_1 y $\varepsilon_2 \to 0$ cuando $(\Delta x, \Delta y) \to (0, 0)$. Sin embargo, por definición, usted sabe que Δz está dada por

$$\Delta z = f(x_0 + \Delta x, y_0 + \Delta y) - f(x_0, y_0).$$

Haciendo $x = x_0 + \Delta x$ y $y = y_0 + \Delta y$ obtiene

$$f(x, y) - f(x_0, y_0) = [f_x(x_0, y_0) + \varepsilon_1] \Delta x + [f_y(x_0, y_0) + \varepsilon_2] \Delta y$$

$$= [f_x(x_0, y_0) + \varepsilon_1](x - x_0) + [f_y(x_0, y_0) + \varepsilon_2](y - y_0).$$

Tomando el límite cuando $(x, y) \to (x_0, y_0)$ obtiene

$$\lim_{(x, y) \to (x_0, y_0)} f(x, y) = f(x_0, y_0)$$

lo cual significa que f es continua en (x_0, y_0).

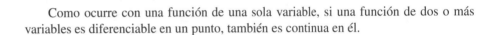

Consulte LarsonCalculus.com para el video de Bruce Edwards de esta demostración.

Recuerde que la existencia de f_x y f_y no es suficiente para garantizar la diferenciabilidad, como se ilustra en el siguiente ejemplo.

EJEMPLO 5 **Una función que no es diferenciable**

Para la función

$$f(x, y) = \begin{cases} \dfrac{-3xy}{x^2 + y^2}, & (x, y) \neq (0, 0) \\ 0, & (x, y) = (0, 0) \end{cases}$$

demuestre que $f_x(0, 0)$ y $f_y(0, 0)$ existen, pero f no es diferenciable en $(0, 0)$.

Solución Usted puede demostrar que f no es diferenciable en $(0, 0)$ demostrando que no es continua en este punto. Para ver que f no es continua en $(0, 0)$, observe los valores de $f(x, y)$ a lo largo de dos trayectorias diferentes que se aproximan a $(0, 0)$, como se muestra en la figura 13.38. A lo largo de la recta $y = x$, el límite es

$$\lim_{(x, x) \to (0, 0)} f(x, y) = \lim_{(x, x) \to (0, 0)} \frac{-3x^2}{2x^2} = -\frac{3}{2}$$

mientras que a lo largo de $y = -x$ tiene

$$\lim_{(x, -x) \to (0, 0)} f(x, y) = \lim_{(x, -x) \to (0, 0)} \frac{3x^2}{2x^2} = \frac{3}{2}.$$

Así, el límite de $f(x, y)$ cuando $(x, y) \to (0, 0)$ no existe, y puede concluir que f no es continua en $(0, 0)$. Por tanto, de acuerdo con el teorema 13.5, f no es diferenciable en $(0, 0)$. Por otro lado, de acuerdo con la definición de las derivadas parciales f_x y f_y, tiene

$$f_x(0, 0) = \lim_{\Delta x \to 0} \frac{f(\Delta x, 0) - f(0, 0)}{\Delta x} = \lim_{\Delta x \to 0} \frac{0 - 0}{\Delta x} = 0$$

y

$$f_y(0, 0) = \lim_{\Delta y \to 0} \frac{f(0, \Delta y) - f(0, 0)}{\Delta y} = \lim_{\Delta y \to 0} \frac{0 - 0}{\Delta y} = 0.$$

Por tanto, las derivadas parciales en $(0, 0)$ existen.

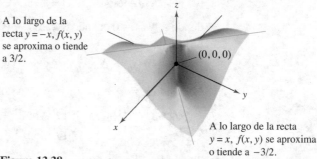

$$f(x, y) = \begin{cases} \dfrac{-3xy}{x^2 + y^2}, & (x, y) \neq (0, 0) \\ 0, & (x, y) = (0, 0) \end{cases}$$

A lo largo de la recta $y = -x$, $f(x, y)$ se aproxima o tiende a 3/2.

$(0, 0, 0)$

A lo largo de la recta $y = x$, $f(x, y)$ se aproxima o tiende a $-3/2$.

Figura 13.38

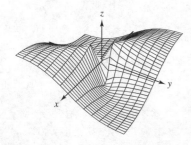

Generada con Mathematica

▷ **TECNOLOGÍA** Utilice una herramienta de graficación para representar la función del ejemplo 5. Por ejemplo, la gráfica que se muestra a continuación fue generada con *Mathematica*.

13.4 Ejercicios

Determinar una diferencial total En los ejercicios 1 a 10, encuentre la diferencial total.

1. $z = 2x^2y^3$

2. $z = 2x^4y - 8x^2y^3$

3. $z = \dfrac{-1}{x^2 + y^2}$

4. $w = \dfrac{x + y}{z - 3y}$

5. $z = x\cos y - y\cos x$

6. $z = \frac{1}{2}(e^{x^2+y^2} - e^{-x^2-y^2})$

7. $z = e^x \operatorname{sen} y$

8. $w = e^y \cos x + z^2$

9. $w = 2z^3y \operatorname{sen} x$

10. $w = x^2yz^2 + \operatorname{sen} yz$

Usar una diferencial como aproximación En los ejercicios 11 a 16, (a) evalúe $f(2, 1)$ y $f(2.1, 1.05)$ y calcule Δz, y (b) use la diferencial total dz para aproximar Δz.

11. $f(x, y) = 2x - 3y$

12. $f(x, y) = x^2 + y^2$

13. $f(x, y) = 16 - x^2 - y^2$

14. $f(x, y) = \dfrac{y}{x}$

15. $f(x, y) = ye^x$

16. $f(x, y) = x\cos y$

Aproximar una expresión En los ejercicios 17 a 20, encuentre $z = f(x, y)$ y utilice la diferencial total para aproximar la cantidad.

17. $(2.01)^2(9.02) - 2^2 \cdot 9$

18. $\dfrac{1 - (3.05)^2}{(5.95)^2} - \dfrac{1 - 3^2}{6^2}$

19. $\sqrt{(5.05)^2 + (3.1)^2} - \sqrt{5^2 + 3^2}$

20. $\operatorname{sen}[(1.05)^2 + (0.95)^2] - \operatorname{sen}(1^2 + 1^2)$

DESARROLLO DE CONCEPTOS

21. **Aproximación** Describa el cambio en la exactitud de dz como aproximación a Δz cuando Δx y Δy aumentan.

22. **Aproximación lineal** ¿Qué se quiere decir con una aproximación lineal de $z = f(x, y)$ en el punto $P(x_0, y_0)$?

23. **Usar diferenciales** Cuando se usan diferenciales, ¿qué significan los términos *error de propagación* y *error relativo*?

24. **¿CÓMO LO VE?** ¿Qué punto tiene un diferencial mayor, $(2, 2)$ o $\left(\frac{1}{2}, \frac{1}{2}\right)$? Explique. (Suponga que dx y dy son iguales en ambos puntos.)

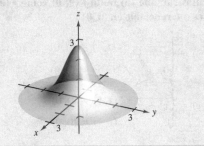

25. **Área** El área del rectángulo sombreada en la figura es $A = lh$. Los posibles errores en la longitud y la altura son Δl y Δh, respectivamente. Encuentre dA e identifique las regiones de la figura cuyas áreas están dadas por los términos de dA. ¿Qué región representa la diferencia entre ΔA y dA?

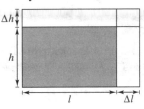

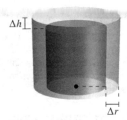

Figura para 25   Figura para 26

26. **Volumen** El volumen del cilindro circular recto de color rojo es $V = \pi r^2 h$. Los posibles errores en el radio y en la altura son Δr y Δh, respectivamente. Determine dV e identifique los sólidos en la figura cuyos volúmenes están dados en términos de dV. ¿Qué sólido representa la diferencia entre ΔV y dV?

27. **Análisis numérico** Se construye un cono circular recto de altura $h = 8$ y radio $r = 4$, y durante la medición se cometieron errores Δr en el radio y Δh en la altura. Complete la tabla para mostrar la relación entre ΔV y dV para los errores indicados.

Δr	Δh	dV o dS	ΔV o ΔS	$\Delta V - dV$ o $\Delta S - dS$
0.1	0.1			
0.1	-0.1			
0.001	0.002			
-0.0001	0.0002			

Tabla para 27 y 28

28. **Análisis numérico** La altura y radio de un cono circular recto midieron $h = 16$ metros y $r = 6$ metros. En la medición, se cometieron errores Δr y Δh. S es el área de la superficie lateral de un cono. Complete la tabla anterior para mostrar la relación entre ΔS y dS para los errores indicados.

29. **Volumen** El posible error implicado en la medición de cada dimensión de una caja rectangular es ± 0.02 pulg. Las dimensiones de la caja son 8 pulgadas por 5 pulgadas por 12 pulgadas. Aproxime el error propagado y el error relativo en el volumen calculado de la caja.

30. **Volumen** El posible error implicado en la medición de cada dimensión de un cilindro circular recto es ± 0.05 pulg. El radio es de 3 centímetros y la altura de 10 centímetros. Aproxime el error propagado y el error relativo en el volumen calculado del cilindro.

31. Viento

La fórmula para la frialdad producida por el viento C (en grados Fahrenheit) es

$$C = 35.74 + 0.6215T - 35.75v^{0.16} + 0.4275Tv^{0.16}$$

donde v es la velocidad del viento en millas por hora y T es la temperatura en grados Fahrenheit. La velocidad del viento es 23 ± 3 millas por hora y la temperatura es $8° \pm 1°$. Utilice dC para estimar el posible error propagado y el error relativo máximos al calcular la frialdad producida por el viento. (*Fuente: National Oceanic and Atmospheric Administration*)

32. Resistencia La resistencia total R (en ohms) de dos resistencias conectadas en paralelo es

$$\frac{1}{R} = \frac{1}{R_1} + \frac{1}{R_2}.$$

Aproxime el cambio en R cuando R_1 incrementa de 10 ohms a 10.5 ohms y R_2 decrece de 15 ohms a 13 ohms.

33. Potencia La potencia eléctrica P está dada por

$$P = \frac{E^2}{R}$$

donde E es el voltaje y R es la resistencia. Aproxime el máximo error porcentual al calcular la potencia si se aplican 120 volts a una resistencia de 2000 ohms y los posibles errores porcentuales al medir E y R son 3 y 4%, respectivamente.

34. Aceleración La aceleración centrípeta de una partícula que se mueve en un círculo es $a = v^2/r$, donde v es la velocidad y r es el radio del círculo. Aproxime el error porcentual máximo al medir la aceleración debida a errores de 3% en v y 2% en r.

35. Volumen Un abrevadero tiene 16 pies de largo (vea la figura). Sus secciones transversales son triángulos isósceles en los que los dos lados iguales miden 18 pulgadas. El ángulo entre los dos lados iguales es θ.

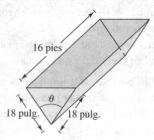

No dibujado a escala

(a) Exprese el volumen del abrevadero en función de θ y determine el valor de θ para el que el volumen es máximo.

(b) El error máximo en las mediciones lineales es de $1/2$ pulgada y el error máximo en la medida del ángulo es $2°$. Aproxime el cambio a partir del volumen máximo.

36. Deportes Un jugador de béisbol en el jardín central se encuentra aproximadamente a 330 pies de una cámara de televisión que está en la base. Un bateador golpea una pelota que sale hacia una valla situada a una distancia de 420 pies de la cámara (vea la figura).

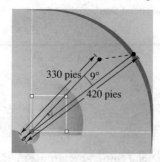

(a) La cámara gira $9°$ para seguir la carrera. Aproxime el número de pies que el jugador central tiene que correr para atrapar la pelota.

(b) La posición del jugador central podría tener un error hasta de 6 pies y el error máximo al medir la rotación de la cámara de $1°$. Aproxime el máximo error posible en el resultado del inciso (a).

37. Inductancia La inductancia L (en microhenrys) de un hilo recto no magnético en el vacío es

$$L = 0.00021\left(\ln\frac{2h}{r} - 0.75\right)$$

donde h es la longitud del alambre y r es el radio de una sección transversal circular. Aproxime L cuando $r = 2 \pm \frac{1}{16}$ milímetros y $h = 100 \pm \frac{1}{100}$ milímetros.

38. Péndulo El periodo T de un péndulo de longitud L es

$$T = \frac{2\pi\sqrt{L}}{\sqrt{g}}$$

donde g es la aceleración de la gravedad. Un péndulo se mueve desde la zona del canal, donde $g = 32.09$ pies por segundo cuadrado, a Groenlandia, donde $g = 32.23$ pies por segundo cuadrado. Debido al cambio en la temperatura, la longitud del péndulo cambia de 2.5 pies a 2.48 pies. Aproxime el cambio en el periodo del péndulo.

Diferenciabilidad En los ejercicios 39 a 42, demuestre que la función es diferenciable, hallando los valores de ε_1 y ε_2 que se dan en la definición de diferenciabilidad, y verifique que tanto ε_1 como ε_2 tienden a 0 cuando $(\Delta x, \Delta y) \to (0, 0)$.

39. $f(x, y) = x^2 - 2x + y$ **40.** $f(x, y) = x^2 + y^2$

41. $f(x, y) = x^2y$ **42.** $f(x, y) = 5x - 10y + y^3$

Diferenciabilidad En los ejercicios 43 y 44, utilice la función para demostrar que (a) tanto $f_x(0, 0)$ como $f_y(0, 0)$ existen, y (b) f no es diferenciable en $(0, 0)$.

43. $f(x, y) = \begin{cases} \dfrac{3x^2y}{x^4 + y^2}, & (x, y) \neq (0, 0) \\ 0, & (x, y) = (0, 0) \end{cases}$

44. $f(x, y) = \begin{cases} \dfrac{5x^2y}{x^3 + y^3}, & (x, y) \neq (0, 0) \\ 0, & (x, y) = (0, 0) \end{cases}$

13.5 Regla de la cadena para funciones de varias variables

■ Utilizar la regla de la cadena para funciones de varias variables.
■ Hallar las derivadas parciales implícitamente.

Regla de la cadena para funciones de varias variables

Su trabajo con diferenciales de la sección anterior proporciona las bases para la extensión de la regla de la cadena a funciones de dos variables. Hay dos casos: el primer caso cuando w es una función de x y y, donde x y y son funciones de una sola variable independiente t, como se muestra en el teorema 13.6.

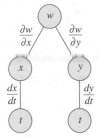

Regla de la cadena: una variable dependiente w, es función de x y y, las que a su vez son funciones de t. Este diagrama representa la derivada de w con respecto a t.

Figura 13.39

> **TEOREMA 13.6   Regla de la cadena: una variable independiente**
>
> Sea $w = f(x, y)$ donde f es una función derivable de x y y. Si $x = g(t)$ y $y = h(t)$, donde g y h son funciones derivables de t, entonces w es una función diferenciable de t y
>
> $$\frac{dw}{dt} = \frac{\partial w}{\partial x}\frac{dx}{dt} + \frac{\partial w}{\partial y}\frac{dy}{dt}.$$
>
> La regla de la cadena se muestra esquemáticamente en la figura 13.39.
> Una demostración de este teorema se da en el apéndice A.
>
> *Consulte LarsonCalculus.com para el video de Bruce Edwards de esta demostración.*

EJEMPLO 5   Regla de la cadena con una variable independiente

Sea $w = x^2 y - y^2$, donde $x = \operatorname{sen} t$ y $y = e^t$. Halle dw/dt cuando $t = 0$.

Solución   De acuerdo con la regla de la cadena para una variable independiente, usted tiene

$$\frac{dw}{dt} = \frac{\partial w}{\partial x}\frac{dx}{dt} + \frac{\partial w}{\partial y}\frac{dy}{dt}$$
$$= 2xy(\cos t) + (x^2 - 2y)e^t$$
$$= 2(\operatorname{sen} t)(e^t)(\cos t) + (\operatorname{sen}^2 t - 2e^t)e^t$$
$$= 2e^t \operatorname{sen} t \cos t + e^t \operatorname{sen}^2 t - 2e^{2t}.$$

Cuando $t = 0$ se deduce que

$$\frac{dw}{dt} = -2.$$ ∎

La regla de la cadena presentada en esta sección proporciona técnicas alternativas para resolver muchos problemas del cálculo de una sola variable. Así, en el ejemplo 1 podría haber usado técnicas para una sola variable para encontrar dw/dt expresando primero w como función de t,

$$w = x^2 y - y^2$$
$$= (\operatorname{sen} t)^2(e^t) - (e^t)^2$$
$$= e^t \operatorname{sen}^2 t - e^{2t}$$

y derivando después como de costumbre.

$$\frac{dw}{dt} = 2e^t \operatorname{sen} t \cos t + e^t \operatorname{sen}^2 t - 2e^{2t}$$

La regla de la cadena en el teorema 13.6 puede extenderse a cualquier número de variables. Por ejemplo, si cada x_i es una función derivable de una sola variable t, entonces para

$$w = f(x_1, x_2, \ldots, x_n)$$

tiene

$$\frac{dw}{dt} = \frac{\partial w}{\partial x_1}\frac{dx_1}{dt} + \frac{\partial w}{\partial x_2}\frac{dx_2}{dt} + \cdots + \frac{\partial w}{\partial x_n}\frac{dx_n}{dt}.$$

EJEMPLO 2 **Aplicación de la regla de la cadena a razones de cambio relacionadas**

Dos objetos recorren trayectorias elípticas dadas por las ecuaciones paramétricas siguientes.

$x_1 = 4 \cos t$ y $y_1 = 2 \operatorname{sen} t$ — Primer objeto
$x_2 = 2 \operatorname{sen} 2t$ y $y_2 = 3 \cos 2t$ — Segundo objeto

¿A qué velocidad cambia la distancia entre los dos objetos cuando $t = \pi$?

Solución En la figura 13.40 puede ver que la distancia s entre los dos objetos está dada por

$$s = \sqrt{(x_2 - x_1)^2 + (y_2 - y_1)^2}$$

y que cuando $t = \pi$, se tiene $x_1 = -4$, $y_1 = 0$, $x_2 = 0$, $y_2 = 3$, y

$$s = \sqrt{(0 + 4)^2 + (3 - 0)^2} = 5.$$

Cuando $t = \pi$, las derivadas parciales de s son las siguientes

$$\frac{\partial s}{\partial x_1} = \frac{-(x_2 - x_1)}{\sqrt{(x_2 - x_1)^2 + (y_2 - y_1)^2}} = -\frac{1}{5}(0 + 4) = -\frac{4}{5}$$

$$\frac{\partial s}{\partial y_1} = \frac{-(y_2 - y_1)}{\sqrt{(x_2 - x_1)^2 + (y_2 - y_1)^2}} = -\frac{1}{5}(3 - 0) = -\frac{3}{5}$$

$$\frac{\partial s}{\partial x_2} = \frac{(x_2 - x_1)}{\sqrt{(x_2 - x_1)^2 + (y_2 - y_1)^2}} = \frac{1}{5}(0 + 4) = \frac{4}{5}$$

$$\frac{\partial s}{\partial y_2} = \frac{(y_2 - y_1)}{\sqrt{(x_2 - x_1)^2 + (y_2 - y_1)^2}} = \frac{1}{5}(3 - 0) = \frac{3}{5}$$

Cuando $t = \pi$, las derivadas de x_1, y_1, x_2 y y_2 son

$$\frac{dx_1}{dt} = -4 \operatorname{sen} t = 0$$

$$\frac{dy_1}{dt} = 2 \cos t = -2$$

$$\frac{dx_2}{dt} = 4 \cos 2t = 4$$

$$\frac{dy_2}{dt} = -6 \operatorname{sen} 2t = 0.$$

Por tanto, usando la regla de la cadena apropiada, usted sabe que la distancia cambia a una razón de

$$\frac{ds}{dt} = \frac{\partial s}{\partial x_1}\frac{dx_1}{dt} + \frac{\partial s}{\partial y_1}\frac{dy_1}{dt} + \frac{\partial s}{\partial x_2}\frac{dx_2}{dt} + \frac{\partial s}{\partial y_2}\frac{dy_2}{dt}$$

$$= \left(-\frac{4}{5}\right)(0) + \left(-\frac{3}{5}\right)(-2) + \left(\frac{4}{5}\right)(4) + \left(\frac{3}{5}\right)(0)$$

$$= \frac{22}{5}.$$

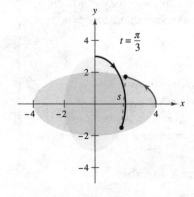

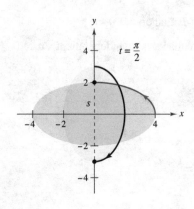

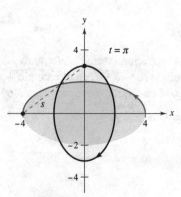

Trayectorias de dos objetos que recorren órbitas elípticas.
Figura 13.40

En el ejemplo 2, observe que s es función de cuatro variables *intermedias*, x_1, y_1, x_2 y y_2, cada una de las cuales es a su vez función de una sola variable t. Otro tipo de función compuesta es aquella en la que las variables intermedias son, a su vez, funciones de más de una variable. Por ejemplo, si $w = f(x, y)$, donde $x = g(s, t)$ y $y = h(s, t)$, se deduce que w es función de s y de t, y usted puede considerar las derivadas parciales de w respecto a s y de t. Una manera de encontrar estas derivadas parciales es expresar w explícitamente como función de s y t sustituyendo las ecuaciones $x = g(s, t)$ y $y = h(s, t)$ en la ecuación $w = f(x, y)$. Así puede encontrar las derivadas parciales de la manera usual, como se muestra en el ejemplo siguiente.

EJEMPLO 3   Hallar derivadas parciales por sustitución

Encuentre $\partial w/\partial s$ y $\partial w/\partial t$ para $w = 2xy$, donde $x = s^2 + t^2$ y $y = s/t$.

Solución   Comience por sustituir $x = s^2 + t^2$ y $y = s/t$ en la ecuación $w = 2xy$ para obtener

$$w = 2xy = 2(s^2 + t^2)\left(\frac{s}{t}\right) = 2\left(\frac{s^3}{t} + st\right).$$

Después, para encontrar $\partial w/\partial s$ mantenga constante t y derive respecto a s.

$$\frac{\partial w}{\partial s} = 2\left(\frac{3s^2}{t} + t\right)$$

$$= \frac{6s^2 + 2t^2}{t}$$

De manera similar, para hallar $\partial w/\partial t$, mantenga constante s y derive respecto a t para obtener

$$\frac{\partial w}{\partial t} = 2\left(-\frac{s^3}{t^2} + s\right)$$

$$= 2\left(\frac{-s^3 + st^2}{t^2}\right)$$

$$= \frac{2st^2 - 2s^3}{t^2}.$$

El teorema 13.7 proporciona un método alternativo para hallar las derivadas parciales del ejemplo 3, sin expresar w explícitamente como función de s y t.

Regla de la cadena: dos variables independientes.

Figura 13.41

TEOREMA 13.7   Regla de la cadena: dos variables independientes

Sea $w = f(x, y)$, donde f es una función diferenciable de x y y. Si $x = g(s, t)$ y $y = h(s, t)$ son tales que las derivadas parciales de primer orden $\partial x/\partial s$, $\partial x/\partial t$, $\partial y/\partial s$ y $\partial y/\partial t$ existen, entonces $\partial w/\partial s$ y $\partial w/\partial t$ existen y están dadas por

$$\frac{\partial w}{\partial s} = \frac{\partial w}{\partial x}\frac{\partial x}{\partial s} + \frac{\partial w}{\partial y}\frac{\partial y}{\partial s}$$

y

$$\frac{\partial w}{\partial t} = \frac{\partial w}{\partial x}\frac{\partial x}{\partial t} + \frac{\partial w}{\partial y}\frac{\partial y}{\partial t}.$$

La regla de la cadena en este teorema se muestra esquemáticamente en la figura 13.41.

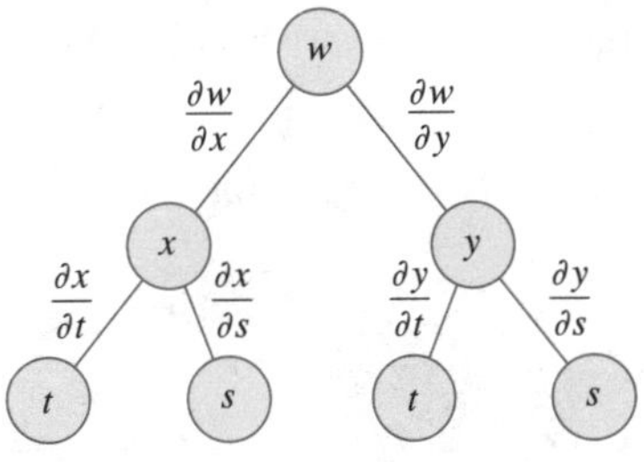

Demostración   Para obtener $\partial w/\partial s$, mantenga constante t y aplique el teorema 13.6 para obtener el resultado deseado. De manera similar, para obtener $\partial w/\partial t$ mantenga constante s y aplique el teorema 13.6.

Consulte LarsonCalculus.com para el video de Bruce Edwards de esta demostración.

EJEMPLO 4	Regla de la cadena con dos variables independientes

•
•
•
• • • ▷ *Consulte LarsonCalculus.com para una versión interactiva de este tipo de ejemplo.*

Utilice la regla de la cadena para encontrar $\partial w/\partial s$ y $\partial w/\partial t$, dada

$$w = 2xy$$

donde $x = s^2 + t^2$ y $y = s/t$.

Solución Observe que estas mismas derivadas parciales fueron calculadas en el ejemplo 3. Esta vez, usando el teorema 13.7 puede mantener constante t y derivar con respecto a s para obtener

$$\frac{\partial w}{\partial s} = \frac{\partial w}{\partial x}\frac{\partial x}{\partial s} + \frac{\partial w}{\partial y}\frac{\partial y}{\partial s}$$

$$= 2y(2s) + 2x\left(\frac{1}{t}\right)$$

$$= 2\left(\frac{s}{t}\right)(2s) + 2(s^2 + t^2)\left(\frac{1}{t}\right) \qquad \text{Sustituya } \frac{s}{t} \text{ por } y \text{ y } s^2 + t^2 \text{ por } x.$$

$$= \frac{4s^2}{t} + \frac{2s^2 + 2t^2}{t}$$

$$= \frac{6s^2 + 2t^2}{t}.$$

De manera similar, manteniendo s constante obtiene

$$\frac{\partial w}{\partial t} = \frac{\partial w}{\partial x}\frac{\partial x}{\partial t} + \frac{\partial w}{\partial y}\frac{\partial y}{\partial t}$$

$$= 2y(2t) + 2x\left(\frac{-s}{t^2}\right)$$

$$= 2\left(\frac{s}{t}\right)(2t) + 2(s^2 + t^2)\left(\frac{-s}{t^2}\right) \qquad \text{Sustituya } \frac{s}{t} \text{ por } y \text{ y } s^2 + t^2 \text{ por } x.$$

$$= 4s - \frac{2s^3 + 2st^2}{t^2}$$

$$= \frac{4st^2 - 2s^3 - 2st^2}{t^2}$$

$$= \frac{2st^2 - 2s^3}{t^2}.$$

La regla de la cadena del teorema 13.7 también puede extenderse a cualquier número de variables. Por ejemplo, si w es una función diferenciable de n variables

$$x_1, x_2, \ldots, x_n$$

donde cada x_i es una función diferenciable de m variables $t_1, t_2, \ldots, t_m$, entonces para

$$w = f(x_1, x_2, \ldots, x_n)$$

se obtiene lo siguiente.

$$\frac{\partial w}{\partial t_1} = \frac{\partial w}{\partial x_1}\frac{\partial x_1}{\partial t_1} + \frac{\partial w}{\partial x_2}\frac{\partial x_2}{\partial t_1} + \cdots + \frac{\partial w}{\partial x_n}\frac{\partial x_n}{\partial t_1}$$

$$\frac{\partial w}{\partial t_2} = \frac{\partial w}{\partial x_1}\frac{\partial x_1}{\partial t_2} + \frac{\partial w}{\partial x_2}\frac{\partial x_2}{\partial t_2} + \cdots + \frac{\partial w}{\partial x_n}\frac{\partial x_n}{\partial t_2}$$

$$\vdots$$

$$\frac{\partial w}{\partial t_m} = \frac{\partial w}{\partial x_1}\frac{\partial x_1}{\partial t_m} + \frac{\partial w}{\partial x_2}\frac{\partial x_2}{\partial t_m} + \cdots + \frac{\partial w}{\partial x_n}\frac{\partial x_n}{\partial t_m}$$

EJEMPLO 5 **Regla de la cadena para una función de tres variables**

Determine $\partial w/\partial s$ y $\partial w/\partial t$, cuando $s = 1$ y $t = 2\pi$ para

$$w = xy + yz + xz$$

donde $x = s \cos t$, $y = s \operatorname{sen} t$, y $z = t$.

Solución Por extensión del teorema 13.7, tiene

$$\frac{\partial w}{\partial s} = \frac{\partial w}{\partial x}\frac{\partial x}{\partial s} + \frac{\partial w}{\partial y}\frac{\partial y}{\partial s} + \frac{\partial w}{\partial z}\frac{\partial z}{\partial s}$$

$$= (y + z)(\cos t) + (x + z)(\operatorname{sen} t) + (y + x)(0)$$

$$= (y + z)(\cos t) + (x + z)(\operatorname{sen} t).$$

Cuando $s = 1$ y $t = 2\pi$, usted tiene que $x = 1$, $y = 0$ y $z = 2\pi$. Así

$$\frac{\partial w}{\partial s} = (0 + 2\pi)(1) + (1 + 2\pi)(0) = 2\pi.$$

Además,

$$\frac{\partial w}{\partial t} = \frac{\partial w}{\partial x}\frac{\partial x}{\partial t} + \frac{\partial w}{\partial y}\frac{\partial y}{\partial t} + \frac{\partial w}{\partial z}\frac{\partial z}{\partial t}$$

$$= (y + z)(-s \operatorname{sen} t) + (x + z)(s \cos t) + (y + x)(1)$$

y si $s = 1$ y $t = 2\pi$, tiene que

$$\frac{\partial w}{\partial t} = (0 + 2\pi)(0) + (1 + 2\pi)(1) + (0 + 1)(1)$$

$$= 2 + 2\pi.$$

Diferenciación parcial implícita

Esta sección concluye con una aplicación de la regla de la cadena para determinar la derivada de una función definida *implícitamente*. Suponga que x y y están relacionadas por la ecuación $F(x, y) = 0$, donde se asume que $y = f(x)$ es función derivable de x. Para hallar dy/dx podría recurrir a las técnicas vistas de la sección 2.5. Sin embargo, verá que la regla de la cadena proporciona una útil alternativa. Si considera la función dada por

$$w = F(x, y) = F(x, f(x)).$$

Puede aplicar el teorema 13.6 para obtener

$$\frac{dw}{dx} = F_x(x, y)\frac{dx}{dx} + F_y(x, y)\frac{dy}{dx}.$$

Como $w = F(x, y) = 0$ para toda x en el dominio de f usted sabe que

$$\frac{dw}{dx} = 0$$

y tiene

$$F_x(x, y)\frac{dx}{dx} + F_y(x, y)\frac{dy}{dx} = 0.$$

Ahora, si $F(x, y) \neq 0$, puede usar el hecho de que $dx/dx = 1$ para concluir que

$$\frac{dy}{dx} = -\frac{F_x(x, y)}{F_y(x, y)}.$$

Un procedimiento similar puede usarse para encontrar las derivadas parciales de funciones de varias variables definidas implícitamente.

TEOREMA 13.8 Regla de la cadena: derivación implícita

Si la ecuación $F(x, y) = 0$ define a y implícitamente como función derivable de x, entonces

$$\frac{dy}{dx} = -\frac{F_x(x, y)}{F_y(x, y)}, \quad F_y(x, y) \neq 0.$$

Si la ecuación $F(x, y, z) = 0$ define a z implícitamente como función diferenciable de x y y, entonces

$$\frac{\partial z}{\partial x} = -\frac{F_x(x, y, z)}{F_z(x, y, z)} \quad y \quad \frac{\partial z}{\partial y} = -\frac{F_y(x, y, z)}{F_z(x, y, z)}, \quad F_z(x, y, z) \neq 0.$$

Este teorema puede extenderse a funciones diferenciables definidas implícitamente de cualquier número de variables.

EJEMPLO 6 **Hallar una derivada implícitamente**

Encuentre dy/dx dada la ecuación

$$y^3 + y^2 - 5y - x^2 + 4 = 0.$$

Solución Comience por definir una función

$$F(x, y) = y^3 + y^2 - 5y - x^2 + 4.$$

Entonces

$$F_x(x, y) = -2x \quad y \quad F_y(x, y) = 3y^2 + 2y - 5.$$

Usando el teorema 13.8, tiene

$$\frac{dy}{dx} = -\frac{F_x(x, y)}{F_y(x, y)} = \frac{-(-2x)}{3y^2 + 2y - 5} = \frac{2x}{3y^2 + 2y - 5}.$$

> **••COMENTARIO** Compare la solución del ejemplo 6 con la solución del ejemplo 2 en la sección 2.5.

EJEMPLO 7 **Hallar derivadas parciales implícitamente**

Encuentre $\partial z/\partial x$ y $\partial z/\partial y$ para

$$3x^2z - x^2y^2 + 2z^3 + 3yz - 5 = 0.$$

Solución Comience haciendo

$$F(x, y, z) = 3x^2z - x^2y^2 + 2z^3 + 3yz - 5.$$

Entonces

$$F_x(x, y, z) = 6xz - 2xy^2$$
$$F_y(x, y, z) = -2x^2y + 3z$$

y

$$F_z(x, y, z) = 3x^2 + 6z^2 + 3y.$$

Usando el teorema 13.8, tiene

$$\frac{\partial z}{\partial x} = -\frac{F_x(x, y, z)}{F_z(x, y, z)} = \frac{2xy^2 - 6xz}{3x^2 + 6z^2 + 3y}$$

y

$$\frac{\partial z}{\partial y} = -\frac{F_y(x, y, z)}{F_z(x, y, z)} = \frac{2x^2y - 3z}{3x^2 + 6z^2 + 3y}.$$

13.5 Ejercicios

Consulte **CalcChat.com** para un tutorial de ayuda y soluciones trabajadas de los ejercicios con numeración impar.

Usar la regla de la cadena En los ejercicios 1 a 4, encuentre dw/dt utilizando la regla de la cadena apropiada. Evalúe dw/dt para el valor dado de t.

Función	Valor
1. $w = x^2 + y^2$	$t = 2$

$x = 2t, y = 3t$

2. $w = \sqrt{x^2 + y^2}$	$t = 0$

$x = \cos t, y = e^t$

3. $w = x \operatorname{sen} y$	$t = 0$

$x = e^t, \quad y = \pi - t$

4. $w = \ln \dfrac{y}{x}$	$t = \dfrac{\pi}{4}$

$x = \cos t, y = \operatorname{sen} t$

Usar métodos diferentes En los ejercicios 5 a 10, encuentre dw/dt (a) utilizando la regla de la cadena apropiada y (b) convirtiendo w en función de t antes de derivar

5. $w = xy, \quad x = e^t, \quad y = e^{-2t}$

6. $w = \cos(x - y), \quad x = t^2, \quad y = 1$

7. $w = x^2 + y^2 + z^2, \quad x = \cos t, \quad y = \operatorname{sen} t, \quad z = e^t$

8. $w = xy \cos z, \quad x = t, \quad y = t^2, \quad z = \arccos t$

9. $w = xy + xz + yz, \quad x = t - 1, \quad y = t^2 - 1, \quad z = t$

10. $w = xy^2 + x^2z + yz^2, \quad x = t^2, \quad y = 2t, \quad z = 2$

Movimiento de un proyectil En los ejercicios 11 y 12 se dan las ecuaciones paramétricas de las trayectorias de dos proyectiles. ¿A qué velocidad cambia la distancia entre los dos objetos en el valor de t dado?

11. $x_1 = 10 \cos 2t, \ y_1 = 6 \operatorname{sen} 2t$ Primer objeto

$x_2 = 7 \cos t, \ y_2 = 4 \operatorname{sen} t$ Segundo objeto

$t = \pi/2$

12. $x_1 = 48\sqrt{2}\,t, \ y_1 = 48\sqrt{2}\,t - 16t^2$ Primer objeto

$x_2 = 48\sqrt{3}\,t, \ y_2 = 48t - 16t^2$ Segundo objeto

$t = 1$

Hallar derivadas parciales En los ejercicios 13 a 16, determine $\partial w/\partial s$ y $\partial w/\partial t$ utilizando la regla de la cadena apropiada. Evalúe cada derivada parcial en los valores dados de s y t.

Función	Valores
13. $w = x^2 + y^2$	$s = 1, \quad t = 0$

$x = s + t, \quad y = s - t$

14. $w = y^3 - 3x^2 y$	$s = -1, \quad t = 2$

$x = e^s, \quad y = e^t$

15. $w = \operatorname{sen}(2x + 3y)$	$s = 0, \quad t = \dfrac{\pi}{2}$

$x = s + t, \quad y = s - t$

Función	Valores
16. $w = x^2 - y^2$	$s = 3, \quad t = \dfrac{\pi}{4}$

$x = s \cos t, \quad y = s \operatorname{sen} t$

Usar métodos diferentes En los ejercicios 17 a 20, encuentre $\partial w/\partial s$ y $\partial w/\partial t$ (a) utilizando la regla de la cadena apropiada y (b) convirtiendo w en una función de s y t antes de derivar.

17. $w = xyz, \quad x = s + t, \quad y = s - t, \quad z = st^2$

18. $w = x^2 + y^2 + z^2, \quad x = t \operatorname{sen} s, \quad y = t \cos s, \quad z = st^2$

19. $w = ze^{xy}, \quad x = s - t, \quad y = s + t, \quad z = st$

20. $w = x \cos yz, \quad x = s^2, \quad y = t^2, \quad z = s - 2t$

Hallar una derivada implícita En los ejercicios 21 a 24, encuentre dy/dx por derivación implícita.

21. $x^2 - xy + y^2 - x + y = 0$

22. $\sec xy + \tan xy + 5 = 0$

23. $\ln\sqrt{x^2 + y^2} + x + y = 4$

24. $\dfrac{x}{x^2 + y^2} - y^2 = 6$

Hallar derivadas parciales implícitas En los ejercicios 25 a 32, determine las primeras derivadas parciales de z por derivación implícita.

25. $x^2 + y^2 + z^2 = 1$ **26.** $xz + yz + xy = 0$

27. $x^2 + 2yz + z^2 = 1$ **28.** $x + \operatorname{sen}(y + z) = 0$

29. $\tan(x + y) + \tan(y + z) = 1$

30. $z = e^x \operatorname{sen}(y + z)$

31. $e^{xz} + xy = 0$

32. $x \ln y + y^2 z + z^2 = 8$

Hallar derivadas parciales implícitas En los ejercicios 33 a 36, determine las primeras derivadas parciales de w por derivación implícita.

33. $xy + yz - wz + wx = 5$

34. $x^2 + y^2 + z^2 - 5yw + 10w^2 = 2$

35. $\cos xy + \operatorname{sen} yz + wz = 20$

36. $w - \sqrt{x - y} - \sqrt{y - z} = 0$

Funciones homogéneas Una función es *homogénea de grado* n si $f(tx, ty) = t^n f(x, y)$. En los ejercicios 37 a 40, (a) demuestre que la función es homogénea y determine n, y (b) demuestre que $xf_x(x, y) + yf_y(x, y) = nf(x, y)$.

37. $f(x, y) = \dfrac{xy}{\sqrt{x^2 + y^2}}$

38. $f(x, y) = x^3 - 3xy^2 + y^3$

39. $f(x, y) = e^{x/y}$

40. $f(x, y) = \dfrac{x^2}{\sqrt{x^2 + y^2}}$

41. Usar una tabla de valores Sean $w = f(x, y)$, $x = g(t)$ y $y = h(t)$, donde f, g y h son diferenciables. Use la regla de la cadena apropiada para encontrar dw/dt cuando $t = 2$, dada la siguiente tabla de valores.

$g(2)$	$h(2)$	$g'(2)$	$h'(2)$	$f_x(4, 3)$	$f_y(4, 3)$
4	3	-1	6	-5	7

42. Usar una tabla de valores Sean $w = f(x, y)$, $x = g(s, t)$ y $y = h(s, t)$, donde f, g y h son diferenciables. Use la regla de la cadena apropiada para encontrar $w_s(1, 2)$ y $w_t(1, 2)$, dada la siguiente tabla de valores.

$g(1, 2)$	$h(1, 2)$	$g_s(1, 2)$	$h_s(1, 2)$
4	3	-3	5

$g_t(1, 2)$	$h_t(1, 2)$	$f_x(4, 3)$	$f_y(4, 3)$
-2	8	-5	7

DESARROLLO DE CONCEPTOS

43. Regla de la cadena Sea $w = f(x, y)$ una función donde x y y son funciones de una sola variable t. Dé la regla de la cadena para hallar dw/dt.

44. Regla de la cadena Sea $w = f(x, y)$ una función donde x y y son funciones de dos variables s y t. Dé la regla de la cadena para hallar $\partial w/\partial s$ y $\partial w/\partial t$.

45. Diferenciación implícita Si $f(x, y) = 0$, dé la regla para hallar dy/dx implícitamente. Si $f(x, y, z) = 0$, dé la regla para hallar $\partial z/\partial x$ y $\partial z/\partial y$ implícitamente.

---

46. **¿CÓMO LO VE?** A continuación se muestra la gráfica de la función $w = f(x, y)$.

(a) Suponga que x y y son funciones de una sola variable r. Dé la regla de la cadena para encontrar dw/dr.

(b) Suponga que x y y son funciones de dos variables r y θ. Dé la regla de la cadena para hallar $\partial w/\partial r$ y $\partial w/\partial t$.

47. Volumen y área superficial El radio de un cilindro circular recto se incrementa a razón de 6 pulgadas por minuto, y la altura decrece a razón de 4 pulgadas por minuto. ¿Cuál es la razón de cambio del volumen y del área superficial cuando el radio es 12 pulgadas y la altura 36 pulgadas?

48. Ley de los gases ideales Según la ley de los gases ideales $pV = nRT$, donde p es la presión, V es el volumen, m es la masa constante, R es una constante, T es la temperatura, y p y V son funciones del tiempo. Encuentre dT/dt, la razón de cambio de la temperatura con respecto al tiempo.

49. Momento de inercia Un cilindro anular tiene un radio interior de r_1 y un radio exterior de r_2 (vea la figura). Su momento de inercia es $I = \frac{1}{2}m(r_1^2 + r_2^2)$, donde m es la masa. Los dos radios se incrementan a razón de 2 centímetros por segundo. Encuentre la velocidad a la que varía I en el instante en que los radios son 6 y 8 centímetros. (Suponga que la masa es constante.)

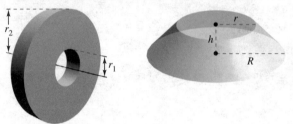

Figura para 49   Figura para 50

50. Volumen y área superficial Los dos radios del tronco de un cono circular recto se incrementan a razón de 4 centímetros por minuto y la altura se incrementa a razón de 12 centímetros por minuto (vea la figura). Determine a qué velocidad cambian el volumen y el área superficial cuando los radios son 15 y 25 centímetros, respectivamente, y la altura es de 10 centímetros.

51. Usar la regla de la cadena Demuestre que
$$\frac{\partial w}{\partial u} + \frac{\partial w}{\partial v} = 0$$
para $w = f(x, y)$, $x = u - v$, y $y = v - u$.

52. Usar la regla de la cadena Demuestre el resultado del ejercicio 51 para
$$w = (x - y)\,\text{sen}(y - x)$$

53. Ecuaciones de Cauchy-Riemann Dadas las funciones $u(x, y)$ y $v(x, y)$, compruebe que las **ecuaciones diferenciales de Cauchy-Riemann**
$$\frac{\partial u}{\partial x} = \frac{\partial v}{\partial y} \quad \text{y} \quad \frac{\partial u}{\partial y} = -\frac{\partial v}{\partial x}$$
Se pueden escribir en forma de coordenadas polares como
$$\frac{\partial u}{\partial r} = \frac{1}{r} \cdot \frac{\partial v}{\partial \theta} \quad \text{y} \quad \frac{\partial v}{\partial r} = -\frac{1}{r} \cdot \frac{\partial u}{\partial \theta}.$$

54. Ecuaciones de Cauchy-Riemann Demuestre el resultado del ejercicio 53 para las funciones
$$u = \ln\sqrt{x^2 + y^2} \quad \text{y} \quad v = \arctan\frac{y}{x}.$$

55. Función homogénea Demuestre que si $f(x, y)$ es homogénea de grado n, entonces
$$xf_x(x, y) + yf_y(x, y) = nf(x, y).$$
[*Sugerencia*: Sea $g(t) = f(tx, ty) = t^n f(x, y)$. Halle $g'(t)$ y después haga $t = 1$.]

13.6 Derivadas direccionales y gradientes

■ Hallar y usar las derivadas direccionales de una función de dos variables.
■ Hallar el gradiente de una función de dos variables.
■ Utilizar el gradiente de una función de dos variables en aplicaciones.
■ Hallar las derivadas direccionales y el gradiente de funciones de tres variables.

Derivada direccional

Suponga que está en la colina de la figura 13.42 y quiere determinar la inclinación de la colina respecto al eje z. Si la colina está representada por $z = f(x, y)$ y sabe cómo determinar la pendiente en dos direcciones diferentes: la pendiente en la dirección de y está dada por la derivada parcial $f_y(x, y)$ y la pendiente en la dirección de x está dada por la derivada parcial $f_x(x, y)$. En esta sección verá que estas dos derivadas parciales pueden usarse para calcular la pendiente en *cualquier* dirección.

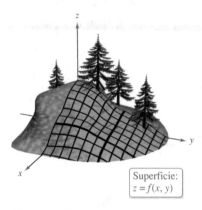

Superficie:
$z = f(x, y)$

Figura 13.42

Para determinar la pendiente en un punto de una superficie, definirá un nuevo tipo de derivada llamada **derivada direccional**. Sea $z = f(x, y)$ una *superficie* y $P(x_0, y_0)$ un *punto* en el dominio de f, como se muestra en la figura 13.43. La "dirección" de la derivada direccional está dada por un vector unitario

$$\mathbf{u} = \cos \theta \mathbf{i} + \operatorname{sen} \theta \mathbf{j}$$

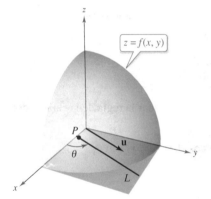

$z = f(x, y)$

Figura 13.43

donde θ es el ángulo que forma el vector con el eje x positivo. Para hallar la pendiente deseada, reduzca el problema a dos dimensiones cortando la superficie con un plano vertical que pasa por el punto P y es paralelo a $\mathbf{u}$, como se muestra en la figura 13.44. Este plano vertical corta la superficie formando una curva C. La pendiente de la superficie en $(x_0, y_0, f(x_0, y_0))$ en la dirección de $\mathbf{u}$ se define como la pendiente de la curva C en ese punto.

De manera informal, puede expresar la pendiente de la curva C como un límite análogo a los usados en el cálculo de una variable. El plano vertical utilizado para formar C corta el plano xy en una recta L, representada por las ecuaciones paramétricas,

$$x = x_0 + t \cos \theta$$

y

$$y = y_0 + t \operatorname{sen} \theta$$

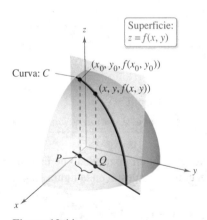

Superficie:
$z = f(x, y)$

Curva: C

$(x_0, y_0, f(x_0, y_0))$

$(x, y, f(x, y))$

Figura 13.44

de manera que para todo valor de t, el punto $Q(x, y)$ se encuentra en la recta L. Para cada uno de los puntos P y Q hay un punto correspondiente en la superficie.

$(x_0, y_0, f(x_0, y_0))$ Punto sobre P

$(x, y, f(x, y))$ Punto sobre Q

Como la distancia entre P y Q es

$$\sqrt{(x - x_0)^2 + (y - y_0)^2} = \sqrt{(t \cos \theta)^2 + (t \operatorname{sen} \theta)^2}$$
$$= |t|$$

puede escribir la pendiente de la recta secante, que pasa por $(x_0, y_0, f(x_0, y_0))$ y $(x, y, f(x, y))$ como

$$\frac{f(x, y) - f(x_0, y_0)}{t} = \frac{f(x_0 + t \cos \theta, y_0 + t \operatorname{sen} \theta) - f(x_0, y_0)}{t}.$$

Por último, haciendo que t se aproxime a 0, usted llega a la definición siguiente.

Definición de la derivada direccional

Sea f una función de dos variables x y y, y sea $\mathbf{u} = \cos\theta\,\mathbf{i} + \operatorname{sen}\theta\,\mathbf{j}$ un vector unitario. Entonces la **derivada direccional de f en la dirección de u**, que se denota $D_{\mathbf{u}}f$, es

$$D_{\mathbf{u}}f(x, y) = \lim_{t \to 0} \frac{f(x + t\cos\theta, y + t\operatorname{sen}\theta) - f(x, y)}{t}$$

siempre que este límite exista.

Calcular derivadas direccionales empleando esta definición es lo mismo que encontrar la derivada de una función de una variable empleando el proceso del límite (sección 2.1). Una fórmula "de trabajo" más simple para hallar derivadas direccionales emplea las derivadas parciales f_x y f_y.

TEOREMA 13.9 Derivada direccional

Si f es una función diferenciable de x y y, entonces la derivada direccional de f en la dirección del vector unitario $\mathbf{u} = \cos\theta\,\mathbf{i} + \operatorname{sen}\theta\,\mathbf{j}$ es

$$D_{\mathbf{u}}f(x, y) = f_x(x, y)\cos\theta + f_y(x, y)\operatorname{sen}\theta.$$

Demostración Dado un punto fijo (x_0, y_0), sea

$$x = x_0 + t\cos\theta \quad \text{y} \quad y = y_0 + t\operatorname{sen}\theta.$$

Ahora, sea $g(t) = f(x, y)$. Como f es diferenciable, puede aplicar la regla de la cadena del teorema 13.6 para obtener

$$g'(t) = f_x(x, y)x'(t) + f_y(x, y)y'(t) = f_x(x, y)\cos\theta + f_y(x, y)\operatorname{sen}\theta.$$

Si $t = 0$, entonces $x = x_0$ y $y = y_0$, por tanto

$$g'(0) = f_x(x_0, y_0)\cos\theta + f_y(x_0, y_0)\operatorname{sen}\theta.$$

De acuerdo con la definición de $g'(t)$ también es verdad que

$$g'(0) = \lim_{t \to 0} \frac{g(t) - g(0)}{t}$$

$$= \lim_{t \to 0} \frac{f(x_0 + t\cos\theta, y_0 + t\operatorname{sen}\theta) - f(x_0, y_0)}{t}.$$

Por consiguiente, $D_{\mathbf{u}}f(x_0, y_0) = f_x(x_0, y_0)\cos\theta + f_y(x_0, y_0)\operatorname{sen}\theta$.

Consulte LarsonCalculus.com para el video de Bruce Edwards de esta demostración.

Hay una cantidad infinita de derivadas direccionales en un punto dado de una superficie, una para cada dirección especificada por $\mathbf{u}$, como se muestra en la figura 13.45. Dos de éstas son las derivadas parciales f_x y f_y.

1. En la dirección del eje x positivo ($\theta = 0$): $\mathbf{u} = \cos 0\,\mathbf{i} + \operatorname{sen} 0\,\mathbf{j} = \mathbf{i}$

$$D_{\mathbf{i}}f(x, y) = f_x(x, y)\cos 0 + f_y(x, y)\operatorname{sen} 0 = f_x(x, y)$$

2. En la dirección del eje y positivo $\left(\theta = \dfrac{\pi}{2}\right)$: $\mathbf{u} = \cos\dfrac{\pi}{2}\,\mathbf{i} + \operatorname{sen}\dfrac{\pi}{2}\,\mathbf{j} = \mathbf{j}$

$$D_{\mathbf{j}}f(x, y) = f_x(x, y)\cos\frac{\pi}{2} + f_y(x, y)\operatorname{sen}\frac{\pi}{2} = f_y(x, y)$$

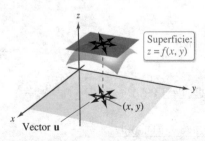

Figura 13.45

EJEMPLO 1   **Hallar una derivada direccional**

Encuentre la derivada direccional de

$$f(x, y) = 4 - x^2 - \frac{1}{4}y^2 \qquad \text{Superficie}$$

en $(1, 2)$ en la dirección de

$$\mathbf{u} = \left(\cos \frac{\pi}{3}\right)\mathbf{i} + \left(\text{sen}\, \frac{\pi}{3}\right)\mathbf{j}. \qquad \text{Dirección}$$

Solución   Como $f_x(x, y) = -2x$ y $f_y(x, y) = -y/2$ son continuas, f es diferenciable, y puede aplicar el teorema 13.9.

$$D_{\mathbf{u}}f(x, y) = f_x(x, y) \cos \theta + f_y(x, y) \,\text{sen}\, \theta = (-2x) \cos \theta + \left(-\frac{y}{2}\right) \text{sen}\, \theta$$

Evaluando en $\theta = \pi/3$, $x = 1$ y $y = 2$ obtiene,

$$D_{\mathbf{u}}f(1, 2) = (-2)\left(\frac{1}{2}\right) + (-1)\left(\frac{\sqrt{3}}{2}\right)$$

$$= -1 - \frac{\sqrt{3}}{2}$$

$$\approx -1.866. \qquad \text{Vea figura 13.46}$$

Observe en la figura 13.46 que la derivada direccional se puede interpretar como la pendiente de la superficie en el punto $(1, 2, 2)$ en la dirección del vector unitario $\mathbf{u}$.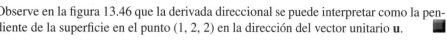

Usted ha especificado la dirección por medio de un vector unitario $\mathbf{u}$. Si la dirección está dada por un vector cuya longitud no es 1, debe normalizar el vector antes de aplicar la fórmula del teorema 13.9.

EJEMPLO 2   **Hallar una derivada direccional**

•••• ▷ *Consulte LarsonCalculus.com para una versión interactiva de este tipo de ejemplo.*

Encuentre la derivada direccional de

$$f(x, y) = x^2 \,\text{sen}\, 2y \qquad \text{Superficie}$$

en $(1, \pi/2)$ en la dirección de

$$\mathbf{v} = 3\mathbf{i} - 4\mathbf{j}. \qquad \text{Dirección}$$

Solución   Como $f_x(x, y) = 2x \,\text{sen}\, 2y$, y $f_y(x, y) = 2x^2 \cos 2y$ son continuas, f es diferenciable y puede aplicar el teorema 13.9. Comience por calcular un vector unitario en la dirección de $\mathbf{v}$.

$$\mathbf{u} = \frac{\mathbf{v}}{\|\mathbf{v}\|} = \frac{3}{5}\mathbf{i} - \frac{4}{5}\mathbf{j} = \cos \theta \mathbf{i} + \text{sen}\, \theta \mathbf{j}$$

Usando este vector unitario, tiene

$$D_{\mathbf{u}}f(x, y) = (2x \,\text{sen}\, 2y)(\cos \theta) + (2x^2 \cos 2y)(\text{sen}\, \theta)$$

$$D_{\mathbf{u}}f\left(1, \frac{\pi}{2}\right) = (2 \,\text{sen}\, \pi)\left(\frac{3}{5}\right) + (2 \cos \pi)\left(-\frac{4}{5}\right)$$

$$= (0)\left(\frac{3}{5}\right) + (-2)\left(-\frac{4}{5}\right)$$

$$= \frac{8}{5}. \qquad \text{Vea figura 13.47.}$$

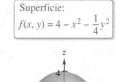

Superficie:
$$f(x, y) = 4 - x^2 - \frac{1}{4}y^2$$

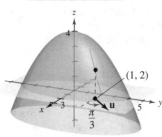

Figura 13.46

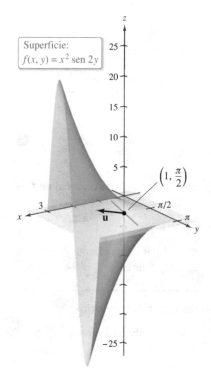

Superficie:
$$f(x, y) = x^2 \,\text{sen}\, 2y$$

Figura 13.47

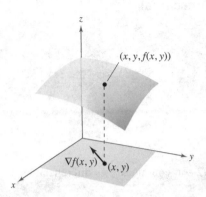

El gradiente de f es un vector en el plano xy.

Figura 13.48

El gradiente de una función de dos variables

El **gradiente** de una función de dos variables es una función vectorial de dos variables. Esta función tiene múltiples aplicaciones importantes, algunas de las cuales se describen más adelante en esta misma sección.

Definición de gradiente de una función de dos variables

Sea $z = f(x, y)$ una función de x y y tal que f_x y f_y existen. Entonces el **gradiente de** f, denotado por $\nabla f(x, y)$, es el vector

$$\nabla f(x, y) = f_x(x, y)\mathbf{i} + f_y(x, y)\mathbf{j}.$$

(El símbolo ∇f se lee como nabla f.) Otra notación para el gradiente es **grad** $f(x, y)$. En la figura 13.48 advierta que para cada (x, y), el gradiente $\nabla f(x, y)$ es un vector en el plano (no un vector en el espacio).

Observe que el símbolo ∇ no tiene ningún valor. Es un operador, de la misma manera que d/dx es un operador. Cuando ∇ opera sobre $f(x, y)$, produce el vector $\nabla f(x, y)$.

EJEMPLO 3   **Hallar el gradiente de una función**

Encuentre el gradiente de

$$f(x, y) = y \ln x + xy^2$$

en el punto $(1, 2)$.

Solución   Utilizando

$$f_x(x, y) = \frac{y}{x} + y^2 \quad \text{y} \quad f_y(x, y) = \ln x + 2xy$$

tiene

$$\nabla f(x, y) = f_x(x, y)\mathbf{i} + f_y(x, y)\mathbf{j}$$
$$= \left(\frac{y}{x} + y^2\right)\mathbf{i} + (\ln x + 2xy)\mathbf{j}.$$

En el punto $(1, 2)$, el gradiente es

$$\nabla f(1, 2) = \left(\frac{2}{1} + 2^2\right)\mathbf{i} + [\ln 1 + 2(1)(2)]\mathbf{j}$$
$$= 6\mathbf{i} + 4\mathbf{j}. \qquad \blacksquare$$

Como el gradiente de f es un vector, puede expresar la derivada direccional de f en la dirección de $\mathbf{u}$ como

$$D_{\mathbf{u}}f(x, y) = [f_x(x, y)\mathbf{i} + f_y(x, y)\mathbf{j}] \cdot [\cos\theta\mathbf{i} + \operatorname{sen}\theta\mathbf{j}]$$

En otras palabras, la derivada direccional es el producto escalar del gradiente y el vector de dirección. Este útil resultado se resume en el teorema siguiente.

TEOREMA 13.10   Forma alternativa de la derivada direccional

Si f es una función diferenciable de x y y, entonces la derivada direccional de f en la dirección del vector unitario $\mathbf{u}$ es

$$D_{\mathbf{u}}f(x, y) = \nabla f(x, y) \cdot \mathbf{u}.$$

EJEMPLO 4   **Hallar una derivada direccional usando $\nabla f(x, y)$**

Encuentre la derivada direccional de

$$f(x, y) = 3x^2 - 2y^2$$

en $\left(-\frac{3}{4}, 0\right)$ en la dirección de $P\left(-\frac{3}{4}, 0\right)$ a $Q(0, 1)$.

Solución   Como las derivadas de f son continuas, f es diferenciable y puede aplicar el teorema 13.10. Un vector en la dirección dada es

$$\overrightarrow{PQ} = \left(0 + \frac{3}{4}\right)\mathbf{i} + (1 - 0)\mathbf{j}$$

$$= \frac{3}{4}\mathbf{i} + \mathbf{j}$$

y un vector unitario en esta dirección es

$$\mathbf{u} = \frac{\overrightarrow{PQ}}{\|\overrightarrow{PQ}\|} = \frac{3}{5}\mathbf{i} + \frac{4}{5}\mathbf{j}. \qquad \text{Vector unitario en la dirección de } \overrightarrow{PQ}$$

Como

$$\nabla f(x, y) = f_x(x, y)\mathbf{i} + f_y(x, y)\mathbf{j} = 6x\mathbf{i} - 4y\mathbf{j}$$

el gradiente en $\left(-\frac{3}{4}, 0\right)$ es

$$\nabla f\left(-\frac{3}{4}, 0\right) = -\frac{9}{2}\mathbf{i} + 0\mathbf{j}. \qquad \text{Gradiente en } \left(-\frac{3}{4}, 0\right)$$

Por consiguiente, en $\left(-\frac{3}{4}, 0\right)$, la derivada direccional es

$$D_{\mathbf{u}}f\left(-\frac{3}{4}, 0\right) = \nabla f\left(-\frac{3}{4}, 0\right) \cdot \mathbf{u}$$

$$= \left(-\frac{9}{2}\mathbf{i} + 0\mathbf{j}\right) \cdot \left(\frac{3}{5}\mathbf{i} + \frac{4}{5}\mathbf{j}\right)$$

$$= -\frac{27}{10}. \qquad \text{Derivada direccional en } \left(-\frac{3}{4}, 0\right)$$

Vea la figura 13.49.

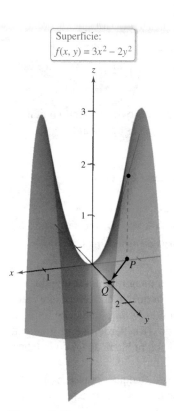

Superficie:
$f(x, y) = 3x^2 - 2y^2$

Figura 13.49

Aplicaciones del gradiente

Usted ha visto ya que hay muchas derivadas direccionales en un punto de una superficie. En muchas aplicaciones, desea saber en qué dirección moverse de manera que $f(x, y)$ crezca más rápidamente. Esta dirección se llama dirección de mayor ascenso, y viene dada por el gradiente, como se establece en el teorema siguiente.

> **TEOREMA 13.11   Propiedades del gradiente**
>
> Sea f diferenciable en el punto.
>
> 1. Si $\nabla f(x, y) = 0$ entonces $D_{\mathbf{u}}f(x, y) = 0$ para todo $\mathbf{u}$.
> 2. La dirección de *máximo* incremento de f está dada por $\nabla f(x, y)$. El valor máximo de $D_{\mathbf{u}}f(x, y)$ es
> $$\|\nabla f(x, y)\|. \qquad \text{Valor máximo de } D_{\mathbf{u}}f(x, y)$$
> 3. La dirección de *mínimo* incremento de f está dada por $-\nabla f(x, y)$. El valor mínimo de $D_{\mathbf{u}}f(x, y)$ es
> $$-\|\nabla f(x, y)\|. \qquad \text{Valor mínimo de } D_{\mathbf{u}}f(x, y)$$

• • • • COMENTARIO   La propiedad 2 del teorema 13.11 dice que en el punto (x, y), f crece más rápidamente en dirección del gradiente, $\nabla f(x, y)$.

Demostración Si $\nabla f(x,y) = \mathbf{0}$, entonces en cualquier dirección (con cualquier $\mathbf{u}$), tiene

$$\begin{aligned} D_{\mathbf{u}} f(x, y) &= \nabla f(x, y) \cdot \mathbf{u} \\ &= (0\mathbf{i} + 0\mathbf{j}) \cdot (\cos\theta\mathbf{i} + \operatorname{sen}\theta\mathbf{j}) \\ &= 0. \end{aligned}$$

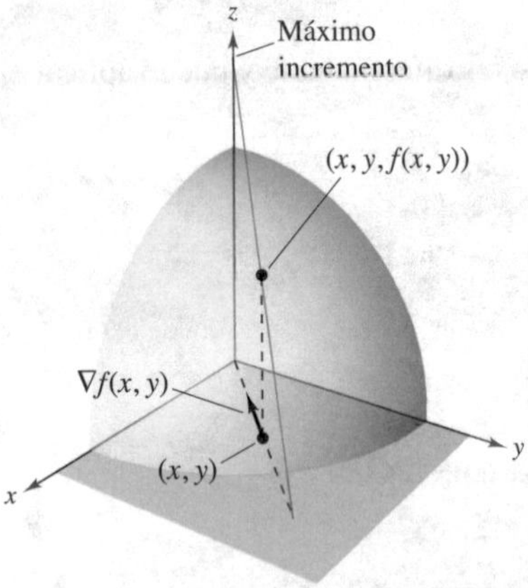

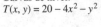

El gradiente de f es un vector en el plano xy que apunta en dirección del máximo incremento sobre la superficie dada por $z = f(x, y)$.

Figura 13.50

Si $\nabla f(x, y) \neq \mathbf{0}$, sea ϕ el ángulo entre $\nabla f(x, y)$ y un vector unitario $\mathbf{u}$. Usando el producto escalar puede aplicar el teorema 11.5 para concluir que

$$\begin{aligned} D_{\mathbf{u}} f(x, y) &= \nabla f(x, y) \cdot \mathbf{u} \\ &= \|\nabla f(x, y)\| \, \|\mathbf{u}\| \cos\phi \\ &= \|\nabla f(x, y)\| \cos\phi \end{aligned}$$

y se deduce que el valor máximo de $D_{\mathbf{u}} f(x, y)$ se presentará cuando

$$\cos\phi = 1.$$

Por tanto, $\phi = 0$, y el valor máximo de la derivada direccional se tiene cuando $\mathbf{u}$ tiene la misma dirección que $\nabla f(x, y)$. Este valor máximo de $D_{\mathbf{u}} f(x, y)$ es precisamente

$$\|\nabla f(x, y)\| \cos\phi = \|\nabla f(x, y)\|.$$

De igual forma, el valor mínimo de $D_{\mathbf{u}} f(x, y)$ puede obtenerse haciendo

$$\phi = \pi$$

de manera que $\mathbf{u}$ apunte en dirección opuesta a $\nabla f(x, y)$, como se muestra en la figura 13.50.

Consulte LarsonCalculus.com para el video de Bruce Edwards de esta demostración. ■

Para visualizar una de las propiedades del gradiente, imagine a un esquiador que desciende por una montaña. Si $f(x, y)$ denota la altitud a la que se encuentra el esquiador, entonces $-\nabla f(x, y)$ indica la dirección de acuerdo con la *brújula* que debe tomar el esquiador para seguir el camino de descenso más rápido. (Recuerde que el gradiente indica una dirección en el plano xy y no apunta hacia arriba ni hacia abajo de la ladera de la montaña.)

Otra ilustración del gradiente es la temperatura $T(x, y)$ en cualquier punto (x, y) de una placa metálica plana. En este caso, $\nabla T(x, y)$ da la dirección de máximo aumento de temperatura en el punto (x, y), como se ilustra en el ejemplo siguiente.

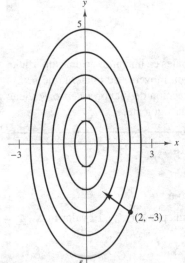

Curvas de nivel:
$T(x, y) = 20 - 4x^2 - y^2$

La dirección del máximo incremento de la temperatura en $(2, -3)$ está dada por $-16\mathbf{i} + 6\mathbf{j}$.

Figura 13.51

EJEMPLO 5 Hallar la dirección de máximo incremento

La temperatura en grados Celsius en la superficie de una placa metálica es

$$T(x, y) = 20 - 4x^2 - y^2$$

donde x y y se miden en centímetros. ¿En qué dirección a partir de $(2, -3)$ aumenta más rápido la temperatura? ¿Cuál es la razón de crecimiento?

Solución El gradiente es

$$\begin{aligned} \nabla T(x, y) &= T_x(x, y)\mathbf{i} + T_y(x, y)\mathbf{j} \\ &= -8x\,\mathbf{i} - 2y\,\mathbf{j}. \end{aligned}$$

Se deduce que la dirección de máximo incremento está dada por

$$\nabla T(2, -3) = -16\mathbf{i} + 6\mathbf{j}$$

como se muestra en la figura 13.51, y la tasa de incremento es

$$\begin{aligned} \|\nabla T(2, -3)\| &= \sqrt{256 + 36} \\ &= \sqrt{292} \\ &\approx 17.09° \text{ por centímetro.} \end{aligned}$$ ■

La solución del ejemplo 5 puede entenderse erróneamente. Aunque el gradiente apunta en la dirección de máximo incremento de la temperatura, no necesariamente apunta hacia el punto más caliente de la placa. En otras palabras, el gradiente proporciona una solución local para encontrar un incremento relativo de la temperatura en el punto $(2, -3)$. *Una vez que se abandona esa posición, la dirección de máximo incremento puede cambiar.*

EJEMPLO 6   **Hallar la trayectoria de un rastreador térmico**

Un rastreador térmico se encuentra en el punto $(2, -3)$ sobre una placa metálica cuya temperatura en (x, y) es

$$T(x, y) = 20 - 4x^2 - y^2.$$

Encuentre la trayectoria del rastreador, si éste se mueve continuamente en dirección de máximo incremento de temperatura.

Solución   Represente la trayectoria por la función de posición

$$\mathbf{r}(t) = x(t)\mathbf{i} + y(t)\mathbf{j}.$$

Un vector tangente en cada punto $(x(t), y(t))$ está dado por

$$\mathbf{r}'(t) = \frac{dx}{dt}\mathbf{i} + \frac{dy}{dt}\mathbf{j}.$$

Como el rastreador busca el máximo incremento de temperatura, las direcciones de $\mathbf{r}'(t)$ y $\nabla T(x, y) = -8x\mathbf{i} - 2y\mathbf{j}$ son iguales en todo punto de la trayectoria. Así,

$$-8x = k\frac{dx}{dt} \quad \text{y} \quad -2y = k\frac{dy}{dt}$$

donde k depende de t. Despejando en cada ecuación para dt/k e igualando los resultados, obtiene

$$\frac{dx}{-8x} = \frac{dy}{-2y}.$$

La solución de esta ecuación diferencial es $x = Cy^4$. Como el rastreador comienza en el punto $(2, -3)$ puede determinar que $C = 2/81$. Por tanto, la trayectoria del rastreador del calor es

$$x = \frac{2}{81}y^4.$$

La trayectoria se muestra en la figura 13.52.

En la figura 13.52, la trayectoria del rastreador (determinada por el gradiente en cada punto) parece ser ortogonal a cada una de las curvas de nivel. Esto resulta claro cuando se considera que la temperatura $T(x, y)$ es constante en cada una de las curvas de nivel. Así, en cualquier punto (x, y) sobre la curva, la razón de cambio de T en la dirección de un vector unitario tangente $\mathbf{u}$ es 0, y usted puede escribir

$$\nabla f(x, y) \cdot \mathbf{u} = D_{\mathbf{u}}T(x, y) = 0. \qquad \text{\textbf{u} es un vector unitario tangente}$$

Puesto que el producto escalar de $\nabla f(x, y)$ y $\mathbf{u}$ es 0, puede concluir que deben ser ortogonales. Este resultado se establece en el teorema siguiente.

TEOREMA 13.12   El gradiente es normal a las curvas de nivel

Si es f diferenciable en (x_0, y_0) y $\nabla f(x_0, y_0) \neq \mathbf{0}$, entonces $\nabla f(x_0, y_0)$ es normal (ortogonal) a la curva de nivel que pasa por (x_0, y_0).

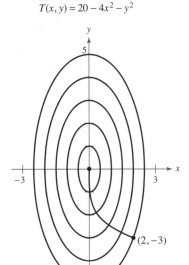

Curvas de nivel:
$T(x, y) = 20 - 4x^2 - y^2$

Trayectoria seguida por un rastreador térmico.

Figura 13.52

EJEMPLO 7 **Hallar un vector normal a una curva de nivel**

Dibuje la curva de nivel que corresponde a $c = 0$ para la función dada por

$$f(x, y) = y - \text{sen } x$$

y encuentre un vector normal a varios puntos de la curva.

Solución La curva de nivel para $c = 0$ está dada por

$$0 = y - \text{sen } x$$

o

$$y = \text{sen } x$$

como se muestra en la figura 13.53(a). Ya que el vector gradiente de f en (x, y) es

$$\nabla f(x, y) = f_x(x, y)\mathbf{i} + f_y(x, y)\mathbf{j}$$
$$= -\cos x\mathbf{i} + \mathbf{j}$$

puede utilizar el teorema 13.12 para concluir que $\nabla f(x, y)$ es normal a la curva de nivel en el punto (x, y). Algunos vectores gradiente son

$$\nabla f(-\pi, 0) = \mathbf{i} + \mathbf{j}$$

$$\nabla f\left(-\frac{2\pi}{3}, -\frac{\sqrt{3}}{2}\right) = \frac{1}{2}\mathbf{i} + \mathbf{j}$$

$$\nabla f\left(-\frac{\pi}{2}, -1\right) = \mathbf{j}$$

$$\nabla f\left(-\frac{\pi}{3}, -\frac{\sqrt{3}}{2}\right) = -\frac{1}{2}\mathbf{i} + \mathbf{j}$$

$$\nabla f(0, 0) = -\mathbf{i} + \mathbf{j}$$

$$\nabla f\left(\frac{\pi}{3}, \frac{\sqrt{3}}{2}\right) = -\frac{1}{2}\mathbf{i} + \mathbf{j}$$

$$\nabla f\left(\frac{\pi}{2}, 1\right) = \mathbf{j}$$

$$\nabla f\left(\frac{2\pi}{3}, \frac{\sqrt{3}}{2}\right) = \frac{1}{2}\mathbf{i} + \mathbf{j}$$

y

$$\nabla f(\pi, 0) = \mathbf{i} + \mathbf{j}.$$

Estos vectores se muestran en la figura 13.53(b).

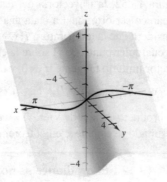

(a) La superficie está dada por
$f(x, y) = y - \text{sen } x$.

(b) La curva de nivel está dada por $f(x, y) = 0$.

Figura 13.53

Funciones de tres variables

Las definiciones de derivada direccional y gradiente se pueden extender de manera natural a funciones de tres o más variables. Como sucede a menudo, algo de la interpretación geométrica se pierde al generalizar funciones de dos variables a funciones de tres variables. Por ejemplo, usted no puede interpretar la derivada direccional de una función de tres variables como una pendiente.

Las definiciones y propiedades de la derivada direccional y del gradiente de una función de tres variables se dan en el resumen siguiente.

Derivada direccional y gradiente para funciones de tres variables

Sea f una función de x, y y z, con derivadas parciales de primer orden continuas. La **derivada direccional de f** en dirección de un vector unitario

$$\mathbf{u} = a\mathbf{i} + b\mathbf{j} + c\mathbf{k}$$

está dada por

$$D_{\mathbf{u}}f(x, y, z) = af_x(x, y, z) + bf_y(x, y, z) + cf_z(x, y, z).$$

El **gradiente de f** se define como

$$\nabla f(x, y, z) = f_x(x, y, z)\mathbf{i} + f_y(x, y, z)\mathbf{j} + f_z(x, y, z)\mathbf{k}.$$

Las propiedades del gradiente son las siguientes.

1. $D_{\mathbf{u}}f(x, y, z) = \nabla f(x, y, z) \cdot \mathbf{u}$
2. Si $\nabla f(x, y, z) = \mathbf{0}$, entonces $D_{\mathbf{u}}f(x, y, z) = 0$ para toda $\mathbf{u}$.
3. La dirección de *máximo* crecimiento de f está dada por $\nabla f(x, y, z)$. El valor máximo de $D_{\mathbf{u}}f(x, y, z)$ es
   $$\|\nabla f(x, y, z)\|. \qquad \text{Valor máximo de } D_{\mathbf{u}}f(x, y, z)$$
4. La dirección de *mínimo* crecimiento de f está dada por $-\nabla f(x, y, z)$. El valor mínimo de $D_{\mathbf{u}}f(x, y, z)$ es
   $$-\|\nabla f(x, y, z)\|. \qquad \text{Valor mínimo de } D_{\mathbf{u}}f(x, y, z)$$

El teorema 13.12 se puede generalizar a funciones de tres variables. Bajo las hipótesis adecuadas,

$$\nabla f(x_0, y_0, z_0)$$

es normal a la superficie de nivel a través de (x_0, y_0, z_0).

EJEMPLO 8   Hallar el gradiente de una función

Encuentre $\nabla f(x, y, z)$ para la función

$$f(x, y, z) = x^2 + y^2 - 4z$$

y determine la dirección de máximo crecimiento de f en el punto $(2, -1, 1)$.

Solución   El vector gradiente está dado por

$$\begin{aligned}\nabla f(x, y, z) &= f_x(x, y, z)\mathbf{i} + f_y(x, y, z)\mathbf{j} + f_z(x, y, z)\mathbf{k} \\ &= 2x\mathbf{i} + 2y\mathbf{j} - 4\mathbf{k}.\end{aligned}$$

Por tanto, la dirección de máximo crecimiento en $(2, -1, 1)$ es

$$\nabla f(2, -1, 1) = 4\mathbf{i} - 2\mathbf{j} - 4\mathbf{k}. \qquad \text{Vea la figura 13.54.}$$

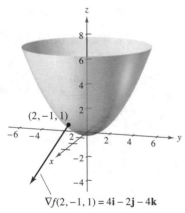

$\nabla f(2, -1, 1) = 4\mathbf{i} - 2\mathbf{j} - 4\mathbf{k}$

Superficie de nivel y vector gradiente en $(2, -1, 1)$ para $f(x, y, z) = x^2 + y^2 - 4z$.
Figura 13.54

13.6 Ejercicios

Consulte **CalcChat.com** para un tutorial de ayuda y soluciones trabajadas de los ejercicios con numeración impar.

Hallar una derivada direccional En los ejercicios 1 a 4, utilice el teorema 13.9 para encontrar la derivada direccional de la función en P en la dirección del vector unitario $u = \cos\theta i + \operatorname{sen}\theta j$.

1. $f(x, y) = x^2 + y^2$, $P(1, -2)$, $\theta = \dfrac{\pi}{4}$

2. $f(x, y) = \dfrac{y}{x + y}$, $P(3, 0)$, $\theta = -\dfrac{\pi}{6}$

3. $f(x, y) = \operatorname{sen}(2x + y)$, $P(0, 0)$, $\theta = \dfrac{\pi}{3}$

4. $g(x, y) = xe^y$, $P(0, 2)$, $\theta = \dfrac{2\pi}{3}$

Hallar una derivada direccional En los ejercicios 5 a 8, utilice el teorema 13.9 para encontrar la derivada direccional de la función en P en la dirección de v.

5. $f(x, y) = 3x - 4xy + 9y$, $P(1, 2)$, $v = \frac{3}{5}i + \frac{4}{5}j$

6. $f(x, y) = x^3 - y^3$, $P(4, 3)$, $v = \dfrac{\sqrt{2}}{2}(i + j)$

7. $g(x, y) = \sqrt{x^2 + y^2}$, $P(3, 4)$, $v = 3i - 4j$

8. $h(x, y) = e^{-(x^2 + y^2)}$, $P(0, 0)$, $v = i + j$

Hallar una derivada direccional En los ejercicios 9 a 12, utilice el teorema 13.9 para encontrar la derivada direccional de la función en P en la dirección de Q.

9. $f(x, y) = x^2 + 3y^2$, $P(1, 1)$, $Q(4, 5)$

10. $f(x, y) = \cos(x + y)$, $P(0, \pi)$, $Q\left(\dfrac{\pi}{2}, 0\right)$

11. $f(x, y) = e^y \operatorname{sen} x$, $P(0, 0)$, $Q(2, 1)$

12. $f(x, y) = \operatorname{sen} 2x \cos y$, $P(\pi, 0)$, $Q\left(\dfrac{\pi}{2}, \pi\right)$

Hallar el gradiente de una función En los ejercicios 13 a 18, determine el gradiente de la función en el punto dado.

13. $f(x, y) = 3x + 5y^2 + 1$, $(2, 1)$

14. $g(x, y) = 2xe^{y/x}$, $(2, 0)$

15. $z = \ln(x^2 - y)$, $(2, 3)$

16. $z = \cos(x^2 + y^2)$, $(3, -4)$

17. $w = 3x^2 - 5y^2 + 2z^2$, $(1, 1, -2)$

18. $w = x \tan(y + z)$, $(4, 3, -1)$

Hallar una derivada direccional En los ejercicios 19 a 22, utilice el gradiente para determinar la derivada direccional de la función en P en la dirección de v.

19. $f(x, y) = xy$, $P(0, -2)$, $v = \frac{1}{2}(i + \sqrt{3}j)$

20. $h(x, y) = e^x \operatorname{sen} y$, $P\left(1, \dfrac{\pi}{2}\right)$, $v = -i$

21. $f(x, y, z) = x^2 + y^2 + z^2$, $P(1, 1, 1)$, $v = \dfrac{\sqrt{3}}{3}(i - j + k)$

22. $f(x, y, z) = xy + yz + xz$, $P(1, 2, -1)$, $v = 2i + j - k$

Hallar una derivada direccional usando el gradiente En los ejercicios 23 a 26, utilice el gradiente para hallar la derivada direccional de la función en P en la dirección Q.

23. $g(x, y) = x^2 + y^2 + 1$, $P(1, 2)$, $Q(2, 3)$

24. $f(x, y) = 3x^2 - y^2 + 4$, $P(-1, 4)$, $Q(3, 6)$

25. $g(x, y, z) = xye^z$, $P(2, 4, 0)$, $Q(0, 0, 0)$

26. $h(x, y, z) = \ln(x + y + z)$, $P(1, 0, 0)$, $Q(4, 3, 1)$

Usar las propiedades del gradiente En los ejercicios 27 a 36, encuentre el gradiente de la función y el valor máximo de la derivada direccional en el punto dado.

Función	Punto
27. $f(x, y) = x^2 + 2xy$	$(1, 0)$
28. $f(x, y) = \dfrac{x + y}{y + 1}$	$(0, 1)$
29. $h(x, y) = x \tan y$	$\left(2, \dfrac{\pi}{4}\right)$
30. $h(x, y) = y \cos(x - y)$	$\left(0, \dfrac{\pi}{3}\right)$
31. $g(x, y) = ye^{-x}$	$(0, 5)$
32. $g(x, y) = \ln\sqrt[3]{x^2 + y^2}$	$(1, 2)$
33. $f(x, y, z) = \sqrt{x^2 + y^2 + z^2}$	$(1, 4, 2)$
34. $w = \dfrac{1}{\sqrt{1 - x^2 - y^2 - z^2}}$	$(0, 0, 0)$
35. $w = xy^2z^2$	$(2, 1, 1)$
36. $f(x, y, z) = xe^{yz}$	$(2, 0, -4)$

Usar una función En los ejercicios 37-42, considere la función

$$f(x, y) = 3 - \frac{x}{3} - \frac{y}{2}.$$

37. Dibuje la gráfica de f en el primer octante y marque el punto $(3, 2, 1)$ sobre la superficie.

38. Encuentre $D_u f(3, 2)$, donde $u = \cos\theta i + \operatorname{sen}\theta j$, usando cada valor dado de θ.

    (a) $\theta = \dfrac{\pi}{4}$ (b) $\theta = \dfrac{2\pi}{3}$ (c) $\theta = \dfrac{4\pi}{3}$ (d) $\theta = -\dfrac{\pi}{6}$

39. Determine $D_u f(3, 2)$, donde $u = \dfrac{v}{\|v\|}$, usando cada vector v.

    (a) $v = i + j$ (b) $v = -3i - 4j$

    (c) v es el vector de $(1, 2)$ a $(-2, 6)$.

    (d) v es el vector de $(3, 2)$ a $(4, 5)$.

40. Encuentre $\nabla f(x, y)$.

41. Determine el valor máximo de la derivada direccional en $(3, 2)$.

42. Encuentre un vector unitario u ortogonal a $\nabla f(3, 2)$ y calcule $D_u f(3, 2)$. Analice el significado geométrico del resultado.

Investigación En los ejercicios 43 y 44, (a) utilice la gráfica para estimar las componentes del vector en la dirección de la razón máxima de crecimiento en la función en el punto dado, (b) encuentre el gradiente en el punto y compárelo con el estimado del inciso (a), y (c) explique en qué dirección decrece más rápido la función.

43. $f(x, y) = \frac{1}{10}(x^2 - 3xy + y^2)$ **44.** $f(x, y) = \frac{1}{2}y\sqrt{x}$

$(1, 2)$ $(1, 2)$

Generada con Maple   Generada con Maple

45. Investigación Considere la función

$$f(x, y) = x^2 - y^2$$

en el punto $(4, -3, 7)$.

(a) Utilice un sistema algebraico por computadora para dibujar la superficie dada por esa función.

(b) Determine la derivada direccional $D_{\mathbf{u}}f(4, -3)$ como función de θ, donde $\mathbf{u} = \cos\theta\mathbf{i} + \sin\theta\mathbf{j}$. Utilice un sistema algebraico por computadora para representar gráficamente la función en el intervalo $[0, 2\pi)$.

(c) Aproxime las raíces de la función del inciso (b) e interprete cada uno en el contexto del problema.

(d) Aproxime los números críticos de la función del inciso (b) e interprete cada uno en el contexto del problema.

(e) Encuentre $\|\nabla f(4, -3)\|$ y explique su relación con las respuestas del inciso (d).

(f) Utilice un sistema algebraico por computadora para representar gráficamente la curva de nivel de la función f en el nivel $c = 7$. En esta curva, represente gráficamente el vector en la dirección de $\nabla f(4, -3)$ y establezca su relación con la curva de nivel.

46. Investigación Considere la función

$$f(x, y) = \frac{8y}{1 + x^2 + y^2}.$$

(a) Verifique analíticamente que la curva de nivel de $f(x, y)$ para el nivel $c = 2$ es un círculo.

(b) En el punto $\left(\sqrt{3}, 2\right)$ sobre la curva de nivel para la cual $c = 2$, dibuje el vector que apunta en dirección de la mayor razón de crecimiento de la función. (Para imprimir una copia ampliada vaya a *MathGraphs.com*.)

(c) En el punto $\left(\sqrt{3}, 2\right)$ sobre la curva de nivel, dibuje el vector cuya derivada direccional sea 0.

(d) Utilice un sistema algebraico por computadora para representar gráficamente la superficie y verifique las respuestas a los incisos (a) al (c).

Hallar un vector normal En los ejercicios 47 a 50, determine un vector normal a la curva de nivel $f(x, y) = c$ en P.

47. $f(x, y) = 6 - 2x - 3y$ **48.** $f(x, y) = x^2 + y^2$

$c = 6, \quad P(0, 0)$ $c = 25, \quad P(3, 4)$

49. $f(x, y) = xy$ **50.** $f(x, y) = \dfrac{x}{x^2 + y^2}$

$c = -3, \quad P(-1, 3)$ $c = \frac{1}{2}, \quad P(1, 1)$

Utilizar una función En los ejercicios 51 a 54, (a) encuentre el gradiente de la función en P, (b) encuentre un vector normal unitario para la curva de nivel $f(x, y) = c$ en P, (c) encuentre la recta tangente a la curva de nivel $f(x, y) = c$ en P, y (d) trace la curva de nivel, el vector unitario normal y la recta tangente en el plano xy.

51. $f(x, y) = 4x^2 - y$ **52.** $f(x, y) = x - y^2$

$c = 6, \quad P(2, 10)$ $c = 3, \quad P(4, -1)$

53. $f(x, y) = 3x^2 - 2y^2$ **54.** $f(x, y) = 9x^2 + 4y^2$

$c = 1, \quad P(1, 1)$ $c = 40, \quad P(2, -1)$

DESARROLLO DE CONCEPTOS

55. Derivada direccional Defina la derivada de la función $z = f(x, y)$ en la dirección de $\mathbf{u} = \cos\theta\mathbf{i} + \sin\theta\mathbf{j}$.

56. Derivada direccional Redacte un párrafo que describa la derivada direccional de la función f en la dirección de $\mathbf{u} = \cos\theta\mathbf{i} + \sin\theta\mathbf{j}$ cuando (a) $\theta = 0°$ y (b) $\theta = 90°$.

57. Gradiente Defina el gradiente de una función de dos variables. Dé las propiedades del gradiente.

58. Dibujar una gráfica y un vector Dibuje la gráfica de una superficie y elija un punto P sobre la superficie. Dibuje un vector en el plano xy que indique la dirección de mayor ascenso sobre la superficie en P.

59. Gradiente y curvas de nivel Describa la relación del gradiente con las curvas de nivel de una superficie dada por $z = f(x, y)$.

---

60. Usar una función Considere la función

$$f(x, y) = 9 - x^2 - y^2.$$

(a) Trace la gráfica de f en el primer octante y grafique el punto $(1, 2, 4)$ sobre la superficie.

(b) Encuentre $D_{\mathbf{u}} f(1, 2)$, donde $\mathbf{u} = \cos\theta\mathbf{i} + \sin\theta\mathbf{j}$, para $\theta = -\pi/4$.

(c) Repita el inciso (b) para $\theta = \pi/3$.

(d) Encuentre $\nabla f(1, 2)$ y $\|\nabla f(1, 2)\|$.

(e) Encuentre un vector unitario $\mathbf{u}$ ortogonal para $\nabla f(1, 2)$ y calcule $D_{\mathbf{u}} f(1, 2)$. Discuta el significado geométrico del resultado.

61. Topografía La superficie de una montaña se modela mediante la ecuación

$$h(x, y) = 5000 - 0.001x^2 - 0.004y^2.$$

Un montañista se encuentra en el punto $(500, 300, 4390)$. ¿En qué dirección debe moverse para ascender con la mayor rapidez?

62. **¿CÓMO LO VE?** La figura muestra un mapa topográfico utilizado por un grupo de excursionistas. Dibuje las trayectorias de descenso más rápidas si los excursionistas parten del punto A y si parten del punto B. (Para imprimir una copia ampliada de la gráfica, vaya a *MathGraphs.com.*)

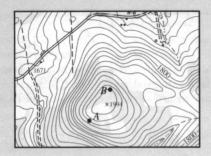

63. **Distribución de temperatura** La temperatura en el punto (x, y) de una placa metálica se modela mediante

$$T = \frac{x}{x^2 + y^2}.$$

Encuentre la dirección del mayor incremento de calor desde el punto $(3, 4)$

64. **Temperatura** La temperatura de una placa de metal en el punto (x, y) está dada por $T(x, y) = 400e^{-(x^2+y)/2}, x \geq 0, y \geq 0$.

(a) Utilice un sistema algebraico por computadora para graficar la función distribución de temperaturas.

(b) Encuentre las direcciones sobre la placa en el punto $(3, 5)$, en las que no hay cambio en el calor.

(c) Encuentre la dirección de mayor crecimiento de calor en el punto $(3, 5)$.

Hallar la dirección de máximo crecimiento En los ejercicios 65 y 66, la temperatura en grados Celsius en la superficie de una placa de metal está dada por $T(x, y)$, donde x y y se miden en centímetros. Encuentre la dirección del punto P donde la temperatura aumenta más rápido y la razón de crecimiento.

65. $T(x, y) = 80 - 3x^2 - y^2, \quad P(-1, 5)$

66. $T(x, y) = 50 - x^2 - 4y^2, \quad P(2, -1)$

Rastreador térmico En los ejercicios 67 y 68, encuentre la trayectoria de un rastreador térmico situado en el punto P de una placa metálica con un campo de temperatura $T(x, y)$.

67. $T(x, y) = 400 - 2x^2 - y^2, \quad P(10, 10)$

68. $T(x, y) = 100 - x^2 - 2y^2, \quad P(4, 3)$

¿Verdadero o falso? En los ejercicios 69 a 72, determine si el enunciado es verdadero o falso. Si es falso, explique por qué o dé un ejemplo que demuestre que es falso.

69. Si $f(x, y) = \sqrt{1 - x^2 - y^2}$, entonces $D_{\mathbf{u}} f(0, 0) = 0$ para todo vector unitario $\mathbf{u}$.

70. Si $f(x, y) = x + y$. entonces $-1 \leq D_{\mathbf{u}} f(x, y) \leq 1$.

71. Si $D_{\mathbf{u}} f(x, y)$ existe, entonces $D_{\mathbf{u}} f(x, y) = -D_{-\mathbf{u}} f(x, y)$

72. Si $D_{\mathbf{u}} f(x_0, y_0) = c$ para todo vector unitario $\mathbf{u}$, entonces $c = 0$.

73. **Hallar una función** Determine una función f tal que $\nabla f = e^x \cos y\,\mathbf{i} - e^x \operatorname{sen} y\,\mathbf{j} + z\,\mathbf{k}$.

74. Fondo del océano

Un equipo de oceanógrafos está elaborando un mapa del fondo del océano para ayudar a recuperar un barco hundido. Utilizando el sonido, desarrollan el modelo

$$D = 250 + 30x^2 + 50 \operatorname{sen} \frac{\pi y}{2}, \quad 0 \leq x \leq 2, 0 \leq y \leq 2$$

donde D es la profundidad en metros, y x y y son las distancias en kilómetros.

(a) Utilice un sistema algebraico por computadora para representar gráficamente la superficie.

(b) Como la gráfica del inciso (a) da la profundidad, no es un mapa del fondo del océano. ¿Cómo podría modificarse el modelo para que se pudiera obtener una gráfica del fondo del océano?

(c) ¿Cuál es la profundidad a la que se encuentra el barco si se localiza en las coordenadas $x = 1$ y $y = 0.5$?

(d) Determine la pendiente del fondo del océano en la dirección del eje x positivo a partir del punto donde se encuentra el barco.

(e) Determine la pendiente del fondo del océano en la dirección del eje y positivo en el punto donde se encuentra el barco.

(f) Determine la dirección de mayor razón de cambio de la profundidad a partir del punto donde se encuentra el barco.

75. **Usar una función** Considere la función
$$f(x, y) = \sqrt[3]{xy}.$$

(a) Demuestre que f es continua en el origen.

(b) Demuestre que f_x y f_y existen en el origen, pero que la derivada direccional en el origen en todas las demás direcciones no existe.

(c) Use un sistema algebraico por computadora para graficar f cerca del origen a fin de verificar las respuestas de los incisos (a) y (b). Explique.

76. **Derivada direccional** Considere la función
$$f(x, y) = \begin{cases} \dfrac{4xy}{x^2 + y^2}, & (x, y) \neq (0, 0) \\ 0, & (x, y) = (0, 0) \end{cases}$$

y el vector unitario
$$\mathbf{u} = \frac{1}{\sqrt{2}}(\mathbf{i} + \mathbf{j}).$$

¿La derivada direccional de f en $P(0, 0)$ en la dirección de $\mathbf{u}$ existe? Si $f(0, 0)$ se definiera como 2 en lugar de 0, existiría la derivada direccional?

13.7 Planos tangentes y rectas normales

- Hallar ecuaciones de planos tangentes y rectas normales a superficies.
- Hallar el ángulo de inclinación de una recta en el espacio.
- Comparar los gradientes $\nabla f(x, y)$ y $\nabla F(x, y, z)$.

Plano tangente y recta normal a una superficie

Hasta ahora las superficies en el espacio las ha representado principalmente por medio de ecuaciones de la forma

$$z = f(x, y). \qquad \text{Ecuación de una superficie } S$$

Sin embargo, en el desarrollo que sigue es conveniente utilizar la representación más general $F(x, y, z) = 0$. Una superficie dada por $z = f(x, y)$ puede convertirla a la forma general definiendo F como

$$F(x, y, z) = f(x, y) - z.$$

Puesto que $f(x, y) - z = 0$, puede considerar S como la superficie de nivel de F dada por

$$F(x, y, z) = 0. \qquad \text{Ecuación alternativa de la superficie } S$$

EJEMPLO 1 Expresar la ecuación de una superficie

Dada la función

$$F(x, y, z) = x^2 + y^2 + z^2 - 4$$

describa la superficie de nivel dada por

$$F(x, y, z) = 0.$$

Solución La superficie de nivel dada por $F(x, y, z) = 0$ puede expresarse como

$$x^2 + y^2 + z^2 = 4$$

la cual es una esfera de radio 2 centrada en el origen.

Usted ha visto muchos ejemplos acerca de la utilidad de rectas normales en aplicaciones relacionadas con curvas. Las rectas normales son igualmente importantes al analizar superficies y sólidos. Por ejemplo, considere la colisión de dos bolas de billar. Cuando una bola estacionaria es golpeada en un punto de su superficie, se mueve a lo largo de la **línea de impacto** determinada por P y por el centro de la bola. El impacto puede ser de *dos* maneras. Si la bola que golpea se mueve a lo largo de la línea de impacto, se detiene y transfiere todo su momento a la bola estacionaria, como se muestra en la figura 13.55. Si la bola que golpea no se mueve a lo largo de la línea de impacto, se desvía a un lado o al otro y retiene parte de su momento. La transferencia de parte de su momento a la bola estacionaria ocurre a lo largo de la línea de impacto, *sin tener en cuenta* la dirección de la bola que golpea, como se muestra en la figura 13.56. A esta línea de impacto se le llama **recta normal** a la superficie de la bola en el punto P.

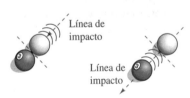

Figura 13.55

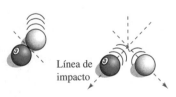

Figura 13.56

Exploración

Bolas de billar y rectas normales En cada una de las tres figuras la bola en movimiento está a punto de golpear una bola estacionaria en el punto P. Explique cómo utilizar la recta normal a la bola estacionaria en el punto P para describir el movimiento resultante en cada una de las bolas. Suponiendo que todas las bolas en movimiento tengan la misma velocidad, ¿cuál de las bolas estacionarias adquirirá mayor velocidad? ¿Cuál adquirirá menor velocidad? Explique su razonamiento.

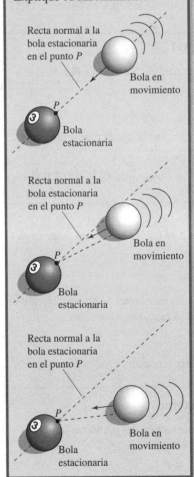

En el proceso de hallar una recta normal a una superficie, usted puede también resolver el problema de encontrar un **plano tangente** a la superficie. Sea S una superficie dada por

$$F(x, y, z) = 0$$

y sea un punto $P(x_0, y_0, z_0)$ en S. Sea C una curva en S que pasa por P definida por la función vectorial

$$\mathbf{r}(t) = x(t)\mathbf{i} + y(t)\mathbf{j} + z(t)\mathbf{k}.$$

Entonces, para todo t,

$$F(x(t), \ y(t), \ z(t)) = 0.$$

Si F es diferenciable, $x'(t)$, $y'(t)$ y $z'(t)$ existen, y por la regla de la cadena se deduce que

$$0 = F'(t)$$
$$= F_x(x, y, z)x'(t) + F_y(x, y, z)y'(t) + F_z(x, y, z)z'(t).$$

En (x_0, y_0, z_0), la forma vectorial equivalente es

$$0 = \underbrace{\nabla F(x_0, y_0, z_0)}_{\text{Gradiente}} \cdot \underbrace{\mathbf{r}'(t_0)}_{\substack{\text{Vector} \\ \text{tangente}}}.$$

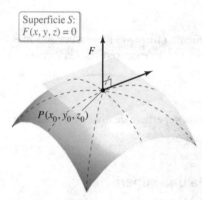

Superficie S:
$F(x, y, z) = 0$

F

$P(x_0, y_0, z_0)$

Plano tangente a la superficie S en P.
Figura 13.57

Este resultado significa que el gradiente en P es ortogonal al vector tangente de toda curva en S que pase por P. Por tanto, todas las rectas tangentes en S se encuentran en un plano que es normal a $\nabla F(x_0, y_0, z_0)$ y contiene a P, como se muestra en la figura 13.57

Definición de plano tangente y recta normal

Sea F diferenciable en un punto $P(x_0, y_0, z_0)$ de la superficie S dada por $F(x, y, z) = 0$ tal que

$$\nabla F(x_0, y_0, z_0) \neq \mathbf{0}.$$

1. Al plano que pasa por P y es normal a $\nabla F(x_0, y_0, z_0)$ se le llama **plano tangente a S en P**.

2. A la recta que pasa por P y tiene la dirección de $\nabla F(x_0, y_0, z_0)$ se le llama **recta normal a S en P**.

• • • • • • • • • • • • • • ▷
•••**COMENTARIO** En el resto de esta sección, suponga que $\nabla F(x_0, y_0, z_0)$ es distinto de cero, a menos que se establezca lo contrario.

Para hallar una ecuación para el plano tangente a S en (x_0, y_0, z_0), sea un punto (x, y, z) arbitrario en el plano tangente. Entonces el vector

$$\mathbf{v} = (x - x_0)\mathbf{i} + (y - y_0)\mathbf{j} + (z - z_0)\mathbf{k}$$

se encuentra en el plano tangente. Como $\nabla F(x_0, y_0, z_0)$ es normal al plano tangente en (x_0, y_0, z_0), debe ser ortogonal a todo vector en el plano tangente, y se tiene

$$\nabla F(x_0, y_0, z_0) \cdot \mathbf{v} = 0$$

lo que demuestra el resultado enunciado en el teorema siguiente.

TEOREMA 13.13 Ecuación del plano tangente

Si F es diferenciable en (x_0, y_0, z_0), entonces una ecuación del plano tangente a la superficie dada por $F(x, y, z) = 0$ en (x_0, y_0, z_0) es

$$F_x(x_0, y_0, z_0)(x - x_0) + F_y(x_0, y_0, z_0)(y - y_0) + F_z(x_0, y_0, z_0)(z - z_0) = 0.$$

▷ **TECNOLOGÍA** Algunas herramientas de graficación tridimensionales pueden representar planos tangentes a superficies. A continuación se muestra un ejemplo.

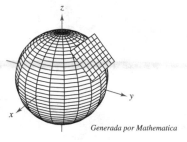

Generada por Mathematica

Esfera: $x^2 + y^2 + z^2 = 1$

EJEMPLO 2 **Hallar una ecuación de un plano tangente**

Determine una ecuación del plano tangente al hiperboloide

$$z^2 - 2x^2 - 2y^2 = 12$$

en el punto $(1, -1, 4)$.

Solución Comience por expresar la ecuación de la superficie como

$$z^2 - 2x^2 - 2y^2 - 12 = 0.$$

Entonces, considerando

$$F(x, y, z) = z^2 - 2x^2 - 2y^2 - 12$$

usted tiene

$$F_x(x, y, z) = -4x, \quad F_y(x, y, z) = -4y \quad \text{y} \quad F_z(x, y, z) = 2z.$$

En el punto $(1, -1, 4)$, las derivadas parciales son

$$F_x(1, -1, 4) = -4, \quad F_y(1, -1, 4) = 4 \quad \text{y} \quad F_z(1, -1, 4) = 8.$$

Por tanto, una ecuación del plano tangente en $(1, -1, 4)$ es

$$-4(x - 1) + 4(y + 1) + 8(z - 4) = 0$$
$$-4x + 4 + 4y + 4 + 8z - 32 = 0$$
$$-4x + 4y + 8z - 24 = 0$$
$$x - y - 2z + 6 = 0.$$

La figura 13.58 muestra una parte del hiperboloide y el plano tangente.

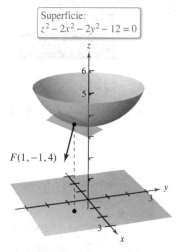

Superficie:
$z^2 - 2x^2 - 2y^2 - 12 = 0$

$F(1, -1, 4)$

Plano tangente a la superficie.
Figura 13.58

Para hallar la ecuación del plano tangente en un punto a una superficie dada por $z = f(x, y)$, defina la función F mediante

$$F(x, y, z) = f(x, y) - z.$$

Entonces S está dada por medio de la superficie de nivel $F(x, y, z) = 0$, y por el teorema 13.13, una ecuación del plano tangente a S en el punto (x_0, y_0, z_0) es

$$f_x(x_0, y_0)(x - x_0) + f_y(x_0, y_0)(y - y_0) - (z - z_0) = 0.$$

EJEMPLO 3   **Hallar una ecuación del plano tangente**

Encuentre la ecuación del plano tangente al paraboloide

$$z = 1 - \frac{1}{10}(x^2 + 4y^2)$$

en el punto $\left(1, 1, \frac{1}{2}\right)$.

Solución   De $z = f(x, y) = 1 - \frac{1}{10}(x^2 + 4y^2)$, se obtiene

$$f_x(x, y) = -\frac{x}{5} \implies f_x(1, 1) = -\frac{1}{5}$$

y

$$f_y(x, y) = -\frac{4y}{5} \implies f_y(1, 1) = -\frac{4}{5}.$$

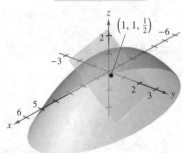

Superficie:
$z = 1 - \frac{1}{10}(x^2 + 4y^2)$

Figura 13.59

Así, una ecuación del plano tangente en $\left(1, 1, \frac{1}{2}\right)$ es

$$f_x(1, 1)(x - 1) + f_y(1, 1)(y - 1) - \left(z - \frac{1}{2}\right) = 0$$

$$-\frac{1}{5}(x - 1) - \frac{4}{5}(y - 1) - \left(z - \frac{1}{2}\right) = 0$$

$$-\frac{1}{5}x - \frac{4}{5}y - z + \frac{3}{2} = 0.$$

Este plano tangente se muestra en la figura 13.59.

El gradiente $\nabla F(x, y, z)$ proporciona una manera adecuada de obtener ecuaciones de rectas normales, como se muestra en el ejemplo 4.

EJEMPLO 4   **Hallar una ecuación de una recta normal a una superficie**

· · · · · ▷ *Consulte LarsonCalculus.com para una versión interactiva de este tipo de ejemplo.*

Encuentre un conjunto de ecuaciones simétricas para la recta normal a la superficie dada por

$$xyz = 12$$

en el punto $(2, -2, -3)$.

Solución   Comience por hacer

$$F(x, y, z) = xyz - 12.$$

Entonces, el gradiente está dado por

$$\nabla F(x, y, z) = F_x(x, y, z)\mathbf{i} + F_y(x, y, z)\mathbf{j} + F_z(x, y, z)\mathbf{k}$$
$$= yz\mathbf{i} + xz\mathbf{j} + xy\mathbf{k}$$

y en el punto $(2, -2, -3)$ tiene

$$\nabla F(2, -2, -3) = (-2)(-3)\mathbf{i} + (2)(-3)\mathbf{j} + (2)(-2)\mathbf{k}$$
$$= 6\mathbf{i} - 6\mathbf{j} - 4\mathbf{k}.$$

La recta normal en $(2, -2, -3)$ tiene números de dirección o directores 6, -6 y -4, y el conjunto correspondiente de ecuaciones simétricas es

$$\frac{x - 2}{6} = \frac{y + 2}{-6} = \frac{z + 3}{-4}.$$

Vea la figura 13.60.

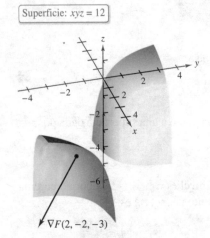

Superficie: $xyz = 12$

$\nabla F(2, -2, -3)$

Figura 13.60

Saber que el gradiente $\nabla F(x, y, z)$ es normal a la superficie dada por $F(x, y, z) = 0$ le permite resolver diversos problemas relacionados con superficies y curvas en el espacio.

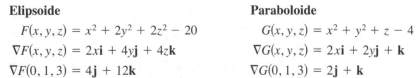

EJEMPLO 5   **Hallar la ecuación de una recta tangente a una curva**

Describa la recta tangente a la curva de intersección de las superficies

$$x^2 + 2y^2 + 2z^2 = 20 \qquad\qquad \text{Elipsoide}$$

y el paraboloide

$$x^2 + y^2 + z = 4 \qquad\qquad \text{Paraboloide}$$

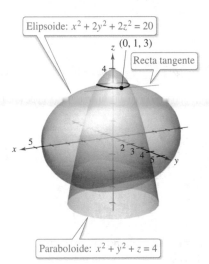

Elipsoide: $x^2 + 2y^2 + 2z^2 = 20$

$(0, 1, 3)$

Recta tangente

Paraboloide: $x^2 + y^2 + z = 4$

Figura 13.61

en el punto $(0, 1, 3)$, como se muestra en la figura 13.61.

Solución   Comience la búsqueda de los gradientes a ambas superficies en el punto $(0, 1, 3)$.

Elipsoide

$$F(x, y, z) = x^2 + 2y^2 + 2z^2 - 20$$
$$\nabla F(x, y, z) = 2x\mathbf{i} + 4y\mathbf{j} + 4z\mathbf{k}$$
$$\nabla F(0, 1, 3) = 4\mathbf{j} + 12\mathbf{k}$$

Paraboloide

$$G(x, y, z) = x^2 + y^2 + z - 4$$
$$\nabla G(x, y, z) = 2x\mathbf{i} + 2y\mathbf{j} + \mathbf{k}$$
$$\nabla G(0, 1, 3) = 2\mathbf{j} + \mathbf{k}$$

El producto vectorial de estos dos gradientes es un vector tangente a ambas superficies en el punto $(0, 1, 3)$.

$$\nabla F(0, 1, 3) \times \nabla G(0, 1, 3) = \begin{vmatrix} \mathbf{i} & \mathbf{j} & \mathbf{k} \\ 0 & 4 & 12 \\ 0 & 2 & 1 \end{vmatrix} = -20\mathbf{i}$$

Por tanto, la recta tangente a la curva de intersección de las dos superficies en el punto $(0, 1, 3)$ es una recta paralela al eje x y que pasa por el punto $(0, 1, 3)$.

El ángulo de inclinación de un plano

Otro uso del gradiente

$$\nabla F(x, y, z)$$

es determinar el ángulo de inclinación del plano tangente a una superficie. El ángulo de inclinación de un plano se define como el ángulo θ $(0 \le \theta \le \pi/2)$ entre el plano dado y el plano xy, como se muestra en la figura 13.62. (El ángulo de inclinación de un plano horizontal es por definición cero.) Como el vector $\mathbf{k}$ es normal al plano xy, usted puede utilizar la fórmula del coseno del ángulo entre dos planos (dado en la sección 11.5) para concluir que el ángulo de inclinación de un plano con vector normal $\mathbf{n}$ está dado por

$$\cos \theta = \frac{|\mathbf{n} \cdot \mathbf{k}|}{\|\mathbf{n}\| \|\mathbf{k}\|} = \frac{|\mathbf{n} \cdot \mathbf{k}|}{\|\mathbf{n}\|}. \qquad\qquad \text{Ángulo de inclinación de un plano}$$

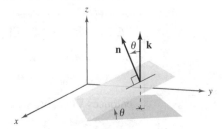

El ángulo de inclinación.
Figura 13.62

EJEMPLO 6 **Hallar el ángulo de inclinación de un plano tangente**

Determine el ángulo de inclinación del plano tangente al elipsoide

$$\frac{x^2}{12} + \frac{y^2}{12} + \frac{z^2}{3} = 1$$

en el punto $(2, 2, 1)$.

Solución Comience haciendo

$$F(x, y, z) = \frac{x^2}{12} + \frac{y^2}{12} + \frac{z^2}{3} - 1.$$

Entonces, el gradiente de F en el punto $(2, 2, 1)$ es

$$\nabla F(x, y, z) = \frac{x}{6}\mathbf{i} + \frac{y}{6}\mathbf{j} + \frac{2z}{3}\mathbf{k}$$

$$\nabla F(2, 2, 1) = \frac{1}{3}\mathbf{i} + \frac{1}{3}\mathbf{j} + \frac{2}{3}\mathbf{k}.$$

Como $\nabla F(2, 2, 1)$ es normal al plano tangente y $\mathbf{k}$ es normal al plano xy, se deduce que el ángulo de inclinación del plano tangente está dado por

$$\cos\theta = \frac{|\nabla F(2, 2, 1) \cdot \mathbf{k}|}{\|\nabla F(2, 2, 1)\|} = \frac{2/3}{\sqrt{(1/3)^2 + (1/3)^2 + (2/3)^2}} = \sqrt{\frac{2}{3}}$$

lo que implica que

$$\theta = \arccos\sqrt{\frac{2}{3}} \approx 35.3°,$$

como se muestra en la figura 13.63.

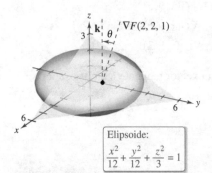

Elipsoide:
$$\frac{x^2}{12} + \frac{y^2}{12} + \frac{z^2}{3} = 1$$

Figura 13.63

Un caso especial del procedimiento mostrado en el ejemplo 6 merece mención especial. El ángulo de inclinación θ del plano tangente a la superficie $z = f(x, y)$ en (x_0, y_0, z_0) está dado por

$$\cos\theta = \frac{1}{\sqrt{[f_x(x_0, y_0)]^2 + [f_y(x_0, y_0)]^2 + 1}}.$$

Fórmula alternativa para el ángulo de inclinación (Vea el ejercicio 67.)

Comparación de los gradientes $\nabla f(x, y)$ y $\nabla F(x, y, z)$

Esta sección concluye con una comparación de los gradientes $\nabla f(x, y)$ y $\nabla F(x, y, z)$. En la sección anterior usted vio que el gradiente de una función f de dos variables es normal a las curvas de nivel de f. Específicamente, el teorema 13.12 establece que si f es diferenciable en (x_0, y_0) y $\nabla f(x_0, y_0) \neq \mathbf{0}$, entonces $\nabla f(x_0, y_0)$ es normal a la curva de nivel que pasa por (x_0, y_0). Habiendo desarrollado rectas normales a superficies, ahora puede extender este resultado a una función de tres variables. La demostración del teorema 13.14 se deja como ejercicio (vea el ejercicio 68).

TEOREMA 13.14 **El gradiente es normal a las superficies de nivel**

Si F es diferenciable en (x_0, y_0, z_0) y

$$\nabla F(x_0, y_0, z_0) \neq \mathbf{0}$$

entonces $\nabla F(x_0, y_0, z_0)$ es normal a la superficie de nivel que pasa por (x_0, y_0, z_0).

Al trabajar con los gradientes $\nabla f(x, y)$ y $\nabla F(x, y, z)$ debe recordar que $\nabla f(x, y)$ es un vector en el plano xy y $\nabla F(x, y, z)$ es un vector en el espacio.

13.7 Ejercicios

Consulte **CalcChat.com** para un tutorial de ayuda y soluciones trabajadas de los ejercicios con numeración impar.

Describir una superficie En los ejercicios 1 a 4, describa la superficie de nivel $F(x, y, z) = 0$.

1. $F(x, y, z) = 3x - 5y + 3z - 15$

2. $F(x, y, z) = x^2 + y^2 + z^2 - 25$

3. $F(x, y, z) = 4x^2 + 9y^2 - 4z^2$

4. $F(x, y, z) = 16x^2 - 9y^2 + 36z$

Hallar un vector unitario normal En los ejercicios 5 a 8, determine un vector unitario normal a la superficie en el punto dado. [*Sugerencia*: Normalice el vector gradiente $\nabla F(x, y, z)$.]

Superficie	Punto
5. $3x + 4y + 12z = 0$	$(0, 0, 0)$
6. $x^2 + y^2 + z^2 = 6$	$(1, 1, 2)$
7. $x^2 + 3y + z^3 = 9$	$(2, -1, 2)$
8. $x^2 y^3 - y^2 z + 2xz^3 = 4$	$(-1, 1, -1)$

Hallar la ecuación de un plano tangente En los ejercicios 9 a 20, determine una ecuación del plano tangente a la superficie en el punto dado.

9. $z = x^2 + y^2 + 3$

$(2, 1, 8)$

10. $f(x, y) = \dfrac{y}{x}$

$(1, 2, 2)$

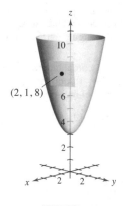

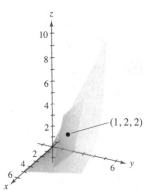

11. $z = \sqrt{x^2 + y^2}$, $(3, 4, 5)$

12. $g(x, y) = \arctan \dfrac{y}{x}$, $(1, 0, 0)$

13. $g(x, y) = x^2 + y^2$, $(1, -1, 2)$

14. $f(x, y) = x^2 - 2xy + y^2$, $(1, 2, 1)$

15. $h(x, y) = \ln \sqrt{x^2 + y^2}$, $(3, 4, \ln 5)$

16. $h(x, y) = \cos y$, $\left(5, \dfrac{\pi}{4}, \dfrac{\sqrt{2}}{2}\right)$

17. $x^2 + 4y^2 + z^2 = 36$, $(2, -2, 4)$

18. $x^2 + 2z^2 = y^2$, $(1, 3, -2)$

19. $xy^2 + 3x - z^2 = 8$, $(1, -3, 2)$

20. $z = e^x(\operatorname{sen} y + 1)$, $\left(0, \dfrac{\pi}{2}, 2\right)$

Hallar la ecuación de un plano y una recta normal En los ejercicios 21 a 30, determine una ecuación del plano tangente y encuentre ecuaciones simétricas para la recta normal a la superficie en el punto dado.

21. $x + y + z = 9$, $(3, 3, 3)$

22. $x^2 + y^2 + z^2 = 9$, $(1, 2, 2)$

23. $x^2 + y^2 + z = 9$, $(1, 2, 4)$

24. $z = 16 - x^2 - y^2$, $(2, 2, 8)$

25. $z = x^2 - y^2$, $(3, 2, 5)$

26. $xy - z = 0$, $(-2, -3, 6)$

27. $xyz = 10$, $(1, 2, 5)$

28. $z = ye^{2xy}$, $(0, 2, 2)$

29. $z = \arctan \dfrac{y}{x}$, $\left(1, 1, \dfrac{\pi}{4}\right)$

30. $y \ln xz^2 = 2$, $(e, 2, 1)$

Hallar la ecuación de una recta tangente a una curva En los ejercicios 31 a 36, (a) encuentre ecuaciones simétricas de la recta tangente a la curva de intersección de las superficies en el punto dado, y (b) encuentre el coseno del ángulo entre los vectores gradiente en este punto. Establezca si son ortogonales o no las superficies en el punto de intersección.

31. $x^2 + y^2 = 2$, $z = x$, $(1, 1, 1)$

32. $z = x^2 + y^2$, $z = 4 - y$, $(2, -1, 5)$

33. $x^2 + z^2 = 25$, $y^2 + z^2 = 25$, $(3, 3, 4)$

34. $z = \sqrt{x^2 + y^2}$, $5x - 2y + 3z = 22$, $(3, 4, 5)$

35. $x^2 + y^2 + z^2 = 14$, $x - y - z = 0$, $(3, 1, 2)$

36. $z = x^2 + y^2$, $x + y + 6z = 33$, $(1, 2, 5)$

Hallar el ángulo de inclinación de un plano tangente En los ejercicios 37 a 40, encuentre el ángulo de inclinación θ del plano tangente a la superficie en el punto dado.

37. $3x^2 + 2y^2 - z = 15$, $(2, 2, 5)$

38. $2xy - z^3 = 0$, $(2, 2, 2)$

39. $x^2 - y^2 + z = 0$, $(1, 2, 3)$

40. $x^2 + y^2 = 5$, $(2, 1, 3)$

Plano tangente horizontal En los ejercicios 41 a 46, encuentre el (los) punto(s) sobre la superficie en la cual el plano tangente es horizontal.

41. $z = 3 - x^2 - y^2 + 6y$

42. $z = 3x^2 + 2y^2 - 3x + 4y - 5$

43. $z = x^2 - xy + y^2 - 2x - 2y$

44. $z = 4x^2 + 4xy - 2y^2 + 8x - 5y - 4$

45. $z = 5xy$

46. $z = xy + \dfrac{1}{x} + \dfrac{1}{y}$

Superficies tangentes **En los ejercicios 47 y 48, demuestre que las superficies son tangentes a cada una en el punto dado para demostrar que las superficies tienen el mismo plano tangente en este punto.**

47. $x^2 + 2y^2 + 3z^2 = 3, x^2 + y^2 + z^2 + 6x - 10y + 14 = 0$,

$(-1, 1, 0)$

48. $x^2 + y^2 + z^2 - 8x - 12y + 4z + 42 = 0$,

$x^2 + y^2 + 2z = 7$, $(2, 3, -3)$

Planos tangentes perpendiculares **En los ejercicios 49 y 50, (a) demuestre que las superficies intersecan en el punto dado y (b) demuestre que las superficies tienen planos tangentes perpendiculares en este punto.**

49. $z = 2xy^2, 8x^2 - 5y^2 - 8z = -13$, $(1, 1, 2)$

50. $x^2 + y^2 + z^2 + 2x - 4y - 4z - 12 = 0$,

$4x^2 + y^2 + 16z^2 = 24$, $(1, -2, 1)$

51. **Usar un elipsoide** Encuentre un punto sobre el elipsoide $x^2 + 4y^2 + z^2 = 9$, donde el plano tangente es perpendicular a la recta, con ecuaciones paramétricas

$x = 2 - 4t, y = 1 + 8t$ y $z = 3 - 2t$.

52. **Usar un hiperboloide** Encuentre un punto sobre el hiperboloide $x^2 + 4y^2 - z^2 = 1$, donde el plano tangente es paralelo al plano $x + 4y - z = 0$.

DESARROLLO DE CONCEPTOS

53. **Plano tangente** Dé la forma estándar de la ecuación del plano tangente a una superficie dada por $F(x, y, z) = 0$ en (x_0, y_0, z_0).

54. **Rectas normales** En algunas superficies, las rectas normales en cualquier punto pasan por el mismo objeto geométrico. ¿Cuál es el objeto geométrico común en una esfera? ¿Cuál es el objeto geométrico común en un cilindro circular recto? Explique.

55. **Plano tangente** Analice la relación entre el plano tangente a una superficie y la aproximación por diferenciales.

---

56. **¿CÓMO LO VE?** La gráfica muestra el elipsoide $x^2 + 4y^2 + z^2 = 16$. Utilice la gráfica para determinar la ecuación del plano tangente a cada uno de los puntos dados.

(a) $(4, 0, 0)$ (b) $(0, -2, 0)$ (c) $(0, 0, -4)$

---

57. **Investigación** Considere la función

$$f(x, y) = \frac{4xy}{(x^2 + 1)(y^2 + 1)}$$

en los intervalos $-2 \le x \le 2$ y $0 \le y \le 3$.

(a) Determine un conjunto de ecuaciones paramétricas de la recta normal y una ecuación del plano tangente a la superficie en el punto $(1, 1, 1)$.

(b) Repita el inciso (a) con el punto $\left(-1, 2, -\frac{4}{5}\right)$.

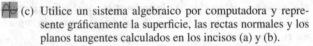 (c) Utilice un sistema algebraico por computadora y represente gráficamente la superficie, las rectas normales y los planos tangentes encontrados en los incisos (a) y (b).

58. **Investigación** Considere la función

$$f(x, y) = \frac{\operatorname{sen} y}{x}$$

en los intervalos $-3 \le x \le 3$ y $0 \le y \le 2\pi$.

(a) Determine un conjunto de ecuaciones paramétricas de la recta normal y una ecuación del plano tangente a la superficie en el punto

$$\left(2, \frac{\pi}{2}, \frac{1}{2}\right).$$

(b) Repita el inciso (a) con el punto $\left(-\frac{2}{3}, \frac{3\pi}{2}, \frac{3}{2}\right)$.

(c) Utilice un sistema algebraico por computadora y represente gráficamente la superficie, las rectas normales y los planos tangentes calculados en los incisos (a) y (b).

59. **Usar funciones** Considere las funciones

$$f(x, y) = 6 - x^2 - \frac{y^2}{4} \quad \text{y} \quad g(x, y) = 2x + y.$$

(a) Determine un conjunto de ecuaciones paramétricas de la recta tangente a la curva de intersección de las superficies en el punto $(1, 2, 4)$, y encuentre el ángulo entre los vectores gradientes.

(b) Utilice un sistema algebraico por computadora y represente gráficamente las superficies. Represente gráficamente la recta tangente obtenida en el inciso (a).

60. **Usar funciones** Considere las funciones

$$f(x, y) = \sqrt{16 - x^2 - y^2 + 2x - 4y}$$

y

$$g(x, y) = \frac{\sqrt{2}}{2}\sqrt{1 - 3x^2 + y^2 + 6x + 4y}.$$

(a) Utilice un sistema algebraico por computadora y represente gráficamente la porción del primer octante de las superficies representadas por f y g.

(b) Encuentre un punto en el primer octante sobre la curva intersección y demuestre que las superficies son ortogonales en este punto.

(c) Estas superficies son ortogonales a lo largo de la curva intersección. ¿Demuestra este hecho el inciso (b)? Explique.

Expresar un plano tangente **En los ejercicios 61 y 62, demuestre que el plano tangente a la superficie cuádrica en el punto (x_0, y_0, z_0), puede expresarse en la forma dada.**

61. Elipsoide: $\dfrac{x^2}{a^2} + \dfrac{y^2}{b^2} + \dfrac{z^2}{c^2} = 1$

Plano: $\dfrac{x_0 x}{a^2} + \dfrac{y_0 y}{b^2} + \dfrac{z_0 z}{c^2} = 1$

62. Hiperboloide: $\dfrac{x^2}{a^2} + \dfrac{y^2}{b^2} - \dfrac{z^2}{c^2} = 1$

Plano: $\dfrac{x_0 x}{a^2} + \dfrac{y_0 y}{b^2} - \dfrac{z_0 z}{c^2} = 1$

63. Planos tangentes de un cono Demuestre que todo plano tangente al cono

$$z^2 = a^2 x^2 + b^2 y^2$$

pasa por el origen.

64. Planos tangentes Sea f una función derivable y considere la superficie

$$z = xf\left(\dfrac{y}{x}\right).$$

Demuestre que el plano tangente a cualquier punto $P(x_0, y_0, z_0)$ de la superficie pasa por el origen.

65. Aproximación Considere las aproximaciones siguientes para una función $f(x, y)$ centrada en $(0, 0)$.

Aproximación lineal:

$$P_1(x, y) = f(0, 0) + f_x(0, 0)x + f_y(0, 0)y$$

Aproximación cuadrática:

$$P_2(x, y) = f(0, 0) + f_x(0, 0)x + f_y(0, 0)y +$$
$$\tfrac{1}{2}f_{xx}(0, 0)x^2 + f_{xy}(0, 0)xy + \tfrac{1}{2}f_{yy}(0, 0)y^2$$

[Observe que la aproximación lineal es el plano tangente a la superficie en $(0, 0, f(0, 0))$.]

(a) Encuentre la aproximación lineal a $f(x, y) = e^{(x-y)}$ centrada en $(0, 0)$.

(b) Encuentre la aproximación cuadrática a $f(x, y) = e^{(x-y)}$ centrada en $(0, 0)$.

(c) Si $x = 0$ es la aproximación cuadrática, ¿para qué función se obtiene el polinomio de Taylor de segundo orden? Responda la misma pregunta para $y = 0$.

(d) Complete la tabla.

x	y	$f(x, y)$	$P_1(x, y)$	$P_2(x, y)$
0	0			
0	0.1			
0.2	0.1			
0.2	0.5			
1	0.5			

(e) Utilice un sistema algebraico por computadora y represente gráficamente las superficies $z = f(x, y)$, $z = P_1(x, y)$ y $z = P_2(x, y)$.

66. Aproximación Repita el ejercicio 65 con la función $f(x, y) = \cos(x + y)$.

67. Demostración Demuestre que el ángulo de inclinación θ del plano tangente a la superficie $z = f(x, y)$ en el punto (x_0, y_0, z_0) está dado por

$$\cos\theta = \dfrac{1}{\sqrt{[f_x(x_0, y_0)]^2 + [f_y(x_0, y_0)]^2 + 1}}.$$

68. Demostración Demuestre el teorema 13.14.

PROYECTO DE TRABAJO

Flora silvestre

La diversidad de la flora silvestre en una pradera se puede medir contando el número de margaritas, linos, amapolas, etc. Si existen n tipos de flores silvestres, cada una en una proporción p_i respecto a la población total, se deduce que

$$p_1 + p_2 + \cdots + p_n = 1.$$

La medida de diversidad de la población se define como

$$H = -\sum_{i=1}^{n} p_i \log_2 p_i.$$

En esta definición, se entiende que $p_i \log_2 p_i = 0$ cuando $p_i = 0$. Las tablas muestran las proporciones de flores silvestres en una pradera en mayo, junio, agosto y septiembre.

Mayo

Tipo de flor	1	2	3	4
Proporción	$\frac{5}{16}$	$\frac{5}{16}$	$\frac{5}{16}$	$\frac{1}{16}$

Junio

Tipo de flor	1	2	3	4
Proporción	$\frac{1}{4}$	$\frac{1}{4}$	$\frac{1}{4}$	$\frac{1}{4}$

Agosto

Tipo de flor	1	2	3	4
Proporción	$\frac{1}{4}$	0	$\frac{1}{4}$	$\frac{1}{2}$

Septiembre

Tipo de flor	1	2	3	4
Proporción	0	0	0	1

(a) Determine la diversidad de flores silvestres durante cada mes. ¿Cómo interpretaría la diversidad en septiembre? ¿Qué mes tiene mayor diversidad?

(b) Si la pradera contiene 10 tipos de flores silvestres en proporciones aproximadamente iguales, ¿la diversidad de la población es mayor o menor que la diversidad de una distribución similar con 4 tipos de flores? ¿Qué tipo de distribución (de 10 tipos de flores silvestres) produciría la diversidad máxima?

(c) Sea H_n la diversidad máxima de n tipos de flores silvestres. ¿Tiende H_n a algún límite cuando n tiende a ∞?

■ **PARA INFORMACIÓN ADICIONAL** Los biólogos utilizan el concepto de diversidad para medir las proporciones de diferentes tipos de organismos dentro de un medio ambiente. Para más información sobre esta técnica, vea el artículo "Information Theory and Biological Diversity", de Steven Kolmes y Kevin Mitchell, en *UMAP Modules*.

13.8 Extremos de funciones de dos variables

■ Hallar extremos absolutos y relativos de una función de dos variables.
■ Utilizar el criterio de las segundas derivadas parciales para hallar un extremo relativo de una función de dos variables.

Extremos absolutos y extremos relativos

En el capítulo 3 estudió las técnicas para hallar valores extremos de una función de una (sola) variable. En esta sección extenderá estas técnicas a funciones de dos variables. Por ejemplo, en el teorema 13.15 se extiende el teorema del valor extremo para una función de una sola variable a una función de dos variables.

Considere la función continua f de dos variables, definida en una región acotada cerrada R. Los valores $f(a, b)$ y $f(c, d)$, tales que

$$f(a, b) \leq f(x, y) \leq f(c, d) \qquad (a, b) \text{ y } (c, d) \text{ están en } R$$

para todo (x, y) en R se conocen como el **mínimo** y **máximo** de f en la región R, como se muestra en la figura 13.64. Recuerde de la sección 13.2 que una región en el plano es *cerrada* si contiene todos sus puntos frontera. El teorema del valor extremo se refiere a una región en el plano que es cerrada y *acotada*. A una región en el plano se le llama **acotada** si es una subregión de un disco cerrado en el plano.

TEOREMA 13.15 Teorema del valor extremo

Sea f una función continua de dos variables x y y definida en una región acotada cerrada R en el plano xy.

1. Existe por lo menos un punto en R, en el que f toma un valor mínimo.
2. Existe por lo menos un punto en R, en el que f toma un valor máximo.

A un mínimo también se le llama un **mínimo absoluto**, y a un máximo también se le llama un **máximo absoluto**. Como en el cálculo de una variable, se hace una distinción entre extremos absolutos y **extremos relativos**.

Definición de extremos relativos

Sea f una función definida en una región R que contiene (x_0, y_0).

1. La función f tiene un **mínimo relativo** en (x_0, y_0) si

$$f(x, y) \geq f(x_0, y_0)$$

para todo (x, y) en un disco *abierto* que contiene (x_0, y_0).

2. La función f tiene un **máximo relativo** en (x_0, y_0) si

$$f(x, y) \leq f(x_0, y_0)$$

para todo (x, y) en un disco *abierto* que contiene (x_0, y_0).

Decir que f tiene un máximo relativo en (x_0, y_0) significa que el punto (x_0, y_0, z_0) es por lo menos tan alto como todos los puntos cercanos en la gráfica de

$$z = f(x, y).$$

De manera similar, f tiene un mínimo relativo en (x_0, y_0) si (x_0, y_0, z_0) es por lo menos tan bajo como todos los puntos cercanos en la gráfica. (Vea la figura 13.65.)

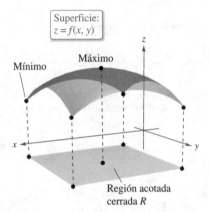

Superficie:
$z = f(x, y)$

R contiene algún(os) punto(s) donde $f(x, y)$ es un mínimo y algún(os) punto(s) donde $f(x, y)$ es un máximo.
Figura 13.64

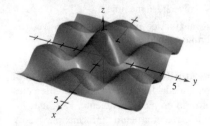

Extremo relativo.
Figura 13.65

Para localizar los extremos relativos de f, puede investigar los puntos en los que el gradiente de f es **0** o los puntos en los cuales una de las derivadas parciales no exista. Tales puntos se llaman **puntos críticos** de f.

Definición de los puntos críticos

Sea f definida en una región abierta R que contiene (x_0, y_0). El punto (x_0, y_0) es un **punto crítico** de f si se satisface una de las condiciones siguientes:

1. $f_x(x_0, y_0) = 0$ y $f_y(x_0, y_0) = 0$

2. $f_x(x_0, y_0)$ o $f_y(x_0, y_0)$ no existe.

**KARL WEIERSTRASS
(1815-1897)**

Aunque el teorema del valor extremo había sido ya utilizado antes por los matemáticos, el primero en proporcionar una demostración rigurosa fue el matemático alemán Karl Weierstrass, quien también proporcionó justificaciones rigurosas para muchos otros resultados matemáticos ya de uso común. A él se deben muchos de los fundamentos lógicos sobre los cuales se basa el cálculo moderno. *Consulte LarsonCalculus.com para leer más acerca de esta biografía.*

Recuerde del teorema 13.11 que si f es diferenciable y

$$\nabla f(x_0, y_0) = f_x(x_0, y_0)\mathbf{i} + f_y(x_0, y_0)\mathbf{j} = 0\mathbf{i} + 0\mathbf{j}$$

entonces toda derivada direccional en (x_0, y_0) debe ser 0. Esto implica que la función tiene un plano tangente horizontal al punto (x_0, y_0) como se muestra en la figura 13.66. Al parecer, tal punto es una localización probable para un extremo relativo. Esto es ratificado por el teorema 13.16.

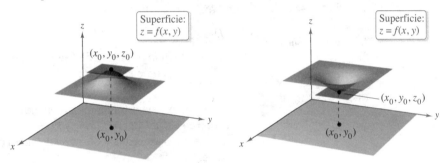

Máximo relativo.

Figura 13.66

Mínimo relativo.

TEOREMA 13.16 Los extremos relativos se presentan sólo en puntos críticos

Si f tiene un extremo relativo en (x_0, y_0) en una región abierta R, entonces (x_0, y_0) es un punto crítico de f.

Exploración

Utilice una herramienta de graficación para representar $z = x^3 - 3xy + y^3$ usando las cotas $0 \le x \le 3$, $0 \le y \le 3$, y $-3 \le z \le 3$. Esta vista parece sugerir que la superficie tuviera un mínimo absoluto. Pero, ¿lo tiene?

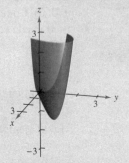

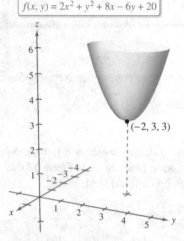

Superficie:
$f(x, y) = 2x^2 + y^2 + 8x - 6y + 20$

$(-2, 3, 3)$

La función $z = f(x, y)$ tiene un mínimo relativo en $(-2, 3)$.

Figura 13.67

EJEMPLO 1 **Hallar un extremo relativo**

····▷ *Consulte LarsonCalculus.com para una versión interactiva de este tipo de ejemplo.*

Encuentre los extremos relativos de

$$f(x, y) = 2x^2 + y^2 + 8x - 6y + 20.$$

Solución   Para comenzar, encuentre los puntos críticos de f. Como

$$f_x(x, y) = 4x + 8 \qquad \text{Derivada parcial respecto a } x$$

y

$$f_y(x, y) = 2y - 6 \qquad \text{Derivada parcial respecto a } y$$

están definidas para todo x y y, los únicos puntos críticos son aquellos en los cuales las derivadas parciales de primer orden son 0. Para localizar estos puntos, haga $f_x(x, y)$ y $f_y(x, y)$ igual a 0, y resuelva las ecuaciones

$$4x + 8 = 0 \quad \text{y} \quad 2y - 6 = 0$$

para obtener el punto crítico $(-2, 3)$. Completando cuadrados en f, puede concluir que para todo $(x, y) \neq (-2, 3)$

$$f(x, y) = 2(x + 2)^2 + (y - 3)^2 + 3 > 3.$$

Por tanto, un *mínimo* relativo de f se encuentra en $(-2, 3)$. El valor del mínimo relativo es $f(-2, 3) = 3$, como se muestra en la figura 13.67. ■

El ejemplo 1 muestra un mínimo relativo que se presenta en un tipo de punto crítico; el tipo en el cual ambos $f_x(x, y)$ y $f_y(x, y)$ son 0. En el siguiente ejemplo se presenta un máximo relativo asociado al otro tipo de punto crítico; el tipo en el cual $f_x(x, y)$ o $f_y(x, y)$ no existe.

EJEMPLO 2 **Hallar un extremo relativo**

Determine los extremos relativos de

$$f(x, y) = 1 - (x^2 + y^2)^{1/3}.$$

Superficie:
$f(x, y) = 1 - (x^2 + y^2)^{1/3}$

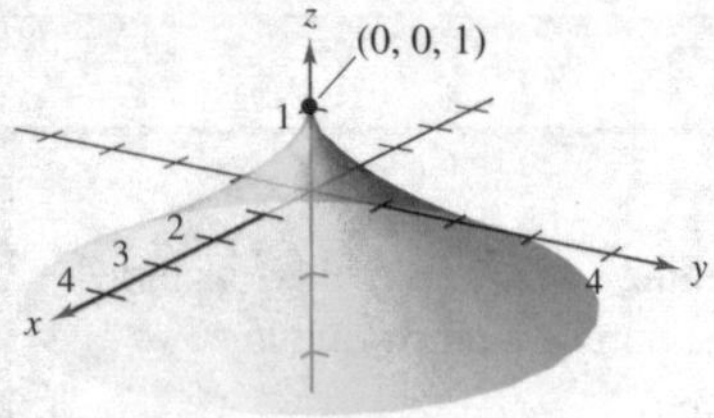

$(0, 0, 1)$

$f_x(x, y)$ y $f_y(x, y)$ están indefinidas en $(0, 0)$.

Figura 13.68

Solución   Como

$$f_x(x, y) = -\frac{2x}{3(x^2 + y^2)^{2/3}} \qquad \text{Derivada parcial con respecto a } x$$

y

$$f_y(x, y) = -\frac{2y}{3(x^2 + y^2)^{2/3}} \qquad \text{Derivada parcial con respecto a } y$$

se deduce que ambas derivadas parciales existen para todo punto en el plano xy, salvo para $(0, 0)$. Como las derivadas parciales no pueden ser ambas 0 a menos que x y y sean 0, usted puede concluir que $(0, 0)$ es el único punto crítico. En la figura 13.68 observe que $f(0, 0)$ es 1. Para cualquier otro (x, y) es claro que

$$f(x, y) = 1 - (x^2 + y^2)^{1/3} < 1.$$

Por tanto, f tiene un *máximo* relativo en $(0, 0)$. ■

En el ejemplo 2, $f_x(x, y) = 0$ para todo punto distinto de $(0, 0)$ en el eje y. Sin embargo, como $f_y(x, y)$ no es cero, éstos no son puntos críticos. Recuerde que una de las derivadas parciales debe no existir o las *dos* deben ser 0 para tener un punto crítico.

El criterio de las segundas derivadas parciales

El teorema 13.16 le dice que para encontrar extremos relativos sólo necesita examinar los valores de $f(x, y)$ en los puntos críticos. Sin embargo, como sucede con una función de una variable, los puntos críticos de una función de dos variables no siempre son máximos o mínimos relativos. Algunos puntos críticos dan **puntos silla** que no son ni máximos relativos ni mínimos relativos.

Como ejemplo de un punto crítico que no es un extremo relativo, considere el paraboloide hiperbólico

$$f(x, y) = y^2 - x^2$$

que se muestra en la figura 13.69. En el punto $(0, 0)$, ambas derivadas parciales

$$f_x(x, y) = -2x \quad \text{y} \quad f_y(x, y) = 2y$$

son 0. Sin embargo, la función f no tiene un extremo relativo en este punto, ya que en todo disco abierto centrado en $(0, 0)$ la función asume valores negativos (a lo largo del eje x) y valores positivos (a lo largo del eje y). Por tanto, el punto $(0, 0, 0)$ es un punto silla de la superficie. (El término "punto silla" viene del hecho de que la superficie mostrada en la figura 13.69 se parece a una silla de montar.)

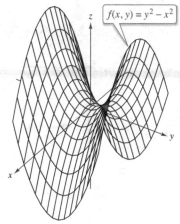

$f(x, y) = y^2 - x^2$

Punto silla en $(0, 0, 0)$:
$f_x(0, 0) = f_y(0, 0) = 0$.
Figura 13.69

En las funciones de los ejemplos 1 y 2 fue relativamente fácil determinar los extremos relativos, porque cada una de las funciones estaba dada, o se podía expresar, en forma de cuadrado perfecto. Con funciones más complicadas, los argumentos algebraicos son menos adecuados y es mejor emplear los medios analíticos presentados en el siguiente criterio de las segundas derivadas parciales. Es el análogo, para funciones de dos variables, del criterio de las segundas derivadas para las funciones de una variable. La demostración de este teorema se deja para un curso de cálculo avanzado.

TEOREMA 13.17 Criterio de las segundas derivadas parciales

Sea f una función con segundas derivadas parciales continuas en una región abierta que contiene un punto (a, b) para el cual

$$f_x(a, b) = 0 \quad \text{y} \quad f_y(a, b) = 0.$$

Para buscar los extremos relativos de f considere la cantidad

$$d = f_{xx}(a, b)f_{yy}(a, b) - [f_{xy}(a, b)]^2.$$

1. Si $d > 0$ y $f_{xx}(a, b) > 0$, entonces f tiene un **mínimo relativo** en (a, b).
2. Si $d > 0$ y $f_{xx}(a, b) < 0$, entonces f tiene un **máximo relativo** en (a, b).
3. Si $d < 0$, entonces $(a, b, f(a, b))$ es un **punto silla**.
4. Si $d = 0$, el criterio no lleva a ninguna conclusión.

• • • • • • • • • • • • • • • ▷

• • •COMENTARIO Si $d > 0$, entonces $f_{xx}(a, b)$ y $f_{yy}(a, b)$ deben tener el mismo signo. Esto significa que $f_{xx}(a, b)$ puede sustituirse por $f_{yy}(a, b)$ en las dos primeras partes del criterio.

Un recurso conveniente para recordar la fórmula de d en el criterio de las segundas derivadas parciales lo da el determinante 2×2

$$d = \begin{vmatrix} f_{xx}(a, b) & f_{xy}(a, b) \\ f_{yx}(a, b) & f_{yy}(a, b) \end{vmatrix}$$

donde $f_{xy}(a, b) = f_{yx}(a, b)$ de acuerdo al teorema 13.3.

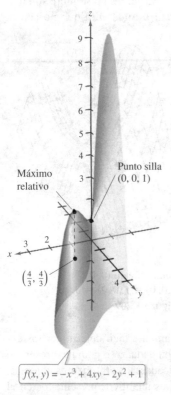

Máximo relativo

Punto silla $(0, 0, 1)$

$\left(\frac{4}{3}, \frac{4}{3}\right)$

$f(x, y) = -x^3 + 4xy - 2y^2 + 1$

Figura 13.70

EJEMPLO 3 **Aplicar el criterio de las segundas derivadas parciales**

Identifique los extremos relativos de $f(x, y) = -x^3 + 4xy - 2y^2 + 1$.

Solución Para comenzar, identifique los puntos críticos de f. Como

$$f_x(x, y) = -3x^2 + 4y \quad \text{y} \quad f_y(x, y) = 4x - 4y$$

existen para todo x y y, los únicos puntos críticos son aquellos en los que ambas derivadas parciales de primer orden son 0. Para localizar estos puntos, iguale $f_x(x, y)$ y $f_y(x, y)$ a 0 para obtener

$$-3x^2 + 4y = 0 \quad \text{y} \quad 4x - 4y = 0.$$

De la segunda ecuación usted sabe que $x = y$, y por sustitución en la primera ecuación obtiene dos soluciones: $y = x = 0$ y $y = x = \frac{4}{3}$. Como

$$f_{xx}(x, y) = -6x, \quad f_{yy}(x, y) = -4 \quad \text{y} \quad f_{xy}(x, y) = 4$$

se deduce que para el punto crítico $(0, 0)$,

$$d = f_{xx}(0,0)f_{yy}(0,0) - [f_{xy}(0,0)]^2 = 0 - 16 < 0$$

y por el criterio de las segundas derivadas parciales, usted puede concluir que $(0, 0, 1)$ es un punto silla de f. Para el punto crítico $\left(\frac{4}{3}, \frac{4}{3}\right)$,

$$d = f_{xx}\left(\frac{4}{3}, \frac{4}{3}\right)f_{yy}\left(\frac{4}{3}, \frac{4}{3}\right) - \left[f_{xy}\left(\frac{4}{3}, \frac{4}{3}\right)\right]^2$$

$$= -8(-4) - 16$$

$$= 16$$

$$> 0$$

y como $f_{xx}\left(\frac{4}{3}, \frac{4}{3}\right) = -8 < 0$, puede concluir que f tiene un máximo relativo en $\left(\frac{4}{3}, \frac{4}{3}\right)$, como se muestra en la figura 13.70.

Con el criterio de las segundas derivadas parciales pueden no hallarse los extremos relativos por dos razones. Si alguna de las primeras derivadas parciales no existe, usted no puede aplicar el criterio. Si

$$d = f_{xx}(a, b)f_{yy}(a, b) - [f_{xy}(a, b)]^2 = 0$$

el criterio no es concluyente. En tales casos, puede tratar de hallar los extremos mediante la gráfica o mediante algún otro método, como se muestra en el siguiente ejemplo.

EJEMPLO 4 **Cuando el criterio de las segundas derivadas parciales no es concluyente**

Encuentre los extremos relativos de $f(x, y) = x^2 y^2$.

Solución Como $f_x(x, y) = 2xy^2$ y $f_y(x, y) = 2x^2 y$, usted sabe que ambas derivadas parciales son igual a 0 si $x = 0$ o $y = 0$. Es decir, todo punto del eje x o del eje y es un punto crítico. Como

$$f_{xx}(x, y) = 2y^2, \quad f_{yy}(x, y) = 2x^2 \quad \text{y} \quad f_{xy}(x, y) = 4xy$$

sabe que

$$d = f_{xx}(x, y)f_{yy}(x, y) - [f_{xy}(x, y)]^2$$

$$= 4x^2 y^2 - 16x^2 y^2$$

$$= -12x^2 y^2$$

es 0 si $x = 0$ o $y = 0$. Por tanto, el criterio de las segundas derivadas parciales no es concluyente, no funciona. Sin embargo, como $f(x, y) = 0$ para todo punto en los ejes x o y, y $f(x, y) = x^2 y^2 > 0$ en todos los otros puntos, usted puede concluir que cada uno de estos puntos críticos son un mínimo absoluto, como se muestra en la figura 13.71.

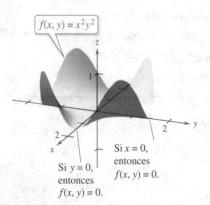

$f(x, y) = x^2 y^2$

Si $y = 0$, entonces $f(x, y) = 0$.

Si $x = 0$, entonces $f(x, y) = 0$.

Figura 13.71

Los extremos absolutos de una función se pueden presentar de dos maneras. Primero, algunos extremos relativos también resultan ser extremos absolutos. Así, en el ejemplo 1, $f(-2, 3)$ es un mínimo absoluto de la función. (Por otro lado, el máximo relativo encontrado en el ejemplo 3 no es un máximo absoluto de la función.) Segundo, los extremos absolutos pueden presentarse en un punto frontera del dominio. Esto se ilustra en el ejemplo 5.

EJEMPLO 5   Encontrar extremos absolutos

Encuentre los extremos absolutos de la función

$$f(x, y) = \operatorname{sen} xy$$

en la región cerrada dada por

$$0 \le x \le \pi \quad \text{y} \quad 0 \le y \le 1.$$

Solución   La expresión de las derivadas parciales

$$f_x(x, y) = y \cos xy \quad \text{y} \quad f_y(x, y) = x \cos xy$$

le permite ver que todo punto en la hipérbola dada por $xy = \pi/2$ es un punto crítico. En todos estos puntos el valor de f es

$$f(x, y) = \operatorname{sen} \frac{\pi}{2} = 1$$

el cual sabe que es el máximo absoluto, como se muestra en la figura 13.72. El otro punto crítico de f que se *encuentra en la región dada* es $(0, 0)$. Este punto da un mínimo absoluto de 0, ya que

$$0 \le xy \le \pi$$

implica que

$$0 \le \operatorname{sen} xy \le 1.$$

Para localizar otros extremos absolutos debe considerar las cuatro fronteras de la región formadas por las trazas de los planos verticales $x = 0$, $x = \pi$, $y = 0$ y $y = 1$. Al hacer esto, encuentra que sen $xy = 0$ en todos los puntos del eje x, en todos los puntos del eje y y en el punto $(\pi, 1)$. Cada uno de estos puntos es un mínimo absoluto de la superficie, como se muestra en la figura 13.72.

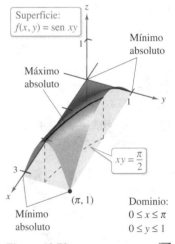

Figura 13.72

Los conceptos de extremos relativos y puntos críticos pueden extenderse a funciones de tres o más variables. Si todas las primeras derivadas parciales de

$$w = f(x_1, x_2, x_3, \dots, x_n)$$

existen, puede mostrarse que se presenta un máximo o un mínimo relativo en $(x_1, x_2, x_3, \dots, x_n)$ sólo si cada una de las primeras derivadas parciales en ese punto es 0. Esto significa que los puntos críticos se obtienen al resolver el sistema de ecuaciones siguiente.

$$f_{x_1}(x_1, x_2, x_3, \dots, x_n) = 0$$
$$f_{x_2}(x_1, x_2, x_3, \dots, x_n) = 0$$
$$\vdots$$
$$f_{x_n}(x_1, x_2, x_3, \dots, x_n) = 0$$

La extensión del teorema 13.17 a tres o más variables también es posible, aunque no se considerará en este texto.

13.8   Ejercicios

Consulte **CalcChat.com** para un tutorial de ayuda y soluciones trabajadas de los ejercicios con numeración impar.

Hallar los extremos relativos   En los ejercicios 1 a 6, identifique los extremos de la función reconociendo su forma dada o su forma después de completar cuadrados. Verifique los resultados empleando derivadas parciales para localizar los puntos críticos y probar si son extremos relativos.

1. $g(x, y) = (x - 1)^2 + (y - 3)^2$

2. $g(x, y) = 5 - (x - 3)^2 - (y + 2)^2$

3. $f(x, y) = \sqrt{x^2 + y^2 + 1}$

4. $f(x, y) = \sqrt{25 - (x - 2)^2 - y^2}$

5. $f(x, y) = x^2 + y^2 + 2x - 6y + 6$

6. $f(x, y) = -x^2 - y^2 + 10x + 12y - 64$

Usar el criterio de segundas derivadas   En los ejercicios 7 a 20, examine la función para localizar los extremos relativos y los puntos silla.

7. $h(x, y) = 80x + 80y - x^2 - y^2$

8. $g(x, y) = x^2 - y^2 - x - y$

9. $g(x, y) = xy$

10. $h(x, y) = x^2 - 3xy - y^2$

11. $f(x, y) = -3x^2 - 2y^2 + 3x - 4y + 5$

12. $f(x, y) = 2x^2 + 2xy + y^2 + 2x - 3$

13. $z = x^2 + xy + \frac{1}{2}y^2 - 2x + y$

14. $z = -5x^2 + 4xy - y^2 + 16x + 10$

15. $f(x, y) = \sqrt{x^2 + y^2}$

16. $h(x, y) = (x^2 + y^2)^{1/3} + 2$

17. $f(x, y) = x^2 - xy - y^2 - 3x - y$

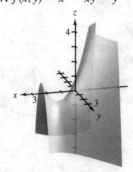

18. $f(x, y) = 2xy - \frac{1}{2}(x^4 + y^4) + 1$

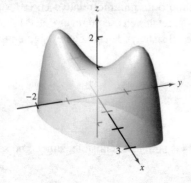

19. $z = e^{-x} \operatorname{sen} y$

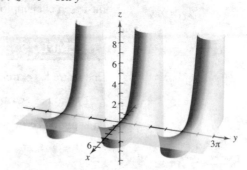

20. $z = \left(\frac{1}{2} - x^2 + y^2\right)e^{1 - x^2 - y^2}$

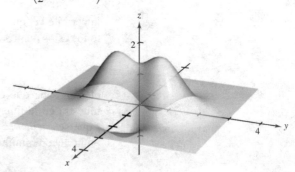

Usar tecnología para hallar extremos relativos y puntos silla   En los ejercicios 21 a 24, utilice un sistema algebraico por computadora, represente la superficie y localice los extremos relativos y los puntos silla.

21. $z = \dfrac{-4x}{x^2 + y^2 + 1}$

22. $f(x, y) = y^3 - 3yx^2 - 3y^2 - 3x^2 + 1$

23. $z = (x^2 + 4y^2)e^{1 - x^2 - y^2}$

24. $z = e^{xy}$

Hallar extremos relativos   En los ejercicios 25 y 26, busque los extremos de la función sin utilizar los criterios de la derivada y utilice un sistema algebraico por computadora para representar gráficamente la superficie. (*Sugerencia*: Por observación, determine si es posible que z sea negativo. ¿Cuándo z es igual a 0?)

25. $z = \dfrac{(x - y)^4}{x^2 + y^2}$ **26.** $z = \dfrac{(x^2 - y^2)^2}{x^2 + y^2}$

Piénselo   En los ejercicios 27 a 30, determine si hay un máximo relativo, un mínimo relativo, un punto silla, o si la información es insuficiente para determinar la naturaleza de la función $f(x, y)$ en el punto crítico (x_0, y_0).

27. $f_{xx}(x_0, y_0) = 9,$ $f_{yy}(x_0, y_0) = 4,$ $f_{xy}(x_0, y_0) = 6$

28. $f_{xx}(x_0, y_0) = -3,$ $f_{yy}(x_0, y_0) = -8,$ $f_{xy}(x_0, y_0) = 2$

29. $f_{xx}(x_0, y_0) = -9,$ $f_{yy}(x_0, y_0) = 6,$ $f_{xy}(x_0, y_0) = 10$

30. $f_{xx}(x_0, y_0) = 25,$ $f_{yy}(x_0, y_0) = 8,$ $f_{xy}(x_0, y_0) = 10$

31. Usar el criterio de segundas derivadas parciales Una función f tiene segundas derivadas parciales continuas en una región abierta que contiene el punto crítico $(3, 7)$. La función tiene un mínimo en $(3, 7)$ y $d > 0$ para el criterio de las segundas derivadas parciales. Determine el intervalo para $f_{xy}(3, 7)$ si $f_{xx}(3, 7) = 2$ y $f_{yy}(3, 7) = 8$.

32. Usar el criterio de segundas derivadas parciales Una función f tiene segundas derivadas parciales continuas en una región abierta que contiene el punto crítico (a, b). Si $f_{xx}(a, b)$ y $f_{yy}(a, b)$ tiene signos opuestos, ¿qué implica esto? Explique.

Hallar los extremos relativos y los puntos silla En los ejercicios 33 a 38, **(a)** encuentre los puntos críticos, **(b)** pruebe los extremos relativos, **(c)** indique los puntos críticos en los cuales el criterio de las segundas derivadas parciales no es concluyente, y **(d)** use un sistema algebraico por computadora para trazar la función, clasificando cualesquiera puntos extremo y puntos silla.

33. $f(x, y) = x^3 + y^3$

34. $f(x, y) = x^3 + y^3 - 6x^2 + 9y^2 + 12x + 27y + 19$

35. $f(x, y) = (x - 1)^2(y + 4)^2$

36. $f(x, y) = \sqrt{(x - 1)^2 + (y + 2)^2}$

37. $f(x, y) = x^{2/3} + y^{2/3}$

38. $f(x, y) = (x^2 + y^2)^{2/3}$

Examinar una función En los ejercicios 39 y 40, encuentre los puntos críticos de la función y, por la forma de la función, determine si se presenta un máximo o un mínimo relativo en cada punto.

39. $f(x, y, z) = x^2 + (y - 3)^2 + (z + 1)^2$

40. $f(x, y, z) = 9 - [x(y - 1)(z + 2)]^2$

Hallar extremos absolutos En los ejercicios 41 a 48, determine los extremos absolutos de la función en la región R. (En cada caso, R contiene sus puntos frontera.) Utilice un sistema algebraico por computadora y confirme los resultados.

41. $f(x, y) = x^2 - 4xy + 5$

$R = \{(x, y) : 1 \le x \le 4, \ 0 \le y \le 2\}$

42. $f(x, y) = x^2 + xy$, $R = \{(x, y) : |x| \le 2, \ |y| \le 1\}$

43. $f(x, y) = 12 - 3x - 2y$

R: La región triangular en el plano xy con vértices $(2, 0)$, $(0, 1)$ y $(1, 2)$.

44. $f(x, y) = (2x - y)^2$

R: La región triangular en el plano xy con vértices $(2, 0)$, $(0, 1)$ y $(1, 2)$.

45. $f(x, y) = 3x^2 + 2y^2 - 4y$

R: La región en el plano xy acotada por las gráficas de $y = x^2$ y $y = 4$.

46. $f(x, y) = 2x - 2xy + y^2$

R: La región en el plano xy acotada por las gráficas de $y = x^2$ y $y = 1$.

47. $f(x, y) = x^2 + 2xy + y^2$, $R = \{(x, y) : |x| \le 2, \ |y| \le 1\}$

48. $f(x, y) = \dfrac{4xy}{(x^2 + 1)(y^2 + 1)}$

$R = \{(x, y) : 0 \le x \le 1, \ 0 \le y \le 1\}$

DESARROLLO DE CONCEPTOS

49. Definir términos Defina cada uno de los siguientes para una función de dos variables.

(a) Mínimo relativo (b) Máximo relativo

(c) Punto crítico (d) Punto silla

Dibujar una gráfica En los ejercicios 50 a 52, trace la gráfica de una función arbitraria f que satisfaga las condiciones dadas. Diga si la función tiene extremos o puntos silla. (Hay muchas respuestas correctas.)

50. Todas las primeras y segundas derivadas parciales de f son 0.

51. $f_x(x, y) > 0$ y $f_y(x, y) < 0$ para todo (x, y).

52. $f_x(0, 0) = 0, \ f_y(0, 0) = 0$

$$f_x(x, y) \begin{cases} < 0, & x < 0 \\ > 0, & x > 0 \end{cases}, \quad f_y(x, y) \begin{cases} > 0, & y < 0 \\ < 0, & y > 0 \end{cases}$$

$f_{xx}(x, y) > 0, f_{yy}(x, y) < 0$ y $f_{xy}(x, y) = 0$ para todo (x, y).

53. Comparar funciones Considere las funciones

$$f(x, y) = x^2 - y^2 \quad \text{y} \quad g(x, y) = x^2 + y^2.$$

(a) Demuestre que ambas funciones tienen un punto crítico en $(0, 0)$.

(b) Explique cómo f y g se comportan de manera diferente en este punto crítico.

54. ¿CÓMO LO VE? La figura muestra las curvas de nivel de una función desconocida $f(x, y)$. ¿Qué información, si la hay, se puede dar respecto a f en los puntos A, B, C y D? Explique su razonamiento.

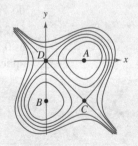

¿Verdadero o falso? En los ejercicios 55 a 58, determine si el enunciado es verdadero o falso. Si es falso, explique por qué o dé un ejemplo que demuestre que es falso.

55. Si f tiene un máximo relativo en (x_0, y_0, z_0), entonces

$$f_x(x_0, y_0) = f_y(x_0, y_0) = 0.$$

56. Si $f_x(x_0, y_0) = f_y(x_0, y_0) = 0$, entonces f tiene un máximo relativo en (x_0, y_0, z_0).

57. Entre cualesquiera dos mínimos relativos de f, aquí debe estar al menos un máximo relativo de f.

58. Si f es continua para todo x y y, y tiene dos mínimos relativos, entonces f debe tener por lo menos un máximo relativo.

13.9 Aplicaciones de los extremos de funciones de dos variables

■ Resolver problemas de optimización con funciones de varias variables.
■ Utilizar el método de mínimos cuadrados.

Problemas de optimización aplicada

En esta sección examinará algunas de las muchas aplicaciones de los extremos de funciones de dos (o más) variables.

EJEMPLO 1 **Hallar un volumen máximo**

· · · · ▷ *Consulte LarsonCalculus.com para una versión interactiva de este tipo de ejemplo.*

Una caja rectangular descansa en el plano xy con uno de sus vértices en el origen. El vértice opuesto está en el plano

$$6x + 4y + 3z = 24$$

como se muestra en la figura 13.73. Encuentre el volumen máximo de la caja.

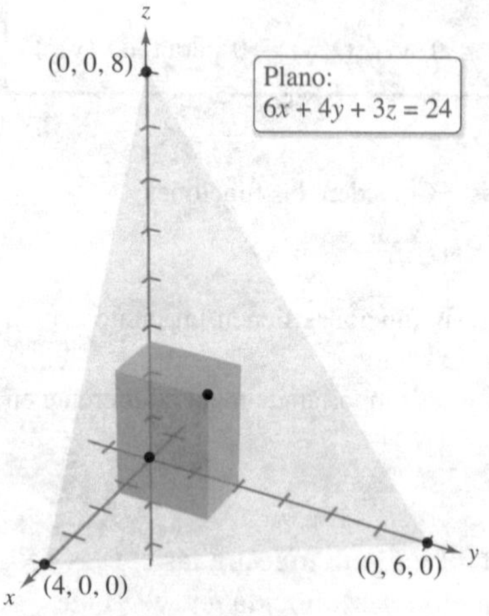

Solución Sean x, y y z el largo, ancho y la altura de la caja. Como un vértice de la caja se encuentra en el plano $6x + 4y + 3z = 24$, usted sabe que $z = \frac{1}{3}(24 - 6x - 4y)$, y así puede expresar el volumen xyz de la caja en función de dos variables.

$$V(x, y) = (x)(y)\left[\tfrac{1}{3}(24 - 6x - 4y)\right]$$
$$= \tfrac{1}{3}(24xy - 6x^2y - 4xy^2)$$

Ahora, encuentre las primeras derivadas parciales de V

$$V_x(x, y) = \frac{1}{3}(24y - 12xy - 4y^2) = \frac{y}{3}(24 - 12x - 4y)$$

$$V_y(x, y) = \frac{1}{3}(24x - 6x^2 - 8xy) = \frac{x}{3}(24 - 6x - 8y)$$

Observe que las primeras derivadas parciales se definen para toda x y y. Por tanto, haciendo $V_x(x, y)$ y $V_y(x, y)$ iguales a 0 y resolviendo las ecuaciones $\frac{1}{3}y(24 - 12x - 4y) = 0$ y $\frac{1}{3}x(24 - 6x - 8y) = 0$, obtiene los puntos críticos $(0, 0)$ y $\left(\frac{4}{3}, 2\right)$. En $(0, 0)$, el volumen es 0, por lo que en este punto no se tiene el volumen máximo. En el punto $\left(\frac{4}{3}, 2\right)$, puede aplicar el criterio de las segundas derivadas parciales.

$$V_{xx}(x, y) = -4y$$

$$V_{yy}(x, y) = \frac{-8x}{3}$$

$$V_{xy}(x, y) = \frac{1}{3}(24 - 12x - 8y)$$

Ya que

$$V_{xx}\left(\tfrac{4}{3}, 2\right)V_{yy}\left(\tfrac{4}{3}, 2\right) - \left[V_{xy}\left(\tfrac{4}{3}, 2\right)\right]^2 = (-8)\left(-\tfrac{32}{9}\right) - \left(-\tfrac{8}{3}\right)^2 = \tfrac{64}{3} > 0$$

y

$$V_{xx}\left(\tfrac{4}{3}, 2\right) = -8 < 0$$

puede concluir, de acuerdo con el criterio de las segundas derivadas parciales, que el volumen máximo es

$$V\left(\tfrac{4}{3}, 2\right) = \tfrac{1}{3}\left[24\left(\tfrac{4}{3}\right)(2) - 6\left(\tfrac{4}{3}\right)^2(2) - 4\left(\tfrac{4}{3}\right)(2^2)\right] = \tfrac{64}{9} \text{ unidades cúbicas.}$$

Observe que el volumen es 0 en los puntos frontera del dominio triangular de V. ■

$(0, 0, 8)$

Plano:
$6x + 4y + 3z = 24$

$(0, 6, 0)$

$(4, 0, 0)$

Figura 13.73

· ·**COMENTARIO** En muchos problemas prácticos, el dominio de la función a optimizar es una región acotada cerrada. Para encontrar los puntos mínimos o máximos, no sólo debe probar los puntos críticos, sino también los valores de la función en los puntos frontera.

En las aplicaciones de los extremos a la economía y a los negocios a menudo se tiene más de una variable independiente. Por ejemplo, una empresa puede producir varios modelos de un mismo tipo de producto. El precio por unidad y la ganancia o beneficio por unidad de cada modelo son, por lo general, diferentes. La demanda de cada modelo es, a menudo, función de los precios de los otros modelos (así como su propio precio). El siguiente ejemplo ilustra una aplicación en la que hay dos productos.

EJEMPLO 2   Hallar la ganancia máxima

Un fabricante de artículos electrónicos determina que la ganancia P (en dólares) obtenida al producir x unidades de un televisor LCD y y unidades de un televisor de plasma se aproxima mediante el modelo

$$P(x, y) = 8x + 10y - (0.001)(x^2 + xy + y^2) - 10{,}000.$$

Encuentre el nivel de producción que proporciona una ganancia máxima. ¿Cuál es la ganancia máxima?

Solución   Las derivadas parciales de la función de ganancia son

$$P_x(x, y) = 8 - (0.001)(2x + y)$$

y

$$P_y(x, y) = 10 - (0.001)(x + 2y).$$

Igualando estas derivadas parciales a 0, usted obtiene el sistema de ecuaciones siguiente.

$$8 - (0.001)(2x + y) = 0$$
$$10 - (0.001)(x + 2y) = 0$$

Después de simplificar, este sistema de ecuaciones lineales puede expresarse como

$$2x + y = 8000$$
$$x + 2y = 10{,}000.$$

La solución de este sistema produce $x = 2000$ y $y = 4000$. Las segundas derivadas parciales de P son

$$P_{xx}(2000, 4000) = -0.002$$
$$P_{yy}(2000, 4000) = -0.002$$
$$P_{xy}(2000, 4000) = -0.001.$$

Ya que $P_{xx} < 0$ y

$$P_{xx}(2000, 4000)P_{yy}(2000, 4000) - [P_{xy}(2000, 4000)]^2 = (-0.002)^2 - (-0.001)^2$$

es mayor que 0, puede concluir que el nivel de producción con $x = 2000$ unidades y $y = 4000$ unidades proporciona la *ganancia máxima*. La ganancia máxima es

$$P(2000, 4000)$$
$$= 8(2000) + 10(4000) - (0.001)[2000^2 + 2000(4000) + (4000^2)] - 10{,}000$$
$$= \$18{,}000.$$ ∎

En el ejemplo 2 se supuso que la planta industrial puede producir el número requerido de unidades para proporcionar la ganancia máxima. En la práctica, la producción estará limitada por restricciones físicas. En la sección siguiente estudiará tales problemas de optimización.

■ **PARA INFORMACIÓN ADICIONAL**   Para más información sobre el uso de la matemática en la economía, consulte el artículo "Mathematical Methods of Economics", de Joel Franklin, en *The American Mathematical Monthly*. Para ver este artículo, consulte *MathArticles.com*.

El método de mínimos cuadrados

En muchos de los ejemplos en este texto se han empleado **modelos matemáticos**, como en el caso del ejemplo 2, donde se utiliza un modelo cuadrático para la ganancia. Hay varias maneras para desarrollar tales modelos; una es la conocida como el método de **mínimos cuadrados**.

Al construir un modelo para representar un fenómeno particular, los objetivos son simplicidad y precisión. Por supuesto, estas metas entran a menudo en conflicto. Por ejemplo, un modelo lineal simple para los puntos en la figura 13.74 es

$$y = 1.9x - 5.$$

Sin embargo, la figura 13.75 muestra que si se elige el modelo cuadrático, ligeramente más complicado, que es

$$y = 0.20x^2 - 0.7x + 1$$

se logra mayor precisión.

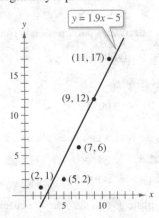

Figura 13.74   **Figura 13.75**

Como medida de qué tan bien se ajusta el modelo $y = f(x)$ a la colección de puntos

$$\{(x_1, y_1), (x_2, y_2), (x_3, y_3), \ldots, (x_n, y_n)\}$$

usted puede sumar los cuadrados de las diferencias entre los valores reales y los valores dados por el modelo para obtener la **suma de los cuadrados de los errores o errores cuadráticos**

$$S = \sum_{i=1}^{n} [f(x_i) - y_i]^2. \qquad \text{Suma de los errores cuadráticos}$$

Gráficamente, S puede interpretarse como la suma de los cuadrados de las distancias verticales entre la gráfica de f y los puntos dados en el plano (los puntos de los datos), como se muestra en la figura 13.76. Si el modelo es perfecto, entonces $S = 0$. Sin embargo, cuando la perfección no es posible, puede conformarse con un modelo que minimice el valor de S. Por ejemplo, la suma de los errores cuadráticos en el modelo lineal en la figura 13.74 es

$$S = 17.6.$$

En estadística, al *modelo lineal* que minimiza el valor de S se le llama **recta de regresión o por mínimos cuadrados**. La demostración de que esta recta realmente minimiza S requiere minimizar una función de dos variables.

••••**COMENTARIO** En el ejercicio 31 se describe un método para encontrar la regresión cuadrática con mínimos cuadrados para un conjunto de datos.

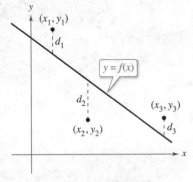

Suma de errores cuadráticos:
$$S = d_1^2 + d_2^2 + d_3^2$$
Figura 13.76

TEOREMA 13.18   Recta de regresión de mínimos cuadrados

La **recta de regresión de mínimos cuadrados** para $\{(x_1, y_1), (x_2, y_2), \ldots (x_n, y_n)\}$ está dada por $f(x) = ax + b$, donde

$$a = \frac{n\sum_{i=1}^{n} x_i y_i - \sum_{i=1}^{n} x_i \sum_{i=1}^{n} y_i}{n\sum_{i=1}^{n} x_i^2 - \left(\sum_{i=1}^{n} x_i\right)^2} \quad y \quad b = \frac{1}{n}\left(\sum_{i=1}^{n} y_i - a\sum_{i=1}^{n} x_i\right).$$

Demostración   Sea $S(a, b)$ la suma de los cuadrados de los errores para el modelo

$$f(x) = ax + b$$

y el conjunto de puntos dado. Es decir,

$$S(a, b) = \sum_{i=1}^{n} \left[f(x_i) - y_i\right]^2$$

$$= \sum_{i=1}^{n} (ax_i + b - y_i)^2$$

donde los puntos (x_i, y_i) representan constantes. Como S es una función de a y b, se pueden usar los métodos de la sección anterior para encontrar el valor mínimo de S. Las primeras derivadas parciales de S son

$$S_a(a, b) = \sum_{i=1}^{n} 2x_i(ax_i + b - y_i)$$

$$= 2a\sum_{i=1}^{n} x_i^2 + 2b\sum_{i=1}^{n} x_i - 2\sum_{i=1}^{n} x_i y_i$$

y

$$S_b(a, b) = \sum_{i=1}^{n} 2(ax_i + b - y_i)$$

$$= 2a\sum_{i=1}^{n} x_i + 2nb - 2\sum_{i=1}^{n} y_i.$$

Igualando estas dos derivadas parciales a 0, usted obtiene los valores de a y b que indica el teorema. Se deja como ejercicio aplicar el criterio de las segundas derivadas parciales (vea el ejercicio 47) para verificar que estos valores de a y b dan un mínimo.

Consulte LarsonCalculus.com para el video de Bruce Edwards de esta demostración. ■

Si los valores de x están simétricamente distribuidos respecto al eje y, entonces $\sum x_i = 0$ y las fórmulas para a y b se simplifican:

$$a = \frac{\sum_{i=1}^{n} x_i y_i}{\sum_{i=1}^{n} x_i^2}$$

y

$$b = \frac{1}{n}\sum_{i=1}^{n} y_i.$$

Esta simplificación es a menudo posible mediante una traslación de los valores x. Por ejemplo, si los valores x en una colección de datos son los años 2009, 2010, 2011, 2012 y 2013, se puede tomar 2011 como 0.

EJEMPLO 3   **Hallar la recta de regresión de mínimos cuadrados**

Encuentre la recta de regresión de mínimos cuadrados para los puntos

$$(-3, 0), (-1, 1), (0, 2) \text{ y } (2, 3).$$

Solución   La tabla muestra los cálculos necesarios para encontrar la recta de regresión de mínimos cuadrados usando $n = 4$.

x	y	xy	x^2
-3	0	0	9
-1	1	-1	1
0	2	0	0
2	3	6	4
$\sum\limits_{i=1}^{n} x_i = -2$	$\sum\limits_{i=1}^{n} y_i = 6$	$\sum\limits_{i=1}^{n} x_i y_i = 5$	$\sum\limits_{i=1}^{n} x_i^2 = 14$

> **TECNOLOGÍA**   Muchas calculadoras tienen "incorporados" programas de regresión de mínimos cuadrados. Puede utilizar una calculadora con estos programas para reproducir los resultados del ejemplo 3.

Aplicando el teorema 13.18 obtiene

$$a = \frac{n \sum\limits_{i=1}^{n} x_i y_i - \sum\limits_{i=1}^{n} x_i \sum\limits_{i=1}^{n} y_i}{n \sum\limits_{i=1}^{n} x_i^2 - \left(\sum\limits_{i=1}^{n} x_i\right)^2}$$

$$= \frac{4(5) - (-2)(6)}{4(14) - (-2)^2}$$

$$= \frac{8}{13}$$

y

$$b = \frac{1}{n}\left(\sum\limits_{i=1}^{n} y_i - a \sum\limits_{i=1}^{n} x_i\right)$$

$$= \frac{1}{4}\left[6 - \frac{8}{13}(-2)\right]$$

$$= \frac{47}{26}.$$

La recta de regresión de mínimos cuadrados es

$$f(x) = \frac{8}{13}x + \frac{47}{26}$$

como se muestra en la figura 13.77.

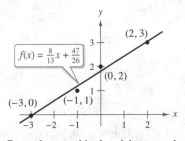

Recta de regresión de mínimos cuadrados.
Figura 13.77

13.9 Ejercicios

Consulte **CalcChat.com** para un tutorial de ayuda y soluciones trabajadas de los ejercicios con numeración impar.

Hallar la distancia mínima En los ejercicios 1 y 2, determine la distancia mínima del punto al plano $x - y + z = 3$. (*Sugerencia:* Para simplificar los cálculos, minimice el cuadrado de la distancia.)

1. $(0, 0, 0)$
2. $(1, 2, 3)$

Hallar la distancia mínima En los ejercicios 3 y 4, encuentre la distancia mínima desde el punto a la superficie $z = \sqrt{1 - 2x - 2y}$. (*Sugerencia:* Para simplificar los cálculos minimice el cuadrado de la distancia.)

3. $(-2, -2, 0)$
4. $(-4, 1, 0)$

Hallar números positivos En los ejercicios 5 a 8, determine tres números positivos x, y y z que satisfagan las condiciones dadas.

5. El producto es 27 y la suma es mínima.
6. La suma es 32 y $P = xy^2z$ es máxima.
7. La suma es 30 y la suma de los cuadrados es mínima.
8. El producto es 1 y la suma de los cuadrados es mínima.

9. **Costo** Un contratista de mejorías caseras está pintando las paredes y el techo de una habitación rectangular. El volumen de la habitación es de 668.25 pies cúbicos. El costo de pintura de pared es de \$0.06 por pie cuadrado y el costo de pintura de techo es de \$0.11 por pie cuadrado. Encuentre las dimensiones de la habitación que den por resultado un mínimo costo para la pintura. ¿Cuál es el mínimo costo por la pintura?

10. **Volumen máximo** El material para construir la base de una caja abierta cuesta 1.5 veces más por unidad de área que el material para construir los lados. Dada una cantidad fija de dinero C, determine las dimensiones de la caja de mayor volumen que puede ser fabricada.

11. **Volumen y área superficial** Demuestre que una caja rectangular de volumen dado y área exterior mínima es un cubo.

12. **Volumen máximo** Demuestre que la caja rectangular de volumen máximo inscrita en una esfera de radio r es un cubo.

13. **Ingreso máximo** Una empresa fabrica dos tipos de zapatos tenis, tenis para correr y tenis para básquetbol. El ingreso total de x_1 unidades de tenis para correr y x_2 unidades de tenis de básquetbol es

$$R = -5x_1^2 - 8x_2^2 - 2x_1x_2 + 42x_1 + 102x_2$$

donde x_1 y x_2 están en miles de unidades. Determine las x_1 y x_2 que maximizan el ingreso.

14. **Ganancia máxima** Una empresa fabrica velas en dos lugares. El costo de producción de x_1 unidades en el lugar 1 es

$$C_1 = 0.02x_1^2 + 4x_1 + 500$$

y el costo de producción de x_2 unidades en el lugar 2 es

$$C_2 = 0.05x_2^2 + 4x_2 + 275.$$

Las velas se venden a \$15 por unidad. Encuentre la cantidad que debe producirse en cada lugar para aumentar al máximo la ganancia $P = 15(x_1 + x_2) - C_1 - C_2$.

15. **Ley de Hardy-Weinberg**

Los tipos sanguíneos son genéticamente determinados por tres alelos: A, B y O. (Alelo es cualquiera de las posibles formas de mutación de un gen.) Una persona cuyo tipo sanguíneo es AA, BB u OO es homocigótica. Una persona cuyo tipo sanguíneo es AB, AO o BO es heterocigótica. La ley Hardy-Weinberg establece que la proporción P de individuos heterocigótica en cualquier población dada es

$$P(p, q, r) = 2pq + 2pr + 2qr$$

donde p representa el porcentaje de alelos A en la población, q representa el porcentaje de alelos B en la población y r representa el porcentaje de alelos O en la población. Utilice el hecho de que

$$p + q + r = 1$$

para demostrar que la proporción máxima de individuos heterocigóticos en cualquier población es $\frac{2}{3}$.

16. **Índice de diversidad de Shannon** Una forma de medir la diversidad de especies es usar el índice de diversidad de Shannon H. Si un hábitat consiste de tres especies, A, B y C, su índice de diversidad de Shannon es

$$H = -x \ln x - y \ln y - z \ln z$$

donde x es el porcentaje de especies A en el hábitat, y es el porcentaje de especies B en el hábitat y z es el porcentaje de especies C en el hábitat. Use el hecho de que

$$x + y + z = 1$$

para demostrar que el valor máximo de H ocurre cuando $x = y = z = \frac{1}{3}$. ¿Cuál es el máximo valor de H?

17. **Costo mínimo** Hay que construir un conducto para agua desde el punto P al punto S y debe atravesar regiones donde los costos de construcción difieren (ver la figura). El costo por kilómetro en dólares es $3k$ de P a Q, $2k$ de Q a R y k de R a S. Encuentre x y y tales que el costo total C se minimice.

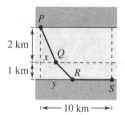

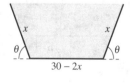

Figura para 17   Figura para 18

18. **Área** Un comedero de secciones transversales en forma de trapecio se forma doblando los extremos de una lámina de aluminio de 30 pulgadas de ancho (ver la figura). Halle la sección transversal de área máxima.

DESARROLLO DE CONCEPTOS

19. Problemas de optimización aplicada Con sus propias palabras, describa la estrategia para la solución de problemas de aplicación de mínimos y máximos.

20. Método de mínimos cuadrados Con sus propias palabras, describa el método de mínimos cuadrados para elaborar modelos matemáticos.

Hallar la recta de regresión de mínimos cuadrados En los ejercicios 21 a 24, (a) determine la recta de regresión de mínimos cuadrados y (b) calcule S, la suma de los errores al cuadrado. Utilice el programa para regresión de una herramienta de graficación para verificar los resultados.

21.
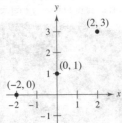

22.
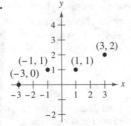

23.
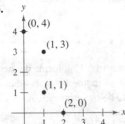

24.
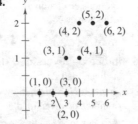

Hallar la recta de regresión de mínimos cuadrados En los ejercicios 25 a 28, encuentre la recta de regresión de mínimos cuadrados para los puntos dados. Utilice el programa de regresión de una herramienta de graficación para verificar los resultados. Utilice la herramienta de graficación para trazar los puntos y representar la recta de regresión.

25. $(0, 0), (1, 1), (3, 4), (4, 2), (5, 5)$

26. $(1, 0), (3, 3), (5, 6)$

27. $(0, 6), (4, 3), (5, 0), (8, -4), (10, -5)$

28. $(6, 4), (1, 2), (3, 3), (8, 6), (11, 8), (13, 8)$

29. Modelado de datos En la tabla se muestran las edades x (en años) y las presiones arteriales sistólicas y de siete hombres.

Edad, x	16	25	39	45	49	64	70
Presión arterial sistólica, y	109	122	150	165	159	183	199

(a) Utilice el programa de regresión de una herramienta de graficación para hallar la recta de regresión de mínimos cuadrados para los datos.

(b) Utilice el modelo para aproximar la variación en la presión arterial sistólica por cada incremento de un año en la edad.

30. Modelado de datos En la tabla se muestran las recolecciones de impuesto sobre los ingresos brutos (en miles de millones de dólares) por el servicio de ingresos internos para personas y negocios. *(Fuente: U.S. Internal Revenue Service)*

Año	1975	1980	1985	1990
Personas, x	156	288	397	540
Negocios, y	46	72	77	110

Año	1995	2000	2005	2010
Personas, x	676	1137	1108	1164
Negocios, y	174	236	307	278

(a) Utilice las funciones de regresión de una utilidad gráfica para encontrar la línea de regresión de mínimos cuadrados para los datos.

(b) Utilice el modelo para calcular los impuestos sobre la renta empresarial colectados cuando los impuestos sobre la renta individuales recolectados son de 1300 miles de millones de dólares.

31. Método de mínimos cuadrados Encuentre un sistema de ecuaciones con cuya solución se obtienen los coeficientes a, b y c para la regresión de mínimos cuadrados cuadrática

$$y = ax^2 + bx + c$$

para los puntos $(x_1, y_1), (x_2, y_2), \ldots, (x_n, y_n)$ mediante la minimización de la suma

$$S(a, b, c) = \sum_{i=1}^{n} (y_i - ax_i^2 - bx_i - c)^2.$$

32. **¿CÓMO LO VE?** Asocie la ecuación de regresión con la gráfica apropiada. Explique su razonamiento. (Observe que x y y están rotos.)

(a) $y = 0.22x - 7.5$ (b) $y = -0.35x + 11.5$

(c) $y = 0.09x + 19.8$ (d) $y = -1.29x + 89.8$

(i)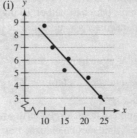

(ii)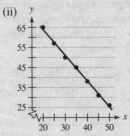

(iii)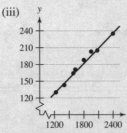

(iv)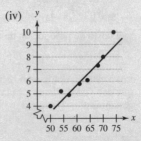

Hallar la regresión cuadrática de mínimos cuadrados En los ejercicios 33 a 36, utilice el resultado del ejercicio 31 para determinar la regresión cuadrática de mínimos cuadrados de los puntos dados. Utilice las capacidades de regresión de una utilidad gráfica para confirmar los resultados. Utilice la utilidad gráfica para trazar los puntos y la gráfica de la regresión cuadrática de mínimos cuadrados.

33. $(-2, 0), (-1, 0), (0, 1), (1, 2), (2, 5)$

34. $(-4, 5), (-2, 6), (2, 6), (4, 2)$

35. $(0, 0), (2, 2), (3, 6), (4, 12)$ **36.** $(0, 10), (1, 9), (2, 6), (3, 0)$

37. Modelado matemático Después de que fue desarrollado un nuevo turbopropulsor para un motor de automóvil, se obtuvieron los datos experimentales siguientes de velocidad y en millas por hora a intervalos x de 2 segundos.

Tiempo, x	0	2	4	6	8	10
Velocidad, y	0	15	30	50	65	70

a) Encuentre el modelo cuadrático de regresión de mínimos cuadrados para los datos. Use una herramienta de graficación para confirmar sus resultados.

b) Utilice una herramienta de graficación para trazar los puntos y graficar el modelo.

38. Modelado matemático La tabla muestra la población mundial y (en miles de millones) para cinco años diferentes. Considere que $x = 3$ representa el año 2003. *(Fuente: U.S. Census Bureau, International Data Base)*

Año, x	2003	2005	2007	2009	2011
Población, y	6.3	6.5	6.6	6.8	6.9

(a) Utilice el programa de regresión de una herramienta de graficación para hallar la recta de regresión de mínimos cuadrados para los datos.

(b) Utilice el programa de regresión de una herramienta de graficación para hallar el modelo cuadrático de regresión de mínimos cuadrados para los datos.

(c) Use una herramienta de graficación para trazar los datos y graficar los modelos.

(d) Utilice ambos modelos para pronosticar la población mundial para el año 2020. ¿Cómo difieren los dos modelos cuando los extrapola a futuro?

39. Modelado de datos Un meteorólogo mide la presión atmosférica P (en kilogramos por metro cuadrado) a una altitud h (en kilómetros). Los datos se muestran en la tabla.

Altura, h	0	5	10	15	20
Presión, P	10,332	5583	2376	1240	517

(a) Utilice el programa de regresión de una herramienta de graficación para hallar una recta de regresión de mínimos cuadrados para los puntos $(h, \ln P)$.

(b) El resultado del inciso (a) es una ecuación de la forma $\ln P = ah + b$. Exprese esta forma logarítmica en forma exponencial.

(c) Utilice una herramienta de graficación para trazar los datos originales y representar el modelo exponencial del inciso (b).

(d) Si una herramienta de graficación puede ajustar modelos logarítmicos a datos, utilícela para verificar el resultado del inciso (b).

40. Modelado de datos Los puntos terminales del intervalo de visión se llaman punto próximo y punto lejano del ojo. Con la edad, estos puntos cambian. La tabla muestra los puntos próximos y (en pulgadas) a varias edades x (en años). *(Fuente: Ophtalmology & Physiological Optics)*

Edad, x	16	32	44	50	60
Punto próximo, y	3.0	4.7	9.8	19.7	39.4

(a) Encuentre un modelo racional para los datos tomando el recíproco o inverso de los puntos próximos para generar los puntos $(x, 1/y)$. Utilice el programa para regresión de una herramienta de graficación para hallar una recta de regresión de mínimos cuadrados para los datos revisados. La recta resultante tiene la forma $1/y = ax + b$. Despeje y.

(b) Utilice una herramienta de graficación para trazar los datos y representar el modelo.

(c) ¿Puede utilizarse el modelo para predecir el punto próximo en una persona de 70 años? Explique.

41. Usar el criterio de las segundas derivadas parciales Utilice el criterio de las segundas derivadas parciales para verificar que las fórmulas para a y b proporcionadas en el teorema 13.18 llevan a un mínimo.

$$\left[\text{Sugerencia: Considere el hecho que } n\sum_{i=1}^{n} x_i^2 \geq \left(\sum_{i=1}^{n} x_i \right)^2. \right]$$

PROYECTO DE TRABAJO

Construcción de un oleoducto

Una empresa petrolera desea construir un oleoducto desde su plataforma A hasta su refinería B. La plataforma está a 2 millas de la costa, y la refinería está 1 milla tierra adentro. Además, A y B están a 5 millas de distancia una de otra, como se muestra en la figura.

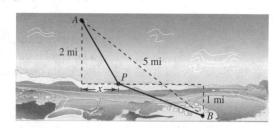

El costo de construcción del oleoducto es $3 millones por milla en el mar, y $4 millones por milla en tierra. Por tanto, el costo del oleoducto depende de la localización del punto P en la orilla. ¿Cuál sería la ruta más económica para el oleoducto?

Imagine que hay que redactar un informe para la empresa petrolera acerca de este problema. Sea x la distancia mostrada en la figura. Determine el costo de construir el oleoducto de A a P, y el costo de construir de P a B. Analice alguna trayectoria muestra para el oleoducto y sus costos correspondientes. Por ejemplo, ¿cuál es el costo de la ruta más directa? Utilice después el cálculo para determinar la ruta del oleoducto que minimiza el costo. Explique todos los pasos del desarrollo e incluya una gráfica pertinente.

13.10 Multiplicadores de Lagrange

■ Entender el método de los multiplicadores de Lagrange.
■ Utilizar los multiplicadores de Lagrange para resolver problemas de optimización con restricciones.
■ Utilizar el método de multiplicadores de Lagrange con dos restricciones.

Multiplicadores de Lagrange

Muchos problemas de optimización tienen **restricciones**, o **ligaduras**, para los valores que pueden usarse para dar la solución óptima. Tales restricciones tienden a complicar los problemas de optimización, porque la solución óptima puede presentarse en un punto frontera del dominio. En esta sección estudiará una ingeniosa técnica para resolver tales problemas, es el **método de los multiplicadores de Lagrange**.

Para ver cómo funciona esta técnica, suponga que quiere hallar el rectángulo de área máxima que puede inscribirse en la elipse dada por

$$\frac{x^2}{3^2} + \frac{y^2}{4^2} = 1.$$

Sea (x, y) el vértice del rectángulo que se encuentra en el primer cuadrante, como se muestra en la figura 13.78. Como el rectángulo tiene lados de longitudes $2x$ y $2y$, su área está dada por

$$f(x, y) = 4xy. \qquad \text{Función objetivo}$$

Desea hallar x y y tales que $f(x, y)$ es un máximo. La elección de (x, y) está restringida a puntos del primer cuadrante que están en la elipse

$$\frac{x^2}{3^2} + \frac{y^2}{4^2} = 1. \qquad \text{Restricción}$$

Ahora, considere la ecuación restrictiva o de ligadura como una curva de nivel fija de

$$g(x, y) = \frac{x^2}{3^2} + \frac{y^2}{4^2}.$$

Las curvas de nivel de f representan una familia de hipérbolas

$$f(x, y) = 4xy = k.$$

En esta familia, las curvas de nivel que satisfacen la restricción dada corresponden a hipérbolas que cortan a la elipse. Es más, para maximizar $f(x, y)$, usted quiere hallar la hipérbola que justo satisfaga la restricción. La curva de nivel que hace esto es la que es tangente a la elipse, como se muestra en la figura 13.79.

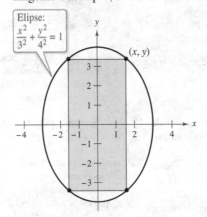

Función objetivo: $f(x, y) = 4xy$

Figura 13.78

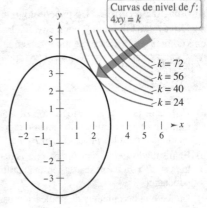

Restricción: $g(x, y) = \dfrac{x^2}{3^2} + \dfrac{y^2}{4^2} = 1$

Figura 13.79

Para encontrar la hipérbola apropiada use el hecho de que dos curvas son tangentes en un punto si y sólo si sus vectores gradiente son paralelos. Esto significa que $\nabla f(x, y)$ debe ser un múltiplo escalar de $\nabla g(x, y)$ en el punto de tangencia. En el contexto de los problemas de optimización con restricciones, este escalar se denota con λ (la letra griega *lambda* minúscula del alfabeto griego).

$$\nabla f(x, y) = \lambda \nabla g(x, y)$$

Al escalar λ se le conoce como un **multiplicador de Lagrange**. El teorema 13.19 da las condiciones necesarias para la existencia de tales multiplicadores.

· · · · · · · · · · · · · · · ·▷

· · ·COMENTARIO Puede demostrar que el teorema de Lagrange también es válido para funciones de tres variables, usando un argumento similar con superficies de nivel y con el teorema 13.14.

TEOREMA 13.19   Teorema de Lagrange

Sean f y g funciones con primeras derivadas parciales continuas, y tales que f tiene un extremo en un punto (x_0, y_0) sobre la curva suave de restricción $g(x, y) = c$. Si $\nabla g(x_0, y_0) \neq \mathbf{0}$, entonces existe un número real λ tal que

$$\nabla f(x_0, y_0) = \lambda \nabla g(x_0, y_0).$$

Demostración   Para empezar, represente la curva suave dada por $g(x, y) = c$ mediante la función vectorial

$$\mathbf{r}(t) = x(t)\mathbf{i} + y(t)\mathbf{j}, \quad \mathbf{r}'(t) \neq \mathbf{0}$$

donde x' y y' son continuas en un intervalo abierto I. Se define la función h como $h(t) = f(x(t), y(t))$. Entonces, como $f(x_0, y_0)$ es un valor extremo de f usted sabe que

$$h(t_0) = f(x(t_0), y(t_0)) = f(x_0, y_0)$$

es un valor extremo de h. Esto implica que $h'(t_0) = 0$, y por la regla de la cadena,

$$h'(t_0) = f_x(x_0, y_0)x'(t_0) + f_y(x_0, y_0)y'(t_0) = \nabla f(x_0, y_0) \cdot \mathbf{r}'(t_0) = 0.$$

Así, $\nabla f(x_0, y_0)$ es ortogonal a $\mathbf{r}'(t_0)$. Por el teorema 13.12, $\nabla g(x_0, y_0)$ también es ortogonal a $\mathbf{r}'(t_0)$. Por consiguiente, los gradientes $\nabla f(x_0, y_0)$ y $\nabla g(x_0, y_0)$ son paralelos y debe existir un escalar λ tal que

$$\nabla f(x_0, y_0) = \lambda \nabla g(x_0, y_0).$$

Consulte LarsonCalculus.com para el video de Bruce Edwards de esta demostración.   ■

El método de los multiplicadores de Lagrange emplea el teorema 13.19 para encontrar los valores extremos de una función f sujeta a una restricción.

· · · · · · · · · · · · · ·▷

· · ·COMENTARIO Como verá en los ejemplos 1 y 2, el método de los multiplicadores de Lagrange requiere resolver sistemas de ecuaciones no lineales. Esto a menudo requiere de alguna manipulación algebraica ingeniosa.

Método de los multiplicadores de Lagrange

Sean f y g funciones que satisfacen las hipótesis del teorema de Lagrange, y sea f una función que tiene un mínimo o un máximo sujeto a la restricción $g(x, y) = c$. Para hallar el mínimo o el máximo de f, siga los pasos descritos a continuación.

1. Resolver simultáneamente las ecuaciones $\nabla f(x, y) = \lambda \nabla g(x, y)$ y $g(x, y) = c$ resolviendo el sistema de ecuaciones siguiente.

$$f_x(x, y) = \lambda g_x(x, y)$$
$$f_y(x, y) = \lambda g_y(x, y)$$
$$g(x, y) = c$$

2. Evaluar f en cada punto solución obtenido en el primer paso. El valor mayor da el máximo de f sujeto a la restricción $g(x, y) = c$, y el valor menor da el mínimo de f sujeto a la restricción $g(x, y) = c$.

Problemas de optimización con restricciones

En el problema presentado al principio de esta sección, usted quería maximizar el área de un rectángulo inscrito en una elipse. El ejemplo 1 muestra cómo usar los multiplicadores de Lagrange para resolver este problema.

EJEMPLO 1 **Multiplicador de Lagrange con una restricción**

Encuentre el valor máximo de $f(x, y) = 4xy$, donde $x > 0$ y $y > 0$ sujeto a la restricción $(x^2/3^2) + (y^2/4^2) = 1$.

Solución Para comenzar, sea

$$g(x, y) = \frac{x^2}{3^2} + \frac{y^2}{4^2} = 1.$$

Igualando $\nabla f(x, y) = 4y\mathbf{i} + 4x\mathbf{j}$ y $\lambda \nabla g(x, y) = (2\lambda x/9)\mathbf{i} + (\lambda y/8)\mathbf{j}$, puede obtener el sistema de ecuaciones siguiente.

$$4y = \frac{2}{9}\lambda x \qquad f_x(x, y) = \lambda g_x(x, y)$$

$$4x = \frac{1}{8}\lambda y \qquad f_y(x, y) = \lambda g_y(x, y)$$

$$\frac{x^2}{3^2} + \frac{y^2}{4^2} = 1 \qquad \text{Restricción}$$

De la primera ecuación, obtiene $\lambda = 18y/x$, que sustituido en la segunda ecuación da

$$4x = \frac{1}{8}\left(\frac{18y}{x}\right)y \quad \implies \quad x^2 = \frac{9}{16}y^2.$$

Sustituyendo este valor de x^2 en la tercera ecuación produce

$$\frac{1}{9}\left(\frac{9}{16}y^2\right) + \frac{1}{16}y^2 = 1 \quad \implies \quad y^2 = 8.$$

Así, $y = \pm 2\sqrt{2}$. Como se requiere que $y > 0$, elija el valor positivo para encontrar que

$$x^2 = \frac{9}{16}y^2$$

$$= \frac{9}{16}(8)$$

$$= \frac{9}{2}$$

$$x = \frac{3}{\sqrt{2}}.$$

Por tanto, el valor máximo de f es

$$f\left(\frac{3}{\sqrt{2}}, 2\sqrt{2}\right) = 4xy = 4\left(\frac{3}{\sqrt{2}}\right)\left(2\sqrt{2}\right) = 24.$$

Observe que el expresar la restricción como

$$g(x, y) = \frac{x^2}{3^2} + \frac{y^2}{4^2} = 1 \quad \text{o} \quad g(x, y) = \frac{x^2}{3^2} + \frac{y^2}{4^2} - 1 = 0$$

no afecta la solución, la constante se elimina cuando se calcula ∇g.

• • • • • • • • • • • • • • • ▷

• • •**COMENTARIO** El ejemplo 1 también puede resolverse utilizando las técnicas aprendidas en el capítulo 3. Para ver cómo se hace esto, calcule el valor máximo de $A = 4xy$ dado que

$$\frac{x^2}{3^2} + \frac{y^2}{4^2} = 1.$$

Para empezar, despeje y de la segunda ecuación para obtener

$$y = \frac{4}{3}\sqrt{9 - x^2}.$$

Después sustituya este valor en la primera ecuación para obtener

$$A = 4x\left(\frac{4}{3}\sqrt{9 - x^2}\right).$$

Por último, use las técnicas del capítulo 3 para maximizar A.

EJEMPLO 2   Una aplicación a la economía

La función de producción de Cobb-Douglas (vea el ejemplo 5, sección 13.1) para un fabricante de software está dada por

$$f(x, y) = 100x^{3/4}y^{1/4} \qquad \text{Función objetivo}$$

donde x representa las unidades de trabajo (a $150 por unidad) y y representa las unidades de capital (a $250 por unidad). El costo total de trabajo y capital está limitado a $50,000. Encuentre el nivel máximo de producción de este fabricante.

Solución   El gradiente de f es

$$\nabla f(x, y) = 75x^{-1/4}y^{1/4}\mathbf{i} + 25x^{3/4}y^{-3/4}\mathbf{j}.$$

El límite para el costo de trabajo y capital se refleja en la restricción

$$g(x, y) = 150x + 250y = 50,000. \qquad \text{Restricción}$$

Así, $\lambda\nabla g(x, y) = 150\lambda\mathbf{i} + 250\lambda\mathbf{j}$. Esto da lugar al sistema de ecuaciones siguiente.

$$75x^{-1/4}y^{1/4} = 150\lambda \qquad f_x(x, y) = \lambda g_x(x, y)$$
$$25x^{3/4}y^{-3/4} = 250\lambda \qquad f_y(x, y) = \lambda g_y(x, y)$$
$$150x + 250y = 50,000 \qquad \text{Restricción}$$

Resolviendo para λ en la primera ecuación

$$\lambda = \frac{75x^{-1/4}y^{1/4}}{150} = \frac{x^{-1/4}y^{1/4}}{2}$$

y sustituyendo en la segunda ecuación, obtiene

$$25x^{3/4}y^{-3/4} = 250\left(\frac{x^{-1/4}y^{1/4}}{2}\right)$$
$$25x = 125y \qquad \text{Multiplique por } x^{1/4}y^{3/4}$$
$$x = 5y.$$

Sustituyendo este valor de x en la tercera ecuación, tiene

$$150(5y) + 250y = 50,000$$
$$1000y = 50,000$$
$$y = 50 \text{ unidades de capital.}$$

Esto significa que el valor de x es

$$x = 5(50)$$
$$= 250 \text{ unidades de trabajo.}$$

Por tanto, el nivel máximo de producción es

$$f(250, 50) = 100(250)^{3/4}(50)^{1/4}$$
$$\approx 16,719 \text{ unidades producidas.} \qquad ■$$

Los economistas llaman al multiplicador de Lagrange obtenido en una función de producción la **productividad marginal del capital**. Por ejemplo, en el ejemplo 2 la productividad marginal de capital en $x = 250$ y $y = 50$ es

$$\lambda = \frac{x^{-1/4}y^{1/4}}{2} = \frac{(250)^{-1/4}(50)^{1/4}}{2} \approx 0.334$$

lo cual significa que por cada dólar adicional gastado en la producción, puede producirse 0.334 unidades adicionales del producto.

■ PARA INFORMACIÓN ADICIONAL

Para más información sobre la utilización de los multiplicadores de Lagrange en economía, consulte el artículo "Lagrange Multiplier Problems in Economics", de John V. Baxley y John C. Moorhouse, en *The American Mathematical Monthly*. Para ver este artículo vaya a *MathArticles.com*.

EJEMPLO 3 **Multiplicadores de Lagrange y tres variables**

· · · · ▷ *Consulte LarsonCalculus.com para una versión interactiva de este tipo de ejemplo.*

Encuentre el valor mínimo de

$$f(x, y, z) = 2x^2 + y^2 + 3z^2 \qquad \text{Función objetivo}$$

sujeto a la restricción o ligadura $2x - 3y - 4z = 49$.

Solución Sea $g(x, y, z) = 2x - 3y - 4z = 49$. Entonces, como

$$\nabla f(x, y, z) = 4x\mathbf{i} + 2y\mathbf{j} + 6z\mathbf{k}$$

y

$$\lambda\nabla g(x, y, z) = 2\lambda\mathbf{i} - 3\lambda\mathbf{j} - 4\lambda\mathbf{k}$$

usted obtiene el sistema de ecuaciones siguiente.

$$4x = 2\lambda \qquad f_x(x, y, z) = \lambda g_x(x, y, z)$$
$$2y = -3\lambda \qquad f_y(x, y, z) = \lambda g_y(x, y, z)$$
$$6z = -4\lambda \qquad f_z(x, y, z) = \lambda g_z(x, y, z)$$
$$2x - 3y - 4z = 49 \qquad \text{Restricción}$$

La solución de este sistema es $x = 3$, $y = -9$ y $z = -4$. Por tanto, el valor óptimo de f es

$$f(3, -9, -4) = 2(3)^2 + (-9)^2 + 3(-4)^2$$
$$= 147.$$

De la función original y de la restricción, resulta claro que $f(x, y, z)$ no tiene máximo. Por tanto, el valor óptimo de f determinado arriba es un mínimo. ∎

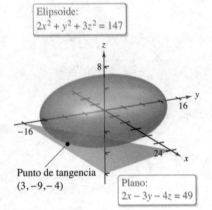

Elipsoide:
$2x^2 + y^2 + 3z^2 = 147$

Punto de tangencia
$(3, -9, -4)$

Plano:
$2x - 3y - 4z = 49$

Figura 13.80

Una interpretación gráfica del problema de optimización con restricciones para dos variables. Con tres variables la interpretación es similar, sólo que se usan superficies de nivel en lugar de curvas de nivel. Así, en el ejemplo 3 las superficies de nivel de f son elipsoides centradas en el origen, y la restricción

$$2x - 3y - 4z = 49$$

es un plano. El valor mínimo de f está representado por el elipsoide tangente al plano de la restricción, como se muestra en la figura 13.80.

EJEMPLO 4 **Optimizar el interior de una región**

Encuentre los valores extremos de

$$f(x, y) = x^2 + 2y^2 - 2x + 3 \qquad \text{Función objetivo}$$

sujeto a la restricción $x^2 + y^2 \leq 10$.

Solución Para resolver este problema, puede dividir la restricción en dos casos.

a. Para los puntos *en el círculo* $x^2 + y^2 = 10$, puede usar los multiplicadores de Lagrange para hallar que el valor máximo de $f(x, y)$ es 24; este valor se presenta en $(-1, 3)$ y en $(-1, -3)$. De manera similar, puede determinar que el valor mínimo de $f(x, y)$ es aproximadamente 6.675; este valor se presenta en $\left(\sqrt{10}, 0\right)$.

b. Para los puntos *interiores al círculo*, puede usar las técnicas analizadas en la sección 13.8 para concluir que la función tiene un mínimo relativo de 2 en el punto $(1, 0)$.

Combinando estos dos resultados, puede concluir que f tiene un máximo de 24 en $(-1, \pm 3)$ y un mínimo de 2 en $(1, 0)$, como se muestra en la figura 13.81. ∎

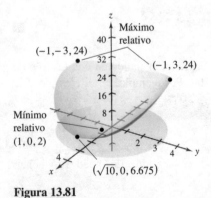

Máximo
relativo
$(-1, -3, 24)$
$(-1, 3, 24)$

Mínimo
relativo
$(1, 0, 2)$

$\left(\sqrt{10}, 0, 6.675\right)$

Figura 13.81

El método de multiplicadores de Lagrange con dos restricciones

En problemas de optimización que involucran *dos* funciones de restricción g y h usted puede introducir un segundo multiplicador de Lagrange, μ (letra minúscula *mu* del alfabeto griego), y resolver la ecuación

$$\nabla f = \lambda \nabla g + \mu \nabla h$$

donde los vectores gradiente no son paralelos, como se ilustra en el ejemplo 5.

EJEMPLO 5 **Optimizar con dos restricciones**

Sea $T(x, y, z) = 20 + 2x + 2y + z^2$ la temperatura en cada punto en la esfera

$$x^2 + y^2 + z^2 = 11.$$

Encuentre las temperaturas extremas en la curva formada por la intersección del plano $x + y + z = 3$ y la esfera.

Solución Las dos restricciones son

$$g(x, y, z) = x^2 + y^2 + z^2 = 11 \quad \text{y} \quad h(x, y, z) = x + y + z = 3.$$

Usando

$$\nabla T(x, y, z) = 2\mathbf{i} + 2\mathbf{j} + 2z\mathbf{k}$$
$$\lambda \nabla g(x, y, z) = 2\lambda x\mathbf{i} + 2\lambda y\mathbf{j} + 2\lambda z\mathbf{k}$$

y

$$\mu \nabla h(x, y, z) = \mu\mathbf{i} + \mu\mathbf{j} + \mu\mathbf{k}$$

puede escribir el sistema de ecuaciones siguiente

$2 = 2\lambda x + \mu$	$T_x(x, y, z) = \lambda g_x(x, y, z) + \mu h_x(x, y, z)$
$2 = 2\lambda y + \mu$	$T_y(x, y, z) = \lambda g_y(x, y, z) + \mu h_y(x, y, z)$
$2z = 2\lambda z + \mu$	$T_z(x, y, z) = \lambda g_z(x, y, z) + \mu h_z(x, y, z)$
$x^2 + y^2 + z^2 = 11$	Restricción 1
$x + y + z = 3$	Restricción 2

Restando la segunda ecuación de la primera, obtiene el sistema siguiente.

$$\lambda(x - y) = 0$$
$$2z(1 - \lambda) - \mu = 0$$
$$x^2 + y^2 + z^2 = 11$$
$$x + y + z = 3$$

> ▷ **COMENTARIO** El sistema de ecuaciones que se obtiene en el método de los multiplicadores de Lagrange no es, en general, un sistema lineal, y a menudo hallar la solución requiere de ingenio.

De la primera ecuación, puede concluir que $\lambda = 0$ o $x = y$. Si $\lambda = 0$ puede demostrar que los puntos críticos son $(3, -1, 1)$ y $(-1, 3, 1)$. (Tratar de hacer esto toma un poco de trabajo.) Si $\lambda \neq 0$, entonces $x = y$ y puede demostrar que los puntos críticos se presentan donde $x = y = \left(3 \pm 2\sqrt{3}\right)/3$ y $z = \left(3 \mp 4\sqrt{3}\right)/3$. Por último, para encontrar las soluciones óptimas se deben comparar las temperaturas en los cuatro puntos críticos.

$$T(3, -1, 1) = T(-1, 3, 1) = 25$$
$$T\left(\frac{3 - 2\sqrt{3}}{3}, \frac{3 - 2\sqrt{3}}{3}, \frac{3 + 4\sqrt{3}}{3}\right) = \frac{91}{3} \approx 30.33$$
$$T\left(\frac{3 + 2\sqrt{3}}{3}, \frac{3 + 2\sqrt{3}}{3}, \frac{3 - 4\sqrt{3}}{3}\right) = \frac{91}{3} \approx 30.33$$

Así, $T = 25$ es la temperatura mínima y $T = \frac{91}{3}$ es la temperatura máxima en la curva. ■

13.10 Ejercicios

Consulte **CalcChat.com** para un tutorial de ayuda y soluciones trabajadas de los ejercicios con numeración impar.

Usar multiplicadores de Lagrange En los ejercicios 1 a 8, utilice multiplicadores de Lagrange para hallar el extremo indicado, suponga que x y y son positivos.

1. Maximizar: $f(x, y) = xy$

Restricción: $x + y = 10$

2. Minimizar: $f(x, y) = 2x + y$

Restricción: $xy = 32$

3. Minimizar: $f(x, y) = x^2 + y^2$

Restricción: $x + 2y - 5 = 0$

4. Maximizar: $f(x, y) = x^2 - y^2$

Restricción: $2y - x^2 = 0$

5. Maximizar: $f(x, y) = 2x + 2xy + y$

Restricción: $2x + y = 100$

6. Minimizar: $f(x, y) = 3x + y + 10$

Restricción: $x^2 y = 6$

7. Maximizar: $f(x, y) = \sqrt{6 - x^2 - y^2}$

Restricción: $x + y - 2 = 0$

8. Minimizar: $f(x, y) = \sqrt{x^2 + y^2}$

Restricción: $2x + 4y - 15 = 0$

Usar multiplicadores de Lagrange En los ejercicios 9 a 12, utilice los multiplicadores de Lagrange para hallar los extremos indicados, suponiendo que x, y y z son positivos

9. Minimizar: $f(x, y, z) = x^2 + y^2 + z^2$

Restricción: $x + y + z - 9 = 0$

10. Maximizar: $f(x, y, z) = xyz$

Restricción: $x + y + z - 3 = 0$

11. Minimizar: $f(x, y, z) = x^2 + y^2 + z^2$

Restricción: $x + y + z = 1$

12. Maximizar: $f(x, y, z) = x + y + z$

Restricción: $x^2 + y^2 + z^2 = 1$

Usar multiplicadores de Lagrange En los ejercicios 13 y 14, utilice los multiplicadores de Lagrange para hallar todos los extremos de la función sujetos a la restricción $x^2 + y^2 \le 1$.

13. $f(x, y) = x^2 + 3xy + y^2$ **14.** $f(x, y) = e^{-xy/4}$

Usar multiplicadores de Lagrange En los ejercicios 15 y 16, utilice los multiplicadores de Lagrange para hallar los extremos de f indicados sujetos a dos restricciones. En cada caso, suponga que x, y y z son no negativos.

15. Maximizar: $f(x, y, z) = xyz$

Restricción: $x + y + z = 32$, $x - y + z = 0$

16. Minimizar: $f(x, y, z) = x^2 + y^2 + z^2$

Restricción: $x + 2z = 6$, $x + y = 12$

Hallar la distancia mínima En los ejercicios 17 a 26, use los multiplicadores de Lagrange para encontrar la distancia mínima desde la curva o superficie al punto indicado. (*Sugerencia*: Para simplificar los cálculos, minimice el cuadrado de la distancia.)

Curva	Punto
17. Recta: $x + y = 1$	$(0, 0)$
18. Recta: $2x + 3y = -1$	$(0, 0)$
19. Recta: $x - y = 4$	$(0, 2)$
20. Recta: $x + 4y = 3$	$(1, 0)$
21. Parábola: $y = x^2$	$(0, 3)$
22. Parábola: $y = x^2$	$(-3, 0)$
23. Circunferencia: $x^2 + (y - 1)^2 = 9$	$(4, 4)$
24. Circunferencia: $(x - 4)^2 + y^2 = 4$	$(0, 10)$
Superficie	**Punto**
25. Plano: $x + y + z = 1$	$(2, 1, 1)$
26. Cono: $z = \sqrt{x^2 + y^2}$	$(4, 0, 0)$

Intersección de superficies En los ejercicios 27 y 28, hallar el punto más alto de la curva de intersección de las superficies.

27. Cono: $x^2 + y^2 - z^2 = 0$

Plano: $x + 2z = 4$

28. Esfera: $x^2 + y^2 + z^2 = 36$

Plano: $2x + y - z = 2$

DESARROLLO DE CONCEPTOS

29. Problemas de optimización con restricciones Explique qué se quiere decir con problemas de optimización con restricciones.

30. Método de multiplicadores de Lagrange Explique el método de los multiplicadores de Lagrange para resolver problemas de optimización con restricciones.

Usar multiplicadores de Lagrange En los ejercicios 31 a 38, use los multiplicadores de Lagrange para resolver el ejercicio indicado en la sección 13.9.

31. Ejercicio 1	**32.** Ejercicio 2
33. Ejercicio 5	**34.** Ejercicio 6
35. Ejercicio 9	**36.** Ejercicio 10
37. Ejercicio 15	**38.** Ejercicio 16

39. Volumen máximo Utilice multiplicadores de Lagrange para determinar las dimensiones de la caja rectangular de volumen máximo que puede ser inscrita (con los bordes paralelos a los ejes de coordenadas) en el elipsoide

$$\frac{x^2}{a^2} + \frac{y^2}{b^2} + \frac{z^2}{c^2} = 1.$$

40. **¿CÓMO LO VE?** Las gráficas muestran la restricción y varias curvas de nivel de la función objetivo. Utilice la gráfica para aproximar los extremos indicados.

(a) Maximizar $z = xy$
Restricción: $2x + y = 4$

(b) Minimizar $z = x^2 + y^2$
Restricción: $x + y - 4 = 0$

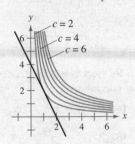
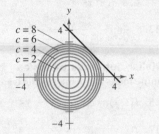

41. Costo mínimo Un contenedor de carga (en forma de un sólido rectangular) debe tener un volumen de 480 pies cúbicos. La parte inferior costará $5 por pie cuadrado para construir, y los lados y la parte superior costarán $3 por pie cuadrado para construcción. Use los multiplicadores de Lagrange para encontrar las dimensiones del contenedor de este tamaño que tiene costo mínimo.

42. Medias geométrica y aritmética

(a) Utilice los multiplicadores de Lagrange para demostrar que el producto de tres números positivos x, y y z, cuya suma tiene un valor constante S, es máxima cuando los tres números son iguales. Utilice este resultado para demostrar que

$$\sqrt[3]{xyz} \le \frac{x + y + z}{3}.$$

(b) Generalice el resultado del inciso (a) para demostrar que el producto

$$x_1 x_2 x_3 \cdots x_n$$

es máximo cuando

$$x_1 = x_2 = x_3 = \cdots = x_n, \sum_{i=1}^{n} x_i = S, \text{ y todo } x_i \ge 0.$$

Después, demuestre que

$$\sqrt[n]{x_1 x_2 x_3 \cdots x_n} \le \frac{x_1 + x_2 + x_3 + \cdots + x_n}{n}.$$

Esto demuestra que la media geométrica nunca es mayor que la media aritmética.

43. Superficie mínima Utilice multiplicadores de Lagrange para encontrar las dimensiones de un cilindro circular recto con volumen de V_0 unidades cúbicas y superficie mínima.

44. Temperatura Sea $T(x, y, z) = 100 + x^2 + y^2$ la temperatura en cada punto sobre la esfera

$$x^2 + y^2 + z^2 = 50.$$

Encuentre la temperatura máxima en la curva formada por la intersección de la esfera y el plano $x - z = 0$.

45. Refracción de la luz Cuando las ondas de luz que viajan en un medio transparente atraviesan la superficie de un segundo medio transparente, tienden a "desviarse" para seguir la trayectoria de tiempo mínimo. Esta tendencia se llama refracción y está descrita por la **ley de refracción de Snell**, según la cual

$$\frac{\operatorname{sen} \theta_1}{v_1} = \frac{\operatorname{sen} \theta_2}{v_2}$$

donde θ_1 y θ_2 son las magnitudes de los ángulos mostrados en la figura, y v_1 y v_2 son las velocidades de la luz en los dos medios. Utilice los multiplicadores de Lagrange para deducir esta ley usando $x + y = a$.

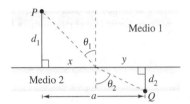

46. Área y perímetro Un semicírculo está sobre un rectángulo (vea la figura). Si el área es fija y el perímetro es un mínimo, o si el perímetro es fijo y el área es un máximo, utilice multiplicadores de Lagrange para verificar que la longitud del rectángulo es el doble de su altura.

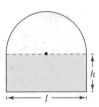

Nivel de producción En los ejercicios 47 y 48, determine el máximo nivel de producción P cuando el costo total de trabajo (a $72 por unidad) y capital (a $60 por unidad) está restringido a $250,000, donde x es el número de unidades de trabajo y y es el número de unidades de capital.

47. $P(x, y) = 100x^{0.25}y^{0.75}$ **48.** $P(x, y) = 100x^{0.4}y^{0.6}$

Costo En los ejercicios 49 y 50, determine el costo mínimo para producir 50,000 unidades de un producto, donde x es el número de unidades de trabajo (a $72 por unidad) y y es el número de unidades de capital (a $60 por unidad).

49. $P(x, y) = 100x^{0.25}y^{0.75}$ **50.** $P(x, y) = 100x^{0.6}y^{0.4}$

DESAFÍOS DEL EXAMEN PUTNAM

51. Una boya está hecha de tres piezas, a saber, un cilindro y dos conos iguales, la altura de cada uno de los conos es igual a la altura del cilindro. Para una superficie dada, ¿con qué forma se tendrá el volumen máximo?

Este problema fue preparado por el Committee on the Putnam Prize Competition.
© The Mathematical Association of America. Todos los derechos reservados.

Ejercicios de repaso

Consulte **CalcChat.com** para un tutorial de ayuda y soluciones trabajadas de los ejercicios con numeración impar.

Evaluar una función En los ejercicios 1 y 2, encuentre y simplifique los valores de la función

1. $f(x, y) = 3x^2 y$

(a) $(1, 3)$ (b) $(-1, 1)$ (c) $(-4, 0)$ (d) $(x, 2)$

2. $f(x, y) = 6 - 4x - 2y^2$

(a) $(0, 2)$ (b) $(5, 0)$ (c) $(-1, -2)$ (d) $(-3, y)$

Hallar el dominio y el rango de una función En los ejercicios 3 y 4, determine el dominio y el rango de la función.

3. $f(x, y) = \dfrac{\sqrt{x}}{y}$

4. $f(x, y) = \sqrt{36 - x^2 - y^2}$

Trazar un mapa de contorno En los ejercicios 5 y 6, describa las curvas de nivel de la función. Trace un mapa de contorno de la superficie usando curvas de nivel para los valores de c dados.

5. $z = 3 - 2x + y$, $c = 0, 2, 4, 6, 8$

6. $z = 2x^2 + y^2$, $c = 1, 2, 3, 4, 5$

7. **Conjetura**   Considere la función $f(x, y) = x^2 + y^2$.

(a) Trace la gráfica de la superficie dada por f.

(b) Haga una conjetura sobre la relación entre las gráficas de f y $g(x, y) = f(x, y) + 2$. Explique su razonamiento.

(c) Haga una conjetura sobre la relación entre las gráficas de f y $g(x, y) = f(x, y - 2)$. Explique su razonamiento.

(d) Sobre la superficie en el inciso (a), trace las gráficas $z = f(1, y)$ y $z = f(x, 1)$.

8. **Inversión**   Un capital de \$2000 se deposita en una cuenta de ahorro que gana intereses a una tasa r (escrita con un decimal) compuesto continuamente. La cantidad $A(r, t)$ después de t años es

$$A(r, t) = 2000 e^{rt}.$$

Utilice esta función de dos variables para completar la tabla.

	Número de años			
Tasa	5	10	15	20
0.02				
0.04				
0.06				
0.07				

Dibujar una superficie de nivel En los ejercicios 9 y 10, dibuje la gráfica de la superficie de nivel $f(x, y, z) = c$ para un valor dado c.

9. $f(x, y, z) = x^2 - y + z^2$, $c = 2$

10. $f(x, y, z) = 4x^2 - y^2 + 4z^2$, $c = 0$

Límite y continuidad En los ejercicios 11 a 14, encuentre el límite (si éste existe) y analice la continuidad de la función.

11. $\displaystyle\lim_{(x, y) \to (1, 1)} \dfrac{xy}{x^2 + y^2}$

12. $\displaystyle\lim_{(x, y) \to (1, 1)} \dfrac{xy}{x^2 - y^2}$

13. $\displaystyle\lim_{(x, y) \to (0, 0)} \dfrac{y + xe^{-y^2}}{1 + x^2}$

14. $\displaystyle\lim_{(x, y) \to (0, 0)} \dfrac{x^2 y}{x^4 + y^2}$

Hallar derivadas parciales En los ejercicios 15 a 22, determine todas las primeras derivadas parciales.

15. $f(x, y) = 5x^3 + 7y - 3$

16. $f(x, y) = 4x^2 - 2xy + y^2$

17. $f(x, y) = e^x \cos y$

18. $f(x, y) = \dfrac{xy}{x + y}$

19. $f(x, y) = y^3 e^{4x}$

20. $z = \ln(x^2 + y^2 + 1)$

21. $f(x, y, z) = 2xz^2 + 6xyz - 5xy^3$

22. $w = \sqrt{x^2 - y^2 - z^2}$

Hallar segundas derivadas parciales En los ejercicios 23 a 26, determine las cuatro segundas derivadas parciales. Observe que las derivadas parciales mixtas son iguales.

23. $f(x, y) = 3x^2 - xy + 2y^3$

24. $h(x, y) = \dfrac{x}{x + y}$

25. $h(x, y) = x \operatorname{sen} y + y \cos x$

26. $g(x, y) = \cos(x - 2y)$

27. **Hallar las pendientes de una superficie**   Determine las pendientes de la superficie $z = x^2 \ln(y + 1)$ en las direcciones x y y en el punto $(2, 0, 0)$.

28. **Ingreso marginal**   Una empresa tiene dos plantas que producen la misma podadora de césped. Si x_1 y x_2 son los números de unidades producidas en la planta 1 y en la planta 2, respectivamente, entonces los ingresos totales de la producción están dados por

$$R = 300x_1 + 300x_2 - 5x_1^2 - 10x_1 x_2 - 5x_2^2.$$

Si $x_1 = 5$ y $x_2 = 8$, determine (a) el ingreso marginal para la planta 1, $\partial R / \partial x_1$, y (b) el ingreso marginal para la planta 2, $\partial R / \partial x_2$.

Hallar una diferencial total En los ejercicios 29 a 32, determine la diferencial total.

29. $z = x \operatorname{sen} xy$

30. $z = 5x^4 y^3$

31. $w = 3xy^2 - 2x^3 yz^2$

32. $w = \dfrac{3x + 4y}{y + 3z}$

Usar una diferencial como una aproximación En los ejercicios 33 y 34, (a) evalúe $f(2, 1)$ y $f(2.1, 1.05)$ y calcule Δz, y (b) utilice la diferencial total dz para aproximar Δz.

33. $f(x, y) = 4x + 2y$

34. $f(x, y) = 36 - x^2 - y^2$

35. **Volumen**   El posible error implicado en la dimensión de cada dimensión de un cono circular recto es $\pm \frac{1}{8}$ pulg. El radio es de 2 pulgadas y la altura de 5 pulgadas. Aproxime el error propagado y el error relativo en el cálculo del volumen del cono.

36. Superficie lateral Aproxime el error propagado y el error relativo en el cálculo de la superficie lateral del cono del ejercicio 35. (La superficie lateral está dada por $A = \pi r \sqrt{r^2 + h^2}$.)

Usar diferentes métodos En los ejercicios 37 y 38, encuentre dw/dt, a) utilizando la regla de la cadena apropiada y (b) convirtiendo w en función de t antes de derivar.

37. $w = \ln(x^2 + y)$, $x = 2t$, $y = 4 - t$

38. $w = y^2 - x$, $x = \cos t$, $y = \text{sen } t$

Usar diferentes métodos En los ejercicios 39 y 40, encuentre $\partial w/\partial r$ y $\partial w/\partial t$, (a) utilizando la regla de la cadena apropiada y (b) convirtiendo w en una función de r y de t antes de derivar.

39. $w = \dfrac{xy}{z}$, $x = 2r + t$, $y = rt$, $z = 2r - t$

40. $w = x^2 + y^2 + z^2$, $x = r \cos t$, $y = r \text{ sen } t$, $z = t$

Hallar derivadas parciales implícitamente En los ejercicios 41 y 42, encuentre las primeras derivadas parciales de z por derivación implícita.

41. $x^2 + xy + y^2 + yz + z^2 = 0$ **42.** $xz^2 - y \text{ sen } z = 0$

Hallar una derivada direccional En los ejercicios 43 y 44, use el teorema 13.9 para encontrar la derivada direccional de la función en P en dirección de v.

43. $f(x, y) = x^2 y$, $P(-5, 5)$, $\mathbf{v} = 3\mathbf{i} - 4\mathbf{j}$

44. $f(x, y) = \frac{1}{4} y^2 - x^2$, $P(1, 4)$, $\mathbf{v} = 2\mathbf{i} + \mathbf{j}$

Hallar una derivada direccional En los ejercicios 45 y 46, use el gradiente para encontrar la derivada direccional de la función en P en dirección de v.

45. $w = y^2 + xz$, $P(1, 2, 2)$, $\mathbf{v} = 2\mathbf{i} - \mathbf{j} + 2\mathbf{k}$

46. $w = 5x^2 + 2xy - 3y^2 z$, $P(1, 0, 1)$, $\mathbf{v} = \mathbf{i} + \mathbf{j} - \mathbf{k}$

Usar propiedades del gradiente En los ejercicios 47 a 50, encuentre el gradiente de la función y el máximo valor de la derivada direccional en el punto dado.

47. $z = x^2 y$, $(2, 1)$

48. $z = e^{-x} \cos y$, $\left(0, \dfrac{\pi}{4}\right)$

49. $z = \dfrac{y}{x^2 + y^2}$, $(1, 1)$

50. $z = \dfrac{x^2}{x - y}$, $(2, 1)$

Usar una función En los ejercicios 51 y 52, (a) encuentre el gradiente de la función en P, (b) encuentre un vector normal unitario para la curva de nivel $f(x, y) = c$ en P, (c) encuentre la recta tangente a la curva de nivel $f(x, y) = c$ en P, y (d) trace la curva de nivel, el vector unitario normal y la recta tangente en el plano xy.

51. $f(x, y) = 9x^2 - 4y^2$

$c = 65$, $P(3, 2)$

52. $f(x, y) = 4y \text{ sen } x - y$

$c = 3$, $P\left(\dfrac{\pi}{2}, 1\right)$

Hallar una ecuación de un plano tangente En los ejercicios 53 a 56, encuentre una ecuación del plano tangente a la superficie en el punto dado.

53. $z = x^2 + y^2 + 2$, $(1, 3, 12)$

54. $9x^2 + y^2 + 4z^2 = 25$, $(0, -3, 2)$

55. $z = -9 + 4x - 6y - x^2 - y^2$, $(2, -3, 4)$

56. $f(x, y) = \sqrt{25 - y^2}$, $(2, 3, 4)$

Hallar una ecuación de un plano tangente y una recta normal En los ejercicios 57 a 58, encuentre una ecuación del plano tangente y determine ecuaciones simétricas para la recta normal a la superficie en el punto dado

57. $f(x, y) = x^2 y$, $(2, 1, 4)$

58. $z = \sqrt{9 - x^2 - y^2}$, $(1, 2, 2)$

59. Ángulo de inclinación Encuentre el ángulo de inclinación θ del plano tangente a la superficie $x^2 + y^2 + z^2 = 14$ en el punto $(2, 1, 3)$.

60. Aproximación Considere las siguientes aproximaciones para una función $f(x, y)$ centrada en $(0, 0)$.

Aproximación lineal:

$$P_1(x, y) = f(0, 0) + f_x(0, 0)x + f_y(0, 0)y$$

Aproximación cuadrática:

$$P_2(x, y) = f(0, 0) + f_x(0, 0)x + f_y(0, 0)y +$$
$$\frac{1}{2}f_{xx}(0, 0)x^2 + f_{xy}(0, 0)xy + \frac{1}{2}f_{yy}(0, 0)y^2$$

[Observe que la aproximación lineal es el plano tangente a la superficie en $(0, 0, f(0,0))$.]

(a) Encuentre la aproximación lineal de

$$f(x, y) = \cos x + \text{sen } y$$

centrada en $(0, 0)$.

(b) Encuentre la aproximación cuadrática de

$$f(x, y) = \cos x + \text{sen } y$$

centrada en $(0, 0)$.

(c) Si $y = 0$ en la aproximación cuadrática, ¿se obtiene el polinomio de segundo grado de Taylor de dicha función?

(d) Complete la tabla.

x	y	$f(x, y)$	$P_1(x, y)$	$P_2(x, y)$
0	0			
0	0.1			
0.2	0.1			
0.5	0.3			
1	0.5			

(e) Use un sistema algebraico computarizado para graficar las superficies $z = f(x, y)$, $z = P_1(x, y)$ y $z = P_2(x, y)$. ¿Cómo cambia la precisión de las aproximaciones cuando la distancia desde $(0, 0)$ aumenta?

Usar el criterio de segundas parciales En los ejercicios 61 a 66, examine la función para los extremos relativos y los puntos silla.

61. $f(x, y) = -x^2 - 4y^2 + 8x - 8y - 11$

62. $f(x, y) = x^2 - y^2 - 16x - 16y$

63. $f(x, y) = 2x^2 + 6xy + 9y^2 + 8x + 14$

64. $f(x, y) = x^2 + 3xy + y^2 - 5x$

65. $f(x, y) = xy + \dfrac{1}{x} + \dfrac{1}{y}$

66. $f(x, y) = -8x^2 + 4xy - y^2 + 12x + 7$

67. Hallar la distancia mínima Determine la distancia mínima del punto al plano. (*Sugerencia:* Para simplificar los cálculos, minimice el cuadrado de la distancia.)

68. Hallar los números positivos Determine tres números positivos x, y y z tales que el producto es 64 y la suma es mínima.

69. Ingreso máximo Una compañía fabrica dos tipos de bicicletas, una bicicleta de carreras y una bicicleta de montaña. El ingreso total de x_1 unidades de bicicletas de carrera y x_2 unidades de bicicletas de montaña es

$$R = -6x_1^2 - 10x_2^2 - 2x_1x_2 + 32x_1 + 84x_2$$

donde x_1 y x_2 están en miles de unidades. Encuentre x_1 y x_2 de tal forma que maximicen el ingreso.

70. Máxima ganancia Una corporación fabrica, en dos lugares, cámaras digitales. Las funciones de costo para producir x_1 unidades en el lugar 1 es $C_1 = 0.05x_1^2 + 15x_1 + 5400$ y x_2 unidades en el lugar 2 es $C_2 = 0.03x_2^2 + 15x_2 + 6100$. Las cámaras digitales se venden a \$180 por unidad. Determine los niveles de producción en los dos lugares que maximizan la ganancia $P = 180(x_1 + x_2) - C_1 - C_2$.

Hallar la recta de regresión de mínimos cuadrados En los ejercicios 71 y 72, determine la recta de regresión de mínimos cuadrados para los puntos. Utilice las capacidades de regresión de una herramienta de graficación para comparar sus resultados. Use la herramienta de graficación para trazar los puntos y graficar la recta de regresión.

71. $(0, 4), (1, 5), (3, 6), (6, 8), (8, 10)$

72. $(0, 10), (2, 8), (4, 7), (7, 5), (9, 3), (12, 0)$

73. Modelado de datos Un agrónomo prueba cuatro fertilizantes en los campos de cultivo para determinar la relación entre la producción de trigo y (en bushels por acre) y la cantidad de fertilizante x (en cientos de libras por acre). Los resultados se muestran en la tabla.

Fertilizante, x	100	150	200	250
Cosecha, y	35	44	50	56

(a) Utilice el programa de regresión de una herramienta de graficación para hallar la recta de regresión de mínimos cuadrados para los datos.

(b) Utilice el modelo para estimar la producción para una aplicación de 175 libras de fertilizante por acre.

74. Modelado de datos La tabla muestra los datos de producto y (en miligramos) de una reacción química después de t minutos.

Minutos, t	1	2	3	4
Producto, y	1.2	7.1	9.9	13.1

Minutos, t	5	6	7	8
Producto, y	15.5	16.0	17.9	18.0

(a) Use el programa de regresión de una herramienta de graficación para encontrar la recta de regresión de mínimos cuadrados. Después utilice la herramienta de graficación para trazar los datos y graficar el modelo.

(b) Utilice una herramienta de graficación para los puntos $(\ln t, y)$. Estos puntos parecen seguir un patrón lineal más cerca que la gráfica de los datos dados en el inciso (a)?

(c) Use el modelo de regresión de una herramienta de graficación para encontrar la recta de regresión de mínimos cuadrados para los puntos $(\ln t, y)$ y obtener el modelo logarítmico $y = a + b \ln t$.

(d) Utilice una herramienta de graficación para trazar los datos originales y representar los modelos lineal y logarítmico. ¿Cuál es el mejor modelo? Explique.

Usar los multiplicadores de Lagrange En los ejercicios 75 a 80, utilice los multiplicadores de Lagrange para encontrar los extremos indicados, suponga que x y y son positivos.

75. Minimizar: $f(x, y) = x^2 + y^2$

Restricción: $x + y - 8 = 0$

76. Maximizar: $f(x, y) = xy$

Restricción: $x + 3y - 6 = 0$

77. Maximizar: $f(x, y) = 2x + 3xy + y$

Restricción: $x + 2y = 29$

78. Minimizar: $f(x, y) = x^2 - y^2$

Restricción: $x - 2y + 6 = 0$

79. Maximizar: $f(x, y) = 2xy$

Restricción: $2x + y = 12$

80. Minimizar: $f(x, y) = 3x^2 - y^2$

Restricción: $2x - 2y + 5 = 0$

81. Costo mínimo Hay que construir un conducto para agua desde el punto P al punto S, y debe atravesar regiones donde los costos de construcción difieren (ver la figura). El costo por kilómetro en dólares es $3k$ de P a Q, $2k$ de Q a R y k de R a S. Por simplicidad haga $k = 1$. Use multiplicadores de Lagrange para hallar x, y y z tales que el costo total C se minimice.

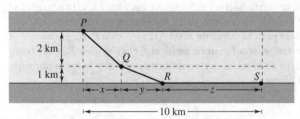

Solución de problemas

1. **Área**   La **fórmula de Heron** establece que el área de un triángulo con lados de longitudes a, b y c está dada por

   $$A = \sqrt{s(s-a)(s-b)(s-c)}$$

   donde $s = \dfrac{a+b+c}{2}$, como se muestra en la figura.

   (a) Utilice la fórmula de Herón para calcular el área del triangulo con vértices $(0, 0)$, $(3, 4)$ y $(6, 0)$.

   (b) Demuestre que de todos los triángulos que tienen un mismo perímetro, el triángulo con el área mayor es un triángulo equilátero.

   (c) Demuestre que de todos los triángulos que tienen una misma área, el triángulo con el perímetro menor es un triángulo equilátero.

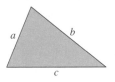
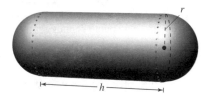

Figura para 1   Figura para 2

2. **Minimizar material**   Un tanque industrial tiene forma cilíndrica con extremos hemisféricos, como se muestra en la figura. El depósito debe almacenar 1000 litros de fluido. Determine el radio r y la longitud h que minimizan la cantidad de material utilizado para la construcción del tanque.

3. **Plano tangente**   Sea $P(x_0, y_0, z_0)$ un punto en el primer octante en la superficie $xyz = 1$.

   (a) Encuentre la ecuación del plano tangente a la superficie en el punto P.

   (b) Demuestre que el volumen del tetraedro formado en los tres planos de coordenadas y el plano tangente es constante, independiente del punto de tangencia (vea la figura).

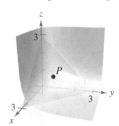

4. **Usar funciones**   Utilice un sistema algebraico por computadora y represente las funciones

   $$f(x) = \sqrt[3]{x^3 - 1} \quad y \quad g(x) = x$$

   en la misma pantalla.

   (a) Demuestre que

   $$\lim_{x \to \infty} \left[f(x) - g(x) \right] = 0 \quad y \quad \lim_{x \to -\infty} \left[f(x) - g(x) \right] = 0.$$

   (b) Encuentre el punto en la gráfica de f que está más alejado de la gráfica de g.

5. **Hallar valores máximos y mínimos**

   (a) Sean $f(x, y) = x - y$ y $g(x, y) = x^2 + y^2 = 4$. Grafique varias curvas de nivel de f y la restricción g en el plano xy. Use la gráfica para determinar el valor mayor de f sujeto a la restricción $g = 4$. Después, verifique su resultado mediante los multiplicadores de Lagrange.

   (b) Sean $f(x, y) = x - y$ y $g(x, y) = x^2 + y^2 = 0$. Encuentre los valores máximos y mínimos de f sujetos a la restricción $g = 0$. ¿Funcionará el método de los multiplicadores de Lagrange en este caso? Explique.

6. **Costos de minimización**   Un cuarto caliente de almacenamiento tiene la forma de una caja rectangular y un volumen de 1000 pies cúbicos, como se muestra en la figura. Como el aire caliente sube, la pérdida de calor por unidad de área a través del techo es cinco veces mayor que la pérdida de calor a través del suelo. La pérdida de calor a través de las cuatro paredes es tres veces mayor que la pérdida de calor a través del suelo. Determine las dimensiones del cuarto que minimizan la pérdida de calor y que por consiguiente minimizan los costos de calefacción.

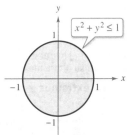

7. **Costos de minimización**   Repita el ejercicio 6 suponiendo que la pérdida de calor a través de las paredes y el techo sigue siendo la misma, pero el suelo se aísla de manera que no hay ninguna pérdida de calor a través del mismo.

8. **Temperatura**   Considere una placa circular de radio 1 dada por $x^2 + y^2 \le 1$, como se muestra en la figura. La temperatura sobre cualquier punto $P(x, y)$ de la placa es $T(x, y) = 2x^2 + y^2 - y + 10$.

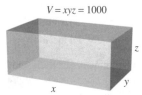

   (a) Dibuje la isoterma $T(x, y) = 10$. Para imprimir una copia ampliada de la gráfica, vaya a *MathGraphs.com*.

   (b) Determine el punto más caliente y el punto más frío de la placa.

9. **Función de producción de Cobb-Douglas**   Considere la función de producción de Cobb-Douglas

   $$f(x, y) = Cx^a y^{1-a}, \quad 0 < a < 1.$$

   (a) Demuestre que f satisface la ecuación $x \dfrac{\partial f}{\partial x} + y \dfrac{\partial f}{\partial y} = f$.

   (b) Demuestre que $f(tx, ty) = tf(x, y)$.

10. Minimizar el área   Considere la elipse

$$\frac{x^2}{a^2} + \frac{y^2}{b^2} = 1$$

que encierra el círculo $x^2 + y^2 = 2x$. Halle los valores de a y b que minimizan el área de la elipse.

11. Movimiento de proyectil   Un proyectil es lanzado a un ángulo de 45° respecto a la horizontal y con una velocidad inicial de 64 pies por segundo. Una cámara de televisión se localiza en el plano de la trayectoria del proyectil 50 pies detrás del sitio del lanzamiento (vea la figura).

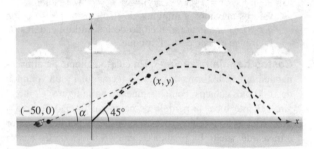

(a) Encuentre las ecuaciones paramétricas de la trayectoria del proyectil en términos del parámetro t que representa tiempo.

(b) Exprese el ángulo α que la cámara forma con la horizontal en términos de x, y y en términos de t.

(c) Utilice los resultados del inciso (b) para calcular $\dfrac{d\alpha}{dt}$.

(d) Utilice una herramienta de graficación para representar α en términos de t. ¿Es simétrica la gráfica respecto al eje del arco parabólico del proyectil? ¿En qué momento es mayor la razón de cambio de α?

(e) ¿En qué momento es máximo el ángulo α? ¿Ocurre esto cuando el proyectil está a su mayor altura?

12. Distancia   Considere la distancia d entre el sitio del lanzamiento y el proyectil del ejercicio 11.

(a) Exprese la distancia d en términos de x, y y en términos del parámetro t.

(b) Utilice los resultados del inciso (a) para hallar la razón de cambio de d.

(c) Encuentre la razón de cambio de la distancia cuando $t = 2$.

(d) Durante el vuelo del proyectil, ¿cuándo es mínima la razón de cambio de d? ¿Ocurre esto en el momento en que el proyectil alcanza su altura máxima?

13. Determinar puntos extremos y silla usando tecnología   Considere la función

$$f(x, y) = (\alpha x^2 + \beta y^2)e^{-(x^2+y^2)}, \quad 0 < |\alpha| < \beta.$$

(a) Utilice un sistema algebraico por computadora y represente gráficamente la función empleando $\alpha = 1$ y $\beta = 2$, e identifique todos los extremos o puntos silla.

(b) Utilice un sistema algebraico por computadora y represente gráficamente la función empleando $\alpha = -1$ y $\beta = 2$, e identifique todos los extremos o puntos silla.

(c) Generalice los resultados de los incisos (a) y (b) para la función f.

14. Demostración   Demuestre que si f es una función diferenciable tal que $\nabla f(x_0, y_0) = \mathbf{0}$, entonces el plano tangente en (x_0, y_0) es horizontal.

15. Área   La figura muestra un rectángulo que tiene aproximadamente $l = 6$ centímetros de largo y $h = 1$ centímetro de altura.

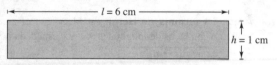

(a) Dibuje una franja rectangular a lo largo de la región rectangular que muestre un pequeño incremento en la longitud.

(b) Dibuje una franja rectangular a lo largo de la región rectangular que muestre un pequeño incremento en la altura.

(c) Utilice los resultados de los incisos (a) y (b) para identificar la medida que tiene mayor efecto en el área A del rectángulo.

(d) Verifique analíticamente la respuesta dada en el inciso (c) comparando los valores de dA cuando $dl = 0.01$ y cuando $dh = 0.01$.

16. Planos tangentes   Sea f una función de una variable derivable. Demuestre que los planos tangentes a la superficie se cortan en un punto común.

17. Ecuación de onda   Demuestre que

$$u(x, t) = \frac{1}{2}[\operatorname{sen}(x - t) + \operatorname{sen}(x + t)]$$

es una solución a la ecuación de ondas unidimensional

$$\frac{\partial^2 u}{\partial t^2} = \frac{\partial^2 u}{\partial x^2}.$$

18. Ecuación de onda   Demuestre que

$$u(x, t) = \frac{1}{2}[f(x - ct) + f(x + ct)]$$

es una solución a la ecuación de ondas unidimensional

$$\frac{\partial^2 u}{\partial t^2} = c^2 \frac{\partial^2 u}{\partial x^2}.$$

(Esta ecuación describe la vibración transversal pequeña de una cuerda elástica, como las de ciertos instrumentos musicales.)

19. Comprobar ecuaciones   Considere la función $w = f(x, y)$, donde $x = r \cos \theta$ y $y = r \operatorname{sen} \theta$. Verifique cada una de las ecuaciones siguientes

(a) $\dfrac{\partial w}{\partial x} = \dfrac{\partial w}{\partial r} \cos \theta - \dfrac{\partial w}{\partial \theta} \dfrac{\operatorname{sen} \theta}{r}$

$\dfrac{\partial w}{\partial y} = \dfrac{\partial w}{\partial r} \operatorname{sen} \theta + \dfrac{\partial w}{\partial \theta} \dfrac{\cos \theta}{r}$

(b) $\left(\dfrac{\partial w}{\partial x}\right)^2 + \left(\dfrac{\partial w}{\partial y}\right)^2 = \left(\dfrac{\partial w}{\partial r}\right)^2 + \left(\dfrac{1}{r^2}\right)\left(\dfrac{\partial w}{\partial \theta}\right)^2$

20. Usar una función   Demuestre el resultado del ejercicio 19(b) para

$$w = \arctan \frac{y}{x}.$$

21. Ecuación de Laplace   Reescriba la ecuación de Laplace

$$\frac{\partial^2 u}{\partial x^2} + \frac{\partial^2 u}{\partial y^2} + \frac{\partial^2 u}{\partial z^2} = 0$$

en coordenadas cilíndricas.

14 Integración múltiple

Modelado de datos *(Ejercicio 34, p. 1008)*

Centro de presión sobre una vela
(Proyecto de trabajo, p. 1001)

Glaciar *(Ejercicio 60, p. 993)*

Población
(Ejercicio 57, p. 992)

Producción promedio *(Ejercicio 57, p. 984)*

14.1 Integrales iteradas y área en el plano

■ Evaluar una integral iterada.
■ Utilizar una integral iterada para hallar el área de una región plana.

Integrales iteradas

En los capítulos 14 y 15 estudió varias aplicaciones de integración que implican funciones de varias variables. Este capítulo es muy similar al capítulo 7, ya que ilustra el uso de la integración para hallar áreas planas, volúmenes, áreas de superficies, momentos y centros de masa.

En el capítulo 13 vio cómo derivar funciones de varias variables con respecto a una variable manteniendo constantes las demás variables. Empleando un procedimiento similar puede *integrar* funciones de varias variables. Por ejemplo, la derivada parcial $f_x(x, y) = 2xy$. Considerando a y constante, puede integrar respecto a x para obtener

$$f(x, y) = \int f_x(x, y)\, dx \qquad \text{Integre respecto a } x.$$
$$= \int 2xy\, dx \qquad \text{Mantenga } y \text{ constante.}$$
$$= y \int 2x\, dx \qquad \text{Saque } y \text{ como factor constante.}$$
$$= y(x^2) + C(y) \qquad \text{La antiderivada de } 2x \text{ es } x^2.$$
$$= x^2 y + C(y). \qquad C(y) \text{ es una función de } y.$$

La "constante" de integración, $C(y)$, es una función de y. En otras palabras, al integrar con respecto a x, puede recobrar $f(x, y)$ sólo parcialmente. Cómo recobrar totalmente una función de x y y a partir de sus derivadas parciales es un tema que estudiará en el capítulo 15. Por ahora, lo que interesa es extender las integrales definidas a funciones de varias variables. Por ejemplo, al considerar y constante, puede aplicar el teorema fundamental del cálculo para evaluar

$$\int_1^{2y} 2xy\, dx = x^2 y\,\Big]_1^{2y} = (2y)^2 y - (1)^2 y = 4y^3 - y.$$

x es la variable de integración y y es constante.   Sustituya x por los límites de integración.   El resultado es una función de y.

De manera similar se puede integrar con respecto a y, manteniendo x fija. Ambos procedimientos se resumen como sigue.

$$\int_{h_1(y)}^{h_2(y)} f_x(x, y)\, dx = f(x, y)\,\Big]_{h_1(y)}^{h_2(y)} = f(h_2(y), y) - f(h_1(y), y) \qquad \text{Con respecto a } x$$
$$\int_{g_1(x)}^{g_2(x)} f_y(x, y)\, dy = f(x, y)\,\Big]_{g_1(x)}^{g_2(x)} = f(x, g_2(x)) - f(x, g_1(x)) \qquad \text{Con respecto a } y$$

Observe que la variable de integración no puede aparecer en ninguno de los límites de integración. Por ejemplo, no tiene ningún sentido escribir

$$\int_0^x y\, dx.$$

EJEMPLO 1 **Integrar con respecto a y**

Evalúe $\displaystyle\int_{1}^{x} (2x^2y^{-2} + 2y)\, dy$.

Solución Considere x constante e integre respecto a y, con lo que obtiene

$$\int_{1}^{x} (2x^2y^{-2} + 2y)\, dy = \left[\frac{-2x^2}{y} + y^2\right]_{1}^{x} \qquad \text{Integre respecto a } y.$$

$$= \left(\frac{-2x^2}{x} + x^2\right) - \left(\frac{-2x^2}{1} + 1\right)$$

$$= 3x^2 - 2x - 1.$$

En el ejemplo 1 observe que la integral define una función de x que puede ser integrada *ella misma*, como se muestra en el ejemplo siguiente.

EJEMPLO 2 **La integral de una integral**

Evalúe $\displaystyle\int_{1}^{2}\left[\int_{1}^{x}(2x^2y^{-2} + 2y)\, dy\right] dx$.

Solución Utilizando el resultado del ejemplo 1, tiene

$$\int_{1}^{2}\left[\int_{1}^{x}(2x^2y^{-2} + 2y)\, dy\right] dx = \int_{1}^{2}(3x^2 - 2x - 1)\, dx$$

$$= \left[x^3 - x^2 - x\right]_{1}^{2} \qquad \text{Integre respecto a } x.$$

$$= 2 - (-1)$$

$$= 3.$$

La integral del ejemplo 2 es una **integral iterada**. Los corchetes usados en el ejemplo 2 normalmente no se escriben. Las integrales iteradas se escriben normalmente como

$$\int_{a}^{b}\int_{g_1(x)}^{g_2(x)} f(x, y)\, dy\, dx \quad \text{y} \quad \int_{c}^{d}\int_{h_1(y)}^{h_2(y)} f(x, y)\, dx\, dy.$$

Los **límites interiores de integración** pueden ser variables con respecto a la variable exterior de integración. Sin embargo, los **límites exteriores de integración** *deben ser* constantes respecto a ambas variables de integración. Después de realizar la integración interior, usted obtiene una integral definida "ordinaria" y la segunda integración produce un número real. Los límites de integración de una integral iterada definen dos intervalos para las variables. Como en el ejemplo 2, los límites exteriores indican que x está en el intervalo $1 \leq x \leq 2$ y los límites interiores indican que y está en el intervalo $1 \leq y \leq x$. Juntos, estos dos intervalos determinan la **región de integración R** de la integral iterada, como se muestra en la figura 14.1.

Como una integral iterada es simplemente un tipo especial de integral definida, en el que el integrando es también una integral, puede utilizar las propiedades de las integrales definidas para evaluar integrales iteradas.

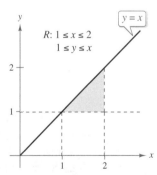

La región de integración para

$$\int_{1}^{2}\int_{1}^{x} f(x, y)\, dy\, dx$$

Figura 14.1

La región está limitada por
$a \le x \le b$ y
$g_1(x) \le y \le g_2(x)$

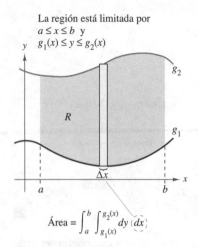

Área $= \int_a^b \int_{g_1(x)}^{g_2(x)} dy \, (dx)$

Región verticalmente simple.
Figura 14.2

Área de una región plana

En el resto de esta sección verá desde una perspectiva nueva un viejo problema, el de hallar el área de una región plana. Considere la región plana R acotada por $a \le x \le b$ y $g_1(x) \le y \le g_2(x)$, como se muestra en la figura 14.2. El área de R está dada por la integral definida

$$\int_a^b [g_2(x) - g_1(x)] \, dx. \qquad \text{Área de } R$$

Usando el teorema fundamental del cálculo, puede reescribir el integrando $g_2(x) - g_1(x)$ como una integral definida. Concretamente, si considera x fija y deja que y varíe desde $g_1(x)$ hasta $g_2(x)$ puede escribir

$$\int_{g_1(x)}^{g_2(x)} dy = y \Big]_{g_1(x)}^{g_2(x)} = g_2(x) - g_1(x).$$

Combinando estas dos integrales, puede expresar el área de la región R mediante una integral iterada

$$\int_a^b \int_{g_1(x)}^{g_2(x)} dy \, dx = \int_a^b y \Big]_{g_1(x)}^{g_2(x)} dx = \int_a^b [g_2(x) - g_1(x)] \, dx. \qquad \text{Área de } R$$

Colocar un rectángulo representativo en la región R ayuda a determinar el orden y los límites de integración. Un rectángulo vertical implica el orden $dy \, dx$, donde los límites interiores corresponden a los límites superior e inferior del rectángulo, como se muestra en la figura 14.2. Este tipo de región se llama **verticalmente simple**, porque los límites exteriores de integración representan las rectas verticales

$$x = a$$
y
$$x = b$$

De manera similar, un rectángulo horizontal implica el orden $dx \, dy$, donde los límites interiores están determinados por los límites izquierdo y derecho del rectángulo, como se muestra en la figura 14.3. Este tipo de región se llama **horizontalmente simple**, porque los límites exteriores representan las rectas horizontales

$$y = c$$
y
$$y = d$$

La región está acotada
por $c \le y \le d$ y
$h_1(y) \le x \le h_2(y)$

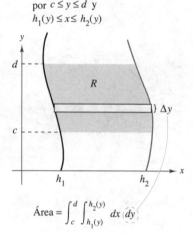

Área $= \int_c^d \int_{h_1(y)}^{h_2(y)} dx \, (dy)$

Región horizontalmente simple.
Figura 14.3

Las integrales iteradas utilizadas en estos dos tipos de regiones simples se resumen como sigue.

• • • • • • • • • • • • • • • ▷
••**COMENTARIO**   Observe
que el orden de integración de
estas dos integrales es diferente,
el orden $dy \, dx$ corresponde a una
región verticalmente simple, y el
orden $dx \, dy$ corresponde a una
región horizontalmente simple.

Área de una región en el plano

1. Si R está definida por $a \le x \le b$ y $g_1(x) \le y \le g_2(x)$, donde g_1 y g_2 son continuas en $[a, b]$, entonces el área de R está dada por

$$A = \int_a^b \int_{g_1(x)}^{g_2(x)} dy \, dx. \quad \text{Figura 14.2 (verticalmente simple)}$$

2. Si R está definida por $c \le y \le d$ y $h_1(y) \le x \le h_2(y)$, donde h_1 y h_2 son continuas en $[c, d]$, entonces el área de R está dada por

$$A = \int_c^d \int_{h_1(y)}^{h_2(y)} dx \, dy. \quad \text{Figura 14.3 (horizontalmente simple)}$$

Si los cuatro límites de integración son constantes, la región de integración es rectangular, como ocurre en el ejemplo 3.

EJEMPLO 3 Área de una región rectangular

Utilice una integral iterada para representar el área del rectángulo que se muestra en la figura 14.4.

Solución La región de la figura 14.4 es verticalmente simple y horizontalmente simple, por tanto puede emplear cualquier orden de integración. Eligiendo el orden $dy\,dx$, obtiene lo siguiente.

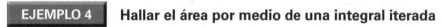

$$\int_a^b \int_c^d dy\,dx = \int_a^b y \Big]_c^d dx \qquad \text{Integre respecto a } y.$$

$$= \int_a^b (d - c)\,dx$$

$$= \Big[(d - c)x\Big]_a^b \qquad \text{Integre respecto a } x.$$

$$= (d - c)(b - a)$$

Observe que esta respuesta es consistente con los conocimientos de la geometría.

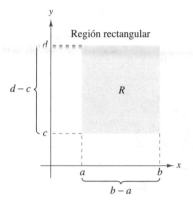

Figura 14.4

EJEMPLO 4 Hallar el área por medio de una integral iterada

Utilice una integral iterada para hallar el área de la región acotada por las gráficas de

$$f(x) = \text{sen}\,x \qquad \text{La curva seno constituye el límite superior.}$$

y

$$g(x) = \cos x \qquad \text{La curva coseno constituye el límite inferior}$$

entre $x = \pi/4$ y $x = 5\pi/4$.

Solución Como f y g se dan como funciones de x, es conveniente un rectángulo representativo vertical, y puede elegir $dy\,dx$ como orden de integración, como se muestra en la figura 14.5. Los límites exteriores de integración son

$$\frac{\pi}{4} \le x \le \frac{5\pi}{4}.$$

Además, dado que el rectángulo está limitado o acotado, superiormente por $f(x) = \text{sen}\,x$ e inferiormente por $g(x) = \cos x$, tiene

$$\text{Área de } R = \int_{\pi/4}^{5\pi/4} \int_{\cos x}^{\text{sen}\,x} dy\,dx$$

$$= \int_{\pi/4}^{5\pi/4} y \Big]_{\cos x}^{\text{sen}\,x} dx \qquad \text{Integre respecto a } y.$$

$$= \int_{\pi/4}^{5\pi/4} (\text{sen}\,x - \cos x)\,dx$$

$$= \Big[-\cos x - \text{sen}\,x\Big]_{\pi/4}^{5\pi/4} \qquad \text{Integre respecto a } x$$

$$= 2\sqrt{2}.$$

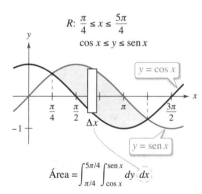

$R: \dfrac{\pi}{4} \le x \le \dfrac{5\pi}{4}$

$\cos x \le y \le \text{sen}\,x$

$y = \cos x$

$y = \text{sen}\,x$

$\text{Área} = \displaystyle\int_{\pi/4}^{5\pi/4} \int_{\cos x}^{\text{sen}\,x} dy\,dx$

Figura 14.5

La región de integración en una integral iterada no necesariamente debe estar acotada por rectas. Por ejemplo, la región de integración que se muestra en la figura 14.5 es *verticalmente simple* aun cuando no tiene rectas verticales como fronteras izquierda y derecha. Lo que hace que la región sea verticalmente simple es que está acotada superiormente e inferiormente por gráficas de *funciones de x*.

Con frecuencia, uno de los órdenes de integración hace que un problema de integración sea más sencillo de como resulta con el otro orden de integración. Por ejemplo, haga de nuevo el ejemplo 4 con el orden $dx\,dy$; le sorprenderá ver que la tarea es formidable. Sin embargo, si llega al resultado, verá que la respuesta es la misma. En otras palabras, el orden de integración afecta la complejidad de la integración, pero no el valor de la integral.

> **EJEMPLO 5** **Comparar diferentes órdenes de integración**

> ••••▷ *Consulte LarsonCalculus.com para una versión interactiva de este tipo de ejemplo.*

Dibuje la región cuya área está representada por la integral

$$\int_0^2 \int_{y^2}^4 dx\,dy.$$

Después encuentre otra integral iterada que utilice el orden $dy\,dx$ para representar la misma área y demuestre que ambas integrales dan el mismo valor.

Solución De acuerdo con los límites de integración dados, sabe que

$$y^2 \le x \le 4 \qquad \text{Límites interiores de integración.}$$

lo cual significa que la región R está acotada a la izquierda por la parábola $x = y^2$ y a la derecha por la recta $x = 4$. Además, como

$$0 \le y \le 2 \qquad \text{Límites exteriores de integración.}$$

sabe que R está acotada inferiormente por el eje x, como se muestra en la figura 14.6(a). El valor de esta integral es

$$\int_0^2 \int_{y^2}^4 dx\,dy = \int_0^2 x\Big]_{y^2}^4 dy \qquad \text{Integre respecto a } x.$$

$$= \int_0^2 (4 - y^2)\,dy$$

$$= \left[4y - \frac{y^3}{3}\right]_0^2 \qquad \text{Integre respecto a } y.$$

$$= \frac{16}{3}.$$

Para cambiar el orden de integración a $dy\,dx$, coloque un rectángulo vertical en la región, como se muestra en la figura 14.6(b). Con esto puede ver que los límites constantes $0 \le x \le 4$ sirven como límites exteriores de integración. Despejando y de la ecuación $x = y^2$ puede concluir que los límites interiores son $0 \le y \le \sqrt{x}$. Por tanto, el área de la región también se puede representar por

$$\int_0^4 \int_0^{\sqrt{x}} dy\,dx.$$

Evaluando esta integral, observe que tiene el mismo valor que la integral original.

$$\int_0^4 \int_0^{\sqrt{x}} dy\,dx = \int_0^4 y\Big]_0^{\sqrt{x}} dx \qquad \text{Integre respecto a } y.$$

$$= \int_0^4 \sqrt{x}\,dx$$

$$= \frac{2}{3}x^{3/2}\Big]_0^4 \qquad \text{Integre respecto a } x.$$

$$= \frac{16}{3}$$

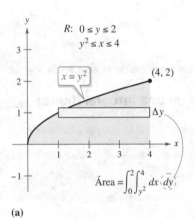

(a)

R: $0 \le y \le 2$
$y^2 \le x \le 4$

$x = y^2$

$(4, 2)$

Δy

$\text{Área} = \int_0^2 \int_{y^2}^4 dx\,dy$

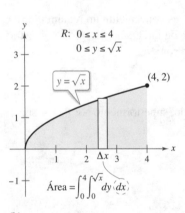

R: $0 \le x \le 4$
$0 \le y \le \sqrt{x}$

$y = \sqrt{x}$

$(4, 2)$

Δx

$\text{Área} = \int_0^4 \int_0^{\sqrt{x}} dy\,dx$

(b)

Figura 14.6

Algunas veces no es posible calcular el área de una región con una sola integral iterada. En estos casos se divide la región en subregiones, de manera que el área de cada subregión pueda calcularse por medio de una integral iterada. El área total es entonces la suma de las integrales iteradas.

▷ **TECNOLOGÍA** Algunos paquetes de software pueden efectuar integración simbólica de integrales como las del ejemplo 6. Si cuenta con acceso a alguno de estos paquetes, utilícelo para evaluar las integrales de los ejercicios y ejemplos dados en esta sección.

EJEMPLO 6 Área representada por dos integrales iteradas

Determine el área de la región R que se encuentra bajo la parábola

$$y = 4x - x^2 \qquad \text{La parábola forma el límite superior.}$$

sobre el eje x, y sobre la recta

$$y = -3x + 6. \qquad \text{La recta y el eje } x \text{ forman el límite inferior.}$$

Solución Para empezar divida R en dos subregiones, como se muestra en la figura 14.7.

•••**COMENTARIO** En los ejemplos 3 a 6, observe la ventaja de dibujar la región de integración. Se recomienda que desarrolle el hábito de hacer dibujos como ayuda para determinar los límites de integración de todas las integrales iteradas de este capítulo.

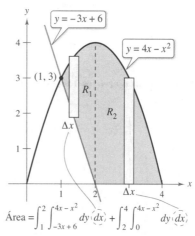

$$\text{Área} = \int_1^2 \int_{-3x+6}^{4x-x^2} dy\, dx + \int_2^4 \int_0^{4x-x^2} dy\, dx$$

Figura 14.7

En ambas regiones es conveniente usar rectángulos verticales y obtiene

$$\begin{aligned}
\text{Área} &= \int_1^2 \int_{-3x+6}^{4x-x^2} dy\, dx + \int_2^4 \int_0^{4x-x^2} dy\, dx \\
&= \int_1^2 (4x - x^2 + 3x - 6)\, dx + \int_2^4 (4x - x^2)\, dx \\
&= \left[\frac{7x^2}{2} - \frac{x^3}{3} - 6x \right]_1^2 + \left[2x^2 - \frac{x^3}{3} \right]_2^4 \\
&= \left(14 - \frac{8}{3} - 12 - \frac{7}{2} + \frac{1}{3} + 6 \right) + \left(32 - \frac{64}{3} - 8 + \frac{8}{3} \right) \\
&= \frac{15}{2}.
\end{aligned}$$

El área de la región es 15/2 unidades cuadradas. Trate de comprobar el resultado usando el procedimiento para hallar el área entre dos curvas, que se presentó en la sección 7.1. ■

En este punto, usted se puede preguntar para qué se necesitan las integrales iteradas. Después de todo, ya sabe usar la integración convencional para hallar el área de una región en el plano. (Por ejemplo, compare la solución del ejemplo 4 de esta sección con la del ejemplo 3 en la sección 7.1.) La necesidad de las integrales iteradas será más clara en la sección siguiente. En esta sección se presta especial atención a los procedimientos para determinar los límites de integración de las integrales iteradas, y el conjunto de ejercicios siguiente está diseñado para adquirir práctica en este procedimiento importante.

14.1 Ejercicios

Consulte **CalcChat.com** para un tutorial de ayuda y soluciones trabajadas de los ejercicios con numeración impar.

Evaluar una integral En los ejercicios 1 a 10, evalúe la integral.

1. $\displaystyle\int_0^x (x + 2y)\,dy$

2. $\displaystyle\int_x^{x^2} \frac{y}{x}\,dy$

3. $\displaystyle\int_1^{2y} \frac{y}{x}\,dx, \quad y > 0$

4. $\displaystyle\int_0^{\cos y} y\,dx$

5. $\displaystyle\int_0^{\sqrt{4-x^2}} x^2 y\,dy$

6. $\displaystyle\int_{x^3}^{\sqrt{x}} (x^2 + 3y^2)\,dy$

7. $\displaystyle\int_{e^y}^{y} \frac{y \ln x}{x}\,dx, \quad y > 0$

8. $\displaystyle\int_{-\sqrt{1-y^2}}^{\sqrt{1-y^2}} (x^2 + y^2)\,dx$

9. $\displaystyle\int_0^{x^3} ye^{-y/x}\,dy$

10. $\displaystyle\int_y^{\pi/2} \text{sen}^3\, x \cos y\,dx$

Evaluar una integral iterada En los ejercicios 11 a 30, evalúe la integral iterada.

11. $\displaystyle\int_0^1 \int_0^2 (x + y)\,dy\,dx$

12. $\displaystyle\int_{-1}^1 \int_{-2}^2 (x^2 - y^2)\,dy\,dx$

13. $\displaystyle\int_1^2 \int_0^4 (x^2 - 2y^2)\,dx\,dy$

14. $\displaystyle\int_{-1}^2 \int_1^3 (x + y^2)\,dx\,dy$

15. $\displaystyle\int_0^{\pi/2} \int_0^1 y \cos x\,dy\,dx$

16. $\displaystyle\int_0^{\ln 4} \int_0^{\ln 3} e^{x+y}\,dy\,dx$

17. $\displaystyle\int_0^{\pi} \int_0^{\text{sen}\, x} (1 + \cos x)\,dy\,dx$

18. $\displaystyle\int_1^4 \int_1^{\sqrt{x}} 2ye^{-x}\,dy\,dx$

19. $\displaystyle\int_0^1 \int_0^x \sqrt{1 - x^2}\,dy\,dx$

20. $\displaystyle\int_{-4}^4 \int_0^{x^2} \sqrt{64 - x^3}\,dy\,dx$

21. $\displaystyle\int_{-1}^5 \int_0^{3y} \left(3 + x^2 + \frac{1}{4}y^2\right)dx\,dy$

22. $\displaystyle\int_0^2 \int_y^{2y} (10 + 2x^2 + 2y^2)\,dx\,dy$

23. $\displaystyle\int_0^1 \int_0^{\sqrt{1-y^2}} (x + y)\,dx\,dy$

24. $\displaystyle\int_0^2 \int_{3y^2-6y}^{2y-y^2} 3y\,dx\,dy$

25. $\displaystyle\int_0^2 \int_0^{\sqrt{4-y^2}} \frac{2}{\sqrt{4 - y^2}}\,dx\,dy$

26. $\displaystyle\int_1^3 \int_0^y \frac{4}{x^2 + y^2}\,dx\,dy$

27. $\displaystyle\int_0^{\pi/2} \int_0^{2\cos\theta} r\,dr\,d\theta$

28. $\displaystyle\int_0^{\pi/4} \int_{\sqrt{3}}^{\sqrt{3}\cos\theta} r\,dr\,d\theta$

29. $\displaystyle\int_0^{\pi/2} \int_0^{\text{sen}\,\theta} \theta r\,dr\,d\theta$

30. $\displaystyle\int_0^{\pi/4} \int_0^{\cos\theta} 3r^2\, \text{sen}\,\theta\,dr\,d\theta$

Evaluar una integral iterada impropia En los ejercicios 31 a 34, evalúe la integral iterada impropia.

31. $\displaystyle\int_1^{\infty} \int_0^{1/x} y\,dy\,dx$

32. $\displaystyle\int_0^3 \int_0^{\infty} \frac{x^2}{1 + y^2}\,dy\,dx$

33. $\displaystyle\int_1^{\infty} \int_1^{\infty} \frac{1}{xy}\,dx\,dy$

34. $\displaystyle\int_0^{\infty} \int_0^{\infty} xye^{-(x^2+y^2)}\,dx\,dy$

Determinar el área de una región En los ejercicios 35 a 38, utilice una integral iterada para hallar el área de la región.

35.

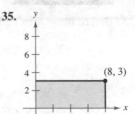

36.

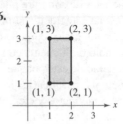

37.

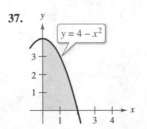

38.

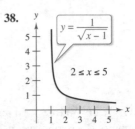

Determinar el área de una región En los ejercicios 39 a 44, utilice una integral iterada para calcular el área de la región acotada por las gráficas de las ecuaciones.

39. $\sqrt{x} + \sqrt{y} = 2, \quad x = 0, \quad y = 0$

40. $y = x^{3/2}, \quad y = 2x$

41. $2x - 3y = 0, \quad x + y = 5, \quad y = 0$

42. $\dfrac{x^2}{a^2} + \dfrac{y^2}{b^2} = 1$

43. $y = 4 - x^2, \quad y = x + 2$

44. $y = x, \quad y = 2x, \quad x = 2$

Cambiar el orden de integración En los ejercicios 45 a 52, dibuje la región R de integración y cambie el orden de integración.

45. $\displaystyle\int_0^4 \int_0^y f(x, y)\,dx\,dy$

46. $\displaystyle\int_0^4 \int_{\sqrt{y}}^2 f(x, y)\,dx\,dy$

47. $\displaystyle\int_{-2}^2 \int_0^{\sqrt{4-x^2}} f(x, y)\,dy\,dx$

48. $\displaystyle\int_0^2 \int_0^{4-x^2} f(x, y)\,dy\,dx$

49. $\displaystyle\int_1^{10} \int_0^{\ln y} f(x, y)\,dx\,dy$

50. $\displaystyle\int_{-1}^2 \int_0^{e^{-x}} f(x, y)\,dy\,dx$

51. $\displaystyle\int_{-1}^1 \int_{x^2}^1 f(x, y)\,dy\,dx$

52. $\displaystyle\int_{-\pi/2}^{\pi/2} \int_0^{\cos x} f(x, y)\,dy\,dx$

Cambiar el orden de integración En los ejercicios 53 a 62, dibuje la región R cuya área está dada por la integral iterada. Después, cambie el orden de integración y demuestre que ambos órdenes dan la misma área.

53. $\displaystyle\int_0^1 \int_0^2 dy\,dx$

54. $\displaystyle\int_1^2 \int_2^4 dx\,dy$

55. $\displaystyle\int_0^1 \int_{-\sqrt{1-y^2}}^{\sqrt{1-y^2}} dx\,dy$

56. $\displaystyle\int_{-2}^2 \int_{-\sqrt{4-x^2}}^{\sqrt{4-x^2}} dy\,dx$

57. $\displaystyle\int_0^2\int_0^x dy\,dx + \int_2^4\int_0^{4-x} dy\,dx$

58. $\displaystyle\int_0^4\int_0^{x/2} dy\,dx + \int_4^6\int_0^{6-x} dy\,dx$

59. $\displaystyle\int_0^2\int_{x/2}^1 dy\,dx$ **60.** $\displaystyle\int_0^9\int_{\sqrt{x}}^3 dy\,dx$

61. $\displaystyle\int_0^1\int_{y^2}^{\sqrt[3]{y}} dx\,dy$ **62.** $\displaystyle\int_{-2}^2\int_0^{4-y^2} dx\,dy$

63. Piénselo   Dé un argumento geométrico para la igualdad. Compruebe la igualdad analíticamente.

$$\int_0^5\int_x^{\sqrt{50-x^2}} x^2 y^2\,dy\,dx =$$
$$\int_0^5\int_0^y x^2 y^2\,dx\,dy + \int_5^{5\sqrt{2}}\int_0^{\sqrt{50-y^2}} x^2 y^2\,dx\,dy$$

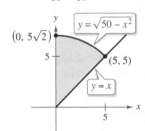

64. **¿CÓMO LO VE?**   Complete las integrales iteradas en forma tal que cada una represente el área de la región R (vea la figura).

(a) Área = $\displaystyle\iint dx\,dy$ (b) Área = $\displaystyle\iint dy\,dx$

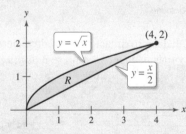

Cambiar el orden de integración   En los ejercicios 65 a 70, trace la región de integración. Después, evalúe la integral iterada. (*Sugerencia:* Observe que es necesario cambiar el orden de integración.)

65. $\displaystyle\int_0^2\int_x^2 x\sqrt{1+y^3}\,dy\,dx$ **66.** $\displaystyle\int_0^4\int_{\sqrt{x}}^2 \frac{3}{2+y^3}\,dy\,dx$

67. $\displaystyle\int_0^1\int_{2x}^2 4e^{y^2}\,dy\,dx$ **68.** $\displaystyle\int_0^2\int_x^2 e^{-y^2}\,dy\,dx$

69. $\displaystyle\int_0^1\int_y^1 \operatorname{sen} x^2\,dx\,dy$ **70.** $\displaystyle\int_0^2\int_{y^2}^4 \sqrt{x}\operatorname{sen} x\,dx\,dy$

Evaluar una integral iterada usando tecnología   En los ejercicios 71 a 78, utilice un sistema algebraico por computadora para evaluar la integral iterada.

71. $\displaystyle\int_0^2\int_{x^2}^{2x} (x^3+3y^2)\,dy\,dx$

72. $\displaystyle\int_0^1\int_y^{2y} \operatorname{sen}(x+y)\,dx\,dy$

73. $\displaystyle\int_0^4\int_0^y \frac{2}{(x+1)(y+1)}\,dx\,dy$

74. $\displaystyle\int_0^a\int_0^{a-x} (x^2+y^2)\,dy\,dx$

75. $\displaystyle\int_0^2\int_0^{4-x^2} e^{xy}\,dy\,dx$

76. $\displaystyle\int_0^2\int_x^2 \sqrt{16-x^3-y^3}\,dy\,dx$

77. $\displaystyle\int_0^{2\pi}\int_0^{1+\cos\theta} 6r^2\cos\theta\,dr\,d\theta$

78. $\displaystyle\int_0^{\pi/2}\int_0^{1+\operatorname{sen}\theta} 15\theta r\,dr\,d\theta$

Comparar diferentes órdenes de integración usando tecnología   En los ejercicios 79 y 80, (a) dibuje la región de integración, (b) cambie el orden de integración y (c) use un sistema algebraico por computadora para demostrar que ambos órdenes dan el mismo valor.

79. $\displaystyle\int_0^2\int_{y^3}^{4\sqrt{2y}} (x^2y-xy^2)\,dx\,dy$

80. $\displaystyle\int_0^2\int_{\sqrt{4-x^2}}^{4-x^2/4} \frac{xy}{x^2+y^2+1}\,dy\,dx$

DESARROLLO DE CONCEPTOS

81. Integral iterada   Explique qué se quiere decir con una integral iterada. ¿Cómo se evalúa?

82. Verticalmente simple y horizontalmente simple   Describa regiones que sean verticalmente simples y regiones que sean horizontalmente simples.

83. Región de integración   Dé una descripción geométrica de la región de integración si los límites interiores y exteriores de integración son constantes.

84. Orden de integración   Explique por qué algunas veces es una ventaja cambiar el orden de integración.

¿Verdadero o falso?   En los ejercicios 85 y 86, determine si el enunciado es verdadero o falso. Si es falso, explique por qué o dé un ejemplo que demuestre que es falso.

85. $\displaystyle\int_a^b\int_c^d f(x,y)\,dy\,dx = \int_c^d\int_a^b f(x,y)\,dx\,dy$

86. $\displaystyle\int_0^1\int_0^x f(x,y)\,dy\,dx = \int_0^1\int_0^y f(x,y)\,dx\,dy$

14.2 Integrales dobles y volumen

■ Utilizar una integral doble para representar el volumen de una región sólida y utilizar las propiedades de las integrales dobles.
■ Evaluar una integral doble como una integral iterada.
■ Hallar el valor promedio de una función sobre una región.

Integrales dobles y volumen de una región sólida

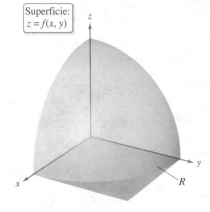

Superficie:
$z = f(x, y)$

Figura 14.8

Ya sabe que una integral definida sobre un *intervalo* utiliza un proceso de límite para asignar una medida a cantidades como el área, el volumen, la longitud de arco y la masa. En esta sección, usará un proceso similar para definir la **integral doble** de una función de dos variables sobre una *región en el plano*.

Considere una función continua f tal que $f(x, y) \geq 0$ para todo (x, y) en una región R del plano xy. El objetivo es hallar el volumen de la región sólida comprendida entre la superficie dada por

$$z = f(x, y) \qquad \text{Superficie sobre el plano } xy$$

y el plano xy, como se muestra en la figura 14.8. Para empezar, superponga una red o cuadrícula rectangular sobre la región, como se muestra en la figura 14.9. Los rectángulos que se encuentran completamente dentro de R forman una **partición interior** Δ, cuya **norma** $\|\Delta\|$ está definida como la longitud de la diagonal más larga de los n rectángulos. Después, elija un punto (x_i, y_i) en cada rectángulo y forme el prisma rectangular cuya altura es

$$f(x_i, y_i) \qquad \text{Altura del } i\text{-ésimo prisma}$$

como se muestra en la figura 14.10. Como el área del i-ésimo rectángulo es

$$\Delta A_i \qquad \text{Área del rectángulo } i\text{-ésimo}$$

se deduce que el volumen del prisma i-ésimo es

$$f(x_i, y_i) \, \Delta A_i \qquad \text{Volumen del prisma } i\text{-ésimo}$$

y puede aproximar el volumen de la región sólida por la suma de Riemann de los volúmenes de todos los n prismas,

$$\sum_{i=1}^{n} f(x_i, y_i) \, \Delta A_i \qquad \text{Suma de Riemann}$$

como se muestra en la figura 14.11. Esta aproximación se puede mejorar tomando redes o cuadrículas con rectángulos más y más pequeños, como se muestra en el ejemplo 1.

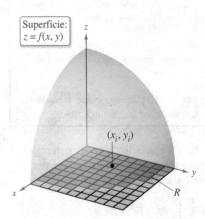

Superficie:
$z = f(x, y)$

Los rectángulos que se encuentran dentro de R forman una partición interior de R.
Figura 14.9

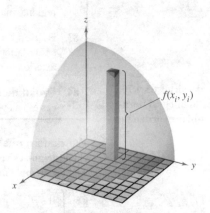

Prisma rectangular cuya base tiene un área de ΔA_i y cuya altura es $f(x_i, y_i)$.
Figura 14.10

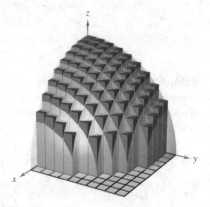

Volumen aproximado por prismas rectangulares.
Figura 14.11

Aproximar el volumen de un sólido

Aproxime el volumen del sólido comprendido entre el paraboloide

$$f(x, y) = 1 - \frac{1}{2}x^2 - \frac{1}{2}y^2$$

y la región cuadrada R dada por $0 \le x \le 1$, $0 \le y \le 1$. Utilice una partición formada por los cuadrados cuyos lados tengan una longitud de $\frac{1}{4}$.

Solución   Comience formando la partición especificada de R. En esta partición, es conveniente elegir los centros de las subregiones como los puntos en los que se evalúa $f(x, y)$.

Como el área de cada cuadrado $\Delta A_i = \frac{1}{16}$, el volumen se puede aproximar por la suma

$$\sum_{i=1}^{16} f(x_i, y_i)\,\Delta A_i = \sum_{i=1}^{16}\left(1 - \frac{1}{2}x_i^2 - \frac{1}{2}y_i^2\right)\left(\frac{1}{16}\right) \approx 0.672.$$

Esta aproximación se muestra gráficamente en la figura 14.12. El volumen exacto del sólido es $\frac{2}{3}$ (vea el ejemplo 2). Se obtiene una mejor aproximación si se usa una partición más fina. Por ejemplo, con una partición con cuadrados con lados de longitud $\frac{1}{8}$ la aproximación es 0.668.

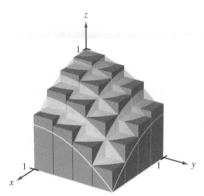

Superficie:
$f(x, y) = 1 - \frac{1}{2}x^2 - \frac{1}{2}y^2$

Figura 14.12

▷ **TECNOLOGÍA**   Algunas herramientas de graficación tridimensionales pueden representar figuras como la mostrada en la figura 14.12. La gráfica mostrada en la figura 14.12 se dibujó con una herramienta de graficación. En esta gráfica, observe que cada uno de los prismas rectangulares está dentro de la región sólida.

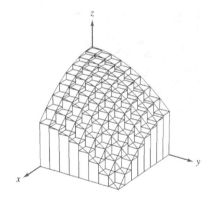

En el ejemplo 1 debe observar que usando particiones más finas obtiene mejores aproximaciones al volumen. Esta observación sugiere que podría obtener el volumen exacto tomando un límite. Es decir

$$\text{Volumen} = \lim_{\|\Delta\| \to 0} \sum_{i=1}^{n} f(x_i, y_i)\,\Delta A_i.$$

El significado exacto de este límite es que el límite es igual a L si para todo $\varepsilon > 0$ existe una $\delta > 0$ tal que

$$\left| L - \sum_{i=1}^{n} f(x_i, y_i)\,\Delta A_i \right| < \varepsilon$$

para toda partición Δ de la región plana R (que satisfaga $\|\Delta\| < \delta$) y para toda elección posible de x_i y y_i en la región i-ésima.

El uso del límite de una suma de Riemann para definir un volumen es un caso especial del uso del límite para definir una **integral doble**. Sin embargo, el caso general no requiere que la función sea positiva o continua.

Exploración

Las cantidades en la tabla representan la profundidad (en unidades de 10 yardas) de la tierra en el centro de cada cuadrado de la figura.

x \ y	1	2	3
1	10	9	7
2	7	7	4
3	5	5	4
4	4	5	3

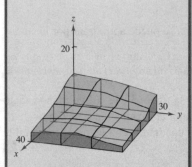

Aproxime el número de yardas cúbicas de tierra en el primer octante. (Esta exploración la sugirió Robert Vojack, Ridgewood High School, Ridgewood, NJ.)

Definición de integral doble

Si f está definida en una región cerrada y acotada R del plano xy, entonces la **integral doble de f sobre R** está dada por

$$\int_R\int f(x,y)\,dA = \lim_{\|\Delta\|\to 0}\sum_{i=1}^{n} f(x_i, y_i)\,\Delta A_i$$

siempre que el límite exista. Si existe el límite, entonces f es **integrable** sobre R.

Una vez definidas las integrales dobles, verá que una integral definida ocasionalmente se llama **integral simple**.

Para que la integral doble de f en la región R exista, es suficiente que R pueda expresarse como la unión de un número finito de subregiones que no se sobrepongan (vea la figura de la derecha) y que sean vertical u horizontalmente simples, y que f sea continua en la región R. Esto significa que la intersección de dos regiones que no se sobreponen es un conjunto que tiene un área igual a 0. En la figura 14.13, el área del segmento común a R_1 y R_2 es 0.

Puede usar una integral doble para hallar el volumen de una región sólida que se encuentra entre el plano xy y la superficie dada por $z = f(x, y)$.

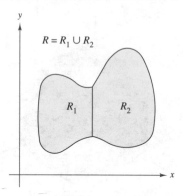

Las dos regiones R_1 y R_2 no se sobreponen.
Figura 14.13

Volumen de una región sólida

Si f es integrable sobre una región plana R y $f(x, y) \geq 0$ para todo (x, y) en R, entonces el volumen de la región sólida que se encuentra sobre R y bajo la gráfica de f se define como

$$V = \int_R\int f(x,y)\,dA.$$

Las integrales dobles tienen muchas de las propiedades de las integrales simples.

TEOREMA 14.1 Propiedades de las integrales dobles

Sean f y g continuas en una región cerrada y acotada R del plano, y sea c una constante

1. $\displaystyle\int_R\int cf(x,y)\,dA = c\int_R\int f(x,y)\,dA$

2. $\displaystyle\int_R\int [f(x,y) \pm g(x,y)]\,dA = \int_R\int f(x,y)\,dA \pm \int_R\int g(x,y)\,dA$

3. $\displaystyle\int_R\int f(x,y)\,dA \geq 0, \quad \text{si } f(x,y) \geq 0$

4. $\displaystyle\int_R\int f(x,y)\,dA \geq \int_R\int g(x,y)\,dA, \quad \text{si } f(x,y) \geq g(x,y)$

5. $\displaystyle\int_R\int f(x,y)\,dA = \int_{R_1}\int f(x,y)\,dA + \int_{R_2}\int f(x,y)\,dA$, donde R es la unión

donde R es la unión de dos subregiones R_1 y R_2 que no se sobreponen.

Evaluación de integrales dobles

Normalmente, el primer paso para evaluar una integral doble es reescribirla como una integral iterada. Para mostrar cómo se hace esto, se utiliza el modelo geométrico de una integral doble, el volumen de un sólido.

Considere la región sólida acotada por el plano $z = f(x, y) = 2 - x - 2y$, y por los tres planos coordenados, como se muestra en la figura 14.14. Cada sección transversal vertical paralela al plano yz es una región triangular cuya base tiene longitud $y = (2 - x)/2$ y cuya altura es $z = 2 - x$. Esto implica que para un valor fijo de x, el área de la sección transversal triangular es

$$A(x) = \frac{1}{2}(\text{base})(\text{altura}) = \frac{1}{2}\left(\frac{2 - x}{2}\right)(2 - x) = \frac{(2 - x)^2}{4}.$$

De acuerdo con la fórmula para el volumen de un sólido de secciones transversales conocidas (sección 7.2), el volumen del sólido es

$$
\begin{aligned}
\text{Volumen} &= \int_a^b A(x)\, dx \\
&= \int_0^2 \frac{(2 - x)^2}{4}\, dx \\
&= -\frac{(2 - x)^3}{12}\Bigg]_0^2 \\
&= \frac{2}{3}.
\end{aligned}
$$

Este procedimiento funciona sin importar cómo se obtenga $A(x)$. En particular, puede hallar $A(x)$ por integración, como se muestra en la figura 14.15. Es decir, considere x constante, e integre $z = 2 - x - 2y$ desde 0 hasta $(2 - x)/2$ para obtener

$$
\begin{aligned}
A(x) &= \int_0^{(2-x)/2} (2 - x - 2y)\, dy \\
&= \left[(2 - x)y - y^2\right]_0^{(2-x)/2} \\
&= \frac{(2 - x)^2}{4}.
\end{aligned}
$$

Combinando estos resultados, obtiene la *integral iterada*

$$\text{Volumen} = \iint_R f(x, y)\, dA = \int_0^2 \int_0^{(2-x)/2} (2 - x - 2y)\, dy\, dx.$$

Para comprender mejor este procedimiento, puede imaginar la integración como dos barridos. En la integración interior, una recta vertical barre el área de una sección transversal. En la integración exterior, la sección transversal triangular barre el volumen, como se muestra en la figura 14.16.

Altura:
$z = 2 - x$

Plano:
$z = 2 - x - 2y$

$(0, 0, 2)$

$(0, 1, 0)$

$(2, 0, 0)$

Base: $y = \dfrac{2 - x}{2}$

Sección transversal triangular

Volumen: $\displaystyle\int_0^2 A(x)\, dx$

Figura 14.14

$z = 2 - x - 2y$

$y = 0$

$y = \dfrac{2 - x}{2}$

Sección transversal triangular.

Figura 14.15

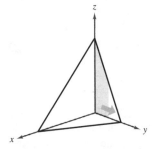
Integre respecto a y para obtener el área de la sección transversal.

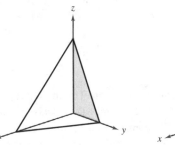

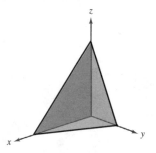
Integre respecto a x para obtener el volumen del sólido.

Figura 14.16

El teorema siguiente lo demostró el matemático italiano Guido Fubini (1879-1943). El teorema establece que si R es vertical u horizontalmente simple y f es continua en R, la integral doble de f en R es igual a una integral iterada.

TEOREMA 14.2 **Teorema de Fubini**

Sea f continua en una región plana R.

1. Si R está definida por $a \leq x \leq b$ y $g_1(x) \leq y \leq g_2(x)$, donde g_1 y g_2 son continuas en $[a, b]$, entonces

$$\int_R\int f(x, y)\, dA = \int_a^b \int_{g_1(x)}^{g_2(x)} f(x, y)\, dy\, dx.$$

2. Si R está definida por $c \leq y \leq d$ y $h_1(y) \leq x \leq h_2(y)$, donde h_1 y h_2 son continuas en $[c, d]$, entonces

$$\int_R\int f(x, y)\, dA = \int_c^d \int_{h_1(y)}^{h_2(y)} f(x, y)\, dx\, dy.$$

EJEMPLO 2   **Evaluar una integral doble como integral iterada**

Evalúe

$$\int_R\int \left(1 - \frac{1}{2}x^2 - \frac{1}{2}y^2\right) dA$$

donde R es la región dada por

$$0 \leq x \leq 1, \quad 0 \leq y \leq 1.$$

Solución   Como la región R es un cuadrado, es vertical y horizontalmente simple, puede emplear cualquier orden de integración. Elija $dy\, dx$ colocando un rectángulo representativo vertical en la región, como se muestra en la figura a la derecha. Con esto obtiene lo siguiente.

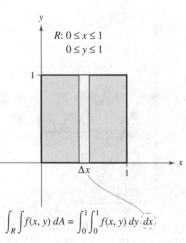

$R: 0 \leq x \leq 1$
$0 \leq y \leq 1$

$\int_R\int f(x, y)\, dA = \int_0^1 \int_0^1 f(x, y)\, dy\, dx$

$$\int_R\int \left(1 - \frac{1}{2}x^2 - \frac{1}{2}y^2\right) dA = \int_0^1 \int_0^1 \left(1 - \frac{1}{2}x^2 - \frac{1}{2}y^2\right) dy\, dx$$

$$= \int_0^1 \left[\left(1 - \frac{1}{2}x^2\right)y - \frac{y^3}{6}\right]_0^1 dx$$

$$= \int_0^1 \left(\frac{5}{6} - \frac{1}{2}x^2\right) dx$$

$$= \left[\frac{5}{6}x - \frac{x^3}{6}\right]_0^1$$

$$= \frac{2}{3}$$

La integral doble evaluada en el ejemplo 2 representa el volumen de la región sólida que fue aproximado en el ejemplo 1. Observe que la aproximación obtenida en el ejemplo 1 es buena $\left(0.672 \text{ contra } \frac{2}{3}\right)$, aun cuando empleó una partición que constaba sólo de 16 cuadrados. El error se debe a que usó los centros de las subregiones cuadradas como los puntos para la aproximación. Esto es comparable a la aproximación de una integral simple con la regla del punto medio.

Exploración

El volumen de un sector de paraboloide El sólido del ejemplo 3 tiene una base elíptica (no circular). Considere la región limitada o acotada por el paraboloide circular

$$z = a^2 - x^2 - y^2, \quad a > 0$$

y el plano xy. ¿Cuántas maneras de hallar el volumen de este sólido conoce ahora? Por ejemplo, podría usar el método del disco para encontrar el volumen como un sólido de revolución. ¿Todos los métodos emplean integración?

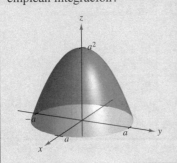

La dificultad para evaluar una integral simple $\int_a^b f(x)\, dx$ depende normalmente de la función f, y no del intervalo $[a, b]$. Ésta es una diferencia importante entre las integrales simples y las integrales dobles. En el ejemplo siguiente se integra una función similar a la de los ejemplos 1 y 2. Observe que una variación en la región R lleva a un problema de integración mucho más difícil.

EJEMPLO 3   Hallar el volumen por medio de una integral doble

Determine el volumen de la región sólida acotada por el paraboloide $z = 4 - x^2 - 2y^2$ y el plano xy, como se muestra en la figura 14.17(a).

Solución   Haciendo $z = 0$, observe que la base de la región, en el plano xy, es la elipse $x^2 + 2y^2 = 4$, como se muestra en la figura 14.17(b). Esta región plana es vertical y horizontalmente simple, por tanto el orden $dy\, dx$ es apropiado.

Límites variables para y: $-\sqrt{\dfrac{(4 - x^2)}{2}} \leq y \leq \sqrt{\dfrac{(4 - x^2)}{2}}$

Límites constantes para x: $-2 \leq x \leq 2$

El volumen está dado por

$$
\begin{aligned}
V &= \int_{-2}^{2} \int_{-\sqrt{(4-x^2)/2}}^{\sqrt{(4-x^2)/2}} (4 - x^2 - 2y^2)\, dy\, dx && \text{Ver figura 14.17(b).} \\[2mm]
&= \int_{-2}^{2} \left[(4 - x^2)y - \frac{2y^3}{3} \right]_{-\sqrt{(4-x^2)/2}}^{\sqrt{(4-x^2)/2}} dx \\[2mm]
&= \frac{4}{3\sqrt{2}} \int_{-2}^{2} (4 - x^2)^{3/2}\, dx \\[2mm]
&= \frac{4}{3\sqrt{2}} \int_{-\pi/2}^{\pi/2} 16 \cos^4 \theta\, d\theta && x = 2\, \text{sen}\, \theta \\[2mm]
&= \frac{64}{3\sqrt{2}} (2) \int_{0}^{\pi/2} \cos^4 \theta\, d\theta \\[2mm]
&= \frac{128}{3\sqrt{2}} \left(\frac{3\pi}{16} \right) && \text{Fórmula de Wallis} \\[2mm]
&= 4\sqrt{2}\,\pi.
\end{aligned}
$$

▷

···COMENTARIO   En el ejemplo 3, observe la utilidad de la fórmula de Wallis para evaluar $\int_0^{\pi/2} \cos^n \theta\, d\theta$. Esta fórmula puede consultarla en la sección 8.3.

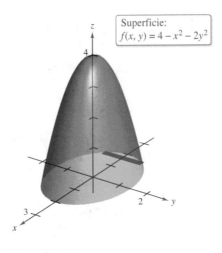

(a)

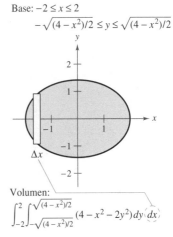

Base: $-2 \leq x \leq 2$

$-\sqrt{(4-x^2)/2} \leq y \leq \sqrt{(4-x^2)/2}$

Volumen:

$\int_{-2}^{2} \int_{-\sqrt{(4-x^2)/2}}^{\sqrt{(4-x^2)/2}} (4 - x^2 - 2y^2)\, dy\, dx$

(b)

Figura 14.17

En los ejemplos 2 y 3, los problemas se podrían haber resuelto empleando cualquiera de los órdenes de integración, porque las regiones eran vertical y horizontalmente simples. En caso de haber usado el orden $dx\, dy$ habría obtenido integrales con dificultad muy parecida. Sin embargo, hay algunas ocasiones en las que uno de los órdenes de integración es mucho más conveniente que otro. El ejemplo 4 muestra uno de estos casos.

EJEMPLO 5 Comparar diferentes órdenes de integración

⋮ ⋯▷ *Consulte LarsonCalculus.com para una versión interactiva de este tipo de ejemplo.*

Encuentre el volumen de la región sólida R acotada por la superficie

$$f(x, y) = e^{-x^2} \qquad \text{Superficie}$$

y los planos $z = 0$, $y = 0$, $y = x$ y $x = 1$, como se muestra en la figura 14.18.

Solución La base de R en el plano xy está acotada por las rectas $y = 0$, $x = 1$ y $y = x$. Los dos posibles órdenes de integración se muestran en la figura 14.19.

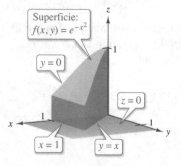

La base está acotada por $y = 0$, $y = x$ y $x = 1$.
Figura 14.18

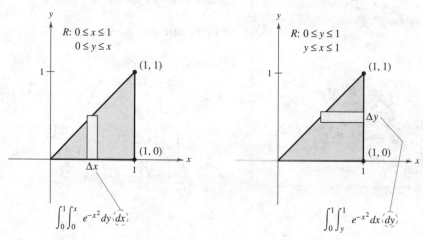

Figura 14.19

Estableciendo las integrales iteradas correspondientes, observe que el orden $dx\, dy$ requiere la antiderivada

$$\int e^{-x^2}\, dx$$

la cual no es una función elemental. Por otro lado, con el orden $dy\, dx$ obtiene

$$\int_0^1 \int_0^x e^{-x^2}\, dy\, dx = \int_0^1 e^{-x^2} y \Big]_0^x dx$$

$$= \int_0^1 x e^{-x^2}\, dx$$

$$= -\frac{1}{2} e^{-x^2} \Big]_0^1$$

$$= -\frac{1}{2}\left(\frac{1}{e} - 1\right)$$

$$= \frac{e - 1}{2e}$$

$$\approx 0.316.$$

▷ **TECNOLOGÍA** Trate de utilizar un integrador simbólico para evaluar la integral del ejemplo 4.

EJEMPLO 5 **Volumen de una región acotada por dos superficies**

Encuentre el volumen de la región sólida acotada por arriba por el paraboloide

$$z = 1 - x^2 - y^2 \qquad \text{Paraboloide}$$

y por debajo por el plano

$$z = 1 - y \qquad \text{Plano}$$

como se muestra en la figura 14.20.

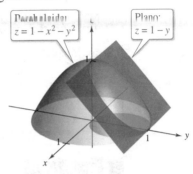

Paraboloide:
$z = 1 - x^2 - y^2$

Plano:
$z = 1 - y$

Figura 14.20

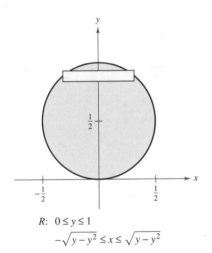

R: $0 \le y \le 1$
$-\sqrt{y - y^2} \le x \le \sqrt{y - y^2}$

Figura 14.21

Solución Igualando los valores z, puede determinar que la intersección de dos superficies se presenta en el cilindro circular recto dado por

$$1 - y = 1 - x^2 - y^2 \implies x^2 = y - y^2.$$

Así, la región R en el plano xy es un círculo, como se muestra en la figura 14.21. Ya que el volumen de la región sólida es la diferencia entre el volumen bajo el paraboloide y el volumen bajo el plano, tiene

Volumen = (volumen bajo el paraboloide) – (volumen bajo el plano)

$$= \int_0^1 \int_{-\sqrt{y-y^2}}^{\sqrt{y-y^2}} (1 - x^2 - y^2) \, dx \, dy - \int_0^1 \int_{-\sqrt{y-y^2}}^{\sqrt{y-y^2}} (1 - y) \, dx \, dy$$

$$= \int_0^1 \int_{-\sqrt{y-y^2}}^{\sqrt{y-y^2}} (y - y^2 - x^2) \, dx \, dy$$

$$= \int_0^1 \left[(y - y^2)x - \frac{x^3}{3} \right]_{-\sqrt{y-y^2}}^{\sqrt{y-y^2}} dy$$

$$= \frac{4}{3} \int_0^1 (y - y^2)^{3/2} \, dy$$

$$= \left(\frac{4}{3}\right)\left(\frac{1}{8}\right) \int_0^1 [1 - (2y - 1)^2]^{3/2} \, dy$$

$$= \frac{1}{6} \int_{-\pi/2}^{\pi/2} \frac{\cos^4 \theta}{2} \, d\theta \qquad 2y - 1 = \operatorname{sen} \theta$$

$$= \frac{1}{6} \int_0^{\pi/2} \cos^4 \theta \, d\theta$$

$$= \left(\frac{1}{6}\right)\left(\frac{3\pi}{16}\right) \qquad \text{Fórmula de Wallis}$$

$$= \frac{\pi}{32}.$$

Valor promedio de una función

Recuerde de la sección 4.4 que para una función f en una variable, el valor promedio de f sobre $[a, b]$ es

$$\frac{1}{b - a} \int_a^b f(x) \, dx.$$

Dada una función f en dos variables, puede encontrar el valor promedio de f sobre la región del plano R como se muestra en la siguiente definición.

Definición del valor promedio de una función sobre una región

Si f es integrable sobre la región plana R, entonces el **valor promedio** de f sobre R es

$$\text{Valor promedio} = \frac{1}{A} \iint_R f(x, y) \, dA$$

donde A es el área de R.

EJEMPLO 6 **Hallar el valor promedio de una función**

Determine el valor promedio de

$$f(x, y) = \frac{1}{2}xy$$

sobre la región del plano R, donde R es un rectángulo con vértices

$$(0, 0), (4, 0), (4, 3) \quad \text{y} \quad (0, 3).$$

Solución El área de la región rectangular R es

$$A = (4)(3) = 12$$

como se muestra en la figura 14.22. Los límites de x son

$$0 \le x \le 4$$

y los límites de y son

$$0 \le y \le 3.$$

Entonces, el valor promedio es

$$\begin{aligned}
\text{Valor promedio} &= \frac{1}{A} \iint_R f(x, y) \, dA \\
&= \frac{1}{12} \int_0^4 \int_0^3 \frac{1}{2}xy \, dy \, dx \\
&= \frac{1}{12} \int_0^4 \frac{1}{4}xy^2 \Big]_0^3 \, dx \\
&= \left(\frac{1}{12}\right)\left(\frac{9}{4}\right) \int_0^4 x \, dx \\
&= \frac{3}{16}\left[\frac{1}{2}x^2\right]_0^4 \\
&= \left(\frac{3}{16}\right)(8) \\
&= \frac{3}{2}.
\end{aligned}$$

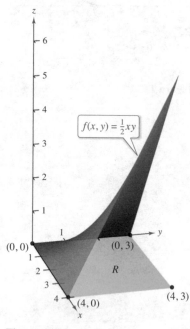

Figura 14.22

14.2 Ejercicios

Consulte **CalcChat.com** para un tutorial de ayuda y soluciones trabajadas de los ejercicios con numeración impar.

Aproximar En los ejercicios 1 a 4, aproxime la integral $\int_R \int f(x, y) \, dA$ dividiendo el rectángulo R con vértices $(0, 0)$, $(4, 0)$, $(4, 2)$ y $(0, 2)$ en ocho cuadrados iguales y hallando la suma $\sum_{i=1}^{8} f(x_i, y_i) \, \Delta A_i$, donde (x_i, y_i) es el centro del cuadrado i-ésimo. **Evalúe la integral iterada y compárela con la aproximación.**

1. $\displaystyle\int_0^4 \int_0^2 (x + y) \, dy \, dx$

2. $\displaystyle\frac{1}{2} \int_0^4 \int_0^2 x^2 y \, dy \, dx$

3. $\displaystyle\int_0^4 \int_0^2 (x^2 + y^2) \, dy \, dx$

4. $\displaystyle\int_0^4 \int_0^2 \frac{1}{(x + 1)(y + 1)} \, dy \, dx$

Evaluar una doble integral En los ejercicios 5 a 10, dibuje la región R y evalúe la integral iterada $\int_R \int f(x, y) \, dA$.

5. $\displaystyle\int_0^2 \int_0^1 (1 + 2x + 2y) \, dy \, dx$

6. $\displaystyle\int_0^{\pi} \int_0^{\pi/2} \text{sen}^2 \, x \cos^2 y \, dy \, dx$

7. $\displaystyle\int_0^6 \int_{y/2}^3 (x + y) \, dx \, dy$

8. $\displaystyle\int_0^4 \int_{\frac{1}{2}y}^{\sqrt{y}} x^2 y^2 \, dx \, dy$

9. $\displaystyle\int_{-a}^a \int_{-\sqrt{a^2 - x^2}}^{\sqrt{a^2 - x^2}} (x + y) \, dy \, dx$

10. $\displaystyle\int_0^1 \int_{y-1}^0 e^{x+y} \, dx \, dy + \int_0^1 \int_0^{1-y} e^{x+y} \, dx \, dy$

Evaluar una doble integral En los ejercicios 11 a 18, establezca las integrales para ambos órdenes de integración. Utilice el orden más conveniente para evaluar la integral sobre la región R.

11. $\displaystyle\int_R \int xy \, dA$

R: rectángulo con vértices $(0, 0)$, $(0, 5)$, $(3, 5)$, $(3, 0)$

12. $\displaystyle\int_R \int \text{sen} \, x \, \text{sen} \, y \, dA$

R: rectángulo con vértices $(-\pi, 0)$, $(\pi, 0)$, $(\pi, \pi/2)$, $(-\pi, \pi/2)$

13. $\displaystyle\int_R \int \frac{y}{x^2 + y^2} \, dA$

R: trapezoide acotado por $y = x$, $y = 2x$, $x = 1$, $x = 2$

14. $\displaystyle\int_R \int xe^y \, dA$

R: triángulo acotado por $y = 4 - x$, $y = 0$, $x = 0$

15. $\displaystyle\int_R \int -2y \, dA$

R: región acotada por $y = 4 - x^2$, $y = 4 - x$

16. $\displaystyle\int_R \int \frac{y}{1 + x^2} \, dA$

R: región acotada por $y = 0$, $y = \sqrt{x}$, $x = 4$

17. $\displaystyle\int_R \int x \, dA$

R: sector de un círculo en el primer cuadrante acotado por $y = \sqrt{25 - x^2}$, $3x - 4y = 0$, $y = 0$

18. $\displaystyle\int_R \int (x^2 + y^2) \, dA$

R: semicírculo acotado por $y = \sqrt{4 - x^2}$, $y = 0$

Determinar volumen En los ejercicios 19 a 26, utilice una integral doble para hallar el volumen del sólido indicado.

19.
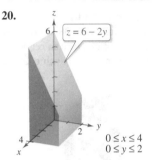
$z = \dfrac{y}{2}$

$0 \le x \le 4$
$0 \le y \le 2$

20.
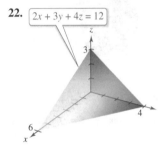
$z = 6 - 2y$

$0 \le x \le 4$
$0 \le y \le 2$

21.
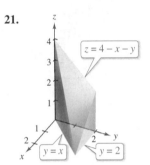
$z = 4 - x - y$

$y = x$

$y = 2$

22.
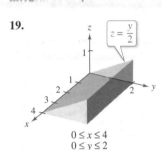
$2x + 3y + 4z = 12$

23.
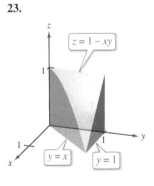
$z = 1 - xy$

$y = x$

$y = 1$

24.
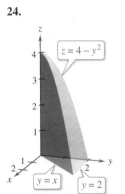
$z = 4 - y^2$

$y = x$

$y = 2$

25. Integral impropia

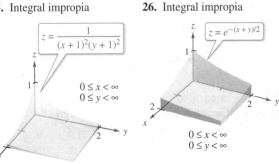
$z = \dfrac{1}{(x + 1)^2 (y + 1)^2}$

$0 \le x < \infty$
$0 \le y < \infty$

26. Integral impropia

$z = e^{-(x+y)/2}$

$0 \le x < \infty$
$0 \le y < \infty$

Determinar volumen   En los ejercicios 27 a 32, dé una integral doble para hallar el volumen del sólido acotado por las gráficas de las ecuaciones.

27. $z = xy$, $z = 0$, $y = x$, $x = 1$, primer octante

28. $z = 0$, $z = x^2$, $x = 0$, $x = 2$, $y = 0$, $y = 4$

29. $x^2 + z^2 = 1$, $y^2 + z^2 = 1$, primer octante

30. $y = 4 - x^2$, $z = 4 - x^2$, primer octante

31. $z = x + y$, $x^2 + y^2 = 4$, primer octante

32. $z = \dfrac{1}{1 + y^2}$, $x = 0$, $x = 2$, $y \geq 0$

Volumen de una región acotada por dos superficies   En los ejercicios 33 a 38, establezca una integral doble para encontrar el volumen de una región sólida limitada por las gráficas de las ecuaciones. No evalúe la integral.

33.

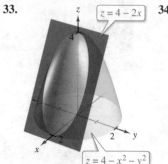

$z = 4 - 2x$

$z = 4 - x^2 - y^2$

34.

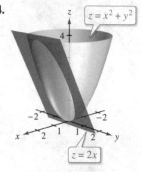

$z = x^2 + y^2$

$z = 2x$

35. $z = x^2 + y^2$, $x^2 + y^2 = 4$, $z = 0$

36. $z = \text{sen}^2\, x$, $z = 0$, $0 \leq x \leq \pi$, $0 \leq y \leq 5$

37. $z = x^2 + 2y^2$, $z = 4y$

38. $z = x^2 + y^2$, $z = 18 - x^2 - y^2$

Determinar el volumen usando tecnología   En los ejercicios 39 a 42, utilice un sistema algebraico por computadora para encontrar el volumen del sólido acotado por las gráficas de las ecuaciones.

39. $z = 9 - x^2 - y^2$, $z = 0$

40. $x^2 = 9 - y$, $z^2 = 9 - y$, primer octante

41. $z = \dfrac{2}{1 + x^2 + y^2}$, $z = 0$, $y = 0$, $x = 0$, $y = -0.5x + 1$

42. $z = \ln(1 + x + y)$, $z = 0$, $y = 0$, $x = 0$, $x = 4 - \sqrt{y}$

43. Demostración   Si f es una función continua tal que $0 \leq f(x, y) \leq 1$ en una región R de área 1. Demuestre que $0 \leq \int_R\int f(x, y)\, dA \leq 1$.

44. Determinar el volumen   Encuentre el volumen del sólido que se encuentra en el primer octante, acotado por los planos coordenados y el plano $(x/a) + (y/b) + (z/c) = 1$, donde $a > 0$, $b > 0$ y $c > 0$.

Evaluar una integral iterada   En los ejercicios 45 a 50, trace la región de integración. Después, evalúe la integral iterada y, si es necesario, cambie el orden de integración.

45. $\displaystyle\int_0^1 \int_{y/2}^{1/2} e^{-x^2}\, dx\, dy$

46. $\displaystyle\int_0^{\ln 10} \int_{e^x}^{10} \dfrac{1}{\ln y}\, dy\, dx$

47. $\displaystyle\int_{-2}^{2} \int_{-\sqrt{4-x^2}}^{\sqrt{4-x^2}} \sqrt{4 - y^2}\, dy\, dx$

48. $\displaystyle\int_0^3 \int_{y/3}^1 \dfrac{1}{1 + x^4}\, dx\, dy$

49. $\displaystyle\int_0^1 \int_0^{\arccos y} \text{sen}\, x\sqrt{1 + \text{sen}^2\, x}\, dx\, dy$

50. $\displaystyle\int_0^2 \int_{(1/2)x^2}^2 \sqrt{y}\cos y\, dy\, dx$

Valor promedio   En los ejercicios 51 a 56, encuentre el valor promedio de $f(x, y)$ sobre la región R.

51. $f(x, y) = x$

 R: rectángulo con vértices $(0, 0)$, $(4, 0)$, $(4, 2)$, $(0, 2)$

52. $f(x, y) = 2xy$

 R: rectángulo con vértices $(0, 0)$, $(5, 0)$, $(5, 3)$, $(0, 3)$

53. $f(x, y) = x^2 + y^2$

 R: cuadrado con vértices $(0, 0)$, $(2, 0)$, $(2, 2)$, $(0, 2)$

54. $f(x, y) = \dfrac{1}{x + y}$, R: triángulo con vértices $(0, 0)$, $(1, 0)$, $(1, 1)$

55. $f(x, y) = e^{x + y}$, R: triángulo con vértices $(0, 0)$, $(0, 1)$, $(1, 1)$

56. $f(x, y) = \text{sen}(x + y)$

 R: rectángulo con vértices $(0, 0)$, $(\pi, 0)$, (π, π), $(0, \pi)$

57. Producción promedio

La función de producción Cobb-Douglas para un fabricante de automóviles es

$$f(x, y) = 100x^{0.6}y^{0.4}$$

donde x es el número de unidades de trabajo y y es el número de unidades de capital. Estime el nivel promedio de producción si el número x de unidades de trabajo varía entre 200 y 250, y el número y de unidades de capital varía entre 300 y 325.

58. Temperatura promedio   La temperatura en grados Celsius sobre la superficie de una placa metálica es

$$T(x, y) = 20 - 4x^2 - y^2$$

donde x y y están medidas en centímetros. Estime la temperatura promedio si x varía entre 0 y 2 centímetros y y varía entre 0 y 4 centímetros.

DESARROLLO DE CONCEPTOS

59. Doble integral   Enuncie la definición de integral doble. Dé la interpretación geométrica de una integral doble si el integrando es una función no negativa sobre la región de integración.

60. Volumen   Sea R una región en el plano xy cuya área es B. Si $f(x, y) = k$ para todo punto (x, y) en R, ¿cuál es el valor de $\int_R\int f(x, y)\, dA$? Explique.

DESARROLLO DE CONCEPTOS

61. Volumen Sea la región del plano R de un círculo unitario, y el máximo valor de f sobre R sea 6. ¿Es el valor más grande posible de $\int_R\int f(x, y)\, dy\, dx$ igual a 6? ¿Por qué sí o por qué no? Si es no, ¿cuál es el valor más grande posible?

62. Comparar integrales iteradas Las siguientes integrales iteradas representan la solución del mismo problema. ¿Cuál integral iterada es más fácil de evaluar? Explique su razonamiento.

$$\int_0^4 \int_{x/2}^2 \text{sen } y^2 \, dy\, dx = \int_0^2 \int_0^{2y} \text{sen } y^2 \, dx\, dy$$

Probabilidad Una función de densidad de probabilidad conjunta de las variables aleatorias continuas x y y es una función $f(x, y)$ que satisface las propiedades siguientes.

(a) $f(x, y) \geq 0$ para todo (x, y) **(b)** $\int_{-\infty}^{\infty} \int_{-\infty}^{\infty} f(x, y)\, dA = 1$

(c) $P[(x, y) \in R] = \int_R\int f(x, y)\, dA$

En los ejercicios 63 a 66, demuestre que la función es una función de densidad de probabilidad conjunta y encuentre la probabilidad requerida.

63. $f(x, y) = \begin{cases} \frac{1}{10}, & 0 \leq x \leq 5,\ 0 \leq y \leq 2 \\ 0, & \text{demás} \end{cases}$

$P(0 \leq x \leq 2,\ 1 \leq y \leq 2)$

64. $f(x, y) = \begin{cases} \frac{1}{4}xy, & 0 \leq x \leq 2,\ 0 \leq y \leq 2 \\ 0, & \text{demás} \end{cases}$

$P(0 \leq x \leq 1,\ 1 \leq y \leq 2)$

65. $f(x, y) = \begin{cases} \frac{1}{27}(9 - x - y), & 0 \leq x \leq 3,\ 3 \leq y \leq 6 \\ 0, & \text{demás} \end{cases}$

$P(0 \leq x \leq 1,\ 4 \leq y \leq 6)$

66. $f(x, y) = \begin{cases} e^{-x-y}, & x \geq 0,\ y \geq 0 \\ 0, & \text{demás} \end{cases}$

$P(0 \leq x \leq 1,\ x \leq y \leq 1)$

67. Aproximación La tabla muestra valores de una función f sobre una región cuadrada R. Divida la región en 16 cuadrados iguales y elija (x_i, y_i) como el punto más cercano al origen en el cuadrado i-ésimo. Compare esta aproximación con la obtenida usando el punto más lejano al origen en el cuadrado i-ésimo.

$$\int_0^4 \int_0^4 f(x, y)\, dy\, dx$$

x \ y	0	1	2	3	4
0	32	31	28	23	16
1	31	30	27	22	15
2	28	27	24	19	12
3	23	22	19	14	7
4	16	15	12	7	0

68. ¿CÓMO LO VE? La figura siguiente muestra el Condado de Erie, Nueva York. Sea $f(x, y)$ la precipitación anual de nieve en el punto (x, y) en el condado, donde R es el condado. Interprete cada una de las siguientes integrales

(a) $\displaystyle\iint_R f(x, y)\, dA$

(b) $\dfrac{\displaystyle\iint_R f(x, y)\, dA}{\displaystyle\iint_R dA}$

¿Verdadero o falso? En los ejercicios 69 y 70, determine si el enunciado es verdadero o falso. Si es falso, explique por qué o dé un ejemplo que demuestre que es falso.

69. El volumen de la esfera $x^2 + y^2 + z^2 = 1$ está dado por la integral

$$V = 8\int_0^1 \int_0^1 \sqrt{1 - x^2 - y^2}\, dx\, dy.$$

70. Si $f(x, y) < g(x, y)$ para todo (x, y) en R, y f y g son continuas sobre R, entonces $\int_R\int f(x, y)\, dA \leq \int_R\int g(x, y)\, dA$.

71. Maximizar una integral doble Determine la región R en el plano xy que maximiza el valor de

$$\int_R\int (9 - x^2 - y^2)\, dA.$$

72. Minimizar una integral doble Determine la región R en el plano xy que minimiza el valor de

$$\int_R\int (x^2 + y^2 - 4)\, dA.$$

73. Valor promedio Sea

$$f(x) = \int_1^x e^{t^2}\, dt.$$

Encuentre el valor promedio de f en el intervalo $[0, 1]$.

74. Usar geometría Utilice un argumento geométrico para demostrar que

$$\int_0^3 \int_0^{\sqrt{9-y^2}} \sqrt{9 - x^2 - y^2}\, dx\, dy = \frac{9\pi}{2}.$$

DESAFÍOS DEL EXAMEN PUTNAM

75. Evalúe $\int_0^a \int_0^b e^{\text{máx}\{b^2x^2,\, a^2y^2\}}\, dy\, dx$, donde a y b son positivos.

76. Demuestre que si $\lambda > \frac{1}{2}$, no existe una función real u tal que, para todo x en el intervalo cerrado $0 < x < 1$, $u(x) = 1 + \lambda\int_x^1 u(y)u(y - x)\, dy$.

Estos problemas fueron preparados por el Committee on the Putnam Prize Competition. © The Mathematical Association of America. Todos los derechos reservados.

14.3   Cambio de variables: coordenadas polares

■ Expresar y evaluar integrales dobles en coordenadas polares.

Integrales dobles en coordenadas polares

Algunas integrales dobles son *mucho* más fáciles de evaluar en forma polar que en forma rectangular. Esto es así especialmente cuando se trata de regiones circulares, cardioides y pétalos de una curva rosa, y de integrandos que contienen $x^2 + y^2$.

En la sección 10.4 vio que las coordenadas polares de un punto están relacionadas con las coordenadas rectangulares (x, y) del punto, de la manera siguiente.

$$x = r \cos \theta \quad y \quad y = r \operatorname{sen} \theta$$

$$r^2 = x^2 + y^2 \quad y \quad \tan \theta = \frac{y}{x}$$

EJEMPLO 1   Utilizar coordenadas polares para describir una región

Utilice coordenadas polares para describir cada una de las regiones mostradas en la figura 14.23.

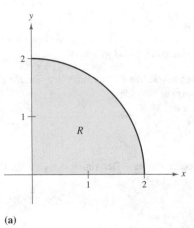
(a)

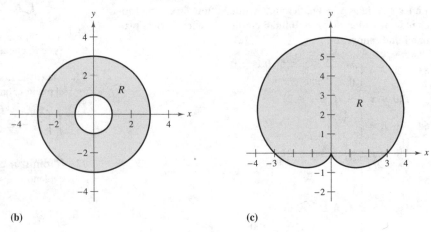
(b)   (c)

Figura 14.23

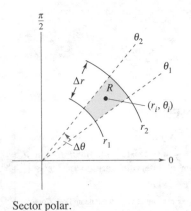

Sector polar.
Figura 14.24

Solución

a. La región R es un cuarto del círculo de radio 2. Esta región se describe en coordenadas polares como

$$R = \{(r, \theta): 0 \le r \le 2, \quad 0 \le \theta \le \pi/2\}.$$

b. La región R consta de todos los puntos comprendidos entre los círculos concéntricos de radios 1 y 3. Esta región se describe en coordenadas polares como

$$R = \{(r, \theta): 1 \le r \le 3, \quad 0 \le \theta \le 2\pi\}.$$

c. La región R es una cardioide con $a = b = 3$. Se puede describir en coordenadas polares como

$$R = \{(r, \theta): \ 0 \le r \le 3 + 3 \operatorname{sen} \theta, 0 \le \theta \le 2\pi\}.$$

Las regiones del ejemplo 1 son casos especiales de **sectores polares**

$$R = \{(r, \theta): \ r_1 \le r \le r_2, \quad \theta_1 \le \theta \le \theta_2\}$$ Sector polar

como el mostrado en la figura 14.24.

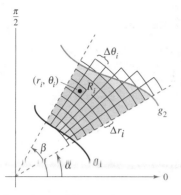

La red o cuadrícula polar se sobrepone sobre la región R.

Figura 14.25

Para definir una integral doble de una función continua $z = f(x, y)$ en coordenadas polares, considere una región R acotada por las gráficas de

$$r = g_1(\theta) \quad \text{y} \quad r = g_2(\theta)$$

y las rectas $\theta = \alpha$ y $\theta = \beta$. En lugar de hacer una partición de R en rectángulos pequeños, utilice una partición en sectores polares pequeños. A R se le superpone una red o cuadrícula polar formada por rayos o semirrectas radiales y arcos circulares, como se muestra en la figura 14.25. Los sectores polares R_i que se encuentran completamente dentro de R forman una **partición polar interna** Δ cuya **norma** $\|\Delta\|$ es la longitud de la diagonal más larga en los n sectores polares.

Considere un sector polar específico R_i, como se muestra en la figura 14.26. Se puede demostrar (vea el ejercicio 70) que el área de R_i es

$$\Delta A_i = r_i \Delta r_i \Delta \theta_i \qquad \text{Área de } R_i$$

donde $\Delta r_i = r_2 - r_1$ y $\Delta \theta_i = \theta_2 - \theta_1$. Esto implica que el volumen del sólido de altura $f(r_i \cos \theta_i, r_i \, \text{sen} \, \theta_i)$ sobre R_i es aproximadamente

$$f(r_i \cos \theta_i, r_i \, \text{sen} \, \theta_i) r_i \Delta r_i \Delta \theta_i$$

y tiene

$$\iint_R f(x, y) \, dA \approx \sum_{i=1}^n f(r_i \cos \theta_i, r_i \, \text{sen} \, \theta_i) r_i \, \Delta r_i \, \Delta \theta_i.$$

Puede interpretar la suma de la derecha como una suma de Riemann para

$$f(r \cos \theta, r \, \text{sen} \, \theta) r.$$

La región R corresponde a una región S *horizontalmente simple* en el plano $r\theta$, como se muestra en la figura 14.28. Los sectores polares R_i corresponden a los rectángulos S_i, y el área ΔA_i de S_i es $\Delta r_i \Delta \theta_i$. Por tanto, el lado derecho de la ecuación corresponde a la integral doble

$$\iint_S f(r \cos \theta, r \, \text{sen} \, \theta) r \, dA.$$

A partir de esto, puede aplicar el teorema 14.2 para escribir

$$\iint_R f(x, y) \, dA = \iint_S f(r \cos \theta, r \, \text{sen} \, \theta) r \, dA$$
$$= \int_\alpha^\beta \int_{g_1(\theta)}^{g_2(\theta)} f(r \cos \theta, r \, \text{sen} \, \theta) r \, dr \, d\theta.$$

Esto sugiere el teorema siguiente, cuya demostración se verá en la sección 14.8.

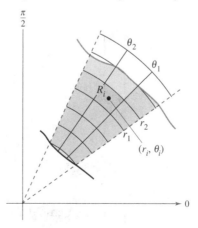

El sector polar R_i es el conjunto de todos los puntos (r, θ) tal que $r_1 \le r \le r_2$ y $\theta_1 \le \theta \le \theta_2$.

Figura 14.26

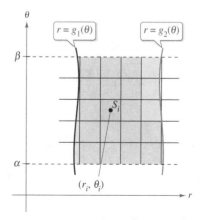

Región S horizontalmente simple.
Figura 14.27

TEOREMA 14.3 Cambio de variables a la forma polar

Sea R una región plana que consta de todos los puntos $(x, y) = (r \cos \theta, r \,\text{sen}\, \theta)$ que satisfacen las condiciones $0 \leq g_1(\theta) \leq r \leq g_2(\theta)$, $\alpha \leq \theta \leq \beta$, donde $0 \leq (\beta - \alpha) \leq 2\pi$. Si g_1 y g_2 son continuas en $[\alpha, \beta]$ y f es continua en R, entonces

$$\iint_R f(x, y) \, dA = \int_\alpha^\beta \int_{g_1(\theta)}^{g_2(\theta)} f(r \cos \theta, r \,\text{sen}\, \theta) r \, dr \, d\theta.$$

Si $z = f(x, y)$ es no negativa en R, entonces la integral del teorema 14.3 puede interpretarse como el volumen de la región sólida entre la gráfica de f y la región R. Cuando use la integral en el teorema 14.3, asegúrese de no omitir el factor extra de r en el integrando.

La región R puede ser de dos tipos básicos, regiones *r-simples* y regiones *θ-simples*, como se muestra en la figura 14.28.

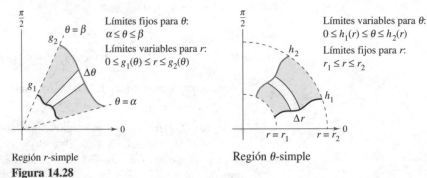

Límites fijos para θ:
$\alpha \leq \theta \leq \beta$
Límites variables para r:
$0 \leq g_1(\theta) \leq r \leq g_2(\theta)$

Límites variables para θ:
$0 \leq h_1(r) \leq \theta \leq h_2(r)$
Límites fijos para r:
$r_1 \leq r \leq r_2$

Región r-simple   Región θ-simple

Figura 14.28

EJEMPLO 2 Evaluar una integral usando coordenadas polares dobles

Sea R la región anular comprendida entre los dos círculos $x^2 + y^2 = 1$ y $x^2 + y^2 = 5$. Evalúe la integral

$$\iint_R (x^2 + y) \, dA.$$

Solución Los límites polares son $1 \leq r \leq \sqrt{5}$ y $0 \leq \theta \leq 2\pi$, como se muestra en la figura 14.29. Además, $x^2 = (r \cos \theta)^2$ y $y = r \,\text{sen}\, \theta$. Por tanto, tiene

$$\iint_R (x^2 + y) \, dA = \int_0^{2\pi} \int_1^{\sqrt{5}} (r^2 \cos^2 \theta + r \,\text{sen}\, \theta) r \, dr \, d\theta$$

$$= \int_0^{2\pi} \int_1^{\sqrt{5}} (r^3 \cos^2 \theta + r^2 \,\text{sen}\, \theta) \, dr \, d\theta$$

$$= \int_0^{2\pi} \left(\frac{r^4}{4} \cos^2 \theta + \frac{r^3}{3} \,\text{sen}\, \theta \right) \Big]_1^{\sqrt{5}} d\theta$$

$$= \int_0^{2\pi} \left(6 \cos^2 \theta + \frac{5\sqrt{5} - 1}{3} \,\text{sen}\, \theta \right) d\theta$$

$$= \int_0^{2\pi} \left(3 + 3 \cos 2\theta + \frac{5\sqrt{5} - 1}{3} \,\text{sen}\, \theta \right) d\theta$$

$$= \left(3\theta + \frac{3 \,\text{sen}\, 2\theta}{2} - \frac{5\sqrt{5} - 1}{3} \cos \theta \right) \Big]_0^{2\pi}$$

$$= 6\pi.$$

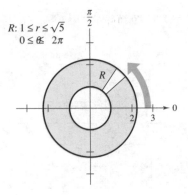

$R: 1 \leq r \leq \sqrt{5}$
$0 \leq \theta \leq 2\pi$

Región r-simple.
Figura 14.29

En el ejemplo 2, observe el factor extra de r en el integrando. Esto proviene de la fórmula para el área de un sector polar. En notación diferencial, puede escribirlo como

$$dA = r\, dr\, d\theta$$

lo que indica que el área de un sector polar aumenta al alejarse del origen.

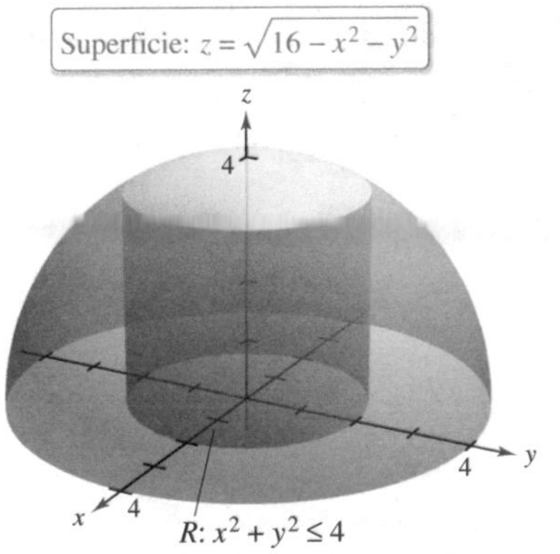

Superficie: $z = \sqrt{16 - x^2 - y^2}$

$R: x^2 + y^2 \leq 4$

Figura 14.30

EJEMPLO 3 **Cambiar variables a coordenadas polares**

Utilice las coordenadas polares para hallar el volumen de la región sólida limitada superiormente por el hemisferio

$$z = \sqrt{16 - x^2 - y^2} \qquad \text{Hemisferio que forma la superficie superior}$$

e inferiormente por la región circular R dada por

$$x^2 + y^2 \leq 4 \qquad \text{Región circular que forma la superficie inferior}$$

como se muestra en la figura 14.30.

Solución En la figura 14.30 puede ver que R tiene como límites

$$-\sqrt{4 - y^2} \leq x \leq \sqrt{4 - y^2}, \quad -2 \leq y \leq 2$$

y que $0 \leq z \leq \sqrt{16 - x^2 - y^2}$. En coordenadas polares, los límites son

$$0 \leq r \leq 2 \text{ y } 0 \leq \theta \leq 2\pi$$

con altura $z = \sqrt{16 - x^2 - y^2} = \sqrt{16 - r^2}$. Por consiguiente, el volumen V está dado por

$$
\begin{aligned}
V &= \iint_R f(x, y)\, dA \\
&= \int_0^{2\pi} \int_0^2 \sqrt{16 - r^2}\, r\, dr\, d\theta \\
&= -\frac{1}{3} \int_0^{2\pi} (16 - r^2)^{3/2} \Big]_0^2 \, d\theta \\
&= -\frac{1}{3} \int_0^{2\pi} \left(24\sqrt{3} - 64\right) d\theta \\
&= -\frac{8}{3}\left(3\sqrt{3} - 8\right)\theta \Big]_0^{2\pi} \\
&= \frac{16\pi}{3}\left(8 - 3\sqrt{3}\right) \\
&\approx 46.979.
\end{aligned}
$$

> **COMENTARIO** Para ver la ventaja de las coordenadas polares en el ejemplo 3, trate de evaluar la integral iterada rectangular correspondiente
>
> $$\int_{-2}^{2} \int_{-\sqrt{4-y^2}}^{\sqrt{4-y^2}} \sqrt{16 - x^2 - y^2}\, dx\, dy.$$

> **TECNOLOGÍA** Todo sistema algebraico por computadora que calcula integrales dobles en coordenadas rectangulares también calcula integrales dobles en coordenadas polares. La razón es que una vez que se ha formado la integral iterada, su valor no cambia al usar variables diferentes. En otras palabras, si usa un sistema algebraico por computadora para evaluar
>
> $$\int_0^{2\pi} \int_0^2 \sqrt{16 - x^2}\, x\, dx\, dy$$
>
> deberá obtener el mismo valor que obtuvo en el ejemplo 3.

Así como ocurre con coordenadas rectangulares, la integral doble

$$\iint_R dA$$

puede usarse para calcular el área de una región en el plano.

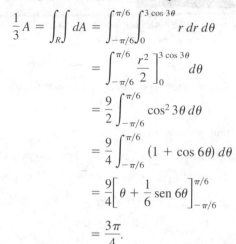

EJEMPLO 4 Hallar áreas de regiones polares

Consulte LarsonCalculus.com para una versión interactiva de este tipo de ejemplo.

Figura 14.31

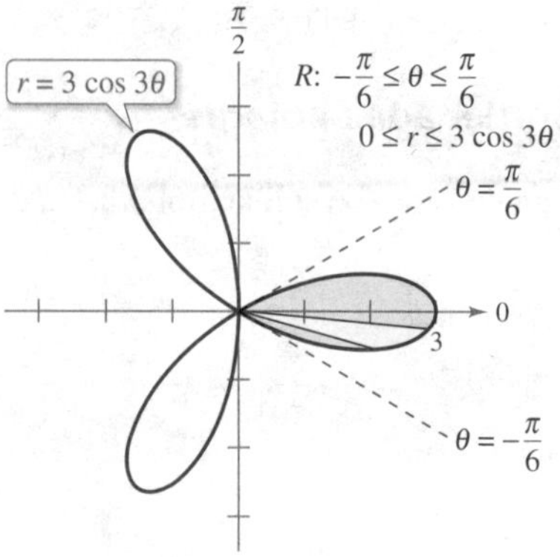

Utilice una integral doble para hallar el área encerrada por la gráfica de $r = 3\cos 3\theta$, sea R un pétalo de la curva mostrada en la figura 14.31. Esta región es r-simple y los límites son los siguientes: $-\pi/6 \le \theta \le \pi/6$ y $0 \le r \le 3\cos 3\theta$. Por tanto, el área de un pétalo es

$$\begin{aligned}
\frac{1}{3}A = \iint_R dA &= \int_{-\pi/6}^{\pi/6}\int_0^{3\cos 3\theta} r\,dr\,d\theta \\
&= \int_{-\pi/6}^{\pi/6} \left[\frac{r^2}{2}\right]_0^{3\cos 3\theta} d\theta \\
&= \frac{9}{2}\int_{-\pi/6}^{\pi/6} \cos^2 3\theta\,d\theta \\
&= \frac{9}{4}\int_{-\pi/6}^{\pi/6} (1 + \cos 6\theta)\,d\theta \\
&= \frac{9}{4}\left[\theta + \frac{1}{6}\operatorname{sen} 6\theta\right]_{-\pi/6}^{\pi/6} \\
&= \frac{3\pi}{4}.
\end{aligned}$$

Así, el área total es $A = 9\pi/4$. ■

Como se ilustra en el ejemplo 4, el área de una región en el plano puede representarse mediante

$$A = \int_\alpha^\beta \int_{g_1(\theta)}^{g_2(\theta)} r\,dr\,d\theta.$$

Para $g_1(\theta) = 0$, obtiene

$$A = \int_\alpha^\beta \int_0^{g_2(\theta)} r\,dr\,d\theta = \int_\alpha^\beta \left[\frac{r^2}{2}\right]_0^{g_2(\theta)} d\theta = \int_\alpha^\beta \frac{1}{2}(g_2(\theta))^2\,d\theta$$

lo cual concuerda con el teorema 10.13.

Hasta ahora en esta sección todos los ejemplos de integrales iteradas en forma polar han sido de la forma

$$\int_\alpha^\beta \int_{g_1(\theta)}^{g_2(\theta)} f(r\cos\theta, r\operatorname{sen}\theta)r\,dr\,d\theta$$

en donde el orden de integración es primero con respecto a r. Algunas veces se puede simplificar el problema de integración cambiando el orden de integración.

EJEMPLO 5 Cambiar el orden de integración

Región θ-simple.
Figura 14.32

Encuentre el área de la región acotada superiormente por la espiral $r = \pi/(3\theta)$ e inferiormente por el eje polar, entre $r = 1$ y $r = 2$.

Solución La región se muestra en la figura 14.32. Los límites polares de la región son

$$1 \le r \le 2 \quad \text{y} \quad 0 \le \theta \le \frac{\pi}{3r}.$$

Por tanto, el área de la región puede evaluarse como sigue.

$$A = \int_1^2 \int_0^{\pi/(3r)} r\,d\theta\,dr = \int_1^2 r\theta\Big]_0^{\pi/(3r)} dr = \int_1^2 \frac{\pi}{3}\,dr = \frac{\pi r}{3}\Big]_1^2 = \frac{\pi}{3}$$ ■

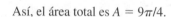

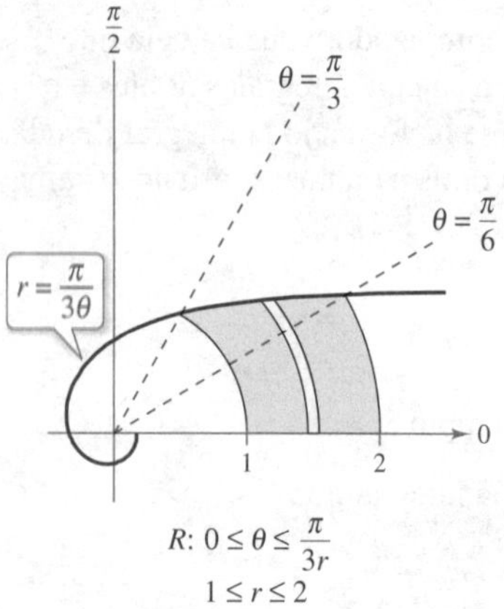

14.3 Ejercicios

Consulte **CalcChat.com** para un tutorial de ayuda y soluciones trabajadas de los ejercicios con numeración impar.

Elegir un sistema coordenado En los ejercicios 1 a 4 se muestra la región R para la integral $\int_R \int f(x, y)\, dA$. Diga si serían más convenientes coordenadas rectangulares o polares para evaluar la integral.

1.

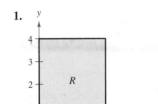

2.

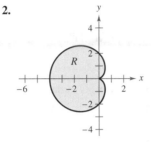

3.

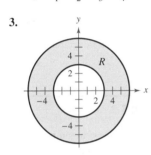

4.

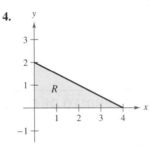

Describir una región En los ejercicios 5 a 8, utilice las coordenadas polares para describir la región mostrada.

5.

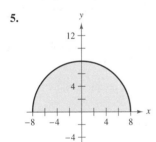

6.

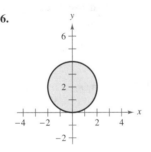

7.

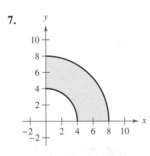

8.

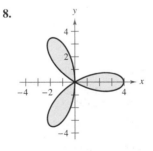

Evaluar una integral doble En los ejercicios 9 a 16, evalúe la integral doble $\int_R \int f(r, \theta)\, dA$ y dibuje la región R.

9. $\displaystyle\int_0^{\pi}\int_0^{\cos\theta} r\, dr\, d\theta$

10. $\displaystyle\int_0^{\pi}\int_0^{\operatorname{sen}\theta} r^2\, dr\, d\theta$

11. $\displaystyle\int_0^{2\pi}\int_0^{6} 3r^2\operatorname{sen}\theta\, dr\, d\theta$

12. $\displaystyle\int_0^{\pi/4}\int_0^{4} r^2\operatorname{sen}\theta\cos\theta\, dr\, d\theta$

13. $\displaystyle\int_0^{\pi/2}\int_1^{3} \sqrt{9 - r^2}\, r\, dr\, d\theta$

14. $\displaystyle\int_0^{\pi/2}\int_0^{3} re^{-r^2}\, dr\, d\theta$

15. $\displaystyle\int_0^{\pi/2}\int_0^{1+\operatorname{sen}\theta} \theta r\, dr\, d\theta$

16. $\displaystyle\int_0^{\pi/2}\int_0^{1-\cos\theta} (\operatorname{sen}\theta) r\, dr\, d\theta$

Convertir a coordenadas polares En los ejercicios 17 a 26, evalúe la integral iterada convirtiendo a coordenadas polares.

17. $\displaystyle\int_0^{a}\int_0^{\sqrt{a^2-y^2}} y\, dx\, dy$

18. $\displaystyle\int_0^{a}\int_0^{\sqrt{a^2-x^2}} x\, dy\, dx$

19. $\displaystyle\int_{-2}^{2}\int_0^{\sqrt{4-x^2}} (x^2 + y^2)\, dy\, dx$

20. $\displaystyle\int_0^{1}\int_{-\sqrt{x-x^2}}^{\sqrt{x-x^2}} (x^2 + y^2)\, dy\, dx$

21. $\displaystyle\int_0^{3}\int_0^{\sqrt{9-x^2}} (x^2 + y^2)^{3/2}\, dy\, dx$

22. $\displaystyle\int_0^{2}\int_y^{\sqrt{8-y^2}} \sqrt{x^2 + y^2}\, dx\, dy$

23. $\displaystyle\int_0^{2}\int_0^{\sqrt{2x-x^2}} xy\, dy\, dx$

24. $\displaystyle\int_0^{4}\int_0^{\sqrt{4y-y^2}} x^2\, dx\, dy$

25. $\displaystyle\int_{-1}^{1}\int_0^{\sqrt{1-x^2}} \cos(x^2 + y^2)\, dy\, dx$

26. $\displaystyle\int_0^{2}\int_0^{\sqrt{4-x^2}} \operatorname{sen}\sqrt{x^2 + y^2}\, dy\, dx$

Convertir a coordenadas polares En los ejercicios 27 y 28, combine la suma de las dos integrales iteradas en una sola integral iterada convirtiendo a coordenadas polares. Evalúe la integral iterada resultante.

27. $\displaystyle\int_0^{2}\int_0^{x} \sqrt{x^2 + y^2}\, dy\, dx + \int_2^{2\sqrt{2}}\int_0^{\sqrt{8-x^2}} \sqrt{x^2 + y^2}\, dy\, dx$

28. $\displaystyle\int_0^{5\sqrt{2}/2}\int_0^{x} xy\, dy\, dx + \int_{5\sqrt{2}/2}^{5}\int_0^{\sqrt{25-x^2}} xy\, dy\, dx$

Convertir a coordenadas polares En los ejercicios 29 a 32, utilice coordenadas polares para escribir y evaluar la integral doble $\int_R \int f(x, y)\, dA$.

29. $f(x, y) = x + y$

  $R: x^2 + y^2 \le 4, x \ge 0, y \ge 0$

30. $f(x, y) = e^{-(x^2 + y^2)/2}$

  $R: x^2 + y^2 \le 25, x \ge 0$

31. $f(x, y) = \arctan \dfrac{y}{x}$

  $R: x^2 + y^2 \ge 1, x^2 + y^2 \le 4, 0 \le y \le x$

32. $f(x, y) = 9 - x^2 - y^2$

  $R: x^2 + y^2 \le 9, x \ge 0, y \ge 0$

Volumen En los ejercicios 33 a 38, utilice una integral doble en coordenadas polares para hallar el volumen del sólido acotado por las gráficas de las ecuaciones.

33. $z = xy, x^2 + y^2 = 1$, primer octante

34. $z = x^2 + y^2 + 3, z = 0, x^2 + y^2 = 1$

35. $z = \sqrt{x^2 + y^2}, z = 0, x^2 + y^2 = 25$

36. $z = \ln(x^2 + y^2), z = 0, x^2 + y^2 \ge 1, x^2 + y^2 \le 4$

37. Interior al hemisferio $z = \sqrt{16 - x^2 - y^2}$ e interior al cilindro $x^2 + y^2 - 4x = 0$.

38. Interior al hemisferio $z = \sqrt{16 - x^2 - y^2}$ y exterior al cilindro $x^2 + y^2 = 1$.

39. **Volumen** Encuentre a tal que el volumen en el interior del hemisferio

  $$z = \sqrt{16 - x^2 - y^2}$$

  y en el exterior del cilindro

  $$x^2 + y^2 = a^2$$

  es la mitad del volumen del hemisferio.

40. **Volumen** Utilice la integral doble en coordenadas polares para encontrar el volumen de una esfera de radio a.

Área En los ejercicios 41 a 46, utilice una integral doble para calcular el área de la región sombreada.

41.

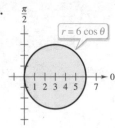

42.

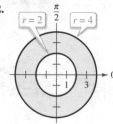

43.

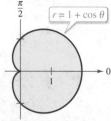

44.

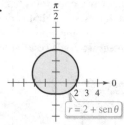

45.

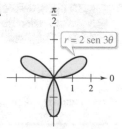

46.

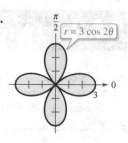

Área En los ejercicios 47 a 52, trace una gráfica de la región acotada por las gráficas de las ecuaciones. Después, use una integral doble para encontrar el área de la región.

47. Dentro del círculo $r = 2 \cos\theta$ y fuera del círculo $r = 1$.

48. Dentro de la cardioide $r = 2 + 2\cos\theta$ y fuera del círculo $r = 1$.

49. Dentro del círculo $r = 3\cos\theta$ y fuera de la cardioide $r = 1 + \cos\theta$.

50. Dentro de la cardioide $r = 1 + \cos\theta$ y fuera del círculo $r = 3\cos\theta$.

51. Dentro de la curva rosa $r = 4\,\text{sen}\,3\theta$ y fuera del círculo $r = 2$.

52. Dentro del círculo $r = 2$ y fuera de la cardioide $r = 2 - 2\cos\theta$.

DESARROLLO DE CONCEPTOS

53. **Coordenadas polares** Describa la partición de la región de integración R en el plano xy cuando se utilizan coordenadas polares para evaluar una integral doble.

54. **Convertir coordenadas** Explique cómo pasar de coordenadas rectangulares a coordenadas polares en una integral doble.

55. **Describir regiones** Con sus propias palabras, describa regiones r-simples y regiones θ-simples.

56. **Comparar integrales** Sea R la región acotada por el círculo $x^2 + y^2 = 9$.

  (a) Establezca la integral $\int_R \int f(x, y)\, dA$.

  (b) Convierta la integral en el inciso (a) a coordenadas polares.

  (c) ¿Qué integral debería elegirse para evaluar? ¿Por qué?

---

57. Población

La densidad de población de una ciudad es aproximada por el modelo

$$f(x, y) = 4000 e^{-0.01(x^2 + y^2)}$$

para la región $x^2 + y^2 \le 9$, donde x y y se miden en millas. Integre la función de densidad sobre la región circular indicada para aproximar la población de la ciudad.

58. **¿CÓMO LO VE?** Cada figura muestra una región de integración para la integral doble $\int_R\int f(x, y)\, dA$. Para cada región, diga si es más fácil obtener los límites de integración con elementos representativos horizontales, elementos representativos verticales o con sectores polares. Explique su razonamiento.

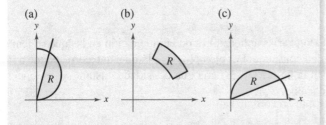

(a) (b) (c)

59. Volumen Determine el diámetro de un orificio cavado verticalmente a través del centro del sólido acotado por las gráficas de las ecuaciones $z = 25e^{-(x^2+y^2)/4}$, $z = 0$ y $x^2 + y^2 = 16$ si se elimina la décima parte del volumen del sólido.

60. Glaciar

Las secciones transversales horizontales de un bloque de hielo desprendido de un glaciar tienen forma de un cuarto de círculo con radio aproximado de 50 pies. La base se divide en 20 subregiones, como se muestra en la figura. En el centro de cada subregión se mide la altura del hielo, dando los puntos siguientes en coordenadas cilíndricas.

$\left(5, \frac{\pi}{16}, 7\right)$, $\left(15, \frac{\pi}{16}, 8\right)$, $\left(25, \frac{\pi}{16}, 10\right)$, $\left(35, \frac{\pi}{16}, 12\right)$, $\left(45, \frac{\pi}{16}, 9\right)$,

$\left(5, \frac{3\pi}{16}, 9\right)$, $\left(15, \frac{3\pi}{16}, 10\right)$, $\left(25, \frac{3\pi}{16}, 14\right)$, $\left(35, \frac{3\pi}{16}, 15\right)$, $\left(45, \frac{3\pi}{16}, 10\right)$,

$\left(5, \frac{5\pi}{16}, 9\right)$, $\left(15, \frac{5\pi}{16}, 11\right)$, $\left(25, \frac{5\pi}{16}, 15\right)$, $\left(35, \frac{5\pi}{16}, 18\right)$, $\left(45, \frac{5\pi}{16}, 14\right)$,

$\left(5, \frac{7\pi}{16}, 5\right)$, $\left(15, \frac{7\pi}{16}, 8\right)$, $\left(25, \frac{7\pi}{16}, 11\right)$, $\left(35, \frac{7\pi}{16}, 16\right)$, $\left(45, \frac{7\pi}{16}, 12\right)$

(a) Aproxime el volumen del sólido.

(b) El hielo pesa aproximadamente 57 libras por pie cúbico. Aproxime el peso del sólido.

(c) Aproxime el número de galones de agua en el sólido si hay 7.48 galones de agua por pie cúbico.

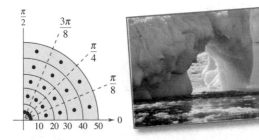

Aproximación En los ejercicios 61 y 62, utilice un sistema algebraico por computadora y aproxime la integral iterada.

61. $\displaystyle\int_{\pi/4}^{\pi/2}\int_0^5 r\sqrt{1 + r^3}\operatorname{sen}\sqrt{\theta}\, dr\, d\theta$

62. $\displaystyle\int_0^{\pi/4}\int_0^4 5re^{\sqrt{r\theta}}\, dr\, d\theta$

¿Verdadero o falso? En los ejercicios 63 y 64, determine si el enunciado es verdadero o falso. Si es falso, explique por qué o dé un ejemplo que demuestre que es falso.

63. Si $\int_R\int f(r, \theta)\, dA > 0$, entonces $f(r, \theta) > 0$ para todo (r, θ) en R.

64. Si $f(r, \theta)$ es una función constante y el área de la región S es el doble del área de la región R, entonces

$$2\iint_R f(r, \theta)\, dA = \iint_S f(r, \theta)\, dA.$$

65. Probabilidad El valor de la integral

$$I = \int_{-\infty}^{\infty} e^{-x^2/2}\, dx$$

se requiere en el desarrollo de la función de densidad de probabilidad normal.

(a) Utilice coordenadas polares para evaluar la integral impropia

$$I^2 = \left(\int_{-\infty}^{\infty} e^{-x^2/2}\, dx\right)\left(\int_{-\infty}^{\infty} e^{-y^2/2}\, dy\right)$$

$$= \int_{-\infty}^{\infty}\int_{-\infty}^{\infty} e^{-(x^2+y^2)/2}\, dA$$

(b) Utilice el resultado del inciso (a) para calcular I.

■ PARA INFORMACIÓN ADICIONAL Para más información sobre este problema, vea el artículo "Integrating Without Polar Coordinates", de William Dunham, en *Mathematics Teacher*. Para consultar este artículo, visite *MathArticles.com*.

66. Evaluar integrales Utilice el resultado del ejercicio 65 y un cambio de variables para evaluar cada una de las integrales siguientes. No se requiere hacer ninguna integración.

(a) $\displaystyle\int_{-\infty}^{\infty} e^{-x^2}\, dx$ (b) $\displaystyle\int_{-\infty}^{\infty} e^{-4x^2}\, dx$

67. Piénselo Considere la región acotada por las gráficas de $y = 2$, $y = 4$, $y = x$ y $y = \sqrt{3}x$, y la integral doble $\int_R\int f\, dA$. Determine los límites de integración si la región R está dividida en (a) elementos representativos horizontales, (b) elementos representativos verticales y (c) sectores polares.

68. Piénselo Repita el ejercicio 67 para una región R acotada por la gráfica de la ecuación $(x - 2)^2 + y^2 = 4$.

69. Probabilidad Encuentre k tal que la función

$$f(x, y) = \begin{cases} ke^{-(x^2+y^2)}, & x \geq 0, y \geq 0 \\ 0, & \text{demás} \end{cases}$$

70. Área Demuestre que el área A del sector polar R (vea la figura) es $A = r\Delta r\Delta\theta$, donde $r = (r_1 + r_2)/2$ es el radio promedio de R.

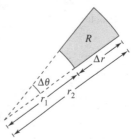

14.4 Centro de masa y momentos de inercia

■ Hallar la masa de una lámina plana utilizando una integral doble.
■ Hallar el centro de masa de una lámina plana utilizando integrales dobles.
■ Hallar los momentos de inercia utilizando integrales dobles.

Masa

En la sección 7.6 se analizaron varias aplicaciones de la integración en las que se tenía una lámina plana de densidad constante. Por ejemplo, si la lámina que corresponde a la región R, que se muestra en la figura 14.33, tiene una densidad constante ρ, entonces la masa de la lámina está dada por

$$\text{Masa} = \rho A = \rho \int_R\!\!\int dA = \int_R\!\!\int \rho \, dA. \qquad \text{Densidad constante}$$

Si no se especifica otra cosa, se supone que una lámina tiene densidad constante. En esta sección se extiende la definición del término *lámina* para abarcar también placas delgadas de densidad *variable*. Las integrales dobles pueden usarse para calcular la masa de una lámina de densidad variable, donde la densidad en (x, y) está dada por la **función de densidad** ρ.

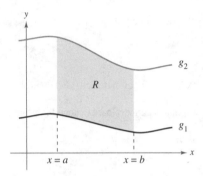

Lámina de densidad constante ρ.
Figura 14.33

Definición de masa de una lámina plana de densidad variable

Si ρ es una función de densidad continua sobre la lámina que corresponde a una región plana R, entonces la masa m de la lámina está dada por

$$m = \int_R\!\!\int \rho(x, y) \, dA. \qquad \text{Densidad variable}$$

La densidad se expresa normalmente como masa por unidad de volumen. Sin embargo, en una lámina plana la densidad es masa por unidad de área de superficie.

EJEMPLO 1 **Determinar la masa de una lámina plana**

Encuentre la masa de la lámina triangular con vértices $(0, 0)$, $(0, 3)$ y $(2, 3)$, dado que la densidad en (x, y) es $\rho(x, y) = 2x + y$.

Solución Como se muestra en la figura 14.34, la región R tiene como fronteras $x = 0$, $y = 3$ y $y = 3x/2$ (o $x = 2y/3$). Por consiguiente, la masa de la lámina es

$$
\begin{aligned}
m &= \int_R\!\!\int (2x + y) \, dA \\
&= \int_0^3 \int_0^{2y/3} (2x + y) \, dx \, dy \\
&= \int_0^3 \left[x^2 + xy \right]_0^{2y/3} dy \\
&= \frac{10}{9} \int_0^3 y^2 \, dy \\
&= \frac{10}{9} \left[\frac{y^3}{3} \right]_0^3 \\
&= 10.
\end{aligned}
$$

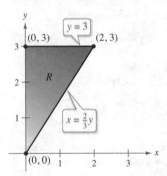

Lámina de densidad variable
$\rho(x, y) = 2x + y$.
Figura 14.34

En la figura 14.34, observe que la lámina plana está sombreada; el sombreado más oscuro corresponde a la parte más densa.

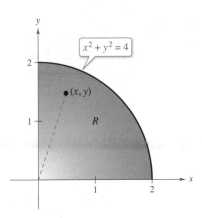

Densidad en (x, y): $\rho(x, y) = k\sqrt{x^2 + y^2}$.
Figura 14.35

EJEMPLO 2 **Determinar la masa usando coordenadas polares**

Encuentre la masa de la lámina correspondiente a la porción en el primer cuadrante del círculo

$$x^2 + y^2 = 4$$

donde la densidad en el punto (x, y) es proporcional a la distancia entre el punto y el origen, como se muestra en la figura 14.35.

Solución En cualquier punto (x, y), la densidad de la lámina es

$$\rho(x, y) = k\sqrt{(x - 0)^2 + (y - 0)^2}$$
$$= k\sqrt{x^2 + y^2}.$$

Como $0 \leq x \leq 2$ y $0 \leq y \leq \sqrt{4 - x^2}$, la masa está dada por

$$m = \int_R\!\!\int k\sqrt{x^2 + y^2}\, dA$$
$$= \int_0^2 \int_0^{\sqrt{4-x^2}} k\sqrt{x^2 + y^2}\, dy\, dx.$$

Para simplificar la integración, puede convertir a coordenadas polares utilizando los límites

$$0 \leq \theta \leq \pi/2 \quad \text{y} \quad 0 \leq r \leq 2.$$

Por tanto, la masa es

$$m = \int_R\!\!\int k\sqrt{x^2 + y^2}\, dA$$
$$= \int_0^{\pi/2} \int_0^2 k\sqrt{r^2}\, r\, dr\, d\theta$$
$$= \int_0^{\pi/2} \int_0^2 kr^2\, dr\, d\theta$$
$$= \int_0^{\pi/2} \frac{kr^3}{3}\Big]_0^2 d\theta$$
$$= \frac{8k}{3} \int_0^{\pi/2} d\theta$$
$$= \frac{8k}{3}\Big[\theta\Big]_0^{\pi/2}$$
$$= \frac{4\pi k}{3}.$$

▷ **TECNOLOGÍA** En muchas ocasiones, en este libro, se han mencionado las ventajas de utilizar programas de computación que realizan integración simbólica. Aun cuando utilice tales programas con regularidad, recuerde que sus mejores ventajas sólo son aprovechables en manos de un usuario conocedor. Por ejemplo, observe la simplificación de la integral del ejemplo 2 cuando se convierte a la forma polar.

Forma rectangular

$$\int_0^2 \int_0^{\sqrt{4-x^2}} k\sqrt{x^2 + y^2}\, dy\, dx$$

Forma polar

$$\int_0^{\pi/2} \int_0^2 kr^2\, dr\, d\theta$$

Si tiene acceso a programas que realicen integración simbólica, utilícelos para evaluar ambas integrales. Algunos programas no pueden manejar la primera integral, pero cualquier programa que calcule integrales dobles puede evaluar la segunda integral.

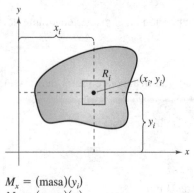

$M_x = (\text{masa})(y_i)$
$M_y = (\text{masa})(x_i)$
Figura 14.36

Momentos y centros de masa

En láminas de densidad variable, los momentos de masa se definen de manera similar a la empleada en el caso de densidad uniforme. Dada una partición Δ de una lámina, correspondiente a una región plana R, considere el rectángulo i-ésimo R_i de área ΔA_i, como se muestra en la figura 14.36. Suponga que la masa de R_i se concentra en uno de sus puntos interiores. El momento de masa de R_i respecto al eje x puede aproximarse por medio de

$$(\text{Masa})(y_i) \approx [\rho(x_i, y_i)\,\Delta A_i](y_i).$$

De manera similar, el momento de masa con respecto al eje y puede aproximarse por medio de

$$(\text{Masa})(x_i) \approx [\rho(x_i, y_i)\,\Delta A_i](x_i).$$

Formando la suma de Riemann de todos estos productos y tomando límites cuando la norma de Δ se aproxima a 0, obtiene las definiciones siguientes de momentos de masa con respecto a los ejes x y y.

Momentos y centro de masa de una lámina plana de densidad variable

Sea ρ una función de densidad continua sobre la lámina plana R. Los **momentos de masa** con respecto a los ejes x y y son

$$M_x = \int_R\int y\rho(x, y)\,dA$$

y

$$M_y = \int_R\int x\rho(x, y)\,dA.$$

Si m es la masa de la lámina, entonces el **centro de masa** es

$$(\bar{x}, \bar{y}) = \left(\frac{M_y}{m}, \frac{M_x}{m}\right).$$

Si R representa una región plana simple en lugar de una lámina, el punto $(\bar{x}, \bar{y})$ se llama **centroide** de la región.

En algunas láminas planas con densidad constante ρ, puede determinar el centro de masa (o una de sus coordenadas) utilizando la simetría en lugar de usar integración. Por ejemplo, considere las láminas de densidad constante mostradas en la figura 14.37. Utilizando la simetría, puede ver que $\bar{y} = 0$ en la primera lámina y $\bar{x} = 0$ en la segunda lámina.

$R: 0 \leq x \leq 1$
$-\sqrt{1-x^2} \leq y \leq \sqrt{1-x^2}$

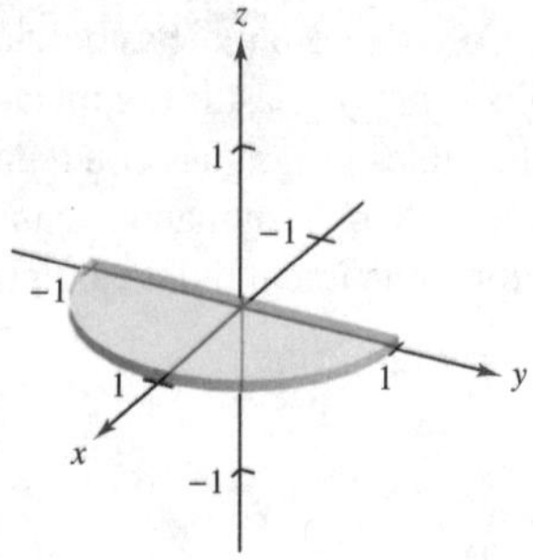

$R: -\sqrt{1-y^2} \leq x \leq \sqrt{1-y^2}$
$0 \leq y \leq 1$

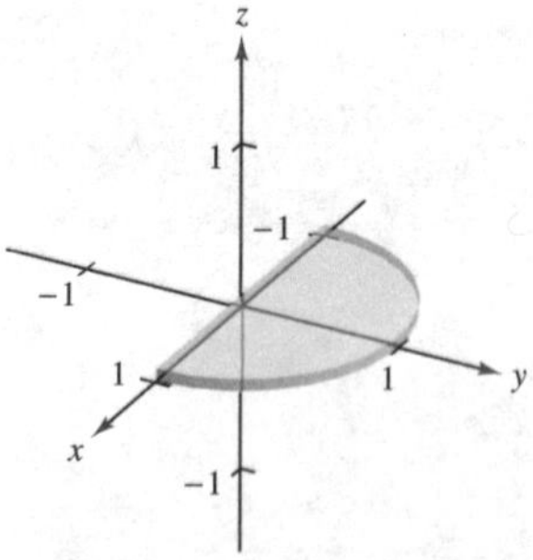

Lámina de densidad constante y simétrica con respecto al eje x.
Figura 14.37

Lámina de densidad constante y simétrica con respecto al eje y.

EJEMPLO 3   Hallar el centro de masa

• • • • ▷ *Consulte LarsonCalculus.com para una versión interactiva de este tipo de ejemplo.*

Encuentre el centro de masa de la lámina que corresponde a la región parabólica

$$0 \le y \le 4 - x^2 \qquad \text{Región parabólica}$$

donde la densidad en el punto (x, y) es proporcional a la distancia entre (x, y) y el eje x, como se muestra en la figura 14.38.

Solución   Como la lámina es simétrica con respecto al eje y y $\rho(x, y) = ky$, así, el centro de masa está en el eje y y $\bar{x} = 0$. Para hallar $\bar{y}$, primero calcule la masa de la lámina.

$$
\begin{aligned}
\text{Masa} &= \int_{-2}^{2} \int_{0}^{4-x^2} ky \, dy \, dx \\
&= \frac{k}{2} \int_{-2}^{2} y^2 \Big]_0^{4-x^2} dx \\
&= \frac{k}{2} \int_{-2}^{2} (16 - 8x^2 + x^4) \, dx \\
&= \frac{k}{2} \left[16x - \frac{8x^3}{3} + \frac{x^5}{5} \right]_{-2}^{2} \\
&= k \left(32 - \frac{64}{3} + \frac{32}{5} \right) \\
&= \frac{256k}{15}
\end{aligned}
$$

Después halle el momento con respecto al eje x.

$$
\begin{aligned}
M_x &= \int_{-2}^{2} \int_{0}^{4-x^2} (y)(ky) \, dy \, dx \\
&= \frac{k}{3} \int_{-2}^{2} y^3 \Big]_0^{4-x^2} dx \\
&= \frac{k}{3} \int_{-2}^{2} (64 - 48x^2 + 12x^4 - x^6) \, dx \\
&= \frac{k}{3} \left[64x - 16x^3 + \frac{12x^5}{5} - \frac{x^7}{7} \right]_{-2}^{2} \\
&= \frac{4096k}{105}
\end{aligned}
$$

Así,

$$\bar{y} = \frac{M_x}{m} = \frac{4096k/105}{256k/15} = \frac{16}{7}$$

y el centro de masa es $\left(0, \frac{16}{7}\right)$.

Aunque puede interpretar los momentos M_x y M_y como una medida de la tendencia a girar en torno a los ejes x o y, el cálculo de los momentos normalmente es un paso intermedio hacia una meta más tangible. El uso de los momentos M_x y M_y es encontrar el centro de masa. La determinación del centro de masa es útil en muchas aplicaciones, ya que le permite tratar una lámina como si su masa se concentrara en un solo punto. Intuitivamente, puede concebir el centro de masa como el punto de equilibrio de la lámina. Por ejemplo, la lámina del ejemplo 3 se mantendrá en equilibrio sobre la punta de un lápiz colocado en (0, 16/7), como se muestra en la figura 14.39.

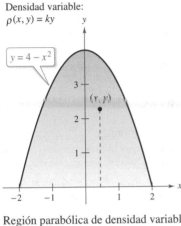

Densidad variable:
$\rho(x, y) = ky$

Región parabólica de densidad variable.
Figura 14.38

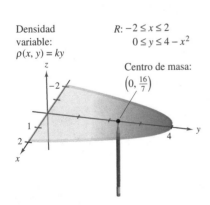

Densidad variable:
$\rho(x, y) = ky$

$R: -2 \le x \le 2$
$0 \le y \le 4 - x^2$

Centro de masa:
$\left(0, \frac{16}{7}\right)$

Figura 14.39

Momentos de inercia

Los momentos M_x y M_y utilizados en la determinación del centro de masa de una lámina se suelen llamar **primeros momentos** con respecto a los ejes x y y. En cada uno de los casos, el momento es el producto de una masa por una distancia.

$$M_x = \int_R\!\!\int (y)\rho(x, y)\, dA \qquad M_y = \int_R\!\!\int (x)\rho(x, y)\, dA$$

Distancia al eje x Masa   Distancia al eje y Masa

Ahora se introducirá otro tipo de momento, el **segundo momento** o **momento de inercia** de una lámina respecto de una recta. Del mismo modo que la masa es una medida de la tendencia de la materia a resistirse a cambios en el movimiento rectilíneo, el momento de inercia respecto de una recta es *una medida de la tendencia de la materia a resistirse a cambios en el movimiento de rotación.* Por ejemplo, si una partícula de masa m está a una distancia d de una recta fija, su momento de inercia respecto de la recta se define como

$$I = md^2 = (\text{masa})(\text{distancia})^2.$$

Igual que con los momentos de masa, puede generalizar este concepto para obtener los momentos de inercia de una lámina de densidad variable respecto de los ejes x y y. Estos segundos momentos se denotan por I_x e I_y, en cada caso el momento es el producto de una masa por el cuadrado de una distancia.

$$I_x = \int_R\!\!\int (y^2)\rho(x, y)\, dA \qquad I_y = \int_R\!\!\int (x^2)\rho(x, y)\, dA$$

Cuadrado de la distancia al eje x Masa   Cuadrado de la distancia al eje y Masa

A la suma de los momentos I_x e I_y se le llama el **momento polar de inercia** y se denota por I_0. En el caso de una lámina en el plano xy, I_0 representa el momento de inercia de la lámina con respecto al eje z. El término "momento polar de inercia" se debe a que en el cálculo se utiliza el cuadrado de la distancia polar r.

$$I_0 = \int_R\!\!\int (x^2 + y^2)\rho(x, y)\, dA = \int_R\!\!\int r^2\rho(x, y)\, dA$$

EJEMPLO 4   **Hallar el momento de inercia**

Encuentre el momento de inercia respecto del eje x de la lámina del ejemplo 3.

Solución   De acuerdo con la definición de momento de inercia, tiene

$$I_x = \int_{-2}^{2}\int_{0}^{4-x^2} y^2(ky)\, dy\, dx$$

$$= \frac{k}{4}\int_{-2}^{2} y^4 \Big]_0^{4-x^2} dx$$

$$= \frac{k}{4}\int_{-2}^{2} (256 - 256x^2 + 96x^4 - 16x^6 + x^8)\, dx$$

$$= \frac{k}{4}\left[256x - \frac{256x^3}{3} + \frac{96x^5}{5} - \frac{16x^7}{7} + \frac{x^9}{9} \right]_{-2}^{2}$$

$$= \frac{32{,}768k}{315}.$$

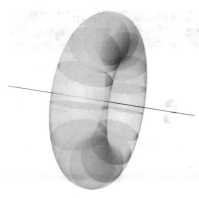

Lámina plana girando a
ω radianes por segundo.
Figura 14.40

El momento de inercia I de una lámina en rotación puede utilizarse para medir su energía cinética. Por ejemplo, considere una lámina plana que gira en torno a una recta con una **velocidad angular** de ω radianes por segundo, como se muestra en la figura 14.40. La energía cinética E de la lámina en rotación es

$$E = \frac{1}{2} I\omega^2.$$ Energía cinética para el movimiento rotacional

Por otro lado, la energía cinética E de una masa m que se mueve en línea recta a una velocidad v es

$$E = \frac{1}{2} mv^2.$$ Energía cinética para el movimiento lineal

Por lo tanto, la energía cinética de una masa que se mueve en línea recta es proporcional a su masa, pero la energía cinética de una masa que gira en torno a un eje es proporcional a su momento de inercia.

El **radio de giro** $\bar{\bar{r}}$ de una masa en rotación m con momento de inercia I se define como

$$\bar{\bar{r}} = \sqrt{\frac{I}{m}}.$$ Radio de giro

Si toda la masa se localizara a una distancia $\bar{\bar{r}}$ de su eje de giro o eje de rotación, tendría el mismo momento de inercia y, por consiguiente, la misma energía cinética. Por ejemplo, el radio de giro de la lámina del ejemplo 4 respecto al eje x está dado por

$$\bar{\bar{y}} = \sqrt{\frac{I_x}{m}} = \sqrt{\frac{32{,}768k/315}{256k/15}} = \sqrt{\frac{128}{21}} \approx 2.469.$$

EJEMPLO 5   Calcular el radio de giro

Encuentre el radio de giro con respecto al eje y de la lámina que corresponde a la región R: $0 \leq y \leq \operatorname{sen} x$, $0 \leq x \leq \pi$, donde la densidad en (x, y) está dada por $\rho(x, y) = x$.

Solución   La región R se muestra en la figura 14.41. Integrando $\rho(x, y) = x$ sobre la región R, puede determinar que la masa de la región es π. El momento de inercia respecto al eje y es

$$
\begin{aligned}
I_y &= \int_0^\pi \int_0^{\operatorname{sen} x} x^3 \, dy \, dx \\
&= \int_0^\pi x^3 y \Big]_0^{\operatorname{sen} x} dx \\
&= \int_0^\pi x^3 \operatorname{sen} x \, dx \\
&= \left[(3x^2 - 6)(\operatorname{sen} x) - (x^3 - 6x)(\cos x) \right]_0^\pi \\
&= \pi^3 - 6\pi.
\end{aligned}
$$

Por tanto, el radio de giro respecto al eje y es

$$
\begin{aligned}
\bar{\bar{x}} &= \sqrt{\frac{I_y}{m}} \\
&= \sqrt{\frac{\pi^3 - 6\pi}{\pi}} \\
&= \sqrt{\pi^2 - 6} \\
&\approx 1.967.
\end{aligned}
$$

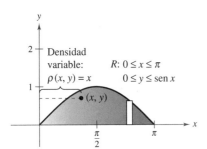

Figura 14.41

14.4   Ejercicios

Consulte CalcChat.com para un tutorial de ayuda y soluciones trabajadas de los ejercicios con numeración impar.

Determinar la masa de una lámina En los ejercicios 1 a 4, encuentre la masa de la lámina descrita por las desigualdades, dado que su densidad es $\rho(x, y) = xy$. (*Sugerencia:* Algunas de las integrales son más simples en coordenadas polares.)

1. $0 \le x \le 2$, $0 \le y \le 2$

2. $0 \le x \le 3$, $0 \le y \le 9 - x^2$

3. $0 \le x \le 1$, $0 \le y \le \sqrt{1 - x^2}$

4. $x \ge 0$, $3 \le y \le 3 + \sqrt{9 - x^2}$

Determinar el centro de masa En los ejercicios 5 a 8, encuentre la masa y el centro de masa de la lámina con cada densidad.

5. *R:* cuadrado con vértices $(0, 0)$, $(a, 0)$, $(0, a)$, (a, a)

   (a) $\rho = k$ (b) $\rho = ky$ (c) $\rho = ky$

6. *R:* rectángulo con vértices $(0, 0)$, $(a, 0)$, $(0, b)$, (a, b)

   (a) $\rho = kxy$ (b) $\rho = k(x^2 + y^2)$

7. *R:* triángulo con vértices $(0, 0)$, $(0, a)$, (a, a)

   (a) $\rho = k$ (b) $\rho = ky$ (c) $\rho = kx$

8. *R:* triángulo con vértices $(0, 0)$, $(a/2, a)$, $(a, 0)$

   (a) $\rho = k$ (b) $\rho = kxy$

9. **Traslaciones en el plano** Traslade la lámina del ejercicio 5 cinco unidades a la derecha y determine el centro de masa resultante.

10. **Conjetura** Utilice el resultado del ejercicio 9 para formular una conjetura acerca del cambio en el centro de masa cuando una lámina de densidad constante se traslada c unidades horizontalmente o d unidades verticalmente. ¿La conjetura es verdadera si la densidad no es constante? Explique.

Determinar el centro de masa En los ejercicios 11 a 22, encuentre la masa y el centro de masa de la lámina acotada por las gráficas de las ecuaciones con la densidad o densidades que se especifican. (*Sugerencia:* Algunas de las integrales son más sencillas en coordenadas polares.)

11. $y = \sqrt{x}$, $y = 0$, $x = 1$, $\rho = ky$

12. $y = x^2$, $y = 0$, $x = 2$, $\rho = kxy$

13. $y = 4/x$, $y = 0$, $x = 1$, $x = 4$, $\rho = kx^2$

14. $y = \dfrac{1}{1 + x^2}$, $y = 0$, $x = -1$, $x = 1$, $\rho = k$

15. $y = e^x$, $y = 0$, $x = 0$, $x = 1$, $\rho = k$

16. $y = e^{-x}$, $y = 0$, $x = 0$, $x = 1$, $\rho = ky^2$

17. $y = 4 - x^2$, $y = 0$, $\rho = ky$

18. $x = 9 - y^2$, $x = 0$, $\rho = kx$

19. $y = \operatorname{sen} \dfrac{\pi x}{L}$, $y = 0$, $x = 0$, $x = L$, $\rho = k$

20. $y = \cos \dfrac{\pi x}{L}$, $y = 0$, $x = 0$, $x = \dfrac{L}{2}$, $\rho = ky$

21. $y = \sqrt{a^2 - x^2}$, $0 \le y \le x$, $\rho = k$

22. $x^2 + y^2 = a^2$, $x \ge 0$, $y \ge 0$, $\rho = k(x^2 + y^2)$

Determinar el centro de masa usando tecnología En los ejercicios 23 a 26, utilice un sistema algebraico por computadora para hallar la masa y el centro de masa de la lámina acotada por las gráficas de las ecuaciones con la densidad dada.

23. $y = e^{-x}$, $y = 0$, $x = 0$, $x = 2$, $\rho = kxy$

24. $y = \ln x$, $y = 0$, $x = 1$, $x = e$, $\rho = \dfrac{k}{x}$

25. $r = 2 \cos 3\theta$, $-\dfrac{\pi}{6} \le \theta \le \dfrac{\pi}{6}$, $\rho = k$

26. $r = 1 + \cos \theta$, $\rho = k$

Determinar el radio de giro con respecto a cada eje En los ejercicios 27 a 32, compruebe los momentos de inercia dados y encuentre $\bar{\bar{x}}$ y $\bar{\bar{y}}$. Suponga que la densidad de cada lámina es $\rho = 1$ gramo por centímetro cuadrado. (Estas regiones son formas de uso común empleadas en diseño.)

27. Rectángulo

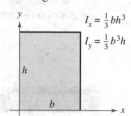

$I_x = \frac{1}{3} bh^3$

$I_y = \frac{1}{3} b^3 h$

28. Triángulo rectángulo

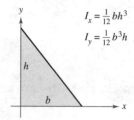

$I_x = \frac{1}{12} bh^3$

$I_y = \frac{1}{12} b^3 h$

29. Círculo

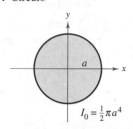

$I_0 = \frac{1}{2} \pi a^4$

30. Semicírculo

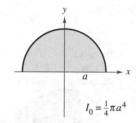

$I_0 = \frac{1}{4} \pi a^4$

31. Cuarto de círculo

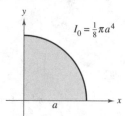

$I_0 = \frac{1}{8} \pi a^4$

32. Elipse

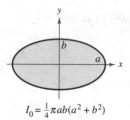

$I_0 = \frac{1}{4} \pi ab(a^2 + b^2)$

Determinar momentos de inercia y radios de giro En los ejercicios 33 a 36, determine $I_x, I_y, I_0, \bar{\bar{x}}$ y $\bar{\bar{y}}$ para la lámina limitada por las gráficas de las ecuaciones.

33. $y = 4 - x^2$, $y = 0$, $x > 0$, $\rho = kx$

34. $y = x$, $y = x^2$, $\rho = kxy$

35. $y = \sqrt{x}$, $y = 0$, $x = 4$, $\rho = kxy$

36. $y = x^2$, $y^2 = x$, $\rho = kx$

Determinar un momento de inercia usando tecnología En los ejercicios 37 a 40, dé la integral doble requerida para hallar el momento de inercia I, respecto a la recta dada, de la lámina limitada o acotada por las gráficas de las ecuaciones. Utilice un sistema algebraico por computadora para evaluar la integral doble.

37. $x^2 + y^2 = b^2$, $\rho = k$, recta: $x = a$ $(a > b)$

38. $y = \sqrt{x}$, $y = 0$, $x = 4$, $\rho = kx$, recta: $x = 6$

39. $y = \sqrt{a^2 - x^2}$, $y = 0$, $\rho = ky$, recta: $y = a$

40. $y = 4 - x^2$, $y = 0$, $\rho = k$, recta: $y = 2$

Hidráulica En los ejercicios 41 a 44, determine la posición del eje horizontal y_a en el que debe situarse una compuerta vertical en una presa para lograr que no haya momento que ocasione la rotación bajo la carga indicada (vea la figura). El modelo para y_a es

$$y_a = \bar{y} - \frac{I_{\bar{y}}}{hA}$$

donde $\bar{y}$ es la coordenada y del centroide de la compuerta, $I_{\bar{y}}$ es el momento de inercia de la compuerta respecto a la recta $y = \bar{y}$, h es la profundidad del centroide bajo la superficie y A es el área de la compuerta.

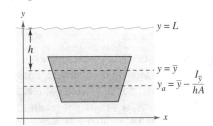

41.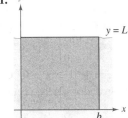

42.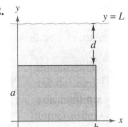

43.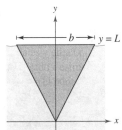

44.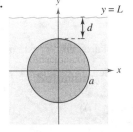

DESARROLLO DE CONCEPTOS

45. Momentos y centro de masa Dé las fórmulas para hallar los momentos y el centro de masa de una lámina plana de densidad variable.

46. Momento de inercia Dé las fórmulas para hallar los momentos de inercia con respecto a los ejes x y y de una lámina plana de densidad variable.

DESARROLLO DE CONCEPTOS (continuación)

47. Radio de giro Con sus propias palabras, describa qué mide el radio de giro

 48. ¿CÓMO LO VE? El centro de masa de la lámina de densidad constante mostrado en la figura es $\left(2, \frac{8}{5}\right)$. Haga una conjetura acerca de cómo cambiará el centro de masa $(\bar{x}, \bar{y})$ si la densidad $\rho(x, y)$ no es constante. Explique. (Haga la conjetura *sin* realizar cálculo alguno.)

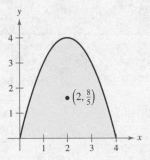

(a) $\rho(x, y) = ky$ (b) $\rho(x, y) = k|2 - x|$

(c) $\rho(x, y) = kxy$ (d) $\rho(x, y) = k(4 - x)(4 - y)$

49. Demostración Demuestre el teorema de Pappus siguiente: sea R una región plana y L una recta en el mismo plano tal que L no corta el interior de R. Si r es la distancia entre el centroide de R y la recta, entonces el volumen V del sólido de revolución generado por revolución de R en torno a la recta está dado por $V = 2\pi r A$, donde A es el área de R.

PROYECTO DE TRABAJO

Centro de presión sobre una vela

El centro de presión sobre una vela es aquel punto (x_p, y_p) en el cual puede suponerse que actúa la fuerza aerodinámica total. Si la vela se representa mediante una región plana R, el centro de presión es

$$x_p = \frac{\int_R \int xy \, dA}{\int_R \int y \, dA} \quad \text{y} \quad y_p = \frac{\int_R \int y^2 \, dA}{\int_R \int y \, dA}.$$

Considere una vela triangular con vértices en $(0, 0)$, $(2, 1)$ y $(0, 5)$. Compruebe los valores de cada integral.

(a) $\displaystyle\int_R \int y \, dA = 10$

(b) $\displaystyle\int_R \int xy \, dA = \frac{35}{6}$

(c) $\displaystyle\int_R \int y^2 \, dA = \frac{155}{6}$

Calcule las coordenadas (x_p, y_p) del centro de presión. Dibuje una gráfica de la vela e indique la localización del centro de presión.

14.5 Área de una superficie

■ Utilizar una integral doble para hallar el área de una superficie.

Área de una superficie

En este punto ya tiene una gran cantidad de conocimientos acerca de la región sólida que se encuentra entre una superficie y una región R en el plano xy cerrada y limitada, como se muestra en la figura 14.42. Por ejemplo, sabe cómo hallar los extremos de f en R (sección 13.8), el área de la base R del sólido (sección 14.1), el volumen del sólido (sección 14.2) y el centroide de la base de R (sección 14.4).

En esta sección verá cómo hallar el **área de la superficie** superior del sólido. Más adelante aprenderá a calcular el centroide del sólido (sección 14.6) y el área de la superficie lateral (sección 15.2).

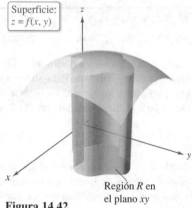

Figura 14.42

Para empezar, considere una superficie S dada por

$$z = f(x, y) \qquad \text{Superficie definida sobre una región } R$$

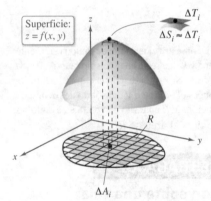

Figura 14.43

definida sobre una región R. Suponga que R es cerrada y acotada, y que f tiene primeras derivadas parciales continuas. Para hallar el área de la superficie, construya una partición interna de R que consiste en n rectángulos, donde el área del rectángulo i-ésimo es como se muestra en la figura 14.43. En cada R_i sea (x_i, y_i) el punto más próximo al origen. En el punto $(x_i, y_i, z_i) = (x_i, y_i, f(x_i, y_i))$ de la superficie S, construya un plano tangente T_i. El área de la porción del plano tangente que se encuentra directamente sobre R_i, es aproximadamente igual al área de la superficie que se encuentra directamente sobre R_i. Es decir, $\Delta T_i \approx \Delta S_i$. Por tanto, el área de la superficie de S es aproximada por

$$\sum_{i=1}^{n} \Delta S_i \approx \sum_{i=1}^{n} \Delta T_i.$$

Para hallar el área del paralelogramo ΔT_i, observe que sus lados están dados por los vectores

$$\mathbf{u} = \Delta x_i \mathbf{i} + f_x(x_i, y_i) \, \Delta x_i \mathbf{k}$$

y

$$\mathbf{v} = \Delta y_i \mathbf{j} + f_y(x_i, y_i) \, \Delta y_i \mathbf{k}.$$

De acuerdo con el teorema 11.8, el área de ΔT_i está dada por $\|\mathbf{u} \times \mathbf{v}\|$, donde

$$\mathbf{u} \times \mathbf{v} = \begin{vmatrix} \mathbf{i} & \mathbf{j} & \mathbf{k} \\ \Delta x_i & 0 & f_x(x_i, y_i) \, \Delta x_i \\ 0 & \Delta y_i & f_y(x_i, y_i) \, \Delta y_i \end{vmatrix}$$

$$= -f_x(x_i, y_i) \, \Delta x_i \Delta y_i \mathbf{i} - f_y(x_i, y_i) \, \Delta x_i \Delta y_i \mathbf{j} + \Delta x_i \Delta y_i \mathbf{k}$$

$$= (-f_x(x_i, y_i) \mathbf{i} - f_y(x_i, y_i) \mathbf{j} + \mathbf{k}) \, \Delta A_i.$$

Por tanto, el área de ΔT_i es $\|\mathbf{u} \times \mathbf{v}\| = \sqrt{[f_x(x_i, y_i)]^2 + [f_y(x_i, y_i)]^2 + 1} \, \Delta A_i$, y

$$\text{Área superficial de } S \approx \sum_{i=1}^{n} \Delta S_i$$

$$\approx \sum_{i=1}^{n} \sqrt{1 + [f_x(x_i, y_i)]^2 + [f_y(x_i, y_i)]^2} \, \Delta A_i.$$

Esto sugiere la definición siguiente de área de una superficie en la página siguiente.

Definición del área de una superficie

Si f y sus primeras derivadas parciales son continuas en la región cerrada R en el plano xy, entonces el **área de la superficie** S dada por $f(x, y)$ sobre R está dada por

$$\text{Área de la superficie} = \int_R\!\!\int dS$$

$$= \int_R\!\!\int \sqrt{1 + [f_x(x, y)]^2 + [f_y(x, y)]^2}\, dA.$$

Para memorizar la integral doble para el área de una superficie, es útil notar su semejanza con la integral de la longitud del arco.

Longitud en el eje x: $\qquad \displaystyle\int_a^b dx$

Longitud de arco en el plano xy: $\qquad \cdot\displaystyle\int_a^b ds = \int_a^b \sqrt{1 + [f'(x)]^2}\, dx$

Área en el plano xy: $\qquad \displaystyle\int_R\!\!\int dA$

Área de una superficie en el espacio: $\qquad \displaystyle\int_R\!\!\int dS = \int_R\!\!\int \sqrt{1 + [f_x(x, y)]^2 + [f_y(x, y)]^2}\, dA$

Al igual que las integrales para la longitud de arco, las integrales para el área de una superficie son a menudo muy difíciles de calcular. Sin embargo, en el ejemplo siguiente se muestra un tipo que se evalúa con facilidad.

EJEMPLO 1   Área de la superficie de una región plana

Encuentre el área de la superficie de la porción del plano

$$z = 2 - x - y$$

que se localiza sobre el círculo $x^2 + y^2 \le 1$ en el primer cuadrante, como se muestra en la figura 14.44.

Solución   Como $f_x(x, y) = -1$ y $f_y(x, y) = -1$, y el área de la superficie está dada por

$$S = \int_R\!\!\int \sqrt{1 + [f_x(x, y)]^2 + [f_y(x, y)]^2}\, dA \qquad \text{Fórmula para el área de la superficie}$$

$$= \int_R\!\!\int \sqrt{1 + (-1)^2 + (-1)^2}\, dA \qquad \text{Sustituir}$$

$$= \int_R\!\!\int \sqrt{3}\, dA$$

$$= \sqrt{3} \int_R\!\!\int dA.$$

Observe que la última integral es simplemente $\sqrt{3}$ por el área de la región R. R es un cuarto del círculo de radio 1, cuya área es $\frac{1}{4}\pi(1^2)$ o $\pi/4$. Por tanto, el área de S es

$$S = \sqrt{3}\ (\text{área de } R)$$

$$= \sqrt{3}\!\left(\frac{\pi}{4}\right)$$

$$= \frac{\sqrt{3}\,\pi}{4}.$$

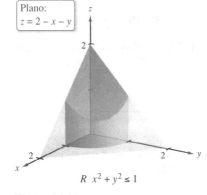

Plano:
$z = 2 - x - y$

$R\ \ x^2 + y^2 \le 1$

Figura 14.44

EJEMPLO 2 **Hallar el área de una superficie**

⋯⋯▷ *Consulte LarsonCalculus.com para una versión interactiva de este tipo de ejemplo.*

Encuentre el área de la porción de la superficie $f(x, y) = 1 - x^2 + y$ que se localiza sobre la región triangular cuyos vértices son $(1, 0, 0)$, $(0, -1, 0)$ y $(0, 1, 0)$, como se muestra en la figura 14.45.

Solución Como $f_x(x, y) = -2x$ y $f_y(x, y) = 1$, se tiene

$$S = \int_R\int \sqrt{1 + [f_x(x, y)]^2 + [f_y(x, y)]^2}\, dA = \int_R\int \sqrt{1 + 4x^2 + 1}\, dA.$$

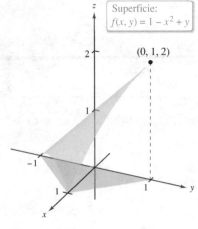

Superficie:
$f(x, y) = 1 - x^2 + y$

$(0, 1, 2)$

Figura 14.45

En la figura 14.46 puede ver que los límites de R son $0 \le x \le 1$ y $x - 1 \le y \le 1 - x$. Por lo que la integral será

$$S = \int_0^1 \int_{x-1}^{1-x} \sqrt{2 + 4x^2}\, dy\, dx$$

$$= \int_0^1 y\sqrt{2 + 4x^2}\,\Big]_{x-1}^{1-x} dx$$

$$= \int_0^1 \left[(1 - x)\sqrt{2 + 4x^2} - (x - 1)\sqrt{2 + 4x^2}\right] dx$$

$$= \int_0^1 \left(2\sqrt{2 + 4x^2} - 2x\sqrt{2 + 4x^2}\right) dx$$

Tablas de integración (apéndice B).
Fórmula 26 y regla de la potencia.

$$= \left[x\sqrt{2 + 4x^2} + \ln\left(2x + \sqrt{2 + 4x^2}\right) - \frac{(2 + 4x^2)^{3/2}}{6}\right]_0^1$$

$$= \sqrt{6} + \ln\left(2 + \sqrt{6}\right) - \sqrt{6} - \ln\sqrt{2} + \frac{1}{3}\sqrt{2}$$

$$\approx 1.618.$$

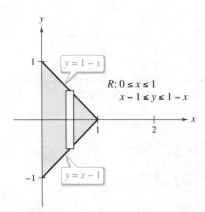

$y = 1 - x$

$R: 0 \le x \le 1$
$x - 1 \le y \le 1 - x$

$y = x - 1$

Figura 14.46

EJEMPLO 3 **Cambiar variables a coordenadas polares**

Calcule el área de la superficie del paraboloide $z = 1 + x^2 + y^2$ que se encuentra sobre el círculo unidad o unitario, como se muestra en la figura 14.47.

Solución Como $f_x(x, y) = 2x$ y $f_y(x, y) = 2y$, tiene

$$S = \int_R\int \sqrt{1 + [f_x(x, y)]^2 + [f_y(x, y)]^2}\, dA = \int_R\int \sqrt{1 + 4x^2 + 4y^2}\, dA.$$

Puede convertir a coordenadas polares haciendo $x = r\cos\theta$ y $y = r\,\text{sen}\,\theta$. Entonces, como la región R está acotada por $0 \le r \le 1$ y $0 \le \theta \le 2\pi$, tiene

$$S = \int_0^{2\pi} \int_0^1 \sqrt{1 + 4r^2}\, r\, dr\, d\theta$$

$$= \int_0^{2\pi} \frac{1}{12}(1 + 4r^2)^{3/2}\,\Big]_0^1 d\theta$$

$$= \int_0^{2\pi} \frac{5\sqrt{5} - 1}{12}\, d\theta$$

$$= \frac{5\sqrt{5} - 1}{12}\, \theta\,\Big]_0^{2\pi}$$

$$= \frac{\pi(5\sqrt{5} - 1)}{6}$$

$$\approx 5.33.$$

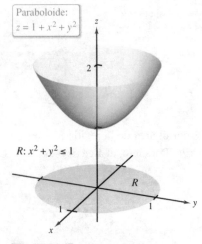

Paraboloide:
$z = 1 + x^2 + y^2$

$R: x^2 + y^2 \le 1$

R

Figura 14.47

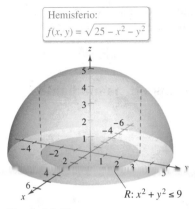

Hemisferio:
$f(x, y) = \sqrt{25 - x^2 - y^2}$

$R: x^2 + y^2 \leq 9$

Figura 14.48

EJEMPLO 4   Hallar el área de una superficie

Calcule el área de la superficie S correspondiente a la porción del hemisferio

$$f(x, y) = \sqrt{25 - x^2 - y^2} \qquad \text{Hemisferio}$$

que se encuentra sobre la región R acotada por el círculo $x^2 + y^2 \leq 9$, como se muestra en la figura 14.48.

Solución   Las primeras derivadas parciales de f son

$$f_x(x, y) = \frac{-x}{\sqrt{25 - x^2 - y^2}}$$

y

$$f_y(x, y) = \frac{-y}{\sqrt{25 - x^2 - y^2}}$$

y de acuerdo con la fórmula para el área de una superficie, tiene

$$dS = \sqrt{1 + [f_x(x, y)]^2 + [f_y(x, y)]^2}\, dA$$

$$= \sqrt{1 + \left(\frac{-x}{\sqrt{25 - x^2 - y^2}}\right)^2 + \left(\frac{-y}{\sqrt{25 - x^2 - y^2}}\right)^2}\, dA$$

$$= \frac{5}{\sqrt{25 - x^2 - y^2}}\, dA.$$

Así, el área de la superficie es

$$S = \int_R\!\!\int \frac{5}{\sqrt{25 - x^2 - y^2}}\, dA.$$

Puede convertir a coordenadas polares haciendo $x = r \cos \theta$ y $y = r$ sen θ. Entonces, como la región R está acotada por $0 \leq r \leq 3$ y $0 \leq \theta \leq 2\pi$, obtiene

$$S = \int_0^{2\pi}\!\!\int_0^3 \frac{5}{\sqrt{25 - r^2}}\, r\, dr\, d\theta$$

$$= 5\int_0^{2\pi} -\sqrt{25 - r^2}\,\Big]_0^3\, d\theta$$

$$= 5\int_0^{2\pi} d\theta$$

$$= 10\pi.$$

El procedimiento utilizado en el ejemplo 4 puede extenderse para hallar el área de la superficie de una esfera utilizando la región R acotada por el círculo $x^2 + y^2 \leq a^2$, donde $0 < a < 5$, como se muestra en la figura 14.49. El área de la superficie de la porción del hemisferio

$$f(x, y) = \sqrt{25 - x^2 - y^2}$$

que se encuentra sobre la región circular es

$$S = \int_R\!\!\int \frac{5}{\sqrt{25 - x^2 - y^2}}\, dA$$

$$= \int_0^{2\pi}\!\!\int_0^a \frac{5}{\sqrt{25 - r^2}}\, r\, dr\, d\theta$$

$$= 10\pi \left(5 - \sqrt{25 - a^2}\right).$$

Tomando el límite cuando a tiende a 5 y multiplicando el resultado por 2, obtiene el área total, que es 100π. (El área de la superficie de una esfera de radio r es $S = 4\pi r^2$.)

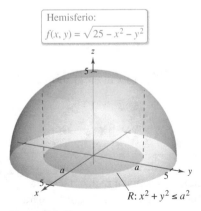

Hemisferio:
$f(x, y) = \sqrt{25 - x^2 - y^2}$

$R: x^2 + y^2 \leq a^2$

Figura 14.49

Puede utilizar la regla de Simpson o la regla del trapecio para aproximar el valor de una integral doble, *siempre* que pueda obtener la primera integral. Esto se ilustra en el ejemplo siguiente.

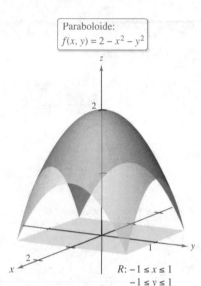

Paraboloide:
$f(x, y) = 2 - x^2 - y^2$

$R: -1 \le x \le 1$
$-1 \le y \le 1$

Figura 14.50

EJEMPLO 5 **Aproximar el área de una superficie mediante la regla de Simpson**

Calcule el área de la superficie del paraboloide

$$f(x, y) = 2 - x^2 - y^2 \qquad \text{Paraboloide}$$

que se encuentra sobre la región cuadrada acotada por

$$-1 \le x \le 1 \quad \text{y} \quad -1 \le y \le 1$$

Como se muestra en la figura 14.50.

Solución   Utilizando las derivadas parciales

$$f_x(x, y) = -2x \quad \text{y} \quad f_y(x, y) = -2y$$

tiene que el área de la superficie es

$$S = \int_R \int \sqrt{1 + [f_x(x, y)]^2 + [f_y(x, y)]^2} \, dA$$

$$= \int_R \int \sqrt{1 + (-2x)^2 + (-2y)^2} \, dA$$

$$= \int_R \int \sqrt{1 + 4x^2 + 4y^2} \, dA.$$

En coordenadas polares, la recta $x = 1$ está dada por

$$r \cos \theta = 1 \quad \text{o} \quad r = \sec \theta$$

y a partir de la figura 14.51 puede determinar que un cuarto de la región R está acotada por

$$0 \le r \le \sec \theta \quad \text{y} \quad -\frac{\pi}{4} \le \theta \le \frac{\pi}{4}.$$

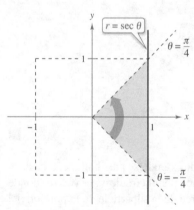

$r = \sec \theta$

$\theta = \dfrac{\pi}{4}$

$\theta = -\dfrac{\pi}{4}$

Un cuarto de la región R está acotada por $0 \le r \le \sec \theta$ y $-\dfrac{\pi}{4} \le \theta \le \dfrac{\pi}{4}$.

Figura 14.51

Haciendo $x = r \cos \theta$ y $y = r \sec \theta$ se obtiene

$$\frac{1}{4} S = \frac{1}{4} \int_R \int \sqrt{1 + 4x^2 + 4y^2} \, dA$$

$$= \int_{-\pi/4}^{\pi/4} \int_0^{\sec \theta} \sqrt{1 + 4r^2} \, r \, dr \, d\theta$$

$$= \int_{-\pi/4}^{\pi/4} \frac{1}{12} (1 + 4r^2)^{3/2} \Big]_0^{\sec \theta} \, d\theta$$

$$= \frac{1}{12} \int_{-\pi/4}^{\pi/4} [(1 + 4 \sec^2 \theta)^{3/2} - 1] \, d\theta.$$

Por último, usando la regla de Simpson con $n = 10$, aproxime esta integral simple

$$S = \frac{1}{3} \int_{-\pi/4}^{\pi/4} [(1 + 4 \sec^2 \theta)^{3/2} - 1] \, d\theta \approx 7.450.$$

▷ **TECNOLOGÍA**   La mayor parte de los programas de computación que realizan integración simbólica con integrales múltiples también realizan técnicas de aproximación numéricas. Si dispone de uno de estos programas, utilícelo para aproximar el valor de la integral del ejemplo 5.

14.5 Ejercicios

Consulte **CalcChat.com** para un tutorial de ayuda y soluciones trabajadas de los ejercicios con numeración impar.

Determinar el área superficial En los ejercicios 1 a 14, encuentre el área de la superficie dada por $z = f(x, y)$ sobre la región R. (*Sugerencia:* Algunas de las integrales son más sencillas en coordenadas polares.)

1. $f(x, y) = 2x + 2y$

R: triángulo cuyos vértices son $(0, 0)$, $(4, 0)$, $(0, 4)$

2. $f(x, y) = 15 + 2x - 3y$

R: cuadrado cuyos vértices son $(0, 0)$, $(3, 0)$, $(0, 3)$, $(3, 3)$

3. $f(x, y) = 7 + 2x + 2y$, $R = \{(x, y): x^2 + y^2 \le 4\}$

4. $f(x, y) = 12 + 2x - 3y$, $R = \{(x, y): x^2 + y^2 \le 9\}$

5. $f(x, y) = 9 - x^2$

R: cuadrado cuyos vértices son $(0, 0)$, $(2, 0)$, $(0, 2)$, $(2, 2)$

6. $f(x, y) = y^2$

R: cuadrado cuyos vértices son $(0, 0)$, $(3, 0)$, $(0, 3)$, $(3, 3)$

7. $f(x, y) = 3 + x^{3/2}$

R: rectángulo cuyos vértices son $(0, 0)$, $(0, 4)$, $(3, 4)$, $(3, 0)$

8. $f(x, y) = 2 + \frac{2}{3}y^{3/2}$

$R = \{(x, y): 0 \le x \le 2, 0 \le y \le 2 - x\}$

9. $f(x, y) = \ln|\sec x|$

$R = \left\{(x, y): 0 \le x \le \dfrac{\pi}{4}, 0 \le y \le \tan x\right\}$

10. $f(x, y) = 13 + x^2 - y^2$, $R = \{(x, y): x^2 + y^2 \le 4\}$

11. $f(x, y) = \sqrt{x^2 + y^2}$, $R = \{(x, y): 0 \le f(x, y) \le 1\}$

12. $f(x, y) = xy$, $R = \{(x, y): x^2 + y^2 \le 16\}$

13. $f(x, y) = \sqrt{a^2 - x^2 - y^2}$

$R = \{(x, y): x^2 + y^2 \le b^2, 0 < b < a\}$

14. $f(x, y) = \sqrt{a^2 - x^2 - y^2}$

$R = \{(x, y): x^2 + y^2 \le a^2\}$

Determinar el área de una superficie En los ejercicios 15 a 18, encuentre el área de la superficie.

15. Porción del plano $z = 24 - 3x - 2y$ en el primer octante.

16. Porción del paraboloide $z = 16 - x^2 - y^2$ en el primer octante.

17. Porción de la esfera $x^2 + y^2 + z^2 = 25$ en el interior del cilindro $x^2 + y^2 = 9$.

18. Porción del cono $z = 2\sqrt{x^2 + y^2}$ en el interior del cilindro $x^2 + y^2 = 4$.

Determinar el área de una superficie usando tecnología En los ejercicios 19 a 24, dé una integral doble que represente el área de la superficie de $z = f(x, y)$ sobre la región R. Utilizando un sistema algebraico por computadora, evalúe la integral doble.

19. $f(x, y) = 2y + x^2$, R: triángulo cuyos vértices son $(0, 0)$, $(1, 0)$, $(1, 1)$.

20. $f(x, y) = 2x + y^2$, R: triángulo cuyos vértices son $(0, 0)$, $(2, 0)$, $(2, 2)$.

21. $f(x, y) = 9 - x^2 - y^2$, $R = \{(x, y): 0 \le f(x, y)\}$

22. $f(x, y) = x^2 + y^2$, $R = \{(x, y): 0 \le f(x, y) \le 16\}$

23. $f(x, y) = 4 - x^2 - y^2$

$R = \{(x, y): 0 \le x \le 1, 0 \le y \le 1\}$

24. $f(x, y) = \frac{2}{3}x^{3/2} + \cos x$

$R = \{(x, y): 0 \le x \le 1, 0 \le y \le 1\}$

Establecer una doble integral En los ejercicios 25 a 28, formule una integral doble que proporcione el área de la superficie en la gráfica de f sobre la región R.

25. $f(x, y) = e^{xy}$, $R = \{(x, y): 0 \le x \le 4, 0 \le y \le 10\}$

26. $f(x, y) = x^2 - 3xy - y^2$

$R = \{(x, y): 0 \le x \le 4, 0 \le y \le x\}$

27. $f(x, y) = e^{-x} \operatorname{sen} y$, $R = \{(x, y): x^2 + y^2 \le 4\}$

28. $f(x, y) = \cos(x^2 + y^2)$, $R = \left\{(x, y): x^2 + y^2 \le \dfrac{\pi}{2}\right\}$

DESARROLLO DE CONCEPTOS

29. Área de una superficie Escriba la definición, con integral doble, del área de una superficie S dada por $z = f(x, y)$ sobre una región R en el plano xy.

30. Responda las siguientes preguntas acerca del área de superficie S sobre una superficie dada por una función positiva $z = f(x, y)$ sobre una región R en el plano xy. Explique cada respuesta.

  (a) ¿Es posible para S igualar el área de R?

  (b) ¿Puede S ser mayor que el área de R?

  (c) ¿Puede S ser menor que el área de R?

31. Área superficial ¿Aumentará el área de superficie de la gráfica de una función $z = f(x, y)$ sobre una región R si la gráfica de f se corre k unidades verticalmente? ¿Por qué sí o por qué no?

32. **¿CÓMO LO VE?** Considere la superficie $f(x, y) = x^2 + y^2$ y el área de superficie de f sobre cada región R. Sin integrar, ordene las áreas de superficie desde la menor hasta la mayor. Explique su razonamiento.

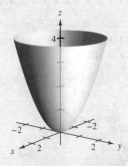

  (a) R: rectángulo con vértices $(0, 0)$, $(2, 0)$, $(2, 2)$, $(0, 2)$

  (b) R: triángulo con vértices $(0, 0)$, $(2, 0)$, $(0, 2)$

  (c) R: $\{(x, y): x^2 + y^2 \le 4$ sólo el primer cuadrante$\}$

33. Diseño industrial Una empresa produce un objeto esférico de 25 centímetros de radio. Se hace una perforación de 4 centímetros de radio a través del centro del objeto. Calcule

(a) el volumen del objeto.

(b) el área de la superficie exterior del objeto.

34. Modelado de datos

Una compañía construye un granero de dimensiones 30 por 50 pies. En la figura se muestra la forma simétrica y la altura elegidas para el tejado.

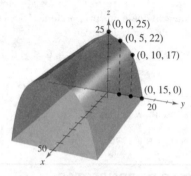

(a) Utilice las funciones de regresión de una herramienta de graficación para hallar un modelo de la forma

$$z = ay^3 + by^2 + cy + d$$

para el perfil del techo.

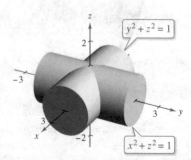

(b) Utilice las funciones de integración numérica de una herramienta de graficación y el modelo del inciso (a) para aproximar el volumen del espacio de almacenaje en el granero.

(c) Utilice las funciones de integración numérica de una herramienta de graficación y el modelo del inciso (a) para aproximar el área de la superficie del techo.

(d) Aproxime la longitud de arco de la recta del techo y calcule el área de la superficie del techo multiplicando la longitud de arco por la longitud del granero. Compare los resultados y las integraciones con los encontrados en el inciso (c).

35. Área de una superficie Encuentre el área de la superficie del sólido de intersección de los cilindros $x^2 + z^2 = 1$ y $y^2 + z^2 = 1$ (vea la figura).

36. Área de una superficie Demuestre que el área de la superficie del cono $z = k\sqrt{x^2 + y^2}$, $k > 0$, sobre la región circular $x^2 + y^2 \le r^2$ en el plano xy es $\pi r^2 \sqrt{k^2 + 1}$ (vea la figura).

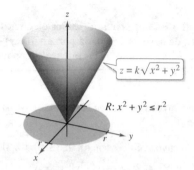

PROYECTO DE TRABAJO

Capilaridad

Una propiedad muy conocida de los líquidos consiste en que ascienden por conductos verticales muy estrechos, recibe el nombre de "capilaridad". La figura muestra dos placas que forman una cuña estrecha dentro de un recipiente con líquido. La superficie superior del líquido toma una forma hiperbólica dada por

$$z = \frac{k}{\sqrt{x^2 + y^2}}$$

donde x, y y z están medidas en pulgadas. La constante k depende del ángulo de la cuña, del tipo de líquido y del material de las placas.

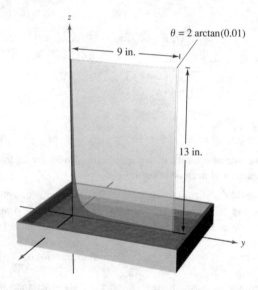

(a) Encuentre el volumen del líquido que ha ascendido por la cuña. (Tome $k = 1$.)

(b) Determine el área de la superficie horizontal del líquido que ha ascendido por la cuña.

Adaptación de un problema sobre capilaridad de "Capillary Phenomena", de Thomas B. Greenslade, Jr., *Physics Teacher*, mayo de 1992. Con autorización del autor.

14.6 Integrales triples y aplicaciones

■ Utilizar una integral triple para calcular el volumen de una región sólida.
■ Hallar el centro de masa y los momentos de inercia de una región sólida.

Integrales triples

El procedimiento utilizado para definir una **integral triple** es análogo al utilizado para integrales dobles. Considere una función f en tres variables que es continua sobre una región sólida acotada Q. Entonces, encierre Q en una red de cubos y forme una **partición interna** que consta de todos los cubos que quedan completamente dentro de Q, como se muestra en la figura 14.52. El volumen del i-ésimo cubo es

$$\Delta V_i = \Delta x_i \Delta y_i \Delta z_i. \qquad \text{Volumen del } i\text{-ésimo cubo}$$

La **norma** $\|\Delta\|$ de la partición es la longitud de la diagonal más larga en los n cubos de la partición. Elija un punto (x_i, y_i, z_i) en cada cubo y forme la suma de Riemann

$$\sum_{i=1}^{n} f(x_i, y_i, z_i) \, \Delta V_i.$$

Tomando el límite cuando $\|\Delta\| \to 0$ llega a la siguiente definición.

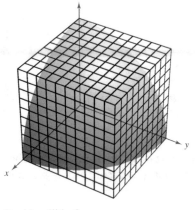

Región sólida Q

> **Definición de integral triple**
>
> Si f es continua sobre una región sólida acotada Q, entonces la **integral triple de f sobre Q** se define como
>
> $$\iiint_Q f(x, y, z) \, dV = \lim_{\|\Delta\| \to 0} \sum_{i=1}^{n} f(x_i, y_i, z_i) \, \Delta V_i$$
>
> siempre que el límite exista. El **volumen** de la región sólida Q está dado por
>
> $$\text{Volumen de } Q = \iiint_Q dV.$$

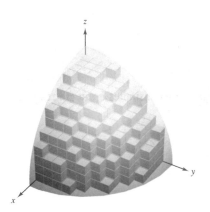

Volumen de $Q \approx \displaystyle\sum_{i=1}^{n} \Delta V_i$

Figura 14.52

Algunas de las propiedades de las integrales dobles expuestas en el teorema 14.1 pueden replantearse en términos de integrales triples.

1. $\displaystyle\iiint_Q cf(x, y, z) \, dV = c\iiint_Q f(x, y, z) \, dV$

2. $\displaystyle\iiint_Q [f(x, y, z) \pm g(x, y, z)] \, dV = \iiint_Q f(x, y, z) \, dV \pm \iiint_Q g(x, y, z) \, dV$

3. $\displaystyle\iiint_Q f(x, y, z) \, dV = \iiint_{Q_1} f(x, y, z) \, dV + \iiint_{Q_2} f(x, y, z) \, dV$

En las propiedades dadas arriba, Q es la unión de dos subregiones sólidas que no se sobreponen a Q_1 y Q_2. Si la región sólida Q es simple, la integral triple $\iiint f(x, y, z) \, dV$ puede evaluarse con una integral iterada utilizando alguno de los seis posibles órdenes de integración:

$$dx \, dy \, dz \quad dy \, dx \, dz \quad dz \, dx \, dy$$
$$dx \, dz \, dy \quad dy \, dz \, dx \quad dz \, dy \, dx.$$

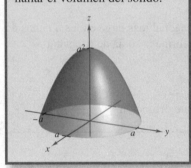

La versión siguiente del teorema de Fubini describe una región que es considerada simple con respecto al orden $dz\, dy\, dx$. Para los otros cinco órdenes pueden formularse descripciones similares.

TEOREMA 14.4 Evaluación mediante integrales iteradas

Sea f continua en una región sólida definida por Q

$$a \le x \le b,$$
$$h_1(x) \le y \le h_2(x),$$
$$g_1(x, y) \le z \le g_2(x, y)$$

donde h_1, h_2, g_1 y g_2 son funciones continuas. Entonces

$$\iiint_Q f(x, y, z)\, dV = \int_a^b \int_{h_1(x)}^{h_2(x)} \int_{g_1(x, y)}^{g_2(x, y)} f(x, y, z)\, dz\, dy\, dx.$$

Para evaluar una integral iterada triple en el orden $dz\, dy\, dx$, mantenga x y y constantes para la integración más interior. Después, mantenga x constante para la segunda integración.

EJEMPLO 1 Evaluar una integral iterada triple

Evalúe la integral iterada triple

$$\int_0^2 \int_0^x \int_0^{x+y} e^x(y + 2z)\, dz\, dy\, dx.$$

Solución Para la primera integración, mantenga x y y constantes e integre respecto a z.

$$\int_0^2 \int_0^x \int_0^{x+y} e^x(y + 2z)\, dz\, dy\, dx = \int_0^2 \int_0^x e^x(yz + z^2) \Big]_0^{x+y} dy\, dx$$

$$= \int_0^2 \int_0^x e^x(x^2 + 3xy + 2y^2)\, dy\, dx$$

Para la segunda integración, mantenga x constante e integre respecto a y.

$$\int_0^2 \int_0^x e^x(x^2 + 3xy + 2y^2)\, dy\, dx = \int_0^2 \left[e^x\left(x^2y + \frac{3xy^2}{2} + \frac{2y^3}{3}\right)\right]_0^x dx$$

$$= \frac{19}{6} \int_0^2 x^3 e^x\, dx$$

Por último, integre respecto a x.

$$\frac{19}{6} \int_0^2 x^3 e^x\, dx = \frac{19}{6}\left[e^x(x^3 - 3x^2 + 6x - 6)\right]_0^2$$

$$= 19\left(\frac{e^2}{3} + 1\right)$$

$$\approx 65.797$$

El ejemplo 1 muestra el orden de integración $dz\, dy\, dx$. Con otros órdenes, puede seguir un procedimiento similar. Por ejemplo, para evaluar una integral iterada triple en el orden mantenga y y z constantes para la integración más interior e integre respecto a x. Después, para la segunda integración, mantenga z constante e integre respecto a y. Por último, para la tercera integración, integre respecto a z.

Para hallar los límites dado un orden determinado de integración, por lo general se aconseja determinar primero los límites más interiores, que pueden ser funciones de las dos variables exteriores. Después, proyectando el sólido Q sobre el plano coordenado de las dos variables exteriores, se pueden determinar sus límites de integración mediante los métodos usados para las integrales dobles. Por ejemplo, para evaluar

$$\iiint_Q f(x, y, z) \, dz \, dy \, dx$$

primero determine los límites de z, y entonces la integral toma la forma

$$\iint \left[\int_{g_1(x, y)}^{g_2(x, y)} f(x, y, z) \, dz \right] dy \, dx.$$

Proyectando el sólido Q sobre el plano xy, puede determinar los límites de x y de y de la misma manera que en el caso de las integrales dobles, como se muestra en la figura 14.53.

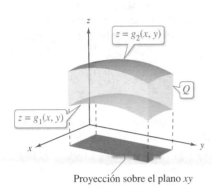

La región sólida Q se encuentra entre dos superficies.

Figura 14.53

EJEMPLO 2 Integral triple para hallar un volumen

Encuentre el volumen del elipsoide dado por $4x^2 + 4y^2 + z^2 = 16$.

Solución Como en la ecuación x, y y z juegan papeles similares, el orden de integración es probablemente irrelevante, y puede elegir arbitrariamente $dz \, dy \, dx$. Además, puede simplificar los cálculos considerando sólo la porción del elipsoide que se encuentra en el primer octante, como se muestra en la figura 14.54. Para el orden primero determine los límites de z.

$$0 \le z \le 2\sqrt{4 - x^2 - y^2}$$

Los límites de x y y son, como puede ver en la figura 14.55,

$$0 \le x \le 2 \quad \text{y} \quad 0 \le y \le \sqrt{4 - x^2}.$$

Por lo que el volumen del elipsoide es

$$V = \iiint_Q dV$$

$$= 8 \int_0^2 \int_0^{\sqrt{4-x^2}} \int_0^{2\sqrt{4-x^2-y^2}} dz \, dy \, dx$$

$$= 8 \int_0^2 \int_0^{\sqrt{4-x^2}} z \bigg]_0^{2\sqrt{4-x^2-y^2}} dy \, dx$$

$$= 16 \int_0^2 \int_0^{\sqrt{4-x^2}} \sqrt{(4 - x^2) - y^2} \, dy \, dx \qquad \text{Tablas de integración (apéndice B), fórmula 37}$$

$$= 8 \int_0^2 \left[y \sqrt{4 - x^2 - y^2} + (4 - x^2) \arcsen\left(\frac{y}{\sqrt{4 - x^2}} \right) \right]_0^{\sqrt{4-x^2}} dx$$

$$= 8 \int_0^2 \left[0 + (4 - x^2) \arcsen(1) - 0 - 0 \right] dx$$

$$= 8 \int_0^2 (4 - x^2)\left(\frac{\pi}{2} \right) dx$$

$$= 4\pi \left[4x - \frac{x^3}{3} \right]_0^2$$

$$= \frac{64\pi}{3}.$$

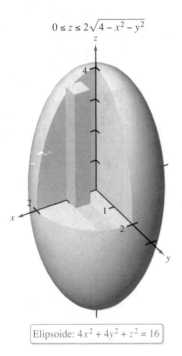

$$0 \le z \le 2\sqrt{4 - x^2 - y^2}$$

Elipsoide: $4x^2 + 4y^2 + z^2 = 16$

Figura 14.54

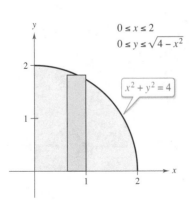

$$0 \le x \le 2$$
$$0 \le y \le \sqrt{4 - x^2}$$

$$x^2 + y^2 = 4$$

Figura 14.55

El ejemplo 2 es poco usual en el sentido de que con los seis posibles órdenes de integración se obtienen integrales de dificultad comparable. Trate de emplear algún otro de los posibles órdenes de integración para hallar el volumen del elipsoide. Por ejemplo, con el orden $dx\,dy\,dz$ obtiene la integral

$$V = 8 \int_0^4 \int_0^{\sqrt{16-z^2}/2} \int_0^{\sqrt{16-4y^2-z^2}/2} dx\,dy\,dz.$$

Si resuelve esta integral, obtiene el mismo volumen que en el ejemplo 2. Esto es siempre así; el orden de integración no afecta el valor de la integral. Sin embargo, el orden de integración a menudo afecta la complejidad de la integral. En el ejemplo 3, el orden de integración propuesto no es conveniente, por lo que puede cambiar el orden para simplificar el problema.

EJEMPLO 3   Cambiar el orden de integración

Evalúe $\displaystyle\int_0^{\sqrt{\pi/2}} \int_x^{\sqrt{\pi/2}} \int_1^3 \text{sen}(y^2)\,dz\,dy\,dx$.

Solución Observe que después de una integración en el orden dado, encontraría la integral $2\int \text{sen}(y^2)\,dy$, que no es una función elemental. Para evitar este problema, cambie el orden de integración a $dz\,dx\,dy$, de manera que y sea la variable exterior. Como se muestra en la figura 14.56, la región sólida Q está dada por

$$0 \le x \le \sqrt{\frac{\pi}{2}}$$

$$x \le y \le \sqrt{\frac{\pi}{2}}$$

$$1 \le z \le 3$$

y la proyección de Q en el plano xy proporciona los límites

$$0 \le y \le \sqrt{\frac{\pi}{2}}$$

y

$$0 \le x \le y.$$

Por tanto, la evaluación de la integral triple usando el orden $dz\,dx\,dy$ produce

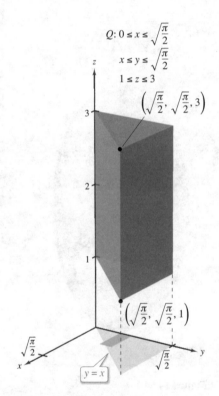

$Q: 0 \le x \le \sqrt{\dfrac{\pi}{2}}$

$x \le y \le \sqrt{\dfrac{\pi}{2}}$

$1 \le z \le 3$

$\left(\sqrt{\dfrac{\pi}{2}}, \sqrt{\dfrac{\pi}{2}}, 3\right)$

$\left(\sqrt{\dfrac{\pi}{2}}, \sqrt{\dfrac{\pi}{2}}, 1\right)$

$y = x$

Figura 14.56

$$\int_0^{\sqrt{\pi/2}} \int_0^y \int_1^3 \text{sen}(y^2)\,dz\,dx\,dy = \int_0^{\sqrt{\pi/2}} \int_0^y z\,\text{sen}(y^2)\Big]_1^3 dx\,dy$$

$$= 2\int_0^{\sqrt{\pi/2}} \int_0^y \text{sen}(y^2)\,dx\,dy$$

$$= 2\int_0^{\sqrt{\pi/2}} x\,\text{sen}(y^2)\Big]_0^y dy$$

$$= 2\int_0^{\sqrt{\pi/2}} y\,\text{sen}(y^2)\,dy$$

$$= -\cos(y^2)\Big]_0^{\sqrt{\pi/2}}$$

$$= 1.$$

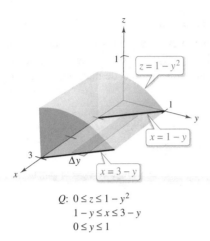

$Q: 0 \le z \le 1 - y^2$
$1 - y \le x \le 3 - y$
$0 \le y \le 1$

Figura 14.57

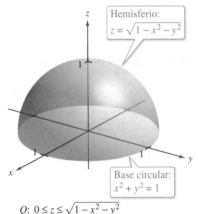

$Q: 0 \le z \le \sqrt{1 - x^2 - y^2}$
$-\sqrt{1 - y^2} \le x \le \sqrt{1 - y^2}$
$-1 \le y \le 1$

Figura 14.58

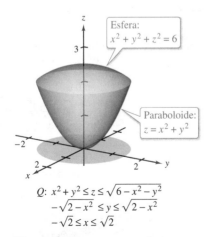

$Q: x^2 + y^2 \le z \le \sqrt{6 - x^2 - y^2}$
$-\sqrt{2 - x^2} \le y \le \sqrt{2 - x^2}$
$-\sqrt{2} \le x \le \sqrt{2}$

Figura 14.59

EJEMPLO 4 **Determinar los límites de integración**

Dé una integral triple para el volumen de cada una de las regiones sólidas.

a. La región en el primer octante acotada superiormente por el cilindro $z = 1 - y^2$ y comprendida entre los planos verticales $x + y = 1$ y $x + y = 3$.

b. El hemisferio superior $z = \sqrt{1 - x^2 - y^2}$.

c. La región acotada inferiormente por el paraboloide $z = x^2 + y^2$ y superiormente por la esfera $x^2 + y^2 + z^2 = 6$.

Solución

a. En la figura 14.57, observe que el sólido está acotado inferiormente por el plano xy ($z = 0$) y superiormente por el cilindro $z = 1 - y^2$. Por tanto,

$$0 \le z \le 1 - y^2. \qquad \text{Límites para } z$$

Proyectando la región sobre el plano xy obtiene un paralelogramo. Como dos de los lados del paralelogramo son paralelos al eje x, se tienen los límites siguientes:

$$1 - y \le x \le 3 - y \quad \text{y} \quad 0 \le y \le 1.$$

Por tanto, el volumen de la región está dado por

$$V = \iiint\limits_{Q} dV = \int_0^1 \int_{1-y}^{3-y} \int_0^{1-y^2} dz \, dx \, dy.$$

b. Para el hemisferio superior dado por $z = \sqrt{1 - x^2 - y^2}$, tiene

$$0 \le z \le \sqrt{1 - x^2 - y^2}. \qquad \text{Límites para } z$$

En la figura 14.58, observe que la proyección del hemisferio sobre el plano xy es el círculo dado por

$$x^2 + y^2 = 1$$

y puede usar el orden $dx \, dy$ o el orden $dy \, dx$. Eligiendo el primero se obtiene

$$-\sqrt{1 - y^2} \le x \le \sqrt{1 - y^2} \quad \text{y} \quad -1 \le y \le 1$$

lo cual implica que el volumen de la región está dado por

$$V = \iiint\limits_{Q} dV = \int_{-1}^1 \int_{-\sqrt{1-y^2}}^{\sqrt{1-y^2}} \int_0^{\sqrt{1-x^2-y^2}} dz \, dx \, dy.$$

c. Para la región acotada inferiormente por el paraboloide $z = x^2 + y^2$ y superiormente por la esfera $x^2 + y^2 + z^2 = 6$ tiene

$$x^2 + y^2 \le z \le \sqrt{6 - x^2 - y^2}. \qquad \text{Límites para } z$$

La esfera y el paraboloide se cortan en $z = 2$. Además, en la figura 14.59 puede ver que la proyección de la región sólida sobre el plano xy es el círculo dado por

$$x^2 + y^2 = 2.$$

Utilizando el orden $dy \, dx$ obtiene

$$-\sqrt{2 - x^2} \le y \le \sqrt{2 - x^2} \quad \text{y} \quad -\sqrt{2} \le x \le \sqrt{2}$$

lo cual implica que el volumen de la región está dado por

$$V = \iiint\limits_{Q} dV = \int_{-\sqrt{2}}^{\sqrt{2}} \int_{-\sqrt{2-x^2}}^{\sqrt{2-x^2}} \int_{x^2+y^2}^{\sqrt{6-x^2-y^2}} dz \, dy \, dx.$$

Centro de masa y momentos de inercia

En el resto de esta sección se analizan dos aplicaciones importantes de las integrales triples a la ingeniería. Considere una región sólida Q cuya densidad está dada por la **función de densidad** ρ. El **centro de masa** de una región sólida Q de masa m está dado por $(\bar{x}, \bar{y}, \bar{z})$, donde

$$m = \iiint\limits_{Q} \rho(x, y, z)\, dV \qquad \text{Masa del sólido}$$

$$M_{yz} = \iiint\limits_{Q} x\rho(x, y, z)\, dV \qquad \text{Primer momento con respecto al plano } yz$$

$$M_{xz} = \iiint\limits_{Q} y\rho(x, y, z)\, dV \qquad \text{Primer momento respecto al plano } xz$$

$$M_{xy} = \iiint\limits_{Q} z\rho(x, y, z)\, dV \qquad \text{Primer momento respecto al plano } xy$$

y

$$\bar{x} = \frac{M_{yz}}{m}, \quad \bar{y} = \frac{M_{xz}}{m}, \quad \bar{z} = \frac{M_{xy}}{m}.$$

Las cantidades M_{yz}, M_{xz} y M_{xy} se conocen como los **primeros momentos** de la región Q respecto a los planos yz, xz y xy, respectivamente.

Los primeros momentos de las regiones sólidas se toman respecto a un plano, mientras que los segundos momentos de los sólidos se toman respecto a una recta. Los **segundos momentos** (o **momentos de inercia**) respecto a los ejes x, y y z son los siguientes.

$$I_x = \iiint\limits_{Q} (y^2 + z^2)\rho(x, y, z)\, dV \qquad \text{Momento de inercia respecto al eje } x$$

$$I_y = \iiint\limits_{Q} (x^2 + z^2)\rho(x, y, z)\, dV \qquad \text{Momento de inercia respecto al eje } y$$

y

$$I_z = \iiint\limits_{Q} (x^2 + y^2)\rho(x, y, z)\, dV. \qquad \text{Momento de inercia respecto al eje } z$$

En problemas que requieren el cálculo de los tres momentos, puede ahorrarse una cantidad considerable de trabajo empleando la propiedad aditiva de las integrales triples y escribiendo

$$I_x = I_{xz} + I_{xy}, \quad I_y = I_{yz} + I_{xy} \quad \text{y} \quad I_z = I_{yz} + I_{xz}$$

donde I_{xy}, I_{xz} e I_{yz} son

$$I_{xy} = \iiint\limits_{Q} z^2\rho(x, y, z)\, dV$$

$$I_{xz} = \iiint\limits_{Q} y^2\rho(x, y, z)\, dV$$

e

$$I_{yz} = \iiint\limits_{Q} x^2\rho(x, y, z)\, dV.$$

• • • • • • • • • • • • • • ▷
•••COMENTARIO   En ingeniería y en física, el momento de inercia de una masa se usa para hallar el tiempo requerido para que una masa alcance una velocidad de rotación dada respecto a un eje, como se muestra en la figura 14.60. Cuanto mayor es el momento de inercia, mayor es la fuerza que hay que aplicar a la masa para que alcance la velocidad deseada.

Figura 14.60

EJEMPLO 5 **Hallar el centro de masa de una región sólida**

⋯▷ *Consulte LarsonCalculus.com para una versión interactiva de este tipo de ejemplo.*

Encuentre el centro de masa del cubo unidad mostrado en la figura 14.61, dado que la densidad en el punto (x, y, z) es proporcional al cuadrado de su distancia al origen.

Solución Como la densidad en (x, y, z) es proporcional al cuadrado de la distancia entre $(0, 0, 0)$ y (x, y, z), tiene

$$\rho(x, y, z) = k(x^2 + y^2 + z^2).$$

Esta función de densidad se puede utilizar para hallar la masa del cubo. Debido a la simetría de la región, cualquier orden de integración producirá integrales de dificultad comparable.

$$
\begin{aligned}
m &= \int_0^1 \int_0^1 \int_0^1 k(x^2 + y^2 + z^2)\, dz\, dy\, dx \\
&= k \int_0^1 \int_0^1 \left[(x^2 + y^2)z + \frac{z^3}{3} \right]_0^1 dy\, dx \\
&= k \int_0^1 \int_0^1 \left(x^2 + y^2 + \frac{1}{3} \right) dy\, dx \\
&= k \int_0^1 \left[\left(x^2 + \frac{1}{3} \right) y + \frac{y^3}{3} \right]_0^1 dx \\
&= k \int_0^1 \left(x^2 + \frac{2}{3} \right) dx \\
&= k \left[\frac{x^3}{3} + \frac{2x}{3} \right]_0^1 \\
&= k
\end{aligned}
$$

El primer momento con respecto al plano yz es

$$
\begin{aligned}
M_{yz} &= k \int_0^1 \int_0^1 \int_0^1 x(x^2 + y^2 + z^2)\, dz\, dy\, dx \\
&= k \int_0^1 x \left[\int_0^1 \int_0^1 (x^2 + y^2 + z^2)\, dz\, dy \right] dx.
\end{aligned}
$$

Observe que x puede sacarse como factor fuera de las dos integrales interiores, ya que es constante con respecto a y y a z. Después de factorizar, las dos integrales interiores son iguales con respecto a la masa m. Por tanto, se tiene

$$
\begin{aligned}
M_{yz} &= k \int_0^1 x \left(x^2 + \frac{2}{3} \right) dx \\
&= k \left[\frac{x^4}{4} + \frac{x^2}{3} \right]_0^1 \\
&= \frac{7k}{12}.
\end{aligned}
$$

Así,

$$\bar{x} = \frac{M_{yz}}{m} = \frac{7k/12}{k} = \frac{7}{12}.$$

Por último, por la naturaleza de ρ y la simetría de x, y y z en esta región sólida, tiene $\bar{x} = \bar{y} = \bar{z}$, y el centro de masa es $\left(\frac{7}{12}, \frac{7}{12}, \frac{7}{12} \right)$. ∎

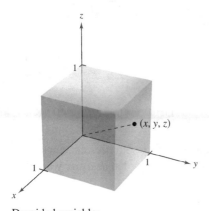

Densidad variable:
$\rho(x, y, z) = k(x^2 + y^2 + z^2)$
Figura 14.61

EJEMPLO 6   **Momentos de inercia de una región sólida**

Encuentre los momentos de inercia con respecto a los ejes x y y de la región sólida comprendida entre el hemisferio

$$z = \sqrt{4 - x^2 - y^2}$$

y el plano xy, dado que la densidad en (x, y, z) es proporcional a la distancia entre (x, y, z) y el plano xy.

Solución   La densidad de la región está dada por

$$\rho(x, y, z) = kz.$$

Considerando la simetría de este problema, sabe que $I_x = I_y$, y sólo necesita calcular un momento, digamos I_x. De acuerdo con la figura 14.62, elija el orden $dz\,dy\,dx$ y escriba

$$I_x = \iiint\limits_{Q} (y^2 + z^2)\rho(x, y, z)\,dV$$

$$= \int_{-2}^{2}\int_{-\sqrt{4-x^2}}^{\sqrt{4-x^2}}\int_{0}^{\sqrt{4-x^2-y^2}} (y^2 + z^2)(kz)\,dz\,dy\,dx$$

$$= k\int_{-2}^{2}\int_{-\sqrt{4-x^2}}^{\sqrt{4-x^2}} \left[\frac{y^2 z^2}{2} + \frac{z^4}{4}\right]_0^{\sqrt{4-x^2-y^2}} dy\,dx$$

$$= k\int_{-2}^{2}\int_{-\sqrt{4-x^2}}^{\sqrt{4-x^2}} \left[\frac{y^2(4 - x^2 - y^2)}{2} + \frac{(4 - x^2 - y^2)^2}{4}\right] dy\,dx$$

$$= \frac{k}{4}\int_{-2}^{2}\int_{-\sqrt{4-x^2}}^{\sqrt{4-x^2}} \left[(4 - x^2)^2 - y^4\right] dy\,dx$$

$$= \frac{k}{4}\int_{-2}^{2} \left[(4 - x^2)^2 y - \frac{y^5}{5}\right]_{-\sqrt{4-x^2}}^{\sqrt{4-x^2}} dx$$

$$= \frac{k}{4}\int_{-2}^{2} \frac{8}{5}(4 - x^2)^{5/2}\,dx$$

$$= \frac{4k}{5}\int_{0}^{2} (4 - x^2)^{5/2}\,dx \qquad x = 2\,\text{sen}\,\theta$$

$$= \frac{4k}{5}\int_{0}^{\pi/2} 64\cos^6\theta\,d\theta$$

$$= \left(\frac{256k}{5}\right)\left(\frac{5\pi}{32}\right) \qquad \text{Fórmula de Wallis}$$

$$= 8k\pi.$$

Por tanto, $I_x = 8k\pi = I_y$.

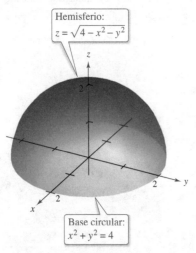

$0 \le z \le \sqrt{4 - x^2 - y^2}$
$-\sqrt{4 - x^2} \le y \le \sqrt{4 - x^2}$
$-2 \le x \le 2$

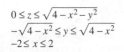
Hemisferio:
$z = \sqrt{4 - x^2 - y^2}$

Base circular:
$x^2 + y^2 = 4$

Densidad variable: $\rho(x, y, z) = kz$.
Figura 14.62

En el ejemplo 6, los momentos de inercia respecto a los ejes x y y son iguales. Sin embargo, el momento respecto al eje z es diferente. ¿Parece que el momento de inercia respecto al eje z deba ser menor o mayor que los momentos calculados en el ejemplo 6? Realizando los cálculos, puede determinar que

$$I_z = \frac{16}{3}k\pi.$$

Esto indica que el sólido mostrado en la figura 14.62 presenta resistencia mayor a la rotación en torno a los ejes x o y que en torno al eje z.

14.6 Ejercicios

Consulte **CalcChat.com** para un tutorial de ayuda y soluciones trabajadas de los ejercicios con numeración impar.

Evaluar una triple integral En los ejercicios 1 a 8, evalúe la integral iterada.

1. $\displaystyle\int_0^3\int_0^2\int_0^1 (x+y+z)\,dx\,dz\,dy$

2. $\displaystyle\int_{-1}^1\int_{-1}^1\int_{-1}^1 x^2y^2z^2\,dx\,dy\,dz$

3. $\displaystyle\int_0^1\int_0^x\int_0^{xy} x\,dz\,dy\,dx$

4. $\displaystyle\int_0^9\int_0^{y/3}\int_0^{\sqrt{y^2-9x^2}} z\,dz\,dx\,dy$

5. $\displaystyle\int_1^4\int_0^1\int_0^x 2ze^{-x^2}\,dy\,dx\,dz$

6. $\displaystyle\int_1^4\int_1^{e^2}\int_0^{1/xz} \ln z\,dy\,dz\,dx$

7. $\displaystyle\int_0^4\int_0^{\pi/2}\int_0^{1-x} x\cos y\,dz\,dy\,dx$

8. $\displaystyle\int_0^{\pi/2}\int_0^{y/2}\int_0^{1/y} \operatorname{sen} y\,dz\,dx\,dy$

Aproximar una triple iterada usando tecnología En los ejercicios 9 y 10, utilice un sistema algebraico por computadora para evaluar la integral iterada.

9. $\displaystyle\int_0^3\int_{-\sqrt{9-y^2}}^{\sqrt{9-y^2}}\int_0^{y^2} y\,dz\,dx\,dy$

10. $\displaystyle\int_0^3\int_0^{2-(2y/3)}\int_0^{6-2y-3z} ze^{-x^2y^2}\,dx\,dz\,dy$

Establecer una triple integral En los ejercicios 11 a 16, establezca una triple integral para el volumen del sólido.

11. El sólido en el primer octante acotado por los planos coordenados y el plano $z=5-x-y$.

12. El sólido acotado por $z=9-x^2$, $z=0$, $y=0$ y $y=2x$.

13. El sólido acotado por el paraboloide $z=6-x^2-y^2$ y $z=0$.

14. El sólido limitado por $z=\sqrt{16-x^2-y^2}$ y $z=0$.

15. El sólido que es el interior común bajo de la esfera $x^2+y^2+z^2=0$ y sobre el paraboloide $z=\frac{1}{2}(x^2+y^2)$.

16. El sólido limitado arriba por el cilindro $z=4-x^2$ y abajo por el paraboloide $z=x^2+3y^2$.

Volumen En los ejercicios 17 a 20, utilice una integral triple para hallar el volumen del sólido mostrado en la figura.

17.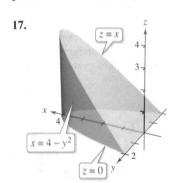

18.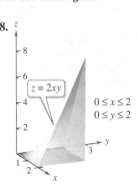

19.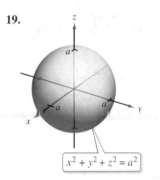

20.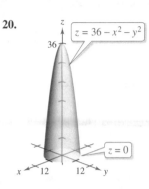

Volumen En los ejercicios 21 a 24, use una integral triple para encontrar el volumen del sólido limitado por las gráficas de las ecuaciones.

21. $z=4-x^2$, $y=4-x^2$, primer octante

22. $z=9-x^3$, $y=-x^2+2$, $y=0$, $z=0$, $x\geq 0$

23. $z=2-y$, $z=4-y^2$, $x=0$, $x=3$, $y=0$

24. $z=x$, $y=x+2$, $y=x^2$, primer octante

Cambiar el orden de integración En los ejercicios 25 a 30, dibuje el sólido cuyo volumen está dado por la integral iterada y reescriba la integral utilizando el orden de integración indicado.

25. $\displaystyle\int_0^1\int_{-1}^0\int_0^{y^2} dz\,dy\,dx$

Reescriba usando el orden $dy\,dz\,dx$.

26. $\displaystyle\int_{-1}^1\int_{y^2}^1\int_0^{1-x} dz\,dx\,dy$

Reescriba usando el orden $dx\,dz\,dy$.

27. $\displaystyle\int_0^4\int_0^{(4-x)/2}\int_0^{(12-3x-6y)/4} dz\,dy\,dx$

Reescriba usando el orden $dy\,dx\,dz$.

28. $\displaystyle\int_0^3\int_0^{\sqrt{9-x^2}}\int_0^{6-x-y} dz\,dy\,dx$

Reescriba usando el orden $dz\,dx\,dy$.

29. $\displaystyle\int_0^1\int_y^1\int_0^{\sqrt{1-y^2}} dz\,dx\,dy$

Reescriba usando el orden $dz\,dy\,dx$.

30. $\displaystyle\int_0^2\int_{2x}^4\int_0^{\sqrt{y^2-4x^2}} dz\,dy\,dx$

Reescriba usando el orden $dx\,dy\,dz$.

Órdenes de integración En los ejercicios 31 a 34, dé los seis posibles órdenes de integración de la integral triple sobre la región sólida Q, $\iiint_Q xyz\,dV$.

31. $Q=\{(x,y,z): 0\leq x\leq 1, 0\leq y\leq x, 0\leq z\leq 3\}$

32. $Q=\{(x,y,z): 0\leq x\leq 2, x^2\leq y\leq 4, 0\leq z\leq 2-x\}$

33. $Q=\{(x,y,z): x^2+y^2\leq 9, 0\leq z\leq 4\}$

34. $Q=\{(x,y,z): 0\leq x\leq 1, y\leq 1-x^2, 0\leq z\leq 6\}$

Órdenes de integración En los ejercicios 35 y 36, la figura muestra la región de integración de la integral dada. Reescriba la integral como una integral iterada equivalente con los otros cinco órdenes.

35. $\int_0^1 \int_0^{1-y^2} \int_0^{1-y} dz\, dx\, dy$

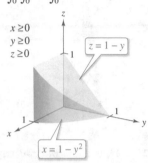

$x \geq 0$
$y \geq 0$
$z \geq 0$

$z = 1 - y$

$x = 1 - y^2$

36. $\int_0^3 \int_0^x \int_0^{9-x^2} dz\, dy\, dx$

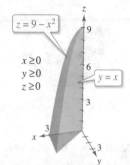

$z = 9 - x^2$

$x \geq 0$
$y \geq 0$
$z \geq 0$

$y = x$

Masa y centro de masa En los ejercicios 37 a 40, encuentre la masa y las coordenadas indicadas del centro de masa de la región del sólido Q de densidad ρ acotada por las gráficas de las ecuaciones.

37. Encontrar $\bar{x}$ usando $\rho(x, y, z) = k$.

Q: $2x + 3y + 6z = 12, x = 0, y = 0, z = 0$

38. Encontrar $\bar{y}$ usando $\rho(x, y, z) = ky$.

Q: $3x + 3y + 5z = 15, x = 0, y = 0, z = 0$

39. Encontrar $\bar{z}$ usando $\rho(x, y, z) = kx$.

Q: $z = 4 - x, z = 0, y = 0, y = 4, x = 0$

40. Encontrar $\bar{y}$ usando $\rho(x, y, z) = k$.

Q: $\dfrac{x}{a} + \dfrac{y}{b} + \dfrac{z}{c} = 1\ (a, b, c > 0), x = 0, y = 0, z = 0$

Masa y centro de masa En los ejercicios 41 y 42, establezca las integrales triples para encontrar la masa y el centro de masa del sólido de densidad ρ acotado por las gráficas de las ecuaciones.

41. $x = 0, x = b, y = 0, y = b, z = 0, z = b$

$\rho(x, y, z) = kxy$

42. $x = 0, x = a, y = 0, y = b, z = 0, z = c$

$\rho(x, y, z) = kz$

Piénselo En la figura se muestra el centro de masa de un sólido de densidad constante. En los ejercicios 43 a 46, haga una conjetura acerca de cómo cambiará el centro de masa $(\bar{x}, \bar{y}, \bar{z})$ con la densidad no constante $\rho(x, y, z)$. Explique.

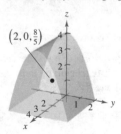

$\left(2, 0, \frac{8}{5}\right)$

43. $\rho(x, y, z) = kx$

44. $\rho(x, y, z) = kz$

45. $\rho(x, y, z) = k(y + 2)$

46. $\rho(x, y, z) = kxz^2(y + 2)^2$

Centroide En los ejercicios 49 a 54, encuentre el centroide de la región sólida acotada por las gráficas de las ecuaciones o descrita en la figura. Utilice un sistema algebraico por computadora para evaluar las integrales triples. (Suponga densidad uniforme y encuentre el centro de masa.)

47. $z = \dfrac{h}{r}\sqrt{x^2 + y^2}, z = h$

48. $y = \sqrt{9 - x^2}, z = y, z = 0$

49. $z = \sqrt{16 - x^2 - y^2}, z = 0$

50. $z = \dfrac{1}{y^2 + 1}, z = 0, x = -2, x = 2, y = 0, y = 1$

51.

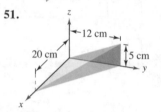

12 cm

20 cm

5 cm

52.

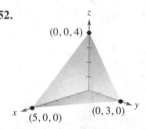

$(0, 0, 4)$

$(5, 0, 0)$

$(0, 3, 0)$

Momentos de inercia En los ejercicios 55 a 58, encuentre I_x, I_y e I_z para el sólido de densidad dada. Utilice un sistema algebraico por computadora para evaluar las integrales triples.

53. (a) $\rho = k$

(b) $\rho = kxyz$

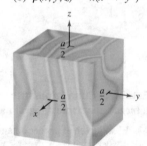

a

54. (a) $\rho(x, y, z) = k$

(b) $\rho(x, y, z) = k(x^2 + y^2)$

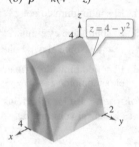

$\frac{a}{2}$

$\frac{a}{2}$

$\frac{a}{2}$

55. (a) $\rho(x, y, z) = k$

(b) $\rho = ky$

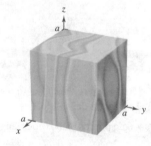

$z = 4 - x$

56. (a) $\rho = kz$

(b) $\rho = k(4 - z)$

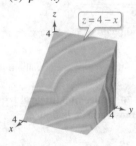

$z = 4 - y^2$

Momentos de inercia En los ejercicios 59 y 60, verifique los momentos de inercia del sólido de densidad uniforme. Utilice un sistema algebraico por computadora para evaluar las integrales triples.

57. $I_x = \frac{1}{12}m(3a^2 + L^2)$

$I_y = \frac{1}{2}ma^2$

$I_z = \frac{1}{12}m(3a^2 + L^2)$

L

a

$\frac{L}{2}$

58. $I_x = \frac{1}{12}m(a^2 + b^2)$

$I_y = \frac{1}{12}m(b^2 + c^2)$

$I_z = \frac{1}{12}m(a^2 + c^2)$

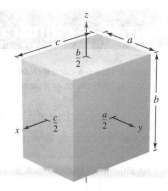

Momentos de inercia En los ejercicios 59 y 60, dé una integral triple que represente el momento de inercia con respecto al eje z de la región sólida Q de densidad ρ.

59. $Q = \{(x, y, z): -1 \leq x \leq 1, -1 \leq y \leq 1, 0 \leq z \leq 1 - x\}$

$\rho = \sqrt{x^2 + y^2 + z^2}$

60. $Q = \{(x, y, z): x^2 + y^2 \leq 1, 0 \leq z \leq 4 - x^2 - y^2\}$

$\rho = kx^2$

Establecer integrales triples En los ejercicios 61 y 62, utilizando la descripción de región sólida, dé la integral para (a) la masa, (b) el centro de masa y (c) el momento de inercia respecto al eje z.

61. El sólido acotado por $z = 4 - x^2 - y^2$ y $z = 0$ con la función de densidad $\rho = kz$.

62. El sólido en el primer octante acotado por los planos coordenados y $x^2 + y^2 + z^2 = 25$ con función de densidad $\rho = kxy$.

Valor promedio En los ejercicios 63 a 66, encuentre el valor promedio de la función sobre el sólido dado. El valor promedio de una función continua $f(x, y, z)$ sobre una región sólida Q es

$$\frac{1}{V}\iiint\limits_{Q} f(x, y, z)\, dV$$

donde V es el volumen de la región sólida Q.

63. $f(x, y, z) = z^2 + 4$ sobre el cubo en el primer octante acotado por los planos coordenados, y los planos $x = 1$, $y = 1$ y $z = 1$.

64. $f(x, y, z) = xyz$ sobre el cubo en el primer octante acotado por los planos coordenados y los planos $x = 4$, $y = 4$ y $z = 4$.

65. $f(x, y, z) = x + y + z$ sobre el tetraedro en el primer octante cuyos vértices son $(0, 0, 0)$, $(2, 0, 0)$, $(0, 2, 0)$ y $(0, 0, 2)$.

66. $f(x, y, z) = x + y$ sobre el sólido acotado por la esfera $x^2 + y^2 + z^2 = 3$.

DESARROLLO DE CONCEPTOS

67. Integral triple Defina una integral triple y describa un método para evaluar una integral triple.

68. Momento de inercia Determine si el momento de inercia con respecto al eje y del cilindro del ejercicio 57 aumentará o disminuirá con la densidad no constante $\rho(x, y, z) = \sqrt{x^2 + z^2}$ y $a = 4$.

DESARROLLO DE CONCEPTOS (continuación)

69. Piénselo ¿Cuál de las siguientes integrales es igual

a $\int_1^3 \int_0^2 \int_{-1}^1 f(x, y, z)\, dz\, dy\, dx$? Explique.

(a) $\int_1^3 \int_0^2 \int_{-1}^1 f(x, y, z)\, dz\, dx\, dy$

(b) $\int_{-1}^1 \int_0^2 \int_1^3 f(x, y, z)\, dx\, dy\, dz$

(c) $\int_0^2 \int_1^3 \int_{-1}^1 f(x, y, z)\, dy\, dx\, dz$

70. **¿CÓMO LO VE?** Considere el sólido A y el sólido B de pesos iguales que se muestran en la figura.

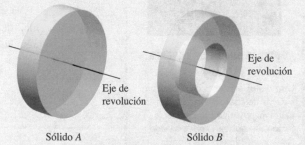

Sólido A Sólido B

(a) Como los sólidos tienen el mismo peso, ¿cuál tiene la densidad mayor? Explique

(b) ¿Cuál sólido tiene el momento de inercia mayor?

(c) Los sólidos se hacen rodar hacia abajo en un plano inclinado. Empiezan al mismo tiempo y a la misma altura. ¿Cuál llegará abajo primero? Explique.

71. Maximizar una integral triple Determine la región del sólido Q donde la integral

$$\iiint\limits_{Q} (1 - 2x^2 - y^2 - 3z^2)\, dV$$

es un máximo. Utilice un sistema algebraico por computadora para aproximar el valor máximo. ¿Cuál es el valor máximo exacto?

72. Determinar un valor Encuentre a en la integral triple.

$$\int_0^1 \int_0^{3-a-y^2} \int_a^{4-x-y^2} dz\, dx\, dy = \frac{14}{15}$$

DESAFÍOS DEL EXAMEN PUTNAM

73. Evalúe

$$\lim_{n \to \infty} \int_0^1 \int_0^1 \cdots \int_0^1 \cos^2\left\{\frac{\pi}{2n}(x_1 + x_2 + \cdots + x_n)\right\} dx_1\, dx_2 \cdots dx_n.$$

Este problema fue preparado por el Committee on the Putnam Prize Competition.
© The Mathematical Association of America. Todos los derechos reservados.

14.7 Integrales triples en coordenadas cilíndricas y esféricas

■ Expresar y evaluar una integral triple en coordenadas cilíndricas.
■ Expresar y evaluar una integral triple en coordenadas esféricas.

Integrales triples en coordenadas cilíndricas

Muchas regiones sólidas comunes como esferas, elipsoides, conos y paraboloides pueden dar lugar a integrales triples difíciles de calcular en coordenadas rectangulares. De hecho, fue precisamente esta dificultad la que llevó a la introducción de sistemas de coordenadas no rectangulares. En esta sección se aprenderá a usar coordenadas *cilíndricas* y *esféricas* para evaluar integrales triples.

Recuerde que en la sección 11.7 se vio que las ecuaciones rectangulares de conversión a coordenadas cilíndricas son

$$x = r \cos \theta$$
$$y = r \operatorname{sen} \theta$$
$$z = z.$$

Una manera fácil de recordar estas ecuaciones es observar que las ecuaciones para obtener x y y son iguales que en el caso de coordenadas polares y que z no cambia.

En este sistema de coordenadas, la región sólida más simple es un bloque cilíndrico determinado por

$$r_1 \leq r \leq r_2$$
$$\theta_1 \leq \theta \leq \theta_2$$

y

$$z_1 \leq z \leq z_2$$

como se muestra en la figura 14.63.

Para expresar una integral triple por medio de coordenadas cilíndricas, suponga que Q es una región sólida cuya proyección R sobre el plano xy puede describirse en coordenadas polares. Es decir,

$$Q = \{(x, y, z): (x, y) \text{ está en } R, \quad h_1(x, y) \leq z \leq h_2(x, y)\}$$

y

$$R = \{(r, \theta): \theta_1 \leq \theta \leq \theta_2, \quad g_1(\theta) \leq r \leq g_2(\theta)\}.$$

Si f es una función continua sobre el sólido Q, puede expresar la integral triple de f sobre Q como

$$\iiint_Q f(x, y, z)\, dV = \iint_R \left[\int_{h_1(x,y)}^{h_2(x,y)} f(x, y, z)\, dz \right] dA$$

donde la integral doble sobre R se evalúa en coordenadas polares. Es decir, R es una región plana que es r-simple o θ-simple. Si R es r-simple, la forma iterada de la integral triple en forma cilíndrica es

$$\iiint_Q f(x, y, z)\, dV = \int_{\theta_1}^{\theta_2} \int_{g_1(\theta)}^{g_2(\theta)} \int_{h_1(r\cos\theta,\, r\operatorname{sen}\theta)}^{h_2(r\cos\theta,\, r\operatorname{sen}\theta)} f(r\cos\theta, r\operatorname{sen}\theta, z)\, r\, dz\, dr\, d\theta.$$

Éste es sólo uno de los seis posibles órdenes de integración. Los otros cinco son $dz\, d\theta\, dr$, $dr\, dz\, d\theta$, $dr\, d\theta\, dz$, $d\theta\, dz\, dr$, y $d\theta\, dr\, dz$.

PIERRE SIMON DE LAPLACE
(1749-1827)

Uno de los primeros en utilizar un sistema de coordenadas cilíndricas fue el matemático francés Pierre Simon de Laplace. Laplace ha sido llamado el "Newton de Francia", y publicó muchos trabajos importantes en mecánica, ecuaciones diferenciales y probabilidad. *Consulte LarsonCalculus.com para leer más acerca de esta biografía.*

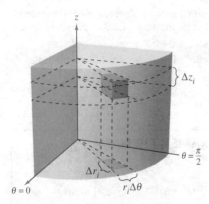

Volumen del bloque cilíndrico:
$\Delta V_i = r_i \Delta r_i \Delta \theta_i \Delta z_i$
Figura 14.63

Para visualizar un orden de integración determinado ayuda contemplar la integral iterada en términos de tres movimientos de barrido, cada uno de los cuales agrega una dimensión al sólido. Por ejemplo, en el orden $dr\,d\theta\,dz$ la primera integración ocurre en la dirección r, aquí un punto barre (recorre) un rayo. Después, a medida que aumenta, la recta barre (recorre) un sector. Por último, a medida que z aumenta, el sector barre (recorre) una cuña sólida, como se muestra en la figura 14.64.

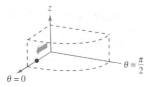

Integre respecto a r.

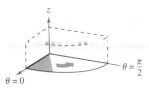

Integre respecto a θ.

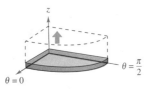

Integre respecto a z.
Figura 14.64

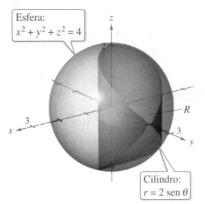

Figura 14.65

Exploración

Volumen de un sector paraboloide En las exploraciones de las páginas 979, 998 y 1010, se le pidió resumir las formas conocidas para hallar el volumen del sólido acotado por el paraboloide

$$z = a^2 - x^2 - y^2, \quad a > 0$$

y el plano xy. Ahora ya conoce un método más. Utilícelo para hallar el volumen del sólido. Compare los diferentes métodos. ¿Cuáles son las ventajas y desventajas de cada uno?

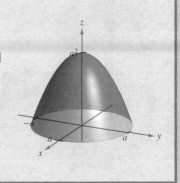

EJEMPLO 1 **Hallar el volumen empleando coordenadas cilíndricas**

Encuentre el volumen de la región sólida Q cortada en la esfera $x^2 + y^2 + z^2 = 4$ por el cilindro $r = 2$ sen θ, como se muestra en la figura 14.65.

Solución Como $x^2 + y^2 + z^2 = r^2 + z^2 = 4$, los límites de z son

$$-\sqrt{4 - r^2} \le z \le \sqrt{4 - r^2}.$$

Sea R la proyección circular del sólido sobre el plano $r\theta$. Entonces los límites de R son

$$0 \le r \le 2 \text{ sen } \theta \quad \text{y} \quad 0 \le \theta \le \pi.$$

Por tanto, el volumen de Q es

$$V = \int_0^\pi \int_0^{2\,\text{sen}\,\theta} \int_{-\sqrt{4-r^2}}^{\sqrt{4-r^2}} r\,dz\,dr\,d\theta$$

$$= 2\int_0^{\pi/2} \int_0^{2\,\text{sen}\,\theta} \int_{-\sqrt{4-r^2}}^{\sqrt{4-r^2}} r\,dz\,dr\,d\theta$$

$$= 2\int_0^{\pi/2} \int_0^{2\,\text{sen}\,\theta} 2r\sqrt{4-r^2}\,dr\,d\theta$$

$$= 2\int_0^{\pi/2} -\frac{2}{3}(4-r^2)^{3/2}\Big]_0^{2\,\text{sen}\,\theta} d\theta$$

$$= \frac{4}{3}\int_0^{\pi/2} (8 - 8\cos^3\theta)\,d\theta$$

$$= \frac{32}{3}\int_0^{\pi/2} \left[1 - (\cos\theta)(1 - \text{sen}^2\,\theta)\right] d\theta$$

$$= \frac{32}{3}\left[\theta - \text{sen}\,\theta + \frac{\text{sen}^3\theta}{3}\right]_0^{\pi/2}$$

$$= \frac{16}{9}(3\pi - 4)$$

$$\approx 9.644.$$

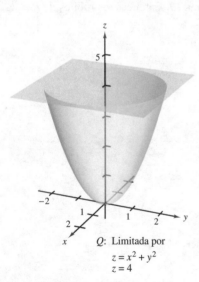

$0 \le z \le \sqrt{16 - 4r^2}$

Elipsoide: $4x^2 + 4y^2 + z^2 = 16$

Figura 14.66

Hallar la masa empleando coordenadas cilíndricas

Encuentre la masa de la porción del elipsoide Q dado por $4x^2 + 4y^2 + z^2 = 16$, situada sobre el plano xy. La densidad en un punto del sólido es proporcional a la distancia entre el punto y el plano xy.

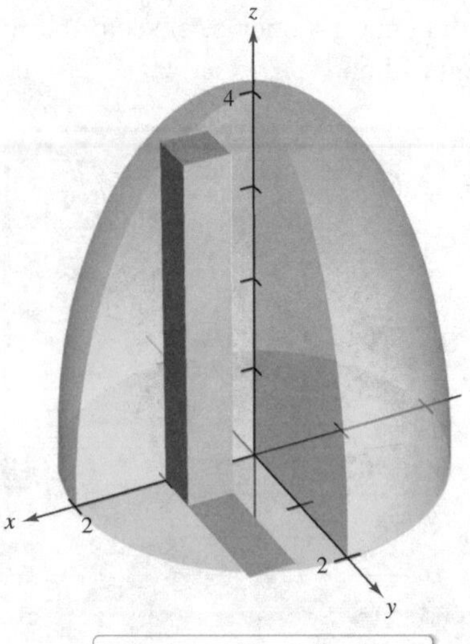

Solución La función de densidad es $\rho(r, \theta, z) = kz$. Los límites de z son

$$0 \le z \le \sqrt{16 - 4x^2 - 4y^2} = \sqrt{16 - 4r^2}$$

donde $0 \le r \le 2$ y $0 \le \theta \le 2\pi$, como se muestra en la figura 14.66. La masa del sólido es

$$m = \int_0^{2\pi} \int_0^2 \int_0^{\sqrt{16-4r^2}} kzr \, dz \, dr \, d\theta$$

$$= \frac{k}{2} \int_0^{2\pi} \int_0^2 z^2 r \Big]_0^{\sqrt{16-4r^2}} dr \, d\theta$$

$$= \frac{k}{2} \int_0^{2\pi} \int_0^2 (16r - 4r^3) \, dr \, d\theta$$

$$= \frac{k}{2} \int_0^{2\pi} \left[8r^2 - r^4 \right]_0^2 d\theta$$

$$= 8k \int_0^{2\pi} d\theta$$

$$= 16\pi k.$$

La integración en coordenadas cilíndricas es útil cuando en el integrando aparecen factores $x^2 + y^2$ con la expresión como se ilustra en el ejemplo 3.

Hallar el momento de inercia

Encuentre el momento de inercia con respecto al eje de simetría del sólido Q acotado por el paraboloide $z = x^2 + y^2$ y el plano como se muestra en la figura 14.67. La densidad en cada punto es proporcional a la distancia entre el punto y el eje z.

Solución Como el eje z es el eje de simetría, y $\rho(x, y, z) = k\sqrt{x^2 + y^2}$, se deduce que

$$I_z = \iiint\limits_Q k(x^2 + y^2)\sqrt{x^2 + y^2} \, dV.$$

En coordenadas cilíndricas, $0 \le r \le \sqrt{x^2 + y^2} = \sqrt{z}$. Por tanto, tiene

$$I_z = k \int_0^4 \int_0^{2\pi} \int_0^{\sqrt{z}} r^2(r)r \, dr \, d\theta \, dz$$

$$= k \int_0^4 \int_0^{2\pi} \frac{r^5}{5} \Big]_0^{\sqrt{z}} d\theta \, dz$$

$$= k \int_0^4 \int_0^{2\pi} \frac{z^{5/2}}{5} d\theta \, dz$$

$$= \frac{k}{5} \int_0^4 z^{5/2}(2\pi) \, dz$$

$$= \frac{2\pi k}{5} \left[\frac{2}{7} z^{7/2} \right]_0^4$$

$$= \frac{512k\pi}{35}.$$

Q: Limitada por
$z = x^2 + y^2$
$z = 4$

Figura 14.67

Integrales triples en coordenadas esféricas

Las integrales triples que involucran esferas o conos son a menudo más fáciles de calcular mediante la conversión a coordenadas esféricas. Recuerde que en la sección 11.7 vio que las ecuaciones rectangulares para conversión a coordenadas esféricas son

$$x = \rho \operatorname{sen} \phi \cos \theta$$
$$y = \rho \operatorname{sen} \phi \operatorname{sen} \theta$$
$$z = \rho \cos \phi.$$

En este sistema de coordenadas, la región más simple es un bloque esférico determinado por

$$\{(\rho, \theta, \phi). \rho_1 \le \rho \le \rho_2, \quad \theta_1 \le \theta \le \theta_2, \quad \phi_1 \le \phi \le \phi_2\}$$

donde $\rho_1 \ge 0$, $\theta_2 - \theta_1 \le 2\pi$ y $0 \le \phi_1 \le \phi_2 \le \pi$, como se muestra en la figura 14.68. Si (ρ, θ, ϕ) es un punto en el interior de uno de estos bloques, entonces el volumen del bloque puede ser aproximado por $\Delta V \approx \rho^2 \operatorname{sen} \phi \, \Delta\rho\Delta\phi\Delta\theta$. (Vea el ejercicio 18 en los ejercicios de solución de problemas de este capítulo).

Utilizando el proceso habitual que comprende una partición interior, una suma y un límite, puede desarrollar la versión siguiente de una integral triple en coordenadas esféricas para una función continua f en la región sólida Q. Esta fórmula puede modificarse para emplear diferentes órdenes de integración y se puede generalizar a regiones con límites variables.

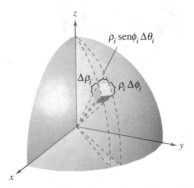

Bloque esférico: $\Delta V_i \approx \rho_i^2 \operatorname{sen} \phi_i \Delta\rho_i \Delta\phi_i \Delta\theta_i$
Figura 14.68

$$\iiint\limits_{Q} f(x, y, z) \, dV = \int_{\theta_1}^{\theta_2} \int_{\phi_1}^{\phi_2} \int_{\rho_1}^{\rho_2} f(\rho \operatorname{sen}\phi \cos\theta, \rho \operatorname{sen}\phi \operatorname{sen}\theta, \rho \cos\phi)\rho^2 \operatorname{sen}\phi \, d\rho \, d\phi \, d\theta$$

Al igual que las integrales triples en coordenadas cilíndricas, las integrales triples en coordenadas esféricas se evalúan empleando integrales iteradas. Como sucede con las coordenadas cilíndricas, puede visualizar un orden determinado de integración contemplando la integral iterada en términos de tres movimientos de barrido, cada uno de los cuales agrega una dimensión al sólido. Por ejemplo, la integral iterada

$$\int_0^{2\pi} \int_0^{\pi/4} \int_0^3 \rho^2 \operatorname{sen}\phi \, d\rho \, d\phi \, d\theta$$

(que se usó en el ejemplo 4) se ilustra en la figura 14.69.

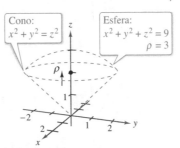

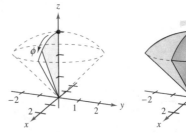

ρ varía desde 0 hasta 3 mientras ϕ y θ se mantienen constantes

ϕ varía de 0 a $\pi/4$ mientras θ se mantiene constante.

θ varía desde 0 hasta 2π.

Figura 14.69

COMENTARIO La letra griega utilizada en coordenadas esféricas no está relacionada con la densidad. Más bien, es el análogo tridimensional de la utilizada en coordenadas polares. Para los problemas que involucran coordenadas esféricas y una densidad de función, este texto utiliza un símbolo diferente para denotar la densidad

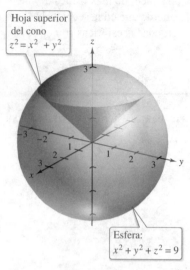

Hoja superior
del cono
$z^2 = x^2 + y^2$

Esfera:
$x^2 + y^2 + z^2 = 9$

Figura 14.70

EJEMPLO 4 **Hallar un volumen en coordenadas esféricas**

Encuentre el volumen de la región sólida Q limitada o acotada inferiormente por la hoja superior del cono $z^2 = x^2 + y^2$ y superiormente por la esfera $x^2 + y^2 + z^2 = 9$, como se muestra en la figura 14.70.

Solución   En coordenadas esféricas, la ecuación de la esfera es

$$\rho^2 = x^2 + y^2 + z^2 = 9 \quad \Longrightarrow \quad \rho = 3.$$

Además, la esfera y el cono se cortan cuando

$$(x^2 + y^2) + z^2 = (z^2) + z^2 = 9 \quad \Longrightarrow \quad z = \frac{3}{\sqrt{2}}$$

y como $z = \rho \cos \phi$, tiene que

$$\left(\frac{3}{\sqrt{2}}\right)\left(\frac{1}{3}\right) = \cos \phi \quad \Longrightarrow \quad \phi = \frac{\pi}{4}.$$

Por consiguiente, puede utilizar el orden de integración $d\rho\, d\phi\, d\theta$, donde $0 \le \rho \le 3$, $0 \le \phi \le \pi/4$ y $0 \le \theta \le 2\pi$. El volumen es

$$\iiint\limits_Q dV = \int_0^{2\pi} \int_0^{\pi/4} \int_0^3 \rho^2 \operatorname{sen} \phi\, d\rho\, d\phi\, d\theta$$

$$= \int_0^{2\pi} \int_0^{\pi/4} 9 \operatorname{sen} \phi\, d\phi\, d\theta$$

$$= 9 \int_0^{2\pi} -\cos \phi \Big]_0^{\pi/4} d\theta$$

$$= 9 \int_0^{2\pi} \left(1 - \frac{\sqrt{2}}{2}\right) d\theta$$

$$= 9\pi\left(2 - \sqrt{2}\right)$$

$$\approx 16.563.$$

EJEMPLO 5 **Hallar el centro de masa de una región sólida**

$\cdots\cdots\triangleright$ *Consulte LarsonCalculus.com para una versión interactiva de este tipo de ejemplo.*

Encuentre el centro de masa de la región sólida Q de densidad uniforme, acotada inferiormente por la hoja superior del cono $z^2 = x^2 + y^2$ y superiormente por la esfera $x^2 + y^2 + z^2 = 9$.

Solución   Como la densidad es uniforme, puede considerar que la densidad en el punto (x, y, z) es k. Por la simetría, el centro de masa se encuentra en el eje z, y sólo necesita calcular $\bar{z} = M_{xy}/m$, donde $m = kV = 9k\pi\left(2 - \sqrt{2}\right)$ por el ejemplo 4. Como $z = \rho \cos \phi$ se deduce que

$$M_{xy} = \iiint\limits_Q kz\, dV = k \int_0^3 \int_0^{2\pi} \int_0^{\pi/4} (\rho \cos \phi)\rho^2 \operatorname{sen} \phi\, d\phi\, d\theta\, d\rho$$

$$= k \int_0^3 \int_0^{2\pi} \rho^3 \frac{\operatorname{sen}^2 \phi}{2} \Big]_0^{\pi/4} d\theta\, d\rho$$

$$= \frac{k}{4} \int_0^3 \int_0^{2\pi} \rho^3\, d\theta\, d\rho = \frac{k\pi}{2} \int_0^3 \rho^3\, d\rho = \frac{81 k\pi}{8}.$$

Por tanto,

$$\bar{z} = \frac{M_{xy}}{m} = \frac{81 k\pi/8}{9k\pi\left(2 - \sqrt{2}\right)} = \frac{9\left(2 + \sqrt{2}\right)}{16} \approx 1.920$$

y el centro de masa es aproximadamente $(0, 0, 1.92)$.

14.7 Ejercicios

Consulte **CalcChat.com** para un tutorial de ayuda y soluciones trabajadas de los ejercicios con numeración impar.

Evaluar una integral iterada En los ejercicios 1 a 6, evalúe la integral iterada.

1. $\int_{-1}^{5}\int_{0}^{\pi/2}\int_{0}^{3} r\cos\theta\,dr\,d\theta\,dz$ **2.** $\int_{0}^{\pi/4}\int_{0}^{6}\int_{0}^{6-r} rz\,dz\,dr\,d\theta$

3. $\int_{0}^{\pi/2}\int_{0}^{2\cos^2\theta}\int_{0}^{4-r^2} r\,\text{sen}\,\theta\,dz\,dr\,d\theta$

4. $\int_{0}^{\pi/2}\int_{0}^{\pi}\int_{0}^{2} e^{-\rho^3}\rho^2\,d\rho\,d\theta\,d\phi$

5. $\int_{0}^{2\pi}\int_{0}^{\pi/4}\int_{0}^{\cos\phi} \rho^2\,\text{sen}\,\phi\,d\rho\,d\phi\,d\theta$

6. $\int_{0}^{\pi/4}\int_{0}^{\pi/4}\int_{0}^{\cos\theta} \rho^2\,\text{sen}\,\phi\cos\phi\,d\rho\,d\theta\,d\phi$

Aproximar una integral iterada usando tecnología En los ejercicios 7 y 8, utilice un sistema algebraico por computadora para evaluar la integral iterada.

7. $\int_{0}^{4}\int_{0}^{z}\int_{0}^{\pi/2} re^r\,d\theta\,dr\,dz$

8. $\int_{0}^{\pi/2}\int_{0}^{\pi}\int_{0}^{\text{sen}\,\theta} (2\cos\phi)\rho^2\,d\rho\,d\theta\,d\phi$

Volumen En los ejercicios 9 a 12, dibuje la región sólida cuyo volumen está dado por la integral iterada, y evalúe la integral iterada.

9. $\int_{0}^{\pi/2}\int_{0}^{3}\int_{0}^{e^{-r^2}} r\,dz\,dr\,d\theta$ **10.** $\int_{0}^{2\pi}\int_{0}^{\sqrt{5}}\int_{0}^{5-r^2} r\,dz\,dr\,d\theta$

11. $\int_{0}^{2\pi}\int_{\pi/6}^{\pi/2}\int_{0}^{4} \rho^2\,\text{sen}\,\phi\,d\rho\,d\phi\,d\theta$

12. $\int_{0}^{2\pi}\int_{0}^{\pi}\int_{2}^{5} \rho^2\,\text{sen}\,\phi\,d\rho\,d\phi\,d\theta$

Convertir coordenadas En los ejercicios 13 a 16, convierta la integral de coordenadas rectangulares a coordenadas cilíndricas y a coordenadas esféricas, y evalúe la integral iterada más sencilla.

13. $\int_{-2}^{2}\int_{-\sqrt{4-x^2}}^{\sqrt{4-x^2}}\int_{x^2+y^2}^{4} x\,dz\,dy\,dx$

14. $\int_{0}^{2}\int_{0}^{\sqrt{4-x^2}}\int_{0}^{\sqrt{16-x^2-y^2}} \sqrt{x^2+y^2}\,dz\,dy\,dx$

15. $\int_{-a}^{a}\int_{-\sqrt{a^2-x^2}}^{\sqrt{a^2-x^2}}\int_{a}^{a+\sqrt{a^2-x^2-y^2}} x\,dz\,dy\,dx$

16. $\int_{0}^{3}\int_{0}^{\sqrt{9-x^2}}\int_{0}^{\sqrt{9-x^2-y^2}} \sqrt{x^2+y^2+z^2}\,dz\,dy\,dx$

Volumen En los ejercicios 17 a 22, utilice coordenadas cilíndricas para hallar el volumen del sólido.

17. Sólido interior a $x^2+y^2+z^2=a^2$

y $(x-a/2)^2+y^2=(a/2)^2$

18. Sólido interior a $x^2+y^2+z^2=16$ y exterior a $z=\sqrt{x^2+y^2}$.

19. Sólido limitado arriba por $z=2x$ y abajo por $z=2x^2+2y^2$.

20. Sólido limitado arriba por $z=2-x^2-y^2$ y abajo por $z=x^2-y^2$.

21. Sólido limitado por las gráficas de la esfera $r^2+z^2=a^2$ y del cilindro $r=a\cos\theta$.

22. Sólido interior a la esfera $x^2+y^2+z^2=4$ y sobre la hoja superior del cono $z^2=x^2+y^2$.

Masa En los ejercicios 23 y 24, utilice coordenadas cilíndricas para hallar la masa del sólido Q de densidad ρ.

23. $Q=\{(x,y,z):0\le z\le 9-x-2y, x^2+y^2\le 4\}$
$\rho(x,y,z)=k\sqrt{x^2+y^2}$

24. $Q=\{(x,y,z):0\le z\le 12e^{-(x^2+y^2)}, x^2+y^2\le 4, x\ge 0, y\ge 0\}$
$\rho(x,y,z)=k$

Usar coordenadas cilíndricas En los ejercicios 25 a 30, utilice coordenadas cilíndricas para hallar la característica indicada del cono que se muestra en la figura.

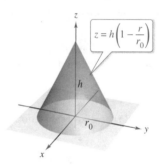

25. Encuentre el volumen del cono.

26. Determine el centroide del cono.

27. Encuentre el centro de masa del cono suponiendo que su densidad en cualquier punto es proporcional a la distancia entre el punto y el eje del cono. Utilice un sistema algebraico por computadora para evaluar la integral triple.

28. Encuentre el centro de masa del cono suponiendo que su densidad en cualquier punto es proporcional a la distancia entre el punto y la base. Utilice un sistema algebraico por computadora para evaluar la integral triple.

29. Suponga que el cono tiene densidad uniforme y demuestre que el momento de inercia respecto al eje z es
$$I_z=\tfrac{3}{10}mr_0^2.$$

30. Suponga que la densidad del cono es $\rho(x,y,z)=k\sqrt{x^2+y^2}$ y encuentre el momento de inercia respecto al eje z.

Momento de inercia En los ejercicios 31 y 32, use coordenadas cilíndricas para verificar la fórmula dada para el momento de inercia del sólido de densidad uniforme.

31. Capa cilíndrica: $I_z=\tfrac{1}{2}m(a^2+b^2)$
$0<a\le r\le b,\ \ 0\le z\le h$

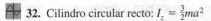

32. Cilindro circular recto: $I_z = \frac{3}{2}ma^2$

$r = 2a\,\mathrm{sen}\,\theta, \quad 0 \le z \le h$

Utilice un sistema algebraico por computadora para calcular la integral triple.

Volumen   **En los ejercicios 33 a 36, utilice coordenadas esféricas para calcular el volumen del sólido.**

33. Sólido interior $x^2 + y^2 + z^2 = 9$, exterior $z = \sqrt{x^2 + y^2}$, y arriba del plano xy.

34. Sólido limitado arriba por $x^2 + y^2 + z^2 = z$ y abajo por $z = \sqrt{x^2 + y^2}$.

35. El toro dado por $\rho = 4\,\mathrm{sen}\,\phi$. (Utilice un sistema algebraico por computadora para evaluar la integral triple.)

36. El sólido comprendido entre las esferas

$$x^2 + y^2 + z^2 = a^2 \quad y \quad x^2 + y^2 + z^2 = b^2, b > a,$$

e interior al cono $z^2 = x^2 + y^2$

Masa   **En los ejercicios 37 y 38, utilice coordenadas esféricas para hallar la masa de la esfera $x^2 + y^2 + z^2 = a^2$ con la densidad dada.**

37. La densidad en cualquier punto es proporcional a la distancia entre el punto y el origen.

38. La densidad en cualquier punto es proporcional a la distancia del punto al eje z.

Centro de masa   **En los ejercicios 39 y 40, utilice coordenadas esféricas para hallar el centro de masa del sólido de densidad uniforme.**

39. Sólido hemisférico de radio r.

40. Sólido comprendido entre dos hemisferios concéntricos de radios r y R donde $r < R$.

Momento de inercia   **En los ejercicios 41 y 42, utilice coordenadas esféricas para hallar el momento de inercia con respecto al eje z del sólido de densidad uniforme.**

41. Sólido acotado por el hemisferio $\rho = \cos\phi$, $\frac{\pi}{4} \le \phi \le \frac{\pi}{2}$, y el cono $\phi = \frac{\pi}{4}$.

42. Sólido comprendido entre dos hemisferios concéntricos de radios r y R donde $r < R$.

DESARROLLO DE CONCEPTOS

43. **Convertir coordenadas**   Dé las ecuaciones de conversión de coordenadas rectangulares a coordenadas cilíndricas y viceversa.

44. **Convertir coordenadas**   Dé las ecuaciones de conversión de coordenadas rectangulares a coordenadas esféricas y viceversa.

45. **Forma cilíndrica**   Dé la forma iterada de la integral triple $\iiint_Q f(x, y, z)\, dV$ en forma cilíndrica.

46. **Forma esférica**   Dé la forma iterada de la integral triple $\iiint_Q f(x, y, z)\, dV$ en forma esférica.

DESARROLLO DE CONCEPTOS (continuación)

47. **Utilizar coordenadas**   Describa la superficie cuya ecuación es una coordenada igual a una constante en cada una de las coordenadas en (a) el sistema de coordenadas cilíndricas y (b) el sistema de coordenadas esféricas.

48. **¿CÓMO LO VE?**   El sólido está acotado por debajo por la hoja superior de un cono y por arriba por una esfera (vea la figura). ¿Qué sería más fácil de usar para encontrar el volumen del sólido, coordenadas cilíndricas o esféricas? Explique.

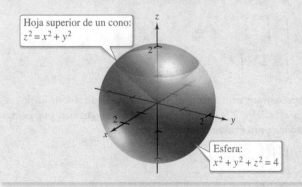

Hoja superior de un cono: $z^2 = x^2 + y^2$

Esfera: $x^2 + y^2 + z^2 = 4$

DESAFÍOS DEL EXAMEN PUTNAM

49. Hallar el volumen de la región de puntos (x, y, z) tal que

$$(x^2 + y^2 + z^2 + 8)^2 \le 36(x^2 + y^2).$$

Este problema fue preparado por el Committee on the Putnam Prize Competition. © The Mathematical Association of America. Todos los derechos reservados.

PROYECTO DE TRABAJO

Esferas deformadas

En los incisos (a) y (b), encuentre el volumen de las esferas deformadas. Estos sólidos se usan como modelos de tumores.

(a) Esfera arrugada

$\rho = 1 + 0.2\,\mathrm{sen}\,8\theta\,\mathrm{sen}\,\phi$

$0 \le \theta \le 2\pi, 0 \le \phi \le \pi$

(b) Esfera deformada

$\rho = 1 + 0.2\,\mathrm{sen}\,8\theta\,\mathrm{sen}\,4\phi$

$0 \le \theta \le 2\pi, 0 \le \phi \le \pi$

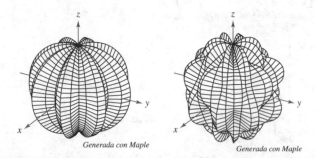

Generada con Maple   *Generada con Maple*

■ **PARA INFORMACIÓN ADICIONAL**   Para más información sobre estos tipos de esferas, consulte el artículo "Heat Therapy for Tumors", de Leah Edelstein-Keshet, en *The UMAP Journal*.

14.8 Cambio de variables: jacobianos

■ Comprender el concepto de jacobiano.
■ Utilizar un jacobiano para cambiar variables en una integral doble.

Jacobianos

En una integral simple

$$\int_a^b f(x)\, dx$$

puede tener un cambio de variables haciendo $x = g(u)$, con lo que $dx = g'(u)\, du$ y obtener

$$\int_a^b f(x)\, dx = \int_c^d f(g(u))g'(u)\, du$$

donde $a = g(c)$ y $b = g(d)$. Observe que el proceso de cambio de variables introduce un factor adicional $g'(u)$ en el integrando. Esto también ocurre en el caso de las integrales dobles.

$$\iint_R f(x, y)\, dA = \iint_S f(g(u, v), h(u, v)) \underbrace{\left| \frac{\partial x}{\partial u} \frac{\partial y}{\partial v} - \frac{\partial y}{\partial u} \frac{\partial x}{\partial v} \right|}_{\text{Jacobiano}} du\, dv$$

donde el cambio de variables

$$x = g(u, v) \quad \text{y} \quad y = h(u, v)$$

introduce un factor llamado jacobiano de x y y respecto a u y v. Al definir el jacobiano, es conveniente utilizar la notación siguiente que emplea determinantes.

**CARL GUSTAV JACOBI
(1804-1851)**

El jacobiano recibe su nombre en honor al matemático alemán Carl Gustav Jacobi, conocido por su trabajo en muchas áreas de matemáticas, pero su interés en integración provenía del problema de hallar la circunferencia de una elipse. *Consulte LarsonCalculus.com para leer más acerca de esta biografía.*

Definición del jacobiano

Si $x = g(u, v)$ y $y = h(u, v)$, entonces el **jacobiano** de x y y con respecto a u y v, denotado por $\partial(x, y)/\partial(u, v)$, es

$$\frac{\partial(x, y)}{\partial(u, v)} = \begin{vmatrix} \dfrac{\partial x}{\partial u} & \dfrac{\partial x}{\partial v} \\[2mm] \dfrac{\partial y}{\partial u} & \dfrac{\partial y}{\partial v} \end{vmatrix} = \frac{\partial x}{\partial u} \frac{\partial y}{\partial v} - \frac{\partial y}{\partial u} \frac{\partial x}{\partial v}.$$

EJEMPLO 1 **El jacobiano de la conversión rectangular-polar**

Determine el jacobiano para el cambio de variables definido por

$$x = r \cos \theta \quad \text{y} \quad y = r \operatorname{sen} \theta.$$

Solución De acuerdo con la definición de un jacobiano, obtiene

$$\frac{\partial(x, y)}{\partial(r, \theta)} = \begin{vmatrix} \dfrac{\partial x}{\partial r} & \dfrac{\partial x}{\partial \theta} \\[2mm] \dfrac{\partial y}{\partial r} & \dfrac{\partial y}{\partial \theta} \end{vmatrix}$$

$$= \begin{vmatrix} \cos \theta & -r \operatorname{sen} \theta \\ \operatorname{sen} \theta & r \cos \theta \end{vmatrix}$$

$$= r \cos^2 \theta + r \operatorname{sen}^2 \theta$$

$$= r.$$

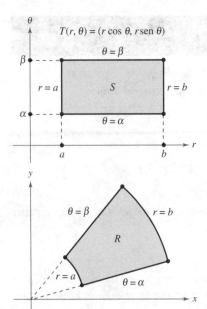

S es la región en el plano $r\theta$ que corresponde a R en el plano xy.
Figura 14.71

El ejemplo 1 indica que el cambio de variables de coordenadas rectangulares a polares en una integral doble se puede escribir como

$$\iint_R f(x, y)\, dA = \iint_S f(r \cos \theta, r \operatorname{sen} \theta) r\, dr\, d\theta,\ r > 0$$

$$= \iint_S f(r \cos \theta, r \operatorname{sen} \theta) \left| \frac{\partial(x, y)}{\partial(r, \theta)} \right| dr\, d\theta$$

donde S es la región en el plano $r\theta$ que corresponde a la región en el plano xy, como se muestra en la figura 14.71. Esta fórmula es semejante a la encontrada en el teorema 14.3 de la página 988.

En general, un cambio de variables está dado por una **transformación** T uno a uno de una región S en el plano uv en una región R en el plano xy dada por

$$T(u, v) = (x, y) = (g(u, v), h(u, v))$$

donde g y h tienen primeras derivadas parciales continuas en la región S. Observe que el punto se encuentra en S y el punto se encuentra en R. En la mayor parte de las ocasiones, busque una transformación en la que la región S sea más simple que la región R.

EJEMPLO 2 **Hallar un cambio de variables para simplificar una región**

Sea R la región limitada o acotada por las rectas

$$x - 2y = 0,\quad x - 2y = -4,\quad x + y = 4\quad \text{y}\quad x + y = 1$$

como se muestra en la figura 14.72. Encuentre una transformación T de una región S a R tal que S sea una región rectangular (con lados paralelos a los ejes u o v).

Solución Para empezar, sea $u = x + y$ y $v = x - 2y$. Resolviendo este sistema de ecuaciones para encontrar x y y se obtiene $T(u, v) = (x, y)$, donde

$$x = \frac{1}{3}(2u + v) \quad \text{y} \quad y = \frac{1}{3}(u - v).$$

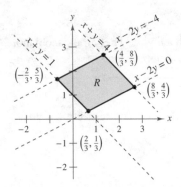

Región R en el plano xy.
Figura 14.72

Los cuatro límites de R en el plano xy dan lugar a los límites siguientes de S en el plano uv.

Límites en el plano xy		Límites en el plano uv
$x + y = 1$	⟹	$u = 1$
$x + y = 4$	⟹	$u = 4$
$x - 2y = 0$	⟹	$v = 0$
$x - 2y = -4$	⟹	$v = -4$

La región S se muestra en la figura 14.73. Observe que la transformación

$$T(u, v) = (x, y) = \left(\frac{1}{3}[2u + v], \frac{1}{3}[u - v] \right)$$

transforma los vértices de la región S en los vértices de la región R. Por ejemplo,

$$T(1, 0) = \left(\frac{1}{3}[2(1) + 0], \frac{1}{3}[1 - 0] \right) = \left(\frac{2}{3}, \frac{1}{3} \right)$$

$$T(4, 0) = \left(\frac{1}{3}[2(4) + 0], \frac{1}{3}[4 - 0] \right) = \left(\frac{8}{3}, \frac{4}{3} \right)$$

$$T(4, -4) = \left(\frac{1}{3}[2(4) - 4], \frac{1}{3}[4 - (-4)] \right) = \left(\frac{4}{3}, \frac{8}{3} \right)$$

$$T(1, -4) = \left(\frac{1}{3}[2(1) - 4], \frac{1}{3}[1 - (-4)] \right) = \left(-\frac{2}{3}, \frac{5}{3} \right).$$

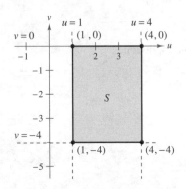

Región S en el plano uv.
Figura 14.73

Cambio de variables en integrales dobles

> **TEOREMA 14.5 Cambio de variables en integrales dobles**
>
> Sea R una región vertical u horizontalmente sencilla en el plano xy y sea S una región vertical u horizontalmente simple en el plano uv. Sea T desde S hasta R dado por $T(u, v) = (x, y) = (g(u, v), h(u, v))$, donde g y h tienen primeras derivadas parciales continuas. Suponga que T es uno a uno, excepto posiblemente en la frontera de S. Si f es continua en R y $\partial(x, y)/\partial(u, v)$ no es cero en S, entonces
>
> $$\int_R\!\int f(x, y)\ dx\ dy = \int_S\!\int f(g(u, v), h(u, v)) \left| \frac{\partial(x, y)}{\partial(u, v)} \right| du\ dv.$$

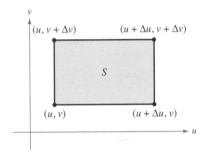

Área de $S = \Delta u\ \Delta v$
$\Delta u > 0, \Delta v > 0$
Figura 14.74

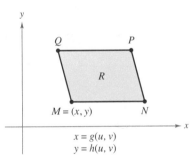

$x = g(u, v)$
$y = h(u, v)$

Los vértices en el plano xy son
$M(g(u, v), h(u, v))$,
$N(g(u + \Delta u, v), h(u + \Delta u, v))$,
$P(g(u + \Delta u, v + \Delta v)$,
$h(u + \Delta u, v + \Delta v))$, y
$Q(g(u, v + \Delta v), h(u, v + \Delta v))$.
Figura 14.75

Demostración Considere el caso en el que S es una región rectangular en el plano uv con vértices (u, v), $(u + \Delta u, v)$, $(u + \Delta u, v + \Delta v)$ y $(u, v + \Delta v)$, como se muestra en la figura 14.74. Las imágenes de estos vértices en el plano xy se muestran en la figura 14.75. Si Δu y Δv son pequeños, la continuidad de g y de h implica que R es aproximadamente un paralelogramo determinado por los vectores $\overrightarrow{MN}$ y $\overrightarrow{MQ}$. Por lo que el área de R es

$$\Delta A \approx \| \overrightarrow{MN} \times \overrightarrow{MQ} \|.$$

Además, para Δu y Δv pequeños, las derivadas parciales de g y h respecto a u pueden ser aproximadas por

$$g_u(u, v) \approx \frac{g(u + \Delta u, v) - g(u, v)}{\Delta u} \quad y \quad h_u(u, v) \approx \frac{h(u + \Delta u, v) - h(u, v)}{\Delta u}.$$

Por consiguiente,

$$\begin{aligned} \overrightarrow{MN} &= [g(u + \Delta u, v) - g(u, v)]\mathbf{i} + [h(u + \Delta u, v) - h(u, v)]\mathbf{j} \\ &\approx [g_u(u, v)\ \Delta u]\mathbf{i} + [h_u(u, v)\ \Delta u]\mathbf{j} \\ &= \frac{\partial x}{\partial u} \Delta u\mathbf{i} + \frac{\partial y}{\partial u} \Delta u\mathbf{j}. \end{aligned}$$

De manera similar, puede aproximar $\overrightarrow{MQ}$ por $\dfrac{\partial x}{\partial v} \Delta v\mathbf{i} + \dfrac{\partial y}{\partial v} \Delta v\mathbf{j}$, lo que implica que

$$\overrightarrow{MN} \times \overrightarrow{MQ} \approx \begin{vmatrix} \mathbf{i} & \mathbf{j} & \mathbf{k} \\ \dfrac{\partial x}{\partial u} \Delta u & \dfrac{\partial y}{\partial u} \Delta u & 0 \\ \dfrac{\partial x}{\partial v} \Delta v & \dfrac{\partial y}{\partial v} \Delta v & 0 \end{vmatrix} = \begin{vmatrix} \dfrac{\partial x}{\partial u} & \dfrac{\partial y}{\partial u} \\ \dfrac{\partial x}{\partial v} & \dfrac{\partial y}{\partial v} \end{vmatrix} \Delta u\ \Delta v\mathbf{k}.$$

Por tanto, en la notación del jacobiano,

$$\Delta A \approx \| \overrightarrow{MN} \times \overrightarrow{MQ} \| \approx \left| \frac{\partial(x, y)}{\partial(u, v)} \right| \Delta u\ \Delta v.$$

Como esta aproximación mejora cuando Δu y Δv se aproximan a 0, puede escribir el caso límite como

$$dA \approx \| \overrightarrow{MN} \times \overrightarrow{MQ} \| \approx \left| \frac{\partial(x, y)}{\partial(u, v)} \right| du\ dv.$$

Por tanto,

$$\int_R\!\int f(x, y)\ dx\ dy = \int_S\!\int f(g(u, v), h(u, v)) \left| \frac{\partial(x, y)}{\partial(u, v)} \right| du\ dv.$$

Consulte LarsonCalculus.com para el video de Bruce Edwards de esta demostración.

Los dos ejemplos siguientes muestran cómo un cambio de variables puede simplificar el proceso de integración. La simplificación se puede dar de varias maneras. Puede hacer un cambio de variables para simplificar la *región R* o el *integrando f(x, y)* o ambos.

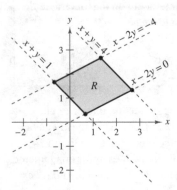

Figura 14.76

EJEMPLO 3   Cambio de variables para simplificar una región

····▷ *Consulte LarsonCalculus.com para una versión interactiva de este tipo de ejemplo.*

Sea R la región acotada por las rectas

$$x - 2y = 0, \quad x - 2y = -4, \quad x + y = 4 \quad \text{y} \quad x + y = 1$$

como se muestra en la figura 14.76. Evalúe la integral doble

$$\int_R \int 3xy \, dA.$$

Solución   De acuerdo con el ejemplo 2, puede usar el siguiente cambio de variables.

$$x = \frac{1}{3}(2u + v) \quad \text{y} \quad y = \frac{1}{3}(u - v)$$

Las derivadas parciales de x y y son

$$\frac{\partial x}{\partial u} = \frac{2}{3}, \quad \frac{\partial x}{\partial v} = \frac{1}{3}, \quad \frac{\partial y}{\partial u} = \frac{1}{3} \quad \text{y} \quad \frac{\partial y}{\partial v} = -\frac{1}{3}$$

lo cual implica que el jacobiano es

$$\frac{\partial(x, y)}{\partial(u, v)} = \begin{vmatrix} \dfrac{\partial x}{\partial u} & \dfrac{\partial x}{\partial v} \\[2mm] \dfrac{\partial y}{\partial u} & \dfrac{\partial y}{\partial v} \end{vmatrix}$$

$$= \begin{vmatrix} \dfrac{2}{3} & \dfrac{1}{3} \\[2mm] \dfrac{1}{3} & -\dfrac{1}{3} \end{vmatrix}$$

$$= -\frac{2}{9} - \frac{1}{9}$$

$$= -\frac{1}{3}.$$

Por tanto, por el teorema 14.5, obtiene

$$\int_R \int 3xy \, dA = \int_S \int 3\left[\frac{1}{3}(2u + v)\frac{1}{3}(u - v)\right]\left|\frac{\partial(x, y)}{\partial(u, v)}\right| dv \, du$$

$$= \int_1^4 \int_{-4}^0 \frac{1}{9}(2u^2 - uv - v^2) \, dv \, du$$

$$= \frac{1}{9}\int_1^4 \left[2u^2v - \frac{uv^2}{2} - \frac{v^3}{3}\right]_{-4}^0 du$$

$$= \frac{1}{9}\int_1^4 \left(8u^2 + 8u - \frac{64}{3}\right) du$$

$$= \frac{1}{9}\left[\frac{8u^3}{3} + 4u^2 - \frac{64}{3}u\right]_1^4$$

$$= \frac{164}{9}.$$

EJEMPLO 4 **Cambiar variables para simplificar un integrando**

Sea R la región acotada por el cuadrado cuyos vértices son $(0, 1)$, $(1, 2)$, $(2, 1)$ y $(1, 0)$. Evalúe la integral

$$\int_R\int (x + y)^2 \operatorname{sen}^2(x - y)\, dA.$$

Solución Observe que los lados de R se encuentran sobre las rectas $x + y = 1$, $x - y = 1$, $x + y = 3$ y $x - y = -1$, como se muestra en la figura 14.77. Haciendo $u = x + y$ y $v = x - y$ tiene que los límites de la región S en el plano uv son

$$1 \leq u \leq 3 \quad \text{y} \quad -1 \leq v \leq 1$$

como se muestra en la figura 14.78. Despejando x y y en términos de u y v obtiene

$$x = \frac{1}{2}(u + v) \quad \text{y} \quad y = \frac{1}{2}(u - v).$$

Las derivadas parciales de x y y son

$$\frac{\partial x}{\partial u} = \frac{1}{2}, \quad \frac{\partial x}{\partial v} = \frac{1}{2}, \quad \frac{\partial y}{\partial u} = \frac{1}{2} \quad \text{y} \quad \frac{\partial y}{\partial v} = -\frac{1}{2}$$

lo cual implica que el jacobiano es

$$\frac{\partial(x, y)}{\partial(u, v)} = \begin{vmatrix} \dfrac{\partial x}{\partial u} & \dfrac{\partial x}{\partial v} \\[2mm] \dfrac{\partial y}{\partial u} & \dfrac{\partial y}{\partial v} \end{vmatrix} = \begin{vmatrix} \dfrac{1}{2} & \dfrac{1}{2} \\[2mm] \dfrac{1}{2} & -\dfrac{1}{2} \end{vmatrix} = -\frac{1}{4} - \frac{1}{4} = -\frac{1}{2}.$$

Por el teorema 14.5, se deduce que

$$\int_R\int (x + y)^2 \operatorname{sen}^2(x - y)\, dA = \int_{-1}^{1}\int_{1}^{3} u^2 \operatorname{sen}^2 v \left(\frac{1}{2}\right) du\, dv$$

$$= \frac{1}{2}\int_{-1}^{1} (\operatorname{sen}^2 v)\, \frac{u^3}{3}\Big]_{1}^{3}\, dv$$

$$= \frac{13}{3}\int_{-1}^{1} \operatorname{sen}^2 v\, dv$$

$$= \frac{13}{6}\int_{-1}^{1} (1 - \cos 2v)\, dv$$

$$= \frac{13}{6}\left[v - \frac{1}{2}\operatorname{sen} 2v\right]_{-1}^{1}$$

$$= \frac{13}{6}\left[2 - \frac{1}{2}\operatorname{sen} 2 + \frac{1}{2}\operatorname{sen}(-2)\right]$$

$$= \frac{13}{6}(2 - \operatorname{sen} 2)$$

$$\approx 2.363.$$

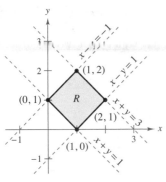

Región R en el plano xy.
Figura 14.77

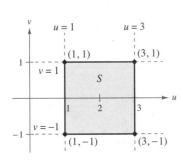

Región S en el plano uv.
Figura 14.78

En cada uno de los ejemplos de cambio de variables de esta sección, la región S ha sido un rectángulo con lados paralelos a los ejes u o v. En ocasiones, se puede usar un cambio de variables para otros tipos de regiones. Por ejemplo, $T(u, v) = \left(x, \frac{1}{2}y\right)$ transforma la región circular $u^2 + v^2 = 1$ en la región elíptica

$$x^2 + \frac{y^2}{4} = 1.$$

14.8 Ejercicios

Consulte **CalcChat.com** para un tutorial de ayuda y soluciones trabajadas de los ejercicios con numeración impar.

Encontrar un jacobiano En los ejercicios 1 a 8, encuentre el jacobiano $\partial(x, y)/\partial(u, v)$ para el cambio de variables indicado.

1. $x = -\frac{1}{2}(u - v), y = \frac{1}{2}(u + v)$

2. $x = au + bv, y = cu + dv$

3. $x = u - v^2, y = u + v$

4. $x = uv - 2u, y = uv$

5. $x = u \cos\theta - v \operatorname{sen}\theta, y = u \operatorname{sen}\theta + v \cos\theta$

6. $x = u + a, y = v + a$

7. $x = e^u \operatorname{sen} v, y = e^u \cos v$

8. $x = u/v, y = u + v$

Usar una transformación En los ejercicios 9 a 12, dibuje la imagen S en el plano uv de la región R en el plano xy utilizando las transformaciones dadas.

9. $x = 3u + 2v$

$y = 3v$

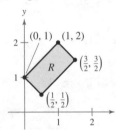

10. $x = \frac{1}{3}(4u - v)$

$y = \frac{1}{3}(u - v)$

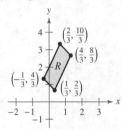

11. $x = \frac{1}{2}(u + v)$

$y = \frac{1}{2}(u - v)$

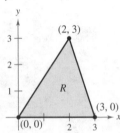

12. $x = \frac{1}{3}(v - u)$

$y = \frac{1}{3}(2v + u)$

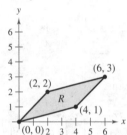

Verificar un cambio de variable En los ejercicios 13 y 14, compruebe el resultado del ejemplo indicado por establecer la integral usando $dy\,dx$ o $dx\,dy$ para dA. Después, use un sistema algebraico por computadora para evaluar la integral.

13. Ejemplo 3   **14.** Ejemplo 4

Evaluar una integral doble usando un cambio de variable En los ejercicios 15 a 20, utilice el cambio de variables indicado para hallar la integral doble.

15. $\displaystyle\int_R\int 4(x^2 + y^2)\, dA$

$x = \frac{1}{2}(u + v)$

$y = \frac{1}{2}(u - v)$

16. $\displaystyle\int_R\int 60xy\, dA$

$x = \frac{1}{2}(u + v)$

$y = -\frac{1}{2}(u - v)$

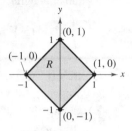

Figura para 15   Figura para 16

17. $\displaystyle\int_R\int y(x - y)\, dA$

$x = u + v$

$y = u$

18. $\displaystyle\int_R\int 4(x + y)e^{x-y}\, dA$

$x = \frac{1}{2}(u + v)$

$y = \frac{1}{2}(u - v)$

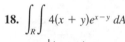

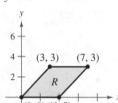

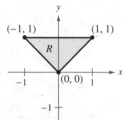

19. $\displaystyle\int_R\int e^{-xy/2}\, dA$

$x = \sqrt{\dfrac{v}{u}}, \ y = \sqrt{uv}$

20. $\displaystyle\int_R\int y \operatorname{sen} xy\, dA$

$x = \dfrac{u}{v}, \quad y = v$

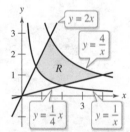

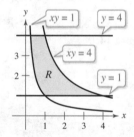

Hallar el volumen usando un cambio de variables En los ejercicios 21 a 28, utilice un cambio de variables para hallar el volumen de la región sólida que se encuentra bajo la superficie $z = f(x, y)$ y sobre la región plana R.

21. $f(x, y) = 48xy$

R: región limitada por el cuadrado con vértices $(1, 0)$, $(0, 1)$, $(1, 2)$, $(2, 1)$.

22. $f(x, y) = (3x + 2y)^2\sqrt{2y - x}$

R: región limitada por el paralelogramo con vértices $(0, 0)$, $(-2, 3)$, $(2, 5)$, $(4, 2)$.

23. $f(x, y) = (x + y)e^{x-y}$

R: región acotada por el cuadrado cuyos vértices son $(4, 0)$, $(6, 2)$, $(4, 4)$, $(2, 2)$.

24. $f(x, y) = (x + y)^2 \operatorname{sen}^2(x - y)$

R: región acotada por el cuadrado cuyos vértices son $(\pi, 0)$, $(3\pi/2, \pi/2)$, (π, π), $(\pi/2, \pi/2)$.

25. $f(x, y) = \sqrt{(x - y)(x + 4y)}$

R: región acotada por el paralelogramo cuyos vértices son $(0, 0)$, $(1, 1)$, $(5, 0)$, $(4, -1)$.

26. $f(x, y) = (3x + 2y)(2y - x)^{3/2}$

R: región acotada por el paralelogramo cuyos vértices son $(0, 0)$, $(-2, 3)$, $(2, 5)$, $(4, 2)$.

27. $f(x, y) = \sqrt{x + y}$

R: región acotada por el triángulo cuyos vértices son $(0, 0)$, $(a, 0)$, $(0, a)$ donde $a > 0$.

28. $f(x, y) = \dfrac{xy}{1 + x^2 y^2}$

R: región acotada por las gráficas de $xy = 1$, $xy = 4$, $x = 1$, $x = 4$. (*Sugerencia:* Haga $x = u$, $y = v/u$.)

29. Usar una transformación Las sustituciones $u = 2x - y$ y $v = x + y$ transforman la región R (vea la figura) en una región simple S en el plano uv. Determine el número total de lados de S que son paralelos a cualquiera de los ejes u o v.

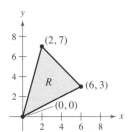

30. ¿CÓMO LO VE? La región R es transformada en una región simple S (vea la figura). ¿Qué sustitución puede usar para hacer la transformación?

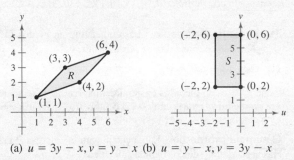

(a) $u = 3y - x, v = y - x$ (b) $u = y - x, v = 3y - x$

31. Usar una elipse Considere la región R en el plano xy acotada por la elipse

$$\frac{x^2}{a^2} + \frac{y^2}{b^2} = 1$$

y las transformaciones $x = au$ y $y = bv$.

(a) Dibuje la gráfica de la región R y su imagen S bajo la transformación dada.

(b) Encuentre $\dfrac{\partial(x, y)}{\partial(u, v)}$.

(c) Encuentre el área de la elipse.

32. Volumen Utilice el resultado del ejercicio 31 para hallar el volumen de cada uno de los sólidos abovedados que se encuentran bajo la superficie $z = f(x, y)$ y sobre la región elíptica R. (*Sugerencia:* Después de hacer el cambio de variables dado por los resultados del ejercicio 31, haga un segundo cambio de variables a coordenadas polares.)

(a) $f(x, y) = 16 - x^2 - y^2$

$R: \dfrac{x^2}{16} + \dfrac{y^2}{9} \le 1$

(b) $f(x, y) = A \cos\left(\dfrac{\pi}{2}\sqrt{\dfrac{x^2}{a^2} + \dfrac{y^2}{b^2}}\right)$

$R: \dfrac{x^2}{a^2} + \dfrac{y^2}{b^2} \le 1$

DESARROLLO DE CONCEPTOS

33. Jacobiano Establezca la definición del jacobiano.

34. Cambio de variables Describa cómo utilizar el jacobiano para el cambio de variables en las integrales dobles.

Hallar un jacobiano En los ejercicios 35 a 40, encuentre el jacobiano

$$\frac{\partial(x, y, z)}{\partial(u, v, w)}$$

para el cambio de variables indicado. Si

$$x = f(u, v, w), \quad y = g(u, v, w) \quad \text{y} \quad z = h(u, v, w)$$

entonces el jacobiano de x, y y z respecto a u, v y w es

$$\frac{\partial(x, y, z)}{\partial(u, v, w)} = \begin{vmatrix} \dfrac{\partial x}{\partial u} & \dfrac{\partial x}{\partial v} & \dfrac{\partial x}{\partial w} \\ \dfrac{\partial y}{\partial u} & \dfrac{\partial y}{\partial v} & \dfrac{\partial y}{\partial w} \\ \dfrac{\partial z}{\partial u} & \dfrac{\partial z}{\partial v} & \dfrac{\partial z}{\partial w} \end{vmatrix}.$$

35. $x = u(1 - v), y = uv(1 - w), z = uvw$

36. $x = 4u - v, y = 4v - w, z = u + w$

37. $x = \frac{1}{2}(u + v), y = \frac{1}{2}(u - v), z = 2uvw$

38. $x = u - v + w, y = 2uv, z = u + v + w$

39. Coordenadas esféricas

$x = \rho \operatorname{sen} \phi \cos \theta, y = \rho \operatorname{sen} \phi \operatorname{sen} \theta, z = \rho \cos \phi$

40. Coordenadas cilíndricas

$x = r \cos \theta, y = r \operatorname{sen} \theta, z = z$

DESAFÍOS DEL EXAMEN PUTNAM

41. Sea A el área de la región del primer cuadrante acotada por la recta $y = \frac{1}{2}x$, el eje x y la elipse $\frac{1}{9}x^2 + y^2 = 1$. Encuentre el número positivo m tal que A es igual al área de la región del primer cuadrante acotada por la recta $y = mx$, el eje y y la elipse $\frac{1}{9}x^2 + y^2 = 1$.

Evaluar una integral En los ejercicios 1 y 2, evalúe la integral.

1. $\int_0^{2x} xy^3 \, dy$

2. $\int_y^{2y} (x^2 + y^2) \, dx$

Evaluar una integral iterada En los ejercicios 3 a 6, evalúe la integral iterada

3. $\int_0^1 \int_0^{1+x} (3x + 2y) \, dy \, dx$

4. $\int_0^2 \int_{x^2}^{2x} (x^2 + 2y) \, dy \, dx$

5. $\int_0^3 \int_0^{\sqrt{9-x^2}} 4x \, dy \, dx$

6. $\int_0^1 \int_0^{2y} (9 + 3x^2 + 3y^2) \, dx \, dy$

Encontrar el área de una región En los ejercicios 7 a 10, utilice una integral iterada para hallar el área de la región acotada por las gráficas de las ecuaciones.

7. $x + 3y = 3,\ x = 0,\ y = 0$

8. $y = 6x - x^2,\ y = x^2 - 2x$

9. $y = x,\ y = 2x + 2,\ x = 0,\ x = 4$

10. $x = y^2 + 1,\ x = 0,\ y = 0,\ y = 2$

Cambiar el orden de integración En los ejercicios 11 a 14, trace la región R cuya área está dada por la integral iterada. Después cambie el orden de integración y demuestre que con ambos órdenes se obtiene la misma área.

11. $\int_2^4 \int_1^5 dx \, dy$

12. $\int_0^3 \int_0^x dy \, dx + \int_3^6 \int_0^{6-x} dy \, dx$

13. $\int_0^4 \int_{2x}^8 dy \, dx$

14. $\int_{-3}^3 \int_0^{9-y^2} dx \, dy$

Evaluar una integral doble En los ejercicios 15 y 16, establezca las integrales para ambos órdenes de integración. Utilice el orden más conveniente para evaluar la integral sobre la región R.

15. $\iint_R 4xy \, dA$

R: rectángulo con vértices $(0, 0)$, $(0, 4)$, $(2, 4)$, $(2, 0)$

16. $\iint_R 6x^2 \, dA$

R: región acotada por $y = 0,\ y = \sqrt{x},\ x = 1$

Encontrar un volumen En los ejercicios 17 a 20, use una integral doble para encontrar el volumen del sólido indicado.

17.

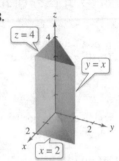

$z = 5 - x$

$0 \le x \le 3$
$0 \le y \le 2$

18.

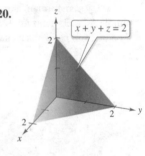

$z = 4$

$y = x$

$x = 2$

19.

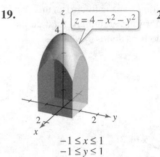

$z = 4 - x^2 - y^2$

$-1 \le x \le 1$
$-1 \le y \le 1$

20.

$x + y + z = 2$

Valor promedio En los ejercicios 21 y 22, encuentre el valor promedio de $f(x, y)$ sobre la región plana R.

21. $f(x) = 16 - x^2 - y^2$

R: rectángulo con vértices $(2, 2)$, $(-2, 2)$, $(-2, -2)$, $(2, -2)$

22. $f(x) = 2x^2 + y^2$

R: cuadrado con vértices $(0, 0)$, $(3, 0)$, $(3, 3)$, $(0, 3)$

23. Temperatura promedio La temperatura en grados Celsius sobre la superficie de una placa metálica es

$$T(x, y) = 40 - 6x^2 - y^2$$

donde x y y están medidos en centímetros. Estime la temperatura promedio si x varía entre 0 y 3 centímetros, y y varía entre 0 y 5 centímetros.

24. Ganancia promedio La ganancia para la empresa P gracias al marketing de dos bebidas dietéticas es

$$P = 192x + 576y - x^2 - 5y^2 - 2xy - 5000$$

donde x y y representan el número de unidades de las dos bebidas dietéticas. Estime la ganancia promedio semanal si x varía entre 40 y 50 unidades y y varía entre 45 y 60 unidades.

Convertir a coordenadas polares En los ejercicios 25 y 26, evalúe la integral iterada convirtiendo a coordenadas polares.

25. $\int_0^h \int_0^x \sqrt{x^2 + y^2} \, dy \, dx$

26. $\int_0^4 \int_0^{\sqrt{16-y^2}} (x^2 + y^2) \, dx \, dy$

Volumen   En los ejercicios 27 y 28, utilice una integral doble en coordenadas polares para hallar el volumen del sólido acotado por las gráficas de las ecuaciones.

27. $z = xy^2$, $x^2 + y^2 = 9$, primer octante

28. $z = \sqrt{25 - x^2 - y^2}$, $z = 0$, $x^2 + y^2 = 16$

Área   En los ejercicios 29 y 30, utilice una integral doble para encontrar el área de la región sombreada.

29.
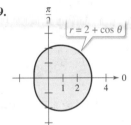

30.
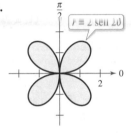

Área   En los ejercicios 31 y 32, trace una gráfica de la región acotada por las gráficas de las ecuaciones. Después utilice una integral doble para encontrar el área de la región.

31. Dentro de la cardioide $r = 2 + 2\cos\theta$ y fuera del círculo $r = 3$.

32. Dentro de la cardioide $r = 3\,\text{sen}\,\theta$ y fuera del círculo $r = 1 + \text{sen}\,\theta$.

33. Área y volumen   Considere la región R en el plano xy acotado por la gráfica de la ecuación

$$(x^2 + y^2)^2 = 9(x^2 - y^2).$$

(a) Convierta la ecuación a coordenadas polares. Utilice una herramienta de graficación para trazar la gráfica de la ecuación.

(b) Use una integral doble para encontrar el área de la región R.

(c) Utilice un sistema algebraico por computadora para determinar el volumen del sólido sobre la región R y bajo el hemisferio

$$z = \sqrt{9 - x^2 - y^2}.$$

34. Convertir a coordenadas polares   Combine la suma de las dos integrales iteradas en una sola integral iterada convirtiendo a coordenadas polares. Evalúe la integral iterada resultante.

$$\int_0^{8/\sqrt{13}} \int_0^{3x/2} xy\,dy\,dx + \int_{8/\sqrt{13}}^{4} \int_0^{\sqrt{16-x^2}} xy\,dy\,dx$$

Determinar el centro de masa   En los ejercicios 35 a 38, encuentre la masa y el centro de masa de la lámina acotada por las gráficas de las ecuaciones con la densidad dada. (*Sugerencia*: Algunas de las integrales son más simples en coordenadas polares.)

35. $y = x^3$, $y = 0$, $x = 2$, $\rho = kx$

36. $y = \dfrac{2}{x}$, $y = 0$, $x = 1$, $x = 2$, $\rho = ky$

37. $y = 2x$, $y = 2x^3$, $x \ge 0$, $y \ge 0$, $\rho = kxy$

38. $y = 6 - x$, $y = 0$, $x = 0$, $\rho = kx^2$

Determinar momentos de inercia y radios de giro   En los ejercicios 39 y 40, determine I_x, I_y, I_0, $\bar{\bar{x}}$, y $\bar{\bar{y}}$ para la lámina acotada por las gráficas de las ecuaciones

39. $y = 0$, $y = b$, $x = 0$, $x = a$, $\rho = kx$

40. $y = 4 - x^2$, $y = 0$, $x > 0$, $\rho = ky$

Hallar el área de una superficie   En los ejercicios 41 a 44, encuentre el área de la superficie dada por $z = f(x, y)$ sobre la región R. (*Sugerencia*: Algunas de las integrales son más simples en coordenadas polares.)

41. $f(x, y) = 25 - x^2 - y^2$

$R = \{(x, y): x^2 + y^2 \le 25\}$

42. $f(x, y) = 8 + 4x - 5y$

$R = \{(x, y): x^2 + y^2 \le 1\}$

43. $f(x, y) = 9 - y^2$

R: triángulo limitado por las gráficas de las ecuaciones $y = x$, $y = -x$ y $y = 3$.

44. $f(x, y) = 4 - x^2$

R: triángulo limitado por las gráficas de las ecuaciones $y = x$, $y = -x$ y $y = 2$.

45. Diseño de construcción   Un nuevo auditorio es construido con un cimiento en forma de un cuarto de un círculo de 50 pies de radio. Así, se forma una región R limitada por la gráfica de

$$x^2 + y^2 = 50^2$$

con $x \ge 0$ y $y \ge 0$. Las siguientes ecuaciones son modelos para el piso y el techo.

Piso: $z = \dfrac{x + y}{5}$

Techo: $z = 20 + \dfrac{xy}{100}$

(a) Calcule el volumen del cuarto, el cual es necesario para determinar los requisitos de calor y enfriamiento.

(b) Encuentre el área de superficie del techo.

46. Área de una superficie   El techo del escenario de un teatro al aire libre en un parque se modela por

$$f(x, y) = 25\left[1 + e^{-(x^2+y^2)/1000}\cos^2\left(\frac{x^2 + y^2}{1000}\right)\right]$$

donde el escenario es un semicírculo acotado por las gráficas de $y = \sqrt{50^2 - x^2}$ y $y = 0$.

(a) Utilice un sistema algebraico por computadora para representar gráficamente la superficie.

(b) Utilice un sistema algebraico por computadora para aproximar la cantidad de pies cuadrados de techo requeridos para cubrir la superficie.

Evaluar una integral triple iterada   En los ejercicios 47 a 50, evalúe la integral triple iterada.

47. $\displaystyle\int_0^4 \int_0^1 \int_0^2 (2x + y + 4z)\,dy\,dz\,dx$

48. $\displaystyle\int_0^2 \int_0^y \int_0^{xy} y\,dz\,dx\,dy$

49. $\int_0^a \int_0^b \int_0^c (x^2 + y^2 + z^2)\, dx\, dy\, dz$

50. $\int_0^3 \int_{\pi/2}^\pi \int_2^5 z\, \text{sen}\, x\, dy\, dx\, dz$

Aproximar una integral iterada usando tecnología En los ejercicios 51 y 52, utilice un sistema algebraico por computadora para aproximar la integral iterada.

51. $\int_{-1}^1 \int_{-\sqrt{1-x^2}}^{\sqrt{1-x^2}} \int_{-\sqrt{1-x^2-y^2}}^{\sqrt{1-x^2-y^2}} (x^2 + y^2)\, dz\, dy\, dx$

52. $\int_0^2 \int_0^{\sqrt{4-x^2}} \int_0^{\sqrt{4-x^2-y^2}} xyz\, dz\, dy\, dx$

Volumen En los ejercicios 53 y 54, use una integral triple para encontrar el volumen del sólido acotado por las gráficas de las ecuaciones.

53. $z = xy, z = 0, 0 \le x \le 3, 0 \le y \le 4$

54. $z = 8 - x - y, z = 0, y = x, y = 3, x = 0$

Cambiar el orden de integración En los ejercicios 55 y 56, dibuje el sólido cuyo volumen está dado por la integral iterada y reescriba la integral usando el orden de integración indicado.

55. $\int_0^1 \int_0^y \int_0^{\sqrt{1-x^2}} dz\, dx\, dy$

Reescriba utilizando el orden $dz\, dy\, dx$.

56. $\int_0^6 \int_0^{6-x} \int_0^{6-x-y} dz\, dy\, dx$

Reescriba utilizando el orden $dy\, dx\, dz$.

Masa y centro de masa En los ejercicios 57 y 58, encuentre la masa y las coordenadas indicadas del centro de masa de la región sólida Q de densidad ρ acotada por las gráficas de las ecuaciones.

57. Encuentre $\bar{x}$ usando $\rho(x, y, z) = k$.

Q: $x + y + z = 10, x = 0, y = 0, z = 0$

58. Encuentre $\bar{y}$ usando $\rho(x, y, z) = kx$.

Q: $z = 5 - y, z = 0, y = 0, x = 0, x = 5$

Evaluar una integral iterada En los ejercicios 59 a 62, evalúe la integral iterada.

59. $\int_0^3 \int_0^{\pi/3} \int_0^4 r \cos \theta\, dr\, d\theta\, dz$

60. $\int_0^{\pi/2} \int_0^3 \int_0^{4-z} z\, dr\, dz\, d\theta$

61. $\int_0^{\pi/2} \int_0^{\pi/2} \int_0^2 \rho^2\, d\rho\, d\theta\, d\phi$

62. $\int_0^{\pi/4} \int_0^{\pi/4} \int_0^{\cos \phi} \cos \theta\, d\rho\, d\phi\, d\theta$

Aproximar una integral iterada usando tecnología En los ejercicios 63 y 64, utilice un sistema algebraico por computadora para aproximar la integral iterada.

63. $\int_0^\pi \int_0^2 \int_0^3 \sqrt{z^2 + 4}\, dz\, dr\, d\theta$

64. $\int_0^{\pi/2} \int_0^{\pi/2} \int_0^{\cos \phi} \rho^2 \cos \theta\, d\rho\, d\theta\, d\phi$

65. Volumen Utilice coordenadas cilíndricas para encontrar el volumen del sólido acotado por $z = 8 - x^2 - y^2$ y debajo por $z = x^2 + y^2$.

66. Volumen Use coordenadas esféricas para encontrar el volumen del sólido acotado por $x^2 + y^2 + z^2 = 36$ y debajo por $z = \sqrt{x^2 + y^2}$.

Determinar un jacobiano En los ejercicios 67 a 70, encuentre el jacobiano $\partial(x, y)/\partial(u, v)$ para el cambio de variables indicado.

67. $x = u + 3v, y = 2u - 3v$

68. $x = u^2 + v^2, y = u^2 - v^2$

69. $x = u\, \text{sen}\, \theta + v \cos \theta, y = u \cos \theta + v\, \text{sen}\, \theta$

70. $x = uv, y = \dfrac{v}{u}$

Evaluar una integral doble usando un cambio de variables En los ejercicios 71 a 74, utilice el cambio de variables indicado para evaluar la integral doble.

71. $\int_R \int \ln(x + y)\, dA$
$x = \frac{1}{2}(u + v), y = \frac{1}{2}(u - v)$

72. $\int_R \int 16xy\, dA$
$x = \frac{1}{4}(u + v), y = \frac{1}{2}(v - u)$

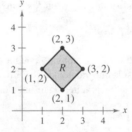

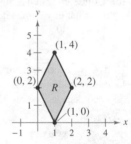

73. $\int_R \int (xy + x^2)\, dA$
$x = u, y = \frac{1}{3}(u - v)$

74. $\int_R \int \dfrac{x}{1 + x^2 y^2}\, dA$
$x = u, y = \dfrac{v}{u}$

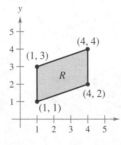

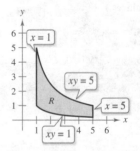

Solución de problemas

Consulte **CalcChat.com** para un tutorial de ayuda y soluciones trabajadas de los ejercicios con numeración impar.

1. **Volumen** Encuentre el volumen del sólido de intersección de los tres cilindros $x^2 + z^2 = 1$, $y^2 + z^2 = 1$ y $x^2 + y^2 = 1$ (vea la figura).

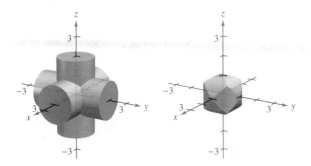

2. **Área de una superficie** Sean a, b, c y d números reales positivos. El primer octante del plano $ax + by + cz = d$ se muestra en la figura. Demuestre que el área de la superficie de esta porción del plano es igual a

$$\frac{A(R)}{c}\sqrt{a^2 + b^2 + c^2}$$

donde $A(R)$ es el área de la región triangular R en el plano xy, como se muestra en la figura.

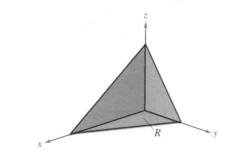

3. **Usar un cambio de variables** La figura muestra la región R acotada por las curvas

$$y = \sqrt{x}, y = \sqrt{2x}, y = \frac{x^2}{3} \text{ y } y = \frac{x^2}{4}.$$

Use el cambio de variables $x = u^{1/3}v^{2/3}$ y $y = u^{2/3}v^{1/3}$ para encontrar el área de la región R.

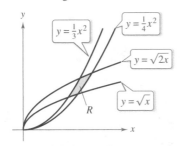

4. **Demostración** Demuestre que $\displaystyle\lim_{n\to\infty}\int_0^1\int_0^1 x^n y^n \, dx \, dy = 0$.

5. **Deducir una suma** Deduzca el famoso resultado de Euler que se mencionó en la sección 9.3

$$\sum_{n=1}^{\infty}\frac{1}{n^2} = \frac{\pi^2}{6}$$

completando cada uno de los pasos.

(a) Demuestre que

$$\int\frac{dv}{2 - u^2 + v^2} = \frac{1}{\sqrt{2 - u^2}}\arctan\frac{v}{\sqrt{2 - u^2}} + C.$$

(b) Demuestre que

$$I_1 = \int_0^{\sqrt{2}/2}\int_{-u}^{u}\frac{2}{2 - u^2 + v^2}\, dv \, du = \frac{\pi^2}{18}$$

Utilice la sustitución $u = \sqrt{2}\,\text{sen}\,\theta$.

(c) Demuestre que

$$I_2 = \int_{\sqrt{2}/2}^{\sqrt{2}}\int_{u - \sqrt{2}}^{-u + \sqrt{2}}\frac{2}{2 - u^2 + v^2}\, dv \, du$$

$$= 4\int_{\pi/6}^{\pi/2}\arctan\frac{1 - \text{sen}\,\theta}{\cos\theta}\, d\theta$$

Use la sustitución $u = \sqrt{2}\,\text{sen}\,\theta$.

(d) Demuestre la identidad trigonométrica

$$\frac{1 - \text{sen}\,\theta}{\cos\theta} = \tan\!\left(\frac{(\pi/2) - \theta}{2}\right).$$

(e) Demuestre que

$$I_2 = \int_{\sqrt{2}/2}^{\sqrt{2}}\int_{u - \sqrt{2}}^{-u + \sqrt{2}}\frac{2}{2 - u^2 + v^2}\, dv \, du = \frac{\pi^2}{9}.$$

(f) Utilice la fórmula para la suma de una serie geométrica infinita para comprobar que

$$\sum_{n=1}^{\infty}\frac{1}{n^2} = \int_0^1\int_0^1\frac{1}{1 - xy}\, dx \, dy.$$

(g) Use el cambio de variables

$$u = \frac{x + y}{\sqrt{2}} \quad \text{y} \quad v = \frac{y - x}{\sqrt{2}}$$

para demostrar que

$$\sum_{n=1}^{\infty}\frac{1}{n^2} = \int_0^1\int_0^1\frac{1}{1 - xy}\, dx \, dy = I_1 + I_2 = \frac{\pi^2}{6}.$$

6. **Evaluar una integral doble** Evalúe la integral

$$\int_0^{\infty}\int_0^{\infty}\frac{1}{(1 + x^2 + y^2)^2}\, dx \, dy.$$

7. **Evaluar integrales dobles** Evalúe las integrales

$$\int_0^1\int_0^1\frac{x - y}{(x + y)^3}\, dx \, dy \quad \text{y} \quad \int_0^1\int_0^1\frac{x - y}{(x + y)^3}\, dy \, dx.$$

¿Son los mismos resultados? ¿Por qué sí o por qué no?

8. **Volumen** Demuestre que el volumen de un bloque esférico se puede aproximar por $\Delta V \approx \rho^2\,\text{sen}\,\phi\,\Delta\rho\,\Delta\phi\,\Delta\theta$.

Evaluar una integral **En los ejercicios 9 y 10, evalúe la integral. (*Sugerencia*: Vea el ejercicio 65 en la sección 14.3.)**

9. $\displaystyle\int_0^\infty x^2 e^{-x^2}\, dx$

10. $\displaystyle\int_0^1 \sqrt{\ln\frac{1}{x}}\, dx$

11. **Función de densidad conjunta** Considere la función

$$f(x, y) = \begin{cases} ke^{-(x+y)/a}, & x \ge 0,\ y \ge 0 \\ 0, & \text{demás} \end{cases}$$

Encuentre la relación entre las constantes positivas a y k tal que f es una función de densidad conjunta de las variables aleatorias continuas x y y.

12. **Volumen** Encuentre el volumen del sólido generado al girar la región en el primer cuadrante limitado por $y = e^{-x^2}$ alrededor del eje y. Use este resultado para encontrar

$$\int_{-\infty}^\infty e^{-x^2}\, dx.$$

13. **Volumen y área superficial** De 1963 a 1986, el volumen del lago Great Salt se triplicó, mientras que el área de su superficie superior se duplicó. Consulte el artículo "Relations between Surface Area and Volume in Lakes", de Daniel Cass y Gerald Wildenberg, en *The College Mathematics Journal*. Después, proporcione ejemplos de sólidos que tengan "niveles de agua" a y b tales que $V(b) = 3V(a)$ y $A(b) = 2A(a)$ (vea la figura), donde V es el volumen y A es el área.

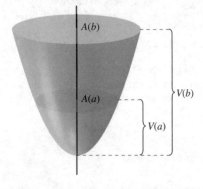

14. **Demostración** El ángulo entre un plano P y el plano xy es θ, donde $0 \le \theta \le \pi/2$. La proyección de una región rectangular en P sobre el plano xy es un rectángulo en el que las longitudes de sus lados son Δx y Δy, como se muestra en la figura. Demuestre que el área de la región rectangular en P es $\sec \theta\, \Delta x\, \Delta y$.

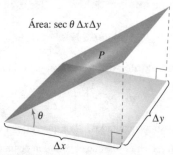

Área: $\sec \theta\, \Delta x \Delta y$

Área en el plano xy: $\Delta x \Delta y$

15. **Área de una superficie** Utilice el resultado del ejercicio 14 para ordenar los planos en orden creciente de sus áreas de superficie, en una región fija R del plano xy. Explique el orden elegido sin hacer ningún cálculo.

(a) $z_1 = 2 + x$

(b) $z_2 = 5$

(c) $z_3 = 10 - 5x + 9y$

(d) $z_4 = 3 + x - 2y$

16. **Rociador** Considere un césped circular de 10 pies de radio, como se muestra en la figura. Suponga que un rociador distribuye agua de manera radial de acuerdo con la fórmula

$$f(r) = \frac{r}{16} - \frac{r^2}{160}$$

(medido en pies cúbicos de agua por hora por pie cuadrado de césped), donde r es la distancia en pies al rociador. Encuentre la cantidad de agua que se distribuye en 1 hora en las dos regiones anulares siguientes.

$A = \{(r, \theta)\colon 4 \le r \le 5, 0 \le \theta \le 2\pi\}$

$B = \{(r, \theta)\colon 9 \le r \le 10, 0 \le \theta \le 2\pi\}$

¿Es uniforme la distribución del agua? Determine la cantidad de agua que recibe todo el césped en 1 hora.

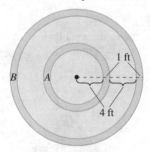

17. **Cambiar el orden de integración** Dibuje el sólido cuyo volumen está dado por la suma de las integrales iteradas

$$\int_0^6\int_{z/2}^3\int_{z/2}^y dx\, dy\, dz + \int_0^6\int_3^{(12-z)/2}\int_{z/2}^{6-y} dx\, dy\, dz.$$

Después escriba el volumen como una sola integral iterada en el orden $dy\, dz\, dx$.

18. **Volumen** La figura muestra un sólido acotado por debajo con el plano $z = 2$ y por arriba con la esfera $x^2 + y^2 + z^2 = 8$.

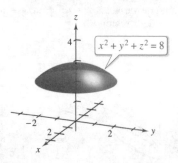

(a) Encuentre el volumen del sólido usando coordenadas cilíndricas.

(b) Determine el volumen del sólido usando coordenadas esféricas.

15 Análisis vectorial

Trabajo *(Ejercicio 39, p. 1073)*

Un aplicación del rotacional
(Ejemplo 3, p. 1118)

Determinar la masa del resorte *(Ejemplo 5, p. 1055)*

Campo magnético terrestre *(Ejercicio 83, p. 1050)*

Diseño de edificios
(Ejercicio 72, p. 1064)

15.1   Campos vectoriales

■ Comprender el concepto de un campo vectorial.
■ Determinar si un campo vectorial es conservativo.
■ Calcular el rotacional de un campo vectorial.
■ Calcular la divergencia de un campo vectorial.

Campos vectoriales

En el capítulo 12 estudió funciones vectoriales que asignan un vector a un *número real*. Comprobó que las funciones vectoriales de números reales son útiles para representar curvas y movimientos a lo largo de una curva. En este capítulo estudiará otros dos tipos de funciones vectoriales que asignan un vector a un *punto en el plano* o a un *punto en el espacio*. Tales funciones se llaman **campos vectoriales** (**campos de vectores**), y son útiles para representar varios tipos de **campos de fuerza** y **campos de velocidades**.

Definición de un campo vectorial

Un **campo vectorial sobre una región plana** R es una función $\mathbf{F}$ que asigna un vector $\mathbf{F}(x, y)$ a cada punto en R.

Un **campo vectorial sobre una región sólida** Q **en el espacio** es una función $\mathbf{F}$ que asigna un vector $\mathbf{F}(x, y, z)$ a cada punto en Q.

Aunque un campo vectorial está constituido por infinitos vectores, usted puede obtener una idea aproximada de su estructura dibujando varios vectores representativos $\mathbf{F}(x, y)$, cuyos puntos iniciales son (x, y).

El *gradiente* es un ejemplo de un campo vectorial. Por ejemplo, si

$$f(x, y) = x^2 y + 3xy^3$$

entonces el gradiente de f

$$\nabla f(x, y) = f_x(x, y)\mathbf{i} + f_y(x, y)\mathbf{j}$$
$$= (2xy + 3y^3)\mathbf{i} + (x^2 + 9xy^2)\mathbf{j} \qquad \text{Campo vectorial en el plano}$$

es un campo vectorial en el plano. Del capítulo 13, la interpretación gráfica de este campo es una familia de vectores, cada uno de los cuales apunta en la dirección de máximo crecimiento a lo largo de la superficie dada por $z = f(x, y)$.

De manera similar, si

$$f(x, y, z) = x^2 + y^2 + z^2$$

entonces el gradiente de f

$$\nabla f(x, y, z) = f_x(x, y, z)\mathbf{i} + f_y(x, y, z)\mathbf{j} + f_z(x, y, z)\mathbf{k}$$
$$= 2x\mathbf{i} + 2y\mathbf{j} + 2z\mathbf{k} \qquad \text{Campo vectorial en el espacio}$$

es un campo vectorial en el espacio. Observe que las funciones componentes para este campo vectorial particular son $2x$, $2y$ y $2z$.

Un campo vectorial

$$\mathbf{F}(x, y, z) = M(x, y, z)\mathbf{i} + N(x, y, z)\mathbf{j} + P(x, y, z)\mathbf{k}$$

es **continuo** en un punto si y sólo si cada una de sus funciones componentes M, N y P es continua en ese punto.

Campo de velocidades

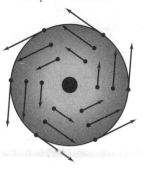

Rueda rotante.
Figura 15.1

Campo vectorial de flujo del aire.
Figura 15.2

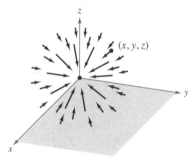

m_1 está localizada en (x, y, z).
m_2 está localizada en $(0, 0, 0)$.

Campo de fuerzas gravitatorio.
Figura 15.3

Algunos ejemplos *físicos* comunes de campos vectoriales son los **campos de velocidades**, los **gravitatorios** y los **de fuerzas eléctricas**.

1. Un *campo de velocidades* describe el movimiento de un sistema de partículas en el plano o en el espacio. Por ejemplo, la figura 15.1 muestra el campo vectorial determinado por una rueda que gira en un eje. Observe que los vectores velocidad los determinan la localización de sus puntos iniciales, cuanto más lejano está un punto del eje, mayor es su velocidad. Otros campos de velocidad están determinados por el flujo de líquidos a través de un recipiente o por el flujo de corrientes aéreas alrededor de un objeto móvil, como se muestra en la figura 15.2.

2. Los *campos gravitatorios* los define la **ley de la gravitación de Newton**, que establece que la fuerza de atracción ejercida en una partícula de masa m_1 localizada en (x, y, z) por una partícula de masa m_2 localizada en $(0, 0, 0)$ está dada por

$$F(x, y, z) = \frac{-Gm_1m_2}{x^2 + y^2 + z^2} \mathbf{u}$$

donde G es la constante gravitatoria y $\mathbf{u}$ es el vector unitario en la dirección del origen a (x, y, z). En la figura 15.3 se puede ver que el campo gravitatorio $\mathbf{F}$ tiene las propiedades de que todo vector $\mathbf{F}(x, y, z)$ apunta hacia el origen, y que la magnitud de $\mathbf{F}(x, y, z)$ es la misma en todos los puntos equidistantes del origen. Un campo vectorial con estas dos propiedades se llama un **campo de fuerzas central**. Utilizando el vector posición

$$\mathbf{r} = x\mathbf{i} + y\mathbf{j} + z\mathbf{k}$$

para el punto (x, y, z), se puede expresar el campo gravitatorio $\mathbf{F}$ como

$$F(x, y, z) = \frac{-Gm_1m_2}{\|\mathbf{r}\|^2}\left(\frac{\mathbf{r}}{\|\mathbf{r}\|}\right) = \frac{-Gm_1m_2}{\|\mathbf{r}\|^2}\mathbf{u}.$$

3. Los *campos de fuerzas eléctricas* se definen por la **ley de Coulomb**, que establece que la fuerza ejercida en una partícula con carga eléctrica q_1 localizada en (x, y, z) por una partícula con carga eléctrica q_2 localizada en $(0, 0, 0)$ está dada por

$$F(x, y, z) = \frac{cq_1q_2}{\|\mathbf{r}\|^2}\mathbf{u}$$

donde $\mathbf{r} = x\mathbf{i} + y\mathbf{j} + z\mathbf{k}$, $\mathbf{u} = \mathbf{r}/\|\mathbf{r}\|$, y c es una constante que depende de la elección de unidades para $\|\mathbf{r}\|$, q_1 y q_2.

Observe que un campo de fuerzas eléctricas tiene la misma forma que un campo gravitatorio. Es decir,

$$F(x, y, z) = \frac{k}{\|\mathbf{r}\|^2}\mathbf{u}$$

Tal campo de fuerzas se llama un **campo cuadrático inverso**.

Definición de campo cuadrático inverso

Sea $\mathbf{r}(t) = x(t)\mathbf{i} + y(t)\mathbf{j} + z(t)\mathbf{k}$ un vector posición. El campo vectorial $\mathbf{F}$ es un **campo cuadrático inverso** si

$$F(x, y, z) = \frac{k}{\|\mathbf{r}\|^2}\mathbf{u}$$

donde k es un número real

$$\mathbf{u} = \frac{\mathbf{r}}{\|\mathbf{r}\|}$$

es un vector unitario en la dirección de $\mathbf{r}$.

Como los campos vectoriales constan de una cantidad infinita de vectores, no es posible hacer un dibujo de todo el campo completo. En lugar de esto, cuando esboza un campo vectorial, su objetivo es dibujar vectores representativos que lo ayuden a visualizar el campo.

EJEMPLO 1 **Dibujar un campo vectorial**

Dibuje algunos vectores del campo vectorial dado por

$$\mathbf{F}(x, y) = -y\mathbf{i} + x\mathbf{j}.$$

Solución   Podría trazar los vectores en varios puntos del plano al azar. Sin embargo, es más ilustrativo trazar vectores de magnitud igual. Esto corresponde a encontrar curvas de nivel en los campos escalares. En este caso, vectores de igual magnitud se encuentran en círculos

$$\|\mathbf{F}\| = c \qquad \text{Vectores de longitud } c$$
$$\sqrt{x^2 + y^2} = c$$
$$x^2 + y^2 = c^2 \qquad \text{Ecuación del círculo}$$

Para empezar a hacer el dibujo, elija un valor de c y dibuje varios vectores en la circunferencia resultante. Por ejemplo, los vectores siguientes se encuentran en la circunferencia unitaria.

Punto	Vector
$(1, 0)$	$\mathbf{F}(1, 0) = \mathbf{j}$
$(0, 1)$	$\mathbf{F}(0, 1) = -\mathbf{i}$
$(-1, 0)$	$\mathbf{F}(-1, 0) = -\mathbf{j}$
$(0, -1)$	$\mathbf{F}(0, -1) = \mathbf{i}$

En la figura 15.4 se muestran estos y algunos otros vectores del campo vectorial. Observe en la figura que este campo vectorial es parecido al dado por la rueda giratoria que se muestra en la figura 15.1.

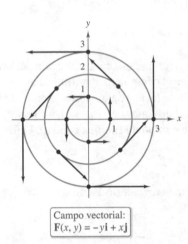

Campo vectorial:
$\mathbf{F}(x, y) = -y\mathbf{i} + x\mathbf{j}$

Figura 15.4

EJEMPLO 2 **Dibujar un campo vectorial**

Dibuje algunos vectores en el campo vectorial dado por

$$\mathbf{F}(x, y) = 2x\mathbf{i} + y\mathbf{j}.$$

Solución   Para este campo vectorial, los vectores de igual longitud están sobre las elipses dadas por

$$\|\mathbf{F}\| = c$$
$$\sqrt{(2x)^2 + (y)^2} = c$$

lo cual implica que

$$4x^2 + y^2 = c^2. \qquad \text{Ecuación de la elipse}$$

Para $c = 1$, dibuje varios vectores $2x\mathbf{i} + y\mathbf{j}$ de magnitud 1 en puntos de la elipse dada por

$$4x^2 + y^2 = 1.$$

Para $c = 2$, dibuje varios vectores de magnitud 2 en puntos de la elipse dada por

$$4x^2 + y^2 = 4.$$

Estos vectores se muestran en la figura 15.5.

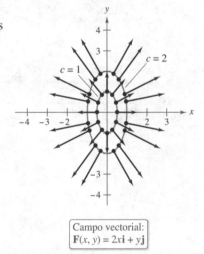

Campo vectorial:
$\mathbf{F}(x, y) = 2x\mathbf{i} + y\mathbf{j}$

Figura 15.5

▷ **TECNOLOGÍA**   Puede usar un sistema algebraico por computadora para trazar la gráfica de los vectores en un campo vectorial. Si tiene acceso a un sistema algebraico por computadora, utilícelo para trazar la gráfica de varios vectores representativos para el campo vectorial del ejemplo 2.

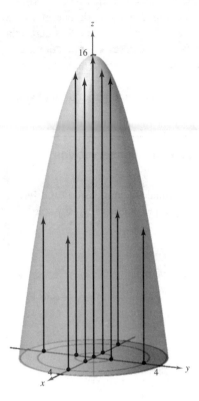

Campo vectorial:
$\mathbf{v}(x, y, z) = (16 - x^2 - y^2)\mathbf{k}$

Figura 15.6

| EJEMPLO 3 | **Dibujar un campo vectorial** |

Dibuje algunos vectores en el campo de velocidad dado por

$$\mathbf{v}(x, y, z) = (16 - x^2 - y^2)\mathbf{k}$$

donde $x^2 + y^2 \leq 16$.

Solución   Imagine que $\mathbf{v}$ describe la velocidad de un fluido a través de un tubo de radio 4. Los vectores próximos al eje z son más largos que aquellos cercanos al borde del tubo. Por ejemplo, en el punto $(0, 0, 0)$, el vector velocidad es $\mathbf{v}(0, 0, 0) = 16\mathbf{k}$, mientras que en el punto $(0, 3, 0)$, el vector velocidad es $\mathbf{v}(0, 3, 0) = 7\mathbf{k}$. La figura 15.6 muestra estos y varios otros vectores para el campo de velocidades. De la figura, observe que la velocidad del fluido es mayor en la zona central que en los bordes del tubo.

Campos vectoriales conservativos

Observe en la figura 15.5 que todos los vectores parecen ser normales a la curva de nivel de la que emergen. Debido a que ésta es una propiedad de los gradientes, es natural preguntar si el campo vectorial dado por

$$\mathbf{F}(x, y) = 2x\mathbf{i} + y\mathbf{j}$$

es el *gradiente* de alguna función derivable f. La respuesta es que algunos campos vectoriales, denominados campos vectoriales **conservativos**, pueden representarse como los gradientes de funciones derivables, mientras que algunos otros no pueden.

> **Definición de campos vectoriales conservativos**
>
> Un campo vectorial $\mathbf{F}$ se llama **conservativo** si existe una función diferenciable f tal que $\mathbf{F} = \nabla f$. La función f se llama **función potencial** para $\mathbf{F}$.

| EJEMPLO 4 | **Campos vectoriales conservativos** |

a. El campo vectorial dado por $\mathbf{F}(x, y) = 2x\mathbf{i} + y\mathbf{j}$ es conservativo. Para comprobarlo, considere la función potencial $f(x, y) = x^2 + \frac{1}{2}y^2$. Como

$$\nabla f = 2x\mathbf{i} + y\mathbf{j} = \mathbf{F}$$

se deduce que $\mathbf{F}$ es conservativo.

b. Todo campo cuadrático inverso es conservativo. Para comprobarlo, sea

$$\mathbf{F}(x, y, z) = \frac{k}{\|\mathbf{r}\|^2}\mathbf{u} \quad \text{y} \quad f(x, y, z) = \frac{-k}{\sqrt{x^2 + y^2 + z^2}}$$

donde $\mathbf{u} = \mathbf{r}/\|\mathbf{r}\|$. Ya que

$$\nabla f = \frac{kx}{(x^2 + y^2 + z^2)^{3/2}}\mathbf{i} + \frac{ky}{(x^2 + y^2 + z^2)^{3/2}}\mathbf{j} + \frac{kz}{(x^2 + y^2 + z^2)^{3/2}}\mathbf{k}$$

$$= \frac{k}{x^2 + y^2 + z^2}\left(\frac{x\mathbf{i} + y\mathbf{j} + z\mathbf{k}}{\sqrt{x^2 + y^2 + z^2}}\right)$$

$$= \frac{k}{\|\mathbf{r}\|^2}\frac{\mathbf{r}}{\|\mathbf{r}\|}$$

$$= \frac{k}{\|\mathbf{r}\|^2}\mathbf{u}$$

se deduce que $\mathbf{F}$ es conservativo.

Como puede ver en el ejemplo 4(b), muchos campos vectoriales importantes, incluyendo campos gravitatorios y de fuerzas eléctricas, son conservativos. Gran parte de la terminología introducida en este capítulo viene de la física. Por ejemplo, el término "conservativo" se deriva de la ley física clásica de la conservación de la energía. Esta ley establece que la suma de la energía cinética y la energía potencial de una partícula que se mueve en un campo de fuerzas conservativo es constante. (La energía cinética de una partícula es la energía debida a su movimiento, y la energía potencial es la energía debida a su posición en el campo de fuerzas.)

El teorema siguiente da una condición necesaria y suficiente para que un campo vectorial *en el plano* sea conservativo.

• • • • • • • • • • • • • • • ▷

• • •COMENTARIO El teorema 15.1 es válido en dominios *simplemente conexos*. Una región plana R es simplemente conexa si cada curva cerrada simple en R encierra sólo puntos que están en R. (Vea la figura 15.26 en la sección 15.4.)

TEOREMA 15.1 Criterio para campos vectoriales conservativos en el plano

Sean M y N dos funciones con primeras derivadas parciales continuas en un disco abierto R. El campo vectorial dado por $\mathbf{F}(x, y) = M\mathbf{i} + N\mathbf{j}$ es conservativo si y sólo si

$$\frac{\partial N}{\partial x} = \frac{\partial M}{\partial y}.$$

Demostración Para demostrar que la condición dada es necesaria para que $\mathbf{F}$ sea conservativo, suponga que existe una función potencial f tal que

$$\mathbf{F}(x, y) = \nabla f(x, y) = M\mathbf{i} + N\mathbf{j}.$$

Entonces tiene

$$f_x(x, y) = M \implies f_{xy}(x, y) = \frac{\partial M}{\partial y}$$

$$f_y(x, y) = N \implies f_{yx}(x, y) = \frac{\partial N}{\partial x}$$

y, por la equivalencia de derivadas parciales mixtas f_{xx} y f_{yy} puede concluir que $\partial N/\partial x = \partial M/\partial y$ para todo (x, y) en R. La suficiencia de la condición se demuestra en la sección 15.4.

Consulte LarsonCalculus.com para el video de Bruce Edwards de esta demostración. ∎

EJEMPLO 5 **Probar campos vectoriales conservativos en el plano**

Decida si el campo vectorial dado por $\mathbf{F}$ es conservativo

a. $\mathbf{F}(x, y) = x^2 y\mathbf{i} + xy\mathbf{j}$ **b.** $\mathbf{F}(x, y) = 2x\mathbf{i} + y\mathbf{j}$

Solución

a. El campo vectorial dado por

$$\mathbf{F}(x, y) = x^2 y\mathbf{i} + xy\mathbf{j}$$

no es conservativo porque

$$\frac{\partial M}{\partial y} = \frac{\partial}{\partial y}[x^2 y] = x^2 \quad \text{y} \quad \frac{\partial N}{\partial x} = \frac{\partial}{\partial x}[xy] = y.$$

b. El campo vectorial dado por

$$\mathbf{F}(x, y) = 2x\mathbf{i} + y\mathbf{j}$$

es conservativo porque

$$\frac{\partial M}{\partial y} = \frac{\partial}{\partial y}[2x] = 0 \quad \text{y} \quad \frac{\partial N}{\partial x} = \frac{\partial}{\partial x}[y] = 0.$$

El teorema 15.1 le permite decidir si un campo vectorial es o no conservativo, pero no le dice cómo encontrar una función potencial de **F**. El problema es comparable al de la integración indefinida. A veces puede encontrar una función potencial por simple inspección. Así, en el ejemplo 4 observe que

$$f(x, y) = x^2 + \frac{1}{2}y^2$$

tiene la propiedad de que

$$\nabla f(x, y) = 2x\mathbf{i} + y\mathbf{j}.$$

EJEMPLO 6 Calcular una función potencial para *F*(*x, y*)

Encuentre una función potencial para

$$\mathbf{F}(x, y) = 2xy\mathbf{i} + (x^2 - y)\mathbf{j}.$$

Solución Del teorema 15.1 se deduce que **F** es conservativo porque

$$\frac{\partial}{\partial y}[2xy] = 2x \quad \text{y} \quad \frac{\partial}{\partial x}[x^2 - y] = 2x.$$

Si *f* es una función cuyo gradiente es igual a **F**(*x, y*), entonces

$$\nabla f(x, y) = 2xy\mathbf{i} + (x^2 - y)\mathbf{j}$$

lo cual implica que

$$f_x(x, y) = 2xy$$

y

$$f_y(x, y) = x^2 - y.$$

Para reconstruir la función *f* de estas dos derivadas parciales, integre $f_x(x, y)$ respecto a *x*

$$f(x, y) = \int f_x(x, y)\, dx = \int 2xy\, dx = x^2 y + g(y)$$

e integre $f_y(x, y)$, respecto a *y*

$$f(x, y) = \int f_y(x, y)\, dy = \int (x^2 - y)\, dy = x^2 y - \frac{y^2}{2} + h(x).$$

Observe que *g*(*y*) es constante con respecto a *x* y *h*(*x*) es constante con respecto a *y*. Para hallar una sola expresión que represente *f*(*x, y*), sea

$$g(y) = -\frac{y^2}{2} \quad \text{y} \quad h(x) = K.$$

Entonces, puede escribir

$$f(x, y) = x^2 y + g(y) + K$$

$$= x^2 y - \frac{y^2}{2} + K.$$

Puede comprobar este resultado formando el gradiente de *f*. Verá que es igual a la función original **F**.

Observe que la solución en el ejemplo 6 es comparable a la dada por una integral indefinida. Es decir, la solución representa a una familia de funciones potenciales, dos de las cuales difieren por una constante. Para hallar una solución única, tendría que fijar una condición inicial que deba satisfacer la función potencial.

Rotacional de un campo vectorial

El teorema 15.1 tiene un equivalente para campos vectoriales en el espacio. Antes de establecer ese resultado, se da la definición del **rotacional de un campo vectorial** en el espacio.

Definición del rotacional de un campo vectorial

La rot de $\mathbf{F}(x, y, z) = M\mathbf{i} + N\mathbf{j} + P\mathbf{k}$ es

$$\text{rot } \mathbf{F}(x, y, z) = \nabla \times \mathbf{F}(x, y, z)$$
$$= \left(\frac{\partial P}{\partial y} - \frac{\partial N}{\partial z}\right)\mathbf{i} - \left(\frac{\partial P}{\partial x} - \frac{\partial M}{\partial z}\right)\mathbf{j} + \left(\frac{\partial N}{\partial x} - \frac{\partial M}{\partial y}\right)\mathbf{k}.$$

Si rot $\mathbf{F} = \mathbf{0}$, entonces se dice que $\mathbf{F}$ es un **campo irrotacional**.

La notación de producto vectorial usada para el rotacional proviene de ver el gradiente ∇f como el resultado del **operador diferencial** que actúa sobre la función f. En este contexto, utilice la siguiente forma de determinante como ayuda mnemotécnica para recordar la fórmula para el rotacional

$$\text{rot } \mathbf{F}(x, y, z) = \nabla \times \mathbf{F}(x, y, z)$$

$$= \begin{vmatrix} \mathbf{i} & \mathbf{j} & \mathbf{k} \\ \dfrac{\partial}{\partial x} & \dfrac{\partial}{\partial y} & \dfrac{\partial}{\partial z} \\ M & N & P \end{vmatrix}$$

$$= \left(\frac{\partial P}{\partial y} - \frac{\partial N}{\partial z}\right)\mathbf{i} - \left(\frac{\partial P}{\partial x} - \frac{\partial M}{\partial z}\right)\mathbf{j} + \left(\frac{\partial N}{\partial x} - \frac{\partial M}{\partial y}\right)\mathbf{k}$$

EJEMPLO 7 **Calcular el rotacional de un campo vectorial**

····▷ *Consulte LarsonCalculus.com para una versión interactiva de este tipo de ejemplo.*

Encuentre rot $\mathbf{F}$ para el campo vectorial

$$\mathbf{F}(x, y, z) = 2xy\mathbf{i} + (x^2 + z^2)\mathbf{j} + 2yz\mathbf{k}.$$

¿Es $\mathbf{F}$ irrotacional?

Solución El rotacional de $\mathbf{F}$ está dado por

$$\text{rot } \mathbf{F}(x, y, z) = \nabla \times \mathbf{F}(x, y, z)$$

$$= \begin{vmatrix} \mathbf{i} & \mathbf{j} & \mathbf{k} \\ \dfrac{\partial}{\partial x} & \dfrac{\partial}{\partial y} & \dfrac{\partial}{\partial z} \\ 2xy & x^2 + z^2 & 2yz \end{vmatrix}$$

$$= \begin{vmatrix} \dfrac{\partial}{\partial y} & \dfrac{\partial}{\partial z} \\ x^2 + z^2 & 2yz \end{vmatrix}\mathbf{i} - \begin{vmatrix} \dfrac{\partial}{\partial x} & \dfrac{\partial}{\partial z} \\ 2xy & 2yz \end{vmatrix}\mathbf{j} + \begin{vmatrix} \dfrac{\partial}{\partial x} & \dfrac{\partial}{\partial y} \\ 2xy & x^2 + z^2 \end{vmatrix}\mathbf{k}$$

$$= (2z - 2z)\mathbf{i} - (0 - 0)\mathbf{j} + (2x - 2x)\mathbf{k}$$

$$= \mathbf{0}.$$

Como rot $\mathbf{F} = \mathbf{0}$, $\mathbf{F}$ es irrotacional.

▷ **TECNOLOGÍA** Algunos sistemas algebraicos por computadora tienen una instrucción que se puede utilizar para encontrar el rotacional de un campo vectorial. Si tiene acceso a un sistema algebraico por computadora que tenga dicha instrucción, úsela para encontrar el rotacional del campo vectorial en el ejemplo 7.

Más adelante, en este capítulo, se asignará una interpretación física al rotacional de un campo vectorial. Pero por ahora, el uso primario del rotacional se muestra en la siguiente prueba para campos vectoriales conservativos en el espacio. El criterio establece que para un campo vectorial en el espacio, el rotacional es **0** en cada punto en el dominio si y sólo si **F** es conservativo. La demostración es similar a la dada para el teorema 15.1

COMENTARIO El teorema 15.2 es válido para dominios *simplemente conectados* en el espacio. Un dominio simplemente conexo en el espacio es un dominio D para el cual cada curva simple cerrada en D se puede reducir a un punto en D sin salirse de D (ver la sección 15.4).

> **TEOREMA 15.2 Criterio para campos vectoriales conservativos en el espacio**
>
> Suponga que M, N y P tienen primeras derivadas parciales continuas en una esfera abierta Q en el espacio. El campo vectorial dado por
>
> $$\mathbf{F}(x, y, z) = M\mathbf{i} + N\mathbf{j} + P\mathbf{k}$$
>
> es conservativo si y sólo si
>
> $$\text{rot } \mathbf{F}(x, y, z) = \mathbf{0}.$$
>
> Es decir, **F** es conservativo si y sólo si
>
> $$\frac{\partial P}{\partial y} = \frac{\partial N}{\partial z}, \quad \frac{\partial P}{\partial x} = \frac{\partial M}{\partial z} \quad \text{y} \quad \frac{\partial N}{\partial x} = \frac{\partial M}{\partial y}.$$

Del teorema 15.2, puede ver que el campo vectorial del ejemplo 7 es conservativo, ya que rot $\mathbf{F}(x, y, z) = \mathbf{0}$. Demuestre que el campo vectorial

$$\mathbf{F}(x, y, z) = x^3 y^2 z\mathbf{i} + x^2 z\mathbf{j} + x^2 y\mathbf{k}$$

no es conservativo, puede hacer esto al demostrar que su rotacional es

$$\text{rot } \mathbf{F}(x, y, z) = (x^3 y^2 - 2xy)\mathbf{j} + (2xz - 2x^3 yz)\mathbf{k} \neq \mathbf{0}.$$

Para los campos vectoriales en el espacio que satisfagan el criterio y sean, por tanto, conservativos, puede encontrar una función potencial siguiendo el mismo modelo utilizado en el plano (como se demostró en el ejemplo 6).

COMENTARIO Los ejemplos 6 y 8 son las ilustraciones de un tipo de problemas llamados *reconstrucción de una función a partir de su gradiente*. Si decide tomar un curso en ecuaciones diferenciales, estudiará otros métodos para resolver este tipo de problemas. Un método popular da una interacción entre las "integraciones parciales" sucesivas y las derivaciones parciales.

EJEMPLO 8 **Calcular una función potencial para** $F(x, y, z)$

Encuentre una función potencial para

$$\mathbf{F}(x, y, z) = 2xy\mathbf{i} + (x^2 + z^2)\mathbf{j} + 2yz\mathbf{k}.$$

Solución Del ejemplo 7 sabe que el campo vectorial dado por **F** es conservativo. Si f es una función tal que $F(x, y, z) = \nabla f(x, y, z)$, entonces

$$f_x(x, y, z) = 2xy, \quad f_y(x, y, z) = x^2 + z^2 \quad \text{y} \quad f_z(x, y, z) = 2yz$$

e integrando separadamente respecto a x, y y z obtiene

$$f(x, y, z) = \int M \, dx = \int 2xy \, dx = x^2 y + g(y, z)$$

$$f(x, y, z) = \int N \, dy = \int (x^2 + z^2) \, dy = x^2 y + yz^2 + h(x, z)$$

$$f(x, y, z) = \int P \, dz = \int 2yz \, dz = yz^2 + k(x, y).$$

Comparando estas tres versiones de $f(x, y, z)$, puede concluir que

$$g(y, z) = yz^2 + K, \quad h(x, z) = K \quad \text{y} \quad k(x, y) = x^2 y + K.$$

Por tanto $f(x, y, z)$ está dada por

$$f(x, y, z) = x^2 y + yz^2 + K.$$

Divergencia de un campo vectorial

Ha visto que el rotacional de un campo vectorial **F** es a su vez un campo vectorial. Otra función importante definida en un campo vectorial es la **divergencia**, que es una función escalar.

Definición de divergencia de un campo vectorial

La **divergencia** de $\mathbf{F}(x, y) = M\mathbf{i} + N\mathbf{j}$ es

$$\operatorname{div} \mathbf{F}(x, y) = \nabla \cdot \mathbf{F}(x, y) = \frac{\partial M}{\partial x} + \frac{\partial N}{\partial y}. \qquad \text{Plano}$$

La **divergencia** de $\mathbf{F}(x, y) = M\mathbf{i} + N\mathbf{j} + P\mathbf{k}$ es

$$\operatorname{div} \mathbf{F}(x, y, z) = \nabla \cdot \mathbf{F}(x, y, z) = \frac{\partial M}{\partial x} + \frac{\partial N}{\partial y} + \frac{\partial P}{\partial z}. \qquad \text{Espacio}$$

Si $\operatorname{div} \mathbf{F} = 0$, entonces se dice que **F** es de **divergencia nula**.

La notación de producto escalar usada para la divergencia proviene de considerar ∇ como un **operador diferencial**, como sigue

$$\nabla \cdot \mathbf{F}(x, y, z) = \left[\left(\frac{\partial}{\partial x} \right)\mathbf{i} + \left(\frac{\partial}{\partial y} \right)\mathbf{j} + \left(\frac{\partial}{\partial z} \right)\mathbf{k} \right] \cdot (M\mathbf{i} + N\mathbf{j} + P\mathbf{k})$$

$$= \frac{\partial M}{\partial x} + \frac{\partial N}{\partial y} + \frac{\partial P}{\partial z}$$

▷ **TECNOLOGÍA** Algunos sistemas de álgebra computacional tienen una instrucción que se puede utilizar para localizar la divergencia de un campo vectorial. Si tiene acceso a un sistema algebraico por computadora que tiene dicha instrucción, úselo en el ejemplo 9 para encontrar la divergencia del campo vectorial.

EJEMPLO 9 **Divergencia de un campo vectorial**

Encuentre la divergencia en $(2, 1, -1)$ para el campo vectorial

$$\mathbf{F}(x, y, z) = x^3 y^2 z\mathbf{i} + x^2 z\mathbf{j} + x^2 y\mathbf{k}.$$

Solución La divergencia de **F** es

$$\operatorname{div} \mathbf{F}(x, y, z) = \frac{\partial}{\partial x}[x^3 y^2 z] + \frac{\partial}{\partial y}[x^2 z] + \frac{\partial}{\partial z}[x^2 y] = 3x^2 y^2 z.$$

En el punto $(2, 1, -1)$ la divergencia es

$$\operatorname{div} \mathbf{F}(2, 1, -1) = 3(2^2)(1^2)(-1) = -12.$$

La divergencia puede verse como un tipo de derivadas de **F** ya que, para campos de velocidades de partículas, mide el ritmo de flujo de partículas por unidad de volumen en un punto. En hidrodinámica (el estudio del movimiento de fluidos), un campo de velocidades de divergencia nula se llama **incompresible**. En el estudio de electricidad y magnetismo, un campo vectorial de divergencia nula se llama el **solenoidal**.

Hay muchas propiedades importantes de la divergencia y el rotacional de un campo vectorial **F** [vea el ejercicio 77(a)–(g)]. Se establece una de uso muy frecuente en el teorema 15.3. En el ejercicio 77(h) se le pide demostrar este teorema.

TEOREMA 15.3 **Divergencia y rotacional**

Si $\mathbf{F}(x, y, z) = M\mathbf{i} + N\mathbf{j} + P\mathbf{k}$ es un campo vectorial, y M, N y P tienen segundas derivadas parciales continuas, entonces

$$\operatorname{div}(\operatorname{rot} \mathbf{F}) = 0.$$

15.1 Ejercicios

Consulte **CalcChat.com** para un tutorial de ayuda y soluciones trabajadas de los ejercicios con numeración impar.

Relacionar En los ejercicios 1 a 4, asocie el campo vectorial con su gráfica. [Las gráficas se marcan (a), (b), (c) y (d).]

(a)
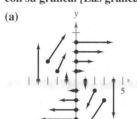

(b)
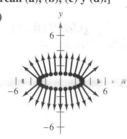

(c)
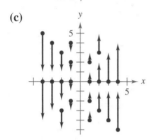

(d)
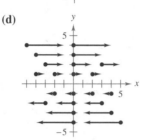

1. $\mathbf{F}(x, y) = y\mathbf{i}$

2. $\mathbf{F}(x, y) = x\mathbf{j}$

3. $\mathbf{F}(x, y) = y\mathbf{i} - x\mathbf{j}$

4. $\mathbf{F}(x, y) = x\mathbf{i} + 3y\mathbf{j}$

Dibujar un campo vectorial En los ejercicios 5 a 10, calcule $\|\mathbf{F}\|$ y dibuje varios vectores representativos del campo vectorial.

5. $\mathbf{F}(x, y) = \mathbf{i} + \mathbf{j}$

6. $\mathbf{F}(x, y) = y\mathbf{i} - 2x\mathbf{j}$

7. $\mathbf{F}(x, y, z) = 3y\mathbf{j}$

8. $\mathbf{F}(x, y) = y\mathbf{i} + x\mathbf{j}$

9. $\mathbf{F}(x, y, z) = \mathbf{i} + \mathbf{j} + \mathbf{k}$

10. $\mathbf{F}(x, y, z) = x\mathbf{i} + y\mathbf{j} + z\mathbf{k}$

Trazar la gráfica de un campo vectorial En los ejercicios 11 a 14, utilice un sistema algebraico por computadora para representar gráficamente varios vectores representativos del campo vectorial.

11. $\mathbf{F}(x, y) = \frac{1}{8}(2xy\mathbf{i} + y^2\mathbf{j})$

12. $\mathbf{F}(x, y) = \langle 2y - x, 2y + x \rangle$

13. $\mathbf{F}(x, y, z) = \dfrac{x\mathbf{i} + y\mathbf{j} + z\mathbf{k}}{\sqrt{x^2 + y^2 + z^2}}$

14. $\mathbf{F}(x, y, z) = \langle x, -y, z \rangle$

Determinar un campo vectorial conservativo En los ejercicios 15 a 24, determine el campo vectorial conservativo para la función potencial, encontrando su gradiente.

15. $f(x, y) = x^2 + 2y^2$

16. $f(x, y) = x^2 - \frac{1}{4}y^2$

17. $g(x, y) = 5x^2 + 3xy + y^2$

18. $g(x, y) = \operatorname{sen} 3x \cos 4y$

19. $f(x, y, z) = 6xyz$

20. $f(x, y, z) = \sqrt{x^2 + 4y^2 + z^2}$

21. $g(x, y, z) = z + ye^{x^2}$

22. $g(x, y, z) = \dfrac{y}{z} + \dfrac{z}{x} - \dfrac{xz}{y}$

23. $h(x, y, z) = xy \ln(x + y)$

24. $h(x, y, z) = x \operatorname{arcsen} yz$

Comprobar que un campo vectorial es conservativo En los ejercicios 25 a 32, compruebe que el campo vectorial es conservativo.

25. $\mathbf{F}(x, y) = xy^2\mathbf{i} + x^2y\mathbf{j}$

26. $\mathbf{F}(x, y) = \dfrac{1}{x^2}(y\mathbf{i} - x\mathbf{j})$

27. $\mathbf{F}(x, y) = \operatorname{sen} y\mathbf{i} + x \cos y\mathbf{j}$

28. $\mathbf{F}(x, y) = 5y^2(y\mathbf{i} + 3x\mathbf{j})$

29. $\mathbf{F}(x, y) = \dfrac{1}{xy}(y\mathbf{i} - x\mathbf{j})$

30. $\mathbf{F}(x, y) = \dfrac{2}{y^2}e^{2x/y}(y\mathbf{i} - x\mathbf{j})$

31. $\mathbf{F}(x, y) = \dfrac{1}{\sqrt{x^2 + y^2}}(\mathbf{i} + \mathbf{j})$

32. $\mathbf{F}(x, y) = \dfrac{1}{\sqrt{1 + xy}}(y\mathbf{i} + x\mathbf{j})$

Determinar una función potencial En los ejercicios 33 a 42, determine si el campo vectorial es conservativo. Si es así, calcule una función potencial para el campo vectorial.

33. $\mathbf{F}(x, y) = y\mathbf{i} + x\mathbf{j}$

34. $\mathbf{F}(x, y) = 3x^2y^2\mathbf{i} + 2x^3y\mathbf{j}$

35. $\mathbf{F}(x, y) = 2xy\mathbf{i} + x^2\mathbf{j}$

36. $\mathbf{F}(x, y) = xe^{x^2y}(2y\mathbf{i} + x\mathbf{j})$

37. $\mathbf{F}(x, y) = 15y^3\mathbf{i} - 5xy^2\mathbf{j}$

38. $\mathbf{F}(x, y) = \dfrac{1}{y^2}(y\mathbf{i} - 2x\mathbf{j})$

39. $\mathbf{F}(x, y) = \dfrac{2y}{x}\mathbf{i} - \dfrac{x^2}{y^2}\mathbf{j}$

40. $\mathbf{F}(x, y) = \dfrac{x\mathbf{i} + y\mathbf{j}}{x^2 + y^2}$

41. $\mathbf{F}(x, y) = e^x(\cos y\mathbf{i} - \operatorname{sen} y\mathbf{j})$

42. $\mathbf{F}(x, y) = \dfrac{2x\mathbf{i} + 2y\mathbf{j}}{(x^2 + y^2)^2}$

Determinar el rotacional de un campo vectorial En los ejercicios 43 a 46, determine rot F para el campo vectorial para el punto dado.

43. $\mathbf{F}(x, y, z) = xyz\mathbf{i} + xyz\mathbf{j} + xyz\mathbf{k}$; $(2, 1, 3)$

44. $\mathbf{F}(x, y, z) = x^2z\mathbf{i} - 2xz\mathbf{j} + yz\mathbf{k}$; $(2, -1, 3)$

45. $\mathbf{F}(x, y, z) = e^x \operatorname{sen} y\mathbf{i} - e^x \cos y\mathbf{j}$; $(0, 0, 1)$

46. $\mathbf{F}(x, y, z) = e^{-xyz}(\mathbf{i} + \mathbf{j} + \mathbf{k})$; $(3, 2, 0)$

Determinar el rotacional de un campo vectorial En los ejercicios 47 a 50, use un sistema algebraico para determinar el rotacional del campo vectorial.

47. $\mathbf{F}(x, y, z) = \arctan\left(\dfrac{x}{y}\right)\mathbf{i} + \ln\sqrt{x^2 + y^2}\mathbf{j} + \mathbf{k}$

48. $\mathbf{F}(x, y, z) = \dfrac{yz}{y - z}\mathbf{i} + \dfrac{xz}{x - z}\mathbf{j} + \dfrac{xy}{x - y}\mathbf{k}$

49. $\mathbf{F}(x, y, z) = \operatorname{sen}(x - y)\mathbf{i} + \operatorname{sen}(y - z)\mathbf{j} + \operatorname{sen}(z - x)\mathbf{k}$

50. $\mathbf{F}(x, y, z) = \sqrt{x^2 + y^2 + z^2}\,(\mathbf{i} + \mathbf{j} + \mathbf{k})$

Determinar una función potencial En los ejercicios 51 a 56, determine si el campo vectorial F es conservativo. Si lo es, calcule una función potencial para el campo vectorial.

51. $\mathbf{F}(x, y, z) = xy^2z^2\mathbf{i} + x^2yz^2\mathbf{j} + x^2y^2z\mathbf{k}$

52. $\mathbf{F}(x, y, z) = y^2z^3\mathbf{i} + 2xyz^3\mathbf{j} + 3xy^2z^2\mathbf{k}$

53. $\mathbf{F}(x, y, z) = \operatorname{sen} z\mathbf{i} + \operatorname{sen} x\mathbf{j} + \operatorname{sen} y\mathbf{k}$

54. $\mathbf{F}(x, y, z) = ye^z\mathbf{i} + ze^x\mathbf{j} + xe^y\mathbf{k}$

55. $\mathbf{F}(x, y, z) = \dfrac{z}{y}\mathbf{i} - \dfrac{xz}{y^2}\mathbf{j} + \dfrac{x}{y}\mathbf{k}$

56. $\mathbf{F}(x, y, z) = \dfrac{x}{x^2 + y^2}\mathbf{i} + \dfrac{y}{x^2 + y^2}\mathbf{j} + \mathbf{k}$

Determinar la divergencia de un campo vectorial En los ejercicios 57 a 60, determine la divergencia del campo vectorial F.

57. $\mathbf{F}(x, y) = x^2\mathbf{i} + 2y^2\mathbf{j}$

58. $\mathbf{F}(x, y) = xe^x\mathbf{i} + ye^y\mathbf{j}$

59. $\mathbf{F}(x, y, z) = \text{sen } x\mathbf{i} + \cos y\mathbf{j} + z^2\mathbf{k}$

60. $\mathbf{F}(x, y, z) = \ln(x^2 + y^2)\mathbf{i} + xy\mathbf{j} + \ln(y^2 + z^2)\mathbf{k}$

Determinar la divergencia de un campo vectorial En los ejercicios 61 a 64, calcule la divergencia del campo vectorial F en un punto dado.

61. $\mathbf{F}(x, y, z) = xyz\mathbf{i} + xy\mathbf{j} + z\mathbf{k};\ (2, 1, 1)$

62. $\mathbf{F}(x, y, z) = x^2z\mathbf{i} - 2xz\mathbf{j} + yz\mathbf{k};\ (2, -1, 3)$

63. $\mathbf{F}(x, y, z) = e^x \text{ sen } y\mathbf{i} - e^x \cos y\mathbf{j} + z^2\mathbf{k};\ (3, 0, 0)$

64. $\mathbf{F}(x, y, z) = \ln(xyz)(\mathbf{i} + \mathbf{j} + \mathbf{k});\ (3, 2, 1)$

DESARROLLO DE CONCEPTOS

65. Campo vectorial Defina un campo vectorial en el plano y en el espacio. Dé algunos ejemplos físicos de campos vectoriales.

66. Campo vectorial conservativo ¿Qué es un campo vectorial conservativo y cuál es su criterio en el plano y en el espacio?

67. Rotacional Defina el rotacional de un campo vectorial.

68. Divergencia Defina la divergencia de un campo vectorial en el plano y en el espacio.

Rotacional de un producto cruz En los ejercicios 69 y 70, calcular el rotacional $(\mathbf{F} \times \mathbf{G}) = \nabla \times (\mathbf{F} \times \mathbf{G})$.

69. $\mathbf{F}(x, y, z) = \mathbf{i} + 3x\mathbf{j} + 2y\mathbf{k}$ **70.** $\mathbf{F}(x, y, z) = x\mathbf{i} - z\mathbf{k}$

    $\mathbf{G}(x, y, z) = x\mathbf{i} - y\mathbf{j} + z\mathbf{k}$ $\mathbf{G}(x, y, z) = x^2\mathbf{i} + y\mathbf{j} + z^2\mathbf{k}$

Rotacional del rotacional de un campo vectorial En los ejercicios 71 y 72, encuentre $\text{rot}(\text{rot } \mathbf{F}) = \nabla \times (\nabla \times \mathbf{F})$.

71. $\mathbf{F}(x, y, z) = xyz\mathbf{i} + y\mathbf{j} + z\mathbf{k}$

72. $\mathbf{F}(x, y, z) = x^2z\mathbf{i} - 2xz\mathbf{j} + yz\mathbf{k}$

Divergencia de un producto cruz En los ejercicios 73 y 74, hallar $\text{div}(\mathbf{F} \times \mathbf{G}) = \nabla \times (\mathbf{F} \times \mathbf{G})$.

73. $\mathbf{F}(x, y, z) = \mathbf{i} + 3x\mathbf{j} + 2y\mathbf{k}$ **74.** $\mathbf{F}(x, y, z) = x\mathbf{i} - z\mathbf{k}$

    $\mathbf{G}(x, y, z) = x\mathbf{i} - y\mathbf{j} + z\mathbf{k}$ $\mathbf{G}(x, y, z) = x^2\mathbf{i} + y\mathbf{j} + z^2\mathbf{k}$

Divergencia del rotacional de un campo vectorial En los ejercicios 75 y 76, encuentre $\text{div}(\text{rot } \mathbf{F}) = \nabla \times (\nabla \times \mathbf{F})$.

75. $\mathbf{F}(x, y, z) = xyz\mathbf{i} + y\mathbf{j} + z\mathbf{k}$

76. $\mathbf{F}(x, y, z) = x^2z\mathbf{i} - 2xz\mathbf{j} + yz\mathbf{k}$

77. Demostración En los incisos (a)-(h), demuestre la propiedad para los campos vectoriales $\mathbf{F}$ y $\mathbf{G}$ y la función escalar f. (Suponga que las derivadas parciales requeridas son continuas.)

(a) $\text{rot}(\mathbf{F} + \mathbf{G}) = \text{rot } \mathbf{F} + \text{rot } \mathbf{G}$

(b) $\text{rot}(\nabla f) = \nabla \times (\nabla f) = \mathbf{0}$

(c) $\text{div}(\mathbf{F} + \mathbf{G}) = \text{div } \mathbf{F} + \text{div } \mathbf{G}$

(d) $\text{div}(\mathbf{F} \times \mathbf{G}) = (\text{rot } \mathbf{F}) \cdot \mathbf{G} - \mathbf{F} \cdot (\text{rot } \mathbf{G})$

(e) $\nabla \times [\nabla f + (\nabla \times \mathbf{F})] = \nabla \times (\nabla \times \mathbf{F})$

(f) $\nabla \times (f\mathbf{F}) = f(\nabla \times \mathbf{F}) + (\nabla f) \times \mathbf{F}$

(g) $\text{div}(f\mathbf{F}) = f\,\text{div } \mathbf{F} + \nabla f \cdot \mathbf{F}$

(h) $\text{div}(\text{rot } \mathbf{F}) = 0$ (Teorema 15.3)

78. **¿CÓMO LO VE?** Varios vectores representativos en los campos vectoriales

$$\mathbf{F}(x, y) = \frac{x\mathbf{i} + y\mathbf{j}}{\sqrt{x^2 + y^2}} \quad \text{y} \quad \mathbf{G}(x, y) = \frac{x\mathbf{i} - y\mathbf{j}}{\sqrt{x^2 + y^2}}$$

se muestran a continuación. Explique cualquier similitud o diferencia en los campos vectoriales.

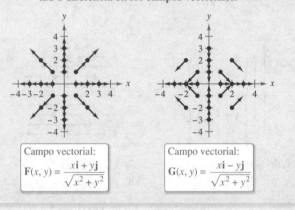

Campo vectorial: $\mathbf{F}(x, y) = \dfrac{x\mathbf{i} + y\mathbf{j}}{\sqrt{x^2 + y^2}}$ Campo vectorial: $\mathbf{G}(x, y) = \dfrac{x\mathbf{i} - y\mathbf{j}}{\sqrt{x^2 + y^2}}$

¿Verdadero o falso? En los ejercicios 79 a 82, determine si el enunciado es verdadero o falso. Si es falso, explique por qué o dé un ejemplo que demuestre su falsedad.

79. Si $\mathbf{F}(x, y) = 4x\mathbf{i} - y^2\mathbf{j}$, entonces $\|\mathbf{F}(x, y)\| \to 0$ cuando $(x, y) \to (0, 0)$.

80. Si $\mathbf{F}(x, y) = 4x\mathbf{i} - y^2\mathbf{j}$ y (x, y) está en el eje y positivo, entonces el vector apunta en la dirección y negativa.

81. Si f es un campo escalar, entonces el rotacional de f tiene sentido.

82. Si $\mathbf{F}$ es un campo vectorial y $\text{rot } \mathbf{F} = \mathbf{0}$, entonces $\mathbf{F}$ es irrotacional, pero no conservativo.

• • **83. Campo magnético de la Tierra** • • • • • • • • •

Una sección transversal del campo magnético se puede representar como un campo vectorial en el que el centro de la Tierra está ubicado en el origen y los puntos positivos del eje y en la dirección del polo norte magnético. La ecuación para este campo es

$$\mathbf{F}(x, y) = M(x, y)\mathbf{i} + N(x, y)\mathbf{j}$$

$$= \frac{m}{(x^2 + y^2)^{5/2}}[3xy\mathbf{i} + (2y^2 - x^2)\mathbf{j}]$$

donde m es el momento magnético de la Tierra. Demuestre que este campo vectorial es conservativo.

• •

15.2 Integrales de línea

■ Comprender y utilizar el concepto de curva suave por partes.
■ Expresar y evaluar una integral de línea.
■ Expresar y evaluar una integral de línea de un campo vectorial.
■ Expresar y calcular una integral de línea en forma diferencial.

Curvas suaves por partes

Una propiedad clásica de los campos gravitacionales es que, sujeto a ciertas restricciones físicas, el trabajo realizado por la gravedad sobre un objeto que se mueve entre dos puntos en el campo es independiente de la trayectoria que siga el objeto. Una de las restricciones es que la **trayectoria** debe ser una curva suave por partes. Recuerde que una curva plana C dada por

$$\mathbf{r}(t) = x(t)\mathbf{i} + y(t)\mathbf{j}, \quad a \le t \le b$$

es **suave** si

$$\frac{dx}{dt} \quad \text{y} \quad \frac{dy}{dt}$$

son continuas en $[a, b]$ y no simultáneamente 0 en (a, b). Similarmente, una curva C en el espacio dada por

$$\mathbf{r}(t) = x(t)\mathbf{i} + y(t)\mathbf{j} + z(t)\mathbf{k}, \quad a \le t \le b$$

es **suave** si

$$\frac{dx}{dt}, \quad \frac{dy}{dt} \quad \text{y} \quad \frac{dz}{dt}$$

son continuas en $[a, b]$ y no simultáneamente 0 en (a, b). Una curva C es **suave por partes** si el intervalo $[a, b]$ puede dividirse en un número finito de subintervalos, en cada uno de los cuales C es suave.

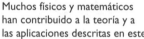

EJEMPLO 1   Hallar una parametrización suave por partes

Encuentre una parametrización suave por partes de la gráfica C que se muestra en la figura 15.7.

Solución   Como C consta de tres segmentos de recta C_1, C_2 y C_3, puede construir una parametrización suave de cada segmento y unirlas haciendo que el último valor de t en C_i coincida con el primer valor de t en C_{i+1}.

$$
\begin{aligned}
C_1\!: \; & x(t) = 0, & y(t) = 2t, & \quad z(t) = 0, & 0 \le t \le 1 \\
C_2\!: \; & x(t) = t - 1, & y(t) = 2, & \quad z(t) = 0, & 1 \le t \le 2 \\
C_3\!: \; & x(t) = 1, & y(t) = 2, & \quad z(t) = t - 2, & 2 \le t \le 3
\end{aligned}
$$

Por tanto, C está dada por

$$\mathbf{r}(t) = \begin{cases} 2t\mathbf{j}, & 0 \le t \le 1 \\ (t-1)\mathbf{i} + 2\mathbf{j}, & 1 \le t \le 2. \\ \mathbf{i} + 2\mathbf{j} + (t-2)\mathbf{k}, & 2 \le t \le 3 \end{cases}$$

Como C_1, C_2 y C_3 son suaves, se deduce que C es suave por partes. ■

Recuerde que la parametrización de una curva induce una **orientación** de la curva. Así, en el ejemplo 1, la curva está orientada de manera que la dirección positiva va desde $(0, 0, 0)$, siguiendo la curva, hasta $(1, 2, 1)$. Trate de obtener una parametrización que induzca la orientación opuesta

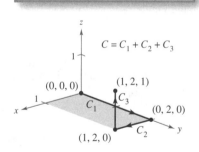

JOSIAH WILLARD GIBBS
(1839-1903)

Muchos físicos y matemáticos han contribuido a la teoría y a las aplicaciones descritas en este capítulo, Newton, Gauss, Laplace, Hamilton y Maxwell, entre otros. Sin embargo, el uso del análisis vectorial para describir estos resultados se atribuye principalmente al físico matemático estadounidense Josiah Willard Gibbs.
Ver LarsonCalculus.com para leer más acerca de esta biografía.

Figura 15.7

Integrales de línea

Hasta ahora en el texto ha estudiado varios tipos de integrales. Para una integral simple

$$\int_a^b f(x)\,dx \qquad\qquad \text{Integre sobre el intervalo } [a, b].$$

integre sobre el intervalo $[a, b]$. De manera similar, en las integrales dobles

$$\int_R\!\!\int f(x, y)\,dA \qquad\qquad \text{Integre sobre la región } R.$$

integre sobre la región R del plano. En esta sección estudiará un nuevo tipo de integral llamada **integral de línea**

$$\int_C f(x, y)\,ds \qquad\qquad \text{Integre sobre una curva } C.$$

en la que integra sobre una curva C suave por partes. (Esta terminología es un poco desafortunada, este tipo de integral quedará mejor descrita como integral de curva.)

Para introducir el concepto de una integral de línea, considere la masa de un cable de longitud finita, dado por una curva C en el espacio. La densidad (masa por unidad de longitud) del cable en el punto (x, y, z) está dada por $f(x, y, z)$. Se particiona la curva C mediante los puntos

$$P_0, P_1, \ldots, P_n$$

produciendo n subarcos, como se muestra en la figura 15.8. La longitud del i-ésimo subarco está dada por Δs_i. A continuación, elija un punto (x_i, y_i, z_i) en cada subarco. Si la longitud de cada subarco es pequeña, la masa total del cable puede ser aproximada por la suma

$$\text{Masa del alambre} \approx \sum_{i=1}^n f(x_i, y_i, z_i)\,\Delta s_i.$$

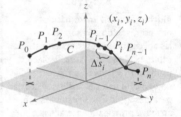

Partición de la curva C.
Figura 15.8

Si $\|\Delta\|$ denota la longitud del subarco más largo y se hace que $\|\Delta\|$ se aproxime a 0, parece razonable que el límite de esta suma se aproxime a la masa del cable. Esto conduce a la definición siguiente.

Definición de integral de línea

Si f está definida en una región que contiene una curva suave C de longitud finita, entonces la **integral de línea de f a lo largo de C** está dada por

$$\int_C f(x, y)\,ds = \lim_{\|\Delta\| \to 0} \sum_{i=1}^n f(x_i, y_i)\,\Delta s_i \qquad \text{Plano}$$

o

$$\int_C f(x, y, z)\,ds = \lim_{\|\Delta\| \to 0} \sum_{i=1}^n f(x_i, y_i, z_i)\,\Delta s_i \qquad \text{Espacio}$$

siempre que este límite exista.

Como sucede con las integrales analizadas en el capítulo 14, para evaluar una integral de línea es útil convertirla en una integral definida. Puede demostrarse que si f es *continua*, el límite dado arriba existe y es el mismo para todas las parametrizaciones suaves de C.

Para evaluar una integral de línea sobre una curva plana C dada por $\mathbf{r}(t) = x(t)\mathbf{i} + y(t)\mathbf{j}$, utilice el hecho de que

$$ds = \|\mathbf{r}'(t)\|\,dt = \sqrt{[x'(t)]^2 + [y'(t)]^2}\,dt.$$

Para una curva en el espacio hay una fórmula similar, como se indica en el teorema 15.4.

TEOREMA 15.4   Evaluar una integral de línea como integral definida

Sea f continua en una región que contiene una curva suave C. Si C está dada por $\mathbf{r}(t) = x(t)\mathbf{i} + y(t)\mathbf{j}$, donde $a \le t \le b$, entonces

$$\int_C f(x, y)\,ds = \int_a^b f(x(t), y(t))\sqrt{[x'(t)]^2 + [y'(t)]^2}\,dt.$$

Si C está dada por $\mathbf{r}(t) = x(t)\mathbf{i} + y(t)\mathbf{j} + z(t)\mathbf{j}$, donde $a \le t \le b$, entonces

$$\int_C f(x, y, z)\,ds = \int_a^b f(x(t), y(t), z(t))\sqrt{[x'(t)]^2 + [y'(t)]^2 + [z'(t)]^2}\,dt.$$

Observe que si $f(x, y, z) = 1$, entonces la integral de línea proporciona la longitud de arco de la curva C, como se definió en la sección 12.5. Es decir

$$\int_C 1\,ds = \int_a^b \|\mathbf{r}'(t)\|\,dt = \text{longitud de la curva } C.$$

EJEMPLO 2   **Evaluar una integral de línea**

Evalúe

$$\int_C (x^2 - y + 3z)\,ds$$

donde C es el segmento de recta que se muestra en la figura 15.9.

Solución   Para empezar, exprese la ecuación de la recta en forma paramétrica

$$x = t, \quad y = 2t \quad \text{y} \quad z = t, \quad 0 \le t \le 1.$$

Por tanto, $x'(t) = 1$, $y'(t) = 2$ y $z'(t) = 1$, lo que implica que

$$\sqrt{[x'(t)]^2 + [y'(t)]^2 + [z'(t)]^2} = \sqrt{1^2 + 2^2 + 1^2} = \sqrt{6}.$$

Así, la integral de línea toma la forma siguiente

$$
\begin{aligned}
\int_C (x^2 - y + 3z)\,ds &= \int_0^1 (t^2 - 2t + 3t)\sqrt{6}\,dt \\
&= \sqrt{6}\int_0^1 (t^2 + t)\,dt \\
&= \sqrt{6}\left[\frac{t^3}{3} + \frac{t^2}{2}\right]_0^1 \\
&= \frac{5\sqrt{6}}{6}
\end{aligned}
$$

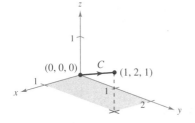

Figura 15.9

En el ejemplo 2, el valor de la integral de línea no depende de la parametrización del segmento de recta C, con cualquier parametrización suave se obtendrá el mismo valor. Para convencerse de esto, pruebe con alguna otra parametrización, como por ejemplo $x = 1 + 2t$, $y = 2 + 4t$ y $z = 1 + 2t$, $-\frac{1}{2} \le t \le 0$, o $x = -t$, $y = -2t$ y $z = -t$, $-1 \le t \le 0$.

Sea C una trayectoria compuesta de las curvas suaves C_1, C_2, ..., C_n. Si f es continua en C, entonces se puede demostrar que

$$\int_C f(x, y)\, ds = \int_{C_1} f(x, y)\, ds + \int_{C_2} f(x, y)\, ds + \cdots + \int_{C_n} f(x, y)\, ds.$$

Esta propiedad se utiliza en el ejemplo 3.

EJEMPLO 3 **Evaluar una integral de línea sobre una trayectoria**

Evalúe

$$\int_C x\, ds$$

donde C es la curva suave por partes que se muestra en la figura 15.10.

Solución Para empezar, integre en sentido ascendente sobre la recta $y = x$, usando la parametrización siguiente.

$$C_1:\ x = t,\ y = t,\quad 0 \le t \le 1$$

Para esta curva, $\mathbf{r}(t) = t\mathbf{i} + t\mathbf{j}$, lo que implica $x'(t) = 1$ y $y'(t) = 1$. Así,

$$\sqrt{[x'(t)]^2 + [y'(t)]^2} = \sqrt{2}$$

y tiene

$$\int_{C_1} x\, ds = \int_0^1 t\sqrt{2}\, dt = \frac{\sqrt{2}}{2}t^2\Big]_0^1 = \frac{\sqrt{2}}{2}.$$

A continuación, integre en sentido descendente sobre la parábola $y = x^2$, usando la parametrización

$$C_2:\ x = 1 - t,\quad y = (1 - t)^2,\quad 0 \le t \le 1.$$

Para esta curva,

$$\mathbf{r}(t) = (1 - t)\mathbf{i} + (1 - t)^2\mathbf{j}$$

lo cual implica que $x'(t) = -1$ y $y'(t) = -2(1 - t)$. Entonces,

$$\sqrt{[x'(t)]^2 + [y'(t)]^2} = \sqrt{1 + 4(1 - t)^2}$$

y tiene

$$\int_{C_2} x\, ds = \int_0^1 (1 - t)\sqrt{1 + 4(1 - t)^2}\, dt$$

$$= -\frac{1}{8}\left[\frac{2}{3}[1 + 4(1 - t)^2]^{3/2}\right]_0^1$$

$$= \frac{1}{12}(5^{3/2} - 1).$$

Por consiguiente

$$\int_C x\, ds = \int_{C_1} x\, ds + \int_{C_2} x\, ds = \frac{\sqrt{2}}{2} + \frac{1}{12}(5^{3/2} - 1) \approx 1.56. \qquad \blacksquare$$

Para parametrizaciones dadas por $\mathbf{r}(t) = x(t)\mathbf{i} + y(t)\mathbf{j} + z(t)\mathbf{j}$ es útil recordar la forma de ds como

$$ds = \|\mathbf{r}'(t)\|\, dt = \sqrt{[x'(t)]^2 + [y'(t)]^2 + [z'(t)]^2}\, dt.$$

Esto se demuestra en el ejemplo 4.

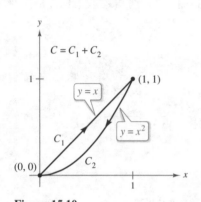

Figura 15.10

EJEMPLO 4 **Evaluar una integral de línea**

Evalúe $\int_C (x + 2)\,ds$, donde C es la curva representada por

$$\mathbf{r}(t) = t\mathbf{i} + \frac{4}{3}t^{3/2}\mathbf{j} + \frac{1}{2}t^2\mathbf{k}, \quad 0 \le t \le 2.$$

Solución Ya que $\mathbf{r}'(t) = \mathbf{i} + 2t^{1/2}\mathbf{j} + t\mathbf{j}$ y

$$\|\mathbf{r}'(t)\| = \sqrt{[x'(t)]^2 + [y'(t)]^2 + [z'(t)]^2} = \sqrt{1 + 4t + t^2}$$

se deduce que

$$\begin{aligned}
\int_C (x + 2)\,ds &= \int_0^2 (t + 2)\sqrt{1 + 4t + t^2}\,dt \\
&= \frac{1}{2}\int_0^2 2(t + 2)(1 + 4t + t^2)^{1/2}\,dt \\
&= \frac{1}{3}\Big[(1 + 4t + t^2)^{3/2}\Big]_0^2 \\
&= \frac{1}{3}\big(13\sqrt{13} - 1\big) \\
&\approx 15.29.
\end{aligned}$$

El ejemplo siguiente muestra cómo usar una integral de línea para hallar la masa de un resorte cuya densidad varía. En la figura 15.11 observe cómo la densidad de este resorte aumenta a medida que la espiral del resorte asciende por el eje z.

EJEMPLO 5 **Hallar la masa de un resorte**

Encuentre la masa de un resorte que tiene la forma de una hélice circular

$$\mathbf{r}(t) = \frac{1}{\sqrt{2}}(\cos t\mathbf{i} + \operatorname{sen} t\mathbf{j} + t\mathbf{k})$$

donde $0 \le t \le 6\pi$ la densidad del resorte es

$$\rho(x, y, z) = 1 + z$$

como se muestra en la figura 15.11.

Solución Como

$$\|\mathbf{r}'(t)\| = \frac{1}{\sqrt{2}}\sqrt{(-\operatorname{sen} t)^2 + (\cos t)^2 + (1)^2} = 1$$

se deduce que la masa del resorte es

$$\begin{aligned}
\text{Masa} &= \int_C (1 + z)\,ds \\
&= \int_0^{6\pi}\left(1 + \frac{t}{\sqrt{2}}\right)dt \\
&= \left[t + \frac{t^2}{2\sqrt{2}}\right]_0^{6\pi} \\
&= 6\pi\left(1 + \frac{3\pi}{\sqrt{2}}\right) \\
&\approx 144.47.
\end{aligned}$$

Densidad:
$\rho(x, y, z) = 1 + z$

$\mathbf{r}(t) = \dfrac{1}{\sqrt{2}}\,(\cos t\mathbf{i} + \operatorname{sen} t\mathbf{j} + t\mathbf{k})$

Figura 15.11

Integrales de línea de campos vectoriales

Una de las aplicaciones físicas más importantes de las integrales de línea es la de hallar el **trabajo** realizado sobre un objeto que se mueve en un campo de fuerzas. Por ejemplo, la figura 15.12 muestra un campo de fuerzas cuadrático inverso similar al campo gravitatorio del Sol. Observe que la magnitud de la fuerza a lo largo de una trayectoria circular en torno al centro es constante, mientras que la magnitud de la fuerza a lo largo de una trayectoria parabólica varía de un punto a otro.

Para ver cómo puede utilizarse una integral de línea para hallar el trabajo realizado en un campo de fuerzas $\mathbf{F}$ considere un objeto que se mueve a lo largo de una trayectoria C en el campo, como se muestra en la figura 15.13. Para determinar el trabajo realizado por la fuerza, sólo necesita considerar aquella parte de la fuerza que actúa en la dirección en que se mueve el objeto (o en la dirección contraria). Esto significa que en cada punto de C puede considerar la proyección $\mathbf{F} \times \mathbf{T}$ del vector fuerza $\mathbf{F}$ sobre el vector unitario tangente $\mathbf{T}$. En un subarco pequeño de longitud Δs_i, el incremento de trabajo es

$$\Delta W_i = (\text{fuerza})(\text{distancia})$$
$$\approx \left[\mathbf{F}(x_i, y_i, z_i) \cdot \mathbf{T}(x_i, y_i, z_i) \right] \Delta s_i$$

donde (x_i, y_i, z_i) es un punto en el subarco i-ésimo. Por consiguiente, el trabajo total realizado está dado por la integral siguiente

$$W = \int_C \mathbf{F}(x, y, z) \cdot \mathbf{T}(x, y, z) \, ds.$$

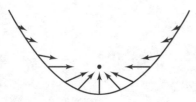

Campo de fuerzas cuadrático inverso $\mathbf{F}$

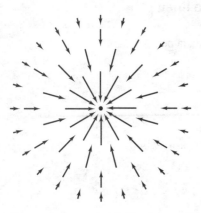

Vectores a lo largo de una trayectoria parabólica en el campo de fuerzas $\mathbf{F}$.

Figura 15.12

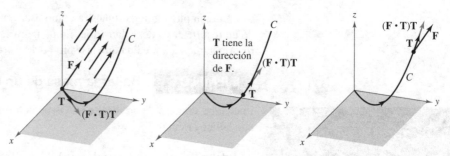

En cada punto en C, la fuerza en la dirección del movimiento es $(\mathbf{F} \cdot \mathbf{T})\mathbf{T}$.
Figura 15.13

Esta integral de línea aparece en otros contextos y es la base de la definición siguiente de la **integral de línea de un campo vectorial**. En la definición, observe que

$$\mathbf{F} \cdot \mathbf{T} \, ds = \mathbf{F} \cdot \frac{\mathbf{r}'(t)}{\|\mathbf{r}'(t)\|} \|\mathbf{r}'(t)\| \, dt$$

$$= \mathbf{F} \cdot \mathbf{r}'(t) \, dt$$

$$= \mathbf{F} \cdot d\mathbf{r}.$$

Definición de la integral de línea de un campo vectorial

Sea $\mathbf{F}$ un campo vectorial continuo definido sobre una curva suave C dada por

$$\mathbf{r}(t), \ a \leq t \leq b$$

La **integral de línea** de $\mathbf{F}$ sobre C está dada por

$$\int_C \mathbf{F} \cdot d\mathbf{r} = \int_C \mathbf{F} \cdot \mathbf{T} \, ds$$

$$= \int_a^b \mathbf{F}(x(t), y(t), z(t)) \cdot \mathbf{r}'(t) \, dt.$$

| EJEMPLO 6 | **Trabajo realizado por una fuerza** |

••••▷ *Consulte LarsonCalculus.com para una versión interactiva de este tipo de ejemplo.*

Determine el trabajo realizado por el campo de fuerzas

$$\mathbf{F}(x, y, z) = -\frac{1}{2}x\mathbf{i} - \frac{1}{2}y\mathbf{j} + \frac{1}{4}\mathbf{k} \qquad \text{Campo de fuerzas } \mathbf{F}$$

sobre una partícula que se mueve a lo largo de la hélice dada por

$$\mathbf{r}(t) = \cos t\,\mathbf{i} + \text{sen } t\,\mathbf{j} + t\,\mathbf{k} \qquad \text{Curva en el espacio } C$$

desde el punto $(1, 0, 0)$ hasta el punto $(-1, 0, 3\pi)$, como se muestra en la figura 15.14.

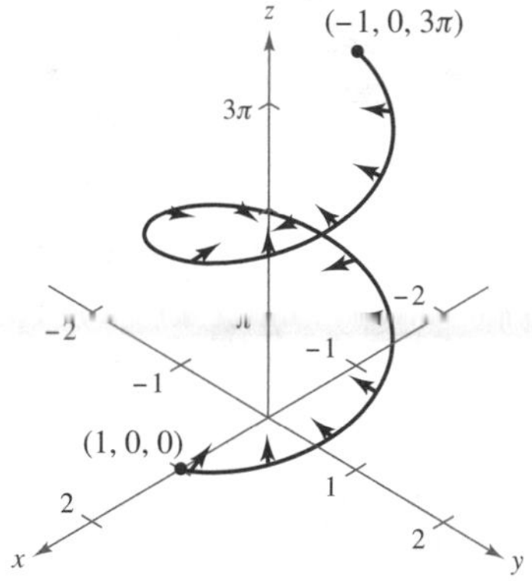

Solución   Como

$$\mathbf{r}(t) = x(t)\mathbf{i} + y(t)\mathbf{j} + z(t)\mathbf{k}$$
$$= \cos t\,\mathbf{i} + \text{sen } t\,\mathbf{j} + t\,\mathbf{k}$$

se deduce que

$$x(t) = \cos t, \quad y(t) = \text{sen } t \quad \text{y} \quad z(t) = t.$$

Por tanto, el campo de fuerzas puede expresarse como

$$\mathbf{F}(x(t), y(t), z(t)) = -\frac{1}{2}\cos t\,\mathbf{i} - \frac{1}{2}\text{sen } t\,\mathbf{j} + \frac{1}{4}\mathbf{k}.$$

Para hallar el trabajo realizado por el campo de fuerzas al moverse la partícula a lo largo de la curva C, utilice el hecho de que

$$\mathbf{r}\,'(t) = -\text{sen } t\,\mathbf{i} + \cos t\,\mathbf{j} + \mathbf{k}$$

y escriba lo siguiente.

$$W = \int_C \mathbf{F} \cdot d\mathbf{r}$$
$$= \int_a^b \mathbf{F}(x(t), y(t), z(t)) \cdot \mathbf{r}\,'(t)\, dt$$
$$= \int_0^{3\pi} \left(-\frac{1}{2}\cos t\,\mathbf{i} - \frac{1}{2}\text{sen } t\,\mathbf{j} + \frac{1}{4}\mathbf{k}\right) \cdot (-\text{sen } t\,\mathbf{i} + \cos t\,\mathbf{j} + \mathbf{k})\, dt$$
$$= \int_0^{3\pi} \left(\frac{1}{2}\text{sen } t\cos t - \frac{1}{2}\text{sen } t\cos t + \frac{1}{4}\right) dt$$
$$= \int_0^{3\pi} \frac{1}{4}\, dt$$
$$= \frac{1}{4}t \Big]_0^{3\pi}$$
$$= \frac{3\pi}{4}$$

En el ejemplo 6, observe que las componentes x y y del campo de fuerzas acaban no contribuyendo en nada al trabajo total. Esto se debe a que *en este ejemplo particular* la componente z del campo de fuerzas es la única parte de la fuerza que actúa en la misma dirección (o en dirección opuesta) en la que se mueve la partícula (vea la figura 15.15).

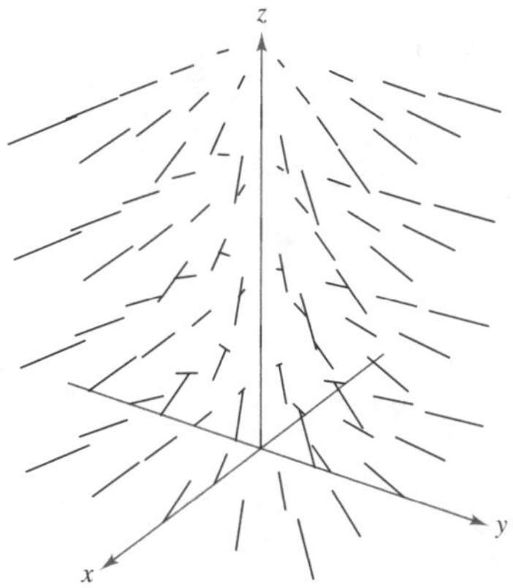

▷ **TECNOLOGÍA**   La gráfica, generada por computadora, del campo de fuerzas del ejemplo 6 que se muestra en la figura 15.15 indica que todo vector en los puntos del campo de fuerzas apunta hacia el eje z.

Figura 15.14

Generado por Mathematica

Figura 15.15

Para las integrales de línea de funciones vectoriales, la orientación de la curva C es importante. Si la orientación de la curva se invierte, el vector tangente unitario $\mathbf{T}(t)$ cambia a $-\mathbf{T}(t)$, y obtiene

$$\int_{-C} \mathbf{F} \cdot d\mathbf{r} = -\int_{C} \mathbf{F} \cdot d\mathbf{r}.$$

EJEMPLO 7   Orientar y parametrizar una curva

Sea $\mathbf{F}(x, y) = y\mathbf{i} + x^2\mathbf{j}$ y evalúe la integral de línea

$$\int_{C} \mathbf{F} \cdot d\mathbf{r}$$

para las curvas parabólicas mostradas en la figura 15.16.

    a. C_1: $\mathbf{r}_1(t) = (4 - t)\mathbf{i} + (4t - t^2)\mathbf{j}$, $0 \le t \le 3$

    b. C_2: $\mathbf{r}_2(t) = t\mathbf{i} + (4t - t^2)\mathbf{j}$, $1 \le t \le 4$

Solución

a. Como $\mathbf{r}_1{}'(t) = -\mathbf{i} + (4 - 2t)\mathbf{j}$ y

$$\mathbf{F}(x(t), y(t)) = (4t - t^2)\mathbf{i} + (4 - t)^2\mathbf{j}$$

la integral de línea es

$$\int_{C_1} \mathbf{F} \cdot d\mathbf{r} = \int_{0}^{3} \left[(4t - t^2)\mathbf{i} + (4 - t)^2\mathbf{j}\right] \cdot \left[-\mathbf{i} + (4 - 2t)\mathbf{j}\right] dt$$

$$= \int_{0}^{3} (-4t + t^2 + 64 - 64t + 20t^2 - 2t^3)\, dt$$

$$= \int_{0}^{3} (-2t^3 + 21t^2 - 68t + 64)\, dt$$

$$= \left[-\frac{t^4}{2} + 7t^3 - 34t^2 + 64t\right]_{0}^{3}$$

$$= \frac{69}{2}.$$

b. Como $\mathbf{r}_2{}'(t) = \mathbf{i} + (4 - 2t)\mathbf{j}$ y

$$\mathbf{F}(x(t), y(t)) = (4t - t^2)\mathbf{i} + t^2\mathbf{j}$$

la integral de línea es

$$\int_{C_2} \mathbf{F} \cdot d\mathbf{r} = \int_{1}^{4} \left[(4t - t^2)\mathbf{i} + t^2\mathbf{j}\right] \cdot \left[\mathbf{i} + (4 - 2t)\mathbf{j}\right] dt$$

$$= \int_{1}^{4} (4t - t^2 + 4t^2 - 2t^3)\, dt$$

$$= \int_{1}^{4} (-2t^3 + 3t^2 + 4t)\, dt$$

$$= \left[-\frac{t^4}{2} + t^3 + 2t^2\right]_{1}^{4}$$

$$= -\frac{69}{2}.$$

El resultado del inciso (b) es el negativo del inciso (a) porque C_1 y C_2 representan orientaciones opuestas del mismo segmento parabólico.

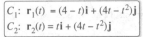

C_1: $\mathbf{r}_1(t) = (4 - t)\mathbf{i} + (4t - t^2)\mathbf{j}$
C_2: $\mathbf{r}_2(t) = t\mathbf{i} + (4t - t^2)\mathbf{j}$

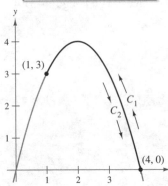

Figura 15.16

···COMENTARIO Aunque en el ejemplo 7 el valor de la integral de línea depende de la orientación de C, no depende de la parametrización de C. Para ver esto, sea C_3 la curva representada por

$$\mathbf{r}_3 = (t + 2)\mathbf{i} + (4 - t^2)\mathbf{j}$$

donde $-1 \le t \le 2$. La gráfica de esta curva es el mismo segmento parabólico que se muestra en la figura 15.16. ¿El valor de la integral de línea sobre C_3 coincide con el valor sobre C_1 o C_2? ¿Por qué sí o por qué no?

Integrales de línea en forma diferencial

Una segunda forma normalmente utilizada de las integrales de línea se deduce de la notación de campo vectorial usada en la sección 15.1. Si $\mathbf{F}$ es un campo vectorial de la forma $\mathbf{F}(x, y) = M\mathbf{i} + N\mathbf{j}$ y C está dada por $\mathbf{r}(t) = x(t)\mathbf{i} + y(t)\mathbf{j}$ entonces $\mathbf{F} \times d\mathbf{r}$ se escribe a menudo como $M\, dx + N\, dy$.

$$\int_C \mathbf{F} \cdot d\mathbf{r} = \int_C \mathbf{F} \cdot \frac{d\mathbf{r}}{dt}\, dt$$

$$= \int_a^b (M\mathbf{i} + N\mathbf{j}) \cdot (x'(t)\mathbf{i} + y'(t)\mathbf{j})\, dt$$

$$= \int_a^b \left(M\frac{dx}{dt} + N\frac{dy}{dt} \right) dt$$

$$= \int_C (M\, dx + N\, dy)$$

Esta **forma diferencial** puede extenderse a tres variables.

⌐··•**COMENTARIO**   Los paréntesis se omiten a menudo en esta forma diferencial, como se muestra a continuación

$$\int_C M\, dx + N\, dy$$

Con tres variables, la forma diferencial es

$$\int_C M\, dx + N\, dy + P\, dz.$$

EJEMPLO 8   **Evaluar una integral de línea en forma diferencial**

Sea C el círculo de radio 3 dado por

$$\mathbf{r}(t) = 3\cos t\mathbf{i} + 3\operatorname{sen} t\mathbf{j}, \quad 0 \le t \le 2\pi$$

como se muestra en la figura 15.17. Evalúe la integral de línea

$$\int_C y^3\, dx + (x^3 + 3xy^2)\, dy.$$

Solución   Como $x = 3\cos t$ y $y = 3\operatorname{sen} t$, se tiene $dx = -3\operatorname{sen} t\, dt$ y $dy = 3\cos t\, dt$. Por tanto, la integral de línea es

$$\int_C M\, dx + N\, dy$$

$$= \int_C y^3\, dx + (x^3 + 3xy^2)\, dy$$

$$= \int_0^{2\pi} [(27\operatorname{sen}^3 t)(-3\operatorname{sen} t) + (27\cos^3 t + 81\cos t\operatorname{sen}^2 t)(3\cos t)]\, dt$$

$$= 81\int_0^{2\pi} (\cos^4 t - \operatorname{sen}^4 t + 3\cos^2 t\operatorname{sen}^2 t)\, dt$$

$$= 81\int_0^{2\pi} \left(\cos^2 t - \operatorname{sen}^2 t + \frac{3}{4}\operatorname{sen}^2 2t \right) dt$$

$$= 81\int_0^{2\pi} \left[\cos 2t + \frac{3}{4}\left(\frac{1 - \cos 4t}{2} \right) \right] dt$$

$$= 81\left[\frac{\operatorname{sen} 2t}{2} + \frac{3}{8}t - \frac{3\operatorname{sen} 4t}{32} \right]_0^{2\pi}$$

$$= \frac{243\pi}{4}.$$

■

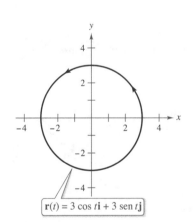

$$\mathbf{r}(t) = 3\cos t\mathbf{i} + 3\operatorname{sen} t\mathbf{j}$$

Figura 15.17

La orientación de C afecta el valor de la forma diferencial de una integral de línea. Específicamente, si $-C$ tiene orientación opuesta a C, entonces

$$\int_{-C} M\, dx + N\, dy = -\int_C M\, dx + N\, dy.$$

Por tanto, de las tres formas de la integral de línea presentadas en esta sección, la orientación de C no afecta a la forma $\int_C f(x, y)\, ds$, pero sí afecta a la forma vectorial y la forma diferencial.

Para las curvas representadas por $y = g(x)$, $a \le x \le b$, puede hacer $x = t$ y obtener la forma paramétrica

$$x = t \quad \text{y} \quad y = g(t), \quad a \le t \le b.$$

Como $dx = dt$ en esta forma, tiene la opción de evaluar la integral de línea en la variable x o en la variable t. Esto se demuestra en el ejemplo 9.

EJEMPLO 9   **Evaluar una integral de línea en forma diferencial**

Evalúe

$$\int_C y \, dx + x^2 \, dy$$

donde C es el arco parabólico dado por $y = 4x - x^2$ desde $(4, 0)$ a $(1, 3)$, como se muestra en la figura 15.18.

Solución   En lugar de convertir al parámetro t, puede simplemente conservar la variable x y escribir

$$y = 4x - x^2 \quad \Longrightarrow \quad dy = (4 - 2x) \, dx.$$

Entonces, en la dirección desde $(4, 0)$ a $(1, 3)$, la integral de línea es

$$\int_C y \, dx + x^2 \, dy = \int_4^1 \left[(4x - x^2) \, dx + x^2(4 - 2x) \, dx \right]$$

$$= \int_4^1 (4x + 3x^2 - 2x^3) \, dx$$

$$= \left[2x^2 + x^3 - \frac{x^4}{2} \right]_4^1$$

$$= \frac{69}{2}. \qquad \text{Vea el ejemplo 7.}$$

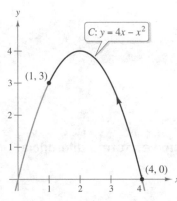

Figura 15.18

Exploración

Hallar el área de la superficie lateral   La figura muestra un pedazo de hojalata cortado de un cilindro circular. La base del cilindro circular se representa por $x^2 + y^2 = 9$. Para todo punto (x, y) de la base, la altura del objeto está dada por

$$f(x, y) = 1 + \cos \frac{\pi x}{4}.$$

Explique cómo utilizar una integral de línea para hallar el área de la superficie del pedazo de hojalata.

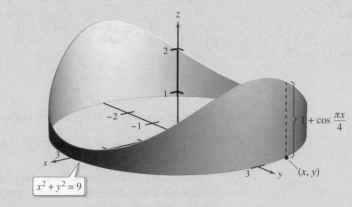

15.2   Ejercicios

Consulte **CalcChat.com** para un tutorial de ayuda y soluciones trabajadas de los ejercicios con numeración impar.

Determinar una parametrización suave por partes   **En los ejercicios 1 a 6, encuentre una parametrización suave por partes de la trayectoria C. (Existe más de una respuesta correcta.)**

1.

2.
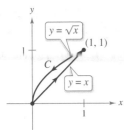

3.
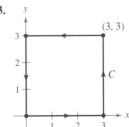

4.
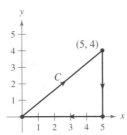

5.
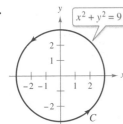

6.
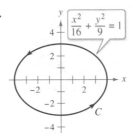

Evaluar una integral de línea   **En los ejercicios 7 a 10, evalúe la integral de línea a lo largo de la trayectoria dada.**

7. $\displaystyle\int_C xy\, ds$

   C: $\mathbf{r}(t) = 4t\mathbf{i} + 3t\mathbf{j}$

   $0 \le t \le 1$

8. $\displaystyle\int_C 3(x - y)\, ds$

   C: $\mathbf{r}(t) = t\mathbf{i} + (2 - t)\mathbf{j}$

   $0 \le t \le 2$

9. $\displaystyle\int_C (x^2 + y^2 + z^2)\, ds$

   C: $\mathbf{r}(t) = \operatorname{sen} t\mathbf{i} + \cos t\mathbf{j} + 2\mathbf{k}$

   $0 \le t \le \pi/2$

10. $\displaystyle\int_C 2xyz\, ds$

    C: $\mathbf{r}(t) = 12t\mathbf{i} + 5t\mathbf{j} + 84t\mathbf{k}$

    $0 \le t \le 1$

Evaluar una integral de línea   **En los ejercicios 11 a 14, (a) encuentre una parametrización de la trayectoria y (b) evalúe**

$$\int_C (x^2 + y^2)\, ds$$

a lo largo de C.

11. C: segmento de recta de $(0, 0)$ a $(1, 1)$.

12. C: segmento de recta de $(0, 0)$ a $(2, 4)$.

13. C: círculo $x^2 + y^2 = 1$ recorrido en sentido contrario a las manecillas del reloj, desde $(1, 0)$ hasta $(0, 1)$.

14. C: círculo $x^2 + y^2 = 4$ recorrido en sentido contrario a las manecillas del reloj, desde $(2, 0)$ hasta $(0, 2)$.

Evaluar una integral de línea   **En los ejercicios 15 a 18, (a) encuentre una parametrización de la trayectoria C y (b) evalúe**

$$\int_C \left(x + 4\sqrt{y}\right) ds$$

a lo largo de C.

15. C: eje x de $x = 0$ a $x = 1$.

16. C: eje y de $y = 1$ a $y = 9$.

17. C: triángulo cuyos vértices son $(0, 0)$, $(1, 0)$ y $(0, 1)$, recorrido en sentido contrario a las manecillas del reloj.

18. C: cuadrado cuyos vértices son $(0, 0)$, $(2, 0)$, $(2, 2)$ y $(0, 2)$, recorrido en sentido contrario a las manecillas del reloj.

Determinar una parametrización y evaluar una integral de línea   **En los ejercicios 19 y 20, (a) encuentre una parametrización continua por partes de la trayectoria que se muestra en la figura y (b) evalúe**

$$\int_C (2x + y^2 - z)\, ds$$

a lo largo de C.

19.   20.
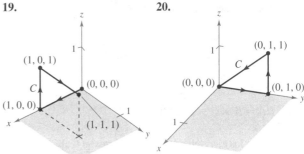

Masa   **En los ejercicios 21 y 22, encuentre la masa total de dos vueltas completas de un resorte de densidad ρ y que tiene forma de hélice circular.**

$$r(t) = 2\cos t\mathbf{i} + 2\operatorname{sen} t\mathbf{j} + t\mathbf{k}, \ 0 \le t \le 4\pi.$$

21. $\rho(x, y, z) = \frac{1}{2}(x^2 + y^2 + z^2)$

22. $\rho(x, y, z) = z$

Masa   **En los ejercicios 23 a 26, encuentre la masa total del cable de densidad ρ.**

23. $\mathbf{r}(t) = \cos t\mathbf{i} + \operatorname{sen} t\mathbf{j}$, $\rho(x, y) = x + y + 2$, $0 \le t \le \pi$

24. $\mathbf{r}(t) = t^2\mathbf{i} + 2t\mathbf{j}$, $\rho(x, y) = \frac{3}{4}y$, $0 \le t \le 1$

25. $\mathbf{r}(t) = t^2\mathbf{i} + 2t\mathbf{j} + t\mathbf{k}$, $\rho(x, y, z) = kz$ $(k > 0)$, $1 \le t \le 3$

26. $\mathbf{r}(t) = 2\cos t\mathbf{i} + 2\operatorname{sen} t\mathbf{j} + 3t\mathbf{k}$, $\rho(x, y, z) = k + z$

   $(k > 0)$, $0 \le t \le 2\pi$

Evaluar una integral de línea de un campo vectorial En los ejercicios 27 a 32, evalúe

$$\int_C \mathbf{F} \cdot d\mathbf{r}$$

donde C está representa por $\mathbf{r}(t)$.

27. $\mathbf{F}(x, y) = x\mathbf{i} + y\mathbf{j}$

    C: $\mathbf{r}(t) = t\mathbf{i} + t\mathbf{j}$, $0 \le t \le 1$

28. $\mathbf{F}(x, y) = xy\mathbf{i} + y\mathbf{j}$

    C: $\mathbf{r}(t) = 4\cos t\mathbf{i} + 4\,\text{sen}\,t\mathbf{j}$, $0 \le t \le \pi/2$

29. $\mathbf{F}(x, y) = 3x\mathbf{i} + 4y\mathbf{j}$

    C: $\mathbf{r}(t) = \cos t\mathbf{i} + \text{sen}\,t\mathbf{j}$, $0 \le t \le \pi/2$

30. $\mathbf{F}(x, y) = 3x\mathbf{i} + 4y\mathbf{j}$

    C: $\mathbf{r}(t) = t\mathbf{i} + \sqrt{4 - t^2}\mathbf{j}$, $-2 \le t \le 2$

31. $\mathbf{F}(x, y, z) = xy\mathbf{i} + xz\mathbf{j} + yz\mathbf{k}$

    C: $\mathbf{r}(t) = t\mathbf{i} + t^2\mathbf{j} + 2t\mathbf{k}$, $0 \le t \le 1$

32. $\mathbf{F}(x, y, z) = x^2\mathbf{i} + y^2\mathbf{j} + z^2\mathbf{k}$

    C: $\mathbf{r}(t) = 2\,\text{sen}\,t\mathbf{i} + 2\cos t\mathbf{j} + \frac{1}{2}t^2\mathbf{k}$, $0 \le t \le \pi$

Evaluar una integral de línea de un campo vectorial En los ejercicios 33 y 34, utilice un sistema algebraico por computadora y calcule la integral

$$\int_C \mathbf{F} \cdot d\mathbf{r}$$

donde C se representa por $r(t)$.

33. $\mathbf{F}(x, y, z) = x^2 z\mathbf{i} + 6y\mathbf{j} + yz^2\mathbf{k}$

    C: $\mathbf{r}(t) = t\mathbf{i} + t^2\mathbf{j} + \ln t\mathbf{k}$, $1 \le t \le 3$

34. $\mathbf{F}(x, y, z) = \dfrac{x\mathbf{i} + y\mathbf{j} + z\mathbf{k}}{\sqrt{x^2 + y^2 + z^2}}$

    C: $\mathbf{r}(t) = t\mathbf{i} + t\mathbf{j} + e^t\mathbf{k}$, $0 \le t \le 2$

Trabajo En los ejercicios 35 a 40, encuentre el trabajo realizado por el campo de fuerzas $\mathbf{F}$ sobre una partícula que se mueve a lo largo de la trayectoria dada.

35. $\mathbf{F}(x, y) = x\mathbf{i} + 2y\mathbf{j}$

    C: $x = t$, $y = t^3$ desde $(0, 0)$ a $(2, 8)$

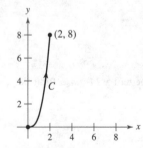

Figura para 35   Figura para 36

36. $\mathbf{F}(x, y) = x^2\mathbf{i} - xy\mathbf{j}$

    C: $x = \cos^3 t$, $y = \text{sen}^3 t$ desde $(1, 0)$ a $(0, 1)$

37. $\mathbf{F}(x, y) = x\mathbf{i} + y\mathbf{j}$

    C: alrededor del triángulo con vértices $(0, 0)$, $(1, 0)$ y $(0, 1)$. (*Sugerencia*: Vea el ejercicio 17a.)

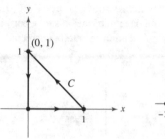 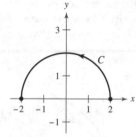

Figura para 37   Figura para 38

38. $\mathbf{F}(x, y) = -y\mathbf{i} - x\mathbf{j}$

    C: alrededor del semicírculo $y = \sqrt{4 - x^2}$ desde $(2, 0)$ hasta $(-2, 0)$

39. $\mathbf{F}(x, y, z) = x\mathbf{i} + y\mathbf{j} - 5z\mathbf{k}$

    C: $\mathbf{r}(t) = 2\cos t\mathbf{i} + 2\,\text{sen}\,t\mathbf{j} + t\mathbf{k}$, $0 \le t \le 2\pi$

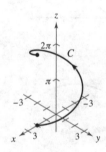 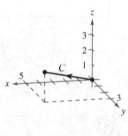

Figura para 39   Figura para 40

40. $\mathbf{F}(x, y, z) = yz\mathbf{i} + xz\mathbf{j} + xy\mathbf{k}$

    C: recta desde $(0, 0, 0)$ hasta $(5, 3, 2)$

Trabajo En los ejercicios 41 a 44, determine si el trabajo efectuado a lo largo de la trayectoria C es positivo, negativo o cero. Explique

41.

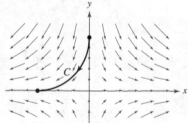

42.

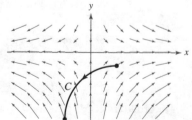

43.

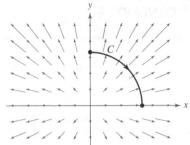

44.

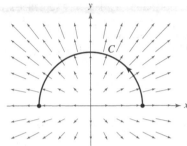

Evaluar una integral de línea de un campo vectorial En los ejercicios 45 y 46, evalúe $\int_C \mathbf{F} \cdot d\mathbf{r}$ para cada curva. Analice la orientación de la curva y su efecto sobre el valor de la integral.

45. $\mathbf{F}(x, y) = x^2 \mathbf{i} + xy \mathbf{j}$

   (a) $\mathbf{r}_1(t) = 2t\mathbf{i} + (t - 1)\mathbf{j}, \quad 1 \le t \le 3$

   (b) $\mathbf{r}_2(t) = 2(3 - t)\mathbf{i} + (2 - t)\mathbf{j}, \quad 0 \le t \le 2$

46. $\mathbf{F}(x, y) = x^2 y \mathbf{i} + xy^{3/2} \mathbf{j}$

   (a) $\mathbf{r}_1(t) = (t + 1)\mathbf{i} + t^2 \mathbf{j}, \quad 0 \le t \le 2$

   (b) $\mathbf{r}_2(t) = (1 + 2 \cos t)\mathbf{i} + (4 \cos^2 t)\mathbf{j}, \quad 0 \le t \le \pi/2$

Demostrar una propiedad En los ejercicios 47 a 50, demuestre la propiedad

$$\int_C \mathbf{F} \cdot d\mathbf{r} = 0$$

independientemente de cuáles sean los puntos inicial y final de C, si el vector tangente es ortogonal al campo de fuerzas **F**.

47. $\mathbf{F}(x, y) = y\mathbf{i} - x\mathbf{j}$ **48.** $\mathbf{F}(x, y) = -3y\mathbf{i} + x\mathbf{j}$

   $C: \mathbf{r}(t) = t\mathbf{i} - 2t\mathbf{j}$ $C: \mathbf{r}(t) = t\mathbf{i} - t^3 \mathbf{j}$

49. $\mathbf{F}(x, y) = (x^3 - 2x^2)\mathbf{i} + \left(x - \dfrac{y}{2}\right)\mathbf{j}$

   $C: \mathbf{r}(t) = t\mathbf{i} + t^2 \mathbf{j}$

50. $\mathbf{F}(x, y) = x\mathbf{i} + y\mathbf{j}$

   $C: \mathbf{r}(t) = 3 \,\text{sen}\, t\mathbf{i} + 3 \cos t\mathbf{j}$

Evaluar una integral de línea en forma diferencial En los ejercicios 51 a 54, evalúe la integral de línea a lo largo de la trayectoria dada por $x = 2t, y = 10t$, donde $0 \le t \le 1$.

51. $\displaystyle\int_C (x + 3y^2) \, dy$ **52.** $\displaystyle\int_C (x + 3y^2) \, dx$

53. $\displaystyle\int_C xy \, dx + y \, dy$ **54.** $\displaystyle\int_C (3y - x) \, dx + y^2 \, dy$

Evaluar una integral de línea en forma diferencial En los ejercicios 55 a 62, evalúe la integral

$$\int_C (2x - y) \, dx + (x + 3y) \, dy$$

a lo largo de la trayectoria C.

55. C: eje x desde $x = 0$ hasta $x = 5$

56. C: eje y desde $y = 0$ hasta $y = 2$

57. C: los segmentos de recta de $(0, 0)$ a $(3, 0)$ y de $(3, 0)$ a $(3, 3)$

58. C: los segmentos de recta de $(0, 0)$ a $(0, -3)$ y de $(0, -3)$ a $(2, -3)$

59. C: arco sobre $y = 1 - x^2$ desde $(0, 1)$ hasta $(1, 0)$

60. C: arco sobre $y = x^{3/2}$ desde $(0, 0)$ hasta $(4, 8)$

61. C: trayectoria parabólica $x = t, y = 2t^2$ desde $(0, 0)$ hasta $(2, 8)$

62. C: trayectoria elíptica $x = 4 \,\text{sen}\, t, y = 3 \cos t$ desde $(0, 3)$ hasta $(4, 0)$

Área de una superficie lateral En los ejercicios 63 a 70, encuentre el área de la superficie lateral (vea la figura) sobre la curva en el plano xy y bajo la superficie $z = f(x, y)$, donde

$$\text{Área de la superficie lateral} = \int_C f(x, y) \, ds.$$

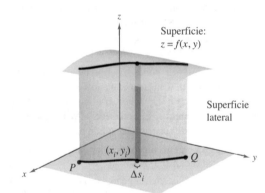

C: curva en el plano xy

63. $f(x, y) = h, \quad C$: línea desde $(0, 0)$ hasta $(3, 4)$

64. $f(x, y) = y, \quad C$: línea desde $(0, 0)$ hasta $(4, 4)$

65. $f(x, y) = xy, \quad C$: $x^2 + y^2 = 1$ desde $(1, 0)$ hasta $(0, 1)$

66. $f(x, y) = x + y, \quad C$: $x^2 + y^2 = 1$ desde $(1, 0)$ hasta $(0, 1)$

67. $f(x, y) = h, \quad C$: $y = 1 - x^2$ desde $(1, 0)$ hasta $(0, 1)$

68. $f(x, y) = y + 1, \quad C$: $y = 1 - x^2$ desde $(1, 0)$ hasta $(0, 1)$

69. $f(x, y) = xy, \quad C$: $y = 1 - x^2$ desde $(1, 0)$ hasta $(0, 1)$

70. $f(x, y) = x^2 - y^2 + 4, \quad C$: $x^2 + y^2 = 4$

71. Diseño de ingeniería Un motor de tractor tiene un componente de acero con una base circular representada por la función vectorial $\mathbf{r}(t) = 2 \cos t\mathbf{i} + 2 \,\text{sen}\, t\mathbf{j}$. Su altura está dada por $z = 1 + y^2$. Todas las medidas están en centímetros.

   (a) Encuentre el área de la superficie lateral del componente.

   (b) El componente tiene forma de capa de 0.2 centímetros de espesor. Utilice el resultado del inciso (a) para aproximar la cantidad de acero empleada para su fabricación.

   (c) Haga un dibujo del componente.

72. Diseño de edificios

La altura del techo de un edificio está dada por $z = 20 + \frac{1}{4}x$. Una de las paredes sigue una trayectoria representada por $y = x^{3/2}$. Calcule el área de la superficie de la pared si $0 \le x \le 40$. Todas las medidas se dan en pies.

Momentos de inercia Considere un cable de densidad $\rho(x, y)$ dado por la curva en el espacio

$$C: \mathbf{r}(t) = x(t)\mathbf{i} + y(t)\mathbf{j}, \quad 0 \le t \le b.$$

Los momentos de inercia con respecto a los ejes x y y están dados por

$$I_x = \int_C y^2\rho(x, y) \, ds \quad \text{e} \quad I_y = \int_C x^2\rho(x, y) \, ds.$$

En los ejercicios 73 y 74, encuentre los momentos de inercia del cable de densidad ρ.

73. El cable se encuentra a lo largo de $\mathbf{r}(t) = a \cos t\mathbf{i} + a \operatorname{sen} t\mathbf{j}$, $0 \le t < 2\pi$ y $a > 0$, su densidad es $\rho(x, y) = 1$.

74. El cable se encuentra a lo largo de $\mathbf{r}(t) = a \cos t\mathbf{i} + a \operatorname{sen} t\mathbf{j}$, $0 \le t < 2\pi$ y $a > 0$, su densidad es $\rho(x, y) = y$.

75. Investigación El borde exterior de un sólido con lados verticales y que descansa en el plano xy, se modela por $\mathbf{r}(t) = 3 \cos t\mathbf{i} + 3 \operatorname{sen} t\mathbf{j} + (1 + \operatorname{sen}^2 2t)\mathbf{k}$, donde todas las medidas se dan en centímetros. La intersección del plano $y = b(-3 < b < 3)$ con la parte superior del sólido es una recta horizontal.

(a) Utilice un sistema algebraico por computadora para representar gráficamente el sólido.

(b) Utilice un sistema algebraico por computadora para aproximar el área de la superficie lateral del sólido.

(b) Encuentre (si es posible) el volumen del sólido.

76. Trabajo Una partícula se mueve a lo largo de la trayectoria $y = x^2$ desde el punto $(0, 0)$, hasta el punto $(1, 1)$. El campo de fuerzas $\mathbf{F}$ se mide en cinco puntos a lo largo de la trayectoria y los resultados se muestran en la tabla. Use la regla de Simpson o una herramienta de graficación para aproximar el trabajo efectuado por el campo de fuerza.

(x, y)	$(0, 0)$	$\left(\frac{1}{4}, \frac{1}{16}\right)$	$\left(\frac{1}{2}, \frac{1}{4}\right)$	$\left(\frac{3}{4}, \frac{9}{16}\right)$	$(1, 1)$
$\mathbf{F}(x, y)$	$\langle 5, 0\rangle$	$\langle 3.5, 1\rangle$	$\langle 2, 2\rangle$	$\langle 1.5, 3\rangle$	$\langle 1, 5\rangle$

77. Trabajo Determine el trabajo realizado por una persona que pesa 175 libras y que camina exactamente una revolución hacia arriba en una escalera de forma helicoidal circular de 3 pies de radio si la persona sube 10 pies.

78. Investigación Determine el valor c tal que el trabajo realizado por el campo de fuerzas $\mathbf{F}(x, y) = 15[(4 - x^2y)\mathbf{i} - xy\mathbf{j}]$ sobre un objeto que se mueve a lo largo de la trayectoria parabólica $y = c(1 - x^2)$ entre los puntos $(-1, 0)$ y $(1, 0)$ sea mínimo. Compare el resultado con el trabajo requerido para mover el objeto a lo largo de la trayectoria recta que une esos dos puntos.

82. ¿CÓMO LO VE? En cada uno de los incisos siguientes, determine si el trabajo realizado para mover un objeto del primero hasta el segundo punto a través del campo de fuerzas que se muestra en la figura es positivo, negativo o cero. Explique su respuesta.

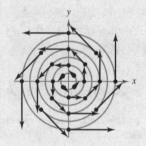

(a) Desde $(-3, 3)$ hasta $(3, 3)$.

(b) Desde $(-3, 0)$ hasta $(0, 3)$.

(c) Desde $(5, 0)$ hasta $(0, 3)$.

¿Verdadero o falso? En los ejercicios 83 a 86, determine si el enunciado es verdadero o falso. Si es falso, explique por qué o dé un ejemplo que demuestre que es falso.

83. Si C está dada por $x(t) = t$, $y(t) = t$, donde $0 \le t \le 1$, entonces

$$\int_C xy \, ds = \int_0^1 t^2 \, dt.$$

84. Si $C_2 = -C_1$, entonces $\displaystyle\int_{C_1} f(x, y) \, ds + \int_{C_2} f(x, y) \, ds = 0$.

85. Las funciones vectoriales $\mathbf{r}_1 = t\mathbf{i} + t^2\mathbf{j}$, donde $0 \le t \le 1$ y $\mathbf{r}_2 = (1 - t)\mathbf{i} + (1 - t^2)\mathbf{j}$, donde $0 \le t \le 1$ definen la misma curva.

86. Si $\displaystyle\int_C \mathbf{F} \cdot \mathbf{T} \, ds = 0$, entonces $\mathbf{F}$ y $\mathbf{T}$ son ortogonales.

87. Trabajo Considere una partícula que se mueve a través del campo de fuerzas $\mathbf{F}(x, y) = (y - x)\mathbf{i} + xy\mathbf{j}$ del punto $(0, 0)$ al punto $(0, 1)$ a lo largo de la curva $x = kt(1 - t)$, $y = t$. Encuentre el valor de k, tal que el trabajo realizado por el campo de fuerzas sea 1.

15.3 Campos vectoriales conservativos e independencia de la trayectoria

■ Comprender y utilizar el teorema fundamental de las integrales de línea.
■ Comprender el concepto de independencia de la trayectoria.
■ Comprender el concepto de conservación de energía.

Teorema fundamental de las integrales de línea

El estudio iniciado en la sección 15.2 indica que en un campo gravitatorio el trabajo realizado por la gravedad sobre un objeto que se mueve entre dos puntos en el campo es independiente de la trayectoria seguida por el objeto. En esta sección estudiará una generalización importante de este resultado, a la que se conoce como el **teorema fundamental de las integrales de línea**. Para empezar, se presenta un ejemplo en el que se evalúa la integral de línea de un *campo vectorial conservativo* por tres trayectorias diferentes.

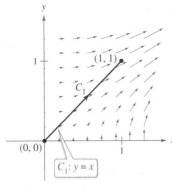

(b)

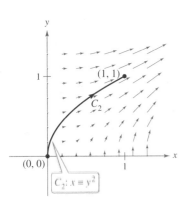

(a)

EJEMPLO 1   **Integral de línea de un campo vectorial conservativo**

Encuentre el trabajo realizado por el campo de fuerzas

$$\mathbf{F}(x, y) = \frac{1}{2}xy\mathbf{i} + \frac{1}{4}x^2\mathbf{j}$$

sobre una partícula que se mueve de $(0, 0)$ a $(1, 1)$ a lo largo de cada una de las trayectorias, como se muestra en la figura 15.19.

a. C_1: $y = x$ **b.** C_2: $x = y^2$ **c.** C_3: $y = x^3$

Solución   Observe que $\mathbf{F}$ es conservativa, ya que las primeras derivadas parciales son iguales

$$\frac{\partial}{\partial y}\left[\frac{1}{2}xy\right] = \frac{1}{2}x \quad \text{y} \quad \frac{\partial}{\partial x}\left[\frac{1}{4}x^2\right] = \frac{1}{2}x$$

a. Sea $\mathbf{r}(t) = t\mathbf{i} + t\mathbf{j}$ para $0 \le t \le 1$, de manera que

$$d\mathbf{r} = (\mathbf{i} + \mathbf{j})\, dt \quad \text{y} \quad \mathbf{F}(x, y) = \frac{1}{2}t^2\mathbf{i} + \frac{1}{4}t^2\mathbf{j}.$$

Entonces, el trabajo realizado es

$$W = \int_{C_1} \mathbf{F} \cdot d\mathbf{r} = \int_0^1 \frac{3}{4}t^2\, dt = \frac{1}{4}t^3\bigg]_0^1 = \frac{1}{4}.$$

b. Sea $\mathbf{r}(t) = t\mathbf{i} + \sqrt{t}\,\mathbf{j}$ para $0 \le t \le 1$, de manera que

$$d\mathbf{r} = \left(\mathbf{i} + \frac{1}{2\sqrt{t}}\mathbf{j}\right) dt \quad \text{y} \quad \mathbf{F}(x, y) = \frac{1}{2}t^{3/2}\mathbf{i} + \frac{1}{4}t^2\mathbf{j}.$$

Entonces, el trabajo realizado es

$$W = \int_{C_2} \mathbf{F} \cdot d\mathbf{r} = \int_0^1 \frac{5}{8}t^{3/2}\, dt = \frac{1}{4}t^{5/2}\bigg]_0^1 = \frac{1}{4}.$$

c. Sea $\mathbf{r}(t) = \frac{1}{2}t\mathbf{i} + \frac{1}{8}t^3\mathbf{j}$ para $0 \le t \le 2$, de manera que

$$d\mathbf{r} = \left(\frac{1}{2}\mathbf{i} + \frac{3}{8}t^2\mathbf{j}\right) dt \quad \text{y} \quad \mathbf{F}(x, y) = \frac{1}{32}t^4\mathbf{i} + \frac{1}{16}t^2\mathbf{j}.$$

Entonces, el trabajo realizado es

$$W = \int_{C_3} \mathbf{F} \cdot d\mathbf{r} = \int_0^2 \frac{5}{128}t^4\, dt = \frac{1}{128}t^5\bigg]_0^2 = \frac{1}{4}.$$

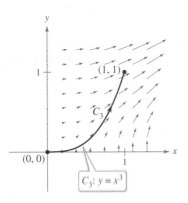

(c)
Figura 15.19

Por tanto, el trabajo realizado por un campo vectorial conservativo $\mathbf{F}$ es el mismo para todas las trayectorias.

En el ejemplo 1, observe que el campo vectorial $\mathbf{F}(x, y) = \frac{1}{2}xy\mathbf{i} + \frac{1}{4}x^2\mathbf{j}$ es conservativo porque $\mathbf{F}(x, y) = \nabla f(x, y)$ donde $f(x, y) = \frac{1}{4}x^2y$. En tales casos, el teorema siguiente establece que el valor de $\int_C \mathbf{F} \cdot d\mathbf{r}$ está dado por

$$\int_C \mathbf{F} \cdot d\mathbf{r} = f(x(1), y(1)) - f(x(0), y(0))$$

$$= \frac{1}{4} - 0$$

$$= \frac{1}{4}.$$

• • • • • • • • • • • • • • ▷

• • • COMENTARIO Observe cómo el teorema fundamental de las integrales de línea es similar al teorema fundamental de cálculo (sección 4.4) que establece que

$$\int_a^b f(x)\, dx = F(b) - F(a)$$

donde $F'(x) = f(x)$.

TEOREMA 15.5 Teorema fundamental de las integrales de línea

Sea C una curva suave por partes contenida en una región abierta R y dada por

$$\mathbf{r}(t) = x(t)\mathbf{i} + y(t)\mathbf{j}, \quad a \leq t \leq b.$$

Si $\mathbf{F}(x, y) = M\mathbf{i} + N\mathbf{j}$ es conservativa en R, y M y N son continuas en R, entonces

$$\int_C \mathbf{F} \cdot d\mathbf{r} = \int_C \nabla f \cdot d\mathbf{r} = f(x(b), y(b)) - f(x(a), y(a))$$

donde f es una función potencial de $\mathbf{F}$. Es decir $\mathbf{F}(x, y) = \nabla f(x, y)$.

Demostración Esta demostración es sólo para una curva suave. Para curvas suaves en partes, el procedimiento se lleva a cabo por separado para cada parte suave. Puesto que

$$\mathbf{F}(x, y) = \nabla f(x, y) = f_x(x, y)\mathbf{i} + f_y(x, y)\mathbf{j}$$

se tiene que

$$\int_C \mathbf{F} \cdot d\mathbf{r} = \int_a^b \mathbf{F} \cdot \frac{d\mathbf{r}}{dt}\, dt$$

$$= \int_a^b \left[f_x(x, y)\frac{dx}{dt} + f_y(x, y)\frac{dy}{dt} \right] dt$$

y, por la regla de la cadena (teorema 13.6), tiene

$$\int_C \mathbf{F} \cdot d\mathbf{r} = \int_a^b \frac{d}{dt}[f(x(t), y(t))]\, dt$$

$$= f(x(b), y(b)) - f(x(a), y(a)).$$

El último paso es una aplicación del teorema fundamental del cálculo.

Consulte LarsonCalculus.com para el video de Bruce Edwards de esta demostración.

En el espacio, el teorema fundamental de las integrales de línea adopta la forma siguiente. Sea C una curva suave por partes contenida en una región abierta Q y dada por

$$\mathbf{r}(t) = x(t)\mathbf{i} + y(t)\mathbf{j} + z(t)\mathbf{k}, \quad a \leq t \leq b.$$

Si $\mathbf{F}(x, y, z) = M\mathbf{i} + N\mathbf{j} + P\mathbf{k}$ es conservativo y M, N y P son continuas, entonces

$$\int_C \mathbf{F} \cdot d\mathbf{r} = \int_C \nabla f \cdot d\mathbf{r} = f(x(b), y(b), z(b)) - f(x(a), y(a), z(a))$$

donde $\mathbf{F}(x, y, z) = \nabla f(x, y, z)$.

El teorema fundamental de las integrales de línea establece que si el campo vectorial $\mathbf{F}$ es conservativo, entonces la integral de línea entre dos puntos cualesquiera es simplemente la diferencia entre los valores de la función *potencial f* en estos puntos.

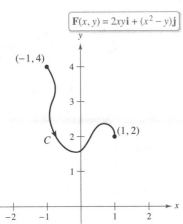

$$F(x, y) = 2xy\mathbf{i} + (x^2 - y)\mathbf{j}$$

Aplicación del teorema fundamental
de las integrales de línea, $\int_C \mathbf{F} \cdot d\mathbf{r}$.
Figura 15.20

EJEMPLO 2 Aplicar el teorema fundamental de las integrales de línea

Evalúe $\displaystyle\int_C \mathbf{F} \cdot d\mathbf{r}$, donde C es una curva suave por partes desde $(-1, 4)$ a $(1, 2)$ y

$$\mathbf{F}(x, y) = 2xy\mathbf{i} + (x^2 - y)\mathbf{j}$$

como se muestra en la figura 15.20.

Solución Por el ejemplo 6 de la sección 15.1, sabe que $\mathbf{F}$ es el gradiente de f, donde

$$f(x, y) = x^2y - \frac{y^2}{2} + K.$$

Por consiguiente, $\mathbf{F}$ es conservativo, y por el teorema fundamental de las integrales de línea, se sigue que

$$\int_C \mathbf{F} \cdot d\mathbf{r} = f(1, 2) - f(-1, 4)$$

$$= \left[1^2(2) - \frac{2^2}{2} \right] - \left[(-1)^2(4) - \frac{4^2}{2} \right]$$

$$= 4.$$

Observe que no es necesario incluir una constante K como parte de f, ya que se cancela por sustracción.

EJEMPLO 3 Aplicar el teorema fundamental de las integrales de línea

Evalúe $\displaystyle\int_C \mathbf{F} \cdot d\mathbf{r}$, donde C es una curva suave por partes desde $(1, 1, 0)$ hasta $(0, 2, 3)$ y

$$\mathbf{F}(x, y, z) = 2xy\mathbf{i} + (x^2 + z^2)\mathbf{j} + 2yz\mathbf{k}$$

como se muestra en la figura 15.21.

Solución Por el ejemplo en la sección 15.1, sabe que $\mathbf{F}$ es el gradiente de f, donde

$$f(x, y, z) = x^2y + yz^2 + K.$$

Por consiguiente, $\mathbf{F}$ es conservativo, y por el teorema fundamental de las integrales de línea, se deduce que

$$\int_C \mathbf{F} \cdot d\mathbf{r} = f(0, 2, 3) - f(1, 1, 0)$$

$$= [(0)^2(2) + (2)(3)^2] - [(1)^2(1) + (1)(0)^2]$$

$$= 17.$$

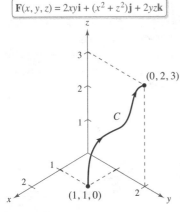

$$F(x, y, z) = 2xy\mathbf{i} + (x^2 + z^2)\mathbf{j} + 2yz\mathbf{k}$$

Aplicación del teorema fundamental
de las integrales de línea, $\int_C \mathbf{F} \cdot d\mathbf{r}$.
Figura 15.21

En los ejemplos 2 y 3 es importante que no pierda de vista que el valor de la integral de línea es el mismo para cualquier curva suave C que tenga los puntos inicial y final dados. Así, en el ejemplo 3 evalúe la integral de línea de la curva dada por

$$\mathbf{r}(t) = (1 - t)\mathbf{i} + (1 + t)\mathbf{j} + 3t\mathbf{k}.$$

Se obtendrá

$$\int_C \mathbf{F} \cdot d\mathbf{r} = \int_0^1 (30t^2 + 16t - 1)\, dt$$

$$= 17.$$

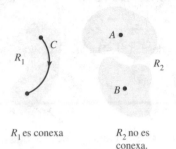

R_1 es conexa R_2 no es
                       conexa.

Figura 15.22

Independencia de la trayectoria

Por el teorema fundamental de las integrales de línea es evidente que si **F** es continuo y conservativo en una región abierta R, el valor de $\int_C \mathbf{F} \cdot d\mathbf{r}$ es el mismo para toda curva suave por partes C que vaya de un punto fijo de R a otro punto fijo de R. Esto se describe diciendo que la integral de línea es **independiente de la trayectoria** en la región R.

Una región en el plano (o en el espacio) es **conexa** si cada dos puntos en la región pueden ser unidos por una curva suave por partes que se encuentre completamente dentro de la región, como se muestra en la figura 15.22. En regiones abiertas y *conexas*, la independencia de la trayectoria de $\int_C \mathbf{F} \cdot d\mathbf{r}$ es equivalente a la condición de que **F** sea conservativo.

TEOREMA 15.6   Independencia de la trayectoria y campos vectoriales conservativos

Si **F** es continuo en una región abierta y conexa, entonces la integral de línea

$$\int_C \mathbf{F} \cdot d\mathbf{r}$$

es independiente de la trayectoria si y sólo si **F** es conservativo.

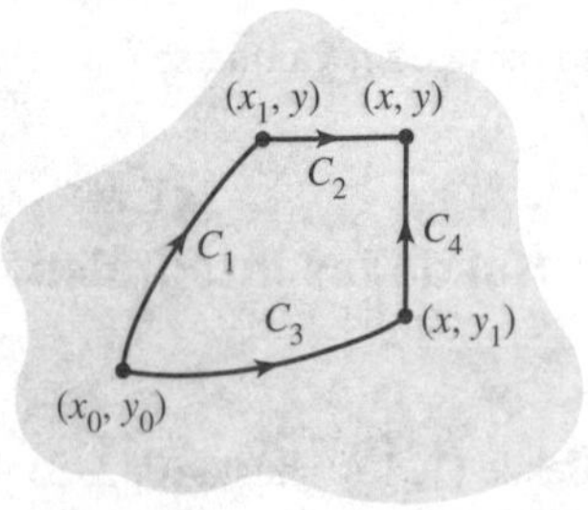

Demostración   Si **F** es conservativo, entonces, por el teorema fundamental de las integrales de línea, la integral de línea es independiente de la trayectoria. Ahora se demuestra el recíproco para una región plana conexa R. Sea $\mathbf{F}(x, y) = M\mathbf{i} + N\mathbf{j}$ y sea (x_0, y_0) un punto fijo en R. Si (x, y) es cualquier punto en R, elíjase una curva suave por partes C que vaya de (x_0, y_0) a (x, y) y defínase f como

$$f(x, y) = \int_C \mathbf{F} \cdot d\mathbf{r} = \int_C M\, dx + N\, dy.$$

Figura 15.23

La existencia de C en R está garantizada por el hecho de que R es conexa. Se puede demostrar que f es una función potencial de **F** considerando dos trayectorias diferentes entre (x_0, y_0) a (x, y). Para la *primera* trayectoria, elíjase (x_1, y) en R tal que $x \ne x_1$. Esto es posible ya que R es abierta. Después elíjanse C_1 y C_2 como se muestra en la figura 15.23. Utilizando la independencia de la trayectoria, se tiene que

$$f(x, y) = \int_C M\, dx + N\, dy$$
$$= \int_{C_1} M\, dx + N\, dy + \int_{C_2} M\, dx + N\, dy.$$

Como la primera integral no depende de x, y como $dy = 0$ en la segunda integral, se tiene

$$f(x, y) = g(y) + \int_{C_2} M\, dx$$

y entonces la derivada parcial de f respecto a x es $f_x(x, y) = M$. Para la *segunda* trayectoria, se elige un punto (x, y_1). Utilizando un razonamiento similar al empleado para la primera trayectoria, puede concluir que $f_y(x, y) = N$. Por tanto,

$$\nabla f(x, y) = f_x(x, y)\mathbf{i} + f_y(x, y)\mathbf{j}$$
$$= M\mathbf{i} + N\mathbf{j}$$
$$= \mathbf{F}(x, y)$$

y se sigue que **F** es conservativo.

Consulte LarsonCalculus.com para el video de Bruce Edwards de esta demostración.

EJEMPLO 4   **Trabajo en un campo de fuerzas conservativo**

Para el campo de fuerzas dado por

$$\mathbf{F}(x, y, z) = e^x \cos y \mathbf{i} - e^x \operatorname{sen} y \mathbf{j} + 2\mathbf{k}$$

demuestre que $\int_C \mathbf{F} \cdot d\mathbf{r}$ es independiente de la trayectoria, y calcule el trabajo realizado por $\mathbf{F}$ sobre un objeto que se mueve a lo largo de una curva C desde $(0, \pi/2, 1)$ hasta $(1, \pi, 3)$.

Solución   Al expresar el campo de fuerzas en la forma $\mathbf{F}(x, y, z) = M\mathbf{i} + N\mathbf{j} + P\mathbf{k}$, tiene $M = e^x \cos y$, $N = -e^x \operatorname{sen} y$ y $P = 2$, y se deduce que

$$\frac{\partial P}{\partial y} = 0 = \frac{\partial N}{\partial z}$$

$$\frac{\partial P}{\partial x} = 0 = \frac{\partial M}{\partial z}$$

y

$$\frac{\partial N}{\partial x} = -e^x \operatorname{sen} y = \frac{\partial M}{\partial y}.$$

Por tanto, $\mathbf{F}$ es conservativo. Si f es una función potencial de $\mathbf{F}$, entonces

$$f_x(x, y, z) = e^x \cos y$$

$$f_y(x, y, z) = -e^x \operatorname{sen} y$$

y

$$f_z(x, y, z) = 2.$$

Integrando con respecto a x, y y z por separado, obtiene

$$f(x, y, z) = \int f_x(x, y, z) \, dx = \int e^x \cos y \, dx = e^x \cos y + g(y, z)$$

$$f(x, y, z) = \int f_y(x, y, z) \, dy = \int -e^x \operatorname{sen} y \, dy = e^x \cos y + h(x, z)$$

y

$$f(x, y, z) = \int f_z(x, y, z) \, dz = \int 2 \, dz = 2z + k(x, y).$$

Comparando estas tres versiones de $f(x, y, z)$ puede concluir que

$$f(x, y, z) = e^x \cos y + 2z + K.$$

Así, el trabajo realizado por $\mathbf{F}$ a lo largo de *cualquier* curva C desde $(0, \pi/2, 1)$ hasta $(1, \pi, 3)$ es

$$W = \int_C \mathbf{F} \cdot d\mathbf{r}$$

$$= \left[e^x \cos y + 2z \right]_{(0, \pi/2, 1)}^{(1, \pi, 3)}$$

$$= (-e + 6) - (0 + 2)$$

$$= 4 - e.$$

¿Cuánto trabajo se realizaría si el objeto del ejemplo 4 se moviera del punto $(0, \pi/2, 1)$ al punto $(1, \pi, 3)$ y después volviera al punto de partida $(0, \pi/2, 1)$? El teorema fundamental de las integrales de línea establece que el trabajo realizado sería cero. Recuerde que, por definición, el trabajo puede ser negativo. Así, en el momento en el que el objeto vuelve a su punto de partida, la cantidad de trabajo que se registra positivamente se cancela por la cantidad de trabajo que se registra negativamente.

Una curva C dada por $\mathbf{r}(t)$ para $a \leq t \leq b$ es **cerrada** si $\mathbf{r}(a) = \mathbf{r}(b)$. Por el teorema fundamental de las integrales de línea, puede concluir que si $\mathbf{F}$ es continuo y conservativo en una región abierta R, entonces la integral de línea sobre toda curva cerrada C es 0.

> **COMENTARIO** El teorema 15.7 proporciona varias opciones para calcular una integral de línea de un campo vectorial conservativo. Puede usar una función potencial, o puede ser más conveniente elegir una trayectoria particularmente simple, como un segmento de recta.

TEOREMA 15.7 Condiciones equivalentes

Sea $\mathbf{F}(x, y, z) = M\mathbf{i} + N\mathbf{j} + P\mathbf{k}$ con primeras derivadas parciales continuas en una región abierta conexa R, y sea C una curva suave por partes en R. Las condiciones siguientes son equivalentes.

1. $\mathbf{F}$ es conservativo. Es decir, $\mathbf{F} = \nabla f$ para alguna función f.

2. $\displaystyle\int_C \mathbf{F} \cdot d\mathbf{r}$ es independiente de la trayectoria.

3. $\displaystyle\int_C \mathbf{F} \cdot d\mathbf{r} = 0$ para toda curva *cerrada* C en R.

EJEMPLO 5 Evaluar una integral de línea

> *Consulte LarsonCalculus.com para una versión interactiva de este tipo de ejemplo.*

Evalúe $\displaystyle\int_{C_1} \mathbf{F} \cdot d\mathbf{r}$, donde

$$\mathbf{F}(x, y) = (y^3 + 1)\mathbf{i} + (3xy^2 + 1)\mathbf{j}$$

y C_1 es la trayectoria semicircular de $(0, 0)$ a $(2, 0)$, que se muestra en la figura 15.24.

Solución Tiene las tres opciones siguientes:

a. Puede utilizar el método presentado en la sección 15.2 para evaluar la integral de línea a lo largo de la *curva dada*. Para esto, puede usar la parametrización $\mathbf{r}(t) = (1 - \cos t)\mathbf{i} + \text{sen } t\mathbf{j}$ donde $0 \leq t \leq \pi$. Con esta parametrización, se deduce que

$$d\mathbf{r} = \mathbf{r}'(t)\, dt = (\text{sen } t\mathbf{i} + \cos t\mathbf{j})\, dt$$

y

$$\int_{C_1} \mathbf{F} \cdot d\mathbf{r} = \int_0^\pi (\text{sen } t + \text{sen}^4 t + \cos t + 3\,\text{sen}^2 t \cos t - 3\,\text{sen}^2 t \cos^2 t)\, dt.$$

Esta integral puede desanimarlo si ha elegido esta opción.

b. Puede intentar hallar una *función potencial* y evaluar la integral de línea mediante el teorema fundamental de las integrales de línea. Empleando la técnica que se muestra en el ejemplo 4, puede encontrar que la función potencial es $f(x, y) = xy^3 + x + y + K$ y, por el teorema fundamental,

$$W = \int_{C_1} \mathbf{F} \cdot d\mathbf{r} = f(2, 0) - f(0, 0) = 2.$$

c. Sabiendo que $\mathbf{F}$ es conservativo, tiene una tercera opción. Como el valor de la integral de línea es independiente de la trayectoria, puede remplazar la trayectoria semicircular con una *trayectoria más simple*. Suponga que elige la trayectoria rectilínea C_2 desde $(0, 0)$ hasta $(2, 0)$. Sea $\mathbf{r}(t) = t\mathbf{i}$ para $0 \leq t \leq 2$. Así

$$d\mathbf{r} = \mathbf{i}\, dt \quad \text{y} \quad \mathbf{F}(x, y) = \mathbf{i} + \mathbf{j}.$$

Entonces, la integral es

$$\int_{C_1} \mathbf{F} \cdot d\mathbf{r} = \int_{C_2} \mathbf{F} \cdot d\mathbf{r} = \int_0^2 1\, dt = t\Big]_0^2 = 2.$$

Obviamente, de las tres opciones la tercera es la más sencilla.

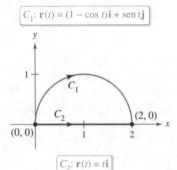

$C_1: \mathbf{r}(t) = (1 - \cos t)\mathbf{i} + \text{sen } t\mathbf{j}$

$C_2: \mathbf{r}(t) = t\mathbf{i}$

Figura 15.24

Conservación de la energía

En 1840, el físico inglés Michael Faraday escribió: "En ninguna parte hay una creación o producción pura de energía sin un consumo correspondiente de algo que la proporcione." Esta declaración representa la primera formulación de una de las leyes más importantes de la física: la **ley de conservación de la energía**. En la terminología moderna, la ley dice lo siguiente: *En un campo de fuerzas conservativo, la suma de energías potencial y cinética de un objeto se mantiene constante de punto a punto.*

Puede usar el teorema fundamental de las integrales de línea para deducir esta ley. De la física se sabe que la **energía cinética** de una partícula de masa m y velocidad v es

$$k = \frac{1}{2}mv^2. \qquad \text{Energía cinética}$$

La **energía potencial** p de una partícula en el punto en un campo vectorial conservativo $\mathbf{F}$ se define como $p(x, y, z) = -f(x, y, z)$, donde f es la función potencial de $\mathbf{F}$. En consecuencia, el trabajo realizado por $\mathbf{F}$ a lo largo de una curva suave C desde A hasta B es

$$W = \int_C \mathbf{F} \cdot d\mathbf{r} = f(x, y, z)\Big]_A^B = -p(x, y, z)\Big]_A^B = p(A) - p(B)$$

como se muestra en la figura 15.25. En otras palabras, el trabajo es igual a la diferencia entre las energías potenciales en A y B. Ahora, suponga que $\mathbf{r}(t)$ es el vector posición de una partícula que se mueve a lo largo de C desde $A = \mathbf{r}(a)$ hasta $B = \mathbf{r}(b)$. En cualquier instante t, la velocidad, aceleración y rapidez de la partícula son $\mathbf{v}(t) = \mathbf{r}'(t)$, $\mathbf{a}(t) = \mathbf{r}''(t)$ y $v(t) = \|\mathbf{v}(t)\|$, respectivamente. Así, por la segunda ley del movimiento de Newton, $\mathbf{F} = m\mathbf{a}(t) = m(\mathbf{v}'(t))$ y el trabajo realizado por $\mathbf{F}$ es

$$\begin{aligned}
W &= \int_C \mathbf{F} \cdot d\mathbf{r} \\
&= \int_a^b \mathbf{F} \cdot \mathbf{r}'(t)\, dt \\
&= \int_a^b \mathbf{F} \cdot \mathbf{v}(t)\, dt \\
&= \int_a^b [m\mathbf{v}'(t)] \cdot \mathbf{v}(t)\, dt \\
&= \int_a^b m[\mathbf{v}'(t) \cdot \mathbf{v}(t)]\, dt \\
&= \frac{m}{2} \int_a^b \frac{d}{dt}[\mathbf{v}(t) \cdot \mathbf{v}(t)]\, dt \\
&= \frac{m}{2} \int_a^b \frac{d}{dt}[\|\mathbf{v}(t)\|^2]\, dt \\
&= \frac{m}{2} \Big[\|\mathbf{v}(t)\|^2 \Big]_a^b \\
&= \frac{m}{2} \Big[[v(t)]^2 \Big]_a^b \\
&= \frac{1}{2}m[v(b)]^2 - \frac{1}{2}m[v(a)]^2 \\
&= k(B) - k(A).
\end{aligned}$$

Igualando estos dos resultados obtenidos para W se tiene

$$p(A) - p(B) = k(B) - k(A)$$
$$p(A) + k(A) = p(B) + k(B)$$

lo cual implica que la suma de energías potencial y cinética permanece constante de punto a punto.

MICHAEL FARADAY
(1791-1867)

Varios filósofos de la ciencia han considerado que la ley de Faraday de la conservación de la energía es la mayor generalización concebida por el pensamiento humano. Muchos físicos han contribuido a nuestro conocimiento de esta ley; dos de los primeros y más importantes fueron James Prescott Joule (1818-1889) y Hermann Ludwig Helmholtz (1821-1894).

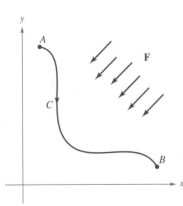

El trabajo realizado por $\mathbf{F}$ a lo largo de C es $W = \displaystyle\int_C \mathbf{F} \cdot d\mathbf{r} = p(A) - p(B)$.

Figura 15.25

15.3 Ejercicios

Consulte CalcChat.com para un tutorial de ayuda y soluciones trabajadas de los ejercicios con numeración impar.

Evaluar una integral de línea para diferentes parametrizaciones En los ejercicios 1 a 4, demuestre que el valor de $\int_C \mathbf{F} \cdot d\mathbf{r}$ es el mismo para cada representación paramétrica de C.

1. $\mathbf{F}(x, y) = x^2 \mathbf{i} + xy \mathbf{j}$

　(a) $\mathbf{r}_1(t) = t \mathbf{i} + t^2 \mathbf{j}, \quad 0 \le t \le 1$

　(b) $\mathbf{r}_2(\theta) = \operatorname{sen} \theta \mathbf{i} + \operatorname{sen}^2 \theta \mathbf{j}, \quad 0 \le \theta \le \dfrac{\pi}{2}$

2. $\mathbf{F}(x, y) = (x^2 + y^2) \mathbf{i} - x \mathbf{j}$

　(a) $\mathbf{r}_1(t) = t \mathbf{i} + \sqrt{t}\, \mathbf{j}, \quad 0 \le t \le 4$

　(b) $\mathbf{r}_2(w) = w^2 \mathbf{i} + w \mathbf{j}, \quad 0 \le w \le 2$

3. $\mathbf{F}(x, y) = y \mathbf{i} - x \mathbf{j}$

　(a) $\mathbf{r}_1(\theta) = \sec \theta \mathbf{i} + \tan \theta \mathbf{j}, \quad 0 \le \theta \le \dfrac{\pi}{3}$

　(b) $\mathbf{r}_2(t) = \sqrt{t+1}\, \mathbf{i} + \sqrt{t}\, \mathbf{j}, \quad 0 \le t \le 3$

4. $\mathbf{F}(x, y) = y \mathbf{i} + x^2 \mathbf{j}$

　(a) $\mathbf{r}_1(t) = (2 + t) \mathbf{i} + (3 - t) \mathbf{j}, \quad 0 \le t \le 3$

　(b) $\mathbf{r}_2(w) = (2 + \ln w) \mathbf{i} + (3 - \ln w) \mathbf{j}, \quad 1 \le w \le e^3$

Probar campos conservativos En los ejercicios 5 a 10, determine si el campo vectorial es o no conservativo.

5. $\mathbf{F}(x, y) = e^x(\operatorname{sen} y \mathbf{i} + \cos y \mathbf{j})$ **6.** $\mathbf{F}(x, y) = 15x^2 y^2 \mathbf{i} + 10x^3 y \mathbf{j}$

7. $\mathbf{F}(x, y) = \dfrac{1}{y^2}(y \mathbf{i} + x \mathbf{j})$

8. $\mathbf{F}(x, y, z) = y \ln z \mathbf{i} - x \ln z \mathbf{j} + \dfrac{xy}{z} \mathbf{k}$

9. $\mathbf{F}(x, y, z) = y^2 z \mathbf{i} + 2xyz \mathbf{j} + xy^2 \mathbf{k}$

10. $\mathbf{F}(x, y, z) = \operatorname{sen} yz \mathbf{i} + xz \cos yz \mathbf{j} + xy \operatorname{sen} yz \mathbf{k}$

Evaluar una integral de línea de un campo vectorial En los ejercicios 11 a 24, encuentre el valor de la integral de línea

$$\int_C \mathbf{F} \cdot d\mathbf{r}.$$

(*Sugerencia:* Si $\mathbf{F}$ es conservativo, la integración puede ser más sencilla a través de una trayectoria alternativa.)

11. $\mathbf{F}(x, y) = 2xy \mathbf{i} + x^2 \mathbf{j}$

　(a) $\mathbf{r}_1(t) = t \mathbf{i} + t^2 \mathbf{j}, \quad 0 \le t \le 1$

　(b) $\mathbf{r}_2(t) = t \mathbf{i} + t^3 \mathbf{j}, \quad 0 \le t \le 1$

12. $\mathbf{F}(x, y) = y e^{xy} \mathbf{i} + x e^{xy} \mathbf{j}$

　(a) $\mathbf{r}_1(t) = t \mathbf{i} - (t - 3) \mathbf{j}, \quad 0 \le t \le 3$

　(b) La trayectoria cerrada consiste en segmentos de recta desde $(0, 3)$ hasta $(0, 0)$, después desde $(0, 0)$ hasta $(3, 0)$ y desde $(3, 0)$ hasta $(0, 3)$.

13. $\mathbf{F}(x, y) = y \mathbf{i} - x \mathbf{j}$

　(a) $\mathbf{r}_1(t) = t \mathbf{i} + t \mathbf{j}, \quad 0 \le t \le 1$

　(b) $\mathbf{r}_2(t) = t \mathbf{i} + t^2 \mathbf{j}, \quad 0 \le t \le 1$

　(c) $\mathbf{r}_3(t) = t \mathbf{i} + t^3 \mathbf{j}, \quad 0 \le t \le 1$

14. $\mathbf{F}(x, y) = xy^2 \mathbf{i} + 2x^2 y \mathbf{j}$

　(a) $\mathbf{r}_1(t) = t \mathbf{i} + \dfrac{1}{t} \mathbf{j}, \quad 1 \le t \le 3$

　(b) $\mathbf{r}_2(t) = (t + 1) \mathbf{i} - \dfrac{1}{3}(t - 3) \mathbf{j}, \quad 0 \le t \le 2$

15. $\displaystyle\int_C y^2 \, dx + 2xy \, dy$

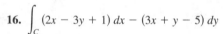

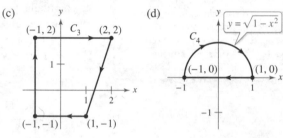

16. $\displaystyle\int_C (2x - 3y + 1) \, dx - (3x + y - 5) \, dy$

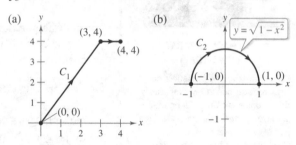

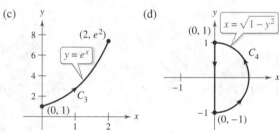

17. $\displaystyle\int_C 2xy \, dx + (x^2 + y^2) \, dy$

　(a) C: elipse $\dfrac{x^2}{25} + \dfrac{y^2}{16} = 1$ desde $(5, 0)$ hasta $(0, 4)$

　(b) C: parábola $y = 4 - x^2$ desde $(2, 0)$ hasta $(0, 4)$

18. $\displaystyle\int_C (x^2 + y^2)\, dx + 2xy\, dy$

(a) $\mathbf{r}_1(t) = t^3\mathbf{i} + t^2\mathbf{j}, \quad 0 \le t \le 2$

(b) $\mathbf{r}_2(t) = 2\cos t\,\mathbf{i} + 2\,\text{sen}\, t\,\mathbf{j}, \quad 0 \le t \le \dfrac{\pi}{2}$

19. $\mathbf{F}(x, y, z) = yz\mathbf{i} + xz\mathbf{j} + xy\mathbf{k}$

(a) $\mathbf{r}_1(t) = t\mathbf{i} + 2\mathbf{j} + t\mathbf{k}, \quad 0 \le t \le 4$

(b) $\mathbf{r}_2(t) = t^2\mathbf{i} + t\mathbf{j} + t^2\mathbf{k}, \quad 0 \le t \le 2$

20. $\mathbf{F}(x, y, z) = \mathbf{i} + z\mathbf{j} + y\mathbf{k}$

(a) $\mathbf{r}_1(t) = \cos t\,\mathbf{i} + \text{sen}\, t\,\mathbf{j} + t^2\mathbf{k}, \quad 0 \le t \le \pi$

(b) $\mathbf{r}_2(t) = (1 - 2t)\mathbf{i} + \pi^2 t\mathbf{k}, \quad 0 \le t \le 1$

21. $\mathbf{F}(x, y, z) = (2y + x)\mathbf{i} + (x^2 - z)\mathbf{j} + (2y - 4z)\mathbf{k}$

(a) $\mathbf{r}_1(t) = t\mathbf{i} + t^2\mathbf{j} + \mathbf{k}, \quad 0 \le t \le 1$

(b) $\mathbf{r}_2(t) = t\mathbf{i} + t\mathbf{j} + (2t - 1)^2\mathbf{k}, \quad 0 \le t \le 1$

22. $\mathbf{F}(x, y, z) = -y\mathbf{i} + x\mathbf{j} + 3xz^2\mathbf{k}$

(a) $\mathbf{r}_1(t) = \cos t\,\mathbf{i} + \text{sen}\, t\,\mathbf{j} + t\mathbf{k}, \quad 0 \le t \le \pi$

(b) $\mathbf{r}_2(t) = (1 - 2t)\mathbf{i} + \pi t\mathbf{k}, \quad 0 \le t \le 1$

23. $\mathbf{F}(x, y, z) = e^z(y\mathbf{i} + x\mathbf{j} + xy\mathbf{k})$

(a) $\mathbf{r}_1(t) = 4\cos t\,\mathbf{i} + 4\,\text{sen}\, t\,\mathbf{j} + 3\mathbf{k}, \quad 0 \le t \le \pi$

(b) $\mathbf{r}_2(t) = (4 - 8t)\mathbf{i} + 3\mathbf{k}, \quad 0 \le t \le 1$

24. $\mathbf{F}(x, y, z) = y\,\text{sen}\, z\,\mathbf{i} + x\,\text{sen}\, z\,\mathbf{j} + xy\cos x\mathbf{k}$

(a) $\mathbf{r}_1(t) = t^2\mathbf{i} + t^2\mathbf{j}, \quad 0 \le t \le 2$

(b) $\mathbf{r}_2(t) = 4t\mathbf{i} + 4t\mathbf{j}, \quad 0 \le t \le 1$

Usar el teorema fundamental de las integrales de línea   En los ejercicios 25 a 34, evalúe la integral de línea utilizando el teorema fundamental de las integrales de línea. Utilice un sistema algebraico por computadora y compruebe los resultados.

25. $\displaystyle\int_C (3y\mathbf{i} + 3x\mathbf{j}) \cdot d\mathbf{r}$

C: curva suave desde $(0, 0)$ hasta $(3, 8)$

26. $\displaystyle\int_C [2(x + y)\mathbf{i} + 2(x + y)\mathbf{j}] \cdot d\mathbf{r}$

C: curva suave de $(-1, 1)$ a $(3, 2)$

27. $\displaystyle\int_C \cos x\,\text{sen}\, y\, dx + \text{sen}\, x\cos y\, dy$

C: segmento de recta de $(0, -\pi)$ a $\left(\dfrac{3\pi}{2}, \dfrac{\pi}{2}\right)$

28. $\displaystyle\int_C \dfrac{y\, dx - x\, dy}{x^2 + y^2}$

C: segmento de recta de $(1, 1)$ a $\left(2\sqrt{3}, 2\right)$

29. $\displaystyle\int_C e^x\,\text{sen}\, y\, dx + e^x\cos y\, dy$

C: cicloide de $x = \theta - \text{sen}\,\theta, y = 1 - \cos\theta$ desde $(0, 0)$ hasta $(2\pi, 0)$

30. $\displaystyle\int_C \dfrac{2x}{(x^2 + y^2)^2}\, dx + \dfrac{2y}{(x^2 + y^2)^2}\, dy$

C: círculo $(x - 4)^2 + (y - 5)^2 = 9$ en el sentido de las manecillas del reloj desde $(7, 5)$ hasta $(1, 5)$

31. $\displaystyle\int_C (z + 2y)\, dx + (2x - z)\, dy + (x - y)\, dz$

(a) C: segmento de recta desde $(0, 0, 0)$ a $(1, 1, 1)$

(b) C: segmento de recta desde $(0, 0, 0)$ a $(0, 0, 1)$ a $(1, 1, 1)$

(c) C: segmento de recta desde $(0, 0, 0)$ a $(1, 0, 0)$ a $(1, 1, 0)$ a $(1, 1, 1)$

32. Repita el ejercicio 31 usando la integral

$$\int_C zy\, dx + xz\, dy + xy\, dz.$$

33. $\displaystyle\int_C -\,\text{sen}\, x\, dx + z\, dy + y\, dz$

C: curva suave desde $(0, 0, 0)$ hasta $\left(\dfrac{\pi}{2}, 3, 4\right)$

34. $\displaystyle\int_C 6x\, dx - 4z\, dy - (4y - 20z)\, dz$

C: curva suave desde $(0, 0, 0)$ hasta $(3, 4, 0)$

Trabajo   En los ejercicios 35 y 36, encuentre el trabajo realizado por el campo de fuerzas **F** al mover un objeto desde P hasta Q.

35. $\mathbf{F}(x, y) = 9x^2y^2\mathbf{i} + (6x^3y - 1)\mathbf{j};\ P(0, 0), Q(5, 9)$

36. $\mathbf{F}(x, y) = \dfrac{2x}{y}\mathbf{i} - \dfrac{x^2}{y^2}\mathbf{j};\ P(-1, 1), Q(3, 2)$

37. Trabajo   Una piedra de 1 libra atada al extremo de una cuerda de 2 pies se hace girar horizontalmente con un extremo fijo. Realiza una revolución por segundo. Encuentre el trabajo realizado por la fuerza **F** que mantiene a la piedra en una trayectoria circular. [*Sugerencia:* Use fuerza = (masa)(aceleración centrípeta).]

38. Trabajo   Si $\mathbf{F}(x, y, z) = a_1\mathbf{i} + a_2\mathbf{j} + a_3\mathbf{k}$ es un campo vectorial de fuerza constante, demuestre que el trabajo realizado al mover una partícula a lo largo de la trayectoria desde P hasta Q es $W = \mathbf{F} \cdot \overrightarrow{PQ}$.

39. Trabajo

Se instala una tirolesa a 50 metros del nivel del suelo. Corre desde su posición hasta un punto a 50 metros de la base de la instalación. Demuestre que el trabajo realizado por el campo de fuerzas gravitatorio para que una persona de 175 libras recorra la longitud del cable es el mismo en cada una de las trayectorias

(a) $\mathbf{r}(t) = t\mathbf{i} + (50 - t)\mathbf{j}$

(b) $\mathbf{r}(t) = t\mathbf{i} + \dfrac{1}{50}(50 - t)^2\mathbf{j}$

40. Trabajo   ¿Puede encontrar una trayectoria para el cable de la tirolesa del ejercicio 39, tal que el trabajo realizado por el campo de fuerzas gravitatorio sea distinto de las cantidades de trabajo realizadas para las dos trayectorias dadas? Explique por qué sí o por qué no.

DESARROLLO DE CONCEPTOS

41. Teorema fundamental de las integrales de línea Enuncie el teorema fundamental de las integrales de línea.

42. Independencia de la trayectoria ¿Qué significa que una integral de línea sea independiente de la trayectoria? Enuncie el método para determinar si una integral de línea es independiente de la trayectoria.

43. Piénselo Sea $F(x, y) = \dfrac{y}{x^2 + y^2}\mathbf{i} - \dfrac{x}{x^2 + y^2}\mathbf{j}$. Encuentre el valor de la integral de línea $\int_C \mathbf{F} \cdot d\mathbf{r}$.

(a)
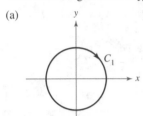

(b)
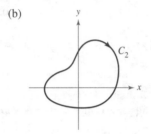

(c)
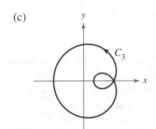

(d)
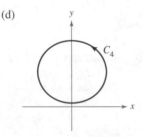

44. **¿CÓMO LO VE?** Considere el campo de fuerzas que se muestra en la figura. Para imprimir una copia ampliada de la gráfica, visite *MathGraphs.com*.

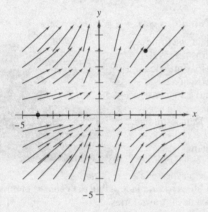

(a) Argumente verbalmente que el campo de fuerzas no es conservativo porque se pueden encontrar dos trayectorias que requieren cantidades diferentes de trabajo para mover un objeto desde $(-4, 0)$ hasta $(3, 4)$. De las dos trayectorias, ¿cuál requiere mayor cantidad de trabajo?

(b) Argumente verbalmente que el campo de fuerzas no es conservativo porque se puede encontrar una curva cerrada C tal que $\int_C \mathbf{F} \cdot d\mathbf{r} \neq 0$.

Razonamiento gráfico En los ejercicios 45 y 46, considere el campo de fuerzas que se muestra en la figura. ¿Es el campo de fuerzas conservativo? Explique por qué sí o por qué no.

45.   46.
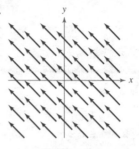

¿Verdadero o falso? En los ejercicios 47 a 50, determine si el enunciado es verdadero o falso. Si es falso, explique por qué o dé un ejemplo que demuestre que es falso.

47. Si C_1, C_2 y C_3 tienen los mismos puntos inicial y final, y $\int_{C_1} \mathbf{F} \cdot d\mathbf{r}_1 = \int_{C_2} \mathbf{F} \cdot d\mathbf{r}_2$, entonces $\int_{C_1} \mathbf{F} \cdot d\mathbf{r}_1 = \int_{C_3} \mathbf{F} \cdot d\mathbf{r}_3$.

48. Si $\mathbf{F} = y\mathbf{i} + x\mathbf{j}$ y C está dado por $\mathbf{r}(t) = (4 \operatorname{sen} t)\mathbf{i} + (3 \cos t)\mathbf{j}$, para $0 \leq t \leq \pi$, entonces $\int_C \mathbf{F} \cdot d\mathbf{r} = 0$.

49. Si $\mathbf{F}$ es conservativa en una región R acotada por una trayectoria cerrada simple y está contenida en R, entonces $\int_C \mathbf{F} \cdot d\mathbf{r}$ es independiente de la trayectoria.

50. Si $\mathbf{F} = M\mathbf{i} + N\mathbf{j}$ y $\partial M/\partial x = \partial N/\partial y$, entonces $\mathbf{F}$ es conservativa.

51. Función armónica Una función es *armónica* si $\dfrac{\partial^2 f}{\partial x^2} + \dfrac{\partial^2 f}{\partial y^2} = 0$. Demuestre que si f es armónica, entonces

$$\int_C \left(\frac{\partial f}{\partial y} dx - \frac{\partial f}{\partial x} dy\right) = 0$$

donde C es una curva suave cerrada en el plano.

52. Energía cinética y potencial La energía cinética de un objeto que se mueve a través de un campo de fuerzas conservativo disminuye a una razón de 15 unidades por minuto. ¿A qué razón cambia su energía potencial?

53. Investigación Sea $F(x, y) = \dfrac{y}{x^2 + y^2}\mathbf{i} - \dfrac{x}{x^2 + y^2}\mathbf{j}$.

(a) Demuestre que

$$\frac{\partial N}{\partial x} = \frac{\partial M}{\partial y}$$

donde

$$M = \frac{y}{x^2 + y^2} \quad \text{y} \quad N = \frac{-x}{x^2 + y^2}.$$

(b) Si $\mathbf{r}(t) = \cos t\mathbf{i} + \operatorname{sen} t\mathbf{j}$ para $0 \leq t \leq \pi$, encuentre $\int_C \mathbf{F} \cdot d\mathbf{r}$.

(c) Si $\mathbf{r}(t) = \cos t\mathbf{i} - \operatorname{sen} t\mathbf{j}$ para $0 \leq t \leq \pi$, encuentre $\int_C \mathbf{F} \cdot d\mathbf{r}$.

(d) Si $\mathbf{r}(t) = \cos t\mathbf{i} + \operatorname{sen} t\mathbf{j}$ para $0 \leq t \leq 2\pi$, encuentre $\int_C \mathbf{F} \cdot d\mathbf{r}$. ¿Por qué esto no contradice el teorema 15.7?

(e) Demuestre que $\nabla\left(\arctan \dfrac{x}{y}\right) = \mathbf{F}$.

15.4 Teorema de Green

■ Utilizar el teorema de Green para evaluar una integral de línea.
■ Utilizar formas alternativas del teorema de Green.

Teorema de Green

En esta sección estudiará el **teorema de Green**, que recibe este nombre en honor del matemático inglés George Green (1793-1841). Este teorema establece que el valor de una integral doble sobre una región *simplemente conexa* R está determinado por el valor de una integral de línea a lo largo de la frontera de R.

Una curva C dada por $\mathbf{r}(t) = x(t)\mathbf{i} + y(t)\mathbf{i}$, donde $a \le t \le b$, es **simple** si no se corta a sí misma, es decir, $\mathbf{r}(c) \ne \mathbf{r}(d)$ para todo c y d en el intervalo abierto (a, b). Una región plana R es **simplemente conexa** si cada curva cerrada simple en R encierra sólo los puntos que están en R (ver la figura 15.26). De manera informal, una región simplemente conexa no puede consistir de partes separadas o con agujeros.

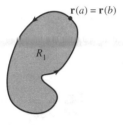
Simplemente conexa

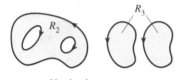
No simplemente conexa

Figura 15.26

> ### TEOREMA 15.8 Teorema de Green
>
> Sea R una región simplemente conexa cuya frontera es una curva C suave por partes, orientada en sentido contrario a las manecillas del reloj (es decir, C se recorre *una vez* de manera que la región R siempre esté a la *izquierda*). Si M y N tienen derivadas parciales continuas en una región abierta que contiene a R, entonces
> $$\int_C M\,dx + N\,dy = \iint_R \left(\frac{\partial N}{\partial x} - \frac{\partial M}{\partial y}\right)dA.$$

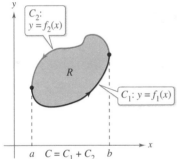
R es verticalmente simple.

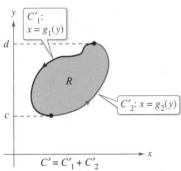
R es horizontalmente simple.
Figura 15.27

Demostración Se da una demostración sólo para una región que es vertical y horizontalmente simple, como se muestra en la figura 15.27.
$$\int_C M\,dx = \int_{C_1} M\,dx + \int_{C_2} M\,dx$$
$$= \int_a^b M(x, f_1(x))\,dx + \int_b^a M(x, f_2(x))\,dx$$
$$= \int_a^b [M(x, f_1(x)) - M(x, f_2(x))]\,dx$$

Por otro lado
$$\iint_R \frac{\partial M}{\partial y}\,dA = \int_a^b \int_{f_1(x)}^{f_2(x)} \frac{\partial M}{\partial y}\,dy\,dx$$
$$= \int_a^b M(x, y)\Big]_{f_1(x)}^{f_2(x)}\,dx$$
$$= \int_a^b [M(x, f_2(x)) - M(x, f_1(x))]\,dx.$$

Por consiguiente
$$\int_C M\,dx = -\iint_R \frac{\partial M}{\partial y}\,dA.$$

De manera similar, puede usar $g_1(y)$ y $g_2(y)$ para demostrar que $\int_C N\,dy = \int_R\int \partial N/\partial x\,dA$. Sumando las integrales $\int_C M\,dx$ y $\int_C N\,dy$, llega a la conclusión establecida en el teorema.

Consulte LarsonCalculus.com para el video de Bruce Edwards de esta demostración.

Un signo de integral con un círculo es algunas veces utilizado para indicar una integral de línea alrededor de una curva cerrada simple, como se muestra a continuación. Para indicar la orientación de la frontera, se puede utilizar una flecha. Por ejemplo, en la segunda integral, la flecha indica que la frontera C está orientada en sentido contrario a las manecillas del reloj.

1. $\displaystyle\oint_C M\,dx + N\,dy$ **2.** $\displaystyle\oint_C M\,dx + N\,dy$

EJEMPLO 1 Aplicar el teorema de Green

Utilice el teorema de Green para evaluar la integral de línea

$$\int_C y^3\,dx + (x^3 + 3xy^2)\,dy$$

donde C es la trayectoria desde $(0, 0)$, hasta $(1, 1)$ a lo largo de la gráfica de $y = x^3$, desde $(1, 1)$ hasta $(0, 0)$ a lo largo de la gráfica de $y = x$, como se muestra en la figura 15.28.

Solución Como $M = y^3$ y $N = x^3 + 3xy^2$, tiene que

$$\frac{\partial N}{\partial x} = 3x^2 + 3y^2 \quad \text{y} \quad \frac{\partial M}{\partial y} = 3y^2.$$

Aplicando el teorema de Green, tiene entonces

$$\int_C y^3\,dx + (x^3 + 3xy^2)\,dy = \iint_R \left(\frac{\partial N}{\partial x} - \frac{\partial M}{\partial y}\right) dA$$

$$= \int_0^1 \int_{x^3}^x \left[(3x^2 + 3y^2) - 3y^2\right] dy\,dx$$

$$= \int_0^1 \int_{x^3}^x 3x^2\,dy\,dx$$

$$= \int_0^1 3x^2 y \Big]_{x^3}^x dx$$

$$= \int_0^1 (3x^3 - 3x^5)\,dx$$

$$= \left[\frac{3x^4}{4} - \frac{x^6}{2}\right]_0^1$$

$$= \frac{1}{4}.$$

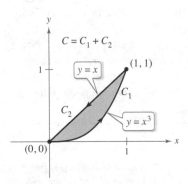

$C = C_1 + C_2$

$y = x$

C_1

C_2

$y = x^3$

$(1, 1)$

$(0, 0)$

C es simple y cerrada, y la región R siempre se encuentra a la izquierda de C.

Figura 15.28

El teorema de Green no se puede aplicar a toda integral de línea. Entre las restricciones establecidas en el teorema 15.8, la curva C debe ser simple y cerrada. Sin embargo, cuando el teorema de Green es aplicable, puede ahorrar tiempo. Para ver esto, trate de aplicar las técnicas descritas en la sección 15.2 para evaluar la integral de línea del ejemplo 1. Para esto, necesita escribir la integral de línea como

$$\int_C y^3\,dx + (x^3 + 3xy^2)\,dy$$

$$= \int_{C_1} y^3\,dx + (x^3 + 3xy^2)\,dy + \int_{C_2} y^3\,dx + (x^3 + 3xy^2)\,dy$$

donde C_1 es la trayectoria cúbica dada por

$$\mathbf{r}(t) = t\mathbf{i} + t^3\mathbf{j}$$

desde $t = 0$ hasta $t = 1$ y C_2 es el segmento de recta dado por

$$\mathbf{r}(t) = (1 - t)\mathbf{i} + (1 - t)\mathbf{j}$$

desde $t = 0$ hasta $t = 1$.

GEORGE GREEN (1793-1841)

Green, autodidacta, hijo de un molinero, publicó por primera vez el teorema que lleva su nombre en 1828 en un ensayo sobre electricidad y magnetismo. En ese tiempo no había casi ninguna teoría matemática para explicar los fenómenos eléctricos. "Considerando cuán deseable sería que una energía de naturaleza universal, como la electricidad, fuera susceptible, hasta donde fuera posible, de someterse al cálculo... me vi impulsado a intentar descubrir cualquier posible relación general entre esta función y las cantidades de electricidad en los cuerpos que la producen."

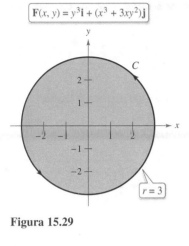

$$\boxed{\mathbf{F}(x, y) = y^3\mathbf{i} + (x^3 + 3xy^2)\mathbf{j}}$$

$r = 3$

Figura 15.29

EJEMPLO 2 **Aplicar el teorema de Green para calcular trabajo**

Estando sometida a la fuerza

$$\mathbf{F}(x, y) = y^3\mathbf{i} + (x^3 + 3xy^2)\mathbf{j}$$

una partícula recorre una vez el círculo de radio 3 que se muestra en la figura 15.29. Aplique el teorema de Green para hallar el trabajo realizado por **F**.

Solución Por el ejemplo 1 sabe, de acuerdo con el teorema de Green, que

$$\int_C y^3\, dx + (x^3 + 3xy^2)\, dy = \iint_R 3x^2\, dA$$

En coordenadas polares, usando $x = r\cos\theta$ y $dA = r\, dr\, d\theta$ el trabajo realizado es

$$
\begin{aligned}
W &= \iint_R 3x^2\, dA \\
&= \int_0^{2\pi}\int_0^3 3(r\cos\theta)^2 r\, dr\, d\theta \\
&= 3\int_0^{2\pi}\int_0^3 r^3\cos^2\theta\, dr\, d\theta \\
&= 3\int_0^{2\pi}\frac{r^4}{4}\cos^2\theta\Big]_0^3\, d\theta \\
&= 3\int_0^{2\pi}\frac{81}{4}\cos^2\theta\, d\theta \\
&= \frac{243}{8}\int_0^{2\pi}(1 + \cos 2\theta)\, d\theta \\
&= \frac{243}{8}\left[\theta + \frac{\operatorname{sen} 2\theta}{2}\right]_0^{2\pi} \\
&= \frac{243\pi}{4}.
\end{aligned}
$$

Al evaluar integrales de línea sobre curvas cerradas, recuerde que en campos vectoriales conservativos (en los que $\partial N/\partial x = \partial M/\partial y$), el valor de la integral de línea es 0. Esto es fácil de ver a partir de lo establecido en el teorema de Green

$$\int_C M\, dx + N\, dy = \iint_R \left(\frac{\partial N}{\partial x} - \frac{\partial M}{\partial y}\right) dA = 0.$$

EJEMPLO 3 **Teorema de Green y campos vectoriales conservativos**

Evalúe la integral de línea

$$\int_C y^3\, dx + 3xy^2\, dy$$

donde C es la trayectoria que se muestra en la figura 15.30.

Solución A partir de esta integral de línea, $M = y^3$ y $N = 3xy^2$. Así que, $\partial N/\partial x = 3y^2$ y $\partial M/\partial y = 3y^2$. Esto implica que el campo vectorial $\mathbf{F} = M\mathbf{i} + N\mathbf{j}$ es conservativo, y como C es cerrada, puede concluir que

$$\int_C y^3\, dx + 3xy^2\, dy = 0.$$

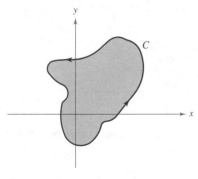

C es cerrada.
Figura 15.30

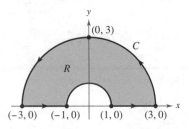

C es suave por partes.

Figura 15.31

EJEMPLO 4 **Aplicar el teorema de Green**

⋮ ⋯▷ *Consulte LarsonCalculus.com para una versión interactiva de este tipo de ejemplo.*

Evalúe

$$\int_C (\arctan x + y^2)\, dx + (e^y - x^2)\, dy$$

donde C es la trayectoria que encierra la región anular que se muestra en la figura 15.31.

Solución En coordenadas polares, R está dada por $1 \le r \le 3$ para $0 \le \theta \le \pi$. Además

$$\frac{\partial N}{\partial x} - \frac{\partial M}{\partial y} = -2x - 2y = -2(r \cos \theta + r \operatorname{sen} \theta).$$

Así, por el teorema de Green,

$$\int_C (\arctan x + y^2)\, dx + (e^y - x^2)\, dy = \iint_R -2(x + y)\, dA$$

$$= \int_0^\pi \int_1^3 -2r(\cos \theta + \operatorname{sen} \theta) r\, dr\, d\theta$$

$$= \int_0^\pi -2(\cos \theta + \operatorname{sen} \theta)\frac{r^3}{3}\Big]_1^3\, d\theta$$

$$= \int_0^\pi \left(-\frac{52}{3}\right)(\cos \theta + \operatorname{sen} \theta)\, d\theta$$

$$= -\frac{52}{3}\Big[\operatorname{sen} \theta - \cos \theta\Big]_0^\pi$$

$$= -\frac{104}{3}. \qquad \blacksquare$$

En los ejemplos 1, 2 y 4, el teorema de Green se utilizó para evaluar integrales de línea como integrales dobles. También puede utilizar el teorema para evaluar integrales dobles como integrales de línea. Una aplicación útil se da cuando $\partial N/\partial x - \partial M/\partial y = 1$.

$$\int_C M\, dx + N\, dy = \iint_R \left(\frac{\partial N}{\partial x} - \frac{\partial M}{\partial y}\right) dA$$

$$= \iint_R 1\, dA \qquad \frac{\partial N}{\partial x} - \frac{\partial M}{\partial y} = 1$$

$$= \text{Área de la región } R$$

Entre las muchas opciones para M y N que satisfacen la condición establecida, la opción de

$$M = -\frac{y}{2} \quad \text{y} \quad N = \frac{x}{2}$$

genera la siguiente integral de línea para el área de la región R.

TEOREMA 15.9 **Integral de línea para el área**

Si R es una región plana acotada por una curva simple C, cerrada y suave por partes, orientada en sentido contrario a las manecillas del reloj, entonces el área de R está dada por

$$A = \frac{1}{2}\int_C x\, dy - y\, dx.$$

EJEMPLO 5   **Hallar el área mediante una integral de línea**

Use una integral de línea para hallar el área de la elipse $(x^2/a^2) + (y^2/b^2) = 1$.

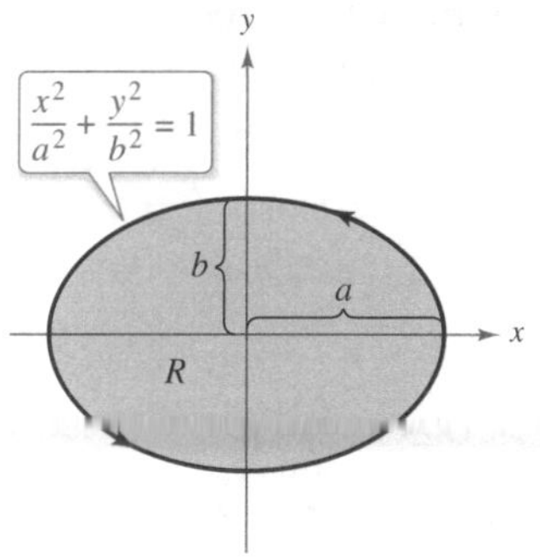

Solución   Utilizando la figura 15.32, puede inducir a la trayectoria elíptica una orientación en sentido contrario a las manecillas del reloj haciendo $x = a \cos t$ y $y = b \operatorname{sen} t$, $0 \le t \le 2\pi$. Por tanto, el área es

$$A = \frac{1}{2}\int_C x\,dy - y\,dx = \frac{1}{2}\int_0^{2\pi} [(a \cos t)(b \cos t)\,dt - (b \operatorname{sen} t)(-a \operatorname{sen} t)\,dt]$$

$$= \frac{ab}{2}\int_0^{2\pi} (\cos^2 t + \operatorname{sen}^2 t)\,dt$$

$$= \frac{ab}{2}\Big[t\Big]_0^{2\pi}$$

$$= \pi ab.$$

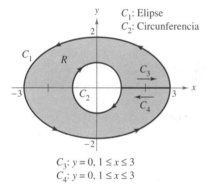

Figura 15.32

El teorema de Green puede extenderse para cubrir algunas regiones que no son simplemente conexas. Esto se demuestra en el ejemplo siguiente.

EJEMPLO 6   **El teorema de Green extendido a una región con un orificio**

Sea R la región interior a la elipse $(x^2/9) + (y^2/4) = 1$ y exterior al círculo $x^2 + y^2 = 1$. Evalúe la integral de línea

$$\int_C 2xy\,dx + (x^2 + 2x)\,dy$$

donde $C = C_1 + C_2$ es la frontera de R, como se muestra en la figura 15.33.

C_1: Elipse
C_2: Circunferencia

C_3: $y = 0,\ 1 \le x \le 3$
C_4: $y = 0,\ 1 \le x \le 3$

Figura 15.33

Solución   Para empezar, introduzca los segmentos de recta C_3 y C_4 como se muestra en la figura 15.33. Observe que como las curvas tienen orientaciones opuestas, las integrales de línea sobre ellas se cancelan entre sí. Además, puede aplicar el teorema de Green a la región R utilizando la frontera $C_1 + C_4 + C_2 + C_3$ para obtener

$$\int_C 2xy\,dx + (x^2 + 2x)\,dy = \int\!\!\int_R \left(\frac{\partial N}{\partial x} - \frac{\partial M}{\partial y}\right) dA$$

$$= \int\!\!\int_R (2x + 2 - 2x)\,dA$$

$$= 2\int\!\!\int_R dA$$

$$= 2(\text{área de } R)$$

$$= 2(\pi ab - \pi r^2)$$

$$= 2[\pi(3)(2) - \pi(1^2)]$$

$$= 10\pi.$$

En la sección 15.1 se estableció una condición necesaria y suficiente para campos vectoriales conservativos. Ahí sólo se presentó una dirección de la demostración. Ahora puede dar la otra dirección, usando el teorema de Green. Sea $\mathbf{F}(x, y) = M\mathbf{i} + N\mathbf{j}$ definido en un disco abierto R. Usted quiere demostrar que si M y N tienen primeras derivadas parciales continuas y $\partial M/\partial y = \partial N/\partial x$, entonces $\mathbf{F}$ es conservativo. Suponga que C es una trayectoria cerrada que forma la frontera de una región conexa contenida en R. Entonces, usando el hecho de que $\partial M/\partial y = \partial N/\partial x$ puede aplicar el teorema de Green para concluir que

$$\int_C \mathbf{F} \cdot d\mathbf{r} = \int_C M\,dx + N\,dy = \int\!\!\int_R \left(\frac{\partial N}{\partial x} - \frac{\partial M}{\partial y}\right) dA = 0.$$

Esto es, a su vez, equivalente a demostrar que $\mathbf{F}$ es conservativo (vea el teorema 15.7).

Formas alternativas del teorema de Green

Esta sección concluye con la deducción de dos formulaciones vectoriales del teorema de Green para regiones en el plano. La extensión de estas formas vectoriales a tres dimensiones es la base del estudio en el resto de las secciones de este capítulo. Si **F** es un campo vectorial en el plano, puede escribir

$$\mathbf{F}(x, y, z) = M\mathbf{i} + N\mathbf{j} + 0\mathbf{k}$$

por lo que el rotacional de **F**, como se describió en la sección 15.1, está dado por

$$\text{rot } \mathbf{F} = \nabla \times \mathbf{F} = \begin{vmatrix} \mathbf{i} & \mathbf{j} & \mathbf{k} \\ \dfrac{\partial}{\partial x} & \dfrac{\partial}{\partial y} & \dfrac{\partial}{\partial z} \\ M & N & 0 \end{vmatrix} = -\frac{\partial N}{\partial z}\mathbf{i} + \frac{\partial M}{\partial z}\mathbf{j} + \left(\frac{\partial N}{\partial x} - \frac{\partial M}{\partial y}\right)\mathbf{k}.$$

Por consiguiente

$$(\text{rot } \mathbf{F}) \cdot \mathbf{k} = \left[-\frac{\partial N}{\partial z}\mathbf{i} + \frac{\partial M}{\partial z}\mathbf{j} + \left(\frac{\partial N}{\partial x} - \frac{\partial M}{\partial y}\right)\mathbf{k}\right] \cdot \mathbf{k} = \frac{\partial N}{\partial x} - \frac{\partial M}{\partial y}.$$

Con condiciones apropiadas sobre **F**, C y R, puede escribir el teorema de Green en forma vectorial

$$\int_C \mathbf{F} \cdot d\mathbf{r} = \iint_R \left(\frac{\partial N}{\partial x} - \frac{\partial M}{\partial y}\right) dA$$

$$= \iint_R (\text{rot } \mathbf{F}) \cdot \mathbf{k}\, dA. \qquad \text{Primera forma alternativa}$$

La extensión de esta forma vectorial del teorema de Green a superficies en el espacio da lugar al **teorema de Stokes**, que se estudia en la sección 15.8.

Para la segunda forma vectorial del teorema de Green, suponga las mismas condiciones sobre **F**, C y R. Utilizando el parámetro longitud de arco s para C, tiene $\mathbf{r}(s) = x(s)\mathbf{i} + y(s)\mathbf{j}$. Por tanto, un vector unitario tangente **T** a la curva C está dado por $\mathbf{r}'(s) = \mathbf{T} = x'(s)\mathbf{i} + y'(s)\mathbf{j}$. En la figura 15.34 puede ver que el vector unitario normal *hacia fuera* **N** puede entonces escribirse como

$$\mathbf{N} = y'(s)\mathbf{i} - x'(s)\mathbf{j}.$$

Por consiguiente, para $\mathbf{F}(x, y) = M\mathbf{i} + N\mathbf{j}$ se puede aplicar el teorema de Green para obtener

$$\int_C \mathbf{F} \cdot \mathbf{N}\, ds = \int_a^b (M\mathbf{i} + N\mathbf{j}) \cdot (y'(s)\mathbf{i} - x'(s)\mathbf{j})\, ds$$

$$= \int_a^b \left(M\frac{dy}{ds} - N\frac{dx}{ds}\right) ds$$

$$= \int_C M\, dy - N\, dx$$

$$= \int_C -N\, dx + M\, dy$$

$$= \iint_R \left(\frac{\partial M}{\partial x} + \frac{\partial N}{\partial y}\right) dA \qquad \text{Teorema de Green}$$

$$= \iint_R \text{div } \mathbf{F}\, dA.$$

Por consiguiente,

$$\int_C \mathbf{F} \cdot \mathbf{N}\, ds = \iint_R \text{div } \mathbf{F}\, dA. \qquad \text{Segunda forma alternativa}$$

Una generalización de esta forma a tres dimensiones se llama **teorema de la divergencia**, discutido en la sección 15.7. En las secciones 15.7 y 15.8 se analizarán las interpretaciones físicas de divergencia y del rotacional.

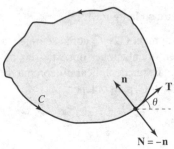

$\mathbf{T} = \cos\theta\mathbf{i} + \text{sen}\,\theta\mathbf{j}$

$\mathbf{n} = \cos\left(\theta + \dfrac{\pi}{2}\right)\mathbf{i} + \text{sen}\left(\theta + \dfrac{\pi}{2}\right)\mathbf{j}$

$\quad = -\text{sen}\,\theta\mathbf{i} + \cos\theta\mathbf{j}$

$\mathbf{N} = \text{sen}\,\theta\mathbf{i} - \cos\theta\mathbf{j}$

Figura 15.34

15.4   Ejercicios

Consulte **CalcChat.com** para un tutorial de ayuda y soluciones trabajadas de los ejercicios con numeración impar.

Verificación del teorema de Green   **En los ejercicios 1 a 4, compruebe el teorema de Green evaluando ambas integrales**

$$\int_C y^2\, dx + x^2\, dy = \int\int_R \left(\frac{\partial N}{\partial x} - \frac{\partial M}{\partial y}\right) dA$$

para la trayectoria dada.

1. C: frontera de la región que yace entre las gráficas de $y = x$ y $y = x^2$.

2. C: frontera de la región que yace entre las gráficas de $y = x$ y $y = \sqrt{x}$.

3. C: cuadrado con vértices $(0, 0)$, $(1, 0)$, $(1, 1)$, $(0, 1)$

4. C: rectángulo con vértices $(0, 0)$, $(3, 0)$, $(3, 4)$, $(0, 4)$

Verificar el teorema de Green   **En los ejercicios 5 y 6, compruebe el teorema de Green utilizando un sistema algebraico por computadora y evalúe ambas integrales**

$$\int_C xe^y\, dx + e^x\, dy = \int\int_R \left(\frac{\partial N}{\partial x} - \frac{\partial M}{\partial y}\right) dA$$

sobre la trayectoria dada.

5. C: circunferencia dada por $x^2 + y^2 = 4$

6. C: frontera de la región comprendida entre las gráficas de $y = x$ y $y = x^3$ en el primer cuadrante

Evaluar una integral de línea utilizando el teorema de Green   **En los ejercicios 7 a 10, utilice el teorema de Green para evaluar la integral**

$$\int_C (y - x)\, dx + (2x - y)\, dy$$

sobre la trayectoria dada.

7. C: frontera de la región comprendida entre las gráficas de $y = x$ y $y = x^2 - 2x$

8. C: $x = 2\cos\theta$, $y = \operatorname{sen}\theta$

9. C: frontera de la región interior al rectángulo acotado por $x = -5$, $x = 5$, $y = -3$ y $y = 3$, y exterior al cuadrado acotado por $x = -1$, $x = 1$, $y = -1$ y $y = 1$.

10. C: frontera de la región interior al semicírculo $y = \sqrt{25 - x^2}$ y exterior al semicírculo $y = \sqrt{9 - x^2}$

Evaluar una integral de línea usando el teorema de Green   **En los ejercicios 11 a 20, utilice el teorema de Green para evaluar la integral de línea.**

11. $\displaystyle\int_C 2xy\, dx + (x + y)\, dy$

    C: frontera de la región comprendida entre las gráficas de, $y = 0$ y $y = 1 - x^2$

12. $\displaystyle\int_C y^2\, dx + xy\, dy$

    C: frontera de la región comprendida entre las gráficas de, $y = 0$, $y = \sqrt{x}$ y $x = 9$

13. $\displaystyle\int_C (x^2 - y^2)\, dx + 2xy\, dy$

    C: $x^2 + y^2 = 16$

14. $\displaystyle\int_C (x^2 - y^2)\, dx + 2xy\, dy$

    C: $r = 1 + \cos\theta$

15. $\displaystyle\int_C e^x \cos 2y\, dx - 2e^x \operatorname{sen} 2y\, dy$

    C: $x^2 + y^2 = a^2$

16. $\displaystyle\int_C 2\arctan\frac{y}{x}\, dx + \ln(x^2 + y^2)\, dy$

    C: $x = 4 + 2\cos\theta$, $y = 4 + \operatorname{sen}\theta$

17. $\displaystyle\int_C \cos y\, dx + (xy - x\operatorname{sen} y)\, dy$

    C: frontera de la región comprendida entre las gráficas de, $y = x$ y $y = \sqrt{x}$

18. $\displaystyle\int_C (e^{-x^2/2} - y)\, dx + (e^{-y^2/2} + x)\, dy$

    C: frontera de la región comprendida entre las gráficas de la circunferencia, $x = 6\cos\theta$, $y = 6\operatorname{sen}\theta$ y la elipse, $x = 3\cos\theta$, $y = 2\operatorname{sen}\theta$

19. $\displaystyle\int_C (x - 3y)\, dx + (x + y)\, dy$

    C: frontera de la región comprendida entre las gráficas de $x^2 + y^2 = 1$ y $x^2 + y^2 = 9$

20. $\displaystyle\int_C 3x^2 e^y\, dx + e^y\, dy$

    C: frontera de la región comprendida entre los cuadrados con vértices $(1, 1)$, $(-1, 1)$, $(-1, -1)$ y $(1, -1)$ y $(2, 2)$, $(-2, 2)$, $(-2, -2)$ y $(2, -2)$

Trabajo   **En los ejercicios 21 a 24, utilice el teorema de Green para calcular el trabajo realizado por la fuerza F sobre una partícula que se mueve, en sentido contrario a las manecillas del reloj, por la trayectoria cerrada C.**

21. $\mathbf{F}(x, y) = xy\mathbf{i} + (x + y)\mathbf{j}$

    C: $x^2 + y^2 = 1$

22. $\mathbf{F}(x, y) = (e^x - 3y)\mathbf{i} + (e^y + 6x)\mathbf{j}$

    C: $r = 2\cos\theta$

23. $\mathbf{F}(x, y) = (x^{3/2} - 3y)\mathbf{i} + (6x + 5\sqrt{y})\mathbf{j}$

    C: frontera del triángulo con vértices, $(0, 0)$, $(5, 0)$ y $(0, 5)$

24. $\mathbf{F}(x, y) = (3x^2 + y)\mathbf{i} + 4xy^2\mathbf{j}$

    C: frontera de la región comprendida entre las gráficas de $y = \sqrt{x}$, $y = 0$ y $x = 9$

Área   **En los ejercicios 25 a 28, utilice una integral de línea para hallar el área de la región R.**

25. R: región acotada por la gráfica de $x^2 + y^2 = a^2$

26. R: triángulo acotado por las gráficas de $x = 0$, $3x - 2y = 0$ y $x + 2y = 8$

27. R: región acotada por la gráfica de $y = 5x - 3$ y $y = x^2 + 1$

28. R: región interior al lazo de la hoja o folio de Descartes acotada por la gráfica de

$$x = \frac{3t}{t^3 + 1}, \quad y = \frac{3t^2}{t^3 + 1}$$

DESARROLLO DE CONCEPTOS

29. Teorema de Green Enuncie el teorema de Green.

30. Área Dé la integral de línea para el área de una región R acotada por una curva simple suave por partes C.

Usar el teorema de Green para comprobar una fórmula En los ejercicios 31 y 32, utilice el teorema de Green para verificar las fórmulas de las integrales de línea.

31. La centroide de una región de área A acotada por una trayectoria simple cerrada C es

$$\bar{x} = \frac{1}{2A} \int_C x^2 \, dy, \quad \bar{y} = -\frac{1}{2A} \int_C y^2 \, dx.$$

32. El área de una región plana acotada por la trayectoria simple cerrada C dada en coordenadas polares es

$$A = \frac{1}{2} \int_C r^2 \, d\theta.$$

Centroide En los ejercicios 33 a 36, utilice un sistema algebraico por computadora y los resultados del ejercicio 31 para hallar el centroide de la región.

33. R: región acotada por las gráficas de $y = 0$ y $y = 4 - x^2$

34. R: región acotada por las gráficas de $y = \sqrt{a^2 - x^2}$ y $y = 0$

35. R: región acotada por las gráficas de $y = x^3$ y $y = x$, $0 \le x \le 1$

36. R: triángulo cuyos vértices son $(-a, 0)$, $(a, 0)$ y (b, c), donde $-a \le b \le a$

Área En los ejercicios 37 a 40, utilice los resultados del ejercicio 32 para hallar el área de la región acotada por la gráfica de la ecuación polar

37. $r = a(1 - \cos \theta)$

38. $r = a \cos 3\theta$

39. $r = 1 + 2 \cos \theta$ (lazo interior)

40. $r = \dfrac{3}{2 - \cos \theta}$

41. Valor máximo

(a) Evalúe $\displaystyle\int_{C_1} y^3 \, dx + (27x - x^3) \, dy$,

donde C_1 es el círculo unitario dado por $\mathbf{r}(t) = \cos t\mathbf{i} + \operatorname{sen} t\mathbf{j}$, para $0 \le t \le 2\pi$.

(b) Determine el valor máximo de $\displaystyle\int_C y^3 \, dx + (27x - x^3) \, dy$,

donde C es cualquier curva cerrada en el plano xy, orientada en sentido contrario a las manecillas del reloj.

---

42. **¿CÓMO LO VE?** Utilice el teorema de Green para explicar por qué

$$\int_C f(x) \, dx + g(y) \, dy = 0$$

donde f y g son funciones derivables y C es una trayectoria cerrada simple suave por partes (vea la figura).

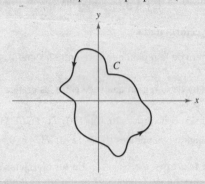

43. Teorema de Green: región con un agujero Sea R la región dentro del círculo $x = 5 \cos \theta$, $y = 5 \operatorname{sen} \theta$ y fuera de la elipse $x = 2 \cos \theta$, $y = \operatorname{sen} \theta$. Evalúe la integral de línea

$$\int_C (e^{-x^2/2} - y) \, dx + (e^{-y^2/2} + x) \, dy$$

donde $C = C_1 + C_2$ es la frontera de R, como se muestra en la figura.

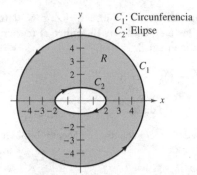

44. Teorema de Green: región con un agujero Sea R la región dentro de la elipse $x = 4 \cos \theta$, $y = 3 \operatorname{sen} \theta$ y fuera del círculo $x = 2 \cos \theta$, $y = 2 \operatorname{sen} \theta$. Evalúe la integral de línea

$$\int_C (3x^2y + 1) \, dx + (x^3 + 4x) \, dy$$

donde $C = C_1 + C_2$ es la frontera de R, como se muestra en la figura.

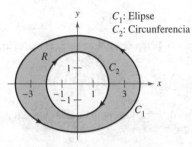

45. Piénselo   Sea

$$I = \int_C \frac{y\,dx - x\,dy}{x^2 + y^2}$$

donde C es una circunferencia orientada en sentido contrario al de las manecillas del reloj. Demuestre que $I = 0$ si C no contiene al origen. ¿Cuál es el valor de I si C contiene al origen?

46. Piénselo   Para cada trayectoria dada, compruebe el teorema de Green demostrando que

$$\int_C y^2\,dx + x^2\,dy = \int\int_R \left(\frac{\partial N}{\partial x} - \frac{\partial M}{\partial y}\right) dA.$$

Para cada trayectoria, ¿cuál es la integral más fácil de evaluar? Explique.

(a) C: triángulo con vértices $(0, 0)$, $(4, 0)$ y $(4, 4)$

(b) C: circunferencia dada por $x^2 + y^2 = 1$

47. Demostración

(a) Sea C el segmento de recta que une (x_1, y_1) y (x_2, y_2). Demuestre que $\int_C -y\,dx + x\,dy = x_1 y_2 - x_2 y_1$.

(b) Sean (x_1, y_1), (x_2, y_2), . . ., (x_n, y_n) los vértices de un polígono. Demuestre que el área encerrada es

$$\tfrac{1}{2}[(x_1 y_2 - x_2 y_1) + (x_2 y_3 - x_3 y_2) + \cdots +$$
$$(x_{n-1} y_n - x_n y_{n-1}) + (x_n y_1 - x_1 y_n)].$$

48. Área   Utilice el resultado del ejercicio 47(b) para hallar el área encerrada por el polígono cuyos vértices se dan.

(a) Pentágono: $(0, 0)$, $(2, 0)$, $(3, 2)$, $(1, 4)$ y $(-1, 1)$

(b) Hexágono: $(0, 0)$, $(2, 0)$, $(3, 2)$, $(2, 4)$, $(0, 3)$ y $(-1, 1)$

Demostración   En los ejercicios 49 y 50, demuestre la identidad, donde R es una región simplemente conexa con frontera C. Suponga que las derivadas parciales requeridas de las funciones escalares f y g son continuas. Las expresiones $D_N f$ y $D_N g$ son las derivadas en la dirección del vector normal exterior N de C y se definen por $D_N f = \nabla f \cdot N$ y $D_N g = \nabla g \cdot N$.

49. Primera identidad de Green

$$\int\int_R (f\nabla^2 g + \nabla f \cdot \nabla g)\,dA = \int_C f D_N g\,ds$$

[*Sugerencia:* Utilice la segunda forma alternativa del teorema de Green y la propiedad $\mathrm{div}(f\mathbf{G}) = f\,\mathrm{div}\,\mathbf{G} + \nabla f \cdot \mathbf{G}$.]

50. Segunda identidad de Green

$$\int\int_R (f\nabla^2 g - g\nabla^2 f)\,dA = \int_C (f D_N g - g D_N f)\,ds$$

(*Sugerencia:* Utilice la primera identidad de Green, dada en el ejercicio 49, dos veces.)

51. Demostración   Sea $\mathbf{F} = M\mathbf{i} + N\mathbf{j}$, donde M y N tienen primeras derivadas parciales continuas en una región simplemente conexa R. Demuestre que si C es cerrada, simple y suave, y $N_x = M_y$, entonces $\int_C \mathbf{F} \cdot d\mathbf{r} = 0$.

DESAFÍOS DEL EXAMEN PUTNAM

52. Determine la mínima área posible de un conjunto convexo en el plano que interseca ambas ramas de la hipérbola $xy = 1$ y ambas ramas de la hipérbola $xy = -1$. (Un conjunto S en el plano se llama convexo si para cualesquiera dos puntos en S el segmento de recta que los conecta está contenido en S.)

PROYECTO DE TRABAJO

Funciones hiperbólicas y trigonométricas

(a) Dibuje la curva plana representada por la función vectorial $\mathbf{r}(t) = \cosh t\,\mathbf{i} + \mathrm{senh}\, t\,\mathbf{j}$ en el intervalo $0 \le t \le 5$. Demuestre que la ecuación rectangular que corresponde a $\mathbf{r}(t)$ es la hipérbola $x^2 - y^2 = 1$. Compruebe el dibujo utilizando una herramienta de graficación para representar la hipérbola.

(b) Sea $P = (\cosh \phi,\ \mathrm{senh}\, \phi)$ el punto de la hipérbola correspondiente a $\mathbf{r}(\phi)$ para $\phi > 0$. Utilice la fórmula para el área

$$A = \frac{1}{2}\int_C x\,dy - y\,dx$$

para comprobar que el área de la región que se muestra en la figura es $\frac{1}{2}\phi$.

(c) Demuestre que el área de la región indicada está dada por la integral

$$A = \int_0^{\mathrm{senh}\,\phi} \left[\sqrt{1 + y^2} - (\coth \phi)y\right] dy.$$

Confirme su respuesta para la parte (b) por aproximación numérica de la integral para $\phi = 1, 2, 4$ y 10.

(d) Considere la circunferencia unitaria dada por $x^2 + y^2 = 1$. Sea θ el ángulo formado por el eje x y el radio a (x, y). El área del sector correspondiente es $\frac{1}{2}\theta$. Es decir, las funciones trigonométricas $f(\theta) = \cos \theta$ y $g(\theta) = \mathrm{sen}\,\theta$ podrían haber sido definidas como las coordenadas del punto en el círculo unitario que determina un sector de área $\frac{1}{2}\theta$. Escriba un párrafo breve explicando cómo definir las funciones hiperbólicas de una manera similar, utilizando la "hipérbola unitaria" $x^2 - y^2 = 1$.

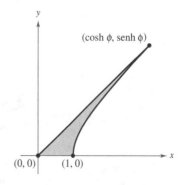

15.5 Superficies paramétricas

■ Comprender la definición y esbozar la gráfica de una superficie paramétrica.
■ Hallar un conjunto de ecuaciones paramétricas para representar una superficie.
■ Hallar un vector normal y un plano tangente a una superficie paramétrica.
■ Hallar el área de una superficie paramétrica.

Superficies paramétricas

Ya sabe representar una curva en el plano o en el espacio mediante un conjunto de ecuaciones paramétricas o, de forma equivalente, por una función vectorial.

$$\mathbf{r}(t) = x(t)\mathbf{i} + y(t)\mathbf{j} \qquad\qquad \text{Curva en el plano}$$

$$\mathbf{r}(t) = x(t)\mathbf{i} + y(t)\mathbf{j} + z(t)\mathbf{k} \qquad \text{Curva en el espacio}$$

En esta sección aprenderá a representar una superficie en el espacio mediante un conjunto de ecuaciones paramétricas o mediante una función vectorial. Observe que en el caso de las curvas, la función vectorial $\mathbf{r}$ es función de *un solo* parámetro t. En el caso de las superficies, la función vectorial es función de *dos* parámetros u y v.

Definición de superficie paramétrica

Sean x, y y z funciones de u y v, continuas en un dominio D del plano uv. Al conjunto de puntos x, y, z dado por

$$\mathbf{r}(u, v) = x(u, v)\mathbf{i} + y(u, v)\mathbf{j} + z(u, v)\mathbf{k} \qquad \text{Superficie paramétrica}$$

se le llama una **superficie paramétrica**. Las ecuaciones

$$x = x(u, v), \quad y = y(u, v) \quad \text{y} \quad z = z(u, v) \qquad \text{Ecuaciones paramétricas}$$

son las **ecuaciones paramétricas** para la superficie.

Si S es una superficie paramétrica dada por la función vectorial $\mathbf{r}$, entonces S es trazada por el vector posición $\mathbf{r}(u, v)$ a medida que el punto (u, v) se mueve por el dominio D, como se indica en la figura 15.35.

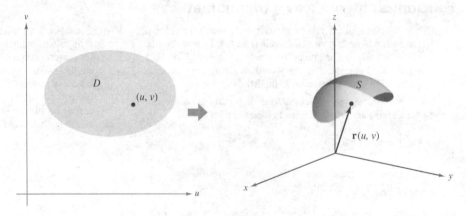

Figura 15.35

▷ **TECNOLOGÍA** Algunos sistemas algebraicos por computadora dibujan superficies paramétricas. Si tiene acceso a este tipo de software, utilícelo para representar gráficamente algunas de las superficies de los ejemplos y ejercicios de esta sección.

EJEMPLO 1   **Trazar una superficie paramétrica**

Identifique y dibuje la superficie paramétrica S dada por

$$\mathbf{r}(u, v) = 3 \cos u\mathbf{i} + 3 \operatorname{sen} u\mathbf{j} + v\mathbf{k}$$

donde $0 \leq u \leq 2\pi$ y $0 \leq v \leq 4$.

Solución   Dado que $x = 3 \cos u$ y $y = 3 \operatorname{sen} u$, sabe que en cada punto (x, y, z) de la superficie, x y y están relacionados mediante la ecuación

$$x^2 + y^2 = 3^2.$$

En otras palabras, cada sección transversal de S, paralela al plano xy, es una circunferencia de radio 3, centrada en el eje z. Como $z = v$, donde

$$0 \leq v \leq 4$$

puede ver que la superficie es un cilindro circular recto de altura 4. El radio del cilindro es 3, y el eje z forma el eje del cilindro, como se muestra en la figura 15.36.

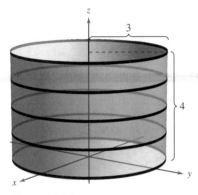

Figura 15.36

Como ocurre con las representaciones paramétricas de curvas, las representaciones paramétricas de superficies no son únicas. Es decir, hay muchos conjuntos de ecuaciones paramétricas que podrían usarse para representar la superficie que se muestra en la figura 15.36.

EJEMPLO 2   **Trazar una superficie paramétrica**

Identifique y dibuje una superficie paramétrica S dada por

$$\mathbf{r}(u, v) = \operatorname{sen} u \cos v\mathbf{i} + \operatorname{sen} u \operatorname{sen} v\mathbf{j} + \cos u\mathbf{k}$$

donde $0 \leq u \leq \pi$ y $0 \leq v \leq 2\pi$.

Solución   Para identificar la superficie, puede tratar de emplear identidades trigonométricas para eliminar los parámetros. Después de experimentar un poco, descubre que

$$\begin{aligned}
x^2 + y^2 + z^2 &= (\operatorname{sen} u \cos v)^2 + (\operatorname{sen} u \operatorname{sen} v)^2 + (\cos u)^2 \\
&= \operatorname{sen}^2 u \cos^2 v + \operatorname{sen}^2 u \operatorname{sen}^2 v + \cos^2 u \\
&= \operatorname{sen}^2 u(\cos^2 v + \operatorname{sen}^2 v) + \cos^2 u \\
&= \operatorname{sen}^2 u + \cos^2 u \\
&= 1.
\end{aligned}$$

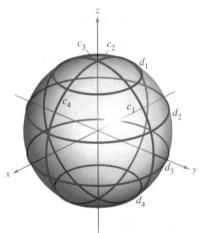

Figura 15.37

Así pues, cada punto en S se encuentra en la esfera unitaria o esfera unidad, centrada en el origen, como se muestra en la figura 15.37. Para una $u = d_i$, $\mathbf{r}(u, v)$ fija, trace las circunferencias de latitud

$$x^2 + y^2 = \operatorname{sen}^2 d_i, \quad 0 \leq d_i \leq \pi$$

que son paralelas al plano xy, y para una $v = c_i$, $\mathbf{r}(u, v)$ fija, trace semicírculos de longitud o meridianos.

Para convencerse de que $\mathbf{r}(u, v)$, trace toda la esfera unitaria, recordando que las ecuaciones paramétricas

$$x = \rho \operatorname{sen} \phi \cos \theta, \quad y = \rho \operatorname{sen} \phi \operatorname{sen} \theta \quad \text{y} \quad z = \rho \cos \phi$$

donde $0 \leq \theta \leq 2\pi$ y $0 \leq \phi \leq \pi$, describen la conversión de coordenadas esféricas a coordenadas rectangulares, como se vio en la sección 11.7.

Ecuaciones paramétricas para superficies

En los ejemplos 1 y 2 se le pidió identificar la superficie descrita por un conjunto dado de ecuaciones paramétricas. El problema inverso, el de asignar un conjunto de ecuaciones paramétricas a una superficie dada, es generalmente más difícil. Sin embargo, un tipo de superficie para la que este problema es sencillo, es una superficie dada por $z = f(x, y)$. Tal superficie la puede parametrizar como

$$\mathbf{r}(x, y) = x\mathbf{i} + y\mathbf{j} + f(x, y)\mathbf{k}.$$

EJEMPLO 3   **Representar una superficie paramétricamente**

Dé un conjunto de ecuaciones paramétricas para el cono dado por

$$z = \sqrt{x^2 + y^2}$$

como el que se muestra en la figura 15.38.

Solución   Como esta superficie está dada en la forma $z = f(x, y)$, puede tomar x y y como parámetros. Entonces el cono se representa por la función vectorial

$$\mathbf{r}(x, y) = x\mathbf{i} + y\mathbf{j} + \sqrt{x^2 + y^2}\,\mathbf{k}$$

donde (x, y) varía sobre todo el plano xy.

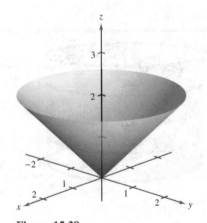

Figura 15.38

Un segundo tipo de superficie fácil de representar paramétricamente es una superficie de revolución. Por ejemplo, para representar la superficie generada por revolución de la gráfica de

$$y = f(x), \quad a \le x \le b$$

en torno al eje x, utilice

$$x = u, \quad y = f(u)\cos v \quad \text{y} \quad z = f(u)\,\text{sen}\,v$$

donde $a \le u \le b$ y $0 \le v \le 2\pi$.

EJEMPLO 4   **Representar una superficie de revolución paramétricamente**

⋮
• • • ▷ *Consulte LarsonCalculus.com para una versión interactiva de este tipo de ejemplo.*

Escriba un conjunto de ecuaciones paramétricas para la superficie de revolución obtenida al hacer girar

$$f(x) = \frac{1}{x}, \quad 1 \le x \le 10$$

en torno al eje x.

Solución   Utilice los parámetros u y v como se describió antes para obtener

$$x = u, \quad y = f(u)\cos v = \frac{1}{u}\cos v \quad \text{y} \quad z = f(u)\,\text{sen}\,v = \frac{1}{u}\,\text{sen}\,v$$

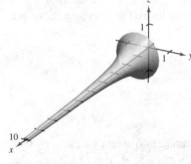

Figura 15.39

donde

$$1 \le u \le 10 \quad \text{y} \quad 0 \le v \le 2\pi.$$

La superficie resultante es una porción de la *trompeta de Gabriel*, como se muestra en la figura 15.39.

La superficie de revolución del ejemplo se forma haciendo girar la gráfica de $y = f(x)$ en torno al eje x. Para otros tipos de superficies de revolución, puede usarse una parametrización similar. Por ejemplo, para parametrizar la superficie formada por revolución de la gráfica de $x = f(z)$ en torno al eje z, puede usar

$$z = u, \quad x = f(u)\cos v \quad \text{y} \quad y = f(u)\,\text{sen}\,v.$$

Vectores normales y planos tangentes

Sea S una superficie paramétrica dada por

$$\mathbf{r}(u, v) = x(u, v)\mathbf{i} + y(u, v)\mathbf{j} + z(u, v)\mathbf{k}$$

sobre una región abierta D tal que x, y y z tienen derivadas parciales continuas en D. Las **derivadas parciales de r** respecto a u y v están definidas como

$$\mathbf{r}_u = \frac{\partial x}{\partial u}(u, v)\mathbf{i} + \frac{\partial y}{\partial u}(u, v)\mathbf{j} + \frac{\partial z}{\partial u}(u, v)\mathbf{k}$$

y

$$\mathbf{r}_v = \frac{\partial x}{\partial v}(u, v)\mathbf{i} + \frac{\partial y}{\partial v}(u, v)\mathbf{j} + \frac{\partial z}{\partial v}(u, v)\mathbf{k}.$$

Cada una de estas derivadas parciales es una función vectorial que puede interpretarse geométricamente en términos de vectores tangentes. Por ejemplo, si $v = v_0$ se mantiene constante, entonces $\mathbf{r}(u, v_0)$ es una función vectorial de un solo parámetro y define una curva que se encuentra en la superficie S. El vector tangente a C_1 en el punto

$$(x(u_0, v_0), y(u_0, v_0), z(u_0, v_0))$$

está dado por

$$\mathbf{r}_u(u_0, v_0) = \frac{\partial x}{\partial u}(u_0, v_0)\mathbf{i} + \frac{\partial y}{\partial u}(u_0, v_0)\mathbf{j} + \frac{\partial z}{\partial u}(u_0, v_0)\mathbf{k}$$

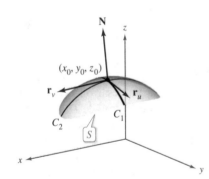

Figura 15.40

como se muestra en la figura 15.40. De manera similar, si $u = u_0$ se mantiene constante, entonces $\mathbf{r}(u_0, v)$ es una función vectorial de un solo parámetro y define una curva C_2 que se encuentra en la superficie S. El vector tangente a C_2 en el punto $(x(u_0, v), y(u_0, v), z(u_0, v))$ está dado por

$$\mathbf{r}_v(u_0, v_0) = \frac{\partial x}{\partial v}(u_0, v_0)\mathbf{i} + \frac{\partial y}{\partial v}(u_0, v_0)\mathbf{j} + \frac{\partial z}{\partial v}(u_0, v_0)\mathbf{k}.$$

Si el vector normal $\mathbf{r}_u \times \mathbf{r}_v$ no es $\mathbf{0}$ para todo (u, v) en D, entonces se dice que la superficie es **suave** y tendrá un plano tangente. De manera informal, una superficie suave es una superficie que no tiene puntos angulosos o cúspides. Por ejemplo, esferas, elipsoides y paraboloides son suaves, mientras que el cono del ejemplo 3 no es suave.

Vector normal a una superficie paramétrica suave

Sea S una superficie paramétrica suave

$$\mathbf{r}(u, v) = x(u, v)\mathbf{i} + y(u, v)\mathbf{j} + z(u, v)\mathbf{k}$$

definida sobre una región abierta D en el plano uv. Sea (u_0, v_0) un punto en D. Un vector normal en el punto

$$(x_0, y_0, z_0) = (x(u_0, v_0), y(u_0, v_0), z(u_0, v_0))$$

está dado por

$$\mathbf{N} = \mathbf{r}_u(u_0, v_0) \times \mathbf{r}_v(u_0, v_0) = \begin{vmatrix} \mathbf{i} & \mathbf{j} & \mathbf{k} \\ \dfrac{\partial x}{\partial u} & \dfrac{\partial y}{\partial u} & \dfrac{\partial z}{\partial u} \\ \dfrac{\partial x}{\partial v} & \dfrac{\partial y}{\partial v} & \dfrac{\partial z}{\partial v} \end{vmatrix}.$$

La figura 15.40 muestra el vector normal $\mathbf{r}_u \times \mathbf{r}_v$. El vector $\mathbf{r}_v \times \mathbf{r}_u$ también es normal a S y apunta en la dirección opuesta.

EJEMPLO 5 **Hallar un plano tangente a una superficie paramétrica**

Encuentre una ecuación para el plano tangente al paraboloide dado por

$$\mathbf{r}(u, v) = u\mathbf{i} + v\mathbf{j} + (u^2 + v^2)\mathbf{k}$$

en el punto $(1, 2, 5)$.

Solución El punto en el plano uv que es llevado al punto $(x, y, z) = (1, 2, 5)$ es $(u, v) = (1, 2)$. Así, derivadas parciales de $\mathbf{r}$ son

$$\mathbf{r}_u = \mathbf{i} + 2u\mathbf{k} \quad \text{y} \quad \mathbf{r}_v = \mathbf{j} + 2v\mathbf{k}.$$

El vector normal está dado por

$$\mathbf{r}_u \times \mathbf{r}_v = \begin{vmatrix} \mathbf{i} & \mathbf{j} & \mathbf{k} \\ 1 & 0 & 2u \\ 0 & 1 & 2v \end{vmatrix} = -2u\mathbf{i} - 2v\mathbf{j} + \mathbf{k}$$

lo que implica que el vector normal en $(1, 2, 5)$ es

$$\mathbf{r}_u \times \mathbf{r}_v = -2\mathbf{i} - 4\mathbf{j} + \mathbf{k}.$$

Por tanto, una ecuación del plano tangente en $(1, 2, 5)$ es

$$-2(x - 1) - 4(y - 2) + (z - 5) = 0$$
$$-2x - 4y + z = -5.$$

El plano tangente se muestra en la figura 15.41.

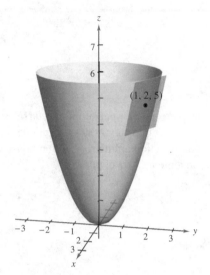

Figura 15.41

Área de una superficie paramétrica

Para definir el área de una superficie paramétrica, puede usar un desarrollo similar al dado en la sección 14.5. Para empezar construya una partición interna de D que consiste en n rectángulos, donde el área del rectángulo i-ésimo D_i es $\Delta A_i = \Delta u_i \Delta v_i$, como se muestra en la figura 15.42. En cada D_i sea (u_i, v_i) el punto más cercano al origen. En el punto $(x_i, y_i, z_i) = (x(u_i, v_i), y(u_i, v_i), z(u_i, v_i))$ de la superficie S, construya un plano tangente T_i. El área de la porción en que corresponde a D_i, ΔT_i puede ser aproximada por un paralelogramo en el plano tangente. Es decir, $\Delta T_i \approx \Delta S_i$. Por tanto, la superficie de S está dada por $\Sigma \Delta S_i \approx \Sigma \Delta T_i$. El área del paralelogramo en el plano tangente es

$$\|\Delta u_i \mathbf{r}_u \times \Delta v_i \mathbf{r}_v\| = \|\mathbf{r}_u \times \mathbf{r}_v\| \Delta u_i \Delta v_i$$

lo cual conduce a la definición siguiente.

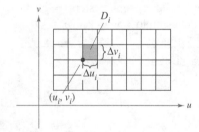

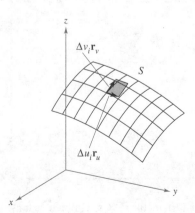

Figura 15.42

Área de una superficie paramétrica

Sea S una superficie paramétrica suave

$$\mathbf{r}(u, v) = x(u, v)\mathbf{i} + y(u, v)\mathbf{j} + z(u, v)\mathbf{k}$$

definida sobre una región abierta D en el plano uv. Si cada punto de la superficie S corresponde exactamente a un punto del dominio D, entonces el **área de la superficie** de S está dada por

$$\text{Área de la superficie} = \iint_S dS = \iint_D \|\mathbf{r}_u \times \mathbf{r}_v\| \, dA$$

donde

$$\mathbf{r}_u = \frac{\partial x}{\partial u}\mathbf{i} + \frac{\partial y}{\partial u}\mathbf{j} + \frac{\partial z}{\partial u}\mathbf{k} \quad \text{and} \quad \mathbf{r}_v = \frac{\partial x}{\partial v}\mathbf{i} + \frac{\partial y}{\partial v}\mathbf{j} + \frac{\partial z}{\partial v}\mathbf{k}.$$

Para una superficie S dada por $z = f(x, y)$ esta fórmula para el área de la superficie corresponde a la dada en la sección 14.5. Para ver esto, puede parametrizar la superficie utilizando la función vectorial

$$\mathbf{r}(x, y) = x\mathbf{i} + y\mathbf{j} + f(x, y)\mathbf{k}$$

definida sobre la región R en el plano xy. Utilizando

$$\mathbf{r}_x = \mathbf{i} + f_x(x, y)\mathbf{k} \quad \text{y} \quad \mathbf{r}_y = \mathbf{j} + f_y(x, y)\mathbf{k}$$

se tiene

$$\mathbf{r}_x \times \mathbf{r}_y = \begin{vmatrix} \mathbf{i} & \mathbf{j} & \mathbf{k} \\ 1 & 0 & f_x(x, y) \\ 0 & 1 & f_y(x, y) \end{vmatrix} = -f_x(x, y)\mathbf{i} - f_y(x, y)\mathbf{j} + \mathbf{k}$$

y

$$\|\mathbf{r}_x \times \mathbf{r}_y\| = \sqrt{[f_x(x, y)]^2 + [f_y(x, y)]^2 + 1}.$$

Esto implica que el área de la superficie de S es

$$\text{Área de la superficie} = \iint_R \|\mathbf{r}_x \times \mathbf{r}_y\| \, dA$$
$$= \iint_R \sqrt{1 + [f_x(x, y)]^2 + [f_y(x, y)]^2} \, dA.$$

• • • • • • • • • • • • • • • • ▷

• •COMENTARIO La superficie del ejemplo 6 no satisface totalmente la hipótesis de que cada punto de la superficie corresponde exactamente a un punto de D. Para esta superficie, $\mathbf{r}(u, 0) = \mathbf{r}(u, 2\pi)$ para todo valor u. Sin embargo, como el traslape consiste sólo en un semicírculo que no tiene área, puede aplicar la fórmula para el área de una superficie paramétrica.

EJEMPLO 6 **Hallar el área de una superficie**

Encuentre el área de la superficie de la esfera unitaria dada por

$$\mathbf{r}(u, v) = \operatorname{sen} u \cos v\mathbf{i} + \operatorname{sen} u \operatorname{sen} v\mathbf{j} + \cos u\mathbf{k}$$

donde el dominio D está dado por $0 \le u \le \pi$ y $0 \le v \le 2\pi$.

Solución Para empezar, calcule $\mathbf{r}_u$ y $\mathbf{r}_v$.

$$\mathbf{r}_u = \cos u \cos v\mathbf{i} + \cos u \operatorname{sen} v\mathbf{j} - \operatorname{sen} u\mathbf{k}$$
$$\mathbf{r}_v = -\operatorname{sen} u \operatorname{sen} v\mathbf{i} + \operatorname{sen} u \cos v\mathbf{j}$$

El producto vectorial de estos dos vectores es

$$\mathbf{r}_u \times \mathbf{r}_v = \begin{vmatrix} \mathbf{i} & \mathbf{j} & \mathbf{k} \\ \cos u \cos v & \cos u \operatorname{sen} v & -\operatorname{sen} u \\ -\operatorname{sen} u \operatorname{sen} v & \operatorname{sen} u \cos v & 0 \end{vmatrix}$$
$$= \operatorname{sen}^2 u \cos v\mathbf{i} + \operatorname{sen}^2 u \operatorname{sen} v\mathbf{j} + \operatorname{sen} u \cos u\mathbf{k}$$

lo cual implica que

$$\|\mathbf{r}_u \times \mathbf{r}_v\| = \sqrt{(\operatorname{sen}^2 u \cos v)^2 + (\operatorname{sen}^2 u \operatorname{sen} v)^2 + (\operatorname{sen} u \cos u)^2}$$
$$= \sqrt{\operatorname{sen}^4 u + \operatorname{sen}^2 u \cos^2 u}$$
$$= \sqrt{\operatorname{sen}^2 u}$$
$$= \operatorname{sen} u. \qquad \operatorname{sen} u > 0 \text{ para } 0 \le u \le \pi$$

Por último, el área de la superficie de la esfera es

$$A = \iint_D \|\mathbf{r}_u \times \mathbf{r}_v\| \, dA$$
$$= \int_0^{2\pi} \int_0^{\pi} \operatorname{sen} u \, du \, dv$$
$$= \int_0^{2\pi} 2 \, dv$$
$$= 4\pi.$$

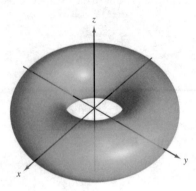

Figura 15.43

EJEMPLO 7 **Hallar el área de una superficie**

Encuentre el área de la superficie del toro dada por

$$\mathbf{r}(u, v) = (2 + \cos u) \cos v \mathbf{i} + (2 + \cos u) \operatorname{sen} v \mathbf{j} + \operatorname{sen} u \mathbf{k}$$

donde el dominio D está dado por $0 \le u \le 2\pi$ y $0 \le v \le 2\pi$. (Vea la figura 15.43.)

Solución Para empezar, calcule $\mathbf{r}_u$ y $\mathbf{r}_v$

$$\mathbf{r}_u = -\operatorname{sen} u \cos v \mathbf{i} - \operatorname{sen} u \operatorname{sen} v \mathbf{j} + \cos u \mathbf{k}$$
$$\mathbf{r}_v = -(2 + \cos u) \operatorname{sen} v \mathbf{i} + (2 + \cos u) \cos v \mathbf{j}$$

El producto vectorial de estos dos vectores es

$$\mathbf{r}_u \times \mathbf{r}_v = \begin{vmatrix} \mathbf{i} & \mathbf{j} & \mathbf{k} \\ -\operatorname{sen} u \cos v & -\operatorname{sen} u \operatorname{sen} v & \cos u \\ -(2 + \cos u) \operatorname{sen} v & (2 + \cos u) \cos v & 0 \end{vmatrix}$$
$$= -(2 + \cos u)(\cos v \cos u \mathbf{i} + \operatorname{sen} v \cos u \mathbf{j} + \operatorname{sen} u \mathbf{k})$$

lo cual implica que

$$\|\mathbf{r}_u \times \mathbf{r}_v\| = (2 + \cos u) \sqrt{(\cos v \cos u)^2 + (\operatorname{sen} v \cos u)^2 + \operatorname{sen}^2 u}$$
$$= (2 + \cos u) \sqrt{\cos^2 u(\cos^2 v + \operatorname{sen}^2 v) + \operatorname{sen}^2 u}$$
$$= (2 + \cos u) \sqrt{\cos^2 u + \operatorname{sen}^2 u}$$
$$= 2 + \cos u.$$

Por último, el área de la superficie del toro es

$$A = \int_D \int \|\mathbf{r}_u \times \mathbf{r}_v\| \, dA$$
$$= \int_0^{2\pi} \int_0^{2\pi} (2 + \cos u) \, du \, dv$$
$$= \int_0^{2\pi} 4\pi \, dv$$
$$= 8\pi^2.$$

Si la superficie es una superficie de revolución, puede demostrar que la fórmula para el área de la superficie, dada en la sección 7.4, es equivalente a la fórmula dada en esta sección. Por ejemplo, suponga que f sea una función no negativa tal que f' sea continua sobre el intervalo $[a, b]$. Sea S la superficie de revolución formada por revolución de la gráfica de f donde $a \le x \le b$, en torno al eje x. De acuerdo con la sección 7.4, sabe que el área de la superficie está dada por

$$\text{Área de la superficie} = 2\pi \int_a^b f(x) \sqrt{1 + [f'(x)]^2} \, dx.$$

Para representar S paramétricamente sea

$$x = u, \quad y = f(u) \cos v \quad \text{y} \quad z = f(u) \operatorname{sen} v$$

donde $a \le u \le b$ y $0 \le v \le 2\pi$. Entonces

$$\mathbf{r}(u, v) = u\mathbf{i} + f(u) \cos v \mathbf{j} + f(u) \operatorname{sen} v \mathbf{k}.$$

Intente demostrar que la fórmula

$$\text{Área de la superficie} = \int_D \int \|\mathbf{r}_u \times \mathbf{r}_v\| \, dA$$

es equivalente a la fórmula dada arriba (vea el ejercicio 58).

15.5 Ejercicios

Consulte **CalcChat.com** para un tutorial de ayuda y soluciones trabajadas de los ejercicios con numeración impar.

Relacionar En los ejercicios 1 a 6, relacione la función vectorial con su gráfica. [Las gráficas están marcadas (a), (b), (c), (d), (e) y (f).]

(a)

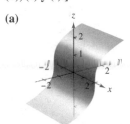

(b)

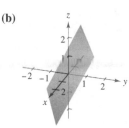

(c)

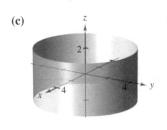

(d)

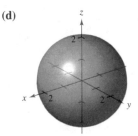

(e)

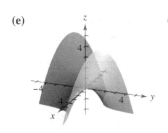

(f)

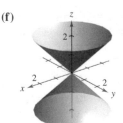

1. $\mathbf{r}(u, v) = u\mathbf{i} + v\mathbf{j} + uv\mathbf{k}$

2. $\mathbf{r}(u, v) = u \cos v\mathbf{i} + u \operatorname{sen} v\mathbf{j} + u\mathbf{k}$

3. $\mathbf{r}(u, v) = u\mathbf{i} + \frac{1}{2}(u + v)\mathbf{j} + v\mathbf{k}$

4. $\mathbf{r}(u, v) = u\mathbf{i} + \frac{1}{4}v^3\mathbf{j} + v\mathbf{k}$

5. $\mathbf{r}(u, v) = 2 \cos v \cos u\mathbf{i} + 2 \cos v \operatorname{sen} u\mathbf{j} + 2 \operatorname{sen} v\mathbf{k}$

6. $\mathbf{r}(u, v) = 4 \cos u\mathbf{i} + 4 \operatorname{sen} u\mathbf{j} + v\mathbf{k}$

Dibujar una superficie paramétrica En los ejercicios 7 a 10, encuentre la ecuación rectangular de la superficie por eliminación de los parámetros de la función vectorial. Identifique la superficie y dibuje su gráfica.

7. $\mathbf{r}(u, v) = u\mathbf{i} + v\mathbf{j} + \dfrac{v}{2}\mathbf{k}$

8. $\mathbf{r}(u, v) = 2u \cos v\mathbf{i} + 2u \operatorname{sen} v\mathbf{j} + \frac{1}{2}u^2\mathbf{k}$

9. $\mathbf{r}(u, v) = 2 \cos u\mathbf{i} + v\mathbf{j} + 2 \operatorname{sen} u\mathbf{k}$

10. $\mathbf{r}(u, v) = 3 \cos v \cos u\mathbf{i} + 3 \cos v \operatorname{sen} u\mathbf{j} + 5 \operatorname{sen} v\mathbf{k}$

Trazar la gráfica de una superficie paramétrica En los ejercicios 11 a 16, utilice un sistema algebraico por computadora y represente gráficamente la superficie dada por la función vectorial.

11. $\mathbf{r}(u, v) = 2u \cos v\mathbf{i} + 2u \operatorname{sen} v\mathbf{j} + u^4\mathbf{k}$

$0 \le u \le 1, \quad 0 \le v \le 2\pi$

12. $\mathbf{r}(u, v) = 2 \cos v \cos u\mathbf{i} + 4 \cos v \operatorname{sen} u\mathbf{j} + \operatorname{sen} v\mathbf{k}$

$0 \le u \le 2\pi, \quad 0 \le v \le 2\pi$

13. $\mathbf{r}(u, v) = 2 \operatorname{senh} u \cos v\mathbf{i} + \operatorname{senh} u \operatorname{sen} v\mathbf{j} + \cosh u\mathbf{k}$

$0 \le u \le 2, \quad 0 \le v \le 2\pi$

14. $\mathbf{r}(u, v) = 2u \cos v\mathbf{i} + 2u \operatorname{sen} v\mathbf{j} + v\mathbf{k}$

$0 \le u \le 1, \quad 0 \le v \le 3\pi$

15. $\mathbf{r}(u, v) = (u - \operatorname{sen} u) \cos v\mathbf{i} + (1 - \cos u) \operatorname{sen} v\mathbf{j} + u\mathbf{k}$

$0 \le u \le \pi, \quad 0 \le v \le 2\pi$

16. $\mathbf{r}(u, v) = \cos^3 u \cos v\mathbf{i} + \operatorname{sen}^3 u \operatorname{sen} v\mathbf{j} + u\mathbf{k}$

$0 \le u \le \dfrac{\pi}{2}, \quad 0 \le v \le 2\pi$

Piénselo En los ejercicios 17 a 20, determine cómo la gráfica de la superficie $s(u, v)$ difiere de la gráfica de $s(u, v) = u \cos v\mathbf{i} + u \operatorname{sen} v\mathbf{j} + u^2\mathbf{k}$ (vea la figura), donde $0 \le u \le 2$ y $0 \le v \le 2\pi$. (No es necesario representar a s gráficamente.)

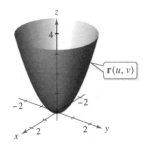

17. $\mathbf{s}(u, v) = u \cos v\mathbf{i} + u \operatorname{sen} v\mathbf{j} - u^2\mathbf{k}$

$0 \le u \le 2, \quad 0 \le v \le 2\pi$

18. $\mathbf{s}(u, v) = u \cos v\mathbf{i} + u^2\mathbf{j} + u \operatorname{sen} v\mathbf{k}$

$0 \le u \le 2, \quad 0 \le v \le 2\pi$

19. $\mathbf{s}(u, v) = u \cos v\mathbf{i} + u \operatorname{sen} v\mathbf{j} + u^2\mathbf{k}$

$0 \le u \le 3, \quad 0 \le v \le 2\pi$

20. $\mathbf{s}(u, v) = 4u \cos v\mathbf{i} + 4u \operatorname{sen} v\mathbf{j} + u^2\mathbf{k}$

$0 \le u \le 2, \quad 0 \le v \le 2\pi$

Representar una superficie en forma paramétrica En los ejercicios 21 a 30, encuentre una función vectorial cuya gráfica sea la superficie indicada.

21. El plano $z = y$

22. El plano $x + y + z = 6$

23. El plano $y = \sqrt{4x^2 + 9z^2}$

24. El cono $x = \sqrt{16y^2 + z^2}$

25. El cilindro $x^2 + y^2 = 25$

26. El cilindro $4x^2 + y^2 = 16$

27. El cilindro $z = x^2$

28. El elipsoide $\dfrac{x^2}{9} + \dfrac{y^2}{4} + \dfrac{z^2}{1} = 1$

29. La parte del plano $z = 4$ interior al cilindro $x^2 + y^2 = 9$

30. La parte del paraboloide $z = x^2 + y^2$ interior al cilindro $x^2 + y^2 = 9$

Superficie de revolución En los ejercicios 31 a 34, dé un conjunto de ecuaciones paramétricas para la superficie de revolución obtenida por revolución de la gráfica de la función en torno al eje dado.

Función	Eje de revolución
31. $y = \dfrac{x}{2}, \quad 0 \le x \le 6$	Eje x
32. $y = \sqrt{x}, \quad 0 \le x \le 4$	Eje x
33. $x = \operatorname{sen} z, \quad 0 \le z \le \pi$	Eje z
34. $z = y^2 + 1, \quad 0 \le y \le 2$	Eje y

Plano tangente En los ejercicios 35 a 38, encuentre una ecuación para el plano tangente a la superficie dada por la función vectorial en el punto indicado.

35. $\mathbf{r}(u, v) = (u + v)\mathbf{i} + (u - v)\mathbf{j} + v\mathbf{k}, \quad (1, -1, 1)$

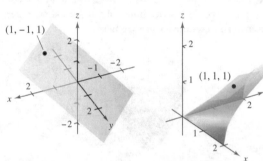

Figura para 35   Figura para 36

36. $\mathbf{r}(u, v) = u\mathbf{i} + v\mathbf{j} + \sqrt{uv}\,\mathbf{k}, \quad (1, 1, 1)$

37. $\mathbf{r}(u, v) = 2u \cos v\mathbf{i} + 3u \operatorname{sen} v\mathbf{j} + u^2\mathbf{k}, \quad (0, 6, 4)$

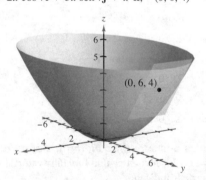

38. $\mathbf{r}(u, v) = 2u \cosh v\mathbf{i} + 2u \operatorname{senh} v\mathbf{j} + \tfrac{1}{2}u^2\mathbf{k}, \quad (-4, 0, 2)$

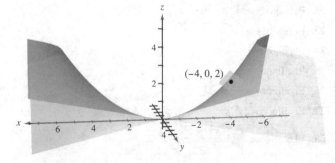

Área En los ejercicios 39 a 46, encuentre el área de la superficie sobre la región dada. Utilice un sistema algebraico por computadora para comprobar los resultados.

39. La parte del plano $\mathbf{r}(u, v) = 4u\mathbf{i} - v\mathbf{j} + v\mathbf{k}$, donde $0 \le u \le 2$ y $0 \le v \le 1$

40. La parte del paraboloide $\mathbf{r}(u, v) = 2u \cos v\mathbf{i} + 2u \operatorname{sen} v\mathbf{j} + u^2\mathbf{k}$, donde $0 \le u \le 2$ y $0 \le v \le 2\pi$

41. La parte del cilindro $\mathbf{r}(u, v) = a \cos u\mathbf{i} + a \operatorname{sen} u\mathbf{j} + v\mathbf{k}$, donde $0 \le u \le 2\pi$ y $0 \le v \le b$

42. La esfera $\mathbf{r}(u, v) = a \operatorname{sen} u \cos v\mathbf{i} + a \operatorname{sen} u \operatorname{sen} v\mathbf{j} + a \cos u\mathbf{k}$, donde $0 \le u \le \pi$ y $0 \le v \le 2\pi$

43. La parte del cono $\mathbf{r}(u, v) = au \cos v\mathbf{i} + au \operatorname{sen} v\mathbf{j} + u\mathbf{k}$, donde $0 \le u \le b$ y $0 \le v \le 2\pi$

44. El toro $\mathbf{r}(u, v) = (a + b \cos v)\cos u\mathbf{i} + (a + b \cos v) \operatorname{sen} u\mathbf{j} + b \operatorname{sen} v\mathbf{k}$, donde $a > b$, $0 \le u \le 2\pi$ y $0 \le v \le 2\pi$

45. La superficie de revolución $\mathbf{r}(u, v) = \sqrt{u} \cos v\mathbf{i} + \sqrt{u} \operatorname{sen} v\mathbf{j} + u\mathbf{k}$, donde $0 \le u \le 4$ y $0 \le v \le 2\pi$

46. La superficie de revolución $\mathbf{r}(u, v) = \operatorname{sen} u \cos v\mathbf{i} + u\mathbf{j} + \operatorname{sen} u \operatorname{sen} v\mathbf{k}$, donde $0 \le u \le \pi$ y $0 \le v \le 2\pi$

DESARROLLO DE CONCEPTOS

47. Superficie paramétrica Defina una superficie paramétrica.

48. Área de una superficie Dé la integral doble con la que se obtiene el área de la superficie de una superficie paramétrica sobre una región abierta D.

---

49. Representación paramétrica de un cono Demuestre que se puede representar el cono del ejemplo 3 de manera paramétrica mediante $\mathbf{r}(u, v) = u \cos v\mathbf{i} + u \operatorname{sen} v\mathbf{j} + u\mathbf{k}$, donde $0 \le u$ y $0 \le v \le 2\pi$

50. ¿CÓMO LO VE? Las figuras que se muestran a continuación son las gráficas de $\mathbf{r}(u, v) = u\mathbf{i} + \operatorname{sen} u \cos v\mathbf{j} + \operatorname{sen} u \operatorname{sen} v\mathbf{k}$, donde $0 \le u \le \pi/2$ y $0 \le v \le 2\pi$. Relacione cada una de las gráficas con el punto en el espacio desde el que se ve la superficie. Los puntos son $(10, 0, 0)$, $(-10, 10, 0)$, $(0, 10, 0)$ y $(10, 10, 10)$.

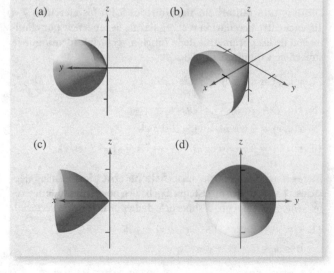

(a)   (b)   (c)   (d)

51. Esfera asteroidal Una ecuación de una **esfera asteroidal** en x, y y z es

$$x^{2/3} + y^{2/3} + z^{2/3} = a^{2/3}.$$

A continuación se presenta una gráfica de una esfera asteroidal. Demuestre que esta superficie puede representarse paramétricamente por medio de

$$\mathbf{r}(u, v) = a\,\text{sen}^3\,u\cos^3 v\mathbf{i} + a\,\text{sen}^3\,u\,\text{sen}^3 v\mathbf{j} + a\cos^3 u\mathbf{k}$$

donde $0 \le u \le \pi$ y $0 \le v \le 2\pi$.

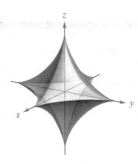

52. Diferentes vistas de una superficie Utilice un sistema algebraico por computadora para representar gráficamente tres perspectivas de la gráfica de la función vectorial

$$\mathbf{r}(u, v) = u\cos v\mathbf{i} + u\,\text{sen}\,v\mathbf{j} + v\mathbf{k}, \quad 0 \le u \le \pi, \quad 0 \le v \le \pi$$

desde los puntos $(10, 0, 0)$, $(0, 0, 10)$ y $(10, 10, 10)$.

53. Investigación Utilice un sistema algebraico por computadora para representar gráficamente el toro

$$\mathbf{r}(u, v) = (a + b\cos v)\cos u\mathbf{i} +$$
$$(a + b\cos v)\,\text{sen}\,u\mathbf{j} + b\,\text{sen}\,v\mathbf{k}$$

para cada conjunto de valores de a y b, donde $0 \le u \le 2\pi$ y $0 \le v \le 2\pi$. Utilice los resultados para describir los efectos de a y b en la forma del toro.

(a) $a = 4$, $b = 1$ (b) $a = 4$, $b = 2$

(c) $a = 8$, $b = 1$ (d) $a = 8$, $b = 3$

54. Investigación Considere la función del ejercicio 14.

(a) Dibuje una gráfica de la función donde u se mantenga constante en $u = 1$. Identifique la gráfica.

(b) Dibuje una gráfica de la función donde v se mantenga constante en $v = 2\pi/3$. Identifique la gráfica.

(c) Suponga que una superficie está representada por la función vectorial $\mathbf{r} = \mathbf{r}(u, v)$. ¿Qué generalización puede hacer acerca de la gráfica de la función si uno de los parámetros se mantiene constante?

55. Área de la superficie La superficie de la cúpula de un museo está dada por

$$\mathbf{r}(u, v) = 20\,\text{sen}\,u\cos v\mathbf{i} + 20\,\text{sen}\,u\,\text{sen}\,v\mathbf{j} + 20\cos u\mathbf{k}$$

donde $0 \le u \le \pi/3$ y $0 \le v \le 2\pi$, y $\mathbf{r}$ está en metros. Determine el área de la superficie de la cúpula.

56. Hiperboloide Encuentre una función vectorial para el hiperboloide

$$x^2 + y^2 - z^2 = 1$$

y determine el plano tangente en $(1, 0, 0)$.

57. Área Represente gráficamente y encuentre el área de una vuelta completa de la rampa en espiral

$$\mathbf{r}(u, v) = u\cos v\mathbf{i} + u\,\text{sen}\,v\mathbf{j} + 2v\mathbf{k}$$

donde $0 \le u \le 3$ y $0 \le v \le 2\pi$.

58. Área de la superficie Sea f una función no negativa tal que f' es continua en el intervalo $[a, b]$. Sea S la superficie de revolución formada por revolución de la gráfica de f, donde $a \le x \le b$, en torno al eje x. Sea $x = u$, $y = f(u)\cos v$ y $z = f(u)\,\text{sen}\,v$, donde $a \le u \le b$ y $0 \le v \le 2\pi$. Entonces S se representa paramétricamente por $\mathbf{r}(u, v) = u\mathbf{i} + f(u)\cos v\mathbf{j} + f(u)\,\text{sen}\,v\mathbf{k}$. Demuestre que las siguientes fórmulas son equivalentes.

$$\text{Área de la superficie} = 2\pi\int_a^b f(x)\sqrt{1 + [f'(x)]^2}\,dx$$

$$\text{Área de la superficie} = \iint_D \|\mathbf{r}_u \times \mathbf{r}_v\|\,dA$$

59. Proyecto abierto Las ecuaciones paramétricas

$$x = 3 + \text{sen}\,u[7 - \cos(3u - 2v) - 2\cos(3u + v)]$$
$$y = 3 + \cos u[7 - \cos(3u - 2v) - 2\cos(3u + v)]$$
$$z = \text{sen}(3u - 2v) + 2\,\text{sen}(3u + v)$$

donde $-\pi \le u \le \pi$ y $-\pi \le v \le \pi$, representan la superficie que se muestra en la siguiente figura. Trate de crear una superficie paramétrica propia utilizando un sistema algebraico por computadora.

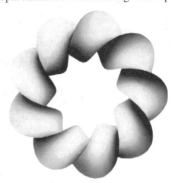

60. Banda de Möbius La superficie que se muestra en la figura se llama **banda de Möbius** y se puede representar mediante las ecuaciones paramétricas

$$x = \left(a + u\cos\frac{v}{2}\right)\cos v, \quad y = \left(a + u\cos\frac{v}{2}\right)\text{sen}\,v, \quad z = u\,\text{sen}\,\frac{v}{2}$$

donde $-1 \le u \le 1$ y $0 \le v \le 2\pi$, y $a = 3$. Trate de representar gráficamente otra banda de Möbius para diferentes valores de a utilizando un sistema algebraico por computadora.

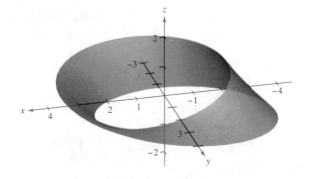

15.6 Integrales de superficie

■ Evaluar una integral de superficie como una integral doble.
■ Evaluar integrales de superficie sobre superficies paramétricas.
■ Determinar la orientación de una superficie.
■ Comprender el concepto de integral de flujo.

Integrales de superficie

El resto de este capítulo se ocupa principalmente de **integrales de superficie**. Primero se consideran superficies dadas por $z = g(x, y)$. Más adelante, en esta sección, se consideran superficies más generales dadas en forma paramétrica.

Sea S una superficie dada por $z = g(x, y)$ y sea R su proyección sobre el plano xy, como se muestra en la figura 15.44. Suponga que g, g_x y g_y son continuas en todos los puntos de R, y que f es una función escalar definida en S. Empleando el procedimiento usado para hallar el área de una superficie en la sección 14.5, evalúe f en (x_i, y_i, z_i) y se forma la suma

$$\sum_{i=1}^{n} f(x_i, y_i, z_i)\, \Delta S_i$$

donde

$$\Delta S_i \approx \sqrt{1 + [g_x(x_i, y_i)]^2 + [g_y(x_i, y_i)]^2}\, \Delta A_i.$$

Siempre que el límite de la suma anterior cuando $\|\Delta\|$ tiende a 0 exista, la **integral de f sobre S** se define como

$$\iint_S f(x, y, z)\, dS = \lim_{\|\Delta\| \to 0} \sum_{i=1}^{n} f(x_i, y_i, z_i)\, \Delta S_i.$$

Esta integral se puede evaluar mediante una integral doble.

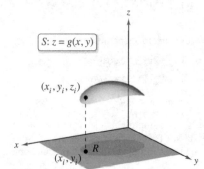

$S: z = g(x, y)$

(x_i, y_i, z_i)

R

(x_i, y_i)

La función escalar f asigna un número a cada punto de S.
Figura 15.44

TEOREMA 15.10 Evaluación de una integral de superficie

Sea S una superficie cuya ecuación es $z = g(x, y)$ y sea R su proyección sobre el plano xy. Si g, g_x y g_y son continuas en R, y f es continua en S, entonces la integral de superficie de f sobre S es

$$\iint_S f(x, y, z)\, dS = \iint_R f(x, y, g(x, y))\sqrt{1 + [g_x(x, y)]^2 + [g_y(x, y)]^2}\, dA.$$

Para las superficies descritas por funciones de x y z (o y y z), al teorema 15.10 se le pueden hacer los siguientes ajustes. Si S es la gráfica de $y = g(x, z)$ y R es su proyección sobre el plano xz, entonces

$$\iint_S f(x, y, z)\, dS = \iint_R f(x, g(x, z), z)\sqrt{1 + [g_x(x, z)]^2 + [g_z(x, z)]^2}\, dA.$$

Si S es la gráfica de $x = g(y, z)$ y R es la proyección sobre el plano yz, entonces

$$\iint_S f(x, y, z)\, dS = \iint_R f(g(y, z), y, z)\sqrt{1 + [g_y(y, z)]^2 + [g_z(y, z)]^2}\, dA.$$

Si $f(x, y, z) = 1$, la integral de superficie sobre S da el área de la superficie de S. Por ejemplo, suponga que la superficie S es el plano dado por $z = x$, donde $0 \le x \le 1$ y $0 \le y \le 1$. El área de la superficie de S es $\sqrt{2}$ unidades cuadradas. Trate de verificar que

$$\iint_S f(x, y, z)\, dS = \sqrt{2}.$$

EJEMPLO 1 **Evaluar una integral de superficie**

Evalúe la integral de superficie

$$\iint_S (y^2 + 2yz)\, dS$$

donde S es la porción del plano que se encuentra en el primer octante.

$$2x + y + 2z = 6.$$

Solución Para empezar escriba S como

$$z = \frac{1}{2}(6 - 2x - y)$$

$$g(x, y) = \frac{1}{2}(6 - 2x - y).$$

Usando las derivadas parciales $g_x(x, y) = -1$ y $g_y(x, y) = -\frac{1}{2}$, puede escribir

$$\sqrt{1 + [g_x(x, y)]^2 + [g_y(x, y)]^2} = \sqrt{1 + 1 + \frac{1}{4}} = \frac{3}{2}.$$

Utilizando la figura 15.45 y el teorema 15.10, obtiene

$$\iint_S (y^2 + 2yz)\, dS = \iint_R f(x, y, g(x, y))\sqrt{1 + [g_x(x, y)]^2 + [g_y(x, y)]^2}\, dA$$

$$= \iint_R \left[y^2 + 2y\left(\frac{1}{2}\right)(6 - 2x - y) \right]\left(\frac{3}{2}\right) dA$$

$$= 3\int_0^3 \int_0^{2(3-x)} y(3 - x)\, dy\, dx$$

$$= 6\int_0^3 (3 - x)^3\, dx$$

$$= -\frac{3}{2}(3 - x)^4 \Big]_0^3$$

$$= \frac{243}{2}.$$

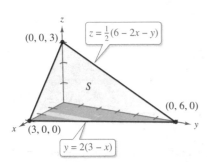

Figura 15.45

Una solución alternativa para el ejemplo 1 sería proyectar S sobre el plano yz, como se muestra en la figura 15.46. Entonces $x = \frac{1}{2}(6 - y - 2z)$, y

$$\sqrt{1 + [g_y(y, z)]^2 + [g_z(y, z)]^2} = \sqrt{1 + \frac{1}{4} + 1} = \frac{3}{2}.$$

Por tanto, la integral de superficie es

$$\iint_S (y^2 + 2yz)\, dS = \iint_R f(g(y, z), y, z)\sqrt{1 + [g_y(y, z)]^2 + [g_z(y, z)]^2}\, dA$$

$$= \int_0^6 \int_0^{(6-y)/2} (y^2 + 2yz)\left(\frac{3}{2}\right) dz\, dy$$

$$= \frac{3}{8}\int_0^6 (36y - y^3)\, dy$$

$$= \frac{243}{2}.$$

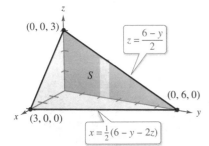

Figura 15.46

Trate de resolver el ejemplo 1 proyectando S sobre el plano xz.

En el ejemplo 1 se podría haber proyectado la superficie S en cualquiera de los tres planos de coordenadas. En el ejemplo 2, S es una porción de un cilindro centrado en el eje x, y puede ser proyectado en el plano xz o en el plano xy.

EJEMPLO 2 Evaluar una integral de superficie

: • • • ▷ *Consulte LarsonCalculus.com para una versión interactiva de este tipo de ejemplo.*

Evalúe la integral de superficie

$$\iint_S (x + z) \, dS$$

donde S es la porción del cilindro que se encuentra en el primer octante,

$$y^2 + z^2 = 9$$

entre $x = 0$ y $x = 4$, como se muestra en la figura 15.47.

Solución Proyecte S sobre el plano xy, de manera que

$$z = g(x, y) = \sqrt{9 - y^2}$$

y obtiene

$$\sqrt{1 + [g_x(x, y)]^2 + [g_y(x, y)]^2} = \sqrt{1 + \left(\frac{-y}{\sqrt{9 - y^2}}\right)^2}$$

$$= \frac{3}{\sqrt{9 - y^2}}.$$

El teorema 15.10 no se puede aplicar directamente, porque g_y no es continua en $y = 3$. Sin embargo, puede aplicar el teorema para $0 \le b < 3$ y después tomar el límite cuando b se aproxima a 3, como sigue

$$\iint_S (x + z) \, dS = \lim_{b \to 3^-} \int_0^b \int_0^4 \left(x + \sqrt{9 - y^2}\right) \frac{3}{\sqrt{9 - y^2}} \, dx \, dy$$

$$= \lim_{b \to 3^-} 3 \int_0^b \int_0^4 \left(\frac{x}{\sqrt{9 - y^2}} + 1\right) dx \, dy$$

$$= \lim_{b \to 3^-} 3 \int_0^b \frac{x^2}{2\sqrt{9 - y^2}} + x \Big]_0^4 \, dy$$

$$= \lim_{b \to 3^-} 3 \int_0^b \left(\frac{8}{\sqrt{9 - y^2}} + 4\right) dy$$

$$= \lim_{b \to 3^-} 3 \left[4y + 8 \arcsen \frac{y}{3}\right]_0^b$$

$$= \lim_{b \to 3^-} 3 \left(4b + 8 \arcsen \frac{b}{3}\right)$$

$$= 36 + 24\left(\frac{\pi}{2}\right)$$

$$= 36 + 12\pi$$

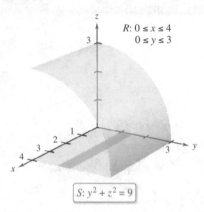

$R: 0 \le x \le 4$
$\quad 0 \le y \le 3$

$S: y^2 + z^2 = 9$

Figura 15.47

▷ **TECNOLOGÍA** Algunos sistemas algebraicos por computadora evalúan integrales impropias. Si se tiene acceso a uno de estos programas, utilícelo para evaluar la integral impropia

$$\int_0^3 \int_0^4 \left(x + \sqrt{9 - y^2}\right) \frac{3}{\sqrt{9 - y^2}} \, dx \, dy.$$

¿Se obtiene el mismo resultado que en el ejemplo 2?

Usted ha visto que si la función f definida sobre la superficie S es simplemente $f(x, y, z) = 1$, la integral de superficie da el *área de la superficie S*.

$$\text{Área de la superficie } = \iint_S 1 \, dS$$

Por otro lado, si S es una lámina de densidad variable y $\rho(x, y, z)$ es la densidad en el punto (x, y, z), entonces la *masa* de la lámina está dada por

$$\text{Masa de la lámina } = \iint_S \rho(x, y, z) \, dS.$$

EJEMPLO 3 **Hallar la masa de una lámina bidimensional**

Una lámina bidimensional S en forma de cono está dada por

$$z = 4 - 2\sqrt{x^2 + y^2}, \quad 0 \le z \le 4$$

como se muestra en la figura 15.48. En todo punto de S, la densidad es proporcional a la distancia entre el punto y el eje z. Encuentre la masa m de la lámina.

Solución Al proyectar S sobre el plano xy se obtiene

$$S: z = 4 - 2\sqrt{x^2 + y^2} = g(x, y), \quad 0 \le z \le 4$$
$$R: x^2 + y^2 \le 4$$

con densidad de $\rho(x, y, z) = k\sqrt{x^2 + y^2}$. Usando una integral de superficie, puede encontrar que la masa es

$$m = \iint_S \rho(x, y, z) \, dS$$

$$= \iint_R k\sqrt{x^2 + y^2}\sqrt{1 + [g_x(x, y)]^2 + [g_y(x, y)]^2} \, dA$$

$$= k\iint_R \sqrt{x^2 + y^2}\sqrt{1 + \frac{4x^2}{x^2 + y^2} + \frac{4y^2}{x^2 + y^2}} \, dA$$

$$= k\iint_R \sqrt{5}\sqrt{x^2 + y^2} \, dA$$

$$= k\int_0^{2\pi}\int_0^2 \left(\sqrt{5}r\right)r \, dr \, d\theta \qquad \text{Coordenadas polares}$$

$$= \frac{\sqrt{5}k}{3}\int_0^{2\pi} r^3\Big]_0^2 \, d\theta$$

$$= \frac{8\sqrt{5}k}{3}\int_0^{2\pi} d\theta$$

$$= \frac{8\sqrt{5}k}{3}\Big[\theta\Big]_0^{2\pi}$$

$$= \frac{16\sqrt{5}k\pi}{3}.$$

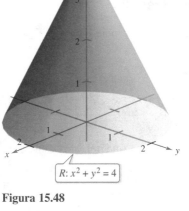

Cono:
$z = 4 - 2\sqrt{x^2 + y^2}$

$R: x^2 + y^2 = 4$

Figura 15.48

▷ **TECNOLOGÍA** Utilice un sistema algebraico por computadora para confirmar el resultado del ejemplo 3. El sistema algebraico por computadora *Mathematica* calcula la integral como sigue.

$$k\int_{-2}^2\int_{-\sqrt{4-y^2}}^{\sqrt{4-y^2}} \sqrt{5}\sqrt{x^2 + y^2} \, dx \, dy = k\int_0^{2\pi}\int_0^2 \left(\sqrt{5}r\right)r \, dr \, d\theta = \frac{16\sqrt{5}k\pi}{3}$$

Superficies paramétricas e integrales de superficie

Usted puede demostrar que para una superficie S dada por la función vectorial

$$\mathbf{r}(u, v) = x(u, v)\mathbf{i} + y(u, v)\mathbf{j} + z(u, v)\mathbf{k} \qquad \text{Superficie paramétrica}$$

definida sobre una región D en el plano uv, la integral de superficie de $f(x, y, z)$ sobre S está dada por

$$\iint_S f(x, y, z)\, dS = \iint_D f(x(u, v), y(u, v), z(u, v)) \|\mathbf{r}_u(u, v) \times \mathbf{r}_v(u, v)\|\, dA.$$

Observe la analogía con una integral de línea sobre una curva C en el espacio

$$\int_C f(x, y, z)\, ds = \int_a^b f(x(t), y(t), z(t)) \|\mathbf{r}'(t)\|\, dt \qquad \text{Integral de línea}$$

Observe que ds y dS pueden escribirse como

$$ds = \|\mathbf{r}'(t)\|\, dt \quad \text{y} \quad dS = \|\mathbf{r}_u(u, v) \times \mathbf{r}_v(u, v)\|\, dA.$$

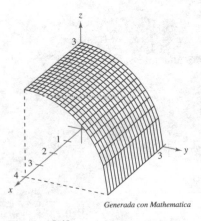

z

3

1
2
3
4
x

3
y

Generada con Mathematica

Figura 15.49

EJEMPLO 4 **Evaluar una integral de superficie**

En el ejemplo 2 se mostró una evaluación de la integral de superficie

$$\iint_S (x + z)\, dS$$

donde S es la porción, en el primer octante, del cilindro

$$y^2 + z^2 = 9$$

entre $x = 0$ y $x = 4$ (ver la figura 15.49). Evalúe esta misma integral, ahora en forma paramétrica.

Solución En forma paramétrica, la superficie está dada por

$$\mathbf{r}(x, \theta) = x\mathbf{i} + 3\cos\theta\mathbf{j} + 3\,\text{sen}\,\theta\mathbf{k}$$

donde $0 \le x \le 4$ y $0 \le \theta \le \pi/2$. Para evaluar la integral de superficie en forma paramétrica, comience por calcular lo siguiente.

$$\mathbf{r}_x = \mathbf{i}$$
$$\mathbf{r}_\theta = -3\,\text{sen}\,\theta\mathbf{j} + 3\cos\theta\mathbf{k}$$

$$\mathbf{r}_x \times \mathbf{r}_\theta = \begin{vmatrix} \mathbf{i} & \mathbf{j} & \mathbf{k} \\ 1 & 0 & 0 \\ 0 & -3\,\text{sen}\,\theta & 3\cos\theta \end{vmatrix} = -3\cos\theta\mathbf{j} - 3\,\text{sen}\,\theta\mathbf{k}$$

$$\|\mathbf{r}_x \times \mathbf{r}_\theta\| = \sqrt{9\cos^2\theta + 9\,\text{sen}^2\,\theta} = 3$$

Por tanto, la integral de superficie es

$$\iint_D (x + 3\,\text{sen}\,\theta)3\, dA = \int_0^4 \int_0^{\pi/2} (3x + 9\,\text{sen}\,\theta)\, d\theta\, dx$$

$$= \int_0^4 \left[3x\theta - 9\cos\theta \right]_0^{\pi/2} dx$$

$$= \int_0^4 \left(\frac{3\pi}{2}x + 9 \right) dx$$

$$= \left[\frac{3\pi}{4}x^2 + 9x \right]_0^4$$

$$= 12\pi + 36$$

Orientación de una superficie

Para inducir una orientación en una superficie S en el espacio se utilizan vectores unitarios normales. Se dice que una superficie es **orientable** si en todo punto de S que no sea un punto frontera puede definirse un vector unitario normal $\mathbf{N}$ de manera tal que los vectores normales varíen continuamente sobre la superficie S. Si esto es posible, S es una **superficie orientable**.

Una superficie orientable S tiene dos caras. Así, al orientar una superficie, elige uno de los dos vectores unitarios normales posibles. Si S es una superficie cerrada, como por ejemplo una esfera, se acostumbra escoger como vector unitario normal $\mathbf{N}$ el que apunta hacia fuera de la esfera.

Las superficies más comunes, como esferas, paraboloides, elipses y planos, son orientables. (Vea en el ejercicio 3 un ejemplo de una superficie que *no* es orientable.) Además, en una superficie orientable el vector gradiente proporciona una manera adecuada de hallar un vector unitario normal. Es decir, en una superficie orientable S dada por

$$z = g(x, y) \qquad\qquad \text{Superficie orientable}$$

se hace

$$G(x, y, z) = z - g(x, y).$$

Entonces, S puede orientarse, ya sea por el vector unitario normal

$$\mathbf{N} = \frac{\nabla G(x, y, z)}{\|\nabla G(x, y, z)\|}$$

$$= \frac{-g_x(x, y)\mathbf{i} - g_y(x, y)\mathbf{j} + \mathbf{k}}{\sqrt{1 + [g_x(x, y)]^2 + [g_y(x, y)]^2}} \qquad\qquad \text{Unitario normal hacia arriba}$$

o por el vector unitario normal

$$\mathbf{N} = \frac{-\nabla G(x, y, z)}{\|\nabla G(x, y, z)\|}$$

$$= \frac{g_x(x, y)\mathbf{i} + g_y(x, y)\mathbf{j} - \mathbf{k}}{\sqrt{1 + [g_x(x, y)]^2 + [g_y(x, y)]^2}} \qquad\qquad \text{Unitario normal hacia abajo}$$

como se muestra en la figura 15.50. Si la superficie suave orientable S está dada en forma paramétrica por

$$\mathbf{r}(u, v) = x(u, v)\mathbf{i} + y(u, v)\mathbf{j} + z(u, v)\mathbf{k} \qquad\qquad \text{Superficie paramétrica}$$

entonces los vectores unitarios normales están dados por

$$\mathbf{N} = \frac{\mathbf{r}_u \times \mathbf{r}_v}{\|\mathbf{r}_u \times \mathbf{r}_v\|}$$

y

$$\mathbf{N} = \frac{\mathbf{r}_v \times \mathbf{r}_u}{\|\mathbf{r}_v \times \mathbf{r}_u\|}.$$

Para una superficie orientable dada por

$$y = g(x, z) \quad \text{o} \quad x = g(y, z)$$

puede usar el vector gradiente

$$\nabla G(x, y, z) = -g_x(x, z)\mathbf{i} + \mathbf{j} - g_z(x, z)\mathbf{k} \qquad G(x, y, z) = y - g(x, z)$$

o

$$\nabla G(x, y, z) = \mathbf{i} - g_y(y, z)\mathbf{j} - g_z(y, z)\mathbf{k} \qquad G(x, y, z) = x - g(y, z)$$

para orientar la superficie.

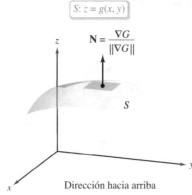

S está orientada hacia arriba.

S está orientada hacia abajo.

Figura 15.50

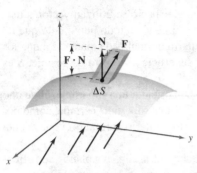

El campo de velocidades **F** indica la dirección del flujo del fluido.
Figura 15.51

Integrales de flujo

Una de las aplicaciones principales que emplean la forma vectorial de una integral de superficie se refiere al flujo de un fluido a través de una superficie S. Suponga que una superficie orientada S se sumerge en un fluido que tiene un campo de velocidad continua **F**. Sea el área de una pequeña porción de la superficie S sobre la cual **F** es casi constante. Entonces la cantidad de fluido que atraviesa esta región por unidad de tiempo se aproxima mediante el volumen de la columna de altura $\mathbf{F} \times \mathbf{N}$ que se muestra en la figura 15.51. Es decir,

$$\Delta V = (\text{altura})(\text{área de la base})$$
$$= (\mathbf{F} \cdot \mathbf{N})\, \Delta S.$$

Por consiguiente, el volumen del fluido que atraviesa la superficie S por unidad de tiempo (llamada el **flujo de F a través de** S) está dado por la integral de superficie de la definición siguiente.

Definición de integral de flujo

Sea $\mathbf{F}(x, y, z) = M\mathbf{i} + N\mathbf{j} + P\mathbf{k}$, donde M, N y P tienen primeras derivadas parciales continuas sobre la superficie S orientada mediante un vector unitario normal **N**. La **integral de flujo de F a través de** S está dada por

$$\iint_S \mathbf{F} \cdot \mathbf{N}\, dS.$$

Geométricamente, una integral de flujo es la integral de superficie sobre S de la *componente normal* de **F**. Si $\rho(x, y, z)$ es la densidad del fluido en la integral de flujo

$$\iint_S \rho\, \mathbf{F} \cdot \mathbf{N}\, dS$$

representa la *masa* del fluido que fluye a través de S por unidad de tiempo.

Para evaluar una integral de flujo de una superficie dada por $z = g(x, y)$, sea

$$G(x, y, z) = z - g(x, y).$$

Entonces, $\mathbf{N}\, dS$ puede escribirse como sigue

$$\mathbf{N}\, dS = \frac{\nabla G(x, y, z)}{\|\nabla G(x, y, z)\|}\, dS$$

$$= \frac{\nabla G(x, y, z)}{\sqrt{(g_x)^2 + (g_y)^2 + 1}} \sqrt{(g_x)^2 + (g_y)^2 + 1}\, dA$$

$$= \nabla G(x, y, z)\, dA$$

TEOREMA 15.11   Evaluación de una integral de flujo

Sea S una superficie orientada dada por $z = g(x, y)$ y sea R su proyección sobre el plano xy.

$$\iint_S \mathbf{F} \cdot \mathbf{N}\, dS = \iint_R \mathbf{F} \cdot \left[-g_x(x, y)\mathbf{i} - g_y(x, y)\mathbf{j} + \mathbf{k} \right] dA \quad \text{Orientada hacia arriba}$$

$$\iint_S \mathbf{F} \cdot \mathbf{N}\, dS = \iint_R \mathbf{F} \cdot \left[g_x(x, y)\mathbf{i} + g_y(x, y)\mathbf{j} - \mathbf{k} \right] dA \quad \text{Orientada hacia abajo}$$

Para la primera integral, la superficie está orientada hacia arriba, y en la segunda integral, la superficie está orientada hacia abajo.

EJEMPLO 5   **Usar una integral de flujo para hallar la razón del flujo de masa**

Sea S la porción del paraboloide

$$z = g(x, y) = 4 - x^2 - y^2$$

que se encuentra sobre el plano xy, orientado por medio de un vector unitario normal dirigido hacia arriba, como se muestra en la figura 15.52. Un fluido de densidad constante ρ fluye a través de la superficie S de acuerdo con el campo vectorial

$$\mathbf{F}(x, y, z) = x\mathbf{i} + y\mathbf{j} + z\mathbf{k}.$$

Encuentre la razón de flujo de masa a través de S.

Solución   Empiece calculando las derivadas parciales de

$$g_x(x, y) = -2x$$

y

$$g_y(x, y) = -2y$$

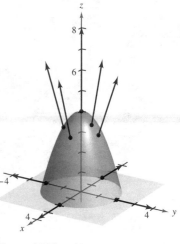

Figura 15.52

La razón de flujo de masa a través de la superficie S es

$$\iint_S \rho \mathbf{F} \cdot \mathbf{N} \, dS = \rho \iint_R \mathbf{F} \cdot \left[-g_x(x, y)\mathbf{i} - g_y(x, y)\mathbf{j} + \mathbf{k} \right] dA$$

$$= \rho \iint_R \left[x\mathbf{i} + y\mathbf{j} + (4 - x^2 - y^2)\mathbf{k} \right] \cdot (2x\mathbf{i} + 2y\mathbf{j} + \mathbf{k}) \, dA$$

$$= \rho \iint_R \left[2x^2 + 2y^2 + (4 - x^2 - y^2) \right] dA$$

$$= \rho \iint_R (4 + x^2 + y^2) \, dA$$

$$= \rho \int_0^{2\pi} \int_0^2 (4 + r^2) r \, dr \, d\theta \qquad \text{Coordenadas polares}$$

$$= \rho \int_0^{2\pi} 12 \, d\theta$$

$$= 24\pi\rho.$$

Para una superficie orientada S dada por la función vectorial

$$\mathbf{r}(u, v) = x(u, v)\mathbf{i} + y(u, v)\mathbf{j} + z(u, v)\mathbf{k} \qquad \text{Superficie paramétrica}$$

definida sobre una región D del plano uv, puede definir la integral de flujo de $\mathbf{F}$ a través de S como

$$\iint_S \mathbf{F} \cdot \mathbf{N} \, dS = \iint_D \mathbf{F} \cdot \left(\frac{\mathbf{r}_u \times \mathbf{r}_v}{\|\mathbf{r}_u \times \mathbf{r}_v\|} \right) \|\mathbf{r}_u \times \mathbf{r}_v\| \, dA$$

$$= \iint_D \mathbf{F} \cdot (\mathbf{r}_u \times \mathbf{r}_v) \, dA.$$

Observe la semejanza de esta integral con la integral de línea

$$\int_C \mathbf{F} \cdot d\mathbf{r} = \int_C \mathbf{F} \cdot \mathbf{T} \, ds.$$

En la página 1103 se presenta un resumen de las fórmulas para integrales de línea y de superficie.

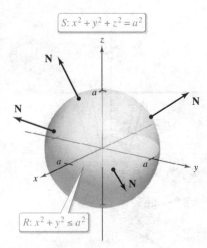

$S: x^2 + y^2 + z^2 = a^2$

$R: x^2 + y^2 \leq a^2$

Figura 15.53

Hallar el flujo de un campo cuadrático inverso

Encuentre el flujo sobre la esfera S dada por

$$x^2 + y^2 + z^2 = a^2 \qquad \text{Esfera } S$$

donde $\mathbf{F}$ es un campo cuadrático inverso dado por

$$\mathbf{F}(x, y, z) = \frac{kq}{\|\mathbf{r}\|^2} \frac{\mathbf{r}}{\|\mathbf{r}\|} = \frac{kq\mathbf{r}}{\|\mathbf{r}\|^3} \qquad \text{Campo cuadrático inverso } \mathbf{F}$$

y

$$\mathbf{r} = x\mathbf{i} + y\mathbf{j} + z\mathbf{k}.$$

Suponga que S está orientada hacia fuera, como se muestra en la figura 15.53.

Solución La esfera está dada por

$$
\begin{aligned}
\mathbf{r}(u, v) &= x(u, v)\mathbf{i} + y(u, v)\mathbf{j} + z(u, v)\mathbf{k} \\
&= a \operatorname{sen} u \cos v\mathbf{i} + a \operatorname{sen} u \operatorname{sen} v\mathbf{j} + a \cos u\mathbf{k}
\end{aligned}
$$

donde $0 \leq u \leq \pi$ y $0 \leq v \leq 2\pi$. Las derivadas parciales de $\mathbf{r}$ son

$$\mathbf{r}_u(u, v) = a \cos u \cos v\mathbf{i} + a \cos u \operatorname{sen} v\mathbf{j} - a \operatorname{sen} u\mathbf{k}$$

y

$$\mathbf{r}_v(u, v) = -a \operatorname{sen} u \operatorname{sen} v\mathbf{i} + a \operatorname{sen} u \cos v\mathbf{j}$$

lo cual implica que el vector normal $\mathbf{r}_u \times \mathbf{r}_v$ es

$$
\mathbf{r}_u \times \mathbf{r}_v = \begin{vmatrix} \mathbf{i} & \mathbf{j} & \mathbf{k} \\ a \cos u \cos v & a \cos u \operatorname{sen} v & -a \operatorname{sen} u \\ -a \operatorname{sen} u \operatorname{sen} v & a \operatorname{sen} u \cos v & 0 \end{vmatrix}
$$

$$= a^2(\operatorname{sen}^2 u \cos v\mathbf{i} + \operatorname{sen}^2 u \operatorname{sen} v\mathbf{j} + \operatorname{sen} u \cos u\mathbf{k}).$$

Ahora, usando

$$
\begin{aligned}
\mathbf{F}(x, y, z) &= \frac{kq\mathbf{r}}{\|\mathbf{r}\|^3} \\
&= kq \frac{x\mathbf{i} + y\mathbf{j} + z\mathbf{k}}{\|x\mathbf{i} + y\mathbf{j} + z\mathbf{k}\|^3} \\
&= \frac{kq}{a^3}(a \operatorname{sen} u \cos v\mathbf{i} + a \operatorname{sen} u \operatorname{sen} v\mathbf{j} + a \cos u\mathbf{k})
\end{aligned}
$$

se deduce que

$$
\begin{aligned}
\mathbf{F} \cdot (\mathbf{r}_u \times \mathbf{r}_v) &= \frac{kq}{a^3}[(a \operatorname{sen} u \cos v\mathbf{i} + a \operatorname{sen} u \operatorname{sen} v\mathbf{j} + a \cos u\mathbf{k}) \cdot \\
&\qquad a^2(\operatorname{sen}^2 u \cos v\mathbf{i} + \operatorname{sen}^2 u \operatorname{sen} v\mathbf{j} + \operatorname{sen} u \cos u\mathbf{k})] \\
&= kq(\operatorname{sen}^3 u \cos^2 v + \operatorname{sen}^3 u \operatorname{sen}^2 v + \operatorname{sen} u \cos^2 u) \\
&= kq \operatorname{sen} u.
\end{aligned}
$$

Por último, el flujo sobre la esfera S está dado por

$$
\begin{aligned}
\iint_S \mathbf{F} \cdot \mathbf{N} \, dS &= \iint_D (kq \operatorname{sen} u) \, dA \\
&= \int_0^{2\pi} \int_0^{\pi} kq \operatorname{sen} u \, du \, dv \\
&= 4\pi kq.
\end{aligned}
$$

El resultado del ejemplo muestra que el flujo a través de una esfera S en un campo cuadrático inverso es independiente del radio de S. En particular, si $\mathbf{E}$ es un campo eléctrico, entonces el resultado obtenido en el ejemplo 6, junto con la ley de Coulomb, proporciona una de las leyes básicas de electrostática, conocida como la **ley de Gauss**:

$$\iint_S \mathbf{E} \cdot \mathbf{N} \, dS = 4\pi k q \qquad \text{Ley de Gauss}$$

donde q es un carga puntual localizada en el centro de la esfera y k es la constante de Coulomb. La ley de Gauss es válida para superficies cerradas más generales que contengan el origen, y relaciona el flujo que sale de la superficie con la carga total q dentro de la superficie.

Las integrales de superficie también se usan en el estudio de **flujo de calor**. Los flujos de calor de las áreas de alta temperatura a las áreas de baja temperatura en la dirección de máximo cambio. Como un resultado, la medición de **flujo de calor** implica el gradiente de temperatura. El flujo depende del área de la superficie. Ésta es la dirección normal a la superficie, que es importante ya que el calor que fluye en la dirección tangencial a la superficie no producirá pérdidas de calor. Por lo tanto, suponga que el flujo que pasa por una porción de la superficie de área ΔS está dado por $\Delta H \approx -k\nabla T \cdot \mathbf{N} \, dS$, donde T es la temperatura, $\mathbf{N}$ es el vector unitario normal a la superficie en la dirección de flujo de calor y k es la difusividad térmica del material. El flujo de calor que fluye a través de la superficie está dado por

$$H = \iint_S -k\nabla T \cdot \mathbf{N} \, dS.$$

Esta sección concluye con un resumen de fórmulas de integrales de línea y de integrales de superficie.

RESUMEN DE INTEGRALES DE LÍNEA Y DE SUPERFICIE

Integrales de línea

$$ds = \|\mathbf{r}'(t)\| \, dt$$
$$= \sqrt{[x'(t)]^2 + [y'(t)]^2 + [z'(t)]^2} \, dt$$

$$\int_C f(x, y, z) \, ds = \int_a^b f(x(t), y(t), z(t)) \, ds \qquad \text{Forma escalar}$$

$$\int_C \mathbf{F} \cdot d\mathbf{r} = \int_C \mathbf{F} \cdot \mathbf{T} \, ds$$
$$= \int_a^b \mathbf{F}(x(t), y(t), z(t)) \cdot \mathbf{r}'(t) \, dt \qquad \text{Forma vectorial}$$

Integrales de superficie $[z = g(x, y)]$

$$dS = \sqrt{1 + [g_x(x, y)]^2 + [g_y(x, y)]^2} \, dA$$

$$\iint_S f(x, y, z) \, dS = \iint_R f(x, y, g(x, y)) \sqrt{1 + [g_x(x, y)]^2 + [g_y(x, y)]^2} \, dA \qquad \text{Forma escalar}$$

$$\iint_S \mathbf{F} \cdot \mathbf{N} \, dS = \iint_R \mathbf{F} \cdot [-g_x(x, y)\mathbf{i} - g_y(x, y)\mathbf{j} + \mathbf{k}] \, dA \qquad \text{Forma vectorial (normal hacia arriba)}$$

Integrales de superficie (forma paramétrica)

$$dS = \|\mathbf{r}_u(u, v) \times \mathbf{r}_v(u, v)\| \, dA$$

$$\iint_S f(x, y, z) \, dS = \iint_D f(x(u, v), y(u, v), z(u, v)) \, dS \qquad \text{Forma escalar}$$

$$\iint_S \mathbf{F} \cdot \mathbf{N} \, dS = \iint_D \mathbf{F} \cdot (\mathbf{r}_u \times \mathbf{r}_v) \, dA \qquad \text{Forma vectorial}$$

15.6 Ejercicios

Consulte CalcChat.com para un tutorial de ayuda y soluciones trabajadas de los ejercicios con numeración impar.

Evaluar una integral de superficie En los ejercicios 1 a 4, evalúe

$$\iint_S (x - 2y + z)\, dS.$$

1. S: $z = 4 - x$, $0 \le x \le 4$, $0 \le y \le 3$

2. S: $z = 15 - 2x + 3y$, $0 \le x \le 2$, $0 \le y \le 4$

3. S: $z = 2$, $x^2 + y^2 \le 1$

4. S: $z = \frac{2}{3}x^{3/2}$, $0 \le x \le 1$, $0 \le y \le x$

Evaluar una integral de superficie En los ejercicios 5 a 6, evalúe

$$\iint_S xy\, dS.$$

5. S: $z = 3 - x - y$, primer octante

6. S: $z = h$, $0 \le x \le 2$, $0 \le y \le \sqrt{4 - x^2}$

Evaluar una integral de superficie En los ejercicios 7 y 8, utilice un sistema algebraico por computadora para evaluar

$$\iint_S xy\, dS.$$

7. S: $z = 9 - x^2$, $0 \le x \le 2$, $0 \le y \le x$

8. S: $z = \frac{1}{2}xy$, $0 \le x \le 4$, $0 \le y \le 4$

Evaluar una integral de superficie En los ejercicios 9 y 10, utilice un sistema algebraico por computadora para evaluar

$$\iint_S (x^2 - 2xy)\, dS.$$

9. S: $z = 10 - x^2 - y^2$, $0 \le x \le 2$, $0 \le y \le 2$

10. S: $z = \cos x$, $0 \le x \le \dfrac{\pi}{2}$, $0 \le y \le \dfrac{1}{2}x$

Masa En los ejercicios 11 y 12, encuentre la masa de la superficie de la lámina S de densidad ρ.

11. S: $2x + 3y + 6z = 12$, primer octante, $\rho(x, y, z) = x^2 + y^2$

12. S: $z = \sqrt{a^2 - x^2 - y^2}$, $\rho(x, y, z) = kz$

Evaluar una integral de superficie En los ejercicios 13 a 16, evalúe

$$\iint_S f(x, y)\, dS.$$

13. $f(x, y) = y + 5$

S: $\mathbf{r}(u, v) = u\mathbf{i} + v\mathbf{j} + 2v\mathbf{k}$, $0 \le u \le 1$, $0 \le v \le 2$

14. $f(x, y) = xy$

S: $\mathbf{r}(u, v) = 2\cos u\,\mathbf{i} + 2\,\text{sen}\,u\,\mathbf{j} + v\mathbf{k}$

$0 \le u \le \dfrac{\pi}{2}$, $0 \le v \le 1$

15. $f(x, y) = x + y$

S: $\mathbf{r}(u, v) = 2\cos u\,\mathbf{i} + 2\,\text{sen}\,u\,\mathbf{j} + v\mathbf{k}$

$0 \le u \le \dfrac{\pi}{2}$, $0 \le v \le 1$

16. $f(x, y) = x + y$

S: $\mathbf{r}(u, v) = 4u\cos v\,\mathbf{i} + 4u\,\text{sen}\,v\,\mathbf{j} + 3u\mathbf{k}$

$0 \le u \le 4$, $0 \le v \le \pi$

Evaluar una integral de superficie En los ejercicios 17 a 22, evalúe

$$\iint_S f(x, y, z)\, dS.$$

17. $f(x, y, z) = x^2 + y^2 + z^2$

S: $z = x + y$, $x^2 + y^2 \le 1$

18. $f(x, y, z) = \dfrac{xy}{z}$

S: $z = x^2 + y^2$, $4 \le x^2 + y^2 \le 16$

19. $f(x, y, z) = \sqrt{x^2 + y^2 + z^2}$

S: $z = \sqrt{x^2 + y^2}$, $x^2 + y^2 \le 4$

20. $f(x, y, z) = \sqrt{x^2 + y^2 + z^2}$

S: $z = \sqrt{x^2 + y^2}$, $(x - 1)^2 + y^2 \le 1$

21. $f(x, y, z) = x^2 + y^2 + z^2$

S: $x^2 + y^2 = 9$, $0 \le x \le 3$, $0 \le y \le 3$, $0 \le z \le 9$

22. $f(x, y, z) = x^2 + y^2 + z^2$

S: $x^2 + y^2 = 9$, $0 \le x \le 3$, $0 \le z \le x$

Evaluar una integral de flujo En los ejercicios 23 a 28, determine el flujo F a través de S,

$$\iint_S \mathbf{F} \cdot \mathbf{N}\, dS$$

donde N es el vector unitario normal a S dirigido hacia arriba.

23. $\mathbf{F}(x, y, z) = 3z\mathbf{i} - 4\mathbf{j} + y\mathbf{k}$

S: $z = 1 - x - y$, primer octante

24. $\mathbf{F}(x, y, z) = x\mathbf{i} + y\mathbf{j}$

S: $z = 6 - 3x - 2y$, primer octante

25. $\mathbf{F}(x, y, z) = x\mathbf{i} + y\mathbf{j} + z\mathbf{k}$

S: $z = 1 - x^2 - y^2$, $z \ge 0$

26. $\mathbf{F}(x, y, z) = x\mathbf{i} + y\mathbf{j} + z\mathbf{k}$

S: $x^2 + y^2 + z^2 = 36$, primer octante

27. $\mathbf{F}(x, y, z) = 4\mathbf{i} - 3\mathbf{j} + 5\mathbf{k}$

S: $z = x^2 + y^2$, $x^2 + y^2 \le 4$

28. $\mathbf{F}(x, y, z) = x\mathbf{i} + y\mathbf{j} - 2z\mathbf{k}$

S: $z = \sqrt{a^2 - x^2 - y^2}$

Evaluar una integral de flujo   En los ejercicios 29 y 30, encuentre el flujo de **F** sobre la superficie cerrada. (Sea **N** el vector unitario normal a la superficie dirigido hacia fuera.)

29. $\mathbf{F}(x, y, z) = (x + y)\mathbf{i} + y\mathbf{j} + z\mathbf{k}$

   S: $z = 16 - x^2 - y^2$, $z = 0$

30. $\mathbf{F}(x, y, z) = 4xy\mathbf{i} + z^2\mathbf{j} + yz\mathbf{k}$

   S: cubo unitario acotado por $x = 0$, $x = 1$, $y = 0$, $y = 1$, $z = 0$, $z = 1$

31. **Carga eléctrica**   Sea $\mathbf{E} = yz\mathbf{i} + xz\mathbf{j} + xy\mathbf{k}$ un campo electrostático. Use la ley de Gauss para hallar la carga total que hay en el interior de la superficie cerrada formada por el hemisferio $z = \sqrt{1 - x^2 - y^2}$ y su base circular en el plano xy.

32. **Carga eléctrica**   Sea $\mathbf{E} = x\mathbf{i} + y\mathbf{j} + 2z\mathbf{k}$ un campo electrostático. Use la ley de Gauss para hallar la carga total encerrada por la superficie cerrada que consiste del hemisferio $z = \sqrt{1 - x^2 - y^2}$ y su base circular en el plano xy.

Momento de inercia   En los ejercicios 33 y 34, utilice las fórmulas siguientes para los momentos de inercia respecto a los ejes coordenados de una lámina bidimensional de densidad ρ.

$$I_x = \int_S \int (y^2 + z^2)\rho(x, y, z)\, dS$$

$$I_y = \int_S \int (x^2 + z^2)\rho(x, y, z)\, dS$$

$$I_z = \int_S \int (x^2 + y^2)\rho(x, y, z)\, dS$$

33. Compruebe que el momento de inercia de una capa cónica de densidad uniforme, respecto a su eje, es $\frac{1}{2}ma^2$, donde m es la masa y a es el radio y altura.

34. Compruebe que el momento de inercia de una capa esférica de densidad uniforme, respecto a su diámetro, es $\frac{2}{3}ma^2$, donde m es la masa y a es el radio.

Momento de inercia   En los ejercicios 35 y 36, calcule I_z para la lámina especificada con densidad uniforme igual a 1. Utilice un sistema algebraico por computadora para verificar los resultados.

35. $x^2 + y^2 = a^2$, $0 \leq z \leq h$ **36.** $z = x^2 + y^2$, $0 \leq z \leq h$

Razón de flujo   En los ejercicios 37 y 38, use un sistema algebraico por computadora para encontrar la razón de flujo de masa de un fluido de densidad ρ a través de la superficie S orientada hacia fuera cuando el campo de velocidades está dado por $\mathbf{F}(x, y, z) = 0.5z\mathbf{k}$.

37. S: $z = 16 - x^2 - y^2$, $z \geq 0$

38. S: $z = \sqrt{16 - x^2 - y^2}$

DESARROLLO DE CONCEPTOS

39. **Integral de superficie**   Defina una integral de superficie de la función escalar f sobre una superficie $z = g(x, y)$. Explique cómo evalúa la integral de superficie.

40. **Superficie orientable**   Describa una superficie orientable.

41. **Integral de flujo**   Defina una integral de flujo y explique cómo se evalúa.

---

42. **¿CÓMO LO VE?**   ¿Es orientable la superficie de la figura adjunta? Explique.

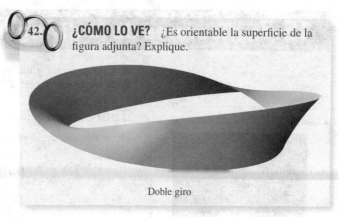

Doble giro

43. **Investigación**

(a) Utilice un sistema algebraico por computadora y represente gráficamente la función vectorial

$$\mathbf{r}(u, v) = (4 - v\,\text{sen}\, u)\cos(2u)\mathbf{i} + (4 - v\,\text{sen}\, u)\,\text{sen}(2u)\mathbf{j} + v\cos u\mathbf{k},\quad 0 \leq u \leq \pi,\ -1 \leq v \leq 1.$$

A esta superficie se le llama banda de Möbius.

(b) Explique por qué esta superficie no es orientable.

(c) Utilice un sistema algebraico por computadora para representar gráficamente la curva en el espacio dada por $\mathbf{r}(u, 0)$. Identifique la curva.

(d) Construya una banda de Möbius cortando una tira de papel, dándole un solo giro y pegando los extremos.

(e) Corte la banda de Möbius a lo largo de la curva en el espacio del inciso (c) y describa el resultado.

PROYECTO DE TRABAJO

Hiperboloide de una hoja

Considere la superficie paramétrica dada por la función

$$\mathbf{r}(u, v) = a\cosh u\cos v\mathbf{i} + a\cosh u\,\text{sen}\, v\mathbf{j} + b\,\text{senh}\, u\mathbf{k}.$$

(a) Use una herramienta de graficación para representar $\mathbf{r}$ para varios valores de las constantes a y b. Describa el efecto de las constantes sobre la forma de la superficie.

(b) Demuestre que la superficie es un hiperboloide de una hoja dado por

$$\frac{x^2}{a^2} + \frac{y^2}{a^2} - \frac{z^2}{b^2} = 1.$$

(c) Para valores fijos $u = u_0$, describa las curvas dadas por

$$\mathbf{r}(u, v_0) = a\cosh u\cos v_0\mathbf{i} + a\cosh u\,\text{sen}\, v_0\mathbf{j} + b\,\text{senh}\, u\mathbf{k}.$$

(d) Para valores fijos $v = v_0$, describa las curvas dadas por

$$\mathbf{r}(u, v_0) = a\cosh u\cos v_0\mathbf{i} + a\cosh u\,\text{sen}\, v_0\mathbf{j} + b\,\text{senh}\, u\mathbf{k}.$$

(e) Encuentre un vector normal a la superficie en $(u, v) = (0, 0)$.

15.7   Teorema de la divergencia

■ Comprender y utilizar el teorema de la divergencia.
■ Utilizar el teorema de la divergencia para calcular flujo.

Teorema de la divergencia

Recuerde que en la sección 15.4 vio que una forma alternativa del teorema de Green es

$$\int_C \mathbf{F} \cdot \mathbf{N}\, ds = \iint_R \left(\frac{\partial M}{\partial x} + \frac{\partial N}{\partial y} \right) dA$$

$$= \iint_R \operatorname{div} \mathbf{F}\, dA.$$

De manera análoga, el **teorema de la divergencia** da la relación entre una integral triple sobre una región sólida Q y una integral de superficie sobre la superficie de Q. En el enunciado del teorema, la superficie S es **cerrada** en el sentido de que forma toda la frontera completa del sólido Q. Ejemplos de superficies cerradas surgen de las regiones acotadas por esferas, elipsoides, cubos, tetraedros o combinaciones de estas superficies. Suponga que Q es una región sólida sobre la cual se evalúa una integral triple, y que la superficie cerrada S está orientada mediante vectores normales unitarios dirigidos hacia el *exterior*, como se muestra en la figura 15.54. Con estas restricciones sobre S y Q, el teorema de la divergencia se puede establecer como se muestra en la figura siguiente.

**CARL FRIEDRICH GAUSS
(1777-1855)**

Al *teorema de la divergencia* también se le llama *teorema de Gauss*, en honor al famoso matemático alemán Carl Friedrich Gauss. Gauss es reconocido, junto con Newton y Arquímedes, como uno de los tres más grandes matemáticos de la historia. Una de sus muchas contribuciones a las matemáticas la hizo a los 22 años, cuando, como parte de su tesis doctoral, demostró el *teorema fundamental del álgebra*. *Consulte LarsonCalculus.com para leer más acerca de esta biografía.*

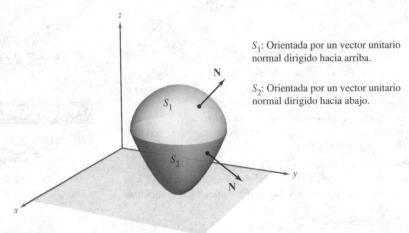

S_1: Orientada por un vector unitario normal dirigido hacia arriba.

S_2: Orientada por un vector unitario normal dirigido hacia abajo.

Figura 15.54

TEOREMA 15.12   Teorema de la divergencia

Sea Q una región sólida acotada por una superficie cerrada S orientada por un vector unitario normal dirigido hacia el exterior de Q. Si $\mathbf{F}$ es un campo vectorial cuyas funciones componentes tienen derivadas parciales continuas en Q, entonces

$$\iint_S \mathbf{F} \cdot \mathbf{N}\, dS = \iiint_Q \operatorname{div} \mathbf{F}\, dV.$$

COMENTARIO   Como se indica arriba, al teorema de la divergencia a veces se le llama teorema de Gauss. También se le llama teorema de Ostrogradsky, en honor al matemático ruso Michel Ostrogradsky (1801-1861).

COMENTARIO Esta demostración se restringe a una región sólida *simple*. Es mejor dejar la demostración general para un curso de cálculo avanzado.

Demostración Para $\mathbf{F}(x, y, z) = M\mathbf{i} + N\mathbf{j} + P\mathbf{k}$, el teorema toma la forma

$$\iint_S \mathbf{F} \cdot \mathbf{N} \, dS = \iint_S (M\mathbf{i} \cdot \mathbf{N} + N\mathbf{j} \cdot \mathbf{N} + P\mathbf{k} \cdot \mathbf{N}) \, dS$$

$$= \iiint_Q \left(\frac{\partial M}{\partial x} + \frac{\partial N}{\partial y} + \frac{\partial P}{\partial z} \right) dV.$$

Puede demostrar esto verificando que las tres ecuaciones siguientes son válidas

$$\iint_S M\mathbf{i} \cdot \mathbf{N} \, dS = \iiint_Q \frac{\partial M}{\partial x} \, dV$$

$$\iint_S N\mathbf{j} \cdot \mathbf{N} \, dS = \iiint_Q \frac{\partial N}{\partial y} \, dV$$

$$\iint_S P\mathbf{k} \cdot \mathbf{N} \, dS = \iiint_Q \frac{\partial P}{\partial z} \, dV$$

Como las verificaciones de las tres ecuaciones son similares, sólo se verá la tercera. La demostración se restringe a una región **sólida simple**, con superficie superior

$$z = g_2(x, y) \qquad \text{Superficie superior}$$

y superficie inferior

$$z = g_1(x, y) \qquad \text{Superficie inferior}$$

cuyas proyecciones sobre el plano xy coinciden y forman la región R. Si Q tiene una superficie lateral, como en la figura 15.55, entonces un vector normal es horizontal, lo cual implica $P\mathbf{k} \times \mathbf{N} = 0$. Por consiguiente, tiene

$$\iint_S P\mathbf{k} \cdot \mathbf{N} \, dS = \iint_{S_1} P\mathbf{k} \cdot \mathbf{N} \, dS + \iint_{S_2} P\mathbf{k} \cdot \mathbf{N} \, dS + 0.$$

Sobre la superficie superior S_2 el vector normal dirigido hacia el exterior apunta hacia arriba, mientras que en la superficie inferior el vector normal dirigido hacia el exterior apunta hacia abajo. Por tanto, por el teorema 15.11, tiene lo siguiente

$$\iint_{S_1} P\mathbf{k} \cdot \mathbf{N} \, dS = \iint_R P(x, y, g_1(x, y))\mathbf{k} \cdot \left(\frac{\partial g_1}{\partial x}\mathbf{i} + \frac{\partial g_1}{\partial y}\mathbf{j} - \mathbf{k} \right) dA$$

$$= -\iint_R P(x, y, g_1(x, y)) \, dA$$

y

$$\iint_{S_2} P\mathbf{k} \cdot \mathbf{N} \, dS = \iint_R P(x, y, g_2(x, y))\mathbf{k} \cdot \left(-\frac{\partial g_2}{\partial x}\mathbf{i} - \frac{\partial g_2}{\partial y}\mathbf{j} + \mathbf{k} \right) dA$$

$$= \iint_R P(x, y, g_2(x, y)) \, dA.$$

Sumando estos resultados, obtiene

$$\iint_S P\mathbf{k} \cdot \mathbf{N} \, dS = \iint_R \left[P(x, y, g_2(x, y)) - P(x, y, g_1(x, y)) \right] dA$$

$$= \iint_R \left[\int_{g_1(x, y)}^{g_2(x, y)} \frac{\partial P}{\partial z} \, dz \right] dA$$

$$= \iiint_Q \frac{\partial P}{\partial z} \, dV.$$

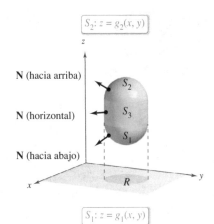

Figura 15.55

$S_2: z = g_2(x, y)$

$\mathbf{N}$ (hacia arriba)

$\mathbf{N}$ (horizontal)

$\mathbf{N}$ (hacia abajo)

$S_1: z = g_1(x, y)$

Consulte LarsonCalculus.com para el video de Bruce Edwards de esta demostración.

EJEMPLO 1 **Aplicar el teorema de la divergencia**

Sea Q la región sólida limitada o acotada por los planos coordenados y el plano

$$2x + 2y + z = 6$$

y sea $\mathbf{F} = x\mathbf{i} + y^2\mathbf{j} + z\mathbf{k}$. Determine

$$\iint_S \mathbf{F} \cdot \mathbf{N} \, dS$$

donde S es la superficie de Q.

Solución En la figura 15.56 se ve que Q está limitada o acotada por cuatro superficies. Por tanto, se necesitarán cuatro *integrales de superficie* para evaluarla

$$\iint_S \mathbf{F} \cdot \mathbf{N} \, dS.$$

Sin embargo, por el teorema de la divergencia, sólo necesita una integral triple. Como

$$\text{div } \mathbf{F} = \frac{\partial M}{\partial x} + \frac{\partial N}{\partial y} + \frac{\partial P}{\partial z}$$

$$= 1 + 2y + 1$$

$$= 2 + 2y$$

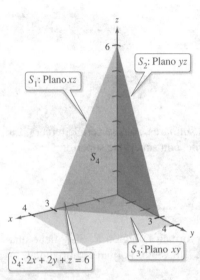

S_1: Plano xz

S_2: Plano yz

S_4

S_3: Plano xy

S_4: $2x + 2y + z = 6$

Figura 15.56

tiene

$$\iint_S \mathbf{F} \cdot \mathbf{N} \, dS = \iiint_Q \text{div } \mathbf{F} \, dV$$

$$= \int_0^3 \int_0^{3-y} \int_0^{6-2x-2y} (2 + 2y) \, dz \, dx \, dy$$

$$= \int_0^3 \int_0^{3-y} (2z + 2yz) \Big]_0^{6-2x-2y} dx \, dy$$

$$= \int_0^3 \int_0^{3-y} (12 - 4x + 8y - 4xy - 4y^2) \, dx \, dy$$

$$= \int_0^3 \left[12x - 2x^2 + 8xy - 2x^2y - 4xy^2 \right]_0^{3-y} dy$$

$$= \int_0^3 (18 + 6y - 10y^2 + 2y^3) \, dy$$

$$= \left[18y + 3y^2 - \frac{10y^3}{3} + \frac{y^4}{2} \right]_0^3$$

$$= \frac{63}{2}.$$

▷ **TECNOLOGÍA** Si tiene acceso a un sistema algebraico por computadora que pueda evaluar integrales iteradas triples, utilícelo para verificar el resultado del ejemplo 1. Al usar este sistema algebraico por computadora observe que el primer paso es convertir la integral triple en una integral iterada, este paso debe hacerse a mano. Para adquirir práctica para realizar este paso importante, encuentre los límites de integración de las integrales iteradas siguientes. Después use una computadora para comprobar que el valor es el mismo que el obtenido en el ejemplo 1.

$$\int_?^? \int_?^? \int_?^? (2 + 2y) \, dy \, dz \, dx, \qquad \int_?^? \int_?^? \int_?^? (2 + 2y) \, dx \, dy \, dz$$

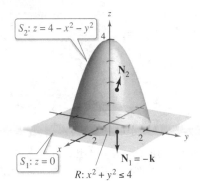

Figura 15.57

EJEMPLO 2   **Comprobar el teorema de la divergencia**

Sea Q la región sólida entre el paraboloide

$$z = 4 - x^2 - y^2$$

y el plano xy. Compruebe el teorema de la divergencia para

$$\mathbf{F}(x, y, z) = 2z\mathbf{i} + x\mathbf{j} + y^2\mathbf{k}.$$

Solución   De la figura 15.57, puede que el vector normal a la superficie S_1, que apunta hacia fuera, sea $\mathbf{N}_1 = -\mathbf{k}$, mientras que el vector normal a la superficie S_2, que apunta hacia fuera, sea

$$\mathbf{N}_2 = \frac{2x\mathbf{i} + 2y\mathbf{j} + \mathbf{k}}{\sqrt{4x^2 + 4y^2 + 1}}.$$

Por tanto, por el teorema 15.11, tiene

$$\iint_S \mathbf{F} \cdot \mathbf{N}\, dS$$

$$= \iint_{S_1} \mathbf{F} \cdot \mathbf{N}_1\, dS + \iint_{S_2} \mathbf{F} \cdot \mathbf{N}_2\, dS$$

$$= \iint_{S_1} \mathbf{F} \cdot (-\mathbf{k})\, dS + \iint_{S_2} \mathbf{F} \cdot \frac{(2x\mathbf{i} + 2y\mathbf{j} + \mathbf{k})}{\sqrt{4x^2 + 4y^2 + 1}}\, dS$$

$$= \iint_R -y^2\, dA + \iint_R (4xz + 2xy + y^2)\, dA$$

$$= -\int_{-2}^{2}\int_{-\sqrt{4-y^2}}^{\sqrt{4-y^2}} y^2\, dx\, dy + \int_{-2}^{2}\int_{-\sqrt{4-y^2}}^{\sqrt{4-y^2}} (4xz + 2xy + y^2)\, dx\, dy$$

$$= \int_{-2}^{2}\int_{-\sqrt{4-y^2}}^{\sqrt{4-y^2}} (4xz + 2xy)\, dx\, dy$$

$$= \int_{-2}^{2}\int_{-\sqrt{4-y^2}}^{\sqrt{4-y^2}} [4x(4 - x^2 - y^2) + 2xy]\, dx\, dy$$

$$= \int_{-2}^{2}\int_{-\sqrt{4-y^2}}^{\sqrt{4-y^2}} (16x - 4x^3 - 4xy^2 + 2xy)\, dx\, dy$$

$$= \int_{-2}^{2} \left[8x^2 - x^4 - 2x^2y^2 + x^2y \right]_{-\sqrt{4-y^2}}^{\sqrt{4-y^2}} dy$$

$$= \int_{-2}^{2} 0\, dy$$

$$= 0.$$

Por otro lado, como

$$\text{div } \mathbf{F} = \frac{\partial}{\partial x}[2z] + \frac{\partial}{\partial y}[x] + \frac{\partial}{\partial z}[y^2] = 0 + 0 + 0 = 0$$

puede aplicar el teorema de la divergencia para obtener el resultado equivalente

$$\iint_S \mathbf{F} \cdot \mathbf{N}\, dS = \iiint_Q \text{div } \mathbf{F}\, dV$$

$$= \iiint_Q 0\, dV$$

$$= 0.$$

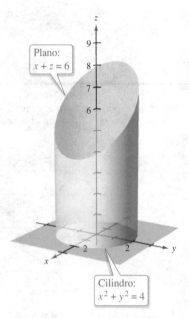

Plano:
$x + z = 6$

Cilindro:
$x^2 + y^2 = 4$

Figura 15.58

Aplicar el teorema de la divergencia

Sea Q el sólido acotado por el cilindro $x^2 + y^2 = 4$, el plano $x + z = 6$ y el plano xy, como se muestra en la figura 15.58. Encuentre

$$\iint_S \mathbf{F} \cdot \mathbf{N} \, dS$$

donde S es la superficie de Q y

$$\mathbf{F}(x, y, z) = (x^2 + \text{sen } z)\mathbf{i} + (xy + \cos z)\mathbf{j} + e^y\mathbf{k}.$$

Solución   La evaluación directa de esta integral de superficie será difícil. Sin embargo, por el teorema de la divergencia puede evaluar la integral como sigue.

$$\iint_S \mathbf{F} \cdot \mathbf{N} \, dS = \iiint_Q \text{div } \mathbf{F} \, dV$$

$$= \iiint_Q (2x + x + 0) \, dV$$

$$= \iiint_Q 3x \, dV$$

$$= \int_0^{2\pi} \int_0^2 \int_0^{6 - r \cos \theta} (3r \cos \theta)r \, dz \, dr \, d\theta$$

$$= \int_0^{2\pi} \int_0^2 (18r^2 \cos \theta - 3r^3 \cos^2 \theta) \, dr \, d\theta$$

$$= \int_0^{2\pi} (48 \cos \theta - 12 \cos^2 \theta) \, d\theta$$

$$= \left[48 \text{ sen } \theta - 6\left(\theta + \frac{1}{2} \text{ sen } 2\theta\right) \right]_0^{2\pi}$$

$$= -12\pi$$

Observe que para evaluar la integral triple se emplearon coordenadas cilíndricas con

$$x = r \cos \theta \quad \text{y} \quad dV = r \, dz \, dr \, d\theta.$$

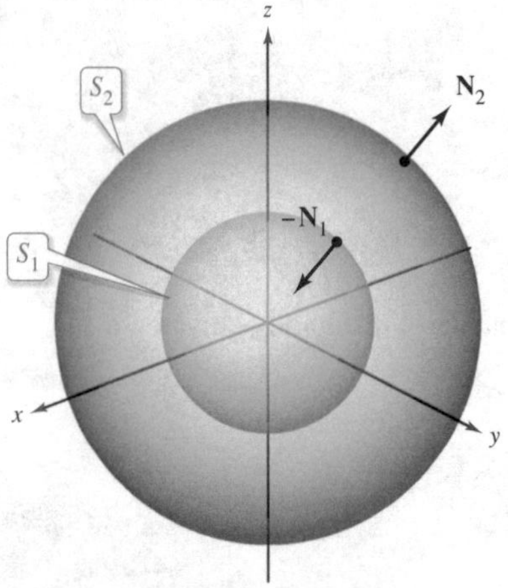

Aunque el teorema de la divergencia se formuló para una región sólida simple Q acotada por una superficie cerrada, el teorema también es válido para regiones que son uniones finitas de regiones sólidas simples. Por ejemplo, sea Q el sólido acotado por las superficies cerradas S_1 y S_2, como se muestra en la figura 15.59. Para aplicar el teorema de la divergencia a este sólido, sea $S = S_1 \cup S_2$. El vector normal $\mathbf{N}$ a S está dado por $-\mathbf{N}_1$ en S_1 y por $\mathbf{N}_2$ en S_2. Por tanto, puede escribir

$$\iiint_Q \text{div } \mathbf{F} \, dV = \iint_S \mathbf{F} \cdot \mathbf{N} \, dS$$

$$= \iint_{S_1} \mathbf{F} \cdot (-\mathbf{N}_1) \, dS + \iint_{S_2} \mathbf{F} \cdot \mathbf{N}_2 \, dS$$

$$= -\iint_{S_1} \mathbf{F} \cdot \mathbf{N}_1 \, dS + \iint_{S_2} \mathbf{F} \cdot \mathbf{N}_2 \, dS.$$

Figura 15.59

Flujo y el teorema de la divergencia

Con el fin de comprender el teorema de la divergencia, considere los dos miembros de la ecuación

$$\iint_S \mathbf{F} \cdot \mathbf{N}\, dS = \iiint_Q \text{div } \mathbf{F}\, dV.$$

De acuerdo con la sección 15.6, sabe que la integral de flujo de la izquierda determina el flujo total de fluido que atraviesa la superficie S por unidad de tiempo. Esto puede aproximarse sumando el flujo que fluye a través de fragmentos pequeños de la superficie. La integral triple de la derecha mide este mismo flujo de fluido a través de S, pero desde una perspectiva muy diferente, a saber: calculando el flujo de fluido dentro o fuera de *cubos* pequeños de volumen ΔV_i. El flujo en el cubo i-ésimo es aproximadamente div $\mathbf{F}(x_i, y_i, z_i)\Delta V_i$ para algún punto (x_i, y_i, z_i) en el i-ésimo cubo. Observe que en un cubo en el interior de Q, la ganancia (o pérdida) de fluido a través de cualquiera de sus seis caras es compensada por una pérdida o ganancia correspondiente a través de una de las caras de un cubo adyacente. Después de sumar sobre todos los cubos en Q, el único flujo de fluido que no se cancela uniendo cubos es el de las caras exteriores en los cubos del borde. Así, la suma

$$\sum_{i=1}^{n} \text{div } \mathbf{F}(x_i, y_i, z_i)\, \Delta V_i$$

aproxima el flujo total dentro (o fuera) de Q, y por consiguiente a través de la superficie S.

Para ver qué significa divergencia de $\mathbf{F}$ en un punto, considere ΔV_α como el volumen de una esfera pequeña S_α de radio α y centro (x_0, y_0, z_0) contenida en la región Q, como se muestra en la figura 15.60. Aplicando el teorema de la divergencia a S_α resulta

$$\text{Flujo de } \mathbf{F} \text{ a través de } S_\alpha = \iiint_{Q_\alpha} \text{div } \mathbf{F}\, dV \approx \text{div } \mathbf{F}(x_0, y_0, z_0)\, \Delta V_\alpha$$

donde Q_α es el interior de S_α. Por consiguiente, tiene

$$\text{div } \mathbf{F}(x_0, y_0, z_0) \approx \frac{\text{flujo de } \mathbf{F} \text{ a través de } S_\alpha}{\Delta V_\alpha}$$

y tomando el límite cuando $\alpha \to 0$, se obtiene la divergencia de $\mathbf{F}$ en el punto (x_0, y_0, z_0).

$$\text{div } \mathbf{F}(x_0, y_0, z_0) = \lim_{\alpha \to 0} \frac{\text{flujo de } \mathbf{F} \text{ a través de } S_\alpha}{\Delta V_\alpha} = \frac{\text{flujo por unidad de}}{\text{volumen en } (x_0, y_0, z_0)}$$

En un campo vectorial el punto (x_0, y_0, z_0) es clasificado como una fuente, un sumidero o incompresible, como sigue

1. **Fuente,** si div $\mathbf{F} > 0$ Vea la figura 15.61(a).
2. **Sumidero,** si div $\mathbf{F} < 0$ Vea la figura 15.61(b).
3. **Incompresible,** si div $\mathbf{F} = 0$ Vea la figura 15.61(c).

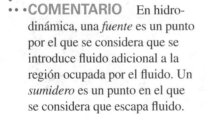

Figura 15.60

COMENTARIO En hidrodinámica, una *fuente* es un punto por el que se considera que se introduce fluido adicional a la región ocupada por el fluido. Un *sumidero* es un punto en el que se considera que escapa fluido.

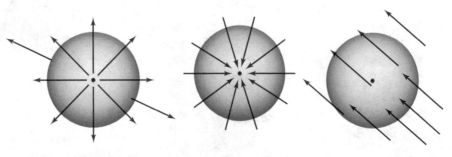

(a) Fuente: div $\mathbf{F} > 0$ **(b)** Sumidero: div $\mathbf{F} < 0$ **(c)** Incompresible: div $\mathbf{F} = 0$

Figura 15.61

EJEMPLO 5 **Calcular el flujo mediante el teorema de la divergencia**

•••••▷ *Consulte LarsonCalculus.com para una versión interactiva de este tipo de ejemplo.*

Sea Q la región acotada por la esfera $x^2 + y^2 + z^2 = 4$. Encuentre el flujo dirigido hacia fuera del campo vectorial $\mathbf{F}(x, y, z) = 2x^3\mathbf{i} + 2y^3\mathbf{j} + 2z^3\mathbf{k}$ a través de la esfera.

Solución Por el teorema de la divergencia, tiene

$$
\begin{aligned}
\text{Flujo a través de } S &= \iint_S \mathbf{F} \cdot \mathbf{N}\, dS \\
&= \iiint_Q \operatorname{div} \mathbf{F}\, dV \\
&= \iiint_Q 6(x^2 + y^2 + z^2)\, dV \\
&= 6 \int_0^2 \int_0^\pi \int_0^{2\pi} \rho^4 \operatorname{sen} \phi\, d\theta\, d\phi\, d\rho \qquad \text{Coordenadas esféricas} \\
&= 6 \int_0^2 \int_0^\pi 2\pi\rho^4 \operatorname{sen} \phi\, d\phi\, d\rho \\
&= 12\pi \int_0^2 2\rho^4\, d\rho \\
&= 24\pi \left(\frac{32}{5}\right) \\
&= \frac{768\pi}{5}.
\end{aligned}
$$

15.7 Ejercicios

Consulte **CalcChat.com** para un tutorial de ayuda y soluciones trabajadas de los ejercicios con numeración impar.

Comprobar el teorema de la divergencia En los ejercicios 1 a 6, compruebe el teorema de la divergencia evaluando

$$\iint_S \mathbf{F} \cdot \mathbf{N}\, dS$$

como una integral de superficie y como una integral triple.

1. $\mathbf{F}(x, y, z) = 2x\mathbf{i} - 2y\mathbf{j} + z^2\mathbf{k}$

  S: cubo acotado por los planos $x = 0$, $x = a$, $y = 0$, $y = a$, $z = 0$, $z = a$

2. $\mathbf{F}(x, y, z) = 2x\mathbf{i} - 2y\mathbf{j} + z^2\mathbf{k}$

  S: cilindro $x^2 + y^2 = 4$, $\quad 0 \le z \le h$

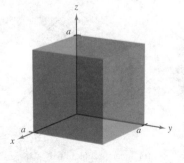

Figura para 1

Figura para 2

3. $\mathbf{F}(x, y, z) = (2x - y)\mathbf{i} - (2y - z)\mathbf{j} + z\mathbf{k}$

  S: superficie acotada por el plano $2x + 4y + 2z = 12$ y los planos coordenados

4. $\mathbf{F}(x, y, z) = xy\mathbf{i} + z\mathbf{j} + (x + y)\mathbf{k}$

  S: superficie acotada por el plano $y = 4$ y $z = 4 - x$ y los planos coordenados

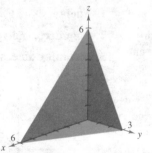

Figura para 3

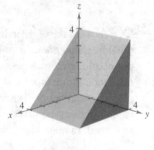

Figura para 4

5. $\mathbf{F}(x, y, z) = xz\mathbf{i} + zy\mathbf{j} + 2z^2\mathbf{k}$

  S: superficie acotada por $z = 1 - x^2 - y^2$ y $z = 0$

6. $\mathbf{F}(x, y, z) = xy^2\mathbf{i} + yx^2\mathbf{j} + e\mathbf{k}$

  S: superficie acotada por $z = \sqrt{x^2 + y^2}$ y $z = 4$

Uso del teorema de la divergencia   En los ejercicios 7 a 16, utilice el teorema de la divergencia para evaluar

$$\iint_S \mathbf{F} \cdot \mathbf{N} \, dS$$

y hallar el flujo de **F** dirigido hacia el exterior a través de la superficie del sólido acotado por las gráficas de las ecuaciones. Utilice un sistema algebraico por computadora para verificar los resultados.

7. $\mathbf{F}(x, y, z) = x^2\mathbf{i} + y^2\mathbf{j} + z^2\mathbf{k}$

 $S: x = 0, x = a, y = 0, y = a, z = 0, z = a$

8. $\mathbf{F}(x, y, z) = x^2z^2\mathbf{i} - 2y\mathbf{j} + 3xyz\mathbf{k}$

 $S: x = 0, x = a, y = 0, y = a, z = 0, z = a$

9. $\mathbf{F}(x, y, z) = x^2\mathbf{i} - 2xy\mathbf{j} + xyz^2\mathbf{k}$

 $S: z = \sqrt{a^2 - x^2 - y^2}, z = 0$

10. $\mathbf{F}(x, y, z) = xy\mathbf{i} + yz\mathbf{j} - yz\mathbf{k}$

 $S: z = \sqrt{a^2 - x^2 - y^2}, z = 0$

11. $\mathbf{F}(x, y, z) = x\mathbf{i} + y\mathbf{j} + z\mathbf{k}$

 $S: x^2 + y^2 + z^2 = 9$

12. $\mathbf{F}(x, y, z) = xyz\mathbf{j}$

 $S: x^2 + y^2 = 4, z = 0, z = 5$

13. $\mathbf{F}(x, y, z) = x\mathbf{i} + y^2\mathbf{j} - z\mathbf{k}$

 $S: x^2 + y^2 = 25, z = 0, z = 7$

14. $\mathbf{F}(x, y, z) = (xy^2 + \cos z)\mathbf{i} + (x^2y + \operatorname{sen} z)\mathbf{j} + e^z\mathbf{k}$

 $S: z = \frac{1}{2}\sqrt{x^2 + y^2}, z = 8$

15. $\mathbf{F}(x, y, z) = xe^z\mathbf{i} + ye^z\mathbf{j} + e^z\mathbf{k}$

 $S: z = 4 - y, z = 0, x = 0, x = 6, y = 0$

16. $\mathbf{F}(x, y, z) = xy\mathbf{i} + 4y\mathbf{j} + xz\mathbf{k}$

 $S: x^2 + y^2 + z^2 = 16$

Uso del teorema de la divergencia   En los ejercicios 17 y 18, evalúe

$$\iint_S \operatorname{rot} \mathbf{F} \cdot \mathbf{N} \, dS$$

donde S es la superficie cerrada del sólido acotado por las gráficas de $x = 4$ y $z = 9 - y^2$ y los planos coordenados.

17. $\mathbf{F}(x, y, z) = (4xy + z^2)\mathbf{i} + (2x^2 + 6yz)\mathbf{j} + 2xz\mathbf{k}$

18. $\mathbf{F}(x, y, z) = xy \cos z\mathbf{i} + yz \operatorname{sen} x\mathbf{j} + xyz\mathbf{k}$

DESARROLLO DE CONCEPTOS

19. Teorema de la divergencia   Enuncie el teorema de la divergencia.

20. Clasificar un punto en un campo vectorial   ¿Cómo determina si un punto (x_0, y_0, z_0) de un campo vectorial es una fuente, un sumidero o es incompresible?

---

21. Superficie cerrada   Compruebe que

$$\iint_S \operatorname{rot} \mathbf{F} \cdot \mathbf{N} \, dS = 0$$

para cualquier superficie cerrada S.

22. **¿CÓMO LO VE?**   La gráfica muestra un campo vectorial. ¿La gráfica sugiere que la divergencia de **F** en P es positiva, negativa o cero?

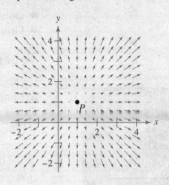

23. Volumen

(a) Utilice el teorema de la divergencia para comprobar que el volumen del sólido acotado por una superficie S es

$$\iint_S x \, dy \, dz = \iint_S y \, dz \, dx = \iint_S z \, dx \, dy.$$

(b) Compruebe el resultado del inciso (a) para el cubo acotado por $x = 0$, $x = a$, $y = 0$, $y = a$, $z = 0$ y $z = a$.

24. Campo vectorial constante   Para el campo vectorial constante dado por $\mathbf{F}(x, y, z) = a_1\mathbf{i} + a_2\mathbf{j} + a_3\mathbf{k}$, compruebe la siguiente integral para cualquier superficie cerrada S.

$$\iint_S \mathbf{F} \cdot \mathbf{N} \, dS = 0$$

25. Campo vectorial constante   Para el campo vectorial constante dado por $\mathbf{F}(x, y, z) = x\mathbf{i} + y\mathbf{j} + z\mathbf{k}$, compruebe la siguiente integral, donde V es el volumen del sólido acotado por la superficie cerrada S.

$$\iint_S \mathbf{F} \cdot \mathbf{N} \, dS = 3V$$

26. Comprobar una identidad   Para el campo vectorial $\mathbf{F}(x, y, z) = x\mathbf{i} + y\mathbf{j} + z\mathbf{k}$, compruebe que

$$\frac{1}{\|\mathbf{F}\|} \iint_S \mathbf{F} \cdot \mathbf{N} \, dS = \frac{3}{\|\mathbf{F}\|} \iiint_Q dV.$$

Demostración   En los ejercicios 27 y 28, demuestre la identidad, suponiendo que Q, S y $\mathbf{N}$ satisfacen las condiciones del teorema de la divergencia y que las derivadas parciales necesarias de las funciones escalares f y g son continuas. Las expresiones $D_N f$ y $D_N g$ son las derivadas en la dirección del vector $\mathbf{N}$ y se definen por

$$D_N f = \nabla f \cdot \mathbf{N}, \quad D_N g = \nabla g \cdot \mathbf{N}.$$

27. $\displaystyle\iiint_Q (f\nabla^2 g + \nabla f \cdot \nabla g) \, dV = \iint_S f D_N g \, dS$

[*Sugerencia:* Utilice $\operatorname{div}(f\mathbf{G}) = f \operatorname{div} \mathbf{G} + \nabla f \cdot \mathbf{G}$.]

28. $\displaystyle\iiint_Q (f\nabla^2 g - g\nabla^2 f) \, dV = \iint_S (f D_N g - g D_N f) \, dS$

(*Sugerencia:* Utilice el ejercicio 27 dos veces.)

15.8 Teorema de Stokes

■ Comprender y utilizar el teorema de Stokes.
■ Utilizar el rotacional para analizar el movimiento de un líquido en rotación.

Teorema de Stokes

Un segundo teorema, análogo al teorema de Green, pero con más dimensiones, es el **teorema de Stokes**, llamado así en honor al físico matemático inglés George Gabriel Stokes. Stokes formó parte de un grupo de físicos matemáticos ingleses conocido como la Escuela de Cambridge, entre los que se encontraban William Thomson (Lord Kelvin) y James Clerk Maxwell. Además de hacer contribuciones a la física, Stokes trabajó con series infinitas y con ecuaciones diferenciales, así como con los resultados de integración que se presentan en esta sección.

El teorema de Stokes establece la relación entre una integral de superficie sobre una superficie orientada S y una integral de línea a lo largo de una curva cerrada C en el espacio que forma la frontera o el borde de S, como se muestra en la figura 15.62. La dirección positiva a lo largo de C es la dirección en sentido contrario a las manecillas del reloj con respecto al vector normal $\mathbf{N}$. Es decir, si se imagina que toma el vector normal $\mathbf{N}$ con la mano derecha, con el dedo pulgar apuntando en la dirección de $\mathbf{N}$, los demás dedos apuntarán en la dirección positiva de C, como se muestra en la figura 15.63.

GEORGE GABRIEL STOKES
(1819-1903)

Stokes se convirtió en profesor Lucasiano de matemáticas en Cambridge en 1849. Cinco años después, publicó el teorema que lleva su nombre como examen para optar a un premio de investigación. *Consulte LarsonCalculus.com para leer más acerca de esta biografía.*

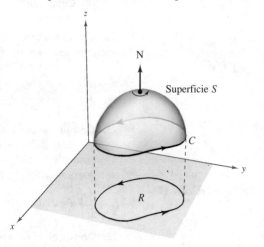

Figura 15.62

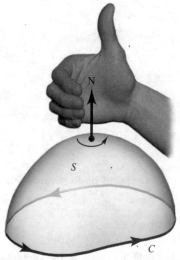

La dirección a lo largo de C es en sentido contrario a las manecillas del reloj con respecto a $\mathbf{N}$.

Figura 15.63

TEOREMA 15.13 Teorema de Stokes

Sea S una superficie orientada con vector unitario normal $\mathbf{N}$, acotada por una curva cerrada simple, suave a trozos C, con orientación positiva. Si $\mathbf{F}$ es un campo vectorial cuyas funciones componentes tienen derivadas parciales continuas en una región abierta que contiene a S y a C, entonces

$$\int_C \mathbf{F} \cdot d\mathbf{r} = \iint_S (\text{rot } \mathbf{F}) \cdot \mathbf{N} \, dS.$$

En el teorema 15.13, observe que la integral de línea puede escribirse en forma diferencial $\int_C M\,dx + N\,dy + P\,dz$ o en forma vectorial $\int_C \mathbf{F} \cdot \mathbf{T}\,ds$.

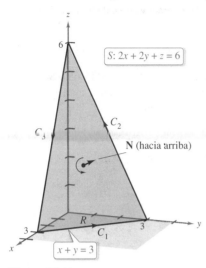

Figura 15.64

| | EJEMPLO 1 | **Aplicar el teorema de Stokes** |

Sea C el triángulo orientado situado en el plano

$$2x + 2y + z = 6$$

como se muestra en la figura 15.64. Evalúe

$$\int_C \mathbf{F} \cdot d\mathbf{r}$$

donde $\mathbf{F}(x, y, z) = -y^2\mathbf{i} + z\mathbf{j} + x\mathbf{k}$.

Solución   Usando el teorema de Stokes, empiece por hallar el rotacional de $\mathbf{F}$

$$\text{rot } \mathbf{F} = \begin{vmatrix} \mathbf{i} & \mathbf{j} & \mathbf{k} \\ \dfrac{\partial}{\partial x} & \dfrac{\partial}{\partial y} & \dfrac{\partial}{\partial z} \\ -y^2 & z & x \end{vmatrix} = -\mathbf{i} - \mathbf{j} + 2y\mathbf{k}$$

Considerando

$$z = g(x, y) = 6 - 2x - 2y$$

puede usar el teorema 15.11 para un vector normal dirigido hacia arriba para obtener

$$
\begin{aligned}
\int_C \mathbf{F} \cdot d\mathbf{r} &= \int_S\!\!\int (\text{rot } \mathbf{F}) \cdot \mathbf{N} \, dS \\
&= \int_R\!\!\int (-\mathbf{i} - \mathbf{j} + 2y\mathbf{k}) \cdot [-g_x(x, y)\mathbf{i} - g_y(x, y)\mathbf{j} + \mathbf{k}] \, dA \\
&= \int_R\!\!\int (-\mathbf{i} - \mathbf{j} + 2y\mathbf{k}) \cdot (2\mathbf{i} + 2\mathbf{j} + \mathbf{k}) \, dA \\
&= \int_0^3 \int_0^{3-y} (2y - 4) \, dx \, dy \\
&= \int_0^3 (-2y^2 + 10y - 12) \, dy \\
&= \left[-\frac{2y^3}{3} + 5y^2 - 12y \right]_0^3 \\
&= -9.
\end{aligned}
$$

Intente evaluar la integral de línea del ejemplo 1 directamente, *sin usar* el teorema de Stokes. Una manera de hacerlo es considerar a C como la unión de C_1, C_2 y C_3, como sigue

$$
\begin{aligned}
C_1: \ &\mathbf{r}_1(t) = (3 - t)\mathbf{i} + t\mathbf{j}, \quad 0 \le t \le 3 \\
C_2: \ &\mathbf{r}_2(t) = (6 - t)\mathbf{j} + (2t - 6)\mathbf{k}, \quad 3 \le t \le 6 \\
C_3: \ &\mathbf{r}_3(t) = (t - 6)\mathbf{i} + (18 - 2t)\mathbf{k}, \quad 6 \le t \le 9
\end{aligned}
$$

El valor de la integral de la línea es

$$
\begin{aligned}
\int_C \mathbf{F} \cdot d\mathbf{r} &= \int_{C_1} \mathbf{F} \cdot \mathbf{r}_1'(t) \, dt + \int_{C_2} \mathbf{F} \cdot \mathbf{r}_2'(t) \, dt + \int_{C_3} \mathbf{F} \cdot \mathbf{r}_3'(t) \, dt \\
&= \int_0^3 t^2 \, dt + \int_3^6 (-2t + 6) \, dt + \int_6^9 (-2t + 12) \, dt \\
&= 9 - 9 - 9 \\
&= -9.
\end{aligned}
$$

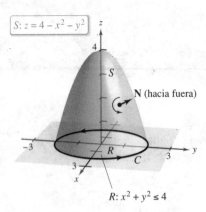

$S: z = 4 - x^2 - y^2$

N (hacia fuera)

$R: x^2 + y^2 \leq 4$

Figura 15.65

EJEMPLO 2 **Comprobar el teorema de Stokes**

· · · · ▷ *Consulte LarsonCalculus.com para una versión interactiva de este tipo de ejemplo.*

Sea S la parte del paraboloide

$$z = 4 - x^2 - y^2$$

que permanece sobre el plano xy, orientado hacia arriba (ver la figura 15.65). Sea C su curva frontera en el plano xy orientada en el sentido contrario al de las manecillas del reloj. Compruebe el teorema de Stokes para

$$\mathbf{F}(x, y, z) = 2z\mathbf{i} + x\mathbf{j} + y^2\mathbf{k}$$

evaluando la integral de superficie y la integral de línea equivalente.

Solución Como *integral de superficie*, tiene $z = g(x, y) = 4 - x^2 - y^2$, $g_x = -2x$, $g_y = -2y$, y

$$\text{rot } \mathbf{F} = \begin{vmatrix} \mathbf{i} & \mathbf{j} & \mathbf{k} \\ \dfrac{\partial}{\partial x} & \dfrac{\partial}{\partial y} & \dfrac{\partial}{\partial z} \\ 2z & x & y^2 \end{vmatrix} = 2y\mathbf{i} + 2\mathbf{j} + \mathbf{k}.$$

De acuerdo con el teorema 15.11, obtiene

$$\iint_S (\text{rot } \mathbf{F}) \cdot \mathbf{N} \, dS = \iint_R (2y\mathbf{i} + 2\mathbf{j} + \mathbf{k}) \cdot (2x\mathbf{i} + 2y\mathbf{j} + \mathbf{k}) \, dA$$

$$= \int_{-2}^{2} \int_{-\sqrt{4-x^2}}^{\sqrt{4-x^2}} (4xy + 4y + 1) \, dy \, dx$$

$$= \int_{-2}^{2} \left[2xy^2 + 2y^2 + y \right]_{-\sqrt{4-x^2}}^{\sqrt{4-x^2}} dx$$

$$= \int_{-2}^{2} 2\sqrt{4 - x^2} \, dx$$

$$= \text{Área del círculo de radio 2}$$

$$= 4\pi.$$

Como *integral de línea*, puede parametrizar C como

$$\mathbf{r}(t) = 2 \cos t\mathbf{i} + 2 \text{ sen } t\mathbf{j} + 0\mathbf{k}, \quad 0 \leq t \leq 2\pi.$$

Para $\mathbf{F}(x, y, z) = 2z\mathbf{i} + x\mathbf{j} + y^2\mathbf{k}$ obtiene

$$\int_C \mathbf{F} \cdot d\mathbf{r} = \int_C M \, dx + N \, dy + P \, dz$$

$$= \int_C 2z \, dx + x \, dy + y^2 \, dz$$

$$= \int_0^{2\pi} [0 + 2 \cos t(2 \cos t) + 0] \, dt$$

$$= \int_0^{2\pi} 4 \cos^2 t \, dt$$

$$= 2 \int_0^{2\pi} (1 + \cos 2t) \, dt$$

$$= 2 \left[t + \frac{1}{2} \text{ sen } 2t \right]_0^{2\pi}$$

$$= 4\pi.$$

Interpretación física del rotacional

El teorema de Stokes proporciona una interesante interpretación física del rotacional. En un campo vectorial $\mathbf{F}$ sea S_α un *pequeño* disco circular de radio α centrado en (x, y, z) y con frontera C_α, como se muestra en la figura 15.66. En cada punto en la circunferencia C_α, $\mathbf{F}$ tiene un componente normal $\mathbf{F} \times \mathbf{N}$ y un componente tangencial $\mathbf{F} \times \mathbf{T}$. Cuanto más alineados están $\mathbf{F}$ y $\mathbf{T}$, mayor es el valor de $\mathbf{F} \times \mathbf{T}$. Así, un fluido tiende a moverse a lo largo del círculo en lugar de a través de él. Por consiguiente, se dice que la integral de línea alrededor de C_α mide la **circulación de $\mathbf{F}$ alrededor de C_α**. Es decir,

$$\int_{C_\alpha} \mathbf{F} \cdot \mathbf{T} \, ds = \text{circulación de } \mathbf{F} \text{ alrededor de } C_\alpha.$$

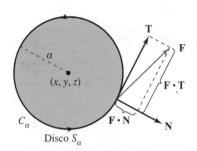

Figura 15.66

Ahora considere un pequeño disco S_α centrado en algún punto (x, y, z) de la superficie, como se muestra en la figura 15.67. En un disco tan pequeño, rot $\mathbf{F}$ es casi constante, porque varía poco con respecto a su valor en (x, y, z). Es más, rot $\mathbf{F} \times \mathbf{N}$ es casi constante en S_α porque todos los vectores unitarios normales a S_α son prácticamente iguales. Por consiguiente, del teorema de Stokes se tiene que

$$\int_{C_\alpha} \mathbf{F} \cdot \mathbf{T} \, ds = \int\!\!\!\int_{S_\alpha} (\text{rot } \mathbf{F}) \cdot \mathbf{N} \, dS$$

$$\approx (\text{rot } \mathbf{F}) \cdot \mathbf{N} \int\!\!\!\int_{S_\alpha} dS$$

$$\approx (\text{rot } \mathbf{F}) \cdot \mathbf{N}(\pi\alpha^2).$$

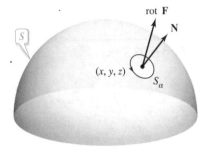

Figura 15.67

Por tanto

$$(\text{rot } \mathbf{F}) \cdot \mathbf{N} \approx \frac{\displaystyle\int_{C_\alpha} \mathbf{F} \cdot \mathbf{T} \, ds}{\pi\alpha^2}$$

$$= \frac{\text{circulación de } \mathbf{F} \text{ alrededor de } C_\alpha}{\text{área del disco } \ S_\alpha}$$

$$= \text{razón de circulación.}$$

Suponiendo que las condiciones son tales que la aproximación mejora con discos cada vez más pequeños ($\alpha \to 0$), se deduce que

$$(\text{rot } \mathbf{F}) \cdot \mathbf{N} = \lim_{\alpha \to 0} \frac{1}{\pi\alpha^2} \int_{C_\alpha} \mathbf{F} \cdot \mathbf{T} \, ds$$

lo que se conoce como **rotación de $\mathbf{F}$ respecto de $\mathbf{N}$**. Esto es,

rot $\mathbf{F}(x, y, z) \cdot \mathbf{N} = $ rotación de $\mathbf{F}$ respecto de $\mathbf{N}$ en (x, y, z).

En este caso, la rotación de $\mathbf{F}$ es máxima cuando rot $\mathbf{F}$ y $\mathbf{N}$ tienen la misma dirección. Normalmente esta tendencia a rotar variará de punto a punto de la superficie S, y el teorema de Stokes

$$\underbrace{\int\!\!\!\int_S (\text{rot } \mathbf{F}) \cdot \mathbf{N} \, dS}_{\text{Integral de superficie}} = \underbrace{\int_C \mathbf{F} \cdot d\mathbf{r}}_{\text{Integral de línea}}$$

afirma que la medida colectiva de esta tendencia *rotacional* considerada sobre toda la superficie S (integral de superficie) es igual a la tendencia de un fluido a *circular* alrededor de la frontera C (integral de línea).

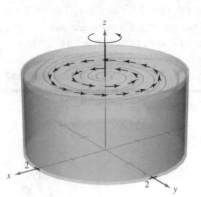

Figura 15.68

EJEMPLO 3 **Una aplicación del rotacional**

Un líquido es agitado en un recipiente cilíndrico de radio 2, de manera que su movimiento se describe por el campo de velocidad

$$\mathbf{F}(x, y, z) = -y\sqrt{x^2 + y^2}\mathbf{i} + x\sqrt{x^2 + y^2}\mathbf{j}$$

como se muestra en la figura 15.68. Encuentre

$$\iint_S (\text{rot } \mathbf{F}) \cdot \mathbf{N} \, dS$$

donde S es la superficie superior del recipiente cilíndrico.

Solución El rotacional de $\mathbf{F}$ está dado por

$$\text{rot } \mathbf{F} = \begin{vmatrix} \mathbf{i} & \mathbf{j} & \mathbf{k} \\ \dfrac{\partial}{\partial x} & \dfrac{\partial}{\partial y} & \dfrac{\partial}{\partial z} \\ -y\sqrt{x^2 + y^2} & x\sqrt{x^2 + y^2} & 0 \end{vmatrix} = 3\sqrt{x^2 + y^2}\,\mathbf{k}.$$

Haciendo $\mathbf{N} = \mathbf{k}$, tiene

$$\iint_S (\text{rot } \mathbf{F}) \cdot \mathbf{N} \, dS = \iint_R 3\sqrt{x^2 + y^2} \, dA$$

$$= \int_0^{2\pi} \int_0^2 (3r)r \, dr \, d\theta$$

$$= \int_0^{2\pi} r^3 \Big]_0^2 \, d\theta$$

$$= \int_0^{2\pi} 8 \, d\theta$$

$$= 16\pi.$$

Si rot $\mathbf{F} = \mathbf{0}$ en toda la región Q, la rotación de $\mathbf{F}$ respecto a cada vector unitario normal $\mathbf{N}$ es 0. Es decir, $\mathbf{F}$ es irrotacional. De la sección 15.1, sabe que ésta es una característica de los campos vectoriales conservativos.

RESUMEN DE FÓRMULAS DE INTEGRACIÓN

Teorema fundamental del cálculo

$$\int_a^b F'(x) \, dx = F(b) - F(a)$$

Teorema fundamental de las integrales de línea

$$\int_C \mathbf{F} \cdot d\mathbf{r} = \int_C \nabla f \cdot d\mathbf{r} = f(x(b), y(b)) - f(x(a), y(a))$$

Teorema de Green

$$\int_C M \, dx + N \, dy = \iint_R \left(\frac{\partial N}{\partial x} - \frac{\partial M}{\partial y} \right) dA = \int_C \mathbf{F} \cdot \mathbf{T} \, ds = \int_C \mathbf{F} \cdot d\mathbf{r} = \iint_R (\text{rot } \mathbf{F}) \cdot \mathbf{k} \, dA$$

$$\int_C \mathbf{F} \cdot \mathbf{N} \, ds = \iint_R \text{div } \mathbf{F} \, dA$$

Teorema de la divergencia

$$\iint_S \mathbf{F} \cdot \mathbf{N} \, dS = \iiint_Q \text{div } \mathbf{F} \, dV$$

Teorema de Stokes

$$\int_C \mathbf{F} \cdot d\mathbf{r} = \iint_S (\text{rot } \mathbf{F}) \cdot \mathbf{N} \, dS$$

15.8 Ejercicios

Consulte **CalcChat.com** para un tutorial de ayuda y soluciones trabajadas de los ejercicios con numeración impar.

Determinar el rotacional de un campo vectorial En los ejercicios 1 a 4, encuentre el rotacional del campo vectorial F.

1. $F(x, y, z) = (2y - z)\mathbf{i} + e^z\mathbf{j} + xyz\mathbf{k}$

2. $F(x, y, z) = x \operatorname{sen} y\mathbf{i} - y \cos x\mathbf{j} + yz^2\mathbf{k}$

3. $F(x, y, z) = e^{x^2+y^2}\mathbf{i} + e^{y^2+z^2}\mathbf{j} + xyz\mathbf{k}$

4. $F(x, y, z) = \arcsin y\mathbf{i} + \sqrt{1 - x^2}\,\mathbf{j} + y^2\mathbf{k}$

Comprobar el teorema de Stokes En los ejercicios 5 a 8, compruebe el teorema de Stokes evaluando $\int_C F \cdot T\, ds = \int_C F \cdot dr$ como integral de línea e integral doble.

5. $F(x, y, z) = (-y + z)\mathbf{i} + (x - z)\mathbf{j} + (x - y)\mathbf{k}$

   $S: z = 9 - x^2 - y^2, \quad z \geq 0$

6. $F(x, y, z) = (-y + z)\mathbf{i} + (x - z)\mathbf{j} + (x - y)\mathbf{k}$

   $S: z = \sqrt{1 - x^2 - y^2}$

7. $F(x, y, z) = xyz\mathbf{i} + y\mathbf{j} + z\mathbf{k}$

   $S: 6x + 6y + z = 12$, primer octante

8. $F(x, y, z) = z^2\mathbf{i} + x^2\mathbf{j} + y^2\mathbf{k}$

   $S: z = y^2, \quad 0 \leq x \leq a, \quad 0 \leq y \leq a$

Usar el teorema de Stokes En los ejercicios 9 a 18, utilice el teorema de Stokes para evaluar $\int_C F \cdot dr$. En cada uno de los casos, C está orientada en sentido contrario a las manecillas del reloj, como se vio anteriormente.

9. $F(x, y, z) = 2y\mathbf{i} + 3z\mathbf{j} + x\mathbf{k}$

   C: triángulo con vértices $(2, 0, 0)$, $(0, 2, 0)$ y $(0, 0, 2)$

10. $F(x, y, z) = \arctan \dfrac{x}{y}\mathbf{i} + \ln\sqrt{x^2 + y^2}\,\mathbf{j} + \mathbf{k}$

   C: triángulo con vértices $(0, 0, 0)$, $(1, 1, 1)$ y $(0, 0, 2)$

11. $F(x, y, z) = z^2\mathbf{i} + 2x\mathbf{j} + y^2\mathbf{k}$

   $S: z = 1 - x^2 - y^2, \quad z \geq 0$

12. $F(x, y, z) = 4xz\mathbf{i} + y\mathbf{j} + 4xy\mathbf{k}$

   $S: z = 9 - x^2 - y^2, \quad z \geq 0$

13. $F(x, y, z) = z^2\mathbf{i} + y\mathbf{j} + z\mathbf{k}$

   $S: z = \sqrt{4 - x^2 - y^2}$

14. $F(x, y, z) = x^2\mathbf{i} + z^2\mathbf{j} - xyz\mathbf{k}$

   $S: z = \sqrt{4 - x^2 - y^2}$

15. $F(x, y, z) = -\ln\sqrt{x^2 + y^2}\,\mathbf{i} + \arctan \dfrac{x}{y}\mathbf{j} + \mathbf{k}$

   $S: z = 9 - 2x - 3y$ sobre $r = 2 \operatorname{sen} 2\theta$ en el primer octante

16. $F(x, y, z) = yz\mathbf{i} + (2 - 3y)\mathbf{j} + (x^2 + y^2)\mathbf{k}, \quad x^2 + y^2 \leq 16$

   S: la porción del primer octante de $x^2 + z^2 = 16$ sobre $x^2 + y^2 = 16$

17. $F(x, y, z) = xyz\mathbf{i} + y\mathbf{j} + z\mathbf{k}$

   $S: z = x^2, \quad 0 \leq x \leq a, \quad 0 \leq y \leq a$

   N es el vector unitario normal a la superficie, dirigido hacia abajo.

18. $F(x, y, z) = xyz\mathbf{i} + y\mathbf{j} + z\mathbf{k}, \quad x^2 + y^2 \leq a^2$

   S: la porción del primer octante de $z^2 = x^2$ sobre $x^2 + y^2 = a^2$

Movimiento de un líquido En los ejercicios 19 y 20, el movimiento de un líquido en un recipiente cilíndrico de radio 1 se describe mediante el campo de velocidad $F(x, y, z)$. Encuentre $\int_S\int (\operatorname{rot} F) \cdot N\, dS$, donde S es la superficie superior del recipiente cilíndrico.

19. $F(x, y, z) = \mathbf{i} + \mathbf{j} - 2\mathbf{k}$ **20.** $F(x, y, z) = -z\mathbf{i} + y\mathbf{k}$

DESARROLLO DE CONCEPTOS

21. Teorema de Stokes Enuncie el teorema de Stokes.

22. Rotacional Dé una interpretación física del rotacional.

23. Demostración Sea C un vector constante. Sea S una superficie orientada con vector unitario normal N, acotada por una curva suave C. Demuestre que

$$\iint_S C \cdot N\, dS = \frac{1}{2}\int_C (C \times r) \cdot dr.$$

---

24. **¿CÓMO LO VE?** Sea S_1 la porción del paraboloide que se encuentra arriba del plano xy, y sea S_2 el hemisferio, como se muestra en las figuras. Ambas superficies están orientadas hacia arriba.

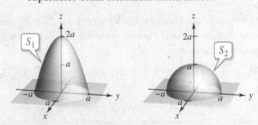

Para un campo vectorial $F(x, y, z)$ con derivadas parciales continuas, ¿se cumple que

$$\iint_{S_1} (\operatorname{rot} F) \cdot N\, dS_1 = \iint_{S_2} (\operatorname{rot} F) \cdot N\, dS_2?$$

Explique su razonamiento.

DESAFÍOS DEL EXAMEN PUTNAM

25. Sea $G(x, y) = \left(\dfrac{-y}{x^2 + 4y^2}, \dfrac{x}{x^2 + 4y^2}, 0 \right)$.

Demuestre o refute que hay una función vectorial $F(x, y, z) = (M(x, y, z), N(x, y, z), P(x, y, z))$, con las propiedades siguientes.

(i) M, N, P tienen derivadas parciales continuas en todo $(x, y, z) \neq (0, 0, 0)$;

(ii) **rot** $F = 0$ para todo $(x, y, z) \neq (0, 0, 0)$;

(iii) $F(x, y, 0) = G(x, y)$

Este problema fue preparado por el Committee on the Putnam Prize Competition. © The Mathematical Association of America. Todos los derechos reservados.

Dibujar un campo vectorial En los ejercicios 1 y 2, calcule $\|\mathbf{F}\|$ y dibuje varios vectores representativos en el campo vectorial. Utilice un sistema algebraico por computadora para comprobar los resultados.

1. $\mathbf{F}(x, y, z) = x\mathbf{i} + \mathbf{j} + 2\mathbf{k}$ **2.** $\mathbf{F}(x, y) = \mathbf{i} - 2y\mathbf{j}$

Determinar un campo vectorial conservativo En los ejercicios 3 y 4, encuentre el campo vectorial conservativo de la función escalar calculando su gradiente.

3. $f(x, y, z) = 2x^2 + xy + z^2$ **4.** $f(x, y, z) = x^2 e^{yz}$

Determinar una función potencial En los ejercicios 5 a 12, determine si el campo vectorial es conservativo. Si es conservativo, encuentre una función potencial para el campo vectorial.

5. $\mathbf{F}(x, y) = -\dfrac{y}{x^2}\mathbf{i} + \dfrac{1}{x}\mathbf{j}$ **6.** $\mathbf{F}(x, y) = \dfrac{1}{y}\mathbf{i} - \dfrac{y}{x^2}\mathbf{j}$

7. $\mathbf{F}(x, y) = (xy^2 - x^2)\mathbf{i} + (x^2y + y^2)\mathbf{j}$

8. $\mathbf{F}(x, y) = (-2y^3 \operatorname{sen} 2x)\mathbf{i} + 3y^2(1 + \cos 2x)\mathbf{j}$

9. $\mathbf{F}(x, y, z) = 4xy^2\mathbf{i} + 2x^2\mathbf{j} + 2z\mathbf{k}$

10. $\mathbf{F}(x, y, z) = (4xy + z^2)\mathbf{i} + (2x^2 + 6yz)\mathbf{j} + 2xz\mathbf{k}$

11. $\mathbf{F}(x, y, z) = \dfrac{yz\mathbf{i} - xz\mathbf{j} - xy\mathbf{k}}{y^2z^2}$

12. $\mathbf{F}(x, y, z) = \operatorname{sen} z(y\mathbf{i} + x\mathbf{j} + \mathbf{k})$

Divergencia y rotacional En los ejercicios 13 a 20, encuentre (a) la divergencia del campo vectorial F y (b) el rotacional del campo vectorial F.

13. $\mathbf{F}(x, y, z) = x^2\mathbf{i} + xy^2\mathbf{j} + x^2z\mathbf{k}$

14. $\mathbf{F}(x, y, z) = y^2\mathbf{j} - z^2\mathbf{k}$

15. $\mathbf{F}(x, y, z) = (\cos y + y \cos x)\mathbf{i} + (\operatorname{sen} x - x \operatorname{sen} y)\mathbf{j} + xyz\mathbf{k}$

16. $\mathbf{F}(x, y, z) = (3x - y)\mathbf{i} + (y - 2z)\mathbf{j} + (z - 3x)\mathbf{k}$

17. $\mathbf{F}(x, y, z) = \arcsin x\mathbf{i} + xy^2\mathbf{j} + yz^2\mathbf{k}$

18. $\mathbf{F}(x, y, z) = (x^2 - y)\mathbf{i} - (x + \operatorname{sen}^2 y)\mathbf{j}$

19. $\mathbf{F}(x, y, z) = \ln(x^2 + y^2)\mathbf{i} + \ln(x^2 + y^2)\mathbf{j} + z\mathbf{k}$

20. $\mathbf{F}(x, y, z) = \dfrac{z}{x}\mathbf{i} + \dfrac{z}{y}\mathbf{j} + z^2\mathbf{k}$

Evaluar una integral de línea En los ejercicios 21 a 26, calcule la integral de línea a lo largo de la(s) trayectoria(s) dada(s).

21. $\displaystyle\int_C (x^2 + y^2)\, ds$

    (a) C: segmento de recta desde $(0, 0)$, hasta $(3, 4)$

    (b) C: $x^2 + y^2 = 1$, una revolución en sentido contrario a las manecillas del reloj, empezando en $(1, 0)$.

22. $\displaystyle\int_C xy\, ds$

    (a) C: segmento de recta desde $(0, 0)$ hasta $(5, 4)$

    (b) C: en sentido contrario a las manecillas del reloj, a lo largo del triángulo de vértices $(0, 0)$, $(4, 0)$ y $(0, 2)$

23. $\displaystyle\int_C (x^2 + y^2)\, ds$

    C: $\mathbf{r}(t) = (1 - \operatorname{sen} t)\mathbf{i} + (1 - \cos t)\mathbf{j}$, $0 \le t \le 2\pi$

24. $\displaystyle\int_C (x^2 + y^2)\, ds$

    C: $\mathbf{r}(t) = (\cos t + t \operatorname{sen} t)\mathbf{i} + (\operatorname{sen} t - t \cos t)\mathbf{j}$, $0 \le t \le 2\pi$

25. $\displaystyle\int_C (2x - y)\, dx + (x + 2y)\, dy$

    (a) C: segmento de recta desde $(0, 0)$ hasta $(3, -3)$

    (b) C: una revolución en sentido contrario a las manecillas del reloj, alrededor del círculo $x = 3 \cos t$, $y = 3 \operatorname{sen} t$

26. $\displaystyle\int_C (2x - y)\, dx + (x + 3y)\, dy$

    C: $\mathbf{r}(t) = (\cos t + t \operatorname{sen} t)\mathbf{i} + (\operatorname{sen} t - t \operatorname{sen} t)\mathbf{j}$, $0 \le t \le \pi/2$

Evaluar una integral de línea En los ejercicios 27 y 28, utilice un sistema algebraico por computadora para calcular la integral de línea sobre la trayectoria dada.

27. $\displaystyle\int_C (2x + y)\, ds$ **28.** $\displaystyle\int_C (x^2 + y^2 + z^2)\, ds$

    $\mathbf{r}(t) = a\cos^3 t\mathbf{i} + a\operatorname{sen}^3 t\mathbf{j}$, $\mathbf{r}(t) = t\mathbf{i} + t^2\mathbf{j} + t^{3/2}\mathbf{k}$,

    $0 \le t \le \pi/2$ $0 \le t \le 4$

Área de una superficie lateral En los ejercicios 29 y 30, encuentre el área de la superficie lateral sobre la curva C en el plano xy y bajo la superficie $z = f(x, y)$.

29. $f(x, y) = 3 + \operatorname{sen}(x + y)$; C: $y = 2x$ desde $(0, 0)$ hasta $(2, 4)$

30. $f(x, y) = 12 - x - y$; C: $y = x^2$ desde $(0, 0)$ hasta $(2, 4)$

Evaluar una integral de línea para un campo vectorial En los ejercicios 31 a 36, evalúe $\displaystyle\int_C \mathbf{F} \cdot d\mathbf{r}$.

31. $\mathbf{F}(x, y) = xy\mathbf{i} + 2xy\mathbf{j}$

    C: $\mathbf{r}(t) = t^2\mathbf{i} + t^2\mathbf{j}$, $0 \le t \le 1$

32. $\mathbf{F}(x, y) = (x - y)\mathbf{i} + (x + y)\mathbf{j}$

    C: $\mathbf{r}(t) = 4\cos t\mathbf{i} + 3\operatorname{sen} t\mathbf{j}$, $0 \le t \le 2\pi$

33. $\mathbf{F}(x, y, z) = x\mathbf{i} + y\mathbf{j} + z\mathbf{k}$

    C: $\mathbf{r}(t) = 2\cos t\mathbf{i} + 2\operatorname{sen} t\mathbf{j} + t\mathbf{k}$, $0 \le t \le 2\pi$

34. $\mathbf{F}(x, y, z) = (2y - z)\mathbf{i} + (z - x)\mathbf{j} + (x - y)\mathbf{k}$

    C: curva de intersección de $x^2 + z^2 = 4$ y $y^2 + z^2 = 4$ desde $(2, 2, 0)$ hasta $(0, 0, 2)$

35. $\mathbf{F}(x, y, z) = (y + z)\mathbf{i} + (x + z)\mathbf{j} + (x + y)\mathbf{k}$

    C: curva de intersección de $z = x^2 + y^2$ y $y = x$ desde $(0, 0, 0)$ hsta $(2, 2, 8)$

36. $\mathbf{F}(x, y, z) = (x^2 - z)\mathbf{i} + (y^2 + z)\mathbf{j} + x\mathbf{k}$

    C: curva de intersección de $z = x^2$ y $x^2 + y^2 = 4$ desde $(0, -2, 0)$ hasta $(0, 2, 0)$

Evaluar una integral de línea En los ejercicios 37 y 38, utilice un sistema algebraico por computadora y evalúe la integral de línea.

37. $\displaystyle\int_C xy\,dx + (x^2 + y^2)\,dy$

C: $y = x^2$ desde $(0, 0)$ hasta $(2, 4)$ y $y = 2x$ desde $(2, 4)$ hasta $(0, 0)$

38. $\displaystyle\int_C \mathbf{F} \cdot d\mathbf{r}$

$\mathbf{F}(x, y) = (2x - y)\mathbf{i} + (2y - x)\mathbf{j}$

C: $\mathbf{r}(t) = (2\cos t + 2t\,\text{sen}\,t)\mathbf{i} + (2\,\text{sen}\,t - 2t\cos t)\mathbf{j}$, $0 \le t \le \pi$

39. Trabajo Calcule el trabajo realizado por el campo de fuerzas $\mathbf{F} = x\mathbf{i} - \sqrt{y}\,\mathbf{j}$ a lo largo de la trayectoria $y = x^{3/2}$ desde $(0, 0)$ hasta $(4, 8)$.

40. Trabajo Un avión de 20 toneladas sube 2000 pies haciendo un giro de 90° en un arco circular de 10 millas de radio. Encuentre el trabajo realizado por los motores.

Usar el teorema fundamental de las integrales de línea En los ejercicios 41 y 42, use el teorema fundamental de las integrales de línea para evaluar la integral.

41. $\displaystyle\int_C 2xyz\,dx + x^2z\,dy + x^2y\,dz$

C: curva suave desde $(0, 0, 0)$ hasta $(1, 3, 2)$

42. $\displaystyle\int_C y\,dx + x\,dy + \frac{1}{z}\,dz$

C: curva suave desde $(0, 0, 1)$ hasta $(4, 4, 4)$

43. Evaluar una integral de línea Evalúe la integral de línea

$\displaystyle\int_C y^2\,dx + 2xy\,dy.$

(a) C: $\mathbf{r}(t) = (1 + 3t)\mathbf{i} + (1 + t)\mathbf{j}$, $0 \le t \le 1$

(b) C: $\mathbf{r}(t) = t\mathbf{i} + \sqrt{t}\,\mathbf{j}$, $1 \le t \le 4$

(c) Use el teorema fundamental de las integrales de línea, donde C es una curva suave desde $(1, 1)$ hasta $(4, 2)$.

44. Área y centroide Considere la región acotada por el eje x y un arco de la cicloide con ecuaciones paramétricas $x = a(\theta - \text{sen}\,\theta)$ y $y = a(1 - \cos\theta)$. Use las integrales de línea para encontrar (a) el área de la región y (b) el centroide de la región.

Evaluar una integral de línea En los ejercicios 45 a 50, utilice el teorema de Green para evaluar la integral de línea

45. $\displaystyle\int_C y\,dx + 2x\,dy$

C: frontera del cuadrado con vértices $(0, 0)$, $(0, 1)$, $(1, 0)$, y $(1, 1)$

46. $\displaystyle\int_C xy\,dx + (x^2 + y^2)\,dy$

C: frontera del cuadrado con vértices $(0, 0)$, $(0, 2)$, $(2, 0)$, y $(2, 2)$

47. $\displaystyle\int_C xy^2\,dx + x^2y\,dy$

C: $x = 4\cos t$, $y = 4\,\text{sen}\,t$

48. $\displaystyle\int_C (x^2 - y^2)\,dx + 2xy\,dy$

C: $x^2 + y^2 = a^2$

49. $\displaystyle\int_C xy\,dx + x^2\,dy$

C: frontera de la región entre las gráficas $y = x^2$ y $y = 1$

50. $\displaystyle\int_C y^2\,dx + x^{4/3}\,dy$

C: $x^{2/3} + y^{2/3} = 1$

Trazar la gráfica de una superficie paramétrica En los ejercicios 51 y 52, utilice un sistema algebraico por computadora y represente gráficamente la superficie dada por la función vectorial

51. $\mathbf{r}(u, v) = \sec u \cos v\,\mathbf{i} + (1 + 2\tan u)\,\text{sen}\,v\,\mathbf{j} + 2u\mathbf{k}$

$0 \le u \le \dfrac{\pi}{3}$, $0 \le v \le 2\pi$

52. $\mathbf{r}(u, v) = e^{-u/4}\cos v\,\mathbf{i} + e^{-u/4}\,\text{sen}\,v\,\mathbf{j} + \dfrac{u}{6}\mathbf{k}$

$0 \le u \le 4$, $0 \le v \le 2\pi$

53. Investigación Considere la superficie representada por la función vectorial

$\mathbf{r}(u, v) = 3\cos v \cos u\,\mathbf{i} + 3\cos v\,\text{sen}\,u\,\mathbf{j} + \text{sen}\,v\,\mathbf{k}$.

Utilice un sistema algebraico por computadora para efectuar lo siguiente.

(a) Trace la gráfica de la superficie para $0 \le u \le 2\pi$ y $-\dfrac{\pi}{2} \le v \le \dfrac{\pi}{2}$.

(b) Trace la gráfica de la superficie para $0 \le u \le 2\pi$ y $\dfrac{\pi}{4} \le v \le \dfrac{\pi}{2}$.

(c) Trace la gráfica de la superficie para $0 \le u \le \dfrac{\pi}{4}$ y $0 \le v \le \dfrac{\pi}{2}$.

(d) Trace la gráfica e identifique la curva espacial para $0 \le u \le 2\pi$ y $v = \dfrac{\pi}{4}$.

(e) Aproxime el área de la superficie graficada en el inciso (b).

(f) Aproxime el área de la superficie graficada en el inciso (c).

54. Evaluar la integral de superficie Evalúe la integral de superficie $\iint_S z\,dS$ sobre la superficie S:

$\mathbf{r}(u, v) = (u + v)\mathbf{i} + (u - v)\mathbf{j} + \text{sen}\,v\,\mathbf{k}$

donde $0 \le u \le 2$ y $0 \le v \le \pi$.

55. Aproximar una integral de superficie Utilice un sistema algebraico por computadora para trazar la gráfica de la superficie S y aproximar la integral de superficie

$\displaystyle\iint_S (x + y)\,dS$

donde S es la superficie.

S: $\mathbf{r}(u, v) = u\cos v\,\mathbf{i} + u\,\text{sen}\,v\,\mathbf{j} + (u - 1)(2 - u)\mathbf{k}$ sobre $0 \le u \le 2$ y $0 \le v \le 2\pi$.

56. Masa   Una lámina S con superficie en forma de cono está dada por

$$z = a\left(a - \sqrt{x^2 + y^2}\right), \quad 0 \le z \le a^2.$$

En cada punto de S, la densidad es proporcional a la distancia entre el punto y el eje z.

(a) Dibuje la superficie en forma de cono.

(b) Determine la masa de la lámina.

Comprobar el teorema de la divergencia   En los ejercicios 57 y 58, compruebe el teorema de la divergencia mediante la evaluación

$$\iint_S \mathbf{F} \cdot \mathbf{N} \, dS$$

como una integral de superficie y como una triple integral.

57. $\mathbf{F}(x, y, z) = x^2 \mathbf{i} + xy \mathbf{j} + z \mathbf{k}$

Q: región sólida acotada por los planos coordenados y el plano $2x + 3y + 4z = 12$

58. $\mathbf{F}(x, y, z) = x \mathbf{i} + y \mathbf{j} + z \mathbf{k}$

Q: región sólida acotada por los planos coordenados y el plano $2x + 3y + 4z = 12$

Comprobar el teorema de Stokes   En los ejercicios 59 y 60, compruebe el teorema de Stokes mediante la evaluación

$$\int_C \mathbf{F} \cdot d\mathbf{r}$$

como una integral de línea y como una integral doble.

59. $\mathbf{F}(x, y, z) = (\cos y + y \cos x)\mathbf{i} + (\operatorname{sen} x - x \operatorname{sen} y)\mathbf{j} + xyz\mathbf{k}$

S: porción de $z = y^2$ sobre el cuadrado en el plano con vértices $(0, 0)$, $(a, 0)$, (a, a) y $(0, a)$

$\mathbf{N}$ es el vector normal unitario hacia arriba a la superficie.

60. $\mathbf{F}(x, y, z) = (x - z)\mathbf{i} + (y - z)\mathbf{j} + x^2 \mathbf{k}$

S: porción del primer cuadrante del plano $3x + y + 2z = 12$

61. Demostración   Demuestre que no es posible que un campo vectorial con componentes dos veces derivables tenga un rotacional de $x\mathbf{i} + y\mathbf{j} + z\mathbf{k}$.

PROYECTO DE TRABAJO

El planímetro

Ha aprendido muchas técnicas de cálculo para encontrar el área de una región plana. Los ingenieros usan un dispositivo mecánico llamado *planímetro* para medir áreas planas, que se basa en la fórmula del área dada en el teorema 15.9 (página 1078). Como puede ver en la figura, el planímetro está fijo en el punto O (pero libre para pivotear) y tiene una bisagra en A. El extremo del brazo trazador AB se mueve en sentido antihorario alrededor de la región R. Una pequeña rueda es perpendicular a $\overline{AB}$ y está marcada con una escala para medir cuánto rueda conforme B traza la frontera de la región R. En este proyecto, demostrará que el área de R está dada por la longitud L del brazo trazador $\overline{AB}$ multiplicada por la distancia D que rueda la rueda.

Suponga que el punto B traza la frontera de R para $a \le t \le b$. El punto A se moverá hacia adelante y hacia atrás a lo largo de un arco circular alrededor del origen O. Sea $\theta(t)$ el ángulo en la figura y sean $(x(t), y(t))$ las coordenadas de A.

(a) Demuestre que el vector $\overrightarrow{OB}$ está dado por la función vectorial

$$\mathbf{r}(t) = [x(t) + L \cos \theta(t)]\mathbf{i} + [y(t) + L \operatorname{sen} \theta(t)]\mathbf{j}.$$

(b) Demuestre que las siguientes dos integrales son iguales a cero.

$$I_1 = \int_a^b \frac{1}{2} L^2 \frac{d\theta}{dt} \, dt \qquad I_2 = \int_a^b \frac{1}{2}\left(x \frac{dy}{dt} - y \frac{dx}{dt}\right) dt$$

(c) Utilice la integral $\displaystyle\int_a^b \left[x(t) \operatorname{sen} \theta(t) - y(t) \cos \theta(t)\right]' dt$ para demostrar que las dos integrales siguientes son iguales.

$$I_3 = \int_a^b \frac{1}{2} L\left(y \operatorname{sen} \theta \frac{d\theta}{dt} + x \cos \theta \frac{d\theta}{dt}\right) dt$$

$$I_4 = \int_a^b \frac{1}{2} L\left(-\operatorname{sen} \theta \frac{dx}{dt} + \cos \theta \frac{dy}{dt}\right) dt$$

(d) Sea $\mathbf{N} = -\operatorname{sen} \theta \mathbf{i} + \cos \theta \mathbf{j}$. Explique por qué la distancia D que gira la rueda está dada por

$$D = \int_C \mathbf{N} \cdot \mathbf{T} \, ds.$$

(e) Demuestre que el área de la región R está dada por

$$I_1 + I_2 + I_3 + I_4 = DL.$$

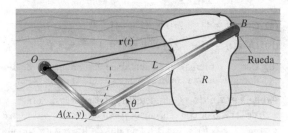

PARA INFORMACIÓN ADICIONAL   Para mayor información acerca del teorema de Green y planímetros, consulte el artículo "As the Planimeter's Wheel Turns: Planimeter Proofs for Calculus Class", de Tanya Leise, en *The College Mathematics Journal*. Para ver este artículo, visite *MathArticles.com*.

Solución de problemas

Consulte **CalcChat.com** para un tutorial de ayuda y soluciones trabajadas de los ejercicios con numeración impar.

1. **Flujo de calor**   Considere una sola fuente de calor localizada en el origen con temperatura

$$T(x, y, z) = \frac{25}{\sqrt{x^2 + y^2 + z^2}}.$$

(a) Calcule el flujo de calor a través de la superficie

$$S = \left\{ (x, y, z) \colon z = \sqrt{1 - x^2}, \, -\frac{1}{2} \le x \le \frac{1}{2}, \, 0 \le y \le 1 \right\}$$

como se muestra en la figura.

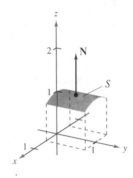

(b) Repita el cálculo del inciso (a) usando la parametrización

$$x = \cos u, \quad y = v, \quad z = \operatorname{sen} u$$

donde

$$\frac{\pi}{3} \le u \le \frac{2\pi}{3} \quad \text{y} \quad 0 \le v \le 1.$$

2. **Flujo de calor**   Considere una sola fuente de calor localizada en el origen con temperatura

$$T(x, y, z) = \frac{25}{\sqrt{x^2 + y^2 + z^2}}.$$

(a) Calcule el flujo de calor a través de la superficie

$$S = \left\{ (x, y, z) \colon z = \sqrt{1 - x^2 - y^2}, \, x^2 + y^2 \le 1 \right\}$$

como se muestra en la figura.

(b) Repita el cálculo del inciso (a) usando la parametrización

$$x = \operatorname{sen} u \cos v, \quad y = \operatorname{sen} u \operatorname{sen} v, \quad z = \cos u$$

donde

$$0 \le u \le \frac{\pi}{2} \quad \text{y} \quad 0 \le v \le 2\pi.$$

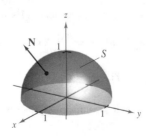

3. **Momentos de inercia**   Considere un alambre de densidad $\rho(x, y, z)$ dado por la curva espacial

$$C \colon \mathbf{r}(t) = x(t)\mathbf{i} + y(t)\mathbf{j} + z(t)\mathbf{k}, \, a \le t \le b.$$

Los **momentos de inercia** respecto a los ejes x, y y z están dados por

$$I_x = \int_C (y^2 + z^2)\rho(x, y, z) \, ds$$

$$I_y = \int_C (x^2 + z^2)\rho(x, y, z) \, ds$$

$$I_z = \int_C (x^2 + y^2)\rho(x, y, z) \, ds.$$

Encuentre los momentos de inercia para un alambre de densidad uniforme $\rho = 1$ en la forma de la hélice

$$\mathbf{r}(t) = 3 \cos t\mathbf{i} + 3 \operatorname{sen} t\mathbf{j} + 2t\mathbf{k}, \quad 0 \le t \le 2\pi \text{ (ver figura).}$$

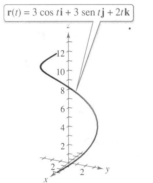 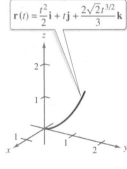

Figura para 3   Figura para 4

4. **Momentos de inercia**   Encuentre los momentos de inercia del cable de densidad $\rho = \dfrac{1}{1 + t}$ dado por la curva

$$C \colon \mathbf{r}(t) = \frac{t^2}{2}\mathbf{i} + t\mathbf{j} + \frac{2\sqrt{2}\, t^{3/2}}{3}\mathbf{k}, \quad 0 \le t \le 1 \text{ (ver figura).}$$

5. **Ecuación de Laplace**   Sea $\mathbf{F}(x, y, z) = x\mathbf{i} + y\mathbf{j} + z\mathbf{k}$, y sea $f(x, y, z) = \|\mathbf{F}(x, y, z)\|$.

(a) Demuestre que $\nabla(\ln f) = \dfrac{\mathbf{F}}{f^2}$.

(b) Demuestre que $\nabla\left(\dfrac{1}{f}\right) = -\dfrac{\mathbf{F}}{f^3}$.

(c) Demuestre que $\nabla f^n = nf^{n-2}\mathbf{F}$.

(d) El **laplaciano** es el operador diferencial

$$\nabla^2 = \nabla \cdot \nabla = \frac{\partial^2}{\partial x^2} + \frac{\partial^2}{\partial y^2} + \frac{\partial^2}{\partial z^2}$$

y la ecuación de Laplace es

$$\nabla^2 w = \frac{\partial^2 w}{\partial x^2} + \frac{\partial^2 w}{\partial y^2} + \frac{\partial^2 w}{\partial z^2} = 0.$$

Cualquier función que satisface esta ecuación se llama **armónica**. Demuestre que la función $w = 1/f$ es armónica.

6. Teorema de Green Considere la integral de línea

$$\int_C y^n \, dx + x^n \, dy$$

donde C es la frontera de la región que yace entre las gráficas de $y = \sqrt{a^2 - x^2}$ $(a > 0)$ y $y = 0$.

(a) Use un sistema algebraico por computadora para comprobar el teorema de Green para n, un entero impar de 1 a 7.

(b) Use un sistema algebraico por computadora para comprobar el teorema de Green para n, un entero par de 2 a 8.

(c) Para un entero impar n, haga una conjetura acerca del valor de la integral.

7. Área Utilice una integral de línea para calcular el área acotada por un arco de la cicloide $x(\theta) = a(\theta - \text{sen } \theta)$, $y(\theta) = a(1 - \cos \theta)$, $0 \le \theta \le 2\pi$, como se muestra en la figura.

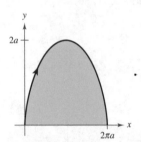

Figura para 7   Figura para 8

8. Área Utilice una integral de línea para hallar el área acotada por los dos lazos de la curva en forma de ocho

$$x(t) = \frac{1}{2} \text{sen } 2t, \quad y(t) = \text{sen } t, \quad 0 \le t \le 2\pi$$

como se muestra en la figura.

9. Trabajo El campo de fuerzas $\mathbf{F}(x, y) = (x + y)\mathbf{i} + (x^2 + 1)\mathbf{j}$ actúa sobre un objeto que se mueve del punto $(0, 0)$ al punto $(0, 1)$, como se muestra en la figura.

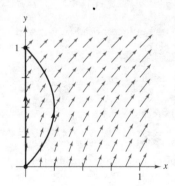

(a) Encuentre el trabajo realizado si el objeto sigue la trayectoria $x = 0$, $0 \le y \le 1$.

(b) Encuentre el trabajo realizado si el objeto sigue la trayectoria $x = y - y^2$, $0 \le y \le 1$.

(c) Suponga que el objeto sigue la trayectoria $x = c(y - y^2)$, $0 \le y \le 1$, $c > 0$. Encuentre el valor de la constante c que minimiza el trabajo.

10. Trabajo El campo de fuerzas $\mathbf{F}(x, y) = (3x^2y^2)\mathbf{i} + (2x^3y)\mathbf{j}$ se muestra en la siguiente figura. Tres partículas se mueven del punto $(1, 1)$ al punto $(2, 4)$ a lo largo de trayectorias diferentes. Explique por qué el trabajo realizado es el mismo con las tres partículas y encuentre el valor del trabajo.

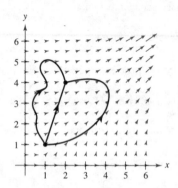

11. Demostración Sea S una superficie suave orientada, con vector normal $\mathbf{N}$, acotada por una curva suave simple cerrada C. Sea $\mathbf{v}$ un vector constante. Demuestre que

$$\int_S\!\!\int (2\mathbf{v} \cdot \mathbf{N}) \, dS = \int_C (\mathbf{v} \times \mathbf{r}) \cdot d\mathbf{r}.$$

12. Área y trabajo ¿Cómo se compara el área de la elipse $\dfrac{x^2}{a^2} + \dfrac{y^2}{b^2} = 1$ con la magnitud del trabajo realizado por el campo de fuerzas

$$\mathbf{F}(x, y) = -\frac{1}{2}y\mathbf{i} + \frac{1}{2}x\mathbf{j}$$

sobre una partícula que da una vuelta alrededor de la elipse (vea la figura)?

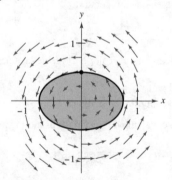

13. Comprobar identidades

(a) Sean f y g funciones escalares con derivadas parciales continuas, si se satisfacen las condiciones C y S del teorema de Stokes, compruebe cada una de las identidades siguientes.

(i) $\displaystyle\int_C (f\boldsymbol{\nabla}g) \cdot d\mathbf{r} = \int_S\!\!\int (\boldsymbol{\nabla}f \times \boldsymbol{\nabla}g) \cdot \mathbf{N} \, dS$

(ii) $\displaystyle\int_C (f\boldsymbol{\nabla}f) \cdot d\mathbf{r} = 0$ (iii) $\displaystyle\int_C (f\boldsymbol{\nabla}g + g\boldsymbol{\nabla}f) \cdot d\mathbf{r} = 0$

(b) Demuestre los resultados del inciso (a) para las funciones $f(x, y, z) = xyz$, y sea $g(x, y, z) = z$. Sea S el hemisferio $z = \sqrt{4 - x^2 - y^2}$.

Apéndices

A Demostración de teoremas seleccionados

En esta edición hemos realizado el Apéndice A con demostraciones de teoremas seleccionados en formato de video (en inglés) en *LarsonCalculus.com*. Cuando navegue en este sitio de Internet, encontrará un enlace donde Bruce Edwards explica cada demostración del libro, incluyendo los de este apéndice. Esperamos que estos videos mejoren su estudio del cálculo. La versión en texto de este apéndice está disponible (en inglés y con un costo adicional) en *CengageBrain.com*.

Ejemplo de demostraciones de teoremas seleccionados
en *LarsonCalculus.com*

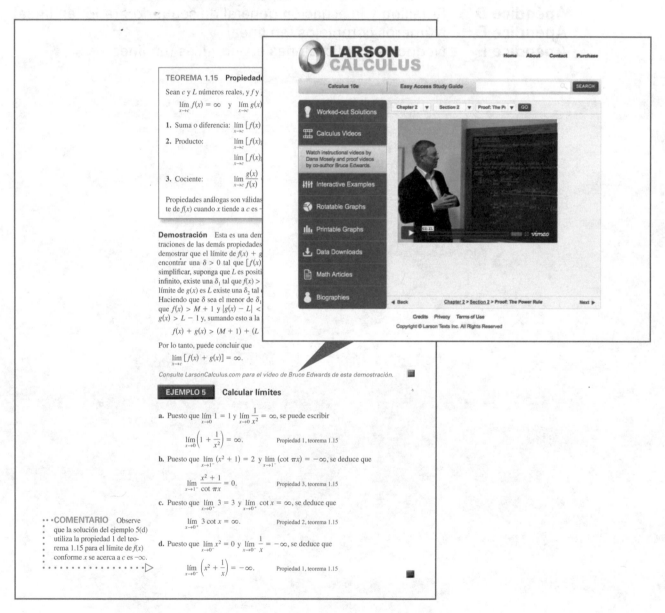

TEOREMA 1.15   Propiedade[s]

Sean c y L números reales, y f y [...]

$$\lim_{x \to c} f(x) = \infty \quad \text{y} \quad \lim_{x \to c} g(x)$$

1. Suma o diferencia: $\lim_{x \to c} [f(x)$

2. Producto: $\lim_{x \to c} [f(x)$
   $$\lim_{x \to c} [f(x)$$

3. Cociente: $\lim_{x \to c} \dfrac{g(x)}{f(x)}$

Propiedades análogas son válidas [...] te de $f(x)$ cuando x tiende a c es −[...]

Demostración   Esta es una dem[...] traciones de las demás propiedades [...] demostrar que el límite de $f(x) + g$[...] encontrar una $\delta > 0$ tal que $[f(x)$[...] simplificar, suponga que L es positi[...] infinito, existe una δ_1 tal que $f(x) >$[...] límite de $g(x)$ es L existe una δ_2 tal [...] Haciendo que δ sea el menor de δ_1[...] que $f(x) > M + 1$ y $|g(x) - L| <$[...] $g(x) > L - 1$ y, sumando esto a la [...]

$$f(x) + g(x) > (M + 1) + (L$$

Por lo tanto, puede concluir que

$$\lim_{x \to c} [f(x) + g(x)] = \infty.$$

Consulte LarsonCalculus.com para el video de Bruce Edwards de esta demostración.

EJEMPLO 5   **Calcular límites**

a. Puesto que $\lim_{x \to 0} 1 = 1$ y $\lim_{x \to 0} \dfrac{1}{x^2} = \infty$, se puede escribir

$$\lim_{x \to 0} \left(1 + \frac{1}{x^2}\right) = \infty. \qquad \text{Propiedad 1, teorema 1.15}$$

b. Puesto que $\lim_{x \to 1^-} (x^2 + 1) = 2$ y $\lim_{x \to 1^-} (\cot \pi x) = -\infty$, se deduce que

$$\lim_{x \to 1^-} \frac{x^2 + 1}{\cot \pi x} = 0. \qquad \text{Propiedad 3, teorema 1.15}$$

c. Puesto que $\lim_{x \to 0^+} 3 = 3$ y $\lim_{x \to 0^+} \cot x = \infty$, se deduce que

$$\lim_{x \to 0^+} 3 \cot x = \infty. \qquad \text{Propiedad 2, teorema 1.15}$$

d. Puesto que $\lim_{x \to 0^-} x^2 = 0$ y $\lim_{x \to 0^-} \dfrac{1}{x} = -\infty$, se deduce que

$$\lim_{x \to 0^-} \left(x^2 + \frac{1}{x}\right) = -\infty. \qquad \text{Propiedad 1, teorema 1.15}$$

···COMENTARIO   Observe que la solución del ejemplo 5(d) utiliza la propiedad 1 del teorema 1.15 para el límite de $f(x)$ conforme x se acerca a c es −∞.

B   Tablas de integración

Formas que implican u^n

1. $\displaystyle \int u^n \, du = \frac{u^{n+1}}{n+1} + C, \; n \neq -1$

2. $\displaystyle \int \frac{1}{u} \, du = \ln|u| + C$

Formas que implican $a + bu$

3. $\displaystyle \int \frac{u}{a+bu} \, du = \frac{1}{b^2}\big(bu - a\ln|a+bu|\big) + C$

4. $\displaystyle \int \frac{u}{(a+bu)^2} \, du = \frac{1}{b^2}\left(\frac{a}{a+bu} + \ln|a+bu|\right) + C$

5. $\displaystyle \int \frac{u}{(a+bu)^n} \, du = \frac{1}{b^2}\left[\frac{-1}{(n-2)(a+bu)^{n-2}} + \frac{a}{(n-1)(a+bu)^{n-1}}\right] + C, \quad n \neq 1, 2$

6. $\displaystyle \int \frac{u^2}{a+bu} \, du = \frac{1}{b^3}\left[-\frac{bu}{2}(2a-bu) + a^2\ln|a+bu|\right] + C$

7. $\displaystyle \int \frac{u^2}{(a+bu)^2} \, du = \frac{1}{b^3}\left(bu - \frac{a^2}{a+bu} - 2a\ln|a+bu|\right) + C$

8. $\displaystyle \int \frac{u^2}{(a+bu)^3} \, du = \frac{1}{b^3}\left[\frac{2a}{a+bu} - \frac{a^2}{2(a+bu)^2} + \ln|a+bu|\right] + C$

9. $\displaystyle \int \frac{u^2}{(a+bu)^n} \, du = \frac{1}{b^3}\left[\frac{-1}{(n-3)(a+bu)^{n-3}} + \frac{2a}{(n-2)(a+bu)^{n-2}} - \frac{a^2}{(n-1)(a+bu)^{n-1}}\right] + C, \quad n \neq 1, 2, 3$

10. $\displaystyle \int \frac{1}{u(a+bu)} \, du = \frac{1}{a}\ln\left|\frac{u}{a+bu}\right| + C$

11. $\displaystyle \int \frac{1}{u(a+bu)^2} \, du = \frac{1}{a}\left(\frac{1}{a+bu} + \frac{1}{a}\ln\left|\frac{u}{a+bu}\right|\right) + C$

12. $\displaystyle \int \frac{1}{u^2(a+bu)} \, du = -\frac{1}{a}\left(\frac{1}{u} + \frac{b}{a}\ln\left|\frac{u}{a+bu}\right|\right) + C$

13. $\displaystyle \int \frac{1}{u^2(a+bu)^2} \, du = -\frac{1}{a^2}\left[\frac{a+2bu}{u(a+bu)} + \frac{2b}{a}\ln\left|\frac{u}{a+bu}\right|\right] + C$

Formas que implican $a + bu + cu^2, \; b^2 \neq 4ac$

14. $\displaystyle \int \frac{1}{a+bu+cu^2} \, du = \begin{cases} \dfrac{2}{\sqrt{4ac-b^2}}\arctan\dfrac{2cu+b}{\sqrt{4ac-b^2}} + C, & b^2 < 4ac \\[3mm] \dfrac{1}{\sqrt{b^2-4ac}}\ln\left|\dfrac{2cu+b-\sqrt{b^2-4ac}}{2cu+b+\sqrt{b^2-4ac}}\right| + C, & b^2 > 4ac \end{cases}$

15. $\displaystyle \int \frac{u}{a+bu+cu^2} \, du = \frac{1}{2c}\left(\ln|a+bu+cu^2| - b\int \frac{1}{a+bu+cu^2} \, du\right)$

Formas que implican $\sqrt{a+bu}$

16. $\displaystyle \int u^n\sqrt{a+bu} \, du = \frac{2}{b(2n+3)}\left[u^n(a+bu)^{3/2} - na\int u^{n-1}\sqrt{a+bu} \, du\right]$

17. $\displaystyle \int \frac{1}{u\sqrt{a+bu}} \, du = \begin{cases} \dfrac{1}{\sqrt{a}}\ln\left|\dfrac{\sqrt{a+bu}-\sqrt{a}}{\sqrt{a+bu}+\sqrt{a}}\right| + C, & a > 0 \\[3mm] \dfrac{2}{\sqrt{-a}}\arctan\sqrt{\dfrac{a+bu}{-a}} + C, & a < 0 \end{cases}$

18. $\displaystyle \int \frac{1}{u^n\sqrt{a+bu}} \, du = \frac{-1}{a(n-1)}\left[\frac{\sqrt{a+bu}}{u^{n-1}} + \frac{(2n-3)b}{2}\int \frac{1}{u^{n-1}\sqrt{a+bu}} \, du\right], \; n \neq 1$

19. $\displaystyle\int \frac{\sqrt{a+bu}}{u}\,du = 2\sqrt{a+bu} + a\int \frac{1}{u\sqrt{a+bu}}\,du$

20. $\displaystyle\int \frac{\sqrt{a+bu}}{u^n}\,du = \frac{-1}{a(n-1)}\left[\frac{(a+bu)^{3/2}}{u^{n-1}} + \frac{(2n-5)b}{2}\int \frac{\sqrt{a+bu}}{u^{n-1}}\,du\right],\ n \neq 1$

21. $\displaystyle\int \frac{u}{\sqrt{a+bu}}\,du = \frac{-2(2a-bu)}{3b^2}\sqrt{a+bu} + C$

22. $\displaystyle\int \frac{u^n}{\sqrt{a+bu}}\,du = \frac{2}{(2n+1)b}\left(u^n\sqrt{a+bu} - na\int \frac{u^{n-1}}{\sqrt{a+bu}}\,du\right)$

Formas que implican $a^2 \pm u^2$, $a > 0$

23. $\displaystyle\int \frac{1}{a^2+u^2}\,du = \frac{1}{a}\arctan\frac{u}{a} + C$

24. $\displaystyle\int \frac{1}{u^2-a^2}\,du = -\int \frac{1}{a^2-u^2}\,du = \frac{1}{2a}\ln\left|\frac{u-a}{u+a}\right| + C$

25. $\displaystyle\int \frac{1}{(a^2\pm u^2)^n}\,du = \frac{1}{2a^2(n-1)}\left[\frac{u}{(a^2\pm u^2)^{n-1}} + (2n-3)\int \frac{1}{(a^2\pm u^2)^{n-1}}\,du\right],\ n \neq 1$

Formas que implican $\sqrt{u^2 \pm a^2}$, $a > 0$

26. $\displaystyle\int \sqrt{u^2\pm a^2}\,du = \frac{1}{2}\left(u\sqrt{u^2\pm a^2} \pm a^2\ln\left|u+\sqrt{u^2\pm a^2}\right|\right) + C$

27. $\displaystyle\int u^2\sqrt{u^2\pm a^2}\,du = \frac{1}{8}\left[u(2u^2\pm a^2)\sqrt{u^2\pm a^2} - a^4\ln\left|u+\sqrt{u^2\pm a^2}\right|\right] + C$

28. $\displaystyle\int \frac{\sqrt{u^2+a^2}}{u}\,du = \sqrt{u^2+a^2} - a\ln\left|\frac{a+\sqrt{u^2+a^2}}{u}\right| + C$

29. $\displaystyle\int \frac{\sqrt{u^2-a^2}}{u}\,du = \sqrt{u^2-a^2} - a\,\text{arcsec}\frac{|u|}{a} + C$

30. $\displaystyle\int \frac{\sqrt{u^2\pm a^2}}{u^2}\,du = \frac{-\sqrt{u^2\pm a^2}}{u} + \ln\left|u+\sqrt{u^2\pm a^2}\right| + C$

31. $\displaystyle\int \frac{1}{\sqrt{u^2\pm a^2}}\,du = \ln\left|u+\sqrt{u^2\pm a^2}\right| + C$

32. $\displaystyle\int \frac{1}{u\sqrt{u^2+a^2}}\,du = \frac{-1}{a}\ln\left|\frac{a+\sqrt{u^2+a^2}}{u}\right| + C$ **33.** $\displaystyle\int \frac{1}{u\sqrt{u^2-a^2}}\,du = \frac{1}{a}\,\text{arcsec}\frac{|u|}{a} + C$

34. $\displaystyle\int \frac{u^2}{\sqrt{u^2\pm a^2}}\,du = \frac{1}{2}\left(u\sqrt{u^2\pm a^2} \mp a^2\ln\left|u+\sqrt{u^2\pm a^2}\right|\right) + C$

35. $\displaystyle\int \frac{1}{u^2\sqrt{u^2\pm a^2}}\,du = \mp\frac{\sqrt{u^2\pm a^2}}{a^2 u} + C$ **36.** $\displaystyle\int \frac{1}{(u^2\pm a^2)^{3/2}}\,du = \frac{\pm u}{a^2\sqrt{u^2\pm a^2}} + C$

Formas que implican $\sqrt{a^2 - u^2}$, $a > 0$

37. $\displaystyle\int \sqrt{a^2-u^2}\,du = \frac{1}{2}\left(u\sqrt{a^2-u^2} + a^2\arcsin\frac{u}{a}\right) + C$

38. $\displaystyle\int u^2\sqrt{a^2-u^2}\,du = \frac{1}{8}\left[u(2u^2-a^2)\sqrt{a^2-u^2} + a^4\arcsin\frac{u}{a}\right] + C$

39. $\displaystyle\int \frac{\sqrt{a^2 - u^2}}{u}\, du = \sqrt{a^2 - u^2} - a \ln\left|\frac{a + \sqrt{a^2 - u^2}}{u}\right| + C$

40. $\displaystyle\int \frac{\sqrt{a^2 - u^2}}{u^2}\, du = \frac{-\sqrt{a^2 - u^2}}{u} - \operatorname{arcsen} \frac{u}{a} + C$

41. $\displaystyle\int \frac{1}{\sqrt{a^2 - u^2}}\, du = \operatorname{arcsen} \frac{u}{a} + C$

42. $\displaystyle\int \frac{1}{u\sqrt{a^2 - u^2}}\, du = \frac{-1}{a} \ln\left|\frac{a + \sqrt{a^2 - u^2}}{u}\right| + C$

43. $\displaystyle\int \frac{u^2}{\sqrt{a^2 - u^2}}\, du = \frac{1}{2}\left(-u\sqrt{a^2 - u^2} + a^2 \operatorname{arcsen} \frac{u}{a}\right) + C$

44. $\displaystyle\int \frac{1}{u^2\sqrt{a^2 - u^2}}\, du = \frac{-\sqrt{a^2 - u^2}}{a^2 u} + C$

45. $\displaystyle\int \frac{1}{(a^2 - u^2)^{3/2}}\, du = \frac{u}{a^2 \sqrt{a^2 - u^2}} + C$

Formas que implican sen u o cos u

46. $\displaystyle\int \operatorname{sen} u\, du = -\cos u + C$

47. $\displaystyle\int \cos u\, du = \operatorname{sen} u + C$

48. $\displaystyle\int \operatorname{sen}^2 u\, du = \frac{1}{2}(u - \operatorname{sen} u \cos u) + C$

49. $\displaystyle\int \cos^2 u\, du = \frac{1}{2}(u + \operatorname{sen} u \cos u) + C$

50. $\displaystyle\int \operatorname{sen}^n u\, du = -\frac{\operatorname{sen}^{n-1} u \cos u}{n} + \frac{n-1}{n} \int \operatorname{sen}^{n-2} u\, du$

51. $\displaystyle\int \cos^n u\, du = \frac{\cos^{n-1} u \operatorname{sen} u}{n} + \frac{n-1}{n} \int \cos^{n-2} u\, du$

52. $\displaystyle\int u \operatorname{sen} u\, du = \operatorname{sen} u - u \cos u + C$

53. $\displaystyle\int u \cos u\, du = \cos u + u \operatorname{sen} u + C$

54. $\displaystyle\int u^n \operatorname{sen} u\, du = -u^n \cos u + n \int u^{n-1} \cos u\, du$

55. $\displaystyle\int u^n \cos u\, du = u^n \operatorname{sen} u - n \int u^{n-1} \operatorname{sen} u\, du$

56. $\displaystyle\int \frac{1}{1 \pm \operatorname{sen} u}\, du = \tan u \mp \sec u + C$

57. $\displaystyle\int \frac{1}{1 \pm \cos u}\, du = -\cot u \pm \csc u + C$

58. $\displaystyle\int \frac{1}{\operatorname{sen} u \cos u}\, du = \ln|\tan u| + C$

Formas que implican tan u, cot u, sec u o csc u

59. $\displaystyle\int \tan u\, du = -\ln|\cos u| + C$

60. $\displaystyle\int \cot u\, du = \ln|\operatorname{sen} u| + C$

61. $\displaystyle\int \sec u\, du = \ln|\sec u + \tan u| + C$

62. $\displaystyle\int \csc u\, du = \ln|\csc u - \cot u| + C$ o $\displaystyle\int \csc u\, du = -\ln|\csc u + \cot u| + C$

63. $\displaystyle\int \tan^2 u\, du = -u + \tan u + C$

64. $\displaystyle\int \cot^2 u\, du = -u - \cot u + C$

65. $\displaystyle\int \sec^2 u\, du = \tan u + C$

66. $\displaystyle\int \csc^2 u\, du = -\cot u + C$

67. $\displaystyle\int \tan^n u\, du = \frac{\tan^{n-1} u}{n-1} - \int \tan^{n-2} u\, du,\ n \neq 1$

68. $\displaystyle\int \cot^n u\, du = -\frac{\cot^{n-1} u}{n-1} - \int (\cot^{n-2} u)\, du,\ n \neq 1$

69. $\displaystyle\int \sec^n u\, du = \frac{\sec^{n-2} u \tan u}{n-1} + \frac{n-2}{n-1} \int \sec^{n-2} u\, du,\ n \neq 1$

70. $\displaystyle\int \csc^n u\, du = -\frac{\csc^{n-2} u \cot u}{n-1} + \frac{n-2}{n-1} \int \csc^{n-2} u\, du,\ n \neq 1$

71. $\displaystyle\int \frac{1}{1 \pm \tan u}\,du = \frac{1}{2}\big(u \pm \ln|\cos u \pm \operatorname{sen} u|\big) + C$

72. $\displaystyle\int \frac{1}{1 \pm \cot u}\,du = \frac{1}{2}\big(u \mp \ln|\operatorname{sen} u \pm \cos u|\big) + C$

73. $\displaystyle\int \frac{1}{1 \pm \sec u}\,du = u + \cot u \mp \csc u + C$

74. $\displaystyle\int \frac{1}{1 \pm \csc u}\,du = u - \tan u \pm \sec u + C$

Formas que implican funciones trigonométricas

75. $\displaystyle\int \operatorname{arcsen} u\,du = u \operatorname{arcsen} u + \sqrt{1 - u^2} + C$

76. $\displaystyle\int \arccos u\,du = u \arccos u - \sqrt{1 - u^2} + C$

77. $\displaystyle\int \arctan u\,du = u \arctan u - \ln\sqrt{1 + u^2} + C$

78. $\displaystyle\int \operatorname{arccot} u\,du = u \operatorname{arccot} u + \ln\sqrt{1 + u^2} + C$

79. $\displaystyle\int \operatorname{arcsec} u\,du = u \operatorname{arcsec} u - \ln\left|u + \sqrt{u^2 - 1}\right| + C$

80. $\displaystyle\int \operatorname{arccsc} u\,du = u \operatorname{arccsc} u + \ln\left|u + \sqrt{u^2 - 1}\right| + C$

Formas que implican e^u

81. $\displaystyle\int e^u\,du = e^u + C$

82. $\displaystyle\int u e^u\,du = (u - 1)e^u + C$

83. $\displaystyle\int u^n e^u\,du = u^n e^u - n\int u^{n-1} e^u\,du$

84. $\displaystyle\int \frac{1}{1 + e^u}\,du = u - \ln(1 + e^u) + C$

85. $\displaystyle\int e^{au} \operatorname{sen} bu\,du = \frac{e^{au}}{a^2 + b^2}(a \operatorname{sen} bu - b \cos bu) + C$

86. $\displaystyle\int e^{au} \cos bu\,du = \frac{e^{au}}{a^2 + b^2}(a \cos bu + b \operatorname{sen} bu) + C$

Formas que implican $\ln u$

87. $\displaystyle\int \ln u\,du = u(-1 + \ln u) + C$

88. $\displaystyle\int u \ln u\,du = \frac{u^2}{4}(-1 + 2\ln u) + C$

89. $\displaystyle\int u^n \ln u\,du = \frac{u^{n+1}}{(n+1)^2}[-1 + (n+1)\ln u] + C,\ n \neq -1$

90. $\displaystyle\int (\ln u)^2\,du = u\left[2 - 2\ln u + (\ln u)^2\right] + C$

91. $\displaystyle\int (\ln u)^n\,du = u(\ln u)^n - n\int (\ln u)^{n-1}\,du$

Formas que implican funciones hiperbólicas

92. $\displaystyle\int \cosh u\,du = \operatorname{senh} u + C$

93. $\displaystyle\int \operatorname{senh} u\,du = \cosh u + C$

94. $\displaystyle\int \operatorname{sech}^2 u\,du = \tanh u + C$

95. $\displaystyle\int \operatorname{csch}^2 u\,du = -\coth u + C$

96. $\displaystyle\int \operatorname{sech} u \tanh u\,du = -\operatorname{sech} u + C$

97. $\displaystyle\int \operatorname{csch} u \coth u\,du = -\operatorname{csch} u + C$

Formas que implican funciones hiperbólicas inversas (en forma logarítmica)

98. $\displaystyle\int \frac{du}{\sqrt{u^2 \pm a^2}} = \ln\big(u + \sqrt{u^2 \pm a^2}\big) + C$

99. $\displaystyle\int \frac{du}{a^2 - u^2} = \frac{1}{2a}\ln\left|\frac{a + u}{a - u}\right| + C$

100. $\displaystyle\int \frac{du}{u\sqrt{a^2 \pm u^2}} = -\frac{1}{a}\ln\frac{a + \sqrt{a^2 \pm u^2}}{|u|} + C$

TOMO 2
Capítulo 10

Sección 10.1 *(página 692)*

1. a   **2.** e   **3.** c   **4.** b   **5.** f   **6.** d

7. Vértice: $(0, 0)$
Foco: $(-2, 0)$
Directriz: $x = 2$

9. Vértice: $(-5, 3)$
Foco: $\left(-\frac{21}{4}, 3\right)$
Directriz: $x = -\frac{19}{4}$

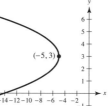

11. Vértice: $(-1, 2)$
Foco: $(0, 2)$
Directriz: $x = -2$

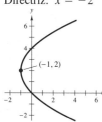

13. Vértice: $(-2, 2)$
Foco: $(-2, 1)$
Directriz: $y = 3$

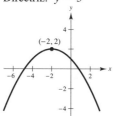

15. $y^2 - 8y + 8x - 24 = 0$ **17.** $x^2 - 32y + 160 = 0$

19. $x^2 + y - 4 = 0$ **21.** $5x^2 - 14x - 3y + 9 = 0$

23. Centro: $(0, 0)$
Focos: $\left(0, \pm\sqrt{15}\right)$
Vértices: $(0, \pm 4)$
$e = \sqrt{15}/4$

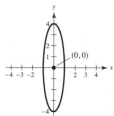

25. Centro: $(3, 1)$
Focos: $(3, 4), (3, -2)$
Vértices: $(3, 6), (3, -4)$
$e = \frac{3}{5}$

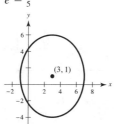

27. Centro: $(-2, 3)$
Focos: $\left(-2, 3 \pm \sqrt{5}\right)$
Vértices: $(-2, 6), (-2, 0)$
$e = \sqrt{5}/3$

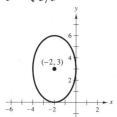

29. $x^2/36 + y^2/11 = 1$

31. $(x - 3)^2/9 + (y - 5)^2/16 = 1$

33. $x^2/16 + 7y^2/16 = 1$

35. Centro: $(0, 0)$
Vértices: $(\pm 5, 0)$
Focos: $(\pm\sqrt{41}, 0)$
Asíntotas: $y = \pm\dfrac{b}{a}x$
$= \pm\dfrac{4}{5}x$

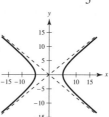

37. Centro: $(2, -3)$
Focos: $\left(2 \pm \sqrt{10}, -3\right)$
Vértices: $(1, -3), (3, -3)$

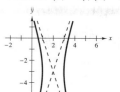

39. Hipérbola degenerada:
La gráfica consta de dos rectas $y = -3 \pm \frac{1}{3}(x + 1)$, que se cortan en $(-1, -3)$.

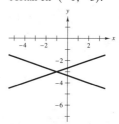

41. $x^2/1 - y^2/25 = 1$ **43.** $y^2/9 - (x - 2)^2/(9/4) = 1$

45. $y^2/4 - x^2/12 = 1$ **47.** $(x - 3)^2/9 - (y - 2)^2/4 = 1$

49. (a) $\left(6, \sqrt{3}\right)$: $2x - 3\sqrt{3}y - 3 = 0$
$\left(6, -\sqrt{3}\right)$: $2x + 3\sqrt{3}y - 3 = 0$
(b) $\left(6, \sqrt{3}\right)$: $9x + 2\sqrt{3}y - 60 = 0$
$\left(6, -\sqrt{3}\right)$: $9x - 2\sqrt{3}y - 60 = 0$

51. Elipse   **53.** Parábola   **55.** Circunferencia   **57.** Hipérbola

59. (a) Una parábola es el conjunto de todos los puntos (x, y) que son equidistantes desde una recta fija a un punto fijo que no está sobre la recta.
(b) Para la directriz $y = k - p$: $(x - h)^2 = 4p(y - k)$
Para la directriz $x = h - p$: $(y - k)^2 = 4p(x - h)$
(c) Si P es un punto que se encuentra en la parábola, entonces la recta tangente a la parábola en P hace ángulos iguales con la recta que pasa por P y los focos, y con la recta que pasa por P paralela a los ejes de la parábola.

61. (a) Una hipérbola es el conjunto de todos los puntos (x, y) para los que el valor absoluto de la diferencia entre las distancias de dos puntos fijos distintos es una constante.
(b) El eje transversal es horizontal: $\dfrac{(x - h)^2}{a^2} - \dfrac{(y - k)^2}{b^2} = 1$
El eje transversal es vertical: $\dfrac{(y - k)^2}{a^2} - \dfrac{(x - h)^2}{b^2} = 1$

(c) El eje transversal es horizontal:

$y = k + (b/a)(x - h)$ y $y = k - (b/a)(x - h)$

El eje transversal es vertical:

$y = k + (a/b)(x - h)$ y $y = k - (a/b)(x - h)$

63. (a) Elipse (b) Hipérbola (c) Circunferencia

(d) Ejemplo de respuesta: Elimine el término y^2

65. $\frac{9}{4}$ m   **67.** (a) Demostración (b) Punto de intersección: $(3, -3)$

69.

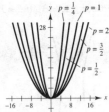

Cuando p aumenta, la gráfica de $x^2 = 4py$ se hace más ancha.

71. $[16(4 + 3\sqrt{3} - 2\pi]/3 \approx 15.536$ ft^2

73. Distancia mínima: 147,099,713.4 km

Distancia máxima: 152,096,286.6 km

75. Aproximadamente 0.9372   **77.** $e \approx 0.9671$

79. (a) Área $= 2\pi$ (b) Volumen $= 8\pi/3$

Área superficial $= [2\pi(9 + 4\sqrt{3}\pi)]/9 \approx 21.48$

(c) Volumen $= 16\pi/3$

Área superficial $= \dfrac{4\pi[6 + \sqrt{3}\ln(2 + \sqrt{3})]}{3} \approx 34.69$

81. 37.96   **83.** 40   **85.** $(x - 6)^2/9 - (y - 2)^2/7 = 1$

87. $x \approx 110.3$ mi   **89.** Demostración

91. Falso. Ver la definición de parábola   **93.** Verdadero

95. Verdadero

97. Problema Putnam B4, 1976

Sección 10.2 *(página 703)*

1.

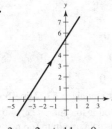

$3x - 2y + 11 = 0$

3.

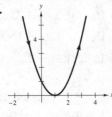

$y = (x - 1)^2$

5.

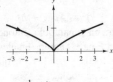

$y = \frac{1}{2}x^{2/3}$

7.

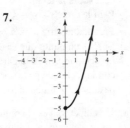

$y = x^2 - 5, \quad x \ge 0$

9.

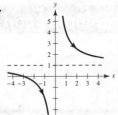

$y = (x + 3)/x$

11.

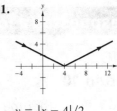

$y = |x - 4|/2$

13.

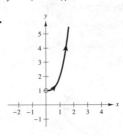

$y = x^3 + 1, \quad x > 0$

15.

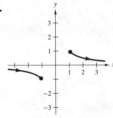

$y = 1/x, \quad |x| \ge 1$

17.

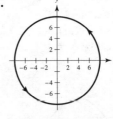

$x^2 + y^2 = 64$

19.

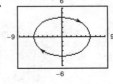

$\dfrac{x^2}{36} + \dfrac{y^2}{16} = 1$

21.

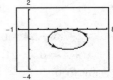

$\dfrac{(x - 4)^2}{4} + \dfrac{(y + 1)^2}{1} = 1$

23.

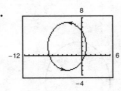

$\dfrac{(x + 3)^2}{16} + \dfrac{(y - 2)^2}{25} = 1$

25.

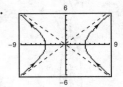

$\dfrac{x^2}{16} - \dfrac{y^2}{9} = 1$

27.

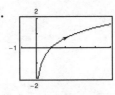

$y = \ln x$

29.

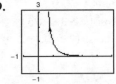

$y = \dfrac{1}{x^3}, \quad x > 0$

31. Cada curva representa una porción de la recta $y = 2x + 1$.

Dominio	Orientación	Suave
(a) $-\infty < x < \infty$	Hacia arriba	Sí
(b) $-1 \le x \le 1$	Oscila	No, $\dfrac{dx}{d\theta} = \dfrac{dy}{d\theta} = 0$ cuando $\theta = 0, \pm\pi, \pm 2\pi, \dots$
(c) $0 < x < \infty$	Hacia abajo	Sí
(d) $0 < x < \infty$	Hacia arriba	Sí

33. (a) y (b) representan la parábola $y = 2(1 - x^2)$ para $-1 \le x \le 1$. La curva es suave. La orientación es de derecha a izquierda en el inciso (a) y en el inciso (b).

35. (a)

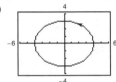

(b) La orientación es al revés

(c) La orientación es al revés

(d) Las respuestas varían. Por ejemplo

$x = 2 \sec t$ $x = 2 \sec(-t)$

$y = 5 \operatorname{sen} t$ $y = 5 \operatorname{sen}(-t)$

se tienen las mismas gráficas, pero la orientación está invertida

37. $y - y_1 = \dfrac{y_2 - y_1}{x_2 - x_1}(x - x_1)$ **39.** $\dfrac{(x - h)^2}{a^2} + \dfrac{(y - k)^2}{b^2} = 1$

41. $x = 4t$
$y = -7t$
(La solución no es única)

43. $x = 3 + 2 \cos \theta$
$y = 1 + 2 \operatorname{sen} \theta$
(La solución no es única)

45. $x = 10 \cos \theta$
$y = 6 \operatorname{sen} \theta$
(La solución no es única)

47. $x = 4 \sec \theta$
$y = 3 \tan \theta$
(La solución no es única)

49. $x = t$
$y = 6t - 5$;
$x = t + 1$
$y = 6t + 1$
(La solución no es única)

51. $x = t$
$y = t^3$;
$x = \tan t$
$y = \tan^3 t$
(La solución no es única)

53. $x = t + 3, y = 2t + 1$ **55.** $x = t, y = t^2$

57.

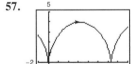

No es suave en $\theta = 2n\pi$

59.

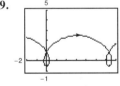

Es suave en todas partes

61.

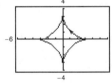

No es suave en $\theta = \frac{1}{2}n\pi$

63.

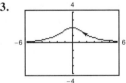

Es suave en todas partes

65. Una curva plana C es el conjunto de las ecuaciones paramétricas $x = f(t)$ y $y = g(t)$, y la gráfica de las ecuaciones paramétricas.

67. Una curva C se representa por $x = f(t)$ y $y = g(t)$, en un intervalo I se llama suave cuando f' y g' sean continuas en I y no simultáneamente 0, excepto posiblemente en los puntos terminales de I.

69. d; $(4, 0)$ está en la gráfica.   **71.** b; $(1, 0)$ está en la gráfica.

73. $x = a\theta - b \operatorname{sen} \theta; y = a - b \cos \theta$

75. Falso. La gráfica de las ecuaciones paramétricas es la porción de la recta $y = x$ cuando $x \ge 0$.

77. Verdadero

79. (a) $x = \left(\frac{440}{3} \cos \theta\right)t; y = 3 + \left(\frac{440}{3} \operatorname{sen} \theta\right)t - 16t^2$

(b)

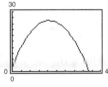

No es un home run

(c)

Home run

(d) $19.4°$

Sección 10.3 *(página 711)*

1. $-3/t$ **3.** -1

5. $\dfrac{dy}{dx} = \dfrac{3}{4}, \dfrac{d^2y}{dx^2} = 0$; No es cóncava hacia arriba ni cóncava hacia abajo

7. $dy/dx = 2t + 3, d^2y/dx^2 = 2$
En $t = -1, dy/dx = 1, d^2y/dx^2 = 2$; Cóncava hacia arriba

9. $dy/dx = -\cot \theta, d^2y/dx^2 = -(\csc \theta)^3/4$
En $\theta = \pi/4, dy/dx = -1, d^2y/dx^2 = -\sqrt{2}/2$;
Cóncava hacia abajo

11. $dy/dx = 2 \csc \theta, d^2y/dx^2 = -2 \cot^3 \theta$
En $\theta = \pi/6, dy/dx = 4, d^2y/dx^2 = -6\sqrt{3}$;
Cóncava hacia abajo

13. $dy/dx = -\tan \theta, d^2y/dx^2 = \sec^4 \theta \csc \theta/3$
En $\theta = \pi/4, dy/dx = -1, d^2y/dx^2 = 4\sqrt{2}/3$;
Cóncava hacia arriba

15. $\left(-2/\sqrt{3}, 3/2\right)$: $3\sqrt{3}x - 8y + 18 = 0$
$(0, 2)$: $y - 2 = 0$
$\left(2\sqrt{3}, 1/2\right)$: $\sqrt{3}x + 8y - 10 = 0$

17. $(0, 0)$: $2y - x = 0$
$(-3, -1)$: $y + 1 = 0$
$(-3, 3)$: $2x - y + 9 = 0$

19. (a) y (d)

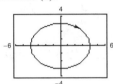

(b) En $t = 1, dx/dt = 6$, $dy/dt = 2$ y $dy/dx = 1/3$.

(c) $y = \frac{1}{3}x + 3$

21. (a) y (d)

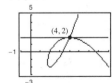

(b) En $t = -1, dx/dt = -3$, $dy/dt = 0$ y $dy/dx = 0$.

(c) $y = 2$

23. $y = \pm\frac{3}{4}x$ **25.** $y = 3x - 5$ y $y = 1$

27. Horizontal: $(1, 0), (-1, \pi), (1, -2\pi)$
Vertical: $(\pi/2, 1), (-3\pi/2, -1), (5\pi/2, 1)$

29. Horizontal: $(4, 0)$
Vertical: No hay

31. Horizontal: $(5, -2), (3, 2)$
Vertical: No hay

33. Horizontal: $(0, 3), (0, -3)$

Vertical: $(3, 0), (-3, 0)$

35. Horizontal: $(5, -1), (5, -3)$ **37.** Horizontal: No hay

Vertical: $(8, -2), (2, -2)$ Vertical: $(1, 0), (-1, 0)$

39. Cóncava hacia abajo: $-\infty < t < 0$

Cóncava hacia arriba: $0 < t < \infty$

41. Cóncava hacia arriba: $t > 0$

43. Cóncava hacia abajo: $0 < t < \pi/2$

Cóncava hacia arriba: $\pi/2 < t < \pi$

45. $4\sqrt{13} \approx 14.422$ **47.** $\sqrt{2}(1 - e^{-\pi/2}) \approx 1.12$

49. $\frac{1}{12}\left[\ln\left(\sqrt{37} + 6\right) + 6\sqrt{37}\right] \approx 3.249$ **51.** $6a$ **53.** $8a$

55. (a)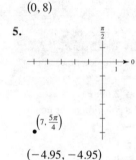
(b) 219.2 pies
(c) 230.8 pies

57. (a)
(b) $(0, 0), \left(4\sqrt[3]{2}/3, 4\sqrt[3]{4}/3\right)$
(c) Aproximadamente 6.557

59. (a)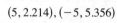

(b) La rapidez promedio de la partícula en la segunda trayectoria es dos veces la rapidez promedio de la partícula en la primera trayectoria.

(c) 4π

61. $S = 2\pi \displaystyle\int_0^4 \sqrt{10}(t + 2)\, dt = 32\pi\sqrt{10} \approx 317.907$

63. $S = 2\pi \displaystyle\int_0^{\pi/2} \left(\text{sen } \theta \cos \theta \sqrt{4\cos^2 \theta + 1}\right) d\theta$

$= \dfrac{\left(5\sqrt{5} - 1\right)\pi}{6}$

≈ 5.330

65. (a) $27\pi\sqrt{13}$ (b) $18\pi\sqrt{13}$ **67.** 50π **69.** $12\pi a^2/5$

71. Vea el teorema 10.7. Forma paramétrica de la derivada de la página 706.

73. 6

75. (a) $S = 2\pi \displaystyle\int_a^b g(t) \sqrt{\left(\dfrac{dx}{dt}\right)^2 + \left(\dfrac{dy}{dt}\right)^2}\, dt$

(b) $S = 2\pi \displaystyle\int_a^b f(t) \sqrt{\left(\dfrac{dx}{dt}\right)^2 + \left(\dfrac{dy}{dt}\right)^2}\, dt$

77. Demostración **79.** $3\pi/2$ **81.** d **82.** b **83.** f

84. c **85.** a **86.** e **87.** $\left(\frac{3}{4}, \frac{8}{5}\right)$ **89.** 288π

91. (a) $dy/dx = \text{sen } \theta/(1 - \cos \theta); d^2y/dx^2 = -1/[a(\cos \theta - 1)^2]$

(b) $y = \left(2 + \sqrt{3}\right)\left[x - a\left(\pi/6 - \frac{1}{2}\right)\right] + a\left(1 - \sqrt{3}/2\right)$

(c) $(a(2n + 1)\pi, 2a)$

(d) Cóncava hacia abajo en $(0, 2\pi), (2\pi, 4\pi)$, etc.

(e) $s = 8a$

93. Demostración

95. (a)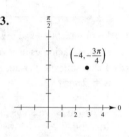

(b) Circunferencia de radio 1 y centro en $(0, 0)$ excepto en el punto $(-1, 0)$

(c) Cuando t aumenta de -20 a 0, la rapidez aumenta, y cuando t aumenta de 0 a 20, la rapidez disminuye.

97. Falso $\dfrac{d^2y}{dx^2} = \dfrac{\dfrac{d}{dt}\left[\dfrac{g'(t)}{f'(t)}\right]}{f'(t)} = \dfrac{f'(t)g''(t) - g'(t)f''(t)}{[f'(t)]^3}$.

Sección 10.4 *(página 722)*

1.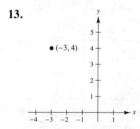

$(0, 8)$

3.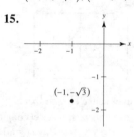

$\left(2\sqrt{2}, 2\sqrt{2}\right) \approx (2.828, 2.828)$

5.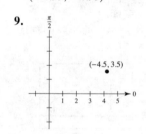

$(-4.95, -4.95)$

7.

$(-1.004, 0.996)$

9.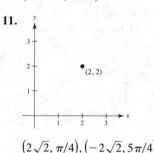

$(4.214, 1.579)$

11.

$\left(2\sqrt{2}, \pi/4\right), \left(-2\sqrt{2}, 5\pi/4\right)$

13.

$(5, 2.214), (-5, 5.356)$

15.

$(2, 4\pi/3), (-2, \pi/3)$

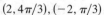
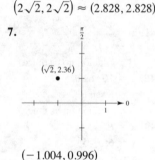

17.

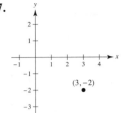

$(3.606, -0.588)$
$(-3.606, 2.554)$

19.

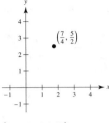

$(3.052, 0.960)$
$(-3.052, 4.102)$

21. (a)

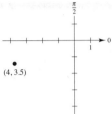

(b)

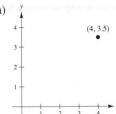

23. $r = 3$

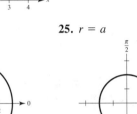

25. $r = a$

27. $r = 8 \csc \theta$

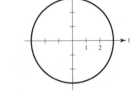

29. $r = \dfrac{-2}{3 \cos \theta - \text{sen } \theta}$

31. $r = 9 \csc^2 \theta \cos \theta$

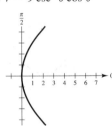

33. $x^2 + y^2 = 16$

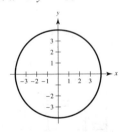

35. $x^2 + y^2 - 3y = 0$

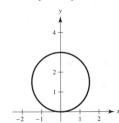

37. $\sqrt{x^2 + y^2} = \arctan (y/x)$

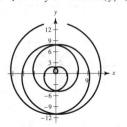

39. $x - 3 = 0$

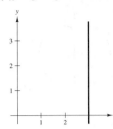

41. $x^2 - y = 0$

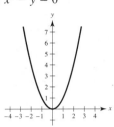

43.

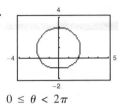

$0 \leq \theta < 2\pi$

45.

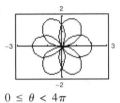

$0 \leq \theta < 2\pi$

47.

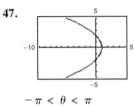

$-\pi < \theta < \pi$

49.

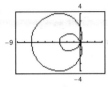

$0 \leq \theta < 4\pi$

51.

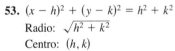

$0 \leq \theta < \pi/2$

53. $(x - h)^2 + (y - k)^2 = h^2 + k^2$
Radio: $\sqrt{h^2 + k^2}$
Centro: (h, k)

55. $\sqrt{17}$ **57.** Aproximadamente 5.6

59. $\dfrac{dy}{dx} = \dfrac{2 \cos \theta (3 \text{ sen } \theta + 1)}{6 \cos^2 \theta - 2 \text{ sen } \theta - 3}$
$(5, \pi/2):\ dy/dx = 0$
$(2, \pi):\ dy/dx = -2/3$
$(-1, 3\pi/2):\ dy/dx = 0$

61. (a) y (b)   (c) $dy/dx = -1$

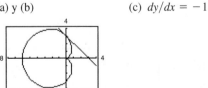

63. (a) y (b)   (c) $dy/dx = -\sqrt{3}$

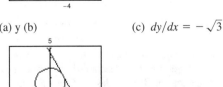

65. Horizontal: $\left(2, 3\pi/2\right), \left(\frac{1}{2}, \pi/6\right), \left(\frac{1}{2}, 5\pi/6\right)$
Vertical: $\left(\frac{3}{2}, 7\pi/6\right), \left(\frac{3}{2}, 11\pi/6\right)$

67. $(5, \pi/2), (1, 3\pi/2)$

69.

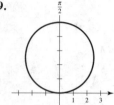

$\theta = 0$

71.

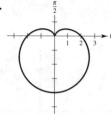

$\theta = \pi/2$

73.

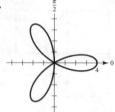

$\theta = \pi/6, \pi/2, 5\pi/6$

75.

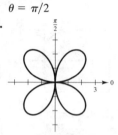

$\theta = 0, \pi/2$

77.

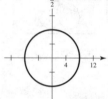

79.

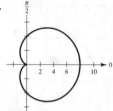

81.

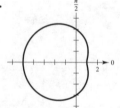

83.

85.

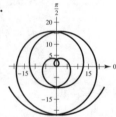

87.

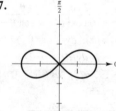

89.

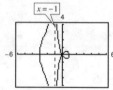

91.

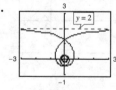

93. El sistema coordenado rectangular es un conjunto de puntos de la forma (x, y), donde x es la distancia dirigida desde el eje y al punto y y es la distancia dirigida desde el eje x al punto. Cada punto tiene una representación única.

El sistema coordenado polar es el conjunto de puntos de la forma (r, θ), donde r es la distancia dirigida desde el origen O al punto P y θ es el ángulo de dirección, medido en sentido contrario a las manecillas del reloj, desde el eje polar al segmento $\overline{OP}$. Las coordenadas polares no tienen representaciones únicas.

95. La pendiente de la recta tangente a la gráfica de $r = f(\theta)$ en (r, θ) es
$$\frac{dy}{dx} = \frac{f(\theta)\cos\theta + f'(\theta)\operatorname{sen}\theta}{-f(\theta)\operatorname{sen}\theta + f'(\theta)\cos\theta}.$$
Si $f(\alpha) = 0$ y $f'(\alpha) \neq 0$, entonces $\theta = \alpha$ es tangente al polo.

97. (a)

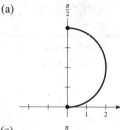

(b)

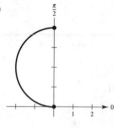

(c)

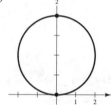

99. Demostración

101. (a) $r = 2 - \operatorname{sen}(\theta - \pi/4)$
$$= 2 - \frac{\sqrt{2}(\operatorname{sen}\theta - \cos\theta)}{2}$$

(b) $r = 2 + \cos\theta$

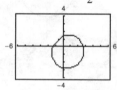

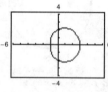

(c) $r = 2 + \operatorname{sen}\theta$

(d) $r = 2 - \cos\theta$

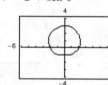

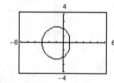

103. (a)

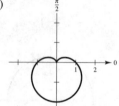

(b)

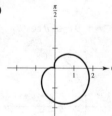

105.

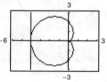

$\psi = \pi/2$

107.

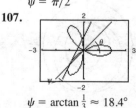

$\psi = \arctan\frac{1}{3} \approx 18.4°$

109.

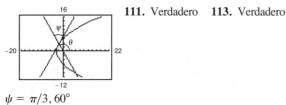

$$\psi = \pi/3, 60°$$

Sección 10.5 *(página 731)*

1. $8\displaystyle\int_0^{\pi/2} \operatorname{sen}^2 \theta\, d\theta$　　**3.** $\dfrac{1}{2}\displaystyle\int_{\pi/2}^{3\pi/2} (3 - 2\operatorname{sen}\theta)^2\, d\theta$　　**5.** 9π

7. $\pi/3$　　**9.** $\pi/8$　　**11.** $3\pi/2$　　**13.** 27π　　**15.** 4

17.

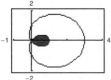

$(2\pi - 3\sqrt{3})/2$

19.

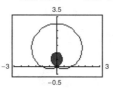

$(2\pi - 3\sqrt{3})/2$

21.

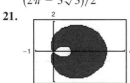

$\pi + 3\sqrt{3}$

23.

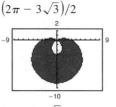

$9\pi + 27\sqrt{3}$

25. $(1, \pi/2), (1, 3\pi/2), (0, 0)$

27. $\left(\dfrac{2 - \sqrt{2}}{2}, \dfrac{3\pi}{4}\right), \left(\dfrac{2 + \sqrt{2}}{2}, \dfrac{7\pi}{4}\right), (0, 0)$

29. $\left(\dfrac{3}{2}, \dfrac{\pi}{6}\right), \left(\dfrac{3}{2}, \dfrac{5\pi}{6}\right), (0, 0)$　　**31.** $(2, 4), (-2, -4)$

33.

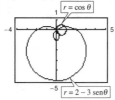

$(0, 0), (0.935, 0.363),$
$(0.535, -1.006)$
En diferentes tiempos la gráfica
toca al polo (valores θ).

35.

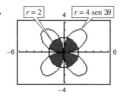

$\dfrac{4}{3}\left(4\pi - 3\sqrt{3}\right)$

37.

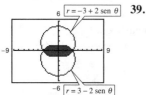

$11\pi - 24$

39.

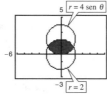

$\dfrac{2}{3}\left(4\pi - 3\sqrt{3}\right)$

41.

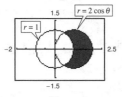

$\pi/3 + \sqrt{3}/2$

43. $5\pi a^2/4$　　**45.** $(a^2/2)(\pi - 2)$

47. (a) $(x^2 + y^2)^{3/2} = ax^2$

(b)

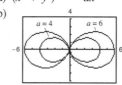

(c) $15\pi/2$

49. El área encerrada por la función es $\pi a^2/4$ si n es impar y $\pi a^2/2$ si n es par.

51. 16π　　**53.** 4π　　**55.** 8

57.

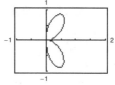

Aproximadamente 4.16

59.

Aproximadamente 0.71

61.

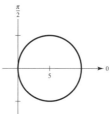

Aproximadamente 4.39

63. 36π　　**65.** $\dfrac{2\pi\sqrt{1 + a^2}}{1 + 4a^2}(e^{\pi a} - 2a)$　　**67.** 21.87

69. Sólo encontrará puntos de intersección simultáneos. Ahí pueden estar los puntos de intersección que no tienen las mismas coordenadas en las dos gráficas.

71. (a) Circunferencia de radio 5　　(b) Circunferencia de radio 5/2

Área $= 25\pi$　　　　　Área $= \dfrac{25}{4}\pi$

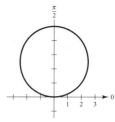

73. $40\pi^2$

75. (a) 16π

(b)

θ	0.2	0.4	0.6	0.8	1.0	1.2	1.4
A	6.32	12.14	17.06	20.80	23.27	24.60	25.08

(c) y (d) Para $\frac{1}{4}$ de área $(4\pi \approx 12.57)$: 0.42

Para $\frac{1}{2}$ de área $(8\pi \approx 25.13)$: $1.57(\pi/2)$

Para $\frac{3}{4}$ de área $(12\pi \approx 37.70)$: 2.73

(e) No. Los resultados no dependen de los radios. Las respuestas varían.

77. Circunferencia

111. Verdadero　　**113.** Verdadero

79. (a)

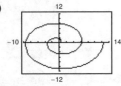

La gráfica será más larga y más amplia. La gráfica se refleja sobre el eje y.

(b) $(an\pi, n\pi)$, donde $n = 1, 2, 3, \ldots$

(c) Aproximadamente 21.26   (d) $4/3\pi^3$

81. $r = \sqrt{2}\cos\theta$

83. Falso. Las gráficas de $f(\theta) = 1$ y $g(\theta) = -1$ coinciden.

85. Demostración

Sección 10.6 *(página 739)*

1.

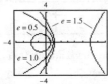

(a) Parábola

(b) Elipse

(c) Hipérbola

3.

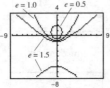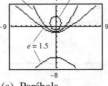

(a) Parábola

(b) Elipse

(c) Hipérbola

5. (a)

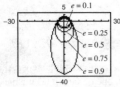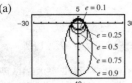

(b)

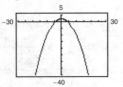

Elipse   Parábola

Cuando $e \to 1^-$, la elipse será más elíptica y cuando $e \to 0^+$, será más circular.

(c)

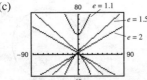

Hipérbola

Cuando $e \to 1^+$, la hipérbola abrirá más lentamente, y $e \to \infty$, cuando abrirá más rápidamente.

7. c   **8.** f   **9.** a   **10.** e   **11.** b   **12.** d

13. $e = 1$

Distancia = 1

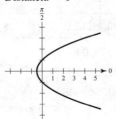

Parábola

15. $e = 3$

Distancia = $\frac{1}{2}$

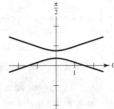

Hipérbola

17. $e = 2$

Distancia = $\frac{5}{2}$

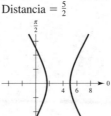

Hipérbola

19. $e = \frac{1}{2}$

Distancia = 6

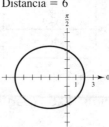

Elipse

21. $e = \frac{1}{2}$

Distancia = 50

Elipse

23.

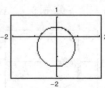

Elipse

$e = \frac{1}{2}$

25.

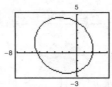

Parábola

$e = 1$

27.

Girada $\pi/3$ radián en sentido contrario a las manecillas del reloj.

29.

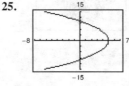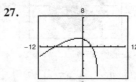

Girada $\pi/6$ radián en sentido de las manecillas del reloj.

31. $r = \dfrac{8}{8 + 5\cos\left(\theta + \dfrac{\pi}{6}\right)}$

33. $r = 3/(1 - \cos\theta)$ **35.** $r = 1/(2 + \operatorname{sen}\theta)$

37. $r = 2/(1 + 2\cos\theta)$ **39.** $r = 2/(1 - \operatorname{sen}\theta)$

41. $r = 16/(5 + 3\cos\theta)$ **43.** $r = 9/(4 - 5\operatorname{sen}\theta)$

45. $r = 4/(2 + \cos\theta)$

47. Si $0 < e < 1$, la cónica es una elipse.

Si $e = 1$, la cónica es una parábola.

Si $e > 1$, la cónica es una hipérbola.

49. Si los focos están fijos y $e \to 0$, entonces $d \to \infty$. Para ver esto, compare las elipses

$$r = \frac{1/2}{1 + (1/2)\cos\theta}, e = \frac{1}{2}, d = 1 \text{ y}$$

$$r = \frac{5/16}{1 + (1/4)\cos\theta}, e = \frac{1}{4}, d = \frac{5}{4}.$$

51. Demostración

53. $r^2 = \dfrac{9}{1 - (16/25)\cos^2\theta}$ **55.** $r^2 = \dfrac{-16}{1 - (25/9)\cos^2\theta}$

57. Aproximadamente 10.88   **59.** 3.37

61. $\dfrac{7979.21}{1 - 0.9372\cos\theta}$; 11,015 mi

63. $r = \dfrac{149{,}558{,}278.0560}{1 - 0.0167 \cos \theta}$

Perihelio: 147,101,680 km

Afelio: 152,098,320 km

65. $r = \dfrac{4{,}497{,}667{,}328}{1 - 0.0086 \cos \theta}$

Perihelio: 4,459,317,200 km

Afelio: 4,536,682,800 km

67. Las respuestas varían. Ejemplos de respuesta:

   (a) 3.591×10^{18} km²; 9.322 años

   (b) $\alpha \approx 0.361 + \pi$; Ángulo mayor con el rayo menor generan un área igual

   (c) Inciso (a): 1.583×10^9 km ; 1.698×10^8 km/año

      Inciso (b): 1.610×10^9 km ; 1.727×10^8 km/año

69. Demostración

Ejercicios de repaso para el capítulo 10
(página 742)

1. e   **2.** c   **3.** b   **4.** d   **5.** a   **6.** f

7. Circunferencia

Centro: $\left(\frac{1}{2}, -\frac{3}{4}\right)$

Radio: 1

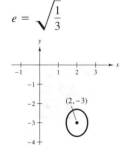

9. Hipérbola

Centro: $(-4, 3)$

Vértices: $(-4 \pm \sqrt{2}, 3)$

Focos: $(-4 \pm \sqrt{5}, 3)$

$e = \sqrt{\dfrac{5}{2}}$

Asíntotas:

$y = 3 + \dfrac{\sqrt{3}}{\sqrt{2}} (x + 4)$;

$y = 3 - \dfrac{\sqrt{3}}{\sqrt{2}} (x + 4)$

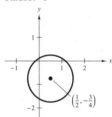

11. Elipse

Centro: $(2, -3)$

Vértices: $(2, -3 \pm \sqrt{2}/2)$

$e = \sqrt{\dfrac{1}{3}}$

13. Parábola

Vértice: $(3, -1)$

Focos: $(3, 1)$

Directriz: $y = -3$

$e = 1$

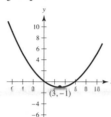

15. $y^2 - 4y - 12x + 4 = 0$

17. $\dfrac{x^2}{49} + \dfrac{y^2}{24} = 1$ **19.** $\dfrac{(x-3)^2}{5} + \dfrac{(y-4)^2}{9} = 1$

21. $\dfrac{y^2}{64} - \dfrac{x^2}{16} = 1$ **23.** $\dfrac{x^2}{49} - \dfrac{(y+1)^2}{32} = 1$

25. (a) $(0, 50)$ (b) Aproximadamente 38,294.49

27.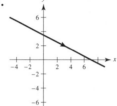

$x + 2y - 7 = 0$

29.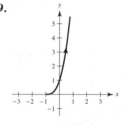

$y = (x + 1)^3, x > -1$

31.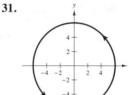

$x^2 + y^2 = 36$

33.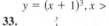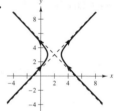

$(x - 2)^2 - (y - 3)^2 = 1$

35. $x = t, y = 4t + 3$; $x = t + 1, y = 4t + 7$

(La solución no es única.)

37.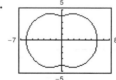

39. $\dfrac{dy}{dx} = -\dfrac{4}{5}$, $\dfrac{d^2y}{dx^2} = 0$

En $t = 3$, $\dfrac{dy}{dx} = -\dfrac{4}{5}$, $\dfrac{d^2y}{dx^2} = 0$; Ni cóncava hacia arriba ni cóncava hacia abajo

41. $\dfrac{dy}{dx} = -2t^2$, $\dfrac{d^2y}{dx^2} = 4t^3$

En $t = -1$, $\dfrac{dy}{dx} = -2$, $\dfrac{d^2y}{dx^2} = -4$; Cóncava hacia abajo

43. $\dfrac{dy}{dx} = -4 \cot \theta$, $\dfrac{d^2y}{dx^2} = -4 \csc^3 \theta$

En $\theta = \dfrac{\pi}{6}$, $\dfrac{dy}{dx} = -4\sqrt{3}$, $\dfrac{d^2y}{dx^2} = -32$; Cóncava hacia abajo

45. $\dfrac{dy}{dx} = -4\tan\theta$, $\dfrac{d^2y}{dx^2} = \dfrac{4}{3}\sec^4\theta\csc\theta$

En $\theta = \dfrac{\pi}{3}$, $\dfrac{dy}{dx} = -4\sqrt{3}$, $\dfrac{d^2y}{dx^2} = \dfrac{128\sqrt{3}}{9}$; Cóncava hacia arriba

47. (a) y (d)

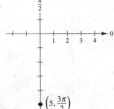

(b) $dx/d\theta = -4$, $dy/d\theta = 1$, $dy/dx = -\dfrac{1}{4}$

(c) $y = -\dfrac{1}{4}x + \dfrac{3\sqrt{3}}{4}$

49. Horizontal: $(5,0)$
Vertical: No hay

51. Horizontal: $(2,2),(2,0)$
Vertical: $(4,1),(0,1)$

53. $\dfrac{1}{54}(145^{3/2}-1)\approx 32.315$

55. (a) $s = 12\pi\sqrt{10}\approx 119.215$
(b) $s = 4\pi\sqrt{10}\approx 39.738$

57. $A = 3\pi$

59.

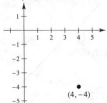

Rectangular:$(0,-5)$

61.

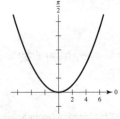

Rectangular: $(0.0187, 1.7320)$

63.

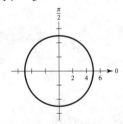

$\left(4\sqrt{2},\dfrac{7\pi}{4}\right),\left(-4\sqrt{2},\dfrac{3\pi}{4}\right)$

65.

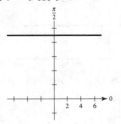

$\left(\sqrt{10},1.89\right),\left(-\sqrt{10},5.03\right)$

67. $r = 5$

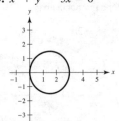

69. $r = 9\csc\theta$

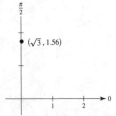

71. $r = 4\tan\theta\sec\theta$

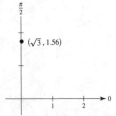

73. $x^2 + y^2 - 3x = 0$

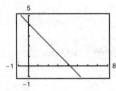

75. $x^2 + (y-3)^2 = 9$

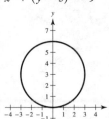

77. $y = -\dfrac{1}{2}x^2$

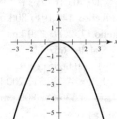

79.

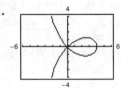

81.

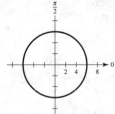

83. Horizontal: $\left(\dfrac{3}{2},\dfrac{2\pi}{3}\right),\left(\dfrac{3}{2},\dfrac{4\pi}{3}\right)$

Vertical: $\left(\dfrac{1}{2},\dfrac{\pi}{3}\right),(2,\pi),\left(\dfrac{1}{2},\dfrac{5\pi}{3}\right)$

85.

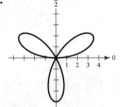

$\theta = 0, \dfrac{\pi}{3}, \dfrac{2\pi}{3}$

87. Circunferencia

89. Recta

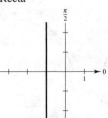

91. Curva rosa

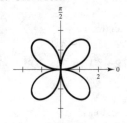

93. Caracol

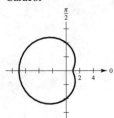

95. Curva rosa

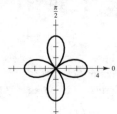

97. $\dfrac{9\pi}{20}$ **99.** $\dfrac{9\pi}{2}$ **101.** 4

103.

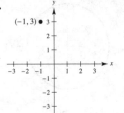

$9\pi - \dfrac{27\sqrt{3}}{2}$

105.

$9\pi + 27\sqrt{3}$

107. $\left(1 + \dfrac{\sqrt{2}}{2}, \dfrac{3\pi}{4}\right), \left(1 - \dfrac{\sqrt{2}}{2}, \dfrac{7\pi}{4}\right), (0, 0)$ **109.** $\dfrac{5\pi}{2}$

111. $S = 2\pi \displaystyle\int_{0}^{\pi/2} (1 + 4\cos\theta)\,\text{sen}\,\theta\sqrt{17 + 8\cos\theta}\,d\theta$

$= 34\pi\sqrt{17}/5 \approx 88.08$

113. Parábola
$e = 1$; Distancia $= 6$;

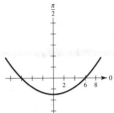

115. Elipse
$e = \frac{2}{3}$; Distancia $= 3$;

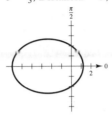

117. Hipérbola
$e = \frac{3}{2}$; Distancia $= \frac{4}{3}$;

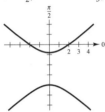

119. $r = \dfrac{4}{1 + \cos\theta}$ **121.** $r = \dfrac{9}{1 + 3\,\text{sen}\,\theta}$

123. $r = \dfrac{5}{3 - 2\cos\theta}$

Solución de problemas *(página 745)*

1. (a)

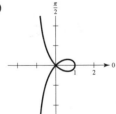

(b) y (c) Demostraciones

5. (a) $y^2 = x^2[(1 - x)/(1 + x)]$

(b) $r = \cos 2\theta \cdot \sec\theta$

(c)

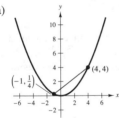

(d) $y = x, y = -x$

(e) $\left(\dfrac{\sqrt{5} - 1}{2}, \pm\dfrac{\sqrt{5} - 1}{2}\sqrt{-2 + \sqrt{5}}\right)$

3. Demostración

7. (a)

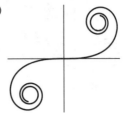

Generada por Mathematica

(b) Demostración

(c) $a, 2\pi$

9. $A = \frac{1}{2}ab$ **11.** $r^2 = 2\cos 2\theta$

13. $r = \dfrac{d}{\sqrt{2}} e^{((\pi/4) - \theta)}, \theta \geq \dfrac{\pi}{4}$

15. (a) $r = 2a \tan\theta\,\text{sen}\,\theta$

(b) $x = 2at^2/(1 + t^2)$

$y = 2at^3/(1 + t^2)$

(c) $y^2 = x^3/(2a - x)$

17.

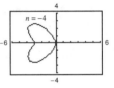 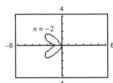

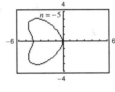 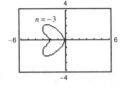

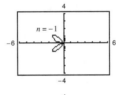 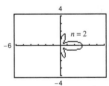

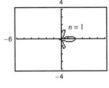 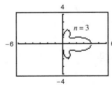

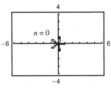 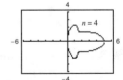

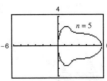

$n = 1, 2, 3, 4, 5$ "produce campanas"; $n = -1, -2, -3, -4,$
-5 produce corazones".

Capítulo 11

Sección 11.1 *(página 755)*

1. (a) $\langle 4, 2 \rangle$

(b)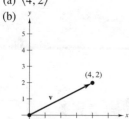

3. (a) $\langle -6, 0 \rangle$

(b)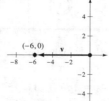

5. $\mathbf{u} = \mathbf{v} = \langle 2, 4 \rangle$ **7.** $\mathbf{u} = \mathbf{v} = \langle 6, -5 \rangle$

9. (a) y (d)

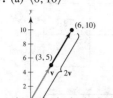

11. (a) y (d)

(b) $\langle 3, 5 \rangle$
(c) $\mathbf{v} = 3\mathbf{i} + 5\mathbf{j}$

(b) $\langle -2, -4 \rangle$
(c) $\mathbf{v} = -2\mathbf{i} - 4\mathbf{j}$

13. (a) y (d)

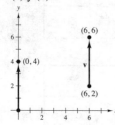

15. (a) y (d)

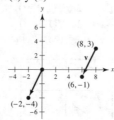

(b) $\langle 0, 4 \rangle$ (c) $\mathbf{v} = 4\mathbf{j}$

(b) $\langle -1, \frac{5}{3} \rangle$
(c) $\mathbf{v} = -\mathbf{i} + \frac{5}{3}\mathbf{j}$

17. (a) $\langle 6, 10 \rangle$

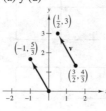

(b) $\langle -9, -15 \rangle$

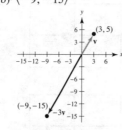

(c) $\langle \frac{21}{2}, \frac{35}{2} \rangle$

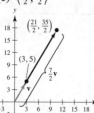

(d) $\langle 2, \frac{10}{3} \rangle$

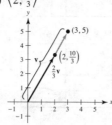

19. (a) $\langle \frac{8}{3}, 6 \rangle$ (b) $\langle 6, -15 \rangle$ (c) $\langle -2, -14 \rangle$ (d) $\langle 18, -7 \rangle$

21.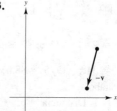

23.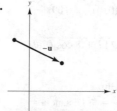

25.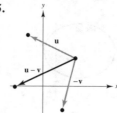

27. $(3, 5)$ **29.** 7
31. 5   **33.** $\sqrt{61}$
35. $\langle \sqrt{17}/17, 4\sqrt{17}/17 \rangle$
37. $\langle 3\sqrt{34}/34, 5\sqrt{34}/34 \rangle$
39. (a) $\sqrt{2}$ (b) $\sqrt{5}$ (c) 1
(d) 1   (e) 1   (f) 1

41. (a) $\sqrt{5}/2$ (b) $\sqrt{13}$ (c) $\sqrt{85}/2$ (d) 1   (e) 1   (f) 1

43.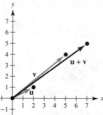

$\|\mathbf{u}\| + \|\mathbf{v}\| = \sqrt{5} + \sqrt{41}$ y $\|\mathbf{u} + \mathbf{v}\| = \sqrt{74}$
$\sqrt{74} \le \sqrt{5} + \sqrt{41}$

45. $\langle 0, 6 \rangle$ **47.** $\langle -\sqrt{5}, 2\sqrt{5} \rangle$ **49.** $\langle 3, 0 \rangle$

51. $\langle -\sqrt{3}, 1 \rangle$ **53.** $\langle \dfrac{2 + 3\sqrt{2}}{2}, \dfrac{3\sqrt{2}}{2} \rangle$

55. $\langle 2\cos 4 + \cos 2, 2\,\text{sen}\,4 + \text{sen}\,2 \rangle$

57. Las respuestas varían. Ejemplo: un escalar es un simple número real tal como 2. El vector es el segmento de recta que tiene tanto dirección como magnitud. El vector $\langle \sqrt{3}, 1 \rangle$, dada la forma de componentes, tiene una dirección de $\pi/6$ y la magnitud de 2.

59. $(-4, -1), (6, 5), (10, 3)$ **61.** $a = 1, b = 1$
63. $a = 1, b = 2$ **65.** $a = \frac{2}{3}, b = \frac{1}{3}$
67. (a) $\pm(1/\sqrt{37})\langle 1, 6 \rangle$
(b) $\pm(1/\sqrt{37})\langle 6, -1 \rangle$

69. (a) $\pm(1/\sqrt{10})\langle 1, 3 \rangle$
(b) $\pm(1/\sqrt{10})\langle 3, -1 \rangle$

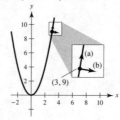

71. (a) $\pm\frac{1}{5}\langle -4, 3 \rangle$
(b) $\pm\frac{1}{5}\langle 3, 4 \rangle$

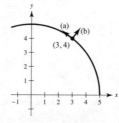

73. $\langle -\sqrt{2}/2, \sqrt{2}/2 \rangle$
75. $10.7°, 584.6$ lb
77. $71.3°, 228.5$ lb
79. (a) $\theta = 0°$ (b) $\theta = 180°$
(c) No, la resultante puede ser sólo menor que o igual a la suma.
81. Horizontal: 1193.43 ft/s
Vertical: 125.43 ft/s
83. $38.3°$ norte del oeste
882.9 km/h

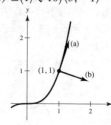

85. Verdadero **87.** Verdadero **89.** Falso. $\|a\mathbf{i} + b\mathbf{j}\| = \sqrt{2}|a|$
91–93. Demostraciones **95.** $x^2 + y^2 = 25$

Sección 11.2 *(página 763)*

1.
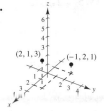
3.
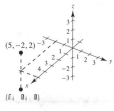

5. $(-3, 4, 5)$ **7.** $(12, 0, 0)$ **9.** 0
11. Seis unidades arriba del plano xy
13. Tres unidades detrás del plano yz
15. A la izquierda del plano xz
17. Dentro de tres unidades del plano xz
19. Tres unidades debajo del plano xy, y debajo ya sea del cuadrante I o del cuadrante III
21. Arriba del plano xy y arriba de los cuadrantes II o IV, *o* debajo del plano xy y bajo los cuadrantes I o III.
23. $\sqrt{69}$ **25.** $\sqrt{61}$ **27.** $7, 7\sqrt{5}, 14$; Triángulo rectángulo
29. $\sqrt{41}, \sqrt{41}, \sqrt{14}$; Triángulo isósceles
31. $(0, 0, 9), (2, 6, 12), (6, 4, -3)$ **33.** $(2, 6, 3)$
35. $\left(\frac{3}{2}, -3, 5\right)$ **37.** $(x - 0)^2 + (y - 2)^2 + (z - 5)^2 = 4$
39. $(x - 1)^2 + (y - 3)^2 + (z - 0)^2 = 10$
41. $(x - 1)^2 + (y + 3)^2 + (z + 4)^2 = 25$
　　Centro: $(1, -3, -4)$ Radio: 5
43. $\left(x - \frac{1}{3}\right)^2 + (y + 1)^2 + z^2 = 1$
　　Centro: $\left(\frac{1}{3}, -1, 0\right)$ Radio: 1
45. (a) $\langle -2, 2, 2 \rangle$ **47.** (a) $\langle -3, 0, 3 \rangle$
　　(b) $\mathbf{v} = -2\mathbf{i} + 2\mathbf{j} + 2\mathbf{k}$ (b) $\mathbf{v} = -3\mathbf{i} + 3\mathbf{k}$
　　(c)
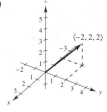
　　(c)
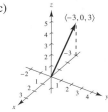

49. $\mathbf{v} = \langle 1, -1, 6 \rangle$ **51.** (a) y (d)
　　$\|\mathbf{v}\| = \sqrt{38}$
　　$\mathbf{u} = \frac{1}{\sqrt{38}}\langle 1, -1, 6 \rangle$
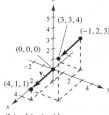
　　(b) $\langle 4, 1, 1 \rangle$
　　(c) $\mathbf{v} = 4\mathbf{i} + \mathbf{j} + \mathbf{k}$
53. $(3, 1, 8)$
55. (a)
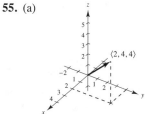
　　(b)
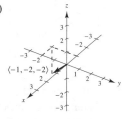

57. $\langle 7, 0, -4 \rangle$ **59.** $\left\langle \frac{7}{2}, 3, \frac{5}{2} \right\rangle$ **61.** a y b
63. a **65.** Colineales **67.** No colineales
69. $\overrightarrow{AB} = \langle 1, 2, 3 \rangle, \overrightarrow{CD} = \langle 1, 2, 3 \rangle, \overrightarrow{BD} = \langle -2, 1, 1 \rangle$,
　　$\overrightarrow{AC} = \langle -2, 1, 1 \rangle$; Ya que $\overrightarrow{AB} = \overrightarrow{CD}$ y $\overrightarrow{BD} = \overrightarrow{AC}$,
　　los puntos dados forman los vértices de un paralelogramo.
71. 0 **73.** $\sqrt{34}$ **75.** $\sqrt{14}$
77. (a) $\frac{1}{3}\langle 2, -1, 2 \rangle$ (b) $-\frac{1}{3}\langle 2, -1, 2 \rangle$
79. (a) $\frac{2\sqrt{2}}{5}\mathbf{i} - \frac{\sqrt{2}}{2}\mathbf{j} + \frac{3\sqrt{2}}{10}\mathbf{k}$ (b) $-\frac{2\sqrt{2}}{5}\mathbf{i} + \frac{\sqrt{2}}{2}\mathbf{j} - \frac{3\sqrt{2}}{10}\mathbf{k}$
81. Los puntos terminales de los **83.** $\langle 0, 10/\sqrt{2}, 10/\sqrt{2} \rangle$
　　vectores $t\mathbf{u}, \mathbf{u} + t\mathbf{v}$, y **85.** $\langle 1, -1, \frac{1}{2} \rangle$
　　$s\mathbf{u} + t\mathbf{v}$ son colineales.
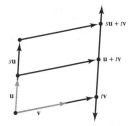
87.
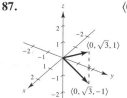
　　$\langle 0, \sqrt{3}, \pm 1 \rangle$ **89.** $(2, -1, 2)$

91. (a)

　　(b) $a = 0, a + b = 0, b = 0$
　　(c) $a = 1, a + b = 2, b = 1$
　　(d) No es posible
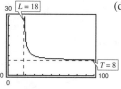

93. x_0 es la distancia dirigida al plano yz.
　　y_0 es la distancia dirigida al plano xz.
　　z_0 es la distancia dirigida al plano xy.
95. $(x - x_0)^2 + (y - y_0)^2 + (z - z_0)^2 = r^2$ **97.** 0
99. $\left(\sqrt{3}/3\right)\langle 1, 1, 1 \rangle$
101. (a) $T = 8L/\sqrt{L^2 - 18^2}, L > 18$
　　(b)

L	20	25	30	35	40	45	50
T	18.4	11.5	10	9.3	9.0	8.7	8.6

　　(c)

　　(d) Demostración (e) 30 pulg.

103. Tensión en el cable AB: 202.919 N

Tensión en el cable AC: 157.909 N

Tensión en el cable AD: 226.521 N

105. $\left(x - \frac{4}{3}\right)^2 + (y - 3)^2 + \left(z + \frac{1}{3}\right)^2 = \frac{44}{9}$

Esfera; centro: $\left(\frac{4}{3}, 3, -\frac{1}{3}\right)$, radio: $\dfrac{2\sqrt{11}}{3}$

Sección 11.3   *(página 773)*

1. (a) 17   (b) 25   (c) 25   (d) $\langle -17, 85 \rangle$ (e) 34

3. (a) -26 (b) 52   (c) 52   (d) $\langle 78, -52 \rangle$ (e) -52

5. (a) 2   (b) 29   (c) 29   (d) $\langle 0, 12, 10 \rangle$ (e) 4

7. (a) 1   (b) 6   (c) 6   (d) $\mathbf{i} - \mathbf{k}$ (e) 2

9. (a) $\pi/2$ (b) $90°$ **11.** (a) 1.7127   (b) $98.1°$

13. (a) 1.0799   (b) $61.9°$ **15.** (a) 2.0306   (b) $116.3°$

17. 20   **19.** Ortogonales   **21.** Ninguna   **23.** Ortogonales

25. Triángulo rectángulo; las respuestas varían.

27. Triángulo agudo; las respuestas varían.

29. $\cos \alpha = \dfrac{1}{3}, \alpha \approx 70.5°$ **31.** $\cos \alpha = \dfrac{3}{\sqrt{17}}, \alpha \approx 43.3°$

$\cos \beta = \dfrac{2}{3}, \beta \approx 48.2°$ $\cos \beta = \dfrac{2}{\sqrt{17}}, \beta \approx 61.0°$

$\cos \gamma = \dfrac{2}{3}, \gamma \approx 48.2°$ $\cos \gamma = -\dfrac{2}{\sqrt{17}}, \gamma \approx 119.0°$

33. $\cos \alpha = 0, \alpha \approx 90°$

$\cos \beta = 3/\sqrt{13}, \beta \approx 33.7°$

$\cos \gamma = -2/\sqrt{13}, \gamma \approx 123.7°$

35. (a) $\langle 2, 8 \rangle$ (b) $\langle 4, -1 \rangle$ **37.** (a) $\langle \frac{5}{2}, \frac{1}{2} \rangle$ (b) $\langle -\frac{1}{2}, \frac{5}{2} \rangle$

39. (a) $\langle -2, 2, 2 \rangle$ (b) $\langle 2, 1, 1 \rangle$

41. (a) $\langle 0, \frac{33}{25}, \frac{44}{25} \rangle$ (b) $\langle 2, -\frac{8}{25}, \frac{6}{25} \rangle$

43. Ver "Definición de producto escalar", página 766.

45. (a) y (b) están definidas. (c) y (d) están definidas porque no es posible encontrar el producto punto de un escalar y un vector o sumar un escalar a un vector.

47. Ver la figura 11.29 en la página 770.

49. Sí.   **51.** \$17,490.25; Ingreso total

$$\left\| \frac{\mathbf{u} \cdot \mathbf{v}}{\|\mathbf{v}\|^2} \mathbf{v} \right\| = \left\| \frac{\mathbf{v} \cdot \mathbf{u}}{\|\mathbf{u}\|^2} \mathbf{u} \right\|$$

$$|\mathbf{u} \cdot \mathbf{v}| \frac{\|\mathbf{v}\|}{\|\mathbf{v}\|^2} = |\mathbf{v} \cdot \mathbf{u}| \frac{\|\mathbf{u}\|}{\|\mathbf{u}\|^2}$$

$$\frac{1}{\|\mathbf{v}\|} = \frac{1}{\|\mathbf{u}\|}$$

$$\|\mathbf{u}\| = \|\mathbf{v}\|$$

53. Las respuestas varían. Por ejemplo: $\langle 12, 2 \rangle$ y $\langle -12, -2 \rangle$

55. Las respuestas varían. Por ejemplo: $\langle 2, 0, 3 \rangle$ y $\langle -2, 0, -3 \rangle$

57. $\arccos\left(1/\sqrt{3}\right) \approx 54.7°$

59. (a) 8335.1 lb   (b) 47,270.8 lb

61. 425 pie-lb   **63.** 2900.2 km-N

65. Falso. Por ejemplo, $\langle 1, 1 \rangle \cdot \langle 2, 3 \rangle = 5$ y $\langle 1, 1 \rangle \cdot \langle 1, 4 \rangle = 5$, pero $\langle 2, 3 \rangle \neq \langle 1, 4 \rangle$.

67. (a) $(0, 0), (1, 1)$

(b) Para $y = x^2$ en $(1, 1)$: $\langle \pm\sqrt{5}/5, \pm 2\sqrt{5}/5 \rangle$

Para $y = x^{1/3}$ en $(1, 1)$: $\langle \pm 3\sqrt{10}/10, \pm\sqrt{10}/10 \rangle$

Para $y = x^2$ en $(0, 0)$: $\langle \pm 1, 0 \rangle$

Para $y = x^{1/3}$ en $(0, 0)$: $\langle 0, \pm 1 \rangle$

(c) En $(1, 1)$: $\theta = 45°$

En $(0, 0)$: $\theta = 90°$

69. (a) $(-1, 0), (1, 0)$

(b) Para $y = 1 - x^2$ en $(1, 0)$: $\langle \pm\sqrt{5}/5, \mp 2\sqrt{5}/5 \rangle$

Para $y = x^2 - 1$ en $(1, 0)$: $\langle \pm\sqrt{5}/5, \pm 2\sqrt{5}/5 \rangle$

Para $y = 1 - x^2$ en $(-1, 0)$: $\langle \pm\sqrt{5}/5, \pm 2\sqrt{5}/5 \rangle$

Para $y = x^2 - 1$ en $(-1, 0)$: $\langle \pm\sqrt{5}/5, \mp 2\sqrt{5}/5 \rangle$

(c) En $(1, 0)$: $\theta = 53.13°$

En $(-1, 0)$: $\theta = 53.13°$

71. Demostración

73. (a)

(b) $k\sqrt{2}$ (c) $60°$ (d) $109.5°$

75–77. Demostraciones

Sección 11.4   *(página 781)*

1. $-\mathbf{k}$

3. $\mathbf{i}$

5. $-\mathbf{j}$

7. (a) $20\mathbf{i} + 10\mathbf{j} - 16\mathbf{k}$ (b) $-20\mathbf{i} - 10\mathbf{j} + 16\mathbf{k}$ (c) $\mathbf{0}$

9. (a) $17\mathbf{i} - 33\mathbf{j} - 10\mathbf{k}$ (b) $-17\mathbf{i} + 33\mathbf{j} + 10\mathbf{k}$ (c) $\mathbf{0}$

11. $\langle 0, 0, 54 \rangle$ **13.** $\langle -1, -1, -1 \rangle$ **15.** $\langle -2, 3, -1 \rangle$

17. $\left\langle -\dfrac{7}{9\sqrt{3}}, -\dfrac{5}{9\sqrt{3}}, \dfrac{13}{9\sqrt{3}} \right\rangle$ o $\left\langle \dfrac{7}{9\sqrt{3}}, \dfrac{5}{9\sqrt{3}}, -\dfrac{13}{9\sqrt{3}} \right\rangle$

19. $\left\langle \dfrac{3}{\sqrt{59}}, \dfrac{7}{\sqrt{59}}, \dfrac{1}{\sqrt{59}} \right\rangle$ o $\left\langle -\dfrac{3}{\sqrt{59}}, -\dfrac{7}{\sqrt{59}}, -\dfrac{1}{\sqrt{59}} \right\rangle$

21. 1   **23.** $6\sqrt{5}$ **25.** $9\sqrt{5}$ **27.** $\frac{11}{2}$

29. $10 \cos 40° \approx 7.66$ ft-lb

31. (a) $\mathbf{F} = -180(\cos \theta \mathbf{j} + \operatorname{sen} \theta \mathbf{k})$

(b) $\|\overrightarrow{AB} \times \mathbf{F}\| = |225 \operatorname{sen} \theta + 180 \cos \theta|$

(c) $\|\overrightarrow{AB} \times \mathbf{F}\| = 225(1/2) + 180(\sqrt{3}/2) \approx 268.38$

(d) $\theta = 141.34°$

$\overrightarrow{AB}$ y $\mathbf{F}$ son perpendiculares.

(e)

Del inciso (d), el cero o raíz es $\theta \approx 141.34°$, cuando los vectores son paralelos.

33. 1   **35.** 6   **37.** 2   **39.** 75

41. (a) = (b) = (c) = (h) y (e) = (f) = (g)

43. Ver "Definición de producto vectorial de dos vectores en el espacio" en la página 775.

45. La magnitud del producto cruz aumentará en un factor de 4.

47. Falso. El producto vectorial de dos vectores no está definido en un sistema coordenado bidimensional.

49. Falso. Sea $\mathbf{u} = \langle 1,0,0 \rangle$, $\mathbf{v} = \langle 1,0,0 \rangle$, y $\mathbf{w} = \langle -1,0,0 \rangle$. Entonces $\mathbf{u} \times \mathbf{v} = \mathbf{u} \times \mathbf{w} = \mathbf{0}$, pero $\mathbf{v} \neq \mathbf{w}$.

51–59. Demostraciones

Sección 11.5 *(página 790)*

1. (a) Sí (b) No

Ecuaciones paramétricas (a)	Ecuaciones simétricas (b)	Números de dirección
3. $x = 3t$ $\quad$ $y = t$ $\quad$ $z = 5t$	$\dfrac{x}{3} = y = \dfrac{z}{5}$	$3, 1, 5$
5. $x = -2 + 2t$ $\quad$ $y = 4t$ $\quad$ $z = 3 - 2t$	$\dfrac{x+2}{2} = \dfrac{y}{4} = \dfrac{z-3}{-2}$	$2, 4, -2$
7. $x = 1 + 3t$ $\quad$ $y = -2t$ $\quad$ $z = 1 + t$	$\dfrac{x-1}{3} = \dfrac{y}{-2} = \dfrac{z-1}{1}$	$3, -2, 1$
9. $x = 5 + 17t$ $\quad$ $y = -3 - 11t$ $\quad$ $z = -2 - 9t$	$\dfrac{x-5}{17} = \dfrac{y+3}{-11} = \dfrac{z+2}{-9}$	$17, -11, -9$
11. $x = 7 - 10t$ $\quad$ $y = -2 + 2t$ $\quad$ $z = 6$	No es posible	$-10, 2, 0$

13. $x = 2$
$y = 3$
$z = 4 + t$

15. $x = 2 + 3t$
$y = 3 + 2t$
$z = 4 - t$

17. $x = 5 + 2t$
$y = -3 - t$
$z = -4 + 3t$

19. $x = 2 - t$
$y = 1 + t$
$z = 2 + t$

21. $P(3, -1, -2)$;
$\mathbf{v} = \langle -1, 2, 0 \rangle$

23. $P(7, -6, -2)$;
$\mathbf{v} = \langle 4, 2, 1 \rangle$

25. $L_1 = L_2$ y es paralela a L_3.

27. L_1 y L_3 son idénticas.

29. $(2, 3, 1)$; $\cos \theta = 7\sqrt{17}/51$

31. No se intersecan

33. (a) Sí (b) Sí **35.** $y - 3 = 0$

37. $2x + 3y - z = 10$ **39.** $2x - y - 2z + 6 = 0$

41. $3x - 19y - 2z = 0$ **43.** $4x - 3y + 4z = 10$

45. $z = 3$ **47.** $x + y + z = 5$ **49.** $7x + y - 11z = 5$

51. $y - z = -1$ **53.** $x - z = 0$

55. $9x - 3y + 2z - 21 = 0$ **57.** Ortogonal

59. Ninguna; $83.5°$ **61.** Paralelas

63.
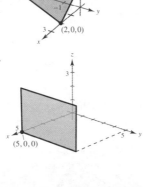

65.
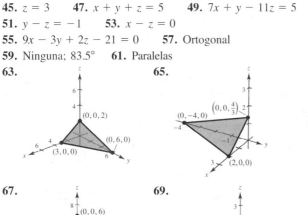

67.

69.
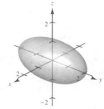

71. P_1 y P_2 son paralelos. **73.** $P_1 = P_4$ y es paralela a P_2.

75. (a) $\theta \approx 65.91°$
(b) $x = 2$
$y = 1 + t$
$z = 1 + 2t$

77. $(2, -3, 2)$; La recta no está en el plano.

79. No se intersecan **81.** $6\sqrt{14}/7$ **83.** $11\sqrt{6}/6$

85. $2\sqrt{26}/13$ **87.** $27\sqrt{94}/188$ **89.** $\sqrt{2533}/17$

91. $7\sqrt{3}/3$ **93.** $\sqrt{66}/3$

95. Ecuaciones paramétricas: $x = x_1 + at$, $y = y_1 + bt$ y $z = z_1 + ct$

Ecuaciones simétricas: $\dfrac{x - x_1}{a} = \dfrac{y - y_1}{b} = \dfrac{z - z_1}{c}$

Necesita un vector $\mathbf{v} = \langle a, b, c \rangle$ paralelo a la recta y un punto $P(x_1, y_1, z_1)$ en la recta.

97. Resuelva simultáneamente las dos ecuaciones lineales que representan los planos y sustituya los valores en una de las ecuaciones originales. Luego elija un valor para t y forme las correspondientes ecuaciones paramétricas para la recta de intersección.

99. Sí. Si $\mathbf{v}_1$ y $\mathbf{v}_2$ son los vectores de dirección para las rectas L_1 y L_2, entonces $\mathbf{v} = \mathbf{v}_1 \times \mathbf{v}_2$ es perpendicular tanto a L_1 como L_2.

101. (a)

Año	2005	2006	2007	2008	2009	2010
z (aproximadamente)	16.39	17.98	19.78	20.87	19.94	21.04

Las aproximaciones son cercanas a los valores reales.

(b) Un aumento

103. (a) $\sqrt{70}$ pulg.

(b)
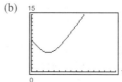

(c) La distancia nunca es cero.
(d) 5 pulg.

105. $\left(\dfrac{77}{13}, \dfrac{48}{13}, -\dfrac{23}{13} \right)$ **107.** $\left(-\dfrac{1}{2}, -\dfrac{9}{4}, \dfrac{1}{4} \right)$ **109.** Verdadero **111.** Verdadero

113. Falso. El plano $7x + y - 11z = 5$ y el plano $5x + 2y - 4z = 1$ son ambos perpendiculares al plano $2x - 3y + z = 3$ pero no son paralelos.

Sección 11.6 *(página 802)*

1. c **2.** e **3.** f **4.** b **5.** d **6.** a

7. Plano
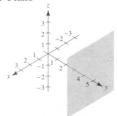

9. Cilindro circular recto

11. Cilindro elíptico

13. Elipsoide

15. Hiperboloide de una hoja   **17.** Hiperboloide de dos hojas

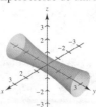

19. Paraboloide elíptico   **21.** Paraboloide hiperbólico

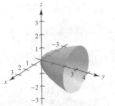

23. Cono elíptico

25. Sea C una curva en un plano y sea L una recta que no está en un plano paralelo. Al conjunto de todas las rectas paralelas a L y que se intersecan en C se le llama cilindro. C se llama la curva generadora del cilindro, y a las rectas paralelas se les llama rectas generatrices.

27. Ver páginas 796 y 797.

29. Plano xy: elipse; espacio tridimensional: hiperboloide de una hoja

31. $x^2 + z^2 = 4y$ **33.** $4x^2 + 4y^2 = z^2$

35. $y^2 + z^2 = 4/x^2$ **37.** $y = \sqrt{2z}$ (o $x = \sqrt{2z}$)   **39.** $128\pi/3$

41. (a) Eje mayor: $4\sqrt{2}$ (b) Eje mayor: $8\sqrt{2}$

      Eje menor: 4   Eje menor: 8

      Focos: $(0, \pm 2, 2)$ Focos: $(0, \pm 4, 8)$

43. $x^2 + z^2 = 8y$; Paraboloide elíptico

45. $x^2/3963^2 + y^2/3963^2 + z^2/3950^2 = 1$

47. $x = at, y = -bt, z = 0$; $x = at, y = bt + ab^2, z = 2abt + a^2b^2$

49. Verdadero   **51.** Falso. Una traza de un elipsoide puede ser sólo un punto.

53. La botella de Klein no tiene un "interior" y un "exterior". Se forma insertando el pequeño extremo abierto a través del lado de la botella y pegándolo con la parte superior de la botella.

Sección 11.7 *(página 809)*

1. $(-7, 0, 5)$ **3.** $\left(3\sqrt{2}/2, 3\sqrt{2}/2, 1\right)$ **5.** $\left(-2\sqrt{3}, -2, 3\right)$

7. $(5, \pi/2, 1)$ **9.** $\left(2\sqrt{2}, -\pi/4, -4\right)$ **11.** $(2, \pi/3, 4)$

13. $z = 4$ **15.** $r^2 + z^2 = 17$ **17.** $r = \sec\theta \tan\theta$

19. $r^2 \operatorname{sen}^2\theta = 10 - z^2$

21. $x^2 + y^2 = 9$ **23.** $x - \sqrt{3}y = 0$

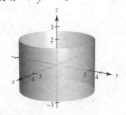
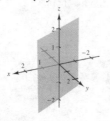

25. $x^2 + y^2 + z^2 = 5$ **27.** $x^2 + y^2 - 2y = 0$

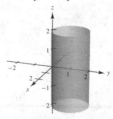

29. $(4, 0, \pi/2)$ **31.** $\left(4\sqrt{2}, 2\pi/3, \pi/4\right)$

33. $(4, \pi/6, \pi/6)$ **35.** $\left(\sqrt{6}, \sqrt{2}, 2\sqrt{2}\right)$ **37.** $(0, 0, 12)$

39. $\left(\frac{5}{2}, \frac{5}{2}, -5\sqrt{2}/2\right)$ **41.** $\rho = 2\csc\phi\csc\theta$ **43.** $\rho = 7$

45. $\rho = 4\csc\phi$ **47.** $\tan^2\phi = 2$

49. $x^2 + y^2 + z^2 = 25$ **51.** $3x^2 + 3y^2 - z^2 = 0$

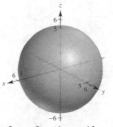
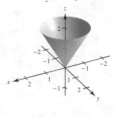

53. $x^2 + y^2 + (z - 2)^2 = 4$ **55.** $x^2 + y^2 = 1$

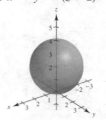
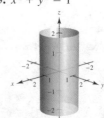

57. d   **58.** e   **59.** c   **60.** a   **61.** f   **62.** b

63. $(4, \pi/4, \pi/2)$ **65.** $\left(4\sqrt{2}, \pi/2, \pi/4\right)$

67. $\left(2\sqrt{13}, -\pi/6, \arccos[3/\sqrt{13}]\right)$

69. $(13, \pi, \arccos[5/13])$ **71.** $(10, \pi/6, 0)$ **73.** $(36, \pi, 0)$

75. $\left(3\sqrt{3}, -\pi/6, 3\right)$ **77.** $\left(4, 7\pi/6, 4\sqrt{3}\right)$

79. Rectangulares a cilíndricas:

    $r^2 = x^2 + y^2, \tan\theta = y/x, z = z$

    Cilíndricas a rectangulares:

    $x = r\cos\theta, y = r\operatorname{sen}\theta, z = z$

81. Rectangulares a esféricas:

    $\rho^2 = x^2 + y^2 + z^2, \tan\theta = y/x, \phi = \arccos\left(z/\sqrt{x^2 + y^2 + z^2}\right)$

    Esféricas a rectangulares:

    $x = \rho\operatorname{sen}\phi\cos\theta, y = \rho\operatorname{sen}\phi\operatorname{sen}\theta, z = \rho\cos\phi$

83. (a) $r^2 + z^2 = 25$ (b) $\rho = 5$

85. (a) $r^2 + (z - 1)^2 = 1$ (b) $\rho = 2\cos\phi$

87. (a) $r = 4\operatorname{sen}\theta$ (b) $\rho = 4\operatorname{sen}\theta/\operatorname{sen}\phi = 4\operatorname{sen}\theta\csc\phi$

89. (a) $r^2 = 9/(\cos^2\theta - \operatorname{sen}^2\theta)$

    (b) $\rho^2 = 9\csc^2\phi/(\cos^2\theta - \operatorname{sen}^2\theta)$

91.   **93.**

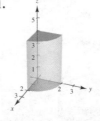
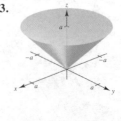

95. 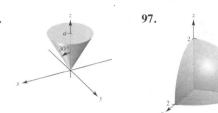   **97.**

99. Rectangulares: $0 \le x \le 10; 0 \le y \le 10; 0 \le z \le 10$
101. Esféricas: $4 \le \rho \le 6$
103. Cilíndricas: $r^2 + z^2 \le 9, r \le 3\cos\theta, 0 \le \theta \le \pi$
105. Falso. r representa un cono.
107. Falso. Ver la página 805.   **109.** Elipse

Ejercicios de repaso para el capítulo 11

(página 811)

1. (a) $\mathbf{u} = \langle 3, -1 \rangle, \mathbf{v} = \langle 4, 2 \rangle$ (b) $\mathbf{u} = 3\mathbf{i} - \mathbf{j}, \mathbf{v} = 4\mathbf{i} + 2\mathbf{j}$
   (c) $\|\mathbf{u}\| = \sqrt{10}, \|\mathbf{v}\| = 2\sqrt{5}$ (d) $10\mathbf{i}$
3. $\mathbf{v} = \langle 4, 4\sqrt{3} \rangle$ **5.** $(-5, 4, 0)$ **7.** $\sqrt{22}$
9. $(x-3)^2 + (y+2)^2 + (z-6)^2 = \frac{225}{4}$
11. $(x-2)^2 + (y-3)^2 + z^2 = 9$; Centro: $(2, 3, 0)$; Radio: 3
13. (a) y (d)   **15.** Colineales
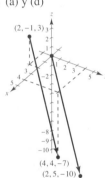
17. $(1/\sqrt{38})\langle 2, 3, 5 \rangle$
19. (a) $\mathbf{u} = \langle -1, 4, 0 \rangle$
           $\mathbf{v} = \langle -3, 0, 6 \rangle$
       (b) 3   (c) 45
21. (a) $\dfrac{\pi}{12}$ (b) $15°$
23. (a) π (b) $180°$
25. Ortogonales
27. $\langle 2, 10 \rangle$
29. $\langle 1, 0, 1 \rangle$
   (b) $\mathbf{u} = \langle 2, 5, -10 \rangle$
   (c) $\mathbf{u} = 2\mathbf{i} + 5\mathbf{j} - 10\mathbf{k}$
31. Las respuestas varían. Por ejemplo: $\langle -6, 5, 0 \rangle, \langle 6, -5, 0 \rangle$
33. (a) $-9\mathbf{i} + 26\mathbf{j} - 7\mathbf{k}$ (b) $9\mathbf{i} - 26\mathbf{j} + 7\mathbf{k}$ (c) $\mathbf{0}$
35. (a) $-8\mathbf{i} - 10\mathbf{j} + 6\mathbf{k}$ (b) $8\mathbf{i} + 10\mathbf{j} - 6\mathbf{k}$ (c) $\mathbf{0}$
37. $\left\langle \dfrac{8}{\sqrt{377}}, \dfrac{12}{\sqrt{377}}, \dfrac{13}{\sqrt{377}} \right\rangle$ or $\left\langle -\dfrac{8}{\sqrt{377}}, -\dfrac{12}{\sqrt{377}}, -\dfrac{13}{\sqrt{377}} \right\rangle$
39. $100 \sec 20° \approx 106.4$ lb
41. (a) $x = 3 + 6t, y = 11t, z = 2 + 4t$
       (b) $(x-3)/6 = y/11 = (z-2)/4$
43. $x = 1, y = 2 + t, z = 3$ **45.** $x = t, y = -1 + t, z = 1$
47. $27x + 4y + 32z + 33 = 0$ **49.** $x + 2y = 1$ **51.** $\frac{8}{7}$
53. $\sqrt{35}/7$
55. Plano   **57.** Plano
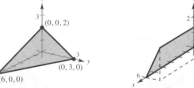
59. Elipsoide   **61.** Hiperboloide de dos hojas
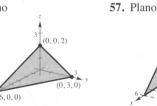

63. Cilindro   **65.** $x^2 + z^2 = 2y$

67. (a) $(4, 3\pi/4, 2)$ (b) $\left(2\sqrt{5}, 3\pi/4, \arccos\left[\sqrt{5}/5 \right] \right)$
69. $\left(50\sqrt{5}, -\pi/6, \arccos\left[1/\sqrt{5} \right] \right)$
71. $\left(25\sqrt{2}/2, -\pi/4, -25\sqrt{2}/2 \right)$
73. (a) $r^2 \cos 2\theta = 2z$ (b) $\rho = 2 \sec 2\theta \cos\phi \csc^2\phi$
75. $\left(x - \frac{5}{2} \right)^2 + y^2 = \frac{25}{4}$ **77.** $x = y$

Solución de problemas *(página 813)*

1–3. Demostraciones   **5.** (a) $3\sqrt{2}/2 \approx 2.12$ (b) $\sqrt{5} \approx 2.24$
7. (a) $\pi/2$ (b) $\frac{1}{2}(\pi abk)k$
   (c) $V = \frac{1}{2}(\pi ab)k^2$
       $V = \frac{1}{2}(\text{área de la base})\text{altura}$
9. Demostración
11. (a) 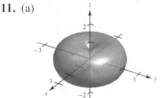   (b)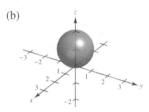

13. (a) Tensión: $2\sqrt{3}/3 \approx 1.1547$ lb
       Magnitud de $\mathbf{u}$: $\sqrt{3}/3 \approx 0.5774$ lb
   (b) $T = \sec\theta; \|\mathbf{u}\| = \tan\theta$; Dominio: $0° \le \theta \le 90°$
   (c)

θ	$0°$	$10°$	$20°$	$30°$
T	1	1.0154	1.0642	1.1547
$\|\mathbf{u}\|$	0	0.1763	0.3640	0.5774

θ	$40°$	$50°$	$60°$
T	1.3054	1.5557	2
$\|\mathbf{u}\|$	0.8391	1.1918	1.7321

   (d) 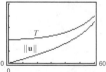   (e) Ambas son funciones crecientes

   (f) $\lim\limits_{\theta \to \pi/2^-} T = \infty$ y $\lim\limits_{\theta \to \pi/2^-} \|\mathbf{u}\| = \infty$
       Sí. Cuando θ aumenta, tanto T y $\|\mathbf{u}\|$ aumentan.
15. $\langle 0, 0, \cos\alpha \sen\beta - \cos\beta \sen\alpha \rangle$; Demostración
17. $D = \dfrac{|\overrightarrow{PQ} \cdot \mathbf{n}|}{\|\mathbf{n}\|} = \dfrac{|\mathbf{w} \cdot (\mathbf{u} \times \mathbf{v})|}{\|\mathbf{u} \times \mathbf{v}\|} = \dfrac{|(\mathbf{u} \times \mathbf{v}) \cdot \mathbf{w}|}{\|\mathbf{u} \times \mathbf{v}\|} = \dfrac{|\mathbf{u} \cdot (\mathbf{v} \times \mathbf{w})|}{\|\mathbf{u} \times \mathbf{v}\|}$
19. Demostración

Capítulo 12

Sección 12.1   *(página 821)*

1. $(-\infty, -1) \cup (-1, \infty)$ **3.** $(0, \infty)$

5. $[0, \infty)$ **7.** $(-\infty, \infty)$

9. (a) $\frac{1}{2}\mathbf{i}$ (b) $\mathbf{j}$ (c) $\frac{1}{2}(s+1)^2\mathbf{i} - s\mathbf{j}$

    (d) $\frac{1}{2}\Delta t(\Delta t + 4)\mathbf{i} - \Delta t\mathbf{j}$

11. (a) $\ln 2\mathbf{i} + \frac{1}{2}\mathbf{j} + 6\mathbf{k}$ (b) No es posible

    (c) $\ln(t-4)\mathbf{i} + \dfrac{1}{t-4}\mathbf{j} + 3(t-4)\mathbf{k}$

    (d) $\ln(1+\Delta t)\mathbf{i} - \dfrac{\Delta t}{1+\Delta t}\mathbf{j} + 3\Delta t\mathbf{k}$

13. $\mathbf{r}(t) = 3t\mathbf{i} + t\mathbf{j} + 2t\mathbf{k}, \;\; 0 \le t \le 1$

    $x = 3t, \; y = t, \; z = 2t, \;\; 0 \le t \le 1$

15. $\mathbf{r}(t) = (-2+t)\mathbf{i} + (5-t)\mathbf{j} + (-3+12t)\mathbf{k}, \;\; 0 \le t \le 1$

    $x = -2+t, \; y = 5-t, \; z = -3+12t, \;\; 0 \le t \le 1$

17. $t^2(5t-1)$; No, el producto punto es un escalar.

19. b   **20.** c   **21.** d   **22.** a

23. 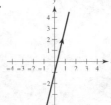   **25.**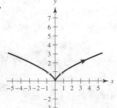

27. 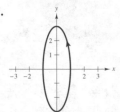   **29.**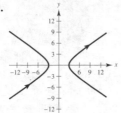

31. 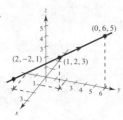   **33.**

35. 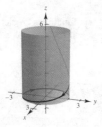   **37.**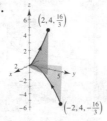

39. 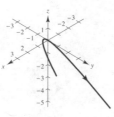   **41.**

Parábola   Hélice

43.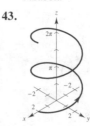

(a) La hélice está trasladada dos unidades atrás sobre el eje x.

(b) La altura de la hélice aumenta a una razón mayor

(c) La orientación de la gráfica es invertida

(d) El eje de la hélice es el eje x.

(e) El radio de la hélice aumenta de 2 a 6.

45–51. Las respuestas varían.

53.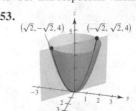

$\mathbf{r}(t) = t\mathbf{i} - t\mathbf{j} + 2t^2\mathbf{k}$

55.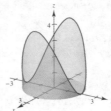

$\mathbf{r}(t) = 2\,\text{sen}\,t\mathbf{i} + 2\cos t\mathbf{j} + 4\,\text{sen}^2\,t\mathbf{k}$

57.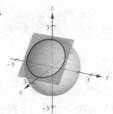

$\mathbf{r}(t) = (1 + \text{sen}\,t)\mathbf{i} + \sqrt{2}\cos t\mathbf{j} + (1 - \text{sen}\,t)\mathbf{k}$ y
$\mathbf{r}(t) = (1 + \text{sen}\,t)\mathbf{i} - \sqrt{2}\cos t\mathbf{j} + (1 - \text{sen}\,t)\mathbf{k}$

59.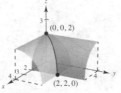

$\mathbf{r}(t) = t\mathbf{i} + t\mathbf{j} + \sqrt{4 - t^2}\,\mathbf{k}$

61. Sea $x = t$, $y = 2t \cos t$, y $z = 2t \operatorname{sen} t$. Entonces
$$y^2 + z^2 = (2t \cos t)^2 + (2t \operatorname{sen} t)^2$$
$$= 4t^2 \cos^2 t + 4t^2 \operatorname{sen}^2 t$$
$$= 4t^2(\cos^2 t + \operatorname{sen}^2 t)$$
$$= 4t^2.$$
Ya que $x = t$, $y^2 + z^2 = 4x^2$.

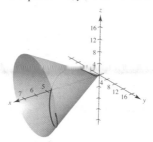

63. $\pi \mathbf{i} - \mathbf{j}$ **65.** 0   **67.** $\mathbf{i} + \mathbf{j} + \mathbf{k}$
69. $(-\infty, 0), (0, \infty)$ **71.** $[-1, 1]$
73. $(-\pi/2 + n\pi, \pi/2 + n\pi)$, n es un entero.
75. $\mathbf{s}(t) = t^2\mathbf{i} + (t - 3)\mathbf{j} + (t + 3)\mathbf{k}$
77. $\mathbf{s}(t) = (t^2 - 2)\mathbf{i} + (t - 3)\mathbf{j} + t\mathbf{k}$
79. Una función vectorial $\mathbf{r}$ es continua en $t = a$ si el límite de $\mathbf{r}(t)$ existe cuando $t \to a$ y $\lim\limits_{t \to a} \mathbf{r}(t) = \mathbf{r}(u)$. La función
$$\mathbf{r}(t) = \begin{cases} \mathbf{i} + \mathbf{j}, & t \geq 2 \\ -\mathbf{i} + \mathbf{j}, & t < 2 \end{cases} \text{ no es continua en } t = 0.$$

81. Las respuestas varían. Ejemplo de respuesta:

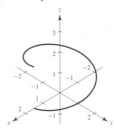

$$\mathbf{r}(t) = 1.5 \cos t\mathbf{i} + 1.5 \operatorname{sen} t\mathbf{j} + \frac{1}{\pi}t\mathbf{k}, \quad 0 \leq t \leq 2\pi$$

83–85. Demostraciones   **87.** Sí; Sí   **89.** No necesariamente
91. Verdadero   **93.** Verdadero

Sección 12.2 *(página 830)*

1. $\mathbf{r}'(t) = 2t\mathbf{i} + \mathbf{j}$
$\mathbf{r}(2) = 4\mathbf{i} + 2\mathbf{j}$
$\mathbf{r}'(2) = 4\mathbf{i} + \mathbf{j}$

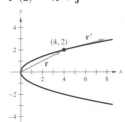

$\mathbf{r}'(t_0)$ es tangente a la curva en t_0.

3. $\mathbf{r}'(t) = -\operatorname{sen} t\mathbf{i} + \cos t\mathbf{j}$
$\mathbf{r}(\pi/2) = \mathbf{j}$
$\mathbf{r}'(\pi/2) = -\mathbf{i}$

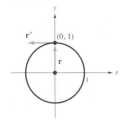

$\mathbf{r}'(t_0)$ es tangente a la curva en t_0.

5. $\mathbf{r}'(t) = \langle e^t, 2e^{2t} \rangle$
$\mathbf{r}(0) = \mathbf{i} + \mathbf{j}$
$\mathbf{r}'(0) = \mathbf{i} + 2\mathbf{j}$

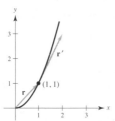

$\mathbf{r}'(t_0)$ es tangente a la curva en t_0.

7. $\mathbf{r}'(t) = -2\operatorname{sen} t\mathbf{i} + 2\cos t\mathbf{j} + \mathbf{k}$

$\mathbf{r}'\left(\dfrac{3\pi}{2}\right) = 2\mathbf{i} + \mathbf{k}$

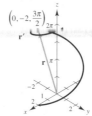

9. $3t^2\mathbf{i} - 3\mathbf{j}$ **11.** $-2\operatorname{sen} t\mathbf{i} + 5\cos t\mathbf{j}$
13. $6\mathbf{i} - 14t\mathbf{j} + 3t^2\mathbf{k}$ **15.** $-3a\operatorname{sen} t \cos^2 t\mathbf{i} + 3a\operatorname{sen}^2 t \cos t\mathbf{j}$
17. $-e^{-t}\mathbf{i} + (5te^t + 5e^t)\mathbf{k}$
19. $\langle \operatorname{sen} t + t \cos t, \cos t - t \operatorname{sen} t, 1 \rangle$
21. (a) $3t^2\mathbf{i} + t\mathbf{j}$ (b) $6t\mathbf{i} + \mathbf{j}$ (c) $18t^3 + t$
23. (a) $-4\operatorname{sen} t\mathbf{i} + 4\cos t\mathbf{j}$ (b) $-4\cos t\mathbf{i} - 4\operatorname{sen} t\mathbf{j}$ (c) 0
25. (a) $t\mathbf{i} - \mathbf{j} + \frac{1}{2}t^2\mathbf{k}$ (b) $\mathbf{i} + t\mathbf{k}$ (c) $t^3/2 + t$
     (d) $-t\mathbf{i} - \frac{1}{2}t^2\mathbf{j} + \mathbf{k}$
27. (a) $\langle t \cos t, t \operatorname{sen} t, 1 \rangle$
     (b) $\langle \cos t - t \operatorname{sen} t, \operatorname{sen} t + t \cos t, 0 \rangle$ (c) t
     (d) $\langle -\operatorname{sen} t - t \cos t, \cos t - t \operatorname{sen} t, t^2 \rangle$
29. $(-\infty, 0), (0, \infty)$ **31.** $(n\pi/2, (n + 1)\pi/2)$
33. $(-\infty, \infty)$ **35.** $(-\infty, 0), (0, \infty)$
37. $(-\pi/2 + n\pi, \pi/2 + n\pi)$, n es un entero.
39. (a) $\mathbf{i} + 3\mathbf{j} + 2t\mathbf{k}$ (b) $-\mathbf{i} + (9 - 2t)\mathbf{j} + (6t - 3t^2)\mathbf{k}$
     (c) $40t\mathbf{i} + 15t^2\mathbf{j} + 20t^3\mathbf{k}$ (d) $8t + 9t^2 + 5t^4$
     (e) $8t^3\mathbf{i} + (12t^2 - 4t^3)\mathbf{j} + (3t^2 - 24t)\mathbf{k}$
     (f) $2\mathbf{i} + 6\mathbf{j} + 8t\mathbf{k}$
41. (a) $7t^6$ (b) $12t^5\mathbf{i} - 5t^4\mathbf{j}$ **43.** $t^2\mathbf{i} + t\mathbf{j} + t\mathbf{k} + \mathbf{C}$
45. $\ln|t|\mathbf{i} + t\mathbf{j} - \frac{2}{5}t^{5/2}\mathbf{k} + \mathbf{C}$
47. $(t^2 - t)\mathbf{i} + t^4\mathbf{j} + 2t^{3/2}\mathbf{k} + \mathbf{C}$ **49.** $\tan t\mathbf{i} + \arctan t\mathbf{j} + \mathbf{C}$
51. $4\mathbf{i} + \frac{1}{2}\mathbf{j} - \mathbf{k}$ **53.** $a\mathbf{i} + a\mathbf{j} + (\pi/2)\mathbf{k}$
55. $2\mathbf{i} + (e^2 - 1)\mathbf{j} - (e^2 + 1)\mathbf{k}$
57. $2e^{2t}\mathbf{i} + 3(e^t - 1)\mathbf{j}$ **59.** $600\sqrt{3}t\mathbf{i} + (-16t^2 + 600t)\mathbf{j}$
61. $((2 - e^{-t^2})/2)\mathbf{i} + (e^{-t} - 2)\mathbf{j} + (t + 1)\mathbf{k}$
63. Ver la "Definición de la derivada de una función vectorial" y la figura 12.8 de la página 824.
65. Los tres componentes de $\mathbf{u}$ son funciones crecientes de t en $t = t_0$.
67–73. Demostraciones
75. (a)

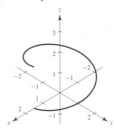

La curva es una cicloide

     (b) La magnitud de $\|\mathbf{r}'\|$ es 2; el mínimo de $\|\mathbf{r}'\|$ es 0. El máximo y el mínimo de $\|\mathbf{r}''\|$ son 1.
77. Demostración   **79.** Verdadero
81. Falso. Sea $\mathbf{r}(t) = \cos t\mathbf{i} + \operatorname{sen} t\mathbf{j} + \mathbf{k}$, entonces $d/dt[\|\mathbf{r}(t)\|] = 0$, pero $\|\mathbf{r}'(t)\| = 1$.

Sección 12.3   *(página 838)*

1. (a) $\mathbf{v}(t) = 3\mathbf{i} + \mathbf{j}$
$\|\mathbf{v}(t)\| = \sqrt{10}$
$\mathbf{a}(t) = \mathbf{0}$
   (b) $\mathbf{v}(1) = 3\mathbf{i} + \mathbf{j}$
$\mathbf{a}(1) = \mathbf{0}$
   (c)

3. (a) $\mathbf{v}(t) = 2t\mathbf{i} + \mathbf{j}$
$\|\mathbf{v}(t)\| = \sqrt{4t^2 + 1}$
$\mathbf{a}(t) = 2\mathbf{i}$
   (b) $\mathbf{v}(2) = 4\mathbf{i} + \mathbf{j}$
$\mathbf{a}(2) = 2\mathbf{i}$
   (c)

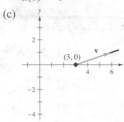

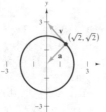

5. (a) $\mathbf{v}(t) = -2\,\text{sen}\,t\mathbf{i} + 2\cos t\mathbf{j}$ (c)
$\|\mathbf{v}(t)\| = 2$
$\mathbf{a}(t) = -2\cos t\mathbf{i} - 2\,\text{sen}\,t\mathbf{j}$
   (b) $\mathbf{v}(\pi/4) = -\sqrt{2}\mathbf{i} + \sqrt{2}\mathbf{j}$
$\mathbf{a}(\pi/4) = -\sqrt{2}\mathbf{i} - \sqrt{2}\mathbf{j}$

7. (a) $\mathbf{v}(t) = \langle 1 - \cos t, \text{sen}\,t \rangle$ (c)
$\|\mathbf{v}(t)\| = \sqrt{2 - 2\cos t}$
$\mathbf{a}(t) = \langle \text{sen}\,t, \cos t \rangle$
   (b) $\mathbf{v}(\pi) = \langle 2, 0 \rangle$
$\mathbf{a}(\pi) = \langle 0, -1 \rangle$

9. (a) $\mathbf{v}(t) = \mathbf{i} + 5\mathbf{j} + 3\mathbf{k}$
$\|\mathbf{v}(t)\| = \sqrt{35}$
$\mathbf{a}(t) = \mathbf{0}$
   (b) $\mathbf{v}(1) = \mathbf{i} + 5\mathbf{j} + 3\mathbf{k}$
$\mathbf{a}(1) = \mathbf{0}$

11. (a) $\mathbf{v}(t) = \mathbf{i} + 2t\mathbf{j} + t\mathbf{k}$
$\|\mathbf{v}(t)\| = \sqrt{1 + 5t^2}$
$\mathbf{a}(t) = 2\mathbf{j} + \mathbf{k}$
   (b) $\mathbf{v}(4) = \mathbf{i} + 8\mathbf{j} + 4\mathbf{k}$
$\mathbf{a}(4) = 2\mathbf{j} + \mathbf{k}$

13. (a) $\mathbf{v}(t) = \mathbf{i} + \mathbf{j} - \left(t/\sqrt{9 - t^2}\right)\mathbf{k}$
$\|\mathbf{v}(t)\| = \sqrt{(18 - t^2)/(9 - t^2)}$
$\mathbf{a}(t) = (-9/(9 - t^2)^{3/2})\mathbf{k}$
   (b) $\mathbf{v}(0) = \mathbf{i} + \mathbf{j}$
$\mathbf{a}(0) = -\tfrac{1}{3}\mathbf{k}$

15. (a) $\mathbf{v}(t) = 4\mathbf{i} - 3\,\text{sen}\,t\mathbf{j} + 3\cos t\mathbf{k}$
$\|\mathbf{v}(t)\| = 5$
$\mathbf{a}(t) = -3\cos t\mathbf{j} - 3\,\text{sen}\,t\mathbf{k}$
   (b) $\mathbf{v}(\pi) = \langle 4, 0, -3 \rangle$
$\mathbf{a}(\pi) = \langle 0, 3, 0 \rangle$

17. (a) $\mathbf{v}(t) = (e^t \cos t - e^t \text{sen}\,t)\mathbf{i} + (e^t \text{sen}\,t + e^t \cos t)\mathbf{j} + e^t\mathbf{k}$
$\|\mathbf{v}(t)\| = e^t\sqrt{3}$
$\mathbf{a}(t) = -2e^t \text{sen}\,t\mathbf{i} + 2e^t \cos t\mathbf{j} + e^t\mathbf{k}$
   (b) $\mathbf{v}(0) = \langle 1, 1, 1 \rangle$
$\mathbf{a}(0) = \langle 0, 2, 1 \rangle$

19. $\mathbf{v}(t) = t(\mathbf{i} + \mathbf{j} + \mathbf{k})$
$\mathbf{r}(t) = (t^2/2)(\mathbf{i} + \mathbf{j} + \mathbf{k})$
$\mathbf{r}(2) = 2(\mathbf{i} + \mathbf{j} + \mathbf{k})$

21. $\mathbf{v}(t) = \left(t^2/2 + \tfrac{9}{2}\right)\mathbf{j} + \left(t^2/2 - \tfrac{1}{2}\right)\mathbf{k}$
$\mathbf{r}(t) = \left(t^3/6 + \tfrac{9}{2}t - \tfrac{14}{3}\right)\mathbf{j} + \left(t^3/6 - \tfrac{1}{2}t + \tfrac{1}{3}\right)\mathbf{k}$
$\mathbf{r}(2) = \tfrac{17}{3}\mathbf{j} + \tfrac{2}{3}\mathbf{k}$

23. $\mathbf{v}(t) = -\text{sen}\,t\mathbf{i} + \cos t\mathbf{j} + \mathbf{k}$
$\mathbf{r}(t) = \cos t\mathbf{i} + \text{sen}\,t\mathbf{j} + t\mathbf{k}$
$\mathbf{r}(2) = (\cos 2)\mathbf{i} + (\text{sen}\,2)\mathbf{j} + 2\mathbf{k}$

25. Altura máxima: 45.5 pies; La pelota pasará cerca de la cerca

27. $v_0 = 40\sqrt{6}$ pies/s; 78 pies   **29.** Demostración

31. (a) $\mathbf{r}(t) = \left(\tfrac{440}{3}\cos\theta_0\right)t\mathbf{i} + \left[3 + \left(\tfrac{440}{3}\text{sen}\,\theta_0\right)t - 16t^2\right]\mathbf{j}$
   (b)

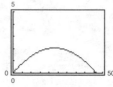

El ángulo mínimo se encuentra en $\theta_0 = 20°$.

   (c) $\theta_0 \approx 19.38°$

33. (a) $v_0 = 28.78$ pies/s; $\theta = 58.28°$ (b) $v_0 \approx 32$ pies/s

35. $1.91°$

37. (a)   (b)

Altura máxima: 2.1 pies   Altura máxima: 10.0 pies
Rango: 46.6 pies   Rango: 227.8 pies

   (c)   (d)

Altura máxima: 34.0 pies   Altura máxima: 166.5 pies
Rango: 136.1 pies   Rango: 666.1 pies

   (e)   (f)

Altura máxima: 51.0 pies   Altura máxima: 249.8 pies
Rango: 117.9 pies   Rango: 576.9 pies

39. Altura máxima: 129.1 m; Rango: 886.3 m

41. Demostración

43. $\mathbf{v}(t) = b\omega[(1 - \cos\omega t)\mathbf{i} + \text{sen}\,\omega t\mathbf{j}]$
$\mathbf{a}(t) = b\omega^2(\text{sen}\,\omega t\mathbf{i} + \cos\omega t\mathbf{j})$
   (a) $\|\mathbf{v}(t)\| = 0$ cuando $\omega t = 0, 2\pi, 4\pi, \ldots$
   (b) $\|\mathbf{v}(t)\|$ es máximo cuando $\omega t = \pi, 3\pi, \ldots$

45. $\mathbf{v}(t) = -b\omega\,\text{sen}\,\omega t\mathbf{i} + b\omega\cos\omega t\mathbf{j}$
$\mathbf{v}(t) \cdot \mathbf{r}(t) = 0$

47. $\mathbf{a}(t) = -b\omega^2(\cos\omega t\mathbf{i} + \text{sen}\,\omega t\mathbf{j}) = -\omega^2\mathbf{r}(t)$; $\mathbf{a}(t)$ es un múltiplo negativo de un vector unitario que va de $(0, 0)$ a $(\cos\omega t, \text{sen}\,\omega t)$, por lo que $\mathbf{a}(t)$ está dirigida hacia el origen

49. $8\sqrt{10}$ pies/s

51. La velocidad de un objeto implica tanto a la magnitud como a la dirección del movimiento, mientras que la rapidez sólo implica a la magnitud.

53. Demostración

55. (a) $\mathbf{v}(t) = -6\,\text{sen}\,t\mathbf{i} + 3\cos t\mathbf{j}$
$\|\mathbf{v}(t)\| = 3\sqrt{3\,\text{sen}^2\,t + 1}$
$\mathbf{a}(t) = -6\cos t\mathbf{i} - 3\,\text{sen}\,t\mathbf{j}$

(b)

t	0	$\pi/4$	$\pi/2$	$2\pi/3$	π
Rapidez	3	$3\sqrt{10}/2$	6	$3\sqrt{13}/2$	3

(c)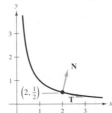

(d) La rapidez está aumentando cuando el ángulo entre $\mathbf{v}$ y $\mathbf{a}$ está en el intervalo $[0, \pi/2)$, y disminuye cuando el ángulo está en el intervalo $(\pi/2, \pi]$.

57. Demostración

59. Falso. La aceleración es la derivada de la velocidad.

61. Verdadero

Sección 12.4   *(página 848)*

1. $\mathbf{T}(1) = (\sqrt{2}/2)(\mathbf{i} + \mathbf{j})$ **3.** $\mathbf{T}(\pi/4) = (\sqrt{2}/2)(-\mathbf{i} + \mathbf{j})$

5. $\mathbf{T}(e) = (3e\mathbf{i} - \mathbf{j})/\sqrt{9e^2 + 1} \approx 0.9926\mathbf{i} - 0.1217\mathbf{j}$

7. $\mathbf{T}(0) = (\sqrt{2}/2)(\mathbf{i} + \mathbf{k})$ **9.** $\mathbf{T}(0) = (\sqrt{10}/10)(3\mathbf{j} + \mathbf{k})$
$x = t$ $\qquad\qquad$ $x = 3$
$y = 0$ $\qquad\qquad$ $y = 3t$
$z = t$ $\qquad\qquad$ $z = t$

11. $\mathbf{T}(\pi/4) = \frac{1}{2}\langle -\sqrt{2}, \sqrt{2}, 0\rangle$
$x = \sqrt{2} - \sqrt{2}\,t$
$y = \sqrt{2} + \sqrt{2}\,t$
$z = 4$

13. $\mathbf{N}(2) = (\sqrt{5}/5)(-2\mathbf{i} + \mathbf{j})$

15. $\mathbf{N}(2) = (-\sqrt{5}/5)(2\mathbf{i} - \mathbf{j})$

17. $\mathbf{N}(1) = (-\sqrt{14}/14)(\mathbf{i} - 2\mathbf{j} + 3\mathbf{k})$

19. $\mathbf{N}(3\pi/4) = (\sqrt{2}/2)(\mathbf{i} - \mathbf{j})$

21. $\mathbf{T}(1) = (\sqrt{2}/2)(\mathbf{i} - \mathbf{j})$ **23.** $\mathbf{T}(1) = (-\sqrt{5}/5)(\mathbf{i} - 2\mathbf{j})$
$\mathbf{N}(1) = (\sqrt{2}/2)(\mathbf{i} + \mathbf{j})$ $\qquad$ $\mathbf{N}(1) = (-\sqrt{5}/5)(2\mathbf{i} + \mathbf{j})$
$a_\mathbf{T} = -\sqrt{2}$ $\qquad\qquad$ $a_\mathbf{T} = 14\sqrt{5}/5$
$a_\mathbf{N} = \sqrt{2}$ $\qquad\qquad$ $a_\mathbf{N} = 8\sqrt{5}/5$

25. $\mathbf{T}(0) = (\sqrt{5}/5)(\mathbf{i} - 2\mathbf{j})$ **27.** $\mathbf{T}(\pi/2) = (\sqrt{2}/2)(-\mathbf{i} + \mathbf{j})$
$\mathbf{N}(0) = (\sqrt{5}/5)(2\mathbf{i} + \mathbf{j})$ $\quad$ $\mathbf{N}(\pi/2) = (-\sqrt{2}/2)(\mathbf{i} + \mathbf{j})$
$a_\mathbf{T} = -7\sqrt{5}/5$ $\qquad\qquad$ $a_\mathbf{T} = \sqrt{2}e^{\pi/2}$
$a_\mathbf{N} = 6\sqrt{5}/5$ $\qquad\qquad$ $a_\mathbf{N} = \sqrt{2}e^{\pi/2}$

29. $\mathbf{T}(t) = -\text{sen}(\omega t)\mathbf{i} + \cos(\omega t)\mathbf{j}$
$\mathbf{N}(t) = -\cos(\omega t)\mathbf{i} - \text{sen}(\omega t)\mathbf{j}$
$a_\mathbf{T} = 0$
$a_\mathbf{N} = a\omega^2$

31. $\|\mathbf{v}(t)\| = a\omega$; La rapidez es constante, ya que $a_\mathbf{T} = 0$.

33. $\mathbf{r}(2) = 2\mathbf{i} + \frac{1}{2}\mathbf{j}$
$\mathbf{T}(2) = (\sqrt{17}/17)(4\mathbf{i} - \mathbf{j})$
$\mathbf{N}(2) = (\sqrt{17}/17)(\mathbf{i} + 4\mathbf{j})$

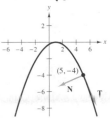

35. $\mathbf{r}(2) = 5\mathbf{i} - 4\mathbf{j}$
$\mathbf{T}(2) = \dfrac{\mathbf{i} - 2\mathbf{j}}{\sqrt{5}}$
$\mathbf{N}(2) = \dfrac{-2\mathbf{i} - \mathbf{j}}{\sqrt{5}}$, perpendicular a $\mathbf{T}(2)$

37. $\mathbf{T}(1) = (\sqrt{14}/14)(\mathbf{i} + 2\mathbf{j} - 3\mathbf{k})$
$\mathbf{N}(1)$ no está definida.
$a_\mathbf{T}$ no está definida.
$a_\mathbf{N}$ no está definida.

39. $\mathbf{T}(1) = (\sqrt{6}/6)(\mathbf{i} + 2\mathbf{j} + \mathbf{k})$
$\mathbf{N}(1) = (\sqrt{30}/30)(-5\mathbf{i} + 2\mathbf{j} + \mathbf{k})$
$a_\mathbf{T} = 5\sqrt{6}/6$
$a_\mathbf{N} = \sqrt{30}/6$

41. $\mathbf{T}(0) = (\sqrt{3}/3)(\mathbf{i} + \mathbf{j} + \mathbf{k})$
$\mathbf{N}(0) = (\sqrt{2}/2)(\mathbf{i} - \mathbf{j})$
$a_\mathbf{T} = \sqrt{3}$
$a_\mathbf{N} = \sqrt{2}$

43. Sea C una curva suave representada por $\mathbf{r}$ en un intervalo abierto I. El vector tangente unitario $\mathbf{T}(t)$ en t se define como
$$\mathbf{T}(t) = \frac{\mathbf{r}'(t)}{\|\mathbf{r}'(t)\|}, \mathbf{r}'(t) \neq 0.$$
El vector unitario normal principal $\mathbf{N}(t)$ en t se define como
$$\mathbf{N}(t) = \frac{\mathbf{T}'(t)}{\|\mathbf{T}'(t)\|}, \mathbf{T}'(t) \neq 0.$$
Las componentes tangencial y normal de la aceleración se definen como $\mathbf{a}(t) = a_\mathbf{T}\mathbf{T}(t) + a_\mathbf{N}\mathbf{N}(t)$.

45. (a) El movimiento de la partícula es una línea recta.
(b) La rapidez de la partícula es constante.

47. $\mathbf{v}(t) = \mathbf{r}'(t) = 3\mathbf{i} + 4\mathbf{j}$
$\|\mathbf{v}(t)\| = \sqrt{9 + 16} = 5$
$\mathbf{a}(t) = \mathbf{v}'(t) = \mathbf{0}$
$$\mathbf{T}(t) = \frac{\mathbf{v}(t)}{\|\mathbf{v}(t)\|} = \frac{3}{5}\mathbf{i} + \frac{4}{5}\mathbf{j}$$
$\mathbf{T}'(t) = 0 \implies \mathbf{N}(t)$ no existe
La trayectoria es una recta. La rapidez es constante (5).

49. (a) $t = \frac{1}{2}$: $a_\mathbf{T} = \sqrt{2}\pi^2/2, a_\mathbf{N} = \sqrt{2}\pi^2/2$
$t = 1$: $a_\mathbf{T} = 0, a_\mathbf{N} = \pi^2$
$t = \frac{3}{2}$: $a_\mathbf{T} = -\sqrt{2}\pi^2/2, a_\mathbf{N} = \sqrt{2}\pi^2/2$
(b) $t = \frac{1}{2}$: Se incrementa porque $a_\mathbf{T} > 0$.
$t = 1$: Es máximo, porque $a_\mathbf{T} = 0$.
$t = \frac{3}{2}$: Disminuye, porque $a_\mathbf{T} < 0$.

51. $\mathbf{T}(\pi/2) = (\sqrt{17}/17)(-4\mathbf{i} + \mathbf{k})$
$\mathbf{N}(\pi/2) = -\mathbf{j}$
$\mathbf{B}(\pi/2) = (\sqrt{17}/17)(\mathbf{i} + 4\mathbf{k})$

53. $\mathbf{T}(\pi/4) = (\sqrt{2}/2)(\mathbf{j} - \mathbf{k})$
$\mathbf{N}(\pi/4) = -(\sqrt{2}/2)(\mathbf{j} + \mathbf{k})$
$\mathbf{B}(\pi/4) = -\mathbf{i}$

55. $\mathbf{T}(\pi/3) = \left(\sqrt{5}/5\right)\!\left(\mathbf{i} - \sqrt{3}\mathbf{j} + \mathbf{k}\right)$
$\mathbf{N}(\pi/3) = -\frac{1}{2}\!\left(\sqrt{3}\mathbf{i} + \mathbf{j}\right)$
$\mathbf{B}(\pi/3) = \left(\sqrt{5}/10\right)\!\left(\mathbf{i} - \sqrt{3}\mathbf{j} - 4\mathbf{k}\right)$

57. $\mathbf{N}(t) = \dfrac{1}{\sqrt{16t^2 + 9}}(-4t\mathbf{i} + 3\mathbf{j})$

59. $\mathbf{N}(t) = \dfrac{1}{\sqrt{5t^2 + 25}}(-t\mathbf{i} - 2t\mathbf{j} + 5\mathbf{k})$

61. $a_{\mathbf{T}} = \dfrac{-32(v_0\,\mathrm{sen}\,\theta - 32t)}{\sqrt{v_0^{\,2}\cos^2\theta + (v_0\,\mathrm{sen}\,\theta - 32t)^2}}$

$a_{\mathbf{N}} = \dfrac{32v_0\cos\theta}{\sqrt{v_0^{\,2}\cos^2\theta + (v_0\,\mathrm{sen}\,\theta - 32t)^2}}$

Altura máxima $a_{\mathbf{T}} = 0$ y $a_{\mathbf{N}} = 32$.

63. (a) $\mathbf{r}(t) = 60\sqrt{3}\,t\mathbf{i} + (5 + 60t - 16t^2)\mathbf{j}$

(b)
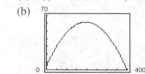

Altura máxima ≈ 61.245 pies
Rango ≈ 398.186 pies

(c) $\mathbf{v}(t) = 60\sqrt{3}\mathbf{i} + (60 - 32t)\mathbf{j}$
$\|\mathbf{v}(t)\| = 8\sqrt{16t^2 - 60t + 225}$
$\mathbf{a}(t) = -32\mathbf{j}$

(d)

t	0.5	1.0	1.5
Rapidez	112.85	107.63	104.61

t	2.0	2.5	3.0
Rapidez	104	105.83	109.98

(e)
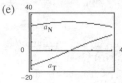

La rapidez está disminuyendo cuando $a_{\mathbf{T}}$ y $a_{\mathbf{N}}$ tienen signos opuestos.

65. (a) $4\sqrt{625\pi^2 + 1} \approx 314$ mi/h

(b) $a_{\mathbf{T}} = 0, \quad a_{\mathbf{N}} = 1000\pi^2$
$a_{\mathbf{T}} = 0$ ya que la rapidez es constante.

67. (a) La componente centrípeta se cuadruplica.

(b) La componente centrípeta se reduce a la mitad.

69. 4.74 mi/s   **71.** 4.67 mi/s

73. Falso; la aceleración centrípeta se puede presentar con rapidez constante.

75. (a) Demostración   (b) Demostración   **77–79.** Demostraciones

Sección 12.5   *(página 860)*

1.
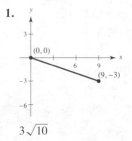

$3\sqrt{10}$

3.
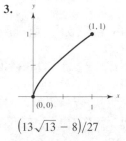

$\left(13\sqrt{13} - 8\right)/27$

5.
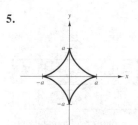

$6a$

7. (a) $\mathbf{r}(t) = \left(50t\sqrt{2}\right)\mathbf{i} + \left(3 + 50t\sqrt{2} - 16t^2\right)\mathbf{j}$

(b) $\frac{649}{8} \approx 81$ pies   (c) 315.5 pies   (d) 362.9 pies

9.
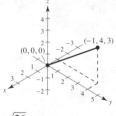

$\sqrt{26}$

11.
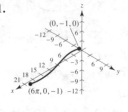

$3\sqrt{17}\,\pi/2$

13.
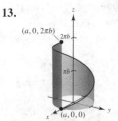

$2\pi\sqrt{a^2 + b^2}$

15. (a) $2\sqrt{21} \approx 9.165$ (b) 9.529

(c) Aumenta el número de segmentos de recta   (d) 9.571

17. (a) $s = \sqrt{5}\,t$ (b) $\mathbf{r}(s) = 2\cos\dfrac{s}{\sqrt{5}}\mathbf{i} + 2\,\mathrm{sen}\,\dfrac{s}{\sqrt{5}}\mathbf{j} + \dfrac{s}{\sqrt{5}}\mathbf{k}$

(c) $s = \sqrt{5}$: $(1.081, 1.683, 1.000)$
$s = 4$: $(-0.433, 1.953, 1.789)$

(d) Demostración

19. 0 **21.** $\frac{2}{5}$ **23.** 0 **25.** $\sqrt{2}/2$ **27.** 1 **29.** $\frac{1}{4}$

31. $1/a$ **33.** $\sqrt{5}/(1 + 5t^2)^{3/2}$ **35.** $\frac{3}{25}$ **37.** $\frac{12}{125}$

39. $7\sqrt{26}/676$ **41.** $K = 0, 1/K$ no está definida.

43. $K = 4/17^{3/2}, 1/K = 17^{3/2}/4$ **45.** $K = 4, 1/K = 1/4$

47. $K = 12/145^{3/2}, 1/K = 145^{3/2}/12$ **49.** (a) $(1, 3)$ (b) 0

51. (a) $K \to \infty$ as $x \to 0$ (No es un máximo)   (b) 0

53. (a) $\left(1/\sqrt{2}, -\ln 2/2\right)$ (b) 0

55. $(0, 1)$ **57.** $(\pi/2 + K\pi, 0)$

59. $s = \displaystyle\int_a^b \sqrt{[x'(t)]^2 + [y'(t)]^2 + [z'(t)]^2}\,dt = \int_a^b \|\mathbf{r}'(t)\|\,dt$

61. La curva es una recta.

63. (a) $K = \dfrac{2\left|6x^2 - 1\right|}{(16x^6 - 16x^4 + 4x^2 + 1)^{3/2}}$

(b) $x = 0$: $x^2 + \left(y + \dfrac{1}{2}\right)^2 = \dfrac{1}{4}$

$x = 1$: $x^2 + \left(y - \dfrac{1}{2}\right)^2 = \dfrac{5}{4}$

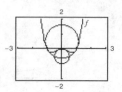

(c)

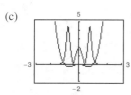

La curvatura tiende a ser máxima cerca del extremo de la función y a disminuir cuando $x \to \pm\infty$. Sin embargo, f y K no tienen los mismos puntos críticos.

Puntos críticos de f: $x = 0, \pm\sqrt{2}/2 \approx \pm 0.7071$

Puntos críticos de K: $x = 0, \pm 0.7647, \pm 0.4082$

65. Demostración   **67.** (a) 12.25 unidades   (b) $\frac{1}{2}$

69–71. Demostraciones

73. (a) 0   (b) 0   **75.** $\frac{1}{4}$ **77.** Demostración

79. $K = [1/(4a)]|\csc(\theta/2)|$ **81.** 3327.5 lb

Mínimo: $K = 1/(4a)$

Ahí no hay un máximo

83. Demostración   **85.** Falso. Ver la exploración de la página 851.

87. Verdadero   **89–95.** Demostraciones

Ejercicios de repaso para el capítulo 12

(página 863)

1. (a) Todos los reales, excepto $(\pi/2) + n\pi$, n es un entero.

(b) Continua excepto en $t = (\pi/2) + n\pi$, n es un entero.

3. (a) $(0, \infty)$ (b) Continua para todo $t > 0$

5. (a) $\mathbf{i} - \sqrt{2}\mathbf{k}$ (b) $-3\mathbf{i} + 4\mathbf{j}$

(c) $(2c - 1)\mathbf{i} + (c - 1)^2\mathbf{j} - \sqrt{c + 1}\mathbf{k}$

(d) $2\Delta t\mathbf{i} + \Delta t(\Delta t + 2)\mathbf{j} - \left(\sqrt{\Delta t + 3} - \sqrt{3}\right)\mathbf{k}$

7. $\mathbf{r}(t) = (3 - t)\mathbf{i} - 2t\mathbf{j} + (5 - 2t)\mathbf{k}$, $0 \le t \le 1$

$x = 3 - t, y = -2t, z = 5 - 2t$, $0 \le t \le 1$

9.

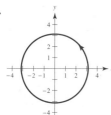

11.

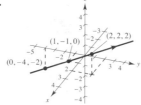

13. $\mathbf{r}(t) = t\mathbf{i} + \left(-\frac{3}{4}t + 3\right)\mathbf{j}$ **15.**

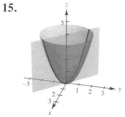

$x = t, y = -t, z = 2t^2$

17. $4\mathbf{i} + \mathbf{k}$

19. (a) $(2t + 4)\mathbf{i} - 6t\mathbf{j}$ **21.** (a) $6t^2\mathbf{i} + 4\mathbf{j} - 2t\mathbf{k}$

(b) $2\mathbf{i} - 6\mathbf{j}$ (b) $12t\mathbf{i} - 2\mathbf{k}$

(c) $40t + 8$ (c) $72t^3 + 4t$

(d) $-8\mathbf{i} - 12t^2\mathbf{j} - 48t\mathbf{k}$

23. (a) $3\mathbf{i} + \mathbf{j}$ (b) $-5\mathbf{i} + (2t - 2)\mathbf{j} + 2t^2\mathbf{k}$

(c) $18t\mathbf{i} + (6t - 3)\mathbf{j}$ (d) $4t + 3t^2$

(e) $\left(\frac{8}{3}t^3 - 2t^2\right)\mathbf{i} - 8t^3\mathbf{j} + (9t^2 - 2t + 1)\mathbf{k}$

(f) $2\mathbf{i} + 8t\mathbf{j} + 16t^2\mathbf{k}$

25. $t\mathbf{i} + 3t\mathbf{j} + 2t^2\mathbf{k} + \mathbf{C}$ **27.** $2t^{3/2}\mathbf{i} + 2\ln|t|\,\mathbf{j} + t\mathbf{k} + \mathbf{C}$

29. $\frac{32}{3}\mathbf{j}$ **31.** $2(e - 1)\mathbf{i} - 8\mathbf{j} - 2\mathbf{k}$

33. $\mathbf{r}(t) = (t^2 + 1)\mathbf{i} + (e^t + 2)\mathbf{j} - (e^{-t} + 4)\mathbf{k}$

35. (a) $\mathbf{v}(t) = 4\mathbf{i} + 3t^2\mathbf{j} - \mathbf{k}$

$\|\mathbf{v}(t)\| = \sqrt{17 + 9t^4}$

$\mathbf{a}(t) = 6t\mathbf{j}$

(b) $\mathbf{v}(1) = 4\mathbf{i} + 3\mathbf{j} - \mathbf{k}$

$\mathbf{a}(1) = 6\mathbf{j}$

37. (a) $\mathbf{v}(t) = \langle -3\cos^2 t \operatorname{sen} t, 3\operatorname{sen}^2 t \cos t, 3\rangle$

$\|\mathbf{v}(t)\| = 3\sqrt{\operatorname{sen}^2 t \cos^2 t + 1}$

$\mathbf{a}(t) = \langle 3\cos t(2\operatorname{sen}^2 t - \cos^2 t), 3\operatorname{sen} t(2\cos^2 t - \operatorname{sen}^2 t), 0\rangle$

(b) $\mathbf{v}(\pi) = \langle 0, 0, 3\rangle$

$\mathbf{a}(\pi) = \langle 3, 0, 0\rangle$

39. Aproximadamente 191.0 pies

41. Aproximadamente 38.1 m/s

43. $\mathbf{T}(1) = \dfrac{\sqrt{10}}{10}\mathbf{i} + \dfrac{3\sqrt{10}}{10}\mathbf{j}$

45. $\mathbf{T}\left(\dfrac{\pi}{3}\right) = -\dfrac{\sqrt{15}}{5}\mathbf{i} + \dfrac{\sqrt{5}}{5}\mathbf{j} + \dfrac{\sqrt{5}}{5}\mathbf{k};$

$x = -\sqrt{3}t + 1, y = t + \sqrt{3}, z = t + \dfrac{\pi}{3}$

47. $\mathbf{N}(1) = -\dfrac{3\sqrt{10}}{10}\mathbf{i} + \dfrac{\sqrt{10}}{10}\mathbf{j}$ **49.** $\mathbf{N}\left(\dfrac{\pi}{4}\right) = -\mathbf{j}$

51. $\mathbf{T}(3) = -\dfrac{\sqrt{13}}{65}\mathbf{i} - \dfrac{18\sqrt{13}}{65}\mathbf{j}$

$\mathbf{N}(3) = \dfrac{18\sqrt{13}}{65}\mathbf{i} - \dfrac{\sqrt{13}}{65}\mathbf{j}$

$a_{\mathbf{T}} = -\dfrac{2\sqrt{13}}{585}$

$a_{\mathbf{N}} = \dfrac{4\sqrt{13}}{65}$

53.

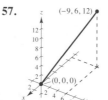

$5\sqrt{13}$

55.

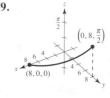

60

57.

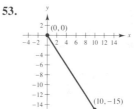

$3\sqrt{29}$

59.

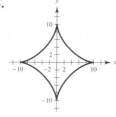

$\sqrt{65}\pi/2$

61. 0   **63.** $\left(2\sqrt{5}\right)/(4 + 5t^2)^{3/2}$ **65.** $\sqrt{2}/3$

67. $K = \sqrt{17}/289$; $r = 17\sqrt{17}$ **69.** $K = \sqrt{2}/4$; $r = 2\sqrt{2}$

71. 2016.7 lb

Solución de problemas   (página 865)

1. (a) a (b) πa (c) $K = \pi a$

3. Rapidez inicial: 447.21 pies/s; $\theta \approx 63.43°$

5–7. Demostraciones

9. Unitario tangente: $\left\langle -\frac{4}{5}, 0, \frac{3}{5} \right\rangle$

Unitario normal: $\langle 0, -1, 0 \rangle$

Binormal: $\left\langle \frac{3}{5}, 0, \frac{4}{5} \right\rangle$

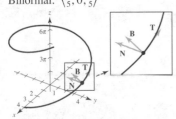

11. (a) Demostración   (b) Demostración

13. (a)

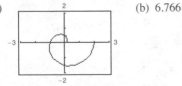

(b) 6.766

(c) $K = [\pi(\pi^2 t^2 + 2)]/(\pi^2 t^2 + 1)^{3/2}$

$K(0) = 2\pi$

$K(1) = [\pi(\pi^2 + 2)]/(\pi^2 + 1)^{3/2} \approx 1.04$

$K(2) \approx 0.51$

(d)

(e) $\lim\limits_{t \to \infty} K = 0$

(f) Como $t \to \infty$, la gráfica es espiral hacia fuera y la curvatura disminuye.

Capítulo 13

Sección 13.1   *(página 876)*

1. No es una función por algunos valores de x y y (por ejemplo $x = y = 0$), tienen dos valores z.

3. z es una función de x y y.   **5.** z no es una función de x y y.

7. (a) 6   (b) -4 (c) 150   (d) $5y$ (e) $2x$ (f) $5t$

9. (a) 5   (b) $3e^2$ (c) $2/e$ (d) $5e^y$ (e) xe^2 (f) te^t

11. (a) $\frac{2}{3}$ (b) 0   (c) $-\frac{3}{2}$ (d) $-\frac{10}{3}$

13. (a) $\sqrt{2}$ (b) 3 sen 1   (c) $-3\sqrt{3}/2$ (d) 4

15. (a) -4 (b) -6 (c) $-\frac{25}{4}$ (d) $\frac{9}{4}$

17. (a) $2, \Delta x \neq 0$ (b) $2y + \Delta y, \Delta y \neq 0$

19. Dominio: $\{(x, y): x$ es cualquier número real, y es cualquier número real $\}$ Rango: $z \geq 0$

21. Dominio: $\{(x, y): y \geq 0\}$

Rango: todos los números reales

23. Dominio: $\{(x, y): x \neq 0, y \neq 0\}$

Rango: todos los números reales

25. Dominio: $\{(x, y): x^2 + y^2 \leq 4\}$

Rango: $0 \leq z \leq 2$

27. Dominio: $\{(x, y): -1 \leq x + y \leq 1\}$

Rango: $0 \leq z \leq \pi$

29. Dominio: $\{(x, y): y < -x + 4\}$

Rango: todos los números reales

31. (a) $(20, 0, 0)$ (b) $(-15, 10, 20)$

(c) $(20, 15, 25)$ (d) $(20, 20, 0)$

33.

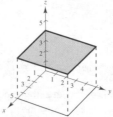

35.

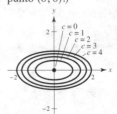

37.

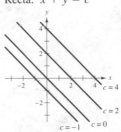

39.

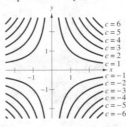

41.

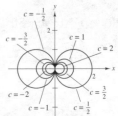

43.

45. c   **46.** d   **47.** b   **48.** a

49. Recta: $x + y = c$

51. Elipses: $x^2 + 4y^2 = c$

(excepto $x^2 + 4y^2 = 0$ es el punto $(0, 0)$.)

53. Hipérbolas: $xy = c$

55. Circunferencias que pasan por $(0, 0)$

Centradas en $(1/(2c), 0)$

57.

59.

61. La gráfica de una función de dos variables es el conjunto de todos los puntos (x, y, z) para los cuales $z = f(x, y)$ y (x, y) es el dominio de f. La gráfica se puede interpretar con una superficie en el espacio. Las curvas de nivel son campos escalares $f(x, y) = c$, donde c es una constante.

63. $f(x, y) = x/y$; las curavs de nivel son las rectas $y = (1/c)x$.

65. La superficie se puede conformar con un punto silla. Por ejemplo, sea $f(x, y) = xy$. La gráfica no es única; cualquier traslación vertical producirá las mismas curvas de nivel.

67.

Tasa de impuestos	Tasa de inflación		
	0	0.03	0.05
0	$1790.85	$1332.56	$1099.43
0.28	$1526.43	$1135.80	$937.09
0.35	$1466.07	$1090.90	$900.04

69.

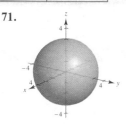

71.

73.

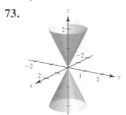

75. (a) 243 tablero-pie   (b) 507 tablero-pie

77.

$c = 600$, $c = 500$, $c = 400$, $c = 300$, $c = 200$, $c = 100$, $c = 0$

79. Demostración

81. (a) $k = \frac{520}{3}$

(b) $P = 520T/(3V)$

Las curvas de nivel son rectas.

83. (a) C (b) A (c) B

85. $C = 1.20xy + 1.50(xz + yz)$

87. Falso. Sea $f(x, y) = 4$.

89. Verdadero   **91.** Problema Putnam A1, 2008

Sección 13.2 *(página 887)*

1–3. Demostraciones   **5.** 1   **7.** 12   **9.** 9, continua

11. e^2, continua   **13.** 0, continua para $y \neq 0$

15. $\frac{1}{2}$, continua, excepto en $(0, 0)$ **17.** 0, continua

19. 0, continua para $xy \neq 1$, $|xy| \leq 1$

21. $2\sqrt{2}$, continua para $x + y + z \geq 0$ **23.** 0

25. El límite no existe.   **27.** El límite no existe.

29. El límite no existe.   **31.** 0

33. El límite no existe.   **35.** Continua, 1

37.

(x, y)	$(1, 0)$	$(0.5, 0)$	$(0.1, 0)$	$(0.01, 0)$	$(0.001, 0)$
$f(x, y)$	0	0	0	0	0

$y = 0$: 0

(x, y)	$(1, 1)$	$(0.5, 0.5)$	$(0.1, 0.1)$
$f(x, y)$	$\frac{1}{2}$	$\frac{1}{2}$	$\frac{1}{2}$

(x, y)	$(0.01, 0.01)$	$(0.001, 0.001)$
$f(x, y)$	$\frac{1}{2}$	$\frac{1}{2}$

$y = x$: $\frac{1}{2}$

El límite no existe.

Continua, excepto en $(0, 0)$

39.

(x, y)	$(1, 0)$	$(0.5, 0)$	$(0.1, 0)$	$(0.01, 0)$	$(0.001, 0)$
$f(x, y)$	0	0	0	0	0

$y = 0$; 0

(x, y)	$(1, 1)$	$(0.5, 0.5)$	$(0.1, 0.1)$
$f(x, y)$	$\frac{1}{2}$	1	5

(x, y)	$(0.01, 0.01)$	$(0.001, 0.001)$
$f(x, y)$	50	500

$y = x$; ∞

El límite no existe.

Continua, excepto en $(0, 0)$

41. f es continua. g es continua, excepto en $(0, 0)$. g tiene discontinuidad removible en $(0, 0)$.

43. 0   **45.** 0   **47.** 1   **49.** 1   **51.** 0

53. Continua, excepto en $(0, 0, 0)$ **55.** Continua

57. Continua   **59.** Continua

61. Continua para $y \neq 2x/3$ **63.** (a) $2x$ (b) -4

65. (a) $1/y$ (b) $-x/y^2$ **67.** (a) $3 + y$ (b) $x - 2$

69. Verdadero

71. Falso. Sea $f(x, y) = \begin{cases} \ln(x^2 + y^2), & x \neq 0, y \neq 0 \\ 0, & x = 0, y = 0 \end{cases}$.

73. (a) $(1 + a^2)/a$, $a \neq 0$ (b) El límite no existe.

(c) No, el límite no existe. Diferentes trayectorias dan como resultado diferentes límites.

75. 0   **77.** $\pi/2$ **79.** Demostración

81. Ver "Definición del límite de una función de dos variables" en la página 881; demostrar que el valor de $\lim\limits_{(x, y) \to (x_0, y_0)} f(x, y)$ no es igual a la de para dos trayectorias diferentes en (x_0, y_0).

83. (a) No. La existencia de $f(2, 3)$ no tiene significado en la existencia del límite cuando $(x, y) \to (2, 3)$.

(b) No. $f(2, 3)$ puede ser igual a cualquier número, o aún no estar definida.

Sección 13.3 *(página 896)*

1. No. Ya que está encontrando la derivada parcial con respecto a x, considerando a y constante. Por tanto, el denominador se considera una constante y no tiene alguna variable.

3. No. Ya que está encontrando la derivada parcial con respecto a y, considerando a x constante. Por tanto, el denominador se considera una constante y no tiene alguna variable.

5. Sí. Ya que están encontrando la derivada parcial con respecto a x, considere a y una constante. Por lo tanto, tanto el numerador como el denominador tienen variables.

7. $f_x(x, y) = 2$
$f_y(x, y) = -5$

9. $f_x(x, y) = 2xy^3$
$f_y(x, y) = 3x^2y^2$

11. $\partial z/\partial x = \sqrt{y}$
$\partial z/\partial y = x/(2\sqrt{y})$

13. $\partial z/\partial x = 2x - 4y$
$\partial z/\partial y = -4x + 6y$

15. $\partial z/\partial x = ye^{xy}$
$\partial z/\partial y = xe^{xy}$

17. $\partial z/\partial x = 2xe^{2y}$
$\partial z/\partial y = 2x^2e^{2y}$

19. $\partial z/\partial x = 1/x$
$\partial z/\partial y = -1/y$

21. $\partial z/\partial x = 2x/(x^2 + y^2)$
$\partial z/\partial y = 2y/(x^2 + y^2)$

23. $\partial z/\partial x = (x^3 - 3y^3)/(x^2y)$
$\partial z/\partial y = (-x^3 + 12y^3)/(2xy^2)$

25. $h_x(x, y) = -2xe^{-(x^2+y^2)}$
$h_y(x, y) = -2ye^{-(x^2+y^2)}$

27. $f_x(x, y) = x/\sqrt{x^2 + y^2}$
$f_y(x, y) = y/\sqrt{x^2 + y^2}$

29. $\partial z/\partial x = -y\,\text{sen}\,xy$
$\partial z/\partial y = -x\,\text{sen}\,xy$

31. $\partial z/\partial x = 2\sec^2(2x - y)$
$\partial z/\partial y = -\sec^2(2x - y)$

33. $\partial z/\partial x = ye^y\cos xy$
$\partial z/\partial y = e^y(x\cos xy + \text{sen}\,xy)$

35. $\partial z/\partial x = 2\cosh(2x + 3y)$
$\partial z/\partial y = 3\cosh(2x + 3y)$

37. $f_x(x, y) = 1 - x^2$
$f_y(x, y) = y^2 - 1$

39. $f_x(x, y) = 3$
$f_y(x, y) = 2$

41. $f_x(x, y) = 1/(2\sqrt{x + y})$
$f_y(x, y) = 1/(2\sqrt{x + y})$

43. $f_x = -1$
$f_y = 0$

45. $f_x = -1$
$f_y = \frac{1}{2}$

47. $f_x = \frac{1}{4}$
$f_y = \frac{1}{4}$

49. $f_x = -\frac{1}{4}$
$f_y = \frac{1}{4}$

51. $g_x(1, 1) = -2$
$g_y(1, 1) = -2$

53. $H_x(x, y, z) = \cos(x + 2y + 3z)$
$H_y(x, y, z) = 2\cos(x + 2y + 3z)$
$H_z(x, y, z) = 3\cos(x + 2y + 3z)$

55. $\dfrac{\partial w}{\partial x} = \dfrac{x}{\sqrt{x^2 + y^2 + z^2}}$

$\dfrac{\partial w}{\partial y} = \dfrac{y}{\sqrt{x^2 + y^2 + z^2}}$

$\dfrac{\partial w}{\partial z} = \dfrac{z}{\sqrt{x^2 + y^2 + z^2}}$

57. $F_x(x, y, z) = \dfrac{x}{x^2 + y^2 + z^2}$

$F_y(x, y, z) = \dfrac{y}{x^2 + y^2 + z^2}$

$F_z(x, y, z) = \dfrac{z}{x^2 + y^2 + z^2}$

59. $f_x = 3; f_y = 1; f_z = 2$
61. $f_x = 1; f_y = 1; f_z = 1$
63. $f_x = 0; f_y = 0; f_z = 1$
65. $x = 2, y = -2$
67. $x = -6, y = 4$
69. $x = 1, y = 1$
71. $x = 0, y = 0$

73. $\dfrac{\partial^2 z}{\partial x^2} = 0$

$\dfrac{\partial^2 z}{\partial y^2} = 6x$

$\dfrac{\partial^2 z}{\partial y\partial x} = \dfrac{\partial^2 z}{\partial x\partial y} = 6y$

75. $\dfrac{\partial^2 z}{\partial x^2} = 2$

$\dfrac{\partial^2 z}{\partial y^2} = 6$

$\dfrac{\partial^2 z}{\partial y\partial x} = \dfrac{\partial^2 z}{\partial x\partial y} = -2$

77. $\dfrac{\partial^2 z}{\partial x^2} = \dfrac{y^2}{(x^2 + y^2)^{3/2}}$

$\dfrac{\partial^2 z}{\partial y^2} = \dfrac{x^2}{(x^2 + y^2)^{3/2}}$

$\dfrac{\partial^2 z}{\partial y\partial x} = \dfrac{\partial^2 z}{\partial x\partial y} = \dfrac{-xy}{(x^2 + y^2)^{3/2}}$

79. $\dfrac{\partial^2 z}{\partial x^2} = e^x\tan y$

$\dfrac{\partial^2 z}{\partial y^2} = 2e^x\sec^2 y\tan y$

$\dfrac{\partial^2 z}{\partial y\partial x} = \dfrac{\partial^2 z}{\partial x\partial y} = e^x\sec^2 y$

81. $\dfrac{\partial^2 z}{\partial x^2} = -y^2\cos xy$

$\dfrac{\partial^2 z}{\partial y^2} = -x^2\cos xy$

$\dfrac{\partial^2 z}{\partial y\partial x} = \dfrac{\partial^2 z}{\partial x\partial y} = -xy\cos xy - \text{sen}\,xy$

83. $\partial z/\partial x = \sec y$
$\partial z/\partial y = x\sec y\tan y$
$\partial^2 z/\partial x^2 = 0$
$\partial^2 z/\partial y^2 = x\sec y(\sec^2 y + \tan^2 y)$
$\partial^2 z/\partial y\partial x = \partial^2 z/\partial x\partial y = \sec y\tan y$
No existen valores de x y y tales que $f_x(x, y) = f_y(x, y) = 0$.

85. $\partial z/\partial x = (y^2 - x^2)/[x(x^2 + y^2)]$
$\partial z/\partial y = -2y/(x^2 + y^2)$
$\partial^2 z/\partial x^2 = (x^4 - 4x^2y^2 - y^4)/[x^2(x^2 + y^2)^2]$
$\partial^2 z/\partial y^2 = 2(y^2 - x^2)/(x^2 + y^2)^2$
$\partial^2 z/\partial y\partial x = \partial^2 z/\partial x\partial y = 4xy/(x^2 + y^2)^2$
No existen valores de x y y tales que $f_x(x, y) = f_y(x, y) = 0$.

87. $f_{xyy}(x, y, z) = f_{yxy}(x, y, z) = f_{yyx}(x, y, z) = 0$
89. $f_{xyy}(x, y, z) = f_{yxy}(x, y, z) = f_{yyx}(x, y, z) = z^2e^{-x}\,\text{sen}\,yz$
91. $\partial^2 z/\partial x^2 + \partial^2 z/\partial y^2 = 0 + 0 = 0$
93. $\partial^2 z/\partial x^2 + \partial^2 z/\partial y^2 = e^x\,\text{sen}\,y - e^x\,\text{sen}\,y = 0$
95. $\partial^2 z/\partial t^2 = -c^2\,\text{sen}(x - ct) = c^2(\partial^2 z/\partial x^2)$
97. $\partial^2 z/\partial t^2 = -c^2/(x + ct)^2 = c^2(\partial^2 z/\partial x^2)$
99. $\partial z/\partial t = -e^{-t}\cos x/c = c^2(\partial^2 z/\partial x^2)$
101. Sí, $f(x, y) = \cos(3x - 2y)$.
103. Si $z = f(x, y)$, entonces para encontrar f_x, considere a y constante y derive con respecto a x. De manera similar, para encontrar f_y, considere a x constante y derive con respecto a y.

105.

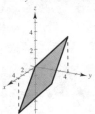

107. Las derivadas parciales mixtas son iguales. Ver el teorema 13.3.
109. (a) 72   (b) 72
111. $IQ_M = \dfrac{100}{C}, IQ_M(12, 10) = 10$

El IQ aumenta a una tasa de 10 puntos por año de edad cronológica cuando la edad mental es 12 y la edad cronológica es 10.

$IQ_C = -\dfrac{100M}{C^2}, IQ_C(12, 10) = -12$

El IQ aumenta a una tasa de 12 puntos por año de edad cronológica cuando la edad mental es 12 y la edad cronológica es 10.

113. Un aumento, ya sea en el costo de comida y hospedaje o en el de la matrícula, ocasionaría una disminución en número de aspirantes.

115. $\partial T/\partial x = -2.4°/\text{m}, \partial T/\partial y = -9°/\text{m}$
117. $T = PV/(nR) \Rightarrow \partial T/\partial P = v/(nR)$
$P = nRT/V \Rightarrow \partial P/\partial V = -nRT/V^2$
$V = nRT/P \Rightarrow \partial V/\partial T = nR/P$
$\partial T/\partial P \cdot \partial P/\partial V \cdot \partial V/\partial T =$
   $-nRT/(VP) = -nRT/(nRT) = -1$

119. (a) $\dfrac{\partial z}{\partial x} = 0.461; \dfrac{\partial z}{\partial y} = 0.301$

(b) Conforme los gastos en dos partes de atracciones y campamentos (x) aumentan, los gastos de los espectadores de deportes (z) aumentan. Conforme los gastos del entretenimiento en vivo (y) aumentan, los gastos de los espectadores de deportes (z) también aumentan.

121. Falso. Sea $z = x + y + 1$.　　**123.** Verdadero

125. (a) $f_x(x, y) = \dfrac{y(x^4 + 4x^2y^2 - y^4)}{(x^2 + y^2)^2}$

$f_y(x, y) = \dfrac{x(x^4 - 4x^2y^2 - y^4)}{(x^2 + y^2)^2}$

(b) $f_x(0, 0) = 0, f_y(0, 0) = 0$

(c) $f_{xy}(0, 0) = -1, f_{yx}(0, 0) = 1$

(d) f_{xy} o f_{yx} o ambas no son continuas en $(0, 0)$.

127. Demostración

Sección 13.4　*(página 905)*

1. $dz = 4xy^3\, dx + 6x^2y^2\, dy$

3. $dz = 2(x\, dx + y\, dy)/(x^2 + y^2)^2$

5. $dz = (\cos y + y \operatorname{sen} x)\, dx - (x \operatorname{sen} y + \cos x)\, dy$

7. $dz = (e^x \operatorname{sen} y)\, dx + (e^x \cos y)\, dy$

9. $dw = 2z^3y \cos x\, dx + 2z^3 \operatorname{sen} x\, dy + 6z^2 y \operatorname{sen} x\, dz$

11. (a) $f(2, 1) = 1, f(2.1, 1.05) = 1.05, \Delta z = 0.05$

(b) $dz = 0.05$

13. (a) $f(2, 1) = 11, f(2.1, 1.05) = 10.4875, \Delta z = -0.5125$

(b) $dz = -0.5$

15. (a) $f(2, 1) = e^2 \approx 7.3891, f(2.1, 1.05) = 1.05e^{2.1} \approx 8.5745$, $\Delta z \approx 1.1854$

(b) $dz \approx 1.1084$

17. 0.44　　**19.** 0.094

21. En general, la precisión empeora cuando Δx y Δy aumentan.

23. Si $z = f(x, y)$, entonces $\Delta z \approx dz$ es el error propagado y $\dfrac{\Delta z}{z} \approx \dfrac{dz}{z}$ es el error relativo.

25. $dA = h\, dl + l\, dh$

$\Delta A - dA = dl\, dh$

27.

Δr	Δh	dV	ΔV	$\Delta V - dV$
0.1	0.1	8.3776	8.5462	0.1686
0.1	-0.1	5.0265	5.0255	-0.0010
0.001	0.002	0.1005	0.1006	0.0001
-0.0001	0.0002	-0.0034	-0.0034	0.0000

29. ± 3.92 pulgadas cúbicas; 0.82%

31. $dC = \pm 2.4418; dC/C = 19\%$　　**33.** 10%

35. (a) $V = 18 \operatorname{sen} \theta\ \text{ft}^3; \theta = \pi/2$　　(b) 1.047 ft^3

37. $L \approx 8.096 \times 10^{-4} \pm 6.6 \times 10^{-6}$ microhenrys

39. Las respuestas varían.
Ejemplo:
$\varepsilon_1 = \Delta x$
$\varepsilon_2 = 0$

41. Las respuestas varían.
Ejemplo:
$\varepsilon_1 = y\, \Delta x$
$\varepsilon_2 = 2x\, \Delta x + (\Delta x)^2$

43. Demostración

Sección 13.5　*(página 913)*

1. $26t; 52$　　**3.** $e^t(\operatorname{sen} t + \cos t); 1$　　**5.** (a) y (b) $-e^{-t}$

7. (a) y (b) $2e^{2t}$　　**9.** (a) y (b) $3(2t^2 - 1)$

11. $-11\sqrt{29}/29 \approx -2.04$

13. $\partial w/\partial s = 4s, 4$

$\partial w/\partial t = 4t, 0$

15. $\partial w/\partial s = 5 \cos(5s - t), 0$

$\partial w/\partial t = -\cos(5s - t), 0$

17. (a) y (b)

$\dfrac{\partial w}{\partial s} = t^2(3s^2 - t^2)$

$\dfrac{\partial w}{\partial t} = 2st(s^2 - 2t^2)$

19. (a) y (b)

$\dfrac{\partial w}{\partial s} = te^{s^2 - t^2}(2s^2 + 1)$

$\dfrac{\partial w}{\partial t} = se^{s^2 - t^2}(1 - 2t^2)$

21. $\dfrac{y - 2x + 1}{2y - x + 1}$

23. $-\dfrac{x^2 + y^2 + x}{x^2 + y^2 + y}$

25. $\dfrac{\partial z}{\partial x} = \dfrac{-x}{z}$

$\dfrac{\partial z}{\partial y} = \dfrac{-y}{z}$

27. $\dfrac{\partial z}{\partial x} = -\dfrac{x}{y + z}$

$\dfrac{\partial z}{\partial y} = -\dfrac{z}{y + z}$

29. $\dfrac{\partial z}{\partial x} = \dfrac{-\sec^2(x + y)}{\sec^2(y + z)}$

$\dfrac{\partial z}{\partial y} = -1 - \dfrac{\sec^2(x + y)}{\sec^2(y + z)}$

31. $\dfrac{\partial z}{\partial x} = \dfrac{(ze^{xz} + y)}{xe^{xz}}$

$\dfrac{\partial z}{\partial y} = -e^{-xz}$

33. $\dfrac{\partial w}{\partial x} = -\dfrac{y + w}{x - z}$

$\dfrac{\partial w}{\partial y} = -\dfrac{x + z}{x - z}$

$\dfrac{\partial w}{\partial z} = \dfrac{w - y}{x - z}$

35. $\dfrac{\partial w}{\partial x} = \dfrac{y \operatorname{sen} xy}{z}$

$\dfrac{\partial w}{\partial y} = \dfrac{x \operatorname{sen} xy - z \cos yz}{z}$

$\dfrac{\partial w}{\partial z} = -\dfrac{y \cos yz + w}{z}$

37. (a) $f(tx, ty) = \dfrac{(tx)(ty)}{\sqrt{(tx)^2 + (ty)^2}}$

$= t\left(\dfrac{xy}{\sqrt{x^2 + y^2}}\right) = tf(x, y); \ n = 1$

(b) $xf_x(x, y) + yf_y(x, y) = \dfrac{xy}{\sqrt{x^2 + y^2}} = 1f(x, y)$

39. (a) $f(tx, ty) = e^{tx/ty} = e^{x/y} = f(x, y); \ n = 0$

(b) $xf_x(x, y) + yf_y(x, y) = \dfrac{xe^{x/y}}{y} - \dfrac{xe^{x/y}}{y} = 0$

41. 47　　**43.** $dw/dt = (\partial w/\partial x \cdot dx/dt) + (\partial w/\partial y \cdot dy/dt)$

45. $\dfrac{dy}{dx} = -\dfrac{f_x(x, y)}{f_y(x, y)}$

$\dfrac{\partial z}{\partial x} = -\dfrac{f_x(x, y, z)}{f_z(x, y, z)}$

$\dfrac{\partial z}{\partial y} = -\dfrac{f_y(x, y, z)}{f_z(x, y, z)}$

47. $4608\pi\ \text{pulg}^3/\text{min}; 624\pi\ \text{pulg}^2/\text{min}$　　**49.** $28m\ \text{cm}^2/\text{s}$

51–55. Demostraciones

Sección 13.6　*(página 924)*

1. $-\sqrt{2}$　　**3.** $\dfrac{2 + \sqrt{3}}{2}$　　**5.** 1　　**7.** $-\dfrac{7}{25}$　　**9.** 6

11. $2\sqrt{5}/5$ **13.** $3\mathbf{i} + 10\mathbf{j}$ **15.** $4\mathbf{i} - \mathbf{j}$

17. $6\mathbf{i} - 10\mathbf{j} - 8\mathbf{k}$ **19.** -1 **21.** $2\sqrt{3}/3$ **23.** $3\sqrt{2}$

25. $-8/\sqrt{5}$ **27.** $2[(x+y)\mathbf{i} + x\mathbf{j}]; 2\sqrt{2}$

29. $\tan y\mathbf{i} + x\sec^2 y\mathbf{j}; \sqrt{17}$ **31.** $e^{-x}(-y\mathbf{i} + \mathbf{j}); \sqrt{26}$

33. $\dfrac{x\mathbf{i} + y\mathbf{j} + z\mathbf{k}}{\sqrt{x^2 + y^2 + z^2}}; 1$ **35.** $yz(yz\mathbf{i} + 2xz\mathbf{j} + 2xy\mathbf{k}); \sqrt{33}$

37.
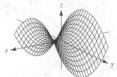

39. (a) $-5\sqrt{2}/12$
(b) $3/5$
(c) $-1/5$
(d) $-11\sqrt{10}/60$

41. $\sqrt{13}/6$

43. (a) Las respuestas varían. Ejemplo: $-4\mathbf{i} + \mathbf{j}$
(b) $-\frac{2}{5}\mathbf{i} + \frac{1}{10}\mathbf{j}$ (c) $\frac{2}{5}\mathbf{i} - \frac{1}{10}\mathbf{j}$
La dirección es opuesta a la del gradiente

45. (a)
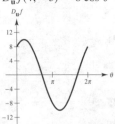

(b) $D_{\mathbf{u}}f(4, -3) = 8\cos\theta + 6\sen\theta$

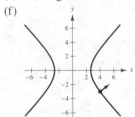
Generada por Mathematica

(c) $\theta \approx 2.21, \theta \approx 5.36$
Direcciones en las cuales no hay cambio en f
(d) $\theta \approx 0.64, \theta \approx 3.79$
Direcciones de razón de cambio máxima en f
(e) 10; Magnitud de la razón de cambio máxima
(f)
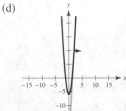
Generada por Mathematica

Ortogonal a la curva de nivel

47. $-2\mathbf{i} - 3\mathbf{j}$ **49.** $3\mathbf{i} - \mathbf{j}$

51. (a) $16\mathbf{i} - \mathbf{j}$ (b) $(\sqrt{257}/257)(16\mathbf{i} - \mathbf{j})$
(c) $y = 16x - 22$
(d)

53. (a) $6\mathbf{i} - 4\mathbf{j}$ (b) $(\sqrt{13}/13)(3\mathbf{i} - 2\mathbf{j})$ (c) $y = \frac{3}{2}x - \frac{1}{2}$
(d)
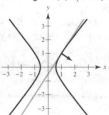

55. La derivada direccional de $z = f(x, y)$ es la dirección de
$\mathbf{u} = \cos\theta\mathbf{i} + \sen\theta\mathbf{j}$ es
$$D_{\mathbf{u}}f(x, y) = \lim_{t \to 0} \frac{f(x + t\cos\theta, y + t\sen\theta) - f(x, y)}{t}$$
si el límite existe.

57. Ver la definición en la página 918. Ver las propiedades en la página 919.

59. El vector gradiente es normal a las curvas de nivel.

61. $5\nabla h = -(5\mathbf{i} + 12\mathbf{j})$ **63.** $\frac{1}{625}(7\mathbf{i} - 24\mathbf{j})$

65. $6\mathbf{i} - 10\mathbf{j}$; $11.66°$ por centímetro **67.** $y^2 = 10x$

69. Verdadero **71.** Verdadero **73.** $f(x, y, z) = e^x \cos y + \frac{1}{2}z^2 + C$

75. (a) Demostración (b) Demostración
(c)
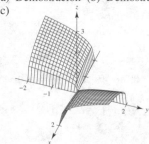

Sección 13.7 *(página 933)*

1. La curva de nivel se puede escribir como $3x - 5y + 3z = 15$, la cual es una ecuación de un plano en el espacio.

3. La curva de nivel se puede escribir como $4x^2 + 9y^2 - 4z^2 = 0$, que es un cono elíptico que se encuentra en el eje z.

5. $\frac{1}{13}(3\mathbf{i} + 4\mathbf{j} + 12\mathbf{k})$ **7.** $\frac{1}{13}(4\mathbf{i} + 3\mathbf{j} + 12\mathbf{k})$

9. $4x + 2y - z = 2$ **11.** $3x + 4y - 5z = 0$

13. $2x - 2y - z = 2$ **15.** $3x + 4y - 25z = 25(1 - \ln 5)$

17. $x - 4y + 2z = 18$ **19.** $6x - 3y - 2z = 11$

21. $x + y + z = 9$ **23.** $2x + 4y + z = 14$
$x - 3 = y - 3 = z - 3$ $\dfrac{x-1}{2} = \dfrac{y-2}{4} = \dfrac{z-4}{1}$

25. $6x - 4y - z = 5$ **27.** $10x + 5y + 2z = 30$
$\dfrac{x-3}{6} = \dfrac{y-2}{-4} = \dfrac{z-5}{-1}$ $\dfrac{x-1}{10} = \dfrac{y-2}{5} = \dfrac{z-5}{2}$

29. $x - y + 2z = \pi/2$
$\dfrac{(x-1)}{1} = \dfrac{(y-1)}{-1} = \dfrac{z - (\pi/4)}{2}$

31. (a) $\dfrac{x-1}{1} = \dfrac{y-1}{-1} = \dfrac{z-1}{1}$ (b) $\dfrac{1}{2}$, no ortogonal

33. (a) $\dfrac{x-3}{4} = \dfrac{y-3}{4} = \dfrac{z-4}{-3}$ (b) $\dfrac{16}{25}$, no ortogonal

35. (a) $\dfrac{x-3}{1} = \dfrac{y-1}{5} = \dfrac{z-2}{-4}$ (b) 0, ortogonal

37. $86.0°$ **39.** $77.4°$ **41.** $(0, 3, 12)$ **43.** $(2, 2, -4)$

45. $(0, 0, 0)$ **47.** Demostración

49. (a) Demostración (b) Demostración

51. $(-2, 1, -1)$ o $(2, -1, 1)$

53. $F_x(x_0, y_0, z_0)(x - x_0) + F_y(x_0, y_0, z_0)(y - y_0)$
$$+ F_z(x_0, y_0, z_0)(z - z_0) = 0$$

55. Las respuestas varían.

57. (a) Recta: $x = 1, y = 1, z = 1 - t$
    Plano: $z = 1$

    (b) Recta: $x = -1, y = 2 + \frac{6}{25}t, z = -\frac{4}{5} - t$
    Plano: $6y - 25z - 32 = 0$

    (c)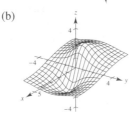

59. (a) $x = 1 + t$
    $y = 2 - 2t$
    $z = 4$
    $\theta \approx 48.2°$

    (b)

61. $F(x, y, z) = \dfrac{x^2}{a^2} + \dfrac{y^2}{b^2} + \dfrac{z^2}{c^2} - 1$

$F_x(x, y, z) = \dfrac{2x}{a^2}$

$F_y(x, y, z) = \dfrac{2y}{b^2}$

$F_z(x, y, z) = \dfrac{2z}{c^2}$

Plano: $\dfrac{2x_0}{a^2}(x - x_0) + \dfrac{2y_0}{b^2}(y - y_0) + \dfrac{2z_0}{c^2}(z - z_0) = 0$

$\dfrac{x_0 x}{a^2} + \dfrac{y_0 y}{b^2} + \dfrac{z_0 z}{c^2} = 1$

63. $F(x, y, z) = a^2 x^2 + b^2 y^2 - z^2$
$F_x(x, y, z) = 2a^2 x$
$F_y(x, y, z) = 2b^2 y$
$F_z(x, y, z) = -2z$
Plano: $2a^2 x_0(x - x_0) + 2b^2 y_0(y - y_0) - 2z_0(z - z_0) = 0$
$a^2 x_0 x + b^2 y_0 y - z_0 z = 0$
Por lo tanto, los planos pasan por el origen.

65. (a) $P_1(x, y) = 1 + x - y$

(b) $P_2(x, y) = 1 + x - y + \frac{1}{2}x^2 - xy + \frac{1}{2}y^2$

(c) Si $x = 0, P_2(0, y) = 1 - y + \frac{1}{2}y^2$.
    Este es el polinomio de Taylor de segundo grado para e^{-y}.
    Si $y = 0, P_2(x, 0) = 1 + x + \frac{1}{2}x^2$.
    Este es el polinomio de Taylor de segundo grado para e^x.

(d)

x	y	$f(x, y)$	$P_1(x, y)$	$P_2(x, y)$
0	0	1	1	1
0	0.1	0.9048	0.9000	0.9050
0.2	0.1	1.1052	1.1000	1.1050
0.2	0.5	0.7408	0.7000	0.7450
1	0.5	1.6487	1.5000	1.6250

(e)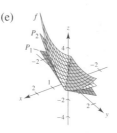

67. Demostración

Sección 13.8 *(página 042)*

1. Mínimo relativo:
$(1, 3, 0)$

3. Mínimo relativo:
$(0, 0, 1)$

5. Mínimo relativo:
$(-1, 3, -4)$

7. Máximo relativo:
$(40, 40, 3200)$

9. Punto silla:
$(0, 0, 0)$

11. Máximo relativo:
$\left(\frac{1}{2}, -1, \frac{31}{4}\right)$

13. Mínimo relativo:
$(3, -4, -5)$

15. Mínimo relativo:
$(0, 0, 0)$

17. Punto silla:
$(1, -1, -1)$

19. No hay puntos críticos.

21.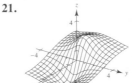

23.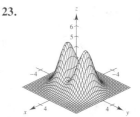

Máximo relativo: $(-1, 0, 2)$ Mínimo relativo: $(0, 0, 0)$
Mínimo relativo: $(1, 0, -2)$ Máximo relativo: $(0, \pm 1, 4)$
                                 Puntos silla: $(\pm 1, 0, 1)$

25. z nunca es negativa. Mínimo: $z = 0$ cuando $x = y \neq 0$.

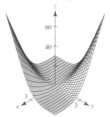

27. Información insuficiente   **29.** Punto silla

31. $-4 < f_{xy}(3, 7) < 4$

33. (a) $(0, 0)$

(b) Punto silla: $(0, 0, 0)$

(c) $(0, 0)$

(d)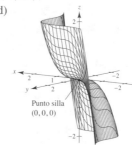

Punto silla
$(0, 0, 0)$

35. (a) $(1, a), (b, -4)$

(b) Mínimo absoluto: $(1, a, 0), (b, -4, 0)$

(c) $(1, a), (b, -4)$

(d)

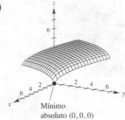

Mínimo absoluto $(b, -4, 0)$

Mínimo absoluto $(1, a, 0)$

37. (a) $(0, 0)$

(b) Mínimo absoluto: $(0, 0, 0)$

(c) $(0, 0)$

(d)

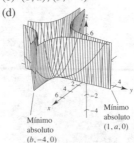

Mínimo absoluto $(0, 0, 0)$

39. Mínimo relativo: $(0, 3, -1)$

41. Máximo absoluto:

$(4, 0, 21)$

Mínimo absoluto:

$(4, 2, -11)$

43. Máximo absoluto:

$(0, 1, 10)$

Mínimo absoluto:

$(1, 2, 5)$

45. Máximo absoluto:

$(\pm 2, 4, 28)$

Mínimo absoluto:

$(0, 1, -2)$

47. Máximo absoluto:

$(-2, -1, 9), (2, 1, 9)$

Mínimo absoluto:

$(x, -x, 0), |x| \leq 1$

49. (a) Ver la definición en la página 936.

(b) Ver la definición en la página 936.

(c) Ver la definición en la página 937.

(d) Ver la definición en la página 939.

51. Las respuestas varían.

Ejemplo de respuesta:

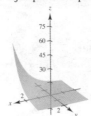

No hay extremos

53. (a) $f_x = 2x = 0, f_y = -2y = 0 \implies (0, 0)$ es un punto crítico.

$g_x = 2x = 0, g_y = 2y = 0 \implies (0, 0)$ es un punto crítico.

(b) $d = 2(-2) - 0 < 0 \implies (0, 0)$ es un punto silla.

$d = 2(2) - 0 > 0 \implies (0, 0)$ es un mínimo relativo.

55. Falso. Sea $f(x, y) = 1 - |x| - |y|$ en el punto $(0, 0, 1)$.

57. Falso. Sea $f(x, y) = x^2 y^2$ (ver ejemplo 4 en la página 940).

Sección 13.9   *(página 949)*

1. $\sqrt{3}$ **3.** $\sqrt{7}$ **5.** $x = y = z = 3$ **7.** $10, 10, 10$

9. 9 pies $\times$ 9 pies $\times$ 8.25 pies; \$26.73

11. Sean x, y y z la longitud, el ancho y la altura, respectivamente, y sea V_0 be el volumen dado. Entonces $V_0 = xyz$ y $z = V_0/xy$. El área superficial es

$S = 2xy + 2yz + 2xz = 2(xy + V_0/x + V_0/y).$

$S_x = 2(y - V_0/x^2) = 0 \left.\right\} x^2 y - V_0 = 0$

$S_y = 2(x - V_0/y^2) = 0 \left.\right\} xy^2 - V_0 = 0$

Por lo que, $x = \sqrt[3]{V_0}, y = \sqrt[3]{V_0}$ y $z = \sqrt[3]{V_0}$.

13. $x_1 = 3; x_2 = 6$ **15.** Demostración

17. $x = \sqrt{2}/2 \approx 0.707$ km

$y = \left(3\sqrt{2} + 2\sqrt{3}\right)/6 \approx 1.284$ km

19. Escriba la ecuación a ser maximizada o minimizada como una función de dos variables. Dos de las derivadas parciales y hágalas igual a cero o indefinidas para obtener los puntos críticos. Utilice el criterio de las segundas derivadas parciales para verificar los extremos relativos usando los puntos críticos. Verifique los puntos frontera.

21. (a) $y = \frac{3}{4}x + \frac{4}{3}$ (b) $\frac{1}{6}$ **23.** (a) $y = -2x + 4$ (b) 2

25. $y = \frac{37}{43}x + \frac{7}{43}$ **27.** $y = -\frac{175}{148}x + \frac{945}{148}$

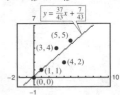   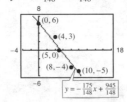

29. (a) $y = 1.6x + 84$ (b) 1.6

31. $a\sum_{i=1}^{n} x_i^4 + b\sum_{i=1}^{n} x_i^3 + c\sum_{i=1}^{n} x_i^2 = \sum_{i=1}^{n} x_i^2 y_i$

$a\sum_{i=1}^{n} x_i^3 + b\sum_{i=1}^{n} x_i^2 + c\sum_{i=1}^{n} x_i = \sum_{i=1}^{n} x_i y_i$

$a\sum_{i=1}^{n} x_i^2 + b\sum_{i=1}^{n} x_i + cn = \sum_{i=1}^{n} y_i$

33. $y = \frac{3}{7}x^2 + \frac{6}{5}x + \frac{26}{35}$ **35.** $y = x^2 - x$

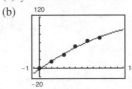   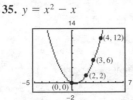

37. (a) $y = -0.22x^2 + 9.66x - 1.79$

(b)

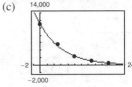

39. (a) $\ln P = -0.1499h + 9.3018$ (b) $P = 10{,}957.7e^{-0.1499h}$

(c)   (d) Demostración

41. Demostración

Sección 13.10   *(página 958)*

1. $f(5,5) = 25$ **3.** $f(1,2) = 5$ **5.** $f(25,50) = 2600$
7. $f(1,1) = 2$ **9.** $f(3,3,3) = 27$ **11.** $f\left(\frac{1}{3}, \frac{1}{3}, \frac{1}{3}\right) = \frac{1}{3}$
13. Máximo: $f\left(\sqrt{2}/2, \sqrt{2}/2\right) = 5/2$
$\qquad f\left(-\sqrt{2}/2, -\sqrt{2}/2\right) = 5/2$
$\quad$ Mínimo: $f\left(-\sqrt{2}/2, \sqrt{2}/2\right) = -1/2$
$\qquad f\left(\sqrt{2}/2, -\sqrt{2}/2\right) = -1/2$
15. $f(8,16,8) = 1024$ **17.** $\sqrt{2}/2$ **19.** $3\sqrt{2}$
21. $\sqrt{11}/2$ **23.** 2   **25.** $\sqrt{3}$ **27.** $(-4,0,4)$
29. Los problemas de optimización que tienen restricciones en los valores que se pueden usar para producir las soluciones óptimas se llaman problemas de optimización restringidos.
31. $\sqrt{3}$ **33.** $x = y = z = 3$
35. 9 pies $\times$ 9 pies $\times$ 8.25 pies; \$26.73   **37.** Demostración
39. $2\sqrt{3}a/3 \times 2\sqrt{3}b/3 \times 2\sqrt{3}c/3$
41. $\sqrt[3]{360} \times \sqrt[3]{360} \times \frac{4}{3}\sqrt[3]{360}$ ft
43. $r = \sqrt[3]{\dfrac{v_0}{2\pi}}$ y $h = 2\sqrt[3]{\dfrac{v_0}{2\pi}}$ **45.** Demostración
47. $P(15{,}625/18{,}3125) \approx 226{,}869$
49. $x \approx 191.3$
$\quad y \approx 688.7$
$\quad$ Costo $\approx$ \$55,095.60
51. Problema Putnam 2, sesión matutina, 1938

Ejercicios de repaso para el capítulo 13
(página 960)

1. (a) 9   (b) 3   (c) 0   (d) $6x^2$
3. Dominio: $\{(x,y): x \geq 0$ y $y \neq 0\}$
$\quad$ Rango: todos los números reales
5. Rectas: $y = 2x - 3 + c$

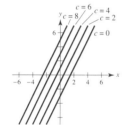

7. (a)

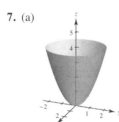

(b) g es una traslación vertical de f dos unidades hacia arriba.
(c) g es una traslación horizontal de f dos unidades hacia la derecha.

(d)

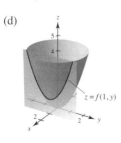 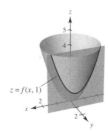

9.

11. Límite: $\frac{1}{2}$
$\quad$ Continua, excepto en $(0,0)$
13. Límite: 0
$\quad$ Continua
15. $f_x(x,y) = 15x^2$
$\quad f_y(x,y) = 7$
17. $f_x(x,y) = e^x \cos y$
$\quad f_y(x,y) = -e^x \operatorname{sen} y$
19. $f_x(x,y) = 4y^3 e^{4x}$
$\quad f_y(x,y) = 3y^2 e^{4x}$
21. $f_x(x,y,z) = 2z^2 + 6yz - 5y^3$
$\quad f_y(x,y,z) = 6xz - 15xy^2$
$\quad f_z(x,y,z) = 4xz + 6xy$
23. $f_{xx}(x,y) = 6$
$\quad f_{yy}(x,y) = 12y$
$\quad f_{xy}(x,y) = f_{yx}(x,y) = -1$
25. $h_{xx}(x,y) = -y \cos x$
$\quad h_{yy}(x,y) = -x \operatorname{sen} y$
$\quad h_{xy}(x,y) = h_{yx}(x,y) = \cos y - \operatorname{sen} x$
27. Pendiente en la dirección x: 0
$\quad$ Pendiente en la dirección x: 4
29. $(xy \cos xy + \operatorname{sen} xy)\, dx + (x^2 \cos xy)\, dy$
31. $dw = (3y^2 - 6x^2yz^2)\, dx + (6xy - 2x^3z^2)\, dy + (-4x^3yz)\, dz$
33. (a) $f(2,1) = 10$
$\qquad f(2.1, 1.05) = 10.5$
$\qquad \Delta z = 0.5$
$\quad$ (b) $dz = 0.5$
35. $\pm\pi$ pulgadas cúbicas; 15%
37. $dw/dt = (8t - 1)/(4t^2 - t + 4)$
39. $\partial w/\partial r = (4r^2t - 4rt^2 - t^3)/(2r - t)^2$
$\quad \partial w/\partial t = (4r^2t - rt^2 + 4r^3)/(2r - t)^2$
41. $\partial z/\partial x = (-2x - y)/(y + 2z)$
$\quad \partial z/\partial y = (-x - 2y - z)/(y + 2z)$
43. -50 **45.** $\frac{2}{3}$ **47.** $\langle 4,4\rangle, 4\sqrt{2}$ **49.** $\left\langle -\frac{1}{2}, 0\right\rangle, \frac{1}{2}$
51. (a) $54\mathbf{i} - 16\mathbf{j}$ (b) $\dfrac{27}{\sqrt{793}}\mathbf{i} - \dfrac{8}{\sqrt{793}}\mathbf{j}$ (c) $y = \dfrac{27}{8}x - \dfrac{65}{8}$

(d)

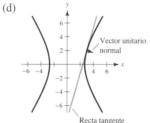

53. $2x + 6y - z = 8$
55. $z = 4$
57. Plano tangente: $4x + 4y - z = 8$
$\quad$ Recta normal: $x = 2 + 4t, y = 1 + 4t, z = 4 - t$
59. $\theta \approx 36.7°$ **61.** Máximo relativo: $(4, -1, 9)$
63. Mínimo relativo: $\left(-4, \frac{4}{3}, -2\right)$
65. Mínimo relativo: $(1, 1, 3)$

67. $\sqrt{3}$ **69.** $x_1 = 2, x_2 = 4$ **71.** $y = \frac{161}{226}x + \frac{456}{113}$

73. (a) $y = 0.138x + 22.1$ (b) 46.25 bushels por acre

75. $f(4,4) = 32$ **77.** $f(15,7) = 352$ **79.** $f(3,6) = 36$

81. $x = \sqrt{2}/2 \approx 0.707$ km; $y = \sqrt{3}/3 \approx 0.577$ km;
$z = (60 - 3\sqrt{2} - 2\sqrt{3})6 \approx 8.716$ km

Solución de problemas *(página 963)*

1. (a) 12 unidades cuadradas (b) Demostración (c) Demostración

3. (a) $y_0 z_0(x - x_0) + x_0 z_0(y - y_0) + x_0 y_0(z - z_0) = 0$

(b) $x_0 y_0 z_0 = 1 \implies z_0 = 1/x_0 y_0$

Entonces el plano tangente es

$$y_0\left(\frac{1}{x_0 y_0}\right)(x - x_0) + x_0\left(\frac{1}{x_0 y_0}\right)(y - y_0) + x_0 y_0\left(z - \frac{1}{x_0 y_0}\right) = 0.$$

Intersecciones: $(3x_0, 0, 0), (0, 3y_0, 0), \left(0, 0, \dfrac{3}{x_0 y_0}\right)$

5. (a) 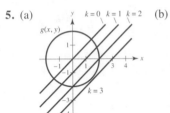   (b)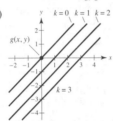

Valor máximo: $2\sqrt{2}$

Valores máximo y mínimo: 0

El método de los multiplicadores de Lagrange no funciona, ya que $\nabla g(x_0, y_0) = \mathbf{0}$.

7. $2\sqrt[3]{150} \times 2\sqrt[3]{150} \times 5\sqrt[3]{150}/3$

9. (a) $x\dfrac{\partial f}{\partial x} + y\dfrac{\partial f}{\partial y} = xCy^{1-a}ax^{a-1} + yCx^a(1-a)y^{1-a-1}$

$= ax^a Cy^{1-a} + (1-a)x^a C(y^{1-a})$

$= Cx^a y^{1-a}[a + (1-a)]$

$= Cx^a y^{1-a}$

$= f(x, y)$

(b) $f(tx, ty) = C(tx)^a(ty)^{1-a}$

$= Ctx^a y^{1-a}$

$= tCx^a y^{1-a}$

$= tf(x, y)$

11. (a) $x = 32\sqrt{2}t$
$y = 32\sqrt{2}t - 16t^2$

(b) $\alpha = \arctan\left(\dfrac{y}{x + 50}\right) = \arctan\left(\dfrac{32\sqrt{2}t - 16t^2}{32\sqrt{2}t + 50}\right)$

(c) $\dfrac{d\alpha}{dt} = \dfrac{-16(8\sqrt{2}t^2 + 25t - 25\sqrt{2})}{64t^4 - 256\sqrt{2}t^3 + 1024t^2 + 800\sqrt{2}t + 625}$

(d) 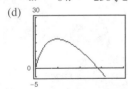   No; La razón de cambio de α es más grande cuando el proyectil está más cerca de la cámara.

(e) α es máxima cuando $t = 0.98$ s.
No; el proyectil está en su máxima altura cuando $t = \sqrt{2} \approx 1.41$ segundos.

13. (a) 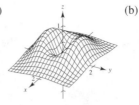   (b)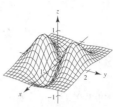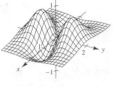

Mínimo: $(0, 0, 0)$ Mínimo: $(\pm 1, 0, -e^{-1})$

Máximo: $(0, \pm 1, 2e^{-1})$ Máximo: $(0, \pm 1, 2e^{-1})$

Puntos silla: $(\pm 1, 0, e^{-1})$ Puntos silla: $(0, 0, 0)$

(c) $\alpha > 0$ $\alpha < 0$

Mínimo: $(0, 0, 0)$ Mínimo: $(\pm 1, 0, \alpha e^{-1})$

Máximo: $(0, \pm 1, \beta e^{-1})$ Máximo: $(0, \pm 1, \beta e^{-1})$

Puntos silla: Puntos silla: $(0, 0, 0)$
$(\pm 1, 0, \alpha e^{-1})$

15. (a)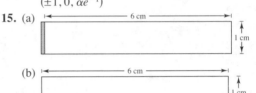

(b)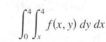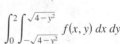

(c) Altura

(d) $dl = 0.01, dh = 0$: $dA = 0.01$
$dl = 0, dh = 0.01$: $dA = 0.06$

17–21. Demostraciones

Capítulo 14

Sección 14.1   *(página 972)*

1. $2x^2$ **3.** $y\ln(2y)$ **5.** $(4x^2 - x^4)/2$

7. $(y/2)[(\ln y)^2 - y^2]$ **9.** $x^2(1 - e^{-x^2} - x^2 e^{-x^2})$ **11.** 3

13. $\dfrac{8}{3}$ **15.** $\dfrac{1}{2}$ **17.** 2   **19.** $\dfrac{1}{3}$ **21.** 1629   **23.** $\dfrac{2}{3}$

25. 4   **27.** $\pi/2$ **29.** $(\pi^2/32) + (1/8)$ **31.** $\dfrac{1}{2}$

33. Diverge   **35.** 24   **37.** $\dfrac{16}{3}$ **39.** $\dfrac{8}{3}$ **41.** 5   **43.** $\dfrac{9}{2}$

45. 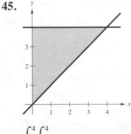   **47.**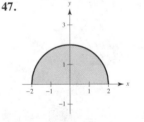

$\displaystyle\int_0^4 \int_x^4 f(x, y)\, dy\, dx$ $\displaystyle\int_0^2 \int_{-\sqrt{4-y^2}}^{\sqrt{4-y^2}} f(x, y)\, dx\, dy$

49. 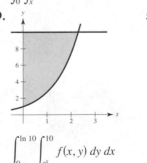   **51.**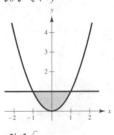

$\displaystyle\int_0^{\ln 10} \int_{e^x}^{10} f(x, y)\, dy\, dx$ $\displaystyle\int_0^1 \int_{-\sqrt{y}}^{\sqrt{y}} f(x, y)\, dx\, dy$

53.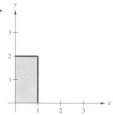

$$\int_0^1 \int_0^2 dy\, dx = \int_0^2 \int_0^1 dx\, dy = 2$$

55.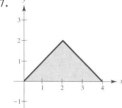

$$\int_0^1 \int_{-\sqrt{1-y^2}}^{\sqrt{1-y^2}} dx\, dy = \int_{-1}^1 \int_0^{\sqrt{1-x^2}} dy\, dx = \frac{\pi}{2}$$

57.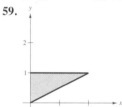

$$\int_0^2 \int_0^x dy\, dx + \int_2^4 \int_0^{4-x} dy\, dx = \int_0^2 \int_y^{4-y} dx\, dy = 4$$

59.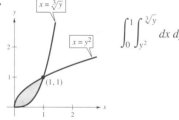

$$\int_0^2 \int_{x/2}^1 dy\, dx = \int_0^1 \int_0^{2y} dx\, dy = 1$$

61.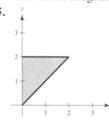

$$\int_0^1 \int_{y^2}^{\sqrt[3]{y}} dx\, dy = \int_0^1 \int_{x^3}^{\sqrt{x}} dy\, dx = \frac{5}{12}$$

63. La primera integral surge utilizando los rectángulos representativos verticales. Las segundas dos integrales surgen usando los rectángulos representativos horizontales.

Valor de las integrales: $15,625\pi/24$

65.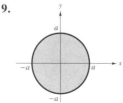

$$\int_0^2 \int_x^2 x\sqrt{1+y^3}\, dy\, dx = \frac{26}{9}$$

67.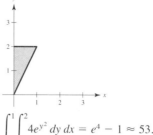

$$\int_0^1 \int_{2x}^2 4e^{y^2}\, dy\, dx = e^4 - 1 \approx 53.598$$

69.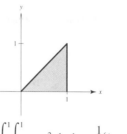

$$\int_0^1 \int_y^1 \operatorname{sen} x^2\, dx\, dy = \frac{1}{2}(1 - \cos 1) \approx 0.230$$

71. $\frac{1664}{105}$ **73.** $(\ln 5)^2$ **75.** 20.5648 **77.** $15\pi/2$

79. (a)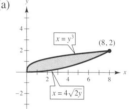

(b) $\displaystyle\int_0^8 \int_{x^2/32}^{\sqrt[3]{x}} (x^2 y - xy^2)\, dy\, dx$ (c) $67,520/693$

81. Una integral iterada es una integral de varias variables. Integrar con respecto a una variable manteniendo las otras variables constantes.

83. Si todos los 4 límites de integración son constantes, la región de integración es rectangular.

85. Verdadero

Section 14.2   *(página 983)*

1. 24 (la aproximación es exacta)

3. Aproximación: 52; Exacta: $\frac{160}{3}$

5.

7.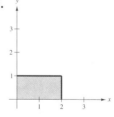

8   36

9.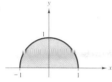

0

11. $\displaystyle\int_0^3\int_0^5 xy\,dy\,dx = \frac{225}{4}$

$\displaystyle\int_0^5\int_0^3 xy\,dx\,dy = \frac{225}{4}$

13. $\displaystyle\int_1^2\int_x^{2x} \frac{y}{x^2+y^2}\,dy\,dx = \frac{1}{2}\ln\frac{5}{2}$

$\displaystyle\int_1^2\int_1^y \frac{y}{x^2+y^2}\,dx\,dy + \int_2^4\int_{y/2}^2 \frac{y}{x^2+y^2}\,dx\,dy = \frac{1}{2}\ln\frac{5}{2}$

15. $\displaystyle\int_0^1\int_{4-x}^{4-x^2} -2y\,dy\,dx = -\frac{6}{5}$

$\displaystyle\int_3^4\int_{4-y}^{\sqrt{4-y}} -2y\,dx\,dy = -\frac{6}{5}$

17. $\displaystyle\int_0^3\int_{4y/3}^{\sqrt{25-y^2}} x\,dx\,dy = 25$

$\displaystyle\int_0^4\int_0^{3x/4} x\,dy\,dx + \int_4^5\int_0^{\sqrt{25-x^2}} x\,dy\,dx = 25$

19. 4   **21.** 4   **23.** $\frac{3}{8}$ **25.** 1

27. $\displaystyle\int_0^1\int_0^x xy\,dy\,dx = \frac{1}{8}$

29. $\displaystyle 2\int_0^1\int_0^x \sqrt{1-x^2}\,dy\,dx = \frac{2}{3}$

31. $\displaystyle\int_0^2\int_0^{\sqrt{4-x^2}} (x+y)\,dy\,dx = \frac{16}{3}$

33. $\displaystyle 2\int_0^2\int_0^{\sqrt{1-(x-1)^2}} (2x-x^2-y^2)\,dy\,dx$

35. $\displaystyle 4\int_0^2\int_0^{\sqrt{4-x^2}} (x^2+y^2)\,dy\,dx$

37. $\displaystyle\int_0^2\int_{-\sqrt{2-2(y-1)^2}}^{\sqrt{2-2(y-1)^2}} (4y-x^2-2y^2)\,dx\,dy$

39. $81\pi/2$ **41.** 1.2315   **43.** Demostración

45.

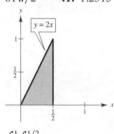

$\displaystyle\int_0^1\int_{y/2}^{1/2} e^{-x^2}\,dx\,dy = 1 - e^{-1/4} \approx 0.221$

47.

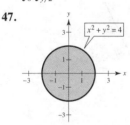

$\displaystyle\int_{-2}^2\int_{-\sqrt{4-x^2}}^{\sqrt{4-x^2}} \sqrt{4-y^2}\,dy\,dx = \frac{64}{3}$

49.

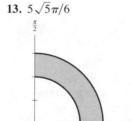

$\displaystyle\int_0^1\int_0^{\arccos y} \operatorname{sen} x\sqrt{1+\operatorname{sen}^2 x}\,dx\,dy = \frac{1}{3}\big(2\sqrt{2}-1\big)$

51. 2   **53.** $\frac{8}{3}$ **55.** $(e-1)^2$ **57.** 25,645.24

59. Ver "Definición de integral doble" en la página 976. La doble integral de una función $f(x,y)\ge 0$ sobre la región de integración produce el volumen de dicha región.

61. No; 6π es el valor más grande posible.   **63.** Demostración; $\frac{1}{5}$

65. Demostración; $\frac{7}{27}$ **67.** 400; 272

69. Falso. $\displaystyle V = 8\int_0^1\int_0^{\sqrt{1-y^2}} \sqrt{1-x^2-y^2}\,dx\,dy$

71. R: $x^2+y^2 \le 9$ **73.** $\frac{1}{2}(1-e)$

75. Problema Putnam A2, 1989

Sección 14.3   *(página 991)*

1. Rectangular   **3.** Polar

5. La región R es un semicírculo de radio 8. Se puede describir en coordenadas polares como

$R = \{(r,\theta):\ 0 \le r \le 8, 0 \le \theta \le \pi\}$.

7. $R = \{(r,\theta):\ 4 \le r \le 8, 0 \le \theta \le \pi/2\}$

9. $\pi/4$ **11.** 0

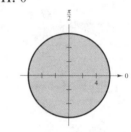

13. $5\sqrt{5}\pi/6$ **15.** $(9/8)+(3\pi^2/32)$

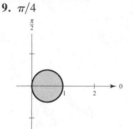   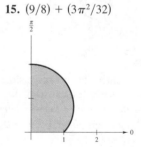

17. $a^3/3$ **19.** 4π **21.** $243\pi/10$ **23.** $\frac{2}{3}$

25. $(\pi/2)\operatorname{sen} 1$ **27.** $\displaystyle\int_0^{\pi/4}\int_0^{2\sqrt{2}} r^2\,dr\,d\theta = \frac{4\sqrt{2}\pi}{3}$

29. $\displaystyle\int_0^{\pi/2}\int_0^2 r^2(\cos\theta+\operatorname{sen}\theta)\,dr\,d\theta = \frac{16}{3}$

31. $\displaystyle\int_0^{\pi/4}\int_1^2 r\theta\,dr\,d\theta = \frac{3\pi^2}{64}$ **33.** $\frac{1}{8}$ **35.** $\frac{250\pi}{3}$

37. $\frac{64}{9}(3\pi-4)$ **39.** $2\sqrt{4-2\sqrt[3]{2}}$ **41.** 9π

43. $3\pi/2$ **45.** π

47.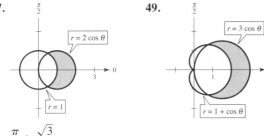

$$\frac{\pi}{3} + \frac{\sqrt{3}}{2}$$

49.

$$\pi$$

51.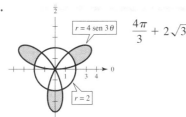

$$\frac{4\pi}{3} + 2\sqrt{3}$$

53. Sea R una región acotada por las gráficas de $r = g_1(\theta)$ y $r = g_2(\theta)$ y las rectas $\theta = a$ y $\theta = b$. Cuando se usan coordenadas polares para evaluar una doble integral sobre R, R se puede particionar en pequeños sectores polares.

55. Las regiones r-simple tienen límites fijos para θ y límites variables para r.

Las regiones θ-simple tienen límites variables para θ y límites fijos para r.

57. $486{,}788$ **59.** 1.2858 **61.** 56.051

63. Falso. Sea $f(r, \theta) = r - 1$ y sea R el sector donde $0 \le r \le 6$ y $0 \le \theta \le \pi$.

65. (a) 2π (b) $\sqrt{2\pi}$

67. (a) $\displaystyle\int_2^4 \int_{y/\sqrt{3}}^y f \, dx \, dy$

(b) $\displaystyle\int_{2/\sqrt{3}}^2 \int_2^{\sqrt{3}x} f \, dy \, dx + \int_2^{4/\sqrt{3}} \int_x^{\sqrt{3}x} f \, dy \, dx + \int_{4/\sqrt{3}}^4 \int_x^4 f \, dy \, dx$

(c) $\displaystyle\int_{\pi/4}^{\pi/3} \int_{2\csc\theta}^{4\csc\theta} fr \, dr \, d\theta$

69. $\dfrac{4}{\pi}$

Sección 14.4 *(página 1000)*

1. $m = 4$ **3.** $m = \frac{1}{8}$

5. (a) $m = ka^2, (a/2, a/2)$ (b) $m = ka^3/2, (a/2, 2a/3)$

(c) $m = ka^3/2, (2a/3, a/2)$

7. (a) $m = ka^2/2, (a/3, 2a/3)$ (b) $m = ka^3/3, (3a/8, 3a/4)$

(c) $m = ka^3/6, (a/2, 3a/4)$

9. (a) $\left(\dfrac{a}{2} + 5, \dfrac{a}{2}\right)$ (b) $\left(\dfrac{a}{2} + 5, \dfrac{2a}{3}\right)$

(c) $\left(\dfrac{2(a^2 + 15a + 75)}{3(a + 10)}, \dfrac{a}{2}\right)$

11. $m = k/4, (2/3, 8/15)$ **13.** $m = 30k, (14/5, 4/5)$

15. $m = k(e - 1), \left(\dfrac{1}{e - 1}, \dfrac{e + 1}{4}\right)$

17. $m = \dfrac{256k}{15}, \left(0, \dfrac{16}{7}\right)$ **19.** $m = \dfrac{2kL}{\pi}, \left(\dfrac{L}{2}, \dfrac{\pi}{8}\right)$

21. $m = \dfrac{k\pi a^2}{8}, \left(\dfrac{4\sqrt{2}a}{3\pi}, \dfrac{4a(2 - \sqrt{2})}{3\pi}\right)$

23. $m = \dfrac{k}{8}(1 - 5e^{-4}), \left(\dfrac{e^4 - 13}{e^4 - 5}, \dfrac{8}{27}\left[\dfrac{e^6 - 7}{e^6 - 5e^2}\right]\right)$

25. $m = k\pi/3, \left(81\sqrt{3}/(40\pi), 0\right)$

27. $\bar{\bar{x}} = \sqrt{3}b/3$ **29.** $\bar{\bar{x}} = a/2$ **31.** $\bar{\bar{x}} = a/2$

    $\bar{\bar{y}} = \sqrt{3}h/3$ $\bar{\bar{y}} = a/2$ $\bar{\bar{y}} = a/2$

33. $I_x = 32k/3$ **35.** $I_x = 16k$

    $I_y = 16k/3$ $I_y = 512k/5$

    $I_0 = 16k$ $I_0 = 592k/5$

    $\bar{\bar{x}} = 2\sqrt{3}/3$ $\bar{\bar{x}} = 4\sqrt{15}/5$

    $\bar{\bar{y}} = 2\sqrt{6}/3$ $\bar{\bar{y}} = \sqrt{6}/2$

37. $\displaystyle 2k\int_{-b}^b \int_0^{\sqrt{b^2 - x^2}} (x - a)^2 \, dy \, dx = \dfrac{k\pi b^2}{4}(b^2 + 4a^2)$

39. $\displaystyle \int_{-a}^a \int_0^{\sqrt{a^2 - x^2}} ky(y - a)^2 \, dy \, dx = ka^5\left(\dfrac{56 - 15\pi}{60}\right)$

41. $\dfrac{L}{3}$ **43.** $\dfrac{L}{2}$ **45.** Ver las definiciones en la página 996.

47. Las respuestas varían.   **49.** Demostración

Sección 14.5 *(página 1007)*

1. 24 **3.** 12π **5.** $\frac{1}{2}\left[4\sqrt{17} + \ln\left(4 + \sqrt{17}\right)\right]$

7. $\frac{4}{27}\left(31\sqrt{31} - 8\right)$ **9.** $\sqrt{2} - 1$ **11.** $\sqrt{2}\pi$

13. $2\pi a\left(a - \sqrt{a^2 - b^2}\right)$ **15.** $48\sqrt{14}$ **17.** 20π

19. $\displaystyle \int_0^1 \int_0^x \sqrt{5 + 4x^2} \, dy \, dx = \dfrac{27 - 5\sqrt{5}}{12} \approx 1.3183$

21. $\displaystyle \int_{-3}^3 \int_{-\sqrt{9 - x^2}}^{\sqrt{9 - x^2}} \sqrt{1 + 4x^2 + 4y^2} \, dy \, dx$

$\qquad = \dfrac{\pi}{6}\left(37\sqrt{37} - 1\right) \approx 117.3187$

23. $\displaystyle \int_0^1 \int_0^1 \sqrt{1 + 4x^2 + 4y^2} \, dy \, dx \approx 1.8616$

25. $\displaystyle \int_0^4 \int_0^{10} \sqrt{1 + e^{2xy}(x^2 + y^2)} \, dy \, dx$

27. $\displaystyle \int_{-2}^2 \int_{-\sqrt{4 - x^2}}^{\sqrt{4 - x^2}} \sqrt{1 + e^{-2x}} \, dy \, dx$

29. Si f y sus primeras derivadas parciales son continuas en la región cerrada R en el plano xy, entonces el área de la superficie S dada por $z = f(x, y)$ sobre R es

$$\iint_R \sqrt{1 + [f_x(x, y)]^2 + [f_y(x, y)]^2} \, dA.$$

31. No. El tamaño y la forma de la gráfica eran iguales, sólo la posición cambia. Por lo cual, el área de la superficie no aumenta.

33. (a) $812\pi\sqrt{609}$ cm³   (b) $100\pi\sqrt{609}$ cm²   **35.** 16

Sección 14.6 *(página 1017)*

1. 18 **3.** $\frac{1}{10}$ **5.** $(15/2)(1 - 1/e)$ **7.** $-\frac{40}{3}$ **9.** $\frac{324}{5}$

11. $V = \displaystyle \int_0^5 \int_0^{5 - x} \int_0^{5 - x - y} dz \, dy \, dx$

13. $V = \displaystyle \int_{-\sqrt{6}}^{\sqrt{6}} \int_{-\sqrt{6 - y^2}}^{\sqrt{6 - y^2}} \int_0^{6 - x^2 - y^2} dz \, dx \, dy$

15. $V = \displaystyle \int_{-4}^4 \int_{-\sqrt{16 - x^2}}^{\sqrt{16 - x^2}} \int_{(x^2 + y^2)/2}^{\sqrt{80 - x^2 - y^2}} dz \, dy \, dx$

17. $\frac{256}{15}$ **19.** $4\pi a^3/3$ **21.** $\frac{256}{15}$ **23.** 10

25.

$$\int_0^1 \int_0^1 \int_{-1}^{-\sqrt{z}} dy\, dz\, dx$$

27.

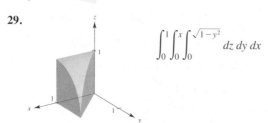

$$\int_0^3 \int_0^{(12-4z)/3} \int_0^{(12-4z-3x)/6} dy\, dx\, dz$$

29.

$$\int_0^1 \int_0^x \int_0^{\sqrt{1-y^2}} dz\, dy\, dx$$

31. $\displaystyle\int_0^1 \int_0^x \int_0^3 xyz\, dz\, dy\, dx, \quad \int_0^1 \int_y^1 \int_0^3 xyz\, dz\, dx\, dy,$

$\displaystyle\int_0^1 \int_0^3 \int_0^x xyz\, dy\, dz\, dx, \quad \int_0^3 \int_0^1 \int_y^1 xyz\, dy\, dx\, dz,$

$\displaystyle\int_0^3 \int_0^1 \int_y^1 xyz\, dx\, dy\, dz, \quad \int_0^1 \int_0^3 \int_y^1 xyz\, dx\, dz\, dy$

33. $\displaystyle\int_{-3}^3 \int_{-\sqrt{9-x^2}}^{\sqrt{9-x^2}} \int_0^4 xyz\, dz\, dy\, dx, \quad \int_{-3}^3 \int_{-\sqrt{9-y^2}}^{\sqrt{9-y^2}} \int_0^4 xyz\, dz\, dx\, dy,$

$\displaystyle\int_{-3}^3 \int_0^4 \int_{-\sqrt{9-x^2}}^{\sqrt{9-x^2}} xyz\, dy\, dz\, dx, \quad \int_0^4 \int_{-3}^3 \int_{-\sqrt{9-x^2}}^{\sqrt{9-x^2}} xyz\, dy\, dx\, dz,$

$\displaystyle\int_0^4 \int_{-3}^3 \int_{-\sqrt{9-y^2}}^{\sqrt{9-y^2}} xyz\, dx\, dy\, dz, \quad \int_{-3}^3 \int_0^4 \int_{-\sqrt{9-y^2}}^{\sqrt{9-y^2}} xyz\, dx\, dz\, dy$

35. $\displaystyle\int_0^1 \int_0^{1-z} \int_0^{1-y^2} dx\, dy\, dz, \quad \int_0^1 \int_0^{1-y} \int_0^{1-y^2} dx\, dz\, dy,$

$\displaystyle\int_0^1 \int_0^{2z-z^2} \int_0^{1-z} 1\, dy\, dx\, dz + \int_0^1 \int_{2z-z^2}^1 \int_0^{\sqrt{1-x}} 1\, dy\, dx\, dz,$

$\displaystyle\int_0^1 \int_{1-\sqrt{1-x}}^1 \int_0^{1-z} 1\, dy\, dz\, dx + \int_0^1 \int_0^{1-\sqrt{1-x}} \int_0^{\sqrt{1-x}} 1\, dy\, dz\, dx,$

$\displaystyle\int_0^1 \int_0^{\sqrt{1-x}} \int_0^{1-y} dz\, dy\, dx$

37. $m = 8k, \bar{x} = \dfrac{3}{2}$ **39.** $m = 128k/3, \bar{z} = 1$

41. $\displaystyle m = k \int_0^b \int_0^b \int_0^b xy\, dz\, dy\, dx$

$\displaystyle M_{yz} = k \int_0^b \int_0^b \int_0^b x^2 y\, dz\, dy\, dx$

$\displaystyle M_{xz} = k \int_0^b \int_0^b \int_0^b xy^2\, dz\, dy\, dx$

$\displaystyle M_{xy} = k \int_0^b \int_0^b \int_0^b xyz\, dz\, dy\, dx$

43. $\bar{x}$ será mayor que 2, y $\bar{y}$ y $\bar{z}$ no cambiarán.

45. $\bar{x}$ y $\bar{z}$ no cambiarán, y $\bar{y}$ será mayor que 0.

47. $(0, 0, 3h/4)$ **49.** $\left(0, 0, \frac{3}{2}\right)$ **51.** $\left(5, 6, \frac{5}{4}\right)$

53. (a) $I_x = 2ka^5/3$ **55.** (a) $I_x = 256k$

$\qquad I_y = 2ka^5/3$ $\qquad I_y = 512k/3$

$\qquad I_z = 2ka^5/3$ $\qquad I_z = 256k$

(b) $I_x = ka^8/8$ (b) $I_x = 2048k/3$

$\qquad I_y = ka^8/8$ $\qquad I_y = 1024k/3$

$\qquad I_z = ka^8/8$ $\qquad I_z = 2048k/3$

57. Demostración

59. $\displaystyle\int_{-1}^1 \int_{-1}^1 \int_0^{1-x} (x^2 + y^2)\sqrt{x^2 + y^2 + z^2}\, dz\, dy\, dx$

61. (a) $\displaystyle m = \int_{-2}^2 \int_{-\sqrt{4-x^2}}^{\sqrt{4-x^2}} \int_0^{4-x^2-y^2} kz\, dz\, dy\, dx$

(b) $\bar{x} = \bar{y} = 0$, por simetría.

$\displaystyle\bar{z} = \frac{1}{m} \int_{-2}^2 \int_{-\sqrt{4-x^2}}^{\sqrt{4-x^2}} \int_0^{4-x^2-y^2} kz^2\, dz\, dy\, dx$

(c) $\displaystyle I_z = \int_{-2}^2 \int_{-\sqrt{4-x^2}}^{\sqrt{4-x^2}} \int_0^{4-x^2-y^2} kz(x^2 + y^2)\, dz\, dy\, dx$

63. $\frac{13}{3}$ **65.** $\frac{3}{2}$

67. Ver la "Definición de integral triple" en la página 1009 y el teorema 14.4, "Evaluación mediante integrales iteradas" en la página 1010.

69. (a)   **71.** $Q: 3z^2 + y^2 + 2x^2 \le 1; 4\sqrt{6}\pi/45 \approx 0.684$

73. Problema Putnam B1, 1965

Sección 14.7   *(página 1025)*

1. 27   **3.** $\frac{52}{45}$ **5.** $\pi/8$ **7.** $\pi(e^4 + 3)$

9.   **11.**

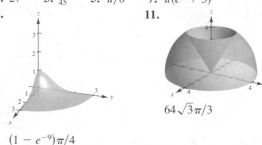

$64\sqrt{3}\pi/3$

$(1 - e^{-9})\pi/4$

13. Cilíndricas: $\displaystyle\int_0^{2\pi} \int_0^2 \int_{r^2}^4 r^2 \cos\theta\, dz\, dr\, d\theta = 0$

Esféricas: $\displaystyle\int_0^{2\pi} \int_0^{\arctan(1/2)} \int_0^{4\sec\phi} \rho^3 \operatorname{sen}^2\phi \cos\theta\, d\rho\, d\phi\, d\theta$

$\displaystyle + \int_0^{2\pi} \int_{\arctan(1/2)}^{\pi/2} \int_0^{\cot\phi\csc\phi} \rho^3 \operatorname{sen}^2\phi \cos\phi\, d\rho\, d\phi\, d\theta = 0$

15. Cilíndricas: $\displaystyle\int_0^{2\pi} \int_0^a \int_a^{a+\sqrt{a^2-r^2}} r^2 \cos\theta\, dz\, dr\, d\theta = 0$

Esféricas: $\displaystyle\int_0^{\pi/4} \int_0^{2\pi} \int_{a\sec\phi}^{2a\cos\phi} \rho^3 \operatorname{sen}^2\phi \cos\theta\, d\rho\, d\theta\, d\phi = 0$

17. $(2a^3/9)(3\pi - 4)$ **19.** $\pi/16$ **21.** $(2a^3/9)(3\pi - 4)$

23. $48k\pi$ **25.** $\pi r_0^2 h/3$ **27.** $(0, 0, h/5)$

29. $\displaystyle I_z = 4k \int_0^{\pi/2} \int_0^{r_0} \int_0^{h(r_0-r)/r_0} r^3\, dz\, dr\, d\theta = 3mr_0^2/10$

31. Demostración   **33.** $9\pi\sqrt{2}$ **35.** $16\pi^2$ **37.** $k\pi a^4$

39. $(0, 0, 3r/8)$ **41.** $k\pi/192$

43. Rectangulares a cilíndricas: Cilíndricas a rectangulares:

$r^2 = x^2 + y^2$ ⎮ $x = r \cos \theta$

$\tan \theta = y/x$ ⎮ $y = r \operatorname{sen} \theta$

$z = z$ ⎮ $z = z$

45. $\displaystyle\int_{\theta_1}^{\theta_2} \int_{g_1(\theta)}^{g_2(\theta)} \int_{h_1(r\cos\theta,\, r\,\operatorname{sen}\theta)}^{h_2(r\cos\theta,\, r\,\operatorname{sen}\theta)} f(r\cos\theta, r\,\operatorname{sen}\theta, z)\, r\, dz\, dr\, d\theta$

47. (a) r constante: cilindro circular recto respecto al eje z

θ constante: plano paralelo al eje z

z constante: plano paralelo al plano xy

(b) ρ constante: esfera

θ constante: plano paralelo al eje z

ϕ constante: cono

49. Problema Putnam A1, 2006

Sección 14.8   *(página 1032)*

1. $-\frac{1}{2}$ **3.** $1 + 2v$ **5.** 1 **7.** $-e^{2u}$

9.

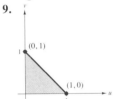

11.

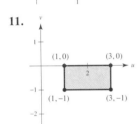

13. $\displaystyle\iint_R 3xy\, dA = \int_{-2/3}^{2/3} \int_{1-x}^{(1/2)x+2} 3xy\, dy\, dx$

$\displaystyle\qquad + \int_{2/3}^{4/3} \int_{(1/2)x}^{(1/2)x+2} 3xy\, dy\, dx + \int_{4/3}^{8/3} \int_{(1/2)x}^{4-x} 3xy\, dy\, dx = \frac{164}{9}$

15. $\frac{8}{3}$ **17.** 36 **19.** $(e^{-1/2} - e^{-2}) \ln 8 \approx 0.9798$ **21.** 96

23. $12(e^4 - 1)$ **25.** $\frac{100}{9}$ **27.** $\frac{2}{5}a^{5/2}$ **29.** Uno

31. (a)

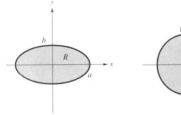

(b) ab (c) πab

33. Ver la "Definición del jacobiano" en la página 1027.   **35.** $u^2 v$

37. $-uv$ **39.** $-\rho^2 \operatorname{sen}\phi$ **41.** Problema Putnam A2, 1994

Ejercicios de repaso para el capítulo 14
(página 1034)

1. $4x^5$ **3.** $\frac{29}{6}$ **5.** 36 **7.** $\frac{3}{2}$ **9.** 16

11.

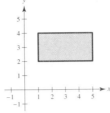

$$\int_2^4 \int_1^5 dx\, dy = \int_1^5 \int_2^4 dy\, dx = 8$$

13.

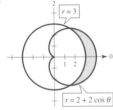

$$\int_0^4 \int_{2x}^8 dy\, dx = \int_0^8 \int_0^{y/2} dx\, dy = 16$$

15. $\displaystyle\int_0^2 \int_0^4 4xy\, dy\, dx = \int_0^4 \int_0^2 4xy\, dx\, dy = 64$ **17.** 21

19. $\frac{40}{3}$ **21.** $\frac{40}{3}$ **23.** $13.67°\text{C}$

25. $(h^3/6)\left[\ln(\sqrt{2}+1) + \sqrt{2}\right]$ **27.** $\frac{81}{5}$ **29.** $9\pi/2$

31.

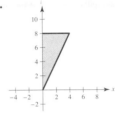

$$\frac{9\sqrt{3}}{2} - \pi$$

33. (a) $r = 3\sqrt{\cos 2\theta}$

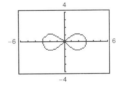

(b) 9 (c) $3(3\pi - 16\sqrt{2} + 20) \approx 20.392$

35. $m = \frac{32k}{5},\ \left(\frac{5}{3}, \frac{5}{2}\right)$ **37.** $m = \frac{k}{4},\ \left(\frac{32}{45}, \frac{64}{55}\right)$

39. $I_x = ka^2 b^3 / 6$

$I_y = ka^4 b/4$

$I_0 = (2ka^2 b^3 + 3ka^4 b)/12$

$\bar{\bar{x}} = a/\sqrt{2}$

$\bar{\bar{y}} = b/\sqrt{3}$

41. $\dfrac{(101\sqrt{101} - 1)\pi}{6}$ **43.** $\dfrac{1}{6}(37\sqrt{37} - 1)$

45. (a) $30{,}415.74$ pies^3 (b) 2081.53 pies^2 **47.** 56

49. $\frac{abc}{3}(a^2 + b^2 + c^2)$ **51.** $\frac{8\pi}{5}$ **53.** 36

55.

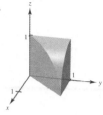

$$\int_0^1 \int_x^1 \int_0^{\sqrt{1-x^2}} dz\, dy\, dx$$

57. $m = \frac{500k}{3}, \bar{x} = \frac{5}{2}$ **59.** $12\sqrt{3}$ **61.** $\frac{2\pi^2}{3}$

63. $\pi\left[3\sqrt{13} + 4\ln\left(\frac{3 + \sqrt{13}}{2}\right)\right] \approx 48.995$ **65.** 16π

67. -9 **69.** $\operatorname{sen}^2\theta - \cos^2\theta$

71. $5\ln 5 - 3\ln 3 - 2 \approx 2.751$ **73.** 81

Solución de problemas *(página 1037)*

1. $8(2 - \sqrt{2})$ **3.** $\frac{1}{3}$ **5.** (a)–(g) Demostraciones

7. Los resultados no son iguales. El teorema de Fubini no es válido,
ya que f no es continua en la región $0 \le x \le 1$,
$0 \le y \le 1$.

9. $\sqrt{\pi}/4$ **11.** Si $a, k > 0$, entonces $1 = ka^2$ o $a = 1/\sqrt{k}$.

13. Las respuestas varían.

15. A mayor ángulo entre el plano dado y el plano xy, mayor será
el área de la superficie. Por lo que $z_2 < z_1 < z_4 < z_3$.

17.

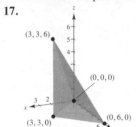

$$\int_0^3 \int_0^{2x} \int_x^{6-x} dy\, dz\, dx = 18$$

Capítulo 15

Sección 15.1 *(página 1049)*

1. d   **2.** c   **3.** a   **4.** b
5. $\sqrt{2}$ **7.** $3|y|$

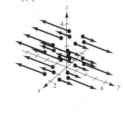

9. $\sqrt{3}$

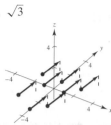

11.

13.

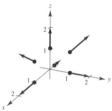

15. $2x\mathbf{i} + 4y\mathbf{j}$ **17.** $(10x + 3y)\mathbf{i} + (3x + 2y)\mathbf{j}$
19. $6yz\mathbf{i} + 6xz\mathbf{j} + 6xy\mathbf{k}$ **21.** $2xye^{x^2}\mathbf{i} + e^{x^2}\mathbf{j} + \mathbf{k}$
23. $[xy/(x + y) + y\ln(x + y)]\mathbf{i} + [xy/(x + y) + x\ln(x + y)]\mathbf{j}$
25. Conservativo   **27.** Conservativo   **29.** Conservativo
31. No conservativo   **33.** Conservativo: $f(x, y) = xy + K$
35. Conservativo: $f(x, y) = x^2y + K$
37. No conservativo   **39.** No conservativo
41. Conservativo: $f(x, y) = e^x \cos y + K$
43. $4\mathbf{i} - \mathbf{j} - 3\mathbf{k}$ **45.** $-2\mathbf{k}$ **47.** $2x/(x^2 + y^2)\mathbf{k}$
49. $\cos(y - z)\mathbf{i} + \cos(z - x)\mathbf{j} + \cos(x - y)\mathbf{k}$
51. Conservativo: $f(x, y, z) = \frac{1}{2}(x^2y^2z^2) + K$
53. No conservativo   **55.** Conservativo: $f(x, y, z) = xz/y + K$
57. $2x + 4y$ **59.** $\cos x - \operatorname{sen} y + 2z$ **61.** 4   **63.** 0
65. Ver la "Definición de un campo vectorial" en la página 1040.
Algunos ejemplos físicos de campos vectoriales son el campo
de velocidades, los campos gravitacionales y los campos de
fuerzas eléctricas.
67. Ver la "Definición del rotacional de un campo vectorial" en la
página 1046.
69. $9x\mathbf{j} - 2y\mathbf{k}$ **71.** $z\mathbf{j} + y\mathbf{k}$ **73.** $3z + 2x$ **75.** 0
77. (a)–(h) Demostraciones   **79.** Verdadero
81. Falso. El rotacional de f sólo es significativo para los campos
vectoriales donde la dirección está implicada.
83. $M = 3mxy(x^2 + y^2)^{-5/2}$
$\partial M/\partial y = 3mx(x^2 - 4y^2)/(x^2 + y^2)^{7/2}$
$N = m(2y^2 - x^2)(x^2 + y^2)^{-5/2}$
$\partial N/\partial x = 3mx(x^2 - 4y^2)/(x^2 + y^2)^{7/2}$
Por lo tanto, $\partial N/\partial x = \partial M/\partial y$ y $\mathbf{F}$ es conservativo.

Sección 15.2 *(página 1061)*

1. $\mathbf{r}(t) = \begin{cases} t\mathbf{i} + t\mathbf{j}, & 0 \le t \le 1 \\ (2 - t)\mathbf{i} + \sqrt{2 - t}\,\mathbf{j}, & 1 \le t \le 2 \end{cases}$

3. $\mathbf{r}(t) = \begin{cases} t\mathbf{i}, & 0 \le t \le 3 \\ 3\mathbf{i} + (t - 3)\mathbf{j}, & 3 \le t \le 6 \\ (9 - t)\mathbf{i} + 3\mathbf{j}, & 6 \le t \le 9 \\ (12 - t)\mathbf{j}, & 9 \le t \le 12 \end{cases}$

5. $\mathbf{r}(t) = 3\cos t\mathbf{i} + 3\operatorname{sen} t\mathbf{j}, \quad 0 \le t \le 2\pi$
7. 20   **9.** $5\pi/2$
11. (a) C: $\mathbf{r}(t) = t\mathbf{i} + t\mathbf{j}, 0 \le t \le 1$ (b) $2\sqrt{2}/3$

13. (a) C: $\mathbf{r}(t) = \cos t\mathbf{i} + \mathrm{sen}\, t\mathbf{j}$, $0 \le t \le \pi/2$ (b) $\pi/2$

15. (a) C: $\mathbf{r}(t) = t\mathbf{i}$, $0 \le t \le 1$ (b) $1/2$

17. (a) C: $\mathbf{r}(t) = \begin{cases} t\mathbf{i}, & 0 \le t \le 1 \\ (2-t)\mathbf{i} + (t-1)\mathbf{j}, & 1 \le t \le 2 \\ (3-t)\mathbf{j}, & 2 \le t \le 3 \end{cases}$

(b) $\frac{19}{6}\left(1 + \sqrt{2}\right)$

19. (a) C: $\mathbf{r}(t) = \begin{cases} t\mathbf{i}, & 0 \le t \le 1 \\ \mathbf{i} + t\mathbf{k}, & 0 \le t \le 1 \\ \mathbf{i} + t\mathbf{j} + \mathbf{k}, & 0 \le t \le 1 \end{cases}$ (b) $\frac{23}{6}$

21. $8\sqrt{5}\,\pi\left(1 + 4\pi^2/3\right) \approx 795.7$ **23.** $2\pi + 2$

25. $(k/12)\left(41\sqrt{41} - 27\right)$ **27.** 1 **29.** $\frac{1}{2}$ **31.** $\frac{9}{4}$

33. Aproximadamente 249.49   **35.** 66   **37.** 0   **39.** $-10\pi^2$

41. Positivo   **43.** Cero

45. (a) $\frac{236}{3}$; La orientación es de izquierda a derecha, por lo que el valor es positivo.

(b) $-\frac{236}{3}$; La orientación es de derecha a izquierda, por lo que el valor es negativo.

47. $\mathbf{F}(t) = -2t\mathbf{i} - t\mathbf{j}$
$\mathbf{r}'(t) = \mathbf{i} - 2\mathbf{j}$
$\mathbf{F}(t) \cdot \mathbf{r}'(t) = -2t + 2t = 0$
$\int_C \mathbf{F} \cdot d\mathbf{r} = 0$

49. $\mathbf{F}(t) = (t^3 - 2t^2)\mathbf{i} + (t - t^2/2)\mathbf{j}$
$\mathbf{r}'(t) = \mathbf{i} + 2t\mathbf{j}$
$\mathbf{F}(t) \cdot \mathbf{r}'(t) = t^3 - 2t^2 + 2t^2 - t^3 = 0$
$\int_C \mathbf{F} \cdot d\mathbf{r} = 0$

51. 1010   **53.** $\frac{190}{3}$ **55.** 25   **57.** $\frac{63}{2}$ **59.** $-\frac{11}{6}$

61. $\frac{316}{3}$ **63.** $5h$ **65.** $\frac{1}{2}$ **67.** $(h/4)\left[2\sqrt{5} + \ln\left(2 + \sqrt{5}\right)\right]$

69. $\frac{1}{120}\left(25\sqrt{5} - 11\right)$

71. (a) $12\pi \approx 37.70$ cm^2
(b) $12\pi/5 \approx 7.54$ cm^3
(c)

73. $I_x = I_y = a^3\pi$

75. (a)

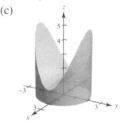

(b) 9π cm$^2 \approx 28.274$ cm^2

(c) Volumen $= 2\displaystyle\int_0^3 2\sqrt{9 - y^2}\left[1 + 4\frac{y^2}{9}\left(1 - \frac{y^2}{9}\right)\right] dy$
$= 27\pi/2 \approx 42.412$ cm^3

77. 1750 pie-lb

79. Ver la "Definición de integral de línea" en la página 1052 y el teorema 15.4. "Evaluación de una integral de línea como integral definida" en la página 1053.

81. z_3, z_1, z_2, z_4; Cuanto mayor sea la altura de la superficie sobre la curva $y = \sqrt{x}$, mayor será el área de la superficie lateral.

83. Falso. $\displaystyle\int_C xy\, ds = \sqrt{2}\int_0^1 t^2\, dt$

85. Falso. Las orientaciones son diferentes.   **87.** -12

Sección 15.3   (página 1072)

1. (a) $\displaystyle\int_0^1 (t^2 + 2t^4)\, dt = \frac{11}{15}$

(b) $\displaystyle\int_0^{\pi/2} (\mathrm{sen}^2\,\theta \cos\theta + 2\,\mathrm{sen}^4\,\theta \cos\theta)\, d\theta = \frac{11}{15}$

3. (a) $\displaystyle\int_0^{\pi/3} (\sec\theta \tan^2\theta - \sec^3\theta)\, d\theta \approx -1.317$

(b) $\displaystyle\int_0^3 \left[\frac{\sqrt{t}}{2\sqrt{t+1}} - \frac{\sqrt{t+1}}{2\sqrt{t}}\right] dt \approx -1.317$

5. Conservativo   **7.** No conservativo

9. Conservativo   **11.** (a) 1   (b) 1

13. (a) 0   (b) $-\frac{1}{3}$ (c) $-\frac{1}{2}$

15. (a) 64   (b) 0   (c) 0   (d) 0   **17.** (a) $\frac{64}{3}$ (b) $\frac{64}{3}$

19. (a) 32   (b) 32   **21.** (a) $\frac{2}{3}$ (b) $\frac{17}{6}$ **23.** (a) 0   (b) 0

25. 72   **27.** -1 **29.** 0   **31.** (a) 2   (b) 2   (c) 2

33. 11   **35.** 30,366   **37.** 0

39. (a) $d\mathbf{r} = (\mathbf{i} - \mathbf{j})\, dt \Longrightarrow \displaystyle\int_0^{50} 175\, dt = 8750$ pie-lb

(b) $d\mathbf{r} = \left(\mathbf{i} - \frac{1}{25}(50 - t)\mathbf{j}\right) dt \Longrightarrow 7\displaystyle\int_0^{50} (50 - t)\, dt$
$= 8750$ pie-lb

41. Ver el teorema 15.5 "Teorema fundamental de las integrales de línea" en la página 1066.

43. (a) 2π (b) 2π (c) -2π (d) 0

45. Sí, porque obtener el trabajo requerido de un punto a otro es independiente de la trayectoria que se siga.

47. Falso. Sería verdadero si $\mathbf{F}$ fuera conservativo

49. Verdadero   **51.** Demostración

53. (a) Verdadero   (b) $-\pi$ (c) π
(d) -2π; no contradice el teorema 15.7 ya que $\mathbf{F}$ no es continuo en $(0, 0)$ en R encerrada por C.
(e) $\nabla\left(\arctan\dfrac{x}{y}\right) = \dfrac{1/y}{1 + (x/y)^2}\mathbf{i} + \dfrac{-x/y^2}{1 + (x/y)^2}\mathbf{j}$

Sección 15.4   (página 1081)

1. $\frac{1}{30}$ **3.** 0   **5.** Aproximadamente 19.99   **7.** $\frac{9}{2}$ **9.** 56

11. $\frac{4}{3}$ **13.** 0   **15.** 0   **17.** $\frac{1}{12}$ **19.** 32π

21. π **23.** $\frac{225}{2}$ **25.** πa^2 **27.** $\frac{9}{2}$

29. Ver el teorema 15.8 en la página 1075.   **31.** Demostración

33. $\left(0, \frac{8}{5}\right)$ **35.** $\left(\frac{8}{15}, \frac{8}{21}\right)$ **37.** $3\pi a^2/2$

39. $\pi - 3\sqrt{3}/2$ **41.** (a) $51\pi/2$ (b) $243\pi/2$

43. 46π

45. $\displaystyle\int_C \mathbf{F} \cdot d\mathbf{r} = \int_C M\,dx + N\,dy = \iint_R \left(\frac{\partial N}{\partial x} - \frac{\partial M}{\partial y}\right) dA = 0;$
$I = -2\pi$ donde C es una circunferencia que contiene al origen.

47–51. Demostraciones

Sección 15.5 *(página 1091)*

1. e   **2.** f   **3.** b   **4.** a   **5.** d   **6.** c
7. $y - 2z = 0$ **9.** $x^2 + z^2 = 4$
Plano   Cilindro

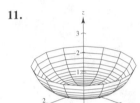   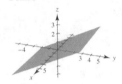

11.   **13.**

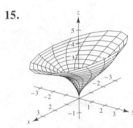   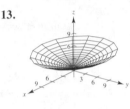

15.

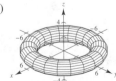

17. el paraboloide es reflejado (invertido) a través del plano xy.
19. La altura del paraboloide aumenta de 4 a 9.
21. $\mathbf{r}(u, v) = u\mathbf{i} + v\mathbf{j} + v\mathbf{k}$
23. $\mathbf{r}(u, v) = \frac{1}{2}u\cos v\mathbf{i} + u\mathbf{j} + \frac{1}{3}u\,\mathrm{sen}\,v\mathbf{k}, u \geq 0, 0 \leq v \leq 2\pi$ o
   $\mathbf{r}(x, y) = x\mathbf{i} + \sqrt{4x^2 + 9y^2}\mathbf{j} + z\mathbf{k}$
25. $\mathbf{r}(u, v) = 5\cos u\mathbf{i} + 5\,\mathrm{sen}\,u\mathbf{j} + v\mathbf{k}$
27. $\mathbf{r}(u, v) = u\mathbf{i} + v\mathbf{j} + u^2\mathbf{k}$
29. $\mathbf{r}(u, v) = v\cos u\mathbf{i} + v\,\mathrm{sen}\,u\mathbf{j} + 4\mathbf{k}, \quad 0 \leq v \leq 3$
31. $x = u, y = \dfrac{u}{2}\cos v, z = \dfrac{u}{2}\,\mathrm{sen}\,v, \quad 0 \leq u \leq 6, 0 \leq v \leq 2\pi$
33. $x = \mathrm{sen}\,u\cos v, y = \mathrm{sen}\,u\,\mathrm{sen}\,v, z = u$
   $0 \leq u \leq \pi, 0 \leq v \leq 2\pi$
35. $x - y - 2z = 0$ **37.** $4y - 3z = 12$ **39.** $8\sqrt{2}$
41. $2\pi ab$ **43.** $\pi ab^2\sqrt{a^2 + 1}$
45. $(\pi/6)(17\sqrt{17} - 1) \approx 36.177$
47. Ver la "Definición de superficie paramétrica" en la página 1084.
49–51. Demostraciones
53. (a)   (b)

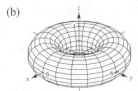

(c)

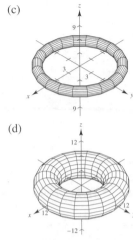

(d)

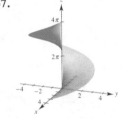

El radio del círculo generador que es girado con respecto al eje
z es b, y su centro está a a unidades del eje de revolución.
55. $400\pi\,\mathrm{m}^2$
57.

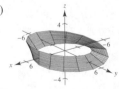

$2\pi\left[\frac{3}{2}\sqrt{13} + 2\ln\left(3 + \sqrt{13}\right) - 2\ln 2\right]$

59. Las respuestas varían. Ejemplo de respuesta: Sean
   $x = (2 - u)(5 + \cos v)\cos 3\pi u$
   $y = (2 - u)(5 + \cos v)\,\mathrm{sen}\,3\pi u$
   $z = 5u + (2 - u)\,\mathrm{sen}\,v$
   donde $-\pi \leq u \leq \pi$ y $-\pi \leq v \leq \pi$.

Sección 15.6 *(página 1104)*

1. $12\sqrt{2}$ **3.** 2π **5.** $27\sqrt{3}/8$
7. $\left(391\sqrt{17} + 1\right)/240$ **9.** Aproximadamente -11.47
11. $\frac{364}{3}$ **13.** $12\sqrt{5}$ **15.** 8   **17.** $\sqrt{3}\pi$
19. $32\pi/3$ **21.** 486π **23.** $-\frac{4}{3}$ **25.** $3\pi/2$
27. 20π **29.** 384π **31.** 0   **33.** Demostración
35. $2\pi a^3 h$ **37.** $64\pi\rho$
39. Ver el teorema 15.10 "Evaluación de una integral de superficie"
   en la página 1094.
41. Ver "Definición de integral de flujo" en la página 1100; ver el
   teorema 15.11, "Evaluación de una integral de flujo", en la
   página 1100.
43. (a)

(b) No. Si un vector normal en un punto P en la superficie se
   mueve una vez alrededor de la banda de Möbius, apuntará en
   la dirección opuesta.

(c)

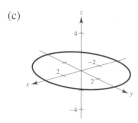

Circunferencia

(d) Construcción

(e) Una banda con una doble torcedura es dos veces más larga que la banda de Möbius.

Sección 15.7 *(página 1112)*

1. a^4 **3.** 18   **5.** π **7.** $3a^4$ **9.** 0

11. 108π **13.** 0   **15.** $18(e^4 - 5)$ **17.** 0

19. Ver el teorema 15.12, "Teorema de la divergencia" en la página 1106.

21–27. Demostraciones

Sección 15.8 *(página 1119)*

1. $(xz - e^z)\mathbf{i} - (yz + 1)\mathbf{j} - 2\mathbf{k}$

3. $z(x - 2e^{y^2+z^2})\mathbf{i} - yz\mathbf{j} - 2ye^{x^2+y^2}\mathbf{k}$ **5.** 18π **7.** 0

9. -12 **11.** 2π **13.** 0   **15.** $\frac{8}{3}$ **17.** $a^5/4$ **19.** 0

21. Ver el teorema 15.13, "Teorema de Stokes" en la página 1114.

23. Demostración   **25.** Problema Putnam A5, 1987

Ejercicios de repaso para el capítulo 15

(página 1120)

1. $\sqrt{x^2 + 5}$

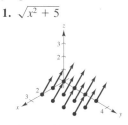

3. $(4x + y)\mathbf{i} + x\mathbf{j} + 2z\mathbf{k}$

5. Conservativo: $f(x, y) = y/x + K$

7. Conservativo: $f(x, y) = \frac{1}{2}x^2y^2 - \frac{1}{3}x^3 + \frac{1}{3}y^3 + K$

9. No conservativo

11. Conservativo: $f(x, y, z) = x/(yz) + K$

13. (a) div $\mathbf{F} = 2x + 2xy + x^2$ (b) rot $\mathbf{F} = -2xz\mathbf{j} + y^2\mathbf{k}$

15. (a) div $\mathbf{F} = -y \operatorname{sen} x - x \cos y + xy$

(b) rot $\mathbf{F} = xz\mathbf{i} - yz\mathbf{j}$

17. (a) div $\mathbf{F} = \dfrac{1}{\sqrt{1 - x^2}} + 2xy + 2yz$

(b) rot $\mathbf{F} = z^2\mathbf{i} + y^2\mathbf{k}$

19. (a) div $\mathbf{F} = \dfrac{2x + 2y}{x^2 + y^2} + 1$ (b) rot $\mathbf{F} = \dfrac{2x - 2y}{x^2 + y^2}\mathbf{k}$

21. (a) $\frac{125}{3}$ (b) 2π **23.** 6π **25.** (a) 18   (b) 18π

27. $9a^2/5$ **29.** $(\sqrt{5}/3)(19 - \cos 6) \approx 13.446$

31. 1   **33.** $2\pi^2$ **35.** 36   **37.** $\frac{4}{3}$

39. $\frac{8}{3}(3 - 4\sqrt{2}) \approx -7.085$ **41.** 6

43. (a) 15   (b) 15   (c) 15

45. 1   **47.** 0   **49.** 0

51.

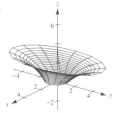

53. (a)

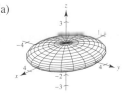

(b)

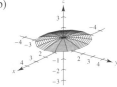

(c)

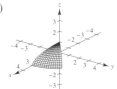

(d)

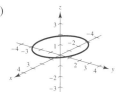

Circunferencia

(e) Aproximadamente 14.436

(f) Aproximadamente 4.269

55.

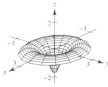

0

57. 66   **59.** $2a^6/5$ **61.** Demostración

Solución de problemas *(página 1123)*

1. (a) $(25\sqrt{2}/6)k\pi$ (b) $(25\sqrt{2}/6)k\pi$

3. $I_x = (\sqrt{13}\pi/3)(27 + 32\pi^2)$;

$I_y = (\sqrt{13}\pi/3)(27 + 32\pi^2)$;

$I_z = 18\sqrt{13}\pi$

5. (a)–(d) Demostraciones   **7.** $3a^2\pi$

9. (a) 1   (b) $\frac{13}{15}$ (c) $\frac{5}{2}$

11. Demostración   **13.** (a)–(b) Demostraciones

Índice

DERIVADAS E INTEGRALES

Reglas básicas de diferenciación

1. $\dfrac{d}{dx}[cu] = cu'$

2. $\dfrac{d}{dx}[u \pm v] = u' \pm v'$

3. $\dfrac{d}{dx}[uv] = uv' + vu'$

4. $\dfrac{d}{dx}\left[\dfrac{u}{v}\right] = \dfrac{vu' - uv'}{v^2}$

5. $\dfrac{d}{dx}[c] = 0$

6. $\dfrac{d}{dx}[u^n] = nu^{n-1}u'$

7. $\dfrac{d}{dx}[x] = 1$

8. $\dfrac{d}{dx}[|u|] = \dfrac{u}{|u|}(u'), \quad u \neq 0$

9. $\dfrac{d}{dx}[\ln u] = \dfrac{u'}{u}$

10. $\dfrac{u}{dx}[e^u] = e^u u'$

11. $\dfrac{d}{dx}[\log_a u] = \dfrac{u'}{(\ln a)u}$

12. $\dfrac{d}{dx}[a^u] = (\ln a)a^u u'$

13. $\dfrac{d}{dx}[\text{sen } u] = (\cos u)u'$

14. $\dfrac{d}{dx}[\cos u] = -(\text{sen } u)u'$

15. $\dfrac{d}{dx}[\tan u] = (\sec^2 u)u'$

16. $\dfrac{d}{dx}[\cot u] = -(\csc^2 u)u'$

17. $\dfrac{d}{dx}[\sec u] = (\sec u \tan u)u'$

18. $\dfrac{d}{dx}[\csc u] = -(\csc u \cot u)u'$

19. $\dfrac{d}{dx}[\text{arcsen } u] = \dfrac{u'}{\sqrt{1 - u^2}}$

20. $\dfrac{d}{dx}[\arccos u] = \dfrac{-u'}{\sqrt{1 - u^2}}$

21. $\dfrac{d}{dx}[\arctan u] = \dfrac{u'}{1 + u^2}$

22. $\dfrac{d}{dx}[\text{arccot } u] = \dfrac{-u'}{1 + u^2}$

23. $\dfrac{d}{dx}[\text{arcsec } u] = \dfrac{u'}{|u|\sqrt{u^2 - 1}}$

24. $\dfrac{d}{dx}[\text{arccsc } u] = \dfrac{-u'}{|u|\sqrt{u^2 - 1}}$

25. $\dfrac{d}{dx}[\text{senh } u] = (\cosh u)u'$

26. $\dfrac{d}{dx}[\cosh u] = (\text{senh}\,u)u'$

27. $\dfrac{d}{dx}[\tanh u] = (\text{sech}^2 u)u'$

28. $\dfrac{d}{dx}[\coth u] = -(\text{csch}^2 u)u'$

29. $\dfrac{d}{dx}[\text{sech } u] = -(\text{sech } u \tanh u)u'$

30. $\dfrac{d}{dx}[\text{csch } u] = -(\text{csch } u \coth u)u'$

31. $\dfrac{d}{dx}[\text{senh}^{-1} u] = \dfrac{u'}{\sqrt{u^2 + 1}}$

32. $\dfrac{d}{dx}[\cosh^{-1} u] = \dfrac{u'}{\sqrt{u^2 - 1}}$

33. $\dfrac{d}{dx}[\tanh^{-1} u] = \dfrac{u'}{1 - u^2}$

34. $\dfrac{d}{dx}[\coth^{-1} u] = \dfrac{u'}{1 - u^2}$

35. $\dfrac{d}{dx}[\text{sech}^{-1} u] = \dfrac{-u'}{u\sqrt{1 - u^2}}$

36. $\dfrac{d}{dx}[\text{csch}^{-1} u] = \dfrac{-u'}{|u|\sqrt{1 + u^2}}$

Fórmulas básicas de integración

1. $\displaystyle\int kf(u)\,du = k\int f(u)\,du$

2. $\displaystyle\int [f(u) \pm g(u)]\,du = \int f(u)\,du \pm \int g(u)\,du$

3. $\displaystyle\int du = u + C$

4. $\displaystyle\int u^n\,du = \dfrac{u^{n+1}}{n+1} + C, \quad n \neq -1$

5. $\displaystyle\int \dfrac{du}{u} = \ln|u| + C$

6. $\displaystyle\int e^u\,du = e^u + C$

7. $\displaystyle\int a^u\,du = \left(\dfrac{1}{\ln a}\right)a^u + C$

8. $\displaystyle\int \text{sen } u\,du = -\cos u + C$

9. $\displaystyle\int \cos u\,du = \text{sen } u + C$

10. $\displaystyle\int \tan u\,du = -\ln|\cos u| + C$

11. $\displaystyle\int \cot u\,du = \ln|\text{sen } u| + C$

12. $\displaystyle\int \sec u\,du = \ln|\sec u + \tan u| + C$

13. $\displaystyle\int \csc u\,du = -\ln|\csc u + \cot u| + C$

14. $\displaystyle\int \sec^2 u\,du = \tan u + C$

15. $\displaystyle\int \csc^2 u\,du = -\cot u + C$

16. $\displaystyle\int \sec u \tan u\,du = \sec u + C$

17. $\displaystyle\int \csc u \cot u\,du = -\csc u + C$

18. $\displaystyle\int \dfrac{du}{\sqrt{a^2 - u^2}} = \text{arcsen }\dfrac{u}{a} + C$

19. $\displaystyle\int \dfrac{du}{a^2 + u^2} = \dfrac{1}{a}\arctan \dfrac{u}{a} + C$

20. $\displaystyle\int \dfrac{du}{u\sqrt{u^2 - a^2}} = \dfrac{1}{a}\text{arcsec }\dfrac{|u|}{a} + C$

TRIGONOMETRÍA

Definiciones de las seis funciones trigonométricas

Definiciones para un triángulo rectángulo, donde $0 < \theta < \pi/2$.

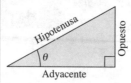

$$\operatorname{sen} \theta = \frac{\text{op}}{\text{hip}} \qquad \csc \theta = \frac{\text{hip}}{\text{op}}$$

$$\cos \theta = \frac{\text{ady}}{\text{hip}} \qquad \sec \theta = \frac{\text{hip}}{\text{ady}}$$

$$\tan \theta = \frac{\text{op}}{\text{ady}} \qquad \cot \theta = \frac{\text{ady}}{\text{op}} \cdot$$

Definiciones de las funciones circulares, donde θ es cualquier ángulo.

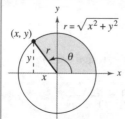

$r = \sqrt{x^2 + y^2}$

$$\operatorname{sen} \theta = \frac{y}{r} \qquad \csc \theta = \frac{r}{y}$$

$$\cos \theta = \frac{x}{r} \qquad \sec \theta = \frac{r}{x}$$

$$\tan \theta = \frac{y}{x} \qquad \cot \theta = \frac{x}{y}$$

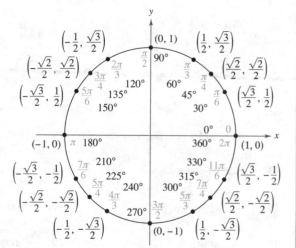

Identidades recíprocas

$$\operatorname{sen} x = \frac{1}{\csc x} \qquad \sec x = \frac{1}{\cos x} \qquad \tan x = \frac{1}{\cot x}$$

$$\csc x = \frac{1}{\operatorname{sen} x} \qquad \cos x = \frac{1}{\sec x} \qquad \cot x = \frac{1}{\tan x}$$

Identidades para la tangente y la cotangente

$$\tan x = \frac{\operatorname{sen} x}{\cos x} \qquad \cot x = \frac{\cos x}{\operatorname{sen} x}$$

Identidades pitagóricas

$$\operatorname{sen}^2 x + \cos^2 x = 1$$

$$1 + \tan^2 x = \sec^2 x \qquad 1 + \cot^2 x = \csc^2 x$$

Identidades para cofunciones

$$\operatorname{sen}\left(\frac{\pi}{2} - x\right) = \cos x \qquad \cos\left(\frac{\pi}{2} - x\right) = \operatorname{sen} x$$

$$\csc\left(\frac{\pi}{2} - x\right) = \sec x \qquad \tan\left(\frac{\pi}{2} - x\right) = \cot x$$

$$\sec\left(\frac{\pi}{2} - x\right) = \csc x \qquad \cot\left(\frac{\pi}{2} - x\right) = \tan x$$

Fórmulas de reducción

$$\operatorname{sen}(-x) = -\operatorname{sen} x \qquad \cos(-x) = \cos x$$

$$\csc(-x) = -\csc x \qquad \tan(-x) = -\tan x$$

$$\sec(-x) = \sec x \qquad \cot(-x) = -\cot x$$

Fórmulas para la suma y la diferencia

$$\operatorname{sen}(u \pm v) = \operatorname{sen} u \cos v \pm \cos u \operatorname{sen} v$$

$$\cos(u \pm v) = \cos u \cos v \mp \operatorname{sen} u \operatorname{sen} v$$

$$\tan(u \pm v) = \frac{\tan u \pm \tan v}{1 \mp \tan u \tan v}$$

Fórmulas para ángulos dobles

$$\operatorname{sen} 2u = 2 \operatorname{sen} u \cos u$$

$$\cos 2u = \cos^2 u - \operatorname{sen}^2 u = 2 \cos^2 u - 1 = 1 - 2 \operatorname{sen}^2 u$$

$$\tan 2u = \frac{2 \tan u}{1 - \tan^2 u}$$

Fórmulas para la reducción de potencias

$$\operatorname{sen}^2 u = \frac{1 - \cos 2u}{2}$$

$$\cos^2 u = \frac{1 + \cos 2u}{2}$$

$$\tan^2 u = \frac{1 - \cos 2u}{1 + \cos 2u}$$

Fórmulas suma a producto

$$\operatorname{sen} u + \operatorname{sen} v = 2 \operatorname{sen}\left(\frac{u + v}{2}\right) \cos\left(\frac{u - v}{2}\right)$$

$$\operatorname{sen} u - \operatorname{sen} v = 2 \cos\left(\frac{u + v}{2}\right) \operatorname{sen}\left(\frac{u - v}{2}\right)$$

$$\cos u + \cos v = 2 \cos\left(\frac{u + v}{2}\right) \cos\left(\frac{u - v}{2}\right)$$

$$\cos u - \cos v = -2 \operatorname{sen}\left(\frac{u + v}{2}\right) \operatorname{sen}\left(\frac{u - v}{2}\right)$$

Fórmulas producto a suma

$$\operatorname{sen} u \operatorname{sen} v = \frac{1}{2}[\cos(u - v) - \cos(u + v)]$$

$$\cos u \cos v = \frac{1}{2}[\cos(u - v) + \cos(u + v)]$$

$$\operatorname{sen} u \cos v = \frac{1}{2}[\operatorname{sen}(u + v) + \operatorname{sen}(u - v)]$$

$$\cos u \operatorname{sen} v = \frac{1}{2}[\operatorname{sen}(u + v) - \operatorname{sen}(u - v)]$$

Ceros y factores de un polinomio

Sea $p(x) = a_n x^n + a_{n-1} x^{n-1} + \cdots + a_1 x + a_0$ un polinomio. Si $p(a) = 0$, entonces a es un *cero* del polinomio y una solución de la ecuación $p(x) = 0$. Además, $(x - a)$ es un *factor* del polinomio.

Teorema fundamental del álgebra

Un polinomio de grado n tiene n ceros (no necesariamente distintos). Aunque todos estos ceros pueden ser imaginarios, un polinomio real de grado impar tendrá por lo menos un cero real.

Fórmula cuadrática

Si $p(x) = ax^2 + bx + c$ y $0 \leq b^2 - 4ac$, entonces los ceros reales de p son $x = \left(-b \pm \sqrt{b^2 - 4ac}\right)/2a$.

Factores especiales

$$x^2 - a^2 = (x - a)(x + a) \qquad\qquad x^3 - a^3 = (x - a)(x^2 + ax + a^2)$$

$$x^3 + a^3 = (x + a)(x^2 - ax + a^2) \qquad\qquad x^4 - a^4 = (x^2 - a^2)(x^2 + a^2)$$

Teorema del binomio

$$(x + y)^2 = x^2 + 2xy + y^2 \qquad\qquad (x - y)^2 = x^2 - 2xy + y^2$$

$$(x + y)^3 = x^3 + 3x^2 y + 3xy^2 + y^3 \qquad\qquad (x - y)^3 = x^3 - 3x^2 y + 3xy^2 - y^3$$

$$(x + y)^4 = x^4 + 4x^3 y + 6x^2 y^2 + 4xy^3 + y^4 \qquad\qquad (x - y)^4 = x^4 - 4x^3 y + 6x^2 y^2 - 4xy^3 + y^4$$

$$(x + y)^n = x^n + nx^{n-1}y + \frac{n(n - 1)}{2!}x^{n-2}y^2 + \cdots + nxy^{n-1} + y^n$$

$$(x - y)^n = x^n - nx^{n-1}y + \frac{n(n - 1)}{2!}x^{n-2}y^2 - \cdots \pm nxy^{n-1} \mp y^n$$

Teorema del cero racional

Si $p(x) = a_n x^n + a_{n-1} x^{n-1} + \cdots + a_1 x + a_0$ tiene coeficientes enteros, entonces todo *cero racional* de p es de la forma $x = r/s$, donde r es un factor de a_0 y s es un factor de a_n.

Factorización por agrupamiento

$$acx^3 + adx^2 + bcx + bd = ax^2(cx + d) + b(cx + d) = (ax^2 + b)(cx + d)$$

Operaciones aritméticas

$$ab + ac = a(b + c) \qquad \frac{a}{b} + \frac{c}{d} = \frac{ad + bc}{bd} \qquad \frac{a + b}{c} = \frac{a}{c} + \frac{b}{c}$$

$$\frac{\left(\dfrac{a}{b}\right)}{\left(\dfrac{c}{d}\right)} = \left(\frac{a}{b}\right)\left(\frac{d}{c}\right) = \frac{ad}{bc} \qquad \frac{\left(\dfrac{a}{b}\right)}{c} = \frac{a}{bc} \qquad \frac{a}{\left(\dfrac{b}{c}\right)} = \frac{ac}{b}$$

$$a\left(\frac{b}{c}\right) = \frac{ab}{c} \qquad \frac{a - b}{c - d} = \frac{b - a}{d - c} \qquad \frac{ab + ac}{a} = b + c$$

Exponentes y radicales

$$a^0 = 1, \quad a \neq 0 \qquad (ab)^x = a^x b^x \qquad a^x a^y = a^{x+y} \qquad \sqrt{a} = a^{1/2} \qquad \frac{a^x}{a^y} = a^{x-y} \qquad \sqrt[n]{a} = a^{1/n}$$

$$\left(\frac{a}{b}\right)^x = \frac{a^x}{b^x} \qquad \sqrt[n]{a^m} = a^{m/n} \qquad a^{-x} = \frac{1}{a^x} \qquad \sqrt[n]{ab} = \sqrt[n]{a}\,\sqrt[n]{b} \qquad (a^x)^y = a^{xy} \qquad \sqrt[n]{\frac{a}{b}} = \frac{\sqrt[n]{a}}{\sqrt[n]{b}}$$

FÓRMULAS TRIGONOMÉTRICAS

Triángulo

$h = a \operatorname{sen} \theta$

$\text{Área} = \dfrac{1}{2}bh$

(Ley de los cosenos)

$c^2 = a^2 + b^2 - 2ab \cos \theta$

Triángulo rectángulo

(Teorema de Pitágoras)

$c^2 = a^2 + b^2$

Triángulo equilátero

$h = \dfrac{\sqrt{3}\,s}{2}$

$\text{Área} = \dfrac{\sqrt{3}\,s^2}{4}$

Paralelogramo

$\text{Área} = bh$

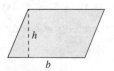

Trapezoide

$\text{Área} = \dfrac{h}{2}(a + b)$

Círculo

$\text{Área} = \pi r^2$

$\text{Circunferencia} = 2\pi r$

Sector circular

(θ en radianes)

$\text{Área} = \dfrac{\theta r^2}{2}$

$s = r\theta$

Anillo circular

(p = radio promedio,

w = ancho del anillo)

$\text{Área} = \pi(R^2 - r^2)$

$\quad = 2\pi pw$

Sector de un anillo circular

(p = radio promedio,

w = ancho del anillo,

θ en radianes)

$\text{Área} = \theta pw$

Elipse

$\text{Área} = \pi ab$

$\text{Circunferencia} \approx 2\pi \sqrt{\dfrac{a^2 + b^2}{2}}$

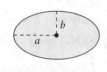

Cono

(A = área de la base)

$\text{Volumen} = \dfrac{Ah}{3}$

Cono circular recto

$\text{Volumen} = \dfrac{\pi r^2 h}{3}$

$\text{Área de la superficie lateral} = \pi r \sqrt{r^2 + h^2}$

Tronco de un cono circular recto

$\text{Volumen} = \dfrac{\pi(r^2 + rR + R^2)h}{3}$

$\text{Área de la superficie lateral} = \pi s(R + r)$

Cilindro circular recto

$\text{Volumen} = \pi r^2 h$

$\text{Área de la superficie lateral} = 2\pi rh$

Esfera

$\text{Volumen} = \dfrac{4}{3}\pi r^3$

$\text{Área de la superficie} = 4\pi r^2$

Cuña

(A = área de la cara superior,

B = área de la base)

$A = B \sec \theta$

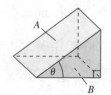